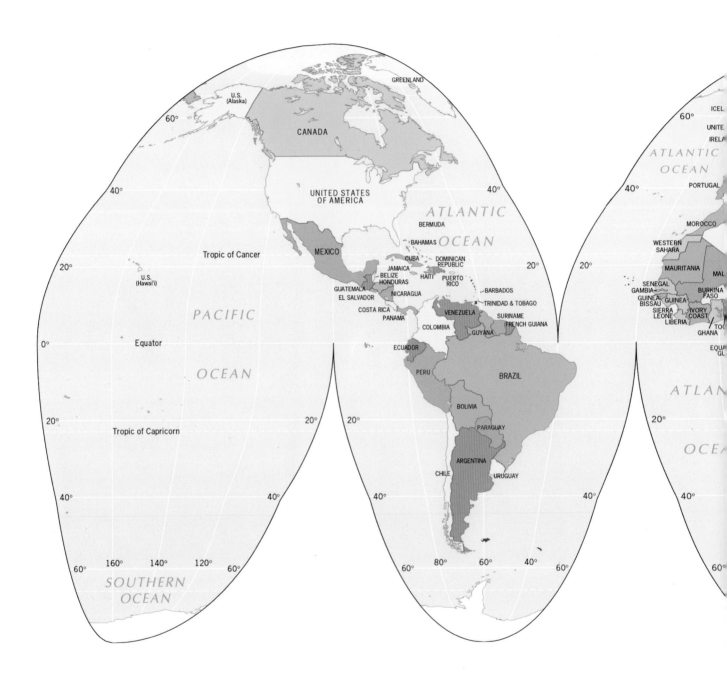

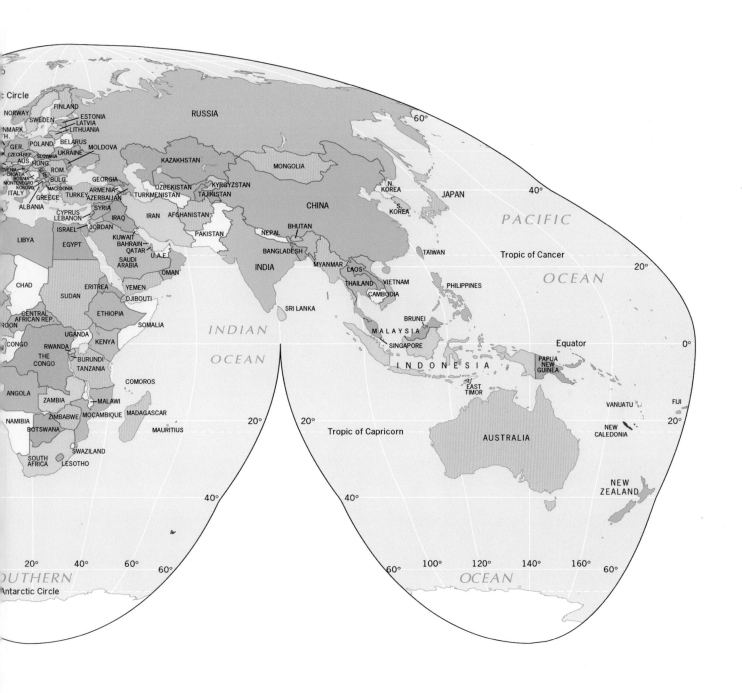

: Circle

NORWAY
FINLAND
SWEDEN
ESTONIA
LATVIA
LITHUANIA
NMARK
H.
GER.
POLAND
BELARUS
MOLDOVA
CZECH REP.
SLOVAKIA
UKRAINE
AUS.
HUNG.
SLOVENIA
CROATIA
ROM.
BOSNIA
MONTENEGRO
BULG.
KOSOVO
MACEDONIA
ITALY
GEORGIA
GREECE
TURKEY
ARMENIA
ALBANIA
AZERBAIJAN
CYPRUS
SYRIA
LEBANON
IRAQ
ISRAEL
JORDAN
LIBYA
EGYPT
KUWAIT
BAHRAIN
QATAR
U.A.E.
SAUDI
ARABIA
OMAN

RUSSIA

KAZAKHSTAN

MONGOLIA

UZBEKISTAN
KYRGYZSTAN
TURKMENISTAN
TAJIKISTAN

IRAN
AFGHANISTAN

PAKISTAN

NEPAL
BHUTAN

BANGLADESH

INDIA
MYANMAR

CHINA

N.
KOREA

S.
KOREA

JAPAN

TAIWAN

60°

40°

PACIFIC

Tropic of Cancer

20°

OCEAN

CHAD
SUDAN

ERITREA
YEMEN
DJIBOUTI

CENTRAL
AFRICAN REP.
ROON

ETHIOPIA

SOMALIA

UGANDA
KENYA

CONGO
RWANDA
BURUNDI
THE
CONGO
TANZANIA

LAOS
THAILAND
VIETNAM
CAMBODIA

PHILIPPINES

SRI LANKA

BRUNEI

MALAYSIA
SINGAPORE

INDIAN

OCEAN

INDONESIA

PAPUA
NEW
GUINEA

Equator

0°

COMOROS

ANGOLA
ZAMBIA
MALAWI
MADAGASCAR
ZIMBABWE
MOCAMBIQUE
NAMIBIA
BOTSWANA
MAURITIUS

SWAZILAND
SOUTH
AFRICA
LESOTHO

EAST
TIMOR

VANUATU
FIJI

NEW
CALEDONIA

20°
20°
Tropic of Capricorn

AUSTRALIA

20°

NEW
ZEALAND

40°
40°

20°
40°
60°
60°

SOUTHERN

Antarctic Circle

100°
120°
140°
160°

60°
OCEAN
60°

제 5 판

개념과 지역 중심으로 풀어 쓴
세 계 지 리

THE WORLD TODAY CONCEPTS AND REGIONS IN GEOGRAPHY

제5판

개념과 지역 중심으로 풀어 쓴

세계지리

H. J. de Blij · Peter O. Muller · Jan Nijman
Antoinette M. G. A. WinklerPrins   지음

기근도 · 김영래 · 지리교사 모임 '지평' 공역

WILEY   시그마프레스

개념과 지역 중심으로 풀어 쓴 세계지리, 제5판

발행일 | 2016년 3월 10일 1쇄 발행

저자 | H. J. de Blij, Peter O. Muller, Jan Nijman,
　　　Antoinette M. G. A. WinklerPrins
역자 | 기근도, 김영래, 지리교사 모임 '지평'
발행인 | 강학경
발행처 | ㈜ 시그마프레스
디자인 | 강민주
편집 | 류미숙

등록번호 | 제10-2642호
주소 | 서울특별시 영등포구 양평로 22길 21 선유도코오롱디지털타워 A401~403호
전자우편 | sigma@spress.co.kr
홈페이지 | http://www.sigmapress.co.kr
전화 | (02)323-4845, (02)2062-5184~8
팩스 | (02)323-4197
ISBN | 978-89-6866-663-6

The World Today : Concepts and Regions in Geography, 5th Edition

* 책값은 뒤표지에 있습니다.
* 이 도서의 국립중앙도서관 출판예정도서목록(CIP)은 서지정보유통지원시스템 홈
　페이지(http://seoji.nl.go.kr)와 국가자료공동목록시스템(http://www.nl.go.kr/
　kolisnet)에서 이용하실 수 있습니다.(CIP제어번호 : CIP2016004928)

역자 서문

오늘날의 세계는 지금도 시시각각 곳곳에서 전혀 예측할 수 없는 일들이 벌어지고 있다. 그중 2015년에 일어난 사건 세 가지만 되새겨 본다.

2015년 5월 20일 우리나라에서 새로운 변종 코로나바이러스(MERS-CoV) 감염으로 인한 중증급성호흡기질환인 메르스(중동호흡기증후군, MERS) 최초 감염자가 확인되었고, 첫 환자가 발생한 지 68일 만에 정부는 국무회의에서 메르스가 사실상 종식되었음을 선언했다. 다만 마지막 환자는 11월 25일 사망하였으며, 세계보건기구(WHO) 기준으로는 마지막 환자 사망일로부터 28일이 지나는 시점이 공식 종식 시점이 된다. 메르스 사태로 감염된 사람은 총 186명이며, 그중 38명이 사망해 치사율은 20.4%로 기록되었다.

2015년 11월 13일 오후 9시 20분부터 다음날 새벽 0시 20분까지 프랑스 파리 곳곳에서 자살폭탄과 총기를 이용한 동시다발적 테러가 발생했다. 이 테러를 자행한 이슬람국가(IS)는 정부시설이나 공공기관이 아닌 일반 시민을 표적으로 삼아 공연장, 축구경기장, 식당, 카페 등에서 테러를 저질렀다. 이날 발생한 테러로 약 132명이 사망하고 350여 명이 부상당한 것으로 알려졌다.

2015년 12월 12일 신기후변화체제가 파리에서 합의되었다. 지구가 직면하고 있는 가장 큰 과제인 기후 변화에 전 지구적 차원에서 어떻게 대응할 것인가를 정한 새로운 규범이다. 지구적인 과제를 개별 국가 차원에서만 대응하는 것은 불가능하다는 측면에서 2020년 이후 기후 변화에 어떻게 대응할 것인가를 정한 것이다.

독자들이 이 책을 통해 이러한 세계 곳곳에서의 사건과 변화들에 대한 안목을 키울 수 있기를 기대해 본다.

이 책의 내용을 살펴보는 데 있어서 도움이 되는 지리적 안목은 공간 규모의 관점이다. 이 책의 내용은 대체로 대륙 규모 내지 국가 규모 수준의 공간 규모에서 파악되는 지리적 사실들로 구성되어 있다. 예를 들어, 자연 환경의 경우 판구조론적 입장에서 지형의 골격을 설명하거나, 기후에 대한 설명도 위도대별로 기후대 특성을 제시하고 있다. 따라서 구체적 경관이나 장소에 대한 설명은 제한적이며, 거시적 관점에서의 맥락적 내용을 제시하고 있다.

또 다른 지리적 안목으로는 비교 지역적 관점에서 생각해 보는 것이다. 예컨대 어떤 대륙이나 국가에서 나타나는 지리적 현상을 이해할 때에 '우리나라와 비교해 본다면, 어떻게 다른가?', '그 이유는?', '동위도상에서 대륙의 동안과 서안은 어떻게 다른가?' 등의 질문을 바탕으로 생각해 본다면, 각 지역의 지역성을 보다 쉽게 파악할 수 있을 것이다.

이 책의 원제는 *World Today : Concepts and Regions in Geography*로서 2003년 제1판이 간행되었다. 2007년에 간행되었던 제3판을 '개념과 지역 중심으로 풀어 쓴 세계지리, 제3판'이라는 제목으로 번역본을 간행한 바 있다. 그리고 이 책은 2011년에 간행되었던 제5판을 번역한 것이다. 2013년에 제6판이 간행되어 늦은 감이 있지만, 제3판, 제5판, 제6판에 실린 '세계 각국의 국토와 인구 자료'를 함께 모아 독자들에게 최신 세계 각국의 지리정보 변화 추세를 가늠할 수 있도록 보완하였다. 또한 부록으로 용어해설을 번역하여 실었다.

이 책의 번역에는 여러 사람이 참여하였다. 제3판 번역 작업을 하면서 미비했던 점을 보완하기 위해 '지평' 팀의 선생님들께서 삼삼오오 팀을 이루어 번역하였으며, 수차례 교차 검토를 실시하였다. 각 장의 번역과 검토에 참여한 사람은 다음과 같다.

서문 · 서론 : 기근도(경상대), 김영래(한국교원대)
제1장 유럽 : 김영래 (한국교원대)
제2장 러시아 : 이태규(백암고)
제3장 북아메리카 : 황완길(용산고), 김태호(숭문고), 이준구(이화여고)
제4장 중부 아메리카 : 임정순(해솔중), 윤경준(흥진고), 남길수(성남외국어고)
제5장 남아메리카 : 황병삼(서울국제고), 최부현(세현고), 윤정현(잠일고)
제6장 사하라이남 아프리카 : 천재호(청원고), 고준호(용인홍천중), 성지혜(원곡고)
제7장 북아프리카/서남아시아 : 김봉수(중앙고), 최명렬(서울국제고)
제8장 남부 아시아 : 박병석(압구정고), 김민수(용문고), 조해수(전국지리교사모임 사무국장)
제9장 동아시아 : 강용진(대원여고), 서원명(정선정보공업고), 김태환(교육부)
제10장 동남아시아 : 양희경(도봉고), 최재희(휘문고)
제11장 오스트랄 권역 : 기근도(경상대)
제12장 태평양, 그리고 극지방의 미래 : 이순용(이화여고)
용어해설 : 기근도(경상대), 김영래(한국교원대)

제3판을 번역할 때의 부족한 점을 보완하기 위해 많은 시간과 인력을 투입하였지만 분명히 오류나 실수가 있을 것이다. 역자들은 끊임없이 잘못된 부분을 찾아내는 노력을 계속할 것을 약속드린다. 끝으로 이 책의 출판을 기꺼이 허락해 주신 ㈜시그마프레스 강학경 사장님과 편집부 여러분에게 감사의 인사를 전한다.

2016년
대표 역자 기근도

저자 서문

이 책은 2003년 제1판이 간행된 이후, 일부 주요 내용의 수정을 거치면서 출간된 제5판이다. 제3판부터 원 제목이 부제가 되었는데, 교재에서 다루는 내용들의 실제적 모습이 점점 더 세계화되고 현재화되고 있어서 지리적 관점에 의한 구조적 틀을 지속적으로 제공해야 하기 때문이다. 독자들은 점차 복잡해지는 지구촌을 변화시키고 있는 사건과 상황에 대한 지리적 배경과 설명을 요구하고 있어서, 그에 부응하는 제목인 *The World Today*로 변경하였다. 제4판은 공동저자인 미국 미시건주립대학교 Antoinette M.G.A. WinklerPrins의 견해와 식견의 도움을 받았다. 제5판의 많은 부분은 공동저자인 마이애미대학교 Jan Nijman이 작성하였다.

새로운 틀

제1판부터 제4판까지 책을 읽은 사람들은 제5판에서 그 틀이 상당히 바뀌었다는 것을 알게 될 것이다. 제4판까지는 '가로형 배치'라는 틀, 즉 우편엽서와 같은 가로 형태 안에 세상 이야기를 담아냈다. 그로 인해 세계지도와 같은 지도가 책의 가운데 홈에 의해 분리되는 문제를 피할 수 있는 이점이 있었다. 하지만 세로형 책자보다 높이가 매우 짧아, 우편엽서를 수직으로 세워놓은 모양새가 되었다. 제5판에서는 가로형과 세로형 배치의 장점들을 모아 제1판과 같이 여유 있는 넓은 쪽, 그리고 세로로 길게 만들어 배치와 디자인의 유연성을 높였다.

새로운 구조

책 판형의 변화와 더불어 이 책을 지칭하는 TWT(*The World Today*)에도 상당한 변화를 주었다. 각 장의 서두에는 세계의 지리적 권역에 초점을 둔, 세계적 관점에서 폭넓은 소개를 담은 목차를 제시하고 있다. 제4판까지는 지리적 권역과 그 구성 요소인 지리적 지역을 분리해서 다루었지만, 그 기준이 명확하지 않을 때도 있었다. 제5판에서는 주요 지역을 A와 B로 나누어, A장에서는 권역을 자세히 다루고, B장에서는 지역 요소들에 초점을 맞추었다. 이로 인해 A장만 살펴봐도 권역 수준의 이해가 가능할 뿐만 아니라, 나아가 해당 권역의 지역 수준에 대한 더 깊은 관심을 갖도록 유도하는 등 학습 교재로서 TWT의 유연성을 높였다. 세계지리(*World Regional Geography*)를 수강하거나 배웠던 사람들은 잘 알겠지만, 주제가 복잡하고 한 학기에 소화하기 힘들 정도로 많은 내용이 담겨 있다. TWT의 구조 변화는 이런 상황에 대처하기 위한 것이다.

새로운 접근

제1판~제4판까지의 TWT 간행본이 그러하듯이, 제5판도 기존 내용과 새로운 내용이 조화롭게 구성되어 있다. 제4판에서는 환경과 인구 문제에 많은 분량을 할애했지만, 역사지리는 비중이 줄어들었다. 일부 답사노트는 그대로 유지시켰는데, 공동저자인 Jan Nijman의 답사 자료들이 제5판에서 처음으로 공개된다.

TWT의 독자들도 잘 알다시피, 제5판은 세계화와 그 장·단점에 관한 논쟁이 한창일 때, 특히 신문 칼럼니스트 토머스 프리트먼이 세계는 평평하다(*The World is Flat*)를 출간했을 그 시점에 간행되었다. 여러 해에 걸쳐 지리학자들은 그 정반대의 원인에 대해 논쟁해 오고 있다. 이 평평하지 않은 세상에서 부와 가난, 특권과 궁핍, 성공과 실패의 양극화는 지속되고 커지는가 그렇지 않은가? '핵심부-주변부 대조'를 다룬 내용에서, 많은 책과 연구보고서는 핵심부에 살고 있는 사람들, 즉 부유한 사회와 가난한 사회의 부자들은 착취 관계를 고착화시켜 왔다고 비판했다. 즉, 부자와 권력자들은 빈자들과 약자들에 대한 착취를 통해서만 이익을 창출해 왔다는 것이다. 이런 관점의 대응 논리인 세계화는 부자와 빈자의 착취 관계는 필수불가결한 것은 아니라는 점을 증명하고 있다. 한국, 대만, 칠레, 모리셔스와 같은 나라들의 사례는 정치적, 경제적 결정이 어떻게 주변부 사회 사람들의 삶을 개선시킬 수 있는지를 잘 보여준다.

이런 논쟁에서 제시된 사례들을 통해 알 수 있듯이, 현실 세계는 그리 단순하지 않다. 세계는 평평하지 않고 평평해져 가고 있거나, 핵심부-주변부 관계가 착취 관계에 있지 않을 수도 있고, 점점 더 좋아지거나 나빠질 수 있다.

제5판에서는 이런 세계적 문제들에 대해 실마리를 제공하기 위해, 서두에서 문제 제기를 하고 지도와 본문, 무엇보다 말미에 있는 부록 B의 인구 자료처럼 책 전반에 걸쳐 통일된 틀을 만들었다. 모리셔스를 모르는 사람이라면, 아프리카 국가 목록을 찾아본 다음, 다인종으로 구성된 이 섬나라의 국민총소득이 아프리카 평균보다 6배, 남아시아보다 4배 이상 더 높은 이유를 고민해 보아야 할 것이다. 이처럼 놀라운 사실들은 다양한 표 자료를 통해 확인할 수 있을 것이다. 이 점이 이 교재만의 고유 특징이며, 일부 국가를 제외하곤 남자들보다 더 오래 사는 여성들의 평균 기대수명, 잘 믿지 않겠지만 러시아가 1위인 부정부패, 그리고 세계의 맥도날드 현지 가격 등의 주제에 대한 토론이 필요할 때 이런 통계 자료를 참고하기 바란다.

호놀룰루 공항과 시내 중 어디에서 환전하는 것이 더 나은지를 옆 사람에게 묻는 어느 독자의 이야기를 다룬 Dear Abby의 칼럼처럼, 미디어를 통해 미국인들의 '지리적 무식'에 대해 경험하거나 들어본 적이 있을 것이다. 하지만 지리적 지식의 부족은 잘못된 의사결정과 지구적 손실을 가져올 수 있기 때문에 마냥 웃을 수만은 없다. 이 책을 읽고 공부함으로써 지리적 안목을 키울 수 있는 긴 여정을 하게 될 것이다.

오늘의 세계

당신이 이 책을 읽고 있는 지금도 세계 곳곳에서는 예측할 수 없는 갑작스러운 사건들이 일어나고 있다. 지난 2년 동안을 되돌아보자. 2010년 봄, 우리는 석유누출 참사가 일어나기 전에 멕시코만의 시계 방향 환류에 대해 이미 알고 있었지만, 이 해류와 바람이 언제 갑자기 많은 야생 동물들의 삶에 죽음에 영향을 주고 해안지역을 황폐화시키고 경제적 위협이 되는지는 모른다. 얼마 전 중국 칭하이(청도)에서 대지진이 일어났을 때, 티베트에서 일어나지도 않은 지진이 티베트 사람들에게 피해를 준 이유는 무엇일까? 2010년 5월, 인도 동부의 서벵갈 주에서 폭발로 인해 열차 두 량이 전복됨으로써 150명 이상이 사망한 테러 행위가 일어났을 때, 이슬람 무장세력이 아닌 공산주의 세력을 키워 가는 인도 동부지역에서의 이들 테러리스트들의 목적은 무엇일까? 2010년 3월, 북한의 어뢰 공격으로 인해 한국의 군함이 폭침되어 46명의 군인이 전사함으로써 한반도에서의 긴장이 고조되고 있을 때, 한반도를 분단시킨 비무장지대(DMZ)가 바다인 황해까지 연장되어 있는데, 그 경계선의 위치를 두고 남·북한 간에 논쟁이 있다는 사실을 아는가? 2010년 6월, 이스라엘이 죽음의 위협을 무릅쓰고 키프로스에서 가자지구로 향하는 민간 구호선들을 공격했을 때, 이들 배들은 공해상에 있었을까, 아닐까? 2009년 12월, 코펜하겐에서 열린 기후변화당사국총회에서 러시아 대표단은 5개국 협상일치문에 동의하지 않는데, 왜 러시아는 지구온난화에 대해 다른 관점을 갖고 있는가? 2010년 4월, 그리스의 경제 위기 문제는 EU 내에의 핵심부-주변부 관계와 어떤 연관성이 있는 것일까?

이 책은 이런 질문들에 대해 실마리를 제공할 것이며, (그림 9A-5와 그림 9B-8과 같이) 지도는 직접적인 해답을 제시해 줄 수 있을 것이다. 그러나 기후 변화에서부터 점차 커지는 중국의 영향력, 이민 문제에서 테러 활동과 그 동기에 이르기까지 매우 빠르게 변화하는 오늘의 세계에서 오랜 시간에 걸쳐 해결해야 하는 것들도 있다. 이 모든 것에 대해, 지리학이 으레 그러하듯이 TWT는 세계에 대한 당신의 지평을 넓혀주고 안목을 키워줄 것이다.

자료의 출처

이 책의 내용을 업데이트하는 데 많은 인쇄물과 인터넷 자료의 도움을 받았다. 물론 지리적 내용들은 *The Annals of the Association of American Geographers, The Professional Geographer, The Geographical Review, The Journal of Geography* 등 미국과 캐나다에서 정기적으로 발행되는 학술지들을 참고하였다. 또한 스코틀랜드에서 뉴질랜드에 이르기까지 영어권 국가들에서 발행되는 유사한 정기간행물도 참고하였다.

모든 수량적인 정보들은 출판하는 해에 맞춰서 새로운 자료를 사용하여 정확하게 수정하였다. 그 외에도 독자들과 평론가들의 의견을 반영하여 수백 가지의 내용을 수정하였다. 최근에는 지명을 새로운 철자로 표기하는 경향이 있기 때문에, 이 책에서는 현재 통용되고 있고 정확한 사용법을 따르기 위해 신뢰할 만한 자료를 바탕으로 집필하였음을 자부한다.

부록 B의 통계자료는 여러 출처로부터 수집한 것이다. 그런 자료들을 사용하는 사람들은 잘 알다시피, 다양한 기관에서 보고된 정보들이 서로 일치하지 않는 경우가 있어서 모순된 정보에 근거해서 자료를 제시해야만 하는 경우도 있다. 가령 AIDS가 창궐한 아프리카 국가들의 경우, 인구 증가율이나 기대수명이 급격하게 감소하는 경향을 반영하지 않은 자료들이 있다. 게다가 이 부분에서 남성과 여성 간의 차이가 있음에도 이에 대한 설명 없이 인구학적 평균값을 나열한 자료들도 있다.

부록 B의 통계자료를 작성하기 위해 국제연합, 미국의 인구통계국, 세계은행, 대영백과사전, 영국 경제조사기관(EIU), 미국의 정부연간백서, 그리고 뉴욕 타임즈 연감 등의 자료를 사용하였다. 또한 신뢰성에 있어서 많은 문제들을 수반하는 도시 인구 지도들은 주로 국제연합인구국에서 가장 최근에 발행한 자료를 바탕으로 그린 것이다. 75만 명 이하 도시들의 인구는 다른 다양한 자료들을 참고하여 추산하였다. 어쨌든 이 책에서 사용한 도시 인구 수치들은 2011년 통계자료이며, 별도의 언급이 없을 경우 대도시권의 총인구수를 의미한다.

교수법

저자들은 중요한 지리적 개념 및 견해와 복잡하고 급속하게 변화하는 세계에 대하여 학생들이 학습하는 데 유용할 뿐만 아니라 쉽게 이해할 수 있는 다양한 학습 방법들을 끊임없이 개발하고 있다.

두 부분(A/B)으로 나누어진 각 장의 구성

서문의 '새로운 구조'에서 이미 밝힌 대로, A장은 특징적인 지리적 권역을 다루고, B장은 권역의 각 지역에 초점을 두었다. 제1장~제10장까지는 이런 구조로 이루어져 있으며, 제11장과 제12장은 내용이 매우 적어서 한 장 안에 A/B 내용이 다 포함되어 있다. 서론은 지구적 시야에서 바라본 내용이라서 이런 분할 구조가 적용되지 않았다.

개념, 사고, 용어

각 장의 표지에 해당하는 페이지에는 그 장에서 나오는 주요 지리적 개념 및 용어들을 정리한 목록을 제시하였다. 이와 같이 목록에 제시된 주요 용어는 본문 중에서 소개되는 곳에서 번호(예 : **1**)를 매겨 제시하였다.

세부 지역 목차

또한 각 장의 표지에 해당하는 페이지에 지역에 대한 목록을 제시하여 각 지역에 대한 간략한 소개를 제시하고, 각 장의 내용을 재구성할 수 있도록 하였다.

지역성

서론을 제외한 나머지 장의 첫머리에는 각 지역의 주요 지리적 특색, 즉 지역성을 요약하여 글상자로 제시하였다.

생각거리

각 장 말미의 글상자 안에는 한 번 더 생각해 볼 만한 권역이나 지역에서 일어나고 있거나 가능성 있는 지리적 문제들에 대한 짧은 글이 실려 있다.

답사 노트

이 책의 많은 사진은 주요 저자들이 답사를 통해 직접 촬영한 것이다. 답사 노트에서는 이 사진들과 함께 지리학자들이 무엇을 관찰하고 답사를 통해 얻은 정보를 어떻게 해석하는지 보여줌으로써 독자들에게 지리적 통찰력을 제공하고자 한다. 특히 제5판의 새로운 저자인 Jan Nijman이 답사 노트의 많은 자료를 제공해 준 것에 감사드린다.

세계 각국의 국토와 인구에 관한 자료

세계 각국의 지리정보와 인구 자료를 표로 제시하였다(부록 B).

요약 차례

차례

제5판

개념과 지역 중심으로 풀어 쓴
세 계 지 리

빠르게 도시화되고 있는 인도 최대 도시 뭄바이의 사회적 문제를 엿볼 수 있는 대조적 경관 ⓒ H. J. de Blij

주요 주제

심상지도
현재의 세계를 이해하기 위한 지리적 접근
지구적 기후 변화
지구촌에서 가장 살기 위험한 곳
세계의 핵심부와 주변부 : 권력과 장소
세계화, 과연 좋은 것인가 나쁜 것인가?

개념, 사고, 용어

서론

전 지구적 관점에서
살펴본 세계 지역지리

Goode Homolosine Projection
Scale 1:145,105,000

0 km 1000 2000 3000 4000 5000 6000
0 miles 1000 2000 3000 4000

고도(m)
빛깔

6000
3000
1500
600
0
-150
-1500
-3000
-6000

그림 G–1

어떤 기대를 하고 이 책을 펼쳤는가? 아마도 당신 주변의 세상이 지금 어떻게 돌아가고 있는지 알고 싶어서일 것이다. 지리학은 생각보다 흥미롭고 공부해 볼 만한 학문이라는 것을 알게 될 것이다. 이 강의와 책을 통해서 새로운 전망을 열고 새로운 시각을 갖게 되길 바란다. 또한 점점 더 다원화되고 급변하는 세계에 잘 대처해 나갈 수 있도록 안내하는 데 도움이 되었으면 한다.

이제 지리학에 빠져 볼 때가 되었다. 세계는 지금 여러 가지 커다란 변화를 겪고 있으며, 미국도 예외는 아니다. 초강대국으로 군림해 온 미국은 여전히 세계의 많은 국가와 사람, 생명체에게 막강한 영향을 미치고 있다. 영향력이 큰 만큼 미국인들은 세계에 대한 이해도를 높여 미국 정부가 제대로 된 정보에 근거한 의사결정을 할 수 있도록 해야 할 의무도 크다. 하지만 불행하게도 이런 면에서 미국은 초강대국이 아니다. 지리적 문해율은 국제 이해의 척도로 활용되는데, 미국인들의 지리적 문해율은 국제적 영향력이 있는 국가들 중에서 하위권에 속한다. 세계적 측면에서 이것은 좋은 일이 아니다. 그런 지리적 무지는 유권자뿐만 아니라 교육위원장에서 대통령에 이르기까지 그들이 선출하는 대표자에게도 영향을 주기 때문이다.

국가로 이루어진 세계

이 책 처음에 제시되는 지도와 같은 세계 국가지도를 보면, 마치 200개의 거대한 직소 퍼즐을 닮았다. 점차 익숙해지면 세계지도가 그리 복잡하지 않다는 것을 알게 될 것이다. 러시아는 가장 넓은 영토를 가진 국가이며, 호주는 하나의 대륙으로 이루어져 있으며, 브라질은 남미 대륙의 절반을 차지한다. 반면 눈에 잘 보이지 않을 정도의 작은 국가들도 있다. 그러나 스위스와 은행, 이스라엘과 국방력, 쿠웨이트와 석유처럼, 영토 크기와 국가의 영향력은 상관성이 없다.

공식적으로 주권이 있는 나라를 '국가'라고 하며, 이 세계는 그런 국가들로 이루어져 있다. 하지만 수만 년의 인류 역사에서 국가는 최근에야 등장한 형태이다. 최근 그런 국가의 형태가 영원히 유지되지 못할 것이라는 징조들도 나타난다. 국가들은 국가 간의 국경 장벽을 무너뜨리려고 노력하고 있다. 언젠가 국가는 과거에 존재했던 한 역사적 유물이 될지도 모른다.

이런 경향은 1990년대 초반 소련이 붕괴되고, 유럽이 유럽연합으로 재편되면서 가시화되었다. 이처럼 **신세계질서**라고 일컫는 합병의 시대가 있었으며, 그 후 지난 20년간의 세계 정치역학은 권력은 주요 국가들에게 집중되고 있으며, 주변부 국가들에게 이런 신세계질서는 요원한 일이라는 것을 분명히 보여주고 있다.

세분화된 영토, 행정 구역

한편, 국가 영토는 더 작은 단위인 행정 구역으로 구획되어 있다. 가장 작은 나라들도 행정 구역으로 나누어져 있다. 멕시코, 아르헨티나와 호주 국민들은 물론 모든 미국인들은 세분된 영토에 대해 잘 알고 있으며, 큰 국가들은 이런 영토를 주(州, States)라고 부른다. 캘리포니아 주, 치후아후아 주, 멘도사 주, 퀸즐랜드 주 등 수십 개의 주가 있다. 주권국가를 지칭할 때는 'state', 주(州)를 뜻할 때는 대문자 'State'를 사용함으로써 용어를 구별한다. 행정구역을 지칭하는 용어는 다양하다. 캐나다의 주(province), 이탈리아의 주(region), 스페인의 자치구(Autonomous Community), 러시아의 연방관구(Federal District), 미얀마의 관구[division, 2010년 8월 이후 지구(region)로 변경] 등이 있다. 일부 행정 구역은 점차 자치권을 키워 가고 있으며, 국가로부터 독립된 경제적·사회적 정책 결정권을 갖기 바라는 지역도 있다. 영국의 스코틀랜드, 스페인의 카탈루냐, 미국의 캘리포니아에서 그런 일이 일어날 경우 우리는 지도를 더욱더 유심히 들여다보아야 할 것이다.

지도 위의 세계

단지 책장을 넘기며 훑어보기만 해도 이 책과 다른 책의 차이점을 알 수 있다. 왜냐하면 대부분 쪽마다 지도가 실려 있기 때문이다. 지리학은 다른 학문보다 더욱 밀접하게 지도와 관련되어 있기 때문에, 이 책을 읽는 과정에서 다른 책을 볼 때보다 지도에 더 세심한 주의를 기울여야 할 것이다. 백문이 불여일견이라는 말을 자주 들어 왔겠지만, 지도의 가치는 그 이상이다. 이 책에서 '그림 XX 참조'라는 말이 나오면, '그것의 진정한 의미는……'이라는 말과 같다. 따라서 독자들은 이러한 문구를 접할 때마다 제시된 지도를 보면 진정한 의미를 파악할 수 있다는 뜻으로 간주해 주길 바란다. 우리 인간은 영토적 속성을 지닌 존재이기 때문에, 190여 개로 나누어진 국가 경계는 인간의 구분하는 속성을 반영하는 것이다. 반면에 종교·언어·빈부 등을 기준으로 하는 경계와 같이 눈으로 확인하기 어려운 경계도 있는데, 이 또한 지구촌의 구분된 모습이다. 이와 같이 정치적·문화적 경계가 존재할 경우, 이를 가장 간략하게 보여주는 것은 지도밖에 없다. 미국의 정책가들이 미군을 어떤 분쟁지역에 파병할 것인가를 결정할 때, 그림 7B-5가 지니는 정보 가치는 너무도 확연한 것이 아닌가?

심상지도

우리 모두는 심리학자들이 말하는 '활동공간'이라는 마인드맵을 가지고 있다. 그 마인드맵에는 학교나 직장에 가는 길, 근처에 우리가 살고 있는 아파트나 집 등이 등장하는 도시의 일반적 모습이 담겨 있을 것이다. 당신은 이와 같은 마인드맵을 통하여 쇼핑몰에 가는 길이나 영화관 주변에 주차하려면 어디로 가야 하는지 등을 알 수 있다. 당신의 기억을 통해서 당신이 살고 있는 주(혹은 지방)에 대한 소축척 지도를 그릴 수 있을 것이다. 당신은 이러한 **1** **심상지도(mental maps)**를 통해 효율적이고, 예측 가능하며, 안전하게 활동공간을 드나들 수 있다. 만약 당신이 대학에 갓 입학한 신입생이라면, 캠퍼스에 대한 심상지도를 새롭게 만들게 될 것이다. 처음에는 당신의 주변을 알기 위해 실제 인쇄된 지도가 필요하겠지만, 얼마 지나지 않아 인쇄된 지도 없이도 잘 지낼 수 있게 될 것이다. 왜냐하면 시간이 경과함에 따라 생활하는 데 불편함이 없는 충분한 심상지도가 만들어질 것이기 때문이다. 그 이후로는 활동공간이 확장됨에 따라 지속적으로 심상지도의 개선이 이루어지게 될 것이다.

　잘 만들어진 심상지도는 일상생활에서 의사결정을 하는 데 있어 매우 유용할 것이며, 어느 정도 갖춰진 심상지도는 보다 넓은 세상에 관한 의사결정을 하는 데 있어서 반드시 필요한 것이다. 혼자서 재미있는 테스트를 해볼 수 있다. 세계에서 북아메리카 이외에 이스라엘, 타이완, 아프가니스탄, 북한, 베네수엘라 등과 같이 관심이 있거나 좋게 생각하는 다른 한 지역을 택해 보라. 빈 종이 위에 당신 머릿속에 떠오르는 그 나라의 행정 구역, 주요 도시, 주변국가, 만약 있다

면 주변의 바다 등을 반영한 지도를 그려 보라. 이렇게 그린 지도가 바로 당신의 심상지도이다. 우선은 이 심상지도를 미래에 참조할 수 있도록 따로 보관해 두었다가, 이 강의의 말미에 다시 심상지도를 그려 보라. 다시 그린 심상지도와 새로 그린 심상지도를 비교해 보면, 그간 당신 머릿속의 지역정보가 어떻게 바뀌어 왔는지를 파악할 수 있을 것이다.

지도혁명

이 책에 제시된 지도들은 세계의 크고 작은 지역들의 정치체제, 인종, 문화, 경제, 환경, 그리고 불균질적 분포 현상 등을 다양한 맥락에서 나타낸 것이다. 그러나 이와 같은 주제도의 바탕이 되는 지도를 제작하는 기술은 그동안 획기적으로 발전해 왔으며, 현재에도 계속 그 혁신이 진행 중이다. 즉, 스캐너와 텔레비전 카메라를 탑재한 인공위성이 컴퓨터로 사막 확장, 빙하 소모, 삼림 축소, 도시 성장, 그 외 무수한 지리적

© H. J. de Blij

"서울 남산타워 전망대에서 북한 쪽을 향해 바라본 경관. 멀리 보이는 낮은 산지를 없애면 북한이 보일지도 모른다. 서울은 냉전시대 미-소 갈등의 화석화된 산물인 비무장지대(DMZ) 근방에 위치한다. 2천만 명이 살고 있는 서울-인천 대도시권은 세계에서 가장 큰 인구 밀집 지역 중의 하나이다. 서울대학교 지리학과 교수인 동료 교수에게 물은 적이 있다. "이 사진의 중심부에 있는 CBD, 고층빌딩들이 서울의 경제력을 반영하지 못하는 이유(사진 전면의 파란색 지붕으로 된 한옥 마을을 주목하기 바람)는 무엇인가?" 그는 "한강 주변을 둘러봐야 한다."면서, "그곳이 서울의 새 중심지이고, 싱가포르, 북경, 동경에서 볼 수 있는 고층건물들이 즐비하다."고 말했다. 고도 제한, 토지소유권 분쟁, 교통 혼잡 등이 전통적 서울 중심지의 성장을 느리게 하는 요인이며, 많은 기업 본사들이 강남 삼성동 일대에 입지하는 이유이다."

현상들에 대하여 기록한 지표면에 대한 정보를 전송하면, 지구의 정보 수신용 컴퓨터들은 이러한 방대한 정보들을 분류할 뿐만 아니라 그래픽으로 표현한다. 이러한 원격탐사 기술의 발달은 지리학자들이 지리정보시스템(GIS)을 개발할 수 있는 계기가 되어, 예전에는 수십 년 동안 모아야 정보로서의 가치를 지닐 현상들을 몇 달 동안 모아서 몇 초 안에 스크린에 보여줄 수 있다. 그럼에도 불구하고 인공위성, 심지어 정찰위성까지도 지구 표면에서 일어나는 모든 것을 기록하지는 못한다. 예를 들어 인공위성에서 관찰할 수 있는 가옥 형태나 종교 건물들의 유형 변화를 통하여 인종집단이나 문화지역들 간의 점이지대를 구분할 수는 있겠지만, 이러한 유형의 정보는 야외 조사와 보고를 통한 지표 확인 작업이 반드시 요구된다. 이라크에 대한 인공위성 영상 중 수니파와 시아파의 분포를 보여주는 것은 없다. 이 책의 지도에서 볼 수 있는 다양한 경계선들은 땅에 그어져 있지 않기 때문에 인공위성에서는 볼 수 없다. 따라서 이 책에 실린 지도들은 지속적인 사용이 가능하다. 그 지도들은 복잡한 상황을 요약하기도 하고, 지도가 표현하고 있는 지역에 대해 영구적인 심상지도를 그려 보는 데 도움이 되기도 한다.

지리적 관점

지리학은 여러 학문 분야 중에서 가장 통합과학적인 성격을 지닌다. 이러한 사실은 지리학이 지질학에서 경제학, 사회학 그리고 정치학에 이르기까지 다양한 분야와 역사적으로 연계되어 있다는 증거이다. 그리고 이러한 학문적 성향 때문에 지리학은 20세기 초반까지도 타 학문을 이끄는 입장에 서 있었다. 최근에는 통합과학 및 통합과학적 연구들이 과거보다 훨씬 널리 확산되고 있으며, 이에 따라 분과 학문들 간의 오랜 장벽이 무너지고 있다.

이러한 현상들은 종합대학이나 단과대학의 단위 학과들이 분과되어 존재하는 것은 더 이상 적절하지 않음을 의미하는 것이 아니다. 단지 단위 학과들이 과거처럼 서로 배타적인 상태로 존재하지는 않는다는 의미이다. 최근에는 경제학과에 가서 훌륭한 지리학적 지식을 배울 수도 있으며, 지리학과에 가서 유용한 경제학적 지식을 배울 수도 있다. 그렇지만 개개의 분과 학문은 세계를 바라보는 데 있어서 여전히 고유의 관점을 가지고 있다.

어떻게 세계가 작동하고 있는지에 대해서 파악하고자 할 때, 가장 일반적으로는 세 가지 주요 관점을 떠올리게 된다. 그중 하나는 역사적 또는 연대기적 관점이다. 이러한 표현을 들어 본 적이 있을 것이다. "역사적 교훈들을 배우지 않았더라면, 당신은 그것들을 반복해야 하는 불행한 처지에 놓일 것이다". 역사학의 주요 의문은 '언제'이다. 두 번째 관점은 사람들이 경제적·정치적 상호작용을 안정화시키기 위하여 고안해 낸 체계에 초점이 맞추어져 있다. 이러한 관점의 주요 의문은 '어떻게'이다. 세 번째 관점은 지리학적, 즉 공간적인 관점이며, 그 주요 의문은 '어디'와 '왜 그곳인가'이다. 우리는 지표에 나타나는 인간 활동의 패턴을 기술하고 설명하려고 해왔다. 이런 접근을 **2** 공간적 관점(spatial perspective)이라고 부르며, 초창기부터 지리학의 중요한 특성이었다.

환경과 사회

지리학의 오랜 관심사 중 하나는 인간 사회와 자연 환경 사이의 상호작용이다. 지리학은 사회과학과 자연과학적 요소들을 모두 갖고 있어서 두 학문의 통섭적 역할뿐만 아니라 통합적 설명이 가능한 유일한 학문이다. 이런 관점은 자주 접할 수 있다. 사람들은 일상적인 관측치를 근거로 한 뉴스를 통해 지구온난화라는 환경 변화를 접하지만, 이와 같은 현재 상태에서 본 지구온난화의 파고는 끝없는 기후적·생태적 변동의 최근 양상에 불과하다. 지리학자들은 현재의 환경 문제를 과거의 기후 변화뿐만 아니라 인간 활동에 의한 지구적 기후 변화도 고려하여 이해하려고 한다.

위치와 분포

이와 같은 맥락에서 지리학자들은 지표면의 특징적인 현상들에 대한 위치와 분포에 대해 규명할 필요가 있다. 이러한 특징적 현상들에 대한 위치와 분포는 그림 G−1에서 기복을 간략하게 표현한 것처럼 자연적 세계뿐만 아니라 인문적 세계에 대한 것들도 포괄하며, 이에 따라 역사적·공간적 관점에서 이를 탐구하게 될 것이다. 우리는 현대 세계의 총체적인 지리구조를 볼 수 있는 통찰력을 길러야 한다. 왜냐하면 현대 세계는 수천 년에 걸친 인류의 흥망성쇠, 이동과 불황, 안정과 혁명, 상호작용과 고립 등의 결과이며, 현재에도 여전히 변화하고 있기 때문이다. 도시의 공간적 구조, 농가와 경지, 교통망, 하계망, 기후 패턴 등이 우리 조사 연구의 대상이다. 지리학에서는 지역, 거리, 방향, 클러스터링, 근접성, 접근성

축척의 효과

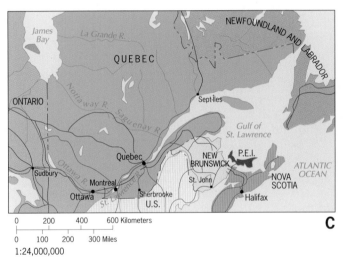

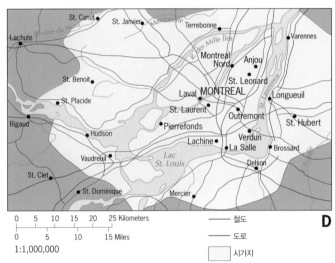

그림 G-2

© H. J. de Blij, P. O. Muller, and John Wiley & Sons, Inc.

등과 같은 의미가 담긴 용어들로 구성된 광범위한 공간 어휘들을 사용한다. 지리학자에게 있어서 이러한 용어 중 어떤 것들은 일반적으로 사용되는 의미와는 달리 매우 특별한 정의로 사용된다. 예를 들면 area와 region, 그리고 boundary와 frontier 간에는 차이가 있다. 이런 용어들과는 또 다르게, location이나 pattern과 같은 용어들은 여러 가지 의미를 지닌다. 지리학 어휘들은 가끔 놀라운 뜻을 지니는 경우가 있다.

축척과 범위

이러한 용어 중에서 한 가지 중요한 것은 **3** 축척(scale)이라는 용어이다. 어떤 지도든 간에 지도가 담고 있는 내용의 상세한 정도는 각각 다르다. 그림 G-1은 소축척 지도이기 때문에 지표면의 높낮이나 수륙 분포 정도를 거칠게 나타내고 있을 뿐이다. 즉, 히말라야나 사하라와 같이 뚜렷한 지형은 이름이 기재되어 있지만, 애팔래치아나 고비 사막과 같은 지형들은 이름이 기재되어 있지 않다. 지도의 하단에는 1인치 당 실제 세계에서는 3,000마일을 나타내는 축척을 볼 수 있을 것이다.

그림 G-1과 같은 지도를 소위 소축척 지도라고 부른다. 왜냐하면 지도상 거리와 실제 거리 간의 비율이 1:145,105,000으로 매우 작기 때문이다. 축척이 커지면 보다 좁은 면적을 나타낼 수 있다. 즉, 지도에 나타내고자 하는 바를 좀 더 상

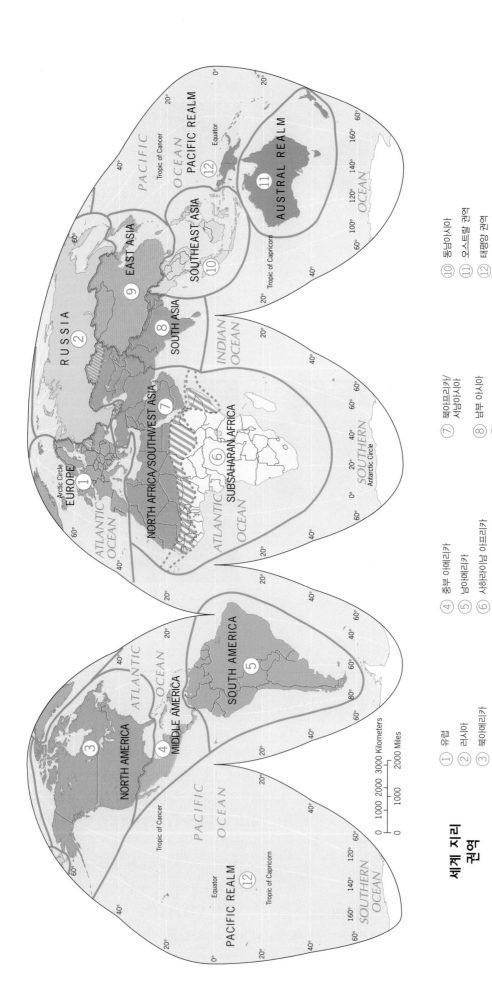

세계 지리
권역

① 유럽
② 러시아
③ 북아메리카

④ 중부 아메리카
⑤ 남아메리카
⑥ 사하라이남 아프리카

⑦ 북부 아프리카/
서남아시아
⑧ 남부 아시아
⑨ 동아시아

⑩ 동남아시아
⑪ 오스트랄 권역
⑫ 태평양 권역

© H. J. de Blij, P. O. Muller, and John Wiley & Sons, Inc.

그림 G-3

세하게 나타낼 수 있다. 그림 G-2는 최소 1:103,000,000의 축척에서 최대 1:1,000,000의 축척으로 나타낸 지역의 범위가 어떻게 달라지는지를 보여주고 있다. 지도 A에서는 캐나다의 몬트리올이 단지 점에 불과하지만, 지도 D에서는 넓은 도시지역으로 나타나 있다.

그렇다고 이것이 G-1과 같은 세계지도가 대축척 지도보다 덜 유용하다는 것을 의미하지는 않는다. 유용성은 오직 지도의 제작 목적에 달려 있다. 이 장에서는 전 세계적 분포를 나타내는 지도를 자주 사용할 것이며, 이는 다음 논의를 좀 더 상세화하기 위한 발판이 될 것이다. 이에 따라 다음 장들에서는 축척이 점차 커질 것이며, 그에 따라 개개의 국가나 도시들과 같이 좀 더 좁은 범위의 지역을 다루게 될 것이다. 그러나 지도를 읽을 때마다 지도의 축척을 잘 알고 있어야 할 것이다. 축척을 알면 지도를 유용하게 사용할 수 있기 때문이다.

축척 개념의 중요성은 지도에만 국한되지 않는다. 축척은 지리학 연구의 기본 요소로서 역할하는데, 지리적 문제를 고민할 때 분석의 기준으로서 축척이 사용된다. 가령 미국에서 부의 집중이 어디에 이루어지는가를 연구할 때 근린, 도시, 군, 주, 또는 국가적 수준과 같은 기준으로서 축척 개념을 사용할 수 있다. 당신의 목적에 맞게 축척을 선택할 수 있지만, 그 선택이 항상 명확한 것은 아니다. 가령 인종 분포 패턴을 연구한다고 할 때, 가장 적합한 축척이 무엇인지 선택하기란 쉽지 않다.

이 교재의 주 목적은 대축척 규모에서 세계의 지리적 특성과 세계가 어떻게 돌아가고 있는가를 이해하는 것이므로, 넓은 공간적 실체들을 다루게 될 것이다. 우리는 세계의 권역과 이들 권역의 주요 지역들 중심으로 살펴볼 것이지만, 분석은 좀 더 작은 축척을 기준으로 진행할 것이다. 그 목적을 위해 대부분 커다란 지도를 사용할 것이다.

지리적 권역

오늘날은 세계화로 인해 국가들 간에 서로 연결되어 있다. 이에 따라 세계는 국제 무역과 여행, 이주와 이동, 관광과 원격 영상, 자본의 흐름과 전화 통화량 등과 관련하여 '지구촌'의 속성을 나타낸다. 하지만 지구촌은 여전히 이웃이 존재한다. 그 이웃들의 이름은 유럽, 남아메리카, 동남아시아 등이며, 나머지 또한 우리에게 친숙한 것들이다. 이러한 지구촌의

이웃들은 시나 읍의 이웃과 같이 뚜렷한 경계를 가지고 있지는 않지만, 수만 년 동안 인구가 분산된 뒤에도 지구촌의 이웃들은 의심할 여지 없이 존속하게 될 것이다. 지리학자들은 이러한 지구촌의 이웃들을 **4** 지리적 권역(geographic realms)이라고 한다. 각 지리적 권역들마다 환경적, 문화적, 조직적 속성들이 특별하게 조화를 이루고 있다. 이러한 특성들은 각 권역마다 고유한 전통적 특성과 사회적 배경을 형성하여 경관에 새겨져 있다. 이러한 지리적 권역들의 인문적·자연적 환경을 이해하기 위해서는 앞서 언급했던 바와 같이 지리학의 주요 의문인 입지, 입지 요인, 공간조직, 그리고 격변하는 사회 속에서 미래의 모습에 대해 배워야 한다. 따라서 그림 G-3은 이러한 탐구를 위한 틀이다.

권역과 지역

셀 수 없이 많은 데이터들로부터 일정한 질서를 만들어 내고자 한다. 생물학자들은 수백만 종의 동식물을 7개의 계층으로 분류하는 체계를 수립했다. 이러한 계통 속에서 우리 인간은 동물계에 속하며, 척색동물이라고 불리는 문(동물 분류상)에 속하며, 포유류라는 강에 속하며, 영장류라는 목에 속한다. 그리고 사람과의 동물과에 속하며, 호모라고 지정된 속에 속한다. 그리고 호모 사피엔스라고 알려진 종에 속한다. 지질학자들은 지구의 암석을 3개의 주요 범주(그리고 많은 종속 항목)로 나누고, 수억 년 동안의 지질학적 시간 규모에 맞춰 더욱 자세하게 이 범주들을 조정했다. 역사학자들은 그들이 연구하는 사건들의 연속을 개념화하기 위하여 연대와 시대, 시기를 정의하였다.

지리학 역시 분류체계를 도입하였다. 예를 들어 지리학자들은 도시 문제에 관해 다룰 때 관련된 장소들의 규모와 기능에 근거한 분류체계를 사용한다. 이러한 분류에 사용되는 일부 용어들은 메갈로폴리스, 메트로폴리스, 시, 읍, 면, 리 등과 같이 일상에서 사용하는 것들이다.

지역 분류

이 책의 핵심인 지역지리를 두고 우리는 새로운 시도를 하고자 한다. 지질학이나 생물학에서처럼 지리학에서도 세계의 크고 작은 지역에 대한 계층적 틀이 필요하다. 그러나 이러한 분류체계는 수직적이 아니라 수평적이다. 이것은 공간적임을 의미하는데 여기에서는 다음과 같이 네 가지로 분류하였다.

1. **대륙과 대양(그림 G-1)** 지리학자들에게 대륙과 대양은 생물학자들에게 동물계와 식물계가 지니는 의미와 같다. 다만 얼음으로 덮인 남극 대륙이 대륙지각으로 구성되어 있다는 사실은 논란의 여지가 있다. 왜냐하면 남극 대륙에 정착해서 사는 사람들이 전혀 없었기 때문에(비록 남극 반도부의 빙하가 없는 지역에 상주 관측소가 있다 하더라도) 남극의 지역지리는 아직도 성립하지 못했다.

2. **지리적 권역(그림 G-3)** 지리적 권역은 자연적·인문적 요인들을 조합하여 설정하였으며, 인간이 거주하고 있는 세계를 가장 포괄적으로 분류한 것이다.

3. **지리적 지역** 지리적 지역은 지리적 권역을 좀 더 특정한 기준에 의거하여 더 작은 지역으로 나눈 것이며, 이 장의 결론 부분에서 다루게 될 것이다.

4. **소지역, 영역, 구역** 단일 요인에 의해 지리적 지역을 세분한 것이며, 특정한 목적을 위해 지도화하기도 한다.

지리적 권역의 기준

어떠한 분류체계에서나 기준은 매우 중요하다. 모든 동물이 포유류에 속하는 것은 아니다. 생물학적 분류에 있어서의 논리를 위한 기준은 더욱 특수하고 제한적이다. 돌고래가 물고기처럼 보이고 행동할지라도 해부학적으로나 기능적으로는 포유강에 속한다.

A. **자연적 권역과 인문적 권역** 지리적 권역은 공간적 기준에 근거한 것이다. 지리적 권역은 인간 거주 세계를 구분한 가장 큰 단위이다. 지리적 권역과 같이 넓은 지역 구분의 기준은 자연적·인문적 척도를 포괄한다. 예를 들어 남아메리카는 지리적 권역이다. 왜냐하면 남아메리카는 자연적으로 대륙에 속하며, 문화적으로 일련의 사회적 규범들에 의해 지배되는 지역이기 때문이다. 이에 반해 남부 아시아는 다른 지리적 권역들과 유라시아 대륙을 공유하고 있다. 하지만 남부 아시아는 인도를 중심으로 설정된 특정한 지리적 권역으로서 높은 산지, 넓은 사막, 밀도 높은 삼림이 독특한 사회조직과 조합을 이루어 형성된 것이다.

B. **기능적 권역** 지리적 권역은 인간 사회와 자연 환경 간 상호작용의 결과이며 농장, 광산, 어항, 교통로, 댐, 교량, 마을, 그리고 수많은 다른 모습들이 경관을 이룸으로써 나타나는 기능적 상호작용의 결과이기도 하다. 이러한 기준에 따르면 남극 대륙은 대륙이지만 지리적 권역은 아니다.

C. **역사적 권역** 지리적 권역은 오늘날 세계의 인류집단을 가장 포괄적으로 정의하는 표본이다. 인도가 그랬던 것처럼 중국도 지리적 권역의 중심에 위치한다. 아프리카의 지리적 권역은 '사막'의 아라비아어인 사하라의 남쪽 끝으로부터 희망봉에 이르며, 이 지역의 대서양과 인도양 해안을 포함한다.

그림 G-3은 이러한 기준에 의해 구분한 12개의 지리적 권역을 나타낸 것이다. 앞으로 더 자세히 다루겠지만 문화적·정치적 변화뿐만 아니라 물, 사막, 산의 변화가 지리적 권역의 경계를 이룬다. 각 지리적 권역을 천착해 가면서 이러한 경계들의 위상에 대하여 논의해 보도록 하자.

지리적 권역 : 경계와 융합

지리적 권역이 만나는 **5 점이지대**(transition zones)는 뚜렷한 경계가 아니라 두 권역의 접촉이 두드러진 곳이다. 우리는 지리적 권역인 북아메리카와 그에 인접한 중앙아메리카 사이의 경계지역을 상기할 필요가 있다. 그림 G-3에 나타나 있는 선은 멕시코와 미국 사이의 경계와 일치하고, 멕시코 만을 가로지르며, 플로리다를 쿠바와 바하마로부터 분리하여 구분시킨다. 그러나 히스패닉계 사람들의 영향은 이 경계선의 북쪽인 미국 권역에서 뚜렷하며, 미국의 경제적 영향은 경계선의 남쪽 권역에서 강하다. 그러므로 이 경계선은 지역적 상호작용에 의해 항상 변화하고 있는 지대를 대표한다. 그리고 남부 플로리다와 바하마 사이에는 지역적 상호작용이 빈번하게 일어나고 있지만, 바하마는 북아메리카 사회보다 카리브 지역과 공통점이 더 많다.

아프리카에서는 사하라이남부터 북부 아프리카까지의 점이지대가 매우 넓고 윤곽이 뚜렷하여 지도에 표현하기가 용이하지만, 다른 지리적 권역의 점이지대들은 훨씬 좁기 때문에 지도에 표현하기가 어렵다. 21세기 초에는 러시아와 서부 유럽 사이의 벨라루스, 러시아와 무슬림 서남아시아 사이의 카자흐스탄 같은 나라들이 지리적 권역 사이의 점이지대에 위치하고 있다. 많은 경우에 지리적 권역들 사이의 경계선상에는 지역적 변화가 일어나는 지대이다. 잘 알다시피 점이대는 긴장과 갈등이 나타나는 곳이다.

지리적 권역 : 두 가지 범주

세계의 지리적 권역은 두 가지 범주로 나눌 수 있다. (1) 영토 혹은 인구, 혹은 이 두 가지 모두에 기초하여 하나의 주요 정치적 공동체(국가)에 의해 지배되는 권역(북아메리카/미국, 중앙아메리카/멕시코, 남아메리카/브라질, 남부 아시아/인도, 동아시아/중국, 동남아시아/인도네시아, 러시아, 오스트레일리아), (2) 여러 나라를 포함하고 있으나 지배적인 국가가 없는 권역(유럽, 북아프리카/서남아시아, 사하라이남 아프리카, 그리고 태평양 권역). 수십 년 동안 미국과 구소련 2개의 강대국이 세계를 지배해 왔으며, 두 강대국은 세계적 영향력을 행사하기 위해 경쟁했다. 오늘날에는 미국이 유일체제로 세계를 지배하고 있다. 중국이나 몇몇 강대국들이 미국의 패권에 도전할 것인가? 우리의 지도가 세계 다극체제의 전주곡이 될 것인가? 이 책의 각 장에서 이러한 질문에 역점을 두어 다루게 될 것이다.

지역 구분의 기준

세계를 지리적 권역들로 구분하는 데에는 거시적 틀이 필요하지만, 좀 더 세련된 수준의 지역 구분을 할 필요가 있다. 이에 따라 지리학에서는 **6** 지역적 개념(regional concept)이라는 중요한 조직적 개념을 사용하게 되었다. 생물학적 분류에 비유하기 위해 문에서부터 목까지를 알아보도록 한다. 지리적 권역 내의 지역들을 구분하기 위해서는 좀 더 특별한 기준이 필요하다.

북아메리카 권역을 사례로 지역적 개념을 설명해 보자. 예를 들어 남부, 중서부, 혹은 프레리 지방 등과 같은 미국이나 캐나다의 한 지역을 설명하고자 할 때, 과학적이지는 않지만 일상적인 의사소통 방식으로 지역적 개념을 사용한다. 여기에서 우리는 우리가 묘사하고 있는 지역의 심상 이미지뿐만 아니라 지방 또는 먼 거리에 있는 공간에 대한 인식을 드러내고 있다.

그러나 정확하게 미국의 중서부는 무엇인가? 북아메리카 지도에 이 지역을 어떻게 그릴 수 있는가? 지역은 상상하고 묘사하기는 쉽지만 지도에 그 윤곽을 그리기는 어렵다. 중서부를 정의하기 위한 한 가지 방법으로 주의 경계를 사용한다. 이 지역에 포함되는 주가 있는가 하면 그렇지 않은 주도 있다. 주요 지표로서 농업을 사용할 수도 있다. 중서부는 옥수수와 콩의 재배율이 높은 곳이다. 각 방법에 의한 윤곽은 다르게 나타난다. 주의 경계에 기초한 중서부는 농작물에 기초한 중서부지역과 다르다. 그 점에 중요한 원리가 있다. 지역은 공간적인 일반화를 가능하게 만드는 도구가 되며, 인위

적인 기준을 바탕으로 한다. 만약 당신이 정치학 학습을 위해 지리학을 학습한다면, 중서부지역을 주 행정 경계로 나눌 가능성이 높다. 만약 당신이 농작물 분포를 학습하고 있다면, 다른 정의가 필요할 것이다.

지대

이와 같이 한 지역에 대해 여러 각도에서 살펴볼 경우, 우리는 모든 지역이 지니고 있는 공통적 특성을 파악할 수 있다. 그중 첫째로, 각 지역들은 여러 개의 지대를 포함하고 있다. 이러한 경험적 지식은 명백한 것처럼 보이지만, 여기에는 우리 눈에 비치는 것보다 더 많은 아이디어가 함축되어 있다. 지역은 지적인 구성 개념이지 추상적인 개념이 아니다. 지역은 실제 세계에서 존재하는 것이며 지구 표면상에 공간을 차지하고 있는 것이다.

경계

이와 같은 지역의 성격을 통해 살펴보면, "지역은 경계로 나누어진다."는 결론에 도달하게 된다. 산맥이나 삼림의 가장자리와 같이 때때로 자연 그 자체에 뚜렷한 구분선이 나타나기도 한다. 하지만 대체로 지역의 경계는 뚜렷하지 않기 때문에 목적에 따른 기준을 설정하여 지역의 경계를 결정해야 한다. 예를 들어 감귤 재배지역을 정의할 때, 전체 면적의 50% 이상에 감귤나무를 심은 농경지를 감귤 재배지역이라고 한다.

위치

모든 지역은 위치를 가지고 있다. 아마존 분지나 인도차이나(인도와 중국 사이에 놓여 있는 동남아시아 지역)와 같이 지역의 이름 속에는 종종 위치 단서를 포함하는 경우가 많다. 지리학자들은 지표면을 격자 좌표로 표현한 위도와 경도의 범위로 장소나 지역의 **7** 절대적 위치(absolute location)를 나타낸다. 이보다 더 실질적인 척도가 되는 것은 다른 지역과의 관련성을 고려한 지역의 **8** 상대적 위치(relative location)이다. 또한, 동부 유럽이나 적도 아프리카처럼 어떤 지역의 이름이 상대적 위치의 양상을 드러내기도 한다.

동질성

지역들은 대부분 동질성이나 동일성에 의해 구분된다. 동질성은 지역의 인문적(문화적) 특성이나 자연적 특성, 혹은 둘 모두에 있다. 북동부 러시아의 광활한 지역인 시베리아는 넓

은 땅에 적은 인구가 작은 마을을 이루어 곳곳에 흩어져 살고 있으며, 한랭한 기후, 넓은 범위에 걸쳐 나타나는 영구 동토층, 한랭한 기후에 잘 적응된 식물들로 특징지을 수 있다. 이러한 동질적 특성은 서쪽으로 우랄 산맥으로부터 동쪽으로 태평양 연안에 이르기까지 러시아의 자연지역과 문화지역 중 하나를 이루고 있다. 지역 간의 동질성이 측정 가능하거나 가시적일 경우, 이러한 지역을 **9** 형식지역(formal region)이라고 한다. 그러나 모든 형식지역이 가시적으로 동질적이지는 않다. 예를 들면 90% 이상의 인구가 특정 언어를 사용하는 지대를 지역이라 할 수 있다. 이러한 현상은 경관으로 드러나지 않지만 실재하는 지역이며, 이에 따라 정확하게 경계를 그리고자 할 때에 이 기준을 사용할 수 있다. 이것 역시 형식지역에 해당한다.

공간체계로서의 지역

지금까지 설명했던 지역들과는 달리 다른 지역들은 내적인 동질성에 의해 구분되지 않고, 실제로 지역 간에 작용하고 있는 기능적 통합에 의해서 구분된다. 이러한 지역들은 **10** 공간체계(spatial system)로 정의할 수 있으며, 지역들을 규정짓는 활동들의 공간적 범위에 의해 형성된다. 대도시의 경우 교외지역, 도시 외곽지대, 위성도시, 농업지대로 구성되어 있다. 도시는 이와 같이 도시를 둘러싸고 있는 지역에 상품과 서비스를 공급하고, 그러한 지역으로부터 농산품과 다른 일용품을 공급받아 소비한다. 도시는 중심부이며, 이 지역의 **핵심부**이다. 따라서 도시와 상호작용하는 주변지역을 **11** 배후지(hinterland)라고 부른다. 그러나 도시의 영향력은 배후지의 바깥 주변으로 멀어질수록 약화되며, 그 결과 도시를 핵심으로 한 기능지역의 경계가 이곳에서 지워진다. 그러므로 기능지역은 상호작용에 따른 도시 중심체계에 의해 형성된다. **12** 기능지역(functional region)은 핵심지역과 주변지역으로 나뉜다. 앞으로 알게 되겠지만, 세계 각 지역에서 핵심부-주변부 대조는 국가의 안정성을 해칠 수 있을 만큼 매우 중요하다.

상호 연결성

모든 인문지역은 다른 지역과 서로 연계된 상태에 있다. 때로는 지리적 권역의 경계가 선으로 그을 수 없이 점이적인 성격을 지니는 지역의 범위로 나타나기 때문에 이를 인접지역이라 한다. 무역, 이주, 교육, 텔레비전, 컴퓨터 연결망 등과 같은 지역 간 상호작용은 그 지역적 경계가 모호하다. 이와 같은 지역 간 상호작용은 지구촌 사람들 간의 상호 의존성을 급

 답사 노트

© H. J. de Blij

"아이슬란드의 화산 지형 위를 비행해 보면 지구가 어떻게 만들어지는지 엿볼 수 있다. 이곳에는 세계에서 가장 최근에 만들어진 암석이 있으며 만들어지고 있다. 이곳은 지각판이 분리되면서 마그마가 균열을 따라 지표로 분출되는 곳으로서, 이를 통해 중앙해령을 따라 지각 깊은 곳에서 어떤 일이 일어나는지 알 수 있게 해 준다. 오른쪽 사진이 흔한 화산 폭발 모습이다. 1780년대 아이슬란드의 라키 화산에서 폭발이 일어나 수만 명의 사람이 목숨을 잃었으며 지구적 생태환경의 위기를 가져왔다. 2010년, 에이야프얄라요쿨이라는 그보다 훨씬 작은 화산이 폭발하였음에도, 북반구의 항공 운행에 많은 지장을 주었다."

속하게 증대시키는 연결고리이다. 이들의 영향으로 지구촌 각 지역 간의 차이가 점차 줄어들게 되었다. 이러한 차이를 정확하게 인식할수록 지구촌은 하나가 될 것이다.

자연 환경

이 책은 수천 년 동안 인간 활동에 의해 형성된 지리적 권역과 지역에 주목하고 있다. 그러나 우리는 이러한 활동들이 일어났던 자연 환경을 결코 잊어서는 안 된다. 왜냐하면 우리는 여전히 사람들이 삶을 영위하는 방식에 있어서 이러한 자연 환경의 역할을 인식할 수 있기 때문이다. 예를 들면 세계의 어떤 지역에서는 작물을 기를 수 있고 가축을 키울 수 있는가 하면 어떤 지역에서는 불가능하다. 이렇게 좋은 환경에 살고 있는 사람들은 밀과 벼, 근경 식물들을 재배하는 방법과 소, 염소, 야마 등을 기르는 방법을 배웠다. 21세기의 지도상에서도 초기 '기회의 땅'을 구분할 수 있다. 그러한 기회의 땅에서 적응하고 발명함으로써 마을, 면, 시, 그리고 주들이 성립하였다. 그러나 열악한 자연 환경 속에서 사는 사람들은 이러한 공간조직을 성립시키기에는 너무 어려웠다. 열대 아프리카 지역을 살펴보면 이를 알 수 있다. 그곳에는 영양과 얼룩말로부터 기린과 물소에 이르기까지 수많은 야생동물이 살고 있지만 이들을 사육할 수가 없다. 즉, 사로잡아 기를 수가 없다. 야생 동물은 기회가 아닌 위협이었다. 결국 인간들은 아프리카 동물 중 뿔닭만을 가축화할 수 있었다. 초기 아프리카 사람들은 열악한 환경에 직면했고, 현재에도 지속되고 있다. 현대의 지도에는 과거의 많은 흔적들이 담겨 있다.

자연 경관

지구의 육지는 울퉁불퉁한 산맥과 평평한 해안 평야가 얽혀 있는 **13** 자연 경관(natural landscapes)의 모자이크이다(그림 G-1). 일부 대륙은 그 대륙의 주요 자연 경관을 연관시키는 것이 쉬운데, 북아메리카는 로키 산맥, 남아메리카는 안데스 산맥과 아마존 분지, 유럽은 알프스 산맥과 라인 강, 다뉴브 강 분지, 아시아는 히말라야 산맥과 많은 분지, 그리고 아프리카는 사하라 사막과 콩고 분지를 떠올리기 쉽다. 자연 경관은 과거부터 현재까지 오랫동안 인간의 활동과 이동에 영향을 미쳐 왔다. 산맥은 이동의 장벽 역할을 하지만, 농업과 기술 전파의 통로 역할을 하기도 했다. 오늘날 탈레반, 알카

에다, 체첸 반군의 은신처는 험준한 산맥 속에 감추어져 있다. 강은 사람들 사이의 교통과 소통의 통로로 작용하기도 하지만, 넓은 사막과 강 역시 장벽 역할을 한다. 세계의 각 지리적 권역을 살펴보면 알게 되겠지만, 이런 자연 경관들은 오늘날 세계에도 중요한 역할을 하고 있다. 이것이 세계지리 연구가 중요한 까닭이다. 세계지리 연구는 인문 지도에 환경적 관점뿐만 아니라 지역적 관점을 반영시키기 때문이다.

자연재해

지구는 약 46억 년 전에 탄생했지만, 평온하지 못하다. 지진은 우리가 살고 있는 얇은 지각을 흔들고, 화산이 분출하고 있으며, 폭풍은 격렬하게 불고 있다. 심지어 대륙들까지도 눈에 띄게 움직이고 있으며, 대륙들이 서로 분리되기도 하고, 충돌하기도 한다. 거의 10년마다 자연대재해로 인해 수십만 명이 목숨을 잃는다. 그리고 그러한 대재해는 때때로 역사를 바꿔 놓기도 했다.

약 1세기 전, 전공이 엄밀하게 지형학이라기보다는 기후학에 가까웠던 독일의 지리학자 알프레드 베게너는 그림 G-1과 같은 소축척 지도를 이용하여 다음과 같은 사실을 설명하기 위해 공간 분석을 실시하였다. 즉, 그림 G-1과 같은 소축척 지도상에서는 대륙들이 퍼즐 조각들처럼 대체로 서로 꼭 들어맞는 모습인데, 특히 베게너는 남대서양을 가로지르는 남아메리카와 아프리카의 모양이 꼭 들어맞는다는 사실에 주목하였다. 그는 수억 년 전에는 현재 지도상의 대륙들은 **판게아**(*Pangaea*)라고 부르는 한 덩어리의 초대륙으로 존재했었으며, 언제, 어떤 이유인지는 잘 모르지만 초대륙은 쪼개져서 이동하게 되었다고 주장하였다. 그의 **14** 대륙이동설(continental drift)은 대륙을 이동시키는 메커니즘에 대해 타 분야의 과학자들이 연구하게 되는 계기가 되었으며, 그 결과 이러한 연구에 대한 해답이 해양 표면 아래의 지각 속에 들어 있다는 사실을 알게 되었다. 오늘날 우리가 알게 된 사실은 그림 G-4에서 보는 바와 같은 무거운 암석으로 이루어진 **15** 지각판(tectonic plates)들 위에 상대적으로 가벼운 암석으로 이루어진 대륙판들이 얹혀 있다는 것이다. 지각판들의 이동은 맨틀의 대류에 의해 촉진되며, 맨틀 내의 뜨거운 마그마가 화도를 통해 지표면으로 분출되면 이를 용암이라 부른다.

이동하는 지각판은 불가피하게 충돌하게 된다. 지각판이 충돌하면 지진이 일어나고, 화산이 분출하며, 자연 경관에 거대한 기복이 생긴다. 그림 G-4와 G-5를 비교해 보면 인

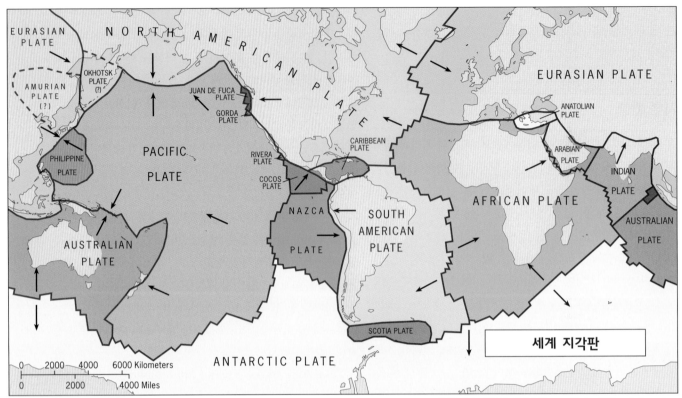

그림 G-4

© H. J. de Blij, P. O. Muller, and John Wiley & Sons, Inc.

간 생활에 영향을 주는 이러한 위험의 분포를 알 수 있는 지각판들의 경계를 알 수 있다. 2010년 1월 12일 아이티의 수도 포르토프랭스에서 리히터 규모 7.0의 강진이 일어났다. 천발 지진임에도 불구하고 진앙지 위가 인구 밀집 지역이어서 30만 명 이상이 사망하고 그와 비슷한 사람들이 다치고, 130만 명의 이재민이 발생했다. 지구의 대양 중 하나인 태평양은 활화산대와 지진대로 둘러싸여 있어서, 이를 **16** 환태평양 조산대(Pacific Ring of Fire)라고 부른다.

그림 G-5와 G-3을 비교해 보면 지각의 불안정으로 인한 위험에 노출된 세계의 지리적 권역을 잘 알 수 있다. 러시아, 유럽, 아프리카, 오스트레일리아는 상대적으로 안전하다. 이 외의 지리적 권역들에서는 같은 권역 내에서도 어떤 지역이 다른 지역보다 상대적으로 더 크게 위험에 노출되어 있다. 예를 들면 남북아메리카의 동부와 서부가 이에 해당한다. 그림 G-5를 통해 우리는 현재 위험이 뚜렷하게 존재하고 있는 지역들을 상세하게 알 수 있다. 세계적인 대도시 중 일부는 이러한 갑작스러운 재앙에 매우 취약한 지역에 위치하고 있다.

기후

주요 기후는 지역지리학에 있어서 핵심 요소이다. 곧 알게 되겠지만 몇몇 지역들은 근본적으로 기후에 의해 정의된다. 그러나 기후는 변하고 있으며, 현재 어떤 지역에서 우세한 기후가 수천 년 전에도 그 지역에 우세했던 기후인 것은 아니다. 즉, 이 장에서 제시된 어떤 기후 지도도 영원할 수 없으며, 지금도 변화하고 있는 과정에서 단지 현재의 기후 상태를 표현하고 있을 뿐이다.

빙하기와 기후 변화

지구에는 대기가 있기 때문에 기후 상태는 변화를 반복해 왔다. 주기적으로 수천만 년 동안 지속되는 **17** 빙하기(ice age)는 지구를 냉각시켜서 거대한 생태학적 변화를 야기했다. 3억 년~2억 5,000만 년 전 사이에 판게아가 한 덩어리였을 때도 빙하기가 있었다. 약 3,500만 년 전에 다른 빙하기가 시작되었고, 지금도 우리는 이를 겪고 있는 중이다. 최근 빙하기의 世(紀의 하위 개념)는 아직 평균적으로 가장 추운 시기를 맞이하지 않았지만 **플라이스토세**(pleistocene)라고 불리며 약 200만 년 동안 지속되어 왔다.

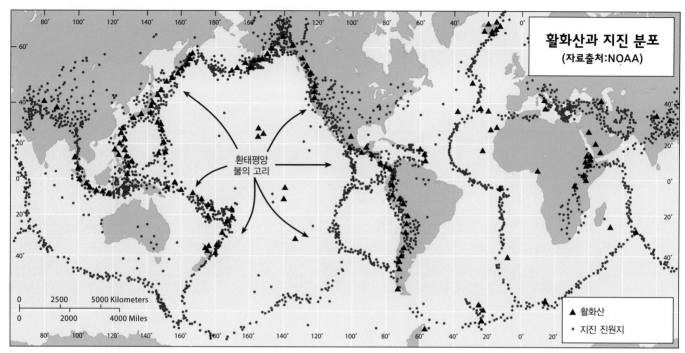

그림 G-5

Data courtesy U.S. National Oceanic and Atmospheric Administration (NOAA)

지금 우리가 겪고 있는 지구온난화는 매우 놀랄 만한 일일 수도 있겠지만, 빙하기가 완전하고 혹독하게 추운 시기가 아니라는 사실을 유념해야 한다. 오히려 빙하기는 2개의 커다란 파동으로 구성되어 있다. 그 하나는 한랭기로서 빙하가 확장되어 인간의 삶터가 축소된 시기이고, 다른 하나는 온난기로서 빙하가 물러나고 다시 삶터가 극지방으로 확장되는 시기이다. 한랭기를 **18** 빙기(glaciations)라고 부르는데, 이러한 기간은 중간중간에 소폭의 일시적인 온난기가 있더라도 매우 장기간 지속되는 경향이 있다. 대륙빙하가 극지방 쪽으로 물러가고 산악빙하가 녹는 온난기는 **19** 간빙기(interglacials)라고 부른다. 우리는 오늘날 이러한 간빙기 중 한 기간에 살고 있다. 이 시기를 지질학적 명칭으로 **홀로세**(Holocene)라고 한다.

다음을 상상해 보라. 약 10만 년 동안 지속된 **위스콘신 빙기**(그림 G-6)의 절정기였던 약 18,000년 전에는 거대한 대륙빙상이 미국의 중서부 대부분을 덮고 있었으며, 오하이오 강 골짜기들이 빙하로 덮여 있었다. 남극 대륙 빙상이 이전보다 더 확대되었으며, 심지어 열대 지방의 고산지대 산악빙하는 계곡들과 고원으로 밀려 내려왔다. 그러나 홀로세에 다시 따뜻해지면서 대륙빙하와 산악빙하는 후퇴하였으며, 그 결과 북극과 남극빙하 사이에 존재하는 생태지역은 현재 남쪽과

북쪽으로 확장되고 있다. 특히 위스콘신 빙기의 온난기 동안에 사람들이 아프리카로부터 서남아시아를 거쳐 유럽으로 이주해 와 인간의 거주공간이 확장되었으며, 인구도 증가하게 되었다.

지구적 기후 변화

빙하가 후퇴하면서 지구와 인류의 조상들이 겪었을 변화에 대해서 생각해 보자. 거대한 빙상이 캐나다와 남극으로부터 수천 마일을 가로질러 바다로 미끄러져 내려왔다. 하천으로부터 많은 실트를 함유한 융빙수가 휘몰아쳐 내려와 거대한 삼각주를 형성하였다. 해수면은 넓은 해안 평야를 침수시키며 급격히 상승하였다. 동식물들은 고산지대와 고위도지역의 새로 생긴 땅을 찾아 이동하였다. 기후대가 변함에 따라 습윤지역은 건조지역으로, 건조지역은 습윤지역으로 바뀌게 되었다. 사람들이 작물을 재배하였고 일찍이 국가 형성의 조짐을 보였던 서남아시아에서는 이러한 급작스러운 기후 변화로 인해 그들이 이룩했던 것들이 파괴되었다. 하천이 흐르고 넓은 초원에 야생 동물이 살았던 북부 열대 아프리카는 대서양 해안에서 홍해에 이르는 광대한 지역이 약 5,000년 전 짧은 기간 동안에 건조지역으로 변하였다. 오늘날 사하라라고 불리는 이 지역이 건조화되는 과정을 **20** 사막화

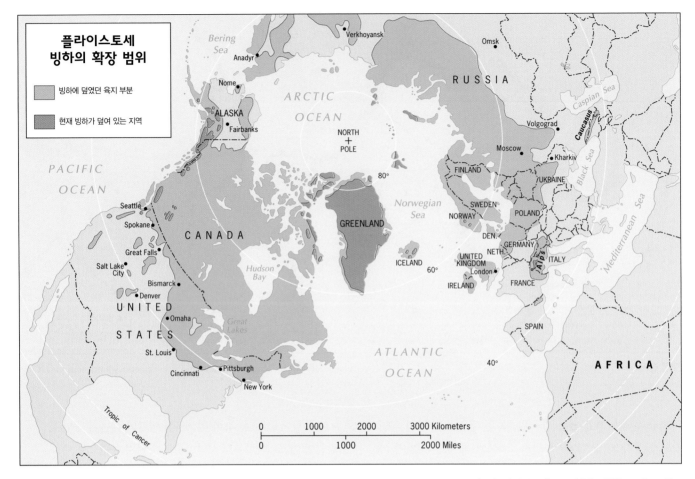

그림 G-6

© H. J. de Blij, P. O. Muller, and John Wiley & Sons, Inc.

(desertification)라고 한다.

기온이 현재 수준에 이르게 된 시기는 약 7,000년 전이지만, 사하라의 사막화 과정에서 나타난 바와 같이 홀로세의 간빙기 온난화 효과는 더욱 오랜 기간 동안 지속되었다. 노출된 암석이 풍화되어 토양이 형성되었는데, 이러한 현상은 한랭 건조한 지역에서보다 온난 습윤한 지역에서 더 빠르게 진행되었다. 위스콘신 빙기 때에 남쪽으로 이동했던 침엽수림은 현재 북쪽으로 이동하고 있으며, 적도 지방의 열대우림은 전 방향으로 확장되고 있다. 세계 최초의 제국은 위스콘신 빙기 동안의 황폐한 지역에서 세워졌다. 즉, 이 시기에 로마 제국은 유라시아 대륙의 서쪽 끝에 자리 잡았으며, 한 제국은 동쪽 끝에 세워졌다. 이 시기에 유럽과 중국은 비단길을 통해 무역을 했으며, 이 경로는 현재도 활용되고 있다.

이러한 지구 환경사의 많은 부분은 그림 G-8에서 볼 수 있듯이 오늘날에도 그 흔적이 곳곳에 남아 있다. 수천 년 전 인류가 관개농업을 하던 거대한 동부 아시아 유역 분지에는 오늘날에도 중국의 많은 인구가 밀집해 있다. 일찍이 엄청난 인류가 자리 잡았던 갠지스 유역 분지는 현재 인도의 핵심지역이다. 또한 로마 제국의 유산은 유럽 문화에 많은 영향을 주었다.

지난 1,000년 동안 우리는 약간 문제가 되는 환경 개발을 목격해 왔다. 1300년대에 처음으로 한랭기가 다시 도래하는 첫 번째 징후가 유럽에 나타나서 작황이 나빠져 사회적 혼란이 야기되었으며, 후에 중국에서까지도 이러한 징후가 나타났다. 이러한 기후 변화는 1600년대 들어 더욱 악화되었으며, 소빙기라고 일컬어지게 되었다. 그리고 이러한 기후 변화는 장기간에 걸친 기후 변화가 일어났을 때처럼 세계 곳곳의 사람들과 유라시아의 인문지리에 엄청난 영향을 미쳤다. 19세기 초에 와서야 소빙기 이전 기후 상태로 회복되었다. 그러나 폭발적인 인구 증가는 대기에 강한 영향을 미쳤고, 인류 그 자신들이 세계 기후 변화의 요인이 되었다.

오늘날 우리는 **21** 지구적 기후 변화(global climate change)

의 시대, 특히 인간 활동에 의해 가속화된 자연적 지구온난화 시대에 살고 있다. 산업혁명 이후 인간은 온실가스를 방출해 왔으며, 그로 인해 지표에 도달한 태양 에너지가 지구대기에 갇히는 **온실효과**(greenhouse effect)를 증가시켰다. 이것이 지구온난화라는 지구적 기후 변화를 일으켰다. 2007년, 기후 변화에 관한 정부간위원회(IPCC)는 지금의 지구 기후 변화와 그 원인에 대한 과학적 증거를 담은 보고서를 발간하였다. 전문가들은 세계평균기온은 지역적 차이(고위도에서 더 높게, 저위도는 낮게)는 있겠지만, 평균 2~3℃ 정도 상승할 것으로 예측했다. 강수 분포의 지역적 편차는 더 심해질 것으로 내다봤다. 기온 변화는 크지 않지만 지구적 기후 패턴과 농업지역 및 인간의 삶의 질에 미치는 영향은 매우 클 것이다. 그 파장이 어느 정도일지는 아직 완전히 알려지지 않았지만, 시뮬레이션 연구들은 우리 사회가 곧 그런 문제들과 직면하게 될 것이라고 경고하고 있다. 일부 국가의 정치 지도자들은 지구온난화로 인한 피해 예측에 회의적인 생각을 갖고 있기도 하고, 이미 대비하는 지도자들도 있는 등 반응은 다양하다. 가장 확실한 지구온난화 증거의 하나인 북극해 해빙이 예상보다 빨리 녹고 있어서 환경적·정치지리적 상황이 변하고 있다. 이 문제는 제2A장과 제12장에서 다룰 것이다.

기후지역

우리는 이제 막 기후가 얼마나 다양할 수 있는지에 대하여 알아보았지만, 우리 살아생전에는 이러한 기후의 다양성에 대한 증거들을 거의 볼 수 없다. 우리는 주어진 어떤 시점에 특정한 장소에서 나타나는 대기의 일시적 상태인 **날씨**에 대해 얘기한다. 그러나 기술적 용어로서 **기후**란 기록이 유지된 전체 기간에 걸친 장소나 지역의 총체적 기상 상태를 말한다.

그림 G-7는 매우 복잡하게 보일 수 있지만, 매우 유용하다. 오래전 쾨펜(Wladimir Köppen)이 고안해 낸 체계를 기초로 하여 가이거(Rudolf Geiger)가 수정하였으며, 색깔과 알파벳 기호의 조합으로 기후지역을 표시하고 있다. 범례에서 A기후(장미색, 주황색, 복숭아색)는 적도와 열대기후, B기후(황갈색, 노란색)는 건조, C기후(녹색)는 덥지도 춥지도 않은 온대, D기후(보라색)는 한랭, E기후(파란색)는 한대, 그리고 H기후(회색)는 히말라야와 안데스 같은 고산기후를 뜻한다.

이 기후 지도를 활용하는 좋은 방법은 당신에게 익숙한 기후부터 시작하는 것이다. 미국 남동부지역(오대호에서 플로리다에 이르는 녹색의 C 지역)에 살고 있다면, 남아메리카

남동부와 호주 남동부, 중국 남동부지역에 이주해 살더라도 기후적으로 편안함을 느낄 것이다. 텍사스(황갈색)에서 애리조나(노란색)에 이르는 미국 남서부의 B 지역에 살고 있다면, 대부분의 호주와 남서아프리카 그리고 서남아시아의 기후도 익숙할 것이다. 이런 방법은 도시 수준에서도 적용이 가능하다. 샌프란시스코 기후가 편하다면, 칠레 산티아고, 남아프리카공화국 케이프타운, 그리스 아테네, 호주 퍼스의 기후도 맘에 들 것이다. 국지적으로는 차이가 있겠지만, 대개는 그 차이보다 유사성이 더 많을 것이다. 캐나다에 살고 있다면, 대부분의 러시아와 중국 북동부의 기후도 좋아할 것이다.

중규모 축척의 지역에서도 그림 G-7은 그 지역에 대해 많은 이야기를 해줄 수 있다. 적도/열대기후(Af) 지역(장미색)은 연중 비가 내리는 다우지역으로서 열대우림이 나타나는 곳이다. 하지만 복숭아색 지역(Aw)은 우기보다 건기가 더 길어서 사바나 식생이 대표적 경관을 이룬다. 이곳에서는 나지가 많고 교목류들이 흩어져 나타난다. Am의 m은 몬순(monsoon)을 뜻하며, 이 기후지역은 현재도 수억 명 사람들의 삶을 좌우하는 계절적 폭우가 내리는 곳이다.

그림 G-7을 이해할 때 꼭 새겨두어야 하는 것이 있다면, 이 지도는 움직이는 화면이나 상영되는 영화의 한 장면에 불과하다는 것이다. 지구 기후는 지금까지 끊임없이 변화해 왔으며, 그로 인해 향후 100년 이내에 새로운 자료를 반영하여 기후 지도를 수정하게 될 것이다. 앞으로의 해수면 상승 예측이 맞는다면, 현재의 해안선까지 다시 그려야 할지도 모른다.

제2장부터 대축척 기후 지도들과 만나게 되겠지만, 지역이나 국가의 역사지리나 경제지리를 토론할 때마다 쾨펜-가이거 지도를 참고하는 것이 도움이 될 것이다. 세계 기후지도는 기후적 특성뿐만 아니라 농업 가능지역과 한계지역도 보여주고 있어서 인간의 거주 분포 패턴을 파악하는 데 도움을 주기도 한다.

인구지역

인구수 자체만으로 지리적 권역이나 지역을 정의할 수 없다는 사실을 전술한 바 있다. 기능 사회에서 더욱 보편적 근거를 획득한 인구 분포가 지리적 권역이나 지역을 정의하는 데 있어서 더 중요한 지표이다. 3,000만 명 남짓의 오스트레일리아를 하나의 지리적 권역으로 설정한 반면에, 인구수 15억 명 이상인 동부 아시아를 하나의 지리적 권역으로 설정할 수 있

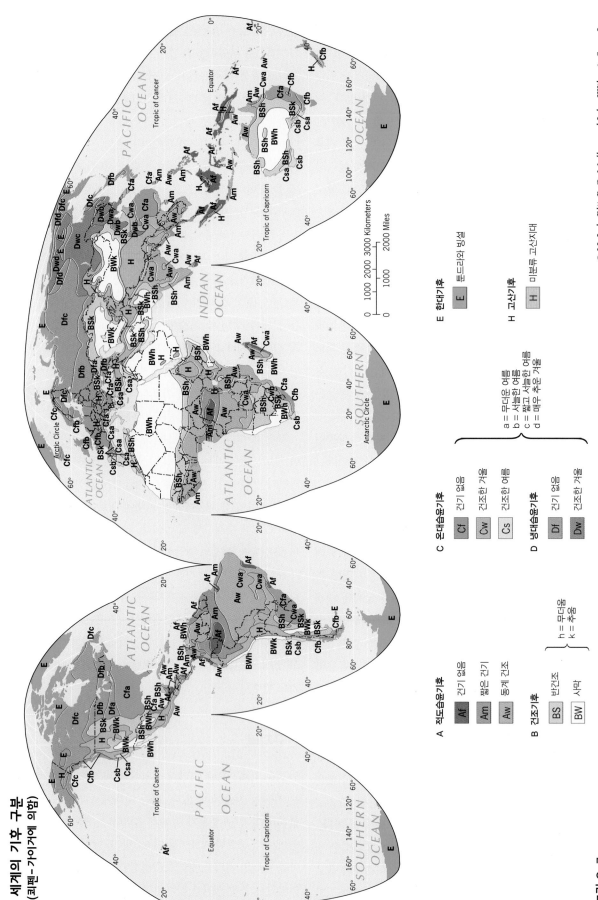

세계의 기후
(쾨펜-가이거에 의함)

© H. J. de Blij; P. O. Muller, and John Wiley & Sons, Inc.

그림 G-7

A 적도습윤기후

Af	건기 없음
Am	짧은 건기
Aw	동계 건조

B 건조기후

BS	반건조
BW	사막

h = 무더움
k = 추움

C 온대습윤기후

Cf	건기 없음
Cw	건조한 겨울
Cs	건조한 여름

D 냉대습윤기후

Df	건기 없음
Dw	건조한 겨울

a = 무더운 여름
b = 서늘한 여름
c = 짧고 서늘한 여름
d = 매우 추운 겨울

E 한대기후

E	툰드라와 빙설

H 고산기후

H	미분류 고산지대

0 1000 2000 3000 Kilometers
0   1000   2000 Miles

는 근거가 여기에 있다. 인구수나 영토의 크기만으로는 지리적 권역의 경계를 정할 수 없다. 그럼에도 불구하고 어떤 특정 지역에 인구가 집중되어 있다는 사실에 바탕을 두고 살펴보면, 세계 인구 분포 지도(그림 G-8)는 몇몇 지리적 권역의 상대적 위치를 암시하고 있다. 이와 같은 인구 집중 지역을 자세하게 살펴보기 전에, 현재 지구상의 인구는 70억 명을 막 넘어섰다는 사실에 주목해야 한다. 즉, 지구 표면의 30% 남짓인 대륙, 그나마도 대부분은 사막, 험준한 산지, 꽁꽁 얼어 있는 툰드라로 이루어져 있는 대륙에 70억 명의 인구가 제한적으로 살고 있다(인구가 급속하게 증가하고 있다는 사실에 비추어, 그림 G-8은 끊임없이 변화하는 가운데 한 장면임을 명심하라!). 수천 년 동안 천천히 성장했던 세계 인구가 19세기와 20세기를 거치면서 성장률이 대폭 증가하였다. 최근 인구 증가율은 감소하고 있지만, 예수 탄생 이후 17세기 동안 2억 5,000만 명의 인구가 늘었으며, 현재에는 3년 6개월마다 2억 5,000만 명이 늘고 있다는 것을 고려해야 한다.

주요 인구 집중 지역

지구에서 사람들이 차지하고 있는 위치를 총체적으로 나타내는 한 가지 방법은 **22** 인구 분포(population distribution) 지도를 만드는 것이다(그림 G-8). 지도의 범례를 보면 한 점은 10만 명의 인구를 나타내고 있기 때문에 인구가 거의 없는 지역과 많은 인구가 집중된 곳이 분명하게 나타난다. 인구 분포와 인구 밀도는 사람들이 사는 곳을 나타내는 다른 방식이며, 양자 간에는 기술적 차이가 있다. 인구 밀도 지도는 단위 지역당 얼마나 많은 사람들이 있는지를 나타내는 것이며, 다른 지도학적 기술을 필요로 한다.

동아시아

세계 인구 최대 집중 지역은 아직도 중국을 중심으로 한반도에서 베트남에 이르는 태평양 연안의 아시아 해안지역을 포함하는 동아시아이다. 얼마 전까지만 해도 동아시아는 촌락 인구와 농업 인구가 지배적인 지역이라고 보고되었는데, 급속한 경제 성장과 이에 따른 도시화가 이러한 판도를 바꾸고 있다. 황허와 양쯔 강(그림 G-8의 A와 B)의 유역 분지 내부와 그 사이에 있는 쓰촨 분지에는 여전히 농업 인구가 주를 이루고 있다. 또한 부록 B에 나타난 바와 같이 아직도 중국에서는 전국적으로 농업 인구가 도시 인구를 앞지르고 있다.

 답사 노트

© H. J. de Blij

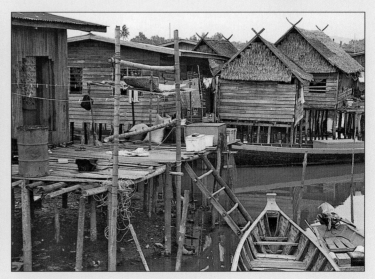

"[왼쪽 사진] 북대서양 해안도시인 노르웨이의 베르겐은 오슬로와 같은 다른 노르웨이 도시들보다 노르웨이 전통 문화 경관을 잘 간직하고 있다. 가파른 산지들 사이에 위치한 베르겐의 경치는 멋지지만, 그만큼 그늘진 곳이 많아 햇빛을 최대로 받아들이기 위해 창문이 크다. 붉은 타일의 지붕은 빗물이 흘러내리고 눈이 쌓이지 않도록 경사가 가파르다. 도로가 좁고 가옥들이 밀집되어 있는 것은 보온 효과를 높이기 위함이다. [오른쪽 사진] 보르네오 섬 서쪽의 남중국해 해안가에 위치한 멩카봉 해안마을에 나타나는 고상가옥은 이 섬의 다른 해안 마을에서도 나타나는 일반적인 문화 경관이다. 건물과 카누는 나무로 만드는 것이 전통적 방식이지만, 벽에 만들어진 창문과 인근 우물에서 파이프를 통해 물을 공급받는 등 현대적 모습도 엿볼 수 있다."

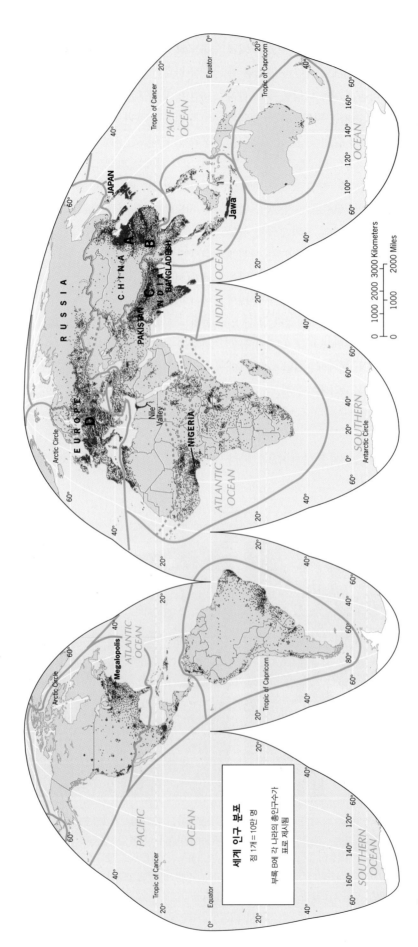

그림 G-8

그러나 중국의 해안도시 및 해안에 인접한 내륙 대도시들은 수백만 명의 새로운 인구를 끌어들이고 있으며, 내륙도시들 또한 빠르게 성장하고 있다. 2020년이 되기 전에 동아시아의 인구 집중 지역에서는 농촌 인구보다 도시 인구가 더 많아질 것이다.

남부 아시아

남부 아시아 인구 집중 지역은 인도를 중심으로 하여 파키스탄이나 방글라데시와 같이 주변의 인구가 조밀한 이웃 국가들을 포함한다. 이러한 거대한 인구는 갠지스 강 유역의 넓은 평야에 집중되어 있다(그림 G-8의 C 지역). 이 지역의 인구 규모는 동부 아시아와 거의 비슷하며, 현재 증가율로 본다면 아마도 20년 내로 동부 아시아의 인구를 따라잡을 것이다. 남부 아시아에서는 동부 아시아에서보다 농업이 비효율적임에도 불구하고 토지 압력이 더 크지만, 상당 비율의 인구가 여전히 농업에 종사하고 있다.

유럽

인구 집중 3위를 차지하는 유럽도 역시 중국의 반대편 끝에 있는 유라시아 대륙에 위치하고 있다. 러시아 서부지역을 포함하여 유럽의 인구 집중 지역에는 인구가 7억 명이 넘기 때문에 유라시아 대륙의 다른 두 인구 집중 지역과 그 궤를 같이하지만, 다른 두 지역과는 차이가 있다. 즉, 유럽은 동서 방향의 선상 인구축(그림 G-8의 D 지역)이 핵심을 이루는데, 이러한 핵심지역은 유라시아 대륙의 다른 두 지역처럼 비옥한 하천 유역 분지가 아니고, 산업 원료가 풍부한 지대이다. 유럽은 세계에서 가장 고도로 도시화되고 산업화된 권역이며, 유럽의 인구 집중은 논과 목장보다는 오히려 공장과 사무실에 의해 부양된다.

이상에서 언급한 세계 인구가 집중해 있는 세 곳(동아시아, 남부 아시아, 유럽)은 세계 총인구 70억 명 중 40억 명을 차지하는 곳이다. 이와 같이 많은 인구가 집중된 곳은 없다. 다음으로 인구가 많이 집중된 곳은 북아메리카 동부지역으로, 유럽 인구의 약 1/4 정도이다. 유럽의 인구는 주요 거대 도시들에 집중되어 있기 때문에 농촌지역은 상대적으로 인구가 희박하다. 이에 따라 지리적 권역들은 다양한 **23** **도시화율** (levels of urbanization), 즉 도시에 사는 인구의 비율을 나타내고 있다. 그리고 어떤 지역은 다른 곳보다 급격하게 도시화가 진행되고 있으며, 이러한 현상은 세계의 권역들을 파악

해 가면서 설명이 가능해질 것이다.

문화권

수단의 수도 카르툼으로부터 상류로 향하고 있는 나일 강의 보트 위에 자신이 서 있다고 상상해 보라. 사막의 하늘은 푸르고 그 열기는 타는 듯하다. 당신은 해안 마을들을 스쳐 지날 것이다. 그 마을들에는 정사각형이나 직사각형의 낮은 집들, 최근 하얗게 또는 회색으로 칠한 평평한 지붕과 나무로 된 문들, 작은 창문들이 반복적으로 나타난다. 수수한 모스크 사원의 첨탑이 집들의 지붕 너머로 보이고, 좁은 중앙 광장이 어렴풋이 보일 것이다. 주변에는 듬성듬성 식생이 자라고 있을 것이며, 안뜰에는 곳곳에 튼튼한 야자나무가 서 있을 것이다. 사람들은 하얗고 긴 예복을 입고, 챙이 없는 하얀 야구모자같이 생긴 머리덮개를 하고 거리를 서성인다. 염소 몇 마리가 그늘 아래 누워 있다. 강가를 따라 주변의 사막이 무색한 먼지투성이의 농지가 펼쳐져 있다. 강의 절벽 아래에는 카누가 몇 척 걸려 있다.

이 모두가 수단 중부지역 농촌의 **24** **문화 경관**(cultural landscape) 일부이다. 문화 경관은 한 사회의 독특한 속성이 자연 환경의 일부분에 남은 흔적들이다. 문화 경관의 개념은 1920년대 캘리포니아대학교의 지리학자였던 칼 사우어가 처음으로 사용했던 것으로 '자연 경관에 'man'의 활동이 더해진 모습'을 의미한다. 오늘날 'man'은 '인간'으로 해석되고 있다. 그러나 칼 사우어의 정의를 변경한 다른 이유가 있다. 왜냐하면 문화 경관은 빌딩, 정원, 길과 같은 '형식' 외에도 의복의 양식, 음식의 향기, 그리고 음악 소리 등과 같은 그 이상의 것으로 구성되어 있기 때문이다.

나일 강의 남쪽으로 계속 여행하다 보면 눈에 띄게 다른 변화를 볼 수 있을 것이다. 갑자기 수단 중부 지방의 단단한 벽과 평평한 지붕으로 이루어진 정사각형 집들이 남부의 잔가지와 지푸라기로 둥그렇게 엮은 원뿔 모양 지붕의 집들로 바뀌게 된다. 하늘에는 갑자기 구름이 나타나 당신의 눈길을 끌게 될 것이다. 이곳에서는 비가 더 많이 내리기 때문에 평평한 지붕은 제구실을 다하지 못할 것이다. 사막은 초록색으로 바뀌게 될 것이다. 집들 사이에, 심지어는 좁은 오솔길에도 자연 식생이나 인위적으로 조성한 식생이 자라고 있다. 마을은 조금 무질서해 보이고 더욱 다채롭다. 사람들은 해변에서 더 다채로운 옷을 입는데, 여자들은 주로 다양한 색상의

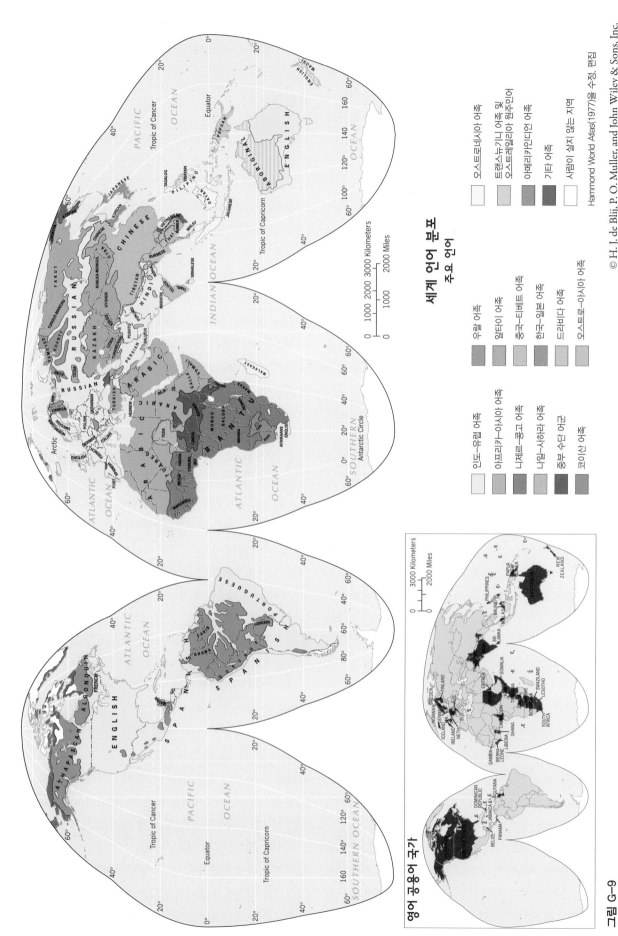

세계 언어 분포
주요 언어

	인도-유럽 어족		우랄 어족
	아프리카-아시아 어족		알타이 어족
	니제르-콩고 어족		중국-티베트 어족
	나일-사하라 어족		한국-일본 어족
	중부 수단 어군		드라비다 어족
	코이산 어족		오스트로-아시아 어족

	오스트로네시아 어족		
	트랜스뉴기니 어족 및 오스트레일리아 원주민어		
	아메리카인디언 어족		
	기타 어족		
	사람이 살지 않는 지역		

Hammond World Atlas(1977)을 수정, 편집

영어 공용어 국가

그림 G-9

© H. J. de Blij, P. O. Muller, and John Wiley & Sons, Inc.

옷을 입고, 남자들은 셔츠나 늘어진 옷을 입는다. 비록 들판에서 일하는 남자보다 여자가 더 많이 눈에 띄지만, 남자들이 일할 때에는 짧은 바지를 입는다. 당신은 아프리카의 아랍화된 이슬람 아프리카 지역으로부터 정령신앙이나 기독교를 믿는 사람들이 사는 아프리카로 여행해 온 것이다. 즉, 2개의 지리적 권역의 경계를 건너온 것이다.

오직 하나의 문화 경관을 가진 권역은 없지만, 문화 경관은 지역과 권역을 정의하는 데 도움이 된다. 건물이 높이 솟은 도심과 교외지역으로 확장되어 가는 북아메리카 도시의 문화 경관은 브라질과 남아메리카 도시의 문화 경관과는 다르다. 동남아시아의 빽빽한 계단식 논은 이웃한 오스트레일리아의 촌락 문화 경관에서는 결코 찾아볼 수 없는 것이다. 도시화가 고도로 진행된 지역과 촌락 중심의 지역(또는 보다 전통적인 곳)과 같이, 지리적 권역 내에서 나타나는 문화 경관의 다양성은 세계의 지역들을 정의하는 데 도움을 준다.

언어지리

언어는 문화의 핵심이다. 사람들은 모국어에 대한 열정이 강렬해서, 다양한 방식으로 모국어가 위협받게 되면 그 열정은 더 강해진다. 오늘날 미국에서 불고 있는 '영어 전용(English Only, English First)' 운동은 이민자들의 증가로 그들의 모국어가 위협받는 것을 걱정하기 때문이다. 다른 장에서 살펴보겠지만, 일부 주에서는 국가주의에 입각해 소수민족의 언어와 문화를 제한하려는 잘못된 정책을 펼치고 있어서 강한 저항에 부딪히고 있다.

사실 언어도 만들어진 후 발달하다가 시간이 지나면 사라지기 때문에, 수만 개의 언어가 사라졌으며 지금도 사라지고 있다. 당신이 이 책을 읽고 있는 지금부터 1년 동안 25개의 언어가 흔적도 없이 사라지게 될 것이다. 수메르어와 고대 에트루리아어와 같은 주요 언어들은 문자 흔적을 남겨 후대의 언어에 약간의 영향을 주었다. 반면 산스크리트어와 라틴어의 경우는 현대 언어에도 반영되어 사용되고 있다. 현재 7,000여 개의 언어가 사용되고 있으며, 언어학자들에 따르면 이들 중 절반은 소멸의 위험에 처해 있다. 21세기 말에는 수백 개의 언어 정도만이 살아남을 것이며, 수십억 명의 사람들은 더 이상 그들의 전통 언어를 사용하지 못할 것이다.

여러 해 동안 학자들은 언어 가계도를 만들려고 노력해 왔다. 지리학자들은 이런 연구 결과를 지도에 반영시켜 왔으며, 아직 완성된 결과는 아니지만 그림 G-9는 그런 노력의

일환이다. 적계는 15개의 **어족**(language families, 같은 계통 언어들의 무리)이 있다. 가장 넓은 지역에서 사용되는 어족은 인도-유럽 어족(지도의 노란색)으로서, 영어, 프랑스어, 스페인어, 러시아어, 페르시아어와 힌두어가 이에 속한다. 이들 지역은 과거 유럽의 식민지 지배지역에 걸쳐 나타나는데, 영어처럼 식민지화 과정에서 그들의 언어를 강제화시켰기 때문이다. 현재 영어는 많은 국가들의 국어이자 공용어로 사용되고 있으며, 정부와 상업 그리고 다문화사회의 고등교육에서 **공용어(링구아 프랑카,** lingua franca)이다(그림 G-9의 작은 삽입 지도 참조). 식민지 시대 이후 영어는 현재 진행되고 있는 또 다른 방식의 주도권 싸움인 세계화 시대에서 중요한 자리를 차지하고 있다.

하지만 영어는 라틴어의 전철을 밟고 있는데, 당신이 여행할 때 듣게 되거나 사용하기 위해 공부하는 영어는 지역적 특색이 반영되는 경우가 있다. 홍콩에서 택시를 탈 경우, 중국식 영어인 칭글리쉬(Chinglish)를 처음으로 듣게 될 것이다. 나이지리아의 라고스는 대부분 요루바 부족 사람들이 다수를 차지하면서 그들의 문화를 유지하고 있어서, 요리쉬(Yorlish)라는 언어가 만들어지고 있다. 당연히 이런 신생언어들은 지도에 반영되어 있지 않다.

권역, 지역, 국가

세계의 지역지리에 대해 분석을 하고자 할 때에는 자료들이 필요하기 때문에, 그러한 자료들의 출처를 아는 것이 매우 중요하다. 불행하게도 우리는 세계를 대상으로 분석할 수 있는 일정한 격자눈금을 가지고 있지 않기 때문에, 어쩔 수 없이 중대한 정보를 보고해 주는 190개 이상의 국가에 의존할 수밖에 없다. 세계지도에 나타난 경계선과 같이 불규칙적이어도(처음과 끝 페이지 또는 그림 G-10 참조), 아마 그것이 우리가 가진 전부일 것이다. 다행히 모든 거대하고 인구가 많은 국가들은 주나 도 혹은 지방 자치 단체들로 나누어져 있기 때문에, 정부가 인구 조사를 실시할 때 각각의 세분된 조직에 정보를 제공해야 한다.

국가

잉여 농산물이 발생함에 따라 거대하고 강력한 도시들이 생겨나게 되었으며, 그 도시들은 경계인 성곽으로부터 멀리 떨어진 배후지역들까지 지배하고 사람들을 통치할 수 있게 되

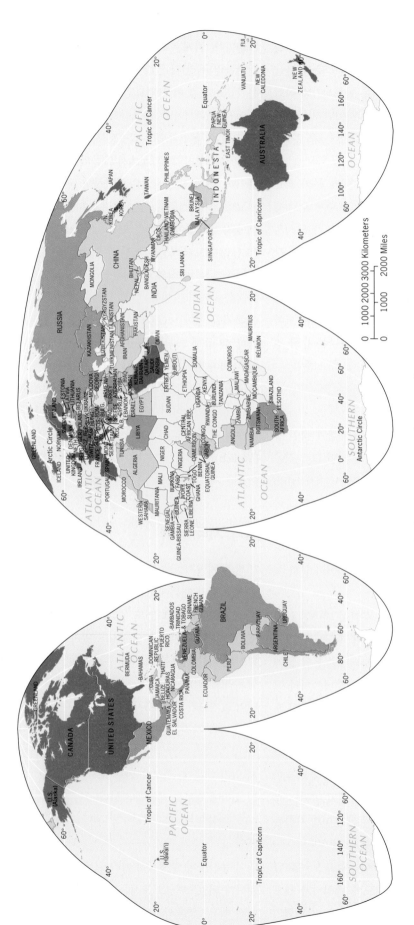

세계 각국의 소득 수준(2007년)

고소득 국가
중상위 소득 국가
중하위 소득 국가
하위 소득 국가
자료 불분명

출처: World Bank.

© H. J. de Blij, P. O. Muller, and John Wiley & Sons, Inc.

그림 G–10

었다. 그 이후로 25 **국가**(state)는 정치적, 사회적, 그리고 경제적 실체로서 수천 년 동안 발전해 왔다. 하지만 근대국가는 상대적으로 최근의 현상이다. 오늘날 세계의 정치지도에서 볼 수 있는 국가 경계의 틀은 실질적으로 19세기에 성립되었으며, 한때 식민지였던 국가들은 20세기에 와서 독립하여 새로운 국가가 되었다. 오늘날 식민국가와 공산주의 제국이 몰락함에 따라 26 **유럽국가 모델**(European state model)이 설득력 있게 다가오고 있다. 여기에서 유럽국가 모델은 대의제 정부에 의한 수도로부터 지배되는 사람들이 거주하고 있는 명백하게 그리고 법적으로 정의된 영토이다.

국가와 권역

그림 G-3과 G-10에서 제시된 바와 같이, 지리적 권역들은 대체로 국가들의 집합이다. 따라서 권역들 간의 경계는 주로 국가들 간의 경계와 일치한다. 예를 들면 북아메리카와 중앙아메리카의 경계는 미국과 멕시코 경계와 일치한다. 하지만 권역 경계가 국가를 가로지를 수도 있는데, 그 예로는 사하라 이남의 아프리카와 북부 아프리카/서남아시아의 무슬림 지배를 받는 권역 간의 경계가 있다. 이러한 경계는 넓은 점이지대의 특성을 나타내지만 나이지리아, 차드, 수단과 같은 국가들로 나눈다. 이와 유사하게 구소련 경계의 변화도 국가를 가로지르는 점이지대를 만들고 있다. 유럽과 러시아 사이의 벨라루스, 러시아와 무슬림 서남아시아 사이의 카자흐스탄과 같은 신생 독립국가들은 점이지대에 위치하고 있다.

그러나 지리적 권역들은 대부분 국가들의 집합이며, 그 경계는 국가들의 경계와 일치한다. 예를 들어 동남아시아를 보자. 북쪽 경계는 베트남, 라오스, 미얀마(버마)와 중국(사실상 그 자체로 권역)을 구분하는 정치적인 경계와 일치한다. 미얀마와 방글라데시(남부 아시아 권역의 부분) 사이의 경계는 서쪽 경계로 정의된다. 이 점에서 국가 경계체제는 지리적 권역들의 경계를 정하는 데 도움을 준다.

국가와 지역

세계의 경계체제는 지리적 권역들 내에서 지역들의 범위를 정하는 데에 훨씬 더 유용하다. 지리적 권역을 소개하는 시간마다 지역 구분들을 논의하기로 되어 있는데, 여기에 적절한 사례를 들어 보자. 중부 아메리카 권역에서 우리는 4개의 지역을 인식할 수 있다. 이들 중 두 곳은 대륙에 있다. 그중 하나는 이 권역에서 가장 큰 멕시코이며, 다른 하나는 멕시코와 파나마-콜롬비아 국경(남아메리카 권역과의 경계) 사이에 있는 비교적으로 작은 7개의 국가로 구성된 중앙아메리카이다. 중앙아메리카는 뉴스 보도에서 종종 잘못 정의되기도 하는데, 중앙아메리카에 대한 정확한 지역적 정의는 정치적-지리적 체제에 기초를 둔 것이다.

정치지리학

우리는 세계적 규모의 지리적 지역을 구분하는 기준으로 자연지리학, 인구 분포, 그리고 문화지리학을 언급하였는데, 여기에 **정치지리학**이라는 결정 요소를 하나 더 추가하고자 한다. 그럴 경우 우리는 세계의 경계체제는 계속 변화하고 있을 뿐만 아니라 1990년 과거의 서독과 동독의 경계처럼 경계가 사라지거나 2006년 세르비아와 몬테네그로의 경계처럼 다시 생겨나는 경우도 있다는 사실을 알아야 한다. 대부분 식민지와 제국주의 팽창의 결과로 생겨난 경계체제이며, 일부 지리학자들이 식민지 시대 이후에는 제국주의 시대 때 만들어진 경계체제는 협상에 의해 만들어진 새로운 경계체제에 의해 대체될 것이라고 예측하기도 했지만, 전반적인 경계체제는 유지되어 왔다.

이 책의 마지막 부분인 제12장에서는 경계 결정에 있어서 지금까지와는 다른 양상에 대하여 논의할 것이다. 즉, 최근에는 국가 경계 설정의 대상을 육지에 국한하는 것이 아니라, 대양이나 연해의 표면이나 바닷속으로 경계를 확장하기도 한다. 이러한 과정을 통해 볼 때, 과거에는 지구의 경계가 끝이 없어 보였는데, 이미 지구는 한정된 경계 속에 있을 뿐이다.

경제 발전 양상

마지막으로 소득 수준에 근거하여 국가, 지역, 권역을 묶어서 분류할 수 있는 기준을 파악하기 위하여 **경제지리학**에 관심을 돌려 보기로 한다. 경제지리학은 사람들의 생계유지 방법에 대한 공간적 양상을 중점적으로 연구한다. 이에 따라 경제지리학에서는 재화와 용역의 생산, 분배, 소비 패턴을 다룬다. 이와 같이 경제지리학에서는 세계의 제반 경제 현상들을 다루기 때문에 그 패턴이 매우 다양하다. 개개의 국가들은 각 나라의 수입과 수출, 농업 생산과 공업 생산, 그리고 그 외 여러 가지 경제적인 자료를 UN과 다른 국제기관에 보고한다. 그런 정보들을 바탕으로 세계 각국의 경제적 복지를 상대적으로 파악할 수 있다. 경제지리학자들은 국가의 경제적, 사회적, 그리고 제도적 성장을 평가하기 위해서 **27** 발전(development) 개념을 사용한다.

답사 노트

© H. J. de Blij

"2003년 2월 1일. 오랜 바람이 오늘 이루어졌다. 한 브라질 친구의 도움으로 리우데자네이루 언덕의 도시 빈민가(favela) 두 곳에서 하루를 보낼 수 있었다. 두 지역은 도보로 8시간 거리이다. 수백만 명의 빈민이 살고 있는 이 지역은 마약상과 갱들의 무법천지로 공권력과 행정력은 미치지 못하고 불결하고 악취가 진동하며 매우 위험한 곳이다. 오래된 판잣집들이 반영구적 건물로 대체되고, 간혹 전기도 들어오며, 갑자기 중단되는 물공급 문제도 개선되고 있으며, 회색 경제를 통해 주민들이 상품과 서비스를 제공받는다. 한 주민의 단칸방 문에 서서 변화하고 있는 도시경관을 바라보고 있다. 원형의 위성 텔레비전 안테나가 그런 변화를 상징한다. 빗물을 받기 위한 건물 옥상의 물탱크, 거친 벽돌로 만든 담벼락, 철이나 석면 판으로 만든 지붕들. 자동차가 들어올 수 없는 좁은 길 때문에 사람들은 언덕 아래에 있는 도로까지 걸어서 다닌다. 한 거주민은 이곳 사람들의 꿈은 자기 소유의 집을 갖는 것이라고 내게 말한다. 브라질 대통령 선거 기간 동안, 룰라 실바는 장기 거주민들은 주택에 대한 권리 소유를 인정받게 될 것이라고 공약했으며, 2003년 실바 정권은 이것을 실현했다. 하지만 사진에서 보는 바와 같이 이는 복잡한 문제이다. 사람들은 말 그대로 다른 집 위에 살고 있어서, 이런 복잡한 상황을 지도화하는 것은 쉽지 않지만 GIS를 활용하면 가능할 것이다. 이럴 경우 정부는 주민에게 세금을 부과할 수 있으며, 거주민은 판잣집 소유를 담보로 대출을 받을 수 있게 되어 수백만 명의 브라질 사람들이 공식 경제로 진입하게 될 것이다. 내가 이 짧은 여행에서 본 것은 여전히 처참한 모습이지만, 이들의 미래에 희망이라는 게 보이고 있음을 알 수 있다."

유의할 점

국가 총인구에 대한 총합과 평균에 근거한 자료를 통해 파악되는 개발 개념에는 상당한 위험성이 내포되어 있다는 것에 주의해야 한다. 한 국가의 경제가 성장하고 있다고 해서, 심지어 다른 국가에 비해 경제 호황이 일어나고 있을 때에도 개별 국민의 경제적 상황이 나아지고 근로자의 소득이 증가한다는 것을 뜻하지는 않기 때문이다. 평균에는 지역 간 차이와 소규모 지역의 침체가 드러나지 않는다. 인도와 중국처럼 국토 면적이 매우 큰 나라에서는 개발이 국가 전체 측면에서 골고루 분배되는지 파악하기 위해 지역별, 주(州)별 또는 기초자치단체별 자료 수집이 필요하다. 인도 최대 도시인 뭄바이가 속해 있는 마하라슈트라 주는 경제적 이익을 국가 전체와 공유하기를 꺼린다. 중국의 동부 해안지역 경제 규모는 내륙지역보다 훨씬 크다. 바르셀로나가 중심도시인 카탈루냐 자치구는 스페인에서 생산성이 가장 높은 지역이다. 문제는 이들 경제적 중심지역의 경제 발전이 국민 전체의 삶을 얼마나 윤택하게 만들어 주느냐이다. 이에 대한 해답은 '국가적' 평균이라는 자료로는 쉽게 얻을 수 없다.

공간적 측면에서의 발전

세계 국가들을 경제지리적 범주로 분류하려는 다양한 시도들이 과거부터 지금까지 진행되고 있고 앞으로도 계속될 것이다. 세계은행이 사용하는 분류체계가 가장 효율적이기 때문에 이를 사용할 것이다. 이 체계는 국가의 경제적 성공에 기초해서 (1) 고소득, (2) 중상위 소득, (3) 중하위 소득, (4) 하위 소득이라는 네 집단으로 분류하였다. 이 분류를 지도화시키면 흥미로운 지역 구분이 나타난다(그림 G-10). 이 지도를 지리적 권역지도(그림 G-3)와 비교해 보면, 세계지리적 권역 설정에서 경제지리가 중요한 역할을 하고 있음을 알게 될 것이다. 이런 역할은 권역 내 지역 간 경계에서도 나타난다. 가령 브라질과 그 서쪽 국가들, 남아프리카공화국과 사하라이남 아프리카 국가들, 서유럽과 동유럽 등에서 찾아볼 수 있다.

경제지리만으로 모든 것을 설명할 수 없지만, 자연지리적(기후), 문화지리적(변화와 혁신의 거부와 수용), 정치지리적(식민지 역사와 민주주의 발전) 요인과 함께 경제지리는 세계의 모자이크를 형성하는 데 중요한 역할을 담당한다.

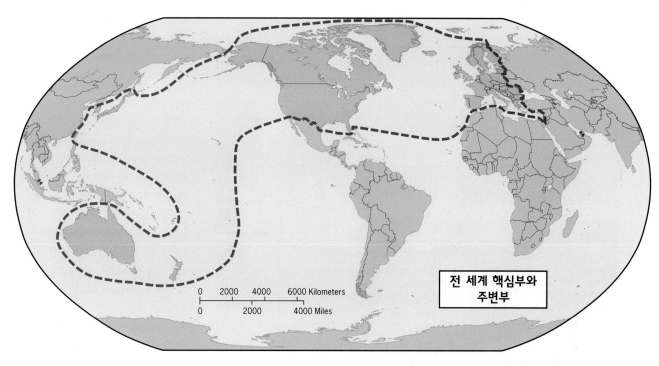

그림 G-11

© H. J. de Blij, P. O. Muller, and John Wiley & Sons, Inc.

불평등 발전

오랜 기간에 걸쳐 진행된 인간의 성공을 지표에 그려 보면 특정 지역에 집중되어 있다는 것은 분명하다. 비옥한 초승달 지역에서 발달한 최초의 도시들과 국가들, 잉카와 아즈텍 제국, 고대 로마 제국을 비롯한 많은 중심지들은 발전과 쇠락, 성장과 몰락을 겪었다. 이들의 전성기 시절, 이들의 지배력, 혁신, 생산의 중심지는 최초의 **28** 핵심지역(core areas) 역할을 담당했으며, 이곳의 주민들은 주변지역보다 강한 권력을 지니고 있었다.

이런 핵심지역은 경제적으로 부유하며, 대부분 오랜 기간 그 상태를 유지할 수 있었던 것은 권위와 조직적 역량을 앞세워 주변지역으로부터 세금과 공물을 거둬들이고, 주변 지역민에 의한 토지 개간과 광산 개발을 통한 자원 착취를 강요해 왔기 때문이다. 이런 관계로 인해 오랜 기간에 걸쳐 핵심지역에 대응되는 체계로서의 **29** 주변부(periphery)가 형성되었으며, 핵심부-주변부 관계는 일방통행식의 경제적 흐름을 만들어 핵심지역에는 부를 안겨주었고 주변부는 현상유지를 강요받아 왔다.

이런 불평등 발전은 도시에서 지구적 수준에 이르기까지 다양한 규모에서 나타난다. 대부분의 기능지역은 다양한 요인들의 중심성과 중요성의 결절에 해당하는 공간적 망(spatial network) 역할을 담당하기 때문에, 종종 각기 다른 수준의 경제 발전을 나타내게 한다. 아주 예외적인 경우를 제외하면, 모든 국가는 핵심지역이 존재한다. 국가의 핵심지역은 수도나 가장 큰 도시에 있다. 예를 들면 프랑스의 파리, 일본의 동경, 아르헨티나의 부에노스아이레스, 태국의 방콕 등이 그렇다. 영토가 더 넓은 국가에서는 2개 이상의 핵심지역이 나타나는데, 호주는 동부와 서부 해안에 핵심지역이 있다.

핵심부-주변부 : 경계는 허물어지는가

지역, 개별 국가들은 물론 주와 군 단위에서도 핵심부-주변부 경제구조를 갖고 있어서 많은 곳에서 그들 사이의 간격이 좁혀지기보다는 불평등이 심화되고 있다. 그러나 바로 다음에 다루게 될 세계화의 흐름 속에서 착취하는 핵심부와 착취당하는 주변부의 고전적 관계가 역전되는 사례가 세계 곳곳에서 증가하고 있으며, 보다 '평평하고' 공평한 세상이 열리고 있다. 토머스 프리드먼은 저서 세계는 평평하다(2005)에서 세계는 점차 유동적이고 상호 연결성이 높아지고 있어서 핵심부와 주변부 사이의 장벽을 포함하는 고전적인 장애물들이 허물어져 두 지역이 통합되는 경향을 보인다고 주장하였다. 상호작용은 지구적 차원에서 진행되고 있어서 자유무역이 새로운 경제질서가 되고 있으며, 사람, 사고, 돈과 직업의 흐름

© H. J. de Blij

"보스포러스 해협의 유럽 쪽 해안을 따라가 보면 다양한 상징으로 가득한 풍경들을 만나게 될 것이다. 멀리 보이는 도움형의 '성스러운 지혜의 성당'이라는 뜻의 아야 소피아 대성당은 콘스탄티노플이 비잔틴 제국의 수도였던 6세기에 건설되었다. 사진 오른쪽에는 7세기에 건설된 베니스식 탑이 이스탄불 내항인 골든 혼의 도시 경관 위로 우뚝 솟아 있다. 하지만 대부분의 도시 경관은 현대에 만들어진 것으로 터키가 오스만 제국의 뒤를 이어 건국되었을 때 콘스탄티노플은 이스탄불로 이름이 바뀌었고, 도시가 아시아 쪽으로 성장해 가면서 앙카라가 터키의 수도가 되었다. 인구 1,050만의 거대도시에 밀려온 세계화의 물결은 정치적 위상 회복보다는 경제적 이익을 가져다주었다."

이 하루 단위로 이루어진다. 핵심부-주변부 개념은 이제는 맞지 않는 도식이 되고 있다. '지리가 곧 역사'인 셈이다.

정말 그러한가? 세계가 평평해지고 있고 지역 불균형과 소득 불평등이 줄어들고 있다면, 자유무역(자유무역을 채택한 일부 부유한 나라들은 외국과의 경쟁에 취약한 자국의 산업이나 농업을 보호하고 있음)과 돈의 흐름 이외의 분야에서도 공평한 모습이 나타나야 한다. 이를 위해서는 서로에 대한 관점도 바뀌어야 한다. 핵심부 지역 사람들은 그들이 누려온 이익과 편리에 익숙하기 때문에, 이것들을 잃을까 봐 두려워한다. 지역 산업을 위협하는 값싼 수입품을 부정적 시각으로 바라볼 뿐만 아니라 이민자들이 증가하는 것을 싫어한다. 다른 언어와 종교적 색채가 혼합된 문화를 싫어하기도 한다.

세계가 평평하다는 구도에 반하는 핵심부-주변부 관계로 세계를 바라보자(그림 G-11). 지금까지 보아온 지도에 익숙했던 우리의 관점을 달리해서, 그림 G-11을 통해 지구촌의 거시적 윤곽을 살펴보자. 북아메리카가 중심에 있고 동쪽의 유럽, 서쪽의 일본과 호주가 위치한 세계의 핵심부 지역은 가장 부유한 나라들과 도시들로 구성되어 있으며, 경제적 세계화를 주도하는 금융과 기업이 모여 있는 곳이다. 그림 G-11

에 나타나는 것처럼 핵심부 지역의 인구는 세계 인구의 15%에 불과하지만, 세계 총수입의 75%를 벌어들인다. 싱가포르, 아랍에미리트의 두바이처럼 주변부에 있는 핵심부 지역들도 있다.

세계화

축척의 문제

30 세계화(globalization) 과정은 지구촌을 변화시키고 있다. 경제적·문화적·정치적 관계가 공간적으로 보다 넓은 규모로 진행되는 이런 변화는 본질적으로 지리적 과정이다. 이것은 한 장소에서 일어난 사건이 멀리 떨어진 다른 곳에도 영향을 준다는 것을 말하는 것으로써, 이런 과정을 통해 세계는 작은 지구촌화되는 것이다. 세계화는 우리 집에서도 일어난다. 뉴스는 과거 어느 때보다도 빨리 전달되며, 정부 지도자는 최신 국제 사건을 알기 위해 CNN 채널을 보기도 한다. 통신과 운송 기술의 향상에 따라 이런 과정이 가속화되고 있다.

세계화는 새로운 것이 아니다. 19세기 중반과 말엽에 이미 지역 간 상호 의존성이 강화되는 것을 경험했다. 증기선, 철도, 전보와 같은 새로운 기술 발달에 의해 가속화되었으며, 그로 인해 더 빠른 자동차와 비행기가 등장하였다. 오늘날의 핵심 기술은 인터넷을 중심으로 하는 위성 텔레비전, 스마트폰이다. 세계가 서로 밀접해질수록 세계 권역과 지역에 대한 지리적 지식은 어느 때보다 중요해지고 있다. 지구촌 곳곳에서 일어나는 사건들이 당신이 살고 있는 곳에서도 중요하기 때문이다.

공동의 문제

세계화는 환경과 문화, 경제에 이르기까지 다양한 분야에서 나타난다. 최근 가장 이슈가 되는 환경 문제는 의심할 여지 없이 지구온난화이다. 이 문제에 공동대처해야 한다는 점은 분명하지만, 모두가 대응전략에 동의하기란 쉽지 않다. 공해 유발기업의 유무, 자원의 풍부함과 개발 정도가 국가마다 다르기 때문이다. 책임분담을 어떻게 질 것인가? 2009년 코펜하겐에서 열린 기후변화당사국총회에서 4개국(인도, 중국, 브라질, 남아프리카공화국)은 이들 나라들이 자국 산업 발전의 위축을 가져올 수 있는 온실가스 감소 정책에 선진국들이 부담을 분담하려는 노력이 없다면 협정문 조인에 서명하지 않겠다고 경고했다. 이미 경제가 탈산업화 단계에 있기 때문에 더 이상 온실가스를 배출하지 않는 선진국들이 이런 부담을 지어야 하는 이유는 무엇일까?

　세계의 문화권이 점점 더 가까워지는 모습은 국제적 이민 흐름에서 가장 잘 나타난다. 대부분의 사람들은 태어난 곳에서 살다가 생을 마치기 때문에, 과거에는 이민이 흔하지 않았다. 하지만 이민이 일어날 경우 일방통행식으로 진행된다. 한 곳에서 다른 곳으로 이주한 사람은 그곳에서 정착해서 산다. 세계화 시대에서 이민은 더욱 더 활발해지고 있는데, 사람들이 세계의 다른 지역에 대한 정보와 지식을 많이 갖고 있기 때문이다. 게다가 여행할 기회가 많아지면서 이민자들은 그들의 고국과도 긴밀한 유대 관계를 맺고 있다. **초국가적 이민자**(transnational migrant)들이 빠르게 증가하면서 종종 문화 전파 역할을 한다. 파리에 있는 알제리인, 몬트리올의 아이티인, 마이애미의 쿠바인, LA의 멕시코인, 싱가포르의 인도인, 시드니의 인도네시아인이 그 사례이다.

경제적 세계화 : 승자와 패자

세계화란 사람들을 흥분시킬 수 있는 지리적 개념 중 하나이다. 선도적인 경제 전문가, 정치인, 사업가에게 있어서 세계

© H. J. de Blij

"무더운 싱가포르의 하루는 그야말로 적도의 하루였다. 아침부터 싱가포르의 술탄 모스크까지 3마일을 걸어서 회교도들의 금요기도회 모습을 관찰한 다음, 아랍 거리의 구석에 있는 무화과 나무의 그늘 아래 앉아 바쁘게 지나가는 보행자들과 자동차들을 바라보았다. 인도 사람이 뭔가를 적고 있는 나를 보더니 옆에 와 앉는다. 한참을 아무 말 없이 있다가 소설을 쓰고 있냐고 내게 묻는다. 나는 '그랬으면 좋았을 텐데요.'라고 말을 꺼낸 뒤, 지리책에 있는 사진과 내용에 대한 느낌이나 영감, 입지에 대해 기록하고 있다고 설명해 주었다. 그는 자신은 힌두교도이지만, 그가 'Old Singapore'라고 부르는 싱가포르의 전통 문화들이 남아 있어서 이곳에 사는 것이 좋다고 말했다. 이어서 '이곳에는 이슬람교도와 힌두교도 사이에 갈등이 없다.'면서, '특히 2011년 9월 이후에는 경찰들이 사원 주변의 안전을 철저히 지키고 있다. 정부는 모든 종교에 대해 관용적이지만, 종교적 갈등은 용납하지 않는다.'고 말했다. 그와 그의 가족이 싱가포르에서 다니는 힌두교 사원 사진을 보여주었다. 아랍 거리를 함께 걷다가, 그는 하늘을 가리키면서 '저것이 우리의 미래다.'고 말한 후, '세계화의 상징. 그 책에서도 세계화 이야기가 있나요? 일간지에 매일 언급되고 있는데, 싱가포르에는 좋은 것이라고 생각한다. 아마도…… 하지만 지금까지의 많은 역사는 당신이 여기서 보고 경험한 것들(아마도 세계화와 상호 공존-역자 주)이 쉽지 않다는 것을 보여준다.'고 했다. 나는 사진을 찍은 후, 그가 강조한 것을 책에서 다루겠다고 약속했다."

화는 국제 자본주의의 발달이나 시장 개방 및 자유무역의 발달을 의미하기 때문에 세계의 모든 것 중에서 최고이다. 이론

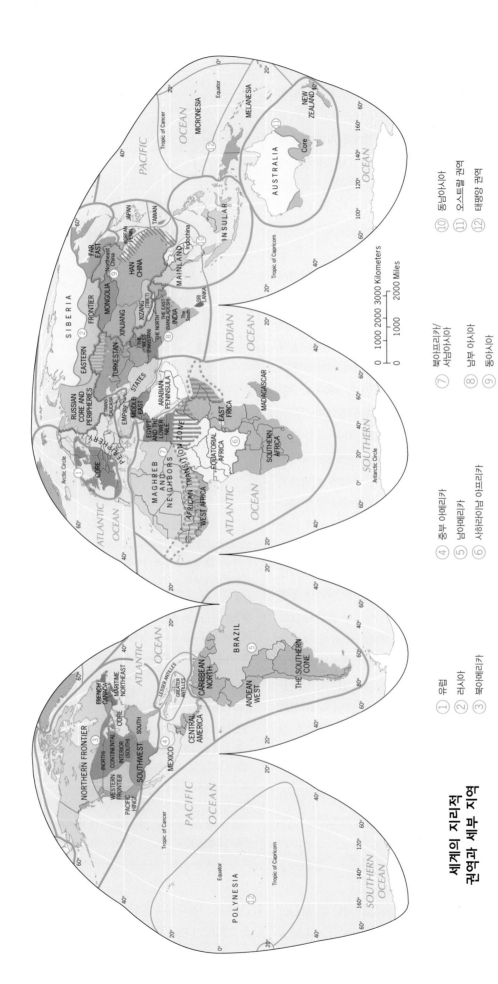

세계의 지리적
권역과 세부 지역

그림 G-12

① 유럽
② 러시아
③ 북아메리카
④ 중부 아메리카
⑤ 남아메리카
⑥ 사하라이남 아프리카
⑦ 북아프리카/
　서남아시아
⑧ 남부 아시아
⑨ 동아시아
⑩ 동남아시아
⑪ 오스트랄 권역
⑫ 태평양 권역

적으로 세계화는 국제무역의 장벽을 낮추고 상업을 촉진시키고 국가 간 직업 확산을 증가시키며 사회, 문화, 정치적 교류를 증진시킨다. 인도의 첨단 기술자들이 캘리포니아에 있는 컴퓨터 회사에 고용되고, 일본 자동차가 태국에서 조립된다. 미국 회사의 신발이 중국에서 생산되며, 패스트푸드 식당 가맹점의 표준화된 메뉴와 위생 및 서비스를 동경과 텔아비브 및 멕시코의 티화나 시에서 경험할 수 있다. 핵심부 지역에 비해 주변부 국가의 노동자 임금이 낮다면 생산시설은 주변부 지역으로 이동하게 되어, 그 차이는 줄어들 것이다. 이렇게 되면 모두에게 이익이 되지만, 이건 어디까지나 이론이다.

빚의 수렁 속에 있는 아프리카와 아시아 국가들의 수백만 명의 가난한 농부들과 힘 없는 국민들에게 세계화는 그들을 영원히 가난과 굴종 속에 예속시키는 체제를 의미한다. 경제 지리학자들은 세계적 경제 통합을 통해 빈곤한 국가들의 경제를 전반적으로 더 빠르게 성장시킬 수 있음을 입증할 수 있다. 즉, 빈곤한 국가들의 국제적 교역을 국가적 수입과 견주어 보면, 국제적 교역이 많은 나라, 즉 더 세계화된 나라가 국제적 교역이 적은 나라보다 **국민총소득(GNI)***이 증가한다는 사실을 알 수 있다. 하지만 문제는 그렇게 빈곤한 국가들이 20억 이상의 인구를 차지하고 있다는 사실이며, 그 결과 이와 같이 세계화가 진전되더라도 빈곤국들이 나아지기는커녕 더욱 악화될 것이라고 예상된다. 필리핀, 케냐, 니카라과와 같은 국가들에서 1인당 수입은 줄어들고 있기 때문에, 세계화는 구제책이 아니라 범죄 행위처럼 보인다.

게다가 보다 복잡한 문제가 있다. 세계화에 동참할 수 없는 저개발 국가를 포함해서 많은 나라들이 경제 성장과 국민 1인당 소득 증가가 일어난다고 하더라도, 이들 국가 간의 불평등 문제가 더 빠르게 증가하는 경우가 있다. 다시 말해 국가 간의 불평등 발전이 더 심화된다. 이런 문제점은 지난 20년간 세계에서 가장 빠른 경제 성장을 보인 중국에서 잘 나타난다. 중국 경제 성장의 대부분은 동부 해안지역에 집중되어 있으며 서부 내륙과의 소득 차이는 더 커지고 있다. 이런 지역 간 발전 불균형 문제는 인도와 다른 **신흥시장**에서도 공

통적으로 나타난다. 이런 점들이 세계 경제를 이해하는 데 지역적 접근이 필요한 이유이다.

경제 분야에 있어서 세계화는 미국이 주도적으로 계획하고 있는 세계무역기구(WTO)의 보호하에 진행되고 있다. WTO에 가입하고자 하는 국가는 대외무역과 투자에 있어서 시장 개방에 동의해야 하며, 매년 각료 회담에서 토의된 규칙을 반드시 지켜야 한다. WTO에 가입하여 이익을 챙기려는 국가들은 2010년까지 약 153개국에 달하였다. 그러나 WTO가 약속한 것처럼 보이는 기회가 빈곤한 국가들에게 주어졌을 때, 유럽국가들과 일본을 포함하여 세계화를 주도하는 세력이 항상 자기의 본분을 다하는 것은 아니었다. 필리핀의 사례가 자주 인용된다. 필리핀 농부들은 수출품뿐만 아니라 국내 생산품에 대해서까지도 보조금을 받는 미국 및 유럽 농부들과 경쟁하고 있기 때문에 결국은 손해를 보고 있다는 사실을 알게 되었다. 반면에 저렴한 가격과 보조금을 지급받은 미국의 값싼 옥수수가 필리핀 시장에 나타났다. 그 결과 필리핀 경제는 셀 수 없이 많은 농장 일자리를 잃었고, 임금은 추락했으며, WTO 회원 자격 때문에 필리핀은 농업 분야에 있어서 심각하게 손해를 입었다. 필리핀 농부들 사이에 세계화가 인기가 없다는 것은 더 이상 놀라운 사실이 아니다. 부유한 국가의 보호무역주의가 농업에만 한정되는 것은 아니다. 2001년 다른 나라의 값싼 철이 미국의 철강 산업을 위협하기 시작했을 때, 미국 정부는 이러한 상황에 대처하여 국내 생산자들을 보호하기 위해 관세를 부과하였다.

미래

모든 변화가 그러하듯이, 진행 중인 세계화 과정의 총체적인 결과는 불확실하다. 비평가들은 그 결과 중 하나가 빈부 격차의 심화이며, 이와 같은 부의 양극화는 세계를 불안정하게 할 것이라고 예고한다. 가난한 주변지역이 핵심지역에 기반을 둔 협력에 의해 개발되는 세계화가 진전됨에 따라 핵심부-주변부의 차이는 약화되지 않고 강화될 뿐이다. 세계화 옹호론자들은 산업혁명 때처럼 이익이 확산되는 데에는 시간이 걸릴 것이며, 세계화의 궁극적인 결과들은 모두를 유리하게 할 것이라고 주장한다. 실제로 세계는 기능적으로 축소되고 있으며, 이 책을 통해서 그 증거를 찾을 수 있을 것이다. 그러나 '지구촌'은 여전히 색다른 이웃들을 존속시키고 있으며, 두 번의 혁명적인 세계화는 그들의 개별적인 특성들을 지

---

* 국민총소득(GNI)은 한 국가의 국민(국내외 거주자 모두 포함)이 재화와 서비스 같은 생산활동을 통해 1년간 벌어들인 총소득의 합계이다. 1인당 국민총소득(per capita GNI)은 국민 한 사람이 평균 얼마의 소득(세후 순소득)을 벌고 있는가를 알려주는 지표로서 국가 간 비교의 잣대로 사용된다. 각 나라별 1인당 국민총소득은 부록 B의 통계표 맨 오른쪽에 제시되어 있다.

우는 데 실패했다. 다음 장들부터는 지리학이라는 매개체를 통하여 그러한 곳들을 조사하고 방문할 것이다.

지역 구도와 지리적 관점

이 장의 첫머리에서 세계의 지리적 권역을 나타낸 지도의 개요를 다루었다(그림 G-3). 그다음에 이러한 권역들을 지역들로 구분하는 데에 역점을 두고 다루었으며, 자연지리학으로부터 경제지리학에 이르는 기준들을 사용하였다. 그 결과가 그림 G-12이다.

이 지도에서는 거대한 지리적 권역뿐만 아니라 그 권역들을 다시 세분한 지역들까지 나타내고 있다. 범례에 있는 숫자들은 유럽(1)부터 시작해서 태평양 권역(12)까지 논의되는 권역들과 지역들의 순서를 나타낸다.

이 장이 보여주는 바와 같이, 세계의 지역적 개관은 장소와 지역에 대한 기술에 불과한 것이 아니다. 우리는 지리적 사고들과 개념들, 즉 현재 지리학을 이루고 있는 사고, 일반

화, 그리고 기초 이론을 지역 연구에 접목시켜 왔다. 우리는 앞으로 전개될 다음 장들에서도 이러한 방법을 적용할 것이며, 그에 따라 세계와 지리학에 점차 정통하게 될 것이다. 지금쯤 당신은 지리학이 광범위하고도 다방면에 걸친 학문이라는 것을 알아차렸을 것이다. 지리학을 종종 사회과학으로 치부해 버리기도 하지만, 이것은 반쪽만 얘기하는 것에 불과하다. 사실상 지리학은 사회과학과 자연과학에 양다리를 걸치고 있다. 당신이 앞으로 접하게 될 대부분의 사고와 개념은 인간 사회와 자연 환경 간의 다양한 상호작용과 관련되어 있다.

지역지리를 통해 우리는 모든 것을 포함하는 방법으로 세계를 볼 수 있게 된다. 우리가 보아 왔던 바와 같이 지역지리는 나누어진 세계의 총체적인 이미지를 창출할 수 있는 여러 가지 자료를 통해 정보를 구한다. 그러한 자료들은 무작위로 추출한 것이 아니다. 그러한 자료들은 계통지리학 연구의 결과물들이다.

계통지리 연구들은 세계적 규모의 공간을 대상으로 한 일반화를 가능케 한다. 그림 G-13에서 볼 수 있듯이 이러한 계통지리 연구들은 타 학문과 깊게 관련되어 있다. 예컨대 문화지리학은 인류학과 관련이 깊으며, 두 학문의 차이는 공간적 관점에 있다. 경제 지리학은 경제 활동의 공간적인 차원에 중점을 두며, 정치지리학은 정치적인 행위의 공간적인 모습에 집중한다.

다른 계통지리학 분야로는 역사지리학, 의료지리학, 행동지리학, 환경지리학, 도시지리학 등이 있다. 또한 우리는 생물지리학, 해양지리학, 인구지리학, 그리고 기후학(이 장의 앞에서 다루었음)으로부터 정보를 끄집어 내게 될 것이다. 지리학의 이러한 계통 분야들은 그렇게 이름 붙여진다. 왜냐하면 그러한 연구 방법은 지역적인 접근이 아니라 세계적인 접근이기 때문이다. 도시에 대한 지리적 연구는 도시지리학이다. 도시화는 전 세계적인 현상이기 때문에, 도시지리학자들은 세계의 모든 도시에서 하나의 형태 혹은 또 다른 형태로 나타나는 특정한 인간 활동을 확인할 수 있다. 하지만 도시들에서는 지역적 속성들도 나타난다. 말하자면 전형적인 일본 도시는 아프리카의 도시와는 커다란 차이를 보인다. 그러므로 지역지리는 도시지리학의 계통적인 분야로부터 빌려오지만 지역적 관점을 도입한다.

다음 장들에서 우리는 계통 분야들을 통해 세계의 권역과

세계 지역지리와 계통지리 간의 관련성

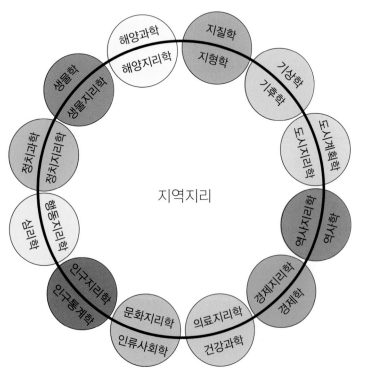

그림 G-13　　© H. J. de Blij, P. O. Muller, and John Wiley & Sons, Inc.

지역에 대해 더 잘 이해할 수 있게 된다. 그 결과 우리가 관심을 가지는 지역뿐만 아니라 지리학에 대한 통찰력을 얻게 될 것이다. 이것은 지리학이 빠르게 변화하는 세계를 이해하고 대처하는 데 적절하고 실용적인 학문이라는 것을 입증할 것이다.

생각거리

- 세계는 지금 미래의 경제적·정치적 안정성을 위협할 수 있는 환경 문제가 증가하는 시대로 접어들고 있다.
- 2012년 중반, 세계 인구는 70억 명을 돌파하였다.
- 2010년에도 10억 명의 사람들이 하루 1달러 미만으로 생계를 이어가고 있다.
- 찬반 논쟁이 일고 있음에도 세계화는 계속 진행될 것이다.

암스테르담 고유의 도시 경관 © H.J. de Blij

주요 주제
왜 유럽은 세계에서 가장 복잡하고 역동적인 권역인가
다양성을 통합한 힘
유럽의 동쪽 경계는 어디인가
서부 유럽에서의 이슬람교도 증가
구대륙 중심지로서의 유럽 권역
분리 독립을 요구하는 지역들

개념, 사고, 용어

1A

유럽 : 권역의 설정

© H. J. de Blij, P. O. Muller, and John Wiley & Sons, Inc.

세계지리 권역 이해의 출발을 유럽부터 하는 이유는 지난 5세기 동안 유럽과 유럽인들은 세계의 어떤 권역이나 사람들보다 다른 권역에 큰 영향을 미치고 변화시켜 왔기 때문이다. 유럽의 제국들은 전 지구에 걸쳐 있었으며, 다방면에 걸쳐 사회를 변화시켰다. 세계화의 첫 번째 파동은 유럽 식민주의에서 시작되었다. 수백만 명의 사람이 신대륙에서 구대륙으로, 또는 구대륙에서 신대륙으로 이동함으로써, 그 지역의 전통적 사회를 (반강제적으로) 변화시켰고, 호주와 북아메리카에서는 새로운 사회를 건설하였다. 제국주의 군사력과 경제적 인센티브로 인해 수백만 명에 달하는 식민지 사람들은 고향을 떠나 먼 이국땅으로 강제이주하였다. 대표적인 사례가 미국으로 건너간 아프리카인, 아프리카로 간 인도인, 동남아시아로 간 중국인, 남아프리카공화국의 케이프타운으로 간 말레이인, 그리고 미국 동부에서 서부로 이주한 아메리카 원주민 등이다. 농업, 공업, 정치를 비롯한 다방면에서 혁명을 일으키고 있던 유럽은 이와 같은 대륙 간 이동을 통해 혁명을 전 세계로 전파시켰으며, 이것은 결국 유럽의 이익을 더욱 증대시켰다.

그러나 유럽 패권주의가 지속된 지난 500년 동안 유럽은 갈등의 도가니였다. 종교, 영토, 정치적 갈등은 급기야 전쟁으로 이어졌고, 그 여파는 식민지까지 확산되었다. 20세기 들어 유럽은 두 번이나 전 세계를 전쟁의 소용돌이에 빠뜨렸다. 제1차 세계대전(1914~1918)을 통해 끔찍하고 전례 없는 대가를 치렀음에도, 세계는 제2차 세계대전(1939~1945)의 소용돌이에 빠져들었으며, 미국이 참전하여 사상 처음으로 일본에 원자폭탄을 투하함으로써 종전되었다. 두 차례 세계대전의 여파로 유럽의 군사력은 약화되어 식민지국가들이 독립했으며, 새로운 시대, 즉 공산주의 진영의 소련과 자본주의 진영의 미국이라는 두 강대국이 이념 대립을 이룬 냉전시대가 도래하였다. 냉전시대로 인해 유럽의 심장부를 가로질러 철의 장막이 드리워졌으며, 대부분의 서부 유럽은 미국, 동부 유럽은 소련의 영향하에 놓였다. 서부 유럽은 전쟁의 잿더미에서 일어나 경제적 회복 노력을 하고 있는 반면에, 소련의 공산주의 체제는 실패로 끝나 1990년 철의 장막이 걷히게 되었다. 이후 유럽은 대서양 연안에서부터 러시아 국경 사이에 있는 지역을 통합하기 위한 거대한 작업을 진행하고 있으며, 이것이 이 장의 핵심적 지리 내용이다.

 주요 지리적 특색

유럽

1. 유럽 권역은 유라시아 대륙의 서쪽에 위치한다.
2. 면적은 작지만 인구 밀도가 높고 40개 국가로 쪼개져 있다.
3. 유럽의 세계적 영향력은 과거 수 세기에 걸친 식민지 지배와 제국주의 통치를 통해 얻은 이점에서 비롯된 것이다.
4. 유럽의 자연 환경은 매우 다양하며, 천연자원 역시 풍부하고 다양하다.
5. 자연 환경과 문화 같은 유럽의 지리적 다양성이 지역의 정체성과 전문화, 그로 인한 통상 무역 기회의 형성에 큰 영향을 미쳤다.
6. 유럽의 전통적 핵심지역에 있는 민족국가들은 식민지를 잃어버렸음에도 지금의 민주국가로 발달했다.
7. 유럽국가들은 국가 간 경제통합에 매진하고 있으나 정치적 통합에는 큰 노력을 하지 않는다.
8. 유럽의 부유한 국가들은 도시화율이 높고 빠르게 고령화되고 있으며, 인구 감소를 상쇄하기 위해 많은 이민자들을 받아들이고 있다.
9. 더 많은 자치권 확보를 위한 지방의 요구, 이민자들에 의해 유발된 문화적 갈등은 유럽의 사회조직을 흔들고 있다.
10. 유럽의 통합 노력에도 불구하고 여전히 동-서 갈등의 흔적은 권역의 지역지리에 남아 있다.
11. 유럽과 러시아의 관계는 점점 더 꼬여 가고 있다.

지리적 특성

그림 1A-1에 나타나는 것처럼 유럽은 세계에서 가장 큰 땅덩어리인 유라시아 대륙의 서쪽 가장자리에 위치한, 반도와 섬으로 이루어진 권역이다. 총 40개 국가와 6억 명의 인구를 가지고 있지만, 면적은 매우 작다. 하지만 인구 규모에 비해 세계사에 미친 영향은 매우 크다. 수 세기 동안 유럽은 성과, 혁신, 발명 그리고 지배력의 중심에 있었다.

유럽의 동쪽 경계

유럽 권역은 서쪽으로는 대서양, 남쪽으로는 지중해, 북쪽으로는 북극해와 접하고 있다. 그렇다면 유럽의 동쪽 경계는 어디일까? 문화 경관 속에 반영되어 남아 있는 동부 유럽의 역사지리적 맥락으로 파악할 수 있다.

2,000년 전, 동부 유럽의 대부분은 로마 제국의 영토였으며(루마니아는 그 시대의 지리적 유물임), 20세기 후반기는 소련이 그 지역의 대부분을 지배하였다. 두 시기 사이의 2,000년 동안 그리스 정교가 남동부에 퍼졌으며, 로마 가톨릭이 북서부로부터 전파되었다. 오스만(투르크) 제국의 이슬

람인들이 침범하여 서쪽으로 오스트리아 빈까지 이르는 대제국을 건설하였다. 오스트리아-헝가리 제국이 투르크를 몰아냈을 때, 수백만 명의 동유럽 사람들이 이슬람교로 개종된 상태였다. 알바니아와 코소보는 여전히 이슬람교도가 절대 다수인 국가로 남아 있다. 한편 서부 유럽 문명은 고대 그리스에서 기원한 것으로 알려져 있지만, 구유고슬라비아를 포함하는 동남부 유럽도 고대 그리스 문명에 그 기원을 두고 있다.

일차적으로 뚜렷한 자연적 경계가 적어 동부 유럽이 겪은 격동의 역사는 넓은 평원과 큰 강이 흐르는 분지는 물론 군사 전략상 중요한 요충지(산악지역과 통로)들이 나타나는 동부 유럽의 다양한 자연 환경 때문에 더 심화되었다. 수 세기 동안 진행된 내전(epic battle)의 상처는 오늘날까지 이 지역 사람들 가슴 속에 남아 있다. 복합체로서의 문화지리는 이제 유럽 어디에서도 찾아볼 수 없다. 일리리아인, 슬라브인, 투르크인, 마자르인을 비롯한 수많은 사람들이 이 지역으로 몰려들었다. 인종과 문화적 차이로 인해 만성적인 갈등이 나타나고 있다.

앞으로 살펴보겠지만 유럽 문화 권역의 지리적 범위는 여전히 논란이 일고 있으며, 특히 유럽 연합(EU)을 확대하는 데 있어서 러시아와의 관계 때문에 주요 문젯거리가 되고 있다. 유럽의 동쪽 경계는 끊임없는 변동의 역사를 보였다. 유럽에서 동쪽으로 가면서 경계가 될 만한 특별한 자연 지형이 없기 때문에, 유럽의 동쪽 경계는 실제로 뚜렷한 경계가 없다고 말하는 이들도 있다. 이 책에서는 유럽의 경계를 러시아의 서쪽 국경선까지로 규정한다. 이 경계 설정은 영토 크기, 정치 체제, 문화 자산과 역사적 측면에서 유럽과 러시아 사이에서 확연히 구분되는 지리적 특성들에 기초한 것이다.

기후와 자원 앙라

지중해의 은은한 해변에서 알프스의 눈 덮인 봉우리까지, 습윤한 삼림지대와 대서양 가장자리의 초원황무지에서 흑해

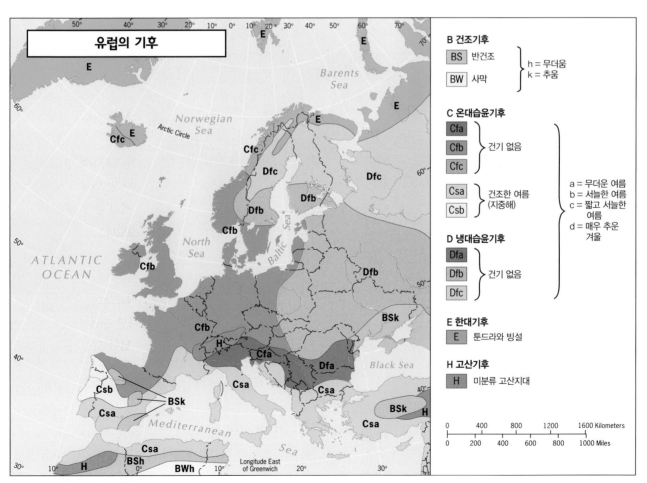

그림 1A-2

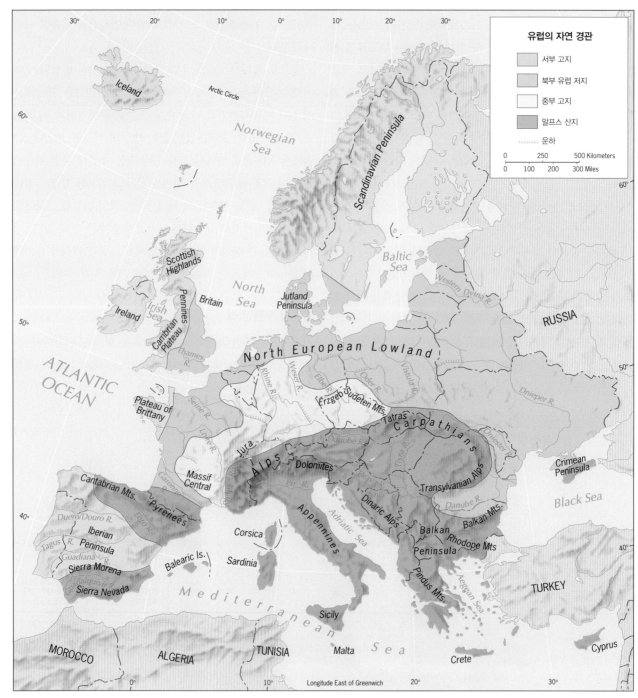

그림 1A-3

© H. J. de Blij, P. O. Muller, and John Wiley & Sons, Inc.

북부의 반건조 프레리 지역에 이르기까지, 유럽은 매우 다양한 자연환경이 나타난다(그림 1A-2).

유럽 사람들은 풍부한 자원의 혜택을 받아왔다. 자원을 사용하거나 필요할 때 유럽 권역은 원하는 것을 제공해 주었다. 과거에는 경작 가능한 토양, 어로 가능한 풍부한 수역, 그리고 가축화가 가능한 야생 동물들이 있었고, 광범한 삼림

자원은 가옥과 선박의 자재로 사용되었다. 최근에는 상당량의 석유와 천연가스가 매장된 산지마저 분포하고 있다.

자연 경관과 기회

서론에서 지리적 권역을 설정하는 데 자연지리의 중요성을 언급한 바 있다. 산지와 고원 같은 지형들의 집합체인 자연 경관

은 **1** 자연지리학(physiography)의 핵심 요소이다. 기후, 식생, 토양, 수체와 같은 자연 경관도 자연지리학의 주요 요소이다.

유럽의 면적은 작지만 자연 경관은 다양하고 복잡하다. 유럽의 자연은 중부 고지, 알프스 산지, 서부 고지, 북부 유럽 저지(그림 1A-3)의 4개 지역으로 구분된다.

중부 고지(Central Uplands)는 유럽의 중앙에 위치하며, 구릉과 낮은 고원을 이루고 있다. 풍부한 지하자원이 매장되어 있어 산업혁명 이후 농촌이 도시지역으로 변모한 곳이다.

알프스 산지(Alpine Mountain)는 알프스산 주변의 고산지대이다. 이 지역은 프랑스와 스페인의 국경 역할을 하는 피레네 산맥부터 흑해 부근의 발칸 산지까지 걸쳐 있으며, 이탈리아의 아펜니노 산맥과 동유럽의 카르파티아 산지도 포함한다.

서부 고지(Western Uplands)는 지질학적으로 알프스 산지보다 더 오래되었고 저기복이며 지구조적으로 안정된 곳으로써, 스칸디나비아 반도에서 영국 서부, 아일랜드를 거쳐 이베리아 반도 중앙부(스페인)까지 걸쳐 있다.

북부 유럽 저지(North European Lowland)는 영국 남동부와 프랑스 중부에서 독일과 덴마크를 거쳐 폴란드와 우크라이나까지 펼쳐진 저지대로써 러시아 국경과 접하고 있다. 이 지역은 유럽 대평원이라고 불리는 곳으로, 역사적으로 인구 이동의 경로였다. 이 때문에 복잡한 문화, 경제 모자이크가 형성되어 있고, 정치 지도도 그림 조각처럼 복잡하다. 그림 1A-3에 나타나는 것처럼, 런던, 파리, 암스테르담, 코펜하겐, 베를린, 바르샤바 등 유럽의 중심도시들이 위치하고 있으며, 유럽의 주요 하천과 이를 연결하는 수로들이 발달해 있어서 이런 인구조밀지역을 지탱해 주고 있다.

입지적 장점

유럽은 입지적 장점이 뛰어난 곳이다. **2** **육반구**(land hemisphere)의 결절점에 위치하고 있는 유럽의 **상대적 입지**(relative location)는 외부 세계와의 접촉과 교류에 매우 유리하다는 이점을 갖고 있다(그림 1A-4). 유럽은 '반도 속의 반도(peninsula of peninsulas)'의 형태를 띠고 있어서, 모든 지역이 해안과 멀지 않아 해상무역과 정복에 유리하다. 엄청난 규모의 운하체계와 연결된 수백 킬로미터에 달하는 가항 하천들이 인근 바다로 이어지고 있어서 해상 진출의 통로 역할

을 하고 있다. 특히 지중해와 발트해는 남부의 베니스(이탈리아)나 북부의 뤼벡(독일) 같은 유럽의 초기 무역거점도시들의 출현은 물론 근대 초기 무역 발달의 결정적 역할을 했다.

유럽 지도의 축척을 고려해 보면 유럽은 영토의 크기가 작아 근접성이 높다. 짧은 거리와 큰 문화적 차이는 긴밀한 상호작용과 재화 및 아이디어의 지속적 순환을 가능케 했다. 이것이 지난 천년 동안 유럽의 지리적 특징이었다.

근대 역사지리

산업혁명

3 **산업혁명**(Industrial Revolution)이라는 용어는 유럽이 불과 몇십 년 사이에 농업 사회에서 산업 사회로 갑자기 변화된 것을 지칭하는 개념이다. 실제로 산업혁명이 일어나기 이전인 17~18세기에도 유럽은 여러 영역에서 산업화가 진행되었다. 잉글랜드와 플랑드르(현재의 벨기에, 네덜란드 남부와 프랑스 북부에 걸친 지역)의 섬유 산업에서 색스니(Saxony, 현재 독일의 작센 지방)의 철제 농기구 산업에 이르기까지, 그리고 스칸디나비아의 가구 산업에서 프랑스의 린넨 산업에 이르기까지, 유럽은 이미 **4** **지역별 기능 전문화**(local functional specialization)라는 새로운 시대로 진입하고 있었다. 그럼에도 불구하고 18세기 말의 산업혁명은 유럽을 전례 없는 도약의 시기로 나아가게 만들었다.

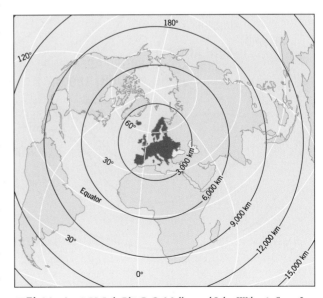

그림 1A-4   © H. J. de Blij, P. O. Muller, and John Wiley & Sons, Inc.

영국의 우위

영국은 이런 산업혁명의 진앙지였다. 1780년대에 스코틀랜드인 제임스 와트(James Watt)가 증기기관을 고안해 냄으로써 수많은 산업용으로 활용되었다. 그 당시 석탄(철의 정련에 사용되는 탄소가 풍부한 코크스의 원료)은 철광석을 녹이는 데 필요한 목탄을 대체할 최고의 대체품으로 인식되어 있었다. 이런 중요한 혁신들은 산업 전반에 빠르게 영향을 주었다. 동력 직기는 직물 산업에 일대 혁명을 몰고 왔다. 오랜 기간 동안 연료용으로 벌채되어 그 면적이 급감한 유럽의 삼림지역에 위치하던 철 제련소들은 석탄 산지 주변에 집중되기 시작했다. 증기기관으로 인해 기관차가 등장했고, 해양운송업은 새로운 시대를 맞았다.

영국이 전 세계적 영향력을 발휘하고 있을 때에 산업혁명이 일어났을 뿐만 아니라 중요한 기술혁신이 영국 내에서 일어남으로써 막대한 이득을 얻었다. 영국은 원료의 흐름을 통제함으로써 국제적 수요가 있는 제품에 대한 독점력을 행사하였고, 그로 인해 제품을 생산하는 기계 제작에 필요한 기술을 독점적으로 보유하였다. 영국의 산업혁명 여파는 주변으로 퍼져나가 유럽의 근대적 산업 공간 조직이 형성되는 결과를 낳았다. 영국의 경우 제조업은 잉글랜드 중부지방의 석탄 산지 주변에서 발달했는데, 북동부의 뉴캐슬, 남부 웨일스, 그리고 스코틀랜드의 클라이드 강변에 위치한 글래스고가 대표적이다.

대륙으로의 확산

산업혁명은 19세기 중·후반에 브리튼 섬에서 유럽 대륙으로 퍼져나갔다(그림 1A-5). 인구가 폭발적으로 증가하고, 이주현상이 여기저기서 일어나 산업화된 도시들로 가득 찼다. 산업혁명이 일어나기 전부터 유럽의 많은 국가들은 이미 식민지를 갖고 있었는데, 이로 인해 유럽은 유럽 이외의 세계에

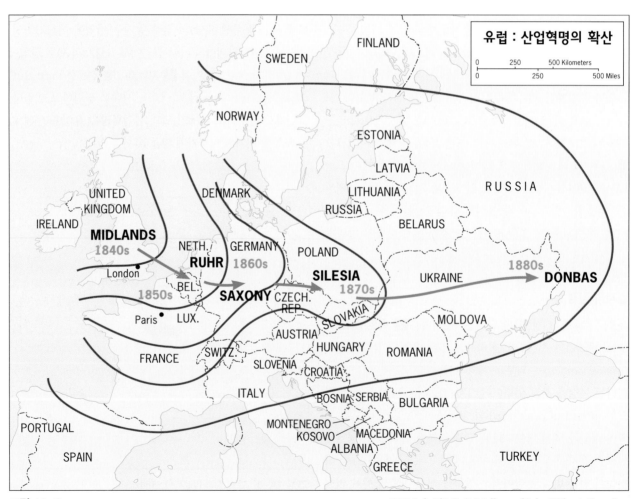

그림 1A-5

© H. J. de Blij, P. O. Muller, and John Wiley & Sons, Inc.

대한 지배력을 통해 전례 없는 이익을 얻었다.

유럽 대륙에서 주요 탄전지대는 대략 북부 유럽 저지대의 남부 경계부를 따라 서쪽에서 동쪽으로 발달해 있는데, 프랑스 북부와 벨기에, 독일에 걸쳐 있는 루르 탄전에서 체코공화국 서부의 보헤미아 탄전, 폴란드 남부의 슐레지엔 탄전을 지나 우크라이나 동부의 도네츠 분지에 있는 돈바스 탄전까지 뻗어 있다. 철광석 산지도 석탄 산지와 비슷한 분포를 보이고 있으며, 석탄과 더불어 강철 생산의 핵심 원료를 제공한다.

영국처럼 이런 핵심 산업이 발달한 지역은 경제활동의 새로운 중심지로 떠오르게 되는데, 수백만 명의 사람이 넘쳐나는 일자리를 찾아 교외에서 도시로 몰려들었기 때문이다. 과잉 인구와 과도한 도시화, 그로 인한 집적화 현상으로 인해 유럽은 세계적 규모에서도 인구 집중지가 되었다(그림 G-8 참조).

200여 년이 지난 후에도 유럽의 탄전지대를 따라 나타나는 동-서 축 지대는 유럽의 인구 분포도에서 주요 특징으로 남아 있다(그림 1A-6). 산업화로 인해 새로운 도시가 형성되었다면, 기존의 많은 중심도시는 제조업지대가 성장해 갔다. 이미 유럽의 선도적 중심도시이자 영국의 가장 부유한 내수시장인 런던은 이런 발달의 전형적 사례이다. 런던의 풍부한 노동력과 자본 및 시장 접근성과 같은 입지적 우위 요소들을 활용하기 위해 많은 기업들이 런던에 몰려들었다. 산업혁명으로 인해 많은 산업도시들이 성장했음에도 불구하고, 여전히 런던은 수위도시로서의 지위를 굳건히 지켰다.

정치적 혁명

산업혁명은 1600년대 이래로 진행되어 온 민족국가 형성 분위기 속에서 일어났다. 유럽의 정치혁명은 매우 다양한 형태로 이루어지고 많은 사람들과 국가들에게 영향을 주었지만, 일반적으로 의원 대의제와 민주주의를 지향하였다. 역사학자들은 1648년 베스트팔렌 조약(Peace Treaty of Westphalia)이 유럽의 국가체제 확립에 중요한 계기가 되었다고 주장한다. 이 평화조약에 따라 전쟁이 종식되고, 국가의 영토, 경계, 주권이 인정되었다. 하지만 이것은 시작에 불과하였다.

이데올로기의 시대

가장 극적인 정치혁명 중 하나는 프랑스혁명(1789~1795)으로 독재 권력을 휘두르던 전제국가시대를 종식시켰다. 점진적인 정치 변화는 네덜란드, 영국, 스칸디나비아 국가들에서 일어났다. 유럽의 나머지 국가들은 좀 더 오랫동안 전제군주에 의한 독재체제하에 있었다. 19세기 말 유럽은 **자유주의, 사회주의, 민족주의**(민족정신, 자부심, 애국심) 같은 이데올로기의 경쟁시대에 접어들었다. 20세기 초에 등장한 극단적 민족주의인 **파시즘**은 전 세계를 예전에 겪어 보지 못한 가장 참혹한 전쟁의 소용돌이로 몰아넣었다.

파편화된 지도

유럽의 복잡한 정치 지도를 보면 흥미롭다. 지리적 권역으로서의 유럽은 지구 육지 면적의 약 5%에 불과하지만, 이 좁은 땅덩어리는 현재 전 세계 국가 수의 1/5이 넘는 40여 개 국가로 쪼개져 있다. 따라서 당신이 유럽의 정치 지도를 보게 된다면, 그렇게 좁은 지리적 권역이 어떻게 그리 많은 정치체들로 나누어져 있는지 궁금해할 것이다. 유럽의 지도는 봉건시대와 왕정시대의 유산으로, 군대를 보유할 만큼 경제적으로 부유하고, 각자의 영지로부터 세금과 공물을 거둬들일 만큼 강력했던 왕과 봉건영주, 공작(공국의 군주) 및 여러 통치자들은 그들이 통치할 독자적 영토를 확보하였다. 왕실 간의 혼인, 동맹, 그리고 정복은 유럽의 정치 지도를 단순화시켰다. 19세기 초 독일에는 39개의 작은 국가가 존재했으며, 잘 알다시피 1870년대가 되어서야 통일된 독일 국가가 등장했다.

국가와 민족

유럽의 정치혁명은 고유의 문화를 공유하는 사람들로 이루어진 국가인 민족국가로 알려진 정치-영토 조직체를 만들어 냈다. 그렇다면 무엇이 **5 민족국가**(nation-state)인가? **6 민족**(nation)이란 용어는 다중적 의미를 갖고 있다. 어떤 의미에서 민족은 단일 언어, 동일한 역사, 유사한 민족적 배경을 가진 사람들이라고 할 수 있다. **국적**(nationality)의 측면에서 민족은 한 국가의 합법적 구성원, 즉 시민권과 관련이 있다. 오늘날 극히 일부 국가만이 문화적 동질성을 갖고 있어 문화와 국가의 경계가 동일하다. 1세기 전 유럽의 대표적인 민족국가였던 프랑스, 스페인, 영국, 이탈리아는 현재 다문화 사회가 되었으며, 이들의 민족 개념은 문화 혹은 인종적 동질성보다는 '민족정신'과 감성적 책무라는 애매한 표현으로 규정하고 있다.

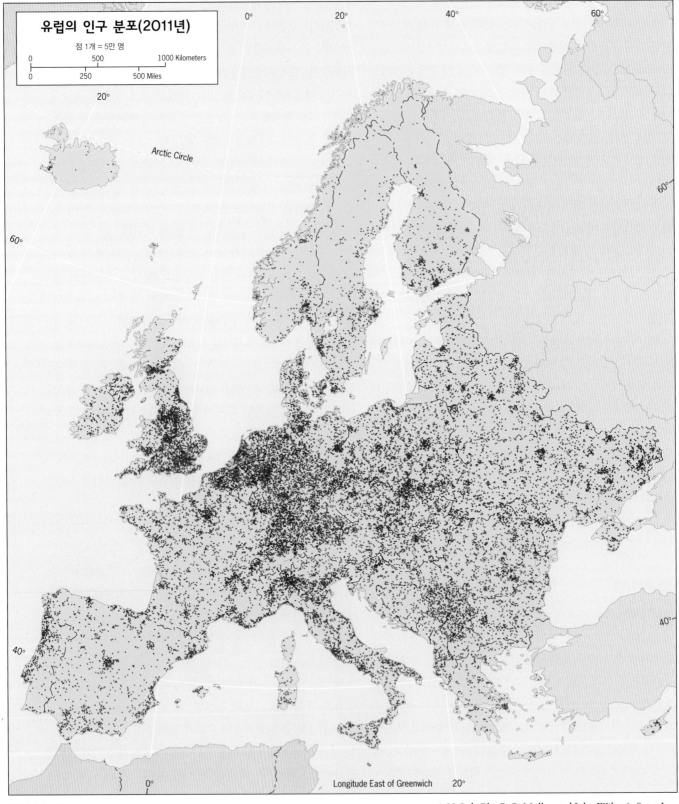

유럽의 인구 분포(2011년)

점 1개 = 5만 명

0   500   1000 Kilometers
0   250   500 Miles

Arctic Circle

Longitude East of Greenwich

그림 1A-6

© H. J. de Blij, P. O. Muller, and John Wiley & Sons, Inc.

현대 유럽 : 역동적 권역

문화 다양성

유럽 권역은 수많은 문화-어계(語系) 민족, 즉 라틴족, 게르만족, 슬라브족은 물론 핀족, 마자르족(헝가리인), 바스크족, 켈트족과 같은 소수민족의 고향이다. 이런 다양성은 이점도 있지만 그와 동시에 책무도 따르게 마련이다. 민족 간의 상호작용이라는 긍정적 면도 있었지만 갈등과 전쟁을 유발시키기도 했다.

면적은 미국의 60%에 불과하지만, 40개 국가로 이루어진 유럽의 인구는 미국의 약 2배 정도이다. 5억 9,400만 명의 유럽인은 다양한 언어를 사용하는데, 그 대다수의 언어는 **7** 인도-유럽 어족(Indo-European language family)에 속한다(그림 1A-7, 그림 G-9). 그러나 대부분의 이들 언어는 서로 의사소통이 안 되며, 심지어 핀란드어와 헝가리어는 인도-유럽 어족에 속하지 않는다. 유럽의 통합 논의가 시작되었을 때, 가장 중요한 문제는 '공식어'로 사용할 언어를 결정하는 것이었다. 영어가 유럽의 비공식 **공용어(링구아 프랑카,** *lingua franca***)**로 사용되고 있음에도 불구하고, 공식 언어의 결정 문제는 여전히 중요한 과제로 남아 있다. 유럽을 여행하게 되면 영어는 동유럽보다 서유럽에서 보편적으로 더 많이 사용되고 있음을 알게 될 것이다. 유럽의 다언어주의는 통합의 주요 걸림돌로 남아 있다.

유럽인들이 당면한 또 다른 갈등 요인은 종교이다. 유럽의 문화적 유산은 기독교 전통에 깊이 뿌리를 두고 있지만, 유럽의 일부 지역을 끝없이 반복되는 처참한 분쟁으로 몰아넣었던 가톨릭과 개신교 간의 종파 갈등의 역사는 여전히 유럽의 불안 요소로 남아 있으며, 북아일랜드의 경우처럼 폭력적인 모습으로 나타나기도 한다. 독일 기독민주당처럼 일부 정당들은 '기독교'라는 종교적 당명을 사용하고 있다. 하지만 최근 종교 경관을 변화시키는 새 요인이 등장했다. 이슬람의 확산이 그것이다. 동유럽에서는 전통적 이슬람교 지역에서 새로운 형태의 이슬람교 확산이 나타나고 있다. 터키의 오스만 제국이 통치했던 보스니아에서 불가리아에 이르는 지역에서는 당시 수백만 명이 이슬람교로 개종했으며, 현재 이들은 보다 많은 정치 권력을 요구하고 있다. 서유럽의 경우 최근 북아프리카와 주변 이슬람권 지역으로부터 수백만 명의 이민자가 유입됨으로써 이슬람교도가 증가하고 있다. 이슬람 사원인 모스크에는 열성 신도들이 넘치는 반면, 세속주의 풍조

가 증가하면서 교회는 점차 설 자리를 잃어 가고 있다. 유럽은 '탈기독교' 시대에 접어들고 있다고 보는 학자들도 있다.

유럽의 권역이 작기 때문에 유럽의 문화지리 변화는 매우 급격하게 나타난다. 유럽에 대한 대중적 이미지는 영국의 화려함, 프랑스의 와인 경관이나 베니스와 암스테르담 같은 역사적 도시에 의해 구축되는 경향이 있지만, 다른 한편으로는 아드리아 해 연안의 산악지대에 있는 고립된 슬라브 마을, 빈곤한 알바니아의 이슬람 마을, 루마니아 내륙의 집시 마을, 그리고 수 세기에 걸쳐 전통 농법을 고수하며 살고 있는 폴란드 농촌의 농부들과 같이 상반된 모습들도 공존하고 있다. 40개 국가로 구성된 유럽의 지도는 유럽 문화의 다양성을 반영하는 시작에 불과하다.

공간적 상호작용

문화적 측면 이외에 유럽을 하나로 묶어주는 기제는 무엇인가? 그것은 유럽국가들 사이의 생산적 상호작용을 가능케 하는 높은 근접성에 있다. 유럽은 공간적으로 매우 강한 경제적, 정치적 네트워크가 형성되는 상호의존적 권역인 하나의 거대한 기능지역이다. 근대 유럽인들은 지역, 국가, 장소를 연결하는 범지역적인 공간적 상호작용 구조를 창출할 지리적 기회를 수없이 많이 이용하였다. 이 상호작용은 다음 두 가지 핵심 원리에 기초해서 이루어진다.

첫째, 지역의 **8** 상호보완성(complementarity)이란 한 지역이 다른 지역에서 필요한 상품의 잉여를 생산해 내는 것을 말한다. 특정 자원이나 제품이 단순히 존재한다고 해서 교역이 성사되지는 않으며, 반드시 다른 곳에서 수요가 발생해야만 한다. 두 지역이 각자 상대 지역의 상품을 필요로 하는 경우는 이중 상호보완성이라고 한다. 작은 지방 공동체에서 국가 규모에 이르기까지 유럽은 셀 수 없는 상호보완성이 나타나는 지역이다. 가령 산업국가인 이탈리아는 서유럽으로부터 석탄을 수입하고, 서유럽은 이탈리아의 농산물을 수입한다.

둘째, **9** 수송가능성(transferability)은 생산자와 소비자 간에 이루어지는 상품 이동의 용이성을 말한다. 거리가 증가하고 물리적 장해물이 있을 경우 상품의 비용은 수익성이 전혀 없는 정도까지 상승되기도 한다. 그러나 유럽의 면적이 작고 거리가 짧아서, 유럽인들은 세계에서 가장 효율적인 도로, 철도, 그리고 가항하천과 연계된 운하 체계를 만들었다. 결론적으로 매우 다양한 경제지역과 그들 사이의 효율적인 운송망 체계는 유럽을 상호의존성이 매우 높은 경제 권역으로

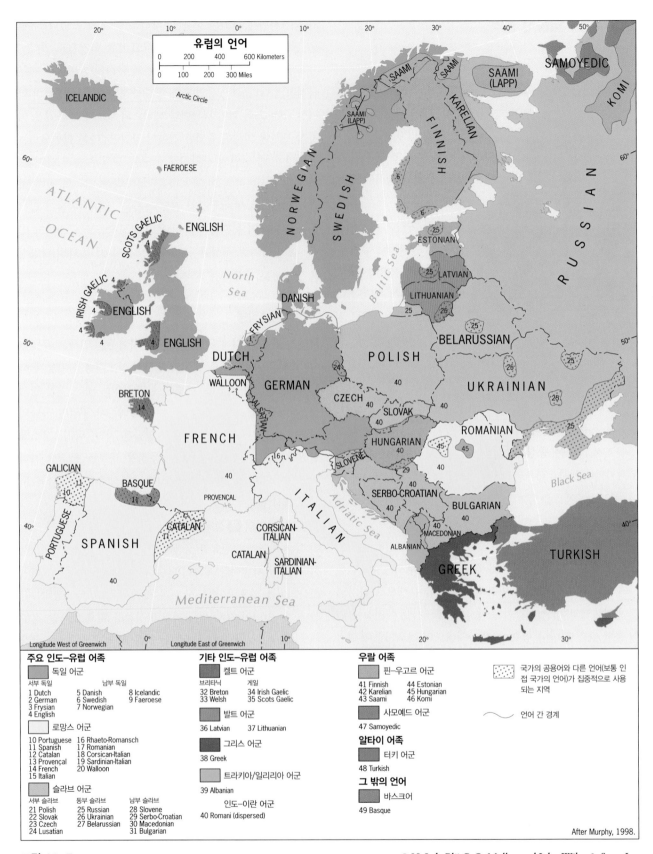

유럽의 언어

0   200   400   600 Kilometers
0 100   200   300 Miles

주요 인도–유럽 어족

독일 어군

서부 독일
1 Dutch
2 German
3 Frysian
4 English

남부 독일
5 Danish
6 Swedish
7 Norwegian
8 Icelandic
9 Faeroese

로망스 어군
10 Portuguese
11 Spanish
12 Catalan
13 Provençal
14 French
15 Italian
16 Rhaeto-Romansch
17 Romanian
18 Corsican-Italian
19 Sardinian-Italian
20 Walloon

슬라브 어군

서부 슬라브
21 Polish
22 Slovak
23 Czech
24 Lusatian

동부 슬라브
25 Russian
26 Ukrainian
27 Belarussian

남부 슬라브
28 Slovene
29 Serbo-Croatian
30 Macedonian
31 Bulgarian

기타 인도–유럽 어족

켈트 어군

브리타닉
32 Breton
33 Welsh

게일
34 Irish Gaelic
35 Scots Gaelic

발트 어군
36 Latvian
37 Lithuanian

그리스 어군
38 Greek

트라키아/일리리아 어군
39 Albanian

인도–이란 어군
40 Romani (dispersed)

우랄 어족

핀–우고르 어군
41 Finnish
42 Karelian
43 Saami
44 Estonian
45 Hungarian
46 Komi

사모예드 어군
47 Samoyedic

알타이 어족

터키 어군
48 Turkish

그 밖의 언어

바스크어
49 Basque

국가의 공용어와 다른 언어(보통 인접 국가의 언어)가 집중적으로 사용되는 지역

언어 간 경계

After Murphy, 1998.

그림 1A–7

© H. J. de Blij, P. O. Muller, and John Wiley & Sons, Inc.

만들었다.

고도로 도시화된 권역

유럽인들의 약 3/4은 도시지역에 거주하며, 서유럽의 도시화율은 평균을 훨씬 웃돌지만 동유럽은 평균에 미치지 못한다(부록 B의 자료 표 참조). 대도시들은 생산의 거점일 뿐만 아니라 시장으로서 기능하며, 그 나라 문화의 용광로이다. 유럽의 주요 도시들은 역사가 깊고 집약적이어서, 도시 경관은 미국 도시들과 매우 다르다.

외견상으로 도시 내부의 무질서한 도로망 체계는 교통 흐름을 방해한다. 중심도시들은 아름답지만 비좁고 갑갑하다. 런던의 도시 배치(그림 1A-8)는 유럽의 **10** 메트로폴리스(metropolis, 중심도시와 주변지역으로 구성된 도시지역)가 가진 내부 공간구조를 전형적으로 보여준다. 그런 대도시지역(metropolitan area)의 중심에는 **11** 중심업무지구(Central Business District, CBD)가 자리하고 있다. CBD는 도시에서 가장 오래된 도시집적지(urban agglomeration)로서 산업, 행정, 쇼핑 시설의 중심지일 뿐만 아니라 부유층과 명망 있는 계층의 거주지가 몰려 있다.

근로자 계층은 중심도시 내에서 CBD를 원형으로 둘러싼 외곽지역에 거주한다. 중심도시를 벗어나면 교외지역이 나타나는데, 교외지역의 주거지 밀도는 유럽이 미국보다 월등히 높게 나타나는데, 유럽의 거주 전통은 단독 주택보다는 여가 공간(그린벨트)이 곁에 있는 아파트에서 생활하는 경향이 있기 때문이다. 또한 대중교통에 대한 의존도가 높기 때문에 교외지역의 개발이 가속화되고 있다. 교외지역에서의 비주거용 활동 역시 교외화를 가속화시키는데, 초근대적 비즈니스 센터들이 교외지역에 들어서면서 전통적인 업무지구인 CBD와 경쟁하는 모습을 유럽의 대도시지역에서 어렵지 않게 볼 수 있다.

변화하는 인구

낮은 자연 인구 성장률

유럽의 인구가 (인구지리학적 용어로) 폭발적으로 증가하던 시기에는 수백만 명이 신대륙과 식민지로 이주해 갔음에도 불구하고 인구가 증가했다. 그러나 오늘날 유럽의 인구는 지

누군가가 위 사진은 어느 도시를 촬영한 것인지 아느냐고 물었을 때, 당신은 파리를 떠올릴 수 있을까? 프랑스 파리는 에펠탑, 개선문 그리고 오래된 시가지의 역사적 건물들처럼 유서 깊은 건물들이 상징이다. 하지만 위 사진은 파리 외곽에 형성된 신도시 라데팡스의 모습으로, 파리의 초현대적인 또 다른 모습을 나타낸다. 고도제한과 건축물 규제가 심한 역사가 오래된 파리 중심부를 벗어나, 건물 외벽을 유리로 덮은 고층빌딩은 라데팡스가 살아 있는 국제도시임을 잘 보여준다. 이곳의 상징은 가운데 구멍이 뚫린 정육면체 모양의 '신 개선문(그랑드 아르슈, La Grande Arche)'으로서, 에펠탑이 그랬던 것처럼 지탄과 감탄을 모두 받고 있다. 그 뒤편에 있는 샹젤리제 거리를 따라 오다 그랑드 아르슈를 지나면 첨단 산업, 금융, 서비스 산업의 중심지인 라데팡스의 모습을 볼 수 있다. 멀리 개선문이 희미하게 보일 것이며, 그 오른쪽에는 낮은 건물들이 태피스트리처럼 넓게 펼쳐진 도심부 가운데 바늘처럼 우뚝 솟아 있는 에펠탑이 있다. © Pascal Crapet/Stone/Getty Images, Inc.

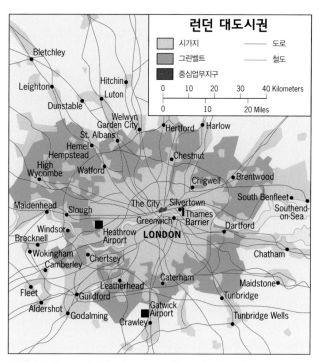

그림 1A-8 © H. J. de Blij, P. O. Muller, and John Wiley & Sons, Inc.

© H. J. de Blij

"스히폴 공항에서 기차를 타고 로테르담에 와서 도심부 호텔에 체크인한 다음, 거대한 구조물 안에 있는 '중앙역'에서 기차를 타고 '후크반홀란드'라고 불리는 네덜란드 남서부에 있는 북해 해안의 곳으로 갔다. 영국을 비롯한 유럽 여러 곳에서 매일 수천 명의 사람들이 페리호를 타고 와서 내리는 곳이다. 동료는 마슬로이스(네덜란드 남서부 지방)를 벗어나 이곳에서 이루어지는 근대적 변화뿐만 아니라 역사적 감각을 가지고 거리를 걸어 보라고 권유했다. 이슬람교도들의 증가로 인해 유럽의 문화경관이 바뀌고 있는 것은 비단 도시만이 아니었다. 작은 마을에서도 모스크의 첨탑이 교회 첨탑들 사이에 솟아 있으며, 사진에 보이는 것처럼 사회, 지역의 이슬람 사원들은 이슬람교도들의 사회적, 정치적 중심지로 기능하는 등 다목적 중심지 역할을 하고 있다. 교회는 이런 역할을 하지 못한다. 두 세대 전쯤에 이 아파트에 살았던 사람들은 교회를 바라보았겠지만, 지금은 매우 다른 모습이 펼쳐져 있다."

속적으로 감소하고 있다. 인구 감소를 막기 위해서는 여성 1인당 평균 2.1명을 출산해야 한다. 그러나 2009년 현재 유럽의 평균 출산율은 1.5명이다. 독일과 루마니아, 포르투갈, 헝가리 같은 나라들은 평균 출산율이 1.3명에 불과하다. 심지어 보스니아 같은 동유럽국가는 1.2명을 기록하여 세계에서 가장 낮은 출산율을 나타낸다. 이처럼 낮은 인구 성장률은 일부 국가에게는 심각한 문제를 유발한다. 인구 피라미드가 역삼각형이 되면, 고령층의 복지비용을 부담해야 하는 생산 연령층이 줄어들어, 결과적으로 연금과 건강보험 혜택이 줄어든다.

이민

한편 이민은 유럽이 당면한 인구 감소 문제를 부분적으로 상쇄시키고 있다. 하지만 사회적 문제를 유발할 수 있다는 점에서 유럽국가에게 이민은 양날의 검이다. 터키인, 터키 쿠르드인, 알제리아인, 모로코인, 서부 아프리카인, 파키스탄인 그리고 서인도 제도 사람들의 이민으로, 한때 단일문화 민족국가였던 프랑스, 독일, 영국, 스페인, 벨기에와 네덜란드의 사회 구성을 변화시키고 있다. 이런 변화 가운데 가장 중요

한 측면은 앞서 언급한 것처럼 유럽에서의 이슬람교 확산이다(그림 1A-9). 알바니아, 코소보, 보스니아 같은 동유럽국가의 이슬람교도들은 오스만 제국 통치 시절에 이슬람교로 개종한 지역민들이다. 한편, 서유럽국가에서의 이슬람교 인구는 최근의 이민에 의해 더 증가하는 추세에 있다.

이런 이민자들의 대다수는 기독교를 믿는 유럽인들보다 신앙심이 깊다. 이민자들은 인구가 정체되거나 감소하고 있는 곳, 세속주의로 인해 기독교 교세가 약화된 곳, 또는 문화 규범이 이슬람 전통을 배제하지 않는 곳을 중심으로 정착하였다. 이슬람 사회가 현지 국가의 주류 속으로 통합되거나 동화되는 속도는 매우 느리며, 이들의 교육 수준과 경제적 수입은 평균보다 매우 낮은 상태이다.

증가하는 다문화주의에 대한 도전

문화적 변혁에 대처하기 위한 유럽국가들의 실질적인 사회적, 정치적 노력은 광범위한 범위에서 끊임없이 이루어지고 있다. 오랜 기간 관용과 개방 정책을 펼쳐 왔음에도 불구하고, 유럽 사회는 이민을 제한하기 위해 다방면에서 애쓰고 있다. 반이민법을 추진하는 정당들이 유권자들의 지지를 받고

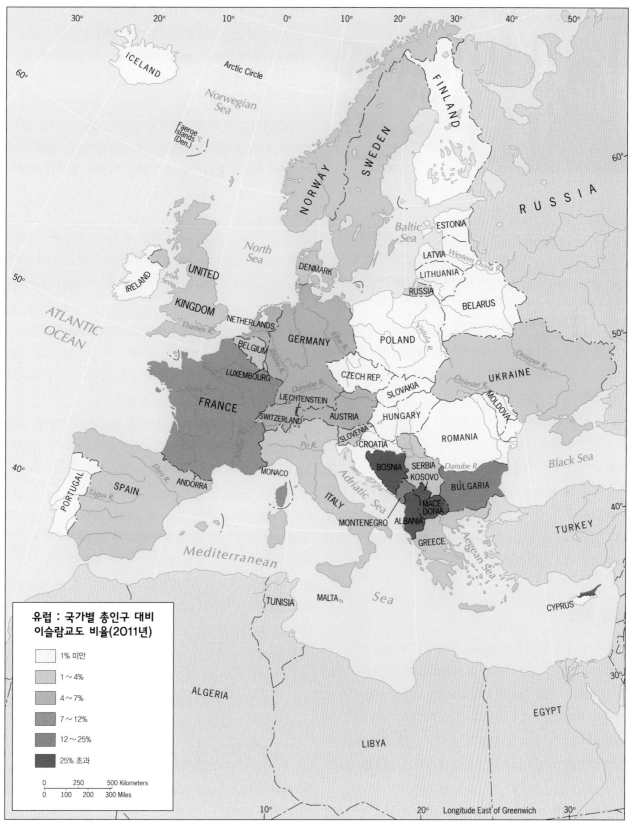

유럽 : 국가별 총인구 대비
이슬람교도 비율(2011년)

- 1% 미만
- 1 ~ 4%
- 4 ~ 7%
- 7 ~ 12%
- 12 ~ 25%
- 25% 초과

그림 1A-9

© H. J. de Blij, P. O. Muller, and John Wiley & Sons, Inc.

MINARETTEN VERBOT POSTER

Stopp
Ja

zum Minarett-verbot

© Goal Ag

이 있는 것으로 알려져 있다. 그 대표적인 사례가 구유고슬라비아로, 냉전이 끝나면서 속박에서 풀린 원심력이 신생국가의 미약한 구심력을 압도함으로써 국가가 분리된 것이다.

제2차 세계대전 이후 유럽은 지역단위 규모에서 점진적인 통합이 이루어져 왔다. 이를 지켜본 많은 유럽국가들과 통치자들은 국가 간의 밀접한 유대와 협력이 보다 안정적이고 번영하는, 나아가 미래를 보장하는 확실한 방법임을 알게 되었다. 권역 전체의 통합이 진행되고 있다. 많은 도전과 시행착오를 겪으면서 지난 반세기 동안 유럽은 통합의 역사를 걸어왔다.

배경

제2차 세계대전이 끝났을 때, 유럽의 많은 지역이 파괴되고 황폐화되었으며, 국가의 하부구조와 경제는 붕괴되었다. 20세기 초 가장 발달된 경제 권역의 하나였던 유럽이 1945년에는 그 경제 역량이 완전히 파괴되었다. 서유럽국가들이 서로 간의 협력과 통합을 추진했던 주요 동기 중 하나는 파괴된 경제를 빠르게 회복시키고자 했기 때문이다.

이런 협력을 진행하는 데 맨 처음 중요한 역할을 한 것은 미국이었다. 1947년 미 국무부 장관 조지 마셜(George C. Marshall)은 전후 재건과 민주주의 정치 회복을 위해 유럽 재건 계획을 제안했다. 이에 미국은 4년에 걸쳐 약 130억 달러(현재 화폐 가치로는 약 1,000억 달러)의 지원금을 유럽에 제공했다. 미국은 경제적, 정치적 동기가 있었다. 당시 미국은 세계 제일의 제조업 상품 생산국이었기 때문에 유럽 시장의 회복을 간절히 바라고 있었다. 정치적으로는 제2차 세계대전 이후 동유럽을 장악하고 있던 소련의 분열이 서서히 감지되고 있었다. 게다가 공산당이 주요 서유럽국가들의 정치를 장악할 것 같은 분위기가 팽배해 있었다. 미국은 마셜 플랜을 통해 서유럽국가들에 대한 영향력을 키우고 공산주의의 확산을 방지하려는 의도가 있었다. 마셜 플랜은 패전국인 독일과 터키를 포함해 유럽 16개국에 적용되었다.

북서 유럽국가들 역시 정치적 측면에서 협력을 추진하였다. 두 차례의 세계대전은 과도한 민족주의의 위험성을 명확히 보여주었으며, 정치적 협력과 유대 노력이 부족할 때 얼마나 끔찍한 결과를 가져오는지 여실히 보여주었다(연합국은 바로 통일된 모습으로 대처한 데 비해, 히틀러는 1939년 제2차 세계대전을 일으키기 전에 이런 협력을 그만두었다). 프랑스, 네덜란드, 벨기에와 같은 나라(독일 인접국들)의 입장에

있다. (이민에 의한) 이슬람교의 확산은 일부 국가들에서는 사회적 갈등의 원인이 되어, 드라마나 정치 연극의 소재가 되기도 한다. 2009년 11월, 스위스는 이슬람 사원 건설 금지 법안에 대한 국민투표를 실시하였다. 대다수의 스위스 사람들은 그들의 문화가 이슬람교에 의해 위협받고 있다고 느끼고 있으며, 비록 스위스에 4개밖에 없지만 이런 모스크 같은 건축물은 과도한 위압감을 주는 소수파의 경관으로 인식하고 있다. 하지만 이 법에 반대하는 사람들은 종교의 자유를 침해하고 있을 뿐만 아니라, 스위스 내에 일고 있는 외국인 혐오 분위기 속에서 두려움을 안고 반대 청원운동을 벌이고 있다고 주장한다. 스위스의 40만 이슬람교도(주로 터키인이며 인구의 5%를 차지하지만, 열성 신도들은 아님)는 이 투표를 불쾌하게 생각한다. 위의 포스터는 그 법안을 찬성하는 단체에서 배포하는 것으로 국민투표가 치러지기 몇 주 동안 스위스 전역의 벽에 붙여졌다.

유럽 통합

권역이나 지역, 국가들은 그들을 보다 응집력 있고 안정적인 정치단위로 이끌 통합의 힘과 그 반대로 이끌 분열의 힘이 모두 내재되어 있다. 정치적 주장이 다른 다양한 사람들로 이루어진 지역이나 국가에서는 국가 분열이 일어나기 쉽다. 정치지리학자들은 종교적, 인종적, 언어적, 정치적, 지역적 요인이 야기한 대립과 분리의 강도를 측정하기 위해 **12** **원심력** (centrifugal force)이라는 용어를 사용한다.

원심력은 **13** **구심력**(centripetal force)과 대비되는데, 구심력은 국가를 하나로 결합시키는 힘을 의미한다. 일반적으로 구심력은 국가의 정치·행정체제, 법 제도, 사회·경제 정책(예 : 소수민족 정책)에 대한 국민들의 만족도와 밀접한 관련

서는 전후 독일을 어떻게 통제할 것인가가 주요 관심이었으며, 이는 오직 정치적 협력을 통해서만 가능했다.

경제가 회복되고 독일이 범유럽 체제 속에 안착된 이후, 유럽 통합의 필요성은 새로운 측면에서 제기되었다. 미국, 일본, 중국과 같은 세계적 강자들과 경쟁할 수 있는 보다 크고, 효율적인 자유시장 구축의 필요성이 점차 증가하였다. 정치적으로는 현재 러시아 국경선까지 확장된 매우 크고 훨씬 다양해진 유럽을 어떻게 안정화시킬 수 있는가가 오늘날의 주요 목표가 되었다. 협력의 목표는 이제 더 이상 독일에 관한 것이 아니라 많은 주권국가들의 요구를 포용하면서도 동시에 강대국 러시아와도 좋은 관계를 유지해야 하는, 매우 크고 복잡한 지리적 권역의 문제로 변화되었다.

통합 과정

마셜 플랜은 유럽 경제 활성화 그 이상의 역할을 했다. 마셜 플랜은 유럽의 정치 지도자들에게 공동의 경제협력기구를 구성할 필요성을 부여했다. 유럽 재건 계획의 실행에 따라, 사업에 참여한 국가들은 금융 지원을 둘러싼 국가 간 조정을 위해, 국가 간 경계를 초월한 자원과 상품의 흐름을 원활하게 하기 위해, 배타적 무역 관세 장벽을 완화하기 위해, 효과적 정치 협력을 위해 국가 간 협력체를 구성해야 할 필요성을 느꼈던 것이다.

이런 필요성과 관련해서 유럽은 이미 선례가 있었다. 제2차 세계대전이 막바지에 이를 무렵 영국에 망명해 있던 벨기에, 네덜란드, 룩셈부르크 정상은 세 나라 간의 협력을 위한 논의를 시작했다. 1944년에 이 세 나라는 총체적인 경제 통합을 달성하기 위해 베네룩스 조약을 체결했다. 마셜 플랜이 착수되었을 때, 베네룩스 조약은 미국의 원조 투자를 조정하기 위한 유럽경제협력기구(OEEC)를 설립하는 데 촉매제가 되었다(p. 50, 표 '유럽의 초국가주의' 참조).

이러한 경제 협력체의 결성은 곧 정치적 협력으로 연결되어, 1949년에 유럽협의회를 결성하기에 이르렀다. 유럽협의회는 이후 스트라스부르 정상회의에서 유럽의회로 발전하게 되었다. 바야흐로 유럽은 다국가 연합체의 결성이라는 또 다른 정치혁명에 착수했다. 지리학자들은 3개 이상의 독립국가들이 공동의 이익을 위해 주권의 일부를 양보하면서도 정치·경제·문화 영역에서 자발적인 연합체를 구성하는 것을 **14** 초국가주의(supranationalism)로 정의한다.

로마 조약이 체결됨에 따라, 1958년에 6개 국가는 소위 '공동시장(Common Market)'으로 불리는 유럽경제공동체(EEC)를 출범시켰다. 1973년에 영국, 아일랜드, 덴마크가 EEC에 가입하게 되면서 회원국 수는 9개 국가로 늘어났으며, EEC도 유럽공동체(EC)로 명칭을 변경했다. 그림 1A-10에서 볼 수 있듯이, EC에서 EU로 명칭이 변경된 후에도 신

@ 답사노트

© H. J. de Blij

"프랑스 사람들은 자신들의 국기가 휘날리는 것을 좋아한다. 공공건물이나 빌딩, 시설물 어디에서든 프랑스 삼색국기를 볼 수 있다. 그리고 여기 조금 다른 모습이 있다. 왼쪽은 EU 깃발이 프랑스 국기와 함께 휘날리고 있는 루앙 시청 건물의 사진으로 프랑스의 다른 곳에서는 이런 모습을 본 기억이 없다. 이것은 프랑스와 독일이 'European Project'라고 부르는 EU 통합을 바라는 프랑스 정부의 열정을 반영하는 것으로서, 두 나라는 EU을 지탱해 주는 두 기둥이다. 그러나 설문조사에 따르면 두 나라 국민들의 감정은 서로 안 좋은 것으로 나타나고 있다."

1944 베네룩스 조약 체결	**1987** 터키와 모로코의 EC 가입 신청, 모로코는 거부, 터키는 유보됨
1947 마셜 플랜 수립(1948~1952년까지 유효)	**1990** 유럽안보장협력회의(CSCE)에 참가한 34개국이 파리헌장 채택. 공식적인 독일 통일에 앞서 동독 EC 가입
1948 유럽경제협력기구(OEEC) 창설	
1949 유럽협의회 창설	**1991** EC 정상 간 마스트리흐트 회의를 통해 EU 결성에 대한 원칙적 합의 도출
1951 유럽석탄·철강공동체(ECSC) 협정 체결(1952년 발효)	
1957 로마 조약 체결, 유럽경제공동체(EEC) 결성(1958년 발효, 공동시장으로 알려져 있으며 회원국은 6개국). 유럽핵에너지공동체(EURATOM) 조약 체결(1958년 발효)	**1993** 단일유럽시장이 발효, EC를 EU로 변경하는 EU 조약 수정안을 비준
	1995 오스트리아, 핀란드, 스웨덴의 EU 가입으로 15개 회원국이 됨
	1999 유럽통화동맹(EMU) 발효
1959 유럽자유무역연합(EFTA) 조약 체결(1960년 발효)	**2002** 유로화가 12개 국가에서 공식 화폐로 도입되어, 역사상 처음으로 국가 통화가 사라짐
1961 영국, 아일랜드, 덴마크, 노르웨이의 EEC 회원국 가입 신청	
1963 프랑스가 영국의 EEC 가입 거부; 아일랜드, 덴마크, 노르웨이 신청 취소	**2003** 유럽 헌법 초안이 회원국 심의를 위해 간행됨
	2004 키프로스, 체코공화국, 에스토니아, 헝가리, 라트비아, 리투아니아, 몰타, 폴란드, 슬로바키아, 슬로베니아의 EU 가입으로 회원국 수가 15개에서 25개로 증가
1965 EEC-ECSC-EURATOM 통합 조약 체결(1967년 발효)	
1967 유럽공동체(EC) 발족	
1968 EC 회원국 간의 모든 관세 의무를 폐지하고 공통관세 제정	**2005** 발의된 유럽 헌법이 프랑스, 네덜란드의 국민투표에서 부결
1973 영국, 덴마크, 아일랜드의 EC 가입으로 회원국은 9개국이 됨 노르웨이는 국민투표에서 EC 가입안 부결	**2007** 루마니아와 불가리아가 가입되어 총 회원국 수는 27개. 슬로베니아는 유로화 채택
	2008 키프로스와 몰타가 유로화 채택
1979 첫 번째 유럽의회 의원 선거를 실시하여 410명의 의원 선출, EU 입법부가 프랑스 스트라스부르에 건립. 유럽통화제도(EMS) 제정	**2009** 슬로바키아가 유로화 채택
	2010 금융위기가 심각한 부채를 안고 있는 그리스를 강타하여 EU 구제 금융 지원했으며, 포르투갈, 스페인, 이탈리아의 재정위기 증가 EMU의 미래 불투명, 달러에 대한 유로화 가치는 오랫동안 상승하다가 하락
1981 그리스의 EC 가입으로 회원국 수는 10개국	
1985 그린란드가 덴마크로부터 독립함으로써 EC 탈퇴	
1986 스페인과 포르투갈의 EC 가입으로 회원국은 12개국 1990년대 EU 형성을 목표로 하는 단일의정서(SEA) 비준	**2011** 에스토니아가 17번째 유로화 채택 국가가 됨

규 회원국이 꾸준히 증가하여 회원국은 1995년에 15개국으로 늘어났으며, 현재 EU 회원국은 27개국이다.

EU의 행정, 경제, 정치 구조는 매우 발달되어 있어서 각 회원국 수도마다 1개의 본부를 두고 있다. 초창기 EU 입안자들은 조직의 관리중심지로 베네룩스 회원국이자 벨기에 수도인 브뤼셀을 선택했다. 브뤼셀에 너무 많은 업무가 집중되는 것을 피하기 위해, EU 회원국 시민들의 투표로 선출된 대표자들인 EU 의회는 프랑스 북동부에 있는 스트라스부르에 두었다.

통합의 여파

EU는 단순히 은행가와 기업가를 위한 서류상의 조직이 아니며, 회원국 경제와 지방정부의 역할은 물론 회원국 국민들의 일상생활에 무수히 많은 영향을 미치고 있는 실제 조직이다.

하나의 시장

EU는 생산자, 소비자, 비즈니스, 노동자들을 위한 단일시장 건설을 목표로 한다. 기업은 법적 제한 없이 EU 회원국 어디서든지 물건을 만들고 팔 수 있으며, 노동자들 역시 회원국 어디서든 이동과 취업이 가능하다. 이것을 실현하고 관리하기 위해 회원국들은 세금은 물론 환경보호와 교육 수준에 이르기까지 폭넓은 국가적 법률을 재정비해야만 한다. 한 단계 더 나아간다면, 가령 금리 조정이 가능한 강력한 권한이 있는 단일중앙은행과 단일 통화인 **유로**의 도입이다. 단일 통화는 진정한 통합의 길로 가기 위한 상징적 단계일 뿐만 아니라, 세계 기축 통화인 미국 달러에 대항하기 위해 필요한 것이다. 2002년 당시 EU 회원국 15개국 가운데 영국, 덴마크, 스웨덴을 제외한 12개 국가가 유로화를 새로운 공식 화폐로 사용하기 시작하면서 새로운 유럽 통화의 시대가 시작되었다(그림 1A-10). 슬로베니아는 2007년부터, 키프로스와 몰

그림 1A-10

© H. J. de Blij, P. O. Muller, and John Wiley & Sons, Inc.

타는 2008년, 슬로바키아는 2009년부터 유로화를 사용했으며, 그리고 2011년 에스토니아는 유로화를 공식 화폐로 사용한 17번째 국가가 되었다.

새로운 경제지리

EU의 설립과 지속적인 성장은 현재가 과거를 뛰어넘는다는 차원을 넘어 권역의 기본적 지역지리를 재조직하는 새로운 경제 경관을 창출해 왔다. 새로운 경제 기반에 투자하고 자본과 노동, 상품의 흐름을 유연하게 만듦으로써 국경선을 무의미하게 만들었다. 각 국가들의 지방정부, 주, 부서 및 행정부서들이 보다 자유로운 활동을 원한다는 것을 잘 알기 때문에, EU 지도자들은 이들 중 몇몇 지역이 강력한 성장 동력의 거점이 될 수 있도록 경제 정책을 펴고 있다. 이런 성장 거점 중 4개 지역을 지리학자들은 **15** **유럽의 4대 선진지역(Four Motors of Europe)**이라고 부른다. 그 지역은 (1) 프랑스 제2의 도시인 리옹을 중심으로 하는 프랑스 남동부의 **론–알프**

스 지역, (2) 산업도시 밀라노를 중심으로 하는 이탈리아 북부의 **롬바르디**, (3) 바르셀로나의 문화와 제조업을 중심으로 하는 스페인 북동부의 **카탈루냐**, (4) 슈투트가르트의 고부가가치 산업 중심의 독일 남서부 **바덴-뷔르템베르크**이다.

지역경제지리 차원에서의 또 다른 변화는 농업지역과 관련이 있으며, EU 본부에서 만들어진 정책을 보다 구체화하는 것이다. 유럽은 일반적으로 세금이 높은 편인데, 부유한 회원국에서 거둬들인 세금은 그렇지 못한 회원국의 성장과 발전을 지원하기 위해 사용된다. 이것은 EU의 회원국들이 가지는 다양한 의무 중 하나로서 포르투갈, 그리스를 비롯하여 EU에서 상대적으로 낙후된 국가와 지역 경제를 활성화하는 데 기여했다. 한편 일부 국가들은 공통농업정책(Common Agricultural Policy, CAP)의 규약에 반대한다. 비판론자들은 농민에 대한 보조금이 지나치게 많다고 주장하고, 지지론자들은 농민에 대한 보조금이 너무 적다고 주장한다.(특히 프랑스는 공통농업정책이 자국 농촌의 문화유적과 농민들을 보호하는 데 기여한다고 주장하면서도 농업에 대한 지속적인 지원에 대해서는 반대한다.)

국가 권력 약화와 새로운 지역주의

지방정부가 중앙정부보다 경제력이 월등해지는 경우에는 서로 간의 관계뿐만 아니라 사업망이 해외로 확장될 경우 외국 정부와의 관계에서도 지방정부가 주도권을 잡기도 한다. 다른 지방정부들도 이에 자극받아 지역에서의 경제력을 키워 국가에 대한 정치적 위치를 강화하려고 노력한다. 국가보다는 지방정부의 힘을 키우려는 도(道)와 주(州)를 비롯한 지방 행정지역은 공통의 경제적 목표를 이루기 위해 협력하고 있다. 이런 월경적 협력(cross-border cooperation)은 기존의 민족국가 차원을 벗어나 중앙정부의 통제를 벗어날 정도로 강력한 경제력을 지닌 지역을 만들어 냄으로써 과거의 정치 지도를 탈피해서 새로운 경제 지도를 만들고 있다. 유럽의 통합이 국가 권력을 위아래로부터 어떻게 약화시켰는지를 생각해 보자. 밖으로는 EU 회원국이 되기 위해 국가는 주요 의사결정 권한을 EU 본부에 위임해야만 했으며, 국가 내적으로는 카탈루냐와 롬바르디 같은 지방정부로부터 지역 통제권을 빼앗기고 있는 실정이다.

유럽국가들이 EU라는 통합의 길을 걸어가고 있지만, 많은 회원국이 자국 내에서 상당한 강도의 원심력 움직임에 직면하고 있다. **16** 지방 분권(devolution)이라는 용어는 한 국가 내의 지역이나 국민들이 중앙정부의 통제에서 벗어나 정치적 자율성을 획득하는 과정을 설명하는 개념이다. 대부분의 국가들에서 어느 정도의 내적 지역주의는 존재하기 마련이지만, 분권화 과정이 진행되는 시점은 국가로부터 분리되고자 하는 지역 자율주의의 움직임이 표출됨으로써 국가의 구심력이 약화될 때부터라고 할 수 있다. 그림 1A-11에 나타나는 것처럼, 많은 유럽국가들이 분권의 영향을 받고 있다.

국가는 분권화 압력에 대해 순응적이든 강제적이든 다양한 방법을 통해 대응한다. 이런 원심력에 대응하는 한 방법은 스코틀랜드와 카탈루냐처럼 역사적 전통이 있는 지역에는 부분적으로 중앙정부의 통제를 받지 않는 합법적 권한을 부여하는 것이다. 또 다른 방법으로는 EU 회원국이 새로운 행정부서를 만들어 국가가 지방정부의 요구에 대해 적극적으로 해결하거나, **유럽위원회**(브뤼셀에 있는 EU 중앙본부 이름)와 협의 또는 통제하에서 문제를 해결할 수 있도록 하는 것이다.

확장과 유대 강화

EU의 확장은 EU의 기본 목표이긴 하지만 항상 논쟁이 뜨거운 주제이다. 경제력이 약한 국가가 EU에 가입하게 되면 EU 전체의 경쟁력을 떨어뜨릴 것인가? 새로운 국가가 가입되기 전에, 기존 회원국 간의 유대와 협력을 더 깊게 강화시켜야만 하는가? 회원국들은 엄격한 경제 정책과 정치 제도를 조화롭게 유지해야 한다는 점을 상기해 볼 때, 격동의 정치사를 겪은 가난한 국가들보다는 오랜 민주 전통을 갖고 있는 부유한 나라들이 이것을 지키는 것이 훨씬 쉽다.

이러한 우려에도 불구하고 EU를 확장하기 위한 협상은 오랫동안 진행되어 왔으며, 2004년에는 10개의 신규 회원국을 받아들여 회원국 수가 25개로 확대된 획기적인 이정표를 세웠다. 신규로 가입한 10개 회원국을 지리적으로 분류하면 크게 3개의 지역 그룹으로 구분되는데, 발트해 연안의 3국 에스토니아, 라트비아, 리투아니아와 동부 유럽지역의 폴란드, 체코공화국, 슬로바키아, 헝가리, 슬로베니아, 그리고 지중해지역의 도서국가로서 작은 나라인 몰타와 여전히 분단국인 키프로스이다. 그리고 2007년, 루마니아와 불가리아가 가입함으로써 회원국 수는 27개가 되었으며, EU는 흑해 연안까지 확장되었다(그림 1A-10).

EU의 확장은 EU 회원국에 영향을 미치는 수많은 구조적 문제들을 유발하기도 한다. 새로 가입한 국가들의 대부분은 농업 조건이 열악하기 때문에 공통농업정책의 달성은 훨씬 어렵게 되었다. 그리고 기존의 회원국 중에서도 상대적으로 경제 발전 정도가 낮은 국가들은 자국에 대한 농업 보조금 수혜가 마무리 단계에 있음에도 불구하고 경제적으로 낙후된 동부 유럽의 신규 회원국들을 지원하기 위해서 분담금을 증액해야 할 형편이다. 한편 브뤼셀에 있는 EU 본부의 대의원제에 대한 논란도 함께 일어났다. 폴란드는 EU 가입 이전부터 EU의 대의원 체계가 프랑스나 독일과 같은 큰 국가보다는 폴란드나 스페인과 같은 중규모 국가가 기준이 되어야 한다고 요구했다.

EU 미가입국

EU의 확장은 커다란 변화를 가져와, 이제는 EU가 아니라 유럽 전역의 지리 지도를 바꾸어 놓았다. 그림 1A-10에서 볼 수 있듯이, 2007년 루마니아와 불가리아가 가입함으로써, EU에 가입하지 않은 국가와 영토는 이제 얼마 되지 않으며,

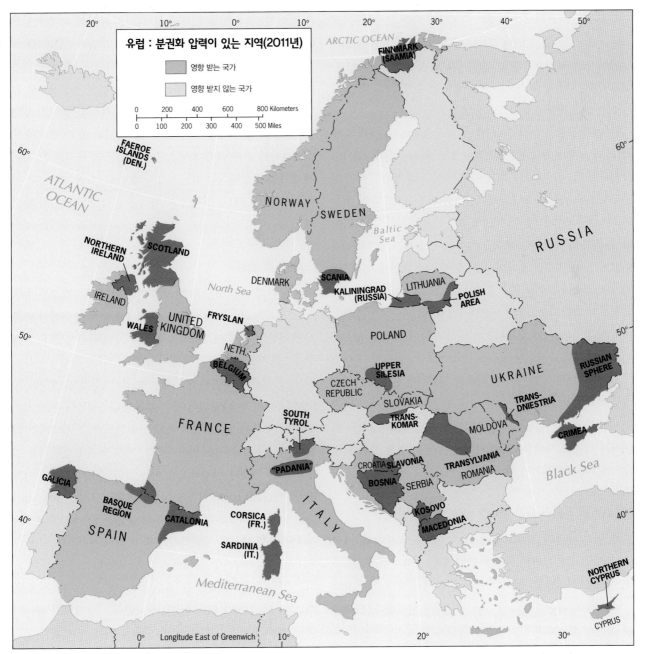

그림 1A-11

이들의 가입 전망은 복잡하다. 첫 번째 그룹은 구유고슬라비아에서 분리된 신생국들과 알바니아이다. 발칸 반도 서쪽에 위치한 이들 국가들은 정치, 경제적으로 불안한 상태에 있으며, 슬로베니아만이 EU 회원국이다. 나머지 국가들은 유럽에서도 가장 가난하고 인종적으로 가장 복잡한 국가들이어서, 이 그룹의 인구 2천 5백만 명의 사람이 처한 환경은 이들의 삶을 더욱 힘들게 하고 있다. 게다가 EU 정상들은 이들 국가들에게는 몇 년이 걸릴지도 모르는 정치, 사회, 경제적 개혁을 회원국 가입 조건으로 내세웠다. 크로아티아는 2005년, 신생국인 몬테네그로는 2006년에 EU 가입을 논의하기 시작했지만, 세르비아는 전쟁의 후유증과 다른 문제들이 EU 가입의 발목을 잡고 있다. 인종과 정치적으로 양분된 보스니아는 이런 논의조차 힘든 상황이다. 알바니아 역시 비슷한 상황이며, 신생국 코소보는 해결해야 할 문제들이 많다. 이들 국가들은 대부분 유럽의 이슬람 국가들이다.

두 번째 그룹은 우크라이나와 그 주변국들이다. 유럽의 동쪽 끝에 위치한 구소련연방이었던 4개 나라는 언젠가는 EU 회원국이 될 것이다(최근까지 이에 대해 거의 무관심했던 벨로루시마저 관심을 보이고 있다). 서부의 EU 지지파와 동부의 러시아 지지파 사이의 지역적 갈등이 심하지만, 우크라이나 정부도 EU 가입에 관심을 보여 왔다. 동부 국경지역에서 일고 있는 분리운동에 대한 몰도바 정부의 대처에 대해 EU가 암묵적으로 지지해 주고 있으며, 그림 1A-10 지도상에는 표시되지 않았지만, 흑해 동쪽의 조지아도 비슷한 이유, 즉 러시아의 내정간섭으로부터 벗어날 목적으로 2006년 EU 가입을 희망한다고 선언했다.

세 번째 그룹은 터키이다. 이슬람 국가들은 EU를 '기독교 집단'이라고 부르기도 하지만, EU 정상들은 주요 이슬람권 국가인 터키의 가입을 긍정적으로 검토하고 있다. 그러기 위해서는 터키의 사회적 기준이나 규범, 인권, 경제 정책 등이 EU 기준에 부합해야만 할 것이다.

다시 한 번 유럽의 동쪽 경계를 넘어

과거 '동부 유럽'은 독일의 동쪽, 오스트리아, 이탈리아, 그리스 북쪽 그리고 핀란드 남쪽을 일컬었다. 소련이 이데올로기적, 전략적 목적으로 '철의 장막'을 만들어 동부 유럽을 장악(1945~1990)하면서 '동'과 '서'의 구분이 뚜렷해졌다. 1990년대 소련이 붕괴되면서 소련의 지배를 받던 유럽국가들은 서방 세계로 눈을 돌렸다. 동쪽으로 영역을 확장하던 EU는 소

련의 지배에서 해방된 대부분의 동부 유럽국가들을 회원국 영입 목표로 삼았다. 소련 지배의 역사가 희미한 기억으로 남게 되고 EU가 영국 제도에서 흑해에 이르기까지 영역을 확장함으로써, 적어도 정치적으로는 서부 유럽과 동부 유럽의 경계는 사라지고 있다. 경제적 측면에서는 아직 동·서의 뚜렷한 대조가 나타나지만(부록 B의 자료 표를 참조하여 불가리아와 프랑스를 비교해 보라), 이것 역시 점차 그 차이가 줄어들 것이다.

냉전시대에 유럽인들, 특히 서부 유럽 사람들에게 '철의 장막'이 너무 깊게 각인되어서 유럽의 동부 경계에 대한 생각은 잊혀져 갔다. 그로 인해 동부 유럽은 논란의 여지가 있긴 하지만 정치적, 경제적, 군사적, 심지어 문화적으로(이들 국가의 제2외국어는 러시아였음) 소련의 위성국들로 정해졌다. 하지만 사실 대부분의 소련 위성국들은 정신적으로 유럽인의 기질을 갖고 있으며, 쉽게 사라지지 않는 역사적 유대감을 갖고 있다. 그래서 현재 우리는 유럽의 동쪽 경계가 오스트리아의 빈과 러시아 모스크바 사이인지, 아니면 그 지역에 경계를 설정해야만 하는지에 대해 다시 한 번 고민하고 있다. 무엇보다 EU는 동쪽으로 영역을 확장함으로써 이 질문의 답을 구하고 있다.

EU의 미래 전망

이런 모든 발전은 유럽의 현 변화가 얼마나 원대하고 지속적으로 진행되느냐에 달려 있다. 그러나 유럽의 궁극적인 초국가적 목표는 아직 이루어지지 않았다. 구동유럽이 안고 있는 문제들은 부록 B의 자료 표에서 엿볼 수 있다. 경제적 부유와 빈곤, 핵심부와 주변부의 문제는 여전히 EU가 풀어야 할 숙제이다. EU는 다양성이 매우 높은 나라들로 이루어져 있기 때문에, 무한한 인내심으로 거대 관료조직과 잘 지내려면 타협의 정신이 필요하다. 민족 문화는 매우 느리게 변화하고 있다는 점을 언제나 인지하고 있어야 한다. 당장 EU 웹사이트(http://europa.eu)에 접속해 보면, 23개의 포털이 모두 각기 다른 언어별로 제공된다. 대다수의 유럽인들은 EU 프로젝트는 민주주의 역사를 경험하지 못한 국가의 정상들에 의해 만들어진 관료체제라고 인식하고 있다. 유럽인들이 점점 더 커지고 있는 EU의 확장을 '민주주의의 부족'으로 여기는 것은 EU 본부가 언제나 EU 확장만 진행한다고 생각하기 때문이다. 그래서 통합을 향한 유럽의 여정은 지금도 진행형이다.

하지만 EU는 동부 유럽 깊숙이까지 확장되어 왔다는 점을

기억해야 한다. 회원국 수가 27개에 달하며, 단일 통화를 사용하고 단일 의회를 갖고 있으며, 헌법 체계를 발전시키고 있고, 반세기 만에 정치적 안정과 경제적 발전을 이루었으며, 지금은 영역의 경계를 넘어 확장을 꾀하고 있다. 이 모든 것들이 세계에서 가장 격동의 역사를 겪어온 유럽이 일궈낸 성과들이다. EU는 4억 7,500만 명의 인구를 가진 세계에서 가장 부유한 시장의 하나로 성장해 왔다. EU는 세계 수출의 40%를 차지한다.

이 놀랄 만한 일들은 불과 50년도 안 되어 이룬 성과이다. 일부 EU 정상들은 경제적 통합 그 이상을 원하고 있다. 그들은 정치, 경제적으로 미국에 대적할 만한 유럽의 합중국을 꿈꾸고 있다. 다른 국가들은 이런 '연방제적' 개념에 상당한 거부감을 갖고 있는데, 특히 영국은 이런 사고에 대해 심각한 우려를 표명하고 있다. 그러나 어떻게 진행되든 간에 유럽은 여전히 또 다른 혁명적 변화를 겪고 있다. 당신은 이런 변화된 유럽의 지도를 통해, 현재 진행형인 유럽의 역사를 알게 될 것이다.

생각거리 ❓

- 유럽의 중심부에 위치하지만 여전히 EU 가입을 거부하고 있는 스위스는 최근 그 생각을 바꾸고 있는 듯하다.
- 2010년 인도의 타타 자동차는 EU 시장에 세계 최저가 자동차인 나노를 출시했다.
- 2009년 EU 외무장관 회의에서 크로아티아의 EU 가입을 위한 기준을 제시했다.
- 2010년 그리스의 금융위기는 유로의 안정성을 위협했을 뿐만 아니라 세계적 파장을 일으켰다.

개선문 꼭대기에서 바라본 파리 중심부의 남서쪽 경관 iStockphoto

1B

유럽 : 권역의 각 지역

≡ 대륙 핵심부
핵심부 앞바다 : 영국 제도
비연속적인 남부
비연속적인 북부
동부 주변부

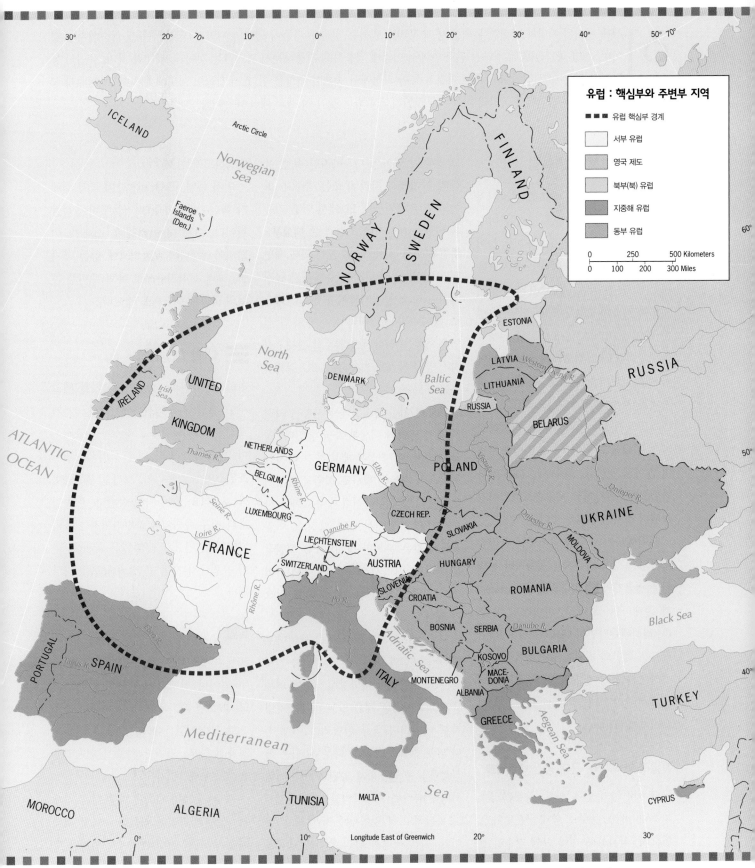

그림 1B-1

© H. J. de Blij, P. O. Muller, and John Wiley & Sons, Inc.

이 책에 제시된 지역과 관련한 논의를 통해 우리가 원하는 것은 독자들이 권역의 지역적, 국가적 틀에 익숙해지는 것이며, 개별 국가들이 더 커다란 권역 안에서 어떻게 적응하고 기능하는지 파악하는 것이다. 세계화 시대, 유럽이 통합되고 있는 이 시점에도 국가는 여전히 통합 과정에서 중요한 역할을 한다. 국가들이 어디에 위치하고, 어떻게 상호작용하고, 변화하는 시대에서 국가의 역할은 무엇인지 파악하는 것이 이 책의 핵심 내용이다.

지역적으로 복잡한 유럽

유럽은 많은 국가와 영토로 이루어져 있고, 끊임없는 변화들로 지리를 바꾸어 놓기 때문에 우리의 고민거리는 늘어난다. 북아메리카에 거주하는 독자들은 미국과 캐나다라는 두 국가의 고정된 지도에 익숙해 있을 것이다. 반면, 유럽은 1990년 이래로 15개 미만의 신생국 이름이 지도에 등장했으며, 에스토니아와 리투아니아처럼 이들 중 일부는 과거의 국가명을 회복하기도 하고, 몬테네그로와 몰도바처럼 국명이 익숙하지 않은 신생국도 있다. 그리고 앞으로도 더 많아질 것이다. 코소보는 2008년 독립했으며, 벨기에도 체코슬로바키아가 그랬던 것처럼 분리될 것이다.

북아메리카와 달리 유럽에는 완전한 국가의 특성을 갖추지는 못했지만 분명한 독립국인 **1 미니국가**(microstates)가 존재하며, 모나코, 산마리노, 안도라, 리히텐슈타인이 대표적이다. 게다가 발트해 해안의 러시아 월경지인 칼리닌그라드, 지중해 입구의 영국령 지브롤터 등 유럽은 그야말로 정신없는 정치 모자이크의 땅이다.

전통적 형식지역, 근대 공간 네트워크

근대 이전의 유럽은 서부, 북부(북방), 지중해(남부), 동부로 쉽게 구분되어 있었으며, 국가들도 대략 그에 맞추어 분류되었다. 이런 전통적 역사지리 중 일부는 문화 경관에 반영되어 지금까지

그 흔적이 남아 있다. 하지만 유럽 통합의 시대에서 지역 구조는 중심부 또는 주변부 국가들이 EU에서 어떤 기능과 역할을 하는가에 초점을 둔 **핵심부-주변부**(core-periphery) 틀에 의해 재편되고 있다. 달리 말하면 유럽은 기능지역이며 다소 등질지역이자 문화지역으로 볼 수 있다. 그러나 동시에 유럽 전역은 매우 밀접한 상호의존적 경제·정치적 공간 체계로 기능하는, EU 전체가 공간 네트워크이다.

1957년 처음 형성된 공동시장은 여전히 유럽 권역의 핵심부로 남아 있다. 영국 제도도 이 핵심부에 속하긴 하지만 프랑스의 거부권 행사로 회원국 가입이 늦어졌던 영국은 아직까지 유로화를 사용하지 않고 있어서 독일, 프랑스, 아일랜드와 같은 온전한 형태의 EU 회원국은 아니다. 따라서 영국은 EU 핵심부이긴 하지만 별도의 지역으로 다룰 필요가 있다.

그림 1B-1 지도를 자세히 들여다보면, 현재 EU의 핵심부는 국경선과 일치하는 것이 아니라 지역경제 역량에 의해 규정되고 있다는 것을 알 수 있다. 가령 북부 이탈리아(남부 이탈리아는 제외)나 남부 스웨덴(스웨덴 북부 제외)은 핵심부에 속한다. 세계 공간조직을 이해하려고 한다면 지리학자들의 일이 얼마나 복잡하고 할 일이 많은지 알게 될 것이다. 다른 권역과 달리 유럽은 난제들이 많다. 하지만 이 장에서는 언뜻 보기에도 혼란스러운 지역 경관을 명확히

설명하고자 한다.

먼저 독일, 프랑스와 같이 국가 전체가 핵심부에 속하는 나라들부터 살펴볼 것이다. 그런 다음 스웨덴, 스페인, 이탈리아 같은 핵심부 외곽에 있는 국가들, 그리고 마지막으로 유럽 주변부 지역의 국가들을 살펴볼 것이다.

대륙 핵심부

리히텐슈타인과 같은 미니국가를 빼고서도, 유럽 본토 핵심부에는 8개 국가가 속해 있는데 독일과 프랑스가 대표적이며, 베네룩스 3국, 내륙 산악의 2개국 스위스와 오스트리아, 그리고 체코공화국(그림 1B-2)이 이에 속한다. 이곳이 흔히 서부 유럽이라고 일컬어지는 유럽 지역이며, 인구가 가장 많은 국가(독일)가 유럽에서 가장 큰 경제 규모를 나타낸다.

독일

20세기 들어 독일은 유럽과 전 세계를 두 번이나 전쟁의 소용돌이에 빠뜨렸고, 1945년 패전국이 된 후 서독과 동독으로 분단되었는데(그림 1B-3의 붉은 경계선 참조), 동독은 주요 산업지역을 폴란드에 빼앗겼다.

그 후 동독과 서독은 매우 다른 경제적, 정치적 과정을 겪었다. 제2차 세계대전 중 독일 점령 과정에서 엄청난 고생을 했던 소련은 동독을 통치하면서 그에 대한 철저한 앙갚음으로 러시아식

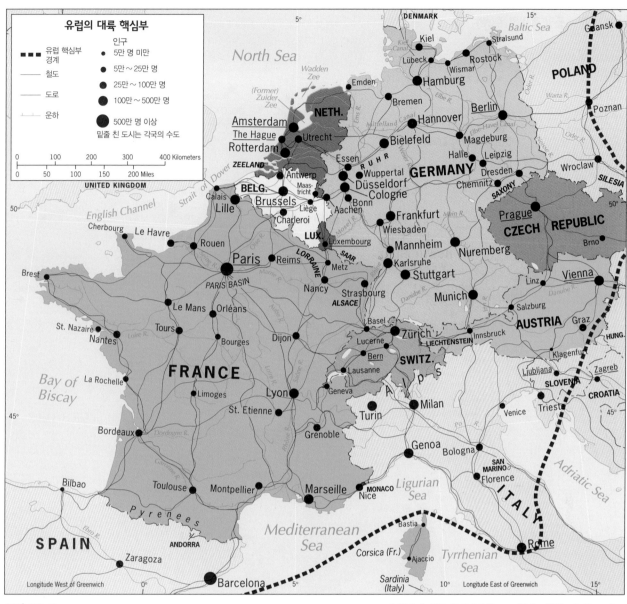

그림 1B-2

© H. J. de Blij, P. O. Muller, and John Wiley & Sons, Inc.

공산주의 모델을 이식시켰다. 서독을 통치한 미국은 전후 재건사업에 주력하였다. 마셜 플랜의 지원 대상국이 된 서독은 경제가 빠르게 회복되었으며 서독은 민주주의에 기초한 근대 연방국가제로 정치체제가 재편되었다.

서독 경제는 되살아났다. 1949~1964년 사이에 국민총소득(GNI)이 3배나 높아졌고, 산업 총생산은 60%가 증가했다. 그와 더불어 서독의 정치지도

자들은 1957년 6개 회원국으로 이루어진 '공동시장'(유럽경제공동체) 결성을 위한 협상에도 적극적으로 참여하였다. 이런 서독의 노력은 지리적 이점이 중요하게 작용하였다. 서독은 공동시장 6개 회원국 가운데 이탈리아를 제외한 5개국과 국경을 접하고 있다. 전후 빠르게 복원된 교통기간시설은 유럽 권역 최고 수준이었다. 전후 패전으로 인한 슐레지엔과 작센의 손실 그 이상으로, 루르

공업지역(네덜란드 배후지에 있는 로테르담)과 북부의 함부르크와 중앙의 프랑크푸르트(금융 허브의 선도도시), 남부의 슈투트가르트와 같은 신흥 산업 복합도시가 성장하였다. 서독은 막대한 양의 철광석, 철강, 자동차, 기계류, 섬유류, 농식품류 등을 수출했다. 오늘날까지 독일은 시가총액으로 수출 경제가 세계에서 가장 큰 국가이다.

1990년 당시, 서독은 6,200만 명, 동

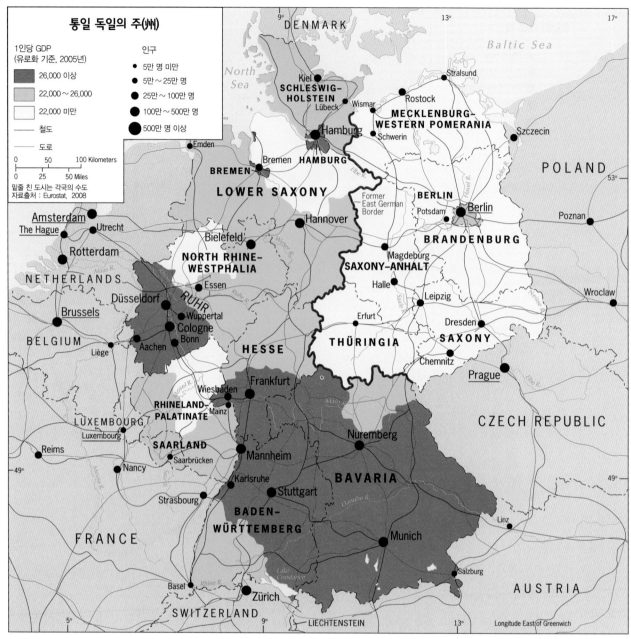

그림 1B-3

© H. J. de Blij, P. O. Muller, and John Wiley & Sons, Inc.

독은 1,700만 명의 인구가 있었다. 공산주의 통치의 실패로 인해 동독은 낡은 공장, 낙후된 인프라, 오염된 환경, 황량한 회색도시, 비효율적인 농업, 부적절한 법률 및 기타 제도와 같은 유산만 남았다. 통일은 합병이라기보다는 구제에 가까웠는데, 서독이 치른 통일비용은 실로 막대한 것이었다.

서독 정부가 판매세율과 소득세율을 높여 부과하자 다수의 서독 국민들은 통일의 가치에 대해 의문을 품게 되었다. 독일 정부는 버지니아 땅덩어리만한 동독 지역을 재건하는 데 수십 년은 걸릴 것으로 전망했다. 통일 후 10년이 지났지만 동독 지역이 독일의 총수출에서 차지하는 비율은 아직도 7% 정도에 지나지 않는다. 지역 간 불균형은 독일이 오랜 기간 감내해야 할 문제일지도

모른다.

통일이 되면서 동독 지역은 서독의 연방체제에 맞추어 6개의 새로운 주로 재편되었다. 현재의 독일연방공화국은 16개 주로 구성되어 있다. 그림 1B-3이 모든 것을 보여준다. 1인당 국내총생산(GDP)의 지역 불균형은 구서독과 동독 지역 사이에 심각한 문제로 남아 있다. 구동독에 속하던 6개 주 중에서 베

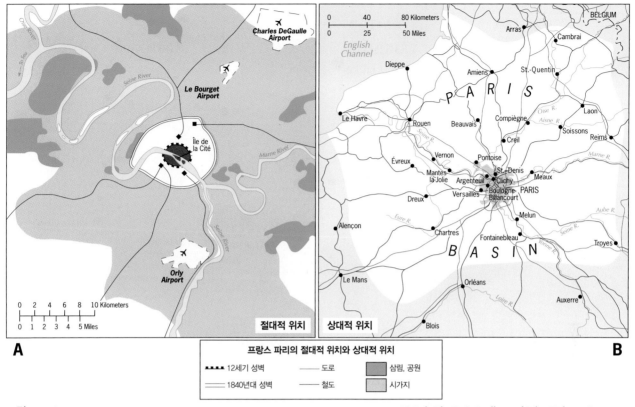

그림 1B-4

© H. J. de Blij, P. O. Muller, and John Wiley & Sons, Inc.

릴린을 제외한 5개 주는 가장 낮은 GDP를 나타내며, 구서독에 속하던 10개 주의 대부분은 높은 GDP를 나타낸다. 21세기 들어 10년 동안, 실업률 상승과 구동독 지역 경제 회복이 느려지면서 독일 경제는 침체되어 있다. 그렇지만 그 차이는 점점 줄어들고 있으며, 7백만 명의 외국인과 타국에서 태어난 독일인 4백만 명을 포함하는 8,190만 명의 인구를 가진 독일은 절대 강자가 없는 유럽 본토에 대한 주도권을 다시 키워 가고 있다.

프랑스

독일이 EU 주도권을 잡고 있는 상황을 대륙 핵심부의 다른 국가들은 예의 주시하고 있다. 프랑스와 독일은 수 세기 동안 유럽의 맞수였다. 인구 6,260만 명의 프랑스는 이 지역에서 가장 역사가 오래된 국가이다. 반면 독일은 독일어

권 작은 국가들이 연대를 통해 오랜 기간 프랑스와의 끊임없는 전쟁을 겪은 후에, 1871년 비로소 탄생한 신흥국가이다.

프랑스의 영토는 독일보다 크며, 지중해와 대서양을 끼고 있을 뿐만 아니라 칼레(Calais)를 통해 북해와도 연결되고 있는 등 상대적 입지가 유리하다. 그러나 프랑스는 뛰어난 자연조건을 지닌 양항(良港)이 없어서 외항선이 내륙 깊숙이 들어갈 수 없다.

대륙 핵심부 지도(그림 1B-2)를 보면 인구 분포에 있어서 프랑스와 독일의 극명한 차이가 나타난다. 프랑스는 크기와 중심성 측면에서 단일 종주도시인 파리와 견줄 만한 도시가 파리 주변에 없다. 파리는 인구가 990만 명이지만, 제2의 도시 리옹은 140만 명에 불과하다. 독일은 파리에 견줄 만한 도시

는 없지만, 중규모 도시들이 많고 대체로 프랑스(77%)보다 도시화율이 높다(89%).

주변에 주요 자원이 거의 없는 파리가 그렇게까지 성장할 수 있었던 이유는 무엇일까? 지리학자들이 도시 발달을 연구할 때는 두 가지 중요한 입지 특성인 **2** 절대적 위치(site, 현상이 나타나는 장소의 물리적 속성)와 **3** 상대적 위치(situation, 주변지역과의 상대적 입지)를 고려한다. 사람들이 파리에 처음 정착한 곳은 센 강의 하중도로서, 방어에 유리한 곳이었다. 이 섬은 시테 섬으로써 2000년 전 로마의 전초기지였으며, 수 세기 동안 요새 역할을 해왔다. 이 섬의 인구가 수용 능력을 넘어서면서 센 강변의 제방을 따라 도시가 확장되었다(그림 1B-4).

곧 이 주거지의 유리한 상대적 입지

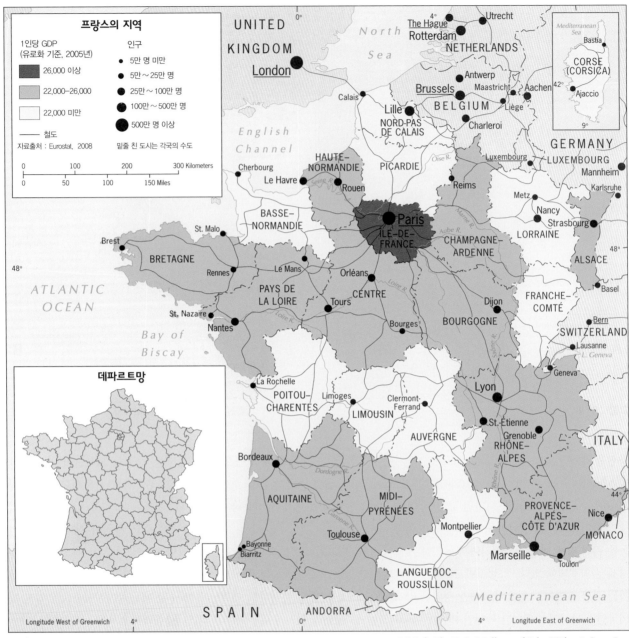

그림 1B-5

로 인해 도시는 지속적으로 성장하고 번영하였다. 배후지의 비옥한 농토에서 풍부한 농산물이 생산되고 시장이 커지면서 파리의 중심성은 점차 커져 갔다. 우아즈 강, 마른 강, 욘 강 등 가항하천인 지류들은 파리 인근에서 센 강에 합류된다. 파리는 루아르 계곡, 론-송 분지, 로렌(북동부 공업 지역), 벨기에 접경을 이루는 북부 지방과 연접하였다.

나폴레옹이 프랑스 국토를 재편하면서 파리를 중심으로 전국 각지로 연결되는 방사형 도로체계를 구축함에 따라(이후 철도망이 뒤따라 구축됨) 파리의 **종주성**은 더욱 확고해지게 되었다(그림 1B-4).

게다가 프랑스는 초창기부터 파리의 중앙정부가 지방정부를 통제하는 강력한 중앙집권체제를 유지시켜 왔다. 1800년대 나폴레옹은 국토를 수십여 개

의 작은 데파르트망(département, 나중에는 96개가 됨) 단위로 행정구역을 개편하였는데, 각 대표부를 파리에 둠으로써 권력이 파리에 집중되었다. 데파르트망 체제는 전 국토의 결속력을 높이면서 특별한 지역분리운동 없이 2세기 동안 유지되어 왔다(그림 1B-5). 유일하게 코르시카 섬 데파르트망에서 분리 독립운동이 있었는데, 프랑스의 지

배에 대한 격렬한 저항을 수십 년 동안 해왔으며, 대륙 본토까지 확산되기도 했다. 2003년 코르시카 유권자들은 제한적 자치권을 포함한 코르시카 섬에 대한 특별법 제안을 거부했다. 그들은 더 많은 자치권을 요구하고 있으며 여전히 갈등이 지속되고 있다.

오늘날 프랑스는 분권화되고 있다. 프랑스 정부는 국토를 파리와 데파르트망의 중간 크기 행정단위인 26개의 레지옹(region)으로 개편하였는데, 분권화의 압력을 수용함과 동시에 국가 전체에 걸쳐 지역과 지방의 균등한 성장 기회를 제공하려는 목적이었다(그림 1B-5). 코르시카와 해외 4개 자치령을 포함하는 이들 행정지역은 조세, 차관, 개발비용에 이르는 모든 면에서 실질적인 자치권을 갖게 되었다. 지방의 주요 도시들은 지역 의회를 통해 국내뿐만 아니라 해외에서도 투자를 유치할 수 있는 이점을 갖게 되었다.

프랑스는 세계에서 가장 생산적이며 다변화된 경제 선진국의 하나로서, 인문학이 풍부한 문화와 과도한 정부지원 및 보호무역(농업 부문에 대한 과도한 정부 보조로 유명)에 기초하고 있다. 프랑스 북부지역은 작물재배에 적당한 토양과 기후 조건은 물론 정부의 지원과 보호정책으로 인해 유럽에서 농업 생산성이 가장 높고 재배 작물도 다양하다.

리옹은 프랑스 제2의 도시이자 론-알프스 지역의 중심도시이다. 이 지역은 성장 산업과 다국적 회사를 유치함으로써 자립형 경제 발전을 하고 있을 뿐만 아니라 이를 통해 유럽 경제의 견인차 역할을 하고 있다. 실제로 중국과 칠레 같이 멀리 떨어진 국가들과의 국제 비즈니스를 통해 유럽의 4대 선진지역이 되었다.

오늘날 프랑스의 경제지리는 새로운 첨단 산업이 특징이다. 고속열차, 항공기, 광통신 시스템, 우주 산업 등의 선두 주자이다. 또한 핵발전 분야에서도 앞서 나가고 있어서 국내 전력의 80%를 원자력 발전으로 대체함으로써 해외 원유수입 의존도를 낮추고 있다.

프랑스와 독일이 EU 통합의 많은 분야에서 협력했다고 하더라도, 중요한 문제에서는 의견을 달리했다. 역사가 오래되고 중앙집권체제인 프랑스는 비교적 역사가 짧고 연방체제인 독일에 비해 EU의 정치적 통합에 대해 소극적이다.

베네룩스

대륙 핵심부의 북서부지역에는 네덜란드, 벨기에, 룩셈부르크라는 작은 나라들이 모여 있으며, 각 국가의 첫 이름을 빌어서 이 3국을 **베네룩스**(Be-Ne-Lux)라고 부른다. 이 3개국의 총인구는 2,770만 명으로, 지구상에서 가장 인구밀도가 높은 지역 중 하나이다. 마침 이들 나라들은 라인 강과 스헬데 강 **4** **강어귀**(estuary)에 위치해 있어서 저지대 국가들이라고 불리는데, 오랜 역사 내내 독일과 프랑스는 해양으로의 진출이 용이한 이런 위치적 장점을 부러워했다. 네덜란드와 벨기에는 세계 20대 경제대국에 속하며, 매우 작은 국가인 룩셈부르크는 1인당 국민총소득(GNI)이 세계 1위로 베네룩스는 국민소득이 높은 나라이다. 어업 활동이 강한 네덜란드는 바다를 막아 농업 경제를 활성화시키고 풍요로운 식민제국을 건설하였다. 벨기에는 산업혁명을 통해 산업이 성장했으며, 룩셈부르크는 제2차 세계대전 이후 EU와 세계 금융의 중심지로 발돋움했다.

네덜란드는 유럽에서 가장 오래된 민주주의 역사를 갖고 있지만, 현재 입헌군주제를 채택하고 있다. 수 세기에 걸쳐 주변국과의 전쟁이 아닌 바다를 막아 육지를 넓히는 방식으로 거주 공간을 확대해 왔다. 그 거대한 프로젝트는 1932년부터 시작된 조이데르 해(네덜란드 북부에 있었던 북해 일부로서 현재는 댐으로 막아 에미셀 호가 됨)에 대한 전면적인 간척사업으로 지금도 계속되고 있다. 네덜란드 남서부의 젤란트 주에서는 섬들을 제방으로 연결하여 물을 퍼내는 방식으로 간척하였고, 이런 방식으로 만들어진 **폴더**(polders, 해수면보다 낮은 곳은 댐으로 막고 섬들은 제방으로 연결하여 만든 간척지를 네덜란드 인들이 부르는 말)는 국토 면적의 증대를 가져왔다. 그래서 바다를 관리하고 폭풍 피해를 방지하는 해양공학시스템 분야에서 네덜란드가 세계 최고의 기술을 보유하고 있는 것은 놀랄 일이 아니다.

고밀도로 도시화된 지역(1,650만 명)의 지역지리는 **란드슈타트**를 통해 알 수 있는데, 이 지역은 입법부가 위치한 암스테르담, 유럽 최대 항구도시인 로테르담, 그리고 행정부가 위치한 헤이그를 축으로 한 삼각형 모양의 도시핵심지역을 말한다. 지리학자들은 이와 같은 거대도시 지역을 **5** **연담도시**(conurbation)라고 부르는데, 2개 이상의 도시들이 공간적으로 모여 있어서 주변을 둘러싸고 있는 농촌지역과 구분되는 도시연합체를 말한다(네덜란드 어로 'rand'는 가장자리, 'stad'는 도시를 의미).

네덜란드의 경제지리는 서비스, 금융, 무역에 과도하게 집중되어 있다. 제조업은 GDP의 15% 정도이며, 한때 주요 경제였던 농업은 3% 미만이다. 암스

© H. J. de Blij

"네덜란드 남서부에 가면 많은 수로들, 나지막한 섬들, 야생생물로 가득한 염생습지 생태계가 눈앞에 펼쳐져 있다. 이 지역의 해발고도가 해수면보다 낮아 델타 웍스라고 불리는 방파제로 보호하고 있는데, 북해 폭풍우 때 밀려오는 파도로부터 육지를 보호하고 자연생물들을 보전시키기 위해 만든 놀라운 공학 기술의 요체이다. 왼쪽 사진은 바닷물의 높이에 따라 자동 조절되는 방파제 중 하나인 하링블리트 수문이다. 강하구의 섬들 사이를 전부 이런 공학적 건축물로 막고 있기 때문에 안쪽 육지가 안전한 것이며, 모든 해안선을 따라 방파제를 건설할 필요가 없는 것이다. 마지막 큰 재난은 델타 웍스가 건설되기 50여 년 전에 일어났으며, 당시 2,000여 명의 사망자를 냈다."

테르담의 스히폴 공항은 유럽 최고의 공항으로 평가받고 있으며, 로테르담은 세계에서 교역이 가장 활발한 항구 중 하나일 뿐만 아니라 가장 효율적인 항구로 평가받는다.

벨기에 역시 경제가 발전되어 있고 앤트워프라는 주요 항구도시가 있는 나라이다. 그러나 벨기에에는 네덜란드보다 신생국이어서 1830년이 되어서야 현재의 국경선이 획정된 독립국이 되었다. 1,070만 인구의 벨기에 지역지리는 문화적 단층선이 국토를 대각선으로 가로지르는 나라이다. 북서부의 플랑드르 지방에는 플라망어를 사용하는 사람들(인구의 58%)이 살고 있으며, 프랑스어를 사용하는 사람들(31%)은 남동부의 발로니에 지방에 거주한다. 주로 프랑스어를 사용하는 수도 브뤼셀은 플라망어 지역의 문화 섬이긴 하지만, 벨기에의 가장 중요한 자산은 EU 본부(EU

는 공식적으로 행정 수도가 없다고 밝히고 있다 하더라도)가 위치하여 많은 기능을 수행하는 브뤼셀이다. 플랑드르 분리 독립을 지지하는 정당이 등장하는 것처럼 여전히 분권화 압력이 벨기에에 감돌고 있다.

룩셈부르크는 독일, 벨기에와 프랑스 사이에 위치한 작은 나라로서 대공(Grand Duke)이 최고 통치자이다(룩셈부르크의 공식 명칭은 룩셈부르크대공국). 면적은 2,600km², 인구는 50만 명이다. 룩셈부르크는 주권국으로 전환된 이후, 상대적 위치와 정치적 안정성으로 인해 금융과 서비스 그리고 정보기술 산업의 피난처가 되었다. 2007년 이 작은 나라에 160개 이상의 은행과 14,000개에 육박하는 지주회사(유럽과 전 세계에 걸친 여러 사업 활동을 주식을 통해 관리, 지배하는 회사)가 있다. 2009년 1인당 국민소득이 64,400달러라

는 세계 제일을 자랑하는 룩셈부르크는 EU의 출현으로 인해 가장 큰 이득을 본 국가이다. 유럽에서 룩셈부르크만큼 강력하게 EU을 지지하는 나라는 없다.

알프스 국가

스위스와 오스트리아, 그리고 **미니국가**(microstate)인 리히텐슈타인은 국경을 접하고 있는 알프스 산지의 내륙국가들이다(그림 1B-2). 오스트리아는 단일언어 국가지만, 스위스는 다언어 국가로서, 북부 지방은 독일어, 서부 지방은 프랑스어, 남동부 지방은 이탈리아어를 사용하며 산지 중앙의 고지에서는 레토로만어(Rhaeto-Romansch)가 일부 사용되고 있다(그림 1A-7). 오스트리아는 큰 종주도시를 가지고 있는 반면, 다문화적 배경을 가진 스위스는 그렇지 않다. 오스트리아는 다양한 천연자원을 보유하고 있지만, 스위스는 천연자원이

거의 없다. 오스트리아는 스위스보다 국토 면적이 2배 크며 인구도 많지만, 서부 유럽과 지중해 유럽 간의 교역은 오스트리아를 통하기보다는 주로 스위스령 알프스 산지를 통해 이루어진다.

스위스는 대륙 핵심부의 알프스 산지 주변국들 중에서 다방면에서 선도적 역할을 하는 나라이다. 산악 지형과 **6** 내륙 입지(landloc-ked location) 조건은 혁신과 아이디어의 확산을 방해하고, 사람과 물자의 이동을 저해하며, 농업 활동에 제약이 크고, 문화가 분리되는 경향이 있기 때문에 경제 발전에 커다란 장애 요인으로 작용할 수 있다. 이러한 점에서 스위스는 복잡한 인문지리의 좋은 사례라고 할 수 있다. 스위스 국민들은 한정된 기회를 장인 솜씨로 극대화시켜, 그들의 환경적 제약을 극복하고 부국으로 성장했다. 그들은 산악 지형을 활용하여 수력 발전을 하고, 이를 통해 생산된 전기를 고도로 전문화된 산업 생산에 활용하였다. 스위스 농부들은 산악의 목초와 계곡의 토양에 맞추어 생산성을 극대화하는 방법을 개발했다. 스위스의 지도자들은 고립된 환경은 곧 안정성, 보안성, 중립성이라는 사고의 발상을 통해 세계적인 금융·은행업의 중심지로 만들었다. 독일어권에 속한 취리히는 국제적인 금융의 중심지이며, 프랑스어권에 속한 제네바는 세계 최고의 국제도시 중 하나이다. 이런 이유 때문에 스위스인들은 지금까지도 EU 가입의 필요성을 느끼지 못하고 있다.

오스트리아는 1995년에 EU에 가입한 오스트리아-헝가리 제국의 유산이며, 역사지리적 특성은 스위스보다는 동부 유럽과 비슷하다. 자연 환경 역시 동부 유럽과의 관계가 많을 수밖에 없다. 오스트리아의 동부는 넓은 평야대가 펼쳐져 있어서 인구부양력이 높은 땅이며, 다뉴브 강을 통해 헝가리와 연결되기 때문에 과거 반이슬람 전선을 구축하기도 했다.

알프스 지역에서 가장 큰 도시인 비엔나 역시 알프스 동쪽 끝자락에 위치하고 있다. 위대한 건축물과 뛰어난 예술 작품을 갖고 있는 등 세계에서 가장 예술성 있는 종주도시 중 하나인 이 도시는 대륙 핵심부의 가장 동쪽에 위치한 도시이다. 하지만 EU가 2004년과 2007년 동쪽으로 영역을 확장하면서 비엔나의 상대적 위치는 획기적 변화를 겪었다. 2004년까지는 EU의 변방이자 핵심부의 전초기지 역할을 했으나, EU가 동쪽으로 확장하면서 이제는 중심적 위치로 바뀌고 있다. 그러나 오스트리아 국민들은 그들 동쪽의 동부 유럽이 대등한 수준의 EU 회원국이 되는 것은 물론 자국에 대한 EU의 공적 지원이 회원국 중 가장 낮은 수준으로 떨어질 것을 염려하고 있다.

체코공화국

체코공화국은 1993년 체코슬로바키아의 '벨벳 이혼'(velvet divorce, 체코와 슬로바키아가 합의하에 국가를 분리시킨 것)으로 탄생했으며, 수도 프라하를 중심으로 하는 핵심부를 주변 산지가 둘러싸고 있는 유서 깊은 보헤미아 지역이 중심이다. 종주도시인 프라하의 문화 경관은 체코의 전통을 그대로 반영하는 전통 있는 도시이면서도 중요 산업이 발달한 도시이기도 하다. 보헤미아를 둘러싼 산지들 사이의 계곡에는 스위스처럼 고품질 섬유 산업으로 전문화된 마을들이 위치해 있다. 동부 유럽에서 체코는 언제나 기술과 공학의 선도주자였다. 심지어 공산주의 시절에도 세계 도처의 시장에서 그들의 물건을 볼 수 있었다.

보헤미아는 위치, 경관, 발달 및 연결성에 있어서 서부 유럽에 언제나 개방적이었다. 프라하는 엘베 강의 넓은 유역 분지에 위치해 있는데, 엘베 강은 독일 북부를 거쳐 북해로 빠져나가는 출구 역할을 해왔다. 오늘날 1,040만 인구의 체코공화국은 유럽의 중심적 위치로 변모하고 있다.

≡ 핵심부 앞바다 : 영국 제도

그림 1B-1에 나타나는 것처럼, 대륙 핵심부의 앞바다에는 영국과 아일랜드라는 2개 나라가 있다. 이 두 나라는 작은 섬들로 둘러싸인 2개의 큰 섬에 위치하고 있다. 큰 섬은 유럽 대륙에서 좀 더 가까운 34km 떨어진 곳에 위치한 **브리튼**이고, 그 서쪽에 있는 작은 섬은 **아일랜드**이다(그림 1B-6).

이 섬들의 명칭과 이 섬들이 속한 국가명은 비슷해서 헷갈리기도 한다. 이 섬들을 통칭하는 명칭은 영국 제도인데, 아일랜드에 대한 영국의 지배는 1921년 끝났음에도 이 명칭이 여전히 사용되고 있다. 브리튼 섬과 아일랜드의 북동부 일부 지역을 아우르는 국가의 공식 명칭은 통상 영국(United Kingdom, 줄여서 UK)으로 불린다. 그러나 영국은 때때로 브리튼으로 일컬어지기도 하며, 이 나라 국민들은 브리티시(British)로 알려져 있다. 아일랜드의 공식 국명은 아일랜드공화국(Republic of Ireland, 아일랜드 게일어로는 에이레[Eire]라고 불림)이며, 영토적으로 아일랜드 섬 전체를 포함하지는 않는다.

영국이 가톨릭 국가인 아일랜드를 오

랜 기간에 걸쳐 지배하는 동안, 브리튼 섬 북부의 많은 개신교도들이 아일랜드 섬의 북동부 지방으로 이주, 정착했다. 1921년에 아일랜드가 영국의 통치로부터 해방되었을 때 아일랜드 국민들은 해방되었지만, 개신교 신자들의 정착지인 북동부 지방은 여전히 영국 영토로 남게 되었다. 오늘날 영국의 공식 국명이 '대브리튼과 북아일랜드 연합왕국(United Kingdom of Great Britain and Northern Ireland)'이 된 것은 이러한 이유 때문이다.

북아일랜드는 영국 본토에서 건너온 개신교 신자들의 근거지일 뿐만 아니라, 아일랜드가 독립할 때 자신들이 사는 곳이 영국령이라는 것을 알게 된 가톨릭을 믿는 상당수 아일랜드 사람들이 살고 있는 곳이다. 이로 인해 북아일랜드를 둘러싼 갈등과 분쟁은 끊이지 않고 있으며, 브리튼 섬은 물론 유럽 본토에까지 무장 테러가 확산되었다.

브리튼 섬 전체가 영국 영토이긴 하지만, 여기서도 정치적 갈등은 나타난다. 가장 큰 면적을 차지하는 잉글랜드는 이 섬의 다른 지역들을 통제할 수 있는 권력의 중심지였다. 잉글랜드 사람들은 중세시대에 웨일스를 정복했고, 1603년 후계 순위에 따라 스코틀랜드 왕이 잉글랜드 왕위에 올랐을 때 공고해졌던 스코틀랜드와 잉글랜드의 유대는 1707년에 통합 조약(Act of Union)을 맺음으로써 공식적으로 통합되었다. 그래서 잉글랜드, 웨일스, 스코틀랜드 그리고 북아일랜드가 통합된 영국이 등장하게 되었다.

웨일스, 스코틀랜드, 아일랜드를 통합한 영국인들은 세계 최대의 식민제국 건설을 위한 준비 작업을 시작했다. 중상주의(국가 간의 부 축적 경쟁)와 국내 제조업(이후에 브리튼 섬의 척량산맥인 페나인 산지를 흐르는 하천을 이용한 수력을 기반으로 진행됨) 시대는 영국은 물론 세계를 변화시킨 역사적 산업혁명의 전초가 되었다.

그러나 영국의 **7** 헤게모니(hegemony, 정치적 패권)는 20세기 초 러시아, 독일, 일본, 미국과 같은 신흥 강대국들의 도전을 받으면서 종말을 맞게 된다. 제2차 세계대전으로 인해 제국주의시대가 끝나고 미국 패권주의시대(현재 영국은 미국의 '꼭두각시 파트너'로 동참)가 열렸다.

1945년 이후 영국에서도 변화가 일어났다. 해외 영토의 대부분을 잃었을 뿐만 아니라(여전히 영연방이라는 이름으로 많이 남아 있기는 하지만), 유럽 대륙의 빠른 회복에도 신경써야만 했다. 항상 EC와 EU에 대한 상반된 생각을 갖고 있으며 1963년 프랑스의 거부권 행사로 첫 번째 회원국이 좌절되기도 했던 영국은 1973년 EU 회원국이 된 이후에도 유럽 통합운동에 대해 번번이 제동을 걸었다. 대부분의 회원국들이 유로화를 자국의 공식 화폐로 채택했으나, 영국은 파운드화를 고집하면서 유럽통화연맹(EMU) 가입을 미루고 있다. 연방제 형태의 유럽체제에 대해 영국은 고려조차 하지 않고 있다. 이런 측면에서 역사적으로 그래 왔던 것처럼 섬 사람들 특유의 냉담함이 지속되고 있다.

영국

영국은 미국의 오리건 주 정도의 국토 면적과 약 6,180만 명의 인구를 가진 국가로써, 유럽 기준으로 보면 상당히 큰 나라이다. 지형적, 역사적, 문화적, 경제적 및 정치적 기준에 기초하여 영국을 살펴보면 크게 4개 지역으로 구분된다(그림 1B-6).

1. 잉글랜드 영국의 가장 대표적 지역으로 이름 자체가 영국을 상징하기도 한다. 잉글랜드는 영국 전체 인구의 1/7 이상이 거주하는 거대한 런던 대도시 지역을 거점으로 한다. 뉴욕, 동경과 더불어 런던은 글로벌 시대의 3대 **8** 세계도시(world cities) 중 하나로서, 금융, 첨단기술, 통신, 공학이 발달했으며, 장기적 성장과 집적 역량이 반영된 관련 산업들이 입지해 있다. 잉글랜드의 북부와 서쪽은 산업혁명의 심장부였으며, 도시들 하나하나가 각 제조업 분야를 상징할 정도이다.

2. 웨일스 험준한 산지로 이루어진 직사각형 모양의 이 지역은 고대 켈트족 사람들의 피난처였으며, 서쪽 지방에서는 인구의 절반이 여전히 켈트 어파에 속하는 웨일스어를 사용한다. 남부지역에 있는 고품질 석탄 산지 덕분에 웨일스 역시 산업혁명이 일어났으며, 중심도시인 카디프는 한때 세계적인 석탄 수출도시였다. 석탄 산업의 퇴조로 인해 웨일스의 영광도 사라지면서 사람들도 웨일스를 떠나갔다. 그러나 남아 있는 300만 명의 사람들은 웨일스 민족주의를 내세워, 1997년 투표를 통해 공공 서비스를 담당할 웨일스 자치의회(Welsh Assembly)를 웨일스에 설치함으로써, 지방 분권화의 첫발을 내딛었다.

3. 스코틀랜드 면적은 네덜란드의 약 2배에 달하며, 인구수는 덴마크와 비슷한 스코틀랜드는 영국에서 중요한 비중을 차지한다. 500만 명이 넘는 스코틀랜드 인구의 대다수는 동부지역에 위치한 에든버러(스코틀랜드의 수도)와 서부지역

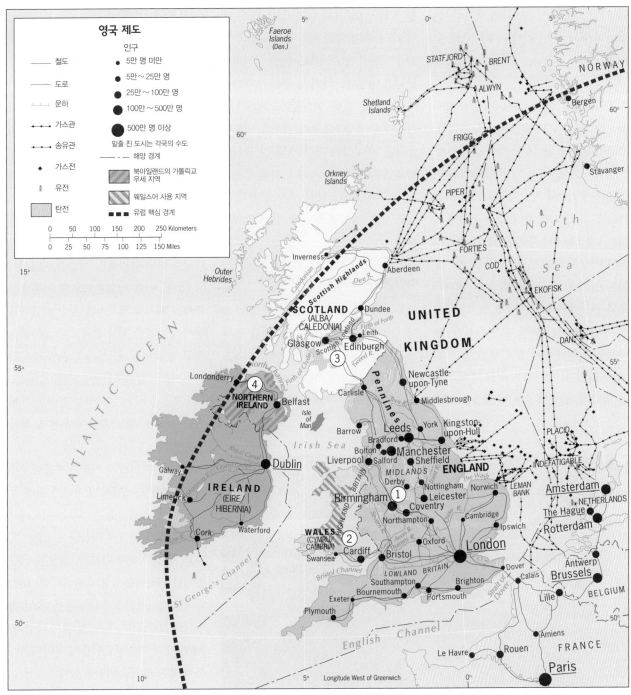

그림 1B-6

© H. J. de Blij, P. O. Muller, and John Wiley & Sons, Inc.

에 있는 글래스고에 집중되어 있다. 이 지역에 분포하는 석탄과 철광석 산지 덕분에 산업혁명 당시 많은 노동자들이 모여들었으며, 이로 인해 세계적 수준의 조선 산업이 발달했다. 그러나 글래스고의 배후지에 발달한 반도체 등과 같은 첨단 산업에 밀려 점차 쇠퇴했으며, 반면 애버딘과 리스(에든버러 인근)는 북해 유전 개발 사업으로 인해 지역 경제가 활성화되었다. 그러나 많은 스코틀랜드인들은 영국 내에서 차별을 받아 왔다고 느끼고 있으며, EU에서 중요한 역할을 할 수 있다고 생각한다. 1997년 영국 정부가 실시한 스코틀랜드 의회 수립에 관한 투표에서 스코틀랜드 주민의 74%가 찬성하였다. 스코틀랜드인들은 여전히 언젠가는 자치권을 얻게 될 것이라는 희망을 갖고 있으며, 2007

년 지방 선거에서 분리독립을 표방한 '스코틀랜드 국민당'이 다수당으로 승리했다.

4. 북아일랜드 총인구 180만 명 중 53%를 차지하는 다수파는 개신교도들이며, 스코틀랜드나 잉글랜드에서 건너온 이주민들의 후손이다. 나머지 46%는 아일랜드 국민들과 마찬가지로 로마 가톨릭을 믿고 있으며, 점점 증가 추세에 있다. 그림 1B-6이 북아일랜드의 개신교도와 가톨릭교도 분포지역을 보여주고 있지만, 명확한 구분은 힘들다. 벨파스트와 런던데리와 같은 주요 도시들에서는 차단벽이 설치되어 있긴 하지만, 대부분의 지역에서는 종교 구분 없이 섞여 살고 있다. 차단벽은 수천 명의 목숨을 앗아간 40여 년 이상의 갈등을 해결

할 방책이 아니다. 가톨릭교도들은 개신교도들이 장악한 지방정부와 영국 정부를 비난하며, 개신교도들은 가톨릭교도들이 아일랜드와의 통합을 추진한다며 비난하고 있다. 북아일랜드 의회가 설립되어 중앙정부로부터 권력을 이양받았지만, 비무장에 대한 정당 간 불화로 2002년부터 2007년까지 의회와 행정부가 정회되었다가 다시 정부 부처가 재건되었다. 자치권 확보의 길은 멀기만 하다.

아일랜드공화국

북아일랜드가 분쟁을 겪으면서 놓친 것이 무엇인지는 아일랜드공화국을 통해 알 수 있다. 유럽의 변방이던 아일랜드는 EU 회원국이 되어 유로화를 사용하고, 친기업적 세금 정책, 영어를 구사하

는 풍부한 저임금 노동자들, 유리한 상대적 입지 등이 맞물리면서 금세기 초에 EU에서 가장 높은 경제 성장률을 나타냈다.

서비스 기반의 경제 호황으로 도시와 마을들이 급성장하고 부동산 가격의 상승과 산업단지들이 여기저기 생겨났다. 이런 경제 부흥은 타국으로의 이민으로 유명했던 아일랜드를 노동자들이 일자리를 찾아 이주해 오는 나라로 만들었으며, 유대감이 높고 오랜 기간 고립되어 왔던 아일랜드 사회를 변화시키고 있다. 이런 아일랜드로의 이주민들 중에는 해외로 일자리를 찾아 떠났다가 다시 일자리를 찾아 고국으로 돌아오는 수천 명의 아일랜드인들도 포함되어 있으며, 많은 폴란드인들을 포함하는 EU 노동자들은 물론 일자리를 찾아 아프리카와 카리브 해 국가들에서 온 노동자들도 있다.

1921년 이전까지 아일랜드공화국은 영국의 식민지배에서 벗어나기 위해 투쟁해 왔다. 한랭습윤한 기후는 미국에서 도입된 감자 재배에 적합하여 일찍부터 주요 곡물로 삼아 왔지만, 잘못된 식민 통치방식과 더불어 심각한 강수와 1840년대의 감자마름병이 번지면서 100만 명 이상의 사람들이 기근으로 죽어 나갔다. 200만 명의 아일랜드인들이 북아메리카를 비롯한 해외로 이민을 갔다.

1921년에 독립을 쟁취했지만 경제 상황은 수십 년 동안 호전되지 않다가, 비로소 **켈트 호랑이**(엄청난 경제 성장을 이룬 아시아의 호랑이에 빗대어 부르는 말)로 불릴 정도로 경제가 살아났다. 그러나 아일랜드의 첫 경제 호황은 2009년부터 누그러졌다. 부동산 시장은 침체되고, 서비스 산업은 더 좋은 조건을 갖춘 동부 유럽으로 이전하면서 실업률이 높

3,000여 명의 희생자를 내며 지난 수십 년간 북아일랜드를 갈라놓은 개신교(친영국파)와 가톨릭(반영국파) 간의 '분쟁'은 문화 경관에도 반영되어 나타난다. 위 사진에서 보이는 것처럼 구교도와 신교도들을 갈라놓은 서 벨파스트의 '평화의 벽'은, 토니 블레어 전 영국 수상이 제안한 정치적 타협안에도 불구하고, 여전히 두 집단 간의 깊은 정서적 골을 보여주는 물리적 경관이자 타협과 수용이 실패했을 때 나타나는 비극적 산물이다. 타협 없이 강경 일변도의 개신교와 가톨릭계 정당들이 어렵게 합의하여, 2007년 5월, 북아일랜드 공동자치정부가 다시 수립되었다. 지난 2005년 한 애널리스트가 내게 말했던 말이 바로 당신이 보고 있는 저 경관이다. "좋은 담장이 좋은 이웃을 만든다. 평화의 벽은 앞으로 수십 년간 더 필요할 것이다." © Barry Chin/The Boston Globe/Landov LLC

아졌다. 이를 통해 아일랜드 경제는 세계 경제개발 의존도가 매우 높다는 것이 밝혀졌다. 현재의 경제 문제가 단지 세계 경제의 주기적 침체로 인한 것인지 아일랜드 경제의 구조적 문제로 인한 것인지는 두고 볼 일이다.

비연속적인 남부

그림 1B-1과 1B-7이 보여주듯이 주요 남부 국가들의 북부지역, 즉 이탈리아 북부와 스페인 북부는 유럽 핵심부에 속한다. 이탈리아와 스페인은 남부 유럽 4개국 중 두 나라이며, 그중 고도로 도시화되고 산업화된 지역들이 유럽 핵심부에 속한다.

이베리아 반도의 서쪽 가장자리에 있는 포르투갈은 유럽 핵심부 바깥에 위치하며, 도시화율이 매우 낮고 농업이 주요 경제라서 유럽 핵심부에 들지 못한다. 남부 유럽의 4번째 국가는 인구 40만의 작은 나라 몰타로 시칠리아 섬 남쪽에 위치하며 역사적으로 중요 결절점 역할을 해왔으며, 관광 산업이 호황을 누리고 있다.

이탈리아

지중해 유럽의 중앙에 위치하고 있어서, 남부 유럽에서 인구가 가장 많고 (5,980만 명) 유럽 핵심부와의 접근성이 가장 좋고 경제 발달이 가장 높은 나라는 유럽 공동시장(EC)의 창립 회원국인

이탈리아이다.

이탈리아의 행정구역은 20개로 나누어져 있으며, 대부분은 수 세기에 걸친 역사적 뿌리를 갖고 있다(그림 1B-8). 이들 중 일부 지역은 핵심도시를 중심으로 한 강력한 경제력을 가지고 있는데, 밀라노 중심의 롬바르디와 토리노 중심의 피에몬테가 대표적이다. 다른 지역은 피렌체 중심의 토스카와 베네치아 중심의 베네토처럼 역사적으로 이탈리아 문화의 중심지였던 곳이다. 이탈리아 북부 지방의 절반을 차지하는 이들 지역은 칼라브리아(Calabria, 장화 모양의 발가락)와 같은 남부지역이나 시칠리아와 사르디니아 같이 지중해에 있는 두 섬과는 사회, 경제, 정치적

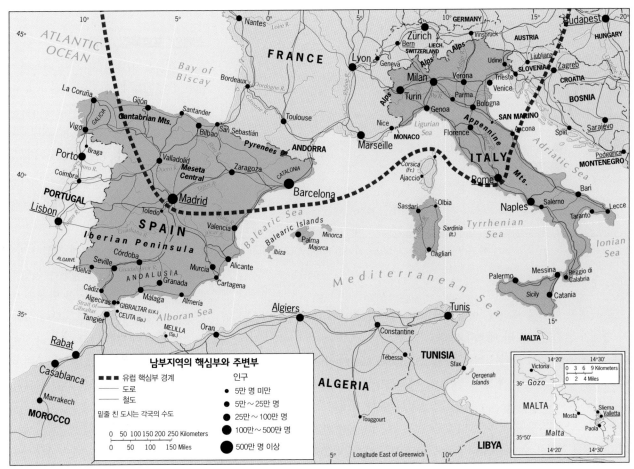

그림 1B-7

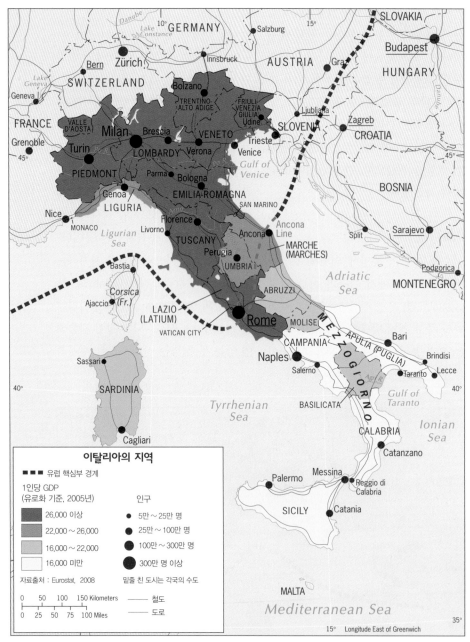

그림 1B-8

© H. J. DE BLIJ, P. O. MULLER, AND JOHN WILEY & SONS, INC.

포 강 유역에 자리한 롬바르디 지방이다. 남부 유럽의 주요 산업단지는 전부 이곳에 있다. 밀라노-토리노-제노바의 삼각 산업단지는 가전제품, 기계, 자동차, 선박 등 많은 특화된 제품을 수출한다. 남부 유럽의 고온건조한 지중해성 기후지역의 북쪽 가장자리에 위치한 포 분지는 연중 고른 강수 덕분에 생산성이 높은 농업지대를 형성하고 있다.

대도시 밀라노는 새로운 근대 이탈리아를 상징한다. 이탈리아 최대도시(약 400만 명)이자 산업 중심지(롬바르디는 유럽의 4대 선진지역의 하나)인 밀라노는 이탈리아의 금융과 서비스 산업의 중심지이기도 하다. 유럽 핵심부의 중심지역 중 하나인 밀라노 인구는 이탈리아 전체의 7%에 불과하지만, 국가 총수입의 1/3을 차지한다.

스페인, 포르투갈, 몰타

남부 유럽의 서쪽 끝에 있는 이베리아 반도는 피레네 산맥에 의해 프랑스 및 서부 유럽과 구분되며, 북아프리카와는 좁은 지브롤터 해협에 의해 구분된다. 인구 4,670만의 인구를 가진 스페인은 이베리아 반도의 대부분을 차지하고 있으며, 포르투갈은 남서부 가장자리에 위치한다.

두 나라는 1986년 EU에 가입하면서 많은 혜택을 보았다. **스페인**은 독일과 프랑스의 뒤를 이어 분권화 압력을 반영하는 분산적 행정체계를 구축하였다. 분권화 압력은 특히 카탈루냐, 바스크, 갈리시아 지방에서 심해서, 마드리드의 중앙정부는 17개 자치주(Autonomous Communities, AC)로 행정구역을 개편했다(그림 1B-9). 모든 자치주는 독자적인 의회와 행정부를 두고, 지역개발, 공공행정, 문화 사업, 교육, 환경 정책

으로 극명한 대조를 보인다. 이탈리아가 경제가 발전한 북부와 **메조지오르노**(Mezzogiorno)라고 불리는 낙후된 남부의 2개 나라로 이루어져 있다고 하는 것은 나름의 이유가 있다.

북부와 남부는 두 지역 사이의 좁은 점이지대에 위치한 수도 로마를 기준으로 나누어진다. 이와 같이 유럽의 핵심부-주변부 지대가 뚜렷이 구분되는 경계 부위를 이탈리아에서는 앙코나 라인(Ancona Line)이라고 부르는데, 이탈리아 반도의 북쪽 아드리아 해안가에 위치한 도시 앙코나에서 유래한 이름이다(그림 1B-8의 파란 점선). 로마가 이탈리의 수도이며 문화 중심지이긴 하지만, 이탈리아의 핵심 기능지역은 북부

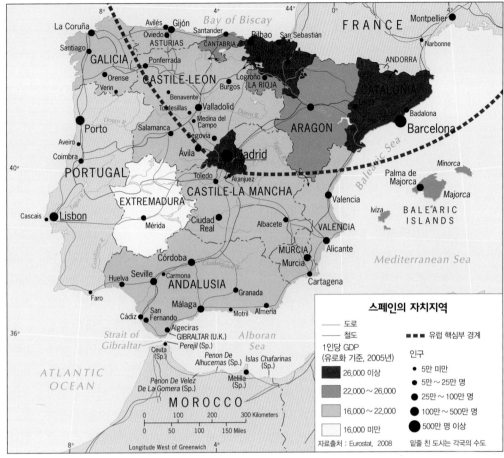

그림 1B-9

© H. J. de Blij, P. O. Muller, and John Wiley & Sons, Inc.

은 물론 부분적이지만 국제 통상 업무에 이르기까지 독립적인 관리·통제권을 행사한다. 각 자치주는 중앙정부와 자치권 범위를 협상할 수 있다. 일부 스페인 전문가들은 분권화가 너무 강해서 독일과 같은 연방체제가 더 낫다고 느끼지만, 다시 돌아갈 수는 없는 실정이다.

이와 같은 자치주 행정체제를 갖추었음에도 바스크 주 중심으로 이루어지는 격렬한 분리 독립운동을 완전히 해소시키지 못하고 있다. 반면, 중앙정부와 카탈루냐의 관계는 개선되고 있다. 해안가에 위치한 부유한 산업도시인 바르셀로나를 중심으로 하는 카탈루냐 자치주는 스페인의 산업을 선도하는 지역이며 유럽의 4대 선진지역의 하나이다. 고유

언어와 문화를 갖고 있는 카탈루냐의 모습은 바르셀로나의 도시 경관에서 그대로 읽을 수 있다.

카탈루냐 사람들이 여행객들에게 카탈루냐 지역에 대해 이야기할 때 설명하는 것처럼, 스페인의 천연자원은 북서부에 집중되어 있지만, 혁신과 기술로 최첨단 산업을 통해 지역 경제를 이끌어 가는 것은 북동부지역이다. 스페인 영토의 6%와 인구의 16%를 차지하는 카탈루냐는 최근 들어 스페인 총수출의 25%와 산업 수출의 40%를 차지한다. 이런 경제력에 바탕을 둔 정치력을 지닌 카탈루냐가 분리 독립 문제를 이슈화하는 것은 그리 어렵지 않은 일이다.

그림 1B-9에 나타나듯이 스페인의

수도이자 최대도시인 마드리드는 국토 중앙에 위치한다. 역시 경제지리적 점이대에 위치하고 있다. 연간 총수입을 기준으로 할 때, 스페인 북부는 남부지역보다 훨씬 부유하다. 이런 차이는 자원의 분포, 기후(남부지역은 항상 가뭄과 척박한 토양으로 고생한다), 그리고 발달 기회의 불균형 때문에 일어난다.

가장 부유한 자치주는 바르셀로나를 주도로 하는 카탈루냐와 마드리드이다. 이 두 지역 사이에는 그 다음으로 부유한 바스크와 아라곤 주가 연이어서 분포한다. 스페인 북부 자치주 중에서는 동부지역의 경제가 더 좋은데, 관광과 포도주 양조업(특히 스페인 와인의 대명사인 리오하[La Rioja])이 중심 산업

이다. 반면, 서부지역은 천연자원이 고갈되고 제조업과 어업이 쇠퇴하면서, 외부로의 이주가 늘고 지역경제가 침체되고 있다. 스페인 최남단 자치주들은 경제적으로 가장 낙후된 곳으로 유럽 주변부를 상징하는 곳이다.

이베리아 반도 남서부 가장자리에 위치한 인구 1,060만의 **포르투갈**도 비슷한 맥락에서 이해될 수 있다. 부유한 지역이 빈곤한 지역을 지원하도록 되어 있는 EU의 농업 정책과 자금 지원 역시 오랫동안 고립된 지역의 기반시설 건설에 집중되기 때문에, 포르투갈은 EU 가입으로 많은 혜택을 입었다. 하지만 유럽의 선진 경제를 따라가기에는 너무 멀었다.

인구의 대부분이 내륙 고원지대와 해안 저지대에 집중되어 있는 스페인과 달리, 포르투갈의 인구 분포는 대서양 연안을 따라 집중되어 있다. 리스본과

© H. J. de Blij

"아테네에 관한 수많은 이야기보다 세계화 여파로 망쳐버린 이 한 장의 아크로폴리스 전경 사진이 모든 것을 말해 준다."

제2의 도시 포르투도 해안에 입지해 있다. 주요 농업지대는 습윤한 서부와 북부지대에 있다. 하지만 농업이 영세하고 비효율적이어서, 농촌지역의 비중이 높은데도 필요한 농식품의 절반을 수입에 의존하고 있다.

유럽의 최남단은 지중해 중앙의 시칠리아 남쪽에 위치한 작은 나라 **몰타**이다. 몰타는 3개의 유인도와 2개의 무인도로 이루어진 인구 40만의 작은 제도이다(그림 1B-7의 삽입 지도). 고대부터 해상무역의 결절점으로 아랍, 페니키아, 이탈리아, 영국 문화가 혼합된 풍부한 문화로 이루어져 있으며, 영연방 국가로서 영국 선박과 군대가 주둔해 있다. 몰타는 제2차 세계대전 중에는 폭격을 맞아 커다란 피해를 입었으며, 천연자원이 거의 없음에도 불구하고 전후 재건에 성공했다. 오늘날 몰타는 관광 산업의 발전을 통해 부국의 대열에 합류했으며, 2004년에 9개국과 함께 EU 회원국이 되었다.

그리스와 키프로스

'비연속적 지리(discontinuous geography)'라는 표현이 적용될 수 있는 곳이 있다면, 발칸 반도(구유고슬라비아)와 그리스를 포함하는 오스트리아와 에게 해 사이 지역일 것이다. 이곳은 종교와 언어가 매우 다양한 집단이 모여 있는 곳이다. 부유한 국가와 가난한 국가, 불안정하고 격동의 역사를 경험한 지역, EU 회원국과 비회원국(당장 입에 풀칠할 소득마저 없는 곳도 있음), 그리고 대륙 핵심부에서 가장 멀리 떨어진 그리스는 유럽 문명의 탄생지이며 오래전부터 EU 회원국이며 동맹국이다. 그리스를 먼저 이야기한 후 섬 국가인 키프로스, 발칸 반도의 순으로 살펴보겠다.

동부 유럽의 남쪽 끝에 매달려 있는 것처럼 보이는 **그리스**는 고대 세계에서 가장 위대한 문명의 탄생지였으며, 그리스의 과학자들과 철학자들은 오늘날까지 회자되고 있으며, 당대의 비극 작품들은 2,000년 전에 세워진 원형극장 무대에 올려졌다. 그리스가 속한 반도는 동쪽으로는 터키, 북쪽으로는 불가리아와 마케도니아, 알바니아와 접하고 있다(그림 1B-10). 에게 해에 있는 몇몇 그리스 섬들은 터키 바로 턱 밑에 위치하고 있다는 것을 기억할 필요가 있다. 게다가 지중해 북동부 구석에 있는 키프로스 인구의 대다수는 그리스인이다.

1981년 EU 회원국이 된 그리스는, 1980년대 민주정부가 들어서 경제 부흥이 일어나 EU 가입이 이루어지기까지, 공산주의와 파시스트 독재정권이 교대로 정권을 잡는 격정의 근대사를 경험했다. 1980년대의 경제 침체를 겪은 후에 EU의 재정적 지원을 받아 그리스를 '발칸 반도의 기관차'로 불리게 만든 경제 부흥이 일어났다. 대도시 아테네가 EU의 지원을 받아 경제가 살아나면서 2004년 올림픽을 개최하고 EMU 회원국이 되었다. 비행기로 아테네에 도착했다면, 고속도로와 지하철 환승이 가능한 세계에서 가장 현대적인 공항을 만나게 될 것이다. 아테네의 대도시지역과 항구인 피레에프스에는 그리스 총인구의 1/3인 1,120만 명이 거주하고 있다.

한편 EU 회원국이 되면 감수해야 되는 일들도 있다. EU가 불가리아와 루마니아 같은 가난한 국가들을 회원국으로 받아들이면서, 보조금은 더 가난한 회원국에게 더 많이 지원한다는 EU의 방침에 따라 그리스가 받는 EU 지원금이 대폭 축소되었다. 이로 인해 그리스는 강력한 긴축재정을 편성해야 했지만

조기 은퇴 문화, 허술한 조세정책, 공공기관의 종신 고용제, 경쟁하지 않는 분위기(가령 사립대학을 설립하겠다는 정책은 시민들의 가두시위를 불러온다. 참고로 그리스는 헌법에 "교육은 국가가 책임지며 무료로 제공한다."고 명시되어 있다.)가 팽배해 있다. 그로 인해 금세기 10년 동안, 비효율적이고 무기력한 정부는 빚에 허덕였고, 성난 군중들은 뼈를 깎는 개혁을 요구했으며, 자랑스러운 역사를 지닌 이 국가는 자금을 대출해 주는 EU가 원하는 계약조건을 이행해야만 하는 사태에 이르렀다.

키프로스는 유럽 주변부의 남동부 끝자락에 위치한 섬나라로서 2004년 EU 회원국이 되었다. 이미 갈등이 나타났고 앞으로도 만들어질 분쟁의 불씨 때문에 EU는 키프로스의 정치지리에 대해 특별한 관심을 갖고 있다. 정치적 복잡성이 통합 과정에 어떤 영향을 미치는지 알 수 있는 좋은 사례이기 때문에 면밀히 살펴볼 필요가 있다. 지도에 나타나는 것처럼 키프로스는 지리적으로 유럽 대륙보다는 터키와 더 가까운 곳에 위치하지만, 국민은 대부분 그리스인이다. 키프로스는 1571년에 터키에 정복당한 뒤, 1878년 영국에 점령당할 때까지 줄곧 베니스공국의 지배를 받아 왔다. 키프로스에는 예전부터 그리스인이 살고 있었고, 대부분의 터키인들은 오스만 제국 시대에 정착한 사람들의 후손이다.

영국이 제2차 세계대전이 끝나고 키프로스를 독립시키려고 했을 때, 이 섬에 살고 있던 그리스계 사람들의 80%는 그리스와의 합병을 원했다. 이로 인해

그림 1B-10

© H. J. de Blij, P. O. Muller, and John Wiley & Sons, Inc.

민족 갈등이 발생하게 되었으나, 1960년 영국은 다수의 지배를 규정하면서도 소수의 권리를 보장하는 헌법을 조건으로 키프로스의 독립을 승인했다.

그러나 1974년에 이러한 불안정한 사회체제는 붕괴되었고, 내전이 발발했다. 급기야 터키가 군대를 파병하게 되었고, 민족별로 많은 사람들의 집단 이주가 일어나면서, 결국 북쪽의 터키계 영토와 남쪽의 그리스계 영토로 분할되었다(그림 1B-10 삽입 지도). 1983년에

터키가 지배하는 북쪽 영토에 거주하는 10만 명의 터키계 사람들(3만 명의 터키 군인 포함)은 **북키프로스 터키공화국** (Turkish Republic of Northern Cyprus) 이라는 국명으로 독립을 선언했다. 그러나 인구 20만 명으로 추정되는 이 소국은 터키만 국가로서 인정할 뿐, 국제 사회에서는 그리스 쪽의 키프로스 정부만 합법적인 정부로 인정한다. 그러나 2004년 EU에 가입하기 위해서는 키프로스의 그리스계와 터키계 모두의 동

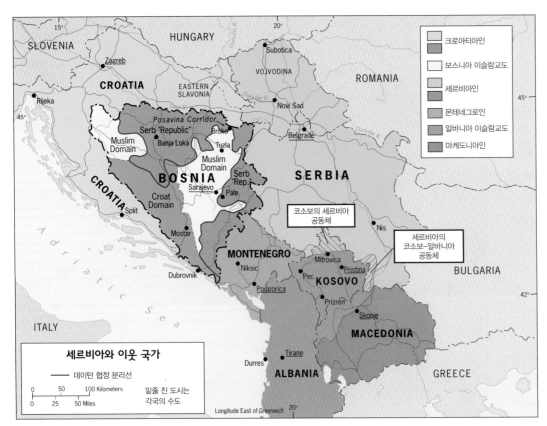

그림 1B-11

© H. J. de Blij, P. O. Muller, and John Wiley & Sons, Inc.

(balkanization)가 있다. 동부 유럽의 남부지역 절반은 발칸 또는 발칸 반도(발칸이라는 이름은 불가리아의 발칸 산맥에서 기원)라고 볼 수 있다. 발칸화는 이 지역의 빈번한 분열과 쪼개지는 현상을 표현하는 용어이다.

발칸 반도의 핵심국가는 **세르비아**이다. 구유고슬라비아의 다수 민족이었던 세르비아인들이 거주했던 지역에 세워졌다고 해서 붙여진 국명이다. 도나우 강변의 유서 깊은 도시 베오그라드를 수도로 삼은 인구 730만의 세르비아는 이 지역에서 영토가 가장 넓고 가장 중요한 신생국이다. 그러나

세르비아 사람들은 몇 가지 중요한 변화에 적응해야만 한다. 우선 이웃 국가인 보스니아에 살고 있는 100만 이상의 세르비아인들은 보스니아의 소수 이슬람교도와 크로아티아인들과 사이가 안 좋다(그림 1B-11). 둘째, 아드리아 해안에 위치하던 **몬테네그로** 지방정부가 2006년 투표를 통해 독립국가로 분리해 나갔다. 세 번째, 이슬람교도가 다수를 차지하는 **코소보** 지방이 2008년 독립을 선언했으며, 그 즉시 미국과 많은 유럽 국가들(전부는 아님)이 국가로 인정했다. 그리고 마지막으로 헝가리가 이미 EU 회원국이 된 시점에서 세르비아가 지배권을 행사하고 있는 도나우 강 북쪽에 있는 **보이보디나** 자치주에는 여전히 40만 명의 헝가리인이 살고 있다. 발칸 반도는 고유 영토를 원하는 많은 민

의가 필요하다는 UN의 제안을 그리스계가 거부함으로써 그 합법성에 논란이 일고 있다. 터키계 키프로스인 유권자들은 그 제안을 받아들였으나, 2004년 그리스계 키프로스는 단독으로 EU에 가입하였다. 이것은 터키계 키프로스인뿐만 아니라 EU 가입 여부를 협상 중인 터키의 엄청난 분노를 자아냈다. 키프로스는 여전히 분쟁의 불씨가 남아 있다. 터키계 영토와 그리스계 영토를 분리하는 '녹색선'은 단지 지역의 경계가 아니라 유럽 권역과 아시아 권역을 구분하는 지리적 경계이기도 하다.

발칸 반도

1990년 공산주의 국가였던 유고슬라비아가 해체된 이후 10여 년 동안 무력 충돌과 내전으로 예측할 수 없는 변화를 겪었지만, 이제는 다소 안정되고 있는 유럽의 한 지역을 살펴볼 것이다. 이런 불안정한 정세 때문에 EU는 이 지역으로의 영역 확장을 조심스럽게 꾀하고 있고, 유고슬라비아 해체로 인해 신생국이 된 슬로베니아만이 EU 회원국이 되었다. 슬로베니아 인접국인 크로아티아의 가입도 논의 중이지만 계속 보류 상태에 있다. 나머지 국가들은 가입 논의조차 이루어지고 있지 않다.

이 지역은 격동의 역사를 겪어 왔으며, 끊임없는 분열과 갈등이 일어나서 지리학자들이 **9** **파쇄지대**(shatter belt)라고 부르는 대표적 사례 지역이다. 기존 질서나 틀이 붕괴된 현상을 표현하는 지리적 용어들이 있는데, 파쇄지대는 발칸 반도의 상황에서 유래한 용어이다. 비슷한 표현으로 **10** **발칸화**

족들이 매우 복잡하게 얽혀 있는 인종 모자이크라고 할 수 있다(그림 1B-11).

EU가 남쪽으로 더 확장된다면, 아드리아 해안과 헝가리 국경을 따라 뾰족한 초승달 형태인 **크로아티아**가 그 대상일 것이다. 하지만 이 나라도 문제를 안고 있다. 440만 크로아티아 인구의 90%는 크로아티아인이지만, 구유고슬라비아 시절 12%를 차지하던 세르비아인들은 크로아티아의 차별 정책으로 인해 지금은 5% 미만으로 줄어들었다. EU는 크로아티아 내의 인권 문제가 심각하다고 보고 있지만, 그것은 크로아티아가 EU 회원국이 된 뒤에나 개선될 수 있을 것이다(역자 주 : 크로아티아는 2013년 EU 회원국이 되었다). 약 80만 명의 크로아티아인들이 보스니아에 살고 있는데, 이곳에서 이들은 세르비아인과 이슬람교도들과는 그리 사이가 좋지 않다.

구유고슬라비아가 붕괴되었을 때, **보스니아**는 그야말로 참화의 중심지였다. 절대 다수파 민족이 없으며, 다문화적이며 삼각형 모양의 내륙 국가인 보스니아는 군사적 우위에 있는 세르비아가 동쪽에 있고 서쪽과 북쪽은 크로아티아와 접하고 있어서, 세르비아인, 크로아티아인 그리고 **보스니악**(Bosniaks, 380만 보스니아 인구의 50%를 차지하는 보스니아 이슬람교도를 일컫는 공식 명칭) 간의 무혈 충돌이라는 내전으로 빠져들었다. **인종청소**(ethinic cleansing)라는 명목으로 약 25만 명의 사람이 수용소에서 학살당했다. 1995년 미국의 외교 노력으로 휴전협정을 맺었지만, 그림 1B-11에 나타나는 것처럼 민족 간 주거지역 구분이 뚜렷하다. 유럽에서 이래저래 험한 곳 중 하나이다.

과거 구유고슬라비아연방의 최남단

에 있던 '공화국'은 **마케도니아**로, 유고슬라비아 붕괴 당시 인구는 200만 명이며, 그중 2/3는 마케도니아 슬라브족이다. 지도에 나타나는 것처럼 마케도니아는 이슬람 국가인 알바니아와 코소보와 인접해 있으며, 북서부지역에는 마케도니아 인구의 30%를 차지하는 알바니아 이슬람교도들이 거주한다. 다민족으로 구성된 인구의 나머지는 터키인, 세르비아인, 그리고 집시들(p.80 각주 참조)이다. 마케도니아는 유럽에서 가장 가난한 나라 중 하나인데다 내륙국이며 국력도 없다. 국명 때문에 문제가 일어나기도 했다. 이웃 국가인 그리스는 마케도니아란 이름은 그리스에 소유권이 있기 때문에 국명으로 인정할 수 없다고 주장한다. 또한 알바니아 이슬람교도들의 분리 독립운동에 직면해 있는데, 이들은 이 신생국을 안정시키기 위해 빈약한 자원의 분배를 요구하고 있다. 마케도니아 사람들은 EU 가입만이 이런 문제를 해결하고 경제를 살릴 수 있다고 믿고 있다.

몬테네그로는 인구 62만 명(1/3이 세르비아인)의 작은 나라로 작은 도시 포드고리차가 수도이며, 경치가 좋은 산지와 아드리아 해의 짧지만 환상적인 해변을 빼고는 특별한 게 없는 유럽 40개 국가 중 하나이다. 관광 산업, 암시장, 러시아로부터의 약간의 투자, 영세한 농장 등이 국가 자산의 전부이다.

1999년 유고슬라비아 붕괴의 혼란 중에 NATO군은 당시 공식적으로 세르비아의 자치주였던 **코소보**로 군대를 전격 투입시켰다. 인구의 대부분을 차지하는 200만 이상의 알바니아 이슬람교도와 북부지역에 있는 소수 세르비아인으로 구성된 코소보는 내륙국인데다 완전한 국가의 체제를 갖추지 못한 작

은 나라이지만 발칸화가 지속적으로 일어나고 있다. 결국 NATO는 코소보를 UN의 통치하에 두기로 했으며, 2008년 마침내 수도 프리슈티나에서 통치 권한이 UN에서 새로 선출된 코소보 정부로 이양되면서 독립이 선포되었다.

유럽에서 또 다른 무슬림 국가가 있다면 320만 인구의 70%가 이슬람교를 믿는 **알바니아**이다. 알바니아는 몰도바와 더불어 유럽에서 가장 가난한 나라이다. 유럽에서 가장 높은 인구성장률을 보이는 나라 중 하나이며, 아드리아 해를 건너 이탈리아로 밀입국하는 방식으로 EU로 이민 가려는 알바니아인들이 많다. 대부분의 알바니아인들은 목축과 농경으로 생계를 이어나가지만, 민족 구성은 북부 산지의 매우 가난한 게그족과 이들보다는 좀 더 경제적, 문화적 여유가 있는 남부의 토스크족으로 이루어져 있으며, 수도인 티라나는 문화적 차이를 보이는 두 지역의 경계 부위에 위치하고 있다. 유럽의 세계화 흐름 속에서 알바니아도 여타 주변부 지역에서 나타나는 변화의 징조들이 나타나고 있다.

▤ 비연속적인 북부

외진 곳에 위치한 고립성과 가혹한 환경, 게다가 고위도라는 지리적 위치는 이 지역 사람들의 유대감을 높이는 요인으로 작용했으며, 그로 인해 비슷한 문화를 갖고 있다. 또한 그런 지리적 특성으로 인해 스칸디나비아 반도는 유럽 대륙에서 일어난 대부분의 전쟁에 휘말리지 않고 상대적으로 무난한 발전을 지속해 왔다.(물론 노르웨이는 제2차 세계대전 동안 나치 독일의 침략을 받은 적이 있다.) 주요 언어인 스웨덴어,

노르웨이어와 덴마크어는 비슷해서 서로 대충 알아들을 수 있으며, 스칸디나비아 3국(노르웨이, 스웨덴, 덴마크)뿐만 아니라 아이슬란드, 핀란드, 에스토니아, 라트비아의 종교는 모두 루터교이다. 리투아니아와 라트비아는 다른 언어를 사용하며, 리투아니아인들은 대부분 로마 가톨릭을 믿지만, 러시아와 인접해 있는 발트해 연안의 지리적 위치로 인해 공통의 역사를 겪었다. 스칸디나비아의 경우 민주주의 의원내각제가 일찍부터 정착했으며, 인권과 사회복지는 오래전부터 보호되어 왔다. 세계 어떤 지역보다도 여성들의 정치 참여가 완전히 보장되어 있다.

하지만 그림 1B-1과 1B-12를 동시에 비교해 보면, 이 지역을 비연속적 북부라고 부르는지 알 수 있을 것이다. 남쪽의 해안에 위치한 도시지역이 핵심부에 속하며 나머지 지역들은 그렇지 못하다. 전체적으로 대부분 지역의 경제 지표는 매우 좋지만, 거의 모든 발전은 이 작은 핵심부 지대에 집중적으로 이루어진다. 반면, 노르웨이, 스웨덴, 핀란드의 북부지역은 유럽의 주변부에 속한다.

이들 유럽 북부지역 국가들의 총인구는 3,100만 명 정도로 이탈리아 인구의 절반밖에 되지 않는다. 이탈리아 북부, 스페인의 카탈루냐와 비교할 정도는 아니지만, 스칸디나비아 3국(스웨덴, 노르웨이, 덴마크)의 핵심지역은 그들이 부족한 것들을 교역을 통해 경제발전을 이룩하였다.

스웨덴

스웨덴은 북부 유럽에서 인구(920만 명)와 영토가 가장 큰 나라이다. 대부분의 스웨덴 사람들은 기후가 온화한 북위 60도 이남(수도인 스톡홀름 바로 위 북쪽에 있는 웁살라의 위도가 북위 60도)에 살고 있으며(그림 1B-12), 주요 도시와 핵심지역, 주요 산업지구가 집중되어 있다. 또한 완만한 지형 기복과 상대적으로 비옥한 토양, 온화한 기후 덕에 주요 농업지구도 위치한다.

스웨덴은 오래전부터 원자재나 반제품을 산업국가들에 수출해 왔지만, 현재는 자동차, 전자, 스테인리스 강철, 가구, 유리제품 등 완제품을 생산하고 있다. 이런 상품들의 대부분은 북부지역(보트니아 만 연안의 도시 룰레오에는 강철 공장이 있음)에 있는 키루나의 철광과 같은 자국 내 천연자원을 활용한 것이다. 일부 서부 유럽국가들과 달리 스웨덴의 제조업은 특화된 제품을 생산하는 수많은 중소 규모 도시들을 기반으로 발달해 왔다. 에너지가 빈약한 스웨덴은 원자력 발전 개발의 선두주자였지만, 그 위험성에 국가적 논의를 거치면서 다른 에너지로 대체하고 있다.

노르웨이

노르웨이는 필요 에너지를 공급하기 위해 원자력 발전소를 건설할 필요가 없다. 경제발전의 중심에는 수산업이 있다. 최근 생산성 높은 양식장 산업이 증가하고 있는 수산업은 오래전부터 노르웨이 경제의 초석이었으며, 해운업은 전 세계로 뻗어나가고 있다. 하지만 1970년대 북해 연안에서 석유와 천연가스가 발견된 이후, 국가 경제는 크게 변모하고 있다.

경작 가능한 토양이 적고 험준한 산지에 광활한 삼림, 한랭한 북부지역, 피오르 해안의 멋진 장관 등의 자연 환경을 갖고 있는 노르웨이로서는 농업과 산업 발달에서 스웨덴과 경쟁이 되지 않는다. 수도 오슬로와 북해의 항구도시 베르겐에서 북극해의 함메르페스트와 노르웨이 정신의 중심지로 알려진 트론헤임에 이르는 도시들은 해안에 위치해 있으며, 육로를 통한 교통이 매우 힘들다. 최북단에 위치한 핀마르크 지방에서는 순록을 방목하며 사는 원주민인 사미족마저도 자치권을 요구하며 시위하는 모습을 볼 수 있다(그림 1A-11). 480만 명 노르웨이 인구는 비즈 목걸이처럼 분포하는데, 거주지는 얇은 물길로 연결된 형태이다. 그러나 이런 지형 조건들이 국가 발전을 가로막지 못했다. 2000년대 말 노르웨이는 룩셈부르크 다음으로 유럽에서 두 번째로 낮은 실업률을 나타냈다. 1인당 국민소득은 세계에서 가장 부유한 나라들에 속한다.

노르웨이 사람들은 강한 민족의식과 독립정신을 갖고 있다. 1990년대 중반 스웨덴과 핀란드가 EU 가입을 두고 투표했을 때, 노르웨이 사람들은 거부하였다. 그들은 경제가 더 크고 안전한 유럽의 규약에 그들 경제가 구속되는 것을 원치 않았다.

덴마크

스칸디나비아 국가들의 평균에 비해 영토가 작은 덴마크는 인구 550만 명으로 북부 유럽에서 스웨덴 다음으로 많다. 덴마크 영토는 유틀란트 반도와 발트해의 관문이기도 한 동쪽의 여러 섬으로 이루어져 있다. 이 섬 중 가장 큰 셸란 섬에 수도인 코펜하겐이 위치하고 있다. '발트 해의 싱가포르'라고 불리는 코펜하겐은 예로부터 대량의 화물을 하역·저장·환적하는 항구였다. 이러한 **11** 적환지(break-of-bulk) 기능이 발달

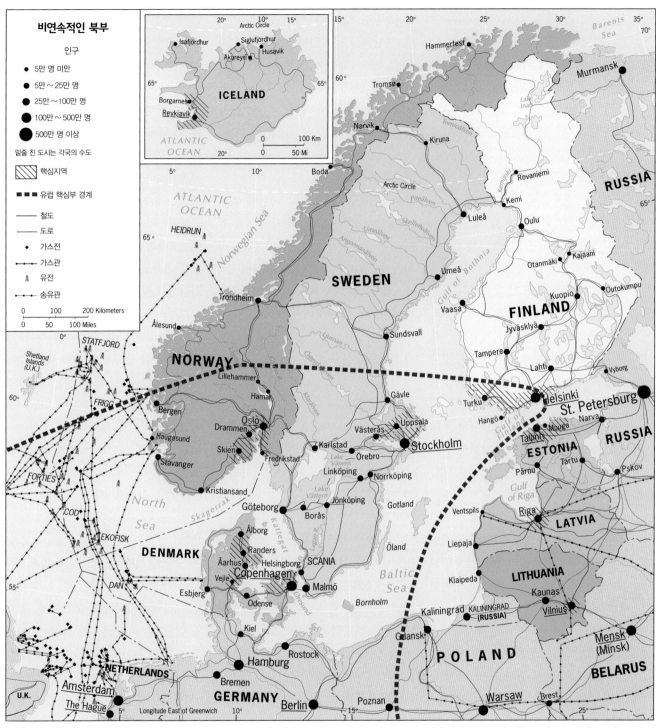

그림 1B-12

© H. J. de Blij, P. O. Muller, and John Wiley & Sons, Inc.

한 이유는 대양을 항해하는 화물선들이 협소한 발트 해를 통과할 수 없기 때문이다. 이러한 요인으로 인해 코펜하겐은 **12** 중계무역항(entrepôt)으로 성장할 수 있었다. 코펜하겐과 스웨덴 남부를 잇는 외레순드 대교(Øresund bridge-tunnel)가 2000년에 완공됨으로써 코펜하겐의 상대적 입지 조건이 개선되었다(그림1B-12).

덴마크는 왕정체제를 유지하고 있으며, 과거 수 세기 동안 덴마크의 영향력은 현재의 영토 범위를 훨씬 넘어설 정도로 강력했다. 그러나 이것이 오늘날 덴마크의 통치체제에 걸림돌이 되고 있다. 그린란드는 덴마크와 노르웨이의 합병(1380년) 이후 덴마크의 통치를 받았으며, 이 합병체제가 종결(1814년)된 후 덴마크 영토가 되었다. 1953년에 그린란드의 지위는 덴마크령 식민지에서 그린란드 주로 바뀌었고, 마침내 1979년에 인구 6만 명의 이누이트족은 **그린란드**(이누이트 말로 Kalaallit Nunaat, '세상에서 가장 큰 섬'이란 뜻)에 대한 완전한 자치권을 획득하게 되었다. 곧 덴마크가 EU 회원국이 될 때, 그들은 자치권을 행사하여 EU에서 탈퇴하였다. 스코틀랜드와 아이슬란드 사이에 위치한 페로 군도 또한 덴마크의 골칫거리다. 17개의 작은 섬으로 구성되어 있고, 45,000명의 인구가 거주하는 페로 군도는 1948년에 자치정부 수립을 승인받고 자체 국기와 화폐를 사용하지만, 여전히 완전한 독립을 요구하고 있다. 2000년의 국민투표는 덴마크 역시 유럽에 불고 있는 분권화 압력에서 자유롭지 못함을 보여준다.

핀란드

핀란드의 국토 면적은 독일만큼 크지만 인구는 530만 명에 불과하며, 이 인구도 수도인 헬싱키와 섬유 산업의 중심지인 탐페레, 그리고 조선 산업의 중심지인 투르쿠로 연결된 삼각 라인에 집중되어 있다(그림 1B-12). 연중 내내 푸른 숲과 빙하호의 땅인 핀란드는 오랫동안 목재와 목재품 수출을 통해 국가 경제를 지탱해 왔다. 그러나 기술이 뛰어나고 생산적인 핀란드 사람들은 곡물 재배는 물론 정밀기계와 정보통신장비(주로 휴대전화) 제조업을 중심으로 산업 구조를 다각화하고 있다.

노르웨이와 스웨덴처럼 척박한 자연환경과 상대적 입지 조건으로 인해 북부 유럽의 문화 경관을 보여주지만, 핀란드인들은 스칸디나비아 사람이 아니다. 핀란드인들은 언어 및 역사적으로 핀란드 만 건너편에 위치하는 에스토니아인들과 관련이 있다. 피노우그리아어를 말하는 민족들은 현재 러시아 서부지방에 광범하게 흩어져 있다.

에스토니아

발트해 3국 가운데 가장 북단에 위치한 에스토니아는 오래전부터 민족과 언어 측면에서 핀란드와 관련이 깊다. 하지만 구소련의 지배(1940~1991)하에서 에스토니아의 인구 구조는 급격하게 변했다. 130만 인구 중에서 25%는 러시아인들이며 그들 대부분은 식민통치를 위해 핀란드에 왔던 사람들이다.

힘겨운 구조 조정기를 거친 후 에스토니아는 발트해 국가들 가운데 선두주자가 되었고(부록 B 참조) 북유럽국가들과 어깨를 나란히 하게 되었다. 이 나라의 수도 탈린은 핀란드 헬싱키와의 선박 물동량이 빠르게 증가하고 있으며, 무가항 자유무역지구의 대 러시아 교역량은 증가하고 있다. 하지만 에스토니아의 미래에 가장 중요한 영향을 준 것은 2004년 EU 가입이다. 최근 에스토니아는 경제 성장은 물론 첨단 산업과 소프트웨어 산업에서의 창의적 기업가 정신으로 인해 세간의 주목을 받고 있다. 가령 스카이프는 원래 에스토니아의 스카이프 테크놀로지사가 개발한 소프트웨어이다. 2011년 유로화를 공식 화폐로 사용하면서, 유럽 핵심부로의 진입을 눈앞에 두고 있다.

라트비아

그림 1B-12를 보면 알 수 있듯이, 유럽 핵심부의 경계는 스웨덴과 노르웨이 남부를 포함하는 유럽 북부지역을 지나지만, 에스토니아를 비롯한 발트 해 3국은 포함되어 있지 않다. 최근 라트비아와 리투아니아의 경제는 발전했지만, 한참 앞서나가는 스칸디나비아는 물론 에스토니아와 견줄 정도는 아니다. 발트해 3국의 중간에 위치한 수도 리가를 중심으로 발달한 라트비아는 소련의 오랜 식민통치하에서 완전히 소련식 체제로 바뀌었다. 230만 인구 중에서 59%는 라트비아인이지만, 28%는 러시아인이다. 이 두 민족 간의 갈등이 일어난 이후, 차별 정책을 폐지해야 라트비아가 EU 회원국이 될 수 있을 것으로 전망된다. 라트비아는 경제에 집중하고 있지만, 2004년 EU 가입을 위한 검증 결과, 경제는 처참할 정도로 문제가 많은 것으로 밝혀졌다. 20년 전 사실상 라트비아의 모든 무역이 오직 소련하고만 이루어졌다고 생각해 보라. 현재 라트비아의 주요 무역 상대국은 독일, 영국, 스웨덴이며, 러시아와의 교역은 오직 원유와 가스 수입뿐이다.

리투아니아

발트해 3국 중에서 가장 남쪽에 위치한 인구 340만의 리투아니아는 이제 남아 있는 러시아인은 7%에 불과하며, 대 러시아에의 무역 의존도가 라트비아보다 훨씬 더 높은데도 불구하고 러시아와의 관계는 더 나쁜 상태이다. 이런 관계 악화의 원인 중 하나는 발트해 해안에 있는 러시아의 **13 월경지**(exclave, 고립영토, 비지[飛地]라고도 부름: 한 국가의 본토 국경선 밖에 있는 작은 영토)인 칼리닌그라드* 때문이다(그림 1B-12

---

* 칼리닌그라드는 폴란드와 리투아니아 사이의 발트 해 연안에 위치해 있다. 제2차 세계대전 후 포츠담 회담에 따라 러시아에 양도된 러시아의 월경지로서 러시아가 유럽에 대해 영향력을 발휘할 수 있는 잠재적 전진 기지로서 매우 중요한 곳이며, 마찬가지로 EU

참조). 제2차 세계대전 이후 칼리닌그라드가 러시아의 영토가 됨으로써, 리투아니아는 80km에 불과한 해안선과 내륙에 위치한 수도 빌뉴스와는 철도조차 가설되어 있지 않은 작은 항구밖에 남지 않았다. 2005년 리투아니아는 국가 안보를 이유로 칼리닌그라드의 비무장을 요구했다. 이런 문제들이 있음에도 불구하고, 리투아니아는 외국인 투자 증가와 마제이키아이 정유소를 통해 벌어들이는 이윤으로 인해 2003년 유럽에서 가장 높은 경제 성장률을 보였으며, 결국 2004년 EU 회원국 가입을 가능케 했다.

아이슬란드

아이슬란드는 북극권 바로 아래 북대서양의 차가운 바다 위에 화산과 빙하로 이루어진 섬이자 6번째 북부 유럽국가이다. 34만 명 정도의 스칸디나비아계 사람들로 구성된 아이슬란드는 주변의 작은 섬들인 베스터만 군도와 함께 과학자들의 특별한 관심을 받고 있는데, 이 지역이 지구조적으로 유라시아 판과 북아메리카 판이 분산되는 대서양 중앙해령에 위치하기 때문이다(그림 G-4). 새로운 땅이 형성되는 것을 관찰할 수 있으며, 2010년처럼 엄청난 화산 폭발이 주기적으로 일어난다.

아이슬란드 사람들은 대부분 도시 지역에 살고 있으며, 수도인 레이캬비크에는 총인구의 절반이 살고 있다. 아이슬란드 경제는 전통적으로 수산업에 의존해 왔으며, 이 덕분에 국민들은 높은 삶의 질을 누릴 수 있었다. 1990년대 아이슬란드는 자유무역정책을 표방한 후

로 은행을 비롯한 금융 산업이 빠르게 성장하면서 북방의 호랑이로 불릴 정도로 경제가 발전했다. 그러나 아일랜드가 그랬던 것처럼 2008년 세계금융위기를 겪으면서 경제가 무너졌다. 결국 문제 있는 일부 은행을 포함해서 아이슬란드 정부는 국제통화기금(IMF)의 자금지원을 받아야만 했다.

동부 주변부

유럽은 냉전시대가 끝나고 지난 20년 동안 근본적인 변화를 보였다. 철의 장막으로 뚜렷이 구분되던 동부 유럽은 더 이상 존재하지 않으며, 오히려 독일어 미텔오이로파(Mitteleuropa, 범독일주의)라는 표현으로 대변되는, 과거 중앙 유럽으로 불리던 문화지역들이 재탄생하고 있다. 이런 많은 변화들은 동쪽으로의 EU 확장과 관련이 깊다. 잘 알듯이 체코공화국은 이미 핵심지역에 진입했으며, 슬로베니아는 구유고슬로비아 해체 후 독립한 신생국 중 EU에 가입한 첫 번째 국가이다. 동부 유럽의 많은 나라들이 EU에 가입했으며, 나머지 국가들도 가입을 바라고 있다. 동부 주변부 지역에서 변화의 바람이 빠르게 불고 있다.

동부-중앙 유럽

그림 1B-1과 1B-13에 나타나는 것처럼, 이 지역에 속하는 4개국은 모두 EU 핵심부 국가인 독일이나 오스트리아와 국경을 접하고 있다. 이들 중 가장 중요한 국가는 **폴란드**로서, 2004년 EU에 가입한 10개국 중에서 영토와 인구 면에서 가장 큰 나라이다. 인구 3,810만의 폴란드는 독일과 러시아 사이에 위치해 있어서 역사적으로 두 적국과 대립과

갈등을 겪었으며, 시대가 바뀌어 다시 이들 두 나라와 국경을 접하고 있지만 과거보다는 관계가 좀 나아졌다. 지도를 통해 알 수 있듯이 과거 중앙 유럽의 중심지였던 유서 깊은 도시 바르샤바는 현재 독일보다 러시아에 더 가까운 쪽에 위치해 있지만, 폴란드는 동쪽의 러시아보다 서부 유럽과의 친밀한 관계를 바라고 있다. 과거 소련 공산당 지배하에서, (한때 독일 영토였던) 슐레지엔은 산업 중심지가 되었고, 카투비체, 브로츠와프, 그리고 크라쿠프는 주요 공업 도시로 성장했지만, 이 도시들은 세계에서 가장 환경오염이 심한 지역에 속한다. 소련은 근대화된 기술 없이 집단 농장을 운영하고 농업에 대한 투자를 거의 하지 않아, 소련이 물러난 이후의 현 폴란드 농업은 참담한 상태이다. 이 모든 것들이 폴란드의 경제를 어렵게 했지만, EU 회원국으로의 전망(EU 보조금을 약속 받은 상태)이 동기가 되어 정부는 우선 주택을 정리하였다. EU 회원국이 된 이후, 폴란드의 수십만 명의 노동자들이 유럽 핵심부 지역으로 일자리를 찾아 떠났지만, 그들 중 상당수가 돌아와 경제가 살아나고 있다.

과거 소련 지배하에서 국민들이 이웃 국인 체코보다는 친소련 성향이 강했던 내륙국인 **슬로바키아**도 풀어야 할 정치 문제들이 있다. 2004년 EU 가입 여부를 논할 때, 수도 브라티슬라바에 있는 부정, 부패의 온상지이자 무능한 행정부가 이끄는 슬로바키아가 EU 회원국이 되는 것에 의구심을 품은 사람들이 많았다. 540만 인구 중 10%를 차지하는 슬로바키아 내 헝가리계 소수민족은 주로 도나우(다뉴브) 강변을 따라 남부에 거주하고 있으며, 슬로바키아계 사람들과 마찰을 빚고 있다. 소수민족인 집

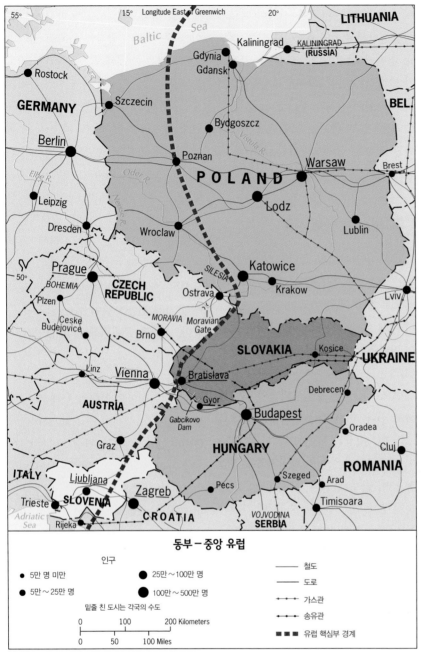

그림 1B-13 © H. J. de Blij, P. O. Muller, and John Wiley & Sons, Inc.

채택했다.

경제 지리학자들은 소련 붕괴 후 유럽에 문호를 개방한 내륙국 **헝가리**에 대해 밝은 경제적 전망을 내놓았다. 헝가리인들(마자르족)은 1,000년 전쯤 아시아에서 도나우 강 중류지역으로 이동해 왔다. 이들은 슬라브족도 게르만족도 아니었다. 헝가리인들은 비옥한 들판을 바탕으로 강성한 민족국가를 건설했으며, 현재의 헝가리 영토보다 훨씬 더 넓은 지역을 다스렸던 강력한 제국을 구축했다. 이 위대한 헝가리인들의 후손인 마자르족은 여전히 루마니아, 세르비아, 슬로바키아 등지에서도 살고 있다(그림 1B-14). 도나우 강변의 이중 도시인 부다페스트가 수도인 헝가리는 역사적으로 다른 나라의 소수민족으로 살고 있는 마자르족에 대한 고토회복주의를 지원해 왔다.

14 고토회복주의(irredentism, 실지회복주의, 민족통일주의로도 불림) 개념은 타국에 있는 자국 민족이나 문화집단에 대한 정부의 지원을 일컫는 말로서, 19세기 오스트리아 티롤 등 이탈리아 민족의 거주지역이면서도 이탈리아 왕국에 속하지 않는 지방을 이탈리아와 병합하자는 '**Italia Irredenta**' 또는 '회복되지 않은 이탈리아(Unredeemed Italy)' 운동에서 기원한 것이다. EU 회원국이 됨으로써 헝가리 고토회복주의 주장의 많은 근거들이 사라졌다. 세르비아가 EU에 가입한다면 마찬가지로 그들의 고토회복주의도 사라질 것이다.

9,900만 인구, 고유문화, 상당량의 다양한 천연자원을 가진 헝가리는 미래 전망이 밝으며, 경제 잠재력은 2004년 EU에 가입할 때 결정적 요인으로 작용했다. 그러나 정책 실패, 정치 부패, 부채 증가는 헝가리의 경제를 후퇴시키고

시(Roma, Gypsy)**에 대한 슬로바키아의 학대와 차별 또한 국제적 지탄을 받

앉다. 그러나 EU 가입에 대한 희망적 전망을 안고 개혁을 이끌어 냄으로써, 2004년 경제가 살아났다. 2007년 경기가 침체되었을 때 정부는 강한 구조조정을 시행함으로써, 2008년 슬로바키아의 유럽통화동맹(EMU) 가입조건 회의 때 많은 국가들을 놀라게 했으며, 2009년 폴란드와 헝가리보다 먼저 유로화를

** 롬(Roma)은 국가 없이 유럽을 중심으로 유랑생활을 하는 약 800만에 달하는 민족으로서, 이들을 달가워하지 않는 세상 사람들 속에서 유랑생활을 고수하기 때문에 집시라고도 부른다. 인도 북부에서 기원한 것으로 알려져 있으며, 주로 불가리아, 루마니아, 헝가리, 슬로바키아와 체코공화국 등 동부 유럽에 퍼져 살고 있다.

있다. 제2의 도시보다 10배나 큰 종주도시인 부다페스트의 화려한 경관 뒤에는 여전히 낙후된 농촌 경제 개발이라는 문제가 남아 있다.

이 지역에 속하는 4개국 중에서 가장 성공적인 나라는 슬로베니아로서, 오스트리아와 이탈리아 옆 구릉대를 따라 아드리아 만까지 쐐기 모양의 국토 형태를 띠고 있다. 200만 명의 국민은 대부분 비슷한 외모를 지닌 민족적 동질성이 높고, 경제력도 안정적이어서 국토 면적은 작은 나라지만, 구유고슬라비아에서 독립한 7개 국가 중에서 가장 먼저 EU에 가입한 '공화국'이다. 그리고 곧바로 유로화를 공식 화폐로 지정했다.

남동부 : 루마니아와 불가리아

루마니아가 어떻게 2007년에 EU에 가입했는지는 아직도 의문으로 남아 있다. 부록 B에 나와 있는 자료들을 보면, 루마니아는 유럽에서 최악의 사회지표를 보인다. 경제력은 약하고 수입도 낮으며, 정치체제는 공산당 시절보다 나아진 것이 없으며(많은 공산당 정치국원들이 민영화라는 명목으로 국가 자산을 개인적으로 취득함), 정쟁과 부패가 만연하고 있다.

하지만 루마니아는 도나우 강 유역분지의 저지대에 위치하며, 동부 유럽 심장부의 대부분을 차지하고 있는 중요한 국가이다. 2,140만 인구의 루마니아는 흑해에서 중요한 위치에 자리하고 있는데, 유럽 동남부 국가인 그리스(EU 회원국)와 터키(EU 잠정 회원국)와 각각 육지와 바다로 연결되어 있어서, 이들과 중부 유럽 사이의 다리 역할을 하고 있다(그림 1B-15).

한때 발칸의 파리로 불렸지만, 우중충하고 부패한 도시로 변한 수도 부쿠레슈티와 주변 핵심지역은 내륙에 위치하고 있어서 흑해의 항구도시 콘스탄차와 철도로 연결되어 있다. 많은 양의 원유를 생산해 냈던 유전은 완전히 고갈되었으며, 노동력의 1/3은 농업에 종사하며 도시와 농촌 모두 가난에 찌들어 있으며 실업률은 높다. 재능이 많은 루마니아 사람들은 직업을 찾아 타국으로 떠나고 있다.

루마니아 남쪽의 도나우 강 건너편에 **불가리아**가 있다. 거칠고 험준한 발칸 산맥은 도나우 강과 마리차 강 유역분지를 구분짓는 불가리아의 척량산맥이다. 지도에 나타나듯이 불가리아는 5개국과 국경을 접하고 있으며, 그중 몇몇 나라는 정치적 불안을 겪고 있다.

불가리아는 1878년 제정러시아 군대가 오스만 제국 영토였던 이 지역에서 터키를 몰아냄으로써 건국되었다. 750만 인구의 85%를 차지하는 슬라브 불가리아인들은 소련의 지배하에서도 루마니아인들과 달리 러시아와 혈맹관계를 유지했다. 하지만 인구의 10%를 차지하는 터키계 사람들에게는 그렇게 호의적이지 않았으며, 이슬람 사원을 폐쇄하고 터키어 사용을 금지했고, 심지어 터키 이름을 슬라브식으로 개명하도록 강요했다. 소련 붕괴 후 터키인들에 대한 차별은 다소 개선되었다. 사법과 사회 개혁을 요구하는 EU 회원국 후보가 되고 2007년 회원국이 되었을 때 더 많이 개선되었다.

불가리아는 흑해 연안에 해변과 바르나 항구도 있지만, 그런 해안 입지로 인한 경제적 이득은 무역이 아니라 멋진 해변을 보러 온 사람들에게서 얻는 관광수입이다. 수도 소피아는 해안이 아니라 반대편 세르비아 국경 쪽 내륙에 위치해 있으며, 주변 핵심지역에 대한

유럽에서 가장 큰 소수민족이자 유랑민족인 집시는 유럽에서 가장 가난하다. 슬로바키아는 집시 인구가 상당히 많은 국가 중 하나이며, 집시들에 대한 차별 정책으로 EU의 비판을 받고 있다. 슬로바키아 동부의 헤르마노브체 지방에 있는 이 집시촌은 임시 거주지로서, 해자로 둘러싸여 있으며 사람이 겨우 통과할 정도의 다리로만 연결되어 있다. 헤르마노브체의 마을이 그렇게 부유한 동네는 아니지만, 이 해자는 상대적 편안함과 절대적 빈곤 사이의 사회적 균열을 보여준다.
© Tomasz Tomaszewski/ngs/Getty Images, Inc.

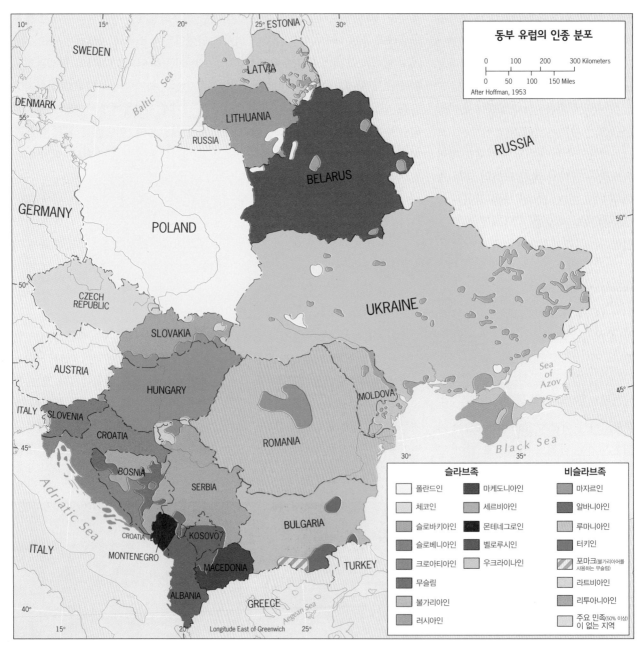

그림 1B-14

© H. J. de Blij, P. O. Muller, and John Wiley & Sons, Inc.

외국인들의 투자로 인해 매우 느리지만 경제 경관이 바뀌고 있다(그림 1B-15). 비록 불가리아의 실상을 보여주는 가난한 농촌지역은 루마니아보다 적긴 하지만 불가리아의 GNI는 루마니아와 비슷하다.

불가리아 역시 일자리를 찾아 많은 사람들이 타국으로 이주하고 있으며,

이런 통제되지 않은 무분별한 노동자 유입으로 인해 자국의 노동시장에 심각한 문제가 나타나고 있는 서부 유럽국가들은 이런 대량 이주를 걱정의 눈초리로 바라보고 있다. 2006년 영국은 루마니아와 불가리아 출신 노동자들의 입국을 강하게 제한시켰는데, 이것은 오래전부터 노동시장을 개방해 온 대표

적인 나라가 영국이기 때문에 사람들을 놀라게 했다. 이것은 이들 두 나라 출신 노동자들의 유입이 증가해 왔지만, 현명한 해결책이 아직 없다는 것을 보여준다.

유럽의 육지 가장자리

유럽에서 동쪽 끝자락 러시아 코앞에

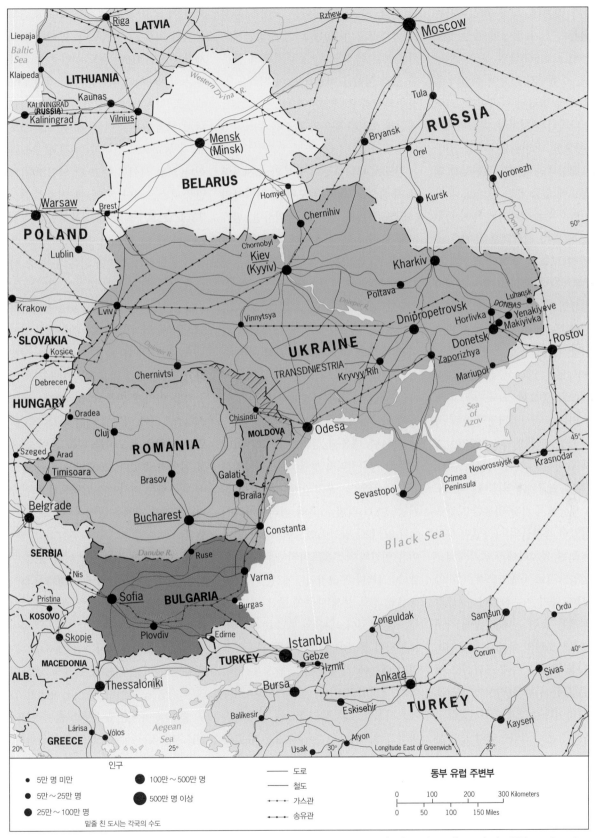

© H. J. de Blij, P. O. Muller, and John Wiley & Sons, Inc.

3개 나라가 있는데, 그중 핵심국가는 **우크라이나**로, 전 유럽에서 가장 영토가 넓다. 인구 4,560만의 우크라이나는 폴란드, 스페인과 더불어 유럽의 주변부에서 가장 발전된 나라이다. 그림 1B-15에 나타나는 것처럼, 우크라이나는 매우 중요한 자리에 위치하고 있다. 러시아의 핵심부와 유럽의 주변부를 연결하는 통로에 있을 뿐만 아니라, 루마니아에서 러시아로 이어지는 흑해 북부 해안의 길목(특히 전략적으로 매우 중요한 크림 반도를 포함해서)에 자리하고 있다. 무엇보다 중요한 것은 러시아 원전에서 유럽으로 가는 원유와 천연가스 송유관이 우크라이나 영토를 통과한다는 점이다.

수도 키에프는 역사적, 문화적 그리고 정치적으로 중요한 도시이다. 우크라이나는 1917년 러시아혁명의 혼란 속에 독립국가를 건설했으나 1922년 소련에 강제 합병된 이후, 1991년 소련 해체 후 다시 독립국가가 되었다. 체르노젬이라는 세상에서 가장 비옥한 토양을 일구며 살았던 농부들의 나라였던 우크라이나는 소련 통치하에서 동부지역은 거대한 산업단지로 바뀌었으며, 러시아인들(17%)이 대거 이주하였다. 우크라이나의 국경은 소련 지배 시절에 바뀌었다. 1954년 소련의 독재자 흐루시초프는 생산성 증대를 위해 크림 반도에 살고 있던 모든 사람들(러시아인도 포함)을 우크라이나로 강제 이주시켰다.

드네프르 강은 우크라이나의 공간 분할을 이해하는 데 좋은 지리적 기준이다(그림 1B-15). 강 서쪽지역은 농업지대, 농촌, 그리고 주로 로마 가톨릭을 믿는 우크라이나 사람들인 데 비해, 남부 반도 쪽과 동쪽은 산업지대, 도시, 그리고 러시아 정교를 믿는 우크라이나 사람들이다. 러시아는 도네츠 분지(돈바스라고 부름)를 핵심 산업단지로 만들려는 목적으로, 동부지역의 풍부한 철과 석탄을 바탕으로 이 지역을 공산주의식 루르 공업지역으로 만들었다. 대신에 소련은 원유와 가스를 우크라이나에 공급했다.

지도에 나타나듯이 동부의 도시지역을 중심으로 집중 분포하는 러시아인(지금도 17%를 차지)을 제외하면, 민족 구성은 여타 동부 유럽에 비해 동질적인 편이다. 우크라이나는 국제 해운항로가 개설되어 있고, 풍부한 천연자원, 대규모 농업 생산 기반, 숙련된 노동력, 그리고 큰 내수시장 등이 형성되어 있어서, 유럽의 미래 성장을 위해 매우 중요한 나라이다. 그러나 정책 실패와 부패는 물론 불안정한 경제와 높은 범죄율에 이르기까지 문제가 많다.

2004년 대통령 선거는 우크라이나 특유의 정치지리적 상황 때문에 국제적 관심을 끌었다. 우크라이나 선거는 친서방(친EU)적인 서부와 친러시아적인 동부의 대결 양상이었으며, 마치 벨벳 이혼 이전의 체코슬로바키아를 보는 듯했다. 그러나 우크라이나에서는 에너지 송유관 경로 문제 때문에 좀 더 복잡한 구도를 보였다. 원유와 가스는 러시아로부터의 공급에 절대적으로 의존하고 있기 때문에 가격과 공급량 모두 러시아가 결정하고 있다. 일부 우크라이나 지도자들은 하루빨리 EU에 편입되길 바라고 있지만, 다른 사람들은 유럽과 러시아 사이의 중간 노선을 선호한다.

우크라이나 옆의 작고 가난한 나라(많은 지표에서 유럽 최빈국으로 분류) **몰도바**는 루마니아의 북동부를 차지하는 한 지역이었으나 1940년 소련에 점령된 이후 몰도바 '소비에트사회주의공화국'이 되었다. 반세기가 지나 소련이 붕괴된 이후 다시 몰도바 '공화국'으로 재탄생했다. 410만 몰도바 인구 중 대부분은 루마니아계 사람들이며, 각각 13% 정도를 차지하는 러시아계와 우크라이나계 사람들은 소련 붕괴 후 드네스트르 강 동쪽으로 건너가 이 강과 우크라이나 국경 사이의 좁고 긴 산업지대(트란스니스트리아 지역)에 거주하면서 '드네스트르공화국'을 선포하였다(그림 1A-11 참조). 하지만 이런 분리주의 운동은 몰도바가 직면한 많은 문제 중 하나에 불과하다. 농업 중심인 경제는 쇠퇴하고 있으며, 실업률이 30%에 육박하고 있어서 국민의 40%는 해외에서 일하고 있다. 밀수와 불법무기밀매가 성행하고 있다. 이런 많은 역경이 몰도바의 국력을 약하게 만들고 있는데다, 트란스니스트리아 지역에 대한 러시아의 은밀한 지원은 몰도바를 더욱 혼란 속으로 몰아가고 있다. 2007년 선출된 몰도바 대통령은 러시아의 압력으로 트란스니스트리아 지역을 합법적 국가로 인정했다.

이 지역의 세 번째 국가이자 유럽 주변부 중의 주변부 지역은 **벨라루스**이다. 러시아에서 유럽으로 가는 에너지 송유관이 지나는 내륙국으로, 악정이 펼쳐지고 있는 독재국가인 벨라루스는 유럽과는 어떤 기능적 관계도 없으며 그럴 전망도 보이지 않는다. 960만 인구 중 80% 이상은 벨라루스계(백러시아인)이며, 러시아계는 11%에 불과하다. 폴란드계 소수민족은 그들에 대한 차별 정책에 불평을 토로하고 있다. 벨라루스는 제2차 세계대전으로 인해 황폐화된 이후, 소련의 위성국 중 가장 친소련적 행보를 이어왔으며, 수도 민스크는 소련에 의해 대규모 산업 거점지역으로 만들어졌다. 하지만 소련이 붕괴된 이후 벨라루스는 낙후 상태를 면치 못하고 있는데, 이는 정부가 공산주의식 통치방식을 유지하고 있기 때문이다.

우크라이나와 달리 벨라루스는 EU 가입에 별 관심을 보이지 않을 뿐만 아니라, 유럽 주변부 지역으로 기능하고 있지도 않다. 오히려 장기집권하고 있는 독재자는 주요 사안들을 러시아와 상의하고 있으며, 공식적인 러시아 연방에 합류되길 원하고 있다.

마지막으로 **터키**는 유럽과 아시아를 연결하는 위치에 자리한 7,700만 인구를 가진 강력한 나라이다. 터키는 서남아시아, 북아프리카와 유럽 남동부에 걸친 넓은 지역을 지배했던 위대한 오스만 제국의 후예이다. 그러나 1920년대 초 오스만 제국을 무너뜨리고 초대 대통령이 된 아타튀르크(Kemal Atatürk)가 세속주의법을 제정하고 친서방 정책을 펼치면서 많은 변화를 겪었다. 터키는 대부분의 국민이 이슬람교를 믿는 국가(국교는 아님)로서 아랍과 이슬람 세계에 상당한 영향을 주고 있을 뿐만 아니라, NATO 회원국으로서 유럽과 오랜 군사동맹을 맺고 있다. 무려 8개 국가와 국경을 접하고 있지만, 흑해와 지중해 사이의 좁은 해협이 터키 관할에 있어서 지정학적으로 매우

중요한 국가이다(그림 1B-15). EU와는 수십 년 동안 공식적 관계를 이어 왔으며, 2005년부터는 공식 가입을 원하고 있다. 그러나 터키는 자격이 충분할까? 독일 다음으로 인구가 많고 잠재적 불안이 있기 때문인지, 미국 주도의 북대서양방위조약(NATO)에 이미 가입돼 있기 때문에 다른 국가들에 비해 EU 가입이 그렇게 간절하지 않기 때문인지는 모르지만, 아무튼 터키의 EU 가입은 유보 상태에 있다. 터키 동부에 거주하는 쿠르드족에 대한 차별과 박해, EU의 경제적 기준을 충족시키지 못하는 터키 정부의 정책들, 그리고 무엇보다 이 문제들이 가까운 미래에도 해결될 기미가 보이지 않는다는 점이 가장 중요한 보류 이유인 것으로 알려져 있다.

40개 국가 6억 명의 인구, 세계에서

가장 높은 소득 수준, 안정된 정치, 경제적으로 통합된 유럽은 냉전 이후의 신세계질서에서 강력한 힘을 가진 권역이 되어 가고 있다. 그러나 유럽의 확장이 지속되고 있음에도 불구하고 분권화와 문화적 갈등이 지역적 문제를 유발하고 있는 등 유럽의 정치지리는 안정적이지 못하다. 유럽은 아직 공통의 목소리를 낼 방안을 찾지 못하고 있으며, 위기 상황에서 공통 행동을 하지 못하고 있다. 중요한 것은 2007년의 EU 확장에도 불구하고 EU는 아직 유럽국가 경제의 2/3밖에 통합하지 못했으며, 더군다나 경제적, 정치적, 문화적 문제로 인해 이런 확장은 앞으로 더 힘들 것이라는 점이다. 유럽은 언제나 혁명적 변화의 땅이었으며, 오늘날에도 여전히 그러하다.

생각거리

- 2009년 스위스는 더 이상의 이슬람 사원 첨탑 건설을 금지하는 투표를 했으며, 2010년 프랑스는 공공장소에서 여성들의 부르카 착용을 금지시키는 것을 고려하고 있다.
- 2010년 이탈리아 남부에서는 반이민법 찬성론자들의 폭력적 시위가 격렬하게 일어났는데, 이 지역은 농업 의존도가 높은 지역으로 세계화와 경쟁시대에 제대로 대처하지 못했다.
- 2010년 스페인의 카탈루냐 자치정부는 투우를 불법으로 규정하였는데, 투우가 국가 스포츠인 스페인을 겨냥한 비난이었다.
- 키프로스의 수도 니코시아는 현재 '유럽의 마지막 분단된 수도'이며 당분간은 더 그 상태로 있을 것으로 보인다.

그리스도 부활 성당으로 상트페테르부르크의
운하 방향에 위치해 있다. © H. J. de Blij

주요 주제

불리한 고위도 환경의 도전과 기회
온난화와 북극에 대한 예측의 변화
다문화적인 인종 모자이크 관리의 복잡성
석유와 천연가스 생산에 관한 새로운 시대의 개막
러시아 민족주의는 근린국가와 어떤 관계를 형성했는가
소련 러시아 이후의 도시 연속성과 변화

개념, 아이디어, 용어

핵심지역	1
기후학	2
대륙성 기후	3
영구동토층	4
툰드라	5
타이가	6
날씨	7
근린국가	8

2A

러시아 : 권역의 설정

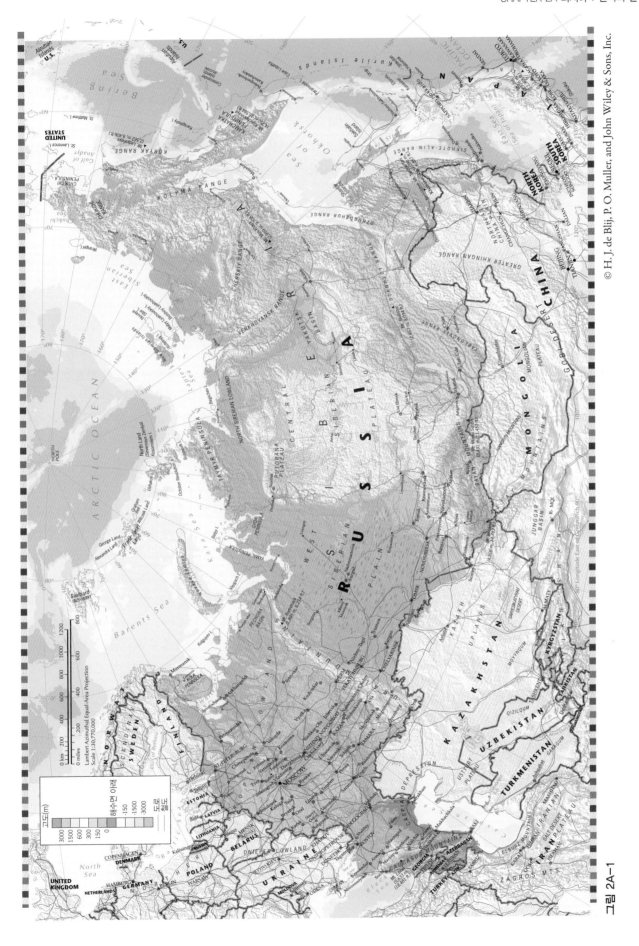

그림 2A-1

모든 지리적 권역은 지배적이고 분명한 형태를 띠고 있다. 유럽은 40개 이상의 국가들이 톱니를 이은 것 같은 퍼즐을 이루고, 남아메리카는 삼각형과 비슷하고, 사하라이남 아프리카는 적도를 중심으로 양옆으로 벌어져 있으며, 동남 아시아는 반도와 수천 개의 섬으로 이루어져 있다. 그러나 러시아의 지리적 권역에서 가장 현저한 특징은 거대한 크기의 영토에 있다. 거의 대부분의 권역은 지방정부가 지배하고 있는 권역으로 구성되어 있다. 러시아는 세계에서 두 번째로 넓은 국가인 캐나다의 거의 두 배이다. 러시아는 이웃하고 있는 유럽의 거의 세 배이다. 태평양에서 발틱 해에 이르기까지 동서로 뻗어 있는 러시아는 11개의 시간대로 나누어진다. 러시아 사람들이 블라디보스토크에서 아침 식사를 할 때, 모스크바에서는 잠자리에 든다.

그림 2A-1은 물론 지구의에서 훨씬 더 잘 보여주듯이, 러시아 북부의 해안선은 서쪽의 핀란드 경계에서 동쪽의 베링 해

주요 지리적 특색

러시아

1. 러시아는 세계에서 가장 영토가 넓은 국가이다. 러시아의 영역은 세계에서 두 번째로 영토가 넓은 캐나다의 거의 두 배이다.

2. 러시아는 세계의 최북단에 위치한 넓고 인구가 많은 국가이다. 그러나 영토의 대부분이 춥거나 건조하다. 규모와 기복이 큰 산지가 따뜻한 아열대성 대기를 차단하며, 북극의 차가운 대기의 영향을 직접적으로 받는다.

3. 러시아는 세계의 주요 식민주의 국가 중의 하나였다. 러시아는 황제의 통치 아래에서 세계에서 가장 크고 연속된 하나의 제국으로 발전하였다. 황제를 계승한 소련의 통치자는 이러한 제국을 확장하였다.

4. 영토가 넓은 것에 비해 러시아의 인구는 1억 4천만 명 이상으로 비교적 적다. 인구는 국토의 1/5에 해당하는 서부지역에 편중되어 있다.

5. 러시아의 개발은 우랄 산맥의 서쪽 지방에 집중되었다. 이곳에 주요 도시가 있고 산업지역을 선도하며, 가장 조밀한 교통망이 갖추어져 있고 가장 생산성이 좋은 농업지역이 있다. 우랄 산맥 동쪽의 국가적인 통합과 경제발달은 주로 좁은 띠의 형태로 확장되어 있다. 이 좁은 띠는 우랄 산맥의 남쪽에서 극동지역 남쪽의 블라디보스토크에 이른다.

6. 러시아는 정치적으로 복잡한 다문화 국가이다. 기본적으로 민족 결합으로 이루어져 있는 21개의 내부 공화국은 정치지리적인 정치체 기능을 한다.

7. 러시아는 영토가 광대함에도 불구하고 유라시아 대륙 내부에 고립되어 있어 유리한 항구가 거의 없다.

8. 러시아와 소련 제국에 속했던 지역들은 공산주의가 붕괴된 이후 재편성되고 있다. 동부 유럽과 중앙아시아의 이슬람 국가들이 러시아 제국의 영역을 잠식하고 있다.

9. 러시아는 소비에트 공산주의 체제의 실패로 경제적 혼란 상태에 빠져들었다. 2A장 및 2B장에서 서술하고 있는 러시아의 장기적인 구성 요소(식량 생산지역, 철도의 연결, 송유관의 연결)들이 공산주의 이후 체제 전환기에 많이 붕괴되었다.

10. 러시아는 오랫동안 천연자원이 풍부했지만, 무기류 이외의 수출품을 만들지 않았다. 러시아산 자동차, 텔레비전, 카메라 등의 소비재는 세계시장에 거의 판매되지 않는다.

협에 이르기까지 북극해에 면해 있으므로, 기후를 예측할 수 있다. 그리고 규모가 거대하여 대부분의 러시아 권역은 고위도에 위치해 있고, 유라시아의 온화하고 다습한 지역으로부터 산맥과 사막으로 막혀 있다. 이러한 조건이 러시아가 지방정부로 존속한 기간 동안 러시아 통치자들과 정부들에게는 지리적 문제가 되었다. 러시아 동쪽의 태평양 연안에 있는 러시아의 항구들은 대부분의 러시아인들이 살고 있는 곳에서 너무 멀리 떨어져 있다. 그리고 러시아의 중심지역이 위치하고 있는 서쪽으로는, 바다의 존재는 어떤 면에서 무기력하다. 북극 쪽의 항구들은 특정 계절에만 운영된다. 발틱 해의 항구들은 개방된 대양으로부터 멀리 떨어져 있다. 흑해의 항구들(일부는 우크라이나로부터 빌림)은 터키를 가로질러 지중해로 나가기 위해 좁은 해협을 통과하는 데 운항 안내를 필요로 한다.

보통의 러시아 사람들과 지도자들이 그들이 살고 있는 땅이 세상으로부터 격리되었다고 인식하는 것은 그리 놀라운 사실도 아니다. 과거 수 세기에 걸쳐, 황제의 군대가 흑해와 카스피 해 중간의 산악지대에 이르는 남쪽으로 진격하여 터키와 이란의 경계에 이르렀다. 20세기에 소련이 중앙아시아의 많은 지역을 지배하게 되었을 때, 러시아는 군사력으로 인도양의 해안에서 500km 이내에 있는 아프가니스탄을 점령하려 했다. 그리고 오늘날 '국제공동체'가 이란 혹은 벨라루스와 같은 주변국에 대한 계획적인 압력과 제재를 수행할 때, 러시아 정부가 이를 무시하는 것처럼 보였는데 지도를 보면 이러한 거대한 정책을 설명할 수 있다. 어떤 국가가 이러한 이웃국가들과 바다 사이에 위치할 때, 어떤 국가의 정치지리적인 선택은 제한적인 경향을 띤다.

러시아의 권역은 넓지만 권역의 넓이에 비해 인구가 많은 것은 아니다. 부록 B의 자료에서 볼 수 있듯이, 전 권역의 인구는 나이지리아 혹은 방글라데시의 인구와 비슷한 1억 6천

만 명 이하인데 그나마 이 인구가 빠르게 감소하고 있다. 여러 이유의 조합으로 보아, 우리가 나중에 조사하겠지만, 소련의 붕괴는 오늘날 인구학적으로 부정적인 영향을 준 정치적, 경제적, 사회적 상태를 만들어 냈다. 러시아의 지도자들이 더 넓어진 세계에서 러시아의 힘과 영광을 복원하고 싶어하는 시기에 이러한 문제가 러시아 내부적 관심 사항의 전면으로 드러나고 있다. 러시아는 이것을 성취하기 위해 사회 제도를 강화하고, 경제를 다각화하고, 소비에트 체제의 붕괴에 따른 신뢰 상실을 복원할 필요가 있을 것이다. 러시아의 지리적 권역은 러시아와 트랜스코카시아의 세 국가 등 4개의 정치체로 구성되어 있다. 러시아는 기본적으로 모든 범위에서 우월성 때문에 기본적 구성 요소가 되고, 트랜스코카시아는 흑해와 카스피 해 사이의 산지에 위치해 있는 그루지야, 아르메니아, 아제르바이잔의 세 개의 작은 국가이다. 이들 세 국가는 작아서 세 국가의 인구를 합해도 러시아 권역 총인구의 10%를 넘는 정도이며, 역사적으로 러시아인과 비러시아인 사이의 격렬한 갈등지대에 놓여 있다.

그림 G-3에서 러시아의 권역을 보면 러시아가 많은 국가들과 이웃하고 있음을 확인할 수 있다. 이 국가들 중에는 과거 소련의 일부였던 곳이었지만 지금은 다른 권역에 흡수된 곳도 있다. 예를 들어, 발틱 해의 국가들은 유럽과 유럽연합의 구성원이 되었다. 한때 모스크바의 지배하에 있었던 카자흐스탄, 우즈베키스탄 같은 중앙아시아의 국가들은 이들 국가 내에서 이슬람이 부활하면서 지금은 분리된 권역이 되었다. 그러나 트랜스코카시아에 있는 세 국가는 모두 (비록 그루지야가 유럽인이라는 열망은 있지만) 유럽인도 아니고(단지 아제르바이잔만이 강한 이슬람적 배경을 가지고 있지만), 이슬람도 아니며(소련 기간 동안 아르메니아가 모스크바의 보호 아래에 있었지만), 러시아인도 아니다. 이들 세 국가가 공통적으로 가지고 있는 것은 여러 형태로 러시아의 지속적인 영향력하에 있다는 것이다. 그루지야는 러시아의 정치적, 경제적, 군사적 개입을 참아내고 있다. 아제르바이잔은 에너지 수출의 러시아 통로 의존을 피해보려는 방법을 모색하고 있다. 아르메니아는 러시아를 가장 의존할 만한 동맹으로 바라보고 있다. 이러한 이유들로 인해 우리가 앞으로 상세히 설명하겠지만, 우리는 이들 국가들을 러시아의 지리적 권역의 일부로 지도에 그렸다.

우리의 첫 번째 과제가 러시아의 지리적 권역이 건설된 것에 대한 자연적 무대에 관하여 더 자세하게 조사해야 하겠지만, 우리는 이러한 권역에 대한 인문지리를 뚜렷한 경계에 의해 정확하게 규정하지 못하고 있다. 그림 G-3을 다시 보면 여러분은 러시아 권역의 경계에서 점이지대라 표시한 두 개의 두드러진 지역을 보게 될 것이다. 그곳에서 이러한 권역의 지리적 모습은 인근국가의 권역에 영향을 남겼고, 때때로 영향을 받은 인근국가들에게 사회적, 정치적 문제를 안겨주었다. 그러나 첫째로 러시아 권역의 자연 경관, 기후, 생태에 대하여 조사해 보겠다.

러시아 권역의 자연 경관

지형지역

러시아 권역의 지형도에서 볼 수 있는 첫 번째 모습은 북극해에서 남쪽의 카자흐스탄에 이르는 남북 방향으로 뻗은 산맥이다(그림 2A-1, 2A-2). 러시아는 이 산맥을 경계로 두 개로 나뉘는데, 서쪽은 러시아 평원, 동쪽은 시베리아이다. 이 산맥은 우랄 산맥으로 때때로 유럽의 '진짜' 동쪽 경계에 해당한다고 표시했지만, 1A 및 1B 장에서 기록했듯이 러시아는 유럽이 아니다. 우랄 동쪽의 문화적 생활은 서쪽과 많이 비슷하고, 사마라(볼가 강 중류에 있는 도시)를 유럽으로 간주하는 것에 대해 지리적으로 변명지는 않지만, 우랄 산맥의 반대편에 위치한 첼랴빈스크(우랄 산맥 동쪽 기슭에 있는 도시)는 유럽에서 벗어나 있다. 둘 다 모두 유럽에 속하지 않고 러시아에 속한다.

러시아 평원

우랄 산맥의 서쪽에 있는 러시아 평원①은 북유럽 저지대가 동쪽으로 연속된 곳으로 러시아의 **1** 핵심지역(core area)이 위치해 있다. 이곳의 중앙에 위치한 수도인 모스크바에서 북쪽으로 가 보라. 그러면 시골의 풍경은 캐나다처럼 침엽수(바늘 잎)림으로 변한다. 수 세기 전, 기마민족이 동쪽에서부터 이 지역까지 휩쓸고 지나갈 때, 이러한 숲은 러시아를 국가로 건설한 사람들을 훌륭하게 보호해 주었다. 러시아의 미시시피에 해당하는 볼가 강은 북쪽의 숲에서 남쪽으로 평원을 지나 큰 활 모양으로 휘어진 형태로 흐른다. 하지만 볼가 강은 미시시피와 달리 내해인 카스피 해로 흐른다. 오늘날 모스크바의 남쪽으로 가 보면 토지는 곡물 경작지와 목초지로 뒤덮여 있다. 동쪽으로 우랄 산맥②은 높지는 않지만 운송에 있어서 큰 장벽을 이루고 있으며, 낮은 기복으로 넓게

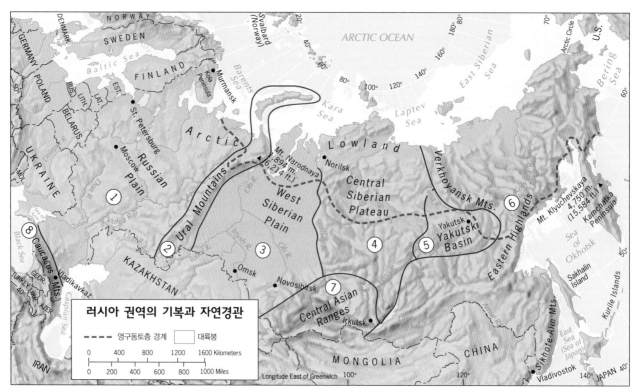

그림 2A-2

© H. J. de Blij, P. O. Muller, and John Wiley & Sons, Inc.

펼쳐져 있는 두드러진 산맥이다.

시베리아

우랄 산맥의 다른 한쪽 면에 해당하는 <u>서부 시베리아 평원③</u>은 종종 세계에서 가장 넓은 파괴되지 않은 저지대로 묘사되는데, 이곳의 하천은 남쪽이 아닌 북쪽으로 흐른다. 오브 강의 유로는 북극해까지 1,600km에 이르는데, 고도 차이가 90m 정도이다. 오브 강은 숲지대를 크게 곡류하면서 매우 추운 북쪽으로 이끼류, 지의류 지대로 흐른다. 동쪽으로 더 진행해 나가면 러시아 서시베리아의 중앙부에 이르는데, 이곳은 거주 가능 지역 중에서 가장 인구 밀도가 낮은 곳 중의 하나로 고도가 높고 기복이 있는 <u>중앙 시베리아 고원④</u>이다. 서부 시베리아 평원과 중앙 시베리아 고원이 만나는 곳에 예니세이 강이 흐른다. 예니세이 강도 북쪽의 북극해로 흐르며 경관의 변화가 나타난다. 동쪽으로 더 가면, 우리는 분지를 설명하기에 적절한 지형(지표의 형상 면에서)으로서의 마지막 흔적을 남기고 있는 레나 강의 유역인 <u>야쿠츠크 분지⑤</u>를 만난다. 이제 우리는 권역의 산지 투성이인 동쪽의 경계에 다다른다(그림 2A-1 참조). 이곳은 도로와 철도가 거의 없고, 터널과 U자형의 계곡으로 구불구불한 길을 지나야 한다. 우

리는 산맥이 집단적으로 마구 얽혀 있는 <u>동부 고지대⑥</u>에 이르는데, 이곳은 경치가 멋있고, 다양하며, 지구상에서 인간 세계와 아직 동떨어진 지대 중의 하나이다.

캄차카와 사할린

극동지역에 이르게 되면 러시아의 권역은 태평양 불의 고리에 접하게 된다(그림 G-5 참조). 시베리아는 활화산이 없고 지진이 매우 드물지만, 캄차카 반도는 이 둘이 모두 활발하다. 이곳은 태평양 불의 고리에서 가장 폭발이 잦은 곳 중의 하나이다. 이곳에는 약 70개의 화산이 있는데, 이들 화산은 활동하고 있거나 잠시 쉬고 있으며, 반도의 등뼈를 형성하고 있다. 이곳은 시베리아와 닮은 점이 없다(기후는 태평양의 물 때문에 온화하며, 식생은 복잡하고, 침엽수림 지대가 없다). 이곳은 지구에서 살아가기에 매우 어려운 곳 중의 하나로, 대표적인 도시 페트로파블로프스크는 바깥 세계와 (바다를 제외하고) 지표면으로 연결이 안 된 곳으로 유명하다. 이곳은 반도에서 바깥으로 나가는 도로가 없다. 페트로파블로프스크의 인구는 과거 (공산주의) 체제가 무너진 이후 빠르게 감소하고 있다.

또한 러시아 권역의 태평양 경계에 사할린이라 불리는 섬

이 있다. 이곳은 화산보다는 지진이 주요 위험 요인이다. 오랫동안 러시아와 일본 간의 각축장이 되었던 사할린은 마침내 제2차 세계대전이 끝난 이후 러시아의 권역이 되었다. 전후 기간에 섬과 주변 해양이 석유와 천연가스의 거대한 매장지로 밝혀졌으며, 이는 러시아의 에너지 수출에 기반한 경제의 중요한 자산이 되었다.

남부의 경계지역

그림 2A-1과 2A-2를 보면 러시아의 동쪽 경계보다 더 많이 산지 지형으로 둘러싸여 있음을 알 수 있다. 유라시아에서 최고의 기복은 동부 고지대와 중앙아시아 산맥⑦이 만나는 남부의 내부 쪽으로 널리 나타난다. 이곳에 지하 1,500m 이상 깊이로 지각의 협곡이 있는 바이칼 호가 있다. 바이칼 호는 이러한 종류의 호수로는 세계에서 가장 깊다. 그리고 카스피 해와 흑해 사이에 지질적으로 유럽 알프스가 확장된 캅카스 산맥이 러시아와 그 너머의 땅 사이에 장벽처럼 솟아 있다. 이 산맥은 러시아가 주변국들과 수 세기에 걸쳐 싸워온 여러 줄기의 장벽에 해당한다. 당신이 캅카스 산맥에 이르게 될 때, 캅카스 산맥은 통과할 수 없어 보이고, 당신은 이 산맥에 오늘날까지 길이 거의 없는 이유를 깨닫게 된다. 러시아의 군대가 캅카스를 가로질러 이 지역을 넘어가는 데 어려움을 겪었다는 것이 명확하다. 오늘날에도 이 산지는 체첸과 잉구셰티야처럼 러시아 정부에 저항하는 반정부 운동가들을 숨겨주는 은신처의 땅이 되고 있다. 그리고 이 영토 너머에는 (캅카스 남쪽으로) 쉽지 않은 목표물이 있다. 인근의 터키와 이란에 걸쳐 높은 기복이 여러 면에서 압도하고 있다.

가혹한 환경

러시아의 역사지리는 슬라브 팽창의 역사이다. 이 팽창은 인구가 조밀한 서부 중심지역에서 유라시아 대륙 내부를 지나 동쪽에 이르며, 남부의 산맥과 사막에 걸쳐 있다. 이러한 동쪽 지향의 행진은 광대한 거리와 거친 자연 조건의 제약을 받았다. 러시아는 지구상에서 가장 북쪽에 있는 인구가 많은 국가로서, 북극에서 맹렬히 불어오는 공기에 대한 자연적 장벽이 없다. 모스크바는 캐나다의 에드먼턴보다 북쪽에 있고, 상트페테르부르크는 북위 60°에 있는데, 이는 그린란드의 남쪽 끝부분의 위도에 해당한다. 대부분의 러시아에서 겨울은 길고, 어둡고, 매우 춥다. 여름은 짧고, 생장기가 제한된다. 시베리아 변경의 거주지들은 대부분 춥고, 눈이 많으며, 굶

시베리아 연방지구에 속한 옴스크 지역의 이르티시 강 연안에 자리 잡은 타라 마을은 현대화의 증거를 거의 보여주지 않는다. 여기에서는 황제 통치 기간에 지은 목조 주택과 불안정한 창고를 맑은 여름날에 볼 수 있으며, 이는 러시아 최남단에 있는 행정단위의 하나일 뿐이다(그림 2B-3). 이곳은 혹독한 시베리아의 겨울에 노출되어 있고, 강이 얼어붙으면 그 위를 걸어서 곡류하는 곳 언덕에 자리 잡은 주거지로 갈 수 있다. 짧은 경작 기간에 봄밀과 기타 빨리 익는 작물을 재배할 수 있고, 규모가 작은 농장의 주거지가 단조로운 경관에 점처럼 나타난다. © Jon Arnold Images Ltd/Alamy

주린 운명이었다.

이런 면에서 러시아의 과거, 현재, 그리고 미래의 **2** 기후학(climatology)을 살펴보는 것이 유용하다. 지리학 분야는 지표면의 기후 상태의 분포와 이러한 공간적 배열을 만드는 과정을 연구한다. 지구상의 대기는 태양으로부터 받은 열에너지를 보관한다. 그러나 이러한 온실효과는 공간과 시간에 따라 다르다. 서론에서 다룬 것처럼, 오늘날의 러시아는 온난한 홀로세가 시작할 때까지 빙하에 갇혀 있었다. 그러나 오늘날 인간 활동으로 증가된 자연적 온난기가 진행되었지만, 러시아는 아직도 심한 추위와 가뭄을 겪고 있다.

연강수량은 최근에 서부 러시아조차도 '적당한'에서 '최소한'으로 걸쳐 있다. 이는 북대서양에서 유럽을 거쳐온 따뜻하고, 다습한 공기가 러시아에 이르게 될 때 기온과 습도가 내려가기 때문이다. 그림 G-7, 1A-2, 2A-3은 그 결과를 나타낸다. 러시아의 **3** 대륙성 기후(climatic continantality, 온화하고 다습한 해양의 영향에서 멀리 떨어진 대륙 내부의 기후 환경)는 지배적인 Dfb와 Dfc 조건으로 나타난다. 러시아와 북아메리카(그림 G-7)의 지도를 비교해 보자. 여러분이 알다시피, 흑해에서 떨어진 지역을 제외하고, 러시아의 기후 조건은 미국의 북부 중서부 및 캐나다와 유사하다. 러시아의 기후는 러시아 북부 전 지역에 걸쳐, 지구상에서 가장 추운 E 기후 지역에 해당한다. 이러한 북극권은 자연 환경을 지배하

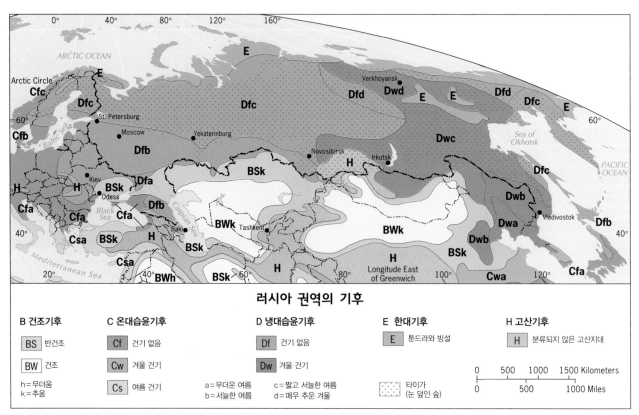

그림 2A-3

© H. J. de Blij, P. O. Muller, and John Wiley & Sons, Inc.

는 극기단의 형성지이다.

러시아 권역의 가혹한 북부기후는 사람, 동물, 식물, 토양에 영향을 준다. 그림 2A-2에서 당신은 그림 2A-3에서 보았던 직접적인 결과를 발견할 수 있다. 그림 2A-3에는 바렌츠 해에서 시작해서 동쪽으로 시베리아를 가로질러 캄차카 반도의 목 부분에 해당하는 태평양의 해안에 이르기까지의 파란 실선이 있다. 이 선의 북쪽으로 가혹한 기후 자체보다는 지표수가 영구히 얼어 있기 때문에 취락과 기반시설의 건설에 강력한 장해물로 작용하고 있다. 이것이 이른바 **4 영구동토층**(permafrost)이며(예 : 알래스카처럼) 고위도라는 환경의 영향을 받았음을 나타낸다. 영구동토층이 끝나는 곳에는 계절적인 기온의 변화로 인해 녹고 얼기를 반복하여 건물, 도로, 철로, 파이프라인 등을 파괴시킨다.

그림 2A-3을 자세하게 조사해 보면, 툰드라와 타이가라는 2개의 생소한 단어를 보게 될 것이다. **5 툰드라**(Tundra)는 지도에서 보여주듯이 기후와 식생 둘 다 의미한다. 지도에 E로 표시한 파란색 부분은 러시아와 북극 부근으로 매우 춥고 얼음의 영향을 받는 환경지대이다. 이곳은 혹한이 나타나며, 나무가 자라지 못하고, 바람에 노출되어 있다. 또, 맨땅

으로 드러나 있고 암석지대이며 이끼, 선태식물, 키가 작은 잔디와 내한성의 관목이 약간 있다. **6 타이가**(Taiga)는 지도에 점을 찍은 곳으로, 러시아어로 '눈 덮인 숲'(혹은 북풍의 숲)을 의미하며, 북아메리카와 마찬가지로 유라시아의 광대한 지역에 펼쳐져 있다. 그리고 (솔방울이 있는) 침엽수림이 지배적이다. 지도에서 보듯이 타이가의 남쪽으로는 상대적으로 온화한 환경으로 침엽수와 활엽수의 혼합림이 나타난다. 타이가는 스칸디나비아 북부에서 러시아의 극동에 이르기까지 지배적인데 이러한 식생은 시베리아와 가장 관련이 깊다. 이곳은 끝없이 광활한 시골 풍경이 집중적으로 주름지어 나타나는 상록의 소나무 지대이다.

기후와 사람

사람들은 이 권역 내에서 **기후**와 **7 기상**(weather)(이 둘 간에는 차이가 있는데 기후는 장기간의 평균이며, 기상은 주어진 장소와 시간에서 현재의 대기 상태를 나타냄)에 지속적으로 도전해 왔다. 살을 에는 듯한 북극의 차가운 바람은 시베리아의 블리자드로 대지를 휩쓸고 지나가며, 기온은 극단적이며, 강수량은 변동이 심하고, 이 권역에서 훨씬 더 온화한

서쪽 부분에서는 식물이 자라는 기간은 짧다. 이러한 이유로 이곳은 경작이 어려웠다. 황제의 통치 기간에 기근에 대한 위협은 줄지 않았고, 모스크바가 제국의 수도로서 이 권역보다 훨씬 넓었고, 제국의 비러시아 부문은 러시아가 필요로 하는 식량의 주산지에 불과했다. 집단농장화나 관개사업과 같은 방법으로 농업을 재건설하려는 엄청난 노력에도 불구하고 러시아는 곡물을 종종 수입해야만 했다.

서론에서 언급했듯이, 이 책을 통하여 시간에 대해 반복적으로 살펴볼 것이다. 우리의 행성이 훨씬 도시화되고 경제가 더 세계화되었음에도, 인류의 농업에 대한 장기간의 의존은 인구 분포도에 잘 새겨져 있다. 러시아 권역의 기후를 연구하면서, 우리는 인구 분포 지도(그림 2A-4)가 보여주는 것을 이해할 수 있다. 권역의 약 1억 6천만 명 인구의 대다수는 서부와 서남부에 집중 분포하는데, 이곳의 환경 조건은 사람들에게 농업이 주요 생업이었던 시기에 가장 적합했다. 동쪽으로는 인구 분포가 희박하고 권역의 남쪽 언저리를 따라 띄엄띄엄 모여 있는 경향이 강한데, 바이칼 동쪽으로는 훨씬 더 희박하게 분포한다. 만약 도시나 마을에 사는 이 권역 인구의 거의 3/4을 고려한다면, 특히 혹한의 북쪽 위도에서 광대하게 이어진 텅 빈 시골이 어떠할지를 상상하는 것이 어렵지 않을 것이다.

그림 2A-3에서 보여준 것처럼 러시아의 북동부에 있는 시베리아는 춥고 건조하기까지 하다. 그 북쪽에는 나무가 없고 바람에 노출된 툰드라 기후가 나타나며, 그 위로는 북극 얼음이 있다. 그렇지만 다소 온화한 조건이 지배적인 곳(온화하다는 것은 북동 러시아와 시베리아에서 상대적인 개념임)은 타이가라 불리는 침엽수림 지대가 지표면을 덮고 있다. 또 북방의(냉량한 기온) 숲(boreal forests)이라 불리며, 항상 녹색인 바늘잎의 소나무와 전나무 식생이 밀집한 넓은 지대는 유라시아 북부와 북아메리카 북부에 걸쳐 분포한다. 공중에서 바라본 이 모습은 나무들이 얼마나 밀집해 있는지를 보여준다. 이 나무들은 천천히 자라지만 오래 산다. 지구상의 초창기 숲 상태로 살아남은 것 중의 하나로서, 세계의 타이가 숲 대부분은 개발의 위협으로부터 거리가 먼 곳에 있어서 보호되어 남아 있지만 이제는 벌목의 위협에 직면해 있다. 최근의 연구에서 고위도에서의 기후 변화에 따라 북쪽으로 숲이 확대되는 속도가 벌목으로 감소되는 숲보다 더 확장된다는 것을 알려주고 있다. 이는 기후 변화에 따른 뉴스로는 아주 드문 경우이다. © Arcticphoto/Alamy

기후 변화와 북극에 대한 전망

고위도 권역에 대해 모든 지도가 보여주듯이 북부의 해안은 북극해의 극쪽을 향한 면으로 전적으로 놓여 있다. 북극해로 이어진 기다란 해안선이 장점이 되는 것만은 아니다. 이는 북극해의 대부분이 1년 내내 얼어 있고, 단지 북대서양 해류로 인해 약간 온화한 무르만스크와 아르한겔스크는 항구를 유지할 수 있기 때문이다. 러시아가 대양으로의 접근이 더 쉬운 방법이 있었더라면, 이러한 항구들(발트 해의 한 부분인 핀란드 만에 있는 상트페테르부르크를 포함하여)은 결코 발달하지 못했을 것이다. 우리가 언급했듯이 이러한 점이 이 국가의 역사적 장해물 중의 하나가 되고 있다.

이제 자연이 러시아에게는 도움의 손이 된 것처럼 보인다. 대부분의 기후학자들이 예상하기를 지구온난화로 오랜 기간에 걸쳐 북극해의 얼음이 광대한 지역에서 녹으면, 녹은 물이 이 권역의 미래에 있어서 새롭고 다른 역할을 하게 될 것이다. 더 온화해진 대기 조건으로 그림 2A-2에 표시된 영구 동토층 지역이 줄어들게 될 것이다. 더 습윤한 공기덩어리는

러시아 평원의 농업을 향상시킬 것이고, 더 따뜻해진 물은 북극의 항구들이 1년 내내 열리도록 할 것이며, 일명 러시아 해상 통로로 불리는 베링 해협과 북해 사이를 열게 하여 수천 킬로미터의 국제 해상로를 단축시키고 새로운 무역의 시대가 열릴 것이다.

이것은 많은 러시아 사람들이 지구온난화를 어떻게 바라보고 있는지에 대해 알 수 있게 해준다. 즉, 지구온난화로 오랫동안 거부해 왔던 자연이 앞으로는 잠재적인 이익으로 작용할 것이다. 그리고 실제로 북극은 이러한 온난화로 빠른 속도로 녹는 그린란드 빙산, 북극해 영구빙의 평균 크기 축소, 빙산 발생의 감소 등과 같은 증거를 많이 제공하고 있다. 러시의 경제 계획자들은 북극해 연안의 수심이 얕은 곳의 바닷물을 살펴보고(그림 2A-1에서 흰색과 하늘색 선 참조), 이 바닷물 아래에 매장된 석유와 천연가스를 채굴할 수 있기를 바라고 있다.

이러한 개발은 러시아의 지리적 권역을 더 멀리 북극까지 확장시키는 데 영향을 준다. 우리가 언급했듯이 우리가 마지막 장에서 자세하게 설명할 극지방에 대하여 토론할 때, 북

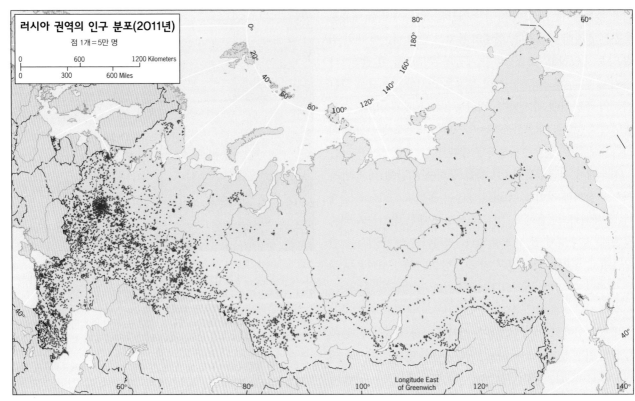

그림 2A-4

극의 해안선에 면한 국가들은 연안의 바다뿐만 아니라 대양 바다 아래에 있는 자원에 이르기까지 어떤 배타적인 권리를 요구할 것이다. 이들 나라들은 그들의 이익 때문에 해안에서 가능한 멀리, 심지어는 (해상으로) 수백 마일 바깥으로 이러한 권리를 확장할 것이다. 2007년에 러시아 정부는 북극해 영구빙의 아래에 있는 북극점의 해저에 금속으로 만든 러시아 국기를 설치했는데, 이는 이러한 의도를 상징적으로 보여 준다. 러시아의 북쪽 경계에 대한 지도가 변하고 있다.

위험에 처한 생태계

만약 컴퓨터 모델링이 예상하듯이, (특히) 극에 해당하는 위도에서조차도 지구온난화가 지속되고 가속화된다면, 생태적으로 민감한 환경은 심각하게 영향을 받을 것이다. 인간을 포함한 동물은 지배적인 기후 조건에 오랫동안 적응해 왔고, 이러한 적응이 환경 변화로 심각하게 무너지기도 했다. 종과 종 사이, 이들을 둘러싼 환경, 그리고 또 다른 한편에서는 그들 종 내에서의 복잡한 관계망이 기온 변화로 빠르게 손상받을 수 있다. 북극곰이 대표적인 예 중의 하나이다. 북극곰은 사냥은 물론 새끼를 기를 때에 거대한 유빙에 의존한다. 빙

산이 감소하고 바다 쪽으로 더 길게 내밀고 있을 때, 북극곰은 새끼를 기르는 기간에 더 먼 거리를 헤엄쳐 가야 하므로, 어른 곰으로 성장하는 새끼들이 줄게 된다. 만약 얼음이 녹는 북극의 여름이 해안선에서 가까운 연안에까지 이르면, 북극곰은 우리가 살아 있는 시기에 멸종될 가능성이 있다. 빠른 생태계 변화는 바다표범, 조류, 어류, 다른 북극의 개체를 위험에 빠뜨릴 것이다.

이러한 변화들은 인구에도 영향을 준다. 예컨대 (과거에는 에스키모라 불렸던) 이누이트 사회는 (비록 러시아 권역은 아니지만) 북극 영역의 일부분에서 예전부터 가혹한 환경에 적응하여 전통적인 생활방식으로 살아가고 있다. 이미 현대국가에 대한 비협조성에 기인한 정치적 및 경제적 힘에 압력을 받고 있는 이들의 전통은 수천 년 동안 발전시켜 온 그들의 생활방식을 바꾸거나 혹은 파괴시킬 환경 변화에 더 많은 영향을 받을 것이다.

그리고 만약 석유와 천연가스 채굴의 새로운 시대가 열리고 채굴이 더 많이 열리게 된다면, 연안환경은 더 큰 위험에 직면할 것이다. 이러한 자원에 도달하는 회수 기술로 인해 석유 시추선, 천공기, 펌프, 파이프라인 등이 더 많이 보이게 될

것이며, 석유 유출, 오염, 교란의 위험은 물론 우리가 저위도 지역에서 보아온 여러 종류의 손실이 나타날 것이다.

러시아 권역의 민족

비록 지리적 권역의 러시아 지배에 대해 이렇게 이름 붙이는 것은 정당하다. 이것은 문화적으로 인종적으로 다양한 세계의 일부이며, 이들의 전통과 관습은 인근 권역에 퍼져 있다. 러시아인은 아직까지 다수를 형성하고 있다. 그러나 (단순히 경계를 따라서가 아니라) 이 권역의 넓은 지역은 비러시아 사람들의 본고장이다. 그림 2A-5에서 보듯이, 러시아 권역은 핀란드인, 터키인, 아르메니아인, 수십 개의 다른 '국적'을 포함하고 있지만, 이러한 축척의 지도로는 인종적 모자이크의 복잡성을 모두 반영할 수 없다. 여기에 하나의 예가 있다. 남서쪽으로 카스피 해에 면한 곳에 현대 러시아의 일부분으로 작은 '공화국'인 다제스탄이 있다. 이곳은 미국 메인 주의 절반 정도 크기이며 인구는 280만 명인데 30개의 인종적 '국적'을 가진 사람들이 그들의 언어를 사용하며, 그들 대부분은 캅카스, 터키, 이란 언어에서 변형된 언어를 사용하고 있다.

러시아인과 다른 민족

지도에서 보듯이, 집합적으로 러시아인으로 알려진 슬라브 사람들은 인구적으로 다수를 형성할 뿐만 아니라 가장 넓게 분포한다. 비록 러시아 평원이 러시아 연방의 핵심지역이고 역사적으로 중심지였지만, 러시아인의 정착지는 북극해의 연안에서 흑해 연안까지, 핀란드 만의 상트페테르부르크에서 동쪽의 블라디보스토크까지 확장되었다. 비연속적인 핵 (nuclei)과 리본 형태의 러시아인 정착지는 시베리아를 가로질러 흩어져 분포하며, 그림 2A-4에서 보여주었듯이, 러시아인과 비러시아인의 인구는 권역의 남쪽에 집중해 있는 경향이 나타난다.

그러나 러시아인은 단지 슬라브인만은 아니다. 수천 년 전에, 많은 인종 집단이 유럽에서 서로 싸울 때, 초기의 슬라브인들의 원래 본고장은 카르파티아 산맥의 북쪽에 위치한 북유럽 평원이었다. 이후 이 슬라브인들은 본고장에서 안정과 안전을 이룩한 후에 점차 동쪽으로는 현재 러시아로 불리는 곳, 서쪽과 남서쪽으로는 다뉴브 계곡과 그 너머로 확장하였다. 우리가 1A와 1B장에서 언급했듯이 세르비아인, 슬로바키아인, 체첸인은 물론이며, 그 외에 폴란드인, 우크라이나

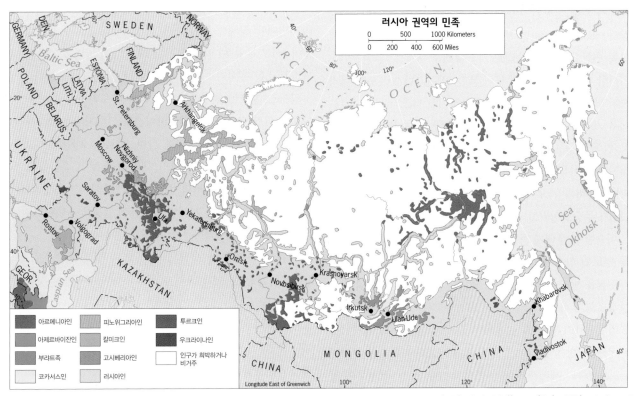

그림 2A-5

© H. J. de Blij, P. O. Muller, and John Wiley & Sons, Inc.

인, 벨라루스인 등 이들 모두가 슬라브인들이다. 오늘날 당신은 후손들이 말하는 슬라브어에서 먼 과거의 증거를 분별해 낼 수 있다. 이것은 수 세기에 걸쳐 달라졌지만 아직도 많은 부분에서 공통점이 있다.

결국 오늘날의 우크라이나는 또 하나의 슬라브의 성공 이야기에 대한 하나의 무대가 되었다. 작지만 잘 지켜낸 연합국(각각은 러스로 불림)으로 성립하여, 이곳으로부터 우리가 나중에 집중해 볼 지리적 무용담 속에서 거대한 러시아 연합이 전개되었다. 그러나 그 시기에 수많은 다른 민족이 러시아 영역으로 이주해 왔고, 멀리 떨어져 있던 몽골에서 러스 사람들을 짓밟은 침입자들이 유입되었다. 그림 2A-5는 이러한 침입과(가장 최근에 있었던 제2차 세계대전 기간 중에 나치의 습격과 같은) 공격에 대한 부분적인 기록들이 남아 있다.

복잡한 문화적 모자이크

초기에 러시아 연합으로 강화되었을 때에도 흑해와 카스피해 사이의 캅카스 산맥의 회랑지대에 비러시아 사람들이 포함되어 있었다. 그루지야인, 아르메니아인, 아제르인, 그리고 다른 많은 사람들이 이 지역(앞서 언급했던 다제스탄은 단지 하나의 작은 부분에 해당)에 다양한 국적으로 실톱 모양의 퍼즐을 형성하고 있다. 서기 약 1,400년 이후에 오스만 제국에 의해 전파된 이슬람은 이곳에서 북쪽으로 밀고 올라갔다. 그리고 1,500년 무렵에도 이슬람 선도자들은 흑해의 북쪽 연안을 따라서 슬라브 사람들에게 도전을 지속하였다. 이러한 진출과 침략의 유물이 문화 지도(그림 2A-5)에 아직까지 남아 있다. 터키 사람들이 확장시킨 니즈니 노브고로드에서 카자흐스탄의 경계에 이르는 반달 모양 지역(붉은색으로 칠해진)을 보면, 그 증거의 일부분을 알 수 있다. 오늘날 러시아는 서유럽국가들보다 이슬람 인구 비율이 더 높게 나타난다. 비록 자료가 정확하지는 않지만 러시아 주민의 약 12%가 무슬림이라고 합의하고 있다.

이슬람이 무대에 등장하기 오래전에 슬라브 사람들은 그들 영토의 한쪽 끝에서 다른 쪽에 이르기까지 동방정교회의 가르침을 받아들였고, 러시아 권역 내에서 러시아 교회는 동방정교회의 유력한 기관이 되었다. 이것은 공산주의 혁명이 승리했던 1917년까지 지속되어 왔지만, 공산주의 혁명가들은 러시아 황제에 의한 통치를 끝내고 교회의 폐지를 시작했다. 공산주의 체제가 붕괴될 때까지 70년 동안, 무신론이 공식적인 정책이었다. 1990년대 초 이후, 구속받지 않는 국가주의자와 인종적 선전기관이 참석하면서 러시아 정교회는 활발하게 재건되었다. 공산주의 붕괴 이후 패트리아크 알렉세이시 2세(Patriarch Alexy II)는 그의 연설에서 정교회 믿음과 '슬라브의 영혼'은 하나이며 같은 것이므로, 믿음은 영적인 것이고 슬라브 영혼의 문화적 기초라고 종종 주장하였다. 이슬람, 불교, 그리고 다른 비기독교 기반 등이 증가하는 이질적인 사회에서 이러한 교조주의 주장은 미래에 걱정스러운 영향을 준다.

가까운 곳과 먼 곳의 도시

황제가 러시아를 통치할 때, 사람들은 도시나 소도시보다 농촌의 마을과 홀로 떨어져 있는 가옥에서 더 많이 살았다. 이것은 황제가 유지하고자 해서 이루어진 방식은 아니지만, 황제의 정책들(사회적, 경제적, 기타)은 사람들을 도시로 유인하는 변화를 차단하고 기회를 방해하였다. 표트르 대제의 통치하에서도, 그는 도시화된 서부 유럽을 열망했고 상트페테르부르크를 더 넓은 세계에서 빛나는 러시아의 창을 만들고자 했지만, 도시화는 러시아가 유럽보다 훨씬 뒤처져 있었다. 오늘날 러시아의 도시화 수준(73%)과 서부 유럽의 도시화 수준(84%)을 비교해 보라. 이러한 대비는 지속되고 있다. 그림 1A-5는 산업혁명이 이 권역에서 뒤늦게 이루어졌으며, 1920년대에 황제의 뒤를 이은 혁명적인 공산주의자 조직가들이 (서부 유럽을) 따라 잡기 위해 막대한 노력을 기울일 때까지 이러한 충격이 느리게 진행되었음을 상기시켜 준다.

캅카스 지역에 형성된 3개의 국가는 도시화 수준이 러시아보다 훨씬 더 낮다. 아제르바이잔과 그루지야는 50%가 약간 넘는 사람들이 도시지역에 살며, 아르메니아는 도시화가 매우 지체되어 있다.(부록 B의 자료 표를 보고 숫자들을 동아시아 혹은 남아메리카와 비교해서 말해 보자.) 이곳에서는 러시아의 영향을 받은 20세기에 농촌의 전통에서 벗어나려는 움직이나 변화를 자극하는 것이 거의 없었다.

그럼에도 불구하고 도시들이 크기별로 지도화(그림 2A-6)되었을 때, 이 권역의 지역지리에 대하여 많은 것을 알려준다. 압도적인 모스크바와 북부 해안의 상트페테르부르크는 러시아 중심지역에 자리 잡고 있다. 노브고로드, 카잔, 예카테린부르크와 같은 역사적으로 중심도시들은 러시아의 역사지리에 중요한 사건들을 담고 있다. 볼가 강을 끼고 있는 도시들은 제정 이후 국가의 변화에 대한 선봉을 맡았다.

리본 모양의 도시와 소도시들은 동쪽으로 얇게 분포한다. 이곳에는 우리가 공산주의 소련의 공업에 관련되거나 나치의 침입에 저항한 영웅적인 저항에 관한 도시 이름들이 있는데, 옴스크, 크라스노야르스크, 그리고 냉기를 유발하는 노보시비르스크 등이 그 예이다. 러시아의 극동지역에서 블라디보스토크는 소련의 해군력과 최근의 러시아의 무관심을 상징한다. 캄차카 반도에서 수만 명의 사람이 한때는 소련의 전진 기지로 총애받던 페테로파블로프스크를 떠나고 있고, 지금은 모스크바에 의해 버려지고 있다.

캅카스 지역에서의 3개의 선도적인 도시(각 공화국의 수도에 해당)는 모두 단순하고 압도적인 쟁점을 말해 준다. 즉, 아제르바이잔의 바쿠에서는 석유와 석유의 수출 통로, 그루지야에서는 러시아와의 갈등, 아르메니아의 예레반은 바다와 단절되었다는 약점이 있다. 우리는 세계도시로서의 런던, 역사적 중심지로서의 로마, 경제연합의 상징으로서의 브뤼셀 등을 간주하지 않고 유럽의 지역지리를 이해할 수 없듯이, 우리는 러시아 권역의 주요 도시와 인간의 영웅담 속에서의 이들 도시의 역할에 대해 정리해야만 한다.

점이지대의 권역

서론에서 언급했던 권역과 지역은 계속 변하고 있다. 30년 전 그 당시의 현대 러시아는 모스크바의 통치를 받고, 14개의 소비에트사회주의공화국과 러시아가 혼합된 제국의 중심에 있었다(그림 2A-7). 이러한 연속되고 본질적으로 식민제국이었던 소련은 통합되고 중앙집중적 계획경제를 창조해 냈던 러시아 파견자들과 지방의 협력자들이 국토를 관리하고 경제 성장의 가이드라인을 제시했다. 다른 식민지에 대한 영향력의 경우처럼 수백만 명의 러시아인이 본고장을 떠나 소비에트의 목적을 진전시키고 새로운 이상적이고 물질적인 세상을 도모하기 위해서 이러한 장소에 해당하는 에스토니아, 라트비아, 우크라이나, 카자흐스탄 등으로 이주하였다. 이들은 도시와 마을, 댐과 관개체계를 건설했고, 협동농장과 운송망을 설계했으며, 소비에트의 지리적 권역에 사회주의 이념에 기반한 것들을 수립하였다. 소비에트의 지리적 권역은 안정되고 안전해 보였고, 이 영향은 동유럽과 아시아의 경계를 넘어 멀리 퍼져나갔다.

1991년 소련이 붕괴되었을 때 그 소속체들은 갑자기 독립국이 되었지만, 이것이 러시아의 영향력 혹은 러시아의 실존이 동시에 끝났다는 것을 의미하지 않는다. 러시아 국적의 수백만 명의 사람들이 예전에 머물렀던 소비에트사회주의공화국(SSRs)에서 돌아왔다. 이 사람들은 러시아인이 대다수를 이루는 지역(예 : 동부 우크라이나, 북부 카자흐스탄)에 살았고, 그리고 그곳에서 소비에트 이후의 생활은 모스크바의 통치 기간과 크게 달라진 것이 없었다. 그러나 과거 SSRs에 머물러 있던 러시아인들은 다양한 방식으로 탄압을 받았고, 종

툴라는 인구가 50만 명이며 모스크바 남쪽으로 약 150km에 위치해 있다. 툴라는 서부 러시아의 전형적인 도시 중심부이다. 툴라의 오늘날 도시 경관은 소비에트 이전의 역사적 건물과 우중충한 소비에트 시기의 가옥, 흩어져 분포하는 소비에트 이후의 고층의 단일 가족 가옥이 혼합되어 있다. 사진은 도시 농부들이 제한된 농경지와 생육기가 짧은 교외에서 생활하는 일반적인 모습이다. 특별히 탐스러운 싱싱한 생산물은 친구들이나 이웃들과 다른 구하기 어려운 물품으로 바꾸는 물물교환에 널리 이용된다. 도시 내 토지의 비옥한 소구역에서 이루어지는 비공식 농업은 1991년부터 농촌에서 도시로 인구를 재배치함에 따라 증가하고 있다. 이곳에서 이들은 도시 사회에의 동화가 느려 영양을 보충하기 위해 식량을 생산하고 보존하는 기술들을 갖춰야 했고, 향후에도 빈약한 소득이 지속되었다.
© MauroGalligani/Contrasto/ReduxPictures

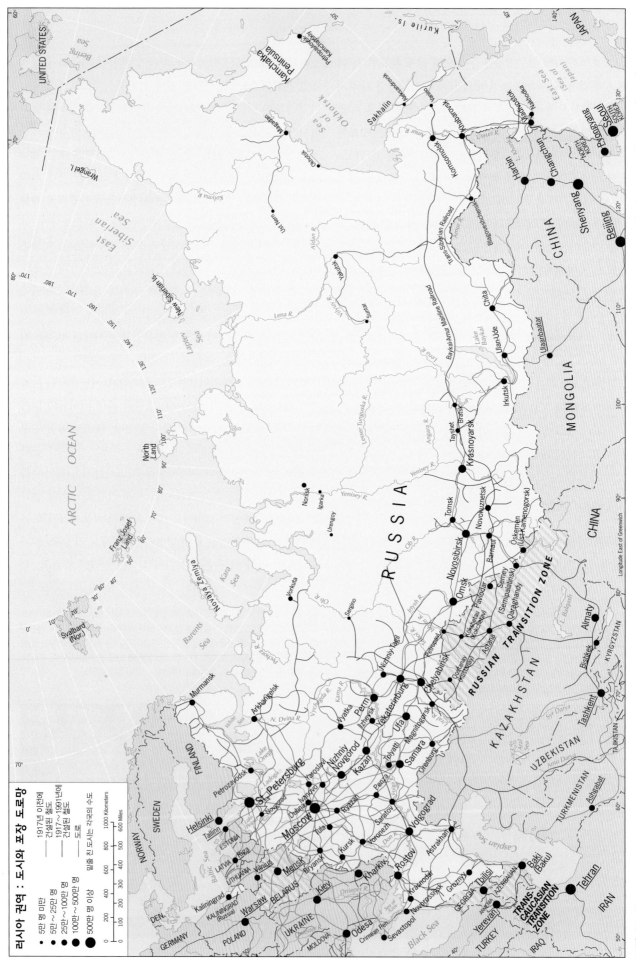

러시아 권역 : 도시와 포장 도로망

· 5만 명 미만
● 5만~25만 명
● 25만~100만 명
● 100만~500만 명
● 500만 명 이상

밑줄 친 도시는 각국의 수도

―― 1917년 이전에 건설된 철도
―― 1917~1991년에 건설된 철도
―― 도로

0   200   400   600   800   1000 Kilometers
0   100   200   300   400   500   600 Miles

UNITED STATES

ARCTIC OCEAN

Bering Sea

Wrangel I.

Svalbard (Nor.)

Franz Josef Land

Novaya Zemlya

Kara Sea

Barents Sea

North Land

Laptev Sea

New Siberian Is.

East Siberian Sea

Kamchatka Peninsula

Sea of Okhotsk

Kurile Is.

JAPAN

Sea of Japan (East Sea)

RUSSIA

MONGOLIA

CHINA

NORTH KOREA

SOUTH KOREA

KAZAKHSTAN

RUSSIAN TRANSITION ZONE

UZBEKISTAN

TURKMENISTAN

KYRGYZSTAN

TAJIKISTAN

IRAN

TRANS-CAUCASIAN TRANSITION ZONE

GEORGIA

ARMENIA

AZERBAIJAN

TURKEY

IRAQ

UKRAINE

BELARUS

MOLDOVA

POLAND

GERMANY

DEN.

NORWAY

SWEDEN

FINLAND

ESTONIA

LATVIA

LITHUANIA

Murmansk
Arkhangelsk
Vorkuta
Norilsk
Igarka
Urengoy
Surgut
Ust-Ilim
Yakutsk
Vilyuysk
Magadan
Petropavlovsk-Kamchatskiy
Aleksandrovsk
Vanino
Sakhalin
Komsomolsk
Khabarovsk
Vladivostok
Nakhodka
Pyongyang
Seoul
Harbin
Changchun
Shenyang
Beijing
Ulaanbaatar
Ulan-Ude
Chita
Irkutsk
Bratsk
Tayshet
Krasnoyarsk
Tomsk
Novosibirsk
Novokuznetsk
Barnaul
Semey (Semipalatinsk)
Öskemen (Ust-Kamenogorsk)
Almaty
Bishkek
Tashkent
Ashgabat
Samey
Qostanay (Kustanay)
Kökshetau (Kokchetau)
Pavlodar
Astana
Qaraghandy
Aral Sea
Syr Darya
Amu Darya
L. Balqash
Omsk
Petropavl
Chelyabinsk
Yekaterinburg
Nizhniy Tagil
Ufa
Magnitogorsk
Orenburg
Perm
Izhevsk
Vyatka
Kazan
Tolyatti
Samara
Penza
Saratov
Volgograd
Astrakhan
Caspian Sea
Baki (Baku)
Tehran
Tbilisi
Yerevan
Grozny
Krasnodar
Novorossiysk
Rostov
Voronezh
Kursk
Bryansk
Kharkiv
Kiev
Odesa
Sevastopol
Crimean Pen.
Black Sea
Sea of Azov
Don R.
Dnieper R.
Dniester R.
Volgograd
Minsk
Vilnius
Kaliningrad (Russia)
Warsaw
Riga
Tallinn
Helsinki
St. Petersburg
Lake Ladoga
Lake Onega
Petrozavodsk
Novgorod
Ivanovo
Yaroslavl
Moscow
Dubna
Tula
Ryazan
White Sea
N. Dvina R.
Vychegda R.
Kama R.
Ob R.
Irtysh R.
Yenisey R.
Ob R.
Lesser Tunguska R.
Lena R.
Angara R.
Lake Baykal
Amur R.
Ussuri R.
Selenga R.
Lena R.
Aldan R.
Vilyuy R.
Kolyma R.
Baykal-Amur Mainline Railroad
Trans-Siberian Railroad

Longitude East of Greenwich

종 모스크바에 도움을 호소하였다. 그러므로 러시아의 '근린국가'라는 개념은 러시아인의 낙담이라는 것을 알 수 있다. 러시아의 지도자와 일반인의 관심에도 불구하고 러시아의 경계를 넘어서서, **8** 근린국가(Near Abroad)는 러시아의 활동 영향력 범위에 대한 지리적 용어(geographic shorthand)가 되었으며, 이곳에서 문제가 발생했을 때 모스크바는 그들의 동족을 도와주었다. 지도에서 이것에 대한 가장 생생한 사례는 북부 카자흐스탄에 위치한 일명 러시아 점이지대인데(그림 2A-6), 이곳은 소비에트 기간에 인근에 있는 러시아의 세력 범위에 강하게 통합되었다.(대축척 지도도 비슷하게 나타나지만 에스토니아, 라트비아, 몰도바, 기타 여러 지역에서 러시아인 집단촌이 더 줄어들었다.)

게다가 소비에트 기간은 예전의 서부 식민제국에서 발생했던 것처럼 소수민족에 대한 쟁점을 만들어 냈다. 모스크바의 통치 동안에 일부의 지역 소수민족들은 다른 사람들이 저항할 때 공산주의 지도자에게 협력하였다. 체첸 사람들처럼 어떤 이들은 저항에 대한 대가를 톡톡히 치렀다. 이들은 캅카스 지역에 있던 고향에서 중앙아시아로 즉각적으로 쫓겨났다. 남오세티아인과 같이 다른 민족들은 협력의 대가로 이익을 누렸다. 남오세티아인들은 그루지야 정부의 통치 아래에서 독립하는 것보다는 소비에트의 통치가 지속되기를 원했을 것이다. 소비에트의 분열 이후 이러한 소수민족들은 근린국가에서 모스크바에 대한 또 하나의 이해관계를 형성하였다. 남오세티아의 경우, 2008년에 러시아는 이러한 소수민족을 위해 근린국가에서 첫 번째 군사적 개입을 통한 실제적인 전쟁을 하였다.

그러므로 러시아의 지리적 권역의 경계들은 점이적인 장소이면서도 완전히 다른 곳이다. 2B장에서 살펴보겠지만, 지도에 나타난 다른 지역에서도 더 진전된 적응에 대한 가능성이 있다.

그림 2A-7

© H. J. de Blij, P. O. Muller, and John Wiley & Sons, Inc.

권역의 자원

러시아 권역은 영토가 거대하므로 천연자원이 방대하고 다양하다는 사실이 놀라운 것은 아니다. 러시아인들은 오늘날 북극해 해저에서 에너지 자원이 발견되고 채굴될 에너지 자원에 대하여 흥분하였다. 하지만 러시아 권역은 권역을 가로지르며 곳곳에서 증가하는 생산지 숫자로부터 이미 석유와 천연가스의 중요한 생산국이자 수출국이다. 이들 생산지는 서쪽에 해당하는 북부 캅카스에서 동쪽에 해당하는 사할린 섬에 이르기까지, 북쪽에 해당하는 서시베리아에서 남쪽에 해당하는 카스피 분지에 이르기까지 분포한다(그림 2A-8). 게다가 석유와 천연가스는 이 권역의 지하에 풍부하게 매장되어 있다. 현대 산업이 존재하는 한 모든 가공하지 않은 원료가 필요한데, 이러한 많은 종류의 광물이 이 권역 안에 매장되어 있다. 석유와 천연가스가 유일한 에너지 자원만은 아니다. 주요한 석탄 매장지가 우랄의 동쪽 및 서쪽, 시베리아 내부는 물론 더 남쪽의 위도지역에서 발견되었다.(고품질 석탄을 생산하는 광산이 시베리아 횡단 철도의 회랑을 따라서 열

지어 있는 것은 러시아의 산업 발달과 나치 독일에 저항하여 성공할 수 있었던 원천이 되었다.) 거대한 규모의 철광석 매장지도 역시 이 광대한 권역에 넓게 흩어져 분포한다. 즉, 철광석은 우크라이나와의 경계 부근에 있는 일명 쿠르스크 마그네틱 아노말리(Kursk Magnetic Anomaly)라고 불리는 곳에서 북극해의 콜라 반도에 이르기까지 넓게 분포한다. 그리고 다른 금속에 대해 살펴보면, 이 권역에는 금에서 납, 백금에서 아연에 이르기까지 모든 혹은 거의 모든 종류가 매장되어 있다. 게다가 비철금속의 세계 최대 집산지 중의 하나가 우랄 산맥 주변에 분포하는데, 이곳에서 러시아의 야금 산업이 출현했다.

그리고 거기에는 훨씬 더 많은 자원이 있을 것이다. 거대한 권역은 아직 완벽하게 탐사된 것이 아니다. 특히 그림 2A-2에서 ⑥번으로 표시된 지역의 잠재성이 지구적인 한계에서 매우 중요하다. 2B장에서 살펴보겠지만, 항상 원광석을 찾고 있는 비교적 가까운 곳의 일본은 일본이 새로운 매장지를 찾고 개발하도록 러시아를 오랫동안 설득해 오고 있다. 그러나 정치적 장해물이 이러한 제안을 늦춰 왔다. 아마도 언

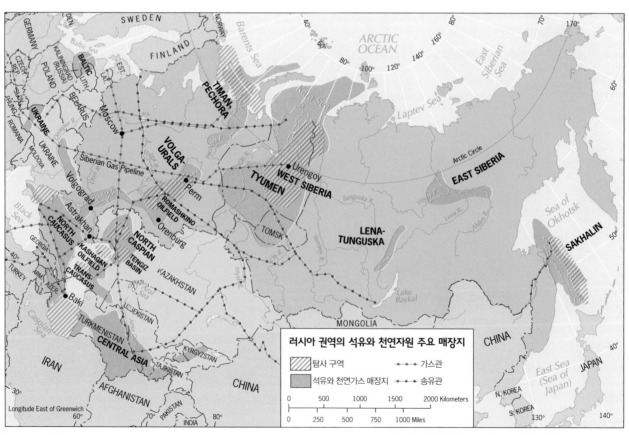

그림 2A-8

© H. J. de Blij, P. O. Muller, and John Wiley & Sons, Inc.

젠가는 이러한 시기가 올 것이다.

이러한 물질적 자산이 주어졌기 때문에, 이 권역이 공업 생산과 경제적 다양화의 최전선에 있었다는 사실을 쉽게 상상할 수 있다. 하지만 우리가 살펴보겠지만 원료의 이용도는 단지 이러한 발전의 한 부분에 불과하다. 당신은 거의 일상 용품에서 중국산이나 일본산 제품을 사는 것을 좋아한다. 그러나 당신은 러시아산 공업 제품이라면 거의 가진 것이 없을 것이다. 이것이 2B장과 관련된 이야기의 일부이다.

생각거리 ?

- 이 광대한 권역에서 아주 필요했던 고속열차 여행은 개발이 느리게 진행되어 왔다. 2010년에 첫 번째 노선이 수도인 모스크바와 선도적인 항구이자 제2위 도시인 상트페테르부르크 간에 개통되었다.
- 지구온난화는 승리자와 패배자를 양산했는데, 러시아인들은 그들 자신을 잠재적 승리자로 간주한다. 이는 시베리아의 가혹한 환경이 온화해지고 북극해의 얼음이 줄어들어 바닷길과 잠겨 있던 에너지 매장지를 열어주기 때문이다.
- 비록 이 권역의 인구가 전체적으로 감소해 왔지만, 가장 남쪽(캅카스) 3개국은 지속적으로 증가하고 있다.
- 미국지리학회의 유명한 '세계지도(Atlas of the World)'에서는 이 권역의 서쪽 부분은 지리적으로 유럽의 일부지만 동쪽 부분은 유럽의 일부가 아니라고 제시하고 있다.

모스크바의 심장부로 붉은 광장에 인접한 앞쪽에(오른쪽) 크렘린궁이 있다. © Travelwide/Alamy

주요 주제

소비에트 제국의 통치 이전, 진행, 그리고 그 이후의 러시아 식민지들
연방제 통치법을 통한 소비에트 이후의 실험
러시아는 거리와 고립에 어떻게 대응했는가
러시아는 중국, 일본, 그리고 한반도와 어디에서 만나는가
모스크바와 테러리즘의 도전
트랜스코카시아에서의 갈등

개념, 사고, 용어

2 B

러시아 : 권역의 각 지역

러시아의 핵심지역
동부의 변경지역
시베리아
러시아의 극동지역
트랜스코카시아: 러시아의 외부 변경지역

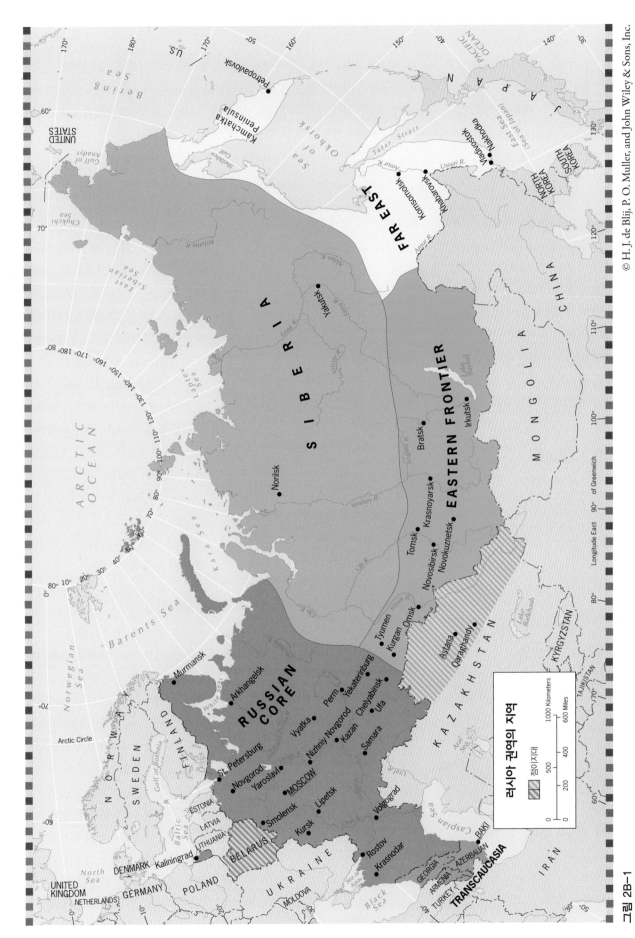

© H. J. de Blij, P. O. Muller, and John Wiley & Sons, Inc.

그림 2B-1

러시아 권역의 지역

점이지대

0   200   400   600 Miles

0   500   1000 Kilometers

RUSSIAN CORE

SIBERIA

EASTERN FRONTIER

FAR EAST

ARCTIC OCEAN

UNITED STATES

Bering Sea

Sea of Okhotsk

Kamchatka Peninsula

Petropavlovsk

Chukchi Sea

East Siberian Sea

Gulf of Anadyr

Shelikhov Gulf

Tatar Strait

Amur R.

Vladivostok

Nakhodka

East Sea (Sea of Japan)

J A P A N

NORTH KOREA

SOUTH KOREA

Khabarovsk

Komsomolsk

Ussuri R.

Amur R.

C H I N A

M O N G O L I A

Lake Baykal

Irkutsk

Bratsk

Krasnoyarsk

Novokuznetsk

Novosibirsk

Tomsk

Omsk

Kurgan

Tyumen

Yakutsk

Lena R.

Vilyuy R.

Aldan R.

Kolyma R.

Indigirka R.

Yana R.

Laptev Sea

Kara Sea

Norilsk

Yenisey R.

Ob R.

Angara R.

Irtysh R.

K A Z A K H S T A N

Astana

Qaraghandy

Lake Balkhash

KYRGYZSTAN

TAJIKISTAN

TURKMENISTAN

Aral Sea

Ural R.

Caspian Sea

BAKI

AZERBAIJAN

ARMENIA

GEORGIA

TRANSCAUCASIA

TURKEY

IRAN

Black Sea

Sea of Azov

Don R.

Volga R.

Krasnodar

Rostov

Volgograd

Samara

Ufa

Chelyabinsk

Yekaterinburg

Perm

Kazan

Nizhniy Novgorod

Vyatka

Lipetsk

Kursk

Smolensk

MOSCOW

Yaroslavl

Novgorod

St. Petersburg

Arkhangelsk

Murmansk

White Sea

Barents Sea

Norwegian Sea

Gulf of Bothnia

Baltic Sea

N O R W A Y

S W E D E N

FINLAND

ESTONIA

LATVIA

LITHUANIA

Kaliningrad

BELARUS

UKRAINE

MOLDOVA

POLAND

GERMANY

DENMARK

NETHERLANDS

UNITED KINGDOM

North Sea

RUSSIA

U.S.

PACIFIC OCEAN

Arctic Circle

Longitude East 90° of Greenwich

2B-1

러시아는 다른 나라들과 달리 지리적 권역에 대해 그 이름을 당당하게 호령하고자 한다. 그리고 2A장에서 언급했듯이, 서쪽의 에스토니아에서 동쪽의 몽골에 이르기까지 인근 권역의 일부를 형성하는 국가들에게 러시아의 역사적 영향력이 계속 미치고 있다. 가장 분명한 러시아 권역의 지역화는 (1) 힘센 러시아, (2) 3개의 상대적으로 작은 트랜스코카시아 공화국, (3) 벨라루스(러시아와 유럽 사이)와 카자흐스탄(러시아와 서남아시아)에 가장 생생하게 정의될 수 있는 점이지대로 나눌 수 있다.

그러나 러시아 자체는 거대하고 다양하며, 그리고 자연지리 지도(그림 2A-2)에서 보여주듯이, 시베리아조차도 하위 지역의 구성 요소들이 있다. 그러므로 이른바 첫 번째 순위 지역, 즉 수많은 하위지역이 포함되는 넓은 지역을 각 권역으로 인식하는 것으로 간단하게 한정해 보자. 우리가 검토해 볼 5개의 지역 중 4개는 러시아 내에 있다(그림 2B-1).

1. 러시아의 핵심지역
2. 동부의 변경지역
3. 시베리아
4. 러시아의 극동지역

그리고 단 한 개의 지역이 러시아 연합의 바깥에 있다.

5. 트랜스코카시아

환경(기후, 지형, 식생, 그리고 다른 요소들 등의 유형)은 러시아가 광대한 권역에 압도적인 영향력을 전개한 방식에 큰 영향을 주었다. 지도를 더 잘 이해하기 위해서 결국에는 러시아의 영향력을 러시아 평원, 심지어는 북아메카의 서부까지 미치도록 한 지지자들과 통치자들에 대하여 러시아의 역사를 간략하게 추적해 보자. 러시아인들이 알래스카를 식민화하고, 오늘날 샌프란시스코 북쪽에서 멀지 않은 캘리포니아에 도달하여 요새를 세웠다는 것에 많은 미국인들이 깜짝 놀라고 있다. 그러므로 러시아의 전개 과정에 대해 먼저 공간과 시간적으로 집중해 보자.

러시아인의 뿌리

1,000년 전, 인종적 근원과 문화적 배경이 서로 다른 많은 유라시아 사람들이 새롭고 안전한 고향을 찾아 타이가(침엽수의 눈 덮인 숲) 남쪽의 평원을 가로질러 이주하고 있었다. 스키타이인, 사르마티아인, 고트족, 훈족과 그 외의 부족들은 이곳으로 왔으며, 서로 싸우고, 정착하고, 흡수되거나 추방되었다. 결국에는 이 거친 무대에 상대적으로 늦게 들어온 슬라브족이 오늘날의 우크라이나, 흑해의 북부, 우리가 러시아 평원으로 정의했던 지형적 지역의 남서부 모퉁이 지역에 정착지를 건설했다(그림 2A-2).

여기에서 슬라브 사람들은 비옥한 토양, 상대적으로 온화한 기후, 여러 장점이 있는 물리적인 경관(드니에퍼 강과 지류들, 숲이 자리잡고 있음), 기회(상대적으로 기복이 작고 정착지들 간에 접촉이 쉬움)들이 있다는 것을 발견했다. 슬라브족은 이러한 정착지를 '러스(Rus)'라는 이름으로 사용했고, 가장 크고 가장 성공적인 초기의 러스들 중의 하나가 현대 우크라이나의 수도인 키예프에 자리 잡았다. 이것이 많은 '러시아인'들이 오늘날 독립을 꿈꾸지 못하는 이유 중의 하나이다. 즉, 이것이 결국은 유럽에 기원을 둔 우크라이나의 역사적 심장지대이다. 그리고 이러한 남쪽의 근거지에서 슬라브족들은 그들의 영역을 러시아 분지로 확장했고, 일멘 호에 있는 노브고로드에 그들의 북부 본거지를 건설했다(그림 2A-1). 이러한 북부의 러스는 발트 해에 위치한 한자동맹도시(Hanseatic)와 흑해 및 지중해의 무역 중심지 사이에서 교역에 따른 이익을 얻을 수 있는 좋은 위치에 자리 잡았다. 11세기와 12세기 동안 키에반 러스(Kievan Rus)와 노브고로드 러스(Novgorod Rus)가 북부의 삼림지대와 남부의 스텝(반건조의 초원지대)에 걸쳐 크게 번영하기 위한 국가를 형성하기 위해 서로 통합하였다.

몽골의 침입

번영은 주의를 집중시킨다. 러스들에 대한 지식은 멀리 그리고 넓게 퍼져나갔다. 동쪽으로 멀리 떨어진, 중국의 북쪽에, 또 하나의 성공적인 국가가 건설되었다. 바로 징기스칸 휘하의 몽골 사람들의 제국이다. 이 전설적인 통치자는 유목민, 타타르족으로 알려진 터키계 언어를 사용하는 사람들을 통치하에 두었다. 몽골-타타르 연합 군대는 말을 타고 서쪽으로 진격하여 러스들의 영역으로 침범하여 슬라브의 영향력에 도전하였다. 지리학은 이들의 초기 성공과 관련이 깊다. 남부 러시아 평원의 탁트인 초원에서 러스족들은 빠르게 돌격하

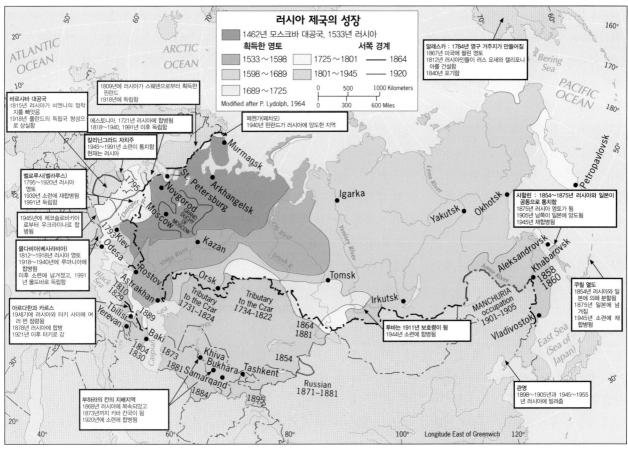

그림 2B-2

© H. J. de Blij, P. O. Muller, and John Wiley & Sons, Inc.

는 몽골 군대에 노출된 채 였고, 13세기 중반에 이르러 키에반 러스는 몰락하였다. 슬라브 피난민들은 북부의 삼림지대로 도망쳐 갔고, 이곳에서 그들은 새로 건설한 러스들에서 그들의 적을 맞이해야 한다는 것을 알았다. 숲이라는 환경이 그들의 동맹이었다. 몽골의 전술은 열린 평원에서는 효과적이었지만 숲에서는 아니었다. 잇따른 승리가 이곳에서는 아니었으며 오히려 고립되었다. 타타르족은 위협하고 포위 공격을 시도했지만 철저하게 이기지 못했다. 그래서 숲에 기반을 둔 러스들의 지도자들은 몽골-타타르 침입자들에게 그들이 홀로 남아 있는 대가로 공물을 지불했다.

이러한 러스 중의 하나가 모스크바였

다. 모스크바는 모스크바 강의 숲 깊은 곳에 있었으며, 거대한 제국의 수도가 될 운명이었다. 방어에 유리한 장소이며 동떨어진 위치로 인해, 모스크바의 지도자들은 더 안전한 노브고로드와 성장하고 번영하는 도시를 연결하는 교역망 수립을 시작하였다. 모스크바의 성장하는 힘과 영향력에 대해 걱정이 되자 몽골족은 이를 공격했지만 격퇴당했고, 모스크바는 러스들 중에서도 선도하는 러스로 등장하였고, 이러한 운명은 확실해졌다. 몽골-타타르의 진격은 본질적으로 실패했다.

계속 진행하기에 앞서 우리는 잔인한 지리적 발전에 관해 언급해야만 한다. 몽골족과 타타르족이 함께 싸웠지만, 슬라브-러시아인의 심장지역을 정

복하는 데 실패한 것은 현재까지 지켜온 문화적이고 지리적인 중요성에 있다. 비록 대부분의 몽골족은 모스크바에 대한 14세기 내내 실패할 공격을 하였지만 많은 타타르족은 그 시기에 볼가 강 분지, 크림 반도, 기타 작은 분지와 같은 슬라브/러시아인의 중심부 주변에 남아 있었다. 이곳에서 그들은 흑해로 이동해 왔고, 크리스트교 슬라브족과 과거의 적 사이에서 새로운 종류의 부분을 형성하는 이슬람의 물결로 전환하였다.

모스크바 대공국 : 대공과 황제

우리가 언급했듯이, 14세기에 '모스크바 대공국'은 왕자 혹은 공작이라 불리는 지도자들의 통치를 받았고, 러스들

중에서 독보적으로 일어났다. 그리고 타타르족이 잇따라 패배하면서 러시아인의 지휘에 대하여 자신이 하나의 후보자에 불과한 다른 러스들의 통치자들을 복속하였다. 이것은 모스크바의 교역 연결을 발트 해에서 흑해 연안까지 확대시켰다. 모스크바의 콘스탄티노플에 있는 동방정교회 지도부와의 종교적 연결은 (모스크바) 내부에서 약간의 심각한 투쟁에도 불구하고 모스크바의 역할을 안정화시키는 데 도움이 되었다. 그러나 15세기 중반부터 3세기 이상 동안 강력하고 종종 포악한 러시아인 통치자들은 러시아의 역사지리에서 러시아, 유라시아, 그리고 세계로 확장하는 모습을 지도에 새겨 넣었다(그림 2B-2).

러시아 역사지리에서 유명하지는 않지만 거대한 영향을 준 러시아 통치자들의 역할을 무시해서는 안 된다. 이반 대제(Ivan the Great, 1462~1505년에 통치)로 알려진 이반 3세는 러시아 연합이 분명하게 드러나도록 필요한 것을 수행하였다. 그는 과거 숲속 중심부의 러스뿐만 아니라, 멀고 넓게 퍼져 있는 슬라브 사람들, 그리고 몽골족의 침략으로 멀리 떠돌아 다녀야 했던 민족(예 : 키에반 러스들)을 포함하고, 벨라루스와 리투아니아 같은 모스크바의 지배하에 있지 않았던 민족 등에 대하여 모스크바의 우월적 지배를 견고히 하였다. 공포의 통치자 이반(Ivan the Terrible)으로 악명이 높고 러시아의 첫 번째 황제로 언급되는 이반 4세가 통치했던 16세기에 모스크바 대공국은 강력한 군사력과 제국적 연합체가 되었다. 그는 모스크바 제국을 확장시켰다. 즉, 그는 카잔의 이슬람 (타타르) 칸의 영토를 정복하고, 아스트라한을 합병하고, 수백 개의 이슬람 성전을 파괴하고, 수를 헤아릴 수 없을 정도로 많은 무슬림을 처형했다.

또한 발트 해에 있는 오늘날의 에스토니아와 라트비아를 지배하려 했고, 그 결과 스웨덴과 폴란드를 전쟁으로 몰아넣었다. 그 이후 크림 반도에 기반을 둔 무슬림 타타르족은 모스크바에 의해 모든 방법을 동원하여 보복을 받았고, 대부분의 도시가 불에 탔다. 이반 4세의 통치는 거의 계속되는 전쟁의 시기였으며, 그는 공포의 통치 때문에 악명을 얻었다. 공포의 통치는 그가 군사적 원칙, 중앙집권적 행정 통제, 많은 귀족 구성원들에 대한 보복 등을 수행하도록 제정한 것들을 말한다.

코사크족

이러한 사건들이 러시아의 발전하는 핵심지역에서 펼쳐졌지만, 우랄 산맥을 넘어 제국의 확장에 대한 기반이 마련되고 있었고, 이는 코사크족이라 불리는 비교적 소수집단의 반유목민들에 의

 답사 노트

© H. J. de Blij

"상트페테르부르크의 도시는 물론 주위의 교외지역은 러시아 황제의 건축적, 예술적 사치스러움을 보여준다. 황제는 이러한 외곽 지구(도심에서 약간 떨어진 곳)에 많은 궁전을 지었다. 그중에서도 캐서린궁은 1717년에 시작하여 1723년에 완공되었는데, 그 동안 몇 번의 확장을 했으며, 특별하게 웅대하다. 1994년 내가 처음 방문했을 때, 제2차 세계대전 중 독일군이 궁전의 일부를 파괴하여 궁전에서 떨어져 나온 파편들이 쌓여 있었다. 복도에 있는 흑백 사진들은 나치가 무슨 일을 저질렀는지, 공산주의 시기, 공산주의 이후의 시기에 이루어진 수리의 과정을 연대적으로 보여주고 있다. 2000년에 다시 방문했을 때, 장엄한 외곽(왼쪽)에 조각을 한 장식과 '금빛의 옷'이라 불리는 내부의 방을 통해 그 조각 장식의 풍부함을 드러냈다. 그중에서 무도장(오른쪽)은 높이에 있어서 18세기 러시아 바로크의 좋은 예가 된다."

해 주도되었다. 코사크족의 본고장은 오늘날의 우크라이나이다. 16세기 초반부터 기회주의자들과 개척자들은 동쪽의 변방에서 주로 모피를 취급하여 재산을 축적하였다. 17세기 중반에 이르러 그들은 태평양 연안에 도달하였다. 가는 길마다 타타르족을 격퇴하고 강을 따라서 성채(ostrogs, 전략적으로 요새화된 중심지)를 건설하여 획득물을 견고히 지켰다. 동쪽으로의 영토 확장(그림 2B-2)이 중단된 1812년 이전에, 러시아인들은 베링 해협을 건너 알래스카와 오늘날의 캘리포니아 북부인 북아메리카의 서부 연안까지 진출하였다.

표트르 대제

표트르 대제가 황제가 되었을 때 (1682~1725년 통치), 모스크바는 이미 거대한 제국의 중심부에 놓여 있었다. 이는 최소한 영토에 대한 통제를 행할 수 있다는 의미였다. 이슬람의 위협이 끝났고 타타르족을 패배시켰다. 러시아 정교의 영향으로 독특한 종교적 건축물과 강력한 주교가 등장했다.

　표트르는 러시아의 생산성을 향상시켰고 근대화를 추진하였으며, 엉성했던 국가를 유럽 양식으로 변화시키고자 하였다. 그는 **1** **국경 부근의 전방수도(for-ward capital)**로 스웨덴의 영역 안에 있었던 핀란드 가까이에 상트페테르부르크를 건설하였고, 이곳에 주요 군사시설을 갖추어 요새화하였으며 러시아의 주요 항구로 발전시켰다.

　비범한 지도자였던 표트르 대제는 다양한 측면에서 볼 때 현대 러시아의 설립자였다. 그는 러시아를 개조하기 위한 열망으로 내부의 삼림지대에서 서부의 해안으로 국토의 무게 중심을 옮겼으며, 외부의 영향을 위해 개방을 하고,

인구를 재배치하는 등 온갖 수단을 다 썼다. 뛰어난 상인 가족들을 다른 도시에서 상트페테르부르크로 강제 이주시켰다. 도시로 들어가는 배나 짐마차는 입장 요금으로 석재(다듬은 돌)를 가지고 가야 했다. 황제는 러시아가 육지뿐만 아니라 바다에서도 힘이 강해야 함을 간파하고 네덜란드의 유명한 조선소에서 가장 효율적으로 배를 만드는 방법을 알기 위해 노동자가 되어 그곳에서 일을 했다. 그동안에도 영토 정복에 대한 황제의 영향력은 계속되었다. 러시아는 서방과 연결하는 관문인 에스토니아를 1721년에 합병하였고, 톰스크 남쪽으로 두드러지게 팽창하였다(그림 2B-2).

예카테리나 2세

1760에서 1796년까지 통치한 예카테리나 2세 시기에 러시아 제국은 흑해 지역에서 오스만투르크를 희생시키며 성장했다. 크림 반도의 항구도시인 오데사와 흑해의 북부 근해 전부는 러시아의 통제하에 들어갔다. 역시 이 시기 동안 러시아인의 숙명적인 움직임이 있었다. 러시아인들은 흑해와 카스피 해 사이를 통과해 지나갔다. 산악지대의 코카서스인들은 수많은 인종과 문화집단이 있었는데, 이들 대부분은 이슬람화되어 있었다. 러시아인들은 아제르바이잔과 아르메니아에 있는 트빌리시(지금의 그루지야), 아제르바이잔이 있는 바키(바쿠), 예레반(아르메니아)을 획득했다. 하지만 인도양을 향해 뻗어나간 러시아인들은 페르시아(지금의 이란)에서 영향력을 행사한 영국과 터키에 의해 제지당했다.

　그동안에 러시아 식민지 개척자들은 1784년에 그들 최초의 아메리카 개척지

인 알래스카의 코디액(섬)에 들어섰다. 그들은 남쪽을 향해 이동하면서 토착세력에 대비하여 그들의 빈약한 점유지를 지키기 위해 수많은 요새를 세웠다. 마침내 그들은 운명적인 해인 1812년에 남쪽 샌프란시스코 만까지 도착했고 로스 요새를 세웠다.

　예카테리나 2세는 러시아를 식민지시대에 강력한 나라로 만들었지만, 북아메리카의 식민지를 포기했다. 초기 개척자들을 끌어들였던 해달 가죽이 고갈되어 갔고, 유럽인들과 아메리카 백인 사냥꾼들이 이 이익을 나눠 가졌으며, 아메리카 토착민의 저항은 커져만 갔다. 1867년에 윌리엄 미 국무장관은 러시아 정부의 신속한 동의하에 러시아의 알래스카를 720만 달러에 구입했다. 그래서 알래스카는 물론 러시아가 보유했던 좁고 길게 연결된 지역이 마침내 미국의 영토가 되었으며, 1959년에는 미국의 49번째 주가 되었다.

러시아 제국

비록 러시아가 북아메리카에서 물러났지만 러시아의 확장 정책은 19세기에 유라시아에서 계속되었다. 그들의 제국이 남쪽을 향해 팽창하면서 러시아인들은 역시 서쪽의 오래된 적인 폴란드를 점령했고 수도 바르샤바를 포함해서 오늘날 폴란드의 대부분을 획득하는 데 성공했다. 러시아는 1809년에 북서부의 스웨덴으로부터 핀란드를 접수했다.

이슬람 아시아의 관통

19세기 내내 러시아인들은 표트르 대제의 통제에 들어온 타슈켄트와 사마르칸트에 정신이 팔려 있었다(그림 2B-2). 이곳은 카스피 해와 중국 서부 사이의 중앙아시아에 있다. 러시아인들은 유목

민의 공격에 괴롭힘을 당했다. 이들 유목민 세력은 중앙아시아 스텝 지역을 넘어서 남쪽을 향해 뻗어 있는 높은 산 가장자리까지 영향력을 미쳤다. 그래서 유목민의 침투에 의해 러시아는 많은 이슬람교도가 생겼다. 제정시대에 이 사람들은 약간의 자치권을 가지고 있었다.

중국 및 일본과의 대치

러시아는 일본의 팽창주의 연합과 중국의 영향력 쇠퇴로 인해 아무르 강의 동쪽에 있던 중국의 몇몇 성(省)을 합병했다. 이후 1860년, 태평양과 접해 있는 블라디보스토크에 항구를 건설하였다.

영토 확장을 위한 러시아의 세력을 처음으로 멈추게 한 사건들이 시작되었다. 그림 2B-1을 보면, 서부 러시아에서 블라디보스토크 항구까지 가장 직접적인 길은 만주라는 중국 영토의 북동쪽을 가로질러 지나는 것이었다. 러시아인들은 1892년에 시베리아 철도를 만들기 시작했고, 그들은 만주를 지나가는 철로를 만드는 것을 중국이 허락하기를 원했다. 그러나 중국인들은 허락하지 않았다. 그래서 러시아인은 1900년에 중국 의화단 사건을 틈타 철로 건설을 계속하기 위해 강제로 만주를 점령했다.

그러나 이 지역에 대한 일본인의 관심으로 인해 1904~1905년에 일본이 러시아에 들이닥치면서 러일전쟁이 발발했다. 러시아는 전쟁에 패했을 뿐만 아니라 만주지역에서 쫓겨났다. 일본은 카라푸토라고 불리는 사할린 섬 남부지방까지 점령했고 이곳을 1945년까지 지배했다.

식민지시대의 유산

러시아도 영국, 프랑스, 다른 힘 있는 유럽국가들처럼 **2** 식민주의(colonial-ism)를 통해 팽창하였다. 유럽국가들이 바다를 건너 팽창한 것에 비해 러시아는 중앙아시아, 시베리아, 중국, 그리고 극동의 태평양 연안지대까지 육로로 이동하며 팽창하였다. 합병된 곳들은 대단한 제국은 아니었지만, 세계에서 가장 넓은 영토를 가진 제국이 되었다. 일본과의 전쟁 당시에 러시아 황제는 2,200만 km² 정도를 통치했다. 이 면적은 1917년 혁명 이후의 소련이 차지했던 지역의 일부에 불과했다. 그런 까닭에 (러시아) 공산제국의 대부분은 모스크바와 사회주의 혁명의 산물이 아니라, 상트페테르부르크와 유럽 대륙에 속하는 러시아의 유산이다.

황제는 러시아의 상대적 위치 때문에 제국의 중요한 부분을 정복하기 위해 노력했다. 러시아는 항상 부동항(不凍港)이 부족했다. 러시아 혁명이 방해하지 않았다면 그들의 남쪽을 향한 공격은 페르시아만이나 심지어 지중해까지 도달했을지도 모른다. 표트르 대제는 전 세계에 대해 무역을 개방했다고 평가받고 있다. 그는 상트페테르부르크를 발트 해에서 러시아의 손꼽히는 항구로 발달시켰다. 그러나 사실 러시아는 역사지리적으로 보아 내부 지향적이고, 변화와 발전의 주요한 흐름에서 멀리 떨어진 곳 중의 하나이다.

하나의 제국, 다민족국가

그림 2B-2는 러시아 연합의 팽창을 보여주고 제국의 획득지를 보여준다. 이 지도는 러시아 지역들의 현대적인 윤곽이 어떻게 전개되었는지를 나타낸다.

우선 대부분의 활동은 러시아 평원에서 이루어졌고, 이곳은 핵심지역이 되었다. 황제의 군대는 코카서스를 가로질러 남쪽으로 진격하여 크리스트교 동맹을 획득했고, 이란과 터키의 경계에서 무슬림 적들에게 도전하였다. 우랄을 넘어 동쪽으로의 확장은 자연스럽게 남쪽으로 이어진 통로를 따라갔고, 주거지와 운송로를 만들었으며, 이곳은 오늘날 동부 변경지역으로 정의되고 있다(그림 2B-1). 동쪽으로 더 나아가 러시아인들은 태평양에 도달했고, 알래스카로 밀고 나아간 후 북아메리카의 서해안을 따라 남쪽으로 내려갔다. 바로 이때 황제의 군대는 러시아의 극동에서 일본과 전쟁을 하였고, 모스크바는 이미 알래스카를 미국에 판 후였으며 러시아 제국은 태평양이 시작되는 곳에서 끝이 났다.

수 세기에 걸친 러시아의 팽창주의는 임자 없는 땅이나 국경에만 국한하지 않았다. 러시아는 많은 민족과 문화를 합병하고 편입시키는 최고 권위의 힘을 얻게 되었다. 이것은 군사적 힘을 이용하고, 비협조적인 통치자를 몰아내고, 영토를 합병하고, 민족(인종) 간 분쟁을 일으킴으로써 이루어졌다. 무자비한 러시아 정권이 혁명에 직면하기 시작했을 때, 제정 러시아는 **3** 제국주의(imperialism)의 중심지였으며, 제국은 100개 이상의 국적을 가진 국민을 수용하고 있었다. 혁명적 투쟁을 이끈 승리자들(소련을 만들어 낸 공산주의자들)은 식민지 사람들을 자유롭게 두지 않았다. 오히려 그들은 제국을 변화시켰는데, 황제가 식민화시켰던 사람들을 새로운 체제로 묶어두었고, 그 대신 자치권과 정체성(identity)을 주었다. 실제로 이것은 사람들을 속박시키고 어떤 경우에는 파멸의 운명을 맞게 했다.

소련 체제가 실패하고 소비에트사회주의공화국이 여러 개의 독립국으로 나누어졌을 때, 러시아 제국이 수 세기 동안 쌓아 올렸던 합병한 국가들과 중요한 농업지역, 광물자원을 잃었다. 모스크바는 더 이상 우크라이나의 농업과 중앙아시아의 석유와 천연가스를 통제하지 못했다. 그러나 다시 그림 2B-2를 보면, 유럽과 중앙아시아 식민지가 없지만 러시아 제국이 여전히 남아 있는 것을 볼 수 있을 것이다. 러시아는 주변의 '공화국들'을 잃었지만 모스크바는 여전히 핀란드 국경에서 북한까지 뻗어 있는 영토를 통치했다. 러시아 영토 내에는 압도적으로 많은 주류 민족이 있지만, 복속된 국적을 가진 사람이 많다. 타타르족에서 야쿠트족에 이르는 많은 민족들이 여전히 조상들의 고향에 살고 있다. 이 많은 토착민을 수용하는 것은 러시아 연방이 오늘날 직면한 문제 중 하나이다.

러시아는 1990년대에 소련 연방 붕괴의 여파 속에서 재편성되기 시작했다. 70년간의 소련 공산주의자의 통치에 대한 언급 없이는 이 재편성을 이해할 수 없다. 우리는 이 중대한 이야깃거리를 이 다음으로 넘기고자 한다.

소련의 유산

공산주의 체제 시기는 소련 제국에서 끝났을지도 모르지만 그 영향은 러시아의 정치, 경제지리학에 여전히 남아 있다. 70년간의 주요 계획과 성취를 하룻밤 사이에 갑자기 이룬 것이 아니다. 시장경제 체제로 향하는 지역적 재편을 하루에 완성할 수는 없다.

세계의 자본주의 국가들이 이전의 소련 정권에서 공산주의 체제의 실패에 대해 칭송하고 있는 동안, 왜 공산주의가 1910년대와 1920년대에 러시아의 비옥한 토지가 있는 곳에서 형성되었는지를 기억해야 한다. 당시 러시아는 농노제로 인해 비참한 농부, 노동자의 잔혹한 착취, 귀족들의 사치와 화려한 궁전과 사치스러운 황제로 악명 높았다. 서부 유럽의 산업혁명의 영향으로 공장 노동자들의 비참함이 알려졌다. 노동자의 파업과 악질적인 보복이 있었고, 마침내 황제가 많은 가난한 사람들의 삶을 개선해 주려고 했을 때에는 너무 늦은 상태였다. 민주주의는 없었고 사람들은 불평을 표현하거나 전달하는 방법을 알지 못했다. 유럽의 민주주의 혁명은 러시아를 비켜 갔고, 경제적 혁명은 황제의 영토에 별 영향을 미치지 못했다. 대부분의 러시아인을 비롯하여 황제의 통치하에 있는 다수의 비러시아인들도 착취, 부패, 기아, 난폭한 통치에 직면해 있었다. 1905년 사람들이 반란을 일으켰을 때 상점은 텅 비어 있었다. 1917년의 전면적인 혁명이 있었지만 러시아 정치의 미래는 결론이 나지 않았다.

정치적 구조

제정 러시아의 통치 시기에 러시아는 광대한 팽창으로 많은 국가들을 병합했다. 이 혁명적인 정부는 잡다한 민족적 모자이크가 부드럽게 기능을 하는 국가로 조직하고자 했다. 황제는 정복했지만 정복된 사람들은 러시아 문화를 조금밖에 공유하지 못했다. 그루지야인, 아르메니아인, 타타르족, 중앙아시아에서 무슬림 주민들처럼 그들만의 문화, 언어, 그리고 종교를 가진 '러시아화' 되지 않은 집단이 다수 존재했다. 1917년

전체 왕국의 50% 정도만 러시아인으로 구성되어 있었다. 그래서 러시아에는 이 막대한 정치적 지역과 다양한 민족집단을 수용해서 즉시 국가를 세우는 것은 불가능했다.

1917년 이후 이 민족적 문제는 초기의 소련 정부에서 큰 논쟁이 되었다. 러시아에 마르크스의 철학을 도입했던 레닌은 '국적에 대한 자기결정의 권리'에 대해 처음부터 언급했다. 우크라이나, 그루지야, 아르메니아, 아제르바이잔, 심지어 중앙아시아와 같은 러시아의 지배를 받던 주민들의 최초의 반응은 독립국가를 선언하는 것이었다. 그러나 레닌은 소련을 해체시킬 의도가 없었다. 새로운 소련을 위한 그의 계획에 영향을 미쳤던 1923년에 독립국가들은 모스크바 정권 내로 완전히 병합되었다. 예를 들어 우크라이나는 1917년 독립국가를 선언했고 1919년까지 간신히 지탱했다. 그러나 그 해 볼셰비키가 우크라이나 수도인 키예프에 임시정부를 세워 레닌의 소비에트 체제 안에서 국가의 법적 안전성을 확보하게 되었다.

공산주의 체제

소련의 정치적 체제는 편입된 많은 사람들의 민족적 정체성에 기초를 두고 있다. 이 제국의 크기와 문화적 복잡성 때문에 모든 민족을 같은 정치적 배경을 가진 사람들끼리 영토에 배치하기가 불가능했다. 공산주의자들은 큰 민족이나 작고 고립된 민족 모두를 포함해서 100개가 넘는 민족의 운명을 지배했다. **소비에트사회주의공화국(SSRs)** 안에서 광대한 영토를 나누기로 결정했고, 각 대다수 민족들과 대체로 일치하는 범위를 정했다. 당시에 러시아인들은 발전하고 있는 소련 인구의 절반을 차지하고 있

었고, 그림 2A-5에서 볼 수 있듯이 그들은 국토 내에서 매우 광범위하게 분산된 민족집단이었다. 그래서 러시아공화국은 SSRs 내에서 가장 큰 소련 총 영토의 77% 정도를 차지했다.

SSRs 내에서 소수당은 매우 작은 체계의 정치적 단위를 배당받았다. 이것은 자율적인 소비에트사회주의공화국(ASSRs)이라고 불렸고, 공화국 내의 공화국으로서 영향력이 있었다. 다른 지역은 자율적 지역이나 다른 민족적 기초단위로 지정되었다. 이러한 정치 구조는 조잡하게 계획되어 복잡하고 불편했지만 **소비에트사회주의공화국연방(USSR)**의 주도하에 1924년에 공식적으로 출범하였다.

소비에트 제국

드디어 소련은 15개의 SSRs로 구성되었다(그림 2A-7). 15개의 공화국은 1924년 최초의 공화국뿐만 아니라 후에 몰도바, 에스토니아, 라트비아, 리투아니아와 같은 이후에 편입된 나라도 포함된다. 내부의 정치적 설계가 공산주의 제국 통치자의 변덕에 변질되기도 했다. 그러나 공산주의자의 인종 차별 정책으로 소련은 변해 가는 다국적 모자이크를 수용할 수 없었다. 이 공화국은 경계선과 영토 위에서 자기들끼리 싸웠다. 인구의 변화와 이주, 전쟁, 경제적 요인으로 인해 1920년대의 계획들은 쓸모없어졌다. 게다가 공산주의 계획자들은 전체적인 계획에 더 잘 맞추기 위해서 사람들을 그들의 고향에서 다른 곳으로 이주시켰고, 때로는 변덕스럽게 보상을 하거나 불이익을 주기도 하는 방식으로 재배치했다. 하지만 전체적인 효과는 소수민족들을 동쪽으로 이동시켰고, 이들이 살던 곳에는 러시아인들로 대체되

었다. 소비에트 제국의 이 **4 러시아화(Russification)**로 인해 비러시아공화국에 필수적인 민족적으로 소수인 러시아인들이 생기게 되었다.

무늬만 연방

소비에트의 계획가들은 그들의 체제를 **5 연방(federation)**이라고 불렀다. 우리는 이 개념에 대해서 제11장에서 더 자세히 알아볼 것이다. 연방은 중앙정부와 정치적 하위 조직(소비에트 입장에서는 주, 나라, '사회주의공화국') 간의 힘의 공유를 내포한다. 과거 소련의 지도를 보면(그림 2A-7) 흥미로운 지리적 결과가 나온다. 15개의 소비에트공화국 모두 소비에트공화국이 아닌 지역과 국경선을 맞대고 있다. 공간적으로 보면 다른 공화국들에 의해 둘러싸이지 않았다. 이것은 소비에트공화국을 떠나 희망하는 곳으로 떠날 수 있는 것처럼 보인다. 물론 사실은 이와 다르다. SSRs에 대한 모스크바의 통제는 소련을 만든다.

팽팽하게 통제된 소비에트 '연방'의 중앙부는 러시아공화국이다. 거대한 소비에트 인구의 반을 차지하고 있고, 중요한 도시, 영토의 핵심지역, 그리고 소비에트 영토의 3/4 이상을 차지한 러시아는 제국의 핵이다. 다른 국가에서는 '소비에트(소련)'에는 작은 공화국들이 공존하고 있지만 종종 간단하게 '러시아'와 같다고 생각한다. 러시아인들은 가르치기 위해서, 지방의 공산당을 조직하기 위해서(그리고 종종 우위를 차지), 모스크바의 경제적 결정을 실행하기 위해서 다른 공화국으로 갔다. 이것은 어찌 되었든 공산주의자들이 위장했지만(어떻게 스스로 사회주의자라고 부르는 공산주의자들이 자신을 식민주

의자라고 부를 수 있었겠는가?) 식민주의였다. 그리고 제국의 광대한 공간적 성격은 전 세계와는 다른 지역으로 남게 만들었다. 실로 세계적 단계에서 소련은 독립 과정의 힘과 억압받는 사람들의 승리였다. 모든 것이 세계에 노출된 이후에 그것은 놀라운 모순임이 드러났다.

소비에트의 경제 구조

소련의 설립으로부터 비롯된 지정학적 변화는 거대한 경제적 실험을 동반하였다. 제국의 전환은 자본가와 황제 독재 정치의 러시아를 공산주의로 겉치장을 한 것이었다. 1920년대 초부터 국가의 경제는 계획 중심이었다. 모스크바에 있는 공산주의 지도자는 경제적 계획과 개발에 따라서 모든 결정을 하였다. 소비에트 입안자들은 (1) 산업화를 촉진하고, (2) 농업을 **6 집단화(collectivize)**하기 위해서라는 두 가지 중요한 목표를 갖고 있었다. 처음으로 이와 같은 규모로 마르크스주의-레닌주의의 원칙에 따라 중앙정부에서 국가 전체의 목표를 위한 일들을 조직화했다.

토지와 국가

소비에트 입안자들은 거대한 국영사업 안에서 더 많은 농업 생산량을 얻을 수 있다고 믿었다. 개인농장과 대지주의 소유지는 몰수당했다. 그리고 토지는 집단농장으로 합병되었다. 처음에 모든 토지는 사실상 곡물과 육류를 효율적으로 생산해 내기 위한 **소프호스(sovkhoz,** 구소련 국영농장)의 한 부분이었다. 소프호스에서는 최대의 기계화와 최소의 노동력을 통하여 생산량을 최대화하려 하였다. 그러나 소비에트에 반대하고 다양한 방법으로 **사보타주**(쟁의 중

인 노동자에 의한 공장 설비·기계 등의 파괴, 생산 방해)에 힘쓰는 많은 농부들은 그들의 토지를 계속 보유하기를 희망했다.

공산주의자들의 중요한 계획을 가로막는 농부들과 소작농들은 끔찍한 죽음을 맞이했다. 예를 들어 1930년대 스탈린은 우크라이나 농업 생산물을 몰수하고, 러시아와 우크라이나공화국 사이의 국경을 봉쇄하라고 명령했다. 그로 인해 농부와 그들의 가족 수백만 명이 굶어 죽었다. 전체주의 공산주의 소련에서 목적은 수단을 정당화했다. 이미 황제의 밑에서 고통을 겪었던 수백만 명의 사람들은 말할 수 없는 학대를 당했다. 데이비드 렘닉의 레닌의 무덤(*Lenin's Tomb*)이라는 책에서 기아, 정치적 숙청, 시베리아로의 추방, 무리한 재배치에 의해서 3,000만~6,000만 명의 사람이 목숨을 잃었다고 추정하였다. 그것은 인간의 엄청난 비극이었다. 그러나 소비에트 관리들은 이러한 사건들을 비밀에 부쳤다.

소비에트의 입안자는 기계화 및 집단화 영농이 공장에서 일하는 수많은 노동자들을 자유롭게 해줄 것이라고 기대했다. 산업화는 정권의 주요한 목적이었고, 그 결과는 훌륭했다. 생산성은 빠르게 성장하여, 1941년 제2차 세계대전이 발발했을 때, 소련의 제조업 분야는 침략자 독일을 격퇴하기 위한 무기와 장비를 생산해 낼 수 있었다.

계획경제

하지만 이러한 상황에서도 소비에트는 미래를 위한 원대한 계획을 수립하였다. USSR의 국가 입안자들은 경제지리학의 원리를 무시하고 특별한 장소에서 특정한 상품을 제조하는 **7 계획경제** (command economy)를 실행했다. 예를 들면, 열차의 제조는 라트비아에 있는 공장에 할당되었다. 이 장비를 만들기 위해 허가된 다른 공장은 어디에도 없었다. 근처에 공장을 건설하면 제품을 만드는 데 드는 원료비용이 더 싸지지만 볼고그라드는 2,000km나 떨어져 있었다. 확장하고 개량한 수송 네트워크에도 불구하고(그림 2A-6), 그런 실행은 USSR 내의 생산을 극단적으로 비싸게 만들고, 경쟁의 결핍은 책임자를 무관심하게 만들었으며, 노동자는 그들이 할 수 있는 것보다 더 적은 양을 생산하게 했다.

당연히 소련의 입안자들은 실험이 실패할 것이고, 시장경영경제가 그들의 계획경제를 대체하리라고는 꿈도 꾸지 않았을 것이다. 하지만 경제체제의 변화가 일어났을 때, 그 변화의 방향은 예측하기 어려웠다. 이것은 지금 더욱 민주화된 국가가 되었지만 여전히 극복하기 어려우면서도 강한 압박으로 작용하고 있다.

러시아의 정치지리적 변화

1991년 USSR은 14개의 독립국가로 분할되었고, 러시아도 하나의 국가로 전환되었다. 현재 러시아인은 1억 5천만 명으로 소련의 인구보다 더 높은 비율인 약 83%를 구성하고 있다. 그러나 수많은 소수민족들은 모스크바의 새로운 깃발 아래에 남아 있고, 수백만의 러시아인은 이전 공화국 내에 새로운 정부를 수립하였다. 1992년에, 러시아 내부 '공화국', 자치지구, 행정구 및 보호령은 새로운 연방체제에 협력하기 위하여 러시아 연방 조약으로 알려진 문서에 서명했다. 무슬림 저항 세력들이 독립을 위해 캠페인을 수행한 곳인 체첸-잉구세티야로 알려진 코카서스 소수파 공화국과 4세기보다 더 전에 공포의 통치자 이반에게 정복당했던 타타르스탄을 포함하는 대다수는 서명을 거부했다. 지도에서 볼 수 있듯이, 체첸-잉구세티야는 당시에 체첸과 잉구세티야라는 이름으로 분열되었다(그림 2B-3). 마지막에 체첸은 러시아 연방 조약의 서명을 거절했고, 그 후 러시아 군대의 개입으로 격렬한 갈등이 지속되었으며, 체첸 사람과 기반시설의 붕괴(수도인 그로즈니는 완전히 파괴)라는 끔찍한 결과로 이어졌다. 체첸 전쟁은 오늘날도 계속되고 있고, 러시아 정부의 재앙이 되었다.

러시아의 연방구조

그림 2B-3은 공산주의 시기 동안의 러시아의 복잡한 소비에트 행정체제를 보여준다. 89개의 정치체, 2개의 자치연방도시(모스크바와 레닌그라드), 21개의 공화국, 11개의 자치 지구(Okrugs), 49개의 지방(Oblasts) 및 6개의 보호령(Krays)이 있었다. 21개의 공화국은 필수적인 소수민족을 수용하기 위하여 설립되었고, 이들은 남쪽 끝, 모스크바의 동쪽, 몽골의 경계지역에 이르는 집단이었다.

1991년 이후에 러시아 정부는 복잡한 행정상의 문제에 직면했다. 일부의 정치체들은 러시아 연방 조약에 서명하기를 거부했으며, 위에 제시된 바와 같은 행정구역 계층이 있음에도 불구하고 일부 지역들은 상위 계층에 속하였다. 즉, 일부 지역들은 과거의 체제에서 특권을 누렸고, 이들의 지방 지도자들은 특권이 계속되기를 희망했다. 독재적인 통치와 모든 분야(공장 생산에서 모든 생활에 이르기까지)에서 정부가 통제했

러시아와 소비에트 시기 지역

UNITED STATES

Bering Sea

ARCTIC OCEAN

Wrangel I.

East Siberian Sea

KAMCHATKA

KORYAK

CHUKOTSKIY (CHUKCHI)

MAGADAN

New Siberian Is.

Laptev Sea

North Land

SAKHA (YAKUTIA)

Lena R.

Aldan R.

Vilyuy R.

Kolyma R.

KHABAROVSK

SAKHALIN

Sea of Okhotsk

Kurile Is.

PRIMORSKIY KRAY

Amur R.

Ussuri R.

AMUR OBLAST

YEVREYSKAYA

East Sea (Sea of Japan)

JAPAN

NORTH KOREA

SOUTH KOREA

CHINA

Kara Sea

TAYMYRSKIY

EVENKIYSKIY

Lesser Tunguska R.

Yenisey R.

KRASNOYARSK

IRKUTSK

L. Baykal

CHITA

BURYATIYA

AGINSKIY BURYATSKIY

UST-ORDYNSKIY

MONGOLIA

Novaya Zemlya

Franz Josef Land

Svalbard (Nor.)

Barents Sea

YAMALO-NENETSKIY

Ob R.

KHANTY-MANSIYSKIY

TOMSK

Angara R.

Irtysh R.

Ob R.

TYVA

ALTAYA

ALTAY

KHAKASSIYA

L. Balkash

KAZAKHSTAN

CHINA

NENETSKIY

Pechora R.

KOMI

Vychegda R.

YEKATERINBURG

TYUMEN

Tobol R.

Ishim R.

Aral Sea

MURMANSK

White Sea

N. Dvina R.

ARKHANGELSK

KARELIYA

Lake Onega

FINLAND

SWEDEN

NORWAY

Lake Ladoga

VOLOGDA

KIROV

KOMI-PERMYATSKIY

PERM

UDMURTIYA

Kama R.

BASHKORTOSTAN

CHELYABINSK

ORENBURG

Ural R.

ESTONIA

LATVIA

LITHUANIA

KALININGRAD (Russia)

DENMARK

GERMANY

POLAND

BELARUS

UKRAINE

Dnieper R.

Dniester R.

MOLDOVA

Baltic Sea

Lake Peipus

NIZHNIY-NOVGOROD

MOSCOW

TATARSTAN

CHUVASHIYA

MORDOVIYA

Volga R.

Don R.

KALMYKIYA

Caspian Sea

DAGESTAN

CHECHNYA

INGUSHETIYA

Crimean Pen.

Sea of Azov

Black Sea

ADYGEYA

KARACHAYEVO-CHERKESSIYA

KABARDINO-BALKARIYA

NORTH OSSETIA

GEORGIA

ARMENIA

AZERBAIJAN

TURKEY

IRAQ

IRAN

MAGI-NOVGOROD

러시아의 행정 단위(이들의 수도를 따라 이름을 지음)

1. 아스트라한	10. 쿠르간	19. 펜자	28. 탐보프
2. 밸고로드	11. 쿠르스크	20. 프스코프	29. 툴라
3. 브랸스크	12. 리페츠크	21. 로스토프	30. 트베르
4. 쳴랴빈스크	13. 마리옐	22. 랴잔	31. 울리야노프스크
5. 이바노보	14. 모스크바	23. 상트페테르부르크	32. 블라디미르
6. 칼루가	15. 노보시비르스크	24. 사마라	33. 볼고그라드
7. 케메로보	16. 옴스크	25. 사라토프	34. 보로네슈
8. 코스트로마	17. 오렌부르크	26. 스몰렌스크	35. 야로슬라블
9. 크라스노다르	18. 오룔	27. 스타브로폴	

그림 2B-3

Longitude East of Greenwich

인종적 공화국과 자치지구

러시아 지역

맞춤 친 도시는 수도

800 Kilometers

600

400

200

0

500 Miles

400

300

200

100

0

던 다국적, 다문화 연방은 새로운 방식으로 통치되어야 했다. 정치체제의 민주화, 시장경제로의 이행, 국유기업의 판매(사유화), 그리고 광범위한 변화는 빠르게 국가를 위험 속으로 빠지게 하였다.

단일성과 연방의 선택

러시아 지도자는 그들의 선택이 한정되어 있다는 것을 알고 있었다. 그들은 중심부에서 강력한 권력을 지속적으로 유지하게 하였다. 모스크바에서 결정된 사항이 연방 내의 모든 공화국, 지방 및 하위 행정구역에 적용되도록 하는 것이었다. 이러한 **8** 단일정부 체제(unitary state system)의 중앙정부와 행정은 과거의 권위적인 왕국과 현재의 전체주의 독재정치에 기여하였다. 그들은 공화국과 지방에 권력을 나누어 주고, 선출된 지방의 대표가 모스크바에 와서 주민들의 이익을 대변할 수 있게 하였다. 러시아가 국가 경제와 문화적 다양성을 수용하기 위한 유일한 방법으로서 선택한 것이 연방체제이다.

연방체제에서 중앙정부는 대개 국방, 외교 정책, 무역에 관한 대표성을 갖는다. 지방(혹은 도, 주, 하위 조직)은 교육에서 운송에 이르는 권한을 갖는다. 연방체제는 다양성을 벗어나 단일성을 만드는 것은 아니다. 이것은 연방 내의 다양한 구성 요소들이 공존하도록 하며, 중앙정부는 공통된 관심사를 대변하고, 지방정부는 지방의 이익을 대변한다. 몇몇 국가들은 연방제 구조의 통합된 국가를 유지하고 있으며, 인도와 오스트레일리아가 그 대표적인 사례이다.

그러나 중앙정부와 지방(혹은 주) 사이의 권력의 균형을 유지하기가 어렵다. 미국에서 '주의 권리'에 대한 논쟁은

연방 헌법이 채택된 이후 2세기 동안 정치적 국면을 혼란스럽게 하였다. 러시아 정부는 초기부터 소비에트가 이룩해 놓은 위계적 지방체제를 종식시켰다. 공화국들은 특별한 지위를 갖게 되었지만, 다른 지역 계층들(자치지구, 보호령 등)은 지방으로 구획되었다. 이것은 소비에트 시절에 대한 그리움을 표현하고, 체제를 단순화시키려는 의도였다.

크기와 거리의 문제

새로운 러시아 정부는 옛 소비에트가 겪었던 국가의 엄청난 크기, 매우 먼 거리, 지역 간의 원격성 같은 문제들에 직면하였다. 지리학자들은 **9** 거리 조락(distance decay)의 원리를 제시하였다. 이에 따르면 장소 간의 거리가 증가할수록 상호작용이 감소한다. 러시아는 세계에서 가장 큰 국가이므로, 거리는 수도와 외곽지역 간의 상호작용에 중요한 요인이 된다. 게다가 모스크바는 거대한 국가의 극서지역에 위치하여 태평양 연안으로부터 지구의 절반 정도 떨어져 있다. 의외로 가장 시끄러운 지역 중의 하나가 멀리 떨어진 프리모스키, 블라디보스토크 지역이다. 또 다른 문제가 그림 2B-3에 나타나 있다. 공화국들(더 작은 규모의 지방들) 사이에 거대한 크기의 다양성이 있다는 것이다. 영토가 가장 작은 공화국은 러시아 핵심에 집중되어 있지만, 동쪽으로 갈수록 크기가 커진다. 동쪽으로 멀리 떨어진 곳에 있는 가장 큰 공화국인 사하는 거의 잉구셰티야의 1,000배 정도이다. 이와 반대로 거대한 동부 쪽 공화국의 인구는 핵심지역의 작은 공화국과 비교하여 아주 작다. 그런 다양성은 행정상 곤란을 초래한다.

그러나 현재 러시아의 가장 심각한

문제는 모스크바와 하위 정치체 사이에 커져 가는 사회적 부조화이다. 오늘날 러시아 내의 대부분 지역에서 모스크바를 시기하며, 지방은 불만으로 가득차서 모스크바를 성토의 대상으로 삼는다. 수도는 특권을 받은 장소이고, 소비에트 이후의 변화로부터 가장 큰 수혜를 받았다. 이곳의 관료들과 수하들의 경제 정책은 삶의 수준을 떨어뜨리고, 그들의 탐욕과 부패는 경제에 타격을 주었으며, 그들의 체첸에서의 활동은 재난의 연속이었다. 또한 그들은 외국인(특히 미국인)을 허용하여 러시아의 힘과 명성을 훼손했으며, 아직도 국영기업에서 노동자의 임금을 지불하지 않고, 러시아 사람들을 대표하지 않는다. 수도에 관한 불평은 자유국가에서도 흔한 일이다. 그러나 러시아에서 수도와 지역 사이의 불신은 심각해졌다. 그것은 정부에 대한 도전의 실마리를 준다.

연방 행정구역

2000년에 푸틴 정부는 89개의 지구, 공화국 및 다른 정치체를 결합시켜 7개로 줄이는 새로운 공간 구조를 만들기 위해 움직였다. 이것은 지방의 영향을 줄이고 모스크바의 권위를 향상시켰다(그림 2B-4). 지도에서 보여주듯이 새로운 연방지구 각각은 수도를 가지고 있고, 로스토브와 노보시비르스크 같은 도시를 모스크바 다음의 2위 도시로 지위를 상승시켰다. 이와 관련하여 러시아 대통령이 제안하고, 의회가 승인하며, 지방관을 선출이 아니라 임명하였다. 이로 인해 모스크바에 권력을 집중시킬 수 있었다. 러시아의 연방체제는 일체화된 방향으로 진행되고 있다.

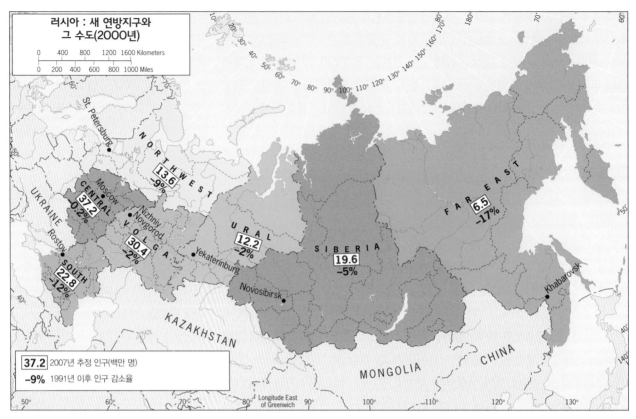

그림 2B-4

© H. J. de Blij, P. O. Muller, and John Wiley & Sons, Inc.

러시아의 인구학적 딜레마

이러한 것들에도 불구하고, 지리학자들은 러시아의 인구학적 재앙에 대해 언급하고 있다. 인구의 급속한 감소는 시민들의 건강 저하로 연결되었다. 소련이 해체되었을 때 러시아공화국의 인구는 약 1억 4,900만 명이었다. 예전의 소비에트 '공화국'에서 러시아로 수백만 명이 이동했음에도 불구하고, 20년이 지난 오늘날 인구는 1억 4,100만 명으로 감소하였다. 공산주의 통치가 끝난 이래로, 러시아에서 죽은 사람이 태어난 사람보다 1,000만 명 더 많았다. 심각한 사회적 이탈이 주요인이었다.

소비에트 통치로부터의 체제 변화는 인구 감소의 주요한 요인이다. 불확실성은 가족들이 자녀를 적게 출산하게 했고, 이혼도 만연하였다. 그러나 출생률은 1,000당 12명에서 안정되었다. 사망률은 매우 높아서 이제는 1,000당 15명을 기록하고 있다. 이것은 해마다 0.3% 이상, 매년 50만 명 이상의 인구가 감소함을 의미한다.

러시아의 남성이 가장 큰 영향을 받는다. 남성의 평균 수명은 1991년 71세에서 2009년 61세로 떨어졌다(여성의 평균 수명도 감소하였지만 74세를 기록하고 있음). 남성들은 알코올 중독과 관련된 질병, 에이즈(국제기구에 따르면 러시아에서 심각하게 제대로 보고되지 않고 있음), 심각한 흡연, 자살, 사고, 살해 등의 영향을 받았다. 평균적으로 러시아 남성은 유럽연합보다 폭력과 사고에 의한 사망이 9배 이상 높다. 현재 추세로 보면 러시아 10대 남성 가운데 60세까지 생존할 사람은 일부에 불과할 것으로 예측된다.

만약 이런 **10** 인구 붕괴(population implosion)가 계속된다면, 2050년 러시아 인구는 간신히 1억 1,000만 명이 될 것이다. 인구 감소에 따라 미래에 대한 의구심도 커지고 있다. 구역 구분이 된 지도(그림 2B-4)을 보자. 1990년 이래로 극동 지방은 인구가 17% 감소했다. 시베리아 지방은 5%, 북서 지방은 9%, 남부 지방은 12% 감소했다. 모스크바를 둘러싼 중심 지구만이 유럽국가들의 평균에 해당하는 감소(0.2%)를 겪었을 뿐이다.

이에 대한 해답은 무엇일까? 러시아의 지도자는 평범한 러시아인에 대한 사회적 환경의 개선이 인구 감소를 줄일 수 있을 것으로 기대한다. 알코올 중독과 무분별한 생활방식에 대한 사회 운동이 진행 중이다. 이민은 또 다른 선택 사항으로 러시아의 통치 방식을 완화해야 한다. 수십만 명의 한국인과 중국인이 극동지역으로 옮겨 가고, 그곳의 러시아인들이 빠져나오는 것에 대처해야 한다. 그러나 모스크바는 동쪽 변경이 동아시아의 확장으로 변형되기를 희망하지 않는다.

메드베데프 대통령은 2010년 1월 대국민 연설에서 "러시아의 인구는 2008년 1월에서 2009년 7월까지 인구가 줄지 않았다."고 주장하였다. 비록 장기간의 증거들은 이와 다르게 나타나고 있지만, 러시아가 당면한 최우선 과제 중에서 인구학적 염려가 있는 것은 확실하다.

이제 우리의 관심을 권역의 지역지리에 돌려야 할 시간이다. 이 장의 시작에서 언급했듯이, 러시아가 너무 넓어서, 지형이 매우 다양하고, 문화 경관이 다양하기 때문에 지방화는 소규모의 관점과 높은 수준의 일반화를 필요로 한다. 우리는 5개 지역 체계로 윤곽을 잡아 살펴볼 것이며, 이는 그림 2B-1에 그려져 있다. (1) 러시아의 핵심지역, 모두 우랄의 서쪽에 있다. (2) 동부의 변경지역, 중심에서 동쪽으로 확장하여 유라시아의 심장에 이른다. (3) 시베리아 지역, 국가의 거대한 북동 사분면을 가로질러 펴져 있는 혹한의 땅이다. (4) 극동지역, 태평양에 대한 러시아의 관문이다. (5) 트랜스코카시아 지역, 흑해와 카스피 해 사이의 러시아 바깥 회랑지대에 3개의 작은 공화국이 있다. 우리는 중요한 하위지역들을 담고 있는 이들 각 지역을 살펴볼 것이다.

≡ 러시아의 핵심지역

연방의 중핵지대는 그 국가의 **11** 핵심지역(core area)이다. 이곳에 대부분의

인구, 선도해 가는 도시, 주요 산업, 조밀한 이동망, 가장 집약적인 경작지, 그리고 기타 국가의 핵심 요소들이 집중되어 있다. 오랜 기간 지속되어 온 핵심지역에는 문화와 역사의 흔적이 반영되어 있다. 러시아의 핵심지역은 넓게 정의해서 러시아 권역의 서쪽 국경에서 우랄 산맥 동쪽을 포함하는 지역이다(그림 2B-1). 이곳이 모스크바, 상트페테르부르크, 볼가 강과 산업도시들로 이루어진 러시아이다.

중심산업지역

러시아 핵심지역의 핵심부는 산업 지구에 자리 잡고 있다(그림 2B-5). 지역에 대한 모든 정의는 토론의 주제가 되므로, 이곳의 하위지역에 대한 정확한 정의는 다양하다. 몇몇 지리학자들은 모스크바 지구라고 부르는 것을 선호하는데, 수도를 중심으로 모든 방향으로 400km 이상 두드러지게 나타나고, 모든 것이 이 역사적인 연방에 초점을 맞추고 있다. 그림 2B-5와 2A-6은 모스크바가 결정적으로 **12** 중심성(centrality)을 유지해 온 것을 보여준다. 이곳에 도로와 철도가 모든 방향에서 집중된다. 즉, 남쪽의 우크라이나에서, 서쪽의 민스크(벨라루스)와 동부 유럽에서, 북서쪽의 상트페테르부르크와 발트 해 해안에서, 동쪽의 니즈니 노브고로드(이전의 고르키)와 우랄에서, 남동쪽의 도시와 볼가 분지의 수로(모스크바와 볼가를 연결하는 운하는 러시아의 가장 중요한 가항 하천임)에서, 그리고 심지어 해군의 전략적 항구인 무르만스크와 목재 수출항인 아르한겔스크가 있는 바렌츠 해에 면한 북극 근처의 북쪽 주변지역에 이르기까지 모스크바에서 모두 모인다.

2개의 거대도시

모스크바(인구 : 1,050만 명)는 약 5,000만 명(국가 전체 인구의 1/3 이상)의 주민을 포함하는 거대도시 지역의 중심이다. 사람들은 거의 도시에 거주하며, 이들 도시들은 소비에트 시기에 할당받았던 산업이 특화되어 있다. 예를 들어 니즈니 노브고로드('소비에트의 디트로이트'로 자동차를 생산), 이바노보(섬유 산업으로 잘 알려짐)가 대표적이다. 그러나 오늘날 러시아는 일상용품 생산국이나 수출국보다 다양한 종류의 제품을 생산하는 국가가 아니다. 상트페테르부르크의 역사지구 같은 중심업무지구에서 강철과 유리로 만든 고층 건물이 올라가는 것을 볼 수 있다. 이 건물들은 대부분 가즈프롬(Gazprom)과 같은 국가의 통제를 받는 에너지 기업이다. 그리고 피아트나 폭스바겐 같은 외국 계열의 자동차들이 제조된다.

상트페테르부르크(예전의 레닌그라드)는 460만 명의 인구를 가진 러시아 제2의 도시로 남아 있다. 황제의 통치하에 상트페테르부르크는 러시아의 정치적, 문화적 생활의 중심점이었고, 모스크바는 멀리 떨어진 제2의 도시였다. 그러나 오늘날 상트페테르부르크는 모스크바의 위치적 장점 같은 것도 없고, 국내시장으로서의 관심 같은 것도 거의 없다. 이곳은 모스크바에서 650km 떨어져 있으며, 국가의 서북쪽 구석으로 중심산업지역에서도 벗어나 있다. 이곳은 자원 면에서도 모스크바보다 더 나은 것이 없다. 연료, 금속, 식료품 등 모든 것이 멀리 떨어진 외부에서 공급된다. 이전의 소련에서는 자급자족을 강조하였고, 심지어는 발트 해안에서 상트페테르부르크의 자산이 축소되었다. 왜냐하면 일부 원료는 멀리 떨어진 중

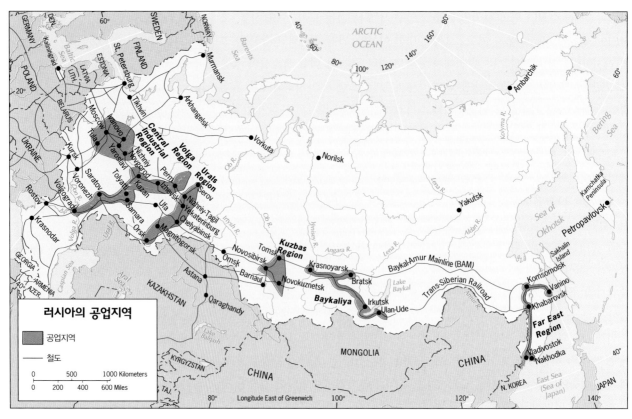

그림 2B-5

© H. J. de Blij, P. O. Muller, and John Wiley & Sons, Inc.

앙아시아(오로지 보크사이트 매장지인 티흐빈만이 근처에 있음)보다는 외국에서 발트 해를 통해 들여오는 것이 더 저렴했기 때문이었는데, 외국에서조차 이러한 것을 들여오지 못했다.

포볼츠예 : 볼가 지역

러시아 핵심지역 내에 있는 또 다른 중요한 하위지역은 러시아 이름으로 포볼츠예이다. 이곳은 볼가 강 중간 및 저지대 골짜기는 물론, 볼가 강의 지류들, 카잔이라는 도시 위에 있는 카마 등을 따라 펼쳐진 지역이다. 이곳을 볼가 지구라고 부르는 것이 적당한데, 왜냐하면 러시아의 강 중에서 가장 중요한 볼가 강은 생명줄이고 포볼츠예의 도시들이 자리 잡고 있다(그림 2B-5). 1950년대에 볼가 저지대와 돈 강(그 옆에는 흑

해가 있음) 저지대를 연결하는 운하가 완료되었다.

볼가 강은 옛 러시아에서 중요한 역사적인 길이었다. 그러나 오랫동안 이웃 지역들이 이 강을 볼품없게 하였다. 모스크바 지역 및 우크라이나는 공업과 농업에서 뛰어나게 발전했다. 산업혁명은 19세기에 뒤늦게 중심산업지역으로 들어왔지만 포볼츠예에는 큰 영향을 주지 않았다. 이곳의 중요한 기능은 식료품과 원료를 다른 지역으로 운송시켜 주는 것이었다.

길게 이어진 포볼츠예는 중심산업지역의 동쪽 측면을 형성하고 있다. 이곳의 도시들과 농장들은 러시아의 중요한 강에 의존하여 유지된다. 오랫동안 이러한 하위지역은 소비에트 산업화 정책에서 무시를 받았지만, 제2차 세계

대전 중에 갑자기 중요해졌다. 이는 이곳의 도시들이 독일 군대가 침략해 오는 서쪽으로부터 상대적으로 멀리 떨어진 곳에 있었기 때문이었다. 볼가 지역의 도시들은 예전에 없었던 산업 발전이 가속화되었다. 그래서 1950년대에, 볼가-돈 운하가 열렸고, 새로운 연계와 기회가 형성되었다. 그 후 포볼츠예의 내부와 부근에서 대규모의 석유와 가스 매장지가 발견되었는데(그림 2A-8), 한때는 그 매장지가 소련 전체에서 가장 큰 규모였다. 그리고 마침내 모스크바와 마리인스크 운하를 거쳐 발트 해까지 이르는 볼가 지역의 북서쪽 연계들이 철도와 도로 연결을 통해 개선되고 보강되었다. 다시 볼가의 하천변에 위치한 도시들의 산업 구조는 지속적으로 변하고 있다. 하지만 중심산업

지역이 러시아의 심장이라면, 포볼츠예는 중앙산업지역의 핵심적인 대동맥에 해당한다.

우랄 지역

우랄 산맥은 러시아 핵심지역의 동쪽 한계이다. 이 산맥은 특별하게 높지 않다. 북쪽에는 하나의 산맥으로 구성되어 있지만, 남쪽으로는 구릉지대로 넓어진다. 동-서 수송에 장해물이 되는 곳은 없다. 우랄 산맥 내부와 그 근처는 금속 광산 자원의 거대한 보고이며, 산업 발전을 위한 자연적 지역이다. 오늘날 우랄 지역은 인근의 볼가 및 중심산업지역과 잘 연결되어 있고, 북쪽의 세로프에서 남쪽의 오르스크까지 확장되어 있다(그림 2B-5).

그림 2B-5에서 알 수 있듯이, 국가의 전환에도 불구하고 국내 지향의 제조업 체계에서부터 일부 평론가들이 '석유-루블 국가'라고 부르는 것에 이르기까지 소비에트의 유산은 러시아의 경제적 경관에 살아남아 있다. 많은 공장들이 조용히 문을 닫고 사람들이 떠나 갔음에도 불구하고, 중심산업지역뿐만 아니라 거대한 볼가 회랑지대, 우랄 제조업 복합체, 동부 변경지대의 산업 결절들, 그리고 극동의 외곽지대에 있는 것들조차 아직까지도 공업지대를 형성하고 있다. 우랄의 주민들은 생활을 유지하기 위해 새로운 방법들을 찾으려고 시도하고 있다. 이러한 도시들로 볼고그라드, 첼랴빈스크, 노보시비르스크, 이르쿠츠크, 블라디보스토크 등이 있는데, 이 도시들은 결코 버려지지 않을 것이다.

≡ 동부의 변경지역

우랄 산맥의 동쪽 측면에서 아무르 강

의 원류까지와 튜멘의 위도에서 인근 카자흐스탄의 북부지대까지가 러시아의 거대한 동부의 변경지역이다. 이곳은 러시아 핵심지역의 동쪽으로의 확장이라는 거대한 시도의 결과이다(그림 2B-1). 지도에 표현된 도시와 수송(그림 2A-6), 인구 분포(그림 2A-4)는 이 지역은 동부보다는 서부가 인구가 더 조밀하고, 훨씬 더 발달되어 있다고 알려준다. 예니세이 강 동쪽에서는 정착지가 선 모양으로 나타나며, 동-서 간의 철도를 따라 띠와 덩어리 형태로 나타난다. 2개의 하위지역이 인문지리학을 두드러지게 한다. 즉, 서쪽의 쿠즈네츠크 분지와 동쪽의 바이칼 호 지역이 이에 해당한다.

쿠즈네츠크 분지

우랄 동쪽으로 1,500km 정도에 공산주의 기간의 국가 계획에 따른 러시아의 주요 중공업지역 **쿠즈네츠크 분지**(또는

쿠즈바스)가 있다(그림 2B-5). 1930년대에, 이곳은 우랄의 원료(특히 석탄) 공급지로 시작하였다. 그러나 그러한 기능은 지역의 산업화를 가속시키기에는 중요성이 떨어진다. 원래의 계획은 쿠즈바스 서쪽에서 우랄까지 석탄을 운반하는 것이었고, 되돌아가는 기차들은 철광석을 탄전이 있는 동쪽으로 운반하는 것이었다. 바로 **13 이중의 상호보완성(double complementarity)**의 전형적인 사례이다. 하지만 좋은 품질의 철광석이 쿠즈네츠크 탄전 근처에서 연이어 발견되었다. 새로운 원료 지향의 산업이 쿠즈바스에서 성장했고, 이곳은 도시의 중심이 되었다. 이 지역 외부에 있는 선도도시는 노보시비르스크로 시베리아 횡단 철도와 오브 강의 교차점에 자리 잡고 있다. 이곳은 광대한 동부 내륙에 있는 러시아 기업의 상징이다. 북동쪽에 있는 톰스크는 우랄 동쪽의 가장 오래된 러시아 마을 중의 하나로 17

크라스노야르스크의 컨테이너 항구. 이곳에서 남북으로 흐르는 예니세이 강과 동서를 가로지르는 시베리아 철도와 만나고, 동부 변경지역의 중심부 부근이 된다(그림 2B-1 참조). 서쪽에서 기차로 싣고 온 공급 물품들은 선적되어 시베리아 내부에 있는 정착지들을 향해 북쪽으로 간다. 시베리아로부터 선박과 거룻배(바닥이 평평한 배)로 실어온 원료들은 러시아의 공장과 시장에 보내진다. 커다란 창고시설들이 하천의 양안에 나타난다. © Wolfgang Kaehler/Alamy

세기에 건설되었으며, 지금은 쿠즈바스 지역에서 현대적 개발이 진행 중이다. 노보시비르스크의 남동쪽에는 노보쿠즈네츠크가 있다. 이 도시에서는 강철을 생산하여 하위지역의 기계 및 금속 가공 공장에 공급하며, 우랄의 보크사이트를 이용하여 알루미늄을 생산한다.

바이칼 호 지역(바이칼리아)

쿠즈바스의 동쪽으로는 더욱더 고립된 채 발달했고, 거리의 제약을 받는다. 몽골 경계지대와 바이칼 호 동부의 중앙 부분 북쪽에 크고 작은 정착지들이 태평양 연안으로 가는 2개의 철로를 따라 열을 지어 덩어리져서 분포해 있다(그림 2B-5). 이 철도 회랑지대는 호수의 서쪽으로 예니세이 강의 본류와 지류 지대를 따라 뻗어 있다. 수많은 댐과 수력 발전에 관한 계획들은 앙가라 강의 계곡, 특히 브라츠크라는 도시에 도움을 준다. 광업, 목재업과 약간의 농업이 이곳의 생활을 지탱해 주지만, 고립이 이 모든 것보다 우선한다. 이르쿠츠크라는 도시는 바이칼 호의 남부 말단 근처에 있다. 이 도시는 북쪽으로는 광대한 시베리아 지역과 남동쪽 러시아의 동서로 길게 뻗은 지역을 위한 중요한 서비스 중심지이다.

바이칼 호를 넘어가서 동부 변경지역은 이름값을 제대로 한다. 이곳은 남부 러시아에서 지형의 기복이 가장 심하고, 멀리 떨어져 있으며, 출입이 어려운 지방이다. 정착지는 드물고, 대부분은 단순한 캠프장들이다. 부랴트공화국(그림 2B-3)은 이 지대의 일부분이다. 동쪽으로 인접해 있는 영토는 황제들이 중국으로부터 빼앗은 곳으로, 향후 문제가 될지도 모른다. 러시아-중국 경계가 남쪽으로 방향을 돌린 곳에, 아무

르 강을 따라서 동쪽의 변경이라 불리는 지역이 끝나고, 러시아의 극동지역이 시작된다.

시베리아

우리가 러시아의 태평양 연안지역의 잠재력을 평가하기 전에, 이미 언급했듯이 정착지의 띠(ribbon, 리본)가 남쪽의 경계를 따라 나타나고, 북쪽의 광대한 시베리아 지역을 피해 가고 있음을 기억해야 한다(그림 2B-1). 시베리아는 우랄 산맥에서부터 캄차카 반도까지 뻗어 있다. 이곳은 거대하고, 황량하고, 몹시 춥고, 출입이 금지된 땅이다. 인접한 미국보다 크지만, 약 1,500만 명 정도가 거주하고 있다. 시베리아는 전형적으로 러시아의 환경적인 불리함을 상징한다. 즉, 방대한 거리, 강한 북극 바람에 악화되는 낮은 기온, 불리한 지형, 척박한 토양, 생존을 위한 제한된 선택권 등이다.

그렇지만 시베리아에는 자원이 있다. 러시아 탐험가들과 코사크 모험가들이 첫 탐험을 시작한 이래 시베리아의 재물이 유인하고 있다. 금, 다이아몬드, 그리고 다른 귀중한 광물들이 발견되었고, 그 후로 철과 보크사이트를 함유한 금속 광석들이 발견되었다. 더욱 최근에는 시베리아의 내부에 상당한 양의 석유와 천연가스(그림 2A-8)가 매장되어 있는 것으로 판명되었고, 이제는 러시아의 에너지 공급과 수출에 상당한 기여를 하고 있다.

자연지리학 지도(그림 2A-2)에 나타난 것처럼, 오브, 예니세이, 레나 같은 주요한 하천은 시베리아와 북극의 저지대를 통과하여 북극을 향해 서서히 북쪽으로 흐른다. 이 하천 유역에서의 수

력 발전 개발에 따라 생산된 전력은 이 지역의 광물을 추출하고 정제하는 데 사용되며, 광대한 시베리아 삼림을 이용하기 위해 설립된 목재 공장을 가동시킨다.

미래

시베리아의 인문지리학은 단편적이고 대부분의 지역에는 사실상 사람이 살지 않는다(그림 2A-5). 리본 모양의 러시아인 정착지는 발전해 왔는데 예를 들어, 소비에트 시절 지도의 예니세이 강 근처 크라스노야르스크 북쪽의 일련의 작은 거주지에서 찾을 수 있고, 레나 강 계곡 상류부는 인종적 기반의 러시아인 거주지가 유사하게 분리되어 있다. 아직도 이러한 리본들과 다른 거주지의 섬들 사이에는 수백 킬로미터의 비어 있는 영토가 펼쳐져 있다.

시베리아는 러시아의 냉동고로서 미래에 국가 발전의 주류가 될지도 모르는 재산이 쌓여 있다. 이미 귀금속 및 화석연료가 러시아 경제를 떠받치고 있다. 이제 우리는 시베리아의 자원이 동부 변경 및 극동 러시아의 경제 발전에 중요한 역할을 할 것으로 기대한다. 이 과정의 첫 단계는 이미 소비에트 시대에 이루어졌다. 즉, 1980년대에 BAM(Baykal-Anmur Mainline) 철도가 완공된 것이다. 이 노선은 오래된 시베리아 횡단 철도의 북쪽으로 나란히 놓여 있고, 크라스노야르스크의 중심부 근처에서 콤소몰스크의 극동도시까지 동쪽으로 3,500km 확장되어 있다(그림 2B-5). 소련 붕괴 이후 BAM 철도는 장비 고장과 노동자들의 파업으로 어려움에 처해 있다. 그럼에도 불구하고, 이 철도는 21세기에 동부 변경지역의 경제 성장에 공헌할 핵심 요소에 해당하는

기반시설이다.

러시아의 극동지역

모스크바에 있는 정부가 소비에트 시기의 러시아(그림 2B-4) 위에 2000년의 연방 구역 체제를 겹쳐 놓았다고 보았을 때, 극동지역은 (영토 면에서) 가장 넓다. 극동지역은 4개의 잔류해 온 인종적 공화국과 6개의 러시아인 지역(그림 2B-3)이 혼합되어 있다. 그러나 많은 러시아 시민들은 무엇이 극동의 지리적 지역을 구성하는지에 대하여 서로 다른 견해를 가지고 있다. 이들은 공식적인 극동지역의 북쪽 지대 대부분을 시베리아의 연속으로 바라보고 있다. 이들은 극동지역이 동부 변경지역을 넘어 태평양 연안, 사할린 섬, 캄차카 반도, 오호츠크 해의 북쪽 해안을 따라 좁게 열지어 뻗어 있는 땅으로 구성된다고 여긴다(그림 2B-1, 2B-6).

소비에트 시기에, 공장에서 일하거나 관리를 하기 위해 이렇게 먼 지역으로 이주해 온 사람들은 이곳에서의 고생에 대한 특별한 특권으로 보상받았다. 태평양에 가까이 갈수록 자연 환경이 온화해지지만, 러시아의 극동지역에서 산다는 것은 고달픈 것이기 때문이다. 그리고 공산주의 몰락 이후, 모스크바의 이러한 배려가 사라지고, 새로운 민주주의에 근거한 직접투표 실시에 따라 수많은 거주자들이 이곳을 떠났다. 캄차카 반도에 위치한 페트로파블로프스크를 살펴보자. 1991년에, 소련이 붕괴되기 직전 이곳의 인구는 248,000명이었다. 2001년에 이곳의 인구는 168,000명으로 줄어들었다. 오늘날 이곳은 120,000명이 약간 넘는 거주자가 있다.

지리적 극동지역의 거의 모든 곳에서 사람들은 모스크바로부터 버려졌다고 여기고 있다. 한때 위대한 해군기지였던 블라디보스토크(이 도시의 이름은 '우리는 동쪽을 얻었다'를 의미)는 침체된 채 남아 있다. 공장들은 폐쇄되었다. 지역민들이 무엇인가 새로운 것(일본제 중고차를 비밀스럽게 수입하는 것)을 시도했을 때, 정부는 연방경찰을 보내 이러한 사업을 못하게 하였다. 그러는 동안 나홋카 인근의 컨테이너 항은 반복되는 탄압으로 타격을 받았다. 중국과의 국경을 넘나드는 교역은 매우 적었다. 일본과의 교역은 대수롭지 않았다. 국가를 가로지는 교통과 교역을 활발하게 하는 두 개의 철도는 많은 보조금 없이는 원활하게 작동할 수가 없었다. 소련 시기에는 이러한 대규모의 보조금을 사용할 수 있었지만, 21세기의 시장경제에서는 그렇지 못하다.

극동지역은 러시아의 경제를 떠받치는 중요한 자원 매장지이다. 즉, 석유와 천연가스가 사할린 섬의 내부와 주변에 매장되어 있다. 그리고 그림 2B-6에서 나타내 주듯이, 러시아 극동의 남부 지역은 또 다른 자원 매장지와 잠재적인 시장 사이에 위치해 있다. 중국과는 바로 붙어 있고, 일본과는 좁은 해협을 사이에 두고 있다. 이미 중국과 일본은 모두 러시아의 에너지 공급을 요청하고 있으며, 의심의 여지 없이 이곳에서는 파이프라인과 다른 에너지 관련 기반시설의 건설이 있을 것이다. 그러나 지역에서 필요한 것은 다각화된 경제이다. 이러한 다각화된 경제는 중국의 북동쪽을 가로질러 아무르와 우수리 강 일대를 다시 활성화시킬 것이다. 하지만 이러한 개발은 현재 볼 수가 없다.*

남부 변경지역

러시아의 동쪽으로의 확장과 조직화를 보면, 권역의 지역 지도(그림 2B-1)에서 우리는 또 가장 복합적 지역 중의 하나를 볼 수 있다. 이곳으로 러시아의 지도자, 공산주의자, 황제 등이 캅카스 산지를 넘고 가로질러 국가의 영향력을 확대시켰다. 이 지도에서 러시아의 핵심지역이 국제적 경계(동시에 거대한 산맥의 능선을 대체로 따라감)까지 확장된 것으로 보인다. 그러나 이것이 그렇게 단순하지는 않다. 당신이 볼고그라드 혹은 로스토프로부터 남쪽으로 여행을 하면, (자연적 혹은 문화적) 경관에 변화가 없다. 러시아 평원의 마을과 농장으로 이루어진 시골지역은 모스크바의 남쪽과 유사하다. 볼가 강 삼각주에 있는 아스트라한으로부터 남쪽으로 기차를 타고 가보면, 멀리 어렴풋이 코카서스 산맥을 보게 된다. 그러나 러시아의 인종적 '공화국들' 중의 하나인 체첸의 수도 그로즈니를 떠날 때까지 다른 세상에 들어왔다는 것을 알아차리지 못한다(그림 2B-7). 다양한 사람들이 혼합되어 있다는 것을 보고서야 러시아의 중심부를 떠나 변경지역에 왔다는 것을 알게 된다.

그림 2B-7은 약간 심각했던 시기를 보낸 것이 매우 중요하다는 것을 나타

---

* 역주 : 그러나 우리나라의 대외경제정책연구원은 2013년 보고서(극동·시베리아 개발협력 활성화를 위한 주요과제와 추진방향)에서 푸틴 3기 체제의 러시아 정부는 최근 극동 및 시베리아 개발을 전례 없이 적극적으로 추진 중이라고 보고하고 있다. 정치적 목적에서는 이 지역의 집권당에 대한 낮은 지지율, 경제적 측면에서는 아태 경제 권역의 성장, 안보적 측면에서는 중국에 대한 견제와 일본과의 영토 갈등 대응 등이 그 개발 배경이라 할 수 있다.

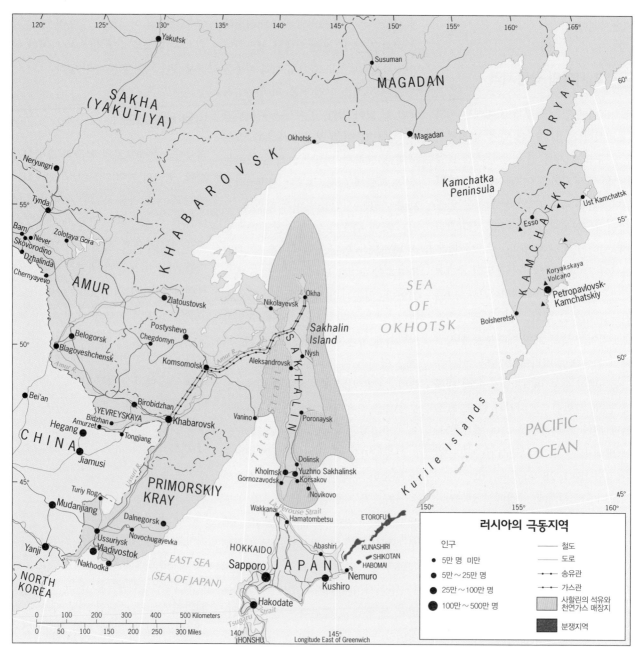

그림 2B-6

© H. J. de Blij, P. O. Muller, and John Wiley & Sons, Inc.

낸다. 이곳의 황제를 계승했던 공산주의 지도자들은 다양한 도전에 직면했다. 첫째, 러시아 연합 그 내부에 수많은 소수민족들(체첸의 체첸인처럼)이 있었고, 이들은 황제의 군대에 대적해 왔으며 이제는 새로운 통치자와 직면했다. 둘째, 이곳에는 황제의 편에 선 사람들이 있었고, 오세티아인 같은 사람들은 소비에트 정권에 협력하기를 원했다. 이러한 사람들의 열망, 그리고 그들 중의 일부는 무슬림인 것 등을 인정하기 위해, 공산주의 정부는 그들을 위해 인종적 '공화국'이라 지정하였다. 지도에 분홍색으로 칠해져 있으며, 이는 나머지 러시아 지역으로부터 구분지어진다.

러시아의 내부 경계

카스피 해 연안 서쪽에 있으며 불교를 따르는 칼미키아에서부터 흑해 부근의 아디게야공화국에 이르기까지, 남부 러시아의 내부 경계지역은 8개의 인종적 공화국으로 정의할 수 있으며, 이들 각각은 고유의 독자성을 띠고 있다(그림 2B-7). 동쪽에 있는 칼미키아는 불교를

답사 노트

© H. J. de Blij

"러시아의 극동지역은 러시아 연방지구 중에서도 사람들이 가장 빨리 빠져나가고 있다. 그리고 캄차카 반도에 있는 페트로파블로프스크에 대한 현장 답사는 몇 년 전 블라디보스토크에서 배웠던 것을 한층 강화시켜 주었다. 소비에트 시기에 극동으로 가고자 하는 러시아인들에게는 특별한 특권이 주어졌다.(한 노인이 나에게 "모스크바에서 멀리 갈수록 보상이 많았다."고 말하였다). 하지만 지금 이곳 지역민들은 버려지고 억눌렸다고 느끼고 있다. 1991년에 페트로파블로프스크는 250,000명의 거주민이 있었지만, 2001년에 인구는 170,000명 미만으로 줄어들었다. 그리고 오늘날 인구는 125,000명 이하로 추정되고 있다. 이것은 냉혹한 환경(반도에 있는 수십 개의 활화산에서 분출하는 먼지와 매연이 도처에 있고, 눈으로 뒤덮이고, 스며드는 시커먼 진흙을 만들어 냄) 탓만이 아니라, 이곳 사람들이 느끼고 있는 목적의 상실에 있다. 태평양에서 소비에트의 관문으로 가치를 인정받던 때가 있었지만, 이제는 사람들이 생활을 꾸려가기 위해 바삐 움직여야 했다. 그들이 일본에서 중고차를 싸게 사서 배로 도시로 가져와 판매하는 것과 같은 하나의 방법을 찾았을 때, 모스크바는 법률 집행관을 보내 불법 교역을 못하도록 막았다. 페트로파블로프스크는 세계의 다른 지역과 육상 연계가 안 되어 있고, 봄철(2009년 4월)에 화산 코략스카야의 아래에 있는 도시 모습(왼쪽)과 제2차 세계대전 박물관 근처의 거리 모습(오른쪽)에서 왜 극동지역의 인구가 감소하는지를 알 수 있다."

믿고 있으며, 이미 언급했듯이 다제스탄은 문화적으로도 차이가 있는 소규모 공동체들의 혼합체이다. 체첸은 지형은 물론 문화적으로도 나뉘는데, 지도에서 알 수 있듯이, 평야와 산지 사이의 점이지대에 위치하며, 산지는 모스크바의 통치에 반대하는 사람들에게 피난처를 제공해 주고 있다. 소련 이후의 러시아 정부가 러시아 내의 모든 지역과 공화국에 제안한 러시아 연방 조약에 서명하도록 요청했을 때, 체첸의 지도자들은 그들이 이제는 러시아의 통제권에서 마침내 벗어날 기회가 왔다고 생각하고 조약에 서명하는 것을 거절하였다. 이곳의 서쪽에 이웃하고 있는 잉구세티야에서도 러시아에 반대하는 행동

주의자들이 주도하여 북오세티아에서 부과한 엄청난 통행료는 갈등을 촉발하였다. 북오세티아에서는 2004년에 학교에 대한 테러리스트 공격으로 350여 명의 학생, 교사, 학부모들이 사망했었다. 더 멀리 서쪽에 있는 친모스크바의 아디게야공화국에서는 고요하고, 어떤 문제도 일어나지 않고 있다.

러시아의 남쪽 경계에 인종적 공화국들이 층층이 있는 것은 단점이 많은 외곽지역의 모든 특성을 나타낸다. 그들은 북쪽으로부터의 강력한 핵심에 의해 추가된 역사를 공유하고 있으며, 이들은 사회적 진보의 척도에 있어서도 러시아의 나머지 지역보다 더 뒤처져 있다. 건강, 교육, 수입, 기회, 기타 다른

지표들에서 내부의 경계에서 사는 사람들은 러시아의 통치 이후이든 아니든 간에 러시아의 생활 수준에 도달하기에는 갈 길이 아주 멀다. 그리고 이곳에는 체첸과 잉구세티야공화국처럼 과거에도 그랬고 현재도 그렇듯 러시아의 통치에 대한 복수로 들끓고 있다.

체첸의 경우에 가장 최근 이곳에서의 분노의 근거는 제2차 세계대전에 있는데, 소비에트 지도자들은 체첸인들이 나치 침략자에 동조하거나 협력했다는 죄를 씌웠다. 그 당시의 독재자였던 스탈린은 모든 체첸인을 기차에 태워 카스피 해를 지나 카자흐스탄의 사막으로 추방하라는 명령을 내렸다. 비록 스탈린의 계승자인 니키타 후르시초

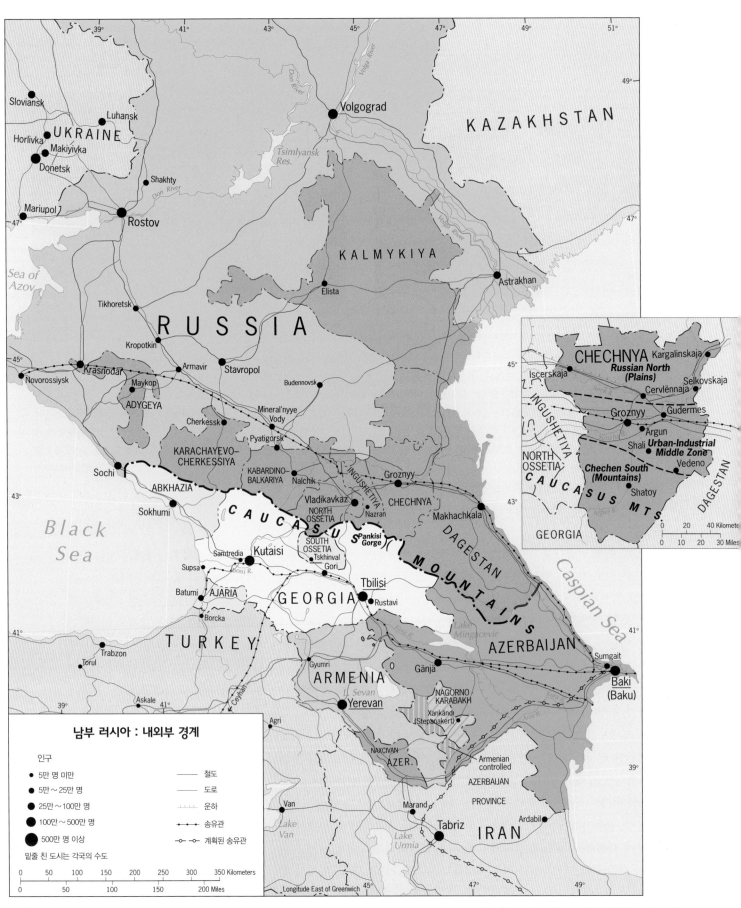

남부 러시아 : 내외부 경계

인구

- 5만 명 미만
- 5만~25만 명
- 25만~100만 명
- 100만~500만 명
- 500만 명 이상

밑줄 친 도시는 각국의 수도

━━━ 철도
─── 도로
╨╨╨ 운하
•━•━• 송유관
○━○━○ 계획된 송유관

| 0 | 50 | 100 | 150 | 200 | 250 | 300 | 350 Kilometers |
| 0 | | 50 | 100 | 150 | | 200 Miles |

그림 2B-7

© H. J. de Blij, P. O. Muller, and John Wiley & Sons, Inc.

프가 1957년에 생존자들이 그들의 고향으로 돌아가도 좋다는 허락을 했지만, 수많은 사람들이 그곳에 가는 도중에, 그리고 도착 이후에 사망했다. 체첸인들은 그들을 괴롭힌 사람들을 결코 용서할 수 없었다. 1991년 소련이 붕괴했을 때, 그들은 기회를 엿볼 수 있었고, 공화국이 새로운 러시아 연합 내의 한 부분으로 만들게 되는 러시아 연방 조약에 서명하는 것을 거절했다. 그리고 독립운동을 전개했는데, 이는 호되고 값비싼 전쟁을 치러야 했다. 이 전쟁으로 이웃하고 있는 공화국들도 불안정해졌다. 체첸의 테러리스트들은 모스크바의 중심에서 이러한 운동을 전개했으며, 이곳에서 수백 명의 시민을 살해했고, 이후로 러시아의 정치적 모습에 변화가 나타났다. 대통령 후보자 블라디미르 푸틴이 승리를 약속했을 때, 2000년에 러시아 시민들은 압도적으로 그를 선출해 주었다. 대규모의 군사 개입으로 체첸인들을 제압했지만, 이 변경지역은 반항적이고 불안정한 상태로 남아 있다.

≡ 트랜스코카시아 : 러시아의 외부 변경지역

러시아(이후에는 소비에트)의 인종적 지도에 대한 처리는 우리가 그림 2B-7, 2A-5에서 본 경계 부분에서는 끝나지 않았다. 러시아의 경계를 넘어서서 소비에트 제국이 3개의 인접한 트랜스코카시아 정치체에 영향력을 확장했고, 이곳에서 러시아는 수 세기 동안 영향력을 행사하고 전쟁을 수행했다. 이 세 국가는 흑해에 면한 **그루지야**(그림 2B-7에 노란색으로 되어 있음), 카스피해에 경계를 둔 **아제르바이잔**(초록색),

중간에 내륙국인 **아르메니아**(옅은 자주색)이다. 소비에트 통치 기간에 그루지야는 충성스러운 동반자였다. 조세프 스탈린은 그루지야 태생이다. 크리스트교의 아르메니아는 이웃한 이슬람 국가인 터키에 대하여 소련에게 안전을 제공했기 때문에 소련의 구성원으로 인정받았다. 그리고 이슬람의 아제르바이잔은 풍부한 석유 매장지이기 때문에 소련에게는 가치 있는 구성원이었다. 이곳의 대다수 인종은 아제리스라 불리는 사람들로 남쪽 경계의 이란에 있는 이란계 아제리스와 가까운 친척 관계이다.

그림 2B-7에서 언급했듯이 아제르바이잔은 이란의 경계에서 크게 동떨어져 나와 있고, 국가의 중요한 부분이 아르메니아 영토에 의해 분리되어 있다. 이것은 아르메니아에게는 아제르바이잔의 영토로 보일 수 있는 나고르노-카라바흐라고 불리는 하나의 배제된 영토를 갖게 하였다.(이곳은 소비에트의 통치로 이슬람 아제르바이잔의 사법권하에서 150,000명의 크리스트교 아르메니아 시민들의 고향이다.)

소비에트 통치는 트랜스코카시아의 이러한 역사적으로 시끄러운 부분에 대하여 잠재된 갈등을 덮어 두기에 급급했다. 그리고 소련의 붕괴 후에 러시아가 영향력을 보유하고, 그들 근린국가의 이러한 부문에서 안정을 유지하려 하였다. 러시아는 아제르바이잔의 석유가 러시아로 들어오거나 러시아를 통과해 지나가기를 원했다.(바키[바쿠]로부터 출발한 파이프라인이 체첸의 그로즈니를 지나 노보로시이스크에 있는 흑해 터미널까지 지나가고 있음을 그림 2B-7에서 볼 수 있다.) 그들은 또한 슬라브 속에 그루지야가 포함되기를 원하

고 있고, 고립되어 있는 나고르노-카라바흐에 대한 아제르바이잔과 아르메니아 사이의 오래된 갈등을 완화시키는 방법들을 모색하였다. 그러나 이러한 일들은 모스크바의 뜻대로 잘 진행되지 못했다. 서부 유럽의 투자에 자극을 받아, 2006년 아제르바이잔은 석유 수출을 그루지야와 터키를 가로질러 지중해의 해안으로 연결된 새로운 파이프라인을 통해 시작하였고, 이는 러시아로의 수송을 대체하였다. 아르메니아와 아제르바이잔은 나고르노-카라바흐에 대하여 때로는 격렬한 말싸움을 지속했다. 그리고 많은 일들이 그루지야에서 실패로 끝났다. 이곳의 정부는 친서유럽 정책을 추구했고, 친러시아의 오세티아 소수민족을 박해했고, 이곳에서 러시아는 공개적으로 작은 인종적 정치체로서 아브하즈로 알려진 북서부 외곽의 지방에서 권한 이양의 국민 발안을 지지하였다(그림 2B-7).

1991년 소련이 분열된 직후, 러시아와 그루지야 간의 논쟁은 심각한 내분 사태로 치달았다. 러시아는 그루지야의 국경을 폐쇄했고, 그루지야의 농부들을 그들의 중요한 시장에서 내쫓았다. 그리고 러시아는 그루지야 내에 있는 아브하즈 시민들의 러시아 여권을 문제 삼기 시작했다. 러시아는 오세티아 동맹에게도 강한 지지의 신호를 보냈고, 2008년에 지속적으로 논쟁이 될 만한 일련의 사건들이 일어났으며, 러시아 군대가 남오세티아에 진입했고 그루지야 군대와 마주치게 되어 짧지만 값비싼 전쟁을 하게 되었다. 국제적인 개입으로 휴전이 된 이후에 모스크바는 독립국가로서 그루지야, 아브하즈 및 남오세티아를 친러시아 자치지역으로 인정하는 특별한 단계를 밟아갔다.

© H.J. de Blij

"우리는 거의 망가질 것 같은 비행기를 타고 아르메니아의 예레반으로 들어갔다. 이 비행기는 두 개의 프로펠러가 모두 덜거덕거리고, 의자는 부서졌고, 유리창은 금이 갔으며, 엔진은 멈출 것 같이 탕탕거렸다. 이틀 후에 우리의 모스크바 대학교 동료가 말하던 '트빌리시에서 코카서스를 가로지르는 그루지야 군사 고속도로' 부근에 도착하였다. 우리들이 아르메니아에 관해 볼 수 있었던 것은 궁핍해진 경제였고, 단지 소련의 구성원으로 공식적으로 인정받았다는 것이었다. (사람들이 말하기를) 지역적 수준의 정치 차원에서 터키의 간섭이 거의 없었을 때에, 모스크바는 터키에 대항하는 안전 보장을 제공하였다. 북쪽으로 가는 중에 이 도로가 왜 이름을 가지고 있는지를 말할 수 있었다. 전략적으로 위험해질 파괴된 것들이 열 지어 나타나는데, 이것은 대단한 광경을 충분히 보여준다.(여기에서 크기가 줄어드는 세반 호의 북쪽 가장자리를 가로지르고 있으며, 앞쪽에 있는 옛 호숫가 선이 있고, 멀리 있는 세반의 마을이 있다.) 사진의 아래쪽에 군대의 대상 행렬이 살짝 보인다. 이것이 군사 도로라 불리는 이유이다."

이러한 조치는 유럽과 세계를 몸서리치게 하였다. 만약 러시아가 이러한 근린국가의 일부분에 군사적 개입을 한다면, 도대체 어디에서 러시아의 무력이 러시아의 의지를 집행하도록 드러낼 것인가? 지도에서 보여주듯이, 그루지야는 러시아와 긴 국경선을 맞대고 있다. 우크라이나 또한 마찬가지이다. 이곳에서 러시아는 군사기지의 임차를 포함한 더 강한 관심을 주장할 수 있다. 아제르바이잔과는 달리, 비록 그루지야가 영토를 가로질러 아제르바이잔에서 터키에 이르는 파이프라인이 지나가는 것을

허락했음에도 불구하고, 농업국가인 그루지야는 러시아를 더 화나게 할 에너지 카드가 없다. 그리고 그루지야는 유럽연합이나 나토(NATO)와도 친밀하게 지내왔으며, 그루지야인에게 수 세기 동안 부족했던 안전에 대한 보장을 찾고 있다. 대부분이 이란과 같은 시아파 이슬람을 믿는 아제르바이잔의 아제리스는 에너지 수요와 공급의 지구적인 망(그리고 정치지리)에 사로잡혔다. 하지만 대부분의 일반적인 사람들은 그들 국가의 석유 재산으로부터 이익을 거의 못 받았다. 그리고 내륙에 갇힌 300만

명의 아르메니아인은 불안한 세계 속에서 살아간다. 투르크족의 지배하에 오스만 무슬림에 의해 많은 사람이 죽었고, 아제리스의 지배로 나고르노-카라바흐가 영토에서 배제되어 있고, 국제사회가 그들의 어려운 입장을 대변하고 있다. 트랜스코카시아 지역은 러시아 권역에서 가장 작은 지역일지도 모른다. 하지만 이곳은 두 번째로 유명하고, 의심의 여지 없이 가장 폭발하기 쉬운 곳이다.

생각거리 ❓

- 캅카스 지역에 기원한 테러리즘이 러시아를 위협하고 있다. 2010년 초에, 모스크바의 지하철 두 곳에서 발생한 자살 폭탄으로 39명의 사람이 죽었다. 바로 몇 달 전에, 테러주의자들이 수도와 상트페테르부르크를 연결하는 국가의 주요 철도를 폭파하여, 비슷한 숫자의 사람들이 죽었다.
- 2010년 초에, 아브하즈가 자립과 국제적 인식으로 향하는 길 위에 서도록 하는 단계라고 러시아가 주장하며, 러시아는 아브하즈의 그루지야 분리주의자 지역의 연안에 군사기지 설립에 동의하는 서명을 하였다.
- 이 권역의 지배적인 국가인 러시아는 경제를 석유와 가스의 수출에 거의 전적으로 의존한다. 문제점은 국제 에너지 시장에 도달할 수 있도록 수송하기 위해서 믿을 수 없는 근린국가에 대한 의존을 어떻게 피하는가이다.
- 러시아는 아직까지 영토적으로 세계에서 가장 큰 국가이다. 그러나 인구 면에서는 거의 10번째에 해당한다.

북쪽에서 본 샌프란시스코 : 어부들의 부두(전면), 코이트 타워(중앙)가 자리 잡은 텔레그라프 힐과 도심지 스카이라인 © H. J. de Blij

3A

북아메리카 : 권역의 설정

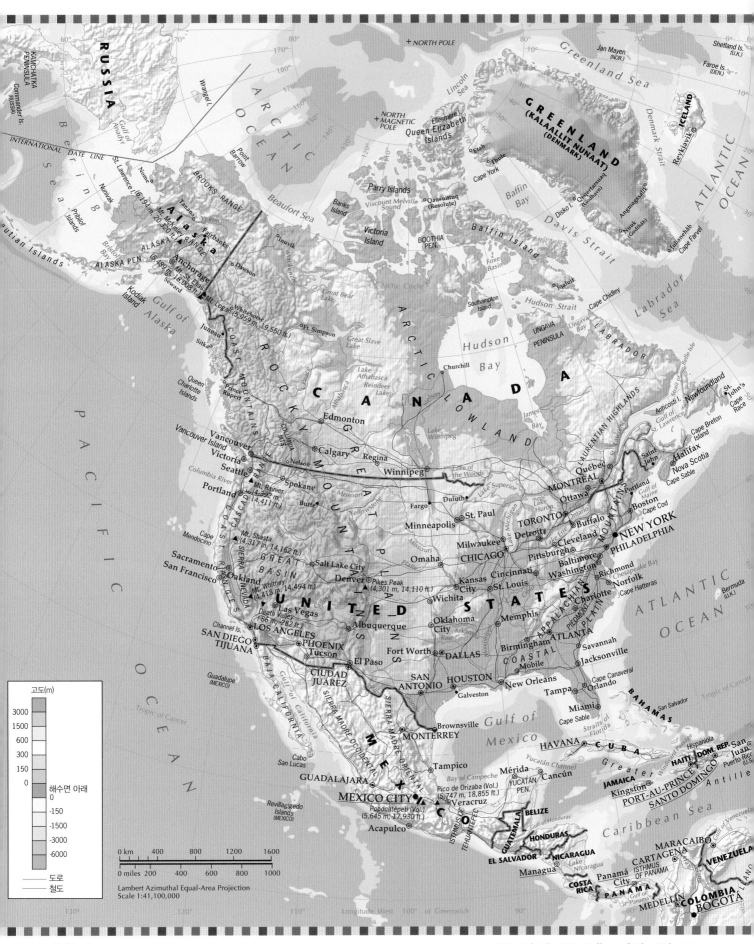

그림 3A–1

다음으로 서반구에 대해서 알아보자. 서반구는 2개의 거대한 대륙이 서로 연결되어 대서양과 태평양을 나누고 있으며, 거의 북극과 남극에 닿을 만큼 길게 늘어져 있다. 이곳은 수많은 크고 작은 섬들을 측면에 두고, 역사적·경제적으로 중요한 만들이 늘어져 있으며 광범위한 천연자원이 매장되어 있는 곳이다. 이 두 대륙, 남아메리카와 북아메리카는 지리적으로 3개의 권역, 즉 북아메리카, 중부 아메리카, 남아메리카로 나뉜다. 자연지리적으로는 북쪽 끝에 있는 캐나다의 엘즈미어 섬에서부터 남쪽으로 파나마까지가 북아메리카이다. 근대 인문지리학에서는 아메리카 대륙의 북쪽을 미국과 멕시코 사이의 정치적·물리적인 국경으로 구분된 점이지대(transitional zone)를 따라 북아메리카와 중부 아메리카로 나눈다(그림 3A-1). 멕시코 만에서 엘파소/시우다드 후아레스까지 리오그란데가 국경을 형성하고, 엘파소 서쪽에서 태평양까지 직선으로 펜스와 담장으로 강화된 국경이 북아메리카와 중부 아메리카를 구분한다. 전지구적 핵심부와 주변부가 여기서 만나 때로는 논쟁이 되기도 한다. 이제 북아메리카를 살펴보자.

 주요 지리적 특색

북아메리카

1. 북아메리카는 세계에서 가장 국토가 넓은 두 국가를 포함한다(캐나다는 국토면적이 2위, 미국은 3위).

2. 캐나다와 미국 모두 연방국가이나 정치체계는 서로 다르다. 캐나다의 연방제도는 영국 의회체계를 적용한 것으로, 10개의 주와 3개의 준주로 이루어져 있다. 미국은 정부가 행정부처와 입법부처로 나뉘고, 50개의 주와 푸에르토리코공화국, 그리고 카리브 해와 태평양의 미국령 섬들로 구성되어 있다.

3. 캐나다와 미국 모두 다원주의 사회이다. 캐나다의 다원성은 지역에 따라 2개의 공용어를 두고 있는 것으로 강하게 나타난다. 미국에서는 민족적, 인종적, 소득체계에 따라 주요한 구분이 이루어진다.

4. 퀘벡 주에서 프랑스어를 사용하는 사람들 중 상당수는 주의 독립을 추구하는 운동을 지지한다. 이 분리 운동은 1995년에 있었던 국민투표 당시가 최고조였는데 프랑스어를 사용하지 않는 사람들과의 근소한 차로 패배하였다. 캐나다 연방이 해체될 것이라는 전망은 2000년 이후로 줄어들었지만 사라지지는 않았다.

5. 국제표준에서 볼 때 북아메리카는 인구가 그리 많지는 않지만, 세계에서 가장 도시화되고 유동성이 뛰어난 곳 중 하나이다. 계속적인 이민을 원동력으로 하여 총 지역 인구는 다음 반세기 동안 40% 이상 증가할 것으로 예상된다.

6. 국제표준에 의하면, 북아메리카는 소득이 높고 소비가 많은 부유한 지역이며, 매우 다양한 자원 기반을 가지고 있으나 재생 불가능한 연료와 광물자원의 소비가 막대하게 이루어지고 있다.

7. 북아메리카는 세계에서 가장 거대한 제조업지대 중 하나이다. 이 지역의 산업화는 비할 데 없는 도시 성장을 가져왔으나, 최근 두 나라는 공업화 이후의 새로운 후기산업 사회와 경제의 출현을 경험하고 있다.

8. 미국과 캐나다는 주요 천연자원의 공급에 있어서 상호의존적이다. 그 예로 캐나다는 미국의 주요 에너지 수입원이다. 또한 오랫동안 서로는 최대의 무역 상대국이었다. 오늘날 국제무역과 투자 흐름을 방해하던 장벽이 제거되면서 멕시코를 포함한 북미자유무역협정(NAFTA)이 이들 세 나라의 경제를 서로 더욱 밀접하게 연결하고 있다.

9. 북아메리카의 인구 유동성은 세계 최고 수준이며 다른 지리적 지역보다 훨씬 많은 국제 이주자들을 끌어들인다. 이민이 계속되고 국제적 이동이 잦아짐에 따라 예외적인 다문화 지역을 형성한다.

북아메리카는 사회·경제적 발전에 관한 모든 척도에서 볼 때, 가장 발달된 두 나라로 구성되어 있다. 거의 무한정한 천연자원을 가지고 있을 뿐 아니라 문화 및 무역으로 서로 연결되어 있는 캐나다와 미국이 상호 생산적인 결합을 하고 있다는 것은 경제 지표에 잘 나타나 있다. 최근의 연간 평균 지표를 보면, 캐나다 수출품의 80% 이상이 미국으로 건너갔으며 캐나다 수입품의 약 2/3는 미국으로부터 온 것이다. 캐나다에서 미국이 차지하는 만큼 절대적이지는 않지만, 미국에게 캐나다는 여전히 주요한 수출 및 수입 시장이다.

지역은 도시 경관, 이동에 대한 선호에서부터 종교적 신념, 언어, 그리고 정치적 신념에 이르기까지 광범위한 문화적 특성들에 의해 정의되기도 한다. 두 나라는 세계에서 가장 도시화된 나라로 선정되어 있다. 마천루의 파노라마인 뉴욕, 시카고, 토론토, 그리고 광대한 순환도로를 통해 시외곽과 연결되는 로스앤젤레스, 워싱턴, 휴스턴만큼 북아메리카의 도시를 강력하게 표현해 주는 것은 없다. 북아메리카 사람들은 세계에서 이동성이 가장 뛰어나다. 최근 그 비율은 줄었지만, 매해 대략 여덟 명 중 한 명이 주거지역을 옮기고 있을 정도로 여전히 세계 최고이다.

다중언어 사용으로 유명함에도 불구하고, 미국과 캐나다 대부분의 지역에서 영어가 공용어이다. 소수가 따르는 종교들이 모두 있음에도 불구하고 캐나다인과 미국인의 대다수는 기독교인이다. 두 나라 모두 안정적인 민주주의 국가이며 연방정부 시스템을 채택하고 있다.

캐나다인과 미국인은 동일한 스포츠에 대한 열정을 공유한다. 미국에서 축구를 변형시킨 풋볼과 야구는 캐나다에서 인기 있는 운동 경기이다. 1992년 토론토 블루제이스는 미국이 아닌 곳으로는 처음으로 월드시리즈에서 우승했다. 느린 속도로 진행되는 스포츠이자 캐나다인 대다수의 취미 활동인 컬링은 미국인들을 사로잡지 못했지만 캐나다의 국기(national sport)인 아이스하키는 현재 캐나다보다 미국에 더 많은 NHL팀이 있다.

미시간으로부터 남부 온타리오를 따라 북부 뉴욕 쪽으로 가다 보면 문화 경관에 있어서 급격한 차이는 볼 수 없다. 미국인들이 캐나다 도시를 방문하는 것은 (혹은 반대의 경우에도), 대부분 익숙한 일이다. 캐나다의 도시는 극빈자들이 훨씬 적고, 소수민족 거주지가 따로 없으며(단, 저임금의 소수민족 거주지는 존재) 범죄율이 낮다. 토론토에서 러시아워 때의 교통 혼잡은 시카고와 비슷하지만, 일반적으로 토론토의 대중교통이 훨씬 양호하다. 두 나라 간의 국경은 9·11 이후에도 허점이 많다. 국경 근처에 사는 미국인은 캐나다에서 보다 저렴한 약품을 구매하고, 형편이 되는 캐나다인들은 의료 진료를 위해 미국을 방문한다.

그 누구도 캐나다인과 미국인 사이에 차이점이 없다고 말하지는 않지만 실제로는 차이가 있다. 이 두 나라 사람이 아닌 외부인들에게 대부분의 차이는 그리 중요한 것이 아니다. 그럼에도 불구하고 정치적이나 문화적인 가치를 공유하지 않는 미국인들이 보다 우위에 있다고 종종 느끼는 캐나다 사람들에게 특히 이러한 차이는 중요하다. 심지어 지명에 대해서도 그렇다. 이 전체 반구를 아메리카라고 부르는 것은 캐나다인, 멕시코인, 브라질인, 그리고 다른 아메리카인들은 존재하지 않는다는 것일까?

인구 밀집

캐나다와 미국이 많은 역사적·문화적·경제적 특성을 공유함에도 불구하고, 이 두 지역은 중요한 차이점을 지니고 있다. 캐나다보다 다소 작은 국토의 미국은 북아메리카 대륙의 핵심부에 자리 잡은 결과, 보다 다양하고 거대한 주변 경계를 포함하고 있다. 미국의 인구는 대부분의 국토에 분포되어 있으며 남북 방향으로 대서양과 태평양 연안을 따라서 인구의 주요 밀집지역이 형성되어 있다(그림 3A-2). 반면 캐나다 인구의 대부분은 미국 국경으로부터 주로 300km 이내에서 남부 동서 방향의 회랑을 형성하면서 분포되어 있다. 캐나다와는 다르게 미국은 알래스카 반도와 태평양 지역에 속해 있는 하와이를 비롯한 몇몇 섬들을 포함하는, 마치 조각이 이어진 것과 같이 형성된 나라이다.

북아메리카 대도시들의 중심업무지구(CBD)들은 때때로 엠파이어스테이트 빌딩처럼 건축학적 아이콘으로 특징지어지는 독특한 스카이라인을 형성하고 있다. 실제로 이렇게 CBD를 구별하는 데 큰 문제는 없다. 중앙에서 약간 오른쪽에 보이는 미시간 호숫가 행콕 타워의 검은 윤곽은 미국에서 세 번째로 큰 도시인 시카고 도심지의 특징적인 건축물 중 하나이다. 사실 행콕 타워보다 유명한 고층 건물은 서반구에서 가장 큰 빌딩인 윌리스 타워뿐이다. 이 사진은 그 빌딩 110층의 스카이 데크에서 찍은 것이다. 윌리스 타워는 당연히 이전 이름인 시어스 타워로 더 널리 알려져 있다. (시어스 타워의 이름을 사용한 1973년의 원 세입자는 10년도 훨씬 전에 회사 본사를 시외곽의 호프만 에스테이트로 옮겼다.) 현재 윌리스 타워의 웹사이트에 따르면 이 타워는 세계에서 가장 친환경적인 빌딩 중 하나로서 재조명되고 있으며, 지속 가능한 미래도시를 지향하는 미국 내의 대표로 시카고를 나타내기 위한 활동의 선두에서 있다. © Vito Palmisano/Photographer's Choice/Getty Images, Inc.

그림 3A-2에서 중심부에 선을 그어 보았을 때, 미국과 캐나다 인구의 대다수가 동쪽에 밀집하여 거주하고 있음을 알 수 있다. 그림 3A-2는 역사적 핵심지역의 발전이 동부에서 이루어졌고, 이후부터 지금까지 계속되는 서부로의 인구 이동과 특히 미국인들의 남부로의 이동도 보여주고 있다. 이 지도는 북아메리카의 도시 인구밀집 현상을 분명하게 보여주며, 이는 토론토, 시카고, 덴버, 댈러스, 포트워스, 샌프란시스코, 밴쿠버를 통해 쉽게 확인될 수 있다. 이 지역에서는 80%에 약간 못 미치는 인구가 도시에 밀집되어 있는데, 이는 유럽보다 높은 비율이다.

부록 B의 표에 의하면, 최근 3억 명을 넘어선 미국 인구는 캐나다보다 50% 이상 높은 증가율을 보이며, 2040년에는 4억 명에 도달할 수도 있다. 이는 고소득 경제에 따른 특이한 높은 인구 증가율로, 이민으로 인한 증가율을 합한 결과이다.

캐나다의 전체 인구 증가율은 미국에 비해 현저히 낮음에도 불구하고, 이민은 미국보다 훨씬 더 높은 비율로 인구 증가에 기여한다. 캐나다 인구수는 3,400만 명에 조금 못 미치는데, 미국처럼 상대적으로 합법 이민을 더 열어 두고 있으며, 그 결과 양국에는 매우 높은 **1** 문화적 다원성(cultural pluralism, 조상이나 전통적 배경의 다양성)이 존재한다. 실제로 캐나다는 두 개의 공식 언어인 영어와 프랑스어를 사용한다(미국은 공식 언어로 영어를 지정한 것은 아님). 또한 아

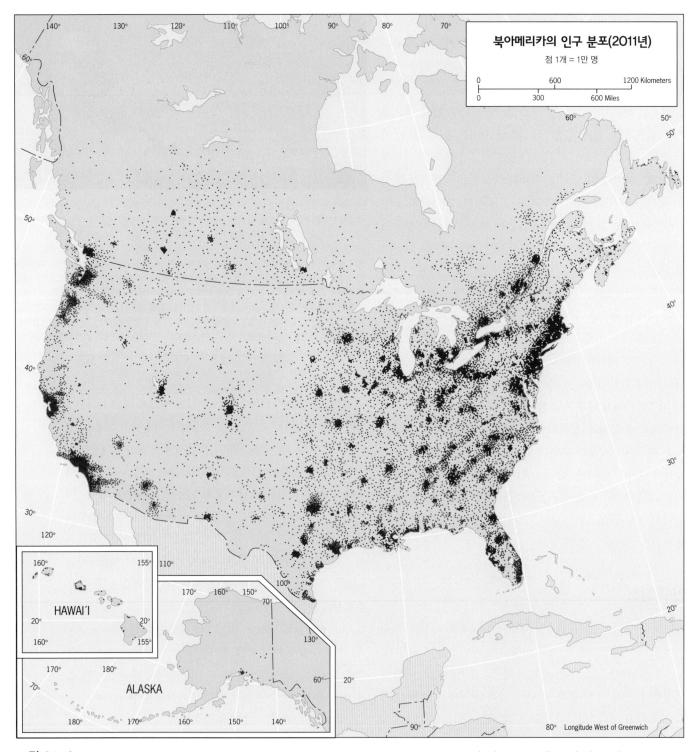

그림 3A-2

© H. J. de Blij, P. O. Muller, and John Wiley & Sons, Inc.

시아인과 태평양 도서인들이 미국 내에서 형성하는 인구 비율보다 동부 및 남부 아시아인들이 캐나다에서 형성하는 인구 비율이 더 높다. 이는 캐나다가 영연방의 일원이기 때문이다. 반면에 미국에서의 문화적 다원성은 크게 히스패닉(15%)

과 흑인(13%), 그리고 여러 다른 소수인종으로 나타난다.

높은 수준의 도시화, 상당수의 이민자, 그리고 문화적 다원성이 북아메리카 지역의 인문지리적 특성들을 정의하고 있다. 이제 인류의 드라마가 펼쳐질 자연지리의 단계를 살펴보자.

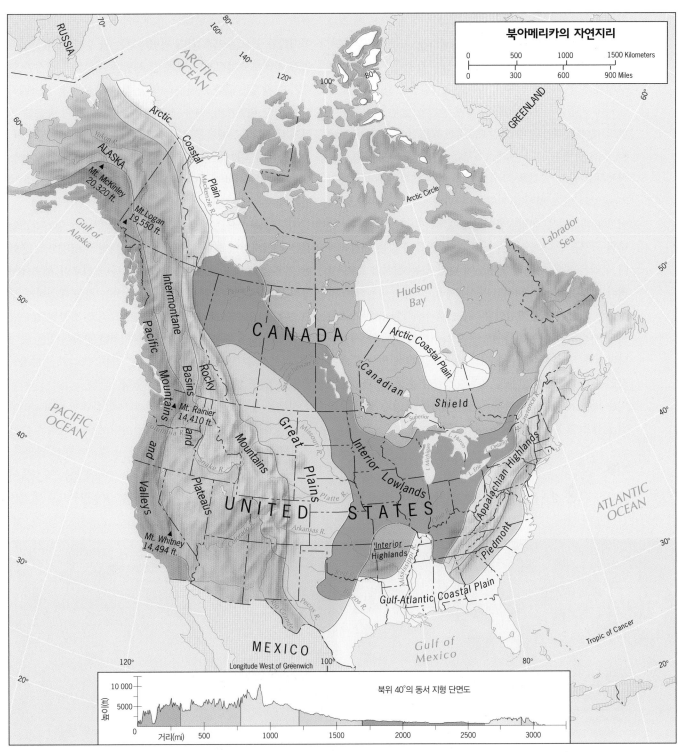

그림 3A-3

© H. J. de Blij, P. O. Muller, and John Wiley & Sons, Inc.

북아메리카의 자연지리

자연지리적 지역

북아메리카 판상에 놓여 있는 전체 북아메리카 지괴를 구별

하는 특징 중 하나는 지역 경관의 두드러진 다양성이다. 이 지역 경관들의 이름을 우리는 일상생활의 대화 중에 사용하고 있다. 예를 들어 '로키 산맥을 날아서 지나간다'고 한다든가, '대평원을 운전하여 가로질러 간다'고 한다든가, '애팔래

치아 산맥으로 도보 여행을 간다'고 하는 것 등이다. 이 경관들을 **2 자연지리적 지역(physiographic regions)**이라고 하며, 리오그란데 (멕시코와 미국 국경지역의 강) 북쪽은 전체 지구상에서 가장 다양한 경관을 보여준다(그림 3A-3).

서쪽 가장자리에 자리한 퍼시픽 산맥은 남부 캘리포니아부터 캐나다 해안을 따라 알래스카까지 이어져 있다. 서부에는 로키 산맥이 중부 알래스카부터 뉴멕시코까지 등줄기를 형성하고 있다. 오대호 주위를 따라 있는 내륙저지(북아메리카 중앙의 낮고 평평한 지역)의 완만한 경관과 서쪽으로 이어지는 대평원은 캐나다와 미국에 걸쳐져 있고, 심지어 두 나라의 국경은 오대호도 나누어 가진다. 동쪽에 있는 애팔래치아 산맥은 지도 하단의 단면도에 나와 있는 것처럼 로키 산맥과 비교할 바는 아니지만 능선, 계곡, 그리고 고원으로 이루어진 회랑지대를 형성한다. 이는 앨라배마와 조지아로부터 노바스코샤와 뉴펀들랜드에 이르기까지 익숙한 지형을 나타낸다. 만약 두 나라 중 어느 한곳에만 속해 있는 주요한 자연지리적 지역이 있다면, 그것은 캐나다 순상지이다. 이 지역은 미 중서부의 내륙저지에 있는 비옥한 토양과 같이 분쇄된 돌들로 형성된 빙하지역이다.

기후

다양한 자연 경관은 다양한 기후에 상응한다. 그림 G-7을 보면, 기후차가 서로 반대인 경관들의 특징을 볼 수 있다. 북아메리카가 모든 기후를 다 가졌다고는 할 수 없지만(북아메리카 지역에서 플로리다 남쪽 끝 지방을 제외하고 진정한 열대기후 지역은 없다.), 매우 다양한 것은 사실이다. 북아메리카는 습한 해안지역, 매우 건조한 내륙 지방, 물이 충분한 평야지역, 그리고 메마른 사막까지 나타난다. 세계지도에서, 온대습윤기후(f)와 냉대습윤기후(Df)는 특별히 상업적 영농에 좋다. 북아메리카에 이러한 환경이 얼마나 많이 분포되어 있는지 주목해 보자.

지도는 북쪽으로 갈수록 추워지고, 밴쿠버와 할리팩스와 같은 해안지역이 보다 따뜻한 연안 앞바다의 영향으로 온화한 기후를 보이고 있으며, 대륙의 혹독한 기후가 해변에서 그리 멀리 떨어지지 않은 곳에서 시작하는 것을 확실하게 보여준다. 더운 여름과 몹시 추운 겨울 그리고 제한된 강수량으로 인해 대륙 내부의 위도가 높은 지역은 경작이 힘든 곳이다. 그림 G-7은 캐나다 인구의 남부 집중, 그리고 중부지역의 낮은 인구 밀도와 많은 관련이 있다.

서부를 살펴보면, 미국 서부의 퍼시픽 산맥이 내륙지역에 어떤 영향을 끼치는지 볼 수 있다. 바다로부터 밀려온 습한 공기를 산맥이 치올려 차갑게 만들고, 응결시켜 비를 만든다. 시애틀과 포틀랜드 및 다른 태평양 북서쪽에 있는 도시들이 바로 이 비로 유명하다. 공기가 산맥을 넘어 평원으로 내려올

태평양 연안을 제외하고 미국 서부의 절반은 실제적으로 건조한 기후로 뒤덮여 있다. 이는 캐스케이드 산맥과 시에라네바다 산맥이 캐나다 국경으로부터 남쪽으로 로스앤젤레스에 이르기까지 해변을 따라 주요 산맥으로 형성된 결과이다. 본문에서 말한 것처럼 산맥은 동쪽으로 흐르는 공기 속의 해양 수분을 쥐어짜는 장벽으로서 기능하고 있다. 바람에 가려진 지역은 비그늘(산으로 막혀 강수량이 적은 지역)에 지대한 영향을 받기 때문에 매우 건조한 환경으로 변한다. 왼쪽 사진은 미국 본토 내에서 가장 높은 휘트니산이 정상이 되는 캘리포니아 시에라 산맥의 동쪽 산기슭과 경사면이다. 이곳은 높은 고도에서 눈으로 수분을 모두 소비하고, 연안의 습한 내륙지역의 끝에서 동쪽으로 몇 마일 이동한 지점으로서 사막 같고 척박하다. 오른쪽 사진은 남아메리카 페루의 안데스 산맥에서 찍은 것으로, 습한 기후에서 건조한 기후로 급격하게 바뀔 수 있다는 것을 보여주고 있다. 산등성이를 따르는 선명한 경계가 뒤쪽의 무성한 열대림지역과 초목식물이 전혀 없는 전면 경사지역을 확실하게 구분하고 있다. © Bruce Heinemann/Getty Images, Inc.; (오른쪽) © Shouraseni Sen Roy

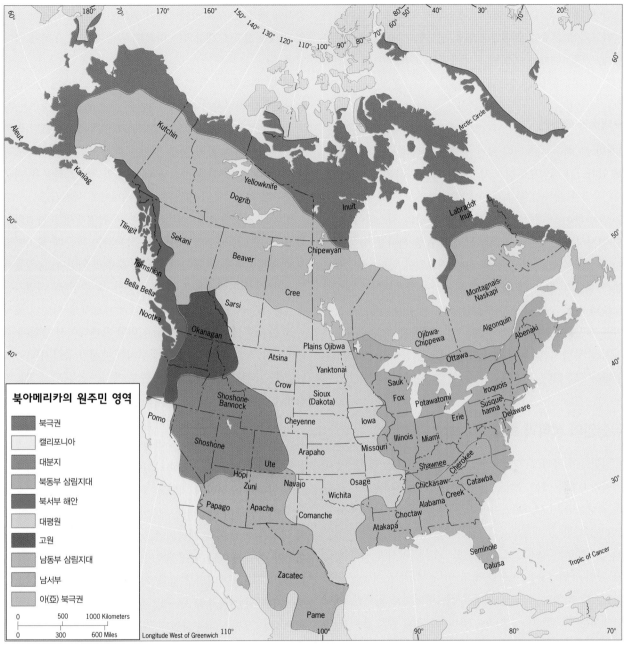

그림 3A-4

© H. J. de Blij, P. O. Muller, and John Wiley & Sons, Inc.

때까지 대부분의 수분은 말라버리고, 해안 주변의 숲이 덤불과 잡목으로 변한다(p. 132, 사진 참조). 이 **3 비그늘 효과**(rain shadow effect)가 대평원 끝까지 나타나서, 북아메리카는 멕시코만이 습한 열대성 공기를 미시시피-미주리 강을 지나 동부 내륙으로 보내기 전까지 습한 기후로 바뀌지 않는다.

일반적인 방법으로 태평양 연안지역을 제외하면 북아메리카는 건조한 서부와 습한 동부로 나뉜다. 인구 분포 지도를 보면 이것에 대한 힌트를 얻을 수 있다. 위니펙 호에서부터 리오그란데 입구까지 선을 하나 그어 보자. 인구 밀도를 보면 상대적으로 습한 동부와 건조한 서부 사이의 차이를 확인해 볼 수 있다. 물은 이 부분에 있어서 많은 영향을 미친다.

로키 산맥과 애팔래치아 산맥 사이에서 북쪽의 한대기단에서 남쪽의 열대기단까지 형성하고 있다. 겨울에 남쪽 방향으로 V자 형태를 띠는 한대 전선이 추위를 가져오고 바싹 마른 건조한 기단이 지역 중심부에서 짙게 형성되어 멤피스와 애틀랜타와 같은 곳을 아이스박스로 만든다. 여름에는 덥고 습한 열대성 공기가 멕시코 만에서부터 북쪽으로 불어와서 시카고와 토론토에 열대의 경험을 선사한다. 이러한 기단은 번개, 천둥, 때때로 위험한 토네이도를 동반한 기상 전선과 저기압 지대에서 충돌하기도 한다.

오대호와 대하천

2개의 큰 배수 시스템이 로키 산맥과 애팔래치아 산맥 사이에 있다. (1) 세인트로렌스 강과 대서양으로 흘러가는 오대호 (2) 광대한 내륙의 분수계(分水界)로부터 멕시코 만까지 물을 운반하는 거대한 미시시피-미주리 강의 시스템이다. 이 중 미시시피는 세계에서 가장 큰 **삼각주** 중 하나를 형성한다. 이 두 자연 시스템은 인류에 의해 변화되어 왔다. 세인트로렌스 수로의 경우, 일련의 수문과 운하가 중서부에서 대서양으로의 직접 수송 통로를 형성한다. 미시시피와 미주리 강은 인공 제방들에 의해 강화되었다. 이 제방들은 최악의 홍수를 막지는 못했지만, 농부들이 가장 비옥한 땅에서 경작할 수 있도록 해주었다.

유럽인의 정착과 확장

유럽인들이 북아메리카 지역에 첫발을 내딛었을 때, 이미 북아메리카 대륙에는 수백만 명의 사람들이 살고 있었다. 그들의 조상은 이미 14,000년이란 시간보다도 훨씬 전에 (혹은 약 3만 년쯤 전에) 태평양을 건너거나 알래스카를 거쳐 아시아에서 아메리카 대륙으로 온 사람들이었다. 아시아 대륙을 찾고 있던 유럽인들은 이들을 보고 인디언이라고 이름을 잘못 붙이기도 하였다. 오늘날 미국에서는 아메리카 원주민, 캐나다에서는 퍼스트 네이션(First Nations)*으로 각기 불리는 이들 ─ 미국과 캐나다에서 각각 인디언들을 이렇게 부르고 있다 ─ 은 다양하고 풍부한 언어와 문화를 지니는 수백 개의 부족국가로 구성되어 있었다(그림 3A-4).

이들 중 유럽의 침략으로 가장 큰 타격을 받은 곳은 바로 동쪽에 위치한 국가들이었다. 18세기 말 무렵, 영토 확장에 열을 올리는 무자비한 정착민들이 대서양과 멕시코 만 연안 지역에 살고 있던 아메리카 원주민을 몰아내었고, 이를 시작으로 하여 서쪽으로 계속 전진함으로써 토착민 사회를 큰

---

* 캐나다의 토착 원주민으로 극북의 이누이트족(알래스카의 에스키모족)과 메티스족(원주민과 유럽 조상의 혼혈)을 포함하며 수적으로는 메티스와 이누이트를 포함하지 않는 퍼스트 네이션이 우세하다.

충격에 빠뜨렸다. 북아메리카의 원주민들은 현재는 미 영토의 약 4% 정도에 해당되는 황폐한 원주민 보호 구역에 남아 있다.

현재 북아메리카의 인구지리는 영국과 프랑스에 지배받던 17~18세기 식민지시대에 그 기반을 두고 있다. 프랑스는 수익성 있는 모피 교역을 위한 네트워크 구축에 집중했던 반면 영국은 오늘날 미국의 동부 연안을 따라 정착하기 시작했다 (이때 세워진 도시 중 가장 오래된 곳인 제임스타운은 지금으로부터 400년 보다 훨씬 전에 버지니아에 세워짐).

영국의 지배를 받던 식민지들은 곧 지역경제를 차별화시켰고 이러한 다양성이 오랫동안 지속되는 가운데 북아메리카 문화지리의 상당 부분이 모습을 갖추게 되었다. 뉴잉글랜드 북부지역(메사추세츠 만을 비롯한 그 주변)의 식민지는 무역을 전문으로 하였고, 버지니아와 메릴랜드 사이의 체사피크 만 남부에서는 담배 재배를 위한 플랜테이션 농업에 주력하였다. 이 두 지역의 중간에 위치한 대서양 중부지역(뉴욕 남동부, 뉴저지, 펜실베이니아 동부)에서는 소규모 소작농의 형태가 생겨났다.

이렇게 서로 이웃한 식민지들은 번창하여 확장되어 나가기를 원했지만 영국 정부는 내륙의 국경을 폐쇄하는 등 경제활동에 대한 제재를 더 강화하였다. 이러한 정책에 식민지들은 단합하여 도전하게 되었고, 이 혁명은 독립을 거쳐 오늘날의 미합중국이 탄생하는 데 기여하였다. 이 신생국가의 서쪽 국경은 이제 활짝 개방되었고, 오하이오 강 북부지역에는 대서양 연안 평야나 애팔래치아 산기슭보다 농작하기에 더 적합한 내륙 저지대의 토양과 기후가 알려지면서 정착이 이루어지게 되었다(그림 3A-3). 삼림 벌채는 농업, 축산업을 위한 넓은 토지를 제공하였고, 새로운 문화 경관은 급속도로 퍼져나갔으며, 서쪽 국경이 빠른 속도로 더 확장되어 나갔다 (그림 3A-5).

문화 기반

현대 북아메리카 사람들이 갖는 신념의 특징은 모험적인 추진력, 새로움에 대한 추구, 이동에 대한 능력, 개성주의 정신, 목표와 야망에 대한 적극적 추구, 사회적 동의에 대한 요구, 그리고 운명에 대한 확고함 등이다. 이러한 것들은 당연히 현대 북아메리카 문화에 있어서 그리 특이한 것들은 아니다. 그러나 이것들은 서로 연합하고 조화를 이루어 특별히

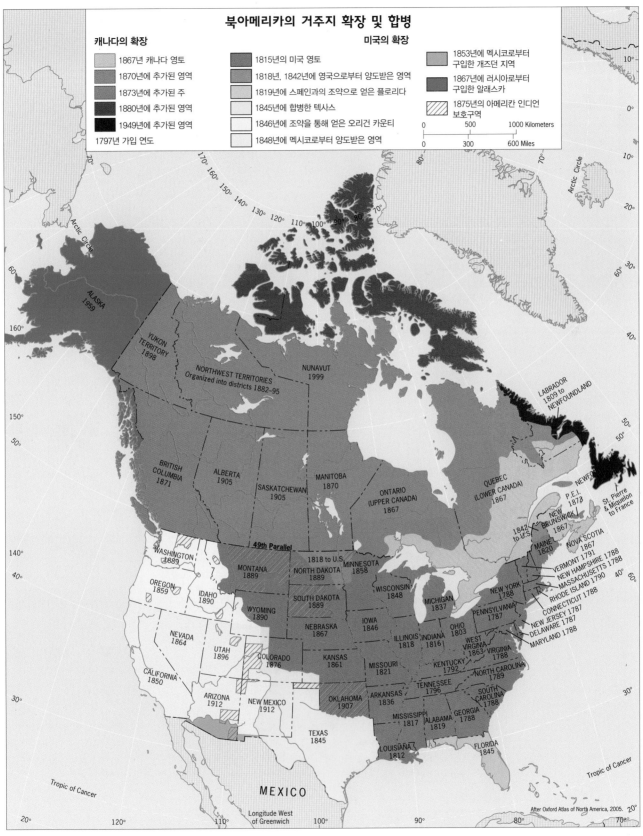

북아메리카의 거주지 확장 및 합병

캐나다의 확장

- 1867년 캐나다 영토
- 1870년에 추가된 영역
- 1873년에 추가된 주
- 1880년에 추가된 영역
- 1949년에 추가된 영역
- 1797년 가입 연도

미국의 확장

- 1815년의 미국 영토
- 1818년, 1842년에 영국으로부터 양도받은 영역
- 1819년에 스페인과의 조약으로 얻은 플로리다
- 1845년에 합병한 텍사스
- 1846년에 조약을 통해 얻은 오리건 카운티
- 1848년에 멕시코로부터 양도받은 영역

- 1853년에 멕시코로부터 구입한 개즈던 지역
- 1867년에 러시아로부터 구입한 알래스카
- 1875년의 아메리칸 인디언 보호구역

그림 3A-5

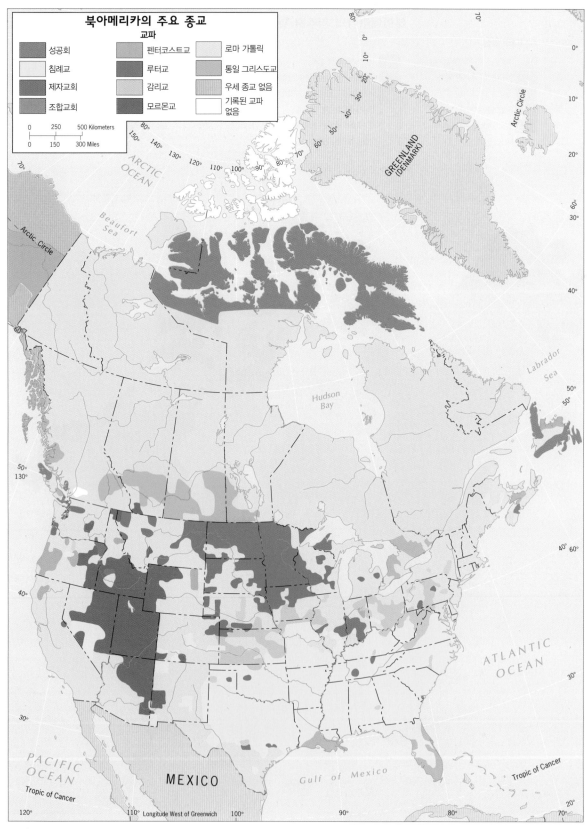

북아메리카의 주요 종교
교파

성공회	펜터코스트교	로마 가톨릭
침례교	루터교	통일 그리스도교
제자교회	감리교	우세 종교 없음
조합교회	모르몬교	기록된 교파 없음

그림 3A-6

© H. J. de Blij, P. O. Muller, and John Wiley & Sons, Inc.

만연하는 사고방식을 만들어 내고, 이 사고방식은 여러 가지 방법으로 지리적 영역에 반영된다. 일반적으로 이러한 경향들은 교육적인 목표에 대한 강렬한 추구, 그리고 사회경제적 상승에 대한 강한 열망의 형태로 나타나기도 한다.

이러한 열망을 가능하게 하는 것이 바로 **언어**다. 북아메리카에서는 영어를 사용하기만 하면, 많은 사람들이 그러한 목표에 도달할 수 있다. 대조적으로 유럽에서는 언어 때문에 이동이 자유롭지 못하는 상황이 생기기도 한다. 폴란드에서 아일랜드로 이주한 노동자는 가나 혹은 스리랑카에서 온 이주자와의 경쟁에 불리할 수밖에 없다는 것을 알게 된다. 북아메리카에서는 아칸소에서 온 노동자가 언어문제에 구애받지 않고 캘거리에 가서 직업을 구하는 것이 가능하다.

북아메리카에서 영어의 보편성이 점차 사라져 가고 있음에도, 영어는 여전히 의사소통의 주요한 매개체로 남아 있다. 흥미롭게도 미국 내의 영어 사용은 변화를 겪고 있고 이 변화는 세계적으로 그 영향을 미치고 있다. 영어가 제2언어로 사용되고 있는 지역에서는 그 지역의 현지 언어와 섞여 새로운 혼합언어가 생겨난다. 나이지리아의 'Yorlish', 싱가포르의 'Singlish', 그리고 필리핀의 'Taglish'가 그러하다. 이러한 측면에서 영어는 이 시대의 '라틴어'가 될 수도 있는 것이다. 라틴어 또한 이탈리아어, 프랑스어, 에스파냐어, 그리고 다른 로망스어들과 통합된 혼합어로 발전하였었다.

또한 **종교**는 문화적 가치를 반영하는 역할을 한다. 이 종교를 통해 캐나다보다 더욱 미국의 문화가 자리 잡았고 이는 나머지 다른 서구 사회들의 그것과 구별된다. 압도적으로 많은 미국인이 하나님을 믿으며, 많은 유럽국가와는 대조적으로 대다수의 사람이 규칙적으로 교회 예배에 참석하고 있다. 종교 의식은 정치 지도자들에게 사실상의 시금석 역할을 한다. 그 어느 선진국에서도 화폐에 '우리는 하나님을 믿는다'라고 새기지 않는다. 기독교가 주도적인 북아메리카에서 종파와 교파는 매우 중요하다.

그림 3A-6에서는 기독교 신도들을 짙게 표시하여 나타낸 모자이크를 볼 수 있다. 이러한 척도의 지도에서는 훨씬 더 복잡한 형태의 것을 대체적인 윤곽으로만 볼 수 있다. 북아메리카에는 수만 개의 개신교 교파가 있다고 볼 수 있는데, 이것은 그저 추정치에 불과하다. 텍사스에서 버지니아에 이르기까지는 남부 침례교가 형성되어 있고, 루터교는 중서부 위와 대평원 북부지역에, 중서부 아래 지방을 가로지르는 특정 지역에는 감리교가, 모르몬교는 유타를 중심으로 서쪽 내륙

에 퍼져 있다. 로마 가톨릭교는 대부분의 캐나다 지역과 미국 북동부, 남서부에 퍼져 있는데, 북동부지역에는 아일랜드 소수민족과 독실한 이탈리안들이, 남서부에는 히스패닉이 대다수를 이루고 있다. 이러한 배경 뒤에는 개종, 이주, 갈등, 경쟁 등의 종교적 역사가 있다. 그러나 다양한 종교적(비종교적인 것이라도) 관점과 실천에 대한 관용이야말로 이 북아메리카 지역 종교에 있어서 가장 큰 특징이라고 할 수 있다.

북아메리카의 연방 지도

북아메리카를 구성하는 미국과 캐나다는 서로 다른 동기를 가지고 서로 다른 속도로 그들만의 행정체계를 발달시켰지만 결과적으로는 매우 비슷하다. 내부 행정 지도를 살펴보면 행정 편리성에 의해 직선으로 된 경계가 월등히 많음을 볼 수 있다(그림 3A-7). 강이나 산 정상지역과 같은 물리적 특성이 내부 경계를 형성하는 경우는 상대적으로 많지 않고 행정 편리에 의해 만들어진 직선 경계의 길이가 훨씬 더 길다. 심지어 캐나다와 미국의 오대호 서쪽 국경 대부분은 북위 49°와 일치한다.

이유는 너무나도 분명하다. 이 행정체계는 주류 백인들의 정착이 이루어지면서, 몇몇 지역에서는 아주 더 오래전에 계획되었기 때문이다. 이 행정 설계에는 독단적이거나 임의적인 것이 있다. 그러나 일찍이 분명하게 내부 행정 단위에 한계를 정함으로써 각 정부들이 이후 영토와 자원을 두고 분

석유 시추는 항상 환경 재앙의 위험성을 내포한다. 2010년 4월에 미시시피 삼각주의 남쪽에 위치한 멕시코 만에서 BP사 심해 시추선이 발생시킨 대량 석유 유출 사고는 미국 역사에서 가장 큰 환경 재앙 중 하나가 되었다. 석유 유출로부터 약 한 달 후, 삼각주 서편에 있는 보초도인 루이지애나 그랜드 섬의 해안가에 밀려든 석유가 끔찍한 장면을 연출하였다. © Julie Dermansky/© Corbis

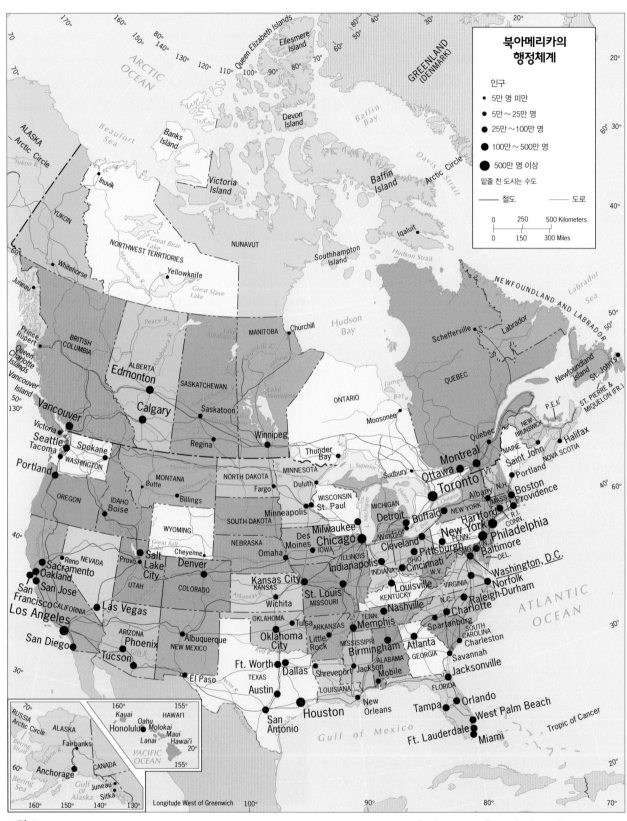

그림 3A-7

© H. J. de Blij, P. O. Muller, and John Wiley & Sons, Inc.

쟁하지 못하도록 하였다. 어떤 경우도 캐나다나 미국 모두가 하나의 나라가 되는 경우는 없다. 두 나라는 **연방국가**이다. 캐나다 사람들은 그들의 일차 세분화된 구획을 프로빈스(Province)로 부른다. 반면에 미국은 나라 이름에서 볼 수 있듯이 스테이트(State)로 구분한다.

어떤 주는 다른 주들보다 더 중요할 수도 있기 때문에, 지역을 구획화하는 주들(provinces and states)을 자세하게 살펴보는 것은 중요하다. 캐나다 연방에서 특별한 위치에 있는 프랑스 문화권인 퀘벡의 특별함은 이미 언급되었다. 여러 가지 측면에서, 캐나다 주(Province)의 핵심은 온타리오 주이다. 온타리오에는 캐나다에서 가장 크고 가장 국제적인 도시인 토론토가 있고, 동쪽 강으로 퀘벡과의 경계를 두고 있는 수도(오타와)가 있다. 미국을 보면 연방 정치와 경제 지도에서 멕시코와 맞닿아 있는 텍사스, 태평양을 바라보는 캘리포니아, 대서양으로 창이 나 있는 도시인 뉴욕, 그리고 카리브해를 겨누고 있는 플로리다가 미국의 핵심 주이다.(마이애미는 종종 라틴아메리카의 입구로 일컬어지고 있다.)

북아메리카의 장방형으로 배치된 연방구조 체계는 그 자체로(스테이트 또는 프로빈스 단계에서 상당한 자치권을 가지면서) 자유와 독립의 문화를 잘 나타내면서 북아메리카의 현대화와 안정성을 잘 표현해 준다. 만일 연방주의가 이러한 고소득 경제에서 효과적 역할을 한다면, 다른 나머지 국가들도 따라가는 것이 마땅하지 않을까? 연방주의는 자산뿐 아니라 상당한 부채도 지닌다.

천연자원의 분포

이러한 부채 문제는 주나 지방에 천연자원이 얼마나 매장되어 있느냐와 관련이 깊다. 캐나다 앨버타 주에는 거대한 에너지가 매장되어 있다.(아마 예상하는 것보다 더 많은 양의 에너지가 앞바다에 위치해 있을 것이다.) 그러나 앨버타 주정부는 연방정부가 이 에너지를 통해 얻는 경제적 이익을 다른 주의 경제를 돕는 것에 사용하는 것을 그리 달가워하지 않는다. 미국에서는 석유 값이 오르면 캘리포니아 주는 예산 부족으로 어려움을 겪는 반면 텍사스 주와 오클라호마 주는 호황을 누리게 된다. 따라서 각 주나 지방의 천연자원에 대한 지도를 살펴보는 일은 중요하다(그림 3A-8).

북아메리카에서 **물**은 확실한 천연자원이다. 미국 남서부와 대초원지대 내에 있는 몇몇 주들이 다른 주에 물 공급을 의존하고 있는 것에 대한 염려를 오랫동안 해왔음에도 불구하고 북아메리카 지역은 비교적 물 공급이 원활한 편이다. 또 다른 염려는 북아메리카 대부분의 중요한 대수층(帶水層: 지하수를 품고 있는 지층) 내의 지하수면이 낮아지는 것이다. 이로 인한 물의 과용, 그리고 대수층으로의 물 보충이 줄어듦에 의해 물 공급에 문제가 생길 수도 있다.

북아메리카 내의 3대 지역에는 풍부한 **광물**이 매장되어 있는데, 5대호 연안 북부 쪽의 캐나다 순상지, 동쪽에 위치하는 애팔래치아 산맥, 그리고 서부의 산맥들에서 주로 광물이 발견된다. 캐나다 순상지에는 철광석, 니켈, 구리, 금, 우라늄, 그리고 다이아몬드가 풍부하다.

석유, 천연가스, 석탄과 같은 **4** 화석연료(fossil fuel)자원에 관해 살펴보자면, 북아메리카는 역시 이와 같은 자원들이 풍부하지만, 세계 최고의 수요량을 나타내는 지역이고, 국내 공급만으로는 충족이 되지 않기 때문에 많은 양을 수입에 의존해야 한다. 그림 3A-8은 석유, 석유 추출이 가능한 오일샌드, 천연가스, 석탄의 분포를 나타낸다.

주요 **석유** 생산지역은 (1) 멕시코 연안지역으로부터 해안을 따라, (2) 텍사스 서부로부터 캔자스 동부에 이르기까지 미대륙 중심부 지역을 따라, (3) 북극해를 접하고 있는 노스 슬로프(미국 알래스카 북부 해안의 유전지역)를 따라 분포되어 있다. 멕시코 연안지역의 석유 산출량은 점점 늘고 있는 추세이다. 석유 개발에 있어서 주목할 점은 캐나다 북동부지역의 앨버타에서는 포트맥머레이의 신흥 석유 개발지 인근에 매장되어 있는 **오일샌드**에서 석유를 추출한다는 것이다. 이 공정은 자금이 많이 들고, 석유 값이 오를 때에만 투자 가치를 발휘할 수 있다는 단점이 있다. 그러나 이 오일샌드로부터 얻을 수 있는 석유 산출량은 사우디아라비아의 산출량보다 많을 것이라고 추측되고 있다. 2008년 석유 가격이 급등했을 때 이 지역의 석유 생산량은 증가했고 같은 해 가격이 폭락했을 때는 생산량이 줄어들었다. 이러한 양상은 향후 수십 년간 지속될 전망이다.

석유와 **천연가스**가 발견되는 곳은 지질학적으로 유사한 특성이 있으므로 이 두 자원의 매장량의 분포도는 서로 비슷하다(오래된 해저와 얕은 천해). 지도에서는 생산량을 나타내고 있지는 않은데, 생산량에 있어서 북아메리카 지역은 전 세계적으로 선두를 달리고 있다(검증된 매장량으로는 러시아와 이란이 선두). 북아메리카 지역에서 천연가스는 발전용 연료로 급부상하고 있는데, 급증하는 수요에 그 공급이 못

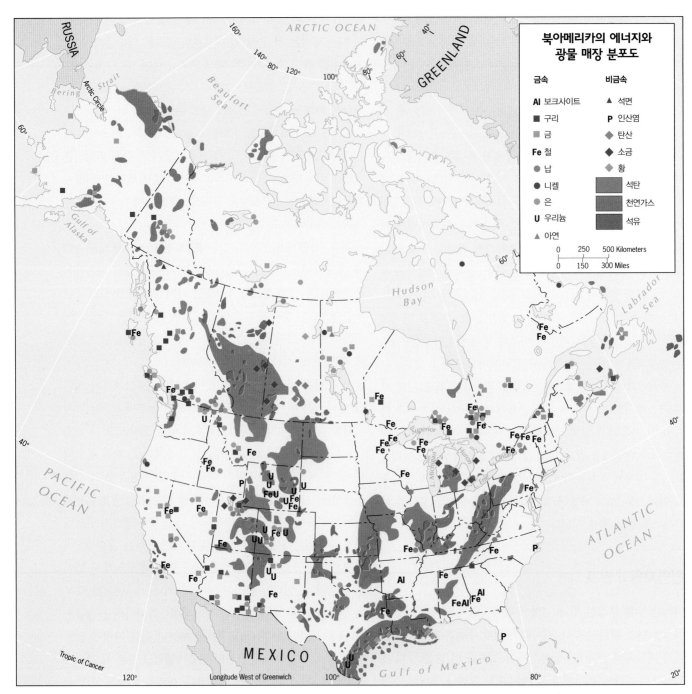

그림 3A-8

© H. J. de Blij, P. O. Muller, and John Wiley & Sons, Inc.

미칠 것이라는 우려도 낳고 있다.

　북아메리카 지역의 석탄 매장량은 아마도 지구상에서 최대 일 것이다. 이는 애팔래치아, 미국과 캐나다의 대초원지대 하부, 그리고 그 밖의 다른 지역들의 중서부 남쪽에 주로 분포

되어 있다. 비록 석탄이 지구온난화의 주범인 온실가스를 방출하는 바람직하지 않은 연료이긴 하지만, 이 지역의 석탄 매장량은 향후 수 세기 동안 충분히 공급할 수 있을 정도이다.

도시, 산업, 그리고 정보경제

공업도시

1870년대에 산업혁명이 대서양을 거쳐 미국에 성공적으로 정착한 후, 활발한 성장을 거듭하여 북아메리카 지역이 유럽을 제치고 세계 최대의 산업단지로 성장하는 데는 불과 50년밖에 걸리지 않았다. 산업화는 도시화와 동시에 일어났다. 이에 따라 대규모의 노동력을 필요로 하는 제조 공장이 도시 가까이 혹은 도시 안에 지어졌다. 이러한 현상은 농촌 도시 간의 인구 이동(20세기 전반기 동안 흑인들이 남부 지방에서 북부 도시들로 이동하는 것을 포함하여)과 각 도시의 성장을 촉진시켰다. 전국적으로 원료를 채취하고 가공하여 생산제품으로 분배하는 특화된 새로운 도시체계가 나타났다. **5** 도시체계(urban system)는 철도망(이 자체가 산업혁명의 결과물인)의 급속한 확장을 통해 상호 연결되었다.

새로운 과학 기술과 기술 혁신이 급부상함에 따라, 또한 디트로이트의 자동차 산업과 같은 산업 특성화가 강화됨에 따라 **6** 미국의 제조업지대(American Manufacturing Belt, 캐나다의 온타리오 남부까지 포함하는)는 북아메리카 지역의 핵심 역할을 수행하기 시작하였다(그림 3A-9). 세계에서 가장 생산적이며 중요한 지역이 되어 가고 있는 이 핵심지역에서는 다수의 지역 산업 활동이 일어나고 있으며, 뉴욕, 시카고, 토론토, 그리고 철강도시라 불리는 피츠버그와 같은 주요한 도시들이 이 핵심지역에 위치하게 되었다.

도시화와 산업화가 밀접한 관계를 맺고 진행되는 가운데 북아메리카 지역의 공간경제는 극심한 변화를 겪게 되었다. 농업, 광업, 수산업과 같이 자연으로부터 원료를 추출하는 **1차 산업**은 급속도로 기계화되었고, 그에 따라 이러한 산업의 노동자 수는 상당수가 줄어들었다. 원료를 투입하여 제조하는 **2차 산업**의 고용시장은 급속히 증가하였다. 금융, 소매, 운송과 같이 생산과 소비를 위한 모든 종류의 서비스가 수반되는 **3차 산업** 또한 활발히 성장하였다.

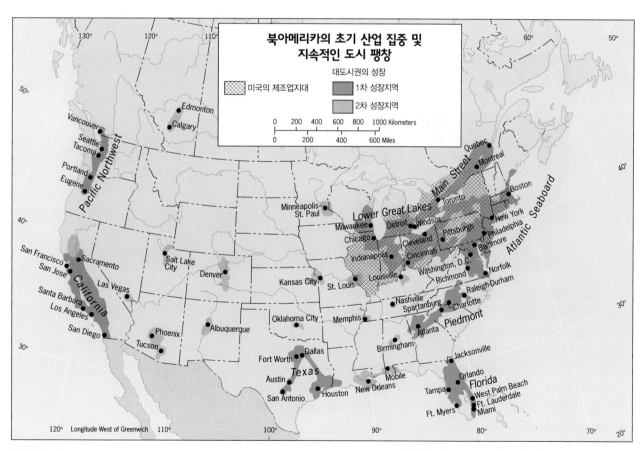

그림 3A-9

© H. J. de Blij, P. O. Muller, and John Wiley & Sons, Inc.

산업의 공동화(제조업의 쇠퇴)와 교외화

경제 원리와 교통, 통신기술의 발달에 따라 도시들은 계속 성장하였다. 제2차 세계대전 이후 자동차 이용이 대중적이 되고 그에 따라 대규모 고속도로 시스템의 건설이 수반되면서 이는 도시들에 크게 두 가지 영향을 미쳤다. 첫째는 도시 간의 이동성과 상호연관성이 높아졌다는 것이고, 둘째는 교외화 과정을 촉진시켰다는 것이다. 이로써 작은 소도시가 대도시로 변화되었고 단순히 교외 거주지였던 곳이 상업, 공업, 학교, 병원, 그 밖의 다른 시설들을 총망라하는 하나의 완전한 **7** 외곽도시(outer city)로 진화되었다. 이렇게 새롭게 도시화된 교외도시들 내에서 계속적으로 주요한 경제 활동이 일어남에 따라 상당수의 중심부 도시들의 위상이 상대적으로 약화되었다.

여기서 주목할 만한 점은, 이러한 교외화가 1960년대에 미국의 도시들을 강타했던 **제조업의 쇠퇴**와 동시에 발생했다는 것이다. 자동화로 인해 제조업이 쇠퇴하고 저임금 국가로 생산 라인이 이동함으로써 일자리가 줄어들었다. 이러한 교외 외곽도시들이 대도시의 중심부로부터 이주해 오는 이주자들의 최종 목적지가 되고 경제 활동과 서비스 산업의 고용에 있어서 또한 최종 목적지가 되었던 반면, 한때 번성하여 주도적인 역할을 했던 중심업무지구는 도시 중심부 가까운 지역에 모인 덜 부유한 층의 인구를 수용해야 했다. 이러한 현상을 가장 잘 설명해 주는 예로 디트로이트가 종종 인용된다. 하지만 이는 디트로이트뿐만 아니라 미국의 거의 모든 주요 도시들이 겪고 있는 문제이기도 하다.

정보경제와 도시권

1980년대 초 이래로 많은 북아메리카 지역의 도시들은 제조업의 쇠퇴와 실업으로 인한 파괴적인 영향으로부터 회복해 오고 있다. 이제 4차 산업에 해당되는 **정보경제**의 시대가 도

답사노트

© Andy Ryan Photography

"지난 40년 동안의 미국 교외지역의 도시화 과정을 살펴볼 때 버지니아의 최대 쇼핑몰인 타이슨 코너를 알아보면 많은 도움이 된다. 2008년의 모습에서는 이 지역이 불과 50년 전까지만 해도 지방 근교의 교차로 역할을 하는 작은 샛길에 지나지 않았다는 사실을 상기해 내기가 힘들다. 그러나 워싱턴 DC가 꾸준히 도시 기능을 분산시켜 나가자, 타이슨은 견줄 데 없는 지역적 접근성을 갖추기 위한 투자를 아끼지 않으면서 덜레스 공항으로 통하는 방사상의 유료 도로와 교차하는 순환 도로에 최고급의 소비시설, 오피스 단지, 그리고 상업적 서비스를 가능하게 하는 모든 것들을 계속해서 끌어모으는 데 주력하였다."
[오늘날 이 교외도시의 중심부는 북아메리카에서 가장 큰 규모의 비지니스 구역 중의 하나로 자리매김 하고 있다. 그러나 이는 무분별한 도시 확산(도시 스프롤 현상)의 한 예가 되어, 급기야 2009년에는 개발 관련자들과 임차인들, 그리고 카운티 정부 관련자들이 연합체를 형성하여 타이슨을 더 세련되고 보다 환경을 생각하는 도시로 만들기 위한 노력을 하고 있다. 이 새로운 계획이 포함하고 있는 것들은 더 높은 주거 밀도, 새로운 지하철 노선 위에 4개의 역을 두는 대중교통 환승이 포함되어 있다. 이 새로운 노선은 워싱턴과 덜레스 공항, 그리고 보행자와 자전거 이용자들을 수용할 수 있는 대규모의 새로운 시설에까지 연결되도록 한다. 세부사항은 2009년 6월 22일자 타임지 기사 참조]

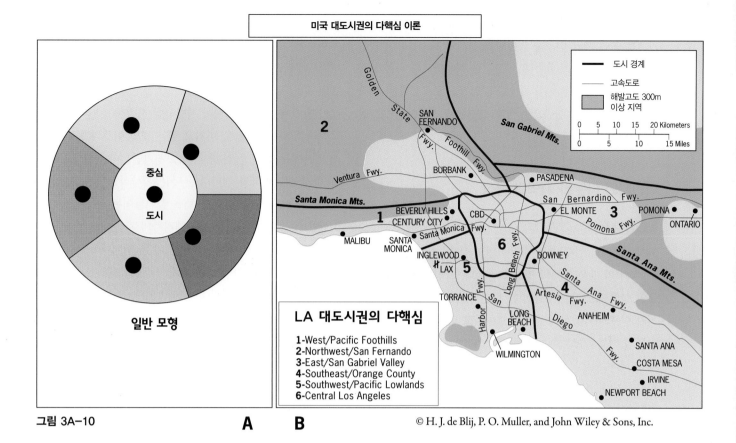

미국 대도시권의 다핵심 이론

LA 대도시권의 다핵심

1-West/Pacific Foothills
2-Northwest/San Fernando
3-East/San Gabriel Valley
4-Southeast/Orange County
5-Southwest/Pacific Lowlands
6-Central Los Angeles

그림 3A-10   **A**   **B**   © H. J. de Blij, P. O. Muller, and John Wiley & Sons, Inc.

일반 모형

래했다. 대다수의 북부지역 도시들은 근 20년 동안 인구가 줄어 도시가 없어지는 듯하였으나 다시 새로운 물결이 일어난 것이다. 3차 산업의 고용은 급속도로 성장하기 시작했는데, 특히 첨단기술, 컨설팅, 홍보, 회계와 같은 생산자 서비스, 금융, 연구, 개발과 같은 분야의 성장이 급속화되었다. 실제로 이러한 컴퓨터화의 도래로, 풍부한 정보를 바탕으로 한 위와 같은 서비스의 대부분이 4차 산업 활동으로 진화하게 되었다. 정보경제의 지리는 옛 제조업의 그것과는 확실히 다르며 완전히 이해가 되지 않는 부분이 있기도 하다.

컴퓨터 연구개발의 세계적 선두주자이며 미국 마이크로프로세서 산업의 본부인 캘리포니아 북부의 **실리콘밸리**는 이 새로운 첨단 기술 경제의 입지적 역학 관계를 잘 보여준다. 세계적 수준의 연구 중심 대학인 스탠퍼드대학교로의 근접성은 강력한 비즈니스 문화, 풍부한 자본, 양질의 주택, 좋은 기후와 자연 경관 등 이 모든 것과 어우러졌고, 실리콘밸리는 북아메리카 지역뿐만이 아니라 다른 지역들 내의 유사한 개발에 관해 그 모델이 되고 있다. 이름은 다르지만 브라질, 프랑스, 일본의 테크노폴리스, 중국, 대만, 한국의 사이언스 파크와 같이 대학 캠퍼스를 연상시키는 초대형 현대식 복합

단지는 공장 굴뚝의 연기가 산업화 시대의 상징이었던 것처럼 탈공업화 시대를 상징한다.

다중심주의 도시

현재의 미국 또는 캐나다의 도시로 날아가 보면 구 도시지역인 CBD를 둘러싸고 있는 고층의 시외곽 중심지를 볼 수 있다. 몇몇 도시는 인상적인 스카이라인을 자랑하고 있다. 인종적 분리의 이유가 아닌, 도시 중심 밖의 저렴한 땅값으로 보다 많은 효과를 누리고자 하는 캐나다에서는 대부분의 도시들이 광대한 미국의 대도시보다 훨씬 작음에도 불구하고 그 공간적 효과는 거의 비슷하다.

따라서 현대 북아메리카 대도시의 전체적인 구조는 다중심적이고, 이는 일반적인 페퍼로니 피자의 모양과 유사하다 (그림 3A-10). 전통적인 CBD는 여전히 중심에 자리 잡는 경향이 있고, 이전의 교차로 교통체계는 상당 부분 순환도로로 바뀌었다. 그러나 외곽도시의 CBD 연결점들은 초현대적이고 더욱 번창하고 있다. 기업체들과 더 많은 부유층을 구 CBD로 유치하기 위해 다목적 고층 건축물의 건설을 추진하는 과정에서 때때로 저소득층과의 충돌과 소송이 일어나기

도 한다. 이러한 **8** 젠트리피케이션(gentrification)은 부동산 가치를 올려 세금 인상을 동반함과 동시에 저소득층 주민들을 몰아내는 현상을 낳는다. 구도심을 복원하고자 하는 노력은 몇몇 도시에서만 실현 가능한 일일지도 모르겠지만, 다핵심 구조를 갖추며 대규모로 상호 연결된 도시지역의 형성은 계속될 것이다.

이민자와 다문화 지역의 형성

유동성과 이민의 장점

북아메리카의 인구 유동성은 이민의 물결, 경제 변화, 그리고 그 밖의 많은 것들의 영향을 받는다. 그림 3A-2는 4세기 동안 상영되고 있는 영화의 한 장면처럼 가장 최근의 북아메리카 인구의 유동성에 관하여 보여주고 있다. 북아메리카 사람들의 이동은 초기에는 느렸지만, 1800년 이후에는 급격하게 빠른 속도로 그들이 살고 있는 서쪽 경계를 태평양까지 확장시켰다. 심지어 오늘날에도 이러한 이동은 계속되고 있다. 인구의 무게 중심이 지속적으로 서부로 이동할 뿐 아니라, 미국 내에서는 남쪽으로도 움직임을 보이고 있다. 후자의 경우 1970년대에 탄력을 받은 이 움직임은 에어컨의 개발로 인해 시작된 것으로, 흔히 **선벨트**라고 불리는 미국 남부지역을 국내 이주자들에게 보다 더 매력적으로 만들었다.

현 인구 지도는 수많은 활동의 지속적인 결과물이다. 수세기 동안 북아메리카는 역동적으로 이민자를 끌어들였고, 그들은 급격하게 성장하는 미국 내에서 사회적 주류로 빠르게 동화되었다. 사람들은 그 자신들을 발전시킬 수 있는 경제적 기회에 최대로 접근하기 위해 그들 자신이 가진 문제를 해결해 왔고, 이러한 경제적 기회들은 새로운 지역을 선호했으며 그 결과가 성공적이었으므로 이민자들은 이동에 대한 저항이 거의 없었다.

과거 세기 동안 그러한 변화가 수많은 이주를 이끌었으며, 서부와 남부로의 이주는 가장 최근에 진행되고 있는 유일한 이주다. 다른 다섯 가지는 (1) 북아메리카에서 19세기 후반에 일어난 산업혁명의 충격에 의해 시작된 도심지역의 지속적인 성장, (2) 산업화 시기에 엄청난 수의 흑인(아프리카계 미국인)들의 남부 시골에서 북부 도시로의 이동, (3) 도시 중심지에서 시외곽과 그에 연결된 준거주지역으로, 심지어 더 멀리 떨어진 지역으로 수천만의 도시 거주자들이 이동, (4) 탈공업화하는 북부에서 기회가 증가하고 있는 남부(애틀랜타와 같은 도심지로)로의 수백만 흑인들의 귀향, (5) 북아메리카 외부로부터 들어오는 지속적인 다수의 이민자로서, 최근에는 쿠바, 멕시코 및 다른 라틴계 사람들, 인도와 파키스탄으로부터 온 남부 아시아 사람들, 그리고 일본, 홍콩, 베트남으로부터 온 동부 및 동남아시아 사람들을 포함하고 있다.

북아메리카에 영향을 미치고 있는 몇몇 이주의 물결은 세계 역사에서 가장 큰 것 중 하나로 평가받는다. 이는 이 지역을 특징짓는 미국과 캐나다를 다문화 사회로 만들고 있다. 어떤 면에서 북아메리카는 인력을 끌어들이는 세계적인 자석 역할을 수행하며, 이러한 북아메리카의 지속적인 번영은 어마어마한 이민 물결 이후로 중국에서 온 엔지니어들, 인도에서 온 의사, 자메이카에서 온 간호사, 멕시코에서 온 농부등의 이민물결에 조금이나마 의존하고 있다.

다문화주의가 갖는 도전

세계화와 **다국적 주의**의 시대에 다원주의의 성장에는 마땅히 도전이 따른다. 실제로 세계 각처에서 미국으로 오는 많은 이민자들은 끊임없이 인종 복합체를 형성하고 문화 모자이크를 형성하는데, 이 문화 모자이크는 전국적으로 **9** 용광로(melting pot) 이론을 실험대 위에 올려놓는다. 오늘날 케냐에 살고 있는 아프리카인 수보다 많은 아프리카인 후손이 미국에 살고 있다. 히스패닉계의 수는 거의 멕시코 인구의 절반이다. 마이애미는 하바나 이후로 두 번째로 쿠바인들이 많이 사는 도시이고, 몬트리올은 세계에서 파리 다음으로 큰 프랑스어 사용 도시이다. 요컨대 충분한 수의 미국 내 이민자들이 국내에 견고한 사회를 형성하고 있다. 이제 풀어야 할 문제는 이 많은 수의 이민자들이 거대한 이 사회에서 온전한 참여자가 될 수 있도록 하는 것이다.

이 문제는 복잡할 뿐 아니라 합법적 이민 물결 외에 그렇게 많은 불법 이민자들을 수용했던 때가 역사에 아예 존재하지 않았으므로 정치적 논쟁거리가 되기도 한다. 현재에도 진행 중인 중앙아메리카에서 북아메리카로의 유입, 특히 멕시코로부터 또는 그곳을 경유한 유입은 인류 역사상 가장 큰 인구 이동 중의 하나이다. 이 부분에 있어서 상당수는 불법 이민이며, 이 때문에 가끔 국경 수비와 법 강화에 대한 험악한 논쟁이 오가기도 한다. 2010년 추산 1,200만 명의 멕시코 불법 이민자가 미국 내에 있으며, 이미 이 히스패닉 소수민족들은 미국 최대의 도시와 지역을 형성하였다.

그 수가 엄청날 뿐만 아니라 이들의 전통문화 또한 다양해서, 한때 인종의 용광로였던 미국은 이제 뭔가 다른 것으로 바뀌고 있다. 미국은 상호작용이나 융합에 그리 많은 시간을 소비하지 않는, 분리되었지만 다소 균일한 타일의 이질적인 복합체와 같은 모자이크 문화의 나라이다. 이것은 단지 새 이민자들에게뿐만 아니라 기존의 공동체에게도 적용되는 것으로, 전국적으로 대도시에 외부인 제한 거주지역이 급증하는 것을 통해 분명하게 나타난다. 이로 인한 심각한 단점이 빌 비숍(Bill Bishop)이 쓴 책, *The Big Sort: Why the Clustering of Like-Minded America Is Tearing Us Apart*(왜 마음이 맞는 집단을 형성하는 것이 미국을 해체할까?)에 나와 있다. 일반적으로 많이 보아 왔듯이, 자신과 비슷한 사람하고만 상호작용하기를 원하는 사람들에 의해 촉진되는 분열화는 다른 사람들에 대한 오해를 낳고, 정책과 의사 결정에 있어서 계산 착오를 일으키고, 공동체 간의 균열을 더욱 넓힌다. 이는 미국 사회의 변화를 뒷받침하는 민주주의적 가치의 생존 자체를 위협한다.

캐나다에서는 용광로의 개념이 1990년대에 실험대에 올랐는데, 1997년 중국 공산정부에 영국 식민지였던 홍콩이 이양되면서 그 해 동안 혹은 그 이후로 홍콩으로부터 계속 유입되는 동아시아 이민자들이 생겨나면서부터였다. 밴쿠버에 도착한 부유한 중국 가족들은 오랫동안 안정적이었던 지역에 전통적인 집을 구매하고 개축을 하였는데, 이는 일부 지역주

민들의 분노를 사기도 했다. 그러나 일반적으로 캐나다는 이민에 대한 관점이 미국과 다르다. 2008년부터 시작된 경제 침체 이전의 캐나다는 심각한 노동 부족에 시달려 왔었다. 특히 에너지붐이 일어났던 앨버타 주와 아시아 무역이 급성장했던 브리티시컬럼비아 주를 비롯한 서부지역에서 그러했다. 실제로 전문직뿐만 아니라 트럭 운전기사와 항구 노동자까지도 부족하기에 이르렀었다. 캐나다는 국가적인 고용뿐만 아니라 인구통계학적 수요와 호환, 양립할 수 있는 합법 이민절차를 만들어 그 균형을 유지하려고 시도하기 시작한다. 전국적으로 이 다문화 경향은 경제, 이민, 지역 정치, 그리고 현존하는 문화 패턴 등 이 모든 것의 미묘한 상호작용에 의해 지역적 기반을 두고 다양하게 변화한다.

생각거리 ❓

- 미국 인구는 2006년에 3억 명을 넘어섰다. 2043년에는 4억 명이 될 것이다.
- 미국에는 공식 언어가 없다. 꼭 있어야만 할까?
- 70% 이상의 캐나다 인구가 미국 국경으로부터 200km 이내에 있는 지역에 살고 있는 반면, 약 12%의 멕시코 인구만이 미국 국경 근처에서 살고 있다.
- 몇 세대 동안 북대서양은 북아메리카에 있어서 양적으로나 질적으로 가장 중요한 국제 무역의 통로였다. 그러나 이제는 태평양이 중요하다.

뉴잉글랜드 해안가에 있는 작은 어항 : 매사추세츠 주 케이프 코드, 채텀 © Travelwide/Alamy

3B

북아메리카 : 권역의 각 지역

그림 3B–1

지질, 기후, 문화, 역사적인 측면에서 북아메리카 지역을 구분할 수 있다(그림 3B-1). 인간은 산맥, 해안, 사막, 평원 등의 지형 조건과 기후 조건에 따라 다양하게 적응하여 왔다. 계속되는 이민으로 다양한 문화가 유입되었다. 문화적 차이가 명확할 때도 있지만 명확하지 않을 때도 있다. 북아메리카에는 미국과 캐나다 두 국가가 있으며, 이 두 국가는 다양한 지역으로 구성되어 있다. 그림 3B-1에서 보듯이 대부분의 북아메리카 지역은 두 국가의 국경과는 상관없이 구분된다. 그러나 어떤 지역의 발전은 각 나라의 국가적 맥락에서 보다 더 잘 이해될 수 있다. 미국과 캐나다가 공통점을 가지고 있으며, 이 장의 첫 부분을 주의 깊게 볼 충분한 이유가 있다. 두 국가의 지역지리를 먼저 살펴보고자 한다. 미국인들이 캐나다에 대해 아는 것보다 캐나다인들이 미국에 대해 더 많이 알고 있다는 사실을 감안하고. 그다음에는 변화하는 9개 지역을 총괄적으로 살펴볼 것이다.

캐나다에서의 지역주의

캐나다의 공간구조

국토 면적으로 보았을 때 러시아 다음으로 두 번째로 큰 캐나다는 행정구역상 10개의 주와 3개의 준주*(準州, 미국은 50개의 행정구역으로 구분)로 구분된다. 캐나다 주의 면적은 미국의 델라웨어 크기의 작은 프린스에드워드아일랜드에서부터 텍사스의 두 배 정도 크기인 퀘벡에 이르기까지 다양하다.

미국에서처럼 가장 작은 주(예 : 프린스에드워드아일랜드, 노바스코샤, 뉴브런즈윅 등)들은 북동쪽에 위치해 있다. 캐나다 사람들은 이들 4개 주를 대서양 주(또는 대서양 캐나다)라 부른다. 프랑스어를 사용하는 거대한 퀘벡과 인구가 조밀하고 도시화율이 높은 온타리오는 캐나다의 중심부에 위치해 있다. 이 두 개의 주는 허드슨 만에 접해 있다. 온타리오 서쪽의 캐나다 서부 프레리 지역에는 매니토바, 서스캐처원, 앨버타 등 3개의 주가 있으며, 가장 서쪽에는 로키 산맥에서 태평양에 걸친 브리티시컬럼비아가 있다.

북극해와 접해 있는 캐나다의 3개 준주 가운데 유콘 준주가 가장 작다. 유콘 준주, 노스웨스트 준주, 누나부트 준주는 캐나다 전체 면적의 40%를 차지한다. 그러나 인구는 매우 적어 이 넓고 추운 지역에 겨우 10만 명의 사람이 살고 있다.

누나부트 준주에 대해서는 특별히 언급할 필요가 있다. 에스키모라 불렸던 이누이트와 연방정부 그리고 북극해에 접해 있는 지역 간에 이루어진 토지 협약의 결과 1999년 누나부트 준주가 만들어졌다(그림 3B-2). 캐나다 전체 면적의 약 1/5인 누나부트('우리 땅'을 의미)준주에 거주하는 인구는 31,000명으로, 그 중 약 80%는 이누이트이다.

캐나다 인구는 미국과의 국경과 해안을 따라 불연속적인 리본 모양으로 분포하는데, 대부분의 에너지 자원은 이 리본보다 더 북쪽에 매장되어 있다. 이러한 인구 분포에 영향을 준 것은 환경적인 요인이다. 사람들은 쾌적한 남부에 살기를 원하지만, 북부의 풍부한 자원도 인구 분포에 영향을 미쳤다. 미국의 몬태나, 노스타코다와 접해 있는 서부 프레리 지역에 있는 주에서는 그렇지 않지만, 미국과의 국경지역에는 쌍둥이 도시가 발달해 있다(토론토-버펄로, 윈저-디트로이트, 밴쿠버-시애틀).

문화적 차이

캐나다의 수도인 오타와는 오타와 강을 끼고 있는데, 오타와 강은 영어를 사용하는 온타리오와 프랑스어를 사용하는 퀘벡의 경계를 이룬다. 캐나다 인구는 문화와 전통에 의해 뚜렷이 구분될 수 있는데, 이러한 구분은 지역에 반영되어 있다. 캐나다 인구의 약 60%는 영어를, 23%는 프랑스어를, 나머지 17%는 그 밖의 언어를 모국어로 사용한다. 인구의 약 18%만이 영어와 프랑스어 2개 언어에 능통하다. 캐나다의 프랑스어 사용자 중 85% 이상이 퀘벡에 공간적으로 집중되어 있는데, 이러한 사실은 문화와 전통에 의해 지역이 구분된다는 것을 잘 나타내고 있다(그림 3B-2). 퀘벡 주민의 80%는 프랑스-캐나다인이며, 퀘벡은 캐나다에서 프랑스 문화의 역사·전통·정서적 중심지이다.

지난 반세기 동안 퀘벡에서는 강력한 민족주의 운동이 있었으며, 때때로 캐나다 연방으로부터의 완전한 독립을 요구하기도 하였다. 이러한 민족언어학적 구분은 캐나다 연방 제도의 운명을 가늠할 초석이며, 향후 국가 통합을 위협하는 요인이 될 수 있다. 이러한 퀘벡 문제는 17세기 영국이 승리한 프랑스-영국 간 갈등에 역사적 뿌리를 두고 있다. 영국의 지배층은 정부의 고위 관리직

---

*아직 주로서의 자격을 얻지 못한 지역

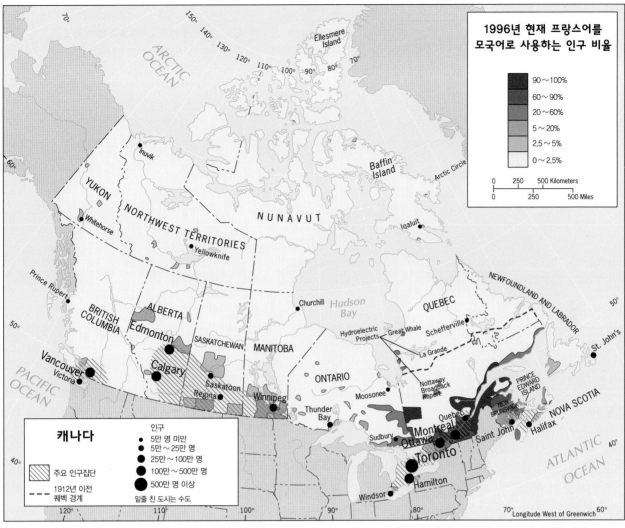

1996년 현재 프랑스어를
모국어로 사용하는 인구 비율

90～100%
60～90%
20～60%
5～20%
2.5～5%
0～2.5%

캐나다

인구
5만 명 미만
5만～25만 명
25만～100만 명
100만～500만 명
500만 명 이상

주요 인구집단

1912년 이전
퀘벡 경계

밑줄 친 도시는 수도

그림 3B-2

© H. J. de Blij, P. O. Muller, and John Wiley & Sons, Inc.

에 있다(캐나다가 영연방 국가로 남게 되면서). 이것이 퀘벡 민족주의자들을 화나게 하는 논쟁거리 중 하나이다.

2006년 의회에서 퀘벡을 별개의 주로 인정하는 법안이 통과되면서 퀘벡의 분리 운동을 지지하는 세력은 감소하고 있다. 프랑스를 모국어로 사용하는 사람들이 고도의 자치권을 인정받는 주로 남는 것이 최선책이라고 생각하는 있다는 것도 지지 세력이 감소한 원인이기도 하다. 그러나 최대한의 자치권을 얻기 위한 투쟁이 계속되면서, 정치·민족적 긴장은 끊이질 않고 있다.

원주민의 부상

문화적 차이 때문에 발생한 퀘벡의 분리 독립 운동은 140만 명의 원주민(아메리카 원주민, 혼혈인, 이누이트)의 민족적 자각을 일깨웠다. 그들의 주장은 오타와에서 동정적 반응을 얻어 최근 누나부트 준주가 신설되었으며, 북부 브리티시컬럼비아에서 제한적 자치를 허용하는 조약이 체결되었다.

그들의 주된 관심사는 연방정부가 그들이 속해 있는 주에서 원주민의 자치를 인정하고 보호할 것인가에 쏠려 있다. 특히 퀘벡에 살고 있는 아메리카 원

주민인 크리족은 자치권에 관심이 많다. 그림 3B-2에서 보듯이, 크리족이 살고 있는 지역은 비생산적인 땅이 아니다. 크리족이 살고 있는 땅에 제임스 베이 수력발전 계획의 일부로 거대한 수로와 댐이 건설되고 있다. 이 수력발전 계획은 북서부 퀘벡에 많은 변화를 가져왔으며, 주 내외의 거대한 시장에 전기를 공급하고 있다. 2002년 연방법원에 의해 이 계획을 저지하고자 하는 시도가 합법적으로 인정된 이후, 크리족은 퀘벡 주 정보와 재협상하였다. 그 결과 크리족은 퀘벡으로부터의 독립

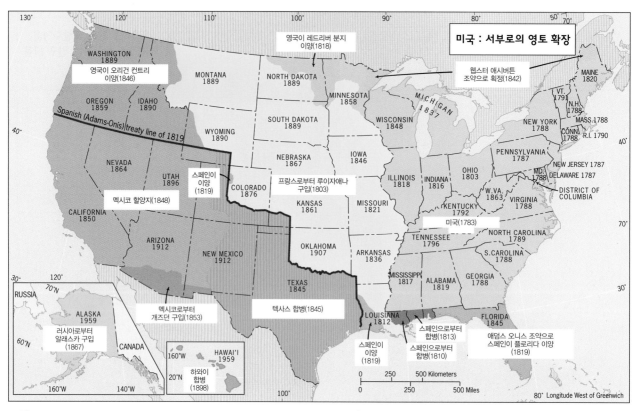

그림 3B-3

© H. J. de Blij, P. O. Muller, and John Wiley & Sons, Inc.

을 포기하는 대신 전기 판매로 얻은 수입의 일부를 가져갔으며, 크리족은 그들의 경제와 지역사회 발전을 위한 자치권은 보장받았다.

지방 분권화

지난 40년간의 사건이 퀘벡뿐만 아니라 캐나다의 지정학에 영향을 주었다. 서부 주들의 지도자들은 한 주만 특수한 지위를 인정하지 말고 모든 주를 동등하게 대우하는 것이 합당하다고 주장하면서 연방정부의 퀘벡에 대한 양보에 반대했다. 최근 연방 선거와 여론 조사에서 퀘벡과 브리티시컬럼비아와 같은 서부 주들 간의 입장 차이가 잘 드러났다. 캐나다는 국가 통합의 압력과 함께 연방 정부의 힘을 약화시킬 수 있는 **1** 분권화 (devolution)의 위협에 직면해 있다.

계속되는 미국과의 경제적 통합(1994 년 북미자유무역협정에 의해 촉발됨)은 캐나다에서 인구가 많은 남부 주들과 이웃 미국과의 관계를 더욱 긴밀하게 하고 있다. 이러한 **2** 국경을 초월한 연계(cross-border linkages)는 잘 진행되고 있으며, 대서양 주와 이웃한 미국의 뉴잉글랜드, 퀘벡과 뉴욕, 온타리오와 미시간 그리고 그 이웃한 중서부, 프레리 주와 북부 중서부, 브리티시컬럼비아와 태평양 북서부는 미래에는 더욱 공고해질 것이다. 이러한 변화는 연방 정부가 직면한 문제인 분권화에 영향을 줄 것이다.

미국에서의 민족, 인종, 지역주의

캐나다가 건국에서 오늘날까지 직면하고 있는 분권화 문제는 미국에서도 중요한 문제 중 하나이다. 미국은 캐나다보다 주의 수가 약 4배 많지만, 남북전쟁 이후 퀘벡처럼 분리 운동이 일어나지 않았다. 원주민이 살고 있는 하와이만이 자치권을 요구하였다.

캐나다에서 원주민들은 인구가 희박한 북부에서 살고 있지만, 미국에서는 유럽 이민자와 미국 정부에 의한 잔인한 서부 개척이 원주민의 토지를 빼앗고 원주민을 죽였다. 결국 원주민들은 중서부지역에 있는 300여 개의 보호지역에 살 수밖에 없었다(그림 3B-4, 왼쪽 위 지도). 결국 480만 명의 원주민만 살아남았으며, 그중 가장 많이 살아남은 원주민은 나바호족과 체로키족이다. 캐나다에서 원주민은 자치권을 가지고 있지만, 미국에서는 연방정부에 자치권을 요구할 수 있을 정도로 원주민의 세력이 강하지 않다.

캐나다보다 미국에서는 사회구조와

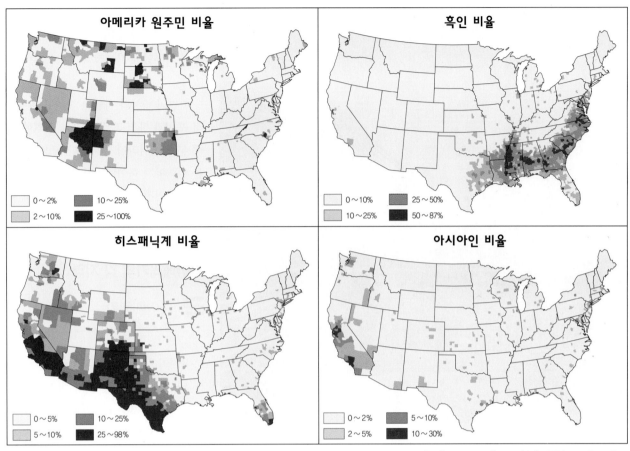

그림 3B-4

민족적 관계는 과거에 있었던 그리고 오늘날에도 있는 이민에 의해서 결정된다. 미국에서는 이민자에 의해 지역의 독특함이 만들어지기도 한다. 17세기에서 19세기에 미국 남부 플랜테이션 농장의 부족한 노동력을 보충하기 위해 아프리카에서 강제적으로 끌려온 수만 명의 흑인의 경우가 그러한 예이다.

1865년 노예제도는 폐지되었지만, 1960년대 인권 운동이 있기까지 여러 가지 합법적인 형태로 분리 정책이 계속되었다. 헌법을 위반하면서까지 주정부는 흑인의 권리를 조직적으로 억압하기 위한 흑인 차별법을 제정하였다. 그 결과 오늘날에 흑인들은 텍사스에서 메릴랜드에 이르는 남동부지역에 집중적으로 거주한다(그림 3B-4, 오른쪽 위

지도). 20세기 전반기 많은 흑인들이 산업도시로 일자리를 찾아 이주하였기 때문에, 지도상에서 명확하게 나타나지 않지만 흑인들은 미국의 북부 대도시 지역에 많이 거주하고 있다.

이러한 역사와 최근까지 많은 흑인들이 동등한 기회를 보장받지 못했기 때문에 캐나다보다 미국에서 인종 문제는 더 민감하다. 첫 번째 흑인 대통령 버락 오바마의 당선은 혁신적인 변화를 일으킬 촉매제가 될 수도 있다.

그리고 히스패닉은 미국 남서부지역으로 많이 이주하였다(그림 3B-4, 왼쪽 아래 지도). 이러한 사실은 역사적, 지리적 맥락에서 이해될 수 있다. 1848년 멕시코-미국 전쟁이 끝나면서 체결한 과달루페-이달고 조약에 의해 미국

이 양도받은 광대한 이 지역에는 에스파냐어로 된 지명이 많다. 이 조약으로 멕시코와 미국의 국경선이 리오그란데 강으로 확정되었고, 미국은 오늘날 캘리포니아, 애리조나, 뉴멕시코, 네바다, 콜로라도 남부, 텍사스(이미 멕시코로부터 독립을 선언하였음), 유타를 포함하는 약 130만 km²의 멕시코 영토를 양도받았다(그림 3B-3). 멕시코로서는 이 비참한 사건(후에 멕시코 내전의 원인이 되었음)은 멕시코의 민족의식을 일깨웠다. 몇몇 멕시코 민족주의자들은 비록 불법 이민이라도 미국-멕시코 국경을 넘는 이민은 부당하게 잃어버린 땅을 다시 점유하는 것이라고 주장하기도 한다.

1980년 이후 미국 내 히스패닉 인구

중국의 만리장성과 하드리아누스 성벽(로마인이 영국 북동부에 건설한)처럼 사람들은 옛날부터 벽을 쌓고 토지를 구획하였다. 그러나 냉전시대의 베를린 장벽과 이스라엘이 만든 분리 장벽도 이주의 흐름을 막을 수는 없다. 태평양 연안과 멕시코 만에 이르는 국경을 따라 만들어진 벽이 멕시코인의 미국 이민을 막지 못할 것이다. 그러나 미국과 멕시코 국경에는 지금보다도 더 많은 벽이 만들어지고 있다. 이 사진은 멕시코 티후아나에서 캘리포니아 샌디에이고에 이르는 벽을 촬영한 것이다. 색이 바랜 벽을 따라 티후아나의 빈곤한 모습이 펼쳐져 있으며, 이 벽 반대편 미국에서는 발전된 모습을 볼 수 있다. © Diane Cook & Ken Jenshel.

수는 3배 증가하여 4,500만 명에 이르러 흑인보다 그 수가 많아졌으며, 미국의 민족-문화 지도가 바뀌고 있다. 히스패닉은 남동부와 중서부의 농촌에서부터 매사추세츠와 뉴욕 주의 도시에 걸쳐 흩어져 살고 있지만, 특히 그들은 남서부지역과 플로리다에 집중 분포하고 있다(그림 3B-4, 왼쪽 아래 지도). 멕시코 국경 북쪽의 미국의 여러 주는 문화적 점이지대로 바뀌고 있으며(Tex-Mex라는 표현을 생각해 보라!), 이 지역에서 불법적 이민뿐만 아니라 합법적 이민도 논쟁거리가 되고 있다. 히스패닉의 증가로 영어의 지위가 훼손되는 것도 민

감한 문제이다.

최근 10년간 이민 비율이 증가한 아시아계 이민자들은 다른 소수민족에 비해 더욱 특정지역에 밀집되어 있다(그림 3B-4, 오른쪽 아래 지도). 자신들이 아시아계라고 자각하는 1,500만 명 중에는 중국인뿐만 아니라, 여러 세대에 걸쳐 미국에 살고 있는 일본인, 제2차 세계대전 이후에 이주해 온 필리핀인, 1950년대 이후에 이주해 온 한국인, 인도차이나 전쟁 이후에 이주해 온 베트남인, 하와이 등 태평양 섬에서 온 이주민, 최근 수십 년간 많이 이주해 온 인도인 등이 있다. 그들의 출신국가가 어

디든 간에 캘리포니아에 많은 아시아인이 거주하고 있으며, 그들은 경제적 성공을 거두었고 사회적 지위가 상승하고 있다.

이민의 역사와 자발적 그리고 비자발적 포섭과 배척 과정의 결과 이러한 민족 분포가 나타나게 되었다. 만약 더 넓은 안목에서 북아메리카 전체를 생각한다면 자연지리, 문화, 역사를 토대로 다양한 지역 구분을 할 수 있을 것이다.

북아메리카의 각 지역

북아메리카 역사적 핵심지역 ①

북아메리카 핵심지역은 미국과 캐나다의 역사에서 중요한 지역 대부분을 포함한다(그림 3B-1). 미국과 캐나다의 대도시와 수도가 이 지역에 있다. 또한 이 지역에는 중요한 금융 중심지, 대기업의 본사, 방송국, 일류 대학, 첨단 연구 단지, 공항 등이 있으며, 도시들은 고속도로로 연결되어 있다. 그리고 이 핵심지역에는 미국과 캐나다 각 국가 인구의 1/3이 거주하고 있다.

이 지역에서 이루어지는 정치적·경제적 의사 결정은 북아메리카뿐만 아니라 전 세계에 영향을 미친다. 핵심지역은 이 지역에서 발생한 여러 분야에서의 혁신이 세계 곳곳으로 전파되는 세계 중심지 중 하나이다. 워싱턴(덜레스 공항으로 향하는 고속도로 주변에 있는 인터넷 앨리)과 보스턴 근교(루트 128)의 첨단 산업 단지는 실리콘밸리와 쌍벽을 이룬다.

최근 제조업의 쇠퇴와 함께 핵심지역의 위상은 낮아지고 있다. 탈산업화와 지식 경제의 성장으로 이 지역은 남부와

서부와의 경쟁에서 뒤처지고 있으며, 이 지역의 중요한 기능이 쇠퇴하고 있다.

북동부 해안지역 ②

보스턴에서 북쪽으로 뉴햄프셔, 버몬트, 메인으로 여행하려면 400여 년간 문화적 정체성을 유지해 온 북아메리카의 역사적 중심지를 지나가야 한다. 매사추세츠, 코네티컷, 로드아일랜드(전통적인 뉴잉글랜드 주)는 문화적 동질성을 공유하고 있으며, 매사추세츠에서 캐나다의 4개 대서양 주, 뉴펀들랜드까지를 북동부 해안지역으로 구분할 수 있다(그림 3B-1).

척박한 환경, 바다의 영향, 제한적 자원, 완고한 농촌 기질이 이 지역의 경제 발전을 더디게 했던 원인이다. 최근 이 지역에서 관광 산업으로 지역경제가 활성화되고 있지만, 어업과 농업 등의 1차 산업이 이 지역의 주요 산업이다. 뉴잉글랜드 북부는 보스턴 지역의 경제적 번영으로 인한 영향을 어느 정도 받지만, 안정적이고 지속적인 경제 성장을 이루기에는 충분하지 않다. 캐나다 대서양 주 또한 최근 경제적 어려움을 겪고 있다. 예를 들어 어류의 남획으로 어족 자원이 고갈되고 있다. 이에 대한 대안으로서 지역의 뛰어난 경관을 이용한 관광 산업이 주목받고 있다. 해저 유전이 발견되면서 뉴펀들랜드와 래브라도 같은 캐나다의 가난한 지역의 경제가 활성화되고 있다.

프랑스어를 쓰는 캐나다 지역 ③

프랑스어를 쓰는 캐나다는 몬트리올에서 세인트로렌스 강 하구에 이르는 퀘

북아메리카의 프랑스 문화 경관 : 퀘벡 주의 주도인 퀘벡에 있는 생루이 거리. 거리의 상점 간판이 영어로 쓰여 있지 않다. 생루이의 오래된 성채 위에 건설된 커다란 호텔인 샤토 프론티낙 호텔의 녹색 첨탑이 사진 뒤편에 보인다(프론티낙 백작은 북아메리카 대륙에 있었던 프랑스 식민지의 유명한 통치자였음). 주민들이 프랑스어를 사용하고 로마 가톨릭을 믿는 퀘벡은 프랑스를 쓰는 캐나다 지역의 핵심이다.
© SUPERSTOCK

백 남부지역 일대를 말한다(그림 3B-1). 뉴브런즈윅 인근의 아카디아*도 프랑스어를 쓰는 캐나다에 포함된다. 이 지역에서 프랑스 문화의 흔적은 *long lots*로 알려진 하천과 수직으로 발달한 좁은 직사각형의 농장(프랑스에서 유래한)에서 찾을 수 있다.

몬트리올은 프랑스어를 쓰는 캐나다의 문화적 중심지이다. 몬트리올은 파리 다음으로 프랑스어를 사용하는 사람들이 많이 거주하는 도시로 인구는 370만 명이다. 몬트리올의 도심과 거주지, 거리 경관에는 유럽의 정취가 넘쳐난다. 길고 혹독한 겨울을 피하기 위해 몬트리올의 도심에는 상점과 식당, 극장 등이 들어서 있는 지하 상가가 있는데,

_____
* 예전 프랑스의 식민지였던 캐나다 대서양 연안

이 상가들은 지하철로 연결되어 있다.

프랑스어를 사용하는 캐나다 지역은 인접한 핵심지역에 비하여 역사적으로 덜 산업화되었으며 촌락 성격이 강하다(토론토는 몬트리올보다 더 산업화됨). 최근 정보기술, 통신, 생물약제학 산업, 관광 산업의 성장과 함께 몬트리올 경제는 발전하고 있다.

그러나 퀘벡의 경제적 미래는 지역의 정치적 불확실성 때문에 어두운 편이며, 지역주의(예 : 상점이 영어로 광고하는 것을 금지하는 법)가 기업의 신뢰를 악화시키고 있다. 주정부가 출생률을 높이기 위해 이민자들을 받아들이려고 할 때, 퀘벡에서는 다문화주의에 대한 거부감이 너무 커서 이 사건을 조사하기 위한 청문회가 2007년 열렸다. 파벌주의는 퀘벡에 큰 해를 입혔으며, 캐

나다의 다른 지역으로부터 이 지역을 도드라지게 했다.

뉴브런즈윅 인근에 거주하는 아카디아(퀘벡 이외의 지역에서 프랑스어를 사용하는 사람들이 집단으로 모여 사는 지역) 사람들은 이와는 다른 생각을 갖고 있다. 그들은 분리 독립을 원하지 않으며, 퀘벡을 캐나다 연방에 존속시키려고 노력하고 있다. 뉴브런즈윅에서의 영국계 사람들과의 타협과 다문화주의의 수용은 다른 프랑스어를 쓰는 캐나다 지역에 본보기가 되고 있다.

남부지역 ④

남북전쟁 이후 100년 이상 남부지역(그림 3B-1)은 경제가 침체하였으며, 미국의 다른 지역으로부터 문화적으로 고립되었다. 1970년대 들어서 상황이 급격히 변하였다. 오랫동안 정체된 남부의 선벨트 도시로 사람들과 기업들이 이동하였다. 핵심지역의 기업들은 본사와 지사를 애틀랜타, 샬럿, 마이애미-포트 로더데일, 탬파 등에 세움으로써 이 지역들은 하루아침에 신흥도시로 성장하였다. 인권 운동의 성장으로 인종 차별은 완화되었다. 공항(애틀랜타 공항은 곧 세계적인 공항으로 성장)에서부터 놀이 공원 등의 시설들이 개장되면서 새로운 사회 질서가 형성되었다. 케이프커내버럴에는 미국항공우주국의 우주관제소가 건설되었다.

남부지역은 불균등하게 발전하고 있다. 많은 도시와 몇몇 농촌지역은 혜택을 받고 있지만, 다른 지역들은 그렇지 못하다. 남부지역에는 매우 가난한 농촌이 있는데 이 지역에서의 빈부 격차는 매우 크다. 버지니아의 워싱턴 교외, 노스캐롤라이나의 리서치 트라이앵글,

테네시의 오크리지 콤플렉스, 애틀랜타의 산학 협력 대학은 새로운 남부를 상징하는 장소이다. 그러나 침체된 농촌, 불경기의 작은 공장 등으로 소득이 낮고 변화하지 않는 애팔래치아와 미시시피는 오래된 남부를 대표한다.

남부지역은 핵심지역보다 기온이 높으며, 남서부지역보다 습윤하다. 이러한 이유로 담배, 목화, 사탕수수가 많이 재배된다. 그렇지만 허리케인은 남부 해안지역에 막대한 피해를 입힌다. 멕시코 만과 카리브 해의 수온이 높아져 상승기류가 형성되는 늦여름에 허리케인이 발생한다. 최근 플로리다와 루이지애나 남부는 허리케인으로 심각한 피해를 입었다.

남서부지역 ⑤

최근 남서부지역은 몇 가지 측면에서 다른 지역과는 다른 이 지역만의 정체성을 확립하고 있다. 이 지역은 자연지리적으로 스텝과 사막이 대부분이며, 문화적으로 앵글로-아메리카, 히스패닉, 아메리카 원주민의 문화가 불편하게 공존하고 있다.

그림 3B-1에서 보듯이, 남서부지역의 경계는 텍사스에서 남부 캘리포니아 동부까지이다. 여러 가지 측면에서 텍사스는 이 지역을 선도하고 있다. 석유와 천연가스에 의존하였던 텍사스의 경제는 재구조화되고 있으며, 포트워스-휴스턴-샌디에이고 삼각지대는 오스틴 등에 있는 몇 개의 **3** 테크노폴(technopoles, 첨단 기술 산업 단지)을 중심으로 한 세계적인 후기산업 단지가 발전하고 있다. 이곳은 또한 국제 교역의 중심지이며, 북미자유무역협정의 주요 거점이다.

남서부지역 중앙에 있는 뉴멕시코는 경제적으로 저개발된 지역이며, 미국의 사회 지표에서 차지하는 순위가 낮다. 그러나 환경적 문화적인 매력이 있어 앨버커키, 산타페에는 로스앨라모스 같은 유명한 연구소가 입지하였다. 서부의 애리조나 사막에는 피닉스와 투산 등 2개의 대도시가 있다. 이들 도시는 성장하고 있지만, 기후 변화로 인한 물부족 문제에 시달리고 있다.

태평양 연안지역 ⑥

남서부지역은 서쪽으로 캘리포니아의 샌디에이고와 접해 있으며, 샌디에이고에서부터 북쪽으로 브리티시컬럼비아의 밴쿠버에 이르는 지역까지가 태평양 연안지역이다(그림 3B-1). 태평양 연안지역에는 캘리포니아의 대부분 지역과 오리건과 워싱턴 주의 서쪽 지역이 해당된다. 태평양 연안지역은 역사적 중심지인 북동지역과 함께 북아메리카에서 매우 중요한 지역이다.

세계적으로 이 지역은 매우 중요한 핵심지역이다. 이 지역에는 최근 경제가 급속히 성장하고 있는 로스앤젤레스, 샌프란시스코, 포틀랜드, 시애틀이 있다. 태평양 연안지역에 있는 캘리포니아 중앙 계곡은 농업 생산성이 매우 높으며, 자연 경관이 수려하고, 기후가 온화하다. 또한 문화적으로 다양한 사람들에 의해 경제가 발전하고 있다.

태평양 반대 지역의 경제 성장으로 인하여 오늘날 이 지역의 경제가 성장하고 있다. 초기에는 일본의 경제 성장이 영향을 미쳤으며, 그 후로는 중국, 한국, 타이완, 베트남 등의 **4** 환태평양지역(Pacific Rim) 국가들의 경제 성장이 이 지역에 영향을 미쳤다.

환태평양 지역은 최근 급속히 경제가 성장하고 있는 태평양을 둘러싸고 있는 지역(중국의 해안지역, 동아시아와 동남아시아, 오스트레일리아, 남아메리카의 칠레, 캐나다와 미국의 서해안지역)을 말한다. 태평양 연안지역은 북아메리카와 환태평양 지역이 만나는 접점이다.

북아메리카에서 두 번째로 큰 도시인 로스앤젤레스는 무역, 제조업, 금융 분야를 선도하고 있다. 로스앤젤레스는 환태평양 지역에서 가장 큰 도시이며, 아시아로의 항공 및 해운 교통의 거점이다.

실리콘밸리의 성공으로 북쪽의 샌프란시스코 만 지역도 성장하고 있다. 태평양 북서지역의 시애틀-타코마에는 컬럼비아 강 댐 건설 발전 계획에 의해 생산된 값싼 전기로 알루미늄 제련소와 항공기 제조업체들이 입지하였다. 보잉사는 세계적인 항공기 제조업체로 성장하였으며, 생산된 항공기를 동아시아에 판매하고 있다. 레드몬드 교외에 있는 테크노폴(마이크로소프트의 본사가 있음)은 후기산업사회 경제로의 이행을 잘 보여준다.

태평양 연안지역의 북쪽에 위치한 벤쿠버는 북아메리카의 다른 도시보다 동아시아로의 항공 및 해운 교통이 편리하다. 도시 인구의 20% 이상은 중국인이며, 아시아인은 40%에 근접한다.

서부 변경지역 ⑦

서부 변경지역에는 해안선과 평행하게 산맥이 발달해 있으며, 시에라네바다 산맥과 캐스케이드 산맥에서부터 로키 산맥 사이에는 분지와 고원이 발달해 있다. 서부 변경지역에는 앨버타와 브리티시컬럼비아 남부, 워싱턴과 오리건

서부 변경지역에서 최근 빠르게 성장하는 곳은 남쪽 끝에 있는 라스베이거스이다. 네바다는 가장 빠르게 성장하고 있는 주(洲) 중 하나이며, 연간 수십만 명이 전입해 오고, 수천만 명의 관광객이 방문하고 있다. 1990년부터 2000년에 라스베이거스 근교의 핸더슨은 미국에서 가장 빠르게 성장한 지역으로 기록되었다. 교외화로 사막에 바둑판 모양의 저밀도 주거지역이 건설되었다. 그러나 2009년 경제 위기로 많은 주택 소유자가 파산하고, 실업률이 상승하면서 이러한 성장은 멈추었다. © Ethan Miller/Getty Images, Inc.

동부, 네바다와 유타 그리고 아이다호의 전 지역, 몬태나와 와이오밍 그리고 콜로라도 서쪽이 포함된다. 그림 3B-1에서 보듯이 애드먼턴, 캘거리, 덴버는 이 지역의 경계에 위치해 있으며, 소프트웨어 밸리로 상징되는 솔트레이크시티는 한가운데에 위치해 있다.

이 지역은 불편한 교통, 건조한 기후, 희박한 인구로 특징지어진다. 이 지역에서 모르몬교가 발생하였으며, 광업과 임업, 목축업의 발달과 쇠퇴가 경제에 영향을 미쳤다. 반면 최근 교통·통신기술의 발달로 쾌청한 날씨, 넓은 공간, 저렴한 생활비용, 고용 기회의 증가가 인구 흡입 요인으로 작용하고 있다. 캘리포니아에서 지진이 발생할 때마다 이 지역으로 인구가 이동하였다. 최근 캘리포니아에서 서부 변경지역으로 수백만 명의 사람들이 이주하였다.

넓게 산재해 있는 도시들이 빠르게 성장하고 있으며, 이러한 성장이 이 지역의 경제 성장을 선도하고 있다. 지난 20년간 첨단 제조업과 전문화된 서비스업이 발달하였으며, 2008년의 경제 위기 때에도 느리게나마 성장하였다. 이러한 성장으로 인해 토지 가격이 상승하였으며(위 사진 참조), 고유한 전통과 생활이 위협받고 있다.

북아메리카에서 가장 빠르게 성장하고 있는 라스베이거스는 서부 변경지역과 남서부지역의 경계에 위치해 있다. 연간 4천만 명의 사람이 방문하는 라스베이거스는 새로 창출되는 직업이 많고, 상대적으로 토지 및 주택 가격이 저렴하고, 세금이 적고, 날씨가 좋아 많은 사람들이 이주해 온다. 남부 캘리포니아와의 근접성이 이러한 성장에 영향을 주었으며, 라스베이거스는 무엇을 해도 괜찮은 최후의 변방도시로 널리 알려져 있다.

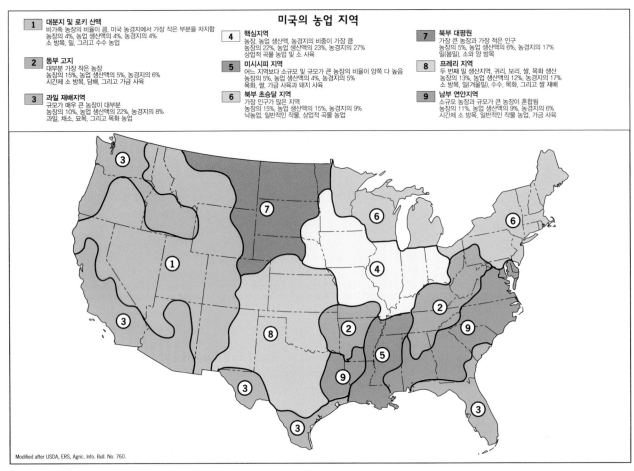

미국의 농업 지역

1 대분지 및 로키 산맥
비가족 농장의 비율이 큼, 미국 농경지에서 가장 작은 부분을 차지함
농장의 4%, 농업 생산액의 4%, 농경지의 4%
소 방목, 밀, 그리고 수수 농업

2 동부 고지
대부분 가장 작은 농장
농장의 15%, 농업 생산액의 5%, 농경지의 6%
시간제 소 방목, 담배, 그리고 가금 사육

3 과일 재배지역
규모가 매우 큰 농장이 대부분
농장의 10%, 농업 생산액의 22%, 농경지의 8%
과일, 채소, 묘목, 그리고 목화 농업

4 핵심지역
농장, 농업 생산액, 농경지의 비중이 가장 큼
농장의 22%, 농업 생산액의 23%, 농경지의 27%
상업적 곡물 농업 및 소 사육

5 미시시피 지역
어느 지역보다 소규모 및 규모가 큰 농장의 비율이 양쪽 다 높음
농장의 5%, 농업 생산액의 4%, 농경지의 5%
목화, 쌀, 가금 사육과 돼지 사육

6 북부 초승달 지역
가장 인구가 많은 지역
농장의 15%, 농업 생산액의 15%, 농경지의 9%
낙농업, 일반적인 작물, 상업적 곡물 농업

7 북부 대평원
가장 큰 농장과 가장 적은 인구
농장의 5%, 농업 생산액의 6%, 농경지의 17%
밀(봄밀), 소와 양 방목

8 프레리 지역
두 번째 밀 생산지역, 귀리, 보리, 쌀, 목화 생산
농장의 13%, 농업 생산액의 12%, 농경지의 17%
소 방목, 밀(겨울밀), 수수, 목화, 그리고 쌀 재배

9 남부 연안지역
소규모 농장과 규모가 큰 농장이 혼합됨
농장의 11%, 농업 생산액의 9%, 농경지의 6%
시간제 소 방목, 일반적인 작물 농업, 가금 사육

Modified after USDA, ERS, Agric. Info. Bull. No. 760.

그림 3B-5

© H. J. de Blij, P. O. Muller, and John Wiley & Sons, Inc.

대륙 내부지역 ⑧

남쪽의 덴버에서 북쪽의 에드먼턴에 이르는 지역은 서부 변경지역과 대륙 내부지역의 경계에 해당한다. 대륙 내부지역은 캐나다 내륙에서부터 남부 및 남서부지역의 경계지역까지이다(그림 3B-1). 이 지역에는 캔자스시티, 오마하, 미니애폴리스, 위니펙 등의 도시가 있지만, 농업이 이 지역의 주요 산업이다. 미국의 농업 지도(그림 3B-5)에서 보듯이, 이 지역은 북아메리카의 곡창지대이다. 대륙 내부지역에 옥수수 지대, 다코타와 캐나다의 프레리 주의 봄밀지대, 캔자스의 봄밀지대, 방목지대가 있다. 이 지역도시의 흥망성쇠는 밀,

콩, 해바라기와 카놀라 기름의 가공, 포장, 판매와 관계있다. 대규모 기업농의 무자비한 공격으로 이 지역의 전통적인 생활양식은 위협을 받고 있다.

농업은 농업 이외의 부분에 영향을 받기도 한다. 옛날에는 사람이 먹거나 돼지를 키우기 위해 옥수수가 재배되었으나, 이제는 옥수수를 이용하여 에탄올을 생산한다. 농부들은 옥수수 가격 상승이 옥수수지대의 경기를 회복시켜 줄 것이라고 기대하는 반면, 옥수수 가격 상승이 옥수수 사료를 먹고 크는 돼지와 육우 가격을 상승시키지 않을까 걱정하고 있다. 에탄올을 생산하여 석유 소비량을 줄이기 위해서는 막대한 양의 옥수수가 필요하다. 2007년 중서

부지역에서 생산된 옥수수의 절반 정도가 바이오연료를 만들기 위해 사용되었는데, 석유 소비량의 4%가 감소되었을 뿐 식량 부족 문제를 유발시켰다.

대륙 내부지역은 미국 평균보다 더 많은 인구가 감소하고 있다. 대륙 내부지역의 서쪽에 있는 대평원은 특히 심각한 지역이다. 젊고 부유한 사람들은 떠나고, 늙고 가난한 사람들만 남았다. 농촌 마을이 고사하고 있으며, 농업을 포기하고 자연 상태로 돌려주자는 주장이 심각하게 논의되고 있다.

그러나 모든 지역에서의 상황이 똑같지는 않다. 대륙 내부지역의 북서쪽 끝에 있는 앨버타는 최근 경제가 성장하고 있다. 포트맥머리(p.157, 사진 참조)

에 매장되어 있는 오일샌드까지 포함한 다면 앨버타의 석유 매장량은 사우디아라비아 다음으로 많은 것으로 추정된다. 앨버타는 캐나다에서 가장 빠르게 성장하고 있는 주이며, 캘거리도 급성장하고 있다. 석유 개발로 인한 경제 성장으로 기업과 고급 기술 인력이 캘거리로 모여들고 있다. 아라비아 반도에서 그랬던 것처럼 고층 건물이 들어서면서 도시 경관이 바뀌고 있다. 문제는 이러한 호황이 언제까지 지속될 것인가이다.

≡ 북부 변경지역 ⑨

그림 3B-1에서 보듯이 북부 변경지역은 북아메리카의 각 지역에서 면적이 가장 넓은데, 캐나다의 약 90%와 미국 알래스카 전 지역이 해당된다. 캐나다의 주 중 북쪽에 있는 9개와 유콘 준주, 노스웨스트 준주, 누나부트 준주가 북부 변경지역에 포함된다.

인구가 희박한 북부 변경지역은 새롭게 발견된 자원 개발에 기초를 둔 외딴 지역이다. 이 지역의 동쪽 대부분을 차지하는 캐나다 순상지에는 니켈, 우라늄, 구리, 금, 은, 납, 아연 등의 광물자원이 많이 매장되어 있다. 유콘 준주와 노스웨스트 준주에는 금과 다이아몬드가 풍부하게 매장되어 있다(캐나다는 이제 세계 5위의 생산국). 캐나다 순상지의 반대편인 래브라도의 보이지 만에서는 고품질의 니켈이 생산되고 있다.

북부 변경지역의 광산, 유전 및 가스전, 펄프 공장, 수력발전소 등이 거대한 네트워크로 연결되어 있으며, 멀리 떨어진 수백 개의 작은 마을이 교통과 통신망으로 연결되어 있다. 그러나 이러

한 활동이 약정이나 동의 없이 원주민의 땅을 침해하고 있으며, 이로 인해 정부와 원주민 지도자 간 북부 변경지역의 자원 개발에 대한 협정이 체결되었다. 그러나 이 광대한 지역은 진정한 의미에서 미개척지로 남아 있다.

알래스카의 지리적 특징은 북부 변경지역과는 다르다. 70만 명이 넘는 알래스카 인구는 이 지역 총인구의 1/3이 넘는다. 인구 29만 명의 앵커리지는 이 지역에서 가장 큰 도시이다. 알래스카의 교통·통신망 또한 다른 지역에 비해 잘 발달되어 있다.

또한 1977년 1,300km에 이르는 알래스카 횡단 파이프라인이 건설된 이후 알래스카의 노스슬로프 유전은 매우 중요한 에너지 공급처였다. 노스슬로프는 브룩스 산맥 북쪽의 북극해 연안에 있다. 프루도 만에 있는 유전에서의 생산량이 감소하면서 알래스카 북쪽의 새로운 유전을 개발하려고 하고 있지만, 환경 보호주의자들은 이러한 유전 개발 계획에 반대하고 있다. 석유 개발 때 나오는 부산물인 천연가스를 미국 본토의 48개 주에 공급하기 위한 파이프라인 건설을 둘러싸고 논쟁 중이다.

기후 변화가 북부 변경지역에 영향을 주고 있다. 계속적인 지구 기온 상승과 북극 빙하의 쇠퇴로 연중 항해가 가능한 새로운 항로가 열리고 있다(제12장

석유 가격이 상승하자 오일샌드에서 석유를 채취하는 것이 경제성을 갖게 되었다. 캐나다의 앨버타 주에는 광대한 양의 '오일샌드'가 매장되어 있다. 오일샌드는 모래에 석유가 섞여 있는 것으로, 모래로부터 석유를 채취하기 위해서는 비용이 많이 들고 복잡한 공정을 거쳐야 한다. 오일샌드에 있는 석유 매장량으로 본다면 이곳은 세계에서 가장 큰 유전 중 하나로 추정되며, 포트맥머리 인근에서 오일샌드가 개발 중에 있다. 캐나다가 이 석유를 미국에 판매할 것이라고 예측하는 사람들은 중국이 태평양 연안까지 이어지는 파이프라인 건설에 투자하였다는 사실을 인식하여야 한다. 석유 가격 상승은 경제뿐만 아니라 정치적으로도 영향을 미친다. © Jim Wark

에서 논의됨). 앞으로 빙하가 녹으면서 새로 생겨난 땅과 그곳에 매장되어 있는 자원의 소유권이 국제적인 분쟁거리가 될 것이다.

생각거리 ❓

- 세계 최초의 민간 우주공항인 스페이스포트 아메리카가 뉴멕시코 라스 크루서스 북쪽에 건설되고 있다.
- 약 110,000명의 유학생이 미국의 대학에서 공부하고 있으며, 그들 중 40%가 중국, 인도, 한국에서 온 유학생이다.
- 농업 중심지인 캘리포니아의 센트럴밸리는 물 공급 부족과 불법 이민자의 유입으로 경제가 침체하고 있다.
- 석유와 가스 매장량, 앨버타의 오일샌드 등 모든 자원을 고려한다면 캐나다는 세계적인 자원 부국이다.

퀴라소 빌렘스타트 시내의 풍경에 생생히 새겨진 네덜란드 식민지배의 흔적 © H. J. de Blij

주요 주제

'라틴아메리카'라는 이름이 잘못된 이유
두 지역 사이의 구분
멕시코의 지배력
아이티와 다른 카리브 해 섬들의 자연 환경적 약점
작은 것이 아름답다? 작은 섬나라들의 어려움
경제적 약점을 극복하기 위한 초국가적 노력

개념, 사고, 용어

4A

중부 아메리카 : 권역의 설정

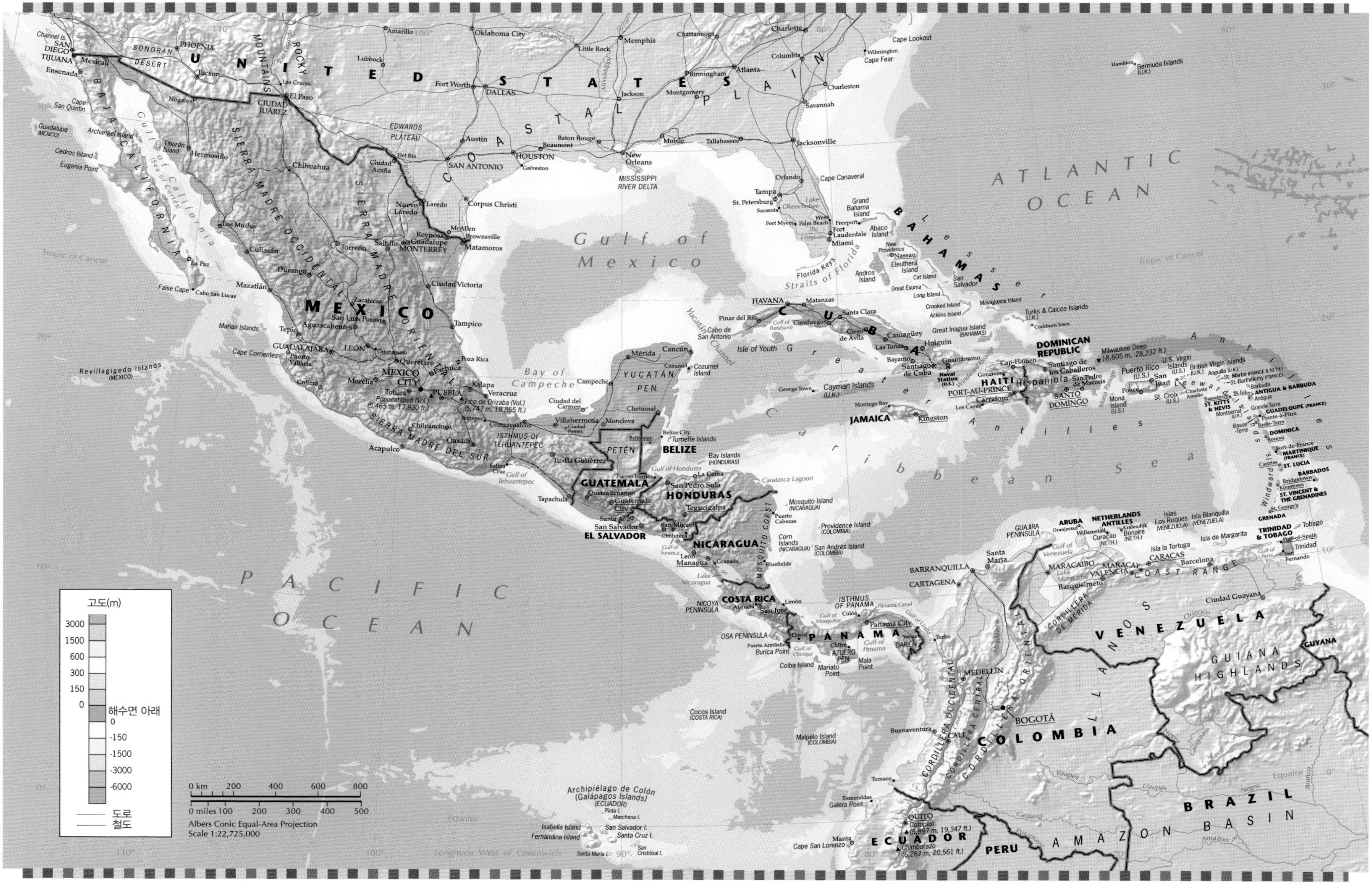

© H. J. de Blij, P. O. Muller, and John Wiley & Sons, Inc.

그림 4A-1

세계 지도를 들여다보면 아메리카가 알래스카부터 파나마까지 펼쳐진 북아메리카와 콜롬비아부터 아르헨티나까지 뻗은 남아메리카라는 2개의 땅덩어리로 이루어져 있음을 알 수 있다. 그러나 우리가 알고 있듯이 대륙과 지리적 권역의 경계는 대개 서로 일치하지 않는다. 3A와 3B장에서 우리는 미국-멕시코 국경과 멕시코 만을 남쪽 경계로 하는 북아메리카 권역에 대해 살펴보았다. 북아메리카와 남아메리카 사이에는 중부 아메리카라고 하는 작지만 중요한 지리적 권역이 자리한다. 본토와 카리브 해의 섬들로 구성된 중부 아메리카는 매우 작게 나뉘어 있는 지역이다.

그림 4A-1에서 보듯 중부 아메리카는 남북보다 동서로 훨씬 길다. 캘리포니아 반도부터 바베이도스까지의 거리는 약 6,000km인데, 티후아나부터 파나마 시까지는 남북 방향으로 그 절반밖에 되지 않는다. 전체 면적으로 따져서 중부 아메리카는 세계의 지리적 권역 가운데 두 번째로 작다. 지도에서 보듯이 이 지역의 지배적인 국가는 멕시코이며 나머지 모든 국가와 영토를 합친 것보다 크다.

중부 아메리카는 비록 작은 지리적 권역이지만 비교적 인구가 밀집해 있다. 중부 아메리카의 인구수는 2011년에 2억 명에 조금 못 미쳤으며, 그중 절반 이상은 멕시코의 인구였다. 자연증가율은 1.6%로 세계 평균보다 높다. 그림 4A-2는 인구가 밀집한 멕시코의 내부 중심지역을 잘 보여주고 있다. 과테말라와 니카라과의 인구가 카리브 해보다는 태평양을 향해 모이는 경향을 보이는 것에 주목하라. 이 지도에서 아이티와 도미니카공화국이 있는 히스파니올라 섬이 얼마나 복잡한지 볼 수 있으며, 이 축척에서는 명확히 볼 수 없지만 카리브 해 동부와 바하마의 몇몇 섬들 또한 인구 밀도가 높다.

중부 아메리카는 비록 작으나 자연지리적·문화적 다양성을 지녔다. 이곳은 치솟은 화산과 장대한 해안선, 열대림과 사막, 고원과 섬들이 있는 지역이다. 중부 아메리카는 고대 문명의 건축과 기술의 유산을 물려받았다. 오늘날 이곳의 문화는 아프리카와 유럽 등지에서 온 이민자 문화로 이루어진 모자이크이며, 이는 음악과 시각 예술에 풍부하게 드러나 있다. 한편 물질적인 빈곤은 만성적인 듯하다. 섬나라인 아이티는 아메리카 전체에서 가장 가난한 나라이고, 본토의 니카라과 역시 별반 다르지 않다. 우리가 살펴보게 되듯이, 여러 과제에 당면해 있는 이 독특한 권역의 형성에는 여러 요인이 관여하였다.

주요 지리적 특색

중부 아메리카

1. 중부 아메리카는 본토에 있는 멕시코부터 파나마에 이르는 국가들과 카리브 해의 모든 섬으로 구성된 권역이다.
2. 중부 아메리카의 본토는 대서양과 태평양 사이의 장벽으로 매우 중요한 의미를 갖는다. 자연지리학 용어로는 북아메리카와 남아메리카 대륙을 연결하는 육교에 해당한다.
3. 중부 아메리카는 문화적·정치적 분열이 매우 심한 지역이다. 작고 서로 멀리 떨어진 섬나라들의 존재는 경제 발전에 어려움을 제기한다.
4. 중부 아메리카의 문화지리는 매우 복잡하다. 카리브 해 연안은 아프리카 문화의 영향이 지배적이며, 본토는 에스파냐와 아메리카 원주민의 문화적 전통이 상당 부분 유지되고 있다.
5. 이 권역은 아메리카에서 가장 발전이 더딘 지역을 포함하고 있다. 새로운 경제적 기회는 중부 아메리카의 만성적인 빈곤을 경감하는 데 도움이 될 것이다.
6. 면적, 인구, 그리고 경제적 잠재력의 측면에서, 멕시코가 이 권역의 지배적인 국가라 할 수 있다.
7. 멕시코는 현재 경제 개혁을 겪고 있으며 큰 산업적 성장을 거둔 바 있다. 멕시코는 경제 발전이 지속되길 바라지만, 여러 경제적 문제의 극복과 함께 북미자유무역협정(NAFTA)하에서 미국·캐나다와의 무역 확장이라는 과제를 안고 있다.

지리적 특성

종종 중부 아메리카와 남아메리카를 한데 묶어, 이 지역에 일반적인 에스파냐와 포르투갈의 문화적 유산을 시사하는 '라틴 아메리카'라는 이름으로 부르는 것을 볼 수 있다. 이는 한때 북아메리카를 가리키는 말로 흔히 쓰였던 '앵글로아메리카'가 그렇듯 부적절한 명칭이다. 문화에 근거한 이러한 용어들은 역사적인 권력과 지배를 반영하며, 이러한 용어들이 나타내지 않는 부류의 사람들을 소외시키는 경향이 있다.

북아메리카에서 앵글로아메리카라는 명칭은 많은 아메리카 원주민과 아프리카계 미국인, 히스패닉 미국인, 퀘벡인들에게 불쾌감을 주었다. 중부 아메리카와 남아메리카에는 아메리카 원주민, 아프리카, 아시아계의 조상을 가진 수백만의 사람들이 살고 있다. 또한 바하마와 바베이도스, 자메이카, 벨리즈, 또 과테말라와 멕시코의 많은 지역에서 문화 경관은 그다지 '라틴'적이지 않다. 따라서 북아메리카, 중부 아메리카, 남아메리카라는 중립적인 지리적 명칭을 사용하는 것이 적절해 보인다.

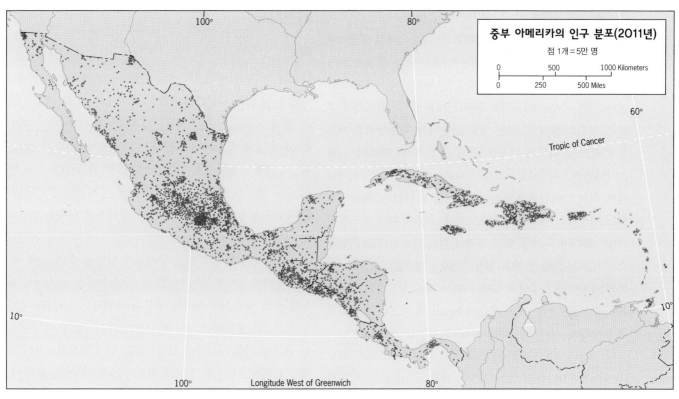

그림 4A-2

그런데 과연 중부 아메리카는 별도의 지리적 권역으로 취급될 만큼 북아메리카 그리고 남아메리카와 구별되는가? 분명 지금과 같은 세계화와 이주의 시대에는, 현재 미국-멕시코 국경에서 일어나고 있는 바와 같이, 경계지역은 점이지대가 되어 간다. 그렇지만 북아메리카가 단 2개의 나라로 이루어져 있고, 남아메리카 대륙 전체가 단 12개의 나라(그리고 프랑스령 기아나)로 이루어져 있는 데 반해, 그보다 훨씬 작은 중부 아메리카는 네덜란드, 영국, 프랑스의 속령을 포함하여 30개가 넘는 정치적 단위로 이루어져 있다. 즉, 남아메리카와는 달리 중부 아메리카는 다양한 언어를 사용하는 여러 독립국가 및 정치적 지위에 변화를 겪고 있는 지역, 그리고 속령들로 이루어진 매우 복잡한 지역이며, 이들은 또한 미국 그리고 에스파냐와 포르투갈을 제외한 유럽과 계속해서 강하게 연결되어 있다.

권역의 북쪽 경계

3,200km에 달하는 북아메리카와 중부 아메리카 사이의 경계는 부유한 영역과 가난한 영역을 갈라놓는 경계 가운데 가장 길다. 미국-멕시코 국경은 태평양부터 멕시코 만까지 대륙을 가로지르지만, 멕시코 문화의 영향은 미국 남서부에 깊숙이 침투해 있고 미국의 영향 역시 멕시코 안쪽으로 멀리 미친다. 멕시코인들에게 국경은 역사적인 분쟁으로 미국에 잃은 영토의 상징이며, 미국인들에게는 경제 격차와 불법 이민의 상징이다. 국경을 넘어 NAFTA(캐나다, 미국, 멕시코 사이에 체결된 북미자유무역협정)의 효과가 멕시코의 경제지리를 변화시키고 있다.

미국 정부는 자국의 안보(잠재적인 테러리스트들이 멕시코를 통해서도 유입되는 것으로 생각됨)와 마약 밀반입 문제(주로 코카인)에 대응하는 차원에서 국경 전체에 걸친 강화 철책 공사를 시작했다. 더 긴밀한 경제적·정치적 협력이라는 이상적 측면에서 이 조치는 이상해 보이며, 많은 전문가들이 그 효용성에 의문을 제기한다. 이 장벽이 근 수십 년간 계속되어 온 역동적인 경계지역의 형성에 어떤 영향을 미칠지는 분명하지 않다.

중부 아메리카의 각 지역

그림 4A-1에서 짐작할 수 있듯이 중부 아메리카를 4개의 지역으로 구분할 수 있다. 지배적인 지역인 **멕시코**는 가장 넓

은 영역을 차지하며, 엘파소에서 멕시코 만에 이르는 리오그란데 강을 북쪽 경계로 한다. 멕시코는 남동쪽에서 **중앙아메리카**와 만나는데, 과테말라, 벨리즈, 온두라스, 엘살바도르, 니카라과, 코스타리카, 파나마의 7개 나라가 이 지역에 포함된다. 때로 중부 아메리카의 본토 전체를 중앙아메리카라 부르는 경우도 있지만, 이는 잘못된 것이다. **대앤틸리스 제도**는 카리브 해 북쪽에 위치한 4개의 큰 섬 쿠바, 자메이카, 히스파니올라, 푸에르토리코를 가리키는 이름으로, 히스파니올라 섬은 아이티와 도미니카공화국을 포함한다. 마지막으로 **소앤틸리스 제도**는 푸에르토리코 근방의 버진 제도부터 베네수엘라의 북서쪽 해안 가까이 있는 네덜란드령 앤틸리스에 이르는 수많은 작은 섬들, 그리고 대앤틸리스 제도 북쪽의 바하마로 이루어져 있다. 카리브 해에서는 습한 동풍이 불어와 바람이 불어오는 쪽(windward)의 해안을 습윤하게 하고 바람이 가려지는 쪽(leeward)의 해안을 건조하게 남겨둔다. 지도의 리워드 제도(Leeward Islands)와 윈드워드 제도(Windward Islands)는 실제로 건조하거나 습윤한 것은 아니며, 이런 이름은 단지 항해에 유용하게 쓰였을 뿐이다.

자연지리

육교

북아메리카와 남아메리카 사이 4,800km를 이어 주는 깔때기 모양을 한 중부 아메리카 본토는 북쪽에서 2개의 주요 산맥과 광대한 고원이 있을 만큼 넓지만, 파나마에서는 폭이 65km에 불과해 리본처럼 좁아진다. 이곳에서 이 가느다란 땅, 즉 **지협**은 동쪽으로 휘어 있어 파나마의 주향은 동서 방향이다. 따라서 중부 아메리카의 본토는 자연지리학자들이 **1** 육교(land bridge)라 부르는 것, 즉 대륙과 대륙을 연결하는 지협에 해당한다.

지구의에서 현재와 과거의 육교를 찾아볼 수 있는데, 아시아와 아프리카를 잇는 이집트의 시나이 반도, 아시아의 북동쪽 끝과 알래스카 사이의 베링 육교(현재는 갈라짐), 뉴기니와 오스트레일리아 사이의 얕은 바다가 그 예이다. 이러한 육교는 비록 지질학적 시간으로는 단지 일시적으로만 존재할 뿐이지만 동물과 인간의 확산에 결정적인 역할을 한다. 그러나 중부 아메리카의 본토는 육교를 형성함에도 불구하고 내부적인 단절이 이동을 줄곧 제한해 왔다. 이곳은 산맥과 늪이 많은 해안, 빽빽한 열대우림으로 인해 접촉과 상호작용이 매우 어려웠다.

열도

그림 4A-1에서 볼 수 있듯이, 약 7,000개에 이르는 카리브 해의 섬은 쿠바와 바하마에서부터 트리니다드까지 남동쪽으로 길게 호를 그리며 놓여 있는데, 바깥쪽의 바베이도스 및 안쪽의 케이맨 제도와 같이 이에서 벗어난 섬들도 몇몇 있다. 위에서 말했듯 4개의 큰 섬 쿠바, 히스파니올라(아이티와 도미니카공화국이 있는), 푸에르토리코, 자메이카를 대앤틸리스 제도라 부르고, 모든 나머지 작은 섬들을 소앤틸리스 제도라고 부른다. 앤틸리스 **2** 군도(archipelago)의 이 모든 섬은 카리브 판과 그 이웃 판들의 충돌의 결과로 카리브 해의 밑바닥으로부터 솟아오른 산들의 정상이다(그림 G-4). 이들 산지의 일부는 안정적이나 어떤 곳에는 활화

2010년 1월 아이티 지진 발생 2주 후에 촬영된 포르토프랭스 도심의 충격적인 거리 모습은 도시를 강타한 끔찍한 재앙의 전형적인 모습이다. 엄청난 수의 사상자와 한층 어려워진 생존을 위한 싸움, 파괴된 경제, 거주할 수 없는 건물과 잔해로 막힌 거리, 그리고 타국 정부와 구호 단체에 대한 거의 완전한 의존에도 불구하고, 사진 속 사람들이 보여주듯 주민들은 어떻게든 삶을 이어 나갔다. 서반구에서 가장 가난한 나라인 아이티는 재건이라는 거대한 과제에 직면해 있으며, 이 비극은 금방 끝나지 않을 것이다. 또 이는 카리브 해에서 일어난 가장 중요한 지리적 사건으로 오랫동안 남아 있을 것이다. ⓒ Craig Ruttle/Alamy

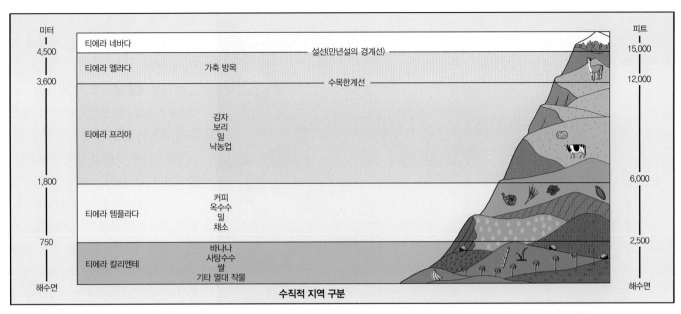

그림 4A-3   © H. J. de Blij, P. O. Muller, and John Wiley & Sons, Inc.

산도 있다. 또한 본토이든 섬이든 중부 아메리카의 거의 모든 지역에서는 항상 지진 위험이 있다(그림 G-5).

위험한 자연 경관

그림 4A-1이 보여주듯, 중부 아메리카는 도드라진 부분이 많은 지역으로 이곳저곳에 활화산이 솟아 있다. 이는 그림 G-4가 보여주듯이 중부 아메리카가 카리브 판, 북아메리카 판, 남아메리카 판, 그리고 코코스 판이 수렴하는 곳에 있기 때문이다. 이 때문에 지진과 산사태가 발생하기 쉬운 위험한 자연 환경이 만들어진다. 여기에 계절적인 대서양 허리케인까지 더하여 지구상에서 가장 위험한 지역 가운데 하나를 만드는 데 일조한다.

중부 아메리카의 어떤 지역도 자연의 맹렬한 공격으로부터 안전하지 못하다. 그러나 어떤 지역은 다른 지역에 비해 더 위험하며, 가장 가난한 주민들은 대개 가장 위험한 지역에 살고 있어 재난이 닥칠 때 가장 큰 피해를 입는다. 2010년 1월 12일 아이티에 엄청난 지진이 발생했다. 그림 4B-10에 삽입된 지도에 나타나 있듯이 북아메리카 판과 카리브 판의 충돌로 생겨난 단층선들이 아이티를 지난다. 규모 7.0인 지진의 진앙은 포르토프랭스로부터 단 25km 떨어져 있었으며, 인구가 220만 명에 달하는 이 빈곤한 도시를 사실상 완전히 파괴하였다. 적어도 30만 명이 죽었으며, 한 주 만에 100만 명이 넘는 사람들이 도시를 벗어나 시골로 이주하였다. 이 지진은

아이티 역사상 최악의 재앙이지만 분명 최초는 아니다. 2008년 3번의 허리케인과 열대 폭풍우가 아이티를 강타하여 도시와 마을이 여러 차례 물에 잠겼고 건물들이 파괴되었으며 수십만이 혼란에 빠졌다.

수직적 지역 구분

중부 아메리카의 본토와 남아메리카의 서쪽 가장자리는 도드라진 부분이 많으며 자연 환경이 서로 강한 대조를 이루는 지역이다. 정착민들은 언제나 산간의 계곡과 분지를 선호했지만, 더운 열대 저지대와 안데스의 설선(snow line) 바로 밑의 고원에도 많은 사람들이 살고 있다. 이러한 각각의 지역에서는 기후, 토양, 초목, 작물, 가축, 그리고 삶의 방식이 뚜렷이 구별되어 나타난다. 이러한 **3** 수직적 지역 구분(altitudinal zones, 그림 4A-3)은 이들이 서로 구분되는 특성을 가진 지역임을 반영하여 각각 특정한 이름으로 불린다.

이러한 지역 가운데 가장 아래쪽에 있는 것은 '더운 땅'이라는 뜻의 **4** 티에라 칼리엔테(tierra caliente)로 해발 750m 이내의 땅을 가리키며, 이는 해안의 평원과 내륙의 낮은 분지를 포함한다. 이곳에서는 열대농업이 지배적이다. 그 위에는 중부 아메리카와 남아메리카에서 인구가 가장 밀집한 지역들이 속해 있는 **5** 티에라 템플라다(tierra templada)가 자리한다. 티에라 템플라다는 해발 1,800m까지 이르는 온화한 지역을 가리킨다. 이곳의 기온은 한결 낮아 경제 작물로는 커피가

경관의 파괴를 되돌리기 위한 여러 시도에도 불구하고, 삼림 파괴는 계속해서 중앙아메리카 전체에 퍼져나가고 있다. 삼림 파괴가 주는 최악의 영향은 사진의 파나마 서부에서 볼 수 있는 것처럼 산비탈의 경사가 급해지는 것이다. 최근의 삼림 파괴에 따라 사진의 언덕 꼭대기 주변 토양은 이미 침식되기 시작했는데 나무뿌리의 보호 없이 열대 지방에 내리는 엄청난 비가 표토를 씻어내고 있기 때문이다. ⓒ Humberto Olarte Cupas/Alamy

숲을 거의 모두 잃어버렸으며, 나머지 여섯 나라도 곧 비슷한 상황에 처할 것이다.

이러한 **9** 열대림 파괴(tropical deforestation)의 원인은 빈곤한 국가들이 가지고 있는 지속적인 경제적·인구통계학적 문제와 관련되어 있다. 중앙아메리카에서는 여러 국가(특히 코스타리카)가 육류를 생산하고 수출하게 됨에 따라 촌락의 토지를 목초지로 사용할 필요성이 생긴 것이 가장 중요한 원인이다. 열대 지방의 토양은 양분이 매우 부족하여 목초지로는 길어야 몇 년밖에 사용할 수 없다. 이들은 곧 황무지가 된다(왼쪽 사진 참조). 나무들의 보호가 없으면 토양 침식과 홍수는 곧 심각한 문제가 되며 근처의 여전히 생산적인 영역에도 영향을 끼친다. 삼림 파괴의 둘째 원인은 세계적으로 주택, 종이, 가구 등의 수요가 급속하게 증가함에 따라, 목재 산업이 점차 중위도의 바닥난 숲에서 적도 지방의 풍부한 삼림자원으로 눈을 돌림으로써 빨라진 열대림의 벌목이다. 셋째 원인은 이들 지역에서의 폭발적인 인구 증가와 관련되어 있다. 비옥하지 않은 땅에서 자원을 추출해 내기 위해 갈수록 많은 소작농들이 필요해지는데, 그들은 남아 있는 숲을 땔감과 추가적인 경작지를 위해 어쩔 수 없이 베어 내야 하며, 그들의 침범은 숲이 재생되는 것을 막는다.

주로 재배되며 주곡(staple grain)으로는 옥수수와 밀이 재배된다. 해발 1,800m에서 3,600m 사이의 **6** 티에라 프리아(tierra fria)는 안데스 산맥의 추운 땅으로 내한성 작물인 감자와 보리 등이 주식 작물로 재배된이다. 티에라 프리아의 위쪽 경계인 수목한계선(tree line)을 넘어 해발 3,600m에서 4,500m에 이르는 **7** 티에라 엘라다(tierra helada)는 차갑고 척박한 땅으로, 양과 같이 추위에 강한 가축 정도가 풀을 뜯을 수 있다. 가장 높은 지역인 **8** 티에라 네바다(tierra nevada)는 얼음과 만년설로 덮여 있는 땅으로 안데스 산맥의 가장 높은 봉우리들을 포함한다. 우리가 살펴보게 되듯이, 중부 아메리카와 남아메리카 서부의 다양한 인문지리는 이러한 다채로운 자연 환경의 충실한 반영이다.

열대림의 파괴

유럽인들이 상륙하기 전, 중부 아메리카 본토는 (고도가 낮은 지역에서) 2/3 이상이 열대우림으로 뒤덮여 있었으나, 오늘날에는 단지 그 10%만이 남아 있는 것으로 추산된다. 지난 10년 동안만 해도 중앙아메리카와 멕시코에서는 매년 120만 헥타르에 달하는 숲이 사라져 갔다. 엘살바도르는 이미

문화지리

메소아메리카의 유산

중부 아메리카 본토는 주요한 고대 문명이 출현한 장소이다. 이곳은 세계의 진정한 **10** 문화 중심지(culture hearth) 중 하나이다. 여기서 문명 중심지란 새로운 사상이 주변으로 뻗어나가고 인구가 확산되어 상당한 물질적·지적 발전을 이룩한 근원지를 말한다. 농업의 전문화, 도시화, 교통망의 발전이 이루어졌으며 문학, 과학, 예술 및 다른 분야에서도 커다란 진전을 보았다. 중부 아메리카의 문명 중심지는 현재의 멕시

코시티 부근에서 남동쪽으로 중부 니카라과까지 뻗어 있었으며, 문화인류학자들은 이곳을 **메소아메리카**라고 부른다. 메소아메리카 문명의 발달에서 특히 주목할 만한 점은 지리적 환경이 아주 상이한 지역들을 망라하였다는 것이다. 이는 넓은 지역을 통일하고 통합하기 위해 극복해야 할 장애물이었다. 우선 지금으로부터 3,000년 전 마야 문명이 오늘날의 북부 과테말라, 벨리즈, 멕시코의 유카탄 반도가 있는 열대 평원에서 그리고 어쩌면 동시에 남쪽으로 과테말라의 고지대에서 발생하였다. 그 후에는 북서쪽으로 멀리 떨어진 중부 멕시코의 고원에서 아스텍인들이 콜럼버스의 신대륙 발견 이전까지 가장 컸던 도시를 중심에 두고 주요 문명을 세웠다.

저지대의 마야 문명

마야 문명은 세계에서 유일하게 열대 저지대에서 발생한 문명이다. 석조 피라미드와 웅장한 사원이 있는 마야의 위대한 도시들은 오늘날까지도 계속해서 고고학적인 정보를 제공하고 있다. 마야 문명은 3세기부터 10세기까지 그 절정에 다다랐다.

　도시국가로부터 출발한 마야 문명의 영역은 멕시코를 제외한 현재 중부 아메리카의 어떤 국가보다도 넓었다. 마야의 인구는 약 200~300만 명이었고, 마야인들이 사용하던 언어 중 일부는 오늘날에도 이 지역에서 사용되고 있다. 마야의 도시국가들은 왕조에 의해 통치되었으며, 이들은 종교적으로도 상위 권력자 집단이었다. 지금은 폐허가 된 거대한 도시들은 주요 종교 의식이 행해지는 곳이었다. 마야 문명은 숙련된 예술가들과 과학자들을 양성하였으며, 농업과 교역에서도 많은 발전을 이루었다. 목화가 재배되었으며, 직물 산업이 발달하였다. 그리고 만들어진 면포를 중부 아메리카 다른 지역의 유용한 천연자원과 교환하였다. 그들은 칠면조를 기르고 카카오를 재배했으며, 문자를 사용하였고, 천문학을 연구했다.

고지대의 아스텍 문명

멕시코의 고산지대에서는 또 하나의 중요한 문명이 발달하였다. 오늘날 멕시코시티의 바로 북쪽에는 서반구 최초의 진정한 도심지(urban center)인 테오티와칸이 있었는데, 이 도시는 2,000년 전에 세워져 7세기까지 번성하였다.

　아스텍 제국은 성립 후 곧 동쪽과 남쪽의 영토를 정복하기 시작하였다. 더 많은 주민과 마을을 지배하에 두고 세금과

공물을 거두어들이려는 아스텍인들의 욕망이 제국의 확장을 부채질하였다. 아스텍의 영향력이 중부 아메리카 전체에 미치게 되자, 제국은 더욱 부유해졌으며 인구는 급속히 늘어났고 도시들은 번창하였다.

　아스텍인들은 새로운 것을 창조하기보다는 차용하고 개량하는 데 더 뛰어났지만, 다양한 분야에서 인상적인 업적을 남겼다. 그들은 관개시설을 개발하였고, 토양 침식의 위험이 있는 경사지에 정교한 계단식 농경지를 만들었다. 메소아메리카 원주민들의 가장 큰 업적은 분명 농업 부문에 있다. 옥수수, 고구마, 다양한 종류의 콩, 토마토, 호박, 초콜릿의 원료인 카카오, 담배는 모두 메소아메리카가 원산지이며, 유럽인들에 의해 구대륙으로 전파되었다.

에스파냐의 정복

16세기 초 에스파냐는 아스텍을 정복하여 아메리카에서의 패권을 차지할 수 있는 돌파구를 마련하였다. 에스파냐인들은 무자비한 정복자였으며 다른 유럽 세력들도 그보다 덜하지 않았다. 에스파냐인들은 원주민들을 노예로 삼았고 토착 사회의 힘을 파괴하였다. 그러나 그들의 무자비한 통치도 질병만큼 짧은 시간 동안에 많은 피해를 주지는 못했다. 에스파냐 사람들과 아프리카에서 수입된 노예들이 전파한 질병이 수백만 명의 아메리카 원주민을 죽였다.

　중부 아메리카의 문화 경관은 급격히 변하였다. 건축 재료로 돌을 사용했던 아메리카 원주민들과는 달리, 에스파냐인들은 나무를 사용하여 집을 만들었으며 난방과 취사, 금속 가공에 나무와 목탄을 사용했다. 그 결과 식민개척지 마을을 중심으로 삼림이 급속히 파괴되었다. 또한 에스파냐인들은 유럽에서 소와 양을 들여왔으며, 이로 인해 미개척지가 개간되고 사람과 가축이 한정된 식량을 가지고 경쟁하게 됨으로써 식량 수급 문제가 더 심각해졌다. 또한 에스파냐인들은 그들의 농작물(특히 밀)과 농업 기술을 들여왔고, 원주민들이 경작하던 소규모의 옥수수밭은 거대한 밀밭으로 바뀌어 갔다.

　에스파냐인에 의한 가장 큰 문화적 변화는 그들의 도시 거주자로서의 전통에서 기인한다. 원주민들은 에스파냐인들이 계획하고 만든 마을과 도시에 강제로 이주되었다. 이런 거주지에서 에스파냐인들은 그들의 방식대로 원주민을 통치하였다(그림 4A-4). 각 에스파냐 도시의 중심은 도시 중앙에 위치한 **광장** 또는 시장이었으며, 그 주위에 성당과 정부 건물

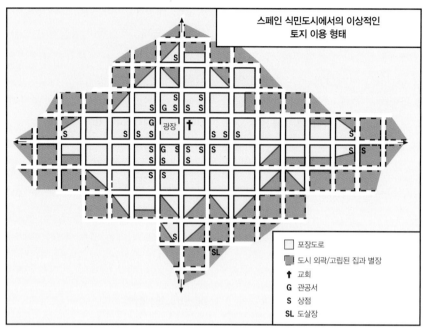

그림 4A-4　　　　　　　© H. J. de Blij, P. O. Muller, and John Wiley & Sons, Inc.

이 위치해 있었다. 도로망은 격자형으로 계획되었는데, 이렇게 함으로써 원주민들이 반란을 일으킬 경우 적은 수의 군대만을 동원해서 공격당한 구역을 봉쇄하고 반란군을 소탕할 수 있었다. 각 도시는 토지가 비옥하다고 생각되는 곳(언제나 비옥한 것은 아니었다) 가까이에 위치해 있어 원주민들은 매일 들판에 나가서 일을 할 수 있었다. 이렇게 빽빽이 들어찬 도시와 마을 안에서 원주민들은 에스파냐의 문화에 접하게 되었으며 (강제로) 유럽의 언어를 배우게 되었다. 그리고 새로운 지배자에게 세금과 공물을 바쳤다. 중부 아메리카의 가장 발전한 도시들에도 이러한 에스파냐 지배의 흔적이 아직 남아 있다.

문화의 충돌

그러나 중부 아메리카는 에스파냐가 아니다. 중부 아메리카의 문화 구조는 아메리카 원주민, 에스파냐인, 다른 유럽인이 미친 영향의 충돌을 보여준다. 실제로 멕시코의 남동부와 과테말라 내륙의 더 먼 지역에서는 토착 마을이 에스파냐어를 이기고 오늘날까지 원래의 언어를 간직하며 살아 남아 있다.

멕시코 외의 중부 아메리카에서는 2개의 대양을 잇는 지점과 금광이라는 두 가지 이점을 가진 파나마가 에스파냐 활동의 초기 중심지가 되었다. 거기에서부터 지협의 태평양 쪽을 따라가면서 에스파냐의 영향력은 아메리카의 중앙부와 멕시코를 거쳐 북서쪽으로 퍼져나갔다. 그러나 중부 아메리카에서 국제적인 주요 경쟁은 태평양 쪽이 아니라 카리브 해 쪽 해안과 섬에서 이루어졌다. 여기에서 영국은 유카탄 반도에서 코스타리카에 이르는 남동쪽으로 뻗은 좁은 해안지역을 지배하여 본토로 가는 발판을 마련했다. 식민지배 지도(그림 4A-5)에 보이는 것처럼, 카리브 해 지역에서 에스파냐인들은 영국인뿐 아니라 프랑스인, 네덜란드인들과 마주쳤다. 이들은 모두 수익성이 좋은 설탕 무역에 관심이 있었고, 눈앞의 부를 얻고자 했으며, 그들의 제국을 확장하고자 했다.

카리브 해 연안에서 유럽이 식민 경쟁을 벌인 지 수 세기가 지나서 미국이 여기에 뛰어들었고, 미국은 식민 정복을 통해서가 아니라 폭넓은 대규모의 바나나 플랜테이션 농업을 통해서 본토의 해안지역에 영향을 미쳤다. 이런 플랜테이션의 효과는 카리브 해의 섬 지역에 존재하는 식민주의의 영향만큼이나 멀리 미치고 있었다. 유럽인들이 전파한 질병들이 덥고 습한 저지대(동쪽으로는 카리브 해의 섬들까지)에 가장 만연했기 때문에 살아남은 아메리카 원주민 인구는 충분한 노동력을 공급하기에는 숫자가 너무 적었다. 이런 노동력 부족은 대서양을 통한 아프리카 노예무역으로 해결되었는데, 이것은 카리브 해 연안의 인구 구조를 바꾸어 놓았다.

카리브 해 연안의 문화적 다양성은 특히 두드러진다. 그리고 히스패닉 문화 유산만 있는 것은 아니다. 예를 들어, 쿠바

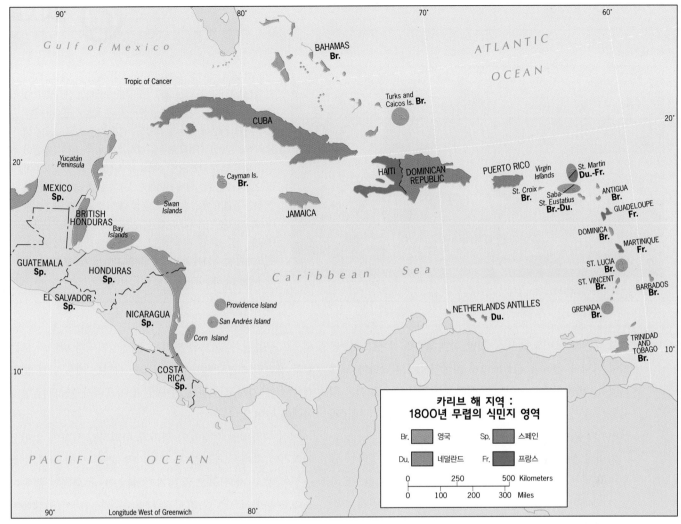

그림 4A-5

© H. J. de Blij, P. O. Muller, and John Wiley & Sons, Inc.

남쪽에 있으며 인구 280만 명의 국민 대다수가 아프리카계인 자메이카는 영국적 성향을 띠고 있다. 한편 동쪽에 있는 아이티는 인구 940만 명 중 아프리카계가 압도적으로 많은 국가지만, 아프리카와 프랑스의 유산이 강하게 남아 있다. 소앤틸리스 제도 역시 문화적 다양성을 보여주는 지역이다. 이 지역에는 한때 덴마크령이었던 미국령 버진 제도, 프랑스령 과들루프 섬과 마르티니크 섬, 영국의 영향을 많이 받은 바베이도스, 세인트루시아, 트리니다드토바고, 그리고 네덜란드가 프랑스와 공유하고 있는 센트마르텐 섬과 네덜란드령 앤틸리스 제도의 아루바, 보네르, 퀴라소 섬들이 서로 뒤섞여 있다.

정치적 · 경제적으로 세분된 지역

독립

독립 운동은 일찌감치 중부 아메리카를 휩쓸었다. 대륙에서는 에스파냐 지배에 대항하는 반군들이(1810년에 시작) 1821년에 멕시코 독립을 이루어냈고, 중부 아메리카의 공화국들은 1820년대 말까지 8개의 국가를 성립시키면서 독립을 이루었다. 영역을 확보하는 데 유럽적인 설계에 관심이 있었던 미국은 새로 독립한 공화국들에 대해 다시 지배하거나 현존하는 영역을 더 확장하려는 그 어떤 유럽의 힘도 막아내기 위해서 1823년에 먼로 독트린을 선언했다.

19세기 말까지는 미국이 중부 아메리카에서 주요한 세력이 되었다. 1898년의 미국-에스파냐 전쟁은 쿠바를 독립시

© Jan Nijman

"카리브 해의 작은 섬인 보네르에서 차를 몰던 중 이 초현실적인 광경과 마주하자 나는 내가 신기루를 보았다고 생각했다. 완벽한 원뿔 모양의 이 반짝이는 하얀 언덕은 사실 소금 더미이다. 베네수엘라 해안에 있는 이 네덜란드령의 작은 섬은 소금을 생산하기에 완벽한 지리적 조건을 갖추고 있다. 수많은 작은 만이 있고, 매우 덥고 건조하며, 언제나 무역풍에 노출되어 있다. 비록 오늘날 모든 가정에서 당연하게 소금을 쓰고 있지만, 오랜 시간 동안 소금이 특히 음식을 보존할 때 가장 소중한 양념 가운데 하나였음을 기억하라. 네덜란드인들은 이곳에서 1620년대에 대규모 소금 생산을 시작하였다. 오늘날 이곳의 산업은 앤틸리스 국제 소금 회사의 소유이며, 아직까지도 보네르의 주요한 외화 수입원 중 하나이다."

컸고, 푸에르토리코를 미국 깃발 아래 놓이도록 했으며, 곧이어 파나마 운하를 건설하면서 미국인들이 파나마에 있게 되었다. 한편 거대한 바나나 플랜테이션 붐을 일으킨 미국 회사들과 함께 중부 아메리카의 이름뿐인 공화국들은 미국의 식민지가 되었다.

카리브 해 지역에도 독립이 찾아왔다. 이전에 영국이 남부 아시아 사람들을 많이 이주해 오도록 한 트리니다드토바고와 자메이카는 1962년에 영국 연방으로부터 완전히 독립했다. 바베이도스, 세인트빈센트, 도미니카와 같은 영국 연방에 속한 섬들은 그 이후에 독립하게 되었다. 그러나 프랑스는 프랑스공화국의 해외 주(州)로서 마르티니크와 과들루프를 남겨 두었다. 그리고 네덜란드의 섬들은 다양한 지위의 자치령으로 남게 되었다. 오늘날 카리브 해 지역의 지도에서 적어도 33개의 주(州)를 볼 수 있다.

대조적인 두 지역

중부 아메리카의 고지대와 카리브 해 연안 및 섬 지역 사이에는 사회적·경제적으로 매우 대조적인 부분들이 있다(그림 4A-6). 문화지리학자 존 어겔리(John Augelli)는 **본토-주변지역** 틀로 이런 점들을 개념화했다. 멕시코에서 파나마에 이르는 유럽-아메리카인디언의 본토는 유럽인(에스파냐)과 아메리카인디언의 영향력 아래 놓여 있고, 또한 두 인종이 섞인 **11** 메스티소(mestizo)들을 포함한다. 그림 4A-6에서 보여주는 것처럼 본토는 아메리카인디언의 영향력에 따라 여러 지

역으로 구분된다. 본토의 카리브 해 연안지역과 바다의 모든 섬을 포함한 **주변지역** 동부에 이르는 지역은 매우 다른 문화적 유산을 가지고 있는데, 유럽인과 아프리카인들의 영향력 아래에 놓여 있다.

이런 대조적인 특징들이 경관과 사회적인 경향에 있어서 지역적인 차이를 가져왔다. 주변지역-카리브 해 구역은 접근성이 좋고 바다 쪽으로 나가기 쉬우며, 문화적인 접촉이 최대고 문화적으로 잘 혼합된 사탕수수와 바나나 플랜테이션 지역이었다. 본토-중부 아메리카 지역은 이런 접촉으로부터 멀리 떨어져 있었기 때문에 훨씬 더 고립되어 있었다. 주변지역은 거대한 **12** 플랜테이션(plantation) 지역이었고, 따라서 그런 상업 경제는 유동적인 세계시장에 영향을 받기 쉬웠으며 해외 투자 자본에 묶이게 되었다. 본토는 외부시장에 의존적이지 않고 훨씬 더 자립적인 **13** 아시엔다(hacienda)가 주를 이루었다.

토지 소유에 있어서 플랜테이션과 아시엔다 사이의 이런 대조적인 특징은 본토-주변지역 이분법의 강력한 근거가 된다. 아시엔다는 에스파냐의 제도인 반면에 플랜테이션은 북서부 유럽의 제도이다. 아시엔다에서 에스파냐 지주들은 결코 생산성을 끝까지 높이려고 하지 않았고, 광대한 토지의 소유로 사회적인 특권과 안락한 생활을 누렸다. 원주민 노동자들은 한때 그들의 소유였던 그 땅에서 그들의 자급적 작물을 농사 지을 수 있는 좁은 땅을 가지고 살았다. 이 모든 것은 대개 과거의 일이지만, 비효율적으로 토지와 노동을 사용

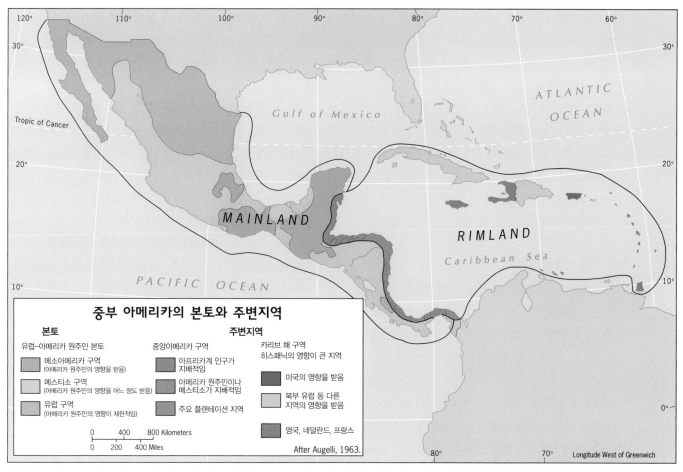

그림 4A-6

© H. J. de Blij, P. O. Muller, and John Wiley & Sons, Inc.

중부 아메리카의 주변지역과 본토의 대조적인 토지 사용은 매우 다른 농촌의 문화 경관을 가져온다. 거대하게 뻗어 있는 아시엔다에서 가장 좋은 땅은 수출 작물 또는 사치품을 경작하는 지주들(보통 부재지주)이나 자국시장으로의 수송과 판매를 위해서 과일을 재배하는 외국 회사들이 차지한다. (왼쪽 사진) 여기에 보이는 바나나 플랜테이션은 카리브 해 연안의 코스타리카에 위치한다. 보통 고도가 높은 지역에서 몇 마리의 염소나 가축을 키우는 것이 대부분의 토지를 이용하는 유일한 방법인 농촌에서 외로이 한 농부가 작은 경작지에서 자급용 작물을 재배하는 모습과 바나나가 심어져 있는 광대한 들판의 모습은 매우 대조적이다.

(왼쪽 사진) ⓒ John Coletti/Getty Images, Inc. (오른쪽 사진) ⓒ Jean-Gerard Sidaner/Photo Researchers.

하는 아시엔다 시스템의 유산은 중부 아메리카의 중심부에 여전히 존재한다(그림 4A-5, 4A-6).

과거에 플랜테이션이 소유주에게는 상당한 부를 가져왔다면 노동자들에게는 거의 그렇지 못했고, 불평등은 구조적인 문제가 되었던 것 같다. 카리브 해에서 재배되는 작물(특히 사탕수수)의 독점은 최근 수십 년 동안에 다른 지역(예 : 미국)과의 경쟁에서 밀리게 되었다. 소득은 줄고 실업은 늘었다. 수백만의 노동자들이 최저 생활을 하게 되었고, 많은 사람들이 생활 조건이나 기회가 더 좋지 않은 도시로 떠날 수밖에 없었다.

작은 것이 아름답다?

살펴본 대로 중부 아메리카 지역은 영토와 인구에 있어서 규모가 크지 않다는 것이 특징이다. 하지만 국가의 수는 상당히 많으며, 대체로 크기는 상당히 작은 경향이 있다. 카리브 해의 섬들은 하얀 모래 해변과 야자수, 열대 칵테일, 반짝이는 푸른 물결 등 아름다운 풍경을 종종 연상시킨다. 그러나 대개 경제적 현실은 가혹하다. 제한된 영토를 가진 소앤틸리스 제도의 섬들은 영토가 좁기 때문에 고립과 거리감이 생기고, **14** **작은 섬에서의 경제 개발(small-island developing economies)**은 만만찮은 도전이 된다. 첫째, 천연자원이 부족하다. 그래서 수입 의존도가 높고, 수송비용이 더 들게 된다. 둘째, 비교적 비싼 1인당 기초비용을 정부가 부담해야 한다. 인구가 가장 적은 경우라도 학교, 병원, 쓰레기 처리, 군사력, 일반 행정 등의 서비스가 필요하기 때문이다. 셋째, 종종 특별한 서비스들은 외부에서 들여와야 한다. 넷째, 지역 생산물은 실제로 규모의 경제로부터 얻을 수 있는 이윤을 남길 수 없다. 지역 생산자들은 더 싼 수입품 때문에 사업을 할 수 없게 되고, 그로 인해 실업이 야기된다.

카리브 해 연안의 제한적인 경제 상황을 고려할 때, 관광 산업을 통해 더 좋은 기회를 얻을 수 있을 것인가? 이 질문에 대한 답변은 분분하다. 리조트와 풍경화 같은 자연 경관, 카리브 해 지역의 역사적 명소는 매년 2천만 명 이상의 관광객들을 끌어들이고 있는데, 이들 중 절반 정도는 플로리다에서 출항하는 크루즈 여행을 통해 이곳을 찾는다. 확실히 카리브

해의 많은 섬들은 관광 산업을 통해 많은 돈을 벌고 있다. 자메이카 하나만 놓고 보면, 관광 산업은 국내총생산의 1/6을 차지하며, 전체 노동력의 1/3 이상이 관광 산업에 고용되어 있다.

하지만 카리브 해의 관광은 심각한 부작용을 초래하기도 한다. 부유한 관광객들이 가난한 곳으로 유입되면서 지역 주민들의 반감이 고조되었고, 빈민촌 너머로 우뚝 솟은 휘황찬란한 새 호텔과 가난에 시달리는 마을 사이를 유유히 지나가는 호화로운 정기선을 보게 되자 현지인들의 분노는 더욱 증폭되었다. 또한 관광 산업은 지역 문화를 타락시키기도 하는데 호텔 무대 쇼에서는 관광객들의 취향에 맞춰 전통 문화가 변형되어 공연되기 때문이다. 관광 산업이 카리브 해에 많은 수입을 가져다주지만, 한편으로는 도서국가의 정부와 다국적 기업이 거대기업과 주요 리조트에 혜택을 제공하기 위해 국내 기업가들의 기회를 박탈하고 있다.

지역 통합을 위한 노력

중부 아메리카 지역의 과제 중 하나는 더 큰 경제 통합을 이루는 것이다. 카리브 해뿐 아니라 본토에 있는 많은 나라들은 한 영역으로 거의 묶여 있지 않고, 외부의 커다란 국가들 특히 미국에 많이 의존한다. 이 지역 국가들의 주요 무역 상대국은 미국이다. 중부 아메리카 국가들의 모든 무역 활동의 겨우 10% 미만이 지역 내에서 이루어진다는 것을 고려해 보라. 그리고 1% 미만이 카리브 해 연안과 중부 아메리카 본토 사이에 이루어진다.

수년에 걸쳐 경제 통합을 진전시키고 이 지역을 **기능지역**(functional region) 이상으로 변화시키려는 노력이 이루어져 왔다. 본토에서는 이미 1960년에 중앙아메리카 공동시장을 만들었지만, 1969년의 엘살바도르와 온두라스 사이의 전쟁과 1970년대와 1980년대에 (미국을 포함하는 것과 관련된) 지역 내부의 심화된 갈등 때문에 10년도 채 안 되어 침체되었다. 이 기구는 1990년대에 되살아났으나, 2005년 이후 **CAFTA**(미국과 함께 묶인 중앙아메리카 자유무역협정)에 의해 가려지게 되었다. CAFTA는 잘 묶인 축복처럼 보인다. 미국 시장으로의 접근을 증가시키고, 수입품은 더 싸지고, 더

큰 지역 내부의 통합에 있어서 미국의 독점적 지배를 촉진할 수 있다.

　카리브 해 연안에서 CARICOM(카리브 공동체)은 1989년에 발족했고, 현재 남아메리카의 가이아나, 수리남을 포함하여 15개 회원국으로 구성되어 있다. CARICOM은 여러 측면에서 유럽연합의 예를 따랐으며, 2009년에는 공동 여권까지 도입했다. 중부 아메리카 지역의 지리는 많은 중요한 변화를 요구하고 있으며, 가장 좋은 정치적 의도를 가지고도 극복하기가 쉽지 않다.

생각거리

■ 북아메리카와 중부 아메리카 사이의 3,200km 길이의 국경지대는 부유한 지역과 가난한 지역을 나누는 세계에서 가장 긴 곳이다.

■ 미국은 이 지역의 모든 국가와 권역의 가장 중요한 경제적 협력국이다. 이 점이 중부 아메리카에게 긍정적인가 부정적인가?

■ "가엾은 멕시코…… 신으로부터는 너무 멀고 미국으로부터는 너무 가깝다." – 전 멕시코 대통령 포르피리오 디아스

■ 카리브 해의 몇몇 작은 섬나라들은 인구가 수십만 명도 되지 않는다. 이것이 경제 발전을 유지하기에 충분한가?

중부 아메리카에 흔한 화산 하나가 과테말라 안티과 시 뒤로 어렴풋이 보인다.
© Antoinette M.G. A. WinklerPrins

주요 주제

북미자유무역협정은 멕시코의 경제적 지형을 어떻게 변화시켰는가
멕시코는 마약국가인가
인정과 권리를 요구하는 토착민
파나마 운하의 팽창 계획으로 불붙은 파나마 시의 호황
아이티의 2010년 대지진
계속되는 푸에르토리코의 지위 논쟁

개념, 사고, 용어

4B

중부 아메리카 : 권역의 각 지역

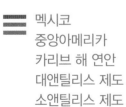 멕시코
중앙아메리카
카리브 해 연안
대앤틸리스 제도
소앤틸리스 제도

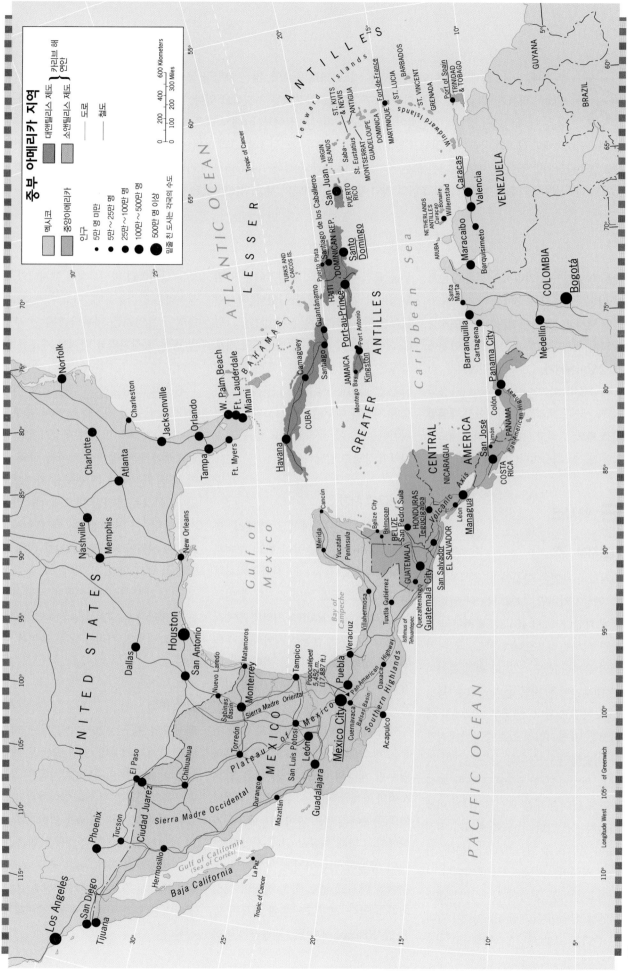

그림 4B-1

© H.J. de Blij, P. O. Muller, and John Wiley & Sons, Inc.

중부 아메리카는 대체로 적은 인구, 제한된 지표, 영토의 분열, 많은 고립국 등의 특징을 갖고 있다. 멕시코는 크기 면에서 명백한 예외이다. 전체 인구의 57%와 영토의 72%를 차지하고 있다. 다른 나라들은 아주 작다. 분열과 고립은 이 지역에서 밀접히 연관되어 있다. 모든 지역은 섬이거나 (대개 양쪽 모두) 긴 해안선을 갖고 있다. 과테말라 하나만이 4개의 나라와 국경선을 접하고 있고, 멕시코와 온두라스는 3개, 그리고 나머지 5개의 중앙아메리카 지방 공화국은 2개의 나라와만 접한다. 이곳의 다른 모든 지역들은 한 나라와 접하거나 완벽하게 바다에 둘러싸여서 다른 나라와 접하지 않기도 한다. 정치 안정과 경제 성장의 조건인 지역 통합이 이 지역의 지상 과제인 것은 놀라운 일이 아니다.

중부 아메리카는 지리적으로 네 부분으로 나뉜다. (1) 모든 면에서 이 지역의 거인인 **멕시코**, (2) 남아메리카로 이어지는 육교에 위치한 7개 공화국으로 이루어진 **중앙아메리카**, (3) 쿠바, 자메이카, 히스파니올라 섬(아이티와 도미니카공화국)과 푸에르토리코로 이루어진 **대앤틸리스 제도**, 그리고 (4) **소앤틸리스 제도**의 많은 도서국가들이다(그림 4B-1).

멕시코

자연지리

멕시코의 자연은 인접한 미국 서부지역을 연상시키지만, 그보다는 더 열대기후에 가깝다. 그림 4B-2는 북서부의 길쭉한 바하칼리포르니아 반도, 극동 지방의 유카탄 반도, 그리고 점점 좁아지는 테후안테펙 지협 등의 중요한 특징을 보여주고 있다. 남동부 지방에서 멕시코는 자연지리적으로 중앙아메리카와 비슷해진다. 척추와 같은 산맥이 지협을 형성하고 남동쪽으로 꺾여 과테말라로 들어간 다음 멕시코시티에 이를 때까지 북상한다. 수도에 이르기 직전에 이 산맥은 두 가닥으로 나뉘는데, 하나는 서쪽의 시에라마드레옥시덴탈 산맥이고 하나는 동쪽의 시에라마드레오리엔탈 산맥이다(그림 4B-2). 이 갈라진 산맥은 고깔 모양을 한 멕시코 심장부를 둘러싸는데, 그 중심부에는 바위투성이의 멕시코 평원이 있다(멕시코 협곡은 이 지역의 남동부에 있음). 그림 G-7에서 볼 수 있듯이, 멕시코의 기후 특징은 건조함인데, 이는 특히 북부의 넓은 산악지대에서 두드러진다. 비교적 습한 지역의 대부분은 멕시코의 남쪽에 위치하는데, 이 지역에 주요 인구 밀집지역이 상당수 발달하였다.

멕시코의 지방

자연지리적, 인구통계학적, 경제적, 역사적, 문화적인 기준들이 함께 섞여서 바하칼리포르니아의 긴 산마루에서부터 유카탄 반도의 열대 저지대에 이르는, 그리고 북부 NAFTA 지역의 경제적인 광란에서부터 남동부 치아파스 주의 원주민 전통지역에 이르는 지역마다 다양한 멕시코를 만들어 낸다(그림 4B-3). 멕시코시티를 중심으로 하는 핵심지역과 과달라하라를 중심으로 하는 서부는 히스패닉 메스티소가 많은 북부와 원주민 계열의 메스티소가 많은 남부 사이의 경계를 이루는 지역이다. 핵심지역의 동쪽에는 걸프 만이 있는데, 이 지역에서는 한때 대규모 관개 사업과 가축의 방목이 이루어지고 있었지만 최근에는 멕시코 본토 석유 산업의 중심지가 되었다. 반건조기후에 관목이 많은 발사(Balsas) 저지대는 태평양을 바라보는 남서쪽의 바위투성이 고지대와 핵심지역을 갈라놓는데, 이곳 아카풀코의 화려한 휴양지는 내륙의 원주민 부락 및 공동 농장지역과 극명한 대조를 이룬다.

건조하고 광대한 북부는 남부 지방과 가장 극적인 대조를 보인다. 북부의 NAFTA 지역은 여전히 형성기이고 불연속적이지만, 앞으로 알아볼 바와 같이 북부 멕시코에 큰 변화를 가져오고 있다. 이것은 유카탄 반도에서도 마찬가지인데, 이 지역에서는 메리다 시와 그 주변지역이 NAFTA 개발에 의해 큰 영향을 받고 있다. 상대적으로 부유한 북부 유카탄 지방과 빈곤에 시달리는 남부 치아파스 지역까지 둘러보았다면 멕시코 지방의 지리는 모두 훑어본 것이다.

인구 패턴

멕시코의 인구는 20세기의 지난 30년 동안 크게 늘었는데, 28년 만에 두 배로 늘었다. 하지만 인구통계학자들은 최근 출산율의 가파른 감소를 알아차렸고 그들은 현재 약 1억 1,100만 명인 멕시코의 인구가 2050년경 증가세를 멈출 것으로 예상하고 있다. 이는 국가 경제에 지대한 영향을 끼칠 것이고 현재 큰 골칫거리인 월경 이민을 줄일 것으로 예상된다.

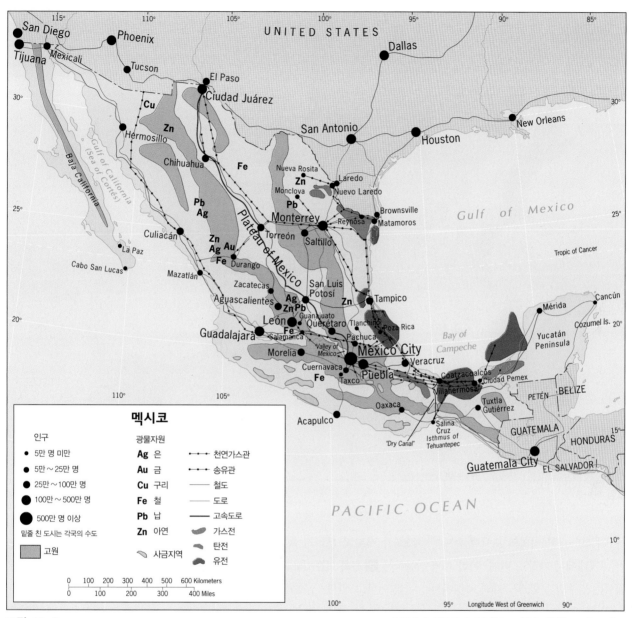

그림 4B-2   © H. J. de Blij, P. O. Muller, and John Wiley & Sons, Inc.

멕시코의 인구 분포와 31개 주 사이의 연관성은 그림 4B-4에 나타나 있다(그림 4A-2에 더 정확하게 나타나 있음). 멕시코 인구의 절반 이상이 사는 최대의 밀집지역은 '허리'라 불리며, 동쪽 걸프 만의 베라크루스 주에서 태평양 연안의 할리스코 주에 이른다. 이 통로의 핵심지역에서는 인구가 가장 많은 주인 멕시코(지도의 3번)가 두드러지는데, 그 중심부에는 멕시코시티 연

방구가 있다(9번). 이 중심 통로의 북쪽에 있는 건조한 바위지대에는 멕시코에서 가장 인구가 적은 주들이 위치한다. 남부 멕시코에서도 역시 유카탄 반도의 덥고 습한 저지대는 인구가 적은 주변부이지만, 이곳 대륙 중심 산맥의 고지대에는 상당한 인구가 살고 있다.

멕시코 인구 지도의 주된 특징 중 하나는 (유동성 상승의 기회를 깨달은) 도시들의 주도하에, 그리고 경제적으로

낙후된 전원지대의 인구 유출 압력에 의해 진행된 도시화이다. 오늘날 멕시코 인구의 76%는 도시에 거주하고 있는데, 이는 개발도상국으로서는 놀랄 만큼 높은 수치이다. 이 사람들이 최근 멕시코시티의 폭발적인 성장에 영향을 받았다는 것은 의심의 여지가 없는데, 멕시코시티는 현재 총인구 2,900만 명에 달하며(전 세계 도시 중 인구가 가장 많음) 국가 전체 인구의 26%가 살고 있

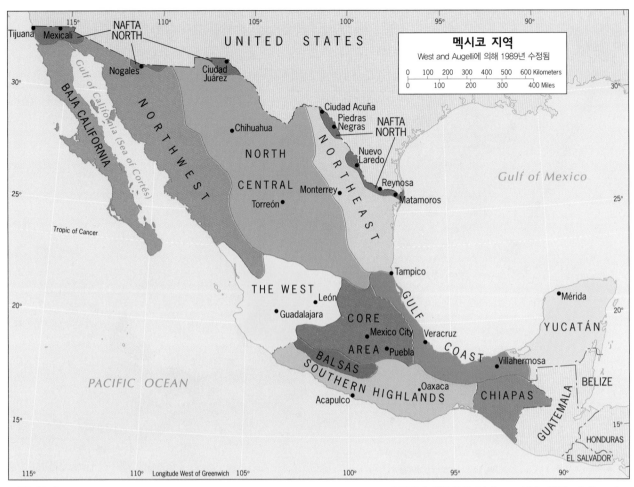

그림 4B-3

© H. J. de Blij, P. O. Muller, and John Wiley & Sons, Inc.

다. 하지만 다른 지역의 도시화 속도는 먼 고지대에서 가장 느린데, 이런 지역에서는 원주민 문화가 근대화 과정에서 손상되지 않았다(그림 4B-4).

혼합 문화

전국적으로 원주민이 멕시코 문화에 남긴 영향은 강하다. 오늘날 멕시코인의 60%는 메스티소이고, 22%는 거의 원주민 계열 혈통에 8%는 순혈 원주민이며, 나머지 10%의 대부분은 유럽인이다. 멕시코에서 스페인의 영향력은 상당하지만 마찬가지로 강력한 원주민의 영향력과 부딪히게 되었다. 따라서 단순히 유럽의 영향만을 받은 **1** 문화 접변(acculturation)이 아니라 가깝게 접하고 있는 사회가 서로의 문화적 특성을 상호 교환하는 **2** 문화 이전(transcultura-tion)이 일어나고 있다. 남동쪽 주변부에서(그림 4B-5) 수십만의 멕시코인들은 여전히 원주민의 언어를 사용하고 수백만의 사람들이 멕시코식 스페인어를 사용하면서도 일상생활에서 이들의 어휘를 이용한다. 후자는 멕시코의 옷, 음식, 예술이나 건축 스타일, 습관이 그러했듯이 미국의 영향도 강하게 받았다. 멕시코를 독특하게 만드는 이러한 혼합된 전통은 한 세기 전 멕시코를 새롭게 형성하게 된 격변의 결과이다.

농업 : 조각조각 진행된 근대화

현대의 멕시코는 1910년 시작된 뒤 운동으로 정착되어 아직도 지속되고 있는 혁명을 통해 형성되었다. 이 혁명은 본질적으로 토지 재분배에 관한 것이었는데, 이는 19세기 초 멕시코가 스페인 지배에서 벗어난 이래로 해결하지 못했던 문제이다. 1900년에는 겨우 8,000개 정도의 아시엔다(크고 전통적인 가족 단위의 농장)가 멕시코의 거의 모든 농토를 덮고 있었다. 농가의 95% 정도가 땅을 소유하지 못하고 아시엔다의 피온(땅이 없고, 빚을 진 농노)으로 힘겹게 일하고 있었다. 1917년에 혁명이 성공하자 새로운 헌법하에서 아시엔다를 몰수하고 분할하여 농가들에게 분배하는 프로그램이 출범했다.

1917년부터 멕시코의 경작지 중 절반

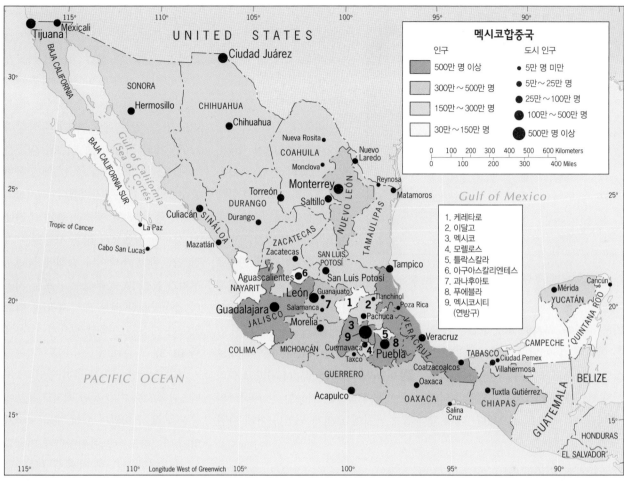

그림 4B-4

© H. J. de Blij, P. O. Muller, and John Wiley & Sons, Inc.

이상이 대부분 20가구 이상의 농노 공동체에 분배되었다. **3** 에히도(ejidos)라 불리는 그러한 농장에서 땅의 소유권은 정부에 있었지만 그 사용권은 마을 공동체와 실제 경작인들에게 분배되어 있었다. 이 토지 관리 제도는 원주민들의 유산이므로 대부분의 에히도가 원주민들의 사회, 농업 전통들이 가장 강하게 남아 있는 중남부 멕시코 지방에 위치해 있다는 사실은 놀랍지 않다. 멕시코 땅의 절반가량은 그런 '사회적인 토지 제도'에 여전히 속해 있다. 하지만 개혁이 작황 증가로 이어지지는 않았다. 땅의 일부는 너무 척박해져서 농업 생산량의 감소와 광범위한 농촌 빈곤

현상이 생겼다. 1990년대 멕시코 정부는 에히도를 사유화해서 통합을 촉진하고 생산성 증가를 이루려 했지만 그 노력은 소용이 없었다. 오늘날까지 에히도의 10% 이하만이 사유화되어 있다.

멕시코의 빈곤한 농촌에서 전통적인 농업 방식과 생산성이 낮은 에히도가 크게 바뀌지는 않았지만 대규모의 기업적 농업이 지난 30년 동안 다양화되었고 내수 및 외수시장에서 모두 큰 소득으로 이어졌다. 멕시코의 건조한 북부 지방에서는 내륙의 고지대에서 흘러나가는 강에 관개시설을 설치함으로써 이 분야를 개척해 왔다. 캘리포니아까지 차로 하루 거리에 불과한 부흥하

고 있는 본토의 북서부 해안을 따라서 발달한 대규모의 자동화된 면화 산지는 해외 무역에서 점점 더 수익을 내고 있다. 이곳에서는 또한 밀과 겨울 채소가 재배되는데 과일과 야채 경작에 수많은 해외 투자자들이 이끌리고 있다. 하지만 많은 작은 농장주들은 미국의 저렴하고 (보조금마저 받는) 옥수수와의 경쟁, 그리고 미국 시장에 대한 제한적인 접근성 때문에 어려운 시간을 보내고 있다.

경제지리의 변화

지난 30년 동안 멕시코의 경제지리가 크게 변하였고, 어떤 면에서는 발전하

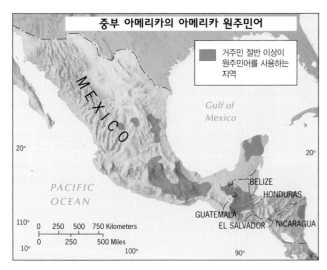

중부 아메리카의 아메리카 원주민어

거주민 절반 이상이 원주민어를 사용하는 지역

MEXICO

Gulf of Mexico

PACIFIC OCEAN

BELIZE
HONDURAS
GUATEMALA
EL SALVADOR   NICARAGUA

0 250 500 750 Kilometers
0   250   500 Miles

그림 4B-5   © H. J. de Blij, P. O. Muller, and John Wiley & Sons, Inc.

기도 하였다. 하지만 퇴보가 없는 것만은 아니다. 1990년대 초반, NAFTA의 실행은 멕시코가 자유무역지구의 일부이자 4억 명 이상의 시장의 일원이 되면서 경제적인 호황을 일으켰다. 이 호황

은 멕시코와 미국 사이를 갈라놓는 3,170km에 이르는 지역의 도시 형태를 바꾸었지만, 물론 두 나라 사이의 경제적인 차이를 좁힐 수는 없었다.

1994년 NAFTA가 시작되자 멕시코의 산업 지형은 국가 경제의 자유화와 함께 급격하게 변화하였다. 새로운 조약하에서 멕시코의 공장들은 수입한 면세 원재료와 자재들을 조립해서 완제품을 만들 수 있었는데, 이 완제품들은 나중에 다시 미국 시장으로 수출되었다. 필연적으로 **4** 마킬라도라(maquiladoras)라고 불리는 이들 공장들은 가능한 한 미국과의 경계 근처에 모이게 되었다(아래 사진

참조). 그 결과 서부의 티후아나에서 동부의 마타모로스에 이르는 국경지역 도시와 도회지의 산업 고용이 빠르게 증가하였다. NAFTA의 적용 이후 단 7년 만에 국경지대와 북부 유카탄 주(메리다가 그 일부)에 4,000개의 공장과 120만 개의 직장이 생겼는데, 이들은 멕시코 산업계의 직장 중 1/3에 달하며 총수출량의 45%를 차지했다. 멕시코의 고용인들이 낮은 임금과 복지 조건에서 장시간 일했으며 많은 사람들은 가장 단순한 오두막이나 슬럼에 살면서 우리가 NAFTA 북부라고 부르는 지방의 급성장하고 있는 도시 주위를 맴돌았다는 사실은 주목할 필요가 있다(그림 4B-3).

그리고 직업 안정성 또한 없었다. 지난 5년 정도의 기간 동안 멕시코 북부에 공장을 옮겨 지었던 수백 개의 외국기업이 마킬라도라 노동자들에게 지급되는 시급 미화 2달러에 비해 상당히 임금이 싼 동남아시아로 공장을 옮겼다. 자동차나 냉장고와 같이 큰 물건들을 조립할 때는 여전히 국경 인근 지방이 좋았지만 전자제품이나 카메라와 같이 작고 가벼운 물건을 만들 때는 중국, 베트남 등의 국가들이 멕시코 임금의 절반밖에 들지 않았다. 그 결과 수천 명의 멕시코 근로자들이 실업자가 되었고 많은 사람들은 국경을 넘어 미국으로 떠났다.

이 추세를 역전시킬 유일한 방법은 전자제품 등 다른 개발도상국에 빼앗기지 않을 만한 고임금 직종을 추가하는 것뿐으로 보인다. 첨단 기술과 관리 분야의 교육이 그 일부분이다. 북동부에서 상대적으로 부유한 누에보레온 주의 몬테레이 시는 성공 모델 중 하나이다. 그곳에는 주요 다국적 기업들을 끌어들

미국과 멕시코 사이의 경계선은 충격적인 대조를 보인다. 이 사진에서는 서쪽에 보이는 멕시코 주의 멕시칼리 시, 캘리포니아 주의 칼렉시코 시에 의해 형성된 도회지와 그 동쪽에 위치한 임페리얼 밸리 사이의 대조적인 경제를 볼 수 있다. 왼쪽 앞의 마킬라도라 조립 공장과 고밀도의 열악한 주거지구가 있는 커다란 멕시칼리 시(왼쪽)는 경계를 따라서 동쪽으로 퍼져나가고 있다. 미국 쪽에는 미국 운하를 이용해서 관개가 된 푸른 경작지가 원래는 건조했을 지역을 덮고 있는데, 이 운하는 멕시코에 닿기 전의 콜로라도 강의 물을 끌어온다. 이 지점에서 운하는 칼렉시코 시의 서쪽에 있는 국경에 다시 이르기 전에 칼렉시코 시(오른쪽 뒤)를 우회하면서 북쪽으로 빙 돈다. © Alex McLean/Landslides

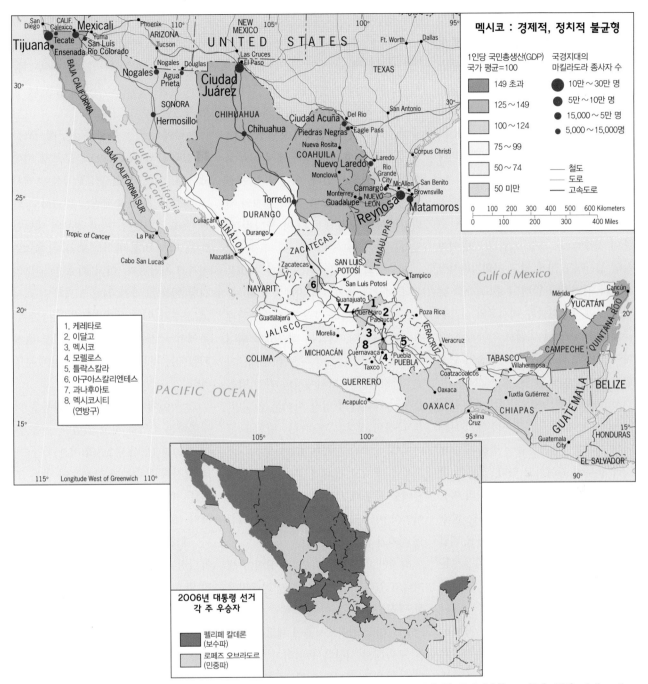

그림 4B-6

© H. J. de Blij, P. O. Muller, and John Wiley & Sons, Inc.

인 상당한 규모의 국제사업지구와 현대적인 산업 설비들이 갖춰져 있다. 이곳에 멕시코 미래의 희망이 있다.

대조적인 주들

지역별 차이가 강한 나라들은 극복하기 어려운 문제에 직면하게 되며, 이 문제들은 시간이 지남에 따라 악화되기도 한다. 멕시코의 최남단 주들인 치아파스, 오악사카 그리고 게레로 주는 모두 태평양에 접하고 있는데 가장 가난한 주들이다. 누에보레온, 치와와, 바하칼리포르니아 주와 같이 북부에서 미국과 접하고 있는 주들은 가장 수입이 많

다. 농촌의 가난을 척도로 삼으면 북부 농민의 1%만이 빈곤층에 들지만 남부에서는 50%에 이른다.

멕시코의 남북 격차는 그림 4B-6의 경제 자료에서 극명하게 드러난다. 일반적으로 북부 주들의 연간 1인당 소득은 미화 1만 달러를 상회하지만 남부 주

에서는 5천 달러 이하로 떨어진다. 북부 주의 경제적인 성장은 지난 여러 해 동안 평균 4% 이상이었지만 남부 주들은 2% 이하이다. 멕시코의 사회기반시설은 이미 불균등하여 남부보다는 북부에 더 잘 준비되어 있다. 문맹률, 전기 사용량, 수자원 접근성 등 어떤 지표를 택하더라도 남부가 뒤처진다.

남부 지방은 멕시코에서 가장 원주민 영향이 많이 남았을 뿐 아니라 교육 수준이 가장 낮고 가장 고립된 지방이며 농업 생산성도 가장 낮고 사회기반시설 투자나 전반적인 발전 수준도 가장 낮기 때문에, 이 지방은 멕시코의 심각한 문제이다. 1994년 이래로 치아파스 주 마야 지방의 급진적인 소작농들이 구성한 사파타주의자 민족해방군(ZNLA)은 멕시코의 (대부분이 빈곤한 남부에 살고 있는) 3,300만 원주민 시민에게 보다 나은 처우를 해줄 것을 주장하면서 게릴라 전투에 참여하고 있다. 상당한 대중적인 인기에도 불구하고 그들의 싸움은 눈에 띄는 결과로 이어지지는 않았다. 사실 NAFTA는 남북의 격차를 벌릴 뿐이었다. 북부 지방의 매우 자유로운 멕시코인들에게 사파타주의자의 주장은 먼 이야기일 뿐이다.

점점 벌어지고 있는 이런 차이는 2006년 극단적으로 두드러졌는데, 이 해 멕시코 대선에 출마한 세 명의 후보 중 주요 두 명 가운데 하나는 보수파, 한 명은 민중파였다. 개표 결과는 거의 동점이어서 민중파 후보는 처음에 결과를 인정하려 하지 않았다. 하지만 지도를 펼쳐 보면 보수파 후보는 북쪽에서 대부분의 표를 얻었고 민중파 후보는 남쪽에서 표를 얻었다는 것이 분명했다(그림 4B-6의 삽입된 지도 참조). 멕시코의 지역경제 격차는 심각한 사회적·정치적인 결과를 초래하고 있다.

멕시코의 미래

멕시코의 미래는 심각한 지역 간의 빈부격차를 해소하기 위한 정부의 노력에 달려 있다. 다른 관점에서 보면 NAFTA의 긍정적인 효과를 북부에서 남부로 전파시킬 필요가 있다. 이는 국가 차원의 빈곤 퇴치 프로그램, 교육 투자와 사회기반시설 프로젝트 등이 포함될 수 있다.

멕시코의 미래는 좋을 때나 어려울 때나 미국과 불가분의 관계에 있다. 좋다는 말은 두 나라 간의 경제적인 관계를 의미하는데, 미국은 멕시코의 최대 무역 협력국이다. 비록 트럭 월경, 이민, 마킬라도라 도시에서의 기업 방침 등 두 나라 간의 입장 차이는 많지만, 두 나라의 정부는 협력하는 방법을 찾아냈다. 총액으로 보면 2008~2009년의 공황에 멕시코 경제가 큰 피해를 입었음에도 불구하고 북아메리카 경제와 엮이면서 이득을 보았다는 사실에는 의심의 여지가 없다.

하지만 최근에는 다른 큰 장벽이 생겨나고 있다. 지난 10년 동안 콜롬비아를 중심으로 하는 마약 조직이 북부 멕시코의 미국 접경도시들에 새로운 기반을 구축해서 시장을 독점하기 위해 치열한 싸움을 벌이고 있다. 콜롬비아의 마약 반대 캠페인은 어느 정도 성과를 보았지만 조직은 미국 내에서 자신들의 주요 시장 바로 국경 건너편에 있는 멕시코에서 새로운 가능성을 보았다. 2010년의 상황은 너무도 심각해서 마약계의 거물과 그 동료들이 수천 명의 경쟁자들뿐 아니라 수백 명의 사법계 인사들도 살해하면서 정부를 겁주고 자신의 앞길을 막는 자들을 위협하였다.

이 광란에 불을 붙인 것은 마약 거래에서 벌어들인 막대한 돈으로 미국 내에서 간단히 구한 무기들인데, 이 무기들은 국경을 건너서 조직에게 힘을 더 실어 주었다.

미국에서 일부 목격자들은 멕시코를 **5** 실패국가(failed state)로 부르기 시작했는데, 이는 미 중앙정보국장이 멕시코 정부가 지방 통제권을 잃었다고 말한 것에 기인한다. 미국 정부의 대변인들은 멕시코를 국가안보의 위협으로 여기기 시작했다. 여러 해 동안 권력의 지방 이동을 막기 위해 노력하던 멕시코 정부가 이제 상대적으로 번영한 남부에서 국가적인 '콜롬비아화'를 겪게 되었다는 것은 지리적인 역설임이 분명하다.

그 사이에 마약 조직들은 활동을 다각화하는 작업을 하고 있었다. 예를 들어 2010년 1월까지 2년의 기간 동안 '제타스(전직 특수부대 출신들이 만든 조직)는 멕시코 베라크루스 주의 송유관에서 10억 달러 가치의 석유를 빼돌렸다. 제타스는 석유를 직접 뽑아 간 것이 아니라 그들은 긴 송유관을 소유하고만 있고 뽑아낼 수 있는 기술을 가진 자에게 세금을 부과했다고 한다. 도둑맞은 기름의 대부분은 나중에 국경 너머 미국 회사에 되팔려 나갔다. (회사들은 이것에 대해 아는 바가 없다고 말했다.) 이러한 활동들은 멕시코의 국고에 출혈을 일으킬 뿐 아니라 국가적인 무능의 증거이다.

이런 배경에 비해 멕시코의 장기적인 문제들은 덜 심각해 보이기는 하지만 마약 조직을 추적하는 것이 아무리 급하다고 해도 이 문제들에서 눈을 떼는 것은 정부로서는 실수이다. 멕시코는 변화의 과정에 있고, 멕시코의 지도자

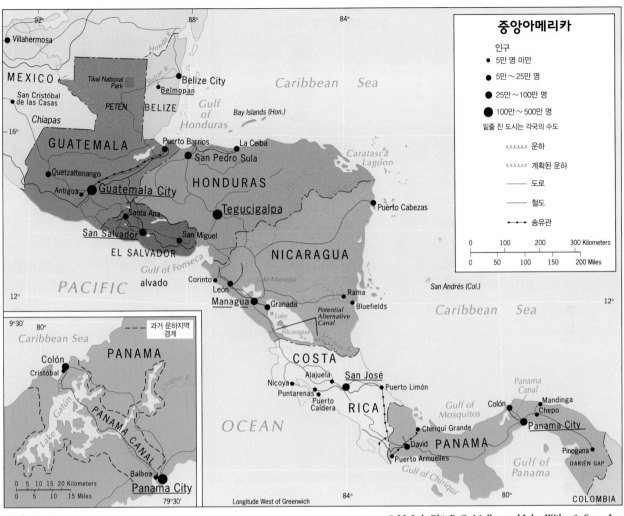

그림 4B-7

© H. J. de Blij, P. O. Muller, and John Wiley & Sons, Inc.

들은 여러 개의 문제와 기회에 직면하고 있다. 호황기에 멕시코인들은 가장 좁은 부분에 지어져서 파나마 운하와 경쟁할 소위 **6** 드라이 캐널(dry canal) 등의 기회를 꿈꾼다(그림 4B-2 참조). 불황기에는 전국적인 통합이 위험에 처한다. 지금은 분명 멕시코의 격동기이다.

중앙아메리카

육교

멕시코와 남미 대륙 사이의 육교에 위치한 좁은 지역에는 7개의 중앙아메리카 국가가 모여 있다(그림 4B-7). 영토면에서 이 나라들은 상당히 작고, 인구는 과테말라의 1,500만 명에서 벨리즈의 30만에 이르기까지 다양하다. 이 육교는 고지대 벨트, 그리고 이 벨트를 태평양, 카리브 해 양쪽에서 모두 둘러싸고 있는 해안 저지대로 이루어져 있다(그림 4B-8). 이 고지대에는 화산이 흩어져 있고, 비옥한 화산성 토양이 그 위에 흩어져 있다.

육교에는 놀라운 지질학적, 그리고 진화론적인 역사가 담겨 있고, 어느 유명한 연구 결과에서는 이 지역을 '원숭이 다리'라고 부르기도 한다. 약 5천만 년 전 남북아메리카는 분리되어 있었고, 육교는 '겨우' 3백만 년 전에 형성되어 일종의 진화론적 교환의 대로가 되었다. 이 지역은 지구 지표면의 1%밖에 차지하지 않지만 전 세계의 생물종 수의 7%를 차지하고 있다. 남쪽 지방(코스타리카와 파나마)은 삼림 벌채가 심각함에도 불구하고 국제적인 **7** 생물다양성 거점(biodiversity hotspot)으로 알려져 있다. 인간은 고도로 인해 열대기후가 특징이 덜하고 다양한 작물이 자랄 만한 강우가 있는 고지대에 거주해 왔다.

중앙아메리카는 큰 지방은 아니지만 자연지리적인 특성으로 인해 고립되고

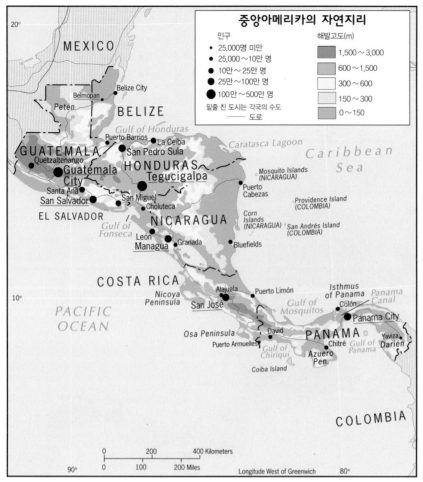

그림 4B-8

© H. J. de Blij, P. O. Muller, and John Wiley & Sons, Inc.

완전히 접근 불가능한 지역이 많이 있다. 대부분의 거주자들은 시원한 고지대인 **8** 티에라 템플라다(*Tierra templada*)에 거주하고 인구밀도는 대체로 카리브 해 방향보다는 태평양 쪽이 높다(그림 4A-2). 가장 큰 예외는 엘살바도르인데, 이 나라의 정치적인 국경으로 인해 대부분의 거주자들이 열대기후의 해안 저지대인 **9** 티에라 칼리엔테(*Tierra caliente*)에 거주한다.

우리가 일찍이 확인했듯이 중앙아메리카는 멕시코의 내부, 치아파스 주와 유카탄 주에서 시작되며, 이 지역의 공화국들은 멕시코의 저개발지역이 겪는 문제를 똑같이 겪고 있다. 인구압은 이 문제 중 하나이다. 20세기 중반 인구 폭발이 시작되어 900만에 불과했던 이 지역의 거주자 수가 2010년에는 4,500만 명으로 증가하였다.

오늘날 이 지역은 1980년대에서 1990년대 중반까지 이어진 혼란기를 벗어나기 위해 노력하고 있다. 절망적인 불평등, 억압적인 정부, 외세의 개입, 그리고 잦은 무장집단의 활동 등은 중앙아메리카 근대 역사의 대부분을 불안정하게 만들었다.

과테말라

중앙아메리카 공화국 중 가장 서쪽에 위치한 과테말라는 어떤 인근 나라들보다도 많은 국가와 접하고 있다. 열대밀림을 가로지르는 직선의 국경이 멕시코와의 경계를 이루는데, 이 국경은 멕시코의 치아파스 주와 동쪽의 벨리즈 사이에 상자 모양의 지역을 만들었다. 또한 동쪽으로 온두라스, 엘살바도르와 접한다(그림 4B-7). 이곳 고대 마야 제국의 심장부에는 원주민 문화와 전통이 강하게 남아 있고, 이 지역은 카리브 해와는 조금만, 태평양과는 길게 접한다. 과테말라는 멕시코인들이 스페인의 멍에를 벗어버렸을 때 여전히 멕시코의 일부였고, 1821년 이후 스페인으로부터는 독립했음에도 불구하고 1838년까지 독립된 공화국이 되지 못했다. 다수를 차지하는 원주민들이 아닌 메스티소들이 국가의 독립을 쟁취하였다.

7개 공화국 중 1,450만 명으로 인구가 가장 많은(55%를 차지하는 메스티소가 주류, 원주민은 43%) 과테말라는 많은 갈등을 겪고 있다. 독재 정권은 미국 등 다른 외국 경제 이익집단과 협상을 중개해서 발전을 촉진시켰지만 엄청난 사회적인 비용을 치러야 했다. 지난 반세기 동안 군사 정권들이 정치를 장악하고 있었다. 극빈층 원주민과 스스로 **라디노스**(*ladinos*)라 부르는 부유한 메스티소 사이의 점점 깊어지는 골은 내전으로 이어졌는데, 이 전쟁은 1960년에 시작되어 1996년에 끝나기 전까지 20만 명의 생명을 앗아가고 5만 명의 '실종자'를 낳았다. 희생자의 대다수는 마야 혈통이었고, 메스티소는 여전히 정부, 군대, 그리고 토지 소유권을 갖고 있다.

과테말라의 비극은 경제적·지리적으로 상당한 가능성을 갖고 있지만 끊이지 않는 내전으로 인해 가능성이 억

© Jan Nijman

"온두라스의 생태관광 가능성을 평가하기 위해 정부로부터 초청받은 나는 2006년에 국가지리학회의 대표와 함께 아름다운 교외를 여행했다. 온두라스가 자연으로부터 유난히 아름다운 선물을 받았고 활발한 관광 산업의 가능성이 있다는 사실에는 의심의 여지가 없다. 하지만 이 국가는 가난하고 정부는 필요한 투자, 예컨대 기반시설을 건설하는 데에 큰 어려움을 겪고 있다. 우리는 작은 프로펠러 비행기를 타고 수도 테구시갈파에서 코판의 마야 유적으로 떠났다. 근처에는 공항이 없었고 육로 여행은 몹시 고되며 시간이 오래 걸렸다. 자연만으로 진행하는 생태관광은 규모가 작고 그 수익은 적기 때문에 비용이 많이 드는 기반시설 개선을 위해 상당한 비용을 차출하는 것은 상당한 도전이다."

눌려서 52%의 사람들이 빈곤층이라는 데 있다. 과테말라의 광물자원은 고지대의 니켈과 북부 저지대의 석유 등을 포함한다. 농업적으로 보면 토양은 비옥하고 습도가 높은 고지대는 충분히 넓어서 다양한 작물, 특히 우수한 커피를 재배할 수 있다.

벨리즈

엄밀히 말하면 벨리즈는 다른 6개 중앙 아메리카 공화국과는 다르다. 북부 과테말라, 멕시코의 유카탄 반도, 그리고 카리브 해 사이의 쐐기 모양의 땅(그림 4B-7)인 이 지역은 1981년까지 브리티시 온두라스라고 알려진 보호령이었다. 벨리즈는 매사추세츠 주보다 약간 크고 인구는 30만 명에 불과한데(대다수는 아프리카 혈통), 중부 아메리카 대륙보다는 카리브 해의 섬 느낌이 더 강하다. 오늘날 벨리즈의 인구 구성이 바뀌면서 이것도 바뀌고 있다. 수천 명의 아프리카계 주민들이 최근 (대부분 미국으로)

이민을 갔고 수만 명의 스페인어권 사람들이 이민을 와서 그 자리를 대체했다. 후자의 대부분은 인근 과테말라, 엘살바도르, 온두라스의 싸움을 피해 온 피난민들이고 벨리즈에서 이들이 차지하는 비중은 1980년 이래 33%에서 거의 50%까지 증가했다. 다음 몇 해 안에 새로운 주민들이 다수를 차지하고, 스페인어가 공용어가 되고, 벨리즈의 문화지리는 보다 히스패닉화될 것이다.

벨리즈의 변화는 경제적인 면에서도 이어진다. 벨리즈는 더 이상 설탕과 바나나만을 수출하지 않고, 새로운 상업 작물을 생산하기도 하고 해산물 가공업과 의류 산업이 주된 수입원이 되었다. 또한 관광 산업도 중요한데 매년 15만 명 이상의 관광객이 벨리즈의 마야 유적, 휴양지, 그리고 새로이 합법화된 카지노 등을 방문한다. 또한 벨리즈에서 성장하고 있는 특수성으로는 생태관광이 있는데, 이는 벨리즈의 거의 원시 상태인 자연 관광지에 기반을 두고 있다.

벨리즈는 또한 **10** 오프쇼어 뱅킹(off-shore banking)의 중심지인데, 그래서 모국에서 세금을 내는 것을 피하려 하는 기업과 단체들의 천국이다.

온두라스

온두라스는 1998년 5급 허리케인 미치에 직격당해서 파괴된 사회기반시설과 경제를 재건하는 중이기 때문에 여전히 정체 중인 국가이다. 760만 명의 주민이 살고 그들 중 90% 정도가 메스티소인 온두라스는 아메리카에서 3번째로 가난한 국가(아이티와 니카라과 다음)였던 과거의 상태로 돌아가는 데에도 여러 해가 걸릴 것이다. 농업, 축산, 임업, 그리고 한정된 광업이 바나나, 커피, 조개, 의류 등의 중앙아메리카 특유의 산업과 함께 1998년 이전의 경제의 주류를 이루면서 수출의 대부분을 차지했다.

과테말라와 직접 붙어 있는 온두라스는 카리브 해에 길게 접하고 있고 태평양으로는 약간 열려 있다(그림 4B-7). 온두라스는 또한 중앙아메리카에서 정치적으로 중요한 위치를 차지하는데, 이는 온두라스가 니카라과, 엘살바도르, 과테말라와 접하고 있기 때문이다. 이들 국가는 모두 수년 간의 내전, 그리고 최근의 자연재해의 여파로 계속 고심하고 있다. 자연 경관과 생물다양성이 코스타리카에 비할 만해서 온두라스는 생태관광의 가능성을 찾고 있지만 부족한 기반시설과 새로운 시설을 짓기위한 돈이 부족해서 고심하고 있다.

엘살바도르

엘살바도르는 중앙아메리카에서 가장 작은 국가로 벨리즈보다도 작지만, 인구는 25배나 되어서(750만 명) 인구 밀도가 가장 높은 국가이다. 벨리즈와 함께 엘살바도르는 유일하게 카리브 해와 태평양 중 한쪽에만 해안선이 있는 중앙아메리카의 국가이다(그림 4B-7). 엘살바도르는 화산대로 둘러싸인 좁은 해안 평야에서 태평양과 접하고, 그 뒤쪽으로는 국가의 심장부가 있다. 인접한 과테말라와는 달리 엘살바도르는 상당히 단일한 인구 구성을 보인다(90%가 메스티소이고 1%만이 원주민). 하지만 인종적인 단일성은 사회적, 경제적 평등, 심지어 기회의 평등마저도 보장하지 않는다. 다른 중앙아메리카 국가들이 바나나공화국이라 불리는 반면 엘살바도르는 커피공화국이고, 이 커피는 소수의 대농장주들과 예속된 농노들의 노동력으로 생산되고 있다. 군부가 이 체제를 지원하고 있고 농노들의 반발을 계속해서 폭력적으로 억누르고 있다.

1980년부터 1992년까지 엘살바도르는 끔찍한 내전으로 찢어져 있었는데, 이 내전은 (정부군을 지지하는) 미국과 (마르크시즘 반란군을 지지하는) 니카라과에서 지원한 무기로 인해 더 심각해졌다. 하지만 협상으로 이 전쟁이 끝난 다음, 엘살바도르가 심각한 불평등의 유산을 극복하는 데 어려움을 겪고 있기 때문에 내전 재발을 방지하기 위한 노력이 진행되고 있다. 내전은 한 가지 긍정적인 효과를 가져왔다. 모국을 떠나 미국에서 살던 부유한 시민들이 모국에 상당한 자금을 보내서 현재는 커다란 해외 수입원이 되고 있다. 이는 의류나 신발 산업, 식품 가공업 등의 산업을 촉진하는 데 도움이 되었다. 하지만 농업 분야의 재활성화를 가로막는 주된 방해물 중 하나는 토지 개혁이고, 그래서 엘살바도르의 미래는 여전히 불안한 상태이다.

니카라과

니카라과는 그림을 다시 보며 접근해야 하는데(그림 4B-7), 이 그림은 중앙아메리카의 심장부에 있는 니카라과의 중요성을 잘 보여준다. 이곳에서 태평양 해안은 남동쪽에 위치하고 카리브 해의 해안은 북서쪽에 위치해서 니카라과는 삼각형 형태의 땅을 이루며, 호숫가에 위치한 수도 마나과는 태평양 쪽의 지진이 많이 일어나는 산악지대에 위치해 있다. (니카라과의 중심부는 항상 이곳이었다.) 고지대에서 열대우림, 사바나, 늪지대 등의 해안 평야로 바뀌는 카리브 해 쪽은 수 세기 동안 미스키토와 같은 원주민들의 고향이었는데, 이들은 니카라과의 일반적인 생활과는 거리를 유지하고 있다.

1990년대까지 니카라과는 정치적 불안정성, 갈등, 경제적 후진성 등으로 굴곡이 많은 역사를 지니고 있었다. 이 문제들은 1990년 수십 년 만의 민주 정부가 선출되면서 종식되었다. 하지만 경제적인 발전은 거의 없었다. 지난 20년 동안 니카라과의 경제는 중부 아메리카 대륙에서 가장 낮은 순위였다. 농업 단위들이 회복하고 20만 개의 농노 가정에 더 나은 삶을 약속한 토지 개혁이 진행되던 와중에 허리케인 미치가 이 지역을 강타해서 전국의 농장을 황폐화시켰고 수만 개의 마을을 빈곤하게 만들었다.

선택할 수 있는 여지는 제한적이다. 농업이 경제의 중심이고 산업은 약하다. 이민을 간 니카라과인들의 기금(국가 경제의 15%를 차지)과 해외 원조에 대한 의존성도 나날이 증가하고 있다. 수년 동안 드라이 캐널을 통한 수송에 대한 논의가 진행돼 왔지만 육로를 이용한 다른 수송 방식이 더 전망이 좋다. 한편, 니카라과의 인구 성장은 더욱 가속화되고 있는데(2010년에는 총 590만 명), 이는 삶의 질이 향상될 가능성을 어둡게 하고 있다

코스타리카

중부 아메리카의 무수한 다양성과 포괄성을 강조해 주는 한 나라를 꼽으라면 당연 코스타리카일 것인데, 이는 코스타리카가 인접한 국가들과도, 그리고 중앙아메리카의 표준과도 상당한 차이를 보이기 때문이다. 2개의 불안정한 국가와 접하고 있는(북쪽으로는 니카라과, 동쪽으로는 파나마) 코스타리카는 오랜 민주주의의 전통을 가진 나라이고 지난 60년 동안 상비군을 갖지 않은 나라이다! 코스타리카에 있는 히스패닉의 흔적은 다른 나라들과 별로 다르지 않지만 일찍 얻어낸 독립, 지역적인 불화와는 거리가 먼 행운, 그리고 느긋한 정착 속도는 코스타리카가 경제적인 발전

에 집중할 수 있는 호사를 주었다. 아마 가장 중요한 요인으로는 지난 175년 중 대부분의 기간 동안 내부 정치가 안정화되어 있었다는 점을 꼽을 수 있을 것이다.

인접국들과 마찬가지로 코스타리카는 자연적으로 해안선에 평행하게 나뉘어 있다. 인구 밀도가 가장 높은 지역은 중부 지방의 고지대인데, 이 지방은 보다 시원한 온화한 땅(tierra templada)에 위치해 있으며 그 심장부에는 코스타리카의 주요 커피 산지인 비옥한 **센트럴밸리**(*Valle Central*)와 수도 산호세(멕시코 시티 이남, 남아메리카 이북에서 가장 범세계적인 도시)를 중심으로 한 인구 밀집 지역이 있다(그림 4B-7).

코스타리카의 장기간의 경제 발전은 그 지방에 높은 생활 수준과 문자 해독률, 그리고 긴 수명을 안겨주었다(하지만 이곳에서도 인구의 1/4은 빈곤층임). 여전히 농업이 주류 산업이며(바나나, 커피, 열대 과일, 해산물 등이 주요 수출품) 관광 산업도 꾸준히 성장하고 있

다. 코스타리카는 그 뛰어난 풍광과 다양한 동식물군을 지키기 위해 노력하는 것으로 널리 알려져 있다. (하지만 삼림벌채는 중요한 위협 중 하나이다.)

파나마

파나마는 남아메리카를 돌아가는 긴 항로를 대신하여 대서양과 태평양을 연결하는 운하의 발상 덕에 존재하고 있다. 파나마 운하(그림 4B-7의 삽입 그림)는 1914년에 개통되었는데, 당시에는 미국의 중부 아메리카에 대한 힘과 영향력의 상징이었다. 파나마 운하지대는 미국에게 '자신의 주권 영토인 것처럼' 그 지역의 '모든 권리, 권력과 권위'를 보장하는 조약으로 인해 미국의 관할하에 있었다. 이러한 문장은 미국이 파나마 운하지대에 대한 영속적인 권리를 갖는다는 것을 시사할 수도 있지만, 조약문에는 파나마가 이 통상로를 영구적으로 양도한다는 조항은 어디에도 적혀 있지 않았다. 1980년대에 파나마 운하는 연간 14,000대의 배를 통과시키고 있었고

(지금은 배의 수는 약간 적어졌지만 화물의 양은 훨씬 늘어남) 수억 달러의 통행료를 받고 있었기 때문에 파나마는 운하지역의 미국 통치를 종식시키려 하였다. 조심스러운 협상이 시작되었다. 1977년 파나마 영토에서 미국의 단계적인 철수에 관한 협약이 맺어졌고, 처음에는 파나마 운하지대에서, 그리고 나중에는 파나마 운하 그 자체에서 철수하기로 하였다(이 과정은 1999년 12월 31일에 완료).

파나마는 오늘날 일반적인 중앙아메리카공화국의 지리적인 특성을 보여준다. 350만 명의 인구 중 70%는 메스티소이고 상당한 수의 원주민, 유럽계, 그리고 소수의 아프리카계도 포함하고 있다. 스페인어가 공용어이지만 영어도 광범위하게 쓰인다. 동쪽으로 치우쳐 있고 리본 모양인 파나마의 지형은 산과 언덕이 많다. 동쪽 파나마, 특히 콜롬비아와 접하는 다리엔 지방은 숲이 우거져 있고 판아메리카 고속도로에서 유일하게 남아 있는 공백이 있다(그림

 답사 노트

© H. J. de Blij

"파나마 운하는 1914년 8월에 열린 뒤로 90년 동안 공학적인 경이로 남아 있다. 평행한 갑실은 1,000피트 길이에 110피트 넓이로, 엘리자베스 2세 호처럼 큰 배들도 지협을 통과할 수 있게 한다. 선박들은 일련의 갑실을 통과해서 해발고도 85미터인 가툰 호수로 올라간다. 우리는 예인선이 엘리자베스 2세 호를 대서양 쪽에서 가툰호로 이어지는 3개의 갑실인 가툰 갑실로 인도하는 광경을 보았다. 엘리자베스 2세 호를 뒤따라오던 컨테이너선은 리몬 만의 입구부터 준설된 수로를 따라서 올라가고 있었다. 갑문은 65피트 넓이에 7피트 두께이고, 높이는 47피트에서 82피트 정도 된다. 갑문을 움직이는 모터는 갑실 벽에 들어 있다. 갑실 안으로 들어오면 선박들은 당나귀라고 불리는 강력한 기관차에 끌려 다니면서 위아래로 움직인다. 여전히 이른 아침이었고, 개간이 진행 중이던 콜론 시 인근에서 숲에 난 것으로 보이는 큰 불이 났다. 지금까지 최고로 놀라운 날 중 하나의 시작이었다."

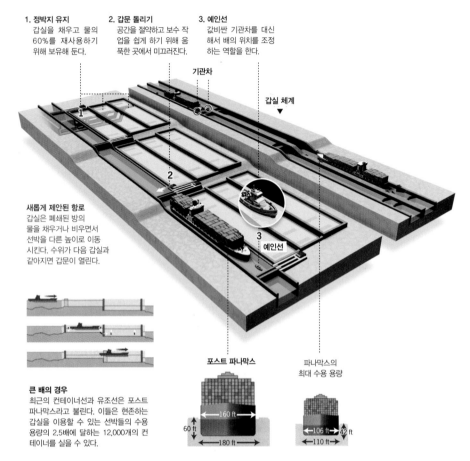

1. 정박지 유지
갑실을 채우고 물의 60%를 재사용하기 위해 보유해 둔다.

2. 갑문 돌리기
공간을 절약하고 보수 작업을 쉽게 하기 위해 움푹한 곳에서 미끄러진다.

3. 예인선
값비싼 기관차를 대신해서 배의 위치를 조정하는 역할을 한다.

기관차

갑실 체계 ▼

새롭게 제안된 항로
갑실은 폐쇄된 방의 물을 채우거나 비우면서 선박을 다른 높이로 이동시킨다. 수위가 다음 갑실과 같아지면 갑문이 열린다.

예인선

큰 배의 경우
최근의 컨테이너선과 유조선은 포스트 파나막스라고 불린다. 이들은 현존하는 갑실을 이용할 수 있는 선박들의 수용 용량의 2.5배에 달하는 12,000개의 컨테이너를 실을 수 있다.

포스트 파나막스
160 ft
60 ft
180 ft

파나막스의 최대 수용 용량
106 ft 42 ft
110 ft

이것은 현재 수로의 수용 용량('파나막스')을 넘어서는 선박을 다루기 위해 파나마 운하의 갑실 체계를 확장하고 개선하는 계획을 보여주는 그림이다. 이 프로젝트의 완성 예정일은 2014년 8월 15일(현재도 공사 중이며 2016년 완공 예정)로. 이날은 최초의 여객선 및 화물선용 대양 간 운하가 건설된 100주년이다. © NG Image Collection

4B-7). 대부분의 교외 인구는 운하 서쪽의 고지대에 살고, 그곳에서 파나마는 바나나, 새우 등의 해산물, 사탕수수, 커피와 쌀을 생산한다. 대부분의 도시 인구는 운하 양 끝의 도시를 중심으로 수로 근처에 집중되어 있다.

파나마 운하의 북쪽 끝에는 남미로 가는 화물을 수송하고 유통시키기 위해 만들어진 대규모 수출입항인 콜론 자유 구역의 중심, 콜론 시가 있다. 콜론 시는 만사니요 국제 터미널로 보강되어 있는데, 이 터미널은 하루에 1,000개 이상의 컨테이너를 선적시킬 수 있는 초현대 항구시설을 갖추고 있다. 2002년

까지 중국이 미국과 일본 다음으로 세계에서 3번째로 많이 운하를 사용했고 콜론 자유 구역의 화물량의 20%를 차지했다. 파나마 시의 남단은 해안가에 위치해 있고 마천루가 많기 때문에 카리브 해의 마이애미라고 불린다. 수도는 운하에서 발생하는 수입을 다루는 금융 중심지이지만 그 발달한 모습은 콜롬비아의 불법 마약 산업과의 근접성, 그리고 그에 연관된 돈세탁과 부패를 반영한다. 도시의 현대적인 모습은 전체 인구의 40%를 괴롭히고 있는 (농촌 지방의) 빈곤과 극명한 대조를 이룬다.

카리브 해 연안

분열과 고립

그림 4B-1이 보여주듯이 중부 아메리카의 섬 지역인 카리브 해 연안은 쿠바의 서쪽 끝에서부터 트리니다드의 남부 해안까지 넓은 호를 이루고 있다. 4개의 큰 섬, 즉 **대앤틸리스 제도**(쿠바, 히스파니올라, 자메이카, 푸에르토리코)는 이 호의 서쪽 부분에 뭉쳐 있다. 작은 섬, 즉 **소앤틸리스 제도**는 버진아일랜드부터 트리니다드토바고까지 이어지는 초승달 지대에 퍼져 있다. (대앤틸리스 제도의 북쪽으로 있는 바하마, 터크스카이코스 제도와 너무 작아서 그림 4B-1에 나타나지 않은 섬들이 지리적인 판과 관련된 이러한 균일성에서 벗어나고 있다.)

육지 면적을 합치면 중부 아메리카의 9%에 불과한 이 섬들에는 33개의 국가와 다양한 정치적 독립체가 있다. (유럽의 식민지 깃발은 이 지역에서 아직도 완전히 살아지지 않았고 푸에르토리코에는 미국의 깃발이 휘날리고 있다.) 하지만 이 국가와 영토의 인구는 전체 지역 인구의 21%를 차지하기에 이 지역은 아메리카에서 인구 밀도가 가장 높은 지역이다.

카리브 해 연안의 도서국가들은 일반적으로 (아주) 작고, 그 영토는 분리되어 있으며 보통 다른 섬들과는 상당히 떨어져 있다. 이 지리적인 조건은 상당한 문제를 일으키는 것으로 밝혀졌다. 경제적인 기회는 거의 없고, 대부분은 외부와의 상호작용이 상대적으로 비용이 많이 들고 고립되어 있기 때문에 이 섬 사회들은 정적인 경향이 있다.

민족집단과 계급

한 예를 들면, 대부분의 카리브 제도의 **11** 사회계층(social stratification)은 경직되어 있고 사회적인 이동은 제한되어 있다. 계급 제도는 민족집단과 크게 관련되어 있고 이 지역에는 식민지시대의 흔적이 여전히 남아 있다. 쿠바, 도미니카공화국, 푸에르토리코의 역사지리에는 히스패닉 문화가 퍼져 있고, 아이티와 자메이카는 아프리카의 유산이 더 강하다. 하지만 이 민족적인 다양성의 진실은 유럽계 혈통이 여전히 주류를 차지한다는 점이다. 히스패닉들이 대앤틸리스 제도에서 최고의 위치를 차지하고, 유럽-아프리카 혼혈 조상을 갖는 사람들이 그다음이고, **12** 물라토(mulatto)라고 불리는 이들이 그다음이다. 이 사회적인 피라미드의 최대 계층은 최소 수혜 계층이기도 한데, 이들은 다수를 차지하는 아프리카계 카리브해인들이다. 사실상 거의 모든 카리브 해 사회에서 소수자들이 불균형적인 권력을 갖고 최우선적인 영향력을 행사한다. 아이티에서 소수의 물라토가 대부분의 권력을 차지해 왔다. 인접한 도미니카공화국에서 권력 피라미드의 최상층에는 히스패닉이 있고(16%), 중간층에는 혼합층(73%)이 있고, 소수의 아프리카계 카리브해인(11%)이 바닥에 위치한다. 카리브 해 지방의 사회적인 모자이크에서 역사적인 이점은 영속적인 힘을 갖고 있다.

이곳 섬들의 인구 구성은 중국이나 인도 등에서 온 아시아인들의 존재로 인해 더 복잡해진다. 19세기에 노예의 해방과 상당한 지역 노동력 부족은 큰 규모의 계획으로 이어졌다. 10만 명 정도의 중국인이 계약직 노동자로서 쿠바로 이주해 왔고, 자메이카, 과달루페,

그리고 특히 트리니다드에 25만 명 가까운 남아시아 사람들이 비슷한 목적으로 이주해 왔다. 그래서 카리브 해 지역의 아프리카식으로 변형된 영어와 프랑스어에는 아시아의 언어도 섞이게 되었다. 카리브 해 쪽 중부 아메리카의 민족적·문화적 다양성은 실로 끝이 없다.

대앤틸리스 제도

대앤틸리스 제도의 4개의 섬(이들의 인구는 카리브해 연안 전체 인구의 9%를 차지)은 쿠바, 아이티, 도미니카공화국, 자메이카, 푸에르토리코 등 5개의 정치 독립체를 포함한다(그림 4B-1). 아이티와 도미니카공화국은 히스파니올라 섬을 공유하고 있다.

쿠바

카리브 해의 도서국가 중 영토(111,000 km²)와 인구(1,130만) 모두가 최대인 쿠바는 플로리다의 남단으로부터 145km 거리에 불과하다(그림 4B-9). 이제는 황폐해진 수도인 하바나는 긴 섬의 북동쪽 해안에 위치하며 플로리다키스 제도의 바로 반대편에 위치한다. 쿠바는 1890년대 후반까지 스페인의 지배 아래 있었는데 미국-스페인 전쟁에서 미국의 도움을 받아 독립을 얻었다. 50년 뒤 미국의 후원을 받는 독재자가 집권했고 1950년대에 하바나는 미국의 놀이터가 되었다. 폭동이 일어나기 직전이었고 1959년 피델 카스트로의 반란군이 집권해서 쿠바를 공산주의 독재 정치 체제로 바꾸고 소련의 후원을 받게 되었다. 거의 100만 명의 쿠바인이 미국으로 도망쳤고 마이애미는 하룻밤 사이에 하바나에 뒤이어 두 번째로 큰 '쿠바'의 도시가 되었다.

결국 카스트로의 통치는 1991년 소련의 붕괴 때 쿠바가 오랫동안 의존해 온 소련의 원조와 설탕 시장이 사라졌음에도 불구하고 살아남았다. 지도에서 볼 수 있듯이 사탕수수는 여러 해 동안 쿠바의 경제적인 중심이었다. 한때는 부유한 지주들의 재산이었던 대농장은 섬 전역에 걸쳐 있다. 하지만 사탕수수는 쿠바의 주된 무역 상품으로서의 지위를 잃고 있다. 공장은 문을 닫고 사탕수수 농장은 다른 작물을 재배하거나 목초지로 쓰기 위해 정리되고 있다. 하지만 쿠바는 특히 고지대에서 다른 경제 기회를 갖고 있다. 쿠바에는 세 개의 산악지대가 있는데, 그중 남동쪽에 있는 시에라 마에스트라 산맥은 지대가 가장 높고 넓다. 이 고지대들은 상당한 생물다양성을 보유하고 있는데 이는 많은 침엽수림, 담배, 커피, 열대 과일 등의 다양한 작물이 자라는 토양 등에 반영되어 있다. 쌀과 콩이 주요 작물이지만 쿠바는 식품 수요를 자급자족할 수 없기 때문에 식량을 수입해야 한다. 중부와 서부 지방의 사바나 지대에서는 가축을 기를 수 있다. 쿠바에 광물자원은 적지만 니켈 매장량이 많고 수 세기 동안 채굴되어 왔다.

20세기 초 쿠바는 베네수엘라의 지도자인 우고 차베스라는 중요한 지지자를 찾아냈다. 쿠바 국내에는 유전이 없지만 베네수엘라는 석유가 많이 생산되고 2003년 이래로 쿠바에 필요한 모든 연료를 공급해 왔다. 대신 카스트로는 3만 명의 보건 요원들과 다른 분야의 전문가들을 베네수엘라에 파견해서 빈곤층을 도왔다.

빈곤, 허물어진 사회기반시설, 넘쳐나는 슬럼가와 실업이 쿠바의 문화적인 지형의 특징이지만 쿠바의 정권은 여전

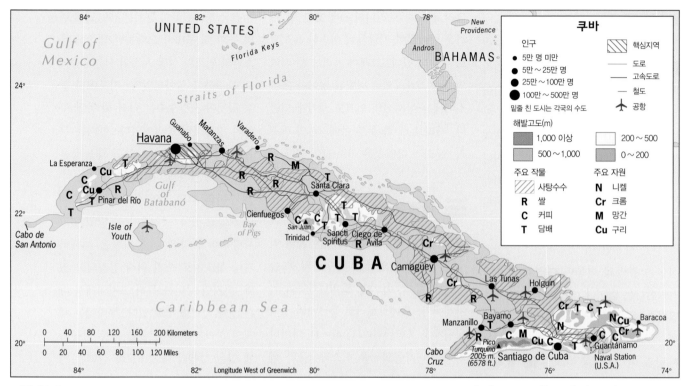

그림 4B-9

© H. J. de Blij, P. O. Muller, and John Wiley & Sons, Inc.

히 대중으로부터 지지를 받고 있다. 미국의 관점에서 쿠바는 자유로운 국민, 번창하는 관광 산업, 북미 시장으로 흘러들어가는 상품 등으로 보아 카리브 해의 빛나는 별이 될 수 있다. 하지만 이 전망이 실현되기 위해서는 변해야 할 것들이 많다.

자메이카

쿠바 남부에서 깊은 케이맨 해구를 건너면 자메이카가 있는데, 두 나라 사이에는 문화적인 격차도 벌어져 있다. 이전에는 영국의 속국이었던 자메이카의 인구 거의 대부분은 아프리카계 카리브 해인이다. 영연방의 회원인 자메이카는 여전히 식민지 총독이 대표하는 영국 국왕을 국가원수로 여긴다. 하지만 민주국가인 자메이카 정부의 실제 수반은 수상이다. 영어는 여전히 이곳의 공용어이고 영국의 전통 역시 아직 남아 있다.

코네티컷 주보다 작고 280만 명의 사람이 사는 자메이카는 상대적으로 느린 인구 성장에도 불구하고 지난 몇십 년 동안 지속적인 GNI 감소를 겪었다. 관광 산업은 최대의 수입원이 됐지만 자메이카의 주요 수출품이었던 보크사이트(알루미늄 광석)의 시장이 기울었다. 그리고 다른 카리브 해의 국가들처럼 자메이카는 설탕 수출로 돈을 버는 데 문제를 겪고 있다. 자메이카 농부들은 바나나에서 담배에 이르는 다른 작물도 재배해 왔지만 자메이카는 국제적인 주변부가 흔히 겪는 세계시장에서의 불리함을 겪고 있다. 한편, 자메이카는 석유 자원의 전부와 식량의 대부분을 수입해야 하는데, 이는 인구 밀도가 높은 해안의 평지가 과소비와 작황 감소를 겪고 있기 때문이다.

수도 킹스턴은 남동쪽 해안에 위치하며 자메이카의 경제적인 문제를 반영한

다. 자메이카의 해안을 방문하는 수십만 명의 관광객들은 콕핏 컨트리의 석회암 탑과 동굴을 탐험하거나, 몬테고 만에서 유람선을 타거나 북부 해안선의 다른 지역을 방문해서 거의 아무도 일반적인 자메이카 사람의 생활이 무엇인지 보려 하지 않는다.

아이티

이미 수십 년 동안 서반구에서 가장 가난한 나라였던 아이티는 2008년 4개의 허리케인에 휩쓸렸다. 태풍과 그에 동반한 홍수에 800명이 숨지고 80만 명이 피해를 입었다. 그리고 2010년 1월 12일 심각한 지진이 근래에 보지 못한 수준의 피해를 일으켰다. 수도 포르토프랭스는 폐허가 되었고 사회기반시설은 무너졌으며 아이티 정부는 실질적으로 자취를 감췄다. 학교, 병원, 철도와 항구, 공항은 모두 더 이상 기능하지 않았

다. 수백만 명이 하룻밤 사이에 실업자가 되었다. 하지만 당면한 사람들의 고통에 비하면 이들은 별것 아니었다. 지진 후 수개월 동안 예상 사망자 수는 30만을 넘어섰고, 최소한 30만 명 이상의 사람들이 추가로 부상당했다. 약 150만 명의 집 잃은 사람들이 여진의 두려움 등의 이유로 수도를 벗어나 교외로 떠났다. 이는 전례가 없는 비극이었고, 그 끔찍한 영상은 전 세계의 텔레비전과 인터넷으로 중계되었다. 대규모의 국제적인 긴급 구호가 도착했지만 장기적 관점에서 보아 영향을 받은 지역은 바닥부터 재건해야 한다는 사실이 분명해졌다. 많은 사람들은 시간이 흐르면 이

재난으로부터 어떤 선이 생겨나서 아이티가 더 나은 국가로 재건되기를 바라고 있다.

지리적으로 아이티에는 쉴 틈이 없기 때문에 이는 힘든 도전이 될 것이다. 아이티는 북아메리카 판과 카리브해 판이 만나는 매우 위험한 단층대에 위치해 있다. 지질학자들에 따르면 2010년의 지진은 수십 년 동안 만들어지고 있었고 앞으로 수년 동안 더 많은 지진이 쉽게 일어날 것이라고 한다(그림 4B-10, 삽입된 그림). 아이티는 또한 **13** 허리케인 앨리(Hurricane Alley)의 한가운데에 위치해 있고, 큰 허리케인이 지나가지 않은 해에는 그 사실만으로도 감사할

정도였다. 마지막으로 아이티는 천연자원이 적고 국제 무역에서 제공할 만한 것이 거의 없다. 수 세기 동안 정치적 불안, 억압, 그리고 물질적인 결핍이 이어진 아이티보다 굴곡진 역사를 가진 나라는 지구상에 몇 없을 것이다. 2009년 아이티의 1인당 GNI는 자메이카의 1/5 수준으로 떨어졌는데, 이는 많은 아메리카 빈국보다도 낮은 수치이다. 다른 중부 및 남아메리카의 나라들과 비교해 봤을 때 영아사망률은 거의 3배 정도 높다. 초등학교 나이의 여자아이들 중 50%만이 교육을 받았다. 아이티의 제한적인 공공 지출의 대부분은 외국의 원조 때문에 가능했고 개인적인 소비는

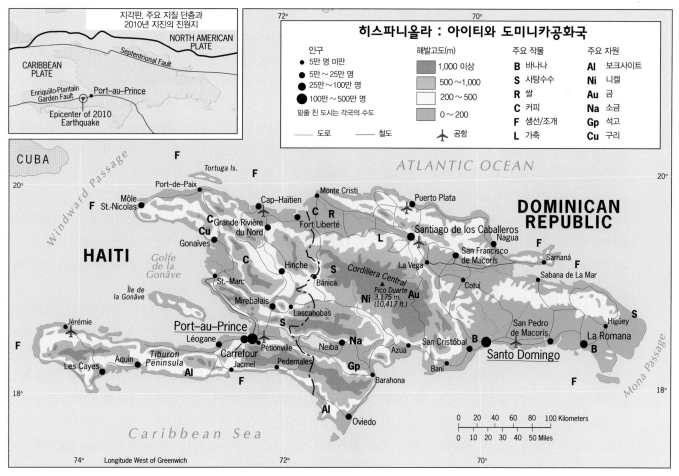

그림 4B-10

© H. J. de Blij, P. O. Muller, and John Wiley & Sons, Inc.

답사 노트

© H. J. de Blij

"아이티와 도미니카공화국의 국경을 따라 비행하면서 길게 뻗은 국경 사이로 식생의 뚜렷한 차이를 보인다. 아이티 서쪽은 삭막하지만 도미니카공화국(동쪽)은 숲이 살아 있다. 인구 과잉과 정부 통제가 부족한 아이티의 그릇된 관리가 결합되어 이 지역의 뚜렷한 차이를 불러왔다."

마이애미, 파리, 뉴욕, 몬트리올 등에 있는 아이티 디아스포라에서 보내온 송금 때문에 가능했다. 2010년 중반 세계는 아이티의 행운을 빌고 있다.

도미니카공화국

도미니카공화국은 영토와 인구 양쪽에서 모두 아이티보다 히스파니올라 섬의 많은 부분을 차지한다(그림 4B-10). 두 국가 사이의 경계를 남북으로 날아 보면 상당한 차이를 볼 것이다. 서쪽의 아이티의 언덕과 평야에는 나무가 없고 도랑이 많고, 토양은 침식되어 있으며, 강은 토사로 가득하다. 동쪽에는 숲이 교외를 덮고 있고 강은 맑다(위 사진 참조).

산이 많은 도미니카공화국(2010년 인구는 1,030만)은 아이티보다 다양한 범위의 자연 환경과 더 많은 자원을 갖고 있다. 니켈, 금, 은이 오랫동안 설탕, 담배, 커피, 코코아 등과 함께 수출되어 왔지만, 관광 산업(아이티가 잃어버린

가장 큰 기회)이 주된 산업이다. 혁명과 미국의 군사적 개입으로 점철된 장기간의 독재는 1978년 민주 투표에 뒤이은 최초의 평화적 권력 이양으로 마무리되었다.

정치적인 안정성은 도미니카공화국에 많은 보상을 가져다주었고, 1990년대 후반 관광 산업과 더불어 제조업, 첨단 산업과 해외 도미니카 인들의 원조에 기반한 경제가 연간 7% 정도의 속도로 성장했다. 하지만 2000년대 초반 도미니카 경제가 붕괴했는데, 이는 세계 경제의 하강 때문만이 아니라 정부의 금융 사기와 부패 때문이었다. 갑자기 도미니카공화국의 화폐인 페소가 급락했고 인플레이션은 급증했으며 직장은 없어졌고 정전이 다반사가 되었다. 사람들이 시위를 하면서 사망자가 발생했고 자수성가한 엘리트층은 국가에 더 이상 돈을 빌려주지 않는다는 이유로 해외 금융 기관을 비난했다. 또한 일반

시민들의 희망은 힘 있는 자들의 탐욕과 부패 때문에 다시 한 번 부서졌다.

푸에르토리코

중부 아메리카에서 가장 큰 미국 영토이며 대앤틸리스 제도에서 가장 동쪽에 위치한, 그리고 가장 작은 섬인 푸에르토리코는 3,500제곱마일 넓이에 인구는 400만이다. 푸에르토리코는 델라웨어 주보다 크고 오리건 주보다 인구가 많다. 대부분의 인구는 이 사각형 모양의 섬 북동쪽의 산업화된 지역에 집중되어 있다(그림 4B-11).

푸에르토리코는 1세기 전 1898년의 미국-스페인 전쟁의 도중 미국의 영토가 되었다. 푸에르토리코인들이 오랜 시간 동안 스페인의 패권에서부터 독립하기 위해 투쟁해 왔기 때문에, 이 권력의 이양은 그들의 관점에서 식민지 주인이 바뀐 것에 불과했다. 그 결과 미국이 통치한 처음의 반세기는 쉽지 않았

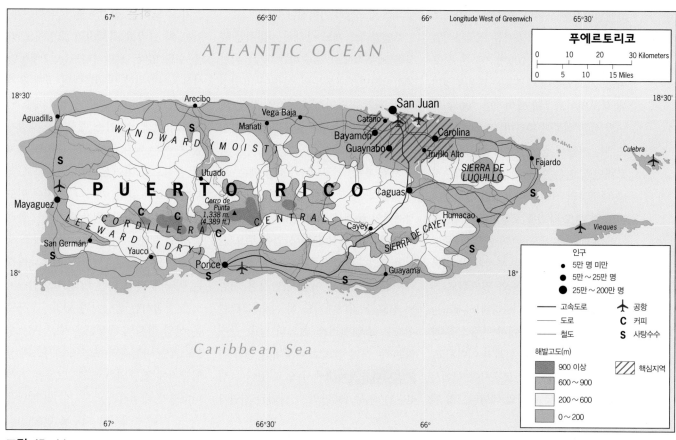

그림 4B-11

© H. J. de Blij, P. O. Muller, and John Wiley & Sons, Inc.

고 푸에르토리코인들은 1948년까지 스스로 총독을 뽑을 수 없었다.

푸에르토리코의 유권자들이 1952년 국민투표에서 연방국의 설립을 허가했을 때, 양국의 정부 소재지인 워싱턴과 산후안은 복잡한 조정에 들어갔다. 푸에르토리코인들은 미국 시민이지만 국내 소득에는 연방세를 내지 않는다. 푸에르토리코 연방 관계 법령이 고유의 헌법하에 이 섬을 통치하며, 상당한 수준의 자치를 보장한다. 또한 푸에르토리코는 최근 몇 년 동안 총액 40조 달러에 이르는 지원금을 매년 워싱턴으로부터 받아 왔다.

전반적으로 가난한 카리브 해 지역에서 이런 눈에 띄는 이점에도 불구하고 푸에르토리코는 미국 지배하에서 그

리 융성하지 못했다. 푸에르토리코의 경제는 오랫동안 하나의 작물(설탕)에만 의존하고 있었고, 1950년대와 60년대에 상대적으로 싼 노동력, 기업에 대한 세제 특혜, 정치적 안정, 그리고 미국 시장에 대한 특별한 접근성 등에 기반한 산업화를 진행했다. 결과적으로 제약, 전자제품, 의류가 오늘날 설탕이나 바나나 대신 수출의 첫 순위를 달리고 있다. 하지만 이 산업화도 이민의 물결을 막지 못했는데, 뉴욕 지방으로만 백만 명 이상의 푸에르토리코인들이 이주했다. 기업에 우호적인 임금 때문에 많은 푸에르토리코인들은 가난해지거나 실업자가 되었다. 어떤 추정치에 따르면 푸에르토리코의 실업률은 오늘날 약 45% 정도라고 한다. 대부분은 연방

의 지원을 받고 있다. 나머지 30%는 공공 부문, 즉 정부에서 일하고 있다. 사설 부문은 심각하게 발전이 저해되어 있다.

푸에르토리코인들이 정치적인 변화의 목소리는 크게 내고 있지만 1990년대의 연속적인 국민투표가 현상의 정체, 즉 미국의 주도 독립국도 아닌 연방국에 머무르는 상태를 일으킨 것은 놀랍지 않다.

소앤틸리스 제도

그림 4B-1에서 볼 수 있듯이 대앤틸리스 제도는 두 무리의 섬을 옆에 끼고 있는데, 이들은 북쪽의 커다란 바하마-터크스케이커스 제도와 동쪽 및 남쪽의

소앤틸리스 제도이다. 이전에는 카리브 해에서 미국에 가장 가까운 영국령이었던 바하마는 홀로 3,000개 가까운 산호 섬을 갖고 있는데 대부분은 바위투성이에 불모지이고 무인도이지만 700개 정도의 섬은 식물이 자라며, 그중 30개 정도에는 사람이 살고 있다. 중앙의 뉴프로비던스 섬은 이 나라의 32만 거주자 중 대부분의 집이며 대표적인 관광지이기도 한 수도 나소를 포함한다.

소앤틸리스 제도는 이 지역의 풍향을 따라서 (기후적으로 부정확한) 이름이 붙여진 리워드 제도와 윈드워드 제도 사이에 위치해 있다. 리워드 제도는 미국령 버진아일랜드에서 프랑스령 과달루페와 마르티니크 섬까지 이어지고, 윈드워드 제도는 세인트루시아 섬에서 베네수엘라 북동 해안의 네덜란드령 앤틸리스 제도까지 이어진다.

소앤틸리스 제도 각각의 지리적인 특징을 세부적으로 서술하는 것은 비현실적이지만, 대부분의 섬들이 고립성과 이 지역의 자연적인 위협인 지진, 화산 폭발, 허리케인을 공유한다는 사실과 그들이 정도는 저마다 다르지만 국내 자원 부족, 인구 과밀, 토양 훼손, 토지 파편화, 시장 제한 등의 비슷한 사회 경제적인 문제를 겪고 있다는 점, 그리고 많은 지역에서 관광 산업이 주요 산업이 되었다는 점을 알아두어야 한다.

이런 상황에서 어떤 사람들은 희망의 신호를 읽어내기도 하는데, 그러한 신호는 소앤틸리스 제도의 남쪽 끝에 있는 두 개의 섬으로 이루어진 공화국, **트리니다드토바고**에서 오고 있다(그림 4B-1). 인구 130만의 이 나라는 천연가스가 주도하는 산업화를 시작했는데, 이는 이 나라를 경제적인 호랑이로 바꿀 수도 있다. 트리니다드는 오랫동안 산유국이었지만 1990년대의 국제 유가 하락과 공급 저하로 인한 감소세를 역전하기 위해 천연가스 매장량을 재검사했다. 이는 빠르게 새로운 대형 공급처의 발견으로 이어졌고 이 저렴하고 풍부한 연료는 유럽, 캐나다, 심지어 인도 등의 에너지, 화학, 철강 회사들이 몰려들게 했을 뿐 아니라 이 지역의 가스 생산 호황을 일으켰다. (한편, 트리니다드는 미국에 가장 많은 양의 액화천연가스를 공급하는 공급자가 되었다.) 새로운 산업 자재의 대부분은 수도 포트오브스페인 바깥쪽의 포인트 리사스의 산업단지에 집중되어 있고, 그들은 트리니다드가 세계적인 암모니아 및 메탄올 수출국가가 되도록 만들었다. 천연가스는 금속을 생산할 때 효율적인 연료이기 때문에 알루미늄 정제업자와 철강 제조업자들이 이 지역으로 이끌리게 되었다. 트리니다드는 남아메리카의 베네수엘라 해안에서 몇 킬로미터밖에 떨어져 있지 않기 때문에 인접국, 특히 브라질의 아마존에서 채굴되는 철광석과 보크사이트의 막대한 해안 공급량에 잘 연결돼서 해로상의 교차로 역할을 하고 있다.

하지만 트리니다드는 예외이다. 1960년 전후 탈식민화의 첫 물결이 온 다음에 어떤 지역들은 자신들을 지배하던 유럽 쪽에 남는 편이 낫겠다는 결정

트리니다드토바고의 수도는 식민지 역사가 담긴 이름(포트오브스페인)을 갖고 있지만 스페인의 지배 이후 거의 300년 동안 영국이 이 지역을 지배했다. 영어는 공용어가 되었고 1962년 독립 이후 민주정부가 뒤따라 수립됐고 천연가스전이 발전하는 경제를 이끌었다. 여기서 볼 수 있듯이 포트오브스페인의 항구는 자동차 캐리어가 일제 자동차를 운반하고 항구에는 컨테이너가 높이 쌓여 있어서 터져 나갈 정도이다. © Boutin/Sipa Press.

을 했는데, 이는 **14** **도서국가의 개발도상 경제**(small-island developing econo-mies)의 어려움을 반영한다. 예를 들어 과달루페는 프랑스에 남았고, 케이맨 제도는 여전히 영국령이며, 네덜란드령 앤틸리스 제도는 독립을 하지 않고 네덜란드와의 관계를 이어 나갔다. 경제적인 논리에 따르면 기존의 식민지배자들과의 협력을 이어 나가는 것이 유리하지만, 지역정치와 자존심 면에서는 일정 수준의 자치를 원하고 유럽의 가

부장적인 간섭은 최소화하고 싶어 한다. 이들이 합쳐진 결과가 이 제도들의 정치적 상태에 맞춰 만들어진 복잡한 법 체계이다.

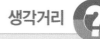

생각거리

- 북부 멕시코는 세계화의 변덕스러움을 강조해 보여준다. NAFTA의 적용은 해외 투자와 마킬라도라의 확산으로 이어졌지만 10년 뒤 많은 회사들은 더 낮은 임금을 제시하는 동아시아 방향으로 떠났다.
- 코스타리카는 175년 이상 지속된 정치적 안정으로 잘 알려져 있고 반세기 이상 민주정치가 이어지고 있다. 다른 중앙아메리카 국가들은 이 예시로부터 무엇을 배울 수 있을까?
- 파나마의 주민들은 빠르게 발전하는 파나마 운하지대를 '라틴아메리카의 싱가포르'라고 즐겨 부른다.
- 아이티의 일부는 거의 기초부터 다시 지어져야 할 것이다. 아이티의 경제적·지리적 조건이 자생적인 개발을 허용할 것인가?

브라질에서 가장 오래된 도시 사우바도르의 역사 지구, 포르투갈 식민지시대의 수도였으며
수만 명의 아프리카 노예가 들어온 항구도시 © H.J. de Blij

주요 주제

탐험가들의 영역
독립 200년
성장하는 원주민 세력 : 더 이상 '라틴'아메리카는 없다
스트레스를 받고 있는 남아메리카의 녹색 심장
밀려오는 중국
경제통합을 위한 노력

개념, 사고, 용어

5A

남아메리카 : 권역의 설정

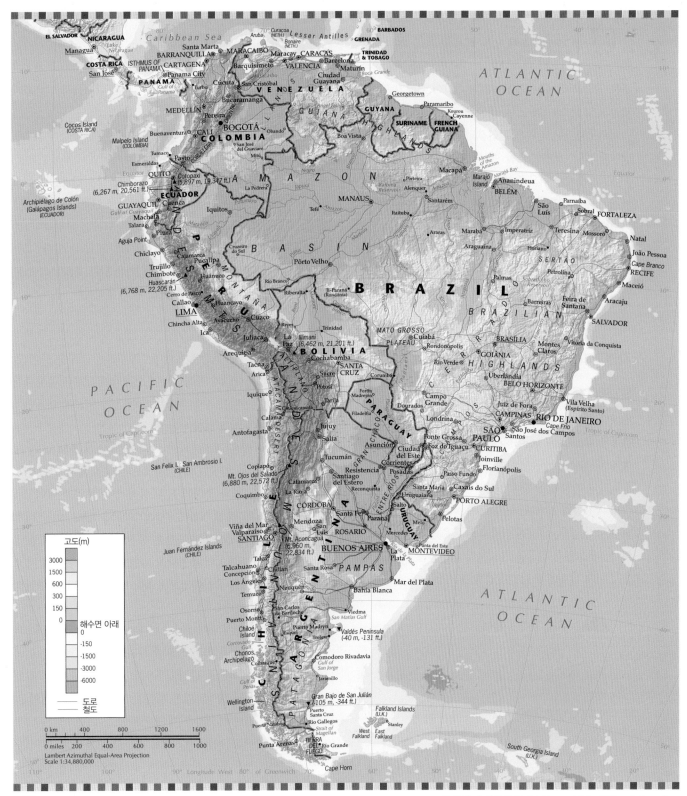

그림 5A-1

남아메리카는 모든 대륙 중에서 가장 큰 삼각형 모양을 하고 있으며, 북부는 가느다란 육교처럼 중부 아메리카와 이어져 있다. 남아메리카는 북아메리카의 남쪽에 위치하면서도 대부분 북아메리카보다 동쪽에 자리 잡고 있다. 대륙의 가장 서쪽에 있는 페루의 수도 리마는 플로리다 주의 마이애미보다 훨씬 동쪽에 있다. 그러므로 남아메리카는 북아메리카보다 더 대서양으로 들어가 있어 서부 유럽과 아프리카 쪽에 훨씬 가깝다. 하지만 남아메리카가 동쪽에 치우쳐 있는 만큼 서쪽에는 보다 넓은 태평양이 펼쳐져 있다. 페루 해안에서 오스트레일리아까지 거리가 캘리포니아에서 일본까지 거리의 약 두 배이다.

남아메리카는 북쪽으로 연결되어 있고, 동쪽으로 돌출해 있으며, 서쪽 해안은 세계에서 가장 길고 높은 안데스 산맥으로 이어져 있다. 거대한 벽을 형성하고 있는 안데스 산맥은 그림 5A-1에서 보듯이 칠레 남단 티에라델푸에고에서 북동부 베네수엘라까지 연속적으로 뻗어 있다. 남아메리카의 중북부지역에는 지형적으로 또 다른 아마존 분지가 있다. 이는 열대습윤지역의 광대한 원형극장처럼 이루어져 있으며, 여러 개의 큰 지류로 이루어진 아마존 강에 의해 유역 분지를 이루고 있다. 대륙의 나머지 지역은 대부분 고원을 형성하고 있는데, 아마존 분지 동남부지역의 대부분을 차지하고 있는 브라질 고원, 아마존 저지의 북부를 차지하고 있는 기아나 고원, 아르헨티나의 남부지역 1/3을 차지하고 있는 파타고니아 고원을 들 수 있다. 그림 5A-1을 보면 아마존 분지 외에 주목할 만한 2개의 유역 분지가 있음을 알 수 있다. 하나는 남아메리카의 남부 중앙부에 있는 파라나-파라과이 유역 분지이고, 다른 하나는 북부 콜롬비아와 베네수엘라 내륙에 있는 오리노코 유역 분지이다.

자연지리

탐험가의 대륙

위대한 독일의 탐험가이자 과학자, 근대지리학의 창시자인 훔볼트(Alexander von Humbolt)가 19세기 초에 전설적인 탐험에 오른 곳이 바로 남아메리카였다. 그는 나이 30세에 베네수엘라의 해안에 상륙해서 북부 내륙을 가로질러 가며 생물종의 다양성과 광대한 자연의 아름다움, 인간의 적응력을 보고 놀랐다. 그는 다양한 식물과 동물을 발견하고 명명하였으며, 열대 초원과 정글을 가로질러 원주민을 만나고, 험한 강을 건너서 당대에 유럽인이 올랐던 가장 높은 산인 에콰도르

 주요 지리적 특색

남아메리카
1. 남아메리카 지형은 서부의 안데스와 중북부의 아마존 분지, 나머지 대부분은 고원으로 되어 있다.
2. 이 지역의 면적 절반과 인구의 절반 이상이 브라질 한 나라에 집중되어 있다.
3. 남아메리카 인구는 대부분 해안에 분포하고 있으며, 내부지역은 인구가 희박하지만 활발한 개발이 이루어지고 있다.
4. 국가 간의 상호 관계가 급격히 개선되고 있으며, 특히 남부 국가 간의 경제 통합이 강하게 이루어져 왔다.
5. 남아메리카 전체 또는 한 국가 내의 경제적 차이와 불평등이 심하다.
6. 전 지역에 문화 다원주의가 강하게 나타나며 지역 특색을 보인다.
7. 급격한 도시 성장을 보여 도시화 정도가 미국이나 유럽과 대등하다.

의 침보라소 산의 정상에 올랐다. 그는 많은 지도를 모아 남아메리카의 동해안과 아프리카의 서해안이 서로 퍼즐맞춤처럼 꼭 들어맞는다는 것을 최초로 알아냈다. 이로써 대륙이동설이 주목을 받게 되었다.

훔볼트는 많은 발견뿐만 아니라 **1** 장소의 통합(unity of place) 관점에서 일정한 좁은 지역이나 넓은 지역에서 기후, 지질, 생물, 문화적 측면이 상호 얽혀 있는 동일한 지역임을 주장하여 대륙이동설 정립에 중요한 역할을 했다. 이를 바탕으로 그는 근대지리학을 공간을 통찰하는 종합학문으로 정립시켜 놓고, 전체적인 통찰력을 바탕으로 40여 년에 걸쳐 코스모스(Cosmos)를 출간하였으며 1845년에는 제5판이 출판되었다.

거의 300년 전에 남아메리카 반대편 끝은 마젤란이 최초의 세계 일주와 탐험을 하던 중요한 시기였다. 콜럼버스는 인도가 아니라 아메리카를 발견하게 되고, 스페인과 포르투갈에 의해 대서양에서 태평양까지 지리상 발견을 위한 탐험이 지금의 아르헨티나 해안까지 계속 이루어졌다. 마젤란과 그의 동료들은 파타고니아에서 5개월 정도를 머물렀고 '발이 큰 사람들'이라고 이름을 지었다(탐험보고서에 따르면 8피트의 발을 가진 거인을 만났다고 쓰여 있음). 1520년 봄에 마젤란이 이끄는 5척의 배는 지금은 마젤란 해협이라 불리는 거친 로스산토스 해협을 지났다(그림 5A-1). 마젤란 군단의 5척의 배 중에 단지 3척만이 600km의 긴 여행을 완수했고, 다른

답사 노트

© Jan Nijman

"2009년 페루의 쿠스코 고원지역을 여행하면서 과거 잉카인들에게 이 고원 환경은 자연이 준 혜택이었음을 쉽게 알 수 있었다. 비옥한 토양, 온화한 기후가 있고, 안데스 산지를 덮고 있는 만년설은 우루밤바 강과 여러 하천을 만들고 있다. 우루밤바 강의 산지들은 구름을 뚫고 6,000m까지 솟아 있고, 쿠스코는 해발 3,350m에 자리 잡고 있다. 수 세기 동안 이 지역은 풍부한 옥수수(앞에 보임)와 감자, 그리고 다른 티에라 프리아 작물을 생산해 왔다. 그러나 이제는 지구온난화로 인한 빙하의 후퇴를 걱정하게 되었다. 지구온난화는 수 세기 동안 알티플라노에 준 자연의 선물인 물 공급을 위협하고 있다."

2척의 배는 남극해의 빙산에 부딪쳐 난파되었다.

다양한 기후와 환경

러시아가 동서에 걸쳐 가장 넓은 영역을 차지하고 있다면, 남아메리카 지역은 남북으로 가장 길게 형성된 지역이다. 남아메리카에서도 폭 150km, 길이 4,000km에 이르는 칠레가 가장 전형적인 나라이다. 칠레는 이처럼 위도상으로 길게 뻗어 있기 때문에 지구 환경의 1/10을 차지하는 광대한 기후대와 식생대를 보이고 있다. 또한 서에서 동으로의 기복의 변화가 큰 것과 함께 남북이 길기 때문에 남아메리카는 토속적인 풍습이 다양하게 형성되어 있다.

　세계 기후 분포를 나타낸 지도(그림 G-7)를 보고 남아메리카의 북서지역과 남부지역의 기후대 변화를 살펴보자. 페루의 리마에서 600km 떨어진 북동지역으로 여행을 하면, 적어도 건조기후, 고산기후, 열대우림과 열대사바나의 4개 기후대를 만나게 된다. 칠레의 산티아고에서 비슷한 거리를 가로질러 동쪽으로 아르헨티나의 부에노스아이레스로 여행을 해보면, 각각의 양쪽 해안에 2개의 서로 다른 온대습윤기후가 마치 괄호처럼 있고 그 안에 고산기후, 건조기후, 반건조기후의 5개 기후대를 지나게 된다. 이에 따라 남아메리카의 식생은 열대밀림에서부터 비옥하지만 물이 부족한 초원지대, 암석과 황무지로 이뤄진 설산에 이르기까지 다양하게 변한다. 이러한 자연 환경의 다양성이 뒤에서 살펴보게 될 다양한 문화적 차이를 가져다준 것이다.

고대 제국과 근대국가

유럽인들이 남아메리카 해안으로 침입하기 수천 년 전에 오늘날 인디오라고 부르는 사람들이 북아메리카와 중부 아메리카를 거쳐서 이 대륙으로 들어와 해안 계곡, 하천 분지, 대지, 산지에 사회를 구성하고 있었다. **인디오**들은 이 다양한 자연 환경에서 독특하고도 다르게 적응했고, 1,000년 전 수많은 지역 문화가 오늘날 콜롬비아와 볼리비아, 칠레에 이르는 안데스 산지 계곡에서 번성했었다. **2** **알티플라노(altiplanos)**라고 불리는 이 높은 고도의 산간 계곡은 주민들에게 비옥한 토양과 풍부한 용수, 건축재, 천연의 요새기능을 제공하였다.

잉카 제국

알티플라노 지역 중에서 페루의 쿠스코는 남아메리카 최대의 토속 제국 **잉카**의 수도였다. 잉카인들은 (쿠스코 근처의 마추 픽추가 가장 유명한) 석조물, 도로, 교량을 건설하고 거대한 제국의 흔적을 남겨 놓았다. 또한 그들은 유능한 행정관이었으며 성공적인 농부이자 목축민이었으며, 뛰어난 기술의 제조업자였다. 학자들은 하늘에 대해 연구하고, 외과의사는 심지어 뇌수술을 시도하였다. 위대한 군사 전략가로서 잉카는 사람들을 정복해 안정되고 잘 조직된 국가로 통합했으며, 이는 그들이 맞서 싸운 고기복의 지형을 극복한 놀라운 업적이었다.

　광범위한 잉카 제국은 소수의 지배자가 통치했으며 엄격

답사 노트

© Philip L. Keating

"전망이 좋은 높은 장소에 올라 쿠스코에서 멀지 않은 안데스 산지의 피삭 옆 계곡을 조망하였다. 이 지역은 스페인들이 잉카 제국을 정복하기 전까지 잉카인들이 소유했던 곳이다. 그러나 비탈진 지역은 사실 잉카 시대 앞서까지 거슬러 올라간다. 인간은 꽤 오랫동안 이 험한 바위투성이의 주름진 산지를 경작했고, 자연 경관은 누차에 걸쳐 변해 왔음을 짐작할 수 있다. 오늘날 이 경사지는 건조할뿐더러 척박해서 단지 강인한 수목만이 남아 있다. 계곡 하상에 흐르는 물이 볼 수 있는 물의 전부이다. 그러나 경작자들이 이 사면을 되돌려 놓는다면 습도가 높아져 이 지역은 삼림이 우거질 수 있을 것이다."

히 나눠진 계급과 고도의 중앙집권사회였다. 과도하게 중앙집권적이고 권위적이었기 때문에 1530년대에 소수의 스페인 침략자들에 의해 최상위층의 권력은 쉽게 새로운 권력으로 승계될 수 있었다. 유럽 침략자들은 수천 년간 발달했던 인디오 문화를 순식간에 종식시키고 영원히 지도를 바꿔놓을 수 있었다.

이베리아인의 침략자들

남아메리카 지도는 이베리아 식민지 개척자들이 인디오 사회의 위치와 경제를 파악하기 시작하면서 오늘날의 형태로 만들어졌다. 잉카 제국은 멕시코의 마야나 아즈텍인들처럼 중앙 본부에 많은 금과 은을 쌓아 놓고 비옥한 농토와 언제나 가용할 수 있는 노동력을 갖추고 있었다. 1521년 아즈텍이 함락되고 얼마 안 되어 프란시스코 피사로는 북서 해안을 따라 남쪽으로 항해하면서 잉카 제국의 존재를 알게 되었고, 이를 정복할 군대를 조직하기 위해 스페인으로 일단 철수를 했다. 그는 1531년에 183명의 군사와 24필의 말을 이끌고 페루 해안으로 돌아왔고 그 후의 일은 잘 알 것이다. 1533년에 그의 군대는 쿠스코로 말을 타고 들어가 승리의 축배를 들었다.

처음에 스페인 사람들은 그들의 지배 아래 황제의 지위를 허락하면서 잉카 제국 체제를 훼손하지는 않았다. 하지만 곧 오래된 질서체제는 무너지기 시작했다. 남아메리카 서부에서 나타나기 시작한 새로운 질서체제는 원주민들을 스페인 사람들의 농노로 만들었다. 원주민으로부터 탈취나 다름없는 **3** 토지 수탈(land alienantion)에 의해 광대한 아시엔다 농장이 만들어지고, 세금이 부과되기 시작했으며, 착취 이익을 극대화시키는 강제 노역이 이루어졌다.

스페인 정복자들의 서부 해안 거점인 리마는 곧 세계에서 가장 부유한 도시 중 하나가 되었다. 이는 안데스 지역에 매장되었던 많은 은을 약탈하면서 이루어진 것이다. 스페인은 새로운 속국들을 빠르게 그들의 식민지로 만들었고, 리마는 페루 총독령의 수도가 되었다(그림 5A-2). 이어서 콜롬비아와 베네수엘라가 스페인 지배 아래 놓이게 되었으며, 후에 스페인은 지도에 뉴그라나다와 라플라타로 표기되어 있는 오늘날의 아르헨티나와 우루과이까지 식민지를 넓혔다.

한편, 또 다른 이베리아에서 온 선도 침략자들은 오늘날 브라질 해안지역인 대륙 중앙의 동부지역으로 침입해 들어갔다. 이 지역은 1494년에 스페인과 포르투갈이 맺은 토르데시야스 조약으로 인해 포르투갈령이 되었다. 이 조약은 카보베르데 섬 서쪽에 1,780km의 남북선을 그들이 영향력을 행사할 수 있는 경계로 설정한 조약이다. 이 경계는 서경 50°와 대체로 일치한다. 이 조약으로 인해 남아메리카의 동부 삼각형 지역이 포르투갈의 개척지로 분리된 것이다(그림 5A-2). 그러나 남아메리카의 정치 지도(그림 5A-1)를 보면 이 조약은 경선 50°의 동부지역에서의 포르투갈 식민지의 영토를 제한하고 있지 않음을 알 수 있다. 대신 브라질의 국경은 아마존 분지 거의 전체가 포함되도록 내륙으로 심하게 굽어 있음을 알 수 있다. 따라서 브라질의 영토는 남아메리카의 다른 모든 나라들의 영토를 합한 면적보다 조금 작게 되었다. 국경이 서부지역으로 많이 들어간 것은 포르투갈과 브라질 사람들이 많이 침투해 들어갔기 때문이다. 특히 플랜테이션 농장을 경영하기 위해 아메리카 원주민 노예 노동력이 필요했던 상파울루의 거주자들, 즉 **파울리스타스**(paulistas)의 공헌이 컸다.

독립과 고립

같은 대륙에 인접해 있고, 공용어와 동질문화, 공유된 국제문제를 갖고 있음에도 불구하고 브라질을 포함한 스페인 지역의 총독령에서 독립한 나라들은 최근까지도 서로가 상당히 고립적이다. 또한 거리와 지형적 장벽이 각국의 분리를 더욱 심화시키고 있고, 여전히 인구가 해안가를 따라 특히, 동부 및 북부 해안에 집중하는 이유가 되고 있다(그림 5A-3). 총독령들은 부를 착취하여 스페인의 금고를 채우기 위한 지역이었다. 이베리아에서는 자신들을 위해서 아메리카의 토지를 개발하려고 하지 않았다. 단지 스페인과 포르투갈 사람들이 남아메리카에 거주하게 되면서 이베리아의 권위에 대항한 뒤부터 남아메리카는 조금씩 변화하기 시작했다. 남아메리카는 18세기 이베리아 지역의 가치 기준, 경제 면모, 사회적 태도가 이식되게 된 것이다. 이것이 가장 좋은 전통은 아니었지만, 남아메리카는 이로부터 근대국가로 서서히 나아가게 되었다.

몇몇 독립적인 요인이 독립전쟁에서는 상당한 효력을 발휘했다. 스페인 군사력은 항상 리마에 집중되어 있었고, 아르헨티나와 칠레 같은 영토는 리마에서 멀리 떨어져 있었다. 따라서 아르헨티나와 칠레는 가장 먼저 1816년과 1818년에 각각 독립했다. 북부에서는 시몬 볼리바르가 독립운동을 일으켰고, 1824년 두 번의 결정적인 참패로 스페인 세력은 남아메리카에서 종말을 고했다.

하지만 이런 공동의 투쟁도 통일된 국가를 만들지는 못했다. 왜냐하면 이전에 3개의 총독령에서 9개나 되는 국가가 출현했기 때문이다. 왜 이렇게 분열되었는가는 쉽게 이해할 수 있다. 아르헨티나와 칠레 사이에는 안데스가 있고 칠레와 페루 사이에는 아타카마 사막이 있다. 이로 인해 육로상 시간거리는 실제 거리보다 훨씬 멀다. 이러한 장애물들은 교류를 어렵게 만들어 독립국가가 탄생하는 데 효과적이었던 것이

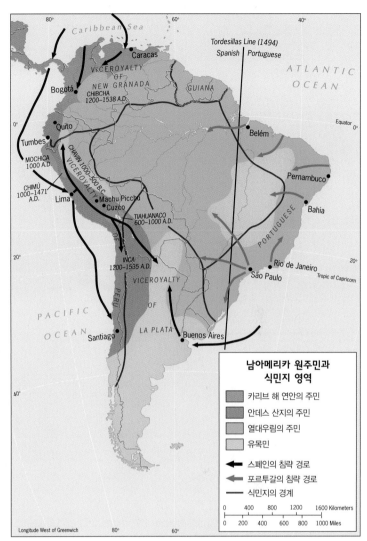

그림 5A-2   © H. J. de Blij, P. O. Muller, and John Wiley & Sons, Inc.

다. 그러므로 남아메리카에서 새로 탄생한 국가들은 마찰이나 심지어 전쟁으로부터 분리되어 성장할 수 있었다. 남아메리카의 국가들이 서로 협력하는 것이 상호 이익이 됨을 깨닫기 시작하고 국가관계를 개선하는 방향으로 끝없이 노력을 기울이게 된 것은 불과 20년이 채 되지 않는다.

모자이크 문화

남아메리카 국가들의 상호 작용에 대해 이야기한다면, 누가 상호 작용하는지를 확실히 하는 것이 중요하다. 남아메리카 식민지는 10개의 국가로 분열되었고, 각 국가에 나누어져 있는 각 주는 소수의 대토지를 소유한 상위 엘리트들이 만들어낸 작품이다. 그러므로 페루의 아메리카 원주민, 브라질의

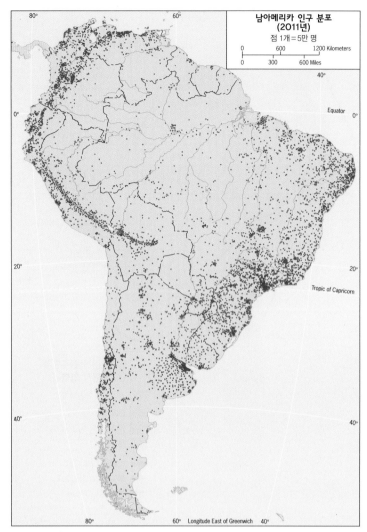

그림 5A-3　　　© H. J. de Blij, P. O. Muller, and John Wiley & Sons, Inc.

아프리카 후손과 같은 남아메리카 국가들의 다수는 유럽인 지주들이 패권을 차지하기 위해 투쟁하는 것을 구경할 수밖에 없었다.

인구 분포-과거와 현재

유럽인들이 도착하기 전에 남아메리카의 인구 지도(소위 '콜롬비아 이전 지도')를 제작했다면, 그림 5A-3에서 보는 현재 인구 분포와 상당히 달랐을 것이다. 남아메리카의 원주민 사회는 안데스뿐만 아니라 근처의 저지대와 어로 및 농경을 행하는 수천의 세대로 이루어진 아마존 분지의 강가에 형성되어 있었다. 그들은 최남단 티에라델푸에고 섬과 같이 척박한 환경에서 벗어나려 하지 않았다. 푸에고 섬은 혹독한 추위를 극복하고자 계속 피워두던 불 때문에 유럽인들은 그 섬을 '불의 섬'이라고 불렀다.

현재의 인구 분포는 상당히 다르다. 많은 원주민들은 전쟁뿐만 아니라 스페인 정복자들이 함께 들여온 질병으로 인해 희생되었다. 지리학자들은 인디오들이 그들과 접촉한 지 수년 만에 90%가 죽었고, 티에라델푸에고 사람들은 더 이상 그들의 불을 피울 수 없었다. 유럽인들이 들어옴으로써 남아메리카의 끝에서 끝까지 재앙이 휩쓸었다.

스페인과 포르투갈의 식민지 개척자들은 남아메리카 깊숙이 들어가기도 했으나 대부분의 이주자들은 오늘날에도 볼 수 있는 분포 형태처럼 해안이나 해안 근처에 정착했다. 남아메리카의 거의 모든 도시들이 해안이나 해안 근처에 형성되었고, 오늘날에 와서야 인구 분포가 대륙을 관통하고 있다는 것을 느낄 수 있다. 그러나 그림 5A-3을 주의 깊게 보면, 인구 분포가 북의 에콰도르에서 남으로는 볼리비아에 이르는 지역에 걸쳐 해안을 따라 이루어졌음을 알 수 있다. 특히 페루에서 가장 뚜렷함을 볼 수 있다. 이것은 잉카 제국의 유산으로 산지 요새에서 살아남은 수백만의 잉카인들이 아직 남아 있음을 말해 주는 것이다.

다시 깨어나는 인디오

남아메리카의 긴 여정을 따라 내려온 인디오들은 오늘날 사회적, 정치적, 경제적으로 새롭게 깨어나고 있다. 몇 개의 국가에는 정치적 세력을 형성할 만큼 충분한 인디오들이 있고, 이들은 이제 힘을 발휘하기 시작했다. 페루는 인디오가 45%를 차지하며 볼리비아에서는 55%를 차지한다.

새로운 세력을 얻은 인디오의 정치 리더들이 원주민들의 어려운 상황을 국내뿐 아니라 국제적으로 알리고 있다. 인디오들은 외국으로부터 들어온 질병에 의해 그 수가 급감했으며, 가장 좋은 토지를 빼앗기고 강제 노역에 시달렸으며, 전통 농작물을 재배할 권리를 거부당하고 사회적으로 차별받고, 조상 대대로 지배해 오던 자원에 대한 공평한 분배도 빼앗겨 버렸다. 그들은 아직 남아메리카에서 가장 가난할지 모르나 점차 그들의 목소리가 커지고 있다. 몇몇의 남아메리카 국가들에서 이러한 운동의 결과가 광범위하게 도달할 것이다.

종교 측면에서도 남아메리카의 인디오들은 변화되고 있다. 공식적으로 90% 이상이 로마 가톨릭을 믿고 있으며, 남아메리카는 전통적으로 바티칸의 헌신적인 지지자들이라고 할 수 있다. 그러나 최근 조사에 따르면 많은 사람들이 정기적으로 성당에 가지 않고 가톨릭 신자의 절반 이상이 독실한 신자라기보다는 교리를 믿는 것뿐이라고 말하고 있다. 19세

답사 노트

"아마존 강 입구 벨렝에 있는 폭포 근처에, 한때는 화려했지만 지금은 누추해진 식민지시대에 건설된 도시 거리가 있다. 좁고, 자갈이 깔려 있고, 타일로 이루어진 아치형의 입구가 있는 이 지역은 네덜란드와 포르투갈이 주름잡던 시대를 보여주고 있다. 이곳의 기능과 서비스 업종을 지도화해 보면 목공 상가부터 상가 식당, 빵집에서부터 의류 상가까지 매우 다양하다. 황폐해진 인도에는 쇼핑하는 사람, 노동자, 새로 온 구직자들(230만 인구로 성장하는 이 도시에서 일자리를 얻기 위해 온)로 북적인다. 이 지역뿐만 아니라 남아메리카 적도지역에서는 다양한 인구 특성을 보이고 있는데, 이는 다양한 민족과 넓은 배후지로부터 도시의 매력에 끌려 들어온 지역 주민들 때문이다."

기 후반 이후 가톨릭은 사회 이슈 측면에서 보수적이고 기성의 권력체제 편에 서 왔기 때문에 종종 비판을 받았다. 1950년대에는 **해방이론**(liberation theology)으로 알려진 강력한 운동이 남아메리카를 변화시켰고 세계 도처에서 지지를 얻었다. 이 운동은 핍박으로 가난해진 대중들을 자유롭게 하기 위한 방법을 찾기 위해 그리스도의 가르침을 읽어내려고 하는 크리스트교와 사회주의 사조를 혼합한 것이었다. 비록 교회가 늦게나마 수정을 했지만 인디오들에게서 대중적 지지를 잃을 수밖에 없었다. 최근에 개신교도들이 가톨릭이 감소된 지역에서 조금 늘어났을 뿐이다.

아프리카의 후예

그림 5A-2에서 볼 수 있듯이, 스페인 사람들은 초기에 남아메리카의 영토를 분할하면서 가장 좋은 곳만 차지했다. 가장 좋은 곳은 토질뿐만 아니라 원주민의 노동력도 풍부한 곳이었다. 포르투갈이 영토 확장에 열을 올릴 때, 그들의 경쟁자인 스페인은 카리브 해에서 유럽 시장을 위한 사탕수수 플랜테이션 재배를 하고 있었다. 이에 포르투갈은 스페인과 같이

생산 활동 중심으로 방향을 바꾸었다. 그리고 스페인처럼 아프리카에서 수백만 명의 노예를 붙잡아 리우데자네이루 북쪽의 열대 브라질 해안으로 데려왔다(그림 6A-7). 놀랄 것 없이 브라질은 오늘날에도 남아메리카에서 흑인이 가장 많은 나라이고, 흑인들은 주로 북동부 극빈지역에 집중되어 있다. 오늘날 브라질 인구 2억 100만 명 중 절반이 아프리카 흑인 출신, 또는 흑인과 혼혈이며, 남아메리카 이민자 중 대부분이 아프리카인들로 이루어져 있다.

민족 경관

남아메리카의 문화 경관은 계층을 이루고 있는 것이 중부 아메리카와 유사하다. 인디오들은 대륙 전역을 경작하며 다양한 경관을 정교하게 만들어 놓았는데, 어떤 것들은 다른 지역보다 큰 영향을 주고 있다. 유럽인들이 도착하면서 인구 감소로 인해 문화적 변형이 이루어졌고, 이는 환경에 많은 영향을 끼쳤다. 원주민들은 그들 자신의 땅에서 소수자가 되었고, 유럽인들은 남아메리카에 되돌릴 수 없는 곡물, 동물, 토지 소유 및 이용 방식을 들여왔으며, 사하라이남 아프리카의

전역에서 흑인들을 데려왔다. 19세기 전반에는 이베리아 반도 이외의 지역에서 유럽인들이 이민 오기 시작했다. 같은 기간 동안 일본인들도 브라질과 페루에 들어와 정착하였다. 이는 이 지역의 민족성을 복잡하게 만들었다. 그림 5A-4는 인디오와 아프리카 문화가 우세한 중심지역과 이들 집단이 비교적 적고 유럽인들이 우세한 지역을 보여주고 있다.

물론 민족의 기원은 항상 연속적이지 않고 그 근본은 국내 이동과 민족적 결합에 의해 변할 수 있다. 최근 DNA 조사에 의하면 사람들은 지역적이고 집단적인 기원을 갖고 있음을 말해 주고 있다. 지도에서 아르헨티나는 유럽인 선조가 우세한 것으로 나타나고 있다. 더 나아가 최근 조사에 의하면 아르헨티나 평균 연령대에서 80%가 유럽인, 18%는 인디오, 2%는 흑인 유전자 구조임이 밝혀졌다. 만약 어느 누구도 선조가 혼혈인이 아니라면, 이는 유럽인, 인디오, 아프리카 흑인 인구 비율이라고 정확히 말해 줄 수 있을 것이다. 그러나 실제는 그렇지 않다. 많은 사람들이 그들의 조상을 정확히 알지 못한다. 일부는 확실하게 한 계통의 기원을 갖고 있고, 나머지는 몇 단계의 혼혈 조상을 두고 있다. 단, 남아메리카 서

파라과이의 시우다드델에스테로부터 파라나 강을 가로지르는 브라질의 이구아수 폭포를 방문하는 대부분의 방문객들은 세계에서 가장 장관인 폭포 중 하나를 보기를 기대하는 것이지, 이 국경 마을의 주민 중 이슬람교도가 실제로 존재한다는 이러한 증거를 기대하는 것은 아니다. 주의 깊게 손질된 대지에 세워져서 상당한 공동의 부를 반영하는 몇 개의 인상적인 모스크들은 논쟁을 불러일으키는 트리플 프론티어(5B장에서 논의될 지역 용어) 지역에 있는 문화 경관을 다양화한다. © Norberto Duarte/Getty Images, Inc.

그림 5A-4 © H. J. de Blij, P. O. Muller, and John Wiley & Sons, Inc.

남아메리카 민족 분포
- 아프리카인
- 메스티소
- 유럽인
- 인디오

던콘에서는 유럽인 기원이 우세한 것은 틀림없다.

남아메리카는 **4** 다원화 사회(plural society)가 특징이다. 아메리카 원주민 문화, 아베리아를 비롯한 유럽에서 온 문화, 서부 열대 아프리카에서 온 흑인 문화, 인도, 일본, 인도네시아 등지에서 온 아시아 문화가 인접된 지역에서 뭉쳐 있지만 섞이지 않고 있다. 또한 다원화된 문화는 끊임없이 변화하고 있다.

경제지리

농업 토지 이용과 삼림 파괴

다원화된 문화는 내부적으로 갈라지며 경제적 지역 경관에도 반영되어 나타난다. 남아메리카의 대규모 **5** 상업적 농업 (commercial agriculture)이나 소규모의 **6** 자급적 농업 (subsistence agriculture)은 세계 다른 지역에 비해 상당한 정도로 비슷하게 나타난다(그림 5A-5). 지리적으로 플랜테이션과 다른 상업적 농업 시스템은 유럽인들의 영향이 강한 지역에 분포하고, 자급적 농경(고산지역의 혼합된 자급시장, 농림업, 이동식 농경 등)은 원주민, 아프리카인, 아시아인의 전통적인 거주지역과 일치한다.

좀 더 넓게 보면 남아메리카에서의 농업 시스템과 토지 이용은 지형과 밀접한 관계가 있다. 아마존 분지에는 삼림과 농림지가 우세하고, 남아메리카의 뾰족한 서던(Southern Cone) 지역은 초지에 대농장이 있고, 브라질 북서부에서 아르헨티나 북부에 이르는 넓은 지역은 관개시설이 있다가 없다가 하는 다양한 농업 형태를 보이고, 안데스 골짜기에는 흩어져 있는 농경지 등을 볼 수 있다. 오늘날 남아메리카 전역에서는 새로운 작물의 도입과 전파, 삼림 파괴 때문에 토지 이용의 변화가 빠르게 일어나고 있다. 속성 작물인 콩은 오늘날 브라질 남서부에서 우세하게 재배되며, 인접한 파라과이, 우루과이, 아르헨티나에서도 널리 재배되고 있다(그림 5A-5).

삼림 파괴는 특히 브라질의 북부지역에서 심각한 상황이다. 과거에는 삼림 파괴가 주로 소규모의 토지 소유자와 아마존 열대우림 지대로 들어가기 위해 길을 냈던 식민주의자들에 의해 이루어졌다. 일반적인 거주지의 형태는 이렇게 해서 만들어졌다. 간선 고속도로나 지선 고속도로에 의해 삼림이 파괴됨에 따라 거주자들이 따라 들어왔고(때로는 정부의 토지 소유 지원 계획에 의해서 이루어지기도 했지만), 결국 농사를 짓기 위해 토지를 개간했다. 주식 작물을 심어 1년이나 2년 내에 해충이 많아지고 비옥도가 떨어지면 생산성이 떨어진다. 토양의 비옥도가 떨어지면 개간자들은 초지를 조성하여 그들의 땅을 소목장 주인에게 판다. 그리고 농부들은 근처의 새운 지역으로 옮겨 더 많은 토지를 개간하여 농사를 짓는 과정을 반복한다. 안타깝게도 이러한 활동은 넓은 지역에 걸쳐 저급 토지를 만들고 거대한 열대우림을 불태워 없애버리고 있다(사실 1980년 이래 매년 브라질 북부에서 미국의 오하이오 주 크기의 열대림이 파괴되고 있음). 더욱이 수출을 위해 농공업이 대단위로 이루어지면서 아마존을 파고들면서 지표를 변화시켜 삼림 파괴가 심각해지고 있다.

남아메리카 경제는 근대화되면서 농업의 중요성이 높아졌다. 이 지역 노동력의 1/5이 아직 농업, 목축업, 어업의 1차 산업에 종사하고 있어 북아메리카에서보다 큰 비율을 보이고 있다. 국제무역에서 남아메리카의 곡물, 콩, 커피, 오렌지주스, 설탕, 수많은 다른 작물의 기여도는 상당히 중요하고 또한 증가하고 있다.

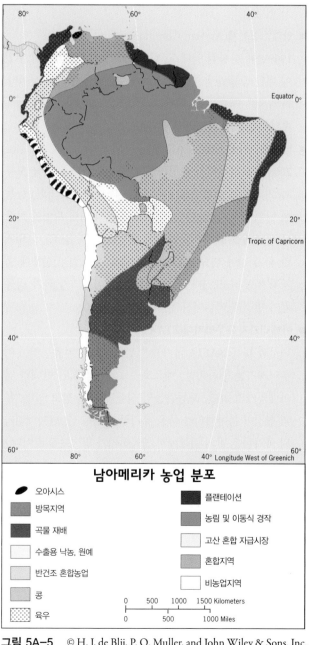

남아메리카 농업 분포

- 오아시스
- 방목지역
- 곡물 재배
- 수출용 낙농, 원예
- 반건조 혼합농업
- 콩
- 육우
- 플랜테이션
- 농림 및 이동식 경작
- 고산 혼합 자급시장
- 혼합지역
- 비농업지역

그림 5A-5　© H. J. de Blij, P. O. Muller, and John Wiley & Sons, Inc.

산업 발전

화학에서 전기, 섬유에서 바이오 연료에 이르기까지 제조업은 빠르게 성장하고 있다. 지리적으로 산업 생산은 눈에 띄게 다양해지고 있다. 브라질, 칠레, 아르헨티나는 경제와 생활 수준이 꾸준히 향상되고 있는 데 반해, 페루, 에콰도르, 볼리비아는 오랫동안 어려움을 겪고 있다. 국내적으로도 상당한 **7** **불균형 발전**(uneven development)이 나타나고 있다. 대부분의 제조업은 주요 도심의 중심이나 주변지역에 집중되어 있고, 이 지역의 내부가 넓게 비어 있는 경우도 있다.

특히 브라질은 여러 경제 측면에서 괄목할 만한 성장을 보여 많은 주목을 받았다. 브라질의 과거 전형적인 수출품은 식량과 신발류였다. 오늘날 주요 수출 품목은 석유(지난 수년 동안 대규모 해저 유전을 발견한 덕택)를 포함해서 철강, 최첨단의 엠브라에르 항공기이다. 최근 10년간 브라질은 러시아, 인도, 중국과 함께 소위 **브릭스**(BRICs)로서 세계 4위의 최대 시장으로 성장했다.

최근의 경제 상황에도 불구하고 남아메리카 많은 지역의 경제 성장은 인상적이다. 오래 고립된 국가들은 경제 성장에 심각한 장해를 겪고 있다는 것이 분명하다. 그렇지만 대부분의 국가들은 정치뿐만 아니라 수송 인프라 측면에서의 강한 협력으로 경제 성장의 기회를 드높이자는 데 의견 일치를 보고 있다.

경제 통합

남아메리카 각국은 오랫동안 국제 관계에서 분리주의를 추구해 왔으나 이제는 상호 간에 새로운 파트너 관계를 만들어 상호 이익을 추구하는 길로 가고 있다. 상호 비교우위 무역을 통해 대륙 전체가 협력해야 한다는 사조가 모든 영역에 파고들고 있다. 가끔 있었던 국경 분쟁은 이제 거의 갈등으로 확대되지 않고 있다. 몇 년 동안 중지되었던 국제 철도, 도로, 파이프라인 사업이 꾸준히 증가하고 있다. 남아메리카의 남부지역에서 다투기 좋아하던 5개국이 화물 수송을 위해 하천 갑문 시스템인 '히드로비아(hidrovia)'라는 대수로를 개발하여 파라나-파라과이 분지를 개방하려 하고 있다. 유사하게 이 분지를 아마존 강 수계로 연결하자는 제안도 내놓고 있다. 중요한 점은 오늘날 특히 농업 부분에서 이전 어느 때보다 국가 간 투자의 흐름이 자유롭다는 것이다.

자유무역이 이 권역의 경제지리적인 문제를 잘 해결해 준다는 것을 인식하면서 각국의 정부는 몇 개의 초국가적인 경제 정책을 추구하고 있다. 2011년 남아메리카에는 다음과 같은 주요 무역 블록이 조직되어 있다.

■ **메르코수르**(스페인어 Mercosur, 포르투갈어 Mercosul) 1995년에 출범한 남미공동시장으로 브라질, 아르헨티나, 우루과이, 파라과이, 볼리비아, 칠레, 콜롬비아, 에콰도르, 페루, 베네수엘라가 자유무역과 관세동맹을 형성하고 있다(베네수엘라의 모든 부분 가입은 브라질에 의해 몇 년 동안 막혔었고, 지금은 파라과이가 막고 있음). 이 기구는 남아메리카의 가장 우세한 자유무역기구가 되어 가고 있다.

■ **안데스공동체**(Andean Community) 1969년에 결성한 안데스 협정을 1995년에 부활시켜 수입에 대한 공동관세를 부과하는 관세동맹을 구성한 것이다. 가입국은 콜롬비아, 페루, 에콰도르, 볼리비아이며, 베네수엘라는 2006년에 탈퇴했다.

■ **남아메리카공동체**(UNASUR) 2008년 브라질에서 결성되었다. 남아메리카 12개국 모두가 가입하여 유럽연합(EU)과 유사하게 대륙 의회, 동등한 방위체제, 동일 여권, 인프라 발전의 협력 확대를 목표로 연합체를 만들자는 조약을 맺었다(1A장 참조). 그렇지만 국가 간에 미묘한 갈등으로 아직 이 노력이 실행에 옮겨지지 못하고 있다. UNASUR는 남아메리카 국가 공동체가 발전해 이루어진 것이다.

■ **아메리카자유무역지대**(FTAA) 미국과 다른 NAFTA 국가들은 남반구까지 자유무역이 이루어지기를 원하지만, 메르코수르의 공식적인 반대와 남아메리카의 농민, 노동자들의 심한 반발을 받고 있다. 무역 협정이 북아메리카 틀을 유지하고 있는 한, 남아메리카의 국가들은 발의 단계에서 참가하기가 망설여질 것이다.

도시화

이촌향도

여타 저개발 권역과 마찬가지로 남아메리카 사람들도 토지를 버리고 도시로 이주하고 있다. 남아메리카의 **8** **도시화**(urbanization)는 1950년 이래 활발해지면서 도시 인구는 매년 약 5%씩 증가해 온 데 비해, 농촌지역의 증가율은 2% 미만을 기록했다. 그 결과 도시 인구율은 81%로 서부 유럽이나 미국과 비슷해졌다. 이러한 수치를 통해 **9** 이촌향도(rural-to-urban migration)의 정도와 지속성을 파악할 수 있다.

중부 아메리카나 아프리카, 아시아에서와 같이 남아메리카에서도 사람들은 가난한 농촌지역을 떠나 도시로 흘러들고 있다. 농촌의 **배출 요인**과 도시의 **흡인 요인**이 작용한 결과이다. 농촌의 토지 개혁은 천천히 이루어지고 경제적인 발전이 아예 없거나 거의 없다는 것을 알기 때문에 매년 농업을 포기하고 떠난다. 그들은 고정 수입이 보장되는 일자리를 제공하는 유혹에 이끌려 도시로 들어온다. 아이들을 교육시킬 수 있다는 전망과 보다 좋은 의료 서비스, 상류사회로의 전환, 대도시에서의 신나는 생활 등이 상파울루나 카라카스와 같은 도시로 농민을 끌어들이는 요인이다.

그러나 실제로 이동했다고 해서 모든 것이 해결되는 것은 아니다. 개발도상국의 도시들은 지저분한 슬럼지역으로 둘러싸여 있거나 새로 만들어지고 있다. 슬럼은 도시 이주자들 대부분이 먼저 찾아들어 흔히 영원히 살기도 하고 임시변통으로 가장 기본적인 문화시설이나 위생시설도 없이 거주하기도 한다. 실업률은 노동 가능 인구의 25%를 웃돌아서 매우 높다. 그러나 아직도 누추한 도시로 더 나은 삶에 대한 희망

을 품고 사람들이 몰려들어 과도한 인구 집중이 더 심해지고 전염병이 발병할 수 있는 위협을 증대시키고 있다.

도시 분포 형태

통계지도로 표현된 그림 5A-6은 남아메리카 도시들의 성장과 일반화된 공간 분포 형태를 보여주고 있다. 여기서 우리는 남아메리카 지역 인구의 공간 분포뿐만 아니라 국가의 전체 인구에서 최대 도시의 적정한 인구 규모를 파악할 수 있다.

지역적으로 볼 때, 남아메리카의 서던콘은 가장 고도화된 도시이다. 오늘날 아르헨티나, 칠레, 우루과이에서는 거의 전체 인구가 도시에 살고 있으며, 다음으로 도시화가 높은 나라는 브라질이고 북부 카리브 해 연안국가들이 그다음을 차지하고 있다. 당연히 안데스 지역 국가들은 낮은 도시화율을 보이고 있다. 그림 5A-6은 주요 대도시 지역의 국가 간 상대적 위치를 말해 주고 있다. 브라질의 상파울루, 리우데자네이루, 아르헨티나의 부에노스아이레스와 같은 도시는 인구 1,000만 명이 넘는 세계적 **10** 거대도시(megacity) 순위에 기록되어 있다. 그러나 아마존 분지 지역의 도시화는 70%를 조금 넘는 수준이다.

 답사 노트

© H. J. de Blij

"리우데자네이루에서 본 2개의 경관은 이파네마 해변에 형성된 부유층의 고급 주택 지구와 로시노와 같이 비탈에 자리 잡아 백만 달러짜리 조망권을 가진 파벨라 지역을 보여준다."

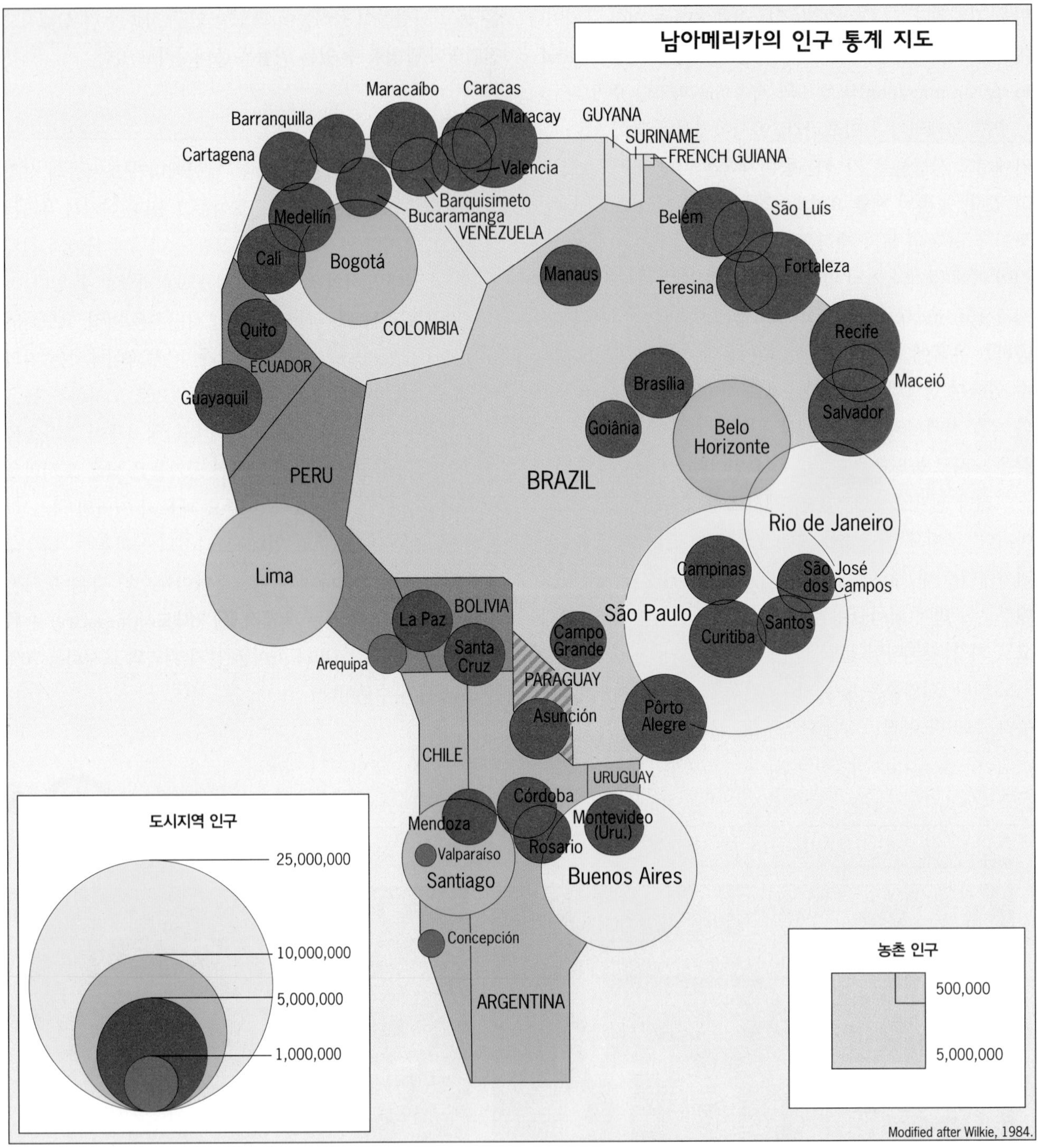

그림 5A-6

'라틴' 아메리카 도시 모델

남아메리카와 중부 아메리카는 역사, 문화, 경제적으로 다양한 영향을 받았기 때문에 도시도 다양하다. 그렇지만 지리학자들이 도시를 일반화시키기 위해 찾고자 하는 단서는 많고 흔하다. 그 사례 중 하나가 에른스트 그리핀(Ernst Griffin)과 래리 포드(Larry Ford)가 제시한 **11** '라틴'아메리카 도시(Latin American City)의 내부 구조 모델이다(그림 5A-7).

제1장에서 언급했듯이 **모델**은 가능한 많은 현실 세계의 요소를 조율하여 실제로 나타나는 것을 이상화하기 위한 것이다. 남아메리카 도시의 경우 기본적인 도시 공간구조는 중심부와 방사상의 구역들로 구성되어 있다. 이는 남아메리카와 중부 아메리카의 전통적인 도시 경관이 변화를 추구하는 근

대화의 힘에 의해 왜곡된 형태이다. 이 모델의 핵은 CBD로 도시 배후지역에 대한 업무, 고용, 서비스가 가장 발달한 지역이다. 또한 **CBD**는 현대 고층 건물이 즐비하고 식민 통치가 시작된 곳임을 반영해 준다. 그림 4A-4에서 보는 바와 같이 스페인의 식민지 개척자들은 도시 중앙에 교회나 정부 건물을 짓고 넓은 광장을 건설했다. 산티아고의 플라자 데 아르마스, 보고타의 플라자 볼리바르, 부에노스아이레스의 플라자 데 메이요가 그 사례이다. 중앙 광장은 도시의 중심 축이었으며, 후에는 주변지역이 새로운 상업 지구로 발전하였으며, 오늘날까지도 과거와 연계되는 중요한 지역이다.

도시의 가장 유명한 간선도로 **축**을 따라 중심에서 방사상으로 뻗어나가는 것은 **고급 주택 지구**와 연결된 **상업/산업 지구**이다. 그림 5A-7에서 녹색 부분이 이에 해당한다. 이 폭이 넓어지는 것은 CBD가 확장되는 것과 같다. 즉, 업무, 상업, 상류층과 중상류층 주택 지구가 확장되는 것이다.

나머지 3개의 동심원 지대는 도시에서 가난한 축에 속하는 거주자들이 있는 지역이다. 이 지역은 CBD에서 멀어질수록 수입과 주거 수준이 낮아진다. 도시 내부의 **구시가지**에는 노후에 삶의 질을 유지하기에 충분한 투자를 하는 중산층이 거주한다. 인접한 **점이지대**는 방치되었던 지역에 근대적인 주택들이 산재하며 내접한 부유한 지역에서 외접한 가난한 지역으로 점이되는 지역이다.

도시의 변두리 대부분을 차지하는 **외곽 불량 주택 지구**는 최근 도시로 들어온 수백만 명의 가난한 비숙련 노동자들의 불법 주거지로 이루어져 있다. 이 지역으로 새로 들어온 많은 거주자들은 최초의 현금 수입을 **12** 비공식 부문(informal sector)에서 얻고, 노동자로서 보증도 없이 국가 통제에서 벗어난 금전 유통을 하고 있다. 이 지역의 대부분은 브라질의 **파벨라**(favela), 스페인어권 지역의 **13** 바리오(barrio)와 같이 스스로 지은 판잣집들로 이루어져 있다. 이 지역의 일부 거주자들이 기업가로 성공해 노동자들이 살던 누추한 지역을 활력이 넘치는 중산층들이 사는 지역으로 변화시켜 놓기도 한다.

마지막으로 많은 남아메리카의 도시를 이루고 있는 구성요소는 내부지역과 거주하기를 꺼리는 변두리의 불법 주거지대까지 부채꼴로 연결된 **회랑지역**으로 구성된다. 이 지역은 고속도로, 철도, 하천 제방, 그 외 저지대를 따라 펼쳐지는 지역으로, 지붕도 없이 모든 것을 드러내 놓고 살아가는 가난한 사람들이 거주한다. 이 같이 도시 지역은 빈부의 차와 안락함의 차가 심하다. 우리는 이런 모든 차이를 도시 경

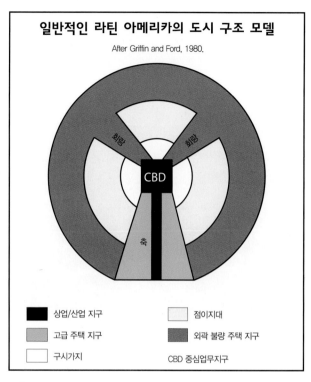

그림 5A-7 © H. J. de Blij, P. O. Muller, and John Wiley & Sons, Inc.

관에서 쉽게 찾을 수 있다.

미래 전망

요구되는 안정

2010년에 상당수의 남아메리카 국가들은 독립 200주년을 자축했다. 비록 스페인이 새로운 정치 상황을 인정하기까지는 몇 년이 걸렸지만, 국가 측면에서 가장 중요한 것은 독립을 선언한 날짜였다. 스페인과의 전쟁은 1808년부터(일치하지는 않지만, 이후로 스페인은 나폴레옹의 이베리아 지역 침입으로 약해짐) 1838년까지 지속되었다. 포르투갈로부터 브라질의 독립은 같은 기간인 1822년에 이루어졌다.

그러나 이후 200년 동안 자유로웠지만 우리가 기대했던 것만큼 안정되고 성숙된 정치와 제도 혁신을 보여주지는 못했다. 남아메리카 국가들은 심심찮게 정치 소요를 겪어 왔다. 전역에 걸쳐 독재가 이어졌고, 불안한 정부는 빈번히 무너졌다. 도처에 빈곤과 격심한 지역 격차, 미약한 국제 협력, 제한된 국제 교류, 경제 침체가 만연했다.

오늘날 남아메리카는 극적인 전환을 꾀하고 있다. 21세기 들어 민주주의가 거의 전역에 퍼졌다. 오랫동안 고립되어 있

© H. J. de Blij

"부에노스아이레스 중앙에 인상적인 빌딩으로 둘러싸인 산 마르틴 광장이 있다. 이베리아인들이 아메리카에 들어온 시대에는 흔하지 않은 정방형으로 한 세기를 넘는 나무와 넓은 면적에 잔디가 덮여 있다. 전면에 볼 수 있는 도로를 건너 영국 타워 꼭대기에 오르면 광장을 조망할 수 있다. 여기서 보면 1982년 포클랜드 전쟁 시 약 700명의 전사자가 잠든 묘역을 볼 수 있다. 이곳에는 청동 지도 뒤에 꺼지지 않는 불꽃을 피워 놓아 영국 지배에서 포클랜드를 탈환하기 위한 아르헨티나인들의 식지 않은 정신을 보여주고 있다."

던 나라들이 새로운 교통로와 무역 협정을 통해 국제적으로 연결을 모색하고 있다. 새로운 거주자들을 위해 국경이 개방되고, 세계 자원 가격이 상승함에 따라 오랫동안 탐사하거나 새롭게 발견한 에너지 자원을 통해 국가 경제를 부흥시키고 있다. 해외 국가와 협력 업체들은 제품을 구매하고 인프라 구축에 투자하기 위해 몰려들고 있다. 보고타에서 부에노스아이레스에 이르기까지 세계화 속도가 빨라지고 있다.

그러나 활발하게 발전하고 있는 이면에 장막을 가로막고 있는 고질적인 문제가 있다. 이 지역에 가장 큰 나라 브라질은 토지 개혁, 빈곤 퇴치, 정부의 토착형 비리로 다 소모된 재정적 궁핍을 회복하기 위한 노력에 착수했다. 2010년 중반에 국가 중심축을 흔들었던 아르헨티나의 경제는 회복되고 있다. 반면에 칠레는 피노체트 시대의 공포에서 벗어나 안정된 경제 번영과 활기찬 민주주의를 실현하고 있는 성공 사례라 할 수 있다. 이웃한 볼리비아는 에너지 자원이 풍부함에도 불구하고 부분적으로는 사회혁명의 발발에 발목이 잡혀 있다. 북부 해안에 있는 베네수엘라는 세계적인 석유 매장량을 갖고 있어 이 지역에서는 최대 석유 생산국이다. 베네수엘라의 정치는 쿠데타로 정권을 잡고 쿠바의 지도자와 가장 가깝게 지내며 미국을 적대시하는 리더에 의해 이루어졌다.

남아메리카 국가들의 지속적인 경제 성장이 이루어지고 있지만, 몇 국가들은 과거보다 더욱 사회계층 간의 심한 불평등을 해소하고자 효율적으로 노력해야 한다. 조사에 의하면 남아메리카에서의 빈부의 차는 아직 다른 지역에 비해 크다. 부자 20%가 부의 70%를 갖고 있고, 가난한 사람 20%는 부의 2%만을 차지하고 있어 부의 편중이 심하다. 남아메리카 지도자들은 성장을 지속시켜 국민 삶의 질을 향상시키고, 브라질의 룰라와 같이 형평성 있는 법안을 만드는 명확한 노선을 택해야 한다. 또한 일부 지역에서는 원주민 간에 인디오의 정체성을 부활시키려고 하는 데서 분열이 일어나 복잡하게 만들고 있다. 이 점 역시 정부의 정교하고 공평한 처리가 요구된다.

미국의 그늘

미국은 오랫동안 좋든 나쁘든 남아메리카 지역의 해결사 역할을 해왔다. 유럽인들에게서 남아메리카 식민지 지배권을 박탈한 1823년 먼로 독트린을 시작으로 미국은 이 지역에 대한 특별한 관심을 끊임없이 표명해 왔다. 특히 20세기 후반 냉전기간 동안에는 미국은 보다 더 많은 나라에 정치적으로 파고들었다. 미국 정부는 소련의 영향력을 서반구 밖으로 밀어내려는 노력과 함께, 때로는 1970년대 초의 칠레에서처럼 잘못된 정치편을 지지하기도 했다. 이 지역 국민들은 이러한 일들을 쉽게 잊어버릴 수 없다. 참으로 이 지역에서의 반미주의는 과거 미국이 독재자를 지지하거나 제국주의 행동을 용납한 데서 비롯되고 있으며, 좀처럼 없어지지 않을 것 같다.

확실히 남아메리카는 미국과의 관계가 순탄치 않았고, 오늘날 미국 전체 무역에서 약 4%만을 차지할 뿐이다. 미국 입장에서 남아메리카는 캐나다, 서부 유럽보다 덜 중요하지만, 미국은 아직도 남아메리카 전체 수출입량의 1/5에 해당하는 최대의 무역 상대국이다.

이런 점에서는 **14** 종속이론(dependencia theory)이 1960년대 남아메리카에서 제기된 것과 일치한다고 볼 수는 없다. 종속이론은 경제발전과 저발전에 대한 새로운 사고방식으로써, 남아메리카 국가들과 다른 경제부국 간의 불평등 관계 관점에서 남아메리카 국가들의 지속적 빈곤에 대하여 설명한 것이다. 이 관점에서 보면 남아메리카 국가들은 19세기 초에 스페인으로부터 공식적으로 독립을 했으나 결과적으로 미국과 다른 산업화된 부유한 국가들에 종속되는 아픔을 겪었다. 그렇지만 오늘날 정치 경제 기류 속에서 대부분의 사람들은 종속이론이 시대에 뒤떨어지고, 적어도 앞으로 더 이상은 적용되지 않을 것으로 여기고 있다.

그럼에도 불구하고 불평등은 남아 있다. 그리고 남아메리카에 대한 미국의 대외정치는 언제나 믿을 수 없다. 흥미롭게도 오늘날 이 지역에 대한 미국의 특별한 관심은 1823년에 먼로주의에서 가장 먼 세력이었던 중국과 같은 또 다른 세력에 대한 것이다.

중국의 등장

2010년까지 중국은 미국과 함께 브라질과 칠레의 최대 무역 상대국이었고, 콜롬비아와 페루와는 두 번째로 큰 무역 상대국이 되었다. 이 같은 두드러진 발전은 이제 미국에게 충분히 기록되고도 남을 정도이다. 중국은 남아메리카에서 가장 중요하고 거대한 세력으로 성장하고 있다.

중국은 10년 전만 해도 두각을 보이지 않았으나 이제 남아메리카 전역의 다양한 분야에서 그 존재를 느끼게 하고 있

다. 즉, 새로운 대사관과 영사관을 세우고, 기업을 사들이고, 벤처사업을 합작하고, 인프라 계획과 개발 보조금을 지원하고 고위급 무역 대표단을 보내고 초청하고 있다. 그 동기는 분명하다. 중국은 거대한 경제 성장을 위한 시멘트, 석유, 구리, 광물 등 원료가 필요하다. 또한 수출품을 판매할 시장을 찾고 있는 바, 브라질과 다른 국가들의 성장하고 있는 중산층은 매력적인 대상이다.

중국은 역사적으로 미국이 남아메리카에서 결정적인 영향력을 유지하기 위한 노력을 방해할 생각을 하고 있지 않다. 남아메리카에 대한 어떠한 정치적 의도 없이 목표는 경제 측면에서만 강하게 보인다. 적어도 브라질의 관점에서 보면 상당히 평등한 관계처럼 보이며, 브릭스에서 두 나라는 세계 경제에서 가장 두각을 나타내는 나라가 되고 있다.

미국이건 중국이건 간에 남아메리카 사람들은 어떻게 어디에서부터 경제력을 집중시켜야 할 것인가를 심사숙고할 필요가 있을 것이다. 남아메리카 지역 내에서도 정치적·경제적 협력을 이뤄야 할 것들이 많이 남아 있다. 아마도 위에서 말한 인프라 계획에 대한 중국의 투자는 이 지역이 꼭 함께할 필요성을 제기해 주는 가교 역할을 하게 될 것이다.

생각거리

- 아마존 열대우림은 주로 브라질 내에 있고, 지구의 허파로 불린다. 그 보호책임이 전 세계에 있는가?
- 남아메리카에서 발생한 종속이론과 자유이론은 서로 상충되는가?
- 남아메리카의 종교 지도가 변하고 있다. 브라질은 아직 세계 최대의 가톨릭 국가이지만 신도 수는 줄어들고 있고 30년 전 총인구의 90%에서 지금은 인구의 75% 이하로 나타나고 있다.
- 남아메리카에서 중국의 성장은 미국의 관심을 불러일으키고 있는가?

편평하고, 비옥하고, 물 공급이 풍부하고, 기업농에 적합하며, 세계에서 가장 큰 개척지인 브라질 내륙의 세하도 초원지대에서 이루어지는 콩의 대규모 상업적 농업 © PauloFridman/SambaPhoto/Getty Images, Inc.

주요 주제

코카인의 저주
베네수엘라에서의 석유와 정치
석유의 변화를 일으키는 힘
원주민의 재기
칠레 : 권역의 별
브라질 : 생산에서의 거대한 힘

개념, 사고, 용어

5 B

남아메리카 : 권역의 각 지역

≡ 카리브 해에 면한 북부지역
서부 안데스 지역
서던콘 지역
브라질 : 남아메리카의 거인

Caribbean Sea

Maracaibo
Barquisimeto
Barranquilla
Maracay
Cartagena
Caracas
Valencia
VENEZUELA
Georgetown
Paramaribo
Medellín
Bucaramanga
GUYANA
SURINAME
Cayenne
Bogotá
FRENCH GUIANA
Cali
COLOMBIA

ATLANTIC OCEAN

Equator
Quito
ECUADOR
Manaus
Belém
São Luís
Archipiélago de Colón
(Galápagos Islands) Guayaquil
(ECUADOR)
Iquitos
Amazon R.
Fortaleza
Teresina
Pôrto Velho
PERU
BRAZIL
Recife
São Francisco R.
Maceió
Callao Lima
Salvador
BOLIVIA
Cuiabá
Brasília
Arequipa
La Paz
Santa Cruz
Goiânia
Sucre
Campo Grande
Belo Horizonte
Paraná R.
PACIFIC
Campinas
Rio de Janeiro
PARAGUAY
São Paulo
São José dos Campos
Antofagasta
Asunción
Curitiba
Santos
Tropic of Capricorn
OCEAN
Tucumán
Pôrto Alegre
ARGENTINA
Mendoza
Córdoba
URUGUAY
Valparaíso
Santiago
Rosario
Montevideo
CHILE
Buenos Aires
Rio de la Plata
Concepción
Bahía Blanca

Falkland Islands (U.K.)

Punta Arenas

Longitude West of Greenwich

남아메리카 : 정치 지도와 지역 구분

인구　　　　　지역
· 5만 명 미만　　□ 북부
· 5만~25만 명　　■ 서부
● 25만~100만 명　□ 남부
● 100만~500만 명　□ 브라질
● 500만 명 이상
밑줄 친 도시는 각국의 수도

0　400　800　1200 Kilometers
0　200　400　600　800 Miles

그림 5B-1

© H. J. de Blij, P. O. Muller, and John Wiley & Sons, Inc.

지리적, 문화적, 정치적 기준으로 보면 남아메리카는 4개 지역으로 구분된다(그림 5B-1).

1. **카리브 해에 면한 북부지역**은 거의 전 지역이 적도보다 북쪽에 위치하고, 카리브 해와 남아메리카의 특징이 함께 나타나는 5개의 국가가 포함되는데, 콜롬비아, 베네수엘라, 그리고 역사적으로 영국, 네덜란드, 프랑스의 식민지에서 뿌리내린 가이아나, 수리남, 기아나가 이에 속한다.

2. **서부 안데스 지역**은 원주민의 강한 문화적 유산과 안데스 산맥의 자연지리에서 파생되는 강력한 영향을 공유하는 4개 국가, 즉 에콰도르, 페루, 볼리비아, 그리고 점이지대로서 파라과이가 여기에 속한다.

3. **서던콘 지역**은 대부분 남회귀선(23.5°S)보다 남쪽에 위치하고, 종종 '서던콘'으로 불리는데, '라틴'아메리카라는 매우 오용된 지역 용어에 딱 들어맞는 3개국 아르헨티나, 칠레, 우루과이(모두 유럽의 흔적이 강하고, 원주민의 영향은 약함), 파라과이의 일부를 포함하고 있다.

4. **브라질**은 남아메리카 내륙과 동쪽의 광대한 지역을 차지하고 있는데, 브라질의 내륙은 지구에서 가장 넓은 열대우림인 '녹색 심장'(종종 세계의 허파로 불림)과 중첩된다. 지역 강대국으로서 영토와 인구 면에서 남아메리카의 거의 절반을 차지할 뿐만 아니라 서반구의 제2위의 강대국으로 발전하고 있다. 브라질은 에스파냐보다는 포르투갈의 영향을 받았고, 인구와 문화로 보면 원주민보다는 아프리카인이 중요하다. 브라질은 여러 면에서 아메리카와 아프리카를 연결하는 가교이기 때문에, 이 장의 끝부분에서 브라질을 다루고, 다음 장은 사하라이남 아프리카로 넘어갈 것이다.

위의 네 지역은 각각 자연 환경, 인구 구성, 문화, 국제적 전망 면에서 상당한 공통점을 공유하고 있다. 그러나 서로 차이점도 많은데, 특히 경제 성장, 민주주의 작동, 사회적 안정도가 그러하다.

카리브 해에 면한 북부지역

남아메리카 북부에 줄지어 있는 나라들은 해안에 위치한 것 이외에도 공통점이 있다. 그 나라들은 카리브 식민 모델의 토대인 해안 열대 플랜테이션 구역이 있다. 특히 3개 가이아나 지역에서 초기 유럽인의 플랜테이션 개발은 아프리카 노동자의 강제 이주를 수반하였고, 결국에는 인구 구성에 아프리카인들이 흡수되었다. 남아메리카의 북부 해안으로 강제 이주된 아프리카인들은 브라질의 대서양 연안으로 건너온 수에 비해서는 적었고, 수만 명의 남아시아인들도 계약 노동자로 와서 이곳에 정착하였다. 그래서 이곳의 전반적 상황을 브라질과 비교할 수 없다. 또 다른 남아메리카 국가와도 매우 다르다.

오늘날에도 가이아나, 수리남, 프랑스령 기아나는 여전히 해안 지향적이며, 비록 열대우림의 벌목 산업이 내륙을 관통하고, 파괴하고 있을지라도, 식민지 시절에 구축된 플랜테이션에 대한 의존도가 높다. 그러나 베네수엘라와 콜롬비아에서는 농장 개발, 목축, 광산 개발 등이 인구를 내륙으로 유인하고 있으며, 해안 플랜테이션 경제를 추월하고 있으며, 경제적 다양성이 창출되고 있다.

콜롬비아

프랑스보다 면적이 두 배나 넓지만, 인구는 많지 않으며, 온대에서 열대까지 다양한 작물을 재배할 수 있는 자연 환경과 세계적 수준의 석유를 비롯한 다양한 천연자원을 가진 나라가 있다고 생각해 보자. 그 나라는 남아메리카의 북서쪽 끝에 있는데, 대서양(카리브 해)과 태평양에 걸쳐 3,200km의 해안선이 있고, 주변의 어떤 국가보다도 북쪽 시장과 가까우며, 남동쪽으로는 거인 브라질과 국경을 맞대고 있다. 그 국가는 한 언어만 사용하고, 하나의 종교에 충실하다. 그런 나라가 왜 잘살지 못할까?

답은 없다. 콜롬비아는 분쟁과 폭력의 역사, 불안정한 정치, 망가진 경제, 암울한 미래로 예측된다. 콜롬비아의 문화적 통일성이 사회적 유대감을 낳는 못했다. 콜롬비아의 장엄하고, 멋진 자연은 4,570만 명의 인구를 통합이 쉽지 않은 서로 연결되지 않은 집단으로 분리시켜 놓았다. 심지어 오늘날까지도 이 거대한 나라에는 4차선 고속도로가 800km에도 못 미친다. 미국 시장과의 근접성은 축복이자 저주이다. 최근의 격렬한 콜롬비아의 내부 갈등은 국제 마약 거래에서 세계 최대의 불법 마

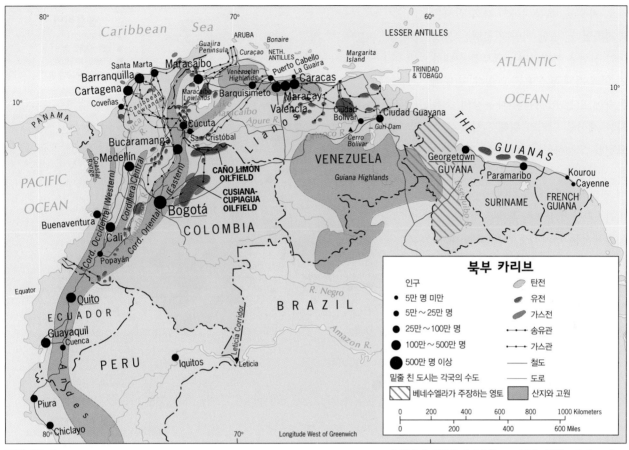

그림 5B-2

© H. J. de Blij, P. O. Muller, and John Wiley & Sons, Inc.

약 생산국인 콜롬비아의 역할에 뿌리를 두고 있다.

인구와 자원

그림 5B-2에서 알 수 있듯이, 안데스 산맥이 있는 서부와 북부는 산지가 많고, 내륙지역은 비교적 평야가 많다. 콜롬비아의 인구는 서부와 북부지역에 밀집되어 있는데, 그곳은 자원이 풍부하고 (콜롬비아를 유명하게 만든 커피를 포함한) 농업이 발달하였다.

콜롬비아의 인구 중심지 사이의 상호연결망은 좋지 못하다. 옛 식민지의 출입구였던 바랑키아, 카르타헤나, 산타마르타를 중심으로 몇 개의 인구 중심지가 있다. 다른 인구 중심지는 메데인과 칼리와 같은 주요 도시들이다. 그림

5B-2에서 가장 관심을 두어야 할 것은 긴 태평양 해안에는 인구 중심지가 거의 없다는 것이다. 칼리에서 산맥 넘어 있는 부에나벤투라 항구도시만이 유일한 도시이다. 지도를 보면 칠레, 페루, 에콰도르와는 달리 콜롬비아의 태평양 영역은 아직 채워지지 않았음을 알 수 있다.

또 지도에서 콜롬비아와 이웃 국가인 베네수엘라는 마카라이보 호(실제로 마카라이보 호는 이름이 잘못 붙여진 것이다. 왜냐하면 그 '호수'는 바다와 통하기 때문에 사실상 입구가 매우 좁은 만이 정확하다.) 주변의 석유와 천연가스 매장지를 공유하고 있는데, 베네수엘라가 더 넓은 비중을 차지하고 있다. 그러나 최근 가장 동쪽에 있는 안데스

산맥의 산록을 따라서 석유 생산량이 증가하고 있는데, 내륙에서 해안까지 이어진 파이프라인 망을 지도에서 볼 수 있다. 그러나 넓고 먼 내륙지역은 콜롬비아에서 또 다른 큰 현금 메이커, 즉 마약을 재배한다.

코카인의 저주

마약 산업은 외부시장(특히 미국과 브라질, 유럽)에 의해 성장하였고, 폭력적 유산과도 연계되어 수십 년간 나라를 불구로 만들고 생존마저도 위협하였다. 도시에 근거를 둔 마약 카르텔들은 광범위한 생산자와 수출업자의 네트워크를 통제하고 있다. 마약 카르텔은 정치계에도 침투하고, 군대와 경찰도 매수하고 있으며, 수만 명을 희생시키면서

서로 싸우고, 콜롬비아의 사회 질서를 파괴하였다. 또한 마약 카르텔은 불법 마약 산업을 통제하려는 정부를 상대하기 위해 자체 무장도 하고 있다. 반면에 촌락에 있는 아시엔다 대농장의 소유자는 재산을 지키기 위해서 사설 경호요원을 고용하고, 그런 사설 경호원들을 사실상의 사설 군대로 확장하기 위해 결속하고 있다. 도시에서는 마약 테러리스트들이 끔찍한 폭력을 행사하고, 농촌에서는 정치적으로 '좌파'이며 마약으로 자금을 조달한 반군 세력이 정치적으로 '우파'인 군사 조직과 싸우면서 콜롬비아는 혼돈 상태에 빠졌다. 커피 재배부터 관광 산업에 이르는 콜롬비아의 합법적인 경제는 악화일로에 있었다. 나아가 정부가 약해지면서, 반란군은 송유관을 폭파시키기도 하였다.

반란국가의 위협

1970년대에 시작되어 30년 동안 격화된 콜롬비아에서 발생한 사태가 세계에서 유일한 것은 아니다. 과거에 국가는 혼란에 굴복하였다. 그러나 콜롬비아는 정치학자들이 장기간 연구하여 모델화한 뚜렷한 사례이다. 21세기에 접어들 때까지 콜롬비아의 어떤 지역은 정부와 정부군의 통제 밖에 있었다. 다양한 유형의 반군들이 자신들의 영역을 만들고, 다소 불법적이더라도 간섭을 성공적으로 저지하고, 자신들의 목표를 추구하는 것을 가만히 두라고 요구하고 있다. 심지어 일부 반군 세력은 자신들의 지위에 대해 보고타에 있는 합법적인 정부와 협상을 벌였다.

이런 과정을 제도적으로 고찰하면서, 정치학자들은 세 가지 진화 단계를 분간하였다. 첫 단계인 **분쟁** 기간에 폭동이 발생하고, 지속되며 일부 지역에 뿌

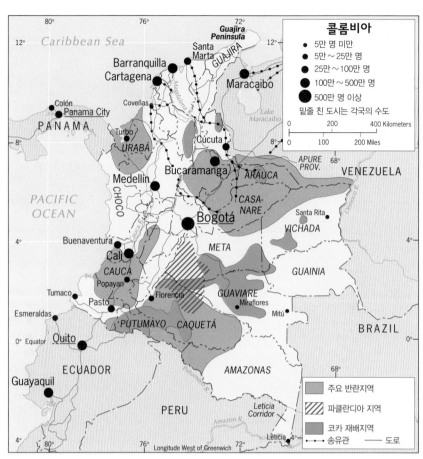

그림 5B-3   © H. J. de Blij, P. O. Muller, and John Wiley & Sons, Inc.

리를 내리게 된다. 두 번째 단계인 **균형** 기간에 반군은 영역적으로 경계가 뚜렷한 지역을 효과적으로 통제하고, 수도를 정하고, 통치 지침을 정한다. 그리고 중앙정부를 협상 테이블로 불러낼 만큼 강한 힘을 갖는다. 만약 반군이 성공한다면 국가로부터 분리 독립을 성취할 수 있거나, 정부를 끌어내리고, 국가 전체를 통제할 수도 있을 것이다. 그러나 균형 단계 다음에는 세 번째 단계인 **반격** 단계가 올 수도 있다. 반격 단계에서 정부는 외부의 도움으로 분쟁을 다시 시작하고, 마지막에는 반군을 제압한다. 이 모델의 3단계 사례 모두를 다음 장에서 보게 될 것이다.

지리학자 로버트 맥콜(Robert McColl)은 공간적 맥락에서 조사하고, 두 번째 단계, 즉 균형 단계를 표현하기 위해 **1 반란국가**(insurgent state)라는 개념을 고안하였다. 그는 균형 단계가 단순한 반란 기지 이상의 조직을 의미한다고 주장한다. 이 단계에서는 비공식적으로 점령도시를 중심으로 한 분명한 핵심지역을 갖는 국가의 영역이 만들어지고, 동등한 정부를 구성하고, 공식국가에서 제공하던 학교와 기타 공공 서비스를 자신들의 것으로 대체한다.

1990년대와 2000년대 초에 콜롬비아에는 반란국가의 속성을 지닌 몇 개의 실체가 있었다. 그중의 하나가 그림 5B-3에서 붉은색으로 빗금 쳐진 지역으로 콜롬비아에서 가장 잔인하고, 반란 집단 중에서 가장 강력한 콜롬비아 무장혁명군(FARC)의 첫 글자를 따서

'파클란디아'라는 이름을 얻었다. 1999년 말에 콜롬비아무장혁명군은 콜롬비아 정부를 몰아붙여, 보고타 남쪽의 스위스와 비슷한 면적의 FARC 지역에서 정부를 무장 해제시켜, 사실상 이 지역에 대한 통제권을 넘겨받았다(그림 5B-3). 또한 멀리 떨어진 남동부의 미투 시를 반란국가의 두 번째 중심지역으로 접수하려는 FARC의 동시적인 전략도 공포하였다. 그것은 단지 보고타의 정부가 통제를 잃기 전에도 가능한 시간 문제인 것처럼 보였고, 균형 단계는 분쟁 단계로 접어드는 것 같았다. 콜롬비아는 **2** **실패국가**(failed state)로 빠져들 것 같았다(실패국가는 제도가 무너지고, 무정부 상태인 국가를 말함).

그러나 지난 10년간 콜롬비아는 반격을 개시하였다. 2002년에 새로 선출된 대통령 알바로 우리베는 반군을 군사적으로 진압하고, 법적 수단을 통해 반군이 무력을 포기하도록 설득하는 두 가지 캠페인을 시작하였다. 대통령은 미국에서 상당한 원조를 확보하고, 무장 반군과 코카인 재배자에 대한 압박을 강화할 수 있었고, 파클란디아로 쳐들어가서 반군 지도자를 살해하거나 체포했을 뿐만 아니라 반군에 잡혀 있던 인질도 구출하는 의미 있는 성과를 거두었다. 이를 통해 콜롬비아의 신생 반란국가는 약해지고, 한때 무시무시했던 반군은 혼란에 빠졌다.

새로운 경제적 미래는?

정부는 국내 반격과 동시에 경제를 회생시키고, 시장 지향적이고 친기업적인 정책을 증진시키기 위한 국제적 캠페인도 병행하였다. 2008년 세계 금융 위기 이전에 콜롬비아는 에너지, 광물자원, 농작물의 수익을 바탕으로 연평균 8%의 고도 경제 성장을 하였다. 내란 때문에 상대적으로 소강 상태였던 커피 수출, 화훼 수출(콜롬비아는 세계 2위), 관광 등이 급증하였다.

그러나 콜롬비아는 위기에 처한 국가로 남아 있다. 그 모두가 콜롬비아만의 탓은 아니다. 콜롬비아는 미국에서 소비되는 코카인의 약 70%를 공급한다. 나머지의 대부분은 브라질이나 유럽으로 간다. 미국은 우리베의 **반마약 캠페인**(Plan Colombia)을 군사적으로, 재정적으로 지원하였고, 보고타에 정치적 쟁점을 제기하였는데, 콜롬비아의 마약 사범들을 미국으로 송환하라는 요구는 평판이 좋지 못했다. 역설적이게도 미국 의회는 콜롬비아와의 자유무역협정(FTA) 승인을 거절하였다. 왜냐하면 우리베 정부가 사면 프로그램과 연계하여 우익 준군사조직 편을 들고 있다고 의심했기 때문이다. 콜롬비아는 미국이 코카인을 계속 구입하기 때문에 유통되고 있고, 미국이 다른 나라의 나쁜 행동을 비난하기 전에 거울을 봐야 한다고 주장한다. 2011년에 콜롬비아에서 새로 선출된 정부는 암울한 미래에 직면해 있다.

베네수엘라

콜롬비아와 베네수엘라의 국경은 길고도 구불구불하다. 베네수엘라에서 중요한 것은 대부분 북부와 서부에 몰려 있는데, 그 지역은 안데스 산맥의 북쪽 끝부분이 동쪽으로 돌출된 곳으로 베네수엘라의 고원을 이루고 있다. 2,910만 명 중 대부분이 이 고원지대에 집중되어 있고, 수도인 카라카스와 라이벌 도시 발렌시아 그리고 상업 및 산업 중심지인 바르키시메토도 있다.

베네수엘라 고원은 북서쪽으로는 마라카이보 호와 저지대에 접해 있고, 남쪽과 동쪽에는 오리노코 분지의 야노스라고 알려진 열대 사바나 지역의 거대한 평원과 접해 있다(그림 5B-2). 한때는 질병이 만연했던 마라카이보 저지대는 사람이 거의 살지 않는 해안지대였으나, 오늘날에는 세계에서 석유 생산이 가장 많은 지역 중의 하나가 되었다. 석유는 대부분 얕은 호수 아래에 있는 유정에서 생산하고 있다. 세 번째 큰 도시인 마라카이보는 1970년대 국가 경제에 변화를 가져온 석유 산업의 중심지이다. 그러나 그 이후로 석유는 축복이라기보다는 저주였다.

베네수엘라 고원지대의 남쪽에 있는 야노스는 브라질의 내륙처럼 개발의 초기 단계에 있다. 300~600km 길이의 야노스는 북쪽 안데스 산록에서 오리노코 범람원에 이르기까지 완만하게 경사져 있다. 사바나 초원과 잡목이 섞여 있는 야노스의 조금 높은 땅에서 소 목축이 가능하지만, 좀 더 비옥하고 낮은 지역은 우기 때의 광범위한 범람으로 상업적 농업이 곤란하다(지금까지 야노스 개발은 주로 석유 개발에 그치고 있음). 곡물 생산은 가이아나 고원의 중간 높이에 있는 티에라 템플라다 지역이 유리하다. 이런 먼 내륙지역과 베네수엘라의 핵심지역과의 경제적 통합은 시우다드과야나의 남서쪽에 있는 가이아나 고원의 북사면에서 풍부한 철광석이 발견된 것이 시작이었다. 이제는 철도가 오리노코와 연결되고 있으며 그곳에서 외국 시장으로 철광석을 직접 선적하고 있다.

석유와 정치

이러한 발전의 기회에도 불구하고, 1998년 이래 베네수엘라는 격변 속에 있었는데, 오래된 경제적·사회적 문제들이 마침내는 유권자들이 베네수엘라를 급진적 정치 변화의 시대로 나아가게 만드는 상황까지 이를 만큼 격렬해졌다. 행복했던 1970년대 이후 거의 20년 동안, 석유로 베네수엘라인의 삶이 나아지지는 않았다. 일차적 원인은 정부가 어리석게도 석유 수익에 의지하는 습관에 길들여지고, 1980년대 초반에 시작된 장기간의 국제 석유 불황의 결과 나라를 극한 상황에 내몰았기 때문이다. 베네수엘라는 엄청난 외채를 짊어지고 있는데, 그 외채는 충분히 실현되지 못한 미래의 석유 수익을 담보로 하는 대출을 초래하였다. 1990년대 중반에 이르러서는 정부가 통화를 급속히 평가 절하해야 했고, 심각한 경기 침체와 광범위한 사회 불안으로 정치적 위기가 발생하였다. 점점 더 많은 베네수엘라인들은 국가 부를 좀 더 고르게 분배하는 쪽으로 나가지 않고, 파산으로 다가가는 것에 분노하였고, 유권자들은 1998년 대통령 선거에서 극단적인 방향으로 돌아섰다. 베네수엘라의 양대 정당 엘리트에 대한 혐오감으로, 유권자들은 전 육군 대령으로 1992년 쿠데타에 실패한 우고 차베스를 대통령으로 선출하였다. 2000년에도 유권자들의 결정을 재확인하였는데, 베네수엘라 유권자의 거의 60%가 우고 차베스에게 투표하였고, 도시 빈민과 가난한 중산층을 대신하여 강력한 지도자로 행동할 수 있는 위임장을 주었다.

베네수엘라식 사회주의로의 전환

차베스는 1999년 대통령에 취임한 이래 정말로 그런 과정을 추구하여, 의회와 대법원을 무시하고, 자신의 생각대로 베네수엘라의 헌법을 개정하였으며, 자신을 베네수엘라 개혁을 위한 '평화로운 좌파 혁명'의 지도자로 선언하였다. 차베스는 자신의 최상위 목표가 사회적 평등이라고 선언했지만, 유럽계 주민(전체의 21%)에 비해 메스티소(68%)를 우대함으로써 인종 분열을 책동하였다.

국제 무대에서 차베스는 어디에서나 논쟁을 야기하였다. 코카인을 생산하는 반군 세력에 대해 중립을 선언함으로써 이웃 국가인 콜롬비아 정부를 격노시켰고, 100년이나 지난 오래된 가이아나의 서부지대(그림 5B-2의 빗금 친 지역)에 대한 영토 요구를 재개함으로써 또 다른 이웃 국가인 가이아나를 동요시켰고, 쿠바 체제를 포용하고, 이란 대통령과의 연대를 선언하고, 2010년 1월에는 자신이 마르크스주의자라고 공개적으로 밝혔다. 나아가 차베스는 고유가로 인한 뜻밖의 수입을 실질적인 도움이 되도록 동맹국에게 제공함으로써 남아메리카 전역에서 미국의 세계화 계획을 방해하였다. 예로 소수의 부유한 히스패닉계에게 강력한 반대에 직면한 남아메리카 최초의 원주민 출신 국가 원수인 볼리비아의 에보 모랄레스 대통령에게 상당한 재정 지원을 제공하였다.

차베스는 자기 자신을 베네수엘라(그리고 남아메리카) 빈민의 옹호자로 선전하고, '볼리바르 혁명'을 교활한 미제국주의 침략이라고 부른 것에 대한 지역적 대안이라고 과시하였다. 차베스는 베네수엘라를 남아메리카 이념 대결의 중심 무대에 세웠고, 민주주의와 자유기업의 미덕에 의문을 던졌으며, 부자와 빈민의 격차를 줄이지 못한 엘리트들을 혹평하고, 억눌린 사람들이 스스로를 옹호할 수 있도록 격려하였다.

2012년에 차베스의 두 번째 대통령 임기가 끝나지만, 2009년에 차베스는 임기제한을 폐지하는 국민투표에서 승리하였다.* 그것은 엄청난 승리이고, 앞으로도 그가 통치할 수 있는 길을 닦아 놓은 것이다. 대다수 서구 세계와 많은 베네수엘라 기업인들(상당수가 베네수엘라를 떠남)에 의한 비방에도 불구하고, 차베스는 그런 비방이 남아메리카를 나타내는 지속적인 불평등을 증명하는 것이라고 남아메리카의 언론과 공감하는 메시지를 외치고 있다.

세 가이아나 국가

남아메리카 북부의 동편에 작은 세 나라(가이아나, 수리남, 프랑스령 기아나)가 있다. 이들 국가는 '라틴' 아메리카라는 이름이 왜 부적절한 것인지를 보여 준다. 가이아나는 영국 식민지였고, 공용어로 영어를 채택하고 있다. 수리남은 네덜란드의 영향이 남아 있고, 여러 언어 중 네덜란드어가 공용어이다. 프랑스령 기아나는 여전히 프랑스의 속령이다. 모두 인구가 100만 명이 안 되며, 사회적 지수나 문화 경관이 남아메리카보다는 카리브 해 섬들의 모습이 나타난다. 영국, 네덜란드, 프랑스의 식민 세력은 이곳에 플랜테이션을 소유하고, 구축했으며, 아프리카인과 아시아인 노동자를 유입시켜, 많은 카리브 해 섬들과 유사한 경제 구조를 만들었다.

가이아나는 인구가 82만 명으로 수리남과 프랑스령 기아나를 합친 것보다 주민이 더 많다. 1966년 가이아나가 독립했을 때, 영국 통치자들은 떠나고, 인종적·문화적으로 양분되었는데, 남아시아계(인도인)가 50%이고, 아프리카계(흑백 혼혈 포함)가 36%이다. 이것은 정치적인 논쟁, 종교적 분쟁으로 이어

---

* 역주 : 차베스는 2013년 3월 암투병 끝에 사망하였다.

지는데, 거의 50%가 크리스트교도이고, 45%가 힌두교도, 이슬람교도이다. 가이아나는 여전히 농촌 중심 사회이고, 여전히 플랜테이션 작물이 중요한 수출품이다(내륙에서 생산되는 금이 단일 품목으로는 가장 가치가 있음). 곧 석유가 중요한 요소가 될 것인데, 최근 수리남에서 서쪽으로 이어진 연안에서 석유 매장지가 발견되었기 때문이다. 가이아나는 남아메리카에서 가장 가난하고, 도시화율이 낮은 국가이고, 인접한 국가의 마약 거래에 강하게 영향을 받고 있다. 반마약 캠페인 활동이 미치지 않는 인구가 희박한 내륙은 브라질, 미국, 심지어 유럽으로 향하는 마약의 집결지이다. 최근의 보고서에 따르면 검은 돈(drug money)이 가이아나 경제의 1/5를 차지한다고 한다.

가이아나에 대한 베네수엘라의 영유권 주장은 중단되었고, 2007년 UN에 의해 석유가 풍부할 것으로 예상되는 해안지역에 대해 수리남과의 분쟁은 가이아나에게 유리하게 해결되었다(그림 5B-2). 몇몇 지질학자들은 이 해안 분지에 북해보다 많은 양의 석유가 매장되어 있다고 믿는다. 만약 적절하게 관리가 된다면, 가이아나 경제는 탈바꿈될 것이다. 석유 시추는 2009년에 시작되었다.

수리남은 가이아나보다 훨씬 빠르게 발전한 후에 독립하였지만 곧 정치적 불안정이 지속되었다. 네덜란드 식민주의자들은 남아시아인, 인도네시아인, 아프리카인, 심지어 중국인들까지 식민지로 끌어들여, 나라를 조각나게 만들었다. 10만 명 이상의 사람(전 인구의 1/4)이 네덜란드로 이주하였다. 만약 이전 식민 통치자에게서 지원이 없었다면, 수리남은 무너졌을 것이다. 그럼에

도 불구하고 쌀을 충분히 자급하고, 약간 수출도 한다. 플랜테이션 작물은 계속해서 주요 수출품이다. 그러나 수리남 제일의 산업은 중부지역을 가로지르는 지대에 있는 보크사이트(알루미늄 원석) 광산이다. 최근 석유가 발견(그림 5B-2)되어, 가까운 장래에 중요한 수익을 얻을 것이다.

수리남 인구 48만 명의 대부분은 북부 해안지대를 따라서 거주하는데, 수리남은 남아메리카에서 가장 가난한 나라 중의 하나이고, 전망도 비관적이다. 수리남과 가이아나는 울창한 열대우림에 집중된 환경 논쟁에 휘말려 있다. 아시아의 태평양 연안지역의 목재 회사들은 경목 벌목권에 큰 수익을 제공하고 있다. 그러나 환경론자들은 열대우림이 벌목으로 사라지기 전에 특허권을 구매함으로써 파괴 속도를 늦추려고 노력하고 있다.

수리남의 문화지리는 많은 언어로 활기를 띠고 있다. 네덜란드어가 공용어이지만 공무원이나 학교 이외에서는 많이 들리지 않는다. 네덜란드어와 영어가 섞인 언어인 스라난 통고가 공통 언어의 역할을 수행한다. 그러나 원주민어, 힌디어, 중국어, 인도네시아어, 심지어 프랑스 크레올까지 길거리에서 들린다. 수리남은 과거 네덜란드에 속했지만, 현재는 카리브 해 영어권 국가들의 경제공동체인 카리브공동체(CARICOM)의 회원국이다.

프랑스령 기아나는 가장 동쪽에 위치하고 있는데, 남아메리카 본토에서는 유일하게 속령이다. 이 속령은 다른 면에서도 이례적이다. 다음을 생각해 보자. 대한민국(인구 : 거의 5,000만 명)만한 크기에 인구는 갓 20만 명을 넘는다. 기아나의 지위는 프랑스의 해외 데파르

망이고, 공용어는 프랑스어이다. 인구의 거의 절반이 해안에 있는 수도인 카옌 주변에 살고 있다.

2011년 현재, 과거 프랑스 제국의 심각한 저개발 유산으로 독립 가능성은 전혀 없다. 금이 가장 중요한 수출품이고, 소규모의 수산물도 프랑스로 수출한다. 그러나 프랑스령 기아나에서 진정으로 중요한 것은 쿠루에 있는 유럽 우주국 우주선 발사장인데, 기아나 경제 활동의 절반 이상을 차지한다. 플랜테이션 농업에서 우주 공항까지……. 이것이 진정한 세계화 이야기이다.

서부 안데스 지역

남아메리카 국가들의 두 번째 지역 집단은 서부 안데스 지역(그림 5B-4)이다. 지리적으로는 거대한 안데스 산맥이 압도적이며, 역사적으로는 원주민이 우세한 지역이다. 이 지역은 페루, 에콰도르, 볼리비아, 그리고 파라과이의 점이지역이 포함된다. 파라과이는 한 발은 서부 안데스 지역에 두고, 다른 한 발은 남부지역에 두고 있다(그림 5B-1). 볼리비아와 파라과이는 남아메리카에 있는 내륙국가이다. 수십 년 동안 이 지역의 주요 세 국가인 페루, 에콰도르, 볼리비아는 콜롬비아까지 포함하는 무역 블록인 안데스공동체(Andean Community)를 결성하였다.

스페인 정복자들은 원주민 국가를 제압하였지만, 원주민을 소수민족으로 만들지는 못했다. 세계 다른 지역에서는 토착민이 소수민족으로 줄어든 경우가 있었다. 오늘날 이 지역에서 인구가 가장 많은 페루 인구의 약 45%가 원주민이고, 볼리비아에서는 55%로 원주민이 다수이다. 에콰도르 인구의 25%는 자신

을 원주민이라고 여긴다. 파라과이에서는 앞의 다른 나라처럼 지역적으로 집중되어 있진 않지만 원주민계가 압도적으로 많다.

부록 B의 통계자료를 보면 이 지역은 남아메리카에서 가장 가난한 지역이고, 수입이 적고, 자급자족적 농민의 수가 많으며, 구직자를 위한 일자리가 부족하다. 부재지주의 도시 생활은 토지가 없는 농장 일꾼들의 궁핍한 생계와는 천양지차이다.

그러나 현재 이 지역은 석유와 천연가스 때문에 전체가 들썩이고 있다. 볼리비아에서 최초로 선출된 원주민계 대통령은 집권 초의 과감한 전략으로는 익숙하지 않은 에너지 산업 통제를 시도하고 있다. 2006년 에콰도르 선거에서 석유 수익을 국내 수요에 더 돌리겠

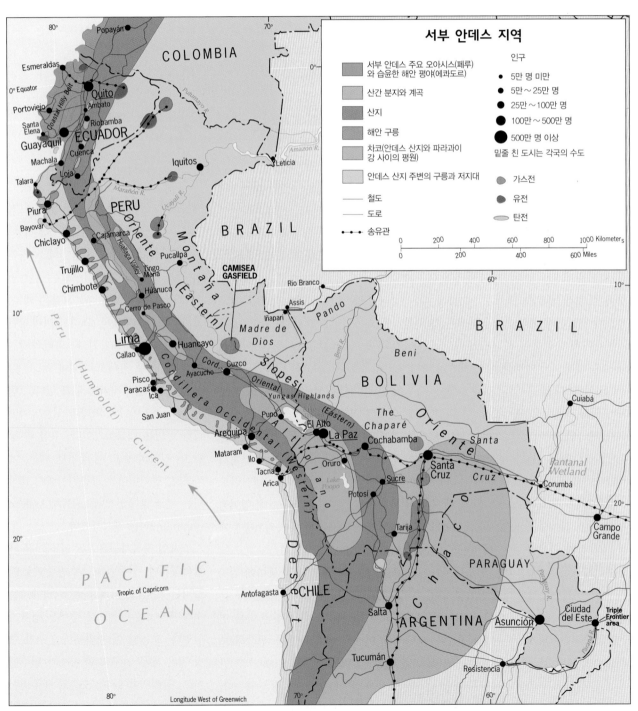

그림 5B-4

© H. J. de Blij, P. O. Muller, and John Wiley & Sons, Inc.

다고 공약한 포퓰리스트가 대통령으로 당선되었다. 새로운 매장지가 발견됨에 따라 에너지 시대가 열린 페루에서는 정부가 아마존 원주민과 환경을 보호하고, 외국 개입을 제한하고, 국내 수요와 권리를 보장하라는 압력을 받고 있다.

페루

페루는 1,600km 이상이 안데스 산맥의 양편에 걸쳐 있으며, 4개 국가 중에서 영토와 인구(2,870만)가 가장 많다. 자연지리 및 문화적으로 페루는 (1) 해안 사막, 유럽인-메스티소 지역 (2) 안데스 고지대, 시에라의 아메리카 원주민 지역 (3) 안데스 동쪽 사면, 인구가 희박하며 아메리카 원주민-메스티소의 내륙지역(그림 5B-4), 이렇게 3개의 소지역으로 나뉜다.

3개의 소지역

리마와 외항인 칼라오는 좁은 **해안 사막**의 중심에 있는데, 리마는 거의 500년간 안데스 분지의 중심지가 아닌 변두리에 위치한 수도였는데, 이는 현대 페루의 문화적 분리를 의미한다. 그러나 경제적 관점에서 보면 태평양 바닷가에 수도를 정한 스페인인들의 선택이 옳았음이 입증되었다. 왜냐하면 **해안지역**은 상업적으로 페루에서 가장 생산적인 지역이 되었기 때문이다. 어업의 번창으로 수출이 늘었고, 마찬가지로 건조한 해안을 따라 도처에 분포하는 40여 개의 오아시스 관개농업의 농산물도 중요한 수출품인데, 감귤, 올리브, 아보카도와 같은 과일, 큰돈을 벌어다 주는 아스파라거스와 양상추 같은 채소가 주요 농산물이다.

안데스 고지대의 **시에라** 지역은 총면적의 1/3을 차지하며, 총인구에서 가장

큰 비중을 차지하는 케추아어를 사용하는 사람들이 대대로 살아온 곳이다. 케추아어는 잉카 시대에 **링구아 프랑카**였다. 고지대 환경에 적응한 원주민들은 스페인의 혹독한 식민체제 동안에도 생존할 수 있었지만, 그들의 사회 조직은 토지 공유화, 강제 노역, 종교적 박해, 도시와 아시엔다(다수가 농노가 됨)로의 이주 등으로 찢어졌다.

원주민들이 페루 인구의 절반을 차지할지라도, 이들의 정치적 영향력은 미미하다. 안데스 고지대는 페루 경제에서 큰 비중을 차지하지 못한다. 물론 그곳의 풍부한 광물자원은 예외이다. 안데스 고지대의 광산도시에서는 구리, 아연, 납이 채굴되는데, 가장 큰 광산도시가 세로데파스코이다. 원주민들은 깊은 계곡과 산간 분지에서 고립된 마을에 모여 살거나 보다 위치가 좋고 비옥한 지역에 사는데, 전자는 불확실한 자급적 농업을 하고, 후자는 백인 혹은 메스티소가 소유한 아시엔다에서 소작을 하거나 품을 팔며 살아간다. 이것은 토착사회 구조가 온전하였고, 곡물이 풍부했던 잉카 시대와는 이야기가 전혀 다르다. 오늘날 페루에는 부유한 해안의 호황인 리마, 번창하는 북부와 다른 한편으로 가난에 시달리는 남부 안데스 고지대 간의 고통스러운 차이가 있다.

페루의 세 지역 중에서 **오리엔테** 혹은 동부(안데스 산맥의 내륙 사면으로 아마존 강 유역이며, 열대우림으로 덮인 산지)는 가장 고립되어 있다. 동부지역의 중심지는 서쪽보다는 동쪽을 보고 있는 이키토스인데, 원양선을 타고 북부 브라질의 아마존 강을 따라 3,700km를 거슬러 올라가면 도착할 수 있다. 이키토스는 1세기 전에 아마존의 야생 고무 산업이 호황일 때 급속히 성장하였

으나, 그 후로는 쇠퇴하였다. 현재는 동부 내륙을 개발하려는 페루의 계획에 따라 다시 성장하고 있다.

새로운 에너지 시대

오늘날 페루 전 지역이 다 그러하겠지만 특히 **오리엔테** 지역이 새로운 시대를 앞두고 있다. 이미 1970년대에 이키토스의 서쪽에서 석유가 발견되었고, 석유는 안데스 산맥을 가로질러 태평양의 바요바르 항까지 송유관을 통해 운송되고 있다. 그러나 새천년이 도래한 후 페루에서는 새로운 석유와 가스 매장지가 발견되었고, 그것은 동부의 외딴 숲 속에서 여전히 고립된 채 살아가는 원주민에게 주는 영향과 관련하여 페루의 변화를 약속하고 있다.

이미 (쿠스코 북쪽의) 카미세아 유전에서 리마 남쪽의 파라카스 반도에 있는 전환 공장까지 파이프라인으로 천연가스를 운반하고 있는데, 그곳에서 미국으로 수송할 유조선 선적 부두가 있는 곳까지 파이프라인을 통해 천연가스를 보낸다(그림 5B-4). 다른 유정들도 곧 '가동'될 것인데, 환경 운동가, 원주민 권리 옹호자들은 내륙지역의 문제를 제기하고 있으며, 심지어 정치 활동가들은 페루가 받아들인 석유 회사의 교역 조건을 반대하고 있다. 그들은 수익금이 이미 혜택을 받고 있는 해안, 북부, 도시 주민들에게 유리하게 돌아가, 사회적 혜택이 없는 내륙 주민은 더 뒤처질 것이라고 주장한다. 2009년에는 원주민과 친기업적인 정부가 충돌하여 12명이 죽었다.

페루에서는 원주민 대통령이 없었다. 현 대통령인 알란 가르시아는 전임자들처럼 전통적인 스페인(과 메스티소) 기득권층의 지지를 받고 있다. 2011년 대

통령 선거는 페루가 이웃 나라들처럼 변화할 준비가 되었는지를 말해 줄 것이다.** 원주민은 거의 절반을 차지하고 있고, 다루기 힘들며, 전에는 볼 수 없었던 권리 신장의 모델을 갖고 있다. 페루가 어떤 코스를 밟을지가 의문이다.

에콰도르

지도를 보면, 안데스 서부 삼국 중 가장 작은 에콰도르는 페루의 북쪽 귀퉁이처럼 보인다. 그러나 그것은 잘못된 생각이다. 왜냐하면 에콰도르에도 광범위한 지역적 차이가 있기 때문이다(그림 5B-4). 에콰도르에도 해안지대, 좁지만(폭 250km 이하) 다른 나라보다 결코 낮

** 2011년 대선에서 원주민계로 중도 좌파 진영의 오얀타 우말라가 대통령에 당선되었다.

지 않은 안데스 지대, 그리고 오리엔테(페루처럼 인구도 희박하고, 경제적으로 보잘것없는)가 있다. 페루처럼 에콰도르 인구의 절반(1,440만 명)은 안데스 산간 분지나 계곡에 집중되어 있고, 가장 생산적인 지역은 해안지대이다. 하지만 비슷한 점은 이것뿐이다.

에콰도르의 태평양 연안지대는 평야 사이의 구릉대로 되어 있는데, 가장 중요한 곳은 구릉과 안데스 산맥 사이에 있는 남부지역으로 과야스 강의 유역이다. 과야킬은 가장 큰 도시이자 주요 항구이고, 제일의 상업 중심지로서 이 소지역의 중심이다. 페루의 해안지대와는 달리 에콰도르의 해안지대는 사막이 아니다. 그곳은 비옥한 열대 평원이며, 지나친 강우로 시달리지도 않는다. 수산물(특히 새우)이 대표적인 특산물이고,

이곳 평야에서는 바나나, 카카오, 목축업, 산비탈의 커피 등 상업적 농업이 발달하였다. 에콰도르의 서부지역은 페루보다 유럽화가 덜 되었는데, 이유는 총인구에서 백인의 비중이 단지 7%에 불과하기 때문이다.

백인의 대부분은 행정직이거나 중앙 안데스 지대의 아시엔다를 소유하고 있다. 원주민인 에콰도르인의 대다수가 거주하는 중앙 안데스에서 토지 개혁이 폭발적인 이슈인 것은 놀라운 일이 아니다. 과야킬이 중심인 해안 저지대와 수도(키토)가 중심인 안데스 고지대 사이의 서로 다른 관심사는 오래도록 두 지역 간의 깊은 분열을 낳았다. 이런 분열은 최근에 심해졌는데, 이제는 이 지역에서 자치 또는 권력 이양과 같은 해결 방안이 공개적으로 논의되고 있다.

© H. J. de Blij

"내 기억에 지구에서 가장 더운 곳은 킨샤사도 아니고, 싱가포르도 아니다. 찌는 듯한 과야킬은 적도와 가깝고, 습지가 많은 강가의 저지대에 있어, 태평양으로부터 시원한 바람이 불어오기에도 너무 멀고, 교외의 이점을 누릴 수 있는 안데스의 산록에서도 너무 멀다. 그러나 과야킬은 과거처럼 질병이 뒤끓는 후미진 곳이 아니다. 과야킬 항은 현대화되었고, 과야스 강의 강변에 위치한 도심은 개조되었고, 과야킬 국제공항은 상업 중심지이며, 과야킬 메트로폴리스는 인구 270만 명으로 성장하였다. 이런 일을 가능하게 만든 것은 에콰도르의 석유 수익이다. 그러나 화이트 힐(공동묘지로 쓰이고 있는 언덕으로, 근처에 정교한 아치형의 천장이 있고, 언덕 꼭대기에 있는 거대한 예수상 아래에는 빈민들이 거주)에서 보면, 아직 세계화가 진행되지 않았음을 알 수 있다. 고층 건물이 얼마 안 되고, 국제적인 은행, 호텔 등 다른 기업들도 상대적으로 적다. 그리고 도시를 둘러싼 '중간 지대'는 변화하지 않는다(왼쪽). 매일같이 열기와 햇볕이 뜨겁다. 모든 거리는 상점을 보호하기 위해 임시 천막과 영구적인 차양으로 덮여 있다(오른쪽). 그런데 지역민들에게 말을 걸면, 다른 일상의 관심사를 알 수 있다. 에콰도르를 지배하는 산지의 윗동네 사람들이 자신들을 2위로 놓는다는 것이다. 과야킬에서 시원하고 쾌적한 수도인 키토까지 비행기로 45분 걸리지만, 그곳은 또 다른 세계이고, 그곳에서는 과야킬의 문제는 잊혀진다. 이곳에서 지역민들이 말한 것은 단지 정치가들이 할 말이다."

오리엔테 지역의 열대우림 속에서는, 추가 매장지가 발견됨에 따라 석유 생산이 늘어나고 있다. 일부 사람들은 에콰도르와 페루의 내륙에 베네수엘라와 콜롬비아에 버금가는 매장량이 있으며, 곧 '석유시대'가 두 나라의 경제를 탈바꿈시킬 것으로 예측하고 있다. 현 상황에서 석유는 에콰도르 최고의 수출품이고, 석유 산업의 기반시설도 현대화되고 있다. 이는 많은 생태적 훼손을 수반하기 때문에 매우 중요하다. 1972년 에스메랄다스 항까지 건설된 안데스 횡단 송유관에서는 석유가 많이 유출되고 있으며, 유독 폐기물이 경로를 따라 일련의 끔찍한 환경 재난을 일으키고 있다. 두 번째로 보다 현대적인 송유관이 2003년에 가동되었는데, 페루처럼 환경 운동가들의 반대가 커지고 있고, 이들은 2005년에는 일주일 동안 송유관을 마비시켰다. 석유와 천연가스 수출액은 총수출액의 50%를 초과하고 있는데, 에콰도르 지도자들은 시민들에게서 점점 더 익숙한 말을 듣고 있다. "회사에게 더 많이 요구하고, 필요한 사람들에게 자금을 주라." 그러나 그것은 단순하지 않다. 석유와 천연가스 탐사와 개발은 엄청난 자금이 필요하고, 외국 기업은 국영 석유 회사인 페트로 에콰도르가 할 수 없는 자금을 제공할 수 있기 때문이다. 하지만 국가가 의무를 다하려면 자금이 필요하기 때문에 그것은 어려운 선택이다. 풍부한 에너지는 양날의 검이다.

볼리비아

내륙국이자 불안정한 볼리비아보다 전형적인 서부 안데스 지역의 문제를 보여주는 나라는 없다. 더 읽기 전에 볼리비아의 지역지리를 그림 5B-4와 그림 5B-5를 보고 주의 깊게 살펴보자. 볼리비아는 브라질과 아르헨티나의 외진 지역, 페루의 안데스 고지대와 산간 분지인 **3 알티플라노**(altiplanos, 고도가 높은 분지와 계곡), 북부 칠레의 해안지대와 접해 있다. 지도에서 보듯이, 볼리비아에서 안데스 산맥은 광대한 산지 체계로 넓어지는데, 일부는 그 폭이 700km나 된다. 페루와 볼리비아의 국경에는 해수면으로부터 3,700m 고도에 담수호인 티티카카 호가 있는데, 이 호수는 인접한 알티플라노의 추위를 완화시켜 주기 때문에 고원을 살아갈 만한 곳으로 만들어 준다. 이곳의 해발 고도는 설선의 고도보다 조금 낮다. 알티플라노의 경작지에서 감자와 곡물이 잉카 이전 시대부터 수 세기 동안 재배되었고, 티티카카 분지는 여전히 자급자족 농업을 하는 아메리카 원주민(아이마라)의 인구 밀집 지역이다. 알티플라노 중 이 부분은 현대 볼리비아의 중심이며, 수도인 라파스가 속해 있다.

유럽인과 원주민의 분열

볼리비아의 현 상태는 스페인 영향의 산물이다. 볼리비아 원주민(1,040만 명의 55%를 차지)은 페루와 에콰도르의 원주민이 그랬던 것처럼 더 이상 그들 토지의 손실을 회피하지 않는다. 볼리비아에서 유럽인들을 부유하게 만든 것은 토지가 아니라 광물이었다. 동부 산지에 있는 포토시는 엄청난 은광으로 전설이 되었는데, 주석, 아연, 구리 그리고 여러 가지 합금용 광물도 부근에

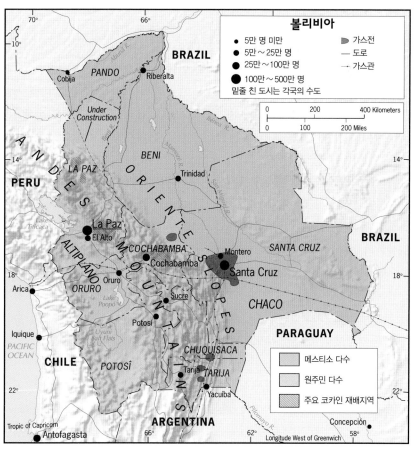

그림 5B-5

© H. J. de Blij, P. O. Muller, and John Wiley & Sons, Inc.

볼리비아의 정치지리는 자연지리만큼이나 분열되었다. 알티플라노와 산지에 살고 있는 원주민들을 기반으로 하는 권력과 평야에 모여 사는 소수 메스티소를 기반으로 하는 권력(위의 오른쪽 지도)으로 분열되어 있다. 메스티소 세가 강한 산타크루즈에서 하루 간격으로 찍은 사진을 보면 결정적으로 서로 다른 의견을 볼 수 있다. 메스티소의 대다수는 자신들이 사는 동부 지방의 자치를 원한다(왼쪽 사진). 거의 모든 원주민들은 그런 자치안에 반대하며, 그것이 분열과 독립의 서막이고, 필연적으로 볼리비아를 분리시킬 것으로 간주한다. 왼쪽 : © AFP/Getty Images, Inc. 오른쪽 : © Rodrigo Buendia/AFP/Getty Images, Inc.

서 발견되었다. 원주민 광부들은 형편 없는 상태의 광산에서 일을 하도록 강요받았다.

오늘날 아르헨티나와 브라질로 수출하는 석유와 천연가스가 주요 외화 수익원이고, 아연은 주석을 제치고 제일의 수출 광물이 되었다. 그러나 볼리비아의 경제 전망은 1880년대 칠레와의 전쟁으로 태평양 쪽의 출구를 상실함으로써 큰 지장을 받았다. 물론 안토파가스타로의 통행권과 전용 항구시설을 이용할 수 있음에도 불구하고 말이다.

볼리비아에서 경제적 한계나 육지로 둘러싸인 상황보다 더 심각한 것은 사회적 곤경이다. 정부의 원주민 학대와 노동력의 가혹한 착취로 원주민이 대다수인 인구의 2/3가 비참한 가난에서 살아가는 사회가 지속되고 있다. 그러나 최근에 과소평가되었던 원주민 다수가 국가 정세에 큰 영향을 미치고 있다. 2003년에 칠레 해안까지 새로운 파이프라인을 통해서 미국으로 천연가스를 수출하려던 정부안은 격렬한 반대에 부딪히고, 대혼란을 야기하였으며, 정부의 철회를 이끌어 내었다. 2005년에 볼리비아의 투표권자들은 첫 번째의 원주민계(아이마라 족) 대통령 에보 모랄레스를 선출하였는데, 그는 천연가스의 국유화를 추진하였다.

주와 수도

육지로 둘러싸이고, 자연지리적으로 이등분되고, 문화적으로 쪼개지고, 경제적으로 분열된 볼리비아는 곤란에 처한 국가이다. 볼리비아의 전망은 정치지리적으로 더욱 악화되고 있다. 다시 그림 5B-5를 보면 볼리비아의 9개 주는 서부의 원주민이 다수인 주와 동부의 메스티소가 다수인 주로 나누어져 있다. 수도인 라파스는 원주민이 다수인 안데스 알티플라노에 있지만, 많은 메스티소 볼리비아인들은 라파스를 수도로 인정하지 않는다. 역사적으로 정부의 기능은 라파스(행정 중심지)와 수크레(1899년에 대부분의 정부 기관을 잃었으나, '헌법상의 수도'로 대법원이 있음)로 나누어져 있다. 그리고 일부 메스티소 볼리비아인들은 동부에 있는 도시인 산타크루스가 볼리비아의 '절충적인 수도' 후보로 검토되어야 한다고 주장한다.

동부의 다른 주처럼 산타크루스 주는 서부 안데스 지역의 주와 첨예하게 대립하고 있다. 여기서는 아시엔다 체제(4A장 참조)가 식민지시대부터 변함없이 지속되어 왔고, 아시엔다의 생산성 높은 농업은 부유한 귀족사회를 지탱해 주었다. 볼리비아에서 농업적으로 생산성이 높은 토지의 거의 90%를 약 5만 명의 가족이 소유하고 있으며, 그 대다수는 식민지 기간 동안 수탈한 것이고, 나머지는 군사 독재 기간에 강제로 뺏은 것이다. 그뿐만 아니라 현재 볼리비아의 동부지대는 경제적 이점에 더하여 풍부한 에너지원이 매장되어 있다. 그래서 그곳에서는 자치, 심지어 분리를 지지하는 말을 한다(그리고 종종 공공 시위가 벌어짐). 그러나 아시엔다도 에너지 산업도 원주민 노동력이 없다면 돌아갈 수가 없다.

에보 모랄레스가 당선되어, 에너지 산업을 통제하려고 시도하고, 부의 분배를 개선하려는 움직임을 보이자 동부와 서부의 갈등은 새로운 국면에 접어들었다. 국제 에너지 가격이 높았을 때는 사회 보장에 지출한 자금이 풍부하였고, 모랄레스 대통령은 그 돈을 확대하겠다고 약속하였다. 그러나 2000년대 말이 되면서 천연가스 가격이 하락하자, 국가 실패의 공포가 되살아났다. 원주민의 기대 상승과 소수 메스티소의 권력 이양 사이의 조합은 볼리비아의 미래에 암운을 드리우고 있다.

파라과이

볼리비아의 남동쪽과 접한 파라과이는 지역 간, 지역 내에서 각각의 속성을 드러내는 점이적인 국가이다(그림 5B-1). 파라과이는(인구 650만 명) 확실히 안데스 국가는 아니다. 파라과이에는 중요한 고지대가 없다. 물이 풍부한 동부 지역의 평야는 서부에서는 그란차코라는 건조 관목지대로 바뀐다. 볼리비아나 페루와는 달리 원주민, 메스티소, 다른 인종 간의 공간적 인종 격리도 뚜렷하지 않다. 그러나 파라과이의 인종 구성에서 원주민계가 우세한데, 원주민 언어인 과라니어도 널리 사용되고 있어, 파라과이는 세계에서 가장 완벽한 이중언어 사회 중의 하나이다. 토지가 없는 농부의 지속적인 시위도 서부 안데스 지역에서 발생하는 것과 똑같다. 부록 B에서 알 수 있듯이 아르헨티나, 우루과이, 칠레와 비교하면 파라과이의 경제는 보잘것없다. 어떤 의미에서 파라과이는 서부 안데스와 서던콘 사이에 놓인 다리와 같은데, 아직까지 교통량은 많지 않다.

그리고 파라과이는 다른 면에서도 점이국가이다. 30만 명의 브라질인이 국경을 넘어 파라과이 동부지역에 거주하고 있는데, 그곳에서 브라질인들은 브라질로 혹은 브라질을 통해서 수출하는 대두, 목축 및 다른 농작물을 재배하

볼리비아 남서부의 우유니 소금 평원의 거친 지면에 놓인 소금물 양동이는 세계에서 가장 새로운 개발 기회에 대한 기대를 보여준다. 양동이의 물을 증발시키면 주로 리튬으로 구성된 잔류물이 남는다. 모든 물질 중에서 가장 가벼운 광물인 리튬은 휴대전화, 스마트폰, 노트북과 같이 우리가 매일같이 쓰는 휴대용 전자제품의 전력원인 리튬-이온 배터리를 제조하는 데 쓰인다. 이 배터리는 하이브리드 자동차에도 쓰이고 있다. 볼리비아는 전 세계 매장량의 절반을 차지하고 있으며, 이는 전기자동차 50억 대에 들어가는 배터리를 만들 수 있을 정도로 막대한 양이다. 알티플라노의 오지에 건설된 선도적인 리튬 정제 공장은 2012년부터 시험 생산을 시작하였다. 볼리비아 정부는 이러한 노력에 주요한 역할을 하고 있으며 외국기업과 투자자들의 압력에도 불구하고 리튬 생산기업의 국유화를 결정하였다. 또 하나 흥미를 끄는 점은 소금 평원의 토지 대부분이 자원 개발에서 얻는 수익에 대해 공유를 추구하는 원주민 집단의 소유라는 점이다. 그들의 주장은 볼리비아 국가의 새 헌법(2010)과 일치한다. 그리고 이는 원주민들의 영역에서 그들 지역사회의 자원을 제어할 수 있도록 하며, 잠재적으로는 개발 과정의 미래상이다. © Martin Bernetti/AFP/GettyImages, Inc.

는 상업적 농업을 발달시켰다. 물론 브라질은 메르코수르의 거인이다. 그러나 파라과이는 지리적으로 어려운 위치에 있으며, 종종 브라질이 지역 간 거래의 의무에 부응하지 않고, 파라과이 수출업자들이 받아들이기 어려운 문제를 일으킨다고 불평한다. 한편으로 정치가들은 브라질의 이주자가 증가하여 파라과이 내에서 (지역 학교를 포함해서) 포르투갈어를 사용하고, 공공건물에 파라과이 국기보다는 브라질 국기를 게양하고, 브라질 문화 경관이 장려되는 외국인 집단 거주지를 형성하는 것을 우려하고 있다. 볼리비아처럼 파라과이도 내륙국이라는 약점에 큰 대가를 치르고 있다.

파라과이의 낮은 GNI는 서던콘 지역보다 서부 안데스 국가들과 비슷하다. 파라과이는 남아메리카에서 가장 도시화가 낮은 국가 중 하나이고, 농촌뿐만 아니라 수도인 아순시온과 다른 도시를 둘러싼 슬럼에서도 가난이 만연하다(그림 5B-4). 2007년에 인구의 2/3가 공식적인 빈곤 수준선 혹은 그 아래에서 살고 있다. 비록 기록이 적절하지 않을지라도, 1%의 국민이 75%의 토지를 소유하고 있다고 한다. 이것은 남아메리카에서 기록적인 불평등이다.

2008년에 파라과이는 급진적이고 친과라니 사제 출신인 페르난도 루고를 대통령으로 선출함으로써 무자비한 독재체제를 종식시켰다. 젊은 시절 전도

사였던 루고는 토지 없는 농민들이 아시엔다를 습격하는 것을 지지하였고, 토지 개혁과 가난한 사람들을 위한 구제책을 약속하였다. 옛날부터 예사롭지 않은 출발이었다. 루고의 선출은 많은 면에서 '처음'이었다. 50년간 콜로라도당 출신이 아닌 최초의 대통령, 최초의 성직자(실제 로마 가톨릭 주교) 출신 대통령, 해방 신학(liberation theology, 크리스트교 신앙과 사회주의 이데올로기가 결합된 사상으로 크리스트의 가르침을 압제에서 가난한 사람들을 해방시키는 것으로 해석함)에 영감을 받은 최초의 대통령, 자신의 최우선 목표가 가난 구제라고 공개적으로 선언한 최초의 대통령이 그것이다. 루고의 당선이 많은 파라과이 사람들에게 새로운 희망을 불러온 것은 놀라운 일이 아니다.

가난 구제를 위한 자금을 마련하는 것은 힘든 일이고, 머지않아 성공 여부를 알 수 있을 것이다. 그러나 2009년에 루고 대통령은 브라질과 파라과이 사이에 있는 파라나 강에 있는 이타이푸 댐에서 생산한 전기 중 파라과이 몫을 한층 유리한 조건으로 브라질에 판매하는 협상을 성공시켰다. 이타이푸 댐은 1984년부터 수력 전기를 생산하였는데, 두 나라(당시 두 나라는 독재국가)는 전기의 50%를 가졌지만, 저개발이었던 파라과이는 그중 작은 양만 필요하였다. 그래서 파라과이 통치자는 나머지 전기를 시장 가격보다 아주 낮은 가격에 브라질에 파는 것에 동의하였다. 민주적으로 선출된 루고 대통령은 브라질 정부(역시 민주주의 정부)를 파라과이 이타이푸 댐에서 생산된 전기의 40%를 시세대로 지불하라고 설득하였고, 매년 구입함으로써 파라과이의 국민 소득이 실질적으로 증가하였다. 나아가 브라질

은 이타이푸에서 아순시온까지 현대적인 송전선을 건설하는 것을 원조할 것이고, 2012년 완공이 되면 파라과이 전력망은 엄청나게 확장될 것이다.

장기적인 파라과이의 약점과 실정에서 파생되는 또 다른 전형적으로 지리적인 문제는 남동쪽에 있는데, 그곳은 브라질, 아르헨티나와 파라과이의 국경으로 시우다드델에스테 시를 중심으로 밀수, 돈세탁, 정치적 음모, 심지어 테러 활동까지 난장판이 되고 있다. 지역민들은 이곳을 **4** 트리플 프론티어(Triple Frontier)라고 부른다. 트리플 프론티어 지도가 수록된 히즈불라(이란이 배경인 테러리스트) 활동 보고서가 아프가니스탄에 있는 탈레반 안전 가옥에서 발견됨으로써 확인되었을 때, 경고의 깃발이 올라갔다. 파라과이의 국가체제가 단지 국내적 이유가 아니더라도 결정적으로 강화되어야 할 필요가 있다.

서던콘 지역

이 지역은 아르헨티나, 칠레, 우루과이로 구성되었는데, 가늘어지는 아이스크림 콘 모양에서 명칭을 따왔다(그림 5B-6). 이미 말했듯이 파라과이는 이 지역과 강한 연계가 있고, 몇 가지 면에서는 이 지역의 일부라고 할 수 있다. 그러나 이들 국가와 파라과이는 사회, 경제적 대비가 뚜렷하다.

1995년 이래 이 지역의 국가들은 서반구에서 NAFTA에 이어 두 번째로 큰 무역 블록 **메르코수르**라는 이름의 경계 협력체를 결성하였는데, 이는 여러 가지 차질과 논란에도 불구하고, 계속 확장되어 오늘날에는 아르헨티나, 우루과이, 파라과이와 브라질이 가입하고 있으며, 베네수엘라는 비준을 기다리고

있고, 칠레, 볼리비아, 페루, 에콰도르, 콜롬비아와 베네수엘라는 준회원국으로 참여하고 있다. 포르투갈어를 사용하는 브라질에서는 **메르코술**(Mercosul)이라고 부른다.

아르헨티나

아르헨티나는 서던콘 지역에서 가장 큰 나라인데, 남아메리카에서 브라질에 이어 2위이다. 인구는 4,060만 명으로 브라질과 콜롬비아에 이어 3위이다. 아르헨티나는 자연 환경이 매우 다양하며, 아르헨티나인의 대다수는 **팜파**(평원이라는 의미)라고 부르는 자연지리적인 소지역에 집중되어 있다. 그림 5A-3을 보면 팜파 지역에 아르헨티나 도시와 인구의 밀집 정도를 알 수 있다. 또 그 그림을 보면, 아르헨티나의 다른 6개의 소지역, 즉 관목으로 덮인 북서부 **차코**, 서부의 **안데스** 산지(산맥의 능선이 칠레와의 국경), 리오 콜로라도 강 남쪽의 건조한 **파타고니아** 고원, 기복이 있는 점이지대인 **쿠요**, **엔트레리오스**(또 파라나 강과 우루과이 강 사이에 있어 메소포타미아라고 알려져 있음), 그리고 **북부**(그림 5B-6)는 상대적으로 비어 있음을 알 수 있다.

세련되고 도시적인 문화

아르헨티나는 한때 세계에서 가장 부유한 국가 중 하나였다. 아르헨티나의 역사적 풍요로움은 건축학적으로 호화로운 도시에 반영되어 있는데, 도시마다 화려한 공공건물과 개인 저택이 즐비한 광장과 도로가 있다. 그 사실은 라플라타 강 어귀에 있는 수도 부에노스아이레스뿐만 아니라 멘도사, 코르도바와 같은 내륙도시에서도 확인할 수 있다. 아르헨티나에는 스페인 문화가 이식되

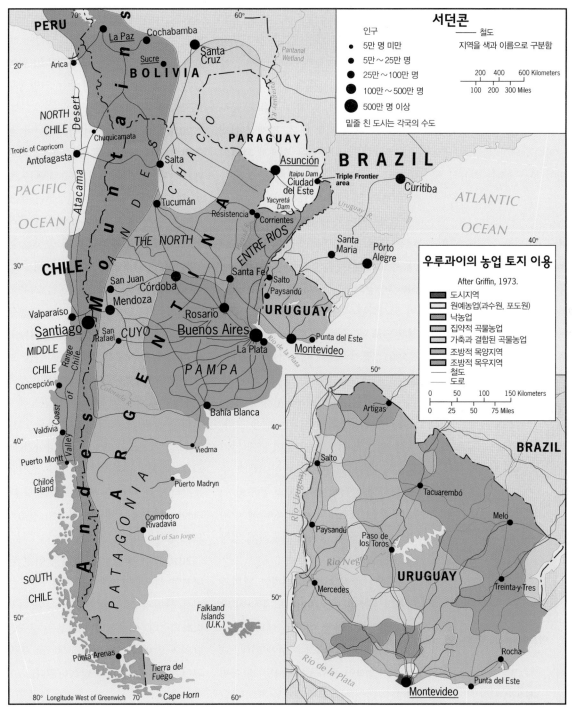

서던콘

인구
- 5만 명 미만
- 5만~25만 명
- 25만~100만 명
- 100만~500만 명
- 500만 명 이상

밑줄 친 도시는 각국의 수도

── 철도

지역을 색과 이름으로 구분함

200   400   600 Kilometers
100   200   300 Miles

우루과이의 농업 토지 이용

After Griffin, 1973.
- 도시지역
- 원예농업(과수원, 포도원)
- 낙농업
- 집약적 곡물농업
- 가축과 결합된 곡물농업
- 조방적 목양지역
- 조방적 목우지역
── 철도
── 도로

0   50   100   150 Kilometers
0   25   50   75 Miles

그림 5B–6

© H. J. de Blij, P. O. Muller, and John Wiley & Sons, Inc.

었지만, 대규모로 이주한 이탈리아인과 소수이지만 영향력이 큰 영국인, 프랑스인, 독일인, 레바논인도 있어 문화 경관은 다양하다.

아르헨티나는 오래전부터 남아메리카에서 가장 도시화된 나라 중의 하나였다. 인구의 91%가 도시와 읍에 거주하는데, 서부 유럽이나 미국보다도 비중이 더 높다. 아르헨티나 인구의 약 1/3이 부에노스아이레스 대도시권에 살고 있는데, 이곳에는 팜파의 생산품을 가공하는 주요 산업단지가 몰려 있다. 코르도바는 2위의 산업 중심지인데, 외국 자동차 기업은 성장하는 메르코수르 시장을 목표로 한 자동차 조립 센터를 이곳에 세웠다. 그러나 광활하고 인구가 희박한 내륙의 산물을 가공하려면 도시에 인구가 집중되어야 하는데, 이에 투쿠만(설탕), 멘도사(포도주), 산타페(목재), 살타(축산물)에 집중되어 있다. 아르헨티나는 다양한 종류의 상품을 생산한다. 파타고니아 해안의 코모도로 리바다비아 부근에서는 석유도 생산된다.

경제적 불안정

풍부한 자원에도 불구하고, 아르헨티나의 경제사는 호황과 불황이 반복되

그림 5B-7
© H. J. de Blij, P. O. Muller, and John Wiley & Sons, Inc.

었다. 4,000만 명을 갓 넘는 인구, 다양한 자원이 있는 광대한 영토, 충분한 사회적 하부 구조, 훌륭한 국제 연계 등을 가진 아르헨티나는 세계에서 가장 부유한 국가여야 하며, 한때는 부유한 국가였다. 그러나 정치적 내분, 경제적 실책으로 활기차고 다채로운 경제가 파괴되었다.

문제의 일부는 아르헨티나의 편향된 정치지리에서 비롯되었다. 아르헨티나는 부에노스아이레스 연방지구와 23개 주로 이루어진 연방국가이다(그림 5B-7). 앞의 내용에서 추측할 수 있듯이 도시화된 주는 인구가 많지만, 주로 농촌으로 된 주는 인구가 적다. 그러나 1,500만 명이 사는 (라플라타 시가 주도인) 부에노스아이레스 주와 10만 명이 조금 넘는(우수아이아 시가 주도인) 티에라델푸에고와의 격차는 매우 크다. 다른 몇 개의 주도 50만 명이 되지 않기 때문에 압도적인 부에노스아이레스 주를 포함해서 특히 주 이름과 주도의 이름이 같은 코르도바 주와 산타페 주처럼 큰 주가 국내 정책에 과도하게 영향을 미친다.

20세기 중반 이래로 부패한 정치와 경제적 실책은 아르헨티나의 끝나지 않는 문제였다. 가장 어두운 에피소드는 1976~1983년의 '더러운 전쟁'인데, 그것은 억압적인 군사정부가 1만 명(어쩌면 3만 명)의 아르헨티나인을 흔적도 없이 사라지게 만든 것이다. 1982년에는 무자비한 군부가 영국령 포클랜드 제도(말비나스)를 침략하였고, 결과는 아르헨티나의 일방적인 패배였다(그림 5B-6). 그 무렵에 민간정부가 신뢰를 잃은 군부를 대체하였고, 인플레이션과 국가 채무가 급등하였다. 1990년대 경제 회복에 이어 아르헨티나의 금융 시스템의

결함을 노출시킨 또 다른 경제 침체가 있었다. 그런 결점에는 터무니없이 비효율적인 세금 징수, 정치적으로 힘이 있는 주(洲)에 조건 없이 주는 연방정부 보조금 등이 있다.

2010년에 들어오면서 아르헨티나 최초의 선출직 여성 대통령인 크리스티나 페르난데스 데 키르치네르(남편은 바로 전 대통령)가 이끄는 행정부는 무엇보다도 아르헨티나의 재정 책임(인플레이션 억제)과 경제적 안정에 중점을 두었다. 또한 범죄인의 기소와 화해를 통해 더러운 전쟁의 곪은 상처를 치유하였다. 그러나 2010년에 평가한 대통령의 인기는 매우 낮았다. 아르헨티나인의 대다수는 새로운 희망의 사인을 보지 못했다. 아르헨티나는 남아메리카에서 1인당 GNI가 가장 높지만, 인플레이션의 상승과 노동 쟁의의 증가로 그녀의 대중 지지도가 떨어졌다. 나아가 외국 투자자도 습관적으로 계약 조건을 무시하여 온 나라를 꺼리고 있다. 게다가 아르헨티나는 에너지 공급이 지속적으로 불안정하다.

2010년 봄에 영국이 멀리 떨어진 남대서양 섬 주위의 해저에 석유 시추 준비를 하면서, 옛 포클랜드 갈등이 다시 격화되었다. 아르헨티나 정부는 강력한 항의와 말비나스가 아르헨티나로 귀속되어야 한다는 주장을 반복하였다.

칠레

안데스 산맥의 능선과 태평양 해안 사이에는 4,000km 길이의 좁은 땅이 있는데, 그것이 칠레이다(그림 5B-8). 평균 폭이 단지 150km(폭이 250km가 넘는 곳이 드묾)인 칠레는 **5** 신장형 국가(elongation)가 어떤 국가인지를 보여주는 전형적인 사례이다. 남북 지향을 더

답사 노트

© H. J. de Blij

"작지만 입장료를 징수하는 개인 박물관에서 나는 칠레에서의 이 장소에 대해 가뭄부터 지진에 이르기까지 여러 환경 문제에 걸쳐 귀중한 역사적인 정보를 찾았다. 이곳은 '교회들의 도시'라는 별명처럼 많은 교회와 수도원의 입지로서 종교적으로 중요하며, 내륙 오지에서 채굴된 돌로 보강된 관개농업의 중심지로서 성장하였다. 그러나 오늘날 중요한 것은 관광과 은퇴 산업이다. 코킴보에서 해안을 따라가면 있는 라세레나는 관광 코스의 지점일 뿐만 아니라 온화한 기후, 매력적인 경관, 서던콘에서의 비교적 윤택한 환경 등으로 인해 세컨드 하우스와 은퇴지로서 성장 중이다. 그렇기에 라세레나는 유원지가 되어, 그곳의 상가는 부티크로, 또 역사적인 건축물은 방문객을 위한 주택으로 변화하고 있으며, 광장은 경쟁적인 붐박스의 음악으로 술렁이며, 거리에는 버스들이 길을 막고 있다. 공원 벤치에 앉아 있는 노인은 근심스럽게 말했다. '모든 것은 팬아메리칸 고속도로가 우리 옆으로 건설되고 나서 시작되었죠. 이제 사람들은 여기에 배로, 차로, 심지어 비행기로 올 수 있어요. 그래 당신은 첫 방문이오? 당신은 너무 늦게 왔소.' 의심의 여지없이 내가 여기서 본 것은 박물관에서 읽은 퇴색한 책장은 아니다."

욱 돋보이게 하는 이 가늘고 긴 땅으로 인해 칠레는 여러 개의 환경지대를 넘어 확장되었고, 대외 정치 문제, 국내 행정 문제, 전반적인 경제 문제를 야기하였다. 그럼에도 불구하고 칠레의 현대사 내내 칠레인들은 그런 지독한 원심력에 대처를 잘 하였다. 처음에는 바다를 통해 남북 교류를 하였다. 안데스 산맥은 동쪽으로부터 침략을 막아 주었다. 그리고 칠레의 끝자락에서 충돌이 발생했을 때 칠레는 페루, 볼리비아 등 북쪽의 라이벌뿐만 아니라 남쪽 끝의 아르헨티나에도 대등하게 맞설 수 있음을 증명하였다.

3개의 소지역

그림 5B-6, 5B-8에 나타나듯이 칠레에는 3개의 소지역이 있다. 1,710만 명의 인구 중 약 90%가 중부 칠레에 집중되어 있는데, 이 지역에는 수도이자 가장 큰 도시인 산티아고, 주요 항구인 발파라이소가 있다. 중부 칠레의 북쪽에는 아타카마 사막이 있는데, 이 사막은 페루의 해안 사막보다 넓고, 건조하고, 기온이 낮다. 중부 칠레의 남쪽은 수많은 섬과 피오르에 의해 해안이 단절되어 있고, 산지가 많으며, 태평양 해안가의 습하고 서늘한 기후는 안데스 내륙에서는 건조하고 추운 기후로 바뀐다. 칠로에 섬의 남쪽에는 영구적인 육상 교통로가 없으며 마을도 거의 없다.

중부 칠레의 토지가 가장 비옥하고, 가치가 높고, 북쪽과 남쪽은 거의 농업이 불가능하다(그림 5A-5). 3개의 소지역은 남아메리카의 문화 지도도 나타나는데, 중부 칠레에는 유럽인이 압도적이고, 북부에는 메스티소가 우세하며, 남부에서는 원주민이 대다수이다(그림 5A-4).

1990년대 이전에는 북부의 건조한 아타카마 지역은 외화 수익의 절반 이상을 차지하였다. 그 지역은 세계에서 가장 큰 질산염 광산이 있고, 1세기 전 합성으로 질산염을 만드는 방법이 발명되기 전까지는 칠레 경제의 주력이었다. 이어서 구리가 주요 수출품이 되었다.(칠레는 세계 최대의 매장량을 가지고 있으며, 2008년에는 총수출액의 절반 이상을 차지하였다.) 구리는 여러 곳에서 채굴하지만 주로 안토파가스타 항구에서 멀지 않은 아타카마 사막의 동쪽 끝자락인 추키카마타 주변에 집중되어 있다. 지난 10년 동안 구리 가격이 비쌌고, 칠레의 수출액은 급증하였다. 그러나 2009년 세계적인 경기 침체가 심화되면서 가격은 급락하였는데, 그것은 구리와 관련된 위험과 지속적인 경제 다양화의 필요성을 강조하였다.

정치경제적 성공

1990년에 잔인한 군사 독재가 종식되면서, 칠레에서는 아주 성공적인 자유-시장 경제 개혁 프로그램이 시작되었

그림 5B-8

© H. J. de Blij, P. O. Muller, and
John Wiley & Sons, Inc.

는데, 그에 따라 안정적 성장, 낮은 인플레이션과 실업률, 빈곤 퇴치, 거대한 외자 유치의 성과가 있었다. 외국 투자가 특히 중요한데, 새로운 국제적 연계로 수출 주도형 칠레 경제가 꼭 필요한 새로운 방향으로 다양화되고 발전되었기 때문이다. 구리가 여전히 중요한 수출품으로 남아 있지만, 많은 다른 광물자원에 대한 탐사가 진행되었다. 농업 분야에서도 수출용 과일, 채소 생산량이 급증하였는데, 칠레의 수확기가 북반구의 부유한 국가들의 농한기인 겨울이기 때문이다. 성장 속도는 늦지만 제조업도 성장하고 있는데, 기초화학에서 컴퓨터 소프트웨어에 이르는 상품까지 적절하게 배열되어 있다.

칠레의 세계화된 경제로 인해 칠레는 국제 경제 현장에서 두드러진 역할을 수행하고 있다. 오래도록 칠레의 1위 무역 상대국이었던 미국은 아시아-태평양 지역과 비교하여 이제 2위가 되었는데, 중국은 칠레 수출의 대부분을 가져가고, 이어서 일본과 대한민국이 있다. 아르헨티나는 칠레의 1위의 수입국(주로 에너지)이나, 자체 에너지 수요가 증가하고 있어 잠재적인 문제가 있다. 칠레의 지역 간 무역도 늘어나고 있는데, 칠레는 메르코

수르에 준회원국으로서 가입하고 있다.

2010년 1월 선거에서 당선된 세바스티안 피녜라 대통령은 지난 20년간의 중도 좌파 정부를 종식시킨 보수당 출신이지만(이전 대통령인 미셸 바첼레트는 2014년에 대통령에 재취임), 그의 첫 번째 행동은 칠레를 남아메리카 최고 부유 국가로 만든 성공적인 정책에 감사를 표한 것이었다. 2008년부터 시작된 국제 경기 침체가 칠레 경제에 영향이 없었던 것은 아닐지라도, 칠레의 새로운 정부는 20년간 성공 공식이었던 이데올로기적 극단론을 피하고, 투명성을 최우선에 두고, 경제 성장과 빈곤 퇴치 간에 균형을 이루는 실용적 접근을 수정하지 않을 것으로 보인다.

새로운 체제의 에너지는 2010년 초의 또 다른 주요한 사건(남아메리카의 현대사에서 가장 강력한 지진 중의 하나인)의 여파에 집중되었다. 이 비극적인 지진과 그에 수반된 지진해일은 2월 27일에 중부 칠레의 남부 해안지역을 강타하였고, 수백 명이 사망했으며, 엄청난 파괴와 200만 명 이상의 삶터를 파괴하였다. 복구 노력이 2010년 중반까지 잘 진행될지라도, 이런 자연재해는 10년 내에 세계 선진 경제로 진입하고, 남아메리카 제일의 국가가 되려는 칠레의 목표를 향한 전진을 지체시키고 있다.

우루과이

아르헨티나, 칠레와는 대조적으로 우루과이는 조밀하고, 작으며, 다소 인구가 밀집되어 있다. 오래된 **6** 완충국가(buttenstate)인 우루과이는 아주 잘사는 농업국가이며, 사실상 작은 팜파이다(비록 덜 유리한 토양과 지형이지만). 해안가의 수도인 몬테비데오는 330만 인구의 40% 이상이 살고 있다. 여기서

부터 철도와 도로가 내륙의 비옥한 농업지대로 뻗어 있다(그림 5B-6). 몬테비데오와 인접한 지역이 중요한 농업지역인데, 이곳에서는 밀과 사료 작물뿐만 아니라 대도시에 판매하기 위한 채소와 과일을 생산한다. 우루과이의 나머지 지역은 육류 제품, 양털, 섬유 공업 원료, 수출량이 가장 많은 가죽 등을 얻기 위한 소나 양의 방목지로 이용된다. 관광 산업도 주요 경제 활동인데, 아르헨티나인, 브라질인, 기타 관광객이 푼타델에스테의 대서양 해변과 다른 번화한 휴양도시로 무리지어 온다.

면적은 플로리다와 비슷하지만, 인구는 1/5에도 못 미치는 우루과이는 농업 성장 잠재력이 크다. 그러나 우루과이 정부는 경제를 다양화하려고 시도하고 있고, 아르헨티나와의 국경인 우루과이 강에 2개의 셀룰로오스(종이) 공장을 건설하려는 계획은 일부 심각한 균열이 있는 메르코수르의 두 이웃 국가 사이에 분쟁 원인이 되고 있다. 몬테비데오는 메르코수르의 본부가 있지만, 파라과이처럼 우루과이도 주변 큰 국가들에게 무시당하거나 큰 국가들을 장해물로 여기고 있다. 강을 건너온 아르헨티나인들이 다리에 바리케이드를 세우고 우루과이 해변에서 휴가를 보내는 것을 멈추라는 시위를 했을 때, 우루과이 경제에 큰 영향을 미쳤다.

사정이 어떻든 간에 외국 투자(핀란드와 스페인 회사들이 세우는 공장)를 싫어하는 아르헨티나인들은 제지 공장이 삼림 벌채를 가속화하고, 하천 오염원이 될 것이고, 산성비를 내리게 할 것이며, 농업, 어업, 관광 산업에 해를 끼칠 것이라고 주장한다. 두 나라 대통령이 문제를 해결하기 위해 만났을 때, 우루과이 대통령은 '연구 기간' 동안 건

설을 늦출 것에 동의하였다. 우루과이 여론은 그런 협상안을 강력히 반대하였다.

이 분쟁은 민족주의적 애국심이 국제 협력의 필요성을 얼마나 쉽게 압도하는지를 보여준다. 또한 메르코수르 회원국들이 경제 문제에 대한 협력이 순탄치 않다는 것을 보여주고 있고, 메르코수르 회원국 간의 협력이 실현되기 어렵다는 것을 암시해 준다.

브라질 : 남아메리카의 거인

나중에 비행기를 탈 때, 그 비행기를 브라질에서 만들었다고 해도 놀라지 마라. 슈퍼마켓에서 식료품을 살 때, 원산지를 꼭 살펴보라. 그들 중 일부는 브라질산일 것이다. 운전 중에 라디오를 들을 때, 음악 중 일부는 브라질 가요일 것이다. 남아메리카의 지역 강대국, 그리고 크게 보면 세계 경제 강대국으로서의 브라질의 등장은 21세기 1분기의 주요 화제 중의 하나일 것이다. 러시아, 인도, 중국과 함께 브라질은 **7** 브릭스(BRICs)라 불리는 세계 4대 시장의 하나로 여겨지고 있다.

브라질은 어떻게 그렇게 높게 발전했을까? 소수의 엘리트들이 권력을 차지한 장기간의 군사 독재 후 1989년 브라질은 민주정부를 받아들이고, 그 후로는 뒤돌아보지 않았기 때문이다. 군사 쿠데타가 되풀이되고, 시민들의 자유를 억압하던 시대가 끝났다. 어떤 면에서 브라질의 정치·경제적 전환은 칠레와 유사하지만, 크기 때문에 브라질이 남아메리카의 다른 국가, 진정으로 세계의 다른 국가에 비해 훨씬 중요하다.

특히 지난 10년간 브라질에서는 특별한 진보가 있었고, 이런 진보는 루이스

이나시우 룰라 다 시우바 대통령에 힘입었다. 보통 룰라라고 알려진 대통령은 2002년에 선출되었고, 2010년에 두 번째 임기를 마쳤다. 노동자당의 지도자였던 룰라는 기업 활동에 해가 되는 좌파적 어젠다를 추구할 것으로 예상되었다. 2002년 선거 결과에 실망한 미국에서는 룰라 대통령의 취임식에 고위직 대표단을 파견하지 않았다. 이것은 남아메리카에서 미국의 드문 빈약한 정치적 판단력을 보여주는 예이다. 실제로 룰라는 브라질의 수많은 반대 세력을 주의 깊게 다루고, 그럼으로써 브라질의 지역적·세계적 잠재력을 발휘시켰다. 많은 브라질인들은 2010년 룰라가 대통령직에서 물러나는 것을 우려하였다.

그 어떤 수치를 보아도 브라질은 남아메리카의 거인이다. 브라질은 면적이 매우 넓어 에콰도르와 칠레를 제외한 모든 남아메리카 국가와 국경을 맞대고 있다(그림 5B-1). 브라질은 아마존 분지의 열대, 아열대기후에서 남쪽의 온대습윤기후까지 나타난다. 영토와 인구로 볼 때 브라질은 세계에서 5위이며, 남아메리카의 거의 절반을 차지한다. 아주 초현대적인 산업 토대를 가진 브라질 경제는 세계 9위이며, 계속 상승하고 있다.

인구와 문화

브라질 인구는 20세기 세계의 인구 폭발 기간 동안 급속히 증가하였다. 그러나 지난 30년간 자연증가율은 3.0%에서 1.4%로 낮아졌고, 합계출산율도 1980년 4.4명에서 2009년 2.0명으로 절반으로 떨어졌다. 이것은 최근 브라질의 전반적인 현대화와 일치하는 경향이다.

2억 명이 넘는 인구는 미국만큼이나

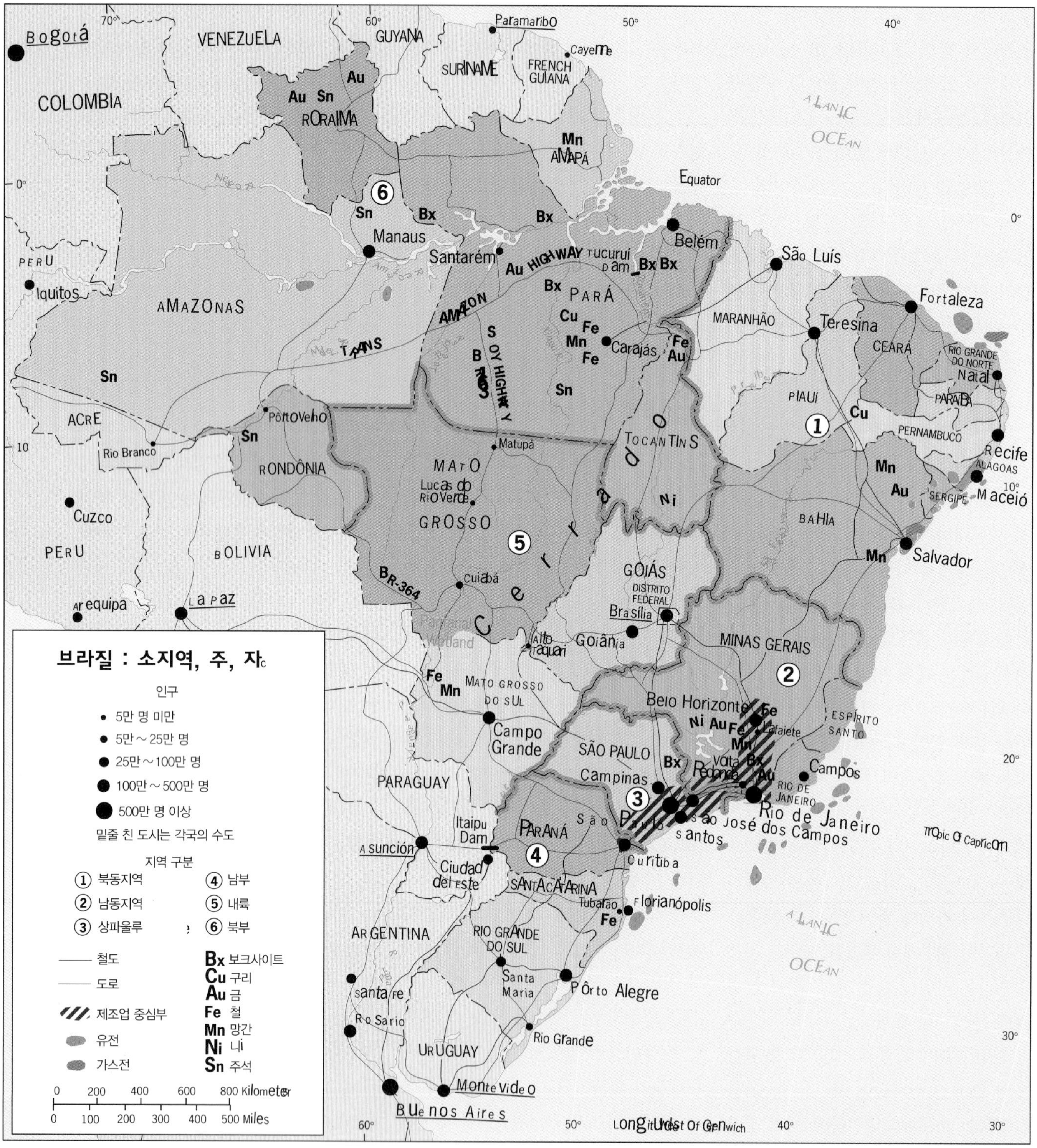

Bogotá

COLOMBIA

VENEZUELA GUYANA SURINAME FRENCH GUIANA

Paramaribo Cayenne

ATLANTIC OCEAN

Au Sn RORAIMA
Au

Mn AMAPÁ

Equator

⑥ Sn Bx Bx
Manaus Santarém Au HIGHWAY Tucuruí Dam Bx Bx Belém São Luís Fortaleza

PERU
Iquitos

AMAZONAS

AMAZON TRANS

Bx PARÁ
Cu Fe
Mn Fe
Carajás
Fe Au

MARANHÃO Teresina CEARÁ

RIO GRANDE DO NORTE Natal

PIAUÍ ① Cu PARAÍBA PERNAMBUCO Recife ALAGOAS

Sn

ACRE

Sn Pôrto Velho
Matupá

SOY HIGHWAY

Sn

Rio Branco

RONDÔNIA

BR-364

Cuzco

PERU

Arequipa La Paz

BOLIVIA

MATO GROSSO

Lucas do Rio Verde

⑤

Cuiabá

Pantanal Wetland

Alto Araguari

TOCANTINS

Ni

BAHIA

Mn Au

Mn Salvador

Mg

GOIÁS

DISTRITO FEDERAL
Brasília

Goiânia

MINAS GERAIS ②

Fe Mn

MATO GROSSO DO SUL

Campo Grande

PARAGUAY

Itaipu Dam

Asunción Ciudad del Este

Belo Horizonte Fe
Ni Au Fe
Mn
Volta Bx
Au

SÃO PAULO Bx Redonda Au
Campinas São José dos Campos
③ São Paulo Santos
PARANÁ Curitiba
④

SANTA CATARINA

Tubarão Fe Florianópolis

ESPÍRITO SANTO

Campos

RIO DE JANEIRO
Rio de Janeiro

Tropic of Capricorn

ATLANTIC OCEAN

ARGENTINA

Santa Fe

Rosario

URUGUAY

RIO GRANDE DO SUL

Santa Maria

Pôrto Alegre

Rio Grande

Montevideo

Buenos Aires

브라질 : 소지역, 주, 자

인구
- 5만 명 미만
- 5만~25만 명
- 25만~100만 명
- 100만~500만 명
- 500만 명 이상

밑줄 친 도시는 각국의 수도

지역 구분
① 북동지역 ④ 남부
② 남동지역 ⑤ 내륙
③ 상파울루 ⑥ 북부

── 철도 **Bx** 보크사이트
── 도로 **Cu** 구리
　　　　 Au 금
▨ 제조업 중심부 **Fe** 철
　유전 **Mn** 망간
　가스전 **Ni** 니
　　　　 Sn 주석

0 200 400 600 800 Kilometer
0 100 200 300 400 500 Miles

60° 50° Longitude West of Greenwich 40° 30°

그림 5B-9

© H. J. de Blij, P. O. Muller, and John Wiley & Sons, Inc.

다양하다. 미국과 매우 유사한 패턴으로 브라질의 토착민은 유럽인들의 침입에 따라 급감하였다(현재 아마존의 깊은 내륙에 살아남은 원주민은 20만 명도 안 됨). 아프리카인 역시 엄청난 수가 유입되었는데, 현재 아프리카계 브라질인은 약 1,300만 명이다.

브라질 문화에는 초창기부터 아프리카 주제가 스며들어 있다. 3세기 전에

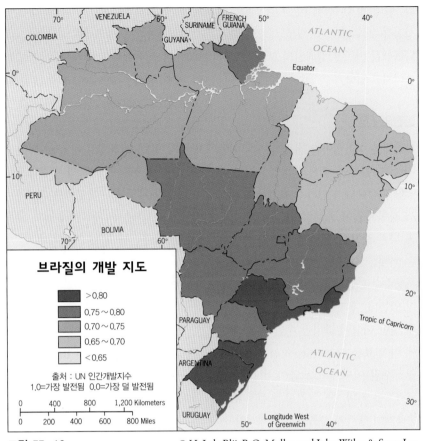

그림 5B-10   © H. J. de Blij, P. O. Muller, and John Wiley & Sons, Inc.

브라질 사회는 인종 간 분열을 다루는 데 있어 아메리카의 다른 나라보다 훨씬 진보하였다는 것은 사실이다. 브라질의 주요 인구 집단 중에서 흑인들은 여전히 혜택이 가장 적으며, 흑인사회의 지도자들은 인종 차별에 대해 불평을 하고 있다. 그러나 브라질에서 인종 간 혼혈은 매우 넓게 혼혈에 영향을 받지 않은 인구 집단이 거의 없을 정도이고, '흑인' 혹은 '유럽인'에 관한 공식적인 통계 조사는 의미가 없다.

브라질인이 가지고 있는 것은 진정한 국가 문화인데, 역사적인 가톨릭 신앙을 고수하고(현재는 전체 인구의 73%가 믿고 있는데, 복음주의 개신교와 세속주의의 압력으로 많이 약화되고 있음). 포르투갈어를 수정한 공용어('브라질어')를 보편적으로 사용하며, 일상생활에서는 축구, '해변 문화', 독특한 음악과 춤, 그리고 국가 의식과 자부심의 고양 등이 기본적인 것들이다.

알레이자디뉴라는 애칭으로 불린 아프리카계 브라질인 조각가이자 건축가는 브라질의 가장 유명한 아티스트였다. 세계적으로 유명한 작곡가인 에이토르 빌라로보스는 그의 음악에 수많은 아프리카계 브라질인들의 민속 음악을 사용하였다. 오늘날 서아프리카의 베냉(전에는 다호메이)이라 불리는 곳에서 많은 아프리카인들이 (바이아 주의) 사우바도르 시와 그 배후지로 노예로 끌려왔기 때문에(그림 5B-9), 바이아는 아프리카 문화의 진정한 기지가 되었다.

그러나 브라질에는 수많은 인종 간 혼혈도 있었는데, 8,600만 명의 브라질인들이 유럽인, 아프리카인, 소수의 원주민과 결합되어 있다. 1억 200만 명은 (현재는 51%로 겨우 주류를 이루고 있

는) 주로 유럽계로 포르투갈, 이탈리아, 독일, 동부 유럽 출신 이주자의 후손들이다.

비록 수는 적지만 또 다른 중요한 소수인종이 1908년에 브라질로 이주하였다. 바로 일본인들인데, 현재 상파울루 주에 집중되어 있다. 100만 명 이상의 일본계 브라질인들이 일본 밖에서 가장 큰 일본인 커뮤니티를 형성하고 있고, 다문화적 환경으로 일본인들은 브라질 사회에서 비즈니스 리더, 도시의 전문직, 농업 경영자(심지어 상파울루 시의 정치가)로서 상류층까지 올라섰다. 현재의 조국인 브라질에 헌신하면서도 일본인 커뮤니티는 일본과의 접촉도 유지하고 있다. 그 결과 많은 교역이 이루어지고 있다.

불평등과 가난

다문화주의의 성공에도 불구하고 브라질은 분명하고도 무시무시한 사회적 불평등이 남아 있다(그림 5B-10). 그런 불평등을 정확하게 측정할 수는 없지만, 남아메리카는 부자와 빈자와의 차이가 가장 뚜렷한 지리적 영역으로 자주 언급된다. 그리고 남아메리카 내에서 브라질이 가장 차이가 크다고 여겨진다.

오늘날 부자 10%가 전체 토지의 2/3를 소유하고 있고, 브라질 부의 절반 이상을 관리하고 있다. 가난한 사람 20%가 아프리카와 아시아의 거대도시를 포함한 지구 전체에서 가장 비참한 상태에서 살고 있다. UN 통계에 따르면, 충분한 음식을 구할 수 있는 현 시대에(모

든 곳이 그렇지는 않지만), 브라질 인구의 약 절반이 어떤 형태로든 영양실조로 고통을 받고 있으며, 북동부 주에서는 아사자(餓死者)도 발생한다. 어린 고아나 버려진 아이들이 떼를 지어 도시를 어슬렁거리거나, 아무데서나 자고, 필요할 때 강도질이나 도둑질을 한다. 세계에서 가장 화려하고 핵심적인 도시들이 가장 비참한 **파벨라**로 둘러싸이고, 구획되어 있는데, 그런 빈민촌에는 가난과 비참함, 범죄의 온상이다.

2002년 새로운 중도좌파 정부는 토지 개혁과 빈곤 퇴치의 두 가지 핵심 영역에 초점을 두었다. 금세기로 접어들 때, 브라질 인구의 1%가 전 경작지의 절반을 소유하였다. 그러나 정부는 매년 겨우 60만 명의 소작농만 정착시킬 수 있었는데, 절대적으로 부족한 수치였다. 2006년까지 룰라 정부는 정착률을 높이려는 재원을 마련하였지만, 룰라 대통령을 뽑은 유권자들은 훨씬 더 많은 것을 기대하였다.

빈곤 퇴치 영역에서 정부는 기아 제로(Fome Zero) 프로그램을 시작하였지만, 그 과정에서 많은 부패한 관료 집단이 만들어졌다. 공식적으로 브라질에는 월평균 80달러(미화) 미만의 최저 임금으로 사는 사람이 4,000만 명이라고 한다. 문제는 예산 문제로 얼마 되지도 않은 정부 지원금으로 가난한 사람 중에서 극빈층을 어떻게 도와주어야 하는가이다. 2006년에는 뒤죽박죽이던 계획이 훨씬 효율적인 보조금 프로그램으로 대치되었고, 가난한 주에서 상당한 성과를 거두었다. 이 가족 기금(Bolsa Familia) 계획은 자녀들을 학교에 보내는 가족과 가난한 사람들에게 특히 피해를 주는 질병에 대한 예방 접종을 받는 가족에게 소량의 현금을 주는 것이다. 단지 몇 년 안에 이 프로그램은 큰 성공을 거두었고, 이제는 세계의 다른 나라에서 반빈곤 캠페인의 모델로 받아들여지고 있다.

발전의 전망

브라질은 어마어마한 철광석, 알루미늄 매장량, 엄청난 주석과 망간 광산, 상당량의 석유와 천연가스 유전을 포함해서 광물자원이 풍부하다(그림 5B-9). 또 다른 중요한 에너지 자원의 개발로는 거대한 수력 발전소 건설, 가솔린을 사탕수수로 만든 알코올로 대체하는 것이 있는데, 후자는 브라질에 있는 차량의 절반 이상이 값비싼 수입 석유 대신에 이 연료를 사용한다. 이러한 풍부한 천연자원 이외에도 토양이 비옥하여, 브라질은 커피, 콩, 그리고 오렌지 주스 농축액의 생산과 수출에서 세계적인 선두 주자가 될 수 있을 만큼 농업 생산량이 많다. 사실상 상업적 농업은 현재 가장 빠르게 성장하는 경제 분야인데, 이는 기계화로, 남서 브라질의 비옥한 초원지대가 새로운 농업 개척지역으로 개방되었기 때문이다.

동시에 브라질은 산업화로 세계적인 경제 강국으로 올라섰다. 이러한 지속적인 발전의 힘은 1990년 초 정부가 국가에서 장기간 보호한 산업에 국제 경쟁과 외국 투자를 개방한 이후 일어났다. 이런 새로운 정책은 매우 효율적인 것으로 입증되었는데, 왜냐하면 1990년 이래 생산성이 1/3 이상 상승하였기 때문이다. 이에 따라 브라질 제조업의 품질은 세계적 수준으로 올라섰다. 1990년대 중반에 제조업 수출액이 농업 수출액을 추월하였다. 브라질은 주요 무역 상대국인 아르헨티나와 함께 메르코술(포르투갈어를 사용하는 브라질인들이 메르코수르를 부르는 말)을 만들었다. 세계적인 무대에서도 브라질은 또 다른 면에서 만만치 않은 존재가 되었다. 양이 많고, 접근하기 쉬운 철광산, 상대적으로 저렴한 임금, 강철 제조업체의 기계화된 효율성 등으로 브라질은 미국의 절반 가격으로 강철을 생산할 수 있다. 이 때문에 미국의 강철업자들은 보호 관세를 요구하고 있는데, 이는 미국이 주장하는 자유무역 원리와 상반되는 것이다.

미래를 약속하는 석유

다른 브릭스 국가와 비교하여, 브라질은 엄청나고 다양한 천연자원이 눈에 띈다. 브라질은 금세기 첫 10년 동안 국제시장에서 고가였던 철광석, 콩, 커피, 오렌지 주스, 소고기, 설탕 등의 상품에서 나오는 소득으로 정부 지출을 해왔다. 경제지리학자들은 단일 상품에 대한 의존은 항상 위험하다고 지적해 왔다. 왜냐하면 한 국가의 복지가 (세계의 수요와 공급의 결합인) 단일 상품의 국제시장 가격에 너무 의존하기 때문이다. 지난 10년간 브라질이 경제 다양화를 추구하고 제조업과 첨단 산업 부문의 생산액이 증가함에 따라, 브라질 경제의 지속 가능성과 경쟁력이 크게 개선되었다. 2008년에 시작된 국제 경기 침체기에서 브라질은 마지막으로 영향을 받았고, 가장 먼저 경기 침체에서 벗어났다. 2010년 초반까지 브라질은 미국이나 유럽에 앞서 순조롭게 나가고 있다.

이러한 순조로운 성과와 함께 브라질의 포트폴리오에 석유를 추가할 수 있다. 과거에 브라질의 주요 관심사는 에너지와 에너지 가격이었다. 높은 석유와 천연가스 가격으로 경기 침체가 심화되었고, 소량의 국내 매장량과 이웃 국가인 볼리비아의 매장량 이외에는 필요한 에너지를 얻을 수 있는 공급원이 거의 없었다. 그러나 2009년에 국영(그러나 주식시장에 상장된) 석유 회사페트로브라스가 '어마어마한' 석유 매장지를 발견하였는데, 아마도 세계 3대 매장지로 20억 배럴을 공급할 것으로 확인되었다. 룰라 대통령은 만면에 웃음을 띠고, "신이 브라질 사람이라는 것이 증명되었다."고 말했다.

2010년대에 브라질은 석유를 자급하고, 2020년대에는 주요 석유 수출국가가 될 것이고, 상당량의 수익을 올릴 것이다. 새로 발견된 매장지는 일련의 유전이 해안에 있는데, 다행히도 리우데자네이루와 상파울루에서 그리 멀지 않은 곳에 위치하고 있고(그림 5B-9), 여러분이 이 책을 읽을 때면 개발될지도 모른다. 이들 유전이 엄청나고 새로운 유전이 발견될 때마다 추정 매장량은 계속 증가하면서 수정되고 있을지라도, 새로운 유전은 대양 깊숙이 매장되어 있다. 그래서 개발비가 많이 들고, 상당한 외국 투자가 필요하다. 그러나 브라질의 기술 부문이 좀 더 발전되면 개발이 가능할 것이다.

브라질의 소지역

브라질은 26개 주와 수도인 브라질리아 연방지구로 구성된 연방국가이다(그림 5B-9). 미국처럼 가장 작은 주는 북동부에 있고 가장 큰 주는 서부에 있다. 인구를 보면 약 40만 명에 불과한 아마존 가장자리인 북쪽 끝에 위치한 호라이마 주는 4,000만 명이 넘고 인구가 급증하는 상파울루 주까지 다양하다. 브라질은 거의 미국의 48개주만큼 넓지만 자연지리적 지역 차이는 뚜렷하지 않

다. 브라질의 60%를 차지하는 아마존 분지의 경우도 완전한 평야는 아니다. 큰 강의 지류들 사이에는 낮지만 광대한 탁상지가 놓여 있다. 이런 자연지리적 모호성 때문에 다음에 논의할 브라질의 6개 소지역은 절대적이지 않으며, 일반적으로 인정받는 경계도 아니다. 그림 5B-9에서 그 경계선은 보다 쉽게 알아보게 하기 위해서 주 경계선과 일치하게 그렸다.

① 북동부는 브라질이 기원한 지역이고, 문화적 중심지이다. 초기에 플랜테이션 경제가 이곳에서 시작되었고, 포르투갈 출신의 대농장 주인들이 몰려든 곳이다. 이들 농장주는 곧 사탕수수밭에서 일할 대규모의 아프리카 노예들을 이주시켰다. 그러나 해안가 주변의 풍부한 강수량은 내륙에서는 적어지고 변동이 심한데, 그 내륙지역에서 이 지역의 인구 5,000만 명 이상 중 절반이 살고 있다. 건조한 내륙의 오지는(세르탕이라 부름) 심각한 과잉 인구지역이며, 일부 지역은 아메리카 어느 곳에서도 볼 수 없는 가장 가난한 지역이다. 북동부지역은 브라질 국내총생산의 1/6 이하를 차지하는데, 인구는 거의 1/4을 차지한다. 이런 경이적인 불평등을 고려할 때, 이 지역이 브라질 빈민의 절반을 차지하고, 문자 해독률이 20%로 브라질 평균보다 낮으며, 영아사망률이 브라질 평균보다 2배나 높다는 것은 놀라운 일이 아니다.

북동부지역의 불행의 원인은 토지 소유의 불평등한 시스템에 있다. 척박한 세르탕에서 수익성이 있는 농장 규모는 최소 100헥타르가 되어야 하나, 그 정도의 규모는 대지주만이 소유할 수 있다. 게다가 북동부지역은 엄청난 환경 문제로 피해를 입고 있다. 부분적으로 **8** 엘

상파울루는 뉴욕만큼 스카이라인이 인상적이지 못하고, 시카고의 시워스 타워(지금은 윌리스 타워)에 대적할 만한 고층 건물이 없지만, 이 브라질의 거대도시가 가진 것은 엄청나다. 상파울루는 하나의 도시 그 이상이다. 상파울루는 지구에서 세 번째로 많은 2,600만 명 이상을 수용한 수많은 도시의 연합체이다. 사진은 면도날로 자른 것 같은 CBD의 가장자리인데, 이 콘크리트 정글은 건축적으로 거의 구별이 안 되지만, 생생한 도시 문화를 보여준다. 전면의 CBD의 풍요로움과 대비되어 꽉 들어찬 도심과밀지구는 사회적 스펙트럼의 반대편 끝을 보여준다. 가장 최근에 도시로 이주한, 특히 매우 쪼들리는 브라질 북동부 출신 주민들의 주택인 무질서한 파벨라. 인구지리학자들은 상파울루가 미래도시를 보여준다고 말한다.

니뇨(El niño, 남아메리카 북서 해안의 해수 온도가 주기적으로 상승하는 것)에 의해 엄청난 가뭄이 반복해서 발생한다.

북동부지역은 현재 브라질의 가장 큰 모순이다. 헤시피, 사우바도르와 같은 도시에서 토지를 잃은 농민들이 유입되면서 주변의 슬럼지역이 확대되고 있다. 최근의 브라질에 관한 일반화가 여기서 적용되는 것은 거의 없지만, 약간의 긍정적인 조짐도 있다. 수천 명을 고

용하고, 외국 투자를 유치한 석유화학 산업단지가 사우바도르 부근에 건설되었다. 관개 사업을 통해 수많은 새로운 상업적 농업 벤처 기업을 육성하고 있다. 관광 산업이 북동부 해안을 따라 활기를 띠고 있고, 번화한 해변의 리조트는 휴가철에 수천 명의 유럽인을 끌어들이고 있다. 헤시피에는 소프트웨어 산업과 주요 의약단지가 조성되었다. 그리고 포르탈레자는 새로운 의류 및 제화 공업의 중심지인데, 벌써 세계 경제 지도에 그 도시가 그려지고 있다.

② **남동부**는 현대 브라질의 **핵심지역**으로 인구와 도시가 집중되어 있다. 처음에는 금이 수천 명의 정착민을 유도하였고, 다른 광물도 마찬가지로 인구유입에 도움이 되었다. 리우데자네이루는 '골드 트레일'의 종착지였고, 1960년까지 오랫동안 브라질의 수도였다. 리우데자네이루는 브라질의 문화 수도이자 국제적인 중심지, 물류 중심지, 관광 허브이다. 20세기의 3/4분기는 또 다른 광물시대였는데, 라파예테 주변의 철광석을 이용하여 볼타 레포다에 제철 공업단지가 조성되었다(그림 5B-9).

미나스제라이스 주('General Mines'라는 뜻)에는 남동부지역의 산업을 다양화하는 토대가 형성되고 있다. 금속 제련 공업이 발달한 벨로리존테는 남서쪽 상파울루 대도시권까지 500km 뻗어 있는 급속히 성장하고 초현대적인 제조업 회랑의 종점이다(그림 5B-9).

③ **상파울루** 주는 브라질 제일의 산업 생산지이고, 현재 진행 중인 브라질 발전의 1차 거점이다. 상파울루 주는 브라질 국내총생산의 거의 절반을 차지하며, 총규모로 보면 아르헨티나의 경제 규모와 맞먹는다. 이 지역이 이주민들, 특히 북동부 출신 이주민들에게, 자석

역할을 하는 것은 놀랍지 않다(이미 상파울루 주는 총인구의 20%를 차지).

상파울루 주의 풍요는 커피 플랜테이션(파젠다로 알려짐)에 토대하였는데, 현재도 세계 1위의 생산국이다. 그러나 커피는 다른 농산물에 의해 가려지고 있다. 오렌지 농축액이 그런 농산물이다(이것도 브라질이 세계 1위). 현재 상파울루 주는 플로리다보다 2배 이상 생산하는데, 이는 겨울철 냉해가 전혀 없는 기후, 초현대식 가공 설비, 오렌지 농축액을 해외시장으로 운반하기 위해 특별히 만든 대형 수송선 등이 배경이다. 또 다른 주요 농산물은 콩인데, 세계 2위의 생산국이다.

농업 역량과 견줄 수 있는 것이 상파울루 주의 제조업이다. 커피 플랜테이션에서 얻은 수익은 투자 자금이 되었고, 미나스제라이스의 철광석은 공업 원료가 되었고, 외항인 산토스는 바다로의 접근성을 용이하게 만들었고, 유럽, 일본, 브라질의 다른 지역에서 온 이주민은 숙련된 노동력을 제공하였다. 브라질 국내시장이 커짐에 따라 브라질의 중심에 있고, 산업이 집적한 이점으로 상파울루는 1위 자리를 확고히 하였다. 그 결과 상파울루 대도시권은 브라질에서(그리고 남아메리카에서) 제일의 산업단지와 거대도시가 되었다(2,620만 명).

④ **남부**는 파라나 주, 산타카타리나 주, 히우그란지두술 주가 속하는데, 인구는 합쳐서 2,700만 명을 넣는다. (그림 5B-9). 브라질 최남단 지역으로 농업 잠재력이 뛰어나기 때문에 많은 유럽 이주민들이 몰려왔다. 새로운 이주민들은 자신들의 선진농업 방식을 여러 곳에 전래하였다. 쌀 농사꾼인 포르투갈인들은 히우그란지두술 계곡에 모여

들었는데, 그곳은 현재 브라질이 세계에서 가장 많이 수출하는 담배가 생산된다. 곡물 재배와 가축 사육에 전문가인 독일인은 이 지역의 북부에 다소 높은 지역인 산타카타리나 주에 정착하였다. 이탈리아인은 가장 높은 사면을 선택했는데, 그곳에서 포도 과수원을 번창시켰다. 이 비옥한 경지는 매우 생산성이 높으며, 북부의 대도시 지역에서 시장이 커짐에 따라 이 3개 주는 브라질에서 가장 풍요로운 지역이 되었다.

남부에는 유럽식 상업 문화권이 확고하게 뿌리를 내리고 있기 때문에(그림 5A-4, 5A-5), 유럽의 생활양식이 (포르투갈어와 함께 독일어나 이탈리아어가 사용되는) 소도시와 농촌에서 보이는 다양한 구세계의 모습과 일치한다. 이것은 비유럽계 브라질인들에게 반감을 사고 있는데, 많은 커뮤니티에서 북부 출신의 가난한 구직자 이주민들에게 고향으로 돌아갈 버스비를 제공하거나, 심지어 이주민들의 짐을 실은 차량을 봉쇄하고 있다. 게다가 극단주의자들은 브라질에서 남부지역의 분리 독립을 공공연히 지지하고 있다.

남부의 경제 발전은 농업 분야에만 한정된 것이 아니다. 산타카타리나 주와 히우그란지두술 주의 석탄은 미나스제라이스에 있는 제철 공장으로 보내진다. 그뿐만 아니라 포르투알레그리, 투바랑의 제조업도 성장하고 있다. 1990년대에는 산타카타리나 해안과 가까운 섬 도시이자, 주도인 플로리아노폴리스에 컴퓨터 소프트웨어 산업이 세워졌다. 테크노폴리스라 알려진 테크노폴은 해변의 쾌적함, 숙련된 노동력, 우수한 항공 및 세계적 통신 연계, 신규 기업을 지원하는 정부와 사기업의 인센티브에 편승함으로써 지속적으로 성장하고 있다.

⑤ **내륙**은 고이아스 주, 마투그로수 주, 마투그로수두술 주가 속한 **중서부 지방**으로도 알려져 있다. 이곳은 브라질의 개발자들이 생산적인 핵심지역의 일부로 만들려고 오랫동안 찾았던 지역이며, 1960년에 내륙 가장자리에 새로운 수도 브라질리아의 위치가 신중하게 정해졌다(그림 5B-9).

앞선 수도였던 리우데자네이루에서 내륙으로 650km 떨어진 황무지에 새로운 수도를 정함으로써, 브라질의 지도자들은 서부를 향한 개발의 시작을 알렸다. 브라질리아는 또 다른 관심을 받았는데, 이유는 브라질리아가 정치지리학자들이 **9** 이전 수도(forward capital, 국경 부근의 전방수도)라고 부른 것을 대표하기 때문이다. 어떤 국가는 종종 수도를 아마도 비우호적인 이웃 국가와 논쟁 중인 주변지역 가까운 민감한 지역으로 이전하는데, 이는 그 분쟁지역에 대한 자신들의 입장이 확고하다는 것을 보여주기 위한 것이다. 브라질리아는 분쟁지역과 가까운 것은 아니지만, 브라질의 내륙은 성장기의 국가가 정복해야 할 내부의 개척지였다. 내륙 개척의 최전선에 있는 새로운 수도는 확실히 전진 기지로서의 지위를 차지하고 있다.

오늘날 브라질리아는 380만 명까지 성장했지만(주변에 산재한 주거지까지 포함한 인구), 1990년대가 되어서야 내륙지역과 다른 브라질 지역과의 경제적 통합이 시작되었다. 내륙 개발의 기폭제는 광대한 **10** 세하도(cerrado) 개발이었다. 세하도는 중서부 지방에 펼쳐 있는 비옥한 사바나인데, 세계에서 가장 유망한 농업 개척지 중의 하나이다(적어도 경작 가능한 땅의 2/3가 아직까지 개발이 되지 않았음). 미국의 대평원과 마찬가지로 세하도의 평탄한 대지는 주요 이점 중의 하나인데, 왜냐하면 평탄한 땅은 최소한의 노동력으로 대규모 기계화된 영농을 용이하게 해주기 때문이다. 또 다른 이점은 강수량인데, 이곳은 미국의 대평원이나 아르헨티나의 팜파보다 강수량이 많다.

주요 작물은 콩인데, 이곳의 단위 면적당 생산량은 미국의 옥수수 벨트보다도 더 많다. 다른 곡물과 면화 재배도 세하도의 농업 경관을 가로질러 확대되고 있지만, 심각한 접근성 문제로 현재의 지역 개발 속도가 지체되고 있다. 그래서 내륙의 농산물은 시장과 대서양의 항구까지 가려면 빈약한 도로나 자주 끊기는 철도로 운송되어야 한다. 현재 이러한 병목 현상을 완화시키기 위한 몇 가지 프로젝트가 진행 중인데, 산투스와 마투그로수 주의 남동쪽을 연결하는 민간 자본으로 건설한 페론테 철도, 아마존 강의 항구도시인 산타렘까지의 **소이 하이웨이**로 불리는 고속도로 건설 등이 포함되어 있다.

⑥ **북부**는 브라질에서 가장 넓고, 가장 빠르게 발전하는 지역으로 아마존 분지에 있는 7개의 주가 속한다(그림 5B-9). 이곳은 1세기 전에 엄청난 고무 호황이 있었는데, 당시 셀바스(열대우림)에 있는 야생 고무나무는 엄청난 이윤을 창출하였고, 아마존의 가운데에 있는 마나우스는 짧은 기간 풍요와 번영을 누렸다. 그러나 고무 경기의 호황은 1910년에 끝나고, 이후 70년 동안 아마조니아는 브라질의 중심지역에서 멀리 떨어진 정체된 오지였다. 이 모든 것은 1980년대에 아주 극적으로 변화하였다. 새로운 개발이 북부지역의 도처에서 시작되었고, 현재 세계에서 가장 큰 이 주가 미개척 지역으로 들어오고 있는데, 매년 20만 명 이상의 정착민이 유입되고 있다. 브라질 북부는 빠르게 **벌목**이 진행되는 곳으로 잘 알려져 있다(4A장에서 언급한 쟁점). 삼림 제거는 직접적으로는 벌목의 결과이지만, 정착민에 의한 도시화, 토지 점유와 이용, 그리고 거대 기업 농업의 등장이 더 큰 문제이다.

아마존 북부에는 개발 프로젝트가 많이 있다. 가장 오래 지속되는 프로젝트는 남동쪽에 있는 파라 주의 **그란데카라자스 프로젝트**인데, 카라자스 주변의 구릉지대에 매장된 세계 최대의 철광 산지를 중심으로 한 거대한 다목적 사업 계획이다(그림 5B-9). 거대한 광물 제련단지와 함께 토칸틴스 강에 세운 투루쿠이 댐, 대서양의 상루이스 항까지 850km 철도 건설 등과 같은 건설 사업도 포함된다. 이러한 야심만만한 개발 프로젝트에는 다른 광물자원 개발, 목우, 곡물농업, 산림관리 등도 있다. 지금 일어나고 있는 것은 **11** 성장 거점 개념(growth pole concept)이 명시한 것이다. 성장 거점이란 일련의 산업 활동이 시작되면 주변지역으로 개발이 널리 확장되는 입지를 말한다. 이 경우 파급효과가 있는 배후지가 아마조니아의 1/6을 차지할 것이다.

수만 명의 정착민이 아마존 분지의 이 부분으로 찾아온 것도 이해할 만하다. 사업 기회를 찾는 이들이 선두에 있었고, 직업과 땅을 찾는 저임금의 노동자와 소작농들이 뒤따랐다. 이 거대한 사업의 초기 단계에서 많은 도시가 크게 성장하였는데, 특히 카라자스 북서쪽의 마나우스가 그러하였다. 초현대적인 마나우스 공항의 매우 훌륭한 항공화물 수송 덕택에 마나우스와 가까운 자유무역지대에는 (전자부품 생산으로 특화된) 산업단지가 조성되었다. 그러나 개척의 파도가 아마조니아를 가로질

이 사진은 정착민의 맹공격을 받은 이후, 아마존 적도상의 열대우림의 모습을 인공위성에서 찍은 것이다. 이 위성 이미지의 색들은 숲의 파괴를 보여주고 있다. 자연 식생을 나타내는 짙은 초록색은 삼림이 파괴된 지역의 옅은 초록색 및 분홍색과 대비된다. 혼도니아 주의 BR-364 고속도로에 있는 벌목된 직선의 가로망 패턴은 본문에서 설명하였다. 그러나 이곳의 농업은 오래 지속될 수 없고, 벌목된 경지는 대부분 방치되기 쉽다. 그러면 벌목할 다른 땅을 찾게 된다. 그에 따라 전체 생태계는 결국 점점 더 영원히 작동하지 않게 된다.

데카라자스의 남서쪽에서 1,600km 떨어져 있는데, 볼리비아의 국경과 평행하고, 서부 브라질의 도시인 쿠이아바, 포르투벨류, 하우브랑쿠를 연결하는 2,400km의 BR-364 장거리 고속도로를 건설하는 것이다(그림 5B-9). 정부는 서부 아마존을 관통하는 동서 아마존 횡단 고속도로를 통해서 서부 아마존을 통과하는 것으로 계획하였으나, 1980~1990년대 이주민들은 BR-364를 따라서 아마존 분지의 남서쪽, 주로 혼도니아 주에 정착하는 것을 선호하였다. 이 지역은 농업이 주 산업이지만 정부는 토지 개혁이라는 민감한 문제를 실행함에 따라 토지 문제로 소작농과 지주 사이에 격렬한 분쟁이 지속되고 있다.

브라질은 남아메리카의 주춧돌이고, 메르코수르/메르코술 내에서 압도적인 경제력을 지녔으며, 서반구에서 미국의 유일한 견제국가로 민주주의가 성숙하고, 세계적 강대국으로 성장하고 있다. 남아메리카의 미래는 브라질의 안정과 사회적 · 경제적 발전에 달려 있다.

러 감에 따라 많은 문제들도 나타났다. 호라이마 주에 살던 야노마미 주민들과 관련된 가장 비극적인 사건은 (새로운 금광을 찾아 몰려든) 수천 명의 뜨내기 노동자에게 파급되었고, 이들은 연약한 원주민의 생활방식을 파괴하고자 폭력적 충돌을 유발하였다.

폴로노로에스테 계획이라고 알려진, 또 다른 중요한 개발 사업은 그란

생각거리 ❓

- 미국은 콜롬비아에서 생산된 많은 양의 코카인을 소비한다. 코카인으로 인한 문제로 미국은 콜롬비아를 비난할 수 있는가?
- 정치적 무질서와 경제적 양극화가 내륙국가 볼리비아의 위험 요소이다.
- 포클랜드 섬 근해에서 영국이 석유 시추를 함으로써 나타나는 말비나스에 대한 아르헨티나의 새로운 주장을 살펴보자.
- 당신이 브라질에서 투표 연령이 되었다면 투표를 해야 한다. 그것은 의무이다. 장점(단점)은 무엇인가?

테이블 산에 의해 입지의 영향을 받은 남아프리카의 케이프타운은 1652년 네덜란드의
동인도회사가 아시아로 항해하는 선박의 보급 기지로 건설하였다. © H. J. de Blij

주요 주제

세계의 중심, 인류의 요람
아프리카의 독특한 자연지리
보건과 질병의 다양한 차원
부의 진화와 아프리카의 다양한 문화 모자이크
아프리카가 빈곤에 붙들린 이유
세계에서 가장 도시화가 되지 않은 권역에서의 급속한 도시 성장 결과

개념, 사고, 용어

6A

사하라이남 아프리카 : 권역의 설정

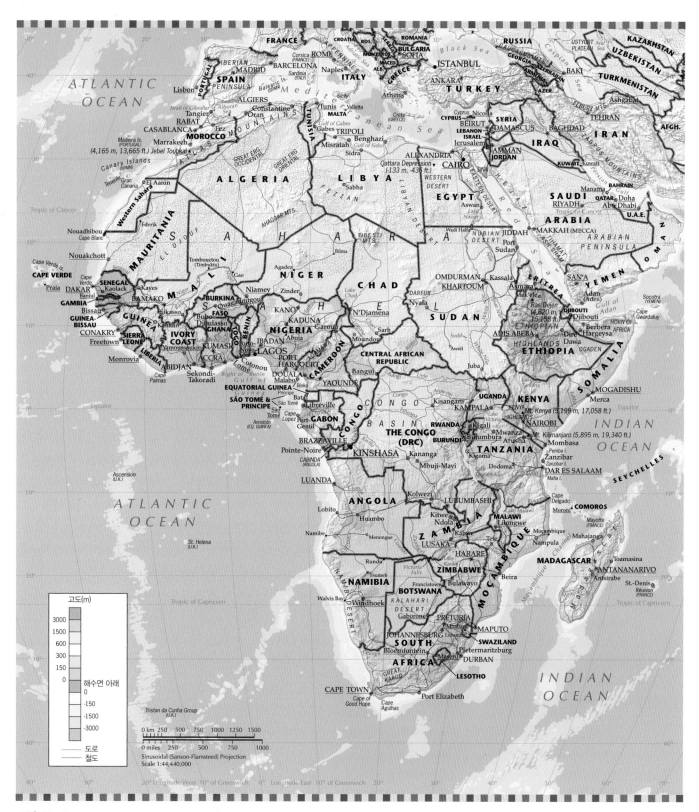

아프리카 대륙은 인간 세계뿐만 아니라 자연 세계에서도 특별한 장소이다. 육반구와 수반구로 이루어져 있는 지구에서 아프리카는 다른 육괴에 의해 모든 방향에서 에워싸인 육반구의 중심에 놓여 있다. 이 같은 사실을 우리는 지구의를 통해 확인할 수 있다. 또한 아프리카는 **1** 인류 진화(human evolution)의 대서사시가 시작된 곳이라는 점에서도 의미가 있다. 아프리카는 인류 최초의 공동체가 출현한 장소이자 최초의 언어가 사용된 곳이며, 맨 처음으로 예술과 문화가 공연된 무대이기도 하다. 우리의 조상 호미니드는 200만 년보다 더 전에 아프리카에서 유라시아로 확산되었다. 우리 현생 인류는 아마도 13만 년 전에 아프리카로부터 현재의 유럽으로 북진했고, 남아시아를 통해 오스트레일리아로 동진하였으며, 그리고 그 너머 아메리카로 더 멀리 이주하였다. 우리의 조상들은 흩어졌지만, 우리는 그 시작이 모두 아프리카인이었음을 기억해야 한다.

아프리카는 수백만 년 동안 인류가 출현하는 데 요람을 제공하였다. 수만 년 동안이나 인류 문화의 원천이었고, 수천 년 동안 작물 재배를 위한 도구 제작부터 무역 관계의 형성에 이르기까지 여러 분야에 걸쳐 세계를 주도해 왔다.

그러나 6A와 6B장에서 우리는 환경 악화에서 인간 혼란까지 일련의 재난에 의해 충격받아 온 아프리카와 마주하게 될 것이다. 그럼에도 불구하고 우리는 아프리카의 불운을 평가할 때 그들의 불운이 수천, 수만 년이 아닌 지난 수백 년 동안의 일임을 기억해야만 할 것이다. 아프리카가 겪는 대재앙의 간주곡은 이제 곧 끝날 것이고 다시금 아프리카의 시간이 도래할 것이다.

이 장에서의 초점은 **사하라이남 아프리카**이다. 아프리카 대륙은 사하라 사막의 남쪽 가장자리에서 희망봉까지의 아프

주요 지리적 특색

사하라이남 아프리카

1. 지세적으로 아프리카는 척량 산맥이 없는 고원 대륙으로, 일련의 대호수와 다양한 폭포, 척박한 토양, 그리고 사바나와 스텝 식생으로 이루어져 있다.
2. 수십여 개의 국가와 수백여 개의 종족, 많은 소규모의 독립체로 이루어진 사하라이남 아프리카는 문화적 풍부함과 인구의 다양성을 가지고 있다.
3. 대부분의 사하라이남 아프리카 사람들은 그들의 생계를 농업에 의존하고 있다.
4. 사하라이남 아프리카는 질병 발병률이 높고 식생활의 불균형으로 인해 보건 및 영양 상태의 향상이 필요하다. 에이즈는 아프리카에서 시작되었으며, 이 지역에서의 주요한 재앙이 되었다.
5. 아프리카의 국가 경계는 식민지의 유산으로, 많은 경계가 충분한 지식이나 인문 및 자연지리의 고려 없이 그려졌다.
6. 사하라이남 아프리카에는 산업화된 국가에 필수적인 천연자원이 풍부하지만, 더 많은 소득을 창출할 수 있게 해주는 조립이나 제조업이 아닌 기초적인 활동인 자원 채굴에만 계속해서 의존하고 있다.
7. 식민지시대에 구축된 천연자원 채굴과 수출을 위한 연결망 패턴은 여전히 사하라이남 아프리카에서 지배적이다. 지역 간, 국가 간 교통 연결망은 아직도 빈약하다.
8. 냉전은 사하라이남 아프리카 국가들 간의 충돌을 더 확대시켰고, 그 결과 세대를 넘어 영향을 미치고 있다.
9. 극심한 혼란은 라이베리아에서 르완다까지 사하라이남 아프리카에 영향을 미쳐, 이 지역은 현재 세계에서 난민이 가장 많다.
10. 정부의 잘못된 관리와 리더십의 실패는 사하라이남 아프리카에 있는 많은 국가들의 경제를 황폐화시켰다.

리카 권역과, 중동과 아라비아 반도를 중심으로 해 북부 아프리카로 뻗은 무슬림 신앙의 이슬람 문화 권역으로 지리적 권역이 구분될 수 있다. 거대한 사막은 두 권역 사이의 방대한 경계를 만들었다. 그러나 유럽인이 서아프리카에 첫발을 내딛은 그 이전에 이미 수 세기 동안 이슬람은 두 권역에 걸쳐 강력한 영향력을 미쳤다. 그 시기에 이슬람 세력들은 오늘날의 사헬지대에 위치한 아프리카의 왕국들을 개종시켜 아프리카 권역의 북쪽 주변을 따라 이슬람의 발판을 마련하였다(그림 G-3). 이 문화적·이데올로기적 침투는 사하라이남 아프리카에 중대한 결과를 가져왔다.

아프리카 대륙은 두 개의 인문지리적 권역으로 나눌 수 있다. 그러나 대륙은 나눠지지 않는다. 따라서 우리는 사하라이남 아프리카의 인문지리를 조사하기 이전에 대륙 전체의 독특한 자연지리를 언급해 두어야 한다(그림 6A-1, 6A-2). 우리는 아프리카의 위치를 육반구의 중심이라고 언급하였다. 게다가 아프리카처럼 적도를 중심으로 거의 남과 북의 크기가 같도록 균등하게 위치한 대륙도 없다. 이와 같은 입지는 아프리카의 기후, 토양, 식생, 농업, 인구 등의 분포에 많은 역할을 한다.

아프리카의 지세

아프리카는 지구 전체 지표면의 약 1/5을 차지한다. 튀니

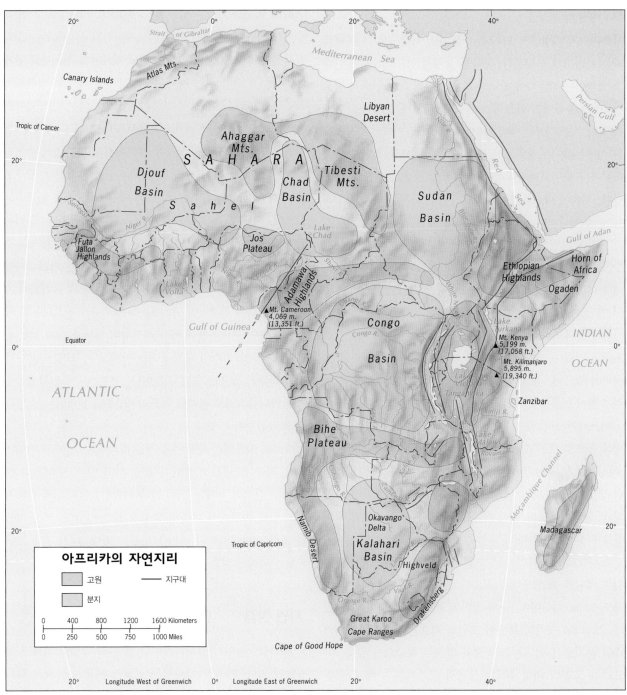

그림 6A-2

© H. J. de Blij, P. O. Muller, and John Wiley & Sons, Inc.

지의 북부 해안에서 남아프리카공화국의 남부 해안까지 7,700km, 아프리카의 불룩한 중배(Bulge of Africa)라고 불리는 세네갈 해안지역의 서쪽 끝에서 소말리아 동부에 있는 아프리카의 뿔(Horn of Africa) 끝까지 7,200km에 달한다. 이러한 거리는 중요한 환경적 의미를 갖는다. 아프리카의 대부분은 수분 공급처인 해양으로부터 멀리 떨어져 있다. 게다

가 그림 G-7에서 보듯이 대륙의 대부분은 대기대순환 시스템에서 항상 건조한 조건을 만들어 내는 위도대에 위치한다. 북쪽의 사하라와 남쪽의 칼라하리는 전 지구적인 사막지대의 한 부분을 이룬다. 따라서 수자원 공급은 아프리카의 큰 문제 중의 하나이다.

지구대와 강

아프리카의 지형에서 드러나는 몇 가지 특성들은 다른 대륙과는 분명하게 구별된다. 대륙들 중에서 아프리카만이 안데스 산맥이나 히말라야 산맥과 같은 선형의 척량 산맥이 없으며, 대신 북부에는 아틀라스 산맥이, 남부에는 케이프 산맥이 있다. 아프리카는 에티오피아와 남아프리카에서 고산지대를 이루는데, 이 지역에서 높은 산들은 깊게 침식된 고원을 이루거나 동아프리카에서처럼 눈 덮인 높은 화산으로 나타난다. 더욱이 아프리카는 대호수군을 포함하는 단 2개의 대륙 중에 하나이다. 이름난 호수들은 대개 지각의 강력한 지각 변동에 기인한 것이다. 빅토리아 호를 제외한다면 이들 호수들은 **2** 대지구대(rift valleys)라고 부르는 깊은 지각의 틈에 놓여 있다. 이는 2개의 평행한 단층 절벽으로 둘러싸인 좁고 긴 골짜기로, 지구 내부의 확장이 일어나는 부분에서 발생한 인장력으로 거대한 수평적인 균열이나 단층이 지각으로 드러난 것이다. 그림 6A-2에서 대지구대는 붉은 선으로 표시되어 있으며, 홍해에서 스와질란드까지 9,600km 이상에 걸쳐 뻗어 있음을 알 수 있다.

아프리카의 강 또한 일반적이지 않다. 강의 상류는 자주 내륙 쪽으로 흐르고, 그들이 결국 흘러가야 할 해안 방향으로는 흐르지 않는 것처럼 보인다. 나일 강이나 니제르 강처럼 몇몇 강들은 해안 삼각주를 형성하기도 한다. 잠베지 강의 빅토리아 폭포와 같이 이름난 폭포들은 하류로부터 상류를 분리시키기도 한다.

마지막으로 아프리카는 '고원 대륙'으로 묘사할 수 있다. 일부 제한된 해안 평야를 제외한다면 대륙의 대부분이 해발고도 300m 이상이며, 거의 절반은 800m 이상의 높이에 있다. 그림 6A-2에서 보듯이 고원의 지표면은 주요한 6개의 내륙 분지로 유입되는 퇴적물의 무게로 침하되어 왔다. 아프리카 고원의 가장자리는 급경사의 가파른 단애로 이루어졌으며, 이들 중 가장 주목할 만한 것은 남아프리카공화국의 드라켄즈버그 산맥의 동사면에 있는 대단층애(Great Escarpment)[*]이다.

대륙이동과 판구조론

아프리카의 주목할 만한 지세는 지리학자 알프레드 베게너

---

[*] 역주 : 대단층애는 남아프리카공화국에 있는 산지 단애이다. 레소토와 남아프리카공화국 사이의 경계에 놓여 있으며, 급경사의 단애는 또한 앙골라, 나미비아, 스와질란드, 모잠비크, 짐바브웨 등지로도 이어져 있다.

(Alfred Wegener)가 구상한 **3** 대륙이동(continental drift)의 증거가 되었다. 현재의 대륙들은 지질학적 시간으로는 그리 길지 않은 2억 2,000만 년 전까지도 베게너의 추론대로 **판게아**(Pangaea)라 불리는 하나의 거대한 초대륙으로 결합되어 있었다. 이 초대륙의 남쪽 부분이 곤드와나이며, 곤드와나의 중심에 오늘날의 아프리카가 있었다(그림 6A-3). 2억 년 전무렵 지반 운동으로 판게아가 분리되기 시작하면서 아프리카를 비롯한 대륙들이 현재의 윤곽을 갖추게 되었다. **판구조론**(plate tectonic)으로 널리 알려진 이 과정은 계속 진행되고 있으며, 지진과 화산 활동의 형태로 나타나고 있다. 그러나 판의 운동이 시작되었을 때 아프리카의 지표면은 현재도 주목할 만한 특징의 일부를 갖추게 되었고, 이는 아프리카를 독특하게 만들었다. 예를 들어 대지구대는 판의 움직임이 지속되는 영역의 경계이며, 이 때문에 아프리카 판으로부터 아라비아 판이 분리되는 홍해가 직선상의 형태를 띠게 되었다. 그리고 동아프리카의 대지구대는 아마도 아프리카 판이 계속 분열되고 있다는 증거일 것이다. 일부 지구물리학자들은 이를 마다가스카르 섬처럼 아프리카로부터 분리되는 '소말리 판'으로 간주하고 있다.

따라서 아프리카 대륙의 둘레를 따라 있는 가파른 단애의 고리, 지구대, 내륙 지향의 수계망, 내륙 분지, 안데스와 같은 척량 산맥의 부재는 모두 판게아에서 중심적 위치를 차지하고 있던 아프리카 대륙의 특성과 관련이 있다. 모든 퍼즐의 조각은 판구조론의 해법을 이끌고 있다. 다시 말해 모든 열쇠는 지리가 쥐고 있다.

자연 환경

오로지 사하라이남 아프리카의 가장 남쪽 끝만이 열대 지방 바깥에 있다. 비록 아프리카의 고도가 비교적 높다고 해도 열대 지방의 열을 벗어날 정도로 높지는 않다. 물론 에티오피아와 케냐의 고산지대와 같이 특별히 혜택 받은 곳이 전혀 없는 것은 아니지만 말이다. 그리고 앞서 언급했듯이 아프리카의 불룩한 중배 모양은 대륙의 대부분이 수증기 공급원인 해양으로부터 멀리 떨어져 있음을 의미한다. 변덕스러운 날씨와 잦은 가뭄은 대표적인 아프리카의 환경 문제이다.

이 점은 앞서 그림 G-7에서 언급하였다. 고도 변화에 따라 기후지역이 변하는 동아프리카는 예외지만, 아프리카 대륙 중심부의 경우 기후지역이 거의 적도에 대해 대칭적으로

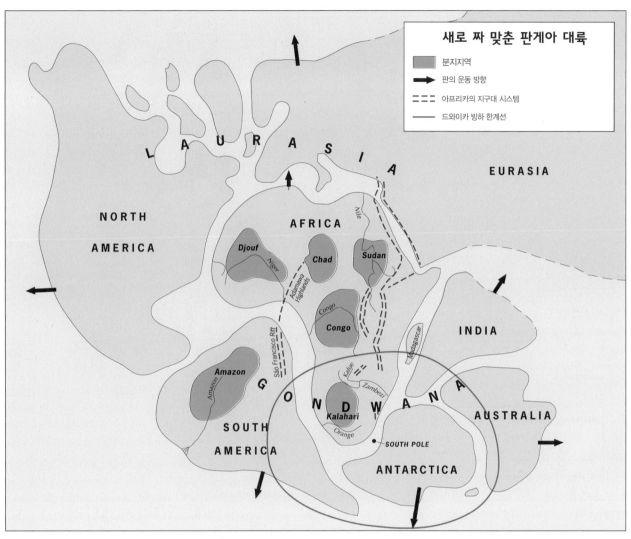

그림 6A-3

© H. J. de Blij, P. O. Muller, and John Wiley & Sons, Inc.

분포하고 있음을 지도는 보여준다. 콩고 분지의 고온다우기 후는 북쪽으로, 또 남쪽으로 갈수록 점차적으로 전혀 달라져 겨울이 건조한 사바나 기후로 바뀐다. 여기서 '겨울'은 추위가 아니라 건조에 대응한 개념이다. **사바나(Aw) 기후**에서 계절 순환은 지역적으로 '다우기'와 '소우기'로 간주되는 두 우기를 만들며, 이는 두 '겨울' 건기에 의해 분리된다. 습윤한 콩고 분지에서 북쪽이나 남쪽으로 갈수록 건기는 더 길어지고, 강수량이 줄어 강수에 덜 의존적이게 된다.

시대의 종언

아프리카의 축소되는 열대우림과 광활한 사바나는 영장류에 서부터 누 떼에 이르기까지 야생 동물을 위한 지구상의 마지막 남은 피난처이다. 수백만의 초식 동물이 인간과 경쟁하고 있는 공간인 사바나 평원을 가로질러 거대한 무리로 배회하고 있는 반면에 고릴라와 침팬지는 위협받고 있는 숲 속의 서식지에서 그 수가 줄고 있다. 아프리카에서 동물뿐만 아니라 인간까지도 대부분 파괴시킨 유럽의 식민지배자들은 사냥을 '스포츠'로 소개하였고, 광활한 야생 동물 구역을 개척하였으며, 많은 생물종을 멸종으로 몰고 갔다. 후에 그들은 게임을 위한 사냥 구역과 여러 종류의 야생 동물 보호 구역을 구분해 두었으나, 이들 구역은 야생 동물의 무리들이 자신들의 이동 경로를 따라 이동하기에는 그 크기가 충분하지 못하고, 필요한 만큼 연결되지도 못했다. 농민들에게 영향을 미치는 기후 변동은 야생 동물에게도 비슷하게 영향을 미치고 있다. 동물들은 기존의 초지가 시들면 보다 나은 목초가 자라는 곳을 찾게 되는데 사냥을 위해 설치한 울타리가 야생 동물을

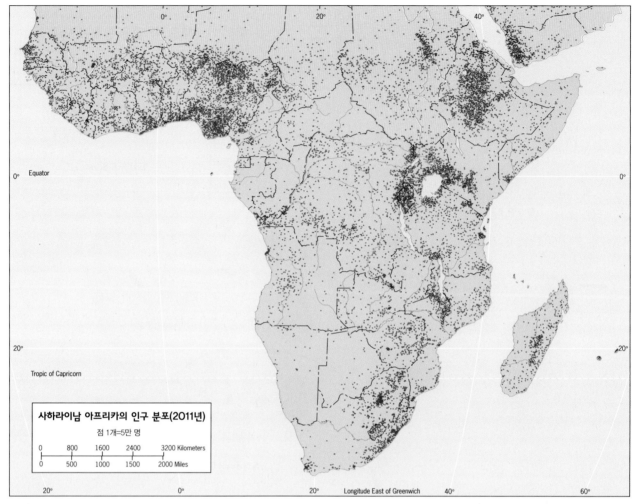

그림 6A-4

© H. J. de Blij, P. O. Muller, and John Wiley & Sons, Inc.

내쫓아 그들의 생존을 어렵게 한다. 울타리가 없었을 때에는 야생 동물이 이웃한 농경지에 침입해 농작물을 파헤치고, 농민들은 이에 보복하기도 하였다. 아프리카에서 인간과 동물 간의 수천 년 동안의 이 균형은 이제 변화하고 있다. 이는 곧 한 시대의 종언을 의미한다.

야생 동물 관리와 관광

아프리카의 여러 정부는 자연 보호의 중요성을 인식하고 있으며, 아울러 세상 어디와도 견줄 수 없는 자연 경관과 광활한 야생의 결합을 보기 위해 오는 연간 수천, 수만의 관광객들로부터 얻는 세수 증가에 의한 이익의 중요성도 인식하고 있다. 그러나 지역 주민, 야생 동물, 그리고 관광 편의시설 간의 상충되는 요구 때문에 정부의 관리는 자주 어려움을 겪는다. 계절에 따라 이동하는 많은 야생 동물뿐만 아니라 유목민의 가축 또한 울타리에 가두려는 간단한 방법조차도 잘

실행되지 않는다. 지역 주민은 선조 대대의 땅에서 사냥 금지 구역으로 보호받으면서 재정적 투자금을 받는 편이 더 낫다. 케냐와 탄자니아에서 야생 동물들이 살아가고 있는 사냥 금지 구역 내의 목초지 안에서 그들의 가축을 모는 지역 목축민을 흔히 볼 수 있다. 그리고 아프리카 정부들은 야생 동물 유산의 가치를 보호하기 위해 밀렵과의 전쟁을 벌이고 있다.

관광은 지역 생태를 지속 가능하게 하고 정부 세입에 도움을 주는 산업임이 분명해 보이지만 여기에는 다른 면도 있다. 관광객들은 짧은 방문 기간 동안 코끼리를 포함한 '빅4[*]'를 보는 데 더 관심을 두는 경향이 있다. 그러나 코끼리 무리를 유인하기 위해 인위적으로 물을 주는 행위는 다른 야생의 서식지에도 변화를 가져오는 결과를 초래한다. 지리학자와 여타 과학자들의 진전된 연구로부터 코끼리 무리가 수목을 짓

* 역주 : 사자, 표범, 코뿔소, 코끼리 사파리

밟는 것은 아프리카의 숲을 관목림이나 초지로 바꾸는 생태계의 교란임이 명백하다는 것을 알 수 있다. 그리고 특정 식물종을 필요로 하는 방목되는 가축을 몰아내고, 덜 까다로운 소나 사슴이 차지할 수 있도록 해야 한다. 그러므로 관광객들의 요구와 보호의 필요성에도 불구하고 코끼리와 같은 특정한 하나의 종에 집중하는 것은 야생의 다양함이나 풍부함에는 부정적인 영향을 끼친다.

사하라이남 아프리카에서 지난 10여 년간 경험한 기후 변화로 인해 장기간 지속되는 심한 가뭄이 발생하면서 야생 동물 관리가 보다 어려워지고 있다. 이들 천연자원을 보호하기 위한 정부의 노력이 더욱 강력하게 요구되고 있다.

주민, 농민, 그리고 환경

사하라이남 아프리카에서는 아직까지 인간뿐만 아니라 야생 동물을 위한 공간이 충분히 있는 것처럼 보인다. 그림 6A-4를 보면 이 지역의 인구 대국인 나이지리아가 있는 서부 아프리카, 빅토리아 호를 둘러싼 동부 아프리카, 에티오피아에 많은 인구가 밀집된 것을 볼 수 있다. 그리고 대부분의 권역은 상대적으로 인구가 희박하다. 부록 B를 통해 이들 권역에 있는 모든 국가들의 인구가 단지 중국의 절반 정도에 불과함을 알 수 있다.

그러나 이들 인구의 대부분은 그들의 활발한 농경에 의존한다. 그리고 우리는 이미 아프리카의 환경이 수백만의 농민에게는 어려움을 준다는 것을 주목하고 있다. 물론 아프리카에도 양호한 토양, 충분한 물, 그리고 높은 생산성을 가진 일부 지역도 있다. 킬리만자로 산과 서부 대지구대 주변 고원의 화산 토양, 북동 아프리카의 곡창지대인 에티오피아 고원과 남아프리카의 고위도 습윤지역의 토양, 그리고 사회 조건이 농경 공동체를 붕괴시키지 않을 때의 서아프리카에서는 농작물 생산이 양호하다. 그러나 그러한 지역은 아프리카의 광대함에 비하면 적은 부분만을 차지할 뿐이다. 이들 권역은 인도나 중국의 거대한 충적 분지와 비교한다면 아무것도 아니다. 심지어 상대적으로 작은 땅임에도 불구하고 비옥한 토양이 수천만의 인구를 부양하는 나일 강 유역과 삼각주에 비교해도 미미할 뿐이다.

대부분의 아프리카 농민들은 (1) 기후 변동, (2) 정부의 경제 정책, (3) 선진시장으로의 접근 부재와 같은 위압적인 도전에 직면하고 있다. G-7을 보면 습윤한 적도 주변에 위치한 콩고 분지를 북쪽과 남쪽에 위치한 사막이 상대적으로 짧

은 거리로 감고 있음을 볼 수 있다. 게다가 연강수량은 감소하며 강수 변동성은 증가하고 있어, 건조지대의 농민들은 충분한 용수를 기대하기 어렵다.

정부의 경제 정책은 도시인들의 희망에 따라 농산물의 인위적인 저가 정책을 펴 농민에게 불리하게 작용한다. 이처럼 아프리카의 농업에 끼치는 지역적인 영향은 생산성을 강제해 왔다. 그리고 세계화 시대를 맞이해 세계의 주변부에 있는 아프리카 농민들은 자주 세계시장에서 부당한 취급을 당한다. 부유한 세계의 중심축에 있는 자유무역을 옹호하는 자들을 위해 그들 정부는 자국의 지역 농민들에게 호의를 베풀고 있다. 이와 같은 사례는 일본의 쌀 보조금에서부터 프랑스의 시장 지원까지 다양하다. 경제학자들은 이러한 불공정한 무역으로 인한 아프리카 농민들의 손해 비용을 연간 2,000억 달러 이상이라고 추산하고 있다.

아프리카인과 토지

강수가 농업의 결정적인 자연 조건인 것처럼 수많은 정치적 · 경제적 요인이 또한 농업에 작용한다. 자급농이냐 상업농이냐 하는 농업 체계 유형, 윤작 · 이동식 경작 · 간작과 같은 농경 방식 유형, 농작물의 가격, 단일 작물 재배를 조장하는 정부 정책, 개별 작물에 대한 재래의 농업 지식, 그리고 기술 정도와 기계화 등에 따라 이러한 요인들은 토지 보유권에 영향을 끼친다.

대부분의 아프리카 사람들이 농민인 까닭에 토지 보유권 문제는 아프리카에서 여전히 중대하다. **4** **토지 보유권(land tenure)**은 사람들이 토지를 소유 및 점유하고 이용하는 방법들과 관련되어 있다. 토지 보유권에 대한 아프리카의 전통은 유럽이나 아메리카와는 다르다. 사하라이남 아프리카의 대부분은 개인이 아니라 공동체가 관례상 토지를 소유한다. 토지 점유자는 토지를 일시적으로 가져 관리할 권리만을 지닐 뿐 팔 수는 없다. 토지는 확대 가족이나 촌락 공동체, 또는 사람들의 동의하에 전통 추장에 의해서만 소유될 수 있다. 사람들은 그들 자신의 땅에서 살며 농사를 지을 수 있으나 그 대신에 그들은 토지 보유권 관례에 따라야만 한다.

수탈된 토지

5 **식민주의(colonialism)**의 습격 이후 식민지 관리들은 원주민의 축출을 통해 점령한 식민지의 비옥한 지역 대부분을 지

배하려고 하였다. 대부분의 경우 군사력을 동원한 물리력을 통해, 그리고 강압 정치를 통해 지배하였다. 제국주의 이전 대부분의 전통적인 아프리카인들의 생계는 휴경 또는 이동식 방목과 같은 지속 가능한 토지 관리를 고집했다. 아직 비어 있는 토지에 대해서 식민지의 입안자들은 중부 및 남아메리카에서 일어난 것과 결코 다르지 않은 **6** 토지 수탈(land alienation) 과정을 자행하였다. 비옥하고 생산적인 토지의 대부분은 식민지 정착민과 정부의 관리 아래 놓여졌다. 시간이 경과된 후 이들 토지는 개인 재산처럼 사고팔렸다. 식민시대의 말기 무렵에는 아프리카의 많은 신생 독립국들이 전통적인 토지 소유 관리 형태로 복귀해 프로그램을 진행하기 시작하였다. 그러나 식민시대의 유산은 극복하기 어려웠고, 아프리카의 정부들은 지속적으로 사회의 주류에서 처진 농민들의 토지 관리에 대해 여러 신식민주의 정책을 채택해 왔다. 그리하여 유럽인들에 의해 한 번 소유되기 시작한 거대한 토지는 이제 공무원이나 정부의 조력자들에게 점령된 것으로 보인다. 식민시대의 토지 소유에 대한 접근 방식은 아프리카에 큰 사회 문제를 남겼다.

식민 지배 이후 초기에 경험한 아프리카의 빠른 인구 성장은 문제를 더욱 악화시켰다. 이동식 경작에서 목축까지 다양한 형태의 농업 양식을 포함하는 토지 보유에 대한 전통은 인구가 안정적일 때 가장 효과적이다. 토지는 경작 후에 지력을 회복할 때까지 휴한지로 남겨두어야 하고, 방목지는 나중에 풀이 소생할 수 있도록 가축으로부터 보호해야 한다. 그러나 20세기 중반 동안 아프리카가 겪은 인구 폭발은 이 균형을 무너뜨렸다. 땅은 쉴 수 없게 되었고, 가축은 과도하게 방목되었다. 토질이 떨어지자 생산량은 감소하였다.

악착같은 생계 유지

비록 아프리카에 상당한 정도의 상업적 농업이 있을지라도 대다수의 아프리카 농민들은 건조지역에서는 옥수수, 기장, 수수와 같은 곡물을 기르고, 수분이 충분한 곳에서는 얌, 카사바, 고구마 등의 구근 작물을 재배해 생계를 유지한다. 그리고 환경 및 기후 변동에 도전받는 다른 지역에서는 소와 염소와 같은 가축을 기른다. 농민과 목축민들은 정기적인 시장으로의 안정된 접근과 그들의 생산품에 대한 안정적인 가격 보증이 어려웠다. 이는 세계시장에서 결코 고가에 팔리지 않을 감비아의 땅콩이나 케냐의 차와 커피, 코트디부아르의 코코아와 같이 수출 지향적인 단일 작물 재배를 강요받는 정부

휴대전화 혁명은 먼 거리에 유선 전화가 없는, 시장 정보가 부족한 사하라이남 아프리카의 농민들에게 극적인 영향을 미쳤다. 요즘 사진의 케냐 여성과 같은 농민과 시장 상인들은 시장 상품이 최고의 가치를 지닐 때 접근할 수 있고, 보다 정확하게 측정할 수 있다.

정책 때문이었다.

아프리카의 많은 농민들은 이러한 문제에 적응해야 했지만, 그럼에도 불구하고 아프리카에서의 농업 수확량은 오랫동안 그다지 많지 않았다. 정부는 세계은행의 정책에 부응하여 산업 개발 계획에 명확한 태도를 보였고 농업이 경시되는 결과를 초래하였다. 이 모든 것들은 사하라이남 아프리카에서 75% 이상의 식품을 생산하는 아프리카의 여성들에게 특히 어려움을 주고 있다. 개발 정책들은 자주 이러한 상황에서 여성에 대한 배려가 거의 없어 이 때문에 잘 의도된 많은 계획이 실패하고 있다.

심지어 **7** 녹색 혁명(Green Revolution)도 다른 지역보다 아프리카에 영향을 덜 미쳤다. 사람들이 주로 쌀과 밀에 의존하는 곳에서는 녹색 혁명이 굶주림의 공포에서 벗어나게 해 주었지만 아프리카에서 지배적인 덩이줄기 작물에 대한 연구가 적었기 때문에 녹색 혁명으로 인한 진전은 아프리카에서 최소화되었다. 녹색 혁명이 절대적인 구제책은 아니다. 도움이 가장 필요한 가난한 농민들은 더 비싸고 생산성이 높은 씨앗이나 그들이 필요로 하는 살충제를 살 여유가 없다. 계속적으로 생산성이 하락하고 수입 작물에 대한 의존성이 높아지면서 아프리카에 충분한 식량을 위한 노력을 점점 더 어려워지게 하고 있다.

대부분의 농민들이 직면한 장애에도 불구하고 사하라이남 아프리카의 대부분은 제2의 혁명이 진행되고 있다. **8** **휴대전화 혁명(cell phone revolution)**은 많은 농민들이 문자를 주고받고, 일기 예보나 농산물 가격과 같은 실용 정보를 얻을 수 있게 하였다. 과거에는 아프리카 농민들이 믿을 수 있는 시장 정보에 접근하는 데 어려움을 겪었다. 휴대전화 혁명은 농산품을 더 높은 가격으로 파는 것을 가능하게 했다.

인체면역결핍바이러스(HIV)/후천성면역결핍증(AIDS)은 사하라이남 아프리카에서 농업과 자연자원 관리에 또 다른 심각한 도전을 보여준다. 이 질병은 농업과 자연자원 관리에 기여할 수 있는 지식과 생산성을 지닌 노동 가능 연령의 많은 농민들을 쇠약하게 하고 죽음에 이르게 한다.

환경과 보건

태생부터 아프리카인들은 벌레나 다른 미생물에 의한 질병에 광범위하게 노출되어 있다. 공간적 배경에서 인류 보건을 연구하는 분야를 **9** **의료지리학(medical geography)**이라고 하며, 의료지리학자들은 현대적 연구 방법으로 질병의 발생지를 찾고 그 확산을 추적하거나 전염병 매개체를 평가해 질병의 재발을 예방하고자 한다. 의사와 지리학자 간의 협력은 이미 상당히 의미 있는 결과를 낳고 있다. 의사들의 경우 질병이 어떻게 신체에 피해를 입히는지를 알고자 한다면, 지리학자는 풍향과 같은 기상 조건이나 하천 흐름의 변화가 어떻게 전염병 매개체의 분포나 확산에 영향을 미치는지를 알고자 한다. 이들의 공동 연구는 질병에 취약한 인구들을 보호하는 데 도움을 주고 있다.

많은 심각한 질병들의 근원지인 열대 아프리카는 많은 의료지리학자들의 작업을 집중시킨다. 전염병의 매개체뿐만 아니라 성관계, 음식의 선택과 조리법, 개인 위생 등과 같이 전염을 촉진시키는 문화적 전통까지 모든 것을 지도화할 수 있다. 의료, 환경, 문화를 지도에서 비교하는 것은 질병으로 인한 큰 재앙과의 싸움을 도울 수 있는 결정적인 징표를 이끌 수 있다.

오늘날 아프리카에서는 수억 명의 사람들이 하나 또는 그 이상의 만성적인 병을 지니고 있고, 그들을 괴롭히는 것이 정확히 무엇인지도 알지 못한다. 이처럼 이유 없이 급속히 퍼져 안정된 상태의 많은 사람들이 광범위하게 죽는 질병을 우리는 **10** **풍토병(endemic)**이라고 한다. 병에 전염된 사람들은 갑자기 극적으로 죽는 것이 아니라 건강이 악화되고 힘이 떨어지며 삶의 질이 점차 악화되면서 죽어간다. 열대 아프리카에서는 간염, 성병, 십이지장충 등이 사람들의 건강을 위협하고 있다.

전염병과 유행병

병이 국지적 또는 지역적 규모로 전파되면 이를 **11** **전염병(epidemic)**이라고 부른다. 전염병은 수천, 수만의 생명을 빼앗을 수 있으나 병원체의 범위에 의해 규정된 특정 지역에만 제한되어 나타난다. 열대 아프리카에서 체체파리에 의해 전염되는 수면병은 지역적으로 한정되었었다. 사바나의 큰 짐승 무리는 수면병의 **병원체**인 편모충을 숙주로 보유하고 있으며, 체체파리가 가축이나 사람에게까지 이 병을 전염시킨다. 야생 동물에게 발생하는 풍토병인 수면병이 가축 또한 피해를 입히기도 하므로, 아프리카의 가축 소유주들은 그들의 가축을 체체파리로부터 지키기 위해 노력한다. 아프리카의 수면병은 15세기경에 서아프리카에서 기원한 것으로 보이며, 이후 열대 아프리카의 많은 지역으로 확산되었다. 이 전염병의 범위는 체체파리의 분포 범위에 의해 한정되며, 체체파리가 없는 곳에서는 수면병도 없다. 하지만 사하라이남 아프리카의 넓은 사바나 지역의 가축이나 야생 동물들이 언제나 체체파리로부터 벗어나 자유로울 수는 없다.

질병이 전 세계로 퍼져나가게 되면 우리는 이를 **12** **유행병(pandemic)**이라고 한다. 아프리카뿐만 아니라 세계적으로 가장 위험한 질병은 모기에 의해 전염되어 매년 백만 명 이상의 아이들이 죽는 말라리아이다. 말라리아가 아프리카에서 기원한 것인지는 알 수 없지만 이는 먼 옛날로부터 내려오는 재앙의 원인이다. 기원전 5세기경 그리스의 의사인 히포크라테스는 유인원과 원숭이, 그리고 다른 여러 종의 동물들 또한 이 질병으로 고통당한다고 언급했다. 말라리아의 증상은 고열과 빈혈, 심한 우울증 등으로 나타난다. 말라리아는 열대지역뿐만 아니라 온대지역까지 널리 퍼져 있다. 모기 박멸 캠페인이 어느 정도 성공을 거두기도 했지만 여전히 말라리아 숙주는 활동을 재개해 되돌아오고 있다. 현재 전 세계적으로 연간 2억 5,000만 명의 사람이 말라리아의 영향을 받는다. 질병에 대처하기 위한 현재의 노력을 통한 모기장 사용의 증가로 좋은 결과가 나타났지만, 아직도 말라리아에 의한 사망자는 적어도 매년 백만 명에 이른다. 부록 B에 보고된 열대 아프리카의 짧은 기대수명은 유아와 아이들에게 미치는 말라리아의 영향을 반영한 것이다.

아프리카의 마지막 재앙

말라리아는 오늘날에도 아프리카의 거대한 재앙으로 남았다. 그러나 최근 30년 동안 에이즈(AIDS)라고 알려진 다른 질병이 전 세계 보건 뉴스를 주도하고 있다. 비록 에이즈가 사하라이남 아프리카에서 처음 시작되었지만, 이 심각한 병은 이제 진정한 유행병이 되었다. 어떠한 지리적 권역도 남겨 두지 않았다.

에이즈(AIDS)는 바이러스에 대항해 스스로를 보호하지 못하는 것으로 후천성면역결핍증(Acquired Immune Deficiency Syndrome)의 약자이다. 그 바이러스의 적당한 명칭이 없었던 때, 연구자들은 정체를 밝히기 위해 노력했고, 인간면역결핍바이러스(Human Immunodeficiency Virus, HIV)라고 부르게 되었다. 따라서 이 질병은 정확히 인간면역결핍바이러스(HIV)/후천성면역결핍증(AIDS)이라고 부른다. 1980년대 초, 이 질병이 처음으로 기록된 이후 전 세계적으로 3,000만 명 이상이 희생되었는데, 그중 75~80%가 아프리카에서 발생하였다.

1990년대 초반 의료지리학자들이 에이즈 벨트라고 일컬은 콩고민주공화국*에서 케냐에 이르는 적도 아프리카와 동아프리카에서 최악의 피해를 입었다. 그러나 10여 년 후 가장 심하게 피해를 본 지역은 15세부터 49세까지 인구의 25% 이상이 HIV에 감염된 남부 아프리카이다. 문화적·사회적 영향으로 감염된 사람의 60% 이상이 여성이다. 전체적으로 열대 아프리카의 어떠한 부분도 남아 있지 않다. 기대 수명은 곤두박질쳤으며, 수백만의 아이들이 고아가 되었다. 회사는 노동자들을 잃었으며, 그들을 대체할 사람은 없었다. 보조금, 치료, 의약 등의 관련 비용이 급증했으며, 국가 경제는 움츠러들었다.

왜 아프리카에 이런 불운이 닥쳤을까? 우선 HIV/AIDS가 열대 아프리카의 밀림 주변부에서 기원해 사회의 모든 부문을 통해 빠르게 확산되었다. 둘째, HIV/AIDS가 성병이라고 하는 사회적 낙인은 그것을 인정하고 치료하는 것을 더욱 어렵게 만든다. 셋째, 생명 연장을 위한 의약품은 고가이며, 멀

---

* 역주 : 아프리카의 두 나라가 콩고라고 하는 같은 국가명을 가지고 있다. 이 책에서 '콩고민주공화국(Democratic Republic of the Congo)'은 국토의 크기가 더 큰 콩고를 가리키며, '콩고(Republic of Congo)'는 국토의 크기가 작은 콩고를 가리킨다.

리 떨어져 있는 농촌에 공급하는 것이 특히 어렵다. 넷째, 에이즈로 인한 고비가 찾아왔을 때 정부의 리더십은 우간다에서 정치인 및 의료인들이 협력하여 무료 콘돔을 나눠 주고, 콘돔 사용을 권장하는 대규모 캠페인을 벌였던 것처럼 적극적이며 효율적이지 못했고, 남아프리카공화국에서 정부의 장관들이 대중을 오도하고 의료 개입을 불필요하게 지연시켰던 것처럼 너무나도 무능했다.

2011년의 상황은 여전히 심각하지만 일부 진전이 이루어지고 있다. 남아프리카공화국의 새로운 정부는 적극적으로 에이즈 위기에 대처하고 있다. 어떤 곳에서는 공중보건 캠페인이 좋은 효과를 거두고 있다. 저비용의 일반적인 항HIV 의약품은 국제적인 협력을 통해 더욱 널리 사용되고 있다. 그렇지만 부록 B의 국가 정보는 이는 단지 지속되어 온 치명적인 질병의 최근 상황일 뿐 아프리카는 앞으로도 오랫동안 이로 인해 고통받을 것임을 상기시켜 준다.

아프리카의 역사지리

아프리카는 인류의 요람이다. 인류학적 연구는 오스트랄로피테쿠스에서 호모 사피엔스까지 호미니드의 700만 년간의 전이를 보여준다. 그러나 사하라이남 아프리카가 유럽의 식민 지배를 받기 이전인 500~5,000년간의 역사에 대해서 우리가 잘 알지 못한다는 사실은 아이러니하다. 이는 아프리카의 역사가 무시되었던 식민지시대에 기인한다. 식민지시대에 많은 아프리카의 전통과 산물이 파괴되었고 아프리카의 문화와 관습에 대한 잘못된 인식이 확립되었기 때문이다. 또한 이는 사하라이남 아프리카 대부분에서 16세기 이전의 기록된 역사가 부재하기 때문이기도 하다.

아프리카의 기원

식민지시대 이전의 아프리카는 변화의 대륙이었다. 수 세기 동안 대륙에서 가장 문화적이고 경제적으로 생산성이 높은 서아프리카 부근의 거주지는 계속해서 변화했다. 2,000년 이상 아프리카는 외부로부터 아이디어를 빌리는 것은 물론 스스로 혁신해 왔다. 서아프리카의 도시들은 인상적인 규모로 발전하였고, 중앙 및 남부 아프리카에서는 사람들이 이동·재건하였고, 때때로 영토의 패권을 두고 투쟁하였다. 로마인들이 남수단을 침입해 왔을 때, 북아프리카 사람들은 서아프리카와 교역하고 있었으며, 아랍의 범선들은 아시아의

© H. J. de Blij

" 역사지리 수업 시간에 거대한 짐바브웨의 폐허에 대해 배운 후 항상 가보고 싶었던 이곳을 첫 방문한다는 부푼 희망을 갖고 이날 새벽이 되기 전에 일어났다. 언덕을 올라 타원형의 거대한 사원 위로 떠오른 일출을 보고, 언덕 꼭대기 위의 요새처럼 보이는 구조물의 미로를 탐험하였다. 다음으로 믿어지지 않는 90분 동안 나는 홀로 사원의 타원형 벽 안에 있었다. 이곳은 750년경 처음으로 놓인 기단의 돌 앞에 아마도 6세기 동안 거주했고, 금과 구리를 녹여 소팔라(Sofala)와 인도양의 여러 항구를 통해 남부 아시아와 심지어 중국과도 교역한 11세기부터 15세기까지 광대한 제국의 의식과 종교 중심으로 사용된 곳으로 보였다. 시멘트를 사용하지 않고, 이들 벽은 돌로만 짜 맞춰 계곡에 10m 높이로 세워져 있었다. 그리고 어떤 계획과 도구를 가지고 어디서 채석되는지, 이 거대한 짐바브웨의 비밀은 여전히 봉인되어 있다. 정교한 용수 공급 체계 유물은 이곳을 위한 실제적인 기능을 한 것으로 추측된다. 그러나 장식된 원뿔형의 탑과 그에 인접한 기단은 종교적 역할을 의미하고 있다. 어떤 답변에도 역사는 이 아프리카의 유적 위에 얽힌 채 무겁게 매달려 있었다."

상품과 금, 구리, 노예를 교역하면서 아프리카 대륙의 동해안을 따라 항해하였다.

아프리카 문화는 이슬람이나 유럽과의 접촉 이전에 수천 년 동안 그림 G-7에 볼 수 있는 환경에서 이루어졌다. 이러한 예로 노크 문화는 베누에 고원(나이지리아 북부)에서 기원전 500년부터 기원후 300년까지 8세기 동안 지속되었다. 노크인들은 철기처럼 석기를 만들었고, 인간과 동물을 표현한 점토의 입상과 같은 예술품을 남겼다. 그러나 그들이 다른 지역의 사람들과 교역했다는 증거는 없다. 환경과 기술에 으해 만들어진 기회가 여전히 그들 앞에 놓여져 있다.

초기 무역

서아프리카는 환경, 경제적 기회, 생활 양식, 생산물이 다양하게 나타난다. 열대우림의 사람들은 건조지대에 사는 사람들과 다른 것을 생산하고 필요로 한다. 예를 들면 소금은 우림지대에서는 습도 때문에 생산이 잘 되지 않아서 귀중한 상품인 반면에 사막과 스텝에서는 풍부하다. 이는 사막의 사람들이 소금으로 우림지대의 사람들과 상아, 향신료, 식량을 교환할 수 있게 한다. 그러므로 우림지대와 건조지대에 사는 사람들 간에 **지역적이며 상호 보완적인 교역**을 발달시켰다. 그리고 그 사이에 위치한 사바나 지역의 사람들은 교역을 중개해 경제적인 이득을 얻을 수 있었다.

이들 상품을 교환하는 시장은 번영하고 성장하였으며, 서아프리카의 사바나 벨트에 놓인 도시들이 발달하였다. 이러한 오래된 도시 중에 하나인 팀북투는 한때 상업의 중심지로 번성해 세계도시를 이끌었다. 오늘날 말리에 위치한 팀북투는 사실 세계에서 가장 오래된 대학 중 하나로 유명하다. 이 대학 도서관에는 가치 있는 문서들이 보존되어 있다. 팀북투의 뒤를 이은 다른 도시들은 쇠퇴하고 일부는 사라졌지만 나이지리아 북부에 위치한 카노처럼 사바나의 도시들은 여전히 중요하다.

초기 국가들

서아프리카에서는 역사가 오래되고 국력이 강한 국가들이 발생하였다. 우리가 알고 있는 가장 오래된 국가는 현재 가나 북서부에 위치한 고대 가나로, 오늘날의 말리, 모리타니를 포함하는 영역에 해당한다. 가나는 니제르 강이 발원한 푸타 잘론 고원을 흘러나가는 황금 물줄기를 포함해 니제르 강 상류에 걸쳐 있었다. 수천 년 이상 고대 가나는 다양한 종족을 안정된 국가로 조화롭게 다스렸다. 국가는 시장과 외국 상인들을 위한 근교, 종교 성지, 그리고 도시의 중심으로부터 얼마 간 떨어진 국왕의 요새를 갖춘 거대한 수도를 갖추고 있었다. 시민들에게는 세금을 부과하였고, 가나 변방에 있는 피정복민들에게 공물을 거두었다. 그리고 가나에 입국하는 사람들에게는 통행료를 징수했으며, 군인들이 지배하였다. 11세기 중반 이미 쇠퇴하기 시작한 가나에 북부 건조지역으로부터 무슬림이 침략하였다. 그럼에도 불구하고 가나인들은 그들의 수도를 지키기 위해 14년을 항쟁하였다. 그러나 침략자들은 농경지를 황폐화시켰으며, 북부의 대상 무역로를 파괴하였다. 고대 가나는 더 이상 생존할 수 없었고, 마침내 여러 작은 종족으로 흩어지게 되었다.

동쪽으로의 이동

서아프리카의 **문화 중심지**에서 이룩한 정치적 영역의 중심은 다음 세기에 계속해서 동쪽으로 이동해 먼저 팀북투를 중심으로 한 니제르 강 중류에 위치한 고대 가나의 계승자 말리를 거쳐 지금도 존재하는 니제르 강의 도시 가오를 중심으로 있었던 송가이로 이동하였다. 이러한 동쪽으로의 이동은 이슬람의 영향과 힘이 확대한 결과에 기인한다. 고대 가나에서는 전통 종교가 우세하였으나, 말리를 비롯한 다른 계승국가들은 오늘날 하르툼에서 카이로까지 나 있는 사하라의 남쪽 사바나의 회랑지대를 따라 대규모로 황금을 싣고 메카로 순례하였다. 이 순례에는 수천, 수만의 사람들이 참가하였는데, 그중 일부는 메카로 가는 길에 혹은 돌아오는 길에 주저앉아 정착했다. 오늘날 많은 수단인들은 그들 조상의 기원을 서아프리카의 사바나 왕국에서 찾는다.

서아프리카를 넘어서

서아프리카의 사바나 지역은 의심할 여지 없이 중대한 문화적, 기술적, 그리고 경제적인 발전을 경험했지만, 아프리카의 다른 지역들 또한 발달하였다. 초기 국가들은 오늘날의 수단, 에리트레아, 그리고 에티오피아에서도 나타났다. 이집트 문화의 중심지로부터의 혁신에 영향을 받은 이들 왕국들은 안정적이고 영속적이었으며, 가장 오래된 쿠시는 2,300년이나 지속되었다(그림 6A-5). 쿠시인들은 정교한 관개망을 만들고 철기를 연마했으며, 그들의 유구한 수도이자 산업 중심지였던 메로에 인상적인 건축물을 유적으로 남겼다. 쿠시 남쪽의 누비아는 8세기에 무슬림이 침략하기 전까지는 크리스트교화되었다. 그리고 아프리카 북동부의 가장 부유한 시장이었던 악숨은 홍해 무역을 통제하는 강력한 왕국으로 600년이나 지속하였다. 악숨 또한 이슬람이 들이닥치기 이전부터 크리스트교 국가였으며, 악숨의 통치자들이 이슬람교의 전파를 막고 크리스트교 왕조를 확장해 결국 오늘날의 에티오피아를 만들었다.

13 국가 형성(state formation) 과정은 아프리카 전역으로 확산되었고, 15세기 말 처음으로 유럽인과 접촉이 이루어질 때까지 계속해서 진행되었다. 콩고를 비롯해 여러 광대하고 영향력이 있는 국가들이 적도 부근의 대서양 연안과 오늘날의 콩고민주공화국에서 짐바브웨까지 이르는 남부 고원지대에서 발달하였다. 동아프리카에는 모가디슈, 킬와, 몸바사, 소팔라를 포함해 여러 도시국가들이 있었다.

반투족의 대이동

적도와 서아프리카 및 남부 아프리카 모두에 실질적으로 영향을 미친 중대한 사건으로는 오늘날의 나이지리아와 카메룬 지역에서 대륙을 가로질러 남진 및 동진한 반투족의 대이동이 있다. 이 이주는 거의 5,000년 전에 파도처럼 일어나, 대호수 지역을 차지해 살았으며, 남아프리카로 침투한 결과 19세기에 강력한 줄루 제국을 만들었다(그림 6A-5).

이 모든 것들은 유럽의 식민지가 되기 이전에 아프리카가 부유하고 다양한 문화와 삶의 방식, 그리고 기술적 진보와 대외무역 지역을 이루었다는 사실을 우리에게 상기시킨다. 그러나 아프리카는 또한 매우 부서지기 쉬운 곳이었다. 이 문화적 모자이크(그림 6A-6)는 유럽인의 개입이 사회적·정치적 지도를 변화시키자 약점을 초래하였다.

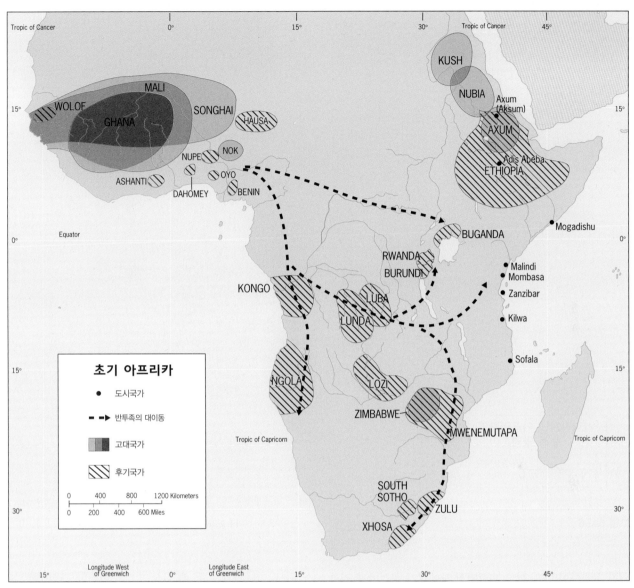

그림 6A-5

© H. J. de Blij, P. O. Muller, and John Wiley & Sons, Inc.

식민지적 변형

사하라이남 아프리카에 대한 유럽의 개입은 15세기경에 시작되었다. 이는 토착 아프리카의 발전을 가로막았고, 전체 대륙의 문화적, 경제적, 정치적, 그리고 사회적 구성을 뒤집을 수 없게 바꾸었다. 이는 15세기 후반에 포르투갈의 선박이 서아프리카 해안을 더듬고 희망봉을 돌면서부터 조용히 시작되었다. 그들은 동양의 향신료와 부를 위해 바닷길을 찾는 것이 목표였다. 곧 다른 유럽의 나라들이 아프리카의 바다로 그들의 배를 보냈고, 일련의 해안 무역 기지와 요새를 세웠다. 유럽 대륙과 중앙아메리카 및 남아메리카와 가까운 서아프리카에서는 최초의 충격이 매우 컸다. 유럽인들은 그들의 해안 통제 거점에서 과거 사막을 가로질러 북쪽을 통해 금을 거래했던 아프리카의 중개인들과 신대륙의 식민지 건설에 필요한 노예와 상아, 그리고 향신료를 거래했다.

해안지역의 변화

갑자기 활동의 중심이 사바나의 도시가 아니라 대서양 연안의 외국인 주둔지로 바뀌게 되었다. 내륙이 쇠퇴하자 해안의 사람들이 번영하게 되었다. 우림지대의 소규모 국가들은 전례가 없는 부를 얻었으며, 내륙에서 포획한 노예들을 해안에서 유럽 상인들에게 팔았다. 오늘날 베냉이라 불리는 다호메이와 현재 나이지리아 부근인 베냉은 노예 무역을 토대로 세

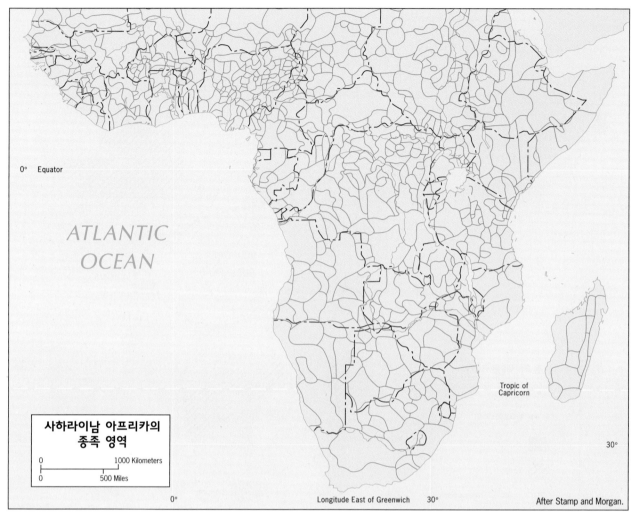

0°　Equator

ATLANTIC
OCEAN

Tropic of
Capricorn

30°

**사하라이남 아프리카의
종족 영역**

0　　　　　　　1000 Kilometers
0　　　　500 Miles

0°

Longitude East of Greenwich　　30°

After Stamp and Morgan.

그림 6A-6

© H. J. de Blij, P. O. Muller, and John Wiley & Sons, Inc.

워진 국가들이었다. 결국 유럽에서 노예제가 공격받자 권력과 부를 물려받은 사람들은 양 대륙에서 노예 제도 폐지와 격렬히 대립하게 되었다.

노예무역의 공포

책의 다른 부분에서 논의된 바와 같이 수백만의 아프리카인들은 그들의 고향에서 아메리카, 특히 브라질, 카리브 해 연안, 그리고 미국 등으로 강제 이주되었다. 노예무역은 앞서 언급한 아프리카의 재앙 중 하나이며, 그것은 부분적으로 '근접의 위험'에 의해 촉진되었다. 가까운 서아프리카에서 멀리 자리 잡고 있는 브라질 북동부의 끝은 강제로 결박당한 아프리카인들의 가장 큰 단일 목적지였고, 이는 베네수엘라에서 사우스캐롤라이나까지의 거리만큼 떨어져 있었다. 이는 실제로 대륙을 잇는 짧은 해상 경로이다.(서아프리카에서 사우

스캐롤라이나까지는 두 배 이상 멀다.) 이러한 근접성은 수백만 명의 아프리카인들이 브라질로 강제 이주되도록 촉진했고, 브라질에서 아프리카 문화가 확산되는 원인이 되었다. 이는 신세계에서 유래를 찾아보기 힘든 일이었다.

비록 노예제가 서아프리카에서 새로운 것이 아니었을지라도 유럽인들이 일종의 노예 검거 및 무역 제도를 도입하였을 것은 분명하다. 사바나에서 왕이나 추장들은 전통적으로 적은 수의 노예를 거느렸으며 노예의 지위는 대서양을 건넜던 사람들과는 전혀 달랐다. 물론 유럽인들이 서아프리카에서 노예무역을 시작하기 이전에도 아랍인들이 동아프리카에서 수백 년 동안 노예를 교역한 것은 사실이다. 해안지역의 아프리카 중개인들은 내륙의 건장한 남녀를 포획하고 해안의 아랍 시장에까지 사슬에 묶어 그들을 날랐다. 잔지바르는 악명 높은 시장이었다. 노예들은 아라비아와 페르시아, 그리고

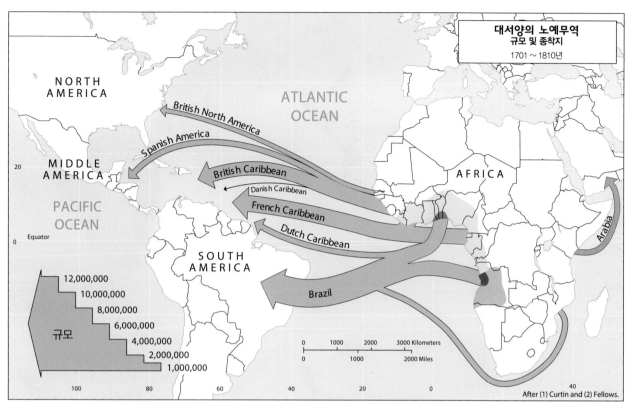

그림 6A-7

© H. J. de Blij, P. O. Muller, and John Wiley & Sons, Inc.

인도에까지 운반되었다. 유럽인들의 노예무역이 서아프리카에서 뿌리를 내리자 그 규모는 어마어마해졌다. 유럽인과 아랍인, 그리고 그들에 협력한 아프리카인들은 대륙을 유린하였고, 최대 3,000만 명이 노예가 되어 그들의 고향을 강제로 떠났다(그림 6A-7). 전체 촌락과 문화가 그러했듯이 가족은 붕괴되었고, 국외 유랑에서 살아남은 자들은 헤아릴 수 없는 고난에 괴로워하였다.

서아프리카에서 유럽인의 존재는 그들의 무역 경로를 완전히 재조정하였다. 내륙의 사바나 국가들은 쇠퇴하였고, 대서양 연안의 국가들이 성장하게 되었다. 게다가 노예를 향한 유럽인들의 탐욕은 내륙지역의 인구를 유린하였다. 그러나 내륙을 향한 유럽인들의 침략이 하루아침에 식민지를 만들어낸 것은 아니었다. 아프리카의 중개인들은 잘 조직되었고 강성하였다. 그리고 그들은 단지 수십 년이 아니라 수백 년 동안 유럽의 경쟁자들을 피했다. 그리하여 유럽인들이 15세기에 처음 등장한 이후 400년 가까이 서아프리카는 분할되지 않았다. 그들은 20세기의 벽두에 이르기까지는 다른 많은 지역을 정복하지 않았다.

식민지화

19세기 후반 유럽의 무력은 마침내 아프리카의 모든 지역을 사실상 점령하였다. 식민 경쟁은 강화되어 지배권이 중첩되기에 이르렀다. 영토 문제가 부상하면서 서로 경쟁하는 식민 열강들끼리 갈등을 해결하고 아프리카를 분할하기 위해 1884년에 베를린 회의가 소집되었다. 아프리카에 대한 권리를 주장하지 않은 미국을 포함해 14개 국가가 참가하였다. 주요한 식민 침략국들은 영국, 프랑스, 포르투갈, 레오폴드 2세 국왕의 벨기에와 독일이었다. 지도는 큰 탁자에 펼쳐졌고, 이들 무력 국가의 대표들은 지도에 경계를 긋고, 영토를 교환하였다. 이는 후에 수십 년 동안이나 아프리카에 영속적인 부담이 되었다. 그림 6A-8에서 보듯이 석 달간의 회의가 진행된 이후에도 아프리카 대부분의 지역은 전통적인 아프리카의 관례에 따라 남게 되었다. 그러나 1910년에 이르면 유럽의 식민 무력은 그들이 지도에서 그리지 못한 대부분의 지역까지 통제하게 되었다.

그림 6A-8을 주의깊게 살펴보면 식민 무력이 그들의 새로운 식민 속국을 매우 다양한 방법으로 다스렸고, 그들의 대조적인 정책이 그들이 식민지로 지배한 나라들에서 오늘날

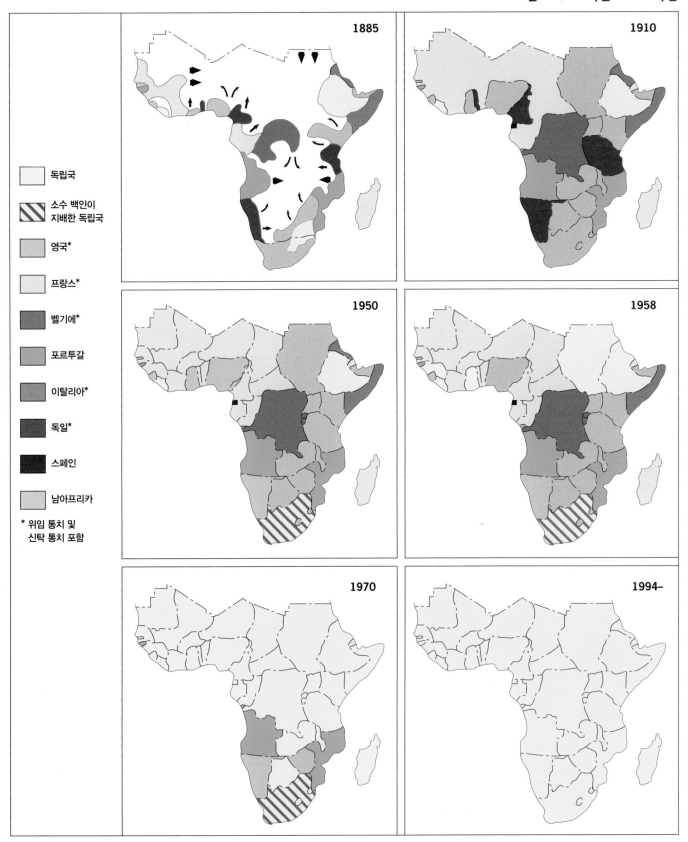

그림 6A-8

© H. J. de Blij, P. O. Muller, and John Wiley & Sons, Inc.

까지 흔적으로 남아 있다는 사실을 알 수 있다. 영국이나 프랑스와 같은 일부 식민 세력은 민주주의를, 포르투갈이나 스페인 등의 다른 국가들은 독재정권을 남겼다. 영국은 그들이 지배했던 대부분 지역에서 간접 통치 체제를 구축해 토착 권력 구조를 남겼으며, 그 지역의 지배자들은 영국 국왕을 대리하였다. 이는 거칠고 직접적인 통치를 하였던 포르투갈의 식민지에서는 생각지도 못할 방식이었다. 프랑스는 식민지 국가에 프랑스의 이념을 대표하기 위해 자국 문화에 동화된 엘리트를 이용하였다. 그러나 벨기에령 콩고에서는 원정대를 조직하고 베를린에서 벨기에의 권리를 주장한 레오폴드 2세 국왕이 무자비한 착취 행동에 착수하였다. 그의 부하들은 콩고 주민 거의 전부를 동원해 고무를 채취하고, 상아를 얻기 위해 코끼리를 살상하고, 수출용 도로를 내기 위해 토목 공사를 벌였다. 생산량이 할당액에 미치지 못했다는 이유로 주민 전체를 학살하기도 하였다. 식민지에서는 사람을 죽이고 불구를 만드는 일이 거의 통상적으로 이루어졌으며, 공포만이 이들을 묶는 유일한 공통분모였다. 레오폴드 국왕의 공포 정치는 노예무역의 충격 이후 아프리카 최악의 재앙이었다. 전 세계의 항의가 거세져 결국 공포 정치가 끝날 때까지 총 1,000만 명에 달하는 콩고인이 살해되었다. 1908년에 벨기에 정부가 콩고를 인계받은 뒤 자신들 내부의 분열을 반영하기 시작하였다. 즉, 지방 자치 단체, 정부 행정가, 그리고 로마 가톨릭 교회는 때때로 그들이 추구하는 이익을 위해 경쟁하였다. 그러나 어느 누구도 1960년에 벨기에령 콩고가 독립할 때까지 레오폴드빌이라는 식민지 수도의 이름을 바꿀 것을 생각하지 못했다.

식민주의는 아프리카를 변형시켰으나 베를린 회의체제는 약 100년 가까이 지속되었다. 예를 들어 가나에서는 아샨티 왕국이 영국과 20세기 초까지 계속해서 항쟁하였으며, 1957년에 비로소 가나로 다시 독립하였다. 그 후 50년간 사하라이남 아프리카의 대부분은 독립하였으며, 식민 지배 기간은 현대 아프리카 역사에서 중요한 기간이라기보다는 막간에 가까웠다. 그렇지만 이는 경관상에 강력하고 지속적인 흔적을 남겼다.

문화 양식

우리는 아프리카를 중요한 국가나 유명한 도시들과 이들의 발전 문제 및 정치적 딜레마에 주목해 생각하는 경향이 있다. 그러나 아프리카는 이외에도 여러 다른 관점이 필요하다. 식

민지시대 동안 많은 국가와 수도들이 만들어졌고, 링구아 프랑카(lingua franca)＊와 같은 혼성 공통어로서 외국어가 소개되었으며 철도와 도로가 건설되었다. 식민지 개척자들은 그들이 개장한 광산에서의 노동을 강요하고, 수 세기 동안 아프리카인들의 삶의 부분이었던 이동 패턴을 붕괴시켰다. 그러나 그들이 모든 사람들의 삶의 방식을 변화시킨 것은 아니었다. 지역 인구의 65% 이상이 여전히 아프리카의 수천, 수만의 마을 공동체에서 살며 일하고 있다. 그들은 지역 내에서 사용되는 수천 개 이상의 언어 중에서 하나로 이야기를 나눈다. 주민들은 생계와 보건, 안전과 같은 지엽적인 것들에 관심을 둔다. 그들은 지역 군벌이나 정치적 이데올로기로 인한 갈등이 그들을 1970년대 이후 라이베리아, 시에라리온, 에티오피아, 르완다, 콩고민주공화국, 앙골라 등지에서 있었던 것과 같은 분쟁에 빠져들게 할까 봐 우려한다. 아프리카의 대다수 사람들은 나이지리아의 요루바족과 남아프리카의 줄루족처럼 국가 내에서 다수를 차지한다. 그러나 아프리카에는 단지 그 수가 수천 명에 불과한 소수종족의 사람들 또한 있다. 사하라이남 아프리카는 지구상에서 가장 복잡한 문화적 모자이크이다.

아프리카의 언어

아프리카의 언어지리는 아프리카의 문화적 복잡성을 이해하는 중요한 열쇠이다. 사하라이남 아프리카에서 사용되는 천여 개 이상의 언어 대부분은 문자가 없으며, 분류하거나 지도화하기 어렵다. 학자들은 아프리카의 언어 지도를 명확하게 하기 위해 노력하였고, 그들의 노력으로 작성된 지도가 그림 6A-9이다. 이 지도의 특징은 오늘날 아프리카에서 일상적으로 쓰이는 모든 언어들을 지도화한 것이다. 사하라이남 아프리카는 아시아-아프리카 어족이 끝나는 곳에서 거의 시작된다.

사하라이남 아프리카에서의 지배적인 어족은 니제르-콩고 어족이다. 이 어족은 수단 북부에 집중된 조그마한 코르도파니아 어파서아프리카에서 동아프리카와 남아프리카에 걸쳐 광범위하게 사용되는 니제르-콩고 어파로 나뉜다. 반

＊ 역주 : 모국어를 달리하는 사람들이 상호 이해를 위하여 습관적으로 사용하는 언어이다. 일반적으로 어느 한쪽의 모국어도 아니지만, 대개의 경우 양쪽 국어가 혼합되고, 문법이 간략한 언어를 말한다. 링구아 프랑카라는 명칭은 십자군 시대에 레반트(지중해 연안의 레바논·시리아 일대) 지방에서 사용되던 프로방스어를 중심으로 한 공통어에서 유래한다. 식민지시대 이후 세계 각지에서 많이 생겼다.

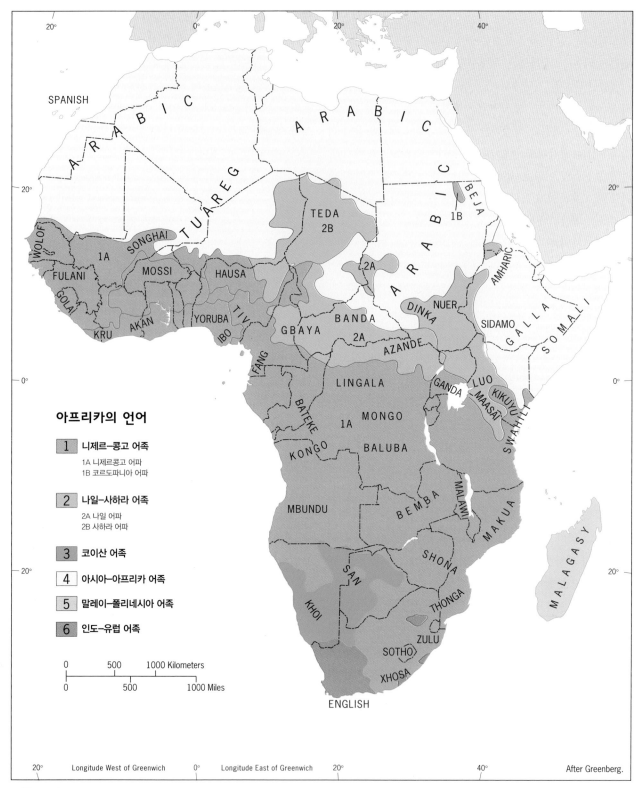

아프리카의 언어

1 니제르-콩고 어족
  1A 니제르콩고 어파
  1B 코르도파니아 어파

2 나일-사하라 어족
  2A 나일 어파
  2B 사하라 어파

3 코이산 어족

4 아시아-아프리카 어족

5 말레이-폴리네시아 어족

6 인도-유럽 어족

0 500 1000 Kilometers
0 500 1000 Miles

그림 6A-9

© H. J. de Blij, P. O. Muller, and John Wiley & Sons, Inc.

투어는 니제르-콩고 어파의 가장 큰 분파이며, 또한 서아프리카에서도 요루바어나 아칸어와 같은 니제르-콩고 어파가 수백만 명의 사용자를 가지고 있다. 또 다른 중요한 어족은 케냐의 마사이족에서부터 차드의 테다족까지 광범위하게 쓰는 나일-사하라 어족이다. 코이산 어족은 칼라하리 사막에서 점차 줄고 있는 코이족과 산(San, 부시먼)족의 언어로 살아남았다. 또한 남아프리카 일부에서는 인도-유럽 어족이, 마다가스카르에서는 말레이-폴리네시아 어족이 쓰인다.

광범위하게 사용되는 언어

대략 40개의 아프리카 언어가 100만 명 이상의 사람들에게 사용되며, 그중 하우사어(5,000만), 요루바어(2,300만), 이보(Ibo)어, 스와힐리어, 링갈라어, 줄루어 등 6개의 언어는 1,000만 명 이상의 사람이 사용한다. 영어와 프랑스어는 나이지리아와 코트디부아르와 같은 다언어 국가들에서 중요한 공용어가 되었다. 하우사어는 서아프리카의 사바나 지대에서 일상적으로 쓰이며, 스와힐리어는 동아프리카에서 광범위하게 사용된다. 아프리카와 유럽의 말이 혼성된 피진어는 서아프리카의 해안지대를 따라 광범위하게 퍼졌다. 웨스 코스라고 불리는 피진 영어는 나이지리아와 가나에서 피진어의 한 수단으로 사용되고 있다.

언어와 문화

14 다언어주의(multilingualism)는 아프리카 각국의 정부가 다양한 방법으로 '공용어'를 정하려 노력하고 있는 사하라이남 아프리카 사회에서 강력한 원심력으로 작용하고 있다. 예를 들어 나이지리아에서는 250개의 언어가 난립해 있어, 하우사어를 비롯한 어떤 언어도 국내의 지역 간에 충분히 사용되지 않기 때문에 영어가 공용어로 지정되었다. 그렇지만 유럽 식민지시대의 언어를 공식적인 매체에 사용하는 것이 비판을 초래하고 있으며, 나이지리아는 이 문제를 둘러싸고 여전히 분열되어 있다. 지방어를 지배적인 공용어로 만드는 것은 소수종족들로부터 부정적인 반작용을 가져올 뿐이었다. 언어는 아프리카의 문화에서 영향력 있는 힘으로 남아 있다.

아프리카의 종교

아프리카인들은 크리스트교와 이슬람교가 전파되기 훨씬 오래전부터 그들의 고유한 종교적 신념 체계를 갖고 있었다. 그리고 사하라이남 아프리카의 문화적 다양성으로 인해 아

나이지리아 북부 카노의 모스크에서 신실한 신자들이 예배를 하고 있다. 통일국가로서 나이지리아의 생존은 아프리카의 성공 사례이다. 나이지리아는 북부의 이슬람교와 남부의 크리스트교가 지배적인 다종교 국가로서 강한 원심력을 가지고 있었다. 1990년대에 일부 이슬람 성직자들이 나이지리아 이슬람공화국으로 부르기 시작하고, 지도자 아바차의 죽음과 비이슬람 신자 대통령의 선출 이후 이슬람 기조는 강화되었다. 나이지리아 북부의 일부 주에서 시행되는 샤리아법은 이 사건 이후 강경화된 다수의 이슬람과 소수의 크리스트교 신자들 간의 갈등을 유발하고 있다. 나이지리아는 수단의 운명을 피할 수 있을 것인가?
© Marc and Evelyn Bernheim/Woodfin Camp & Associates.

프리카인들은 자연에서 그들의 땅을 바라보는 일관된 관점을 가지고 있었다. 아프리카의 전통에 따른 영적인 힘은 떨어진 곳에 존재하는 초월적인 신성이 아니라 자연 환경 속 어디에서나 명백하게 존재하는 것이었다. 그러므로 신과 신령은 사람들의 일상적인 삶에 영향을 끼쳤고, 모든 행동의 근거가 되었으며, 고결함을 보상하는 동시에, 품행이 좋지 않은 자를 응징하였다. 조상 전래의 신령은 불행한 삶으로 벌할 수도 있다. 그들은 숲이나 산과 강 어디에나 있다.

토지 보유권과 관련해 아프리카인들의 종교적 관점은 외부의 종교 관점과 근본적으로 충돌하였다. 일신교인 **크리스트교**가 처음으로 아프리카 북동부에 전파되어 누비아와 악숨을 개종하였고, 에티오피아는 4세기 이후 콥트 교회의 거점이 되었다. 그러나 16세기 이후 식민주의가 시작될 때까지 크리스트교의 실제 침략은 시작되지 않았다. 크리스트교의 다양한 종파는 여러 지역에서 침입해 들어갔다. 적도 아프리카의 대부분은 벨기에의 간청으로 로마 가톨릭이 진출하였고, 영국의 식민지에서는 성공회가 진출하였으며, 장로교와 또 다른 종파들은 다른 곳으로 진출하였다. 그러나 거의 모든 곳에서 크리스트교의 침투는 전통과 크리스트교 신념을 융합하였다. 그 결과 사하라이남 아프리카 대부분의 지역에서 배타적이 아닌 명목상의 크리스트교가 되었다(그림 7A-3

나이지리아의 유일한 대도시인 인구 1,060만 명의 라고스에 있는 잔카라 시장의 최근 모습이다. 멀리 고층 빌딩이 CBD처럼 집중하지 않은 채 고립적으로 보이고, 도시 경관 위로 솟아 있는 이슬람 사원의 첨탑이 보인다. 전면의 거리 모습은 무질서한 빈민가와는 대조적으로 비교적 질서 있고 훤히 트여 있다. 사진에 보이듯이 사무용과 주거용 건물이 모여 있는 라고스 섬은 상대적으로 근대화된 모습이나 대도시라면 기대되는 모습에 비해서는 뚜렷하게 작아 보인다.
© AFP/Getty Images, Inc.

참조). 가봉이나 우간다 또는 잠비아의 교회를 가보면 교회의 종소리 대신에 북소리가 들리고 찬송가보다는 아프리카 노래가 불리며, 통례적인 조각상 옆으로 아프리카 고유의 조각상을 볼 수 있다.

이슬람교는 그 등장과 충격이 달랐다. 식민 침략 이전부터 이슬람교는 사막을 가로질러, 그리고 동부 해안을 따라 아라비아로부터 전파되었다. 무슬림 성직자들은 아프리카 국가의 통치자를 개종시켰고, 그들의 백성들을 개종하도록 하였다. 그들은 사바나 지대의 국가들을 이슬람화했으며, 오늘날에도 나이지리아, 가나, 코트디부아르의 북부지역에 영향을 미치고 있다. 그들은 에티오피아의 콥트 교회를 포위해 고립시켰으며, 아프리카의 뿔 지역의 소말리족을 이슬람교로 개종시켰다. 그들은 케냐 해변에 교두보를 두고 잔지바르를 다스렸다. 아랍의 이슬람교와 유럽의 크리스트교는 아프리카를 두고 경쟁하였으며, 이슬람교가 보다 더 퍼져 있다. 세네갈에서 소말리아까지 사실상 인구의 거의 100%가 이슬람이며(그림 6B-9), 이슬람의 교리가 그들의 일상을 지배하고 있다. 수니파 이슬람교 지도자는 식민지가 된 아프리카에서 흔히 이루어졌던 전통 종교 신자와 크리스트교 신자들과의 결혼을 엄격히 금지시켰다. 이슬람 교리와 크리스트교 간의 조화에 대한 근본적인 부정은 양 종교가 공존하는 국가에서 잠재적인 갈등을 야기하고 있다.

근대 지도와 전통사회

사하라이남 아프리카의 정치 지도는 민족국가 형태가 아닌 45개의 국가를 가지고 있다. 원심력이 강력한데다가, 냉전기간 동안 공산주의자와 반공주의자 외국인들이 아프리카 국가 내에서의 국지적인 내전에 개입해 편을 들면서 갈등을 악화시켰다. 식민지의 경제 정책은 보다 더 심했다. 적도 아프리카에서 수도, 핵심지역, 항구도시와 교통 체계는 이익을 극대화하고 광물 및 토양의 개발을 용이하게 하는 방향으로 놓였으며, 식민지의 모자이크는 효율성을 강화하는 협력을 배제해 지역 간의 소통을 억제하였다. 예를 들어 북로데시아와 남로데시아로 불렸던 식민지시대의 잠비아와 짐바브웨는 육지로 둘러싸여 출구가 필요해 포르투갈 점유의 항구에까지 철도를 건설하였다. 그러나 이 길이 아프리카 내부의 연계망을 만들어 내기에는 부족했다. 오늘날의 지도는 그러한 결과를 나타낸다. 서아프리카에서는 연안국가의 해안에서 내륙까지 여행할 수 있지만, 각각의 이들 연안 이웃 국가들 간의 연결로는 건설되어 있지 않다.

초국가주의

이러한 불합리를 극복하기 위해 아프리카의 국가들은 지역적 및 대륙적으로 국제적인 협력이 필요하다. 아프리카통일기구(Organization of African Unity, OAU)는 이러한 목적으로 1963년에 조직되었고, 2001년에는 아프리카연합(African Union, AU)으로 대체되었다. 서아프리카국가경제공동체(Economic Community of West African States, ECOWAS)는 1975년에 15개 국가가 무역, 교통, 산업, 지역 내 정세를 증진시키기 위해 설립되었다. 그리고 1990년대 초반에는 12개 국이 모여 지역 통상, 국가 간 교통망과 정치적 상호작용을 용이하게 하기 위해 남아프리카개발공동체(Southern African Development Community, SADC)를 조직하게 되었다. AU는 수단 다르푸르에서의 내전에 대해 평화를 지키기 위한 실제적인 영향력을 행사해 왔다.

인구와 도시화

부록 B에서 보듯이 사하라이남 아프리카는 세계에서 가장 도시화가 덜 된 권역이다. 그러나 이 지역은 최근 급속하게 도시화되고 있다. 현재 도시 거주자가 35%를 넘었으며, 이는 거의 2억 7,000만 명의 인구가 식민지시대에 건설되고 발달하게 된 도시에 살고 있음을 의미한다. 그러나 도시의 인프라는 도시화 속도를 따라가지 못하고 있다. 아프리카의 도시들은 국가의 중심이 되었고 물론 정부의 행정 중심 기능을 제공하였다. 이러한 도시의 **공식 부문**은 정부 통제와 공공 서비스, 비즈니스, 산업, 노동자에 영향을 미치는 규제와 더불어 중요한 영향력을 가졌다. 그러나 오늘날의 아프리카 도시들은 다르게 보인다. 멀리서 본 스카이라인은 여전히 현대적 중심가의 그것과 닮아 있다. 그러나 거리에서는 상점의 쇼윈도 아래 보도에서는 행상, 직조공, 보석 판매상, 의복 제조자, 목재 조각가 등이 정부 통제 밖의 제2경제를 이루고 있다. 이러한 **비공식 부문**은 오늘날 많은 아프리카 도시에서 두드러지게 나타난다. 여기에는 하인, 견습생, 인부와 같은 셀 수 없이 많은 천한 직종의 일을 하고 있는 농촌의 이주민들이 종사하게 된다.

하지만 수백만 명의 도시 이주민들은 적어도 몇 달, 심지어 몇 년 동안이나 일자리를 찾지 못하기도 한다. 그들은 열악한 환경에서 거주하며, 정부는 그들을 지원해 주지 못한다. 결과적으로 많은 아프리카 도시들은 그 주변에 위험하고, 살기 불편하며 비위생적인 슬럼지대를 형성한다. 이러한 불량 거주지역은 적당한 거주지와 수도 공급, 기초적인 공중위생이 갖춰져 있지 않아, 우기에는 쓰레기가 뒤덮여 진창을 이루어 해충이 창궐하며, 건기에는 공기가 오염되어 질병이 만연한다. 그러나 이곳의 거주자들은 그들의 고향으로 거의 되돌아가지 않으며, 매일의 새로운 하루에 희망을 갖는다.

우리는 지역적 논의에서 많은 인구가 밀어닥쳐 스트레스를 받는 사하라이남 아프리카의 도시들의 일부를 언급하였다. 도시 빈민과 농촌지역의 빈곤으로 어려운 상태임에도 불구하고 아프리카의 수도들 대부분은 다른 종족들의 요구에 인색한 특권을 지닌 엘리트들의 근거지가 되고 있다. 차별적인 정책과 인위적인 식량 저가 정책은 농민들에게 불리하며, 식민지시대보다 도시와 농촌 간의 불균형을 더욱 극대화하고 있다. 그러나 오늘날 민주주의는 아프리카 국가들이 수도가 있는 중심지역뿐만 아니라 그들의 다수를 이루는 농촌에 보다 더 주의를 기울이게 될 것이라는 희망을 주고 있다.

생각거리

- 사하라이남 아프리카의 광범위한 가뭄은 농업에서 관광까지 산업 분야에 피해를 입히고 있다.
- 사하라이남 아프리카는 여전히 세계에서 가장 심각한 에이즈 피해지역이다.
- 2011년 1월 수단 남부에서 국민투표가 실시되어 압도적인 독립 찬성률로, 2011년 7월 9일 '남수단공화국'이라는 신생국가가 등장하였다.
- 사하라이남 아프리카에서 중국의 영향력은 무역과 투자에서부터 교육에까지 광범위하게 급성장하고 있다.

케냐에 있는 동부 지구대의 비옥한,
계단식 울타리를 따라 있는
농장 속의 마을 © H. J. de Blij

주요 주제
남아프리카 : 이 지역의 엔진이자 등대
짐바브웨 : 남부 아프리카의 비극
동아프리카의 소란스러운 종족 만화경
콩고민주공화국에서의 갈등과 격변
나이지리아 : 서아프리카의 부서진 주춧돌
북부를 넘어 불안하게 다가오는 이슬람 전선

개념, 사고, 용어

아파르트헤이트	1
인종격리정책	2
엑스클라베	3
내륙국	4
샤리아법	5
엔클라베	6
정기시장	7
이슬람 전선	8
실패국가	9

6B

사하라이남 아프리카 : 권역의 각 지역

≡ 남부 아프리카
동아프리카
적도 아프리카
서아프리카
아프리카 점이지대

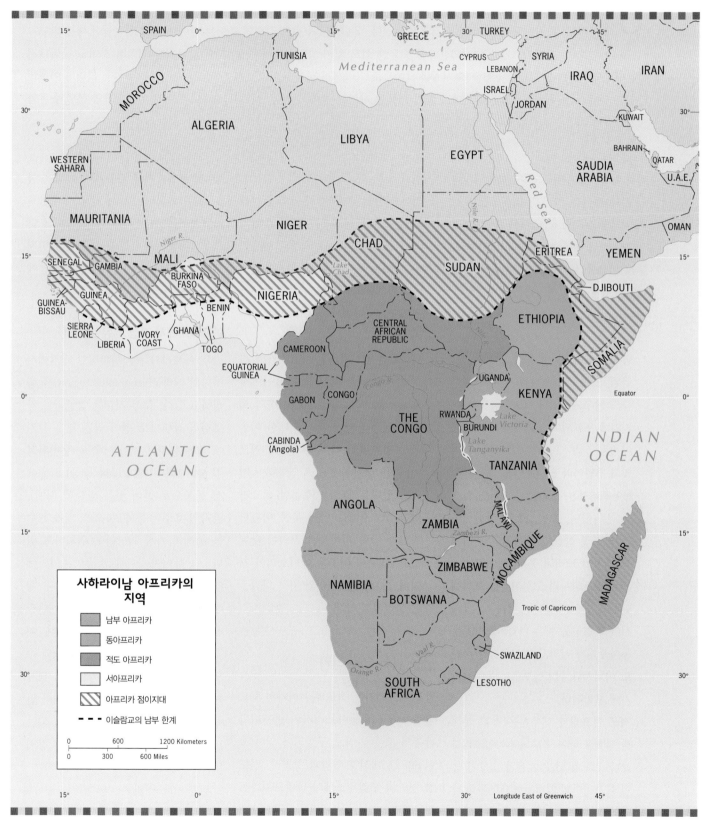

그림 6B-1

© H. J. de Blij, P. O. Muller, and John Wiley & Sons, Inc.

언뜻 보기에도 아프리카는 현재의 지역적 몰락을 증명하기 위한 어떠한 시도도 실패하게 되어 있을 정도로 매우 육중하고, 치밀하고, 깨지지 않은 것처럼 보인다. 유럽에서와 같은 깊숙이 들어온 만이나 바다가 만들어 내는 반도도 없으며, 마다가스카르를 제외한다면 중요한 섬도 없어 중앙아메리카에서처럼 광범위한 지역적 차이도 나타나지 않는다. 또한 아프리카는 남아메리카에서처럼 남쪽으로 가면서 점점 가늘어져 반도가 나타나는 것도 아니다. 그리고 아프리카에는 안데스 산맥이나 히말라야 산맥과 같이 대륙을 나누는 장벽도 없다. 식민지 시대에 주어진 아프리카의 분열과 문화 모자이크가 지역 분권화를 이루는 것이 가능할까?

자연 환경, 종족 분포, 문화 경관, 역사적인 문화 중심지, 그리고 다른 공간 자료의 지도들은 그림 6B-1에서 보듯이 4개의 지역과 겹쳐 있는 5번째 지역까지 뒤얽혀 있음을 보여주고 있다. 남쪽에서 시작하여 다음의 지역들을 살펴보고자 한다.

1. **남부 아프리카**는 앙골라, 잠비아, 말라위, 모잠비크를 북쪽 경계로 한 대륙의 남부지역이다. 10개 국가가 이 지역에 포함되며 열대지역 너머로 뻗어 있다. 남아프리카공화국이 이 지역의 거인이라 할 수 있다.

2. **동아프리카**는 고도 때문에 자연 환경이 온화하며, 고원, 호수, 만년설이 있는 몇몇 산들이 농촌지역의 경계를 분명히 드러내 준다. 동아프리카는 에티오피아의 고산지역을 포함해 6개 국가로 구성되어 있다. 동남아시아의 영향을 받은 마다가스카르는 동아프리카 국가도 남아프리카 국가도 아니지만 위치상으로는 동아프리카에 포함된다.

3. **적도 아프리카** 대부분은 콩고 분지를 경계로 하여 구분되며 동아프리카보다 고도가 낮고 기온과 습도가 높아 아프리카의 열대우림 대부분이 남아 있는 곳이다. 이 지역을 형성하는 8개 국가 중에서 콩고민주공화국이 영토와 인구 면에서 더 우위를 차지

한다.

4. **서아프리카**는 대서양 연안의 국가들과 내륙으로 사하라 사막의 주변지역에 위치한다. 15개 국가로 이루어진 서아프리카는 아프리카의 인구 대국인 나이지리아로 인해 인구가 가장 많은 지역이 남동쪽으로 치우쳐 있다.

5. **아프리카 점이지대**는 아프리카의 지역적 갈등 요소이다. 그림 6B-1에서 보듯이 동쪽의 소말리아, 서쪽의 세네갈과 같은 몇몇 국가에 대한 이슬람의 영향력이 더욱 증가하고 있으며, 다른 국가들에도 그 영향력이 미치고 있다는 사실을 주목할 필요가 있다. 이 지대로 인해 북쪽 이슬람 지역과 남쪽 비이슬람 지역이 나뉘었고, 심지어 이곳은 에티오피아 저지대, 케냐, 탄자니아와 같은 나라들을 둘러싸고 있다.

▤ 남부 아프리카

남부 아프리카는 적도 아프리카의 콩고민주공화국과 동아프리카의 탄자니아 남쪽의 모든 나라로 구성되어 있다(그림 6B-2). 대서양 연안의 앙골라, 인도양 연안의 모잠비크에서 남아프리카공화국까지 이르는 이 지역은 내륙의 6개 국가까지 포함하고 있다. 북쪽 경계에는 잠비아와 말라위가 자리하고 있는

데, 잠비아는 자국 깊숙이 뻗쳐 있는 콩고민주공화국의 영토로 인해 거의 둘로 나뉘어 있으며, 말라위는 모잠비크 안쪽에 깊숙이 뻗어 있다. 이처럼 식민지 시대에 설정된 국경은 이들 국가들에 많은 부담이 되고 있다.

아프리카에서 가장 부유한 지역

남부 아프리카는 지형학적인 관점에서 하나의 지리구(geographic region)를 형성하고 있다. 북부 지대는 앙골라를 가로질러 잠비아로 뻗어 있는 넓은 산지에 있는 콩고 분지가 남쪽 경계이다[그림 6A-2의 비에(앙골라 중앙) 고원에서 동쪽으로 뻗어 있는 황갈색 지대]. 말라위 호수는 동아프리카의 열곡 호수들 중에서 가장 최남단에 위치하고 있다. 남부 아프리카에는 동아프리카에 있는 화산 활동과 지진 활동이 없다. 대부분이 고원국가이고 그 증거로 대단층애(Great Escarpment)가 많이 있다. 이곳에는 중추적인 역할을 하는 2개의 수계가 있다. 잠비아와 짐바브웨의 경계가 되는 잠베지 강, 그리고 나미비아 남쪽과 남아프리카공화국의 경계가 되는 남아프리카공화국의 오렌지-발 강이 있다.

남부 아프리카는 아프리카 대륙에서 가장 부유한 곳이다. 남부 아프리카의 광물지대는 잠비아의 코퍼벨트(Copperbelt)*, 짐바브웨의 그레이트다

그림 6B-2

© H. J. de Blij, P. O. Muller, and John Wiley & Sons, Inc.

이크(Great Dyke)**, 남아프리카공화국
의 부시펠트(Bushveld)*** 및 비트바테

르스란트****의 금광지대와 오렌지프리
스테이트 주와 노던케이프 주의 다이

아몬드 광산 등지로 넓게 퍼져 있다. 이
광물자원이 식민지시대에 처음 채굴된

---

* 역주 : 잠비아에서 콩고민주공화국에 걸친 구리 광산 지역으로 생산량이 세계적이다.
** 역주 : 짐바브웨의 중앙을 남북으로 가로질러 있는 총길이 약 515km의 산지와 구릉 지대이다. 금, 은, 크롬, 백금, 니켈 등이 매장되어 있으며, 운모, 석면, 주석, 건
    설에 쓰는 광물도 채굴한다.
*** 역주 : 남아프리카 북쪽에 있는 사바나 지역이다. 경제성이 높은 백금, 티타늄, 크롬 등이 주로 산출된다.
**** 역주 : 남아프리카공화국의 요하네스버그를 중심으로 한 세계 최대의 금광 지대이다.

이래 아직까지도 많은 광부들이 광산에서 일하고 있다.

남부 아프리카 농업의 다양성은 광물자원과 필적할 만하다. 포도원은 남아프리카공화국 케이프 산맥의 완경사지에 있으며, 차 플랜테이션은 짐바브웨 동부의 급경사를 이루는 단애 사면에 안겨 있다. 내전으로 경제가 붕괴되기 이전에 석유로 돈을 번 앙골라는 세계의 주요한 커피 생산지 중 하나였다. 상대적으로 고위도에 위치한 남아프리카공화국의 산지에는 양호한 환경으로 사과와 감귤 과수원, 바나나 플랜테이션, 파인애플 농장과 여타 다양한 작물이 재배되고 있다.

이와 같은 상당한 부와 잠재력에도 불구하고 남부 아프리카에 위치한 10개 국가 모두 번영한 것은 아니다. 그림 G-10을 보면 그중 4개 국가인 말라위, 모잠비크, 잠비아, 짐바브웨는 여전히 저소득이라는 수렁에 빠져 있다. 하지만 앙골라, 레소토, 스와질란드, 나미비아, 그리고 보츠와나는 중간 소득 국가에 속하고, 그 지역에서 인구 밀도가 가장 희박한 세 국가 중에서 마지막 두 순위를 차지하고 있다. 급속한 인구 성장 기간 동안 에이즈의 맹습, 내전, 정치적 불안정, 무능한 정부, 부정부패, 불공정 무역, 환경 문제 등으로 인해 지역 발전이 억제되었다.

그럼에도 불구하고 짐바브웨를 제외하고서는 사하라이남 아프리카의 다른 국가들에 비해서는 더 부유한 편이다. 그림 G-10에서 볼 수 있는 것처럼 이곳의 6개 국가는 세계에서 가장 수입이 낮은 국가에서 벗어났다. 지역 연합과 관세 동맹을 포함한 국제적인 협력이 일어나고 있으며 여러 가지 면에서 그 지역에서 가장 중요한 나라인 남아프리카공화국은 보다 나은 미래를 위한 희망이 되고 있다.

남아프리카공화국

남아프리카공화국은 남부 아프리카의 대국이며, 이 지역 전체에서 경제 규모가 가장 크다. 남아프리카공화국은 전 세계 관심의 중심에 있으며, 아프리카뿐만 아니라 모든 인류에게 희망을 주고 있다.

1950년에서 1990년에 이르는 40년의 기간 동안 다문화 국가인 남아프리카공화국에서는 세계에서 가장 악명 높은 인종 정책인 **1 아파르트헤이트**(apartheid, 'apartness'라는 의미)를 통해 극심한 인종 차별을 자행하였다. 아파르트헤이트에서 그 나라를 통치하고 있는 소수 백인들의 **2 인종격리정책**(separate development)이 생겨났다. 나라 전역에 퍼져 있는 아파르트헤이트 때문에 남아프리카공화국에 살고 있는 사람들은 나라 전체가 인종을 기반으로 하는 각각의 독립체로 분할되어 있어 한 국가에 소속된 시민이라기보다는 자신이 속한 민족의 구성원으로 여겨진다. 당연히 그러한 인종, 사회 공학은 남아프리카공화국 안팎에서 강한 반발을 불러일으키고 있으며, 이로 인해 많은 비난과 국제적인 제재를 받았다.

남아프리카공화국은 격렬한 혁명을 향해 나아가고 있었다. 하지만 그 당시 상상할 수도 없는 사태의 변화로 인해 그 재앙을 피할 수 있었다. 수십 년 동안 무자비하게 아파르트헤이트를 추구했던 백인 소수정부의 한 지도자와, 케이프타운 교외의 교도소에서 28년 동안 수감되면서 다문화적인 다수에게 존경 받던 지도자가 회담을 통해 합의하였고, 그 합의는 하룻밤 사이에 남아프리카공화국을 새로운 나라로 만들어 버렸다. 1990년 2월, 넬슨 만델라는 감옥에서 나와 자유의 몸이 되었다. 그리고 1994년 최초로 모든 인종이 참가한 총선에서 수년 동안 아파르트헤이트와 싸우는 반아파르트헤이트 운동을 이끌었던 아프리카민족회의(African National Congress, ANC)의 만델라가 대통령이 되었다. ANC의 오래된 적이자 아파르트헤이트를 만들어 낸 장본인들은 의회에서 충실한 반대자로서 자신의 자리를 지키고 있었다.

남아프리카공화국은 북쪽의 온난한 아열대에서부터 남극에서 비롯된 남쪽의 냉수대까지 걸쳐 있다. 육지 면적이 120만 km²를 넘고 이질적인 인구가 4,910만 명에 이르는 남아프리카공화국은 남부 아프리카에서 가장 유력한 국가로, 상당량의 광물자원, 양호한 농경지, 대도시, 최적의 무역항, 가장 생산적인 공업, 그리고 발달된 교통망을 갖추고 있다. 잠비아와 짐바브웨의 광물 수출항으로 남아프리카공화국의 항구들이 이용되며, 말라위와 레소토에서 온 노동자들은 남아프리카공화국의 광산과 공장, 그리고 농장에서 일하고 있다.

남아프리카공화국의 사람과 장소

남아프리카공화국의 역사지리는 사하라이남 아프리카의 나머지 지역들과는 약간 다르다. 식민주의자들이었던 유럽인들이 그곳에 도착하여 아프리카를 차지하려는 쟁탈전을 벌이기 전에는 그 땅을 놓고 다양한 아프리카 종족들이 싸웠다. 맨 처음에는 코이산 어족의 말을 쓰는 사람들이, 다음으로 반투족이 남쪽으로 이주하여 남아프리카의 막다른 골목에까지 이르렀다. 유럽인들이 처음 이곳에 도착했을 때쯤에 줄루족과

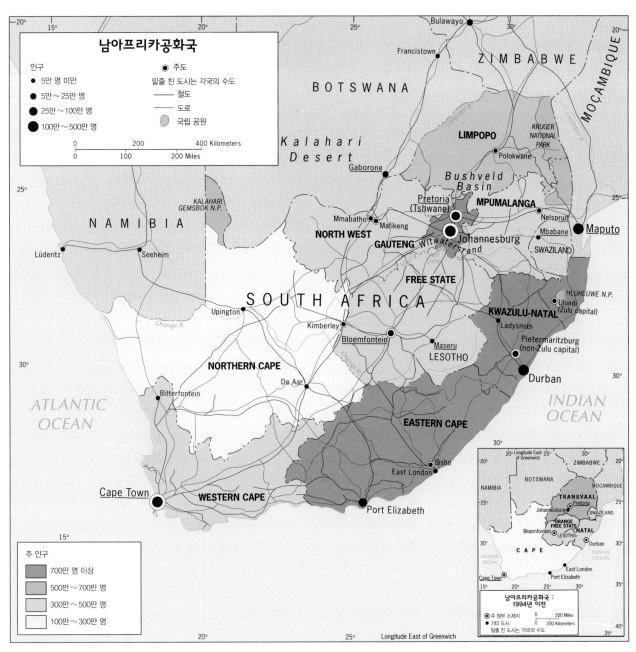

그림 6B-3

© H. J. de Blij, P. O. Muller, and John Wiley & Sons, Inc.

호사족 국가들이 이곳을 차지하려고 싸우고 있었다. 유럽인들은 바다를 가로질러 와서 최남단에 있는 케이프타운을 차지했다. 그곳은 대서양에서 인도양에 이르는 관문일 뿐 아니라 아시아로 가는 경로의 식량 기지로서 지구상 가장 전략적인 장소 중 하나이다. 1652년에 설립된 네덜란드의 동인도 회사와 **보어인**이라고 알려져 있는 네덜란드인들의 후손들은 그 이후 남아프리카공화국 문화 구조의 일부분이 되었다. 영국인들이 약 150년 후에 인계받고 나서는, 두 식민 세력이 남아프리카공화국 초기 역사 내내 권력 다툼을 벌였다. 케이프타운에서 영국인들의 지배력이 커지자 보어인들은 내륙지역으로 들어가, 하이벨트(highveld)라고 부르는 고원지역에 자신들만의 공화국을 건설하였다. 1910년 보어인들과 영국인들은 권력 분담 합의에 이르렀지만, 보어인들은 1948년에서 1994년 사이에 결국 주도권을 장악하게 되었다. 보어인들은 유럽과의 연결이 느슨해진 이후 그들 자신을 **아프리카너(Afrikaner)**라고 부르게 되었다.

종족 모자이크

다양한 원주민 종족과 남아프리카공화국에 정착한 유럽인들 외에도 아시아 출신의 사람들도 있다. 네덜란드인들은 동남아시아인들을 케이프타운에 데려와 하인이나 노동자로 일하게 하였다. 영국인들은 남부 아시아 식민지 출신의 노동자들을 데려와 사탕수수 농장에서 일하게 함으로써 이 다민족 국가의 문화적 다양성을 첨가하였다. 게다가 케이프타운에 밀집해 있던 상당 규모의 혼혈 인구가 오늘날 소위 컬러드라는 부문을 구성하고 있다. 그 과정에서 남아프리카공화국은 아프리카에서 가장 다원적이고 이질적인 사회가 되었다. 그럼에도 불구하고 아프리카인과 비아프리카인의 비율이 약 4:1 정도로 아프리카인이 수적으로는 우위에 있다.

남아프리카공화국의 공간적 인구 통계의 특징이 이질성이지만, 지역주의가 인간 모자이크에 이미 스며들어 있다. 줄루족은 오늘날 쿠아줄루나탈 주에 주로 집중되어 있다(그림 6B-3). 코사족도 여전히 대단층애 아래의 이스턴케이프 주에 모여 살고 있다. 츠와나족은 보츠와나와의 경계를 따라 조상들이 살던 땅에 여전히 남아 있다. 케이프타운은 유색 인종들의 핵심지역으로 남아 있으며, 더반은 남아시아의 가장 강한 흔적을 가지고 있다. 남아프리카의 스와지족 거주지에서 은데벨레족 거주지를 거쳐 벤다족 거주지까지 여행을 해보면 농촌의 다양한 문화 경관을 인식할 수 있을 것이다.

이와 같은 오래 계속된 지역주의는 **아파르트헤이트**와 관련된 **인종격리정책** 개념을 만든 아프리카너 정부를 이끈 요인이 되었다. 그러나 이것이 인구를 뒤섞는 도시화의 물결을 막을 수는 없었다. 수백만의 노동자 및 구직자와 불법 이주자들이 도시에 모여, 도시의 변두리에서 광대한 판자촌을 만들고 있다. 요하네스버그의 소웨토(Soweto, SOuth WEstern TOwnships)와 같이 합법적인 '흑인 거주 지역'에서나 반아파르트헤이트 운동이 싹튼 불법 거주지에서 아프리카민족회의(ANC)가 성장하게 되었다. 그리고 이로 인해 ANC가 남아프리카공화국의 정계에서 주도권을 잡는 발판이 되었다.

정치 변화

넬슨 만델라의 훌륭한 정치력 때문에 남아프리카공화국은 대변동을 경험하지는 않았다. 대신 다민족 정당이 통치하고 있고, 아파르트헤이트를 만든 설계자들은 합법적인 반대 세력으로 의회에 자리하고 있으며, 경제는 그 인근에서 가장 규모가 크고, 가장 건전하다. 부록 B를 보면 아프리카 대륙에서 남아프리카공화국의 1인당 GNI가 가장 높다는 것을 알 수 있다. 일부에서는 남아프리카공화국이 사하라이남 아프리카에서의 GDP 중 45%를 차지하고 있다고 한다.

정치 변화와 함께 행정구조의 변화도 이루어졌다. 사실 이러한 변화는 역사적인 1994년 선거 이전에 일어났다. 1994년 이전에 남아프리카공화국은 4개의 주(province)로 나뉘어 있었다. 입법상의 수도인 케이프타운이 있는 가장 큰 주인 케이프 주, 항구도시 더반이 있는 나탈 주, 행정 수도인 프리토리아(2005년 츠와니로 이름을 변경)와 요하네스버그 대도시권을 포함해 '발 강 건너편'이라는 의미의 트란스발 주, 사법상의 수도인 블룸폰테인이 있으며 보어인의 영향력이 큰 오렌지프리스테이트 주가 그것이다(그림 6B-3의 삽입 지도).

이와 같은 구조는 9개의 주로 대체되었으며(그림 6B-3), 주정부가 각각의 행정권을 가진 연방정부로 재탄생하였다. 나탈 주와 오렌지프리스테이트 주는 경계의 변화 없이 이름만 변경되어, 나탈 주는 현재까지 그곳에 살고 있는 줄루족을 인정해 쿠아줄루나탈 주로, 오렌지프리스테이트 주는 간단히 프리스테이트 주로 변경되었다. 그러나 케이프 주는 4개의 주로 분할되었으며, 트란스발 주도 요하네스버그-비트바테르스란트-프리토리아 대도시권을 포함한 가우텡 주 등 3개의 주로 분할되었다.

새로운 시대의 시작

1999년 6월 ANC의 지도자 타보 음베키가 넬슨 만델라를 민주적으로 계승해 2대 대통령으로 선출되었다. 다른 아프리카 정부에서 건국 지도자가 정치적 후계자에게 평화적으로 권력을 이양한 사례는 거의 없었다. 그러나 남아프리카공화국의 새로운 정치체제는 스스로 가치가 있음을 증명하였다. 새로운 대통령은 만델라와 불가피하게 비교되는 여러 어려움에 직면하였다. 즉, 음베키가 그 근원이 HIV가 아니라 빈곤이라 주장했던 에이즈의 물결과 그의 리더십이 주춤하게 된 짐바브웨에서의 농경 권리 침해가 바로 그것이다. 그럼에도 불구하고 음베키의 경제 정책, 사회 프로그램, 외교 정책은 보다 나은 국가를 만들기 위해 노력한 것으로 평가되고 있다. 2007년 타보 음베키의 뒤를 이어 제이콥 주마가 ANC의 지도자가 되었다. 짧은 헌정의 위기를 겪은 이후 주마는 2009년 대통령으로 선출되었다. 그는 최초의 줄루족 출신 지도자이다.

경제 발전 방법 : 다이아몬드와 금

다이아몬드가 1860년대에 킴벌리에서 발견된 이래 남아프리카는 광물과 같은 의미였다. 킴벌리에서의 발견은 새로운 경제지리를 추동하는 힘으로 작용하였다. 해안에서 '다이아몬드 수도'에까지 놓인 철길은 행운을 좇는 사람들, 자본주의가, 수만 명의 아프리카 노동자들을 채광지까지 날랐다. 로즈 장학금의 장본인인 세실 로즈는 영국이 남부 아프리카를 지배할 수 있도록 자신의 재산을 사용해 도와주었던 자본가 중 한 명이었다.

다이아몬드가 발견되고 나서 단지 25년 만에 광산 투기자들은 비트바테르스란트라 불리는 세계 최대의 금광지대를 발견하였다(그림 6B-3). 남아프리카공화국이 설립된 이 시점에 보어인들은 그 횡재를 쥘 수 없게 되었다. 요하네스버그는 세계의 황금 수도가 되었고, 아프리카인 노동자들의 거대한 쇄도와 함께 외국인들의 물결이 들이닥쳤다. 싼 노동력은 이익을 극대화시켰다. 요하네스버그는 폭발적으로 성장하였고, 흑인 거주지는 급격히 퍼져나갔다. 영국과의 보어 전쟁은 광물이 풍부한 비트바테르스란트에 대한 간주곡에 불과했다.

20세기 동안 남아프리카공화국은 기대했던 것에 비해 더욱 부유해졌다. 오렌지프리스테이트 주에서도 새로운 금광이 발견되었으며, 석탄과 철광석이 풍부하게 발견되었다. 크롬이나 백금과 같은 다른 금속 광물도 세계시장에서 큰 수익을 냈다. 석면, 망간, 구리, 니켈, 안티몬, 주석 등도 채굴되어 팔리며, 남아프리카공화국에서도 금속 공업이 발달했다. 국가 내로 자본이 유입되었고, 백인들의 이주가 증가하였고, 농장과 목장이 만들어졌으며, 시장의 판로가 다양하게 증가하였다.

경제 기반의 회복

남아프리카공화국의 도시들은 급속히 성장하였다. 요하네스버그는 더 이상 광산촌이 아니며, 이제는 산업단지와 금융 중심지로 유명해졌다. 비트바테르스란트의 북쪽으로 약 50km 떨어진 보어인들의 옛 수도인 프리토리아는 아파르트헤이트 동안 국가의 행정 중심지였다. 오렌지프리스테이트 주에서는 석탄 액화 기술을 포함해 주요한 산업이 광업의 확장과 더불어 성장하였다. 또한 대도시의 성격을 띤 중심지역이 발달하는 동안에 해안도시 또한 성장하였다. 더반은 비트바테르스란트뿐만 아니라 배후의 내륙지역에까지도 항구로서의 기능을 다하고 있다. 케이프타운은 남아프리카공화국에서 가장 큰 도시가 되었으며, 항구와 산업단지, 그리고 농업 생산까지 제일 가는 도시가 되었다.

이 모든 발달을 위한 노동력은 남아

요하네스버그의 나무가 우거진 교외지역과 높이 솟아 있는 CBD, 여전히 가난에 찌들어 있는 위성도시 중 하나인 소웨토의 빈민가는 불공평한 사회의 대조적인 모습을 보여준다. 미래의 정치적 안정은 도시뿐만 아니라 시골, 그리고 가장 가난한 지역의 생활 조건을 향상시킬 수 있느냐에 달려 있다. 주거, 상수도, 전기 연결 등에 있어서 상당한 발전이 있었지만, 그 문제의 심각성과 정치적 현실에서 자원 문제에 이르기까지 여러 가지 제약이 남아프리카공화국의 발전 속도를 더디게 만들고 있다.

왼쪽 : © Martin Harvey/Gallo Images/Getty Images, Inc. 오른쪽 : © Sergio Pitamitz/Robert Harding World Imagery/© Corbis)

프리카의 아프리카 사람들로부터 충당되었다. 가혹한 아파르트헤이트 정책에도 불구하고 모잠비크, 짐바브웨, 보츠와나와 다른 이웃 국가들로부터 노동자들이 일을 찾아 유입되었다. 이 과정에서 다른 아프리카 국가들에서는 찾아볼 수 없는 경제 기반을 건설하였다. 그러나 아파르트헤이트는 남아프리카공화국의 가능성을 황폐화시켰다. 인종격리정책으로 인한 비용은 천문학적이다. 앞서 아파르트헤이트의 최후 10년 동안 사회적 불안은 젊은이들 사이에서 교육적 격차를 벌렸다. 인종에 사로잡힌 체제에 반대한 국제적인 제재는 경제에 큰 손실을 입혔다.

오늘날의 경제

많은 관점에서 남아프리카공화국은 사하라이남 아프리카에서 가장 중요한 국가이며, 이 지역 전체에서 가장 부유하다. 어떤 아프리카의 국가들도 많은 외국인들의 투자처나 외국인 노동자들에게 더 이상 매력적이지 않으며, 대학이나 병원, 그리고 연구소도 없다. 또한 아프리카의 분쟁지역을 중재할 수 있는 군사력을 가진 국가도 없다. 남아프리카공화국에 견줄 만한 언론 자유와 효율적인 노조, 독립적인 의회, 재정기관을 가진 국가도 아프리카에는 거의 없다. 남아프리카공화국의 5,000만 명에 육박하는 인구(흑인 79%, 백인 10% 미만, 컬러드 9%, 아시아인 2.6%)는 거대하며, 다인종적이고, 성장하는 중산층을 포함하고 있다.

그럼에도 불구하고 남아프리카공화국은 다양한 문제에 직면하고 있다. 이러한 문제가 국내외에서 제기되고 있는 이 시점에도 이 나라의 경제는 계속적으로 광물과 금속의 수출에 더 의지하고 있다. 국내에는 노조에 친화적인 노동법과 임금 상승이 광업에서의 수익을 떨어뜨리고 있으며, 국외로는 상품 가격이 매우 유동적이다. 1970년대 아파르트헤이트 기간 동안 전 세계 금의 거의 70%를 생산하였으나 오늘날 그 비율은 15% 이하로 떨어졌다. 그리고 제조업 부문은 여전히 허약하다. 흑인 중산층이 많아지고 있지만 흑인 사회의 실업률은 50%에 육박하고, 빈부격차는 늘고 있다. 토지 수탈 비율이 높은 이 나라의 가장 긴급한 문제인 토지 개혁은 여러 면에서 너무 늦어지고 있다. 에이즈의 재앙과 이러한 위기에 효율적으로 대처하지 못한 정부의 실책으로 인해 남아프리카공화국은 심각한 문제에 봉착하고 있다.

남부 아프리카의 중부지역

남아프리카공화국의 북쪽 경계와 그 지역의 북부 한계 사이에는 남아프리카공화국 국경에 인접한 나라들과 그 국경 위의 나라들, 두 집단의 국가가 존재한다. **남부 아프리카의 중부지역 국가**는 남아프리카공화국과 이웃한 짐바브웨, 나미비아, 보츠와나, 레소토, 스와질란드 등 5개국으로 구성되어 있다(그림 6B-2). 지도에서 보듯이 이들 국가 중에서 4개국이 내륙국이다. 다이아몬드를 수출하는 **보츠와나**는 칼라하리 사막의 중심에 위치해 있으며, 스텝 지대가 둘러싸고 있다. 다이아몬드로 돈을 벌고 있음에도 불구하고 180만 국민의 대부분은 여전히 농업에 종사하고 있다. 보츠와나는 2010년 현재 열대 아프리카 중에서 여전히 가장 심각한 에이즈 피해국으로 남아 있다. 왕국인 **레소토**와 **스와질란드**는 남아프리카공화국의 광산, 농장, 공장 등지에서 일하는 자국 노동자들의 송금에 의존하는 정도가 높다.

이 지역에서 가장 중요한 국가는 인구 1,380만 명의 **짐바브웨**이다. 짐바브웨는 내륙지역이지만 광물과 농업자원이 풍부하다. 고대의 석조 유물의 이름을 본 따 이름 붙여진 짐바브웨는 잠베지 강과 림포포 강 사이의 고원지역에 위치해 있으며, 서쪽으로는 사막이 동쪽으로는 대단층애가 있다. 핵심지역에는 수도인 하라레 주변에서부터 남서쪽으로 짐바브웨 제2의 도시인 불라와요까지 광물이 풍부한 그레이트다이크가 있다. 구리, 석면, 크롬 등이 가장 중요한 수출자원이지만 그렇다고 단순히 금속만을 수출하는 국가는 아니다. 담배, 차, 설탕, 면화 등의 농작물도 주요하게 생산하고 있다.

짐바브웨에는 인구의 82%를 차지하는 쇼나족과 14%를 차지하는 은데벨레족 등 두 개의 민족이 가장 많다. 소수의 백인들이 최고의 농장을 소유하고 농업 경제를 조직하고 있으나, 1980년대부터 시작된 환경 및 경제 문제는 사회적·정치적 긴장을 일으키고 있다. 무가베 대통령과 그의 정당은 때때로 농장의 원주인까지 죽이는 무단 점거자들의 백인 농장 침범을 허용하였으며, 부정부패는 증가하고 인권은 억제되었다. 한편 무가베와 짐바브웨 군은 콩고민주공화국에 개입하기 위해 강제로 침입하였다. 오늘날 이 지역에서 짐바브웨는 비극이다.

남부 아프리카에서 가장 최근의 독립국인 인구 210만 명의 **나미비아**는 잠베지 강 우안으로 '카프리비스트립'이라고 불리는 독특한 영토를 지닌 국가로 이전에 독일의 식민지였다(그림 6B-2). 1919년부터 1990년까지 남아프리카공화국의 위임 통치를 받았던 나미비아는 세계에서 가장 건조한 사막 중에 하나로 유명하다. 앙골라와의 접경지역만이 농경을 할 수 있을 정도로 습윤하기 때문에 대부분의 사람들은 앙골라와의 접경 가까이에 산다. 추메브 지역에서의 채광과 남부 광활한 스텝에서의 목축이 주요한 상업 활동을 만들어 내고 있다. 수도 빈트후크는 나미비아 최대의 수출입 항구인 월비스베이의 반대편 내륙에 위치해 있다. 독일령 남서아프리카라고 불리기도 하는 나미비아는 여전히 독일의 영향이 남아 있다. 정돈된 토지 개혁이 진행되고 있지만 해결되지 않은 문제들도 남아 있고 대부분의 사람들이 가난에 허덕이고 있다.

남부 아프리카의 북부지역

앙골라, 잠비아, 말라위, 모잠비크 등 4개국으로 구성되어 있는 이 지역에는 문제점이 산재해 있다. 포르투갈의 식민지였던 인구 1,770만 명의 앙골라는 **3** 엑스클라베[exclave, 비지(飛地)]인 카빈다 주를 포함해 1975년 독립 이후 광물과 농작물을 주로 수출해 번영하는 경제 기반을 다졌었다. 그러나 앙골라는 냉전의 희생자가 되어 북부는 공산주의를 채택하였고 남부는 남아프리카공화국과 미국의 지원을 받아 반정부운동을 주도하였다. 그 결과 국가 기반이 황폐화되었고, 농장은 가동되지 못했다. 다이아몬드는 약탈되고, 수만 명의 사상자가 발생하였으며, 또한 수백만 개의 지뢰가 남아 여전히 사람들을 죽이고 불구로 만들고 있다. 그러나 앙골라의 석유는 약 5억 달러의 수익을 안정적으로 확보하게 하였고, 이로 인해 경기가 부양된다면 이 폐허가 된 국가가 재건할 수 있을 정도로 많은 투자자들에게 매력적이다. 그러나 이렇게 석

유가 풍부한 앙골라는 여전히 분리 독립운동에 직면하고 있다.

대륙 반대편에 있는 또 다른 포르투갈의 식민지였던 인구 2,130만 명의 **모잠비크** 또한 가난하다. 앙골라처럼 광물자원 없이 한정된 상업농업만이 있는 모잠비크의 주요한 자산은 모잠비크가 갖는 상대적인 입지이다. 마푸토와 베이라라는 두 개의 주요한 항구가 남아프리카공화국, 짐바브웨, 잠비아로 향하는 상당량의 수출입을 맡고 있다. 그러나 모잠비크도 독립 후 공산주의를 채택하였다. 남아프리카공화국이 지원한 반군은 내전과 기근의 원인이 되었고, 말라위를 향한 수백만의 피난민을 양산하였다. 철도 및 항만시설을 갖춘 모잠비크도 한때 UN에 의해 전 세계에서 가장 가난한 국가로 평가되기도 하였다. 최근 항만 교통이 재정비되고, 모잠비크와 남아프리카공화국의 요하네스버그-마푸토 회랑에서 마푸토운송시설개발(Maputo Development Corridor) 사업을 공동으로 하게 되었다(그림 6B-2). 그러나 모잠비크가 재생되기에는 아직 많은 시간이 필요하다.

내륙의 영국 식민지였던 인구 1,270만 명의 **잠비아**는 콩고민주공화국의 카탕가 주와 더불어 코퍼벨트의 부를 나누고 있다. 잠비아의 일용품 가격이 큰 폭으로 변동하였을 뿐만 아니라 앙골라의 로비토와 모잠비크의 베이라와 같은 잠비아의 출구와 철길이 냉전에 의해 무용지물이 되어 잠비아는 경제적 어려움을 겪기도 하였다. 최근 중국이 잠비아의 광물에 관심을 보여 채광 사업뿐만 아니라 철로 보수에도 투자하고 있다.

이웃에 위치한 인구 1,450만 명의 **말라위**는 거의 농업에만 의존하는 경제 기반을 가지고 있다. 그러나 이 나라 또

한 환경적 퇴보로 인해 괴로움을 겪고 있다. 그러나 2000년 말경 풍작을 거두어 짐바브웨에 농산물을 수출하게 되면서 상황이 조금 호전되었다.

동아프리카

콩고 분지에서 동아프리카 고원으로 육지가 융기된 대호수의 동안은 콩고민주공화국의 동쪽 경계선을 이룬다. 산과 골짜기, 비옥한 토양, 풍부한 강수는 르완다와 부룬디에서부터 달라져, 열대우림의 동쪽으로 갈수록 사바나가 우세해진다. 큰 규모의 화산들은 대지구대의 열곡을 따라 솟아올랐다. 이 지역의 심장부에는 빅토리아 호가 있다. 북쪽으로는 지표가 3,300m 이상 솟아 있고, 그 깊이는 오늘날 에티오피아라고 부르는 아비시니아(Abyssinia)의 단층과 강에 의해 잘린 협곡을 만든다.

동아프리카 지역에는 에티오피아의 고원을 포함해 케냐, 탄자니아, 우간다, 르완다, 부룬디 등 5개 국가가 있다(그림 6B-4). 이 지역 대부분의 인구를 구성하는 반투족은 북쪽으로 나일 강 유역의 주민인 닐로트족을 만나게 된다.

인구 4,020만 명의 **케냐**는 동아프리카에서 가장 크거나 인구가 많은 국가는 아니다. 그러나 지난 반세기 동안 이 지역에서 가장 지배적인 국가이다. 초고층 빌딩이 보이는 수도 나이로비는 이 지역의 중심지로, 인구 350만 명으로 인구가 가장 많은 도시이며, 항구도시 몸바사는 가장 분주한 도시이다.

독립 이후 케냐는 자본주의의 길을 걸어 서방 세계와 제휴하였다. 유명한 광산 없이도 케냐는 커피 및 차 수출과 주요 국립공원에서의 관광 산업에 의지해 경제를 발달시켰다. 관광은 외화 벌

이의 주요한 창구가 되었고, 케냐는 경제 계획의 지혜를 제공받아 성공하였다.

그러나 심각한 문제가 발생하였다. 케냐는 1980년대에 세계에서 가장 높은 인구 증가를 보였고, 증가한 인구는 농경지와 야생 동물의 서식지에 압력을 가하였다. 밀렵은 광범위하게 퍼졌고 관광 산업은 쇠퇴하였다. 1990년대 후반 케냐는 산사태를 일으키고 나이로비와 몸바사 간의 주요한 고속도로를 쓸어가 버리는 극단적인 날씨에 시달렸다. 또한 수년간 지속된 내륙의 극심한 가뭄은 기근을 가져왔다. 반면에 정부의 부패는 투자되어야 했을 돈을 유용했다. 민주주의의 원칙은 모독되었고, 서방과의 동맹은 약화되었다. 에이즈의 만연은 또 다른 장해가 되었다. 또한 나이로비와 몸바사는 테러리스트들

의 공격으로부터 지속적인 손실을 입었고, 나아가 관광 산업에도 막대한 손해를 입혔다.

21세기 초반 케냐는 안정적이고 비교적 번영을 누리고 있다. 지리, 역사, 정치적으로 가장 유력한 종족은 전체 인구의 22%를 차지하는 키쿠유족이다. 그러나 그림 6B-4에서 보듯이 다른 다수의 종족과 몇몇의 소수민족도 있다. 루햐, 루오, 캄바, 칼렌진족 등이 인구의 50%를 구성하며, 마사이, 투르카나, 보란, 갈라족과 같이 영토의 가장자리에 주로 분포하는 종족들도 있다. 불행하게도 2007년 치러진 대통령 선거에서 키쿠유족 출신의 대통령이 정권을 잡으려고 선거 결과를 부정 조작하였다는 반대 세력의 주장으로 인해 오랫동안 존재한 갈등의 씨앗이 터져 폭력 사

태가 발생하기도 하였다. 이러한 위기 상황을 극복하고, 민주주의를 보장하며 서로 다른 종족들의 이익을 대변하는 정치체제를 만들고 유지하는 것은 케냐의 새로운 도전이 되고 있다.

탕가니카(Tanganyika)와 잔지바르(Zanzibar)가 합병해 만들어진 **탄자니아**(Tanzania)는 동아프리카에서 가장 크고 인구가 4,210만 명으로 가장 많은 국가이다. 전체 지역은 다른 네 국가를 합한 것보다 크다. 탄자니아는 인구가 밀집해 있고 생산력이 큰 지대가 수도 다르에스살람이 있는 동해안 지역뿐만 아니라 북서쪽으로는 빅토리아 호의 주변, 서쪽으로는 탕가니카 호의 주변, 남쪽으로는 말라위 호의 주변 등으로 분산되어 있어 핵심지역이 없는 것처럼 묘사되어 왔다. 이는 국가의 중심이 케냐 고원의 나이로비로 집중된 케냐와 매우 대조적이다. 게다가 탄자니아는 국가를 지배할 수 있을 정도의 다수 종족 없이 많은 종족으로 이루어진 나라이다. 약 100개의 종족이 공존해 있고, 이들 중 주로 해안에 거주하는 인구의 1/3은 이슬람이다.

탄자니아는 독립 이후 개발을 위해 거대하고 황폐화된 농장을 집단농장화하는 사업을 포함해 사회주의를 지향하였다. 그 결과 관광 산업은 급격히 쇠퇴하였고, 탄자니아는 세계에서 가장 가난한 국가 중의 하나가 되었다. 그러나 탄자니아는 그 어떤 동아프리카의 국가들도 얻지 못했던 민주주의와 현격한 정치 안정을 성취하였다. 1990년 이후 정부는 체제 변화를 꾀하고 있지만 에이즈의 위기, 잔지바르 합병 문제, 르완다와 같은 이웃 국가들의 문제들로 말미암아 어려움을 겪고 있다. 그러나 오늘날 탄자니아의 전망은 관광 산업이

케냐는 세계의 주요한 화훼 수출국이 되었지만 논란이 있다. 여기 동아프리카 대지구대의 나이바샤 호 주변에 집중된 산업농의 한 부분으로 서 있는 2헥타르의 거대한 온실에서 장미를 드는 노동자가 있다. 유럽 기업들은 큰 규모의 땅을 사고 멀리 떨어져 있는 노동자를 모집한다. 국지적 규모로 본다면 야생 동물과 수자원을 위협하고 있으나 정부는 2009년 케냐의 농업 부문 수출에 따른 수입의 약 20%가 산업농으로부터 얻는 것으로 추산하고 있다. 이는 핵심부-주변부 쟁점을 드러낸다. 기업의 성장 및 유럽 시장으로의 화훼 수출은 유럽 자체에서 허용하지 않는 농약을 사용함으로써 전 지구적인 핵심부에서의 규제에 의해 보호받는 생태적 손실을 주변부에 입힌다. 그러므로 이 지역은 규정이 덜 엄격하게 적용되어 환경이 고통받는다. 나이바샤 호를 따라 급성장하는 화훼 산업은 또한 소문난 취업 기회에 의해 연결되는 수천 명의 노동자들에게 사회 문제를 야기하며, 이 지역에 집중함으로써 열악한 조건으로 생활하는 그들 자신을 발견할 수 있다.

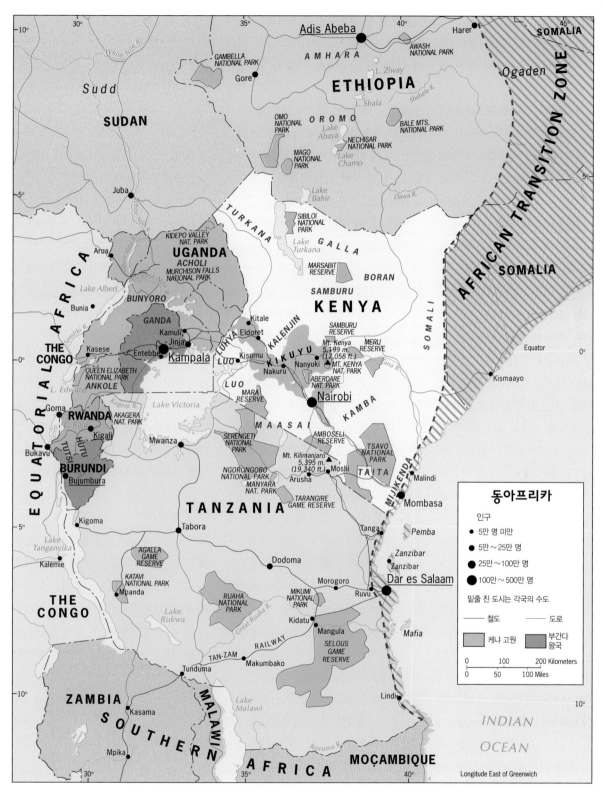

© H. J. de Blij, P. O. Muller, and John Wiley & Sons, Inc.

재활성화되면서 개선되고 있다.

우간다는 영국의 식민주의자들이 도착했을 때 빅토리아 호의 북서안에 위치한 간다족의 부간다 왕국이라는 가장 중요한 아프리카의 국가였다(그림 6B-4, 6A-5). 영국은 간다족의 중심지 캄팔라에 본거지를 두고 간다족을 이용해 간접적인 방법으로 통치하였다. 그에 따라 간다족은 다문화의 우간다를 지배하는 종족이 되었으며, 영국은 간다족에게 영속적인 지배권을 넘겨 복잡하게 얽힌 연방체제를 우간다에 남기고 떠났다.

그러나 연방 제도가 실패하자 아프리카에서 가장 잔인한 독재자인 이디 아민이 정권을 장악하였다. 우간다는 그때까지 약 75,000명의 소수 아시아인이 지역 상권을 차지한 채 커피, 면화, 기타 농작물과 구리 수출에 기반을 두어 강력한 경제를 유지하고 있었다. 아민은 모든 우간다 거주 아시아인들을 추방하고, 그의 반대자들을 대량 학살하였으며, 경제를 붕괴시켰다. 에이즈 또한 우간다에 심각한 영향을 주었다. 아민이 추방됨에 따라 우간다는 요웨리 무세베니의 영도 아래 보다 나은 대의 정치체제로 나아갔고, 에이즈와 싸워 상당한 성과를 거두었다. 불행하게도 우간다의 군사력은 르완다와 콩고민주공화국을 포함한 분쟁에서 적극적인 역할을 못하고 있다.

지도에서 보듯이 우간다는 육지로 둘러싸인 **4 내륙국**(landlocked state)이며 바다로 통해 있는 출구를 위해 케냐에 의존한다. 우간다는 불안정한 수단, 르완다, 콩고민주공화국에 인접해 강력한 도전을 만들어 내고 있다. 북쪽으로는 신의 저항군(Lord's Resistance Army, LRA)이라 불리는 반군이 수십 년 동안 아촐리족을 위협하고 있다.

르완다와 **부룬디**는 탄자니아의 북서쪽을 마치 점유한 것처럼 보인다. 게다가 이들 지역은 제1차 세계대전 이전까지는 독일의 식민지였다. 그러나 전쟁 중에 벨기에 군이 벨기에령 콩고를 기반으로 독일을 공격해 들어와 1918년 종전 이후 이 지역의 점유권을 인계받았다. 이곳 사람들은 이러한 제국주의 토지 수탈을 멈출 힘이 없었다.

아프리카에서 인구 밀도가 가장 높은 인구 1,010만 명의 르완다와 인구 940만 명의 부룬디는 동아프리카의 한 부분이지만 문화지리적으로는 북부 및 서부와 연계되어 있다. 북쪽에서 이주해 온 목축민인 투치족은 이 지역의 원주민인 트와(피그미)족을 몰아내고 노예로 삼았던 농경 민족 후투족을 정복하였으며, 원래는 종족 분쟁이었던 갈등을 문화적 대립으로 만들어 놓았다. 일부 후투족 사람들은 투치족이 지배하는 사회에서 투치족의 방식대로 전환해 사회계층이 상승할 수 있었다. 온건 후투족이라 불리는 이들은 종종 다른 후투족의 공격 대상이 되고 있다. 사하라이남 아프리카에서 첫 번째 종족 분쟁으로 식민 정책에 의해 악화되어 오랫동안 지속되고 있는 이 충돌은 양 국가를 반복적으로 황폐화시켰으며, 1994년 끔찍한 르완다 대학살을 일으켰다. 불행하게도 이 갈등은 계속해서 사그라지지 않았고 결국 콩고민주공화국에까지 퍼져나갔다. 400만 명의 후투족, 투치족 사람들이 죽었고 콩고 반군들은 콩고 동부지역을 장악하기 위해 싸웠다. 광범위한 국제적인 중재는 상황을 안정시켰지만 세계는 또 다시 이 지역의 불행에 대해 눈을 감아버리고 있다.

에티오피아의 고원지대 또한 동아프리카의 한 부분을 형성하고 있다. 역사적인 수도 아디스아바바는 콥트 교회와 1935년부터 1941년까지의 이탈리아 침공 기간을 제외하고는 항상 식민 침입에 대항하였던 암하라족 제국의 본거지였다. 게다가 산악 요새인 에티오피아는 그들 스스로가 식민주의자가 되어 동쪽의 아프리카의 뿔 지역의 이슬람 영역 대부분을 통치하였다.

에티오피아의 자연적 출구는 아덴 만과 홍해를 향해 나 있었으나 에리트레아 독립 이후 이제는 내륙국이 되어 버렸다. 두 국가 간의 격렬한 국경 전쟁은 1998년에 시작되어 10만 명 이상이 희생되었다. 그러나 자연지리적으로나 문화적으로나 에티오피아는 동아프리카의 일부이며, 암하라족과 오로모족은 아랍화되거나 무슬림이 되지 않은 채 여전히 아프리카인으로 남아 있다. 그림 6B-4는 에티오피아와 동아프리카 간의 기능적 연계가 약함을 보여주지만 이는 가까운 미래에 변화될 것이다.

마다가스카르

아프리카의 동쪽으로는 세계에서 네 번째로 큰 섬인 마다가스카르가 있다(그림 6B-5). 약 2,000년 전에 처음으로 인류가 도달하였지만 그들은 아프리카인이 아니라 거리가 더 먼 동남아시아 사람들이었다. 메리나족의 강력한 말레이 왕국은 마다가스카르의 고원지대에서 번성하였으며, 그들의 언어인 말라가시어는 마다가스카르의 모국어가 되었다(그림 6A-9).

먼 길을 건너온 말레이 이주민들은 오늘날 인구 2,000만 명을 구성하는 20여 개의 종족 중에서 가장 규모가 큰 메리나족(500만 명)과 베츠미사라카족(300만 명)으로 남아 있다. 식민 침입에 대해 성공적으로 저항하였지만 마침내 프랑스에 국지적으로나마 굴복한 이후 교육받은 엘리트들을 중심으로 링구아 프랑카가 쓰이고 있다.

마다가스카르는 사실 동아프리카나 남부 아프리카의 일부는 아니다. 인간 뿐만 아니라 야생 동물도 독특하며, 문화 경관도 여전히 동남아시아로부터 영향을 받는다. 이곳 사람들은 옥수수가 아니라 밥을 먹으며, 논을 일군다. 빠른 인구 성장은 삼림과 야생 동물의 서식지를 파괴하고 있고, 경제는 허약해 빈곤이 세계에서 가장 경치가 아름다운 이곳을 지배하고 있다.

≡ 적도 아프리카

적도라는 용어는 단지 위치뿐만 아니라 자연 환경을 포함한 개념이다. 적도는 아프리카를 양분하나, 중앙아프리카 서부의 고도가 낮은 지역에서만 강렬한 열, 많은 비, 극도로 높은 습도, 작은 계절 변동, 열대우림 식생, 엄청난 생물다양성과 같은 적도와 관련한 조건들이 특징으로 잘 나타난다. 동아프리카 지구대의 서부 지구대 넘어 동쪽으로 갈수록 고도가 상승하고 서늘해지며 보다 계절적인 기후 유형이 지배적이다. 그 결과 우리는 저위도의 아프리카를 서쪽의 적도 아프리카와 동쪽의 동아프리카, 두 지역으로 인식할 수 있다.

적도 아프리카는 거대한 콩고 분지에 의해 지배된다. 이 지역은 아다마와 고지에 의해 서아프리카와 분리되며 그림 G-7의 Cwa의 경계를 보면 높아지는 고도와 기후 변화가 남부 경계의 특징이 된다. 이 지역에는 8개의 국가가 정치지리를 구성하고 있으며, 이 중 과거에 자이르라고 불렸던 콩고민주공화국이 가장 영토가 넓고 인구도 많다(그림

6B-6).

다른 7개 국가 중 가봉, 카메룬, 콩고, 적도 기니, 상투메 프린시페 등 5개 국은 모두 대서양 연안에 위치해 있다. 중앙아프리카공화국과 차드만이 내륙국이다. 적도 아프리카의 자연적, 인문적 특성은 심지어 남수단에까지 그 영향을 미치고 있다. 이 다양하고 복잡한 지역은 사하라이남 아프리카에서 가장 분쟁이 많은 지역이다.

콩고민주공화국

지도에서 보듯이 콩고민주공화국은 대서양으로는 단지 콩고 강 하구로나 적당할 37km에 불과한 조그마한 창을 가지고 있을 뿐이다. 바다로 나가는 배들은 마타디 항까지 도달할 수 있으며, 폭포와 급류가 심한 내륙에서는 수도 킨샤사까지 물건을 나르기 위해서 도로와 철도가 필수적이다. 또한 우리는 키상가니와 우분두 사이에서, 그리고 킨두에서 다른 배로 갈아타는 것이 필수임을 알 수 있다. 킨두 남쪽의 철도를 따라가다 보면 루붐바시에서 또 다른 좁은 영토 회랑에 도달할 수 있다. 카탕가주는 구리나 코발트와 같은 콩고민주공화국의 주요한 광물자원을 품고 있어 절대적으로 중요한 지역이다.

영토가 넓음에도 불구하고 콩고민주공화국은 7,000만 명 이상의 인구, 풍부하고 다양한 광물자원, 양호한 농경지처럼 이 지역과 전체 아프리카를 이끌기 위해 필요한 원료를 모두 가지고 있는 것처럼 보인다. 그러나 자연지리적으로나 문화지리적으로 발생하고 있는 강력한 지방 분권은 콩고민주공화국을 산산이 분리시키는 요인이 되고 있다. 광대한 열대우림은 동서남북 사이에 의사소통을 방해하는 걸림돌이 되고 있

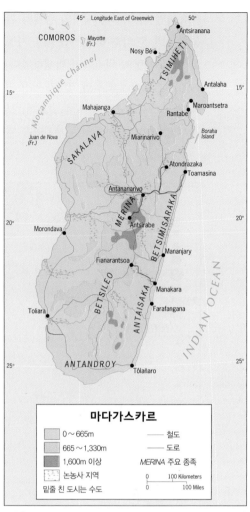

그림 6B-5   © H. J. de Blij, P. O. Muller, and John Wiley & Sons, Inc.

다. 콩고민주공화국에서 생산성이 높은 지역은 대부분 국토의 바깥 둘레를 따라 있으며 막대한 거리로 인해 분리되어 있다. 이들 지역에서는 시장에서의 경제 활동이나 종족 간의 혈족 관계를 위해 콩고민주공화국이 맞대고 있는 9개국 중 하나 또는 그 이상의 국가로 국경 너머를 바라보는 경향이 있다.

내륙에서의 위기

1990년대 콩고민주공화국의 내전은 이웃나라 르완다에서 시작되어 콩고민주공화국으로까지 퍼졌다. 르완다는 후투족과 투치족 사이의 분쟁이 수백 년간

지속되었다. 식민지 시기의 경계와 활동은 상황을 악화시켜 독립 이후 가공할 만한 일련의 위기들이 발생하였다. 1990년대 중반에 최후의 고비가 가장 거대한 망명자의 물결을 만들었으며, 분쟁은 콩고민주공화국의 동부지역을 덮어 버렸다. 사망자 수는 알려지지 않았지만 약 500만에서 600만 명 정도로 추산된다. 그러나 이 불행한 재난은 국제사회가 평화를 위한 행동에 협조하도록 하기에는 충분하지 않은 것 같다. 2004년이 시작될 무렵 수도 킨샤사에서 반군 단체와 다양한 방법으로 내전에 참여한 아프리카 국가 간에 교섭을 통해서 과도정부를 출범시켰다. UN의 원조에 따라 콩고민주공화국은 모든 면에서 안정된 모습을 만들어 오고 있으나 일부 동부지역은 그렇지 못하다(그림 6B-6).

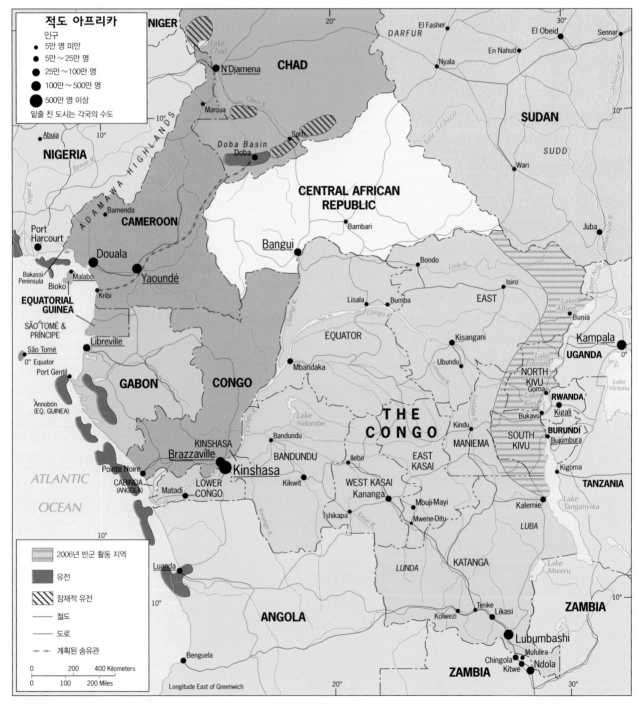

그림 6B-6

© H. J. de Blij, P. O. Muller, and John Wiley & Sons, Inc.

그러나 2007년 국내 불안이 다시 야기되어 간헐적으로 계속되고 있으며 그로 인한 사상자가 끊임없이 발생하고 있다.

콩고 강 너머

콩고민주공화국과 우방기 강의 서쪽과 북쪽에는 적도 아프리카의 다른 7개국이 있다(그림 6B-6). 이 중 2개국은 내륙국이다. 아프리카 점이지대뿐만 아니라 서아프리카에까지 걸쳐 있는 **차드**는 최근 석유가 남부에서 발견되었음에도 불구하고 아프리카에서 가장 외딴 나라 중 하나이다. **중앙아프리카공화국**은 만성적으로 불안정하고 가난에 짓눌려 있으며, 그들이 가지고 있는 농업 잠재력과 광물자원(다이아몬드, 우라늄)을 실질적인 발전으로 연결시키지 못하고 있다. 그리고 열대우림이 빽빽한 2개의 작은 화산섬으로 이루어진 **상투메 프린시페**는 인구가 22만 명으로 아프리카에서 가장 작은 나라이며, 최근 석유가 발견되면서 경제가 변화를 겪고 있다.

연안의 4개 국가는 각기 다른 특성을 갖고 있다. 4개 국가 모두 석유 유전을 가지고 있으며 콩고 분지의 열대우림을 공유하고 있다. 그러므로 석유와 목재가 수출 품목 중에서 가장 중요하다. **가봉**은 적도 아프리카에서 유일하게 중간 소득 국가로 그 소득이 중상 수준에 달한다(그림 G-10). 가봉은 또한 망간, 우라늄, 철과 같은 광물자원이 풍부하다. 적도 아프리카 중 유일하게 해안에 위치한 수도인 리브르빌은 고층의 도심, 붐비는 항만, 그리고 빠르게 성장하고 있는 정착민들의 거주지를 통해 발전하고 있는 모습이 투영되고 있다. **카메룬**은 석유나 다른 천연자원은 빈약한 편이나 높은 고도와 고기복의 지형이라는 장점으로 인해 이 지역에서 가장 강력한 농업 생산력을 보여주고 있다. 수도 야운데와 항구도시 두알라를 비롯해 서부 카메룬은 적도 아프리카에서 가장 발달된 지역이다.

5개국과 국경을 맞대고 있는 **콩고**는 이 지역의 주요한 교통 허브이다. 수도 브라자빌은 콩고 강 건너편의 킨샤사와 맞닿아 있으며 항구도시인 푸앵트누아르와 도로 및 철도로 연결되어 있다. 그러나 권력 다툼은 콩고의 지리적 이점을 불리하게 하고 있다.

그림 6B-6에서 보듯이 **적도 기니**는 직사각형 모양의 본토와 수도 말라보가 위치한 비오코 섬으로 되어 있다. 과거 스페인 식민지였으며 아프리카의 저개발 국가 중 하나로 남은 적도 기니는 최근 이 지역에서의 석유 사업에 영향을 받고 있다. 이제 석유가 중요한 수출품이 되었으나 다른 석유 부국에서처럼 이 보상이 국민들 대부분의 수입을 분명하게 증가시키지는 못하고 있다.

적도 아프리카를 이루는 것으로 보이는 또 다른 영토로는 콩고 강 하구 북쪽으로 콩고와 콩고민주공화국 사이에 쐐기처럼 놓인 **카빈다**가 있다. 그러나 카빈다는 아프리카의 식민지 시기 유산 중에 하나이다. 이곳은 포르투갈에 속했으며 앙골라의 한 부분으로서 남게 되었다. 오늘날 앙골라의 엑스클라베인 이곳은 석유가 풍부하게 매장되어 있어 매우 가치 있는 지역이 되었지만 분리 독립의 문제가 어렴풋이 남아 있다.

서아프리카

서아프리카는 사하라 사막의 남쪽 가장자리에서부터 기니 만 연안까지, 그리고 차드 호에서부터 서쪽으로 세네갈까지

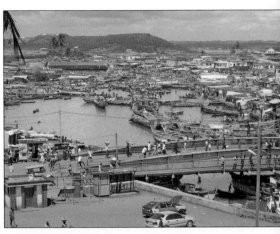

가나의 해안 마을인 엘미나는 너무 작아 지도에 나타나지 않는다. 그러나 유럽인들이 최초로 서아프리카에 정착한 곳이다. 포르투갈 해운업의 중요한 지점이었으며 이후 노예무역 시대에 악명을 떨쳤다. 오늘날은 약 2만 명이 살고 있는 어항이며 산업은 그리 좋지 않다. 이 지역의 어부들은 서아프리카 연안에서 활동하는 외국의 저인망 어선들과 경쟁해야 하고 저온 저장시설이 아주 적어서, 이 지역에서 잡힌 거의 모든 물고기들은 훈제되어 지역시장에서 판매된다. 이로 인해 낮은 가격이 유지되고, 정부가 1983년 경기 부양 정책을 도입하였지만 엘미나의 경제에는 거의 변화가 없다. 지역 사람들(인구의 절반 이상이 어업 관련 업종에 종사하고 있음)과 이야기를 나누어 보면 새로운 경제 정책으로 인해 가장 많이 이익을 본 곳이 이런 곳이 아니라 수도인 아크라인 것을 알 수 있다. © Richard J. Grant

아프리카에서 불룩하게 나온 부분의 대부분을 차지하고 있다(그림 6B-7). 정치적으로는 서부 사하라의 남쪽에 놓인 국가들을 포함해 알제리, 리비아, 차드의 서부와 카메룬까지 광범위하게 정의된다. 서아프리카는 대략적으로 남부 사하라를 넘어 팽창하는 스텝과 사막이 대부분인 국가와 나라의 크기가 조그맣고 물이 보다 풍부한 연안국가로 나뉜다.

식민시대 이전에도 문화적 다양성이 존재했던 이 지역에는 여전히 그 다양성이 존재한다. 프랑스와 영국이 서아프리카를 지배했었기 때문에, 지금까지도 서아프리카 국가들 간의 상호 작용은 제한적이다. 그러나 서아프리카의 문화적 활력과 역사적 유산, 인구가 조밀한 도시들, 붐비는 농촌, 부산스러운 시장이 이 지역의 뚜렷한 지역적인 특색을 창조하고 있다.

나이지리아

나이지리아는 아프리카 국가 중에서 가장 인구 규모가 큰 나라로 1억 5,500만 명의 고향이다. 나이지리아가 1960년 영국에서 독립했을 때 그들의 새 정부는 유럽의 정치체제로 주요한 세 민족을 포함해 그 수가 수천에서 수백만 명에 이르는 거의 250개의 종족을 다스리는 임무에 직면하였다.

지도(그림 6B-8)에서 명확하게 알 수 있듯이 영국의 식민지 흔적은 북부보다 남부의 두 지역에서 강하게 남았다. 크리스트교의 믿음은 남부지역에서 요루바족과 같은 남부 사람들에게 우세하며 식민 시절부터 독립국가를 만들 때까지 큰 역할을 했다. 남서쪽의 요루바족이 지배적인 항구도시 라고스를 연방 나이지리아의 수도로서 선택한 것은 국가의 미래에 대한 영국의 희망이 반영된 것이었다. 남부에 위치한 두 지역을 포함해 세 지역의 연합은 이슬람화되지 않은 지역이 우선시됨을 확실하게 하였다. 그러나 이 틀은 오래 지속되지 못했다. 1967년 이보족이 우세한 동부지역이 비아프라공화국으로 독립을 선언하자 백만 명이 희생된 3년간의 내전이 일어났다. 그 이후 나이지리아의 연방체제는 되풀이되어 수정되어 오고 있다. 오늘날에는 36개 주로 되어 있으며, 수도는 라고스에서 중앙에 위치한 아부자로 천도되었다(그림 6B-8).

불길한 석유

나이지리아가 땅콩, 팜유, 코코아, 면화 등 농업 부문이 수출액의 대부분을 차지했고, 국가 개발 계획에서 농업이 여전히 우선되었던 1950년대에 니제르 강 삼각주에서 거대한 유전이 발견되었다. 곧 석유 생산으로 얻은 수입이 다른 모

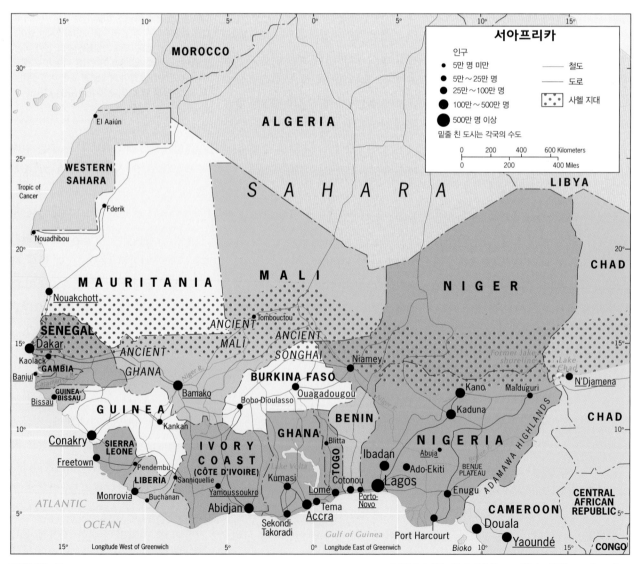

그림 6B-7

든 수입원을 위축시켰고, 나이지리아에 번영과 희망의 시기를 약속해 주는 것 같았다. 하지만 얼마 지나지 않아 나이지리아의 많은 석유는 번영보다는 파멸을 가져왔다. 잘못 계획된 개발 계획은 근거가 빈약한 산업 계획과 국영 항공사와 같은 값비싼 사치를 당연한 것으로 여기며, 나이지리아 사람 대부분이 영구적인 기간산업이나 농업을 무시하는 성향을 띠게 되었다. 더욱 심각한

것은 서투른 경영, 부정부패, 군의 실정 기간 동안 일어난 석유 수익의 노골적인 절도, 미래의 석유 수입을 고려하지 않는 과도한 차용 등이 경제적 재앙을 불러일으켰다. 국가의 경제 기반은 붕괴되었다. 도시에서는 기초적인 서비스가 무너졌다. 농촌지역에서는 병원, 학교, 용수 공급, 도로 등이 산산이 부서졌다. 석유가 개발되었던 니제르 강의 삼각주 지역에서 대대로 살아온 사

람들은 탐욕스러운 정권과 기업들에게 석유 판매 수익과 생태적 손실의 배상에 대한 자신들의 몫을 요구했으나 아바차 장군 아래의 군사정권은 이 운동의 선봉에 선 지역 지도자 9명을 체포해 처형함으로써 그들의 요구에 반응했다. 주로 미국을 상대로 거래하는 세계 10대 산유국임에도 불구하고 나이지리아는 전 세계적인 국가 행복 지표에서 가장 낮은 단계로 내려앉고 말았다.

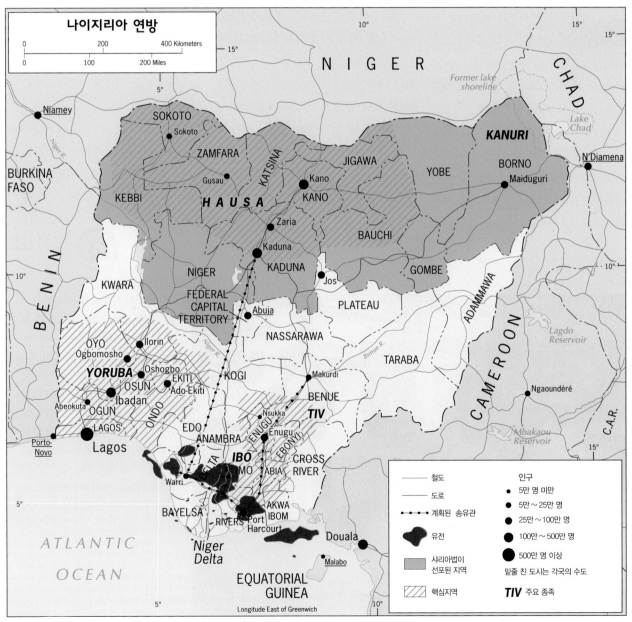

그림 6B-8

© H. J. de Blij, P. O. Muller, and John Wiley & Sons, Inc.

떠오르는 이슬람

1983년 이후 1999년 처음으로 민주적인 선거로 대통령이 선출되었다. 그러나 에이즈를 비롯한 나이지리아의 문제는 이슬람 근본주의 성향의 **5** 샤리아법 (Sharia law)을 처음으로 채택한 잠파라 주에서부터 시작되어 북부 주들에서 더욱 악화되고 있다. 카두나 주에서 이 법이 채택되자 크리스트교와 이슬람교 사이에서 폭동이 일어나 옛 수도인 카두나를 황폐화시켰다. 다른 11개 주(그림 6B-8)에서도 샤리아법이 채택되자 수천 명의 크리스트교도들이 북부지역을 떠났고, 국가의 결합에 위협적인 두 지역 간의 문화적 대비가 점점 선명해지고 있다. 비록 카두나 주에서 일시적으로 샤리아법을 채택한 결정을 취소했을지라도, 북부지역에서 이제 막 나타나기 시작한 이슬람 부흥주의는 결국 나이지리아가 아프리카 점이지대에 위치한 지역에 자치적인 권한을 인정할 것이라는 전망을 보여주고 있다. 아프리카에 있어 이 일은 매우 큰 재앙이다.

해안과 내륙지역

나이지리아는 서아프리카를 이루는 17개의 국가 중 하나이다. 이들 국가들 중 말리, 부르키나파소, 니제르, 차드 등은 사막 및 스텝 환경하에 큰 영토를 구성하고 있지만 인구는 적고 내륙국이다(그림 6B-7).

대부분이 이슬람교도인 **부르키나파소**는 이슬람 세계 안에 위치하고 있고 아직 개발되지 않는 금 매장지를 가지고 있는 내륙국이며 면화 수출에 의존하고 있다. 한때 골드코스트(Gold Coast)라고 알려진 해안 국가인 **가나**는 서아프리카 국가 중에서 제일 먼저 민주정부와 코코아 수출에 기반을 둔 조화로운 경제를 동반한 독립을 달성하였다. 독립 이후 가나는 서아프리카 내륙의 요구를 충족시키기 위한 항구도시 테마와 볼타 호를 만드는 대규모 댐 건설 프로젝트를 통해 으스댈 수 있었다. 잘못된 국가 운영은 가나의 경제를 붕괴시키는 원인이 되었으나, 1990년대에 군사정권은 안정적이고 민주적인 정부로 대체되어 경기가 회복되고 있다. **코트디부아르**는 30년 동안 독재정권이 집권하였으나 경제적 진보를 위해 개발도상국의 자본주의적 경제 개발의 모델로서 독립 후 서방의 원조와 민간 투자를 계속 받아들여 경제적 진보를 가져왔다. 그러나 종신 대통령의 지나친 월권으로 인해 끔찍하게 비싼 비용을 치렀다. 이 중 하나는 대통령의 고향으로 아비장을 이어 새로운 수도가 된 야무수크로에 로마에 있는 성 베드로 성당에 맞먹을 로마 가톨릭 교회의 성당을 건축한 것을 포함한다. 세기가 전환될 무렵의 연속된 정

 답사 노트

© H. J. de Blij

"서아프리카 어디를 가더라도(특히 시장) 당신은 밝은 색깔을 마주하게 될 것이다. 시에라리온의 수도인 프리타운은 금요일에 거대한 시장이 되어 거리에 가판대가 늘어서 있고, 많은 사람들이 교차로에 붐비게 된다. 대부분의 상품들은 지역 거래에 사용된다. 관광업이 더 큰 역할을 하는 동아프리카와 비교할 때 이곳의 시장들은 여전히 국내적인 분위기를 띠고 있다. 음악이 시장과 공터와 같은 도처에서 연주되고 도시 전체가 자극적인 음식 냄새로 가득 차 있다."

치적 혼란은 남북 및 이슬람과 크리스트교도 사이에 분열을 초래해 국가의 안정을 위협하고 있다. 서아프리카의 서쪽 끝에 인구의 대부분이 농업에 종사하는 민주적인 **세네갈**은 석유, 다이아몬드, 그리고 다른 가치 있는 수입원도 없이 안정을 달성한 것처럼 보인다. 실제로 자원이 없음에도 불구하고 세네갈은 용케 이 지역에서 GNI 수준이 가장 높은 국가가 되었다. 세네갈은 인구의 95% 정도가 무슬림이며, 수도 다카르에 집중해 사는 월로프족에 의해 다스려지고, 프랑스와 여전히 밀접한 편이다. 세네갈은 자국에 둘러싸여 있으며 영어를 사용하는 **6** 엔클라베(enclave)인 감비아와의 통합 실패와 남부 카사망스 지방에서의 분리 움직임을 성공적으로 극복해 나가고 있다.

서아프리카의 다른 지역은 내전과 공포로 얼룩져 있다. 노예 해방으로 자유를 얻은 아메리카 노예들이 미국식민협회의 도움으로 아프리카에 돌아와 1822년 건국한 **라이베리아**는 미국 해방 노예의 후손인 '아메리코라이베리안(Americo-Liberians)'에 의해 지배되었으며, 고무와 철광석을 주로 수출한다. 그러나 1980년 군에 의한 불시의 일격으로 아메리코라이베리안의 시대는 끝났으며, 1989년에는 모든 종족 간의 반목으로 인해 내전으로 확대되었다. 인구의 1/10인 약 25만 명의 사람이 죽었으며, 수백만의 사람이 보금자리를 잃고 난민이 되었다. 1787년 영국의 보호로 해방된 노예들이 만든 **시에라리온**은 라이베리아와 유사하게 스스로 통치 능력이 있는 공화국에서 군사 독재의 일당 독재국가로 변이되었다. 1990년대 들어 다이아몬드 판매로 자금을 관리한 반정부 조직의 반란이 더욱 악화되

나이지리아의 중부지역에 살고 있는 사람들에게 이슬람 전선은 지리적인 개념 그 이상의 의미를 가지고 있다. 다시 말해 순식간에 모든 것이 산산조각이 되는 지진대에 사는 것과 비슷하다. 그림 6B-8에서 보면, 플래토 주가 카두나 주와 바우치 주를 경계로 하여 북쪽으로 연장된 지역이 이 두 주를 구별시켜 주는 것을 알 수 있다. 이 연장된 지역에 주도인 조스 시가 위치하고 있으며, 기독교와 이슬람교 사이의 긴장감이 표면화되고 있다. 2008년 11월 후반 치러진 지역 선거에서 크리스트교계의 국민민주당(PDP)이 이슬람교계의 전나이지리아국민당(ANPP)을 이겼다는 소문이 돌았다. 폭동이 일어났고 수백 명이 죽었으며 많은 재산이 파괴되었다. 정부가 질서를 회복하기 전에 한 시장에서만 3,000개 이상의 상점뿐 아니라 교회와 이슬람교 사원들이 파괴되었다. 12월 초에 찍힌 이 사진은 나이지리아 군대가 조스 중심부에 바리케이드를 치면서 시위자들을 분산시키고 있고 지역의 연장자들이 사람들을 진정시키는 모습을 보여주고 있다. 군대가 폭력 사태를 진압하는 데 며칠이 걸렸고 이후에도 이슬람 전선에서 이러한 갈등 사태가 다시 반복될 가능성이 크다.
© AFP/Getty Images, Inc.

어 지역 사람들에게 무시무시한 고통을 주었다. 21세기 초반에 놀라운 반전이 일어나 자유선거가 실시되었고 국가가 안정을 되찾아 재건되고 있다. 독재 정권의 잘못된 경영과 2009년에서 2010년 사이에 일어난 격렬한 권력 투쟁으로 인해 **기니**는 농업과 광업 분야를 통한 경제 발전의 기회를 놓쳐 버렸다.

그러나 이와 같은 갈등이 서아프리카의 전형은 아니다. 사막과 바다 사이에 있는 이 지역에서 빠르게 변화하는 환경에 대항하는 수천만의 농부와 목동들은 해안지역을 따라 새롭게 만들어지는 갈등으로부터 떨어져 살고 있다. 예를 들어, 전통 경제를 조종하는 지방의 촌락시장과 같은 전통적인 체제는 여전히 지속되고 있다. 농촌을 방문해 보면 매

일 열리지 않고 3~4일 만에 장이 열리는 지방의 촌락시장을 볼 수 있다. 그러한 체계는 모든 촌락이 교환 네트워크에서 일부 자기 몫의 역할을 확보한다. 이들 **7** 정기시장(periodic markets)은 이 지역의 많은 곳에서 지속되는 전통 중 하나이다. 이 지역의 가장 큰 도전 과제는 지구상 가장 어려운 환경 속에서의 정치적 안정을 통한 경제적 생존과 국가 재건이다.

아프리카 점이지대

그림 6B-9와 6B-1에서 보듯이 아프리카의 점이지대는 지금까지 언급한 사하라이남 아프리카의 다른 4개 지역과는 분명 다르다. 이 지대는 이슬람 세계에

대한 사하라이남 아프리카의 문턱이자 사하라이남 아프리카 지역을 향한 이슬람 세계의 관문이기도 하다. 이 지대는 세네갈이나 부르키나파소처럼 전체 나라가 앞서 언급한 사하라이남 아프리카 지역의 한 부분으로 모두 에워싸인 국가도 있으며, 차드나 수단과 같이 무슬림과 비무슬림을 가르기도 하며, 아프리카의 뿔 지역에 있는 에리트레아, 지부티, 소말리아처럼 다른 지역의 한 부분을 형성하지 않는 국가들도 포함한

다. 지리적 지역이 서로 만나거나 중첩되는 세계의 다른 곳에서처럼 곤란한 문제들이 아프리카 점이지대에 나타난다. 아프리카 점이지대는 최근 문화적 문제가 폭발했음에도 불구하고 코트디부아르와 나이지리아의 북부지역에 남아 있는 것처럼 일부 지역에서는 무슬림 사회에서 비무슬림 사회로의 전이가 점진적이기도 하다. 다른 한편으로는 크리스트교 및 아프리카 토속 종교 문화권과 아프리카의 무슬림 사회 간의

전통적인 경계가 있는 동부 에티오피아에서처럼 분열이 날카로운 곳도 있다. 아프리카의 **8** 이슬람 전선(Islamic Front)으로 불리는 종교적인 국경인 아프리카의 점이지대는 그러므로 정적인 상태로 있거나 모든 곳이 항상 똑같은 것도 아니다.

마찰은 이슬람 전선의 대부분에서 나타난다(그림 6B-9). 수단에서는 30년 이상 장기간 북부의 무슬림들의 아랍화에 대항해 남부에서의 비이슬람 반군에

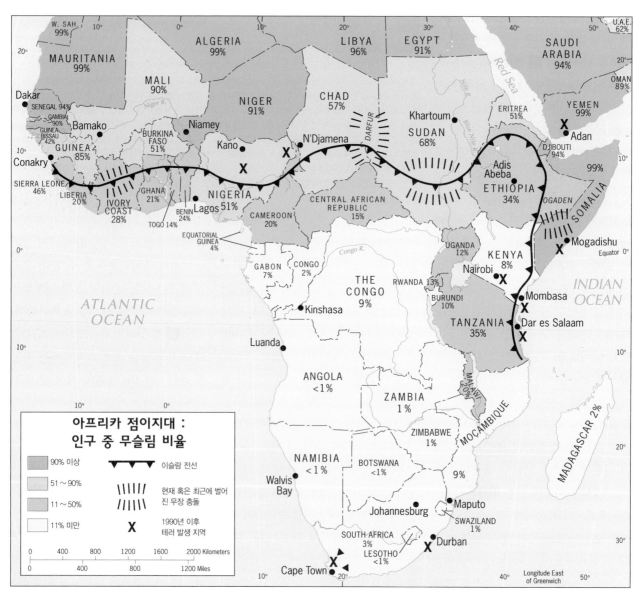

그림 6B-9

© H. J. de Blij, P. O. Muller, and John Wiley & Sons, Inc.

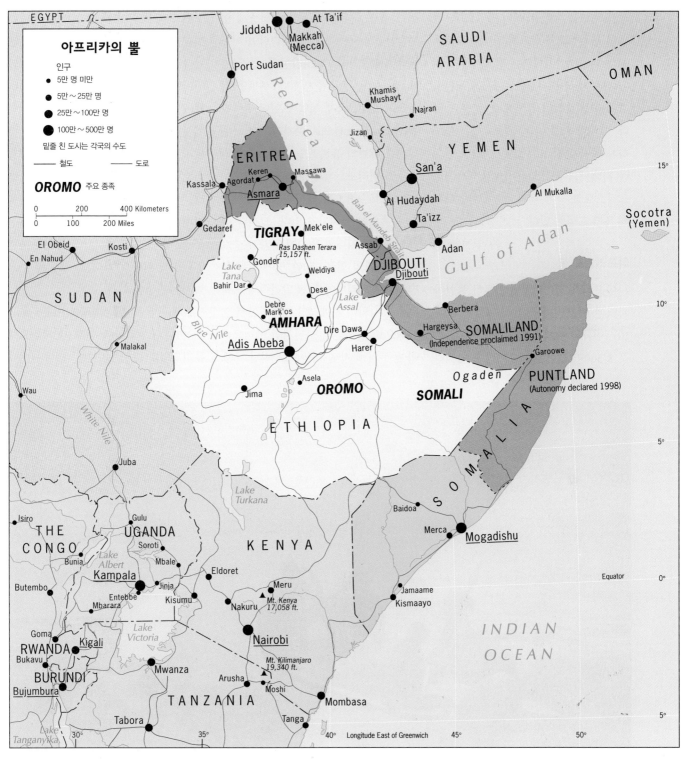

그림 6B–10

의한 독립을 위한 분쟁이 있었으며, 이슬람 부흥주의가 국가의 전망을 흐리게 하는 나이지리아에서는 간헐적인 다툼이 있으며, 코트디부아르에서는 정치적 경쟁이 종교적인 투쟁으로 몰리고 있다. 그러나 가장 마찰 경향이 있는 아프리카 점이지대는 수단뿐만 아니라 이슬람 지배사회에 거의 에워싸인 역사적인 크리스트교 국가 에티오피아까지 포함해 동부에 놓여 있다.

아프리카의 뿔

아프리카 점이지대에서 특히 불안한 지역은 아프리카의 뿔이다(그림 6B-10). 내륙국 **에티오피아**에서는 전체 인구 8,300만 명에서 1/3 이상을 차지하는 무슬림 대부분이 동부에 집중해 있다. 인구의 50% 정도가 무슬림인 이웃 **에리트레아**와의 영토 갈등은 두 국가의 경제에 큰 손실을 입혔다. 예멘을 마주하고 있고, 국제 상업에 있어서는 **관문**(choke point)으로 여겨지는 바브엘만데브 해협의 홍해로 들어가는 좁다란 입구를 바라보고 있는 **지부티**는 인구의 95%가 무슬림으로 테러와의 전쟁에서 그 중요성이 더해지고 있다. 그러나 아프리카 점이지대의 동쪽에서 가장 중요한 곳은 거의 인구 950만 명이 모두 무슬림인 **소말리아**이다. 소말리족의 목축민들은 사막이 지배적인 기후하에서 역사적으로 자신들의 근거지인 에티오피아 동부의 오가덴 지역으로 지난 수백년간 그래왔듯이 계절이 바뀔 때마다 비를 쫓아 가축 떼를 몰고 국경선을 건너다녔다. 소말리족의 300만에서 500만 명가량의 사람들이 역사적으로 자신들의 근거지였던 에티오피아의 경계지역에서 영구히 살고 있음에도 이 선은 소말리 종족을 단순히 나눌 수는 없었다. 실제로 소말리족은 국경선 양쪽으로 갈려 거주하게 되었지만 그들의 생활을 지배하는 것은 여전히 임의로 그어진 국경선이 아니라 이 지역에 거주하고 있는 5개 씨족 간의 힘과 생존을 두고 벌이는 경쟁이었다.

2000년대 초 **9** 실패국가(Failed States)였던 소말리아는 현재 세 지역으로 분리되었다(그림 6B-10). 1990년대에

소말리아의 호비요 근처에서 찍힌 이 보트는 중부지역 연안경비대라는 이름으로 2005년 약 400명의 사람으로 결성된 해적 집단이 사용하는 쾌속정 중 하나이다. 2008년 이 조직은 동아프리카 연안에서 29개의 배를 공격하여 총 1,000만 달러를 갈취하였다. 최근에는 그 지역에서 활동하는 상업용 선박들에 대한 보호 활동이 해적들의 갈취를 감소시켰으며 방어 조치로 인해 몇몇 해적은 목숨을 잃었다. 하지만 그 위협은 계속되고 있다. © Veronique de Viguerie/Getty Images, Inc.

독립을 선언한 북부의 **소말릴란드**는 모든 면에서 가장 안정적이나 아직까지 국제사회의 승인을 받지 못하고 있다. 동부에는 그 지역 지도자 회의에서 그들의 영역을 소말리아로부터 분리해 자치를 선언한 **푼틀란드**가 있다. 남부의 소말리아는 인도양 연안에 위치한 수도 모가디슈를 중심으로 하고 있으며, 이 지역의 지배권을 두고 테러와의 전쟁의 한 부분으로 미국의 지원을 받는 세속적인 군벌과 이슬람 민병대 간의 투쟁이 계속되고 있다. 2006년 수도로 돌격해 군벌을 쫓아내고 지배권을 획득한 이슬람 민병대는 이슬람 국가 건설을 선언하였다. 이슬람 원리주의자들이 지배권을 획득한 '실패국가'와 알카에다와의 결합은 아프리카 점이지대를 국제적인 관심사로 떠오르게 하고 있다.

이 단원에서 강조했듯이 아프리카는 무한한 사회적 다양성의 대륙이며 사하라이남 아프리카는 비길 데 없는 문화·역사적 지역이다. 최근의 환경 변화는 사하라 사막을 넓히고 있으며, 이슬람교가 지배적인 아프리카의 북부를 크리스트교로 개종한 사하라이남 아프리카와 분리시키고 있다. 수백만의 아프리카인들은 노예 상태에서 벗어났으며, 식민주의의 잔학 행위는 베를린 회의 이후 정치적인 구속하에 남겨 있던 사람들을 종속시켰다. 아프리카의 적도 중심부는 지구를 쇠약하게 만드는 질병이 배양되는 곳이지만 아프리카의 보건 문제가 의료계에서 가장 우선적으로 여겨지지는 않는다. 부유한 국가들이 자신들의 아프리카 식민지를 포기하자 아프리카 사람들은 도움 없이 국가를 재건해야만 했고 부유한 나라들의 보조금을 받는 시장에서 자국의 상품이 경쟁력이 없다는 사실을 깨닫게 되었다. 우리는 이 단원에서 아프리카의 시작과 다시 올 전환에 대해 언급하였다. 우리는 지난 500년간의 범죄 행위를 교정하기 위해서도 지금까지의 노력보다 더 많은 일을 해야만 할 것이다.

생각거리 ❓

- 남아프리카공화국에서의 토지 개혁은 위험할 정도로 지체되고 있다.
- 최근 자료에 따르면 남아프리카공화국은 세계에서 가장 불평등한 사회이다.
- 르완다 정부는 9~12세 모든 아동들의 정보화 교육을 위해 무료 교육 소프트웨어를 다운로드할 수 있는 노트북과 전자책을 지급할 계획이다.
- 2010년 앙골라는 사우디아라비아와 이란을 넘어 중국의 최대 석유 공급국이었다.

마치 모스크와 유정이 하늘을 향해 경쟁하듯, 아제르바이잔의 카스피 해 연안에 서 있는 유정 탑 사이의 첨탑
© Sergei Supinsky/epa/© Corbis

주요 주제

왜 북아프리카/서남아시아라 부르는가?
문명의 발상지에서 갈등의 가마솥으로
이슬람이 지역 변화에 끼친 영향
무슬림 사회에서의 이슬람 부흥운동
석유 매장지의 분포
외세의 간섭과 무슬림의 반응

개념, 사고, 용어

문화지리학	1
문화 중심지	2
문화 확산	3
문화 경관	4
관개문명이론	5
기후 변화	6
공간 확산	7
팽창 확산	8
이전 확산	9
전염 확산	10
계층 확산	11
이슬람화	12
이슬람 부흥운동	13
와하비즘	14

7A

북아프리카/서남아시아 : 권역의 설정

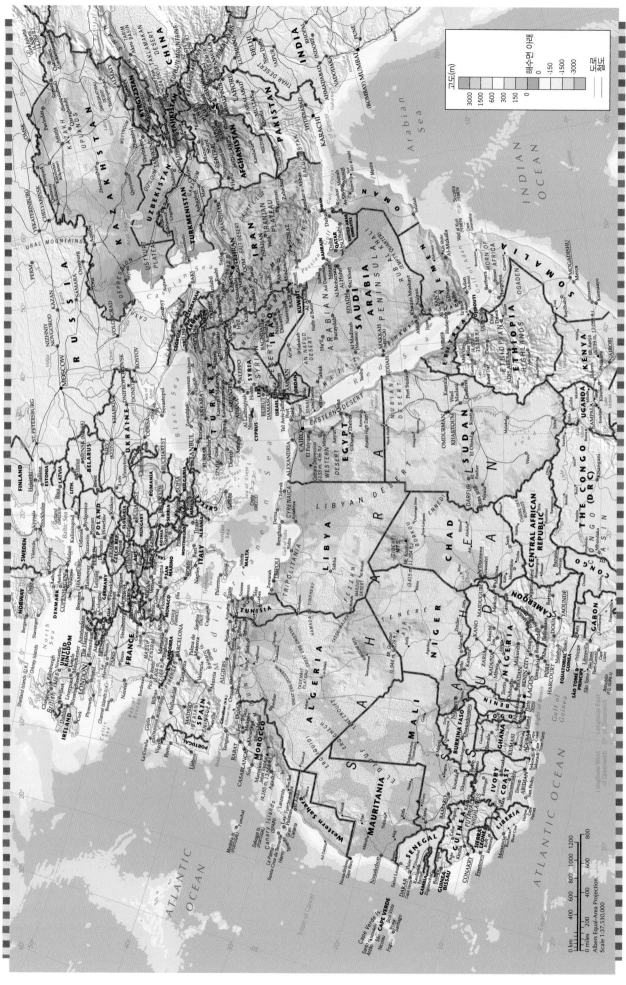

그림 7A–1

대 서양 연안의 모로코부터 아프가니스탄의 산악지역에 이르는, 그리고 아프리카의 뿔부터 아시아 내륙의 스텝 지역에 걸친 이 광대한 지역에는 매우 복잡한 문화가 나타난다. 이 지역은 유럽과 아시아 그리고 아프리카를 이어주는 교차로이자 세 대륙의 일부이기도 하다(그림 7A-1). 역사상 이 지역은 세 대륙뿐만 아니라, 실질적으로 세계의 다른 모든 지역에 영향을 주었다. 이 지역은 인류의 주요 근원지 중 하나이다. 티그리스 강과 유프라테스 강(오늘날의 이라크에 위치한) 사이에 있는 메소포타미아 평원과 이집트의 나일 강 유역에서 세계 최초의 여러 문명이 출현하였다. 이 지역 토양에서 처음 재배되기 시작한 농작물들은 전파되어 오늘날 아메리카와 오스트레일리아에 이르는 세계 도처에서 자라고 있다. 여전히 수억 명의 신자를 거느리고 있는 이슬람교도 이 길을 따라 전파되었다. 21세기 초인 오늘날에도 이 지역 중심부는 세상에서 가장 격렬하고도 위험한 분쟁에 시달리고 있다.

서남아시아와 북아프리카 주요 권역의 명칭

'북아프리카/서남아시아'라는 길고도 부담스러운 명칭에서 추론할 수 있듯이, 이 권역은 광범위하며 지리적으로 복잡한 지역이다. 오늘날의 초스피드 통신 시대에 이 지역은 지역의 위치를 나타내는 첫 단어를 따서 NASWA라고 흔히 지칭되

 주요 지리적 특색

북아프리카/서남아시아

1. 북아프리카와 서남아시아는 하천 유역 및 분지에 기반을 둔 여러 세계적인 고대 문명의 터전이었다.
2. 이 지역의 문화 중심지에서 전파된 사상과 혁신 그리고 기술이 세계를 변화시켰다.
3. 북아프리카/서남아시아 지역은 세계 종교인 유대교와 크리스트교 그리고 이슬람교의 발원지이다.
4. 이 지역에서 가장 늦게 출현한 이슬람교는 유럽에서 동남아시아에 이르는, 그리고 러시아에서 동아프리카에 걸친 광대한 지역을 변화시키고 통합시켰으며 활기차게 하였다.
5. 가뭄과 강수량 변동으로 이 지역의 자연 환경이 훼손되었다. 주민들은 물을 확보할 수 있는 지역에 모여 생활하고 있다.
6. 어떤 국가들에는 막대한 양의 석유와 천연가스가 매장되어 있어, 일부 계층에는 많은 부를 안겨 주고 있으나, 대다수 주민의 생활 수준 향상에는 별다른 기여를 하지 못하고 있다.
7. 북아프리카/서남아시아 주변에는 갈등이 곧 폭발할 수 있는 아프리카 및 아시아와의 점이지대들이 많다.
8. 이 지역은 세계 평균보다 인구 증가율이 높으며, 물 자원의 소유와 공급을 둘러싼 갈등도 계속해서 큰 위협이 되고 있다.
9. 중동지역은 북아프리카/서남아시아의 중심지역이며, 특히 이스라엘은 중동지역 분쟁의 심장부에 위치하고 있다.
10. 종교와 민족 그리고 문화적 차이로 인해 이 지역은 불안정한 상태에 있으며 분쟁이 발발하기도 한다.
11. 유럽과 러시아의 관계는 점점 더 꼬여 가고 있다.

고 있다. 그리고 이 지역은 지역 내 일부 특성에 근거한 또 다른 여러 지리적 용어로 언급되기도 한다. 그러나 이러한 일반화는 다음 예들에서처럼 잘못된 것이다.

'건조 세계'?

광대한 사하라 사막뿐만 아니라 아라비아 사막이 있는 이 지역을 흔히 '건조 세계'라 부르기도 한다. 그러나 이 지역 사람들은 대부분 물이 있는 곳에 거주하는데, 즉 나일 강 주변, 아프리카 북서단의 지중해 연안 구릉지(아랍어로 작은 언덕을 의미함), 지중해의 동부 및 북동부 연안 아시아 지역, 티그리스-유프라테스 분지, 내륙의 사막 오아시스, 카스피 해 남쪽 이란과 북동부의 투르키스탄 산악 저지대 등지에 살고 있다. 그림 7A-2를 보면 인구 분포와 용수가 매우 밀접한 관계에 있음을 알 수 있다. 지도에서 볼 수 있듯이, 계곡과 삼각주, 습윤한 해안, 우물이 발달한 산악 분지 등의 지리적 특징이 두드러진 이 지역은 사실상 클러스터라고 정의해야 한다.

흔히 이 지역을 물이 항상 귀한 곳으로, 제한된 용수 확보를 위한 갈등이 있는 곳으로(이스라엘과 팔레스타인처럼), 농부들은 토지를 가꾸려고 고군분투하나 수분이 부족하여 수확량이 적은 곳으로, 유목민들은 가축과 함께 흙먼지 날리는 대지를 넘나들며 여전히 이동하고 있는 곳으로, 오아시스는 불모의 바다에서 고장의 농업을 유지시켜 주고 지쳐 있는 여행자를 쉬게 해주며 광활한 사막을 넘나드는 무역을 지탱해 주는 녹색 섬의 기능을 하고 있는 곳으로 알고 있다.

그러나 이 지역에도 이집트의 생명줄인 나일 강과 농작물로 뒤덮인 알제리의 해안이 있으며, 또한 터키 서부의 푸른 해안지역과 함께 중앙아시아 산지의 눈 녹은 물이 계곡으로 흘러드는 땅이 있다. 그림 7A-1과 그림 G-7을 비교해 보면, 이 지역에서는 건조기후가 우세함이 확연히 드러나며, 물에

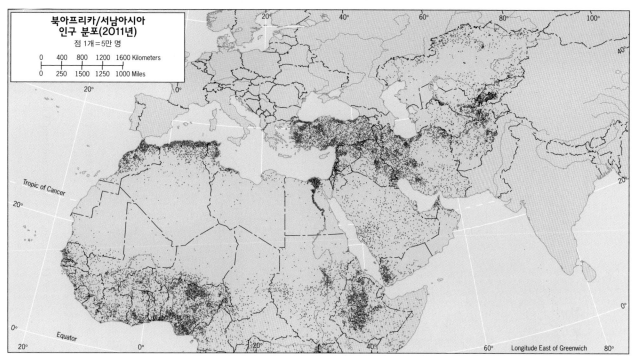

그림 7A-2

© H. J. de Blij, P. O. Muller, and John Wiley & Sons, Inc.

의존하는 이 지역의 인구 분포 특색을 알 수 있다.

'이곳이 중동인가'?

이 지역을 공공연히 중동이라 부르고 있다. 그렇지만 이를테면 인도에 사는 사람에게는 이 말이 이상하게 들릴 텐데, 인도에서는 중동이 아니라 중서라고 여길 것이기 때문이다. 물론 명칭에는 처음으로 이름 붙인 사람들의 선입견이 반영되어 있다. 서양 세계에서는 터키를 근동(Near Esst)으로, 이집트와 아라비아 및 이라크를 중동으로, 그리고 중국과 일본을 극동(Far East)으로 보았다. 여전히 이 용어가 계속해서 쓰이고 있는데, 학자나 저널리스트 그리고 UN 회원국도 관행적으로 사용하고 있다. 그렇다 하더라도 중동이라는 말은 광대한 북아프리카와 서남아시아 전체 지역이 아니라 특정 지역에 한정되어 쓰여야 한다.

'아랍 세계'?

북아프리카와 서남아시아를 지칭하는 또 다른 용어는 아랍 세계이다. 이 용어는 이 지역이 하나의 공통적 속성을 가지고 있음을 의미하지만, 실제로는 존재하지 않는다. 첫째로, 아랍이란 이름은 막연히 아랍이나 그 동족어를 사용하고 있는 사람들에게 폭넓게 적용될 수 있지만, 일반적으로 민족학자들은 아랍의 원천인 아라비아 반도의 특정 주민들에게만 제한해서 사용하고 있다. 여하튼 터키는 아랍이 아니며 이란이나 이스라엘은 더더욱 아니다. 더구나 비록 아랍어가 서쪽의 모리타니에서 북아프리카를 거쳐 아라비아 반도와 시리아 그리고 동쪽의 이라크에 이르기까지 널리 사용되고 있지만, 그렇지 않은 곳도 있다. 예를 들면 터키에서는 아랍의 셈-햄어보다는 우랄-알타이어에서 근원한 터키어가 주요 언어이다. 이란어는 인도-유럽 어족에 속한다(그림 G-9 참조). 또한 이스라엘의 유대인, 사하라의 투아레그족, 북서아프리카의 베르베르인, 북아프리카와 사하라이남 아프리카의 점이지대에 사는 주민들도 아랍어와 민족학적으로 관련성이 없는 다른 언어를 사용하고 있다.

'이슬람 세계'?

마지막으로, 이 지역을 일컫는 또 다른 명칭이 이슬람 세계이다. 예언자 무함마드는 571년에 아라비아에서 태어났으며, 그가 사망한 632년 이후 1세기 만에 이슬람교는 아프리카, 아시아, 유럽으로 퍼져나갔다. 이 시기가 아랍의 정복과 팽창의 시대이다. 이슬람 군대가 남부 유럽에 침입하였고, 대상(隊商)들이 사막을 넘어 진출하였으며, 무역선은 아시아와 아프리카 연안까지 내왕하였다. 이 길을 따라 이슬람 신앙이

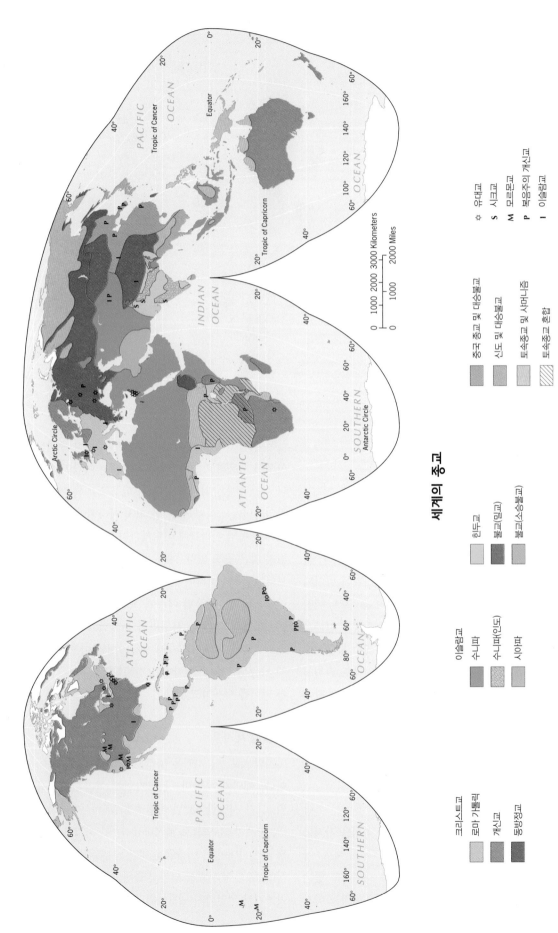

세계의 종교

크리스트교
- 로마 가톨릭
- 개신교
- 동방정교

이슬람교
- 수니파
- 수니파(인도)
- 시아파

힌두교
불교(밀교)
불교(수승불교)

중국 종교 및 대승불교
신도 및 대승불교
토속종교 및 샤머니즘
토속종교 혼합

☆ 유대교
S 시크교
M 모르몬교
P 복음주의 개신교
I 이슬람교

© H. J. de Blij, P. O. Muller, and John Wiley & Sons, Inc.

그림 7A-3

전파되었는데, 서아프리카 사바나 지역 국가들의 통치 계급을 개종시키고, 에티오피아 고원의 크리스트교 본거지를 위협하였으며, 중앙아시아 사막지역을 휩쓸고, 인도를 지나 동남아시아 섬 지역까지도 퍼져나갔다. 오늘날 이슬람교는 위에서 언급했던 지역을 넘어 더 멀리 전파되었다(그림 7A-3). 그러나 이슬람 세계 전체가 무슬림은 아니다. 유대교와 크리스트교(이집트와 레바논에서 두드러짐) 그리고 다른 신앙들도 이슬람 세계 중심부에서 잔존하고 있다. 이 때문에 이슬람 세계라는 의미도 만족스럽지 않다.

문화의 중심지

북아프리카/서남아시아는 세계적으로 매우 중요한 권역으로, 이곳은 인류의 근원인 아프리카와 인류 문화의 도가니인 유라시아가 만나는 곳이다. 200만 년 전 우리 인류의 조상은 동아프리카에서 나와 북아프리카와 아라비아로 이동하였으며, 아시아를 넘어 사방으로 퍼져나갔다. 10만 년 전 호모 사피엔스가 이 지역을 지나 유럽과 오스트레일리아로 나아갔으며 마침내 아메리카에 이르렀다. 1만 년 전 중동이라 부르는 지역에 살던 사람들은 식물을 재배하고 동물을 기르기 시작하였고, 경지에 물을 관개하는 법을 익혔으며, 점차 큰 마을을 이루고 마침내 최초의 국가를 형성하였다. 세계적인 유일신 종교가 이 지역에서 발원하였는데 맨 처음 유대교, 그 다음에는 크리스트교, 그리고 가장 최근에는 이 권역의 중심부에서 무함마드와 쿠란의 가르침이 큰 힘을 발휘하여 이슬람교가 시작되었다. 오늘날 이 권역은 종교적·정치적 혼란의 소용돌이에 휘말려 있으며, 분쟁으로 피폐화되었으나 일부 지역에서는 석유자원을 바탕으로 부를 축적하고 영향력을 키우게 되었고, 또한 여러 가지 결핍으로 고난을 겪고 있는 곳이다.

문화적 특징

서론에서 문화의 개념이 무엇이고 또 문화가 그 지역 특성을 반영하여 문화 경관에서 어떻게 표현되는지를 살펴보았다. 이미 말했듯이 **1** 문화지리학(cultural geography)은 인류 문화의 공간적인 양상을 연구하는 매우 넓고 포괄적인 분야이다. 문화지리는 특히 문화 경관뿐만 아니라 문명이 만나는 곳이나 지역을 변화시키는 사상, 혁신, 이데올로기의 발상지 같은 **2** 문화 중심지(culture hearths)에도 초점을 맞추고 있

다. 그리고 도처로 널리 파급된 문화 중심지의 사상과 기술 혁신은 **3** 문화 확산(cultural diffusion)이라는 개념적 틀에서 다루어진다. 오늘날은 전파 과정을 더 심도 있게 알게 되어, 문화 중심지의 지식과 성과물들이 다른 지역으로 전파되어 간 옛 경로들을 재현할 수 있게 되었다. 또 다른 문화지리의 양상은 북아프리카와 서남아시아 지역의 상황과 관련된 것으로, 주요 문화가 창조한 **4** 문화 경관(cultural landscape)에 관한 연구이다. 인류의 문화는 자연 환경에 적응하고, 환경이 인간에게 준 기회를 이용하며 존속해 왔고, 또한 자연 환경의 극단적 상황에 맞서 싸우며 형성되어 왔다. 이러한 과정에서 인류의 문화는 자연 경관과 문화 경관이 융합되어 상호 작용하는 통일체가 된다.

하천과 지역 공동체

오늘날 터기, 시리아, 이라크를 흐르는 티그리스·유프라테스 강과 이집트의 나일 강 유역 분지에는 세계에서 가장 오래된 2개의 문화 중심지가 있다(그림 7A-4). 강으로 둘러싸인 메소포타미아는 충적토라 토양이 비옥하고 일사량과 물이 풍부하여 작물 재배와 목축에 유리하였다. 페르시아만과 터키의 고원지역 사이에 위치한 티그리스-유프라테스 저지대에서 인류 최초의 문명 중 하나가 발생하였는데, 공동체가 확대되어 지역사회가 되었고 마침내 세계 최초의 국가가 탄생하였다.(아마도 고대국가의 출현은 동아시아의 하천 유역에서도 동시에 진행되었을 것이다.)

메소포타미아

메소포타미아인들은 밀과 같은 작물을 재배하는 혁신적인 농부였다. 언제 씨를 뿌리고 수확해야 하는지 그리고 어떻게 농경지에 물을 대는지를 잘 알고 있었으며 잉여 농작물도 비축하였다. 그들의 지식은 도처로 확산되었으며, 농업 생산력이 좋은 **비옥한 초승달** 지역에서 발달한 문명은 메소포타미아에서 터키 남부를 지나 시리아와 지중해 연안까지 멀리 뻗어 나갔다.

메소포타미아에서는 관개를 통해 번영할 수 있었고 권력을 가질 수 있었으며, 도시화는 그에 따른 결과였다. 비옥한 초승달 지역의 여러 마을 중에서 일부 마을만이 번영하고 성장하여 거주지를 확대해 나갔고 사회적으로나 직업 구성면에서 다양화되었다. 성공 요인은 무엇이었을까? **5** 관개문명이론(hydraulic civilization theory)에 따르면, 이 도시들은 넓은

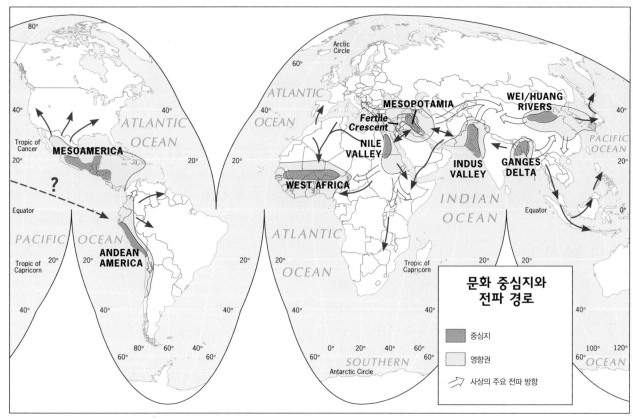

그림 7A-4

© H. J. de Blij, P. O. Muller, and John Wiley & Sons, Inc.

배후지역에 걸친 관개농업을 실시하여 식량을 무기화하였고, 이를 통해 다른 지역에 권력을 행사하며 번영하였다. 이러한 도시 중의 하나가 유프라테스 강 유역의 바빌론으로, BC 4100년부터 약 4,000년간 유지되었다. 성벽으로 둘러싸여 중심부가 요새화된 번창한 항구도시인 바빌론은 사원, 탑, 궁전들이 가득하였으며, 당시 세계에서 가장 큰 도시였다.

이집트와 나일 강

이집트에서의 문화적인 진전은 메소포타미아 지역보다 더 먼저 시작되었다. 나일 강 삼각주부터 남쪽의 상류 쪽으로 그리고 나일 강 급류 및 폭포 지대부터 북쪽의 하류 쪽으로의 지역이 나일 문명의 중심지역이다. 모든 방향으로 열려 있는 메소포타미아와는 달리, 나일 계곡 지역은 황량한 사막으로 둘러싸여 있어 자연적인 요새를 이루고 있다. 고대 이집트인들은 자신들의 안전성을 기반으로 발전하였다. 나일 강은 무역과 상호 교류를 증진시켜 주는 고속도로였으며, 이 지역에서도 관개농업이 행해졌다. 나일 강은 티그리스-유프라테스

강보다 더 주기적으로 범람하여 홍수가 발생하였다. 이집트는 약 BC 1700년에 이르러서야 외부로부터 침입을 받았고, 거대한 도시 문명이 출현하였다. 고대 이집트의 예술가와 기술자들은 장대한 유산인 거대한 돌 유적을 남겼으며, 이들 중 일부에는 보물로 가득 찬 파라오라 부르는 왕들의 지하 무덤이 들어 있다. 고고학자들은 이 무덤을 바탕으로 이집트 문화 중심지역의 고대 역사를 재현할 수 있게 되었다.

오늘날 세계는 과거 메소포타미아와 이집트인들이 쌓아 놓은 업적의 혜택을 여전히 누리고 있다. 그들은 곡물(밀, 호밀, 보리), 채소(완두, 강낭콩), 과일(포도, 사과, 복숭아)을 재배하였으며 많은 동물(말, 돼지, 양)들도 길렀다. 또한 역법, 수학, 천문, 행정, 공학, 야금술과 다양한 여러 기술에 관한 연구를 발전시켰다. 곧이어 이들이 창조한 많은 혁신들은 고대 세계의 다른 문화지역에서도 수용되고 변용되었으며, 마침내 오늘날에도 영향을 주고 있다. 유럽은 고대 이집트와 메소포타미아인들이 남긴 유산으로 가장 큰 혜택을 보고 있으며, 이들의 업적은 서양 문명의 원천이 되었다.

답사 노트

© Jan Nijman

"이집트의 중부인 룩소르에서 출발하여 북쪽의 카이로로 향하는 항공기에서 녹색의 나일 강 띠를 바라보면서, 그리스의 고대 역사학자인 헤로도토스가 말한 '이집트는 나일 강의 선물이다.'라는 유명한 말이 떠올랐다. 이집트처럼 강수량이 적은 국가에서 아프리카 내륙에서 시작하여 북쪽의 광대한 사막을 가로지르는 나일 강은 매우 중요하다. 이집트 인구의 약 95%가 나일 강변 20㎞ 이내에 거주하고 있다. 거의 대부분의 이집트 농업은 관개농업인데, 나일 강 주변의 사막은 비옥한 농경지로 변모되었다. 관개 농경지와 비관개지역의 경계선이 면도날처럼 뚜렷이 구분되어 보인다. 의심의 여지 없이, 나일 강은 세계 고대 주요 문명의 하나인 이집트 문명을 지탱해 주는 생명줄이었다."

쇠퇴와 몰락

그림 G-7에서 알 수 있듯이, 이 문화 중심지의 많은 옛 도시들은 오늘날의 사막지역에 분포한다. 사막 한가운데 왜 넓은 정주지를 건설하였는지 그 요인을 찾고자 한다면, 고대 비옥한 초승달 지역의 일부 도시들이 독점적인 관개 기술을 바탕으로 누렸던 혜택이 아니라, 이 지역을 휩쓴 **6 기후 변화** (climate change)를 그 요인으로 생각해 볼 수 있다. 플라이스토세의 최후 빙하가 물러간 후 환경의 변화와 관련되어 기후 변화가 나타났고, 이로 인해 남아 있는 고대 문명이 파괴되었을 것이다. 아마 인구가 과잉되고 인간이 자연 식생을 파괴하자 문명의 쇠퇴도 더욱 가속화되었을 것이다. 실제로 일부 문화지리학자들의 주장에 따르면, 농업 경영과 관개 기술 분야의 중대한 혁신은 하천의 주기적인 범람에 대응하여 자연스럽게 터득한 것이 아니라, 변화하는 주변 환경 상황에서 살아남기 위한 주민들의 처절한 투쟁에서 파생된 것이라고 한다.

당시 상황을 어렵지 않게 상상해 볼 수 있다. 바깥 지역부터 건조해지고 농경지가 황폐화되자, 사람들은 이미 인구가 밀집되어 있던 하천 주변 계곡으로 몰려들었고 아직은 물을 댈 수 있는 농지에서 토지 생산력을 높이기 위해 심혈을 기울였다. 하지만 결국 인구가 과잉되어 하천 관개지가 파괴되어

갔고, 여기에 하천 상류지역에서의 강수량 감소는 결정타를 날렸다. 마을은 버려져 황량한 사막으로 변해 갔는데, 관개 수로는 흩날리는 모래 먼지로 뒤덮이고 경작지는 메말라 갔다. 아직은 토지가 생산적인 곳으로 이주해 갈 수 있는 사람들은 떠나갔다. 그러나 남아 있는 인구 수는 줄어갔으며 생존자는 급격히 감소하였다.

고대사회의 중심지가 붕괴되어 감에 따라 새로운 권력자가 다른 지역에서 출현하였다. 먼저 페르시아인이, 그 뒤를 이어 그리스인이 등장하였으며, 그 후에 출현한 로마인은 이 빈약한 지역뿐만 아니라 분절되어 살던 북아프리카/서남아시아 사람들에게도 로마 제국의 디자인을 강제하였다. 로마의 기술자들은 북아프리카의 농경지를 관개 농지로 탈바꿈시켰으며 이곳에서 생산된 농작물들은 배를 통해 로마의 지중해 연안지역으로 운반되었다. 수천 명의 사람들이 노예가 되어 새로운 정복자들의 도시로 이주하였다. 오늘날 중동이라 부르는 지역처럼 이집트도 빠르게 로마의 식민지로 변모하였다. 멀리 떨어져 있어 로마의 침입을 받지 않은 아라비아반도에서는 주요 문화 중심지나 큰 도시가 출현하지 않았는데, 이러한 혼란 속에서도 아랍 주민들은 별다른 영향을 받지 않고 유목 생활을 영위하였다.

이슬람의 전개 과정

아라비아 반도의 외곽지역에 위치한 아랍 공동체는 중동에 침입한 외부 세력의 영향을 별로 받지 않았는데, 7세기 초반 초반 역사를 바꾸고 세계 여러 지역 사람들의 운명에 큰 영향을 끼친 사건이 바로 이곳에서 일어났다. 홍해로부터 약 70km 떨어진 메카라는 마을의 무함마드는 611년 인근의 자발(Jabal) 산지에서 신(알라)으로부터 계시를 받았다. 무함마드(571~632)는 당시 40대 초반이었다. 무함마드는 자신이 정말로 신이 선택한 예언자인지 처음에는 의심하였으나, 곧 확신을 갖고 그가 받은 신성한 계시를 이행하는 데 일생을 바쳤다. 당시 아랍 사회는 사회적, 문화적으로 혼란스러웠으나 무함마드는 신의 계시를 힘차게 가르쳤으며 아랍의 문화를 변화시키기 시작했다. 무함마드의 명성이 높아지자 기득권 세력은 박해를 하였고, 622년에 무함마드는 메카에서 보다 안전한 메디나로 피신을 가 그곳에서 계속 포교 활동을 하였다. 이때가 헤지라(聖遷)며, 이슬람 시대의 시작이자 이슬람력의 원년이다. 물론 메카는 훗날 이슬람교의 성지가 되었다.

이슬람 신앙

이슬람교의 교리는 여러 면에서 유대교 및 크리스트교 신앙과 공통점이 많다. 이 세 종교는 모두 유일신 신앙으로, 신은 예언자를 통해 인간과 소통한다. 이슬람교에서는 모세와 예수도 예언자로 인정하지만, 무함마드만이 가장 위대한 마지막 예언자이다. 현세의 세속적인 것은 모두 불경스러운 것이며 오직 신(알라)만이 영원하다. 또한 신(알라)은 절대적이며 전지전능하다. 모든 인간은 신이 창조한 세상 속에서 신의 뜻대로 살아가며 최후 심판의 날을 기다려야 한다.

아랍 세계는 이슬람교에 의해 종교적인 신앙이 통일되었으며, 또한 새로운 가치와 새로운 생활 양식, 그리고 또 다른 개인 및 공동체의 위엄을 갖게 되었다. 이슬람교에서는 다섯 가지 실천, 즉 (1) 이슬람의 근본 교리를 증언하는 것, (2) 매일하는 예배, (3) 매년 한 달 동안 해뜰 때부터 해질 때까지의 금식(라마단), (4) 자선을 베푸는 것, (5) 평생에 최소한 한 번은 메카를 순례하는 것(Haji)을 마음의 기둥으로서 준수하도록 하고 있다. 이슬람교는 또한 생명체를 형상화하는 것을 배척하며, 술과 담배 그리고 도박을 금지하고 있다. 일부일처가 미덕이나 일부다처도 허용하고 있다. 아랍인 마을의 사원은 금요 안식일의 예배소이자 공동체의 유대감을 증진시키는 사회적 모임의 장소로서 기능하고 있다. 메카는 흩어져 살고 있지만 새로운 가치를 실현하고자 함께 매진하고 있는 사람들의 정신적인 중심점이 되었다.

아랍의 이슬람 제국

무함마드의 등장으로 아랍 사회는 고무되어 돌연히 힘을 발휘하였다. 예언자는 632년 사망하였지만, 그의 신앙과 명성은 활활 타오르는 들불처럼 번져 나갔다. 아랍 군대는 이슬람의 가치를 전파하며 정복해 나갔으며 점령지역을 개종시켰다. 그림 7A-5에 나타나 있듯이, 이슬람은 AD 700년에 저 멀리 북아프리카, 트랜스코카시아, 서남아시아 대부분의 지역까지 도달하였다. 그다음 세기에는 남부 유럽과 동부 유럽, 중앙아시아의 투르키스탄, 서부 아프리카, 동부 아프리카까지 퍼져나갔으며, 마침내 AD 1000년에는 동남 아시아와 중국에까지 이르렀다.

확산 경로

이슬람의 확장은 ⑦ 공간 확산(spatial diffusion) 과정의 좋은 사례이다. 공간 확산은 인간의 이동에 따라 사상, 발명, 문화적 풍습이 공간과 시간 속에서 어떻게 전파되어 가는지에 초점을 두고 있다. 1952년에 스웨덴의 지리학자인 헤거스트란트(Torsten Hägerstrad)는 공간 확산에 대한 기본적인 연구를 담아 확산 물결의 전파(*The Propagation of Diffusion Waves*)라는 제목으로 책을 출간하였다. 그에 따르면 확산은 두 가지 형태로 일어난다. 전파의 원천이 되는 중심부의 파급력이 지속되는 상태에서 전파의 물결이 외부지역으로 확장되어, 그 영향력이 더 넓은 지역으로 확대되는 과정을 ⑧ 팽창 확산(expansion diffusion)이라 한다. 반면 인간이 이주하면서 기술 혁신이나 사상 또는 바이러스 등이 그 원천지역으로부터 멀리 떨어진 지역으로 전파되고, 또 그곳에서 다시 다른 지역으로 파급되는 것을 ⑨ 이전 확산(relocation diffusion)이라 한다. 이슬람은 대부분 팽창 확산을 통해 퍼져갔다(전 세계적인 AIDS의 확산은 이전 확산의 한 사례).

이슬람의 진전

팽창 확산이나 이전 확산 모두 다양한 유형의 전파 과정을 보인다. 그림 7A-5에 나타나듯이, 아라비아 반도와 중동지역을 가로질러 마을에서 마을로 이슬람 신앙이 전파되는 것처럼, 초기의 이슬람 확장은 팽창 확산의 한 유형인 ⑩ 전염

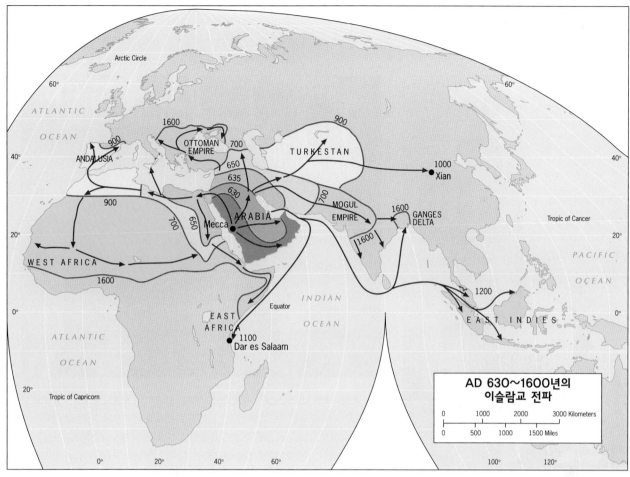

그림 7A-5   © H. J. de Blij, P. O. Muller, and John Wiley & Sons, Inc.

확산(contagious diffusion)의 형태로 진행되었다. 그러나 왕이나 족장 그리고 다른 고위 관리가 이슬람교로 개종한 후에는, 이들의 강력한 후원에 힘입어 이슬람 신앙은 관료들을 통해 변방의 일반 백성에게까지도 전파되었다. 이러한 형태의 팽창 확산을 **11** 계층 확산(hierarchical diffusion)이라 하는데, 이슬람은 계층 확산을 통해서도 파급되었다.

그러나 지도를 보면 이슬람교는 나중에 이전 확산을 통해서도 확장되었음을 분명히 알 수 있다. 특히 남부 아시아의 갠지스 강 삼각주나 오늘날의 인도네시아, 그리고 동부 아프리카 지역에서 이슬람 신앙의 이전 확산이 두드러졌다. 오늘날에도 이슬람의 이전 확산은 지속되고 있지만, 이슬람의 중심지는 여전히 서남아시아 지역이다. 이슬람교는 최초 메디나를 수도로 하는 아랍 제국의 토대가 되었다. 팽창 확산을 통해 아랍 제국이 성장함에 따라 제국의 심장부는 메디나에서 다마스쿠스(오늘날 시리아에 있는)로, 그리고 그 후에 이라크 티그리스 강가에 있는 바그다드로 이동하였다. 이슬람

제국은 번창하여 건축과 수학, 과학 분야에서 당대의 유럽보다 월등히 앞섰다. 아랍인들은 바그다드, 카이로, 톨레도(스페인) 등 여러 도시에 고등 학문 기관을 설립하였고, 아랍의 독특한 문화 경관을 멀리 떨어진 주변지역까지 새겨 놓았다. 무슬림의 행로 속에서 비아랍인 사회는 이슬람화되고 아랍화되어 아랍의 전통을 받아들였다. 이슬람교는 새로운 문화를 창조하였으며, 여전히 오늘날의 중심 문화로 뿌리내리고 있다.

위에서 언급한 것처럼 이슬람의 팽창은 결국 유럽과 러시아 그리고 다른 지역에서 저지되었다. 그러나 지도를 보면 무슬림이 지배했던 유라시아와 아프리카 지역에서 한 시대라도 **12** 이슬람화(Islamization)의 영향을 받았던 광대한 지역 범위를 확인할 수 있다(그림 7A-6). 이슬람은 계속 확대되고 있는데, 오늘날은 주로 이전 확산 형태로 전파되고 있다. 이슬람 공동체는 비엔나와 싱가포르 그리고 남아프리카의 케이프타운 등 여러 도시에 걸쳐 넓게 퍼져 있으며, 이슬람은 또

© H. J. de Blij

"세비야는 이베리아의 이슬람 수도인데, 구시가지 중심부의 거리를 걷노라면 역사지리학과 문화지리학의 모험 속으로 빠져드는 느낌이다. 세비야는 711년에 이슬람 침략자의 수중으로 떨어졌고, 이슬람인들은 이 도시의 중심부에 거대한 사원을 건립하였다. 훗날 크리스트 교인들이 이슬람 세력을 1248년에 내몰았는데, 대부분의 사원을 파괴하고 그 자리에 거대한 성당을 건립하였다. 그러나 화려한 첨탑은 남겨 종탑으로 개조하였고 이를 히랄다(왼쪽 사진)라 부르고 있다. 세비야에 있는 가장 훌륭한 이슬람 유적은 알카사르 궁전(위 사진)으로, 12세기 후반에 공사가 시작되었으나 크리스트교도의 승리 이후에는 이들에 의해 아름답게 꾸며지고 마무리되었다. 궁전의 아치형 외관과 복잡하게 조각된 벽면은 이슬람 건축가와 예술가들이 디자인하고 창조한 유산이다."

한 미국에서도 빠르게 성장하고 있다. 현재 16억 명 이상(인류의 23%)의 이슬람교 신자와 함께, 이슬람교는 세계 도처에서 왕성한 문화적 힘을 과시하고 있다.

이슬람의 분열

이슬람의 활기찬 성공에도 불구하고 이슬람교는 여러 종파로 분열되었다. 처음이자 가장 중대한 이슬람의 분열은 무함마드 사후에 일어났다. 누가 무함마드의 정통 후계자가 될 것인가? 일부는 이슬람의 지도자로서 혈연적인 친족만이 예언자를 계승할 수 있다고 믿었고, 다수의 많은 사람들은 독

실한 신앙심을 가진 누구라도 무함마드의 계승자가 될 수 있다고 생각하였다. 첫 번째로 혈연 관계가 없는 무함마드의 장인이 그의 계승자로서 선출되었다. 그러나 이에 대해 무함마드의 사촌인 알리를 칼리프(계승자)로 원하는 사람들은 불만을 품었다. 알리가 돌아오자 그의 추종자들인 **시아파**는 무함마드의 정통 후계자를 이제야 모시게 되었다고 선언하였다. 이렇게 되자 혈연 관계를 계승자의 필수 요건으로 여기지 않는 **수니파**는 감정이 상하였다. 이러한 의견 대립이 파생될 때부터 수니파는 수적인 면에서 알리의 추종자인 시아파보다 많았다. 이슬람의 대팽창은 주로 수니파 주도로 추진되었으며, 시아파는 소수파로 전락하여 서남아시아 지역 곳곳에

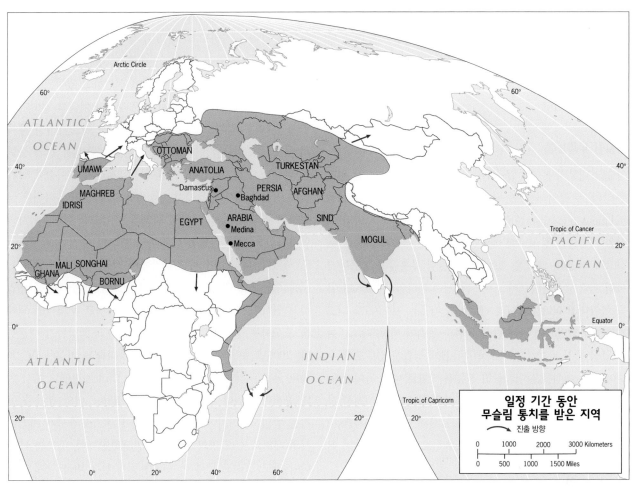

그림 7A-6

© H. J. DE BLIJ, P. O. MULLER, AND JOHN WILEY & SONS, INC.

흩어져 잔존하였다. 오늘날 약 85%의 무슬림이 수니파이다. 그러나 시아파-수니파의 불화는 종종 이 권역에서 발생하는 많은 갈등의 근원이 되고 있다.

시아파 세력

시아파는 이슬람 신앙에 대한 자신들만의 해석을 활발하게 진척시켰다. 16세기 초반 시아파의 활동은 성과를 거두어, 페르시아(오늘날의 이란)의 왕립 사원은 광대한 페르시아 제국 내에서는 시아파 교리만이 합법적인 종교라고 선언하였다. 시아파의 세력은 페르시아부터 메소포타미아 저지대, 아제르바이잔, 아프가니스탄과 파키스탄 서부지역까지 뻗어나갔다. 종교 지도(그림 7A-3)에 나타나듯이, 페르시아 제국의 성립으로 시아파 교리가 투영된 넓은 문화지역이 형성되었으며, 시아파 신앙은 전례 없는 막강한 세력이 되었다. 이란은 오늘날 이슬람권에서 시아파의 중심지로 남아 있으며, 주변

국과 저 멀리 떨어진 지역까지도 시아파 신앙을 계속해서 설파하고 있다.

20세기 후반 내내 시아파는 이 지역에서 매우 막강한 영향력을 행사하였다. 시아파의 중심인 이란에서 왕은 국가를 세속화하고 이맘(예배 인도자)들의 권위를 제한하려 시도했으나, 오히려 혁명이 발생하여 왕이 물러나고 이란은 시아파 이슬람의 공화국이 되었다. 얼마 후 이란은 이웃 나라 수니파 국가인 이라크와 전쟁을 하였는데, 시아파 정당과 여러 단체들은 시아파의 새로운 권력에 고무되어 있었다. 아라비아에서 아프리카 북서 변두리까지, 수니파 국가들은 자국의 소수 시아파들이 혹시나 최근 시아파의 종교적인 열정에 동조하지 않을까 경계하였다. 수니파와 시아파 모두의 성지인 메카는 라마단 순례 기간에는 싸움터가 되었다. 수니파인 사우디아라비아 정부는 한동안 시아파 순례자들의 입국을 금지하였다. 두 종파는 다소 화해하고 있지만, 이라크 내 시위에서의

갈등처럼 이슬람 내부의 종파적 대립은 심화되고 있다.

이슬람 소수 분파들은 이 권역의 종교적 경관을 더욱 다양하게 하고 있다. 7B장에서 살펴보겠지만, 어떤 종파는 수적으로 정말 소수에 불과하지만 그 사회와 국가에서 매우 큰 역할을 하고 있다.

이슬람 부흥운동

이슬람 내부의 분쟁을 조장하는 또 다른 요인이 이슬람 원리주의의 부활이다. 무슬림들은 이를 **13** 이슬람 부흥운동 (religious revivalism)이라 부르고 있다. 1970년대 시아파 이란의 이맘들은 왕이 추진하였던 자유화와 세속화 운동을 뒤집고자 하였다. 그들은 전통적인 이슬람 부흥운동의 틀에서 사회 개혁을 원하였으며 또한 그렇게 실행하였다. 1979년 왕을 몰아내고 아야톨라(신의 가르침을 따르는 지도자)가 최고 지도자가 되었으며, 이슬람식 율법과 형벌이 제정되었다. 이전 왕정 통치 기간에는 비교적 자유롭게 생활하였던 교육 수준이 높은 여성들은 이슬람의 전통적 역할로 다시 돌아갔다. 과거 왕이 장려하였던 서구화의 흔적은 사라졌다. 이러한 상황 속에 영토 분쟁으로 촉발된 이라크와의 전쟁(1980~1990)도 성스러운 전쟁으로 간주되었으며, 그 와중에 백만 명 이상이 희생되었다.

이슬람 원리주의의 부흥은 홀로 이란에서만 출현하지 않았으며, 또한 시아파 공동체에 국한되는 운동도 아니었다. 이 지역에 살고 있는 대부분의 시아파와 수니파 무슬림들은 전통적인 이슬람 가치가 침식당하고, 유럽 식민주의자들과 뒤따른 서구 현대 문명에 의해 이슬람 사회가 타락하며, 세속국가에서 이슬람 신앙의 권위가 쇠퇴하는 것에 반발하고 있다. 경제적으로 호황일 때에야 이러한 불만은 겉으로 드러나지 않는다. 그러나 실업이 증가하고 소득이 감소하게 되면 이슬람 원리주의 방식으로 되돌아가자는 목소리가 호소력이 더 있을 것이다.

무슬림 간의 대립

무슬림 간의 대립은 서남아시아와 북아프리카 모든 지역에서 나타나고 있다. 이슬람 부흥운동가들은 전투적인 신앙에 고무되어 아프가니스탄에서 알제리에 이르는 곳곳에서 기존 세력에 도전하고 있다. 이들은 정부가 불경한 책을 금지하고, 학교에서는 학생들을 성별로 격리해야 하며, 이슬람 전통 복식을 착용케 하고, 이슬람 정당을 합법화하며, 율법학자들 (이슬람 생활 양식을 가르치는 사람)이 요청하는 것에 유념하도록 압력을 가하고 있다. 민주정치는 식민지의 유산이자 아랍 민족주의자들이 채용한 것이므로, 쿠란의 가르침에 모순된 것이라고 투쟁적인 무슬림들은 선언하고 있다.

수십 년 전에 파키스탄에서 아프리카의 이슬람 점이지대까지, 그리고 캅카스 지방에서 필리핀에 이르기까지 세계의 곳곳으로 이슬람 현대주의와 이슬람 부흥운동 간의 불화가 파급되기 시작하였다. 이란이나 알제리처럼 이슬람 국가들은 이슬람 내부 갈등에서 파생된 사회 불안이나 피해를 극복하려 애쓰고 있지만, 무장 단체들은 이슬람 현대주의자의 협력자인 서방 국가들을 습격하려 했으며 공격을 감행하기도 하였다. 왜냐하면 서방 국가들이 석유 자원을 수탈하고, 군사 행동으로 내정을 간섭하면서 대표성 없는 정권을 은밀히 지원하며, 이슬람 이주민들을 타락시키고 문화적인 퇴폐를 조장하는 등의 범죄를 저지르고 있다고 생각하기 때문이다. 2006년 뉴욕의 세계무역센터를 폭파하고 워싱턴 DC 외곽의 국방부 건물을 손상시킨 최악의 테러 이전에도 여러 번의 공격이 있었다. 프랑스 파리의 에펠탑도 이와 유사한 공격을 받았고, 러시아도 모스크바와 트랜스코카시아 지역에서의 테러로 수백 명의 사상자가 발생하였으며, 중동과 아라비아 반도 그리고 동부 아프리카 등에 있는 미국 관계 기관도 테러의 표적이 되었다.

이슬람 전통주의

이러한 테러가 서구와 마찰을 빚고 있는 이슬람을 대표하여 행해지는 것은 아니다. 이슬람권 내부에서도 종교적으로 다양한 목소리가 있다. 1990년대 냉전시대가 막을 내려 소련 군대가 아프가니스탄에서 철수하고, 이에 따라 미국과 연합국들도 아프가니스탄에서 손을 떼자, 알카에다라 부르는 조직이 출현하였다. 이들은 테러 공격이라는 가장 효과적인 수단으로 이슬람 사람들의 적들을 응징하는 데 힘을 쏟고 있다. 그러나 이 단체의 재정적 후원자이자 지도자인 오사마 빈 라덴은 더 원대한 실천 과제를 설정하였다. 그의 궁극적인 목표는 부유한 왕자가 다스리고 있는 모국 사우디아라비아의 정권을 전복시키는 것이었다. 사우디아라비아는 이교도인 미국과 결탁하였고 변절(신앙심이 없음)하여 더 나쁘다고 비난하였다. 빈 라덴은 무함마드의 고국이자 신성한 메카를 수호하는 사우디아라비아가 진정한 이슬람 국가가 되기를 원했다.

빈 라덴 이전에도 사우디아라비아가 이슬람 신앙에 충실한 국가로 되돌아가기를 바라는 사람이 있었다. 18세기 이슬람 신학자인 압둘 와하브(1703~1792)는 아라비아 반도의 이슬람 사회가 이슬람에 가장 근원적이며 전통적인 그리고 매우 엄격한 신앙 생활로 되돌아가자는 운동을 주창하였다. 그는 가르침이 너무 엄격하다 하여 1744년 고향에서 쫓겨났는데, 운명적으로 아라비아 반도에서 꽤 큰 지역을 장악하고 있던 이븐 사우디가 활동하는 중심지역으로 망명하였다. 사우디는 부인의 사망으로 큰 재산을 물려받게 된 와하브와 제휴하였고, 두 사람은 이 지역을 통치할 사우디 왕조를 세우는 투쟁과 함께 이슬람 신앙의 기본으로 **14** 와하비즘(Wahhabism)을 펼쳐 나갔다. 비교적 자유주의적인 오스만 제국의 술탄은 사우디의 독립 운동과 와하비즘을 제압하지 못했다. 1932년에 오늘날의 사우디아라비아 왕국이 탄생하였으며, 와하비즘은 사우디아라비아의 건국 이념이 되었다.

와하비즘은 창시자의 이름을 따서 붙인 것이지만, 이 용어는 주로 외부의 비무슬림들이 사용하고 있다. 와하브의 교리를 따르는 추종자들은 자신들을 무와히둔(Muwahhidun)이나 '유일신교도(Unitarians)'라고 칭하는데, 이는 자신들이 이슬람 신앙의 원리에 엄격하며 충실하다는 것을 나타내기 위해서이다. 오사마 빈 라덴은 사우디 왕가가 와하비즘의 교리를 위반하였다고 비난하였으며, 사우디아라비아 이슬람 부흥운동 사원에서 설교되고 있는 이 교리는 종종 서구 방송에서도 인용되고 있다.

이슬람과 기타 종교

이슬람교 외에도 두 종교가 **레반트**(그리스에서 동쪽으로 이집트 북부의 지중해 연안에 이르는 지역) 지방에서 태동하였는데, 유대교와 크리스트교 모두 이슬람교보다 앞섰다. 이슬람교의 출현으로 많은 유대교 공동체가 사그라졌다. 그러나 유대교가 아니라 크리스트교가 무슬림에 성전을 선포하고 100여 년간이나 전쟁을 하였다. 십자군 전쟁은 이슬람의 팽창 이전에 차지하고 있었던 지역에서 이슬람을 몰아내고 크리스트교 공동체를 회복하기 위함이었다. 오늘날 이 지역의 문화 경관에는 십자군 전쟁의 여파가 투영되어 있다. 소수의 독실한 크리스트교인(인구의 약 40%)들은 레바논에 거주하고 있으며, 또한 이스라엘과 시리아, 그리고 이집트와 요르단에도 소수의 크리스트교인들이 분포하고 있다. 레바논에서는 오랫동안 우위를 차지하고 있었던 소수의 크리스트교

인과 다수의 무슬림(5개 종파로 나뉘어 있음) 간의 긴장 관계에서 촉발된 분쟁이 1970~1980년대에 이 나라를 휩쓸었다. 2006년에도 소요가 재발하여 레바논은 또다시 혼란에 빠졌다.

그러나 현대에 들어 가장 격렬한 갈등이 폭발하여, 유대교 국가인 이스라엘과 주변의 이슬람 인접국 간의 전쟁이 발발하였다. UN의 후원으로 1948년에 이스라엘이 건국되자 60년 넘게 전쟁과 중재 활동이 반복되었다. 이로 인해 중동지역의 이슬람교 국가들 간의 갈등도 나타났다. 유대교, 크리스트교, 이슬람교 모두의 성지인 예루살렘은 이 대치 국면의 한복판에 자리 잡고 있다.

오스만 제국의 영향

이슬람의 유럽으로의 대약진은 결국 유럽인들이 이슬람 중심지역을 점령케 하는 아이러니를 초래하였다. 오늘날의 터키에 근거한 오스만 제국(오스만 1세 이후에 칭함)은 1453년에 콘스탄티노플(현재의 이스탄불)을 점령하고 남동부 유럽까지 압박해 갔다. 곧이어 오스만 제국의 군대는 비엔나 인근까지 진군하였으며, 또한 페르시아와 메소포타미아 지역, 그리고 북부 아프리카까지 침공하였다(그림 7A-7). 술레이만 1세(1522~1560년 통치) 때 최고조였던 오스만 제국은 유라시아 서부지역에서 가장 막강한 힘을 가졌다. 그림 7A-7에 나타나 있듯이, 오스만 제국의 군대는 아조프(오늘날 러시아의 로스토프 근처)를 기지로 하여 모스크바와 카잔 그리고 크라쿠푸까지 전진하였다. 터키인들은 또한 해군을 보내 시칠리아와 스페인 그리고 프랑스도 공격하였다.

오스만 제국은 거의 400년 이상 존속(1923년에 멸망)하였으나 시간이 지나면서 영토를 잃어 갔다. 먼저 헝가리에, 그 다음에는 러시아에, 나중에는 그리스와 세르비아에게도 영토를 빼앗겼다. 결국 제1차 세계대전 후, 유럽 열강들은 오스만 제국의 땅을 탈취하여 그들의 식민지로 삼았다. 이때의 식민지가 우리가 알고 있는 시리아, 이라크, 레바논, 예멘이다(그림 7A-8). 지도에 나와 있듯이 프랑스와 영국이 가장 넓은 땅을 차지하였으며 이탈리아조차도 오스만 제국 땅의 일부를 병합하였다.

빼앗은 땅을 분할하기 위해 식민주의 열강들이 설정한 영토 경계선은 제멋대로였다. 그림 7A-2가 설명하듯이, 6억 명이 넘는 이 지역 주민들은 흩어져 살면서 특정 지역에 밀집하는데, 주로 강가나 해안지역을 따라 길게 줄지어 있거나

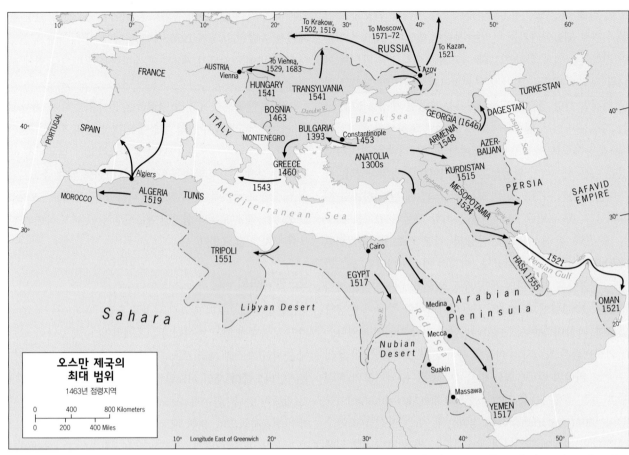

그림 7A-7

© H. J. de Blij, P. O. Muller, and John Wiley & Sons, Inc.

오아시스에 집중 분포하였다. 유럽 열강들은 통치지역을 분할할 때 사람들이 거주하지 않은 지역도 포함하여 길게 직선으로 구획을 나누었다. 그들은 자연적 혹은 문화적 경관 특색에 맞추어 경계선을 정해야 할 필요성을 알지 못했다. 특히 사막지역 같은 곳에서는 경계선이 졸렬하게 그어졌으며, 땅 위에 표시하지도 않았다. 이라크는 이러한 과정의 결과물로 탄생하였는데, 1921년 당시 영국의 윈스턴 처칠 장관이 설정한 구획선을 따라 바그다드를 수도로 하는 왕국이 세워졌다. 암만을 중심으로 하는 요르단도 이러한 과정에서 태동하였다. 훗날 식민지에서 해방되어 독립국가를 세웠을 때, 이러한 국경선 문제로 이웃한 무슬림 국가끼리 무력 충돌을 하기도 하였다.

석유의 힘과 위협

북아프리카와 서남아시아 지역의 도시나 마을에 들어가 학생이나 상인, 택시 기사나 이주 노동자와 대화를 해보면 모두 한목소리로 말한다. "우리의 전통적인 삶을 영위하도록 그냥 평화롭게 내버려 두세요. 우리끼리의 문제든 혹은 다른 외부와의 문제든 간에, 항상 문제의 발단은 외부의 간섭에서 비롯된 것이지요. 강대국들은 우리의 약점을 이용하고 우리의 갈등을 과장하지요. 외부의 간섭을 받고 싶지 않습니다."

비교적 최근의 두 사건으로 인해 이들의 소원 성취는 더욱 요원해졌다. 그것은 이스라엘의 국가 수립과 세계에서 가장 풍부한 석유자원의 발견 때문이다. 이스라엘의 진전 과정은 7B장에서 논의하도록 하고, 여기서는 이 지역의 가장 중요한 수출 상품인 석유에 초점을 두고자 한다.

석유의 분포와 매장량

약 30여 개 국가에 상당한 양의 석유자원이 매장되어 있다. 이들 중 5개 나라가 북아프리카와 서남아시아 지역에 위치하고 있는데, 이 5개 나라의 총매장량(세계의 약 55%)은 나머지 국가들의 총합보다도 더 많다. 해당 국가들의 정부 통계와 다른 보고서를 종합해 보면, 평균적으로 2010년 5개 국가

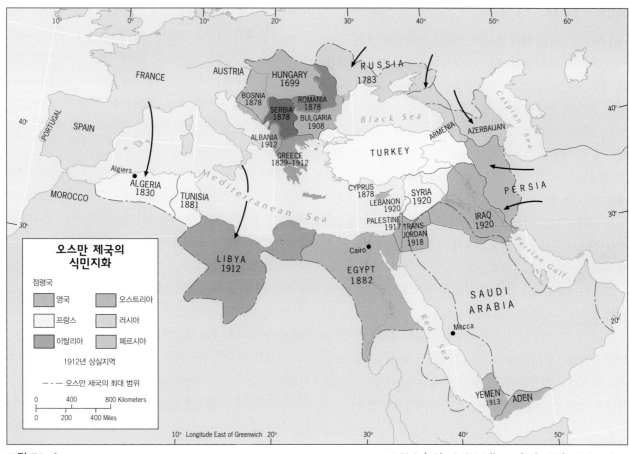

그림 7A-8   © H. J. de Blij, P. O. Muller, and John Wiley & Sons, Inc.

의 추정 매장량은 다음과 같다. (1) 사우디아라비아 2,670억 배럴, (2) 이란 1,380억 배럴, (3) 이라크 1,150억 배럴, (4) 쿠웨이트 1,040억 배럴, (5) 아랍에미리트 980억 배럴 정도이다. 그다음으로 매장량이 많은 국가는 베네수엘라로 900억 배럴 이하이며, 러시아가 약 650억 배럴이다. 리비아, 나이지리아, 카자흐스탄은 300∼450억 배럴 정도이며, 미국은 200억 배럴이 조금 넘는다. 2010년 현재 그 밖의 다른 나라들의 매장량은 160억 배럴에 미치지 못하는 것으로 알려져 있다. 캐나다도 원유 매장량이 상당히 많은 편으로 추정되나 대부분 앨버타 지역의 타르 샌드(3A장에서 보았듯이)에 함유되어 있다. 타르 샌드는 원유의 추출과 정제 과정이 복잡하며 비용도 많이 든다. 그러나 예기치 못할 정도로 유가가 상승하여, 캐나다의 생산량도 증가할 것 같다. 그리고 5B장에서 언급했듯이, 브라질 앞바다의 유전지대에서 상당한 양의 원유가 새로 발견되었다. 추정 매장량은 검증되지 않았지만 브라질의 매장량은 미국을 능가할 것으로 보이며, 브라질은 2010년대

말 이전에 주요 석유 수출국이 될 것이다.

일반적인 용어로 원유(천연가스와 함께 분포)는 북아프리카와 서남아시아 지역에서는 세 지대에 불연속적으로 집중 분포한다(그림 7A-9). 이 중에서 석유자원이 가장 풍부한 지대는 아라비아 반도의 남부 및 남동부부터 페르시아만을 따라 북서쪽으로 뻗어나가, 이란을 거쳐 계속 북쪽으로 이라크와 시리아, 그리고 터키 남동부에 이르는 곳으로, 이곳의 석유자원은 점차 고갈되고 있다. 두 번째 지대는 북부 아프리카 지역에 펼쳐져 있는데, 알제리 북부 중앙에서부터 동쪽으로 뻗어나가 리비아 북부를 거쳐 이집트 시나이 반도에 이르는 곳이다. 세 번째 지대는 북아프리카/서남아시아 지역의 외곽지역인 아제르바이잔 동부에서 시작하여 동쪽으로 카스피 해를 지나 투르크메니스탄과 카자흐스탄에 이르고, 계속해서 우즈베키스탄, 타지키스탄, 키르기스스탄, 아프가니스탄까지 뻗어 있다.

생산자와 소비자

사우디아라비아는 세계 최대의 석유 수출국이며, 최근 러시아가 2위에 올라와 있다. 2A~2B장에서 살펴본 것처럼, 석유와 천연가스는 러시아의 가장 귀중한 상품이며 러시아는 석유를 팔아 번 수입을 당장 필요로 하고 있다. 러시아의 매장량은 정확히 알 수 없으나 계속 늘어나고 있다. 러시아는 활발하게 국제 석유시장에 석유를 팔고 있으며, 이는 국제 에너지 정세에 주요 변수가 되고 있다. 공동으로 생산량을 조절하고 있는 북아프리카/서남아시아의 5개 국가는 생산량에서 다른 나머지 모든 국가의 총합보다 더 많다. 미국은 자국의 생산량을 거의 다 소비하고 있음에도 당연히 세계에서 석유를 가장 많이 수입하는 나라이다.

그림 G-10에 나와 있듯이, 석유 및 천연가스의 수출로 이 지역 국가들의 경제적 수준은 향상되었다. 그러나 석유를 팔아 얻은 부로 인해 이 지역의 이슬람 사회와 정부들은 국제 정세에 휘말리게 되었다. 지역 내 갈등이 발생하여 석유 생산국들의 정세가 불안해지면 원유 공급에 차질을 주므로, 강대국들은 이에 간섭하려 하였고 실제 이미 개입하여 왔다.

식민지의 유산

식민주의 열강들이 이 지역을 분할하려 자기들끼리 국경선을 설정할 때, 아무도 땅 속에 묻혀 있던 부에 대해 알지 못했다. 처음 몇 개의 유정들이 굴착되어, 1908년에는 이란에서 그리고 1913년에는 이집트의 시나이 반도에서 드디어 석유가 생산되었다. 그러나 주요 지역은 더 훗날에 발견되었고, 몇몇 경우에는 식민주의 열강이 물러난 다음에 존재가 알려졌다. 리비아와 이라크, 쿠웨이트와 같은 일부 국가들은 오스만 투르크 제국이 붕괴되어 신생 독립국이 되었을 때 생각지도 못한 엄청난 부가 매장되어 있음을 알게 되었다. 그러나 그림 7A-9에 나타나 있듯이, 다른 국가들은 그렇게 운이 따르지 않았다. 일부 국가에는 아직 가능성이 있다. 아라비아 반도의 작고 힘없는 토호국과 수장국들은 힘센 이웃 나라들이 자국을 병합하려 들까 봐 항상 염려하고 있다(1990년 이라크가 침공했을 때 쿠웨이트는 이 같은 상황에 직면함). 결국 석유자원의 지역적 편재는 이슬람 이웃끼리의 분열과 불신을 조장하는 또 다른 요인이 되었다.

외부 세력의 침략

석유로 부자가 된 이 지역 국가들은 모두가 탐내는 에너지 자원이 자국에 매장되어 있음을 알았지만 이를 개발할 기술이나 자본 혹은 석유를 추출할 장비가 없었다. 이러한 자본과 기술은 서방 세계로부터 들여와야 했고, 이로 인해 전통적인 삶을 추구하는 무슬림들이 가장 염려하는 일들이 나타났다. 이슬람 땅에 강한 외부 세력이 출현하여 경제적으로나 정치적으로 개입하였으며, 무례한 서양의 생활 양식이 이슬람 사회에 침투하게 되었다.

이란 정부가 아바단과 페르시아만에 집중되어 있는 영국의 원유 채굴을 통제하려 했을 때, 많은 무슬림들이 가장 두려워하는 일이 1950년대 이란에서 현실화되었다. 영국의 오만한 버릇과 이란 노동자들과 비교되는 사치스러운 유럽 이주민들의 생활 모습, 그리고 석유 수출에 관한 불공정한 계약 기간 등 이 모든 것들은 이란 민족주의자들의 정서를 고양시켰고, 이들의 지도자들은 영국과의 더 나은 거래 협상에 도움을 달라고 미국에 호소하였다. 해리 투르먼 미 대통령은 이란인들에 약간은 동조하는 편이었으나, 후임자인 아이젠하워는 이란이 공산주의로 전향하지 않을까 두려워하였다. CIA는 이란 내의 정쟁에 편승하여 선출된 무함마드 모사덱 의장을 축출하려는 공작 정치를 하여 젊은 국왕을 옹립하였고, 일련의 여러 사건을 조장하였다. 그러나 결국 1979년 이란 왕조가 몰락하고 이슬람 공화국이 선포되었다.

오늘날 외부 세력의 개입은 보다 은밀하게 진행되고 있지만, 이로 인해 전통과 현대의 충돌은 더욱 증폭되고 있다. 석유로 벌어들인 수입으로 인해 새로운 문화 경관이 창조되고 있는데, 화려한 사원과 도시의 오래된 역사 지구 너머로 번쩍이는 고층 빌딩들이 솟아 있다. 부자 및 집안이 좋은 엘리트들과 부유하지 못한 시민들과의 사회적 격차가 발생하여 분노가 표출되었다. 지역 내 갈등에 서구의 군대가 관여하였고, 이로 인해 아라비아의 신성한 땅에 외국 군대가 주둔하는 생각할 수도 없는 일이 생겼다. 무슬림의 입장에서 이는 이슬람 신앙의 가장 기본적 교의를 모독하는 것으로, 일부 사람들은 폭력적인 방법으로 보복하였다. 테러라 부르는 이러한 폭력은 오늘날 극복해야 할 도전 과제 중 하나가 되었다.

석유의 지리적 영향

지구 곳곳의 모든 자연자원 개발과 마찬가지로, 석유 개발로 인해 북아프리카/서남아시아 특정 지역에서는 문화 경관이 완전히 변형되었으나, 그 밖의 지역에서는 사실상 거의 변화가 없기도 하다. 수억 명에 이르는 이 지역의 주민들에게는

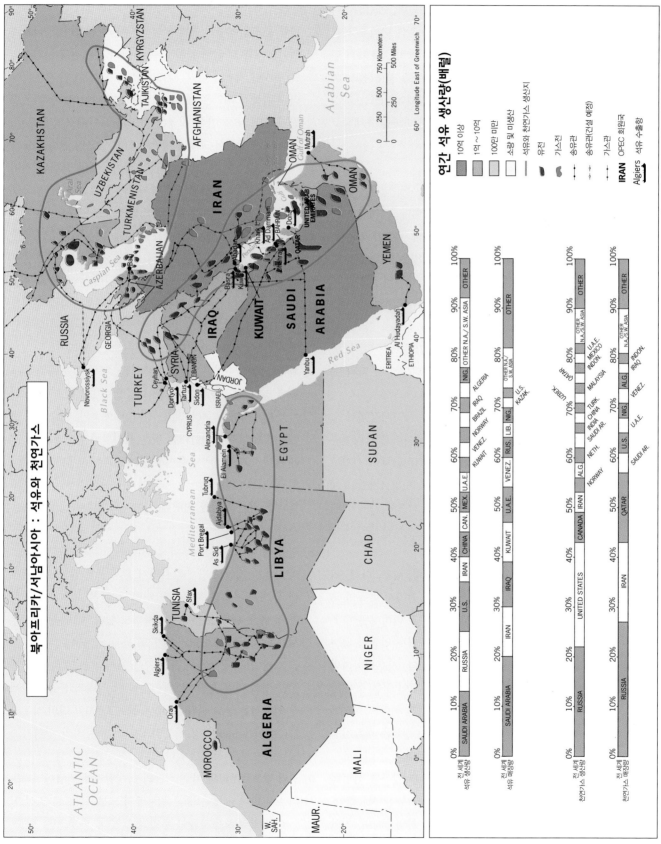

북아프리카/서남아시아 : 석유와 천연가스

연간 석유 생산량(배럴)

	10억 이상
	1억 ~ 10억
	100만 미만
	소량 및 미생산
	석유와 천연가스 생산지
	유전
	가스전
	송유관
	송유관(건설 예정)
	가스관

IRAN OPEC 회원국
Algiers 석유 수출항

© H. J. de Blij, P. O. Muller, and John Wiley & Sons, Inc.

그림 7A-9

조금의 경작지와 물의 확보가 OPEC 전체의 석유보다도 여전히 일상생활에서 훨씬 중요한 의미를 지닌다. 아랍권이나 비아랍권이나 이 권역의 시골에서는 고작 수십 년의 역사를 가진 현대화의 영향보다는 수 세기에 걸쳐 형성된 문화적 전통의 흔적이 여전히 지속되고 있다. 그럼에도 불구하고, 석유와 천연가스는 매장 위치, 생산, 수송, 판매에 이르는 과정을 통해 다음과 같은 사례를 포함한 막대한 변화를 초래하고 있다.

1. **도시의 변화** 당연히 석유자원의 가장 가시적 영향은 도시의 현대화(일부에서는 '미래화'라 부름)이다. 세계에서 가장 높은 빌딩이 아랍에미리트의 두바이에 치솟아 있는데, 이는 단지 유리 외벽을 가진 빌딩 숲에 있는 한 건물일 뿐이며, 수많은 고층 건물들이 디자인과 기술력의 한계를 시험하고 있다. 수도(사우디아라비아의 리야드처럼)뿐만 아니라 여러 도시에서 심지어 메카에서도 석유로 벌어들인 부의 영향력이 투영되고 있다. 그리고 7B장에서 알 수 있듯이, 대부분의 신도시들은 사막에서부터 해안을 따라 솟아오르고 있다.

2. **유동적인 수입** 원유와 천연가스 가격은 국제시장에서 오르내리고 있다(2008년에만 해도 40달러 이하로 급락했던 원유 가격은 미국 달러로 배럴당 140달러를 넘어 서기도 함). 에너지 가격이 높을 때에 이 권역의 여러 국가들은 세계적으로 가장 고소득 사회에 속한다. 가격이 하락할 때에도 많은 석유 수출 국가들은 최소한 경제적인 면에서 중상위권을 유지한다(그림 G-10).

3. **산업기반시설** 막대한 자본이 투입된 공항, 항구, 다리, 터널, 4차선 고속도로, 공공건물, 쇼핑몰, 휴양시설 등의 국가 산업기반시설들이 안락하고 풍요로운 이미지를 구축하고 있는데, 이는 석유나 천연가스 판매 수입원이 없는 국가들의 일반적인 모습과는 사뭇 다르다. 사우디아라비아는 현재 해안 곳곳을 중심으로 확대되어 가는 웅대한 현대화 계획에 열중하고 있다.

4. **산업화** 산유국 중 일부 선견지명이 있는 정부는 석유자원의 고갈에 대비하여 대량 석유 수출 시대의 종말 이후에도 살아갈 수 있게, 석유로 벌어들인 자본의 일부를 산업화 계획에 쏟아붓고 있다. 자국 내 공급이 가능한 석유화학, 알루미늄, 철강, 화학비료 등이 이러한 산업들이며, 첨단 산업 분야와 같이 잠재력이 있어 보다 기대되는 다른 분야의 산업들은 아직 주요 산업 부문으로 성장하지 못하고 있다.

5. **지역 불균형** 경제적 가치가 높은 다른 자원들처럼, 석유로 벌어들인 부로 인해 국가 간이나 국가 내에서도 지역적으로 현저한 차이가 나타나기도 한다. 초현대적인 사우디아라비아 동부 해안은 대부분의 내륙지역과는 전혀 다른 별천지이다. 내륙 안쪽 지역은 사막과 오아시스의 땅으로, 멀리 떨어져 있어 고립된 생활을 하고 있으며 변화 속도가 느리다. 이러한 모습은 이 권역 국가들에만 국한된 것이 아니고, 알제리에서 아제르바이잔에 이르는 석유 부국들에서도 뚜렷한 지역적 불균형이 나타나고 있다.

6. **국외 투자** 정부와 기업가들은 석유에서 나온 막대한 부를 외국에 투자하고 있다. 주식을 매입하고 유명한 호텔과 상점 등의 고품격 자산을 사들이고 있다. 이러한 투자로 인해 북아프리카/서남아시아는 다른 외부지역의 경제뿐만 아니라 다른 외부지역에서 성장하고 있는 이슬람 공동체와도 연결된 국제 네트워크를 구축하고 있다.

7. **외세의 개입** 수많은 이 지역 주민들, 특히 이슬람 부흥운동에 강한 신념을 가진 사람들 입장에서 보면, 외국인이 이슬람의 땅에 출현(사업가, 정치인, 예술인, 기술자를 포함하여 군대조차도)한다는 것은 불가피하지만, 달갑지 않은 에너지 시대의 부작용이라 할 수 있다. 사우디아라비아의 국민들의 일반 정서는 자국에 주둔해 있는 미국 군대의 철수를 위한 협상을 진행해야 한다고 통치자에게 압력을 가하고 있는 실정이다.

8. **권역 내 이주** 석유로 부가 늘어나자 정부와 생산업자, 그리고 일반 개인도 경제적 사정이 좋지 않은 권역에서 이주해 온 노동자들을 고용하고 있다. 이들은 유전지대나 항만 등 주로 단순 노동직에 종사하고 있다. 이 과정에 많은 시아파 사람들이 아라비아 반도 동부 국가들로 이주하여 그 나라 인구 구성에서 큰 비중을 차지하고 있다. 또한 수십만 명의 아랍계 팔레스타인들이 이 지역의 산업 현장에서 임시직을 찾고 있다. 2010년 인구 3,000만 명의 사우디아라비아에 500만 명 이상의 외국인 노동자가 살아가고 있는 것으로 추정되고 있다.

9. **권역 밖으로부터의 이주** 최근의 급성장기에 아랍에미리트의 두바이나 아부다비와 같은 곳의 노동시장으로 멀리 떨어진 지역의 노동자들이 유입되고 있다. 파키스탄, 인도, 스리랑카, 방글라데시 등의 자국 내 임금은 석유 붐으로

경제가 성장하는 북아프리카/서남아시아의 토목업이나 민간 고용직의 임금보다 낮다. 이들 지역에서 온 노동자들은 주로 가정부, 정원사, 청소부 등과 같은 일을 하고 있으며, 외국인 노동자는 2009년 초 두바이 인구의 약 80%를 차지하고 있다. 최근에야 이들의 노동 여건과 임금 문제에 따른 항의가 표출되어, 이 지역 전역에서 일하고 있는 수많은 외국인 노동자들이 처해 있는 열악한 환경이 알려지게 되었다.

10. 이슬람 부흥운동의 확산 이슬람 정부는 석유와 천연가스를 팔아 얻은 수익으로 이슬람 사회를 지탱하고, 또한 세계 각지의 이슬람 사원과 문화 센터도 후원하고 있다. 북아프리카/서남아시아 국가들 중 사우디아라비아가 이러한 사업에 가장 많은 재정 지출을 하고 있으며, 이로 인해 영국에서 인도네시아에 이르기까지 수천 개의 이슬람 사원이 번영하고 있다. 이는 이전 확산의 사례로 세계 각지의 이슬람 사원은 신자를 모으는 중심점 역할을 하고 있으며 이슬람 부흥운동의 원리도 활발하게 선전하고 있다.

이 권역은 석유로 인해 100년 전만 하더라도 전혀 예측할 수 없었던 방법으로 다른 외부 세계와 접촉하게 되었다. 석유를 바탕으로 일부 사람들은 힘과 권력을 갖게 되었지만, 반면에 다른 많은 사람들은 혼란스럽고 위태로운 상황에 처하게 되었다. 석유는 진실로 양면의 칼날이 되었다. 7B장에서 이 권역의 세부지역들을 살펴보기에 앞서, 북아프리카/서남아시아 지역의 대다수 주민들은 에너지 시대로의 변화가 초래한 직접적 영향을 일상생활에서 받고 있지 않다는 사실을 명심해야 한다. 대다수의 모로코, 튀니지, 이집트, 요르단, 예멘, 터키 등지의 사람들과 수백만 명에 이르는 쿠르드족, 팔레스타인, 베르베르인, 투아레그족 사람들은 상업이나 농업 또는 조상 대대로 내려오는 일을 하며 살아가고 있다. 국가 재정 수입의 약 2/3를 석유와 천연가스를 팔아 충당하고 있는 이란의 경우, 총노동력의 0.5%(2천만 이상의 노동자 중 고작 10만 명이 넘는)만이 에너지 및 에너지 관련 일에 종사하고 있다. 단일 업종 중 종사자 인구가 가장 많은 부문은 농업이다(5백만 명). 석유자원이 풍부함에도 이란은 2007년

1인당 소득이 10,800달러(U.S.) 정도로, 이는 터키보다 적으며 싱가포르의 1/3 수준이다. 앞서 고찰했듯이, 북아프리카/서남아시아 권역의 지역화에 경제적인 것보다는 문화적인 특징이 더 큰 영향력을 미치고 있다.

북아프리카/서남아시아 권역에서 약 30여 국가가 다양성 측면에서 각기 다른 특색을 보이고 있다. 석유와 천연가스를 바탕으로 부를 얻었지만, 심각한 불평등과 불균형도 나타나고 있다. 석유의 존재 유무에 따라 국가 간에서, 또한 석유 매장지의 분포에 따라 국내 간에도 불균형 및 불평등이 나타나고 있다. 아라비아 반도에는 초현대적인 도시의 고층 빌딩 숲이 수천 년간 거의 변화가 없는 나일 강 계곡 마을과 뚜렷이 대비되며 솟아 있다. 상인들이 여전히 낙타를 타고 다니며 넘나드는 그 사막을 가로질러 고속도로가 놓여졌다. 경제적 차이만큼이나 사회적 측면에서도 다양하다. 레바논에서는 여성 인구의 80% 이상이 읽고 쓸 수 있으나, 예멘에서는 문자를 아는 여성 인구가 40%에 불과하다. 석유자원이 빈약한 튀니지에서는 인구 성장이 세계 평균을 밑돌지만, 석유가 풍부한 사우디아라비아의 인구 성장은 세계 평균의 2배에 달한다. 터키에서는 대의 정치가 자리를 잡고 있지만, 이란에서는 설자리를 잃고 있다. 만약 국가별 특성을 측정할 수 있다면, 북아프리카/서남아시아는 이슬람권이라는 문화적 유사성을 갖고 있지만, 세계에서 가장 다양한 특성이 나타나는 권역일 것이다. 동서로는 중국과 유럽 사이에 위치하고, 남북으로는 아프리카와 러시아 사이에 끼여 있어, 역사의 교차로가 된 이 지역은 여전히 지리적 만화경으로 남아 있다.

생각거리

- 가속화된 이슬람교의 전파로 북아프리카/서남아시아 권역 주변부의 문화지리가 변화하고 있다.
- 어떤 면에서는 세계적으로 가장 선명한 사회적 차이가 이 권역에서 나타나고 있다.
- 중앙아시아에서 이슬람 부흥운동이 나타나고 있지만, 구소련의 전통도 유지되고 있다. 전제적인 통치와 반대파에 대한 억압도 지속되고 있다.
- 세계적으로 가장 건조한 이 권역 곳곳에서 물 공급 위기가 빈번히 발생하고 있다.

우리는 예루살렘의 도시 경관을 통해 유대교, 크리스트교, 이슬람교의 대조적인 모습뿐 아니라
각 종교 모두의 성지라는 것을 파악할 수 있다. © H. J. de Blij

주요 주제
이라크의 정치이론과 실제
이스라엘 지역의 지속되는 분쟁
두바이의 급변하는 경제 변화는?
이란의 핵 : 무기화인가 에너지 공급인가?
중앙아시아의 '스탄' 국가들
아프가니스탄과 탈레반

개념, 사고, 용어

문화 부흥	1
비그늘 효과	2
나라 없는 민족	3
요충지	4
카나트	5
국경 부근의 전방수도	6
완충국가	7
탈레반	8
알카에다	9

7B

북아프리카/서남아시아 : 권역의 각 지역

≡ 이집트와 나일 분지 저지대
마그레브와 인접지역
중동 : 분쟁의 용광로
아라비아 반도
제국의 역사를 가진 나라
투르키스탄 : 중앙아시아의
여섯 개 나라

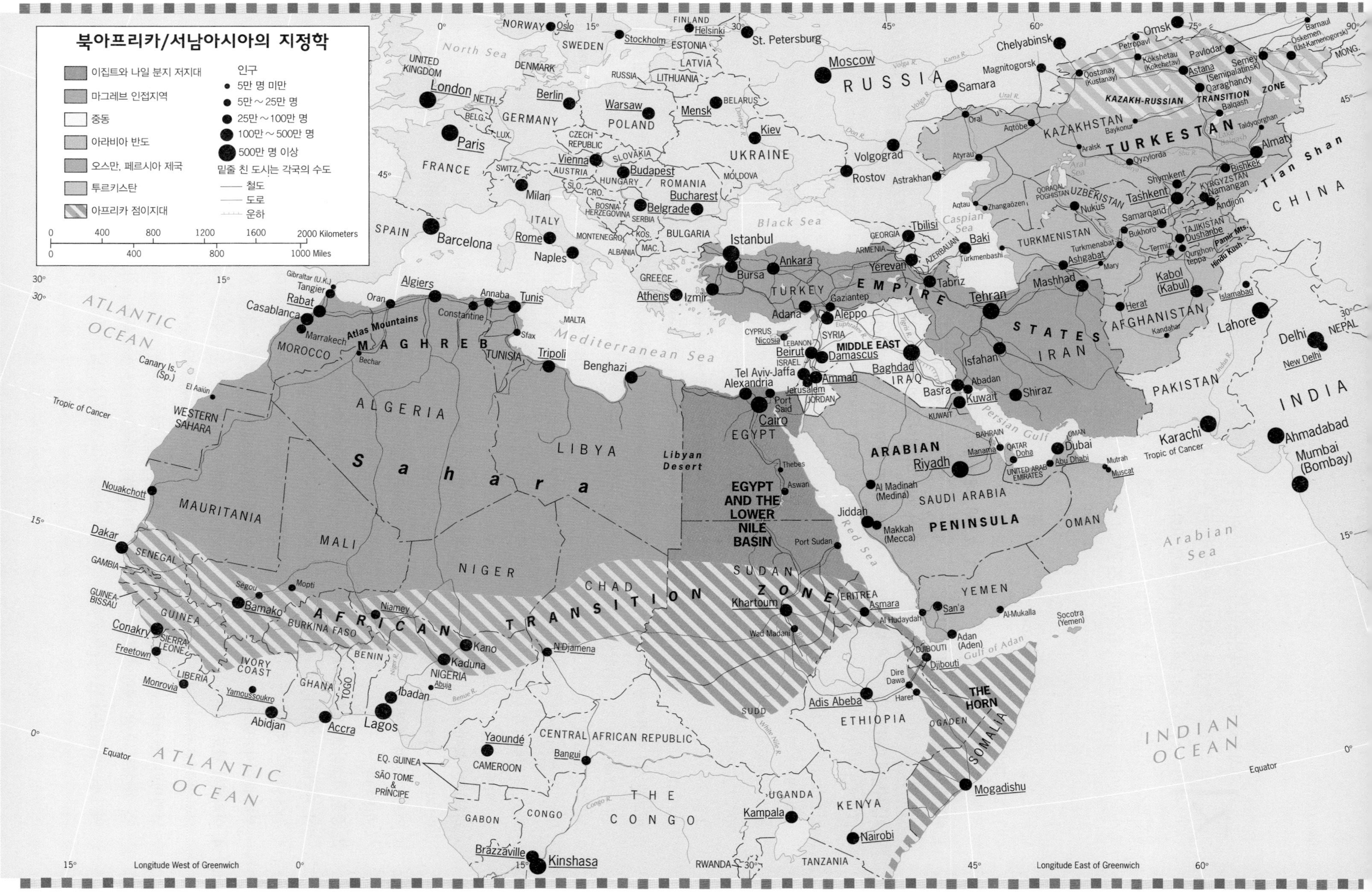

북아프리카/서남아시아의 지정학
이집트와 나일 분지 저지대
마그레브 인접지역
중동
아라비아 반도
오스만, 페르시아 제국
투르키스탄
아프리카 점이지대
인구
5만 명 미만
5만～25만 명
25만～100만 명
100만～500만 명
500만 명 이상
밑줄 친 도시는 각국의 수도
철도
도로
운하
0 400 800 1200 1600 2000 Kilometers
0 400 800 1000 Miles
MAGHREB
Sahara
EGYPT AND THE LOWER NILE BASIN
MIDDLE EAST
ARABIAN PENINSULA
EMPIRE STATES
TURKESTAN
KAZAKH-RUSSIAN TRANSITION ZONE
AFRICAN TRANSITION ZONE
THE HORN
ATLANTIC OCEAN
INDIAN OCEAN
Mediterranean Sea
Black Sea
Caspian Sea
Red Sea
Persian Gulf
Arabian Sea
Gulf of Aden
Tropic of Cancer
Equator
Longitude West of Greenwich
Longitude East of Greenwich

그림 7B–1

지리적으로 광대한 북아프리카/서남아시아의 각 지역의 범위를 정하는 것은 결코 쉽지 않다. 이 지역은 인구가 조방적인 지역과 밀집된 지역이 혼재되어 있을 뿐 아니라 문화적 점이지대와 문화 경관을 통해 지역 구조를 파악하는 것도 어렵다. 게다가 이 지역은 매우 변화무쌍한 지역으로 지금도 변화하고 있다. 몇 세기 전까지도 이 지역은 동부 유럽까지로 한정되어 있었으나, 오늘날에는 이슬람 **1** 문화 부흥(cultural revival, 내부 쇄신과 외부의 전래를 통해 오랜 잠복기를 벗어난 문화의 부활)이 활발하게 진행되고 있는 중앙아시아까지 범위가 확대되었다.

다음은 오늘날의 이 지역을 구분한 것이다(그림 7B-1).

1. **이집트와 나일 분지 저지대** 이 지역은 전체적으로 여러 면에서 북아프리카/서남아시아의 중심부가 되고 있다. 이집트는(이란, 터키와 함께) 이 지역에서 가장 인구가 집중된 지역이다. 또한 역사적 측면에서도 중요한 중심지이며, 정치적·문화적 중심부이기도 하다. 이 지역은 남쪽 접경국인 수단의 나일 강 저지대 유역을 포함한다.

2. **마그레브와 인접지역** 북아프리카 서부(마그레브)와 인근지역은 알제리, 튀니지, 모로코를 중심으로 하여 리비아, 차드, 니제르, 말리, 부르키나파소, 모리타니가 둘러싸고 있다. 차드, 니제르, 말리, 부르키나파소, 모리타니는 북아프리카의 아랍-이슬람 지역이 사하라이남 아프리카 지역으로 점차 바뀌는 광범위한 점이지대이다.

3. **중동** 이스라엘, 요르단, 레바논, 시리아, 이라크 지역이다. 이 국가들의 초승달 지역은 지중해 동부 해안가에서부터 페르시아만까지 뻗어 있다.

4. **아라비아 반도** 사우디아라비아가 대부분의 영토를 차지하고 있으며, 아랍에미리트(UAE), 쿠웨이트, 바레인, 카타르, 오만, 예멘이 포함된다. 여기에는 이슬람의 원천이자 중심부인 메카가 있으며, 세계에서 가장 많은 양의 석유가 매장되어 있다.

5. **오스만, 페르시아 제국** 거대한 두 제국(둘 다 역사적인 제국의 중심부임)이 과거 이 지역을 지배했기 때문에 제국이라 명명한다. 오스만 제국의 중심부인 터키는 현재 대단히 세속적인 국가이며, 유럽연합 가입을 열망하고 있다. 시아파 이란은 과거 페르시아 제국의 중심부였으며, 현재는 이슬람공화국이 되었다. 남쪽의 아제르바이잔은 한때 페르시아 제국의 영토였으며, 현재는 무슬림이 확산되는 트랜스코카시아 점이지대에 위치하여 혼란스러운 상태이다. 남쪽의 키프로스는 터키와 그리스 영역으로 분단되어 있으며, 터키 영역은 제국주의 시대의 또 다른 잔재이다.

6. **투르키스탄** 터키의 영향력은 서남아시아 지역에 광범위하게 미치고 있으며 1991년 소련 붕괴 이후에도 지속적이고 강력하게 영향을 미치고 있다. 기존 5개의 소비에트 중앙아시아공화국에서 이슬람 세력과 그 영향력은 매우 다양하며, 중앙아시아공화국의 새 정부는 무력으로(때로는 강제로) 이슬람 부흥운동자들을 누르고 있다. 이곳은 여전히 러시아의 영향하에 있으며, 민주 제도는 미약하다. 테러와의 전쟁이 시작되자 아프카니스탄(역시 서남아시아 지역의 하나임)이 주요 목표가 되면서 서방(특히 미국)의 간섭이 증가하고 있다.

이집트와 나일 분지 저지대

이집트는 동서로 약 9,600km, 남북으로 약 6,400km에 이르는 이 지역의 심장부에 위치하고 있다. 이집트는 북쪽으로 나일 강과 지중해, 동쪽으로는 홍해에 접하고 있으며, 아프리카 동북부 주변을 거쳐 북쪽으로는 터키, 동쪽으로는 사우디아라비아와 접경하고 있다. 또한 이집트는 이스라엘, 이슬람이 강한 수단, 호전적인 리비아와도 접하고 있어 이 지역의 교차로에 해당한다고 볼 수 있다. 이집트는 시나이 반도를 가지고 있어, 아프리카 대륙국가 중에서 유일하게 아시아에 발을 담고 있다. 이 시나이 반도를 발판으로 아카바만(홍해 북동쪽)을 내려다볼 수 있게 되었다. 이집트는 인도양과 대서양을 연결하는 유럽의 중요한 보급로인 수에즈 운하도 관할하고 있다. 수도인 카이로는 가장 큰 도시로 이슬람 문명의 중심지역이다. 이집트를 더 자세히(수단 북부를 포함하여) 구분할 필요는 없다.

나일 강의 선물

이집트의 나일 강은 상류의 큰 두 지류가 만나 형성된다. 그중 하나는 동부 아프리카 빅토리아 호수에서 발원하는 백

나일이며, 다른 하나는 에티오피아 고원의 타나 호수에서 발원하는 청나일이다. 두 나일은 오늘날 수단의 하르툼에서 합류한다. 약 7,800만 명의 이집트 인구 중 95% 정도는 이 거대한 나일 강의 20km 이내와 삼각주 지역에 거주한다(그림 7B-2, 7A-2).

고대 이집트인은 흙으로 둑을 만들고 그 안으로 물과 비옥한 토사를 끌어들여 작물을 재배하는 저류관개법(basin irrigation)을 사용하였다. 19세기에 댐이 건설되어 연중 관개가 가능해질 때까지 이집트에서는 몇천 년 동안 이 방식을 계속 사용하였다. 나일 강 댐 건설로 선박 운행은 차단되었으나 홍수를 조절하고 경지 면적과 단위 면적당 생산량이 증가하였다. 불과 한 세기 만에 이집트 전역의 농지에 상수관개가 가능하게 된 것이다. 1968년 가동이 시작된 아스완 하이댐을 통해 나일 강의 홍수와 범람을 조절하게 되었으며, 대규모 인공호인 나세르 호가 만들어지고 이 지역으로 약 5만 명의 인구가 이주하였다. 아스완 하이댐은 이집트 관개 면적의 약 50%를 증가시키는 결과를 가져왔으며, 오늘날 이집트 전력의 약 40%를 공급하고 있다.

계곡과 삼각주

이집트의 오아시스는 대략 5~25km 폭으로 나일 강을 따라 펼쳐져 있다. 카이로 북쪽으로는 삼각주가 점차 넓어져 서쪽의 대도시 알렉산드리아와 동쪽으로 수에즈 운하의 관문인 포트사이드까지 넓게 펼쳐져 있다. 삼각주에는 광대한 경작지가 발달하였지만, 오늘날에는 문제가 발생하는 지역이기도 하다. 나일 강의 과도한 이용으로 저지대의 삼

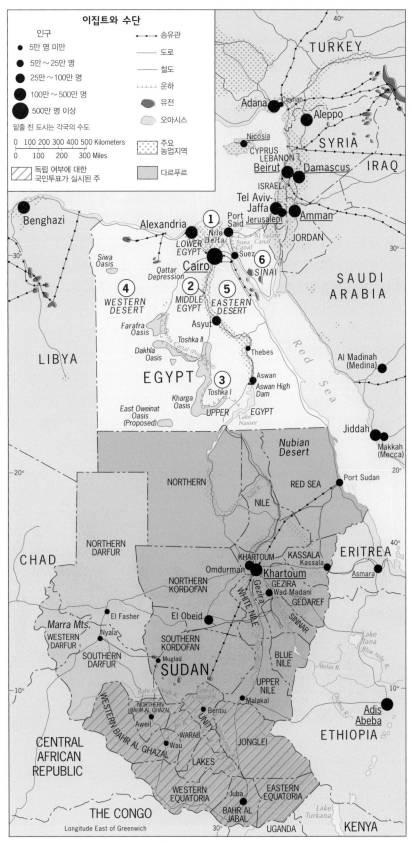

그림 7B-2   © H. J. de Blij, P. O. Muller, and John Wiley & Sons, Inc.

각주는 침수되고 있으며, 지중해로부터 바닷물이 침투하여 토양이 훼손될 우려가 커지고 있다.

현대 이집트의 농민인 펠라(fellah)들은 5,000년 전의 선조들과 마찬가지로 땅을 경작하여 생계를 유지하고 있다. 농업 경관은 거의 변하지 않은 듯하다. 옛 농기구를 그대로 사용하고 집 또한 초라한 모습 그대로이다. 가난과 질병이 만연하고 유아 사망률도 높다. 이집트 정부는 관개 경작지를 확장하고자 하는 웅장한 계획을 착수했으나, 농업의 현대화와 효율성이 향상되지 않는다면 미래는 어둡다고 할 수 있다.

이집트의 여러 지역

지도 7B-2와 같이 이집트는 6개 지역으로 나뉜다. 대부분의 이집트인은 저지대(북부)와 중부 이집트(①, ② 지

역)에 살고 있으며, 핵심지역은 카이로이다. 다음으로는 제1의 항구이자 제2의 산업 중심지인 알렉산드리아가 있다. 시나이 반도(⑥ 지역)와 서부 사막(④ 지역)에서는 석유가 발견되어 경제에 큰 도움을 주고 있다. 면화와 직물 산업은 또 다른 주요 수입원이다. 가장 중요한 관광 산업은 현재 이슬람 극단주의자로 인해 지속적으로 타격을 입고 있다. 이집트는 인구가 급성장하여 식량 공급이 수요를 따라가지 못해 곡물을 수입하고 있다. 1970년대 후반 이후 이집트는 미국의 주요 해외원조 수혜국의 하나이다.

오늘날 이집트는 여러 가지 면에서 갈림길에 서 있다. 정부는 높은 출생률을 감소시키는 것이 현재 인구 문제를 해결하는 방안이라 여기고 있으나 이슬람 부흥운동가들은 가족 계획을 위한

어떤 프로그램도 반대하고 있다. 이스라엘과의 화해로 해외 원조는 증가하였으나 동시에 국민들은 분열되었다. 이집트 정부는 민주화에 대한 끓어오르는 열망뿐 아니라 원리주의자들의 도전에도 맞서야 한다. 이 지역에서 가장 중요한 위치에 있는 이집트의 미래는 먹구름이 가득하다.

분단된 수단

그림 7B-1에 나타나듯 이집트의 리더십은 남쪽의 수단과 서쪽의 리비아, 두 나라에 의해 도전받고 있다. 수단은 이집트보다 약 2배 이상 넓은 국토 면적과 약 4,100만의 인구를 가지고 있으며, 우간다에서 오는 백나일과 에티오피아에서 오는 청나일의 합류점에 위치해 있다. 2개의 수도, 하르툼과 움드라만 주변에는 넓은 농업지역이 있어 식민시대부터 면화를 재배해 왔다. 당시 영국 당국은 이슬람화된 수단 북부와 아프리카화되고 많은 주민이 크리스트교인 남부의 넓은 지역을 하나로 묶어 버렸다. 영국이 떠난 이후 하르툼 정부는 아프리카 점이지대인 남부 수단 지역을 이슬람식으로 통치하려 했으며, 그 결과 쓰라린 내전이 일어났다. 지난 30년간 수많은 생명이 희생되고 사람들은 삶의 터전을 떠나야 했다.

수단은 홍해 쪽으로 약 500km 길이의 해안이 발달하였으며, 수단 항은 홍해를 사이에 두고 사우디아라비아의 메카와 지다의 건너편에 위치한다. 수단의 경제는 자원이 부족한 주변국의 전형적인 형태를 보이는데, 주로 사우디아라비아에 양모, 면화, 설탕을 수출하고, 석유를 수입한다. 아프리카 점이지대에서 전쟁이 발발하여 하르툼의 이슬람 정권은 피폐해졌으며, 수단의 1인당

다르푸르 사태의 원인에 대해서는 여러 의견이 있는 가운데, 국제 사회가 다르푸르의 위기에 서서히 응답하고 있다. 아프리카 연합은 아랍계 이슬람 군대에 의해 자행된 서부 수단 지역의 가난한 농부들에 대한 집단 학살을 멈추도록 하였다. 사진은 무장 세력에 의해 마을이 불타버린 하르툼의 북부 다르푸르 반다고 마을이다. 이 지역에서는 2010년 상반기까지 260만 명 이상의 주민이 고향을 잃어버렸으며, 40만 명 이상이 사망했다. © AP/Wide World Photos

국민소득은 세계 최하위 수준에 머무르고 있다.[*]

사막의 석유

1980년대에 이르러 수단의 석유 잠재 매장이 확실해지고 1990년대 남부 코르도판 지역에서 석유가 확인됨에 따라 상황은 빠르게 변화하였다(그림 7B-2). 수단은 복잡한 정치 경제 상황에서도 석유 수입국에서 수출국으로 변모하였다. 또한 중국을 중심으로 한 외국기업들은 하르툼 정권의 인권 사태를 간과하면서 곧바로 석유 탐사와 시추에 나서고 있다. 석유 판매를 통한 소득은 정부의 무기 구매로 이어지고 있다. 이 과정에서 유전지역에 거주하는 현지 주민들이 강제로 이주당하고 있다. 반면 하르툼의 초현대식 건물들은 극소수를 위한 부의 분배 상황을 잘 나타내고 있다.

남수단 지도자들에게 있어 원유는 자급자족으로의 열쇠였다. 잠정적인 독립에 관한 시기가 합의되었던 2005년의 평화 협정은 남수단이 석유 수익의 절반을 받을 것이라고 명기했지만 북수단의 태도는 믿을 수 없었을 뿐 아니라 결정권 또한 그들의 소유였다. 번창한 수단의 일부가 될 것이냐 혹은 독자노선을 택하여 내륙국이 될 것이냐의 문제로 남수단 내의 의견이 분분했다. 아직 해결되지 않았지만 2011년에 독립 여부에 대한 국민투표가 이루어질 것이다. 수단에 대한 의존도를 낮추기 위해 케냐를 거쳐 인도양에 이르는 석유 관로를 설치하자는 의견이 제기되었으나 아

[*] 역주 : 2011년 1월 수단 남부에서 독립에 관한 국민투표가 실시되었으며, 압도적인 독립 찬성 의견으로 2011년 7월 9일 '남수단공화국'으로 독립했다. 본문은 독립 이전의 상황을 나타낸 것으로 여기서의 수단은 현재의 수단과 남수단 전체의 지역을 의미한다.

직은 담론 수준에 불과하다. 어찌됐든 수단의 원유 노다지를 문제로 정치지리적 사건이 터질 것만은 분명하다.

다르푸르의 비극

남부 수단의 독립 문제가 불거지고 있을 때 서부 다르푸르에는 또 다른 위기가 찾아왔다(그림 7B-2). 다르푸르의 푸르 북부지역 주민들은 수 세기 동안 목축과 유목 생활을 하며 아랍의 생활 양식을 고수하며 살아왔으며, 남부지역 주민들은 농경 정착 생활을 하며 살아왔다. 아직도 다르푸르 분쟁의 명확한 원인은 알 수는 없으나 나일 강 지역에서 반이슬람을 지지하는 세력에 동조하고 있다고 추정된다는 하르툼 정부의 보고서가 다수 발견되었다. 2003년 북부 목축민들은 남부 푸르의 정착지와 경지를 침입하여 수천 명을 살해하고 집을 불태우며 수확물을 훼손하였다. 이후 약 260만 명의 주민이 터전을 떠나게 되었으며, 폭동과 더불어 발생한 질병으로 인해 2010년까지 약 40만 명에 달하는 사망자가 발생하였다.

≡ 마그레브와 인접지역

아프리카 북서부 국가들을 통틀어 일반적으로 **마그레브**(*Maghreb*)라 부르지만 이 지역의 아랍식 명칭은 예지라-알-마그레브(Jezira-al-Maghreb)이다. 이는 지중해부터 시작하여 저평하고 광대한 사하라 지역까지 섬처럼 솟아오른 아틀라스 산맥을 나타낸다.

마그레브 국가들은 북아프리카의 마지막 왕국인 모로코, 앞에서 언급한 종교, 정치적인 문제로 혼란한 세속국가인 알제리, 그리고 셋 중 가장 작지만 가장 서구화된 튀니지이다(그림 7B-3).

이웃한 리비아는 이집트와 마그레브 사이에 위치하면서 지중해를 끼고 있으며, 다른 북아프리카 국가들과는 좀 다르다. 리비아는 석유가 풍부한 사막국가로 국민들은 대부분 해안가에 집중하여 거주한다.

아틀라스 산맥

이집트가 나일 강의 선물이듯 아틀라스 산맥은 마그레브에서의 정착을 가능하게 해주었다. 고도가 높아 상승기류로 인한 지형성 강우가 발생하고 또한 계곡 사이에 비옥한 토양이 발달하여 풍요로운 경작지를 확보할 수 있다. 알제리에서 동쪽으로 튀니지 해안가의 연평균 강수량은 75cm 이상으로 이집트 삼각주에 있는 알렉산드리아의 강수량보다 3배나 많다. 내륙으로 240km 정도 들어간 아틀라스 산맥의 사면지역의 강수량이 25cm 이상이며, 세계 강수량 분포도에서 아틀라스 고원이 끝나자마자 사막기후가 바로 시작되는 것 역시 지형적 영향으로 해석된다(그림 G-7).

아틀라스 산맥은 남서-북동 방향으로 뻗어 있는데, 높이가 거의 4,000m에 이르는 모로코의 하이 아틀라스(High Atlas)에서 시작된다. 동쪽으로 가면 두 줄기가 알제리의 경관을 대표하듯 우뚝 솟아 있다. 북쪽으로는 텔 아틀라스(Tell Atlas)가 지중해와 면해 있고, 남쪽으로는 사하라 아틀라스가 대사막을 굽어보고 있다. 이 두 산맥 가운데에는 여러 개의 나란한 산줄기와 언덕이 있고, 사이에 분지가 분포(남아메리카 안데스 산맥의 알티플라노와 유사하나 고도는 좀 낮음)하며, 분지들은 텔 아틀라스의 **2** 비그늘(바람의지) 효과(rain shadow effect)로 인하여 초지가 발달한 스텝기후를 나타내 농경보다는 목축이 활발하며 키작

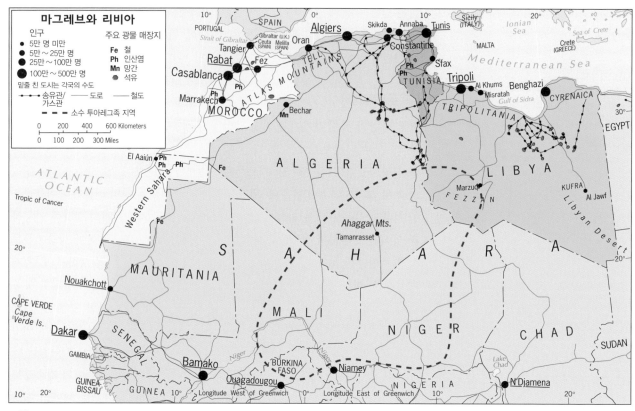

그림 7B-3   © H. J. de Blij, P. O. Muller, and John Wiley & Sons, Inc.

은 풀과 덤불이 사방을 뒤덮고 있다.

마그레브 국가

사막과 바다 사이에 있는 마그레브 국가들은 지리적으로 상당히 다양하다. 개혁이 활발한 지역에 위치하지만 보수적인 왕국인 **모로코**는 전통 생활을 하고 있으며 경제는 미약하다. 핵심지역은 북부에 있으며 4개의 주요 도시를 주축으로 한다. 그러나 모로코인들의 관심은 남부에 집중되어 있는데 정부는 서사하라(과거 스페인 식민지로 주로 모로코에서 이주한 인구가 약 50만 명에 달함) 지역을 통합하기를 원하고 있다. 이 통합 운동이 성공한다고 해도 약 3,200만 명의 모로코 주민들의 생활 수준 향상은 어렵다고 예상된다. 유럽으로 이주한 모로코인은 수십만 명에 달하며, 그들 중 다수는 모로코 해안지역

의 스페인 영토인 세우타와 멜리아를 거쳐 이주하였다(그림 7B-3).

알제리는 프랑스 식민지 시절 높은 농업 잠재력을 활용하기 위하여 약 100만 명의 이주민이 유입되었으며 지금은 석유와 가스 산업이 농업을 대신하고 있다. 알제리는 과거 프랑스의 식민지로 높은 농업 잠재력을 바탕으로 백만 명 이상의 유럽 이주민의 유입이 이루어진 지역에서 석유와 가스 매장량에 경제적 기반을 두는 지역으로 변모하였다. 쓰라린 독립전쟁(1954~1962)에 뒤이어 이슬람파와 민간 군부 세력 간의 되풀이되는 분쟁으로 10만 명 이상이 목숨을 잃었고 오래 지연되는 타협 과정에서 간간이 소규모 접전이 일어나고 있다. 근래에 북아프리카 '알카에다'라는 테러조직은 국가의 안정을 해치는 잔혹 행위를 저질렀지만 곧 알제리와 화해했

다. 알제리의 종주도시인 알제는 지중해 연안에 위치하여 알제리 국민의 10%에 달하는 약 36만 명이 거주하는 도시이다. 점점 더 많은 알제리인들은(공식적으로 150~200만 명) 프랑스로 이민을 가 현재 유럽 최대의 무슬림 인구를 이루는 것으로 나타났다.

마그레브 동쪽의 **튀니지**는 이들 중 국토 면적이 가장 작다. 부록 B의 표에 나타나 있듯 여러 면에서 튀니지는 주변국가보다 유리한 점이 존재한다. 안정성, 국민 통합, 한정된 천연자원의 극대화(석유 부존이 없다는 점에서 알제리나 리비아와 비교될 수 있음)를 바탕으로 주변 마그레브 국가들보다 GNI, 도시화율을 비롯한 여러 사회적 수준의 지표가 높게 나타나며 인구(약 1,100만 명) 성장률은 낮다. 역사적인 수도 튀니스의 배후지인 북부는 생산력이 가장

답사 노트

© H. J. de Blij

"생동감이 넘치는 모로코의 마라카시 구시가지는 현지 주민들과 관광객들로 가득 차 있다. 그러나 관광명소를 벗어나자마자 이들 지역은 전통과 근대화의 무분별한 공존화 확장을 잘 보여준다. 이 지역에서는 영어로 된 간판을 찾을 수 없다 하지만 프랑스와 관련된 것은……"

높은 곳이다. 권위적인 민족주의 정부가 서서히 약화되면서 튀니지와 유럽의 관계도(이미 북아프리카 국가 중에서 가장 밀접한 관계) 점차 증진되고 있다.

사각형 모양의 **리비아**(인구 약 7백만 명)는 마그레브와 이집트 사이에 존재하는 지중해 연안국이다(그림 7B-3). 농업 활동은 수도인 트리폴리가 있는 북서부 트리폴리타니아 지방과 주요 도시 벵가지가 있는 북동부 키레나이카 지방에 한정되어 있다. 도시화된 리비아의 경제 성장을 이끄는 산업은 농업이 아니라 석유이다. 석유 시추 지역인 시드라만에서 해안 부두까지 파이프라인으로 잘 연결되어 있다. 리비아 내륙에 위치하여 모래폭풍이 잘 발생하는 남서부의 건조한 페잔 지방과 남동부의 오아시스 쿠프라 지방까지 해안가를 따라 2차선 도로가 연결되어 있다.

사하라 아프리카 인접국

그림 7B-3에서 볼 수 있듯이 마그레브 국가들과 리비아는 아프리카 점이지대에 있는 사막들과 인접하고 있다. 이 아프리카 국가들은 이슬람의 영향이 매우 강하며, 그림 6B-9에서 보듯이, 차드 한 나라만 제외하고는 모두 이슬람의 전선(Islamic Front) 지역 북쪽에 위치해 있다. 광대하지만 인구가 빈약한 **모리타니**는 이들 중 가장 이슬람화된 나라이다. 인구 400만 명 중 절반이 수도인 누악쇼트에 살고 있으며, 대부분 소규모의 어업에 종사한다. 이웃한 **말리**는 수도인 바마코가 위치한 니제르 강 상류에서 용수를 공급받고 있다. 민주국가로 다수 정당이 난립하는 말리는 전통 원시신앙을 고수하는 다양한 소수집단과 소규모 기독교 집단 등으로 구성되어 다문화 특성을 보인다. 말리 동쪽에 위치한 니제르는 알제리, 리비아와도 국경을 접하고 있으며, 말리와 마찬

가지로 세계에서 가장 도시화가 이루어지지 않은 국가 중 하나이다(17%). 그러나 말리와 다른 점은 **니제르**에는 니제르 강 중류의 짧은 구간만이 통과하고 있고, 이곳에 수도인 니아메도 있다. 리비아 바로 남쪽에 위치한 **차드**는 이슬람교도 비율이 가장 낮지만, 북부 이슬람 지역과 남부 기독교/원시신앙 지역으로 극단적으로 나누어져 있다. 그림 7B-1에서 보았듯이, 수도인 은자메나가 아프리카 점이지대 남쪽 끝에 위치해 있어, 이슬람 전선과 바로 맞닿아 있다.

중동 : 분쟁의 용광로

앞서 언급한 대로 '중동'이란 지역적 용어는 그다지 만족스럽지 않다. 그러나 워낙 공공연히 일반적으로 사용하는 말이므로, 이 용어를 피하는 것이 사용하는 것보다 더 많은 문제점을 야기할 수

있다. 원래 이 말은 유럽이 세계의 가장 중심지역이고, 그 외 지역은 단순히 유럽으로부터 '가까운지', '중간쯤 떨어져 있는', 아니면 '아주 멀리 떨어져 있는지'로 구분되던 시기에 만들어졌다. 이에 따라 터키는 근동(Near East), 한국, 중국, 일본 및 동아시아의 여러 국가는 극동(Far East), 이집트, 아라비아, 이라크는 중동(Middle East)으로 분류되었다. 과거에 사용한 정의들을 확인해 보면, 일관성 없이 적용되었음을 알 수 있다. 예컨대 레바논, 팔레스타인, 요르단도 때때로 '근동'에 포함되었으며, 페르시아와 아프가니스탄은 '중동'에 포함되기도 하였다.

오늘날 '중동'이라는 지리적 명칭은 더 구체적인 의미를 가지고 있으며, 어떤 면에서는 취할 점도 있다. 다른 어느 지역보다도 이 지역이야말로 광범위한 이슬람권의 중심에 위치하고 있는 것이다(그림 7B-1). 북쪽과 동쪽으로는 각각 터키와 이란에 접하고 있으며, 이란의 뒤쪽으로는 이슬람권 투르키스탄이 위치한다. 남쪽으로는 아라비아 반도가 있고, 서쪽으로는 지중해와 이집트 및 북아프리카의 나머지 지역이 있다. 곧 중동은 이슬람권의 중추적인 지역이면서, 그 핵심인 것이다.

중동 5개국은(그림 7B-4) 인구 및 영토 규모가 최대이며 페르시아만에 접하고 있는 이라크, 이라크 다음으로 인구가 많고 영토도 넓으며, 지중해에 접하고 있는 시리아, 협소한 아카바만으로 홍해와 연결되어 있는 요르단, 통일국가를 존속시킬 것인지 논의되어 온 레바논, 이슬람 세계의 한복판에 위치한 유대인들의 국가인 이스라엘로 구성된다. 이 지역은 세계 정세에서 특별한 중요성을 지니고 있으므로, 다음의 논의

에서는 문화지리, 경제지리, 정치지리의 쟁점들을 중점적으로 다루겠다.

지속적인 중요지역 이라크

그림 7B-4를 보면 이라크가 왜 중동의 중추적 역할을 하는지를 한눈에 알 수 있다. 이라크의 면적은 중동지역 전체의 60%에 달하며, 인구수는 40%를 넘는다. 이라크는 이 지역에서 천연자원이 가장 풍부한 국가로 세계적인 유전과 많은 가스 부존량, 그리고 넓은 관개 가능 경지를 가지고 있다. 이라크는 초기 메소포타미아 국가 및 티그리스-유프라테스 분지에서 출현한 제국들의 계승자이다. 따라서 이 나라에는 고고학적 유적이나 박물관 소장품들이 산재해 있다.

상당수의 이들 유적들은 9·11 테러에 대응하여 2003년 미국이 주도한 전쟁으로 심각하게 파괴되어 손해가 크다. 지도는 왜 이 공격이 (앞으로도) 발생하는 것인가에 대한 이유를 알려준다. 이라크는 6개국과 이웃하고 있으며 이들 중에서 서부의 시리아와는 동맹 관계에 있으며 요르단은 1990년대 초 남쪽의 쿠웨이트 침공에 있어 독재 사담 후세인 정권의 편에 서기도 하였다. 남쪽은 사우디아라비아와 접경해 있다. 또한 북으로는 이란과 접경해 있으며 터키와 더불어 생명줄인 하천을 두고 1980년대 국경 분쟁을 겪기도 하였다.

그러나 아마도 그림 7B-4에서 가장 눈에 띄는 것은 이라크 북동부뿐만 아니라, 터키 및 이란의 넓은 지역과 이웃 국가들의 일부 지역까지 덮고 있는 연보라색 빗금 지역일 것이다. 이 지역의 주요 주민들은 쿠르드족이며, 이들은 살고 있는 모든 국가로부터 차별받아 왔다. 약 1,500만 명 정도의 쿠르드족이 터

키에 거주하고 있으며, 이란에는 8백만 명, 이라크에 약 5백만 명 정도가 살고 있다. 그들은 세계에서 가장 대규모의 **3** 나라 없는 민족(stateless nation) 중 하나이며, 종종 그들을 지배하는 이들에 의해 분열되거나 이용당하기도 한다.

여러 이웃 국가에 의해 이라크가 거의 육지로만 둘러싸여 있다는 사실은 놀라운 일이 아니다. 그리고 그림 7B-4는 페르시아만으로 통하는 이라크의 유일한 출구가 얼마나 좁고 혼잡한지를 잘 보여준다. (이 출구는 후세인이 쿠웨이트를 정복해서 합병하려고 했던 1990년 결단의 원인이었다.) 그 결과 이라크는 이웃 국가를 가로지르는 파이프라인망을 통해 이라크 원유 수출의 많은 양을 다른 국가의 항만에서 수출해야 한다. 이것이 바로 주변 나라들이 향후 몇 년간 이라크에서 일어날 일에 관심을 가지는 또 다른 이유다.

문화적·정치적 불일치

이제 이라크 지역 지도를 자세히 살펴보자(그림 7B-5). 터키에서 발원하는 대단히 중요한 두 개의 강, 티그리스 강과 유프라테스 강을 주목하자. 지도는 이라크를 3개의 문화적 권역으로 나누고 있다. 이 지역은 가장 인구 밀도가 높은 구역(약 3,100만 명이 존재)으로 약 2,000만 명의 시아파가 남동부에 위치하고 있으며, 이들은 이란과 종교적 동질성이 높으며, 2003년 침공 이전까지 이 지역을 통치했던 수니파는 약 6백만 명으로 북부와 서부에 주로 분포하며, 이라크의 세 번째 부족은 쿠르드족으로 대략 5백만 명의 인구가 북동쪽 안전지대에 분포하고 있다. 또한 이 정도 축척의 지도로도 이 지역의 복잡한 모자이크가 나타난다. 이들 지역은 주요 문화

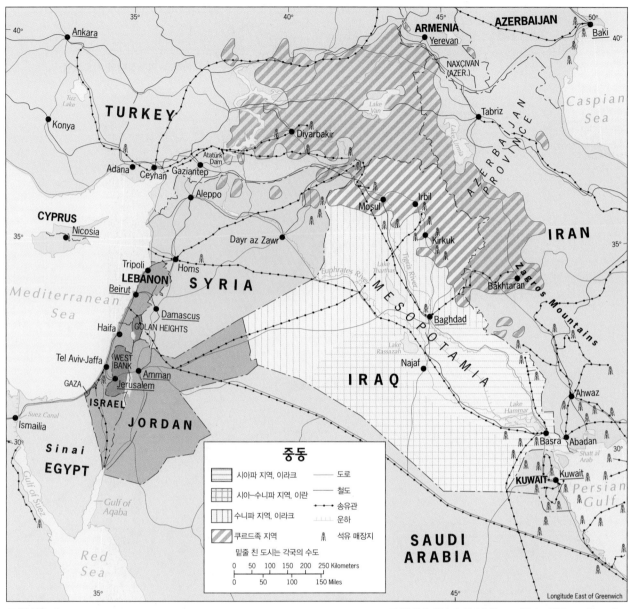

그림 7B-4

© H. J. de Blij, P. O. Muller, and John Wiley & Sons, Inc.

경계의 점이지대로(쿠르드-수니 경계 면에서 보이듯이) 그 경계가 명확하지 않다. 한편 이 정도의 소축척 지도로는 투르크족, 아시리아족을 비롯한 북부의 소수민족을 나타내 주지 않는다.

가장 중요한 점은 수도인 바그다드의 인구가 분단국의 축소판이라 할 수 있는 수니파나 쿠르디스탄의 세력보다 커졌다는 점이다(그림 7B-5의 상단 삽입 지도 참조). 이라크 내의 다목적 전쟁으

로 파벌 간의 끔찍한 분쟁이 촉발됐고, 이전에 이곳에서 활동하지 않던 알카에다 세력도 상황을 악화시키는 데 한몫했다. 그럼에도 불구하고 이라크 국민들은 선거에 지속적으로 참여하였으며, 중산층 국민(2000년대 중반에 고국을 떠난 수십만 명 중)의 일부는 고향으로 돌아오기 시작했다. 종교 순례와 정부 기관을 겨냥한 자살 테러가 여전히 만연하지만 미국은 2010년까지 이라크 본

토에서 철수한다는 입장이다.** 하지만 4,500여 명의 동맹 군인과 10만 명의 이라크인의 목숨을 앗아간 분쟁을 시작한 그들이 예상하는 정치적 민주화와 구조적 안정을 과연 이라크가 이루어 낼 수 있을지는 아직도 의문이다.

───────────
** 역주 : 미국은 2011년 12월에 종전을 선언하고 이라크에서 철수하였다.

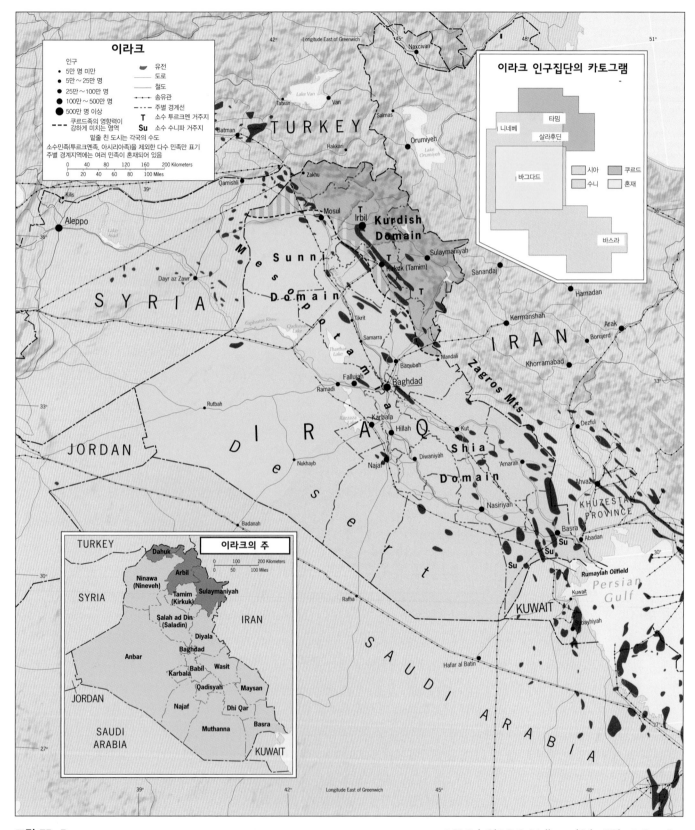

그림 7B-5

© H. J. de Blij, P. O. Muller, and John Wiley & Sons, Inc.

이슬람계가 지배하는 다른 지역

2003년까지의 이라크와 마찬가지로 시리아 역시 소수가 지배하고 있다. 2,100만 명의 **시리아** 인구 중 약 75%가 수니파 무슬림임에도 불구하고, 지배 엘리트는 이슬람 소수종파인 알라위트를 기반으로 하고 있다. 이 강력한 소수집단의 지도자들은 수십 년 동안 계속 시리아를 지배해 왔으며, 때때로 이에 반대하는 이들을 무자비하게 억압하였다. 2000년 종신 대통령 하페즈 알 아사드가 사망하고 그의 아들 바사르가 계승하면서 정치적 현상 유지는 계속되었다. 25년간 인근 레바논을 점령하고 지배하며 일정 정도 현상 유지는 할 수 있었지만 2005년에 레바논에서 시리아 군대가 철수하면서 이것도 종식되었다.

레바논이나 이스라엘과 마찬가지로, 시리아는 관개 사업을 하지 않고도 작물이 재배될 수 있는 지중해 해안지역이 있다. 이 인구 밀도가 높은 연안지대 배후로 시리아는 이웃에 비해 훨씬 더 넓은 내륙이 있으나, 생산력이 높은 지역은 널리 흩어져 있다. 시리아의 남서쪽 귀퉁이에 위치한 다마스커스는 오아시스에 건설되었으며, 사람들이 지속적으로 거주해 온 세계에서 가장 오래된 도시 중 하나이다. 이 도시는 현재 인구 3백만 명이 살고 있는 시리아의 수도이다.

멀리 북서부에는 터키와의 국경 주변에 목화와 밀재배의 중심지인 알레포가 있다. 이 지역에서는 오론테스 강이 관개용수의 주요한 수원이지만 시리아 동부에서는 유프라테스 강 유역이 아주 중요한 생명줄이다. 동부지역을 개발하는 것이 시리아의 관심이며, 그 지역에서 최근에 발견된 원유는 이러한 기대에 부응할 것이다. 그러나 이라크전쟁은 시리아 동부 국경지역의 불안을 야기했고, 이는 개발을 지연시킬 것이다.

요르단은 시리아 남쪽에 인접해 있으며, 상대적 위치가 바뀐 전형적인 예이자 그 희생자이다. 이 사막 왕국은 오스만 제국이 붕괴하면서 탄생했지만, 이스라엘이 건국되자 영국의 옛 팔레스타인 위임 통치령에 있던 지중해로 통하는 창문인 하이파 항구를 잃게 되었다. 요르단은 1946년에 인구 약 40만 명으로 독립했는데, 이후 새롭게 건설된 이스라엘이 50만 명의 서안지구 팔레스타인인들을 요르단에 떠넘기면서 엄청난 난민이 유입되었다. 오늘날 요르단의 인구는 600만 명이 넘으며, 팔레스타인인이 기존 원주민 수보다 2배나 많다. 흔히 1999년에 사망한 후세인 왕이 통치했던 47년간의 치세가 나라를 통합시키는 중요한 원동력이 되었다고 한다. 수도 암만은 황폐했고, 석유 부존량도 없었으며, 오직 아카바만으로 통하는 작고 외진 통로 하나만 있는 상태에서 요르단은 미국, 영국 및 그 외의 원조로 살아남았다. 1967년 요르단은 이스라엘과의 전쟁으로 당시 왕국에서 두 번째로 큰 도시였던 예루살렘 지역을 포함한 서안지구의 영토를 잃었다. 이스라엘과 팔레스타인 문제에 요르단보다 더 큰 이해관계가 걸린 나라도 없을 것이다.

지도를 보면 **레바논**은 이 지역에서 매우 중요한 지리적 이점을 갖고 있다. 지중해의 긴 해안선이 있으며 세계적 수준의 수도 베이루트와 해안가의 원유 수출 항구 그리고 배후지역으로 주요 수도(시리아의 다마스커스)가 있다. 그러나 그림 7B-4에 나와 있는 지도의 축척으로는 또 다른 이점을 볼 수 없다. 그것은 바로 동부 내륙지역에 비옥하고 농업 생산량이 많은 베카 계곡이 있다는 점이다.

오스만 제국의 붕괴 이후 프랑스의 식민 정책으로 1930년에 무슬림과 기독교도의 수가 거의 비슷해졌다. 베이루트는 '중동의 파리'로 알려졌다. 1946년 독립 후, 레바논은 민주주의가 진척되었으며, 중동을 이끄는 금융·통상의 중심지로서 훌륭히 그 역할을 수행해냈다. 그러나 무슬림 인구가 기독교 인구보다 훨씬 빠르게 성장했고, 1950년대 후반에는 아랍인들이 기존체제에 대항하여 첫 번째 반란을 일으켰다. 이후 팔레스타인 난민들이 여러 차례 유입되면서 1975년 레바논은 내전으로 산산조각이 났다. 베이루트는 완전히 파괴되었고, 경제는 극도로 황폐해졌으며, 사태 수습 명분으로 침공한 시리아 군의 처분에 나라를 맡겨야 했다.

정말 작은 국가(귀화 시민과 팔레스타인인 40만 명을 포함하여 400만 명 정도)임에도 불구하고 레바논은 민족, 종교 당파로 물들어 있으며 파벌주의적 분열에 취약하다. 레바논 국민들은 시리아에 점령당했다는 사실에 불쾌해했고 점령은 수십 년 동안 계속됐다. 한편, 이란이 지지하는 테러 분자 헤즈볼라는 정치세력으로서 나타났다. 시리아는 2005년 UN의 원조로 퇴출되었고 안정적인 신 레바논 정부가 권력 분담 협정을 통해 출범했다. 그러나 평화는 몇 년 지속되지 못했다. 2006년에 히즈볼라가 이스라엘 군인을 납치하자 이스라엘이 공격을 가했고 재건된 정치적, 물리적 기반이 산산조각 났다. 오늘날 레바논의 정세는 매우 불안정하다.

이스라엘과 팔레스타인 영토

유대국가 이스라엘은 아랍 세계의 중심부에 위치하고 있다(그림 7B-1). 1948

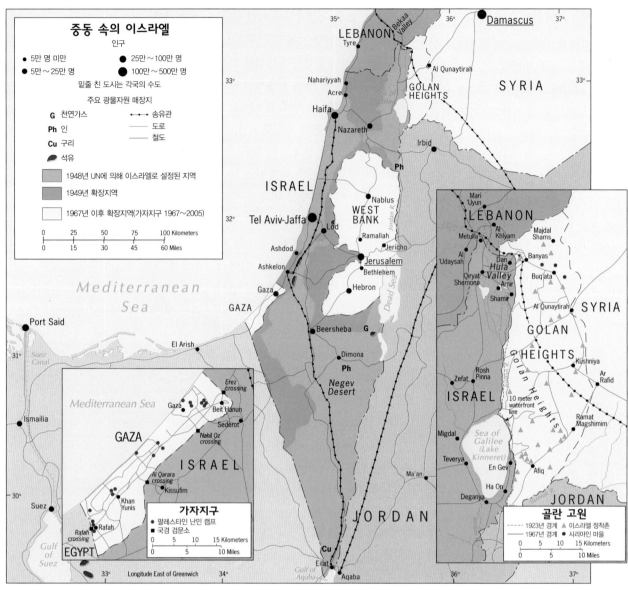

그림 7B-6

© H. J. de Blij, P. O. Muller, and John Wiley & Sons, Inc.

년 UN의 후원으로 유대인들을 위한 조국, 이스라엘이 건국된 이후, 아랍민족과 이스라엘 사이의 분쟁으로 이 지역 전체가 먹구름에 휩싸였다.

그림 7B-6은 이곳과 관련된 복잡한 쟁점들을 이해하는 데 도움이 된다. 오스만 제국이 붕괴한 뒤 이 지역을 통치해 온 영국은 1946년 요르단 강 동쪽지역인 트란스요르단의 독립을 승인했다. 1948년에, 지도의 주황색 지역은 UN이 인정한 이스라엘 영토가 되었는데, 이

는 물론 오랜 기간 동안 아랍인들에게 속해 있던 팔레스타인 지역을 포함하고 있었다.

이스라엘이 독립을 선포하자마자, 이웃 아랍 국가들은 이스라엘을 공격했다. 그러나 이스라엘은 자신의 영토를 지켰을 뿐만 아니라, 아랍군을 국경 밖으로 몰아내어 그림 7B-6의 녹색 표시 지역까지 획득하였다. 한편, 트란스요르단 군대는 요르단 강을 건너 예루살렘 시의 일부분을 포함하는 서안지구,

즉 노란색 지역을 합병하였다.

그 후에도 많은 전쟁이 뒤따랐다. 1967년 '6일전쟁'은 이스라엘에게 큰 승리를 안겨 주었다. 이스라엘은 시리아의 골란 고원, 요르단의 서안지구, 이집트의 가자지구를 빼앗았으며, 수에즈 운하로 통하는 모든 길과 시나이 반도 전체를 점령했다. 이후 평화 협정에서 이스라엘은 시나이 반도를 반환했지만 가자지구는 반환하지 않았다.

이 모든 분쟁으로 팔레스타인 아랍

난민들은 대규모로 쫓겨나야 했다. 팔레스타인 아랍인들은 중동의 또 다른 **나라 없는 민족**이 되었다. 130만 명 정도는 이스라엘 국경 내에서 이스라엘 국민으로 계속 살아가지만, 서안지구에만 230만 명 이상, 가자지구에는 140만 명이 거주하고 있는 상황이다(골란 고원의 인구는 비교적 많지 않은 편). 또한 인접국가인 요르단(270만 명), 시리아(435,000명), 레바논(405,000명), 사우디아라비아(325,000명)에도 거주하고 있다. 또 다른 20만 명은 이라크, 이집트, 쿠웨이트, 리비아 등지에서 거주한다. 많은 이들이 지역사회에 동화되었지만, 수많은 사람들이 난민캠프에서 살아가고 있다. 2011년 흩어져 있는 팔레스타인 인구는 모두 1,000만 명이 넘는 것으로 추정되었다.

이스라엘은 매사추세츠 정도의 크기이고, 130만 명의 아랍 시민들을 포함해서 800만 명의 인구로 이루어져 있다. 그러나 이러한 통계는 적들에게 둘러싸인 이스라엘의 위치와 강한 국제적 연계 덕분에, 이스라엘의 힘에 큰 영향을 끼치지 못한다. 이스라엘은 중동의 아랍 이웃들이 강해지자 더 강력한 군대를 창설했다. 따라서 독립국가를 향한 팔레스타인의 열망은 아직 그 열매를 맺지 못했다. 서방과 강력하게 엮여 있는 민주주의 체제인 이스라엘은 미국의 막대한 재정적 보조를 받아 왔으며, 미국은 외교 정책을 통해 이스라엘과 아랍 국가들 사이의 조정뿐만 아니라, 유대인과 팔레스타인인 사이의 화해를 모색하고 있다.

1. 서안지구 1967년 이스라엘에 복속된 후에도 서안지구는 팔레스타인인의 고향(어쩌면 국가)이 되어 왔다. 그러나 이 지역으로 유대인들이 이주하면서 그들의 미래는 매우 어려워졌다. 1977년에는 5천 명의 유대인만이 서안지구에 살고 있었다. 그러나 2011년에는 인구의 18%가 넘는 50만 명 이상의 유대인이 살고 있으며(그림 7B-7), 겉보기에는 풀 수 없는 실타래처럼 유대인과 아랍인이 함께 얽혀 거주하고 있다.

2. 골란 고원 그림 7B-6에 삽입되어 있는 지도는 골란 고원 문제가 얼마나 까다로운지를 보여준다. 고원은 이스라엘 북부의 넓은 지역을 내려다보고 있으며, 요르단 강과 이스라엘의 주요 저수지인 키너렛 호수(갈릴리 바다)에 접하고 있다. 골란 고원이 반환되기 전까지는 시리아와의 관계는 정상화되지 못할 것이다. 그러나 민주주의 체제인 이스라엘의 정치적 분위기가 이 땅의 양도를 불가능하게 만들지도 모른다.

3. 예루살렘 유엔은 텔아비브를 이스라엘의 수도로 하고, 예루살렘은 국제도시로 지정하려고 했다. 그러나 아랍의 공격과 1948~49년의 전쟁은 이스라엘이 예루살렘으로 진출하도록 만들었다(그림 7B-6을 보면, 녹색 부분이 서안지구에 끼어 있음). 휴전이 정해지자 이스라엘은 도시의 서부지역을 차지하고 아랍 민병대는 동부를 차지하였다. 그러나 이 동쪽 지역에는 통곡의 벽을 포함해서 유대인들의 주요 역사 유적들이 있었다. 그러나 1950년에 이스라엘은 예루살렘의 서안지구를 수도로 선언하였고, 사실상 **국경 부근의 전방수도**로 만들었다. 그림 7B-8에서 휴전선(검은색)의 위치는 대부분의 올드시티(Old City)를 요르단 쪽에 남

다양한 형태(콘크리트 및 철벽)로 되어 있는 이스라엘의 보안장벽. 이 장벽은 예루살렘(좌) 외곽의 아두디스 마을을 서안지구(우)와 분리시키고 있다. 아랍은 내부 팔레스타인 구역에 관한 정치적 탄압이라고 여기고 있지만 반면 이스라엘은 이와 같은 구역 획정을 단순 보안 이슈라고 주장하고 있다. © AP/Wide World Photos

기고 있다. 그러나 1967년 전쟁 당시 이스라엘은 예루살렘 동부지역을 포함한 서안지구 전체를 점령했다. 1980년에는 예루살렘을 수도로 삼겠다고 재차 선언하였으며, 세계 각국의 대사관을 텔아비브에서부터 예루살렘으로 옮겨 오도록 요구했다. 한편, 정부는 유대인은 서쪽에 아랍인은 동쪽에 거주하던 오랜 관례를 깨고, 동예루살렘 주변에 둥글게 유대인 거주지를 건설하면서 이 고대도시의 상황을 재편하였다. 이로 인해 팔레스타인 지도자들은 매우 분노하였는데, 그들은 여전히 예루살렘을 대망의 팔레스타인 국가의 최종적인 심장부로 여기고 있었던 것이다.

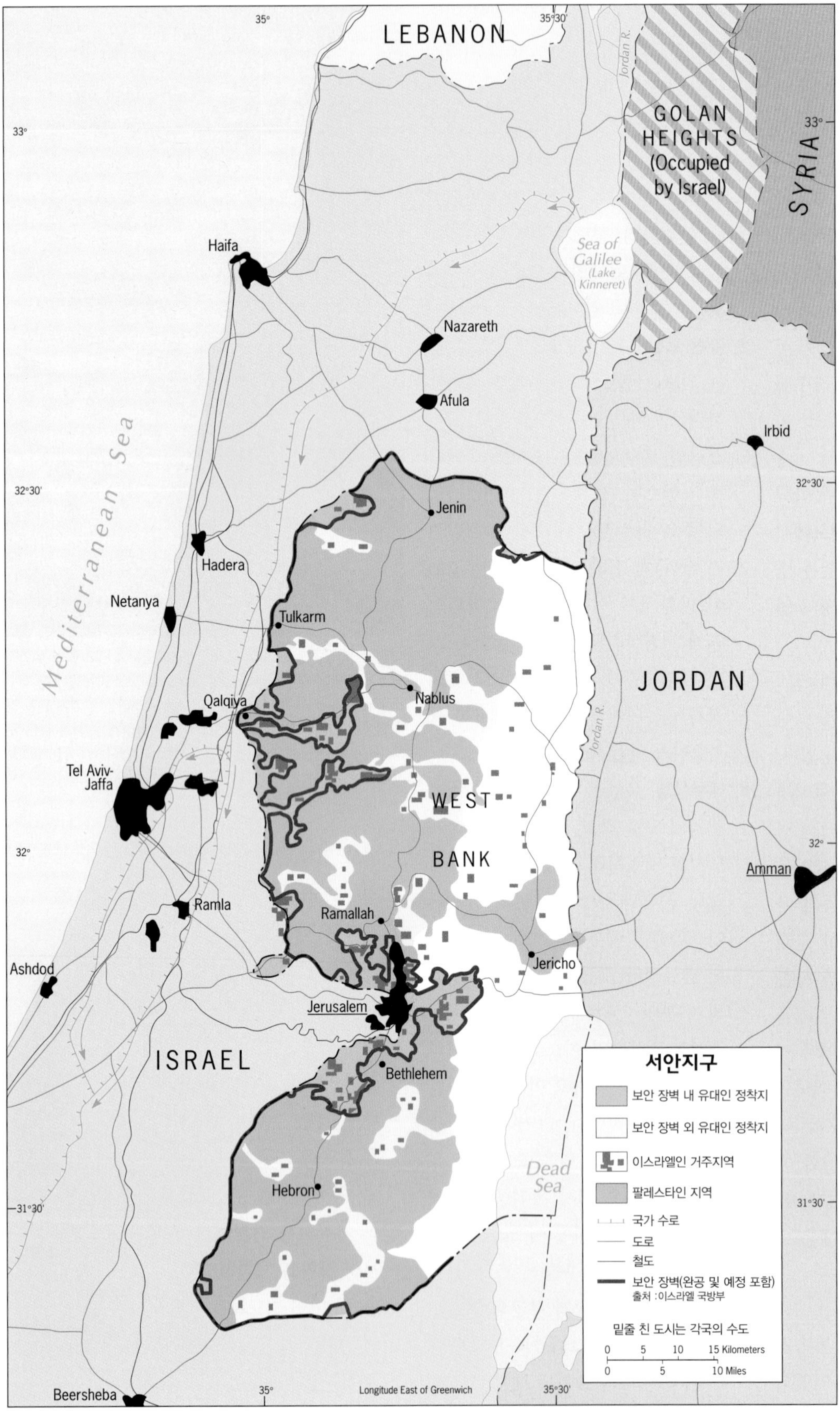

4. **보안장벽** 자살 테러리스트들의 침투에 대응하여, 이스라엘은 이제 그림 7B-7에서 보이는 '보안장벽'을 건설하여 서안지구의 대부분을 벽으로 차단하고 있다. 새로운 장벽은 사실상 전후에 설정된 서안지구의 경계와 들어맞지 않는데, 약 10%의 땅이 분리되어 실제로는 이스라엘에 합병된 것이다. 이러한 방법으로 서안지구 경계를 강화하자 장벽이 가정과 농토 사이를 가로지르고 있는 많은 팔레스타인인들은 더욱 고난받고 있다(p. 317, 사진 참조). 팔레스타인인들은 장벽 철거를 요구하지만 이스라엘은 팔레스타인 자치정부가 테러리스트들을 통제할 수 있어야 한다고 답할 뿐이다.

5. **가자지구** 2005년 이스라엘은 가자지구에서 모든 유대인 정착촌을 철거하고 팔레스타인 당국에게 통제권을 넘겨주고, 철수하기로 결정했다(그림 7B-6 왼쪽 삽입 지도). 팔레스타인의 양대(兩大)정치 분파인 무장단체 하마스와 파타 간에 권력 다툼이 일어났고, 하마스가 2006년 선거에서 승리했다. 이스라엘-팔레스타인 국경에 놓인 지하터널로 밀수한 로켓포를 이스라엘로 발사하여 사상자 및 피해가 발생하자 이스라엘은 하마스에게 보복을 경고했다. 하

그림 7B-7

© H. J. de Blij, P. O. Muller, and John Wiley & Sons, Inc.

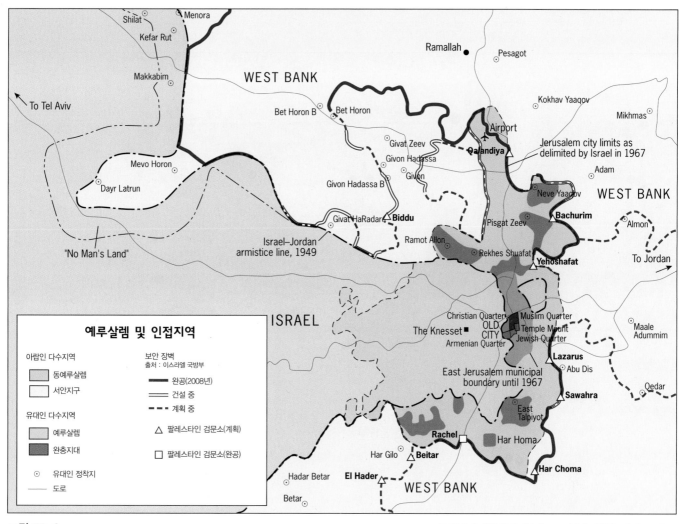

그림 7B-8

© H. J. de Blij, P. O. Muller, and John Wiley & Sons, Inc.

마스 당국은 가자지구에서 날아가는 로켓포를 막을 수가 없었고, 그러할 용의도 보이지 않자 2009년 이스라엘은 대규모 공격을 개시하여 무고한 민간인을 비롯한 1,300여 명의 가자지구 거주민을 사살하고 UN 소유를 포함한 여러 기반시설에 큰 피해를 입혔다. 이스라엘의 공격이 과민 반응이었다는 세계적 비난의 여론이 있었으나 과반수의 이스라엘 국민은 공격을 지지했다.

이스라엘은 빠르게 움직이는 지정학적 폭풍의 중심부에 있다. 위의 쟁점은 총체적인 과제의 부분에 지나지 않는다. (다른 문제들로는 수자원 이권 문제, 토지 징발 보상 문제, 팔레스타인 난민들이 고향으로 돌아갈 권리 문제 등이 있다.) 오늘날과 같은 핵무기와 생화학무기 및 장거리 미사일 시대에, 이스라엘은 이웃 아랍 국가들과 화해를 모색하고자 시간과의 싸움을 벌이고 있다.

아라비아 반도

아라비아 반도의 지역적 정체성은 명확하다. 요르단과 이라크 남쪽으로 반도 전체가 바다로 둘러싸여 있다. 이곳은 석유로 부유해진 옛 토호국(emirate) 및 수장국(sheikdom)들로 이루어진 지역이며, 이슬람교가 기원한 유적지도 포함하고 있다.

사우디아라비아

사우디아라비아는 광대한 영토에 인구는 3,000만 명(외국인 노동자 700만 명 포함)뿐이지만, 그림 7A-9를 보면 이 왕국의 중요성을 알 수 있다. 아라비아 반도는 세계에서 원유가 가장 집중적으로 매장되어 있는 곳이다. 사우디아라비아는 이 지역의 대부분을 점유하고 있으며, 몇몇 통계에서는 세계 석유 매

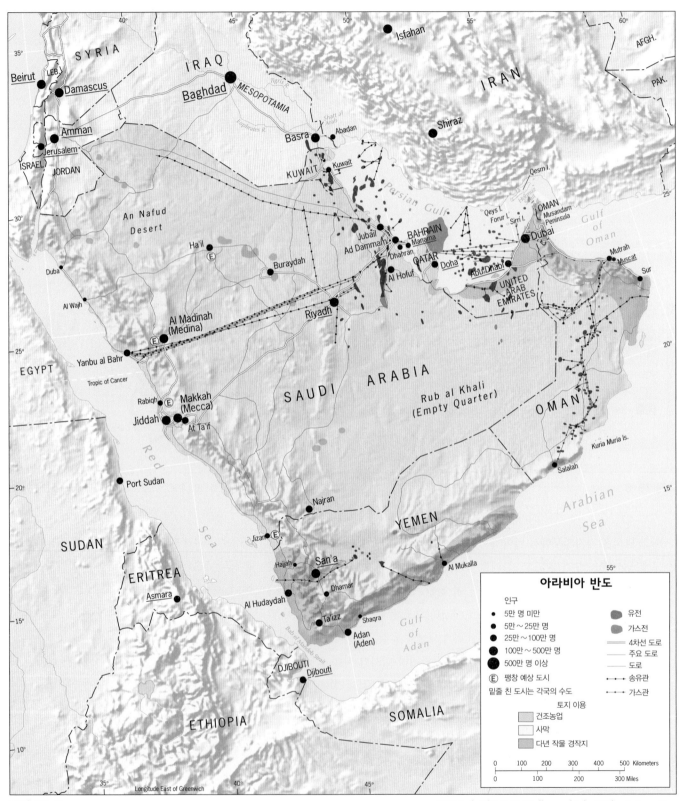

© H. J. de Blij, P. O. Muller, and John Wiley & Sons, Inc.

장량의 약 20%가 매장되어 있다고 추정한다. 그림 7B-9에 나타나듯, 특히 페르시아만의 해안선을 따라 사우디아라비아 동부지역과 남부의 룹알할리에 석유가 많이 매장되어 있다.

지역 전체적으로 아라비아 반도는 환경적으로는 사막이, 정치적으로는 사우디아라비아 왕국이 두드러진다(그림 7B-9). 약 215만 km² 영토를 가진 사우디아라비아는 카자흐스탄, 알제리, 수단의 뒤를 이어 이슬람권에서 네 번째로 큰 국가이다. 아라비아 반도에 있는 사우디아라비아의 이웃 국가로는 페르시아만의 끝부터 시계 방향으로 쿠웨이트, 바레인, 카타르, 아랍에미리트, 오만, 예멘공화국(북예멘과 남예멘의 통일로 1990년에 건국되었음)이 있다. 반도의 동부나 남부 가장자리에 위치한 이 국가들에는 모두 합쳐서 약 3,500만 명의 인구가(인구가 가장 많은 나라는 예멘으로 2,400만 명) 있다.

그림 7B-9에서 보다시피, 사우디아라비아 대부분의 경제 활동은 페르시아만에 위치한 신흥 석유도시 다란에서부터 출발하여 내륙지방의 수도 리야드를 지나 홍해 근처의 메카-메디나 지방까지 이어지는, 반도의 '허리'에 해당하는 넓은 지역에 집중되어 있다. 최근에는 현대적인 교통·통신망도 완성되었다. 그러나 내륙의 외진 곳에서는 여전히 베두인 유목민족이 고대의 대상 루트를 따라 광대한 사막을 오가고 있다. 1950년대 석유경기가 호황을 누리자, 외국인 노동자들이 유전, 항구, 공장 등지에서 일하기 위해 유입되었다. (오늘날 약 700만 명 정도이며, 많은 이들이 시아파 무슬림이다.) 사우디아라비아의 동부지역은 급속도로 발전했으나, 나머지 지역은 뒤처지게 되었다.

불균형과 불안정

사우디아라비아에서 지역의 경제 불균형 문제를 해소하려는 노력은 여러 가지 이유로 지연되어 왔다. 농업을 진흥시키기 위해 지하 깊숙이 있는 수원으로부터 사막의 지표까지 물을 끌어들이는 데 엄청난 비용이 들어갔으며, 국토면적이 상당히 넓고, 높은 인구 성장률(2.6%)을 보이고 있음에도 주택 공급, 보건의료 서비스 및 교육은 크게 향상했으며, 페르시아만의 주바일이나 홍해의 메디나 근처에 있는 얀부와 같은 곳에서는 산업화 노력이 이루어져 왔다.

사우디아라비아는 보수적인 군주제 국가이며 서방과는 공식적으로 우호 관계를 유지하였으며, 그리고 경제적 성장에 기인한 사회적 격차가 발생하여 정치적으로 대립하여 왔다. 그러나 이를 위한 적당한 소통로가 존재하지 않는다. 9·11 테러 당시 사우디 자살 테러리스트들의 역할과 와하브 운동 극단주의자들에 대한 사우디의 재정적 지원, 이슬람 부흥운동 성직자들의 반미설교, 이라크전쟁에 대한 의견의 불일치, 그리고 2001년 테러에 뒤이어 출몰하는 다른 쟁점들이 미국과의 관계에 큰 영향을 끼쳤다. 최근에는 미국과의 우호 관계를 확인하고자 고유가임에도 석유 생산량 증대에 반대적인 입장을 표명하기도 하였다. 현재는 상당히 많은 수익을 올리고 있는 석유와 그에 의존하는 사우디의 경제는 장기적인 관점에서 볼 때 안정이 위협받을 수 있다.

주변지역

아라비아 반도에 있는 사우디아라비아의 6개 이웃 국가 중 5개 국가는 모두 페르시아만과 오만만에 접해 있으며(그림 7B-7), 이슬람 전통의 군주제 국가이다. 또한 5개국 모두 석유에서 상당한 수입을 얻는다. 인구는 80만 명에서 460만 명까지 다양하며, 그중 많은 수가 외국인 노동자. 이 나라들은 강하거나(OPEC은 별도로 하고) 영향력이 큰 국가는 아니지만, 주목할 만한 지리적 다양성을 보여준다. 페르시아만의 끝에 위치한 **쿠웨이트**는 이라크를 바다로부터 거의 고립시키고 있으며, 1990~1991년의 걸프전 문제는 아직 수습되지 않았다. **바레인**은 석유 매장량이 감소하고 있는 영토가 작은 섬나라이다. 이 지역은 급진적인 정책들을 기반으로 점차 세계 금융 센터로 변모하고 있다. 약 80만 명의 국민은 수니파와 시아파로 고르게 구성되어 있으며, 노동력의 2/3는 외국인이다. 인근의 **카타르**는 페르시아만으로 튀어나와 있는 반도국가로 석유 및 천연가스 개발 이후 모래투성이 황무지는 거주지로 변모하였다. 한편 이 지역은 석유의 중요성이 감소하고 있는 반면, 천연가스에 대한 투자가 증가하고 있다.

7개 토호국의 연합국인 **아랍에미리트**(UAE)는 카타르와 오만 사이에 있으며 페르시아만과 접하고 있다. 통치 수장은 각 토호국에서 절대적 군주이며, 7명의 수장이 함께 수장회의(연방최고평의회)를 구성하고 있다. 그러나 석유로 얻는 수입은 각 토호국마다 차이가 있다. 석유의 대부분은 두 개의 토호국 아부다비와 두바이에 매장되어 있기 때문이다. 두바이는 유리한 지리적 위치와 석유 판매 수익으로, 초현대적 건축(세계 최고층 빌딩)과 최신식 종합오락시설이 상징하는 관광업, 국제물류산업, 금융업, 교육, 무역업이 발달(최근 국제 경기 침체에 크게 영향을 받음)하고 있다.

 답사 노트

"오만의 수도 무스카트 인근의 무트라 항은 쐐기꼴 형태로 이루어져 있으며, 바다와 암석 사이에서 판구조 운동과 침식 작용을 받고 있다. 이 지역의 만을 가로질러 이동하면 산사태에 의한 낙석의 피해와 위험 정도가 인간들의 생활 영역에 미치는 범위를 파악할 수 있다. 도보로 무스카트에서 무트라 항까지 약 5시간 정도 이동하는 동안 열사의 사막 아래 펼쳐진 환상적인 문화 경관을 경험할 수 있었다. 석유가 오만 경제를 이끌어 가고는 있지만 쿠웨이트나 두바이와 같은 큰 변화는 볼 수 없었다. 도시 경관(무트라 지역 같은)은 현대식의 고속도로, 호텔, 주거지구가 건설되고 있었지만 오래된 지역은 여전히 잘 남아 있는 편이다. 오만의 권위주의 정부는 오랜 기간의 고립을 지나 외부에 서서히 문호를 개방하고 있다."

아라비아 반도의 동쪽 가장자리에는 **오만 왕국**이 자리잡고 있다. 또 하나의 절대 군주국이며, 수도 무스카트에 기능이 집중되어 있다. 그림 7B-9를 보면, 오만은 두 부분으로 구성된다. 아라비아 반도의 넓은 동쪽 가장자리와 북쪽의 작지만 중요한 무산담 반도로 구분할 수 있다. 페르시아만으로 튀어나와 있는 무산담 반도는 북단은 폭이 좁은 **4** 요충지(choke point) 호르무즈 해협(해협의 반대쪽은 이란)을 형성하고 있다. 페르시아만을 떠나는 유조선들은 느린 속도로 이 좁은 해협을 조심해서 빠져나가야만 한다. 또 정치적 긴장이 흐르는 시기에는 군함이 유조선을 보호해야 했다. 이 해협 근처에 있는 아랍에미리트 소속의 섬들에 대한 이란의 소유권 요구는 논란의 소지가 되고 있다.

마지막으로 여러 측면에서 사우디아라비아에게 가장 중요한 이웃 국가인 **예멘**에 대해서 알아보자. 원유 매장 가능성이 높은 사우디아라비아와 예멘의 국경선은 최근에서야 확정되었다. 이전 북예멘과 남예멘 사이의 경계는 두 나라가 통일하여 오늘날의 국가(총인구 2,100만 명 이상, 수니파 60%, 시아파 40%)가 탄생한 1990년에 없어졌다. 북예멘의 수도였던 사나가 여전히 그 지위를 유지하고 있으며, 길게 뻗친 아라비아 반도의 해안선을 따라 발달한 유일한 대규모 항구, 아덴은 남쪽에 위치하고 있다.

예멘은 인구가 2,360만 명(55%는 수니파, 45%는 시아파)에 달하는 국가로 원래 정치적 안정과 상당한 발전을 이룩하였지만 지방 분권을 주장하는 세력과 각종 테러 활동 등의 문제점을 지니고 있다. 중앙정부에 대한 시아파의 반란이 북쪽을 불안정하게 하는 동안에, 남쪽에는 유전을 매개체로 분리 독립운동이 일어나고 있다. 2000년 아덴에 정박해 있던 한 미국 군함에 가해진 테러 공격은 선원 17명의 목숨을 앗아가고, 선박을 거의 완전히 가라앉혔으며, 잇따르는 외국인, 정부 기관, 그리고 기타 등등의 표적물을 향한 테러 공격('아라비아 반도의 알카에다'라는 단체가 자신들의 소행이라고 주장함)을 촉진시키는 역할을 하였다. 알카에다 테러 활동의 범위 확장은 2009년에 나이지리아의 한 시민에게 미국의 제트 여객기를 격추시키는 목적으로 교육과 장비를 제공하려 했던 시도가 발각되면서 알려지게 되었다.

그림 7B-9는 알카에다를 매료시키는 예멘의 지리적 조건을 강조하고 있다. 예멘은(오사마 빈 라덴이 불구대

천의 원수로 여기는, 그러나 그가 태어나기 전에 그의 가족들이 살았던) 사우디아라비아의 뒷문에 위치할 뿐 아니라 예멘의 남쪽은 각종 선박이 교차하고 해적의 위협을 받는 곳인, 세계에서 가장 바쁜 관문인 홍해로의 입구(Bab-el Mandeb Strait 또는 'Gate of Grief')를 향하고 있다. 아덴만을 따라서는 또 하나의 테러 안식처인 소말리아, 그리고 홍해를 따라서는 알카에다의 확장을 위한 전략적 목표지인 에리트레아가 있다. 예멘은 알카에다가 한편으로는 그들의 글로벌 캠페인을 계획하면서도 다른 한편으로는 아프리카의 이슬람 전선(그림 6B-9 참조)의 불화를 조장하는 것을 가능케 하고 있다. 예멘 정부는 안정을 되찾고 분리 독립에 저항하면서 테러 활동을 중단할 방법을 찾고자 하지만 그들의 자원은 한정되어 있고 서방의 도움을 받자니 잘못하면 예멘인의 지도자 역할의 정당성을 잃을 수 있는 위기에 처해 있다고 볼 수 있다.

제국의 역사를 가진 나라

제국의 역사를 가지고 있는 두 거대한 나라가 중동의 바로 북쪽에 위치한 지역을 차지하고 있다(그림 7B-1). 아랍 민족은 아니지만, 이슬람 문화가 계속 유지되고 있는 국가가 바로 터키와 이란이다(그림 7-18). 비록 이 두 국가가 국경을 공유하고 둘 다 이슬람 국가이지만, 그들은 중요한 차이점이 있다. 이슬람의 종파부터 다르다. 터키는 공식적으로는 이슬람을 국교로 하지 않고 있지만 국민들의 대부분이 수니파인 반면, 이란은 시아파의 심장부이다. 터키의 지도자들은 이스라엘과 만족스러운 관계를 구축하기 위해서 많은 노력을 기울인 반면 이란의 대통령은 "이스라엘을 지도에서 지워버리겠다."고 약속하였다. 최근 몇 년간 터키는 유럽연

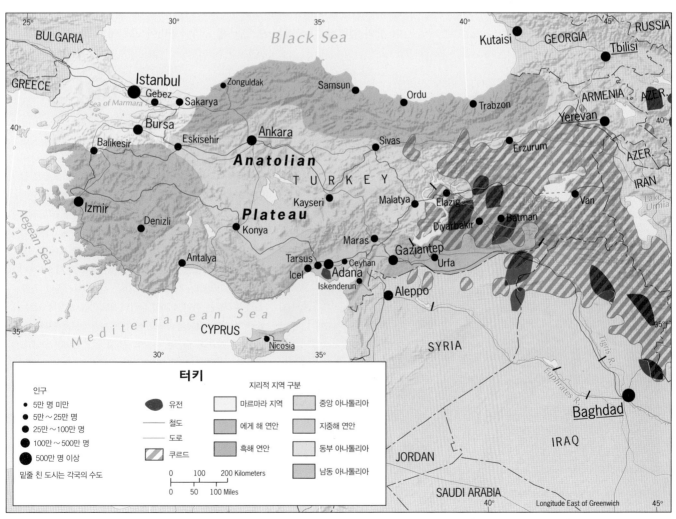

그림 7B-10

© H. J. de Blij, P. O. Muller, and John Wiley & Sons, Inc.

합 가입에 대한 협상을 진행하였다. 이란은 자국의 핵에 대한 열망을 가지고 있으며, 이를 저지하려는 국제적 문제에 직면해 있다. 또한 더 작은 규모의 두 나라가 이 두 세력(터키와 이란)에 뒤엉켜 있기도 하다. 남서쪽의 섬나라 **키프로스**는 현재도 터키인과 그리스인에 의해 분할되어 있고, 이는 터키의 유럽연합 가입의 장해물이 되고 있다(1B장 참조). 그리고 북서쪽으로는 민족과 종교는 이란과 밀접한 관계를 가지고 있지만 경제적 관계는 다른 나라와 더 밀접한 **아제르바이잔**과 풍부한 유전을 가지고 있는 카스피 해를 두고 접해 있다(2B장 참조).

터키

그림 7B-10에서 보다시피, 터키는 대체로 지형 경사가 완만하고, 스텝에서 고원까지 환경적으로 매우 다양한, 산이 많은 나라이다. 건조한 아나톨리아 고원에서는 마을 규모도 작고, 농부들은 곡물을 재배하거나 가축을 기르면서 생계를 유지한다. 해안가의 평원은 넓지는 않아도 토양이 비옥하여 인구밀도가 높다. 가정에서 재배한 목화로 만든 면 직물이나 농산물이 주요 수출품이지만, 터키는 광물 매장량도 상당하고, 남동부에는 석유가 매장되어 있다. 또 티그리스 강과 유프라테스 강의 대규모 댐 건설사업도 진행 중이며, 국내 원료를 기반으로 한 철강 산업도 발달하였다.

이 장의 앞부분 7A에서는 오스만 제국의 역사지리, 팽창, 문화적 지배, 붕괴를 연대순으로 언급했었다. 20세기 초반, 터키는 개혁과 부흥의 기회가 충만한 시기에 쇠퇴하고 부패한 이 제국의 중심에 있었다. 1920년대에 혁명은 발발했고, 근대 터키공화국의 아버지로 알려진 걸출한 지도자 무스타파 케말(1933년 이후 아타튀르크, 즉 터키의 아버지로 불림)을 배출했다.

신수도와 구수도

터키의 옛 수도는 흑해와 지중해를 연결하고 있는 전략상으로 매우 중요한 해협, 보스포러스에 위치한 콘스탄티노플(현재의 이스탄불)이었다. 그러나 터키의 민족독립전쟁은 터키의 심장부인 아나톨리아 고원에서 일어났고, 아타튀

 답사 노트

© H. J. de Blij

"유럽 쪽의 이스탄불 베이요글루 지구에서 밤을 보내고, 나는 최종적으로 상위층 지역인 페이스 지구에 도착하기 위해서 아타튀르크 다리를 건너 골든 혼의 남쪽에 있는 에미노누로 갔다. 그러나 이 언덕진 곳에서는 주변의 혼잡한 건물들로 인해 아야 소피아 '박물관'의 전체 풍경을 다 담기가 힘들었다. 택시 승차장의 긴 택시 행렬 중에 '영어 사용'이라고 표시된 차가 한 대 있었고 나는 그 택시 기사한테 어떻게 하면 좋은 위치를 잡을 수 있을까 물었고, 그는 내 지도를 보면서 한 레스토랑의 테라스를 가리켰다. 거기서 왼쪽으로는 내가 지나왔던 다리를, 조금 멀리로는 아야 소피아 성당의 뾰족탑을, 오른쪽으로는 술탄 하세키 목욕탕을 그리고 정면으로는 단조로운 현지 사원을 볼 수 있었다. '당신은 사원의 규칙을 알고 있어야 합니다.'라고 그는 말했다. '어떤 사원이든지, 첨탑의 개수는 그 사원의 중요성을 말해 줍니다. 첨탑이 한 개 있으면 그 사원은 지역, 마을의 것입니다. 두 개 있으면 더 번창한 것이겠죠, 아마 굉장히 성공적인 시민이나 지역사회가 세운 것일 겁니다. 뾰족탑이 두 개를 넘는 사원을 세우기 위해서는 종교적인 허락뿐 아니라 국가의 허가도 받아야 합니다. 두 가지 허가를 받으면 네 개를 도전하겠죠.' 현지의 지리학자들에 의하면 오늘날 인구가 2,100만 명에 달하는 이스탄불의 풍경은, 수천 개의 사원으로 꾸며져 있고, 그중 많은 수가 건축계의 보물이다."

르크는 이곳에서 정부를 구성하기로 결정했다(그림 7B-10). 새 수도 앙카라는 확실히 이점을 가지고 있었다. 우선, 앙카라는 터키인들에게 (아타튀르크가 항상 말했듯이) 스스로가 아나톨리아인임을 상기시켰다. 또 앙카라는 이스탄불보다 나라의 중심부에 더 가까이 있었으므로 나라가 통합되는 데 큰 역할을 했다. 이스탄불은 유럽의 배후지역에 위치하고 있다. 터키에서 가장 다양한 경관이 나타나는 이 도시에는 미나레트(첨탑)와 모스크가 우뚝 솟아 있는데, 동유럽의 도시 경관과 비슷하다(p. 324, 사진 참조).

아타튀르크는 수도를 동부 내륙지방으로 이전하였지만, 그의 관심은 서쪽의 유럽을 향하고 있었다. 터키를 근대화하려는 자신의 계획을 실행하기 위해서, 아타튀르크는 국내의 모든 부문에 대하여 개혁을 착수했다. 이전 국교였던 이슬람교가 그 공식적 지위를 박탈당했다. 터키는 세속국가가 되었는데, 이슬람주의자들이 다시 정권을 잡지 못하도록 군부가 버팀목이 되고 있다. 국가는 교육을 관리해 왔던 대부분의 종교학교를 인수했다. 로마식 알파벳이 아랍문자를 대체하였고, 조금씩 수정된 서양 법률이 이슬람 율법에 덧붙여졌다. 옛 시대를 상징하는 행위[수염을 기르거나 페즈(이슬람 전통복장 중 남성 모자)를 쓰는 것]는 금지되었다. 일부일처제가 법률로 정해졌으며, 여성해방이 시작되었다. 새 정부는 터키와 아랍 세계 간의 차이점을 강조하였고, 터키는 다른 이슬람 국가들이 여러 사건으로 애쓰고 있을 때 홀연히 자신의 길을 걷고 있다.

터키인과 이웃 나라

아타튀르크의 집권 이전부터, 터키는 소수민족을 학대했던 역사를 가지고 있다. 제1차 세계대전 발발 직후, (아타튀르크 이전) 정권은 북서부에 집중적으로 거주하고 있던 아르메니아인들을 모두 추방하기로 결정했다. 2백만 명에 가까운 터키계 아르메니아인들이 토지와 집으로부터 강제로 쫓겨났다. 이 과정에서 약 60만 명이 사망하였고, 이로 인해 현재에도 여전히 아르메니아인들은 반터키 감정을 지니고 있다. 오늘날 터키는 많은 수가 집중 분포하고 있는 쿠르드족에 대한 처우로 비난받고 있다. 터키의 총인구 7,700만 명 중 약 1/5이 쿠르드인이지만, 터키 정부는 정권을 계승하는 이 소수민족을 거칠게 다루어 왔다. 심지어 억압이 특히 심했던 시기에는 공공장소에서 쿠르드어를 하거나 쿠르드 음악을 연주하는 것도 금지했었다. 쿠르드족 거주 구역은 디야르바키르를 중심으로 하는 터키 남동부에 위치하지만, 수백만 명의 쿠르드인들이 이스탄불 주변의 빈민촌으로 이주했으며 직업을 찾아 EU 회원국으로 가기도 한다. 쿠르드족의 민족주의 움직임이 이라크와의 국경을 넘나들면서 발생하자 터키는 이에 두 가지 대처(터키뿐 아니라 국경을 넘어 이라크 지역의 쿠르드족 반란군을 진압하거나, 반란과 관련이 없는 쿠르드족에게는 더 많은 권리와 자유를 부여)를 실시하고 있다. 이로 인해 터키는 유럽연합 가입의 가장 큰 장해물이었던 자국의 인권 기록을 향상시킬 수 있었다. 이와 함께 아르메니아와의 관계를 다시 정상화시키기 위한 조심스러운 노력도 이루어지고 있다.

터키와 유럽연합

다각적인 경제, 지방 분권 정부, 그리고 국제적 문제에 있어서의 주체적인 입장을 가진 터키는 이슬람 국가로서는 유럽연합 가입의 조건에 가장 적합한 국가이다(알바니아와 코소보는 터키 다음). 터키의 축구팀은 일찍부터 유럽 선수권 대회에 참가하고 있으며, 터키가 오래전부터 지향해 온 서양적 성향, NATO 가입국으로서의 지위, 많은 이주민들, 그리고 지역과의 강한 경제적 관계 등은 터키의 유럽연합 가입 가능성을 뚜렷한 것으로 만들었다. 1995년부터 진행된 EU와의 관세동맹에서 터키는 1999년에 공식적으로 가입 후보국으로 지정되었으며 가입에 관한 공식적인 협상은 2005년부터 시작되었다.

하지만 이것이 현실이 되기 위해서는 많은 중요 장해물이 존재한다. 키프로스와 쿠르드족 문제는 터키의 EU 가입 전망에 부정적 영향을 끼쳤다. 터키의 가입을 허락하는 것은 유럽의 범위를 위험한 동네의 문간에까지 확장시킬 것이고, 이는 어떤 이들에게는 좋은 것일 수도 있지만, 다른 이들에게는 걱정거리가 된다. 또 하나의 고려 사항은 터키의 인권 기록으로 아직 부적격 상태가 유지되고 있다. 터키에는 상당수의 '명예 살인'이 여자아이와 여성들을 대상으로 발생하고 있다. 유럽인들의 공분을 자아내는 이 같은 일은 국가 전체 살인 사건의 절반에 이르고 있으며, 비이슬람 사회에서도 발생하고 있어 더욱 심각한 문제이다. 이와 같이 가증스러운 살인은 법률 체계가 아직도 성적 불평등을 해결하지 못하였으며, 사회적 인식 역시 성숙되지 못하였기 때문으로 파악된다. 일례로 2010년 2월, 한 10대

소녀가 이웃의 소년들에게 말을 걸었다는 이유로 생매장되는 사건이 발생했다. 이 사건이 유럽 방송 매체들을 통해 알려지면서 터키의 EU 가입에 대한 반대 여론에 불이 붙었다.

그럼에도 불구하고 터키는 일련의 진보를 이루고 있다. 정부 세력을 이슬람계가 장악하고 있음에도 세속적인 가치가 보호되는 것을 통해 민주주의의 진보를 파악할 수 있다. 예를 들면 가장 큰 이슬람 정당이 2007년 선거에서 승리하였으나, 이스라엘과의 관계는 지속적으로 개선되었고, 신정부는 여성들이 스카프 두르는 것을 강제할 수 없게 하는 규정을 지속하고 있다. 신정부는 또한 (크리스트교가 다수인) 아르메니아와 쿠르드족과의 공존을 위한 방안을 모색하고 있다.

한편 터키는 EU 가입 요건을 거의 충족시켜 가고 있지만, 일부 투르크족은 EU 가입을 그리 좋아하지 않고 있다. 상당수의 터키인들은 유럽 내 터키 사회의 관습과 전통에 대한 비판에 대해 부정적인 입장을 나타내고 있다. 심지어 그들 주변에서 발생하고 있는 '명예 살인'에 대한 비판도 싫어한다는 사실이 놀랍다. 그리고 심지어 만약 EU의 확대로 가입이 가능해지더라도 터키 정부가 이를 받아들일지는 아직 알 수 없는 일이다.

이란

오랜 기간 동안 페르시아로 알려진 터키의 동쪽의 이란 역시 제국을 이룬 정복의 역사가 있다. 1971년 당시 집권 중이던 샤(이란 국왕의 존칭)와 왕실은 어울리지 않는 화려함으로 페르시아 제국 탄생 2,500주년 기념식을 축하했다. 그러나 1979년 혁명이 이란을 집어삼켰고. 시아파 원리주의자들은 미국의 개입으로 왕위에 오른 샤의 권력을 박탈하였다. 군주제는 이슬람공화국으로 대체되었고, 무서운 보복이 뒤따랐다.

결정적 위치, 불안한 경계

그림 7B-1에서 보다시피, 이란은 이 혼란스러운 지역에서 결정적인 위치를 점하고 있다. 이란은 카스피 해와 페르시아만으로 통하는 전체 회랑지대를 차지하고 있다. 서쪽으로는 과거의 적이었던 터키 및 이라크와 이웃하고 있으며, 북쪽(카스피 해 서쪽)으로는 아제르바이잔 및 아르메니아와 국경을 접하는 지역으로 기독교와의 무슬림의 최전방에 해당한다. 동쪽으로 이란은 파키스탄 및 아프가니스탄과 만나며, 카스피 해 동쪽에는 불안정한 투르크메니스탄이 있다.

그림 7B-11에서 보다시피, 이란은 산과 사막의 나라다. 이 나라의 중심부는 고지대, 즉 이란 고원이다. 고원은 서쪽의 자그로스 산맥이나 북부의 카스피 해 연안에 위치한 엘부르즈 산맥, 북동쪽에 있는 호라산 산지의 높은 산들로 둘러싸여 있다. 이 산악 지형은 위험천만한 곳이다. 이곳에서는 유라시아 판과 아라비아 판이 만나고, 이로 인해 대규모의 강력한 지진이 자주 발생한다. 따라서 사실상 이란 고원은 염분이 많은 평야와 모래와 바위가 끝없이 펼쳐져 있다는 점이 두드러진, 거대한 분지상의 고원이다. 산악지대에서는 어떻게든 대기로부터 수분을 얻는다. 그러나 다른 곳에서는 오직 수 세기 동안 이 지역의 대상들이 쉬어 가던 오아시스만이 이 메마른 단조로운 경관을 벗어나고 있다.

파키스탄 및 아프가니스탄과 인접한 이란 동부지역에서는 아직도 사람들이 지역의 역사만큼이나 오래된 길을 따라 낙타, 염소, 혹은 다른 가축들과 함께 이동한다. 대개 그들은 계절과 주기의 순환에 따라 해마다 같은 목초지를 방문해서 같은 냇가 근처에 텐트를 친다. 이런 삶이 이 지역 고유의 생활 양식인 유목이다. 다른 지역과 마찬가지로 이란에서도 역시, 유목민들은 끝없는 평원을 목적 없이 돌아다니는 사람들이 아니다. 그들은 지형을 상세하게 알고 있으며, 길을 따라 돌아다닌 오랜 경험을 근거로 해서 얼마나 오래 머무를 것인지, 또한 언제 출발할 것인지를 신중하게 결정한다.

도시와 시골

고대에는 이란 남부에 있는 페르세폴리스가 강력했던 페르시아 왕국의 중심이었다. 이 도시는 강수량이 많은 산록에서부터 수마일씩 떨어져 있는 건조한 평지까지 물을 운반하는 지하수로, 즉 **5** 카나트(qanats)에 의존하고 있었다. 오늘날 이란의 인구 7,400만 명 중 67%는 이란 북부 엘부르즈 산맥의 남쪽 산록에 자리 잡고 있는 수도인 테헤란이나 그 외 도시에서 살고 있다. 급속히 성장하고 있는 인구 800만 명의 대도시 테헤란은 오늘날 이란의 핵심지역 심장부에 있다. 그러나 테헤란도 여전히 2000년 전 페르세폴리스를 지탱했던, 그 카나트에 의존하고 있다. 이러한 모습을 볼 때 테헤란은 이란 내부의 모순을 상징하고 있다. 율법학자들이 농민들을 이끌고 혁명을 일으켜서 군주제를 전복시키고 신권정치를 수립했던 이란, 그러나 도시에서는 근대화가 진행되었지만, 광대한 시골지역에서는 아무것도 변하지 않은 나라이다.

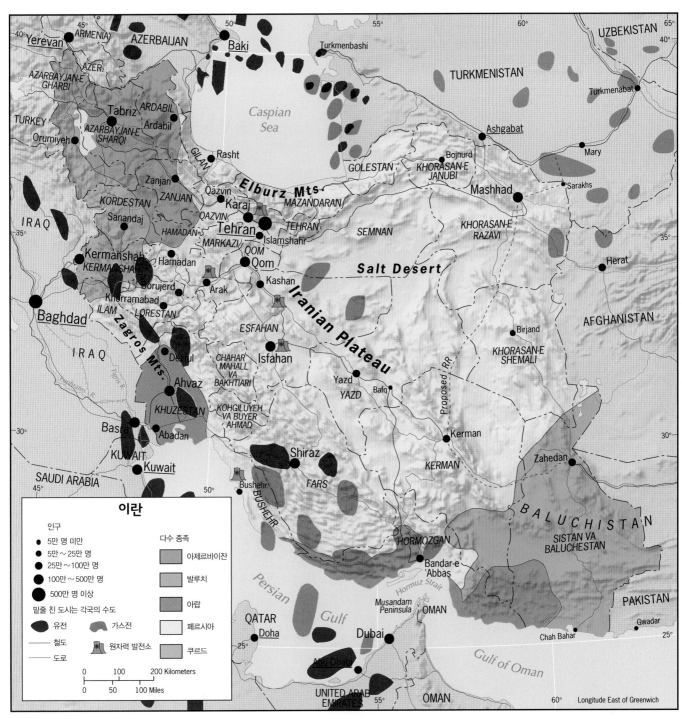

그림 7B-11

에너지와 분쟁

그림 7A-9에서 보다시피 세계 2위의 원유 보유국이면서 사우디의 절반 정도를 가지고 있는 이란은 세계적인 석유 생산국이다. 국가 수입의 약 90%는 원

유 및 천연가스 생산으로 충당되고 있다. 주로 이란의 남서부지대에 많이 매장되어 있으며, 페르시아만의 끝부분에 위치한 아바단은 이란의 '석유 수도'가 되었다. 그러나 이란은 넓고 인구도 많

은 나라다. 석유로 벌어들인 부는 마지막 샤가 의도한 대로 나라를 변화시킬 수 없었고, 만약 이것이 성공했다면 혁명을 피할 수도 있었을 것이다. 근대화는 계속 진행되고 있었지만 허식일 뿐

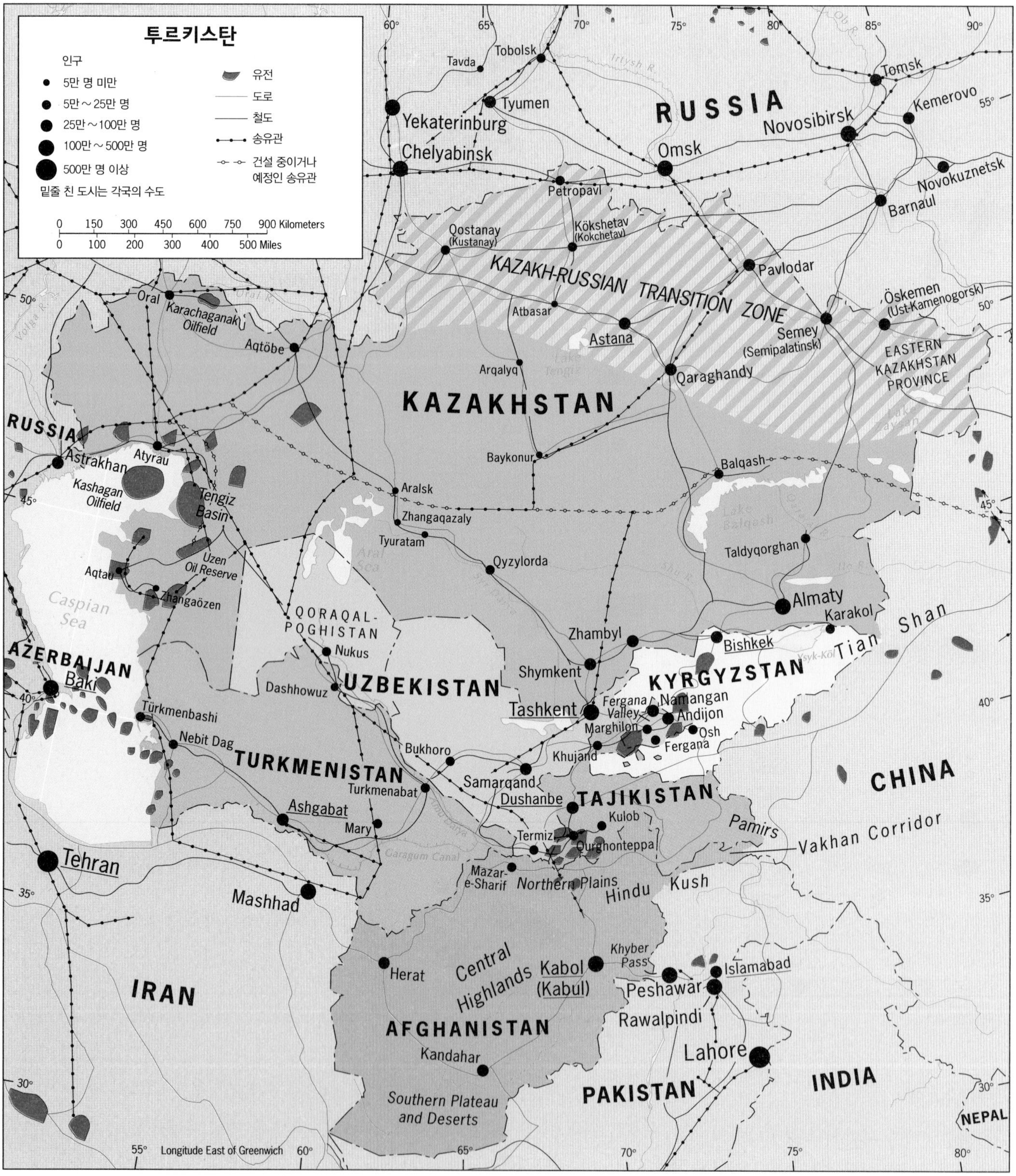

투르키스탄

인구
- 5만 명 미만
- 5만~25만 명
- 25만~100만 명
- 100만~500만 명
- 500만 명 이상

밑줄 친 도시는 각국의 수도

유전
도로
철도
송유관
건설 중이거나 예정인 송유관

0 150 300 450 600 750 900 Kilometers
0 100 200 300 400 500 Miles

Tavda
Tobolsk
Tyumen
RUSSIA
Novosibirsk
Tomsk
Kemerovo
Yekaterinburg
Chelyabinsk
Omsk
Novokuznetsk
Barnaul
Petropavl
Irtysh R.
KAZAKH-RUSSIAN TRANSITION ZONE
Qostanay (Kustanay)
Kökshetav (Kokchetav)
Pavlodar
Öskemen (Ust-Kamenogorsk)
Atbasar
Astana
Semey (Semipalatinsk)
EASTERN KAZAKHSTAN PROVINCE
Oral
Karachaganak Oilfield
Arqalyq
Qaraghandy
Aqtöbe
KAZAKHSTAN
RUSSIA
Astrakhan
Atyrau
Kashagan Oilfield
Tengiz Basin
Baykonur
Balqash
Lake Balqash
Aralsk
Uzen Oil Reserve
Aqtau
Zhangaözen
Caspian Sea
Zhangaqazaly
Tyuratam
Qyzylorda
Taldyqorghan
Almaty
Karakol
Tian Shan
QORAQAL-POGHISTAN
AZERBAIJAN
Baki
Nukus
Dashhowuz
UZBEKISTAN
Zhambyl
Shymkent
Bishkek
KYRGYZSTAN
Türkmenbashi
Tashkent
Fergana Valley
Namangan
Andijon
Marghilon
Osh
Fergana
Khujand
Nebit Dag
Bukhoro
TURKMENISTAN
Turkmenabat
Samarqand
Dushanbe
TAJIKISTAN
CHINA
Ashgabat
Mary
Kulob
Pamirs
Vakhan Corridor
Tehran
Termiz
Qurghonteppa
Mazar-e-Sharif
Northern Plains
Hindu Kush
Mashhad
Caragum Canal
IRAN
Herat
Central Highlands
Kabol (Kabul)
Khyber Pass
Islamabad
Peshawar
Rawalpindi
AFGHANISTAN
Kandahar
Lahore
Southern Plateau and Deserts
PAKISTAN
INDIA
NEPAL
55° Longitude East of Greenwich   60°

그림 7B–12

© H. J. de Blij, P. O. Muller, and John Wiley & Sons, Inc.

이었다. 테헤란의 오염된 공기로부터 멀리 떨어진 촌락에서는 여전히 종교 지도자가 평범한 이란인들의 생활을 계속해서 좌지우지하고 있다. 이슬람 세계의 다른 지역과 마찬가지로, 이란의 도시 거주민과 농촌 사람 그리고 유목민들은 전통사회의 특징이었던 생산과 착취, 노예제, 그리고 부채로 엮인 그물망에 여전히 얽혀 있었다. 혁명은 이러한 제도를 폐지했지만, 수백만 명의 이란인의 삶이 개선되지는 않았다. 이라크와의 지독한 전쟁(1980~1990)은 이란의 수많은 젊은이들을 가차 없이 전쟁터로 보내버렸고, 국가재정과 국력은 약화되어 갔다. 전쟁이 끝나자 이란은 가난하고, 쇠약하고, 목표를 상실해 망연자실하였으며, 혁명은 비생산적인 일에 소진되었다.

21세기 초반에도 이란 국민들은 물라(mullah)의 권력을 보호하려고 하는 보수주의자와 이란 사회를 근대화 · 자유화하려는 개혁주의자로 분열되어 있었던 것 같다. 2005년 이란의 선거에서 많은 개혁주의자 후보들은 절대적 권한을 쥐고 있는 종교적 보수주의자들에게 밀려났다. 또한 스스로 온건개혁파임을 밝혔던 대통령에 이어서 마흐무드 아흐마디네자드가 대통령에 취임하였는데, 그는 취임 직후부터 이스라엘은 지도에서 '지워져야' 한다고 주장할 정도로 강경파이다. 2009년 아흐마디네자드는 부정과 폭동을 기반으로 재선에 성공하였다.

한편, 이란은 원자력 발전 실험을 계속해서 실행하고 있는데, 또 이로 인해 서양국가들과 마찰을 일으켰다. 이란인들은 파키스탄을 지나 인도까지 천연가스 파이프라인을 건설하기를 원했는데, 이는 인도가 이란의 천연가스 공급에 더 의존하게 되는 것을 의미했다. 이

일은 미국에게도 매우 중요한 문제였으며, 이에 따라 워싱턴은 그 계획을 무산시키려고 애썼다.

이란의 핵무장을 비롯한 일련의 상황을 볼 때 이란은 여전히 지역 패권에 야심이 있는 국가라는 것을 알 수 있다. 혁명 이란은 페르시아 선조들과 같은 제국주의 의도는 없다고 밝혔지만, 그것이 곧 이란의 국가적 관심이 자국 내로만 한정되는 것을 의미하지는 않는다. 테헤란 정부는 이웃 이라크와 아프가니스탄의 발전에 매우 관심이 많으며, 핵문제로 불안한 상태인 파키스탄과 접경하고 있다. 첫째, 이란은 다수의 시아파 혹은 이슬람권 다른 지역의 소수 시아파 신도들의 운명에 매우 강한 관심을 가지고 있다. 둘째, 이란은 오랫동안 이스라엘을 적으로 공언해 왔고 팔레스타인 문제의 든든한 후원자이다. 마지막으로, 이란은 대서양 넘어서까지 활동하고 있는 '테러리스트' 조직들에게 자금을 대고 있다. 이란의 혁명은 샤를 퇴출시키고 군주제를 종식시켰지만, 제국의 과거와 연결된 모든 매듭을 끊어버린 것은 아니다.

▤ 투르키스탄 : 중앙아시아의 여섯 개 나라

수 세기 동안 투르크인들은 몽골에서부터 시베리아를 지나 흑해까지 펼쳐지는 광대한 중앙아시아 지역을 지배했다. 인구가 빠르게 성장하고 이슬람의 영향을 받으면서, 투르크인들은 이란에 침입했고, 비잔틴 제국을 멸망시켰으며, 동유럽의 많은 지역을 식민지화했다. 결과적으로는 몽골, 중국, 러시아가 그들의 근거지를 침공하면서 그들의 세력도 기울어 갔다. 그러나 현대 지도의 이

름들이 보여주듯이, 이 정복자들이 투르크인들을 완전히 지워 버릴 수는 없었다(그림 7B-12). 가장 최근의 정복자는 중국과 러시아의 짜르였으며, 그 후 정권을 잡은 공산주의자들은 소비에트 사회주의공화국을 만들어 각 국경 안에 있는 다수민족을 바탕으로 이름을 붙였다. 그리하여 카자흐, 투르크멘, 키르기스 및 다른 투르크 민족들은 한때 소비에트 중앙아시아 때의 지역 정체성을 지니고 있다.

투르키스탄(중앙아시아)은 여전히 변화하고 있는 지역이다. 어떤 지역에서는 이웃 지역의 문화 경관이 들어오기도 하고(예 : 북부의 러시안 카자흐스탄), 또 어떤 지역에서는 투르키스탄의 문화 경관이 인접지역으로 파급되기도 한다(예 : 중국 서부의 신장 위구르 자치구). 아프가니스탄처럼 과거 투르크족에게 정복당했던 지역들이 더 이상 투르크인의 지배를 받지 않는 지역도 있다. 또한 현재 투르키스탄에 살고 있는 사람들 중에는 타지크인들처럼 투르크계가 아닌 사람들도 있다. 이 지역은 급변하는 변화에 직면하기 쉬운 지역이다.

앞에서 정의했듯이 투르키스탄은 6개 국가를 포함한다. (1) **카자흐스탄**은 6개국 중 영토상으로 가장 넓지만, 주요 민족적 점이지대에 위치하고 있다. (2) **투르크메니스탄**은 상대적으로 독재국가에 가까우며, 카스피 해와 마주보고 있고, 이란 및 아프가니스탄과 국경을 접한다. (3) **우즈베키스탄**은 가장 인구가 많은 국가이며 이 지역 중심부에 위치하고 있다. (4) **키르기스스탄**은 강력한 인접국 사이에 끼어 있으며 늘 불안정하다. (5) **타지키스탄**은 지역적 · 문화적으로 나누어져 있을 뿐만 아니라 내전으로 분열되었다. (6) **아프가니스탄**

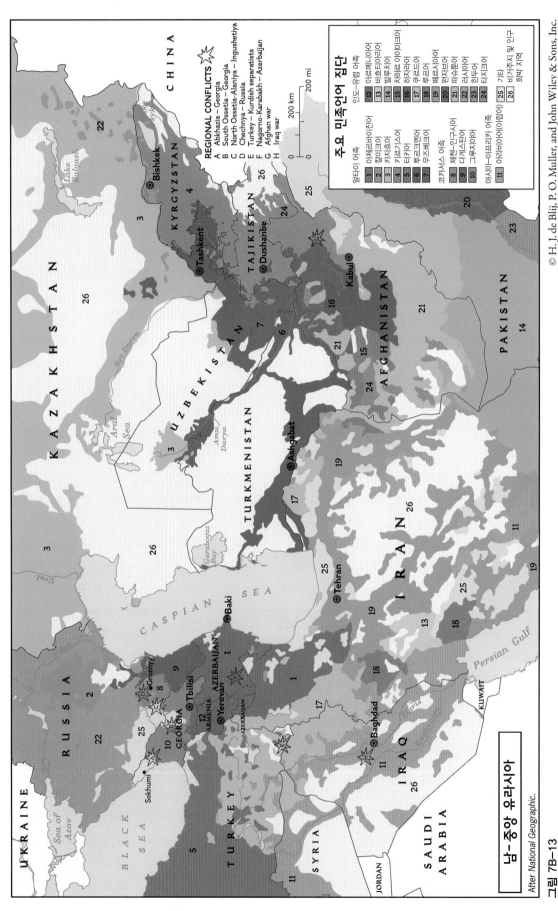

© H. J. de Blij, P. O. Muller, and John Wiley & Sons, Inc.

REGIONAL CONFLICTS ☆
A Abkhazia – Georgia
B South Ossetia – Georgia
C North Ossetia-Alaniya – Ingushetiya
D Chechnya – Russia
E Turkey – Kurdish separatists
F Nagorno-Karabakh – Azerbaijan
G Afghan war
H Iraq war

주요 민족언어 집단

알타이 어족
1 아제르바이잔어
2 칼미크어
3 가자흐어
4 키르기스어
5 터키어
6 투르크멘어
7 우즈베크어

인도–유럽어 어족
12 아르메니아어
13 바흐티아리어
14 발루치어
15 쳐하른 아이미크어
16 하자리어
17 쿠르드어
18 룰어
19 페르시아어
20 판자브어
21 파슈툰어
22 러시아어
23 힌두어
24 타지크어

코카서스 어족
8 체첸–인구스어
9 다게스탄어
10 그루지아어

아시아–아프리카 어족
11 아랍어–아프리카(아람어)

25 기타
26 비거주지 및 인구 희박 지역

그림 7B–13 남–중앙 유라시아

After National Geographic.

은 1979년 소련군의 침입을 받은 후부터 여전히 전쟁의 소용돌이에 있는 상태다.

구소비에트 중앙아시아 국가

소련은 중앙아시아의 주도권을 쥐고 있을 때, 이슬람을 억압하고 세속적인 정권을 세우려고 노력하였다.(이는 아프가니스탄을 침공할 때도 소련의 목적이었다.) 그러나 오늘날 이슬람의 부흥은 이 지역의 두드러진 특색이다. 알마티에서 사마르칸트까지 모스크는 다시 수리되거나 재건되고 있으며, 이슬람 복장도 다시 문화 경관의 일부가 되었다. 국가 지도자들은 세간의 주목을 받으며 메카를 방문하고, 대부분 공식 행사에서 쿠란에 맹세를 한다. 중앙아시아의 모든 나라가 이제 이슬람 명절을 경축한다. 또 다른 측면에서 투르키스탄에는 이 지역의 일반적인 모습인 건조한 환경과 인구 밀집, 산에서부터 흘러 내려와 농토에 물을 대는 하천, 석유 기반 경제가 잘 나타나고 있다. 또한 투르키스탄은 민주정부 수립이 어려운 과제로 남아 있는 지역이다. 투르키스탄의 복잡한 언어는 그림 7B-13에 잘 표현되어 있다. 비록 이 지역의 명칭은 다수 인구가 사용하는 언어에서 유래되었으나 실제 정치적 경계나 문화 구분과 일치하지 않는다. 이 지역은 아프가니스탄의 파슈툰족을 비롯하여 타지크족, 하자라족, 우즈베크족, 투르크메니안족, 발루치족을 비롯한 여러 소수민족의 문화가 복합되어 나타난다. 게다가 이 지역은 급경사의 산지지대와 넓은 사막으로 구성되어 민족 간의 의사소통이 이루어지기 힘들다.

카자흐스탄은 두 거인(러시아, 중국)과 국경을 맞대고 있는 이 지역의 대국

이다(그림 7B-12). 소비에트 시대에 카자흐스탄 북부는 심하게 러시아화되어, 사실상 러시아의 동쪽 국경이 되었다(그림 2B-1). 철도와 도로망이 지도상에 카자흐-러시아 점이지대로 표시된 지역을 지나가면서 북쪽의 러시아와 연결된다. 소비에트는 카자흐 영토의 중심에 있는 알마티를 수도로 만들었다. 오늘날 카자흐족이 주권을 찾자, 러시아 점이지대의 중심부에 있는 아스타나로 수도를 이전하였다. 아스타나에는 인구 450만 명의 러시아인(국내 총인구 1,600만 명의 약 27%를 구성)이 아직 거주하고 있으며 앞으로의 **6 국경 부근의 전방수도**(forward capital)가 될 것이 명백하다.

그림 7B-12를 보면, 카스피 분지의 석유 매장지역과 중국 사이에 있는 회랑지대에 카자흐스탄이 위치하고 있다.

카자흐스탄을 지나가도록 만들어진 석유와 천연가스 파이프라인 덕택에 먼 바다를 통해 오는 유조선 원유에 대한 중국의 의존도가 크게 감소하였다.

이 지역에서 가장 많은 약 2,800만 명의 인구를 가진 **우즈베키스탄**은 투르키스탄의 중심부를 점하고 있으며, 지역 내 모든 나라와 국경을 접한다. 우즈베크족은 자국 인구의 80%를 구성하고 있을 뿐만 아니라, 여러 이웃 국가에서도 상당한 수의 소수민족을 구성하고 있다. 수도 타슈켄트는 국토의 동부 핵심 지역에 위치하고 있다. 대부분의 사람들이 도시와 농장 마을에서 살고 있는데, 페르가나 계곡에 인구가 밀집해 있다. 서부에는 소비에트 점령 시기에 지류의 물길을 목화 농장이나 곡물 재배지로 돌린 후로 계속 축소되고 있는 아랄 해가 있다. 과다한 농약 사용은 지하

만약 이 사진이 러시아나 벨라루스라고 생각하면서 물어보았다면 당신은 아주 높은 수준의 지식을 갖고 있는 것이다(비록 영어로 '바'라고 써 있다 하더라도) 뒤에 있는 황량한 아파트 건물은 소비에트 사회주의의 잔재인 것처럼 보인다. 하지만 이 사진은 카자흐스탄의 옛 수도이자 최대 도시인 알마티의 주요 쇼핑가의 카지노 입구를 나타내고 있다. 약 70년간 카자흐스탄의 행정부(알마아타로 알려짐)는 소련 연방 소속이었으며, 그 잔재가 아직도 강하게 남아 있다. 그러나 그림 7B-12와 같이 소련의 흔적은 북쪽이 더 강하게 나타나고 있으며, 1988년 대통령과 여당은 야당의 반대에도 불구하고 국가의 수도를 온난한 기후 알마티에서 춥고 황량한 아스타나로 이전하였다. 알마티는 인구의 대부분이 이슬람 수니파로 구성되어 있음에도 불구하고 40여 개의 카지노, 다수의 술집과 클럽이 공존하는 매력적인 지역이다. © Abbie Trayler-Smith/Panos Pictures

수를 오염시켰으며, 그 결과 셀 수 없이 많은 지역 주민이 심각한 질환에 고통받고 있다.

소련 붕괴 이후에는 이슬람 부흥운동 (수니파)이 우즈베키스탄의 문제가 되었다. 수니파 원리주의에서도 특히 투쟁적인 와하브 운동이 우즈베키스탄 동부에 뿌리를 내린 것이다. 이를 진압하고자 하는 정부의 노력은 오히려 지방에서의 그 세력을 확대시켰다. 우즈베키스탄의 정권은 더욱 전횡을 일삼고 있으며, 2005년 안디잔에서의 시위는 많은 사상자를 내고 진압되었다.

독재적인 사막공화국 **투르크메니스탄** 은 카스피 해에서부터 아프가니스탄 국경까지 쭉 뻗어 있다. 인구는 5백만 명이 넘으며 이 중 약 3/4이 투르크멘 족이다. 소비에트 시기에 공산주의자들은 거대한 프로젝트를 시작했는데, 카라쿰 운하가 바로 그것이다. 이 운하는 투르키스탄 동부의 산악지대에서 사막의 중심부까지 물을 끌어오도록 설계되었다. 현재 길이 1,100km인 이 운하로 인해 120만 에이커의 토지에 목화, 채소, 과일 등의 농경이 가능하다. 계획은 운하를 카스피 해까지 계속 확장시키는 것이었다. 그 와중에 투르키스탄은 카스피 분지의 석유 매장지대에서 원유와 가스 생산량을 확대시킨다는 거대한 희망에 차 있었다. 그러나 그림 7B-12를 보면, 투르크메니스탄의 상대적 위치는 수출 루트로는 유리하지 않다.

키르기스스탄의 지형과 정치적 특색은 카프카스를 생각나게 한다. 그림 7B-12에서 노란색으로 표시된 키르기스스탄은 고립영토(exclave)나 고립지역(enclave)이라고 해야 할 만큼 국경선이 우즈베키스탄, 타지키스탄과 얽혀 있다. 소비에트가 건설해 준 이 공화국에

키르기스족은 인구 540만 명 중 약 2/3를 구성하고 있다. 우즈베크족이나 다른 소수민족들이 함께 거주하여 복잡한 문화 특색이 나타난다. 산과 계곡이 공동체들을 고립시켰고, 이 때문에 국가 통합이 어렵다. 농업 경제는 빈약하며, 주로 산악지대에서 목축을 하거나 계곡에서 농사를 짓는다. 국민의 약 70%가 독실한 이슬람 신자이며, 와하브 운동은 이곳에서 확고한 발판을 마련하였다. 오쉬는 신앙부흥운동의 투르키스탄 본부로 알려져 있다.

타지키스탄의 산악 풍경은 키르기스스탄보다 훨씬 장대하다. 이곳 역시 지형은 다문화 사회의 변화를 막는 장벽으로 작용한다. 타지크족은 총인구 760만 명 중 65%를 구성하고 있으며, 투르크계가 아닌 페르시아계(이란계)이고, 페르시아어(인도-유럽 어족)를 사용한다. 이란과의 유사성에도 불구하고 대부분의 타지크인들은 시아파가 아니라 수니파 무슬림이다. 타지키스탄은 작지만 지방주의가 득세하는 나라다. 두샨베에 위치한 정부는 종종 북부지역과 반목한다(그림 7B-12). 이 지역에는 정부의 영향력이 거의 미치지 않아 이슬람 부흥운동이 활발하며 또한 반타지크 세력인 우즈베크인 단체의 소굴이 되고 있다.

까다로운 아프가니스탄

아프가니스탄은 이 지역의 최남단에 위치하고 있으며, 19세기에 이 지역의 헤게모니를 다투던 영국과 러시아가 이 지역을 완충지, 혹은 **7** 완충국가(buffer state)로서 용인하기로 동의하면서 존재하게 된 나라이다. 이렇게 해서 아프가니스탄은 동쪽으로 중국 국경까지 좁게 뻗친 바칸 회랑지대를 손에 넣었다(그

림 7B-14). 식민주의자들이 이 경계를 확정하자 아프가니스탄은 북쪽으로 투르크멘, 우즈벡, 타지크와, 서쪽으로는 페르시아(지금의 이란)를, 그리고 동쪽으로 영국령 인도의 서쪽 측면(현재의 파키스탄)과 이웃하게 되었다.

육지로 둘러싸인 분열의 나라

지리와 역사를 보면, 마치 아프가니스탄의 분열이 당연한 결과로 보인다. 그림 7B-14에서 보다시피, 우뚝 솟은 힌두쿠시 산맥이 나라의 중심부를 내려다보며, 환경이 다른 넓은 세 지역, 즉 상대적으로 물이 풍부하고 비옥한 북부의 평원과 분지, 험하고 지진이 잦은 중부의 고지대, 그리고 사막이 우세하게 나타나는 남부 고원을 구분하고 있다. 수도 카불은 힌두쿠시 산맥의 남동쪽 산록부에 위치하고 있으며, 북부 평원으로 가는 좁은 산길과 파키스탄으로 가는 카이버 고개로 연결되어 있다.

그리스, 투르크, 아랍, 몽골, 그 외 다른 민족이 이 다양한 경관을 거쳐 지나갔다. 어떤 이들은 이곳에 정착했고, 오늘날 그들의 후손은 페르시아어나 투르크어, 혹은 다른 언어들을 사용하고 있다. 다른 이들은 고고학적 유적을 남겼거나, 혹은 아무런 흔적을 남기지 않고 떠난 이들도 있다. 현재 아프가니스탄(총인구 3,500만 명)에는 다수민족이 없다. 동부의 파슈툰족 수가 가장 많기는 하지만, 총인구의 40%를 겨우 넘기는 정도이기 때문에 이 나라는 소수민족의 나라라고 할 수 있다. 두 번째로 수가 많은 민족은 힌두쿠시를 지나 타지키스탄과의 국경 근처 지역에 집중적으로 거주하고 있는 타지크족(약 25%)이다. 중앙 고지대와 남부지역의 하자라족, 북부 국경지대의 우즈베크족과

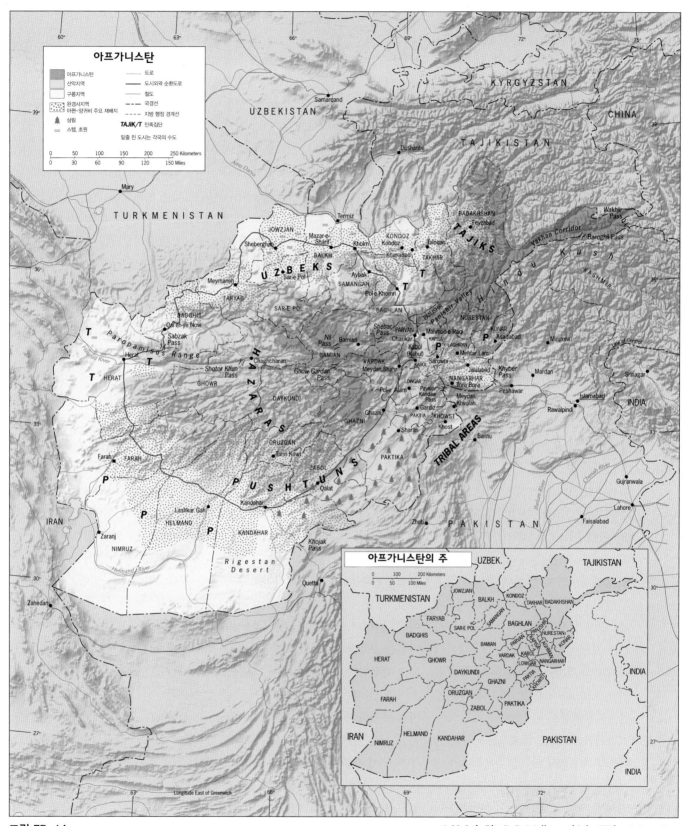

© H. J. de Blij, P. O. Muller, and John Wiley & Sons, Inc.

투르크멘족, 남부 사막의 발루치족 등의 소수민족은 세계에서 가장 복잡한 문화 모자이크를 만들어 내고 있다. 2개의 주요 언어인 푸쉬툰어와 다리어(페르시아어의 지역 방언) 외에 여러 다른 언어들이 이곳에 존재하며 진정한 바벨탑을 만들어 냈다.

전쟁의 대가

여러 전쟁이 아프가니스탄의 역사에 상흔을 남겼지만, 냉전시대(1945~1990)에 의해 가장 큰 희생이 발생하였다. 1979년 소련이 침공하자, 미국은 이슬람 저항세력인 무자헤딘(투쟁자)에게 현대식 무기와 자금을 지원해줬고, 소비에트는 철군하였다. 그러자 곧 소련과의 전쟁 중에는 단합했었던 파벌들이 충돌하기 시작했고, 파키스탄과 이란으로 피난 갔던 4백만 명의 난민들은 귀향이 연기되었다. 이 약하고 무력한 카불 정부는 마치 소비에트 이전 시대와 닮아 있었다.

1994년, 처음에는 그저 또 다른 파벌처럼 보였던 집단이 등장했다. 바로 **8** **탈레반**(Taliban, '종교의 학생'이라는 뜻)이었다. 그들은 파키스탄의 종교학교 출신들이었다. 그들이 공언한 목표는 강력한 이슬람법을 제정하여 아프가니스탄의 만성적인 파벌주의를 종식시키는 것이었다. 전쟁으로 지친 나라에서 대중의 지지(특히 파슈툰족) 속에 이들은 승승장구하였고, 마침내 1996년 탈레반은 카불을 접수했다.

탈레반의 이슬람법 강요는 너무나 엄격하고 가혹해서 비이슬람 국가뿐만 아니라 이슬람 국가들도 싫어했다. 여성의 활동 제한으로 여성들의 전문교육, 고용, 이동의 자유가 사라졌고, 아이들에게도 역시 좋지 않은 영향을 끼쳤

다. 탈레반의 법에는 공개 처형이나 돌을 던지는 형벌도 있다. 이 과정에서 아프가니스탄은 탈레반보다 더 높은 목표를 가진 혁명단체들의 피난처가 되었다. 이들은 이슬람권 전역에 걸쳐서 서구 세력을 공격하려고 계획했고, 그들이 생각하기에 서방 세력과 공모한 아랍 정권들을 위협했다. 탈레반이 장악하고 있는데다 동굴도 많고, 멀리 고립되어 있는 아프가니스탄이야말로 이 무법자들에게는 이상적인 장소였다. 이미 냉전에서 남겨두고 간 무기와 탄약(미국제와 소련제)을 소유하고 있는 그들은 아프가니스탄의 막대한 아편 밀매로도 자금을 확보하였다. 아프가니스탄은 전 세계 아편의 90%를 넘게 생산하며, 판매금 중 많은 액수가 이들의 자금원이 되고 있다.

패배한 국가, 테러리스트의 근거지

이와 같은 자원을 바탕으로 이 무장단체들은 이슬람권 내외의 여러 서방 표적들을 공격했다. 그런데 1996년, 전례 없이 그들을 유명하게 한 결정적인 일이 벌어졌다. 소비에트와의 전쟁 중에 무자헤딘은 미국뿐만 아니라, 열렬한 신앙부흥운동가인 사우디아라비아 무슬림, 오사마 빈 라덴(빈은 '~의 아들'이란 뜻)의 지원도 받아 왔다. 22명의 아들을 포함하여 50명 이상의 자식을 둔 건축업계 억만장자의 아들로 태어난 오사마 빈 라덴은 1979년 지다에서 대학을 졸업한 후, 약 3억 달러로 추정되는 유산을 가지고 반소련 전쟁을 도와주기 위해 아프가니스탄으로 향했다. 사우디아라비아와 긴밀히 연결되어 있었고, 아프가니스탄에서도 중요한 인물이 된 빈 라덴은 1980년대 말 소련의 침입이 실패로 끝났을 때, 명성과 함께 자

금도 더욱 넉넉해졌다. 사회주의자들의 철군 이후 그는 사우디아라비아로 돌아가서 걸프전 중에 미국 군대에게 사우디의 주둔을 허락했던 정부를 비난했다. 이에 사우디 정부는 그의 시민권을 박탈하고 그를 추방하는 것으로 대응했고, 빈 라덴은 수단으로 도망쳤다. 그곳에서 그는 국제적인 재정 업무를 용이하게 하는 여러 개의 합법적인 회사를 설립하는 한편, 테러리스트 훈련학교도 세웠다. 국제적인 압박으로 하르툼 정부는 1996년에 그를 추방했으며, 빈 라덴은 다시 그를 환영해 주리라 생각하는 나라, 아프가니스탄으로 돌아갔다.

빈 라덴이 아프가니스탄에 돌아왔을 때, 운명적으로 탈레반이 카불을 장악하였다. 그는 탈레반 군대가 비옥하고 생산력이 풍부한 북부 평원으로 진격하는 것을 도와주었다. 그동안 **9** 알카에다(al-Qaeda)로 불리는 테러리스트 조직은 아프가니스탄에 자리를 잡았다. 한때는 느슨했던 이 조직은 혁명운동을 추진하는 전 세계적인 네트워크를 갖추게 되었다. 아프가니스탄은 알카에다의 본거지로, 빈 라덴은 알카에다의 지휘자가 되었다. 알카에다의 활동은 수많은 무슬림의 지원을 받았고, 지역 학교의 테러리스트 육성뿐만 아니라 예멘의 아덴 항에 있던 군함이나 동아프리카의 미국 대사관처럼, 미국을 표적으로 한 파괴적인 공격들로 다양해졌다.

1993년 2월 26일 테러리스트들은 뉴욕 세계무역센터의 지하 주차장에서 대규모의 차량폭발테러를 일으켰으나, 110층 건물을 쓰러뜨리려던 목표는 실패로 돌아갔다. 비록 용의자들이 재판에 회부되었지만, 알카에다의 지도자들은 건물을 파괴시키고 수천 명의 생명을 앗아갔으며 수십억 달러의 손해

두려움-아프카니스탄에서의 위치가 알려지지 않은 탈레반군이 무기를 휘두르는 것. 2010년대 중반 아프가니스탄을 탈레반 반군으로부터 구하려는 국제적 노력
은 미국이나 다른 국가들뿐 아니라 아프가니스탄 국내에서도 그 움직임이 축소되었다. © Reuters/© Corbis

를 야기한 2001년의 9 · 11 테러를 계획하고 있었다. 몇 주 후 영 · 미 연합군은 파키스탄의 승인을 얻어 아프가니스탄에 있는 탈레반 정권과 알카에다의 요새를 공격했다. 이것이 바로 전 세계적인 '테러에 대한 전쟁'의 첫 단계였으며, 어떤 나라도 여기에 영향을 받지 않을 수 없었다. 빈 라덴과 알카에다가 9 · 11 테러에 연루되어 있음을 나타낸 증거는 비디오테이프와 문서 형태로 발견되었다.

탈레반과 알카에다 지도자들은 파키스탄이 서방의 요구에 응하리라고는 예상치 못했을지도 모른다. 그러나 그들은 9 · 11 테러가 아프가니스탄과 그 국민들에게 어떤 결과를 가져올지는 확실히 알고 있었다. 다시 한 번 외국 군대가 아프가니스탄을 침략했고 정치 변화가 뒤따랐다. 이에 따른 대격변으로 탐욕스러운 무장단체들이 지금도 수도로부터 멀리 떨어진 변방지역 사람들을 착취하고 있다. 그러나 결국 아프가니스탄은 의회정치를 향한 발걸음을 성큼 내딛고 있다. 파벌의 대부분은 참패하거나 흡수되었고, 많은 난민들이 돌아왔다. 2006년 중반에는 탈레반 잔여세력들이 계속해서 아프가니스탄 내에 있는 미국 및 다른 외국 군대를 공격하기도 했다. 알카에다의 지도자들은 체포되지 않았고(아마 파키스탄 서부에 숨어 있을 것임), 마약 밀매는 여전히 성황이다. 그럼에도 불구하고 아프가니스탄은 소비에트 점령기나 탈레반 정권 시기보다 훨씬 상황이 좋다. 지속된 안정을 유지하면 마침내 오랫동안 완충국가로 고통받아 온 이 나라가 재건될 것이다.

암운이 드리워진 미래

2001년 9월 11일 알카에다의 테러 직후 일어난 여파에 대한 미국의 대응은 낙천적으로 상황을 바라볼 수 있게 하였

미국 군인들이 이라크에서 철수하고 있지만 아프가니스탄의 진정과 안정화, 그리고 파키스탄과 아프가니스탄에서도 활동하고 있는 탈레반 세력의 저지라는 더 큰 위험이 남아 있다. 많은 자금, 거리, 근거리 소통의 취약은 탈레반에게 유리하게 작용하기 때문에 아프가니스탄 동부와 남부지역에서 가장 위급하고 어려운 과제이다. 이 사진은 탈레반의 주 활동지인 파키스탄의 연합 관리 부족 구역과 가까운 코나의 니샤감 다리에서 미군이 정찰하고 있는 모습이다. © Liu Jin/AFP/Getty Images, Inc.

다. 탈레반에 대한 대응이 신속히 이루어졌고, 국민의 대리인 역할을 더 잘 수행하는 정부가 형성되고 있었으며, 군주들은 다른 군주들에 의해 서로 간 흡수되거나 밀려났고, 다른 난민들은 아프가니스탄으로 돌아오고 있었고, 카불과 다른 도시, 마을에서의 삶은 정상적인 모습을 되찾고 있었다. 아프가니스탄에서 태어나 지역의 고유 언어를 구사할 수 있는 미국의 현명한 외교관 잘메이 할릴자드와 실력이 뛰어난 미국군 사령관 데이비드 바르노는 탈레반에 의해 가능할 수 있는 위험에 대해 대응하고 성과를 얻기 위해 힘을 합쳤다. 2004년에는 아프가니스탄에서 하미드 카르자이 대통령이 주도하는 정부 설립의 계기가 된 선거가 치러졌다.

하지만 벌써 불행의 씨앗이 뿌려지고 있었다. 2003년 미국의 이라크 침략으로 인해 아프가니스탄에 배치되어 있던 자원과 인력은 비운의 캠페인이라 불리는 이라크전쟁으로 분산되었다. 이 후 머지않아 할릴자드와 바르노는 아프가니스탄에서 더 이상 볼 수 없었다. 아프가니스탄 역사에서 반복된 패턴과 같이 아프간의 현대화를 반대하는 세력은 해외 군사시설과 지역 건물(다시 개교한 여학교 등)에 공격을 재개하였다. 오사마 빈 라덴이 생포되지 않도록 보호 역할을 한 많은 동굴이 있는 아프가니스탄-파키스탄 국경지대의 산악지대에서부터 탈레반 군사들은 서방국가의 군사들에 대한 저항을 했을 뿐만 아니라, 그들의 고유한 공개 처형을 자행하고, 학

교를 파괴하고, 주요 시민을 납치하고, 파키스탄 군인들이 그들을 몰아내기 전까지 상인들을 테러한 북파키스탄에서 대공격을 실시했다.

2010년, 아프가니스탄은 미국이 잡고 있던 주도권을 되찾은 것처럼 보였다. 이라크전쟁이 사그라지고 있었지만, 미국 정부는 부족한 인력을 보충하기 위해 지원군의 증가를 승인하였다. 그러나 아프가니스탄의 안정된 정부 설립의 기회는 사라졌을 수도 있다. 아프가니스탄의 물리적 지형, 사회적 복잡성, 외국 군대와의 경험과 군주 세력, 이슬람의 격렬함과 전통적인 남성의 지배력, 나라의 부패, 그리고 제한된 생존의 기회는 모두 결합하여, 한 군부 독재가 오랜 기간 동안 통치할 수 없는 지역

을 만드는 계기가 되었다. 오사마 빈 라덴이 알카에다의 성지에서 테러의 대상을 조롱하지만 알카에다는 파키스탄의 와지리스탄부터 예멘, 북아프리카를 넘어서까지 세계로 진출하게 되었고, 아프가니스탄은 테러리스트의 피난처로서의 우위를 잃었다. 9·11 테러 이후 미국에게 남겨진 질문은 "비용이 점점 늘어나지만 성공에 대한 전망을 예상할 수 없는 캠페인을 미국 국민이 얼마나 지원할 것인가?"이다.

이 장은 북아프리카와 서남아시아 지역의 문화, 나라, 지역 간의 다양성을 강조하면서 시작하였다. 그 후 이집트와 이집트의 습곡과 삼각주에 몰려 있는 고대 문명에 대한 설명으로 그 뒤를

이었고, 마지막으로 소수의 나라들이 그들의 역사와 지형 때문에 붕괴된 것과 같은 처지에 놓여 있는 아프가니스탄을 다루었다. 아프가니스탄은 고립과 간섭, 변화에 대한 저항과 근대화를 겪었다. 여기는 서방 문명 근원지가 발생한 곳이 있고, 지구에서 가장 신도자가

많은 두 종교가 탄생한 곳이다. 또 세계의 근대화를 주도한 에너지 자원이 지하에 묻혀 있다. 그리고 오늘날 다양한 지역을 포함한 이 권역은 세계의 흐름을 바꿀 수 있는 갈등이 도사리고 있다.

생각거리

- 21세기가 시작된 지 20년이 넘으면 사우디아라비아는 미국보다 중국에 더 많은 양의 석유를 수출하게 될 것이다.
- 세계에서 가장 높은 빌딩으로 약 0.5마일 높이의 부르즈 두바이(두바이 타워)가 2010년 1월에 건설되었다. 124층의 전망대에서는 약 95km 떨어진 지역까지 볼 수 있다.
- 터키의 절반이 넘는 살인은 가족들에 의해 행해지는 '명예 살인'으로 대부분 여성과 여자아이에게 집중되어 있다.
- 이란은 '신에게 반기를 든 역도'들에게 사형을 언도하고 있다.

아그라의 도시 경관으로 둘러싸인 타지마할 묘 © Jan Nijman

8A

남부 아시아 : 권역의 설정

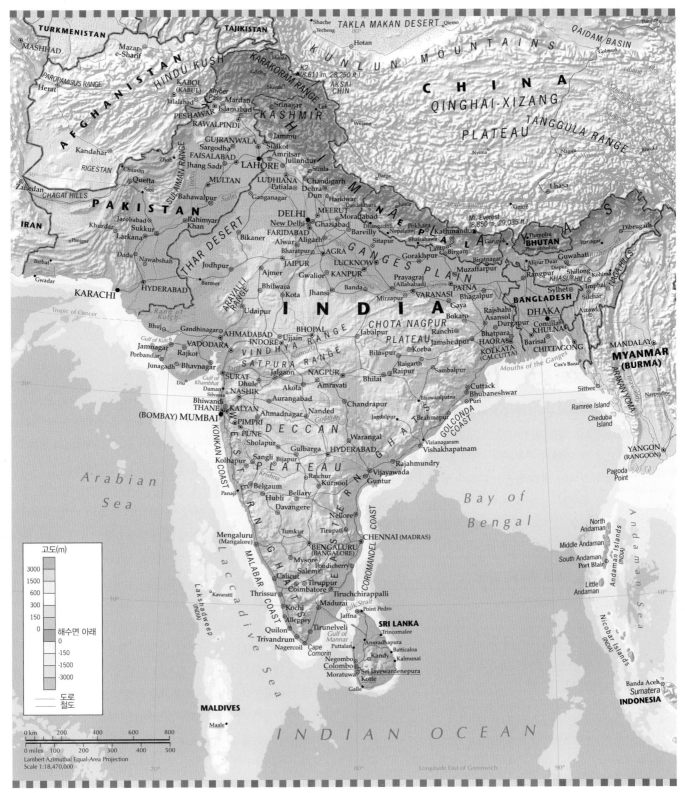

고도(m)
3000
1500
600
300
150
0

해수면 아래
0
-150
-1500
-3000

도로
철도

0 km   200   400   600   800
0 miles 100   200   300   400   500
Lambert Azimuthal Equal-Area Projection
Scale 1:18,470,000

그림 8A-1

© H. J. de Blij, P. O. Muller, and John Wiley & Sons, Inc.

남부 아시아의 땅 이름은 거의 마술적이다. 에베레스트 산, 카슈미르, 카이바르 고개, 갠지스 강이 그것이다. 이 지역은 한때 전설이었고, 사람들이 소중히 여기는 곳이었다. 바스코 다 가마부터 콜럼버스를 지나 마젤란에 이르기까지 유럽 탐험가들이 목표로 삼았던 것은 '인도', 그리고 그 나라에 많다고 이야기되는 재화라는 사실을 기억하라. 그 이전 14세기에 북부 아프리카의 지리학자 이븐바투타는 육로를 통해 남부 아시아에 갔다. 그의 글에 등장하는 인도의 부에 대해 사람들은 놀라기도 했고, 믿지 않기도 했다. 16세기 이후 유럽 무역회사들은 인도와의 상업을 통해 막대한 이익을 얻었다.

그러나 19세기 말 남부 아시아는 한마디로 가난하고, 힘없고, 착취받는 지구 주변부로 전락한 채 세계의 중심 무대에서 멀어졌다. 1947년 독립한 이후에도 인도와 다른 국가들은 계속해서 오랫동안 세계에서 가장 가난한 나라였다. 수십 년간 인구 성장률은 경제 성장률보다 높았다.

오늘날 수많은 이유로 남부 아시아는 다시 세계의 주목을 끌고 있다. 이곳은 2011년 지구에서 가장 인구가 많은 지역이 되었다(부록 B 참조). 이 가운데 인도와 파키스탄 두 나라는 서로 분쟁하는 원자폭탄 보유국이다. 파키스탄 오지에 숨어 있는 테러 조직 지도자의 계획에 따른 공격 결과 뉴욕의 스카이라인이 바뀌었고, 이라크와의 전쟁 양상이 변했다. 인도 항구에는 남부 아시아의 군사 강국이 되려는 인도 정부의 단호한 결정에 따라 해군력이 증강되고 있다. 동시에 미국 기업들의 인도에 대한 아웃소싱은 뜨거운 화제가 되었다. 놀랄 만큼 발전하고 있는 정보기술로 인도는 산업이 크게 바뀌었다. 우리들의 일상 생활은 인구가 많고, 다른 세계와 타협할 줄 모르는 이 지역의 사건들에 의해 더 많은 영향을 받게 될 것이다.

다양한 지리 풍경

유라시아 대륙은 세계 주요 6개 대륙의 대부분을 차지하고 있다. 그중 남부 아시아가 다른 지역과 가장 뚜렷하게 지형적으로 그 경계가 구분된다. 그림 8A-1이 보여주듯 북인도양의 아라비아 해와 벵골만 사이에 있는 거대한 세모꼴의 이 지역은 주변과 산맥 및 사막으로 날카롭게 경계가 구분되고 있어 펜으로 그것을 쉽게 나타낼 수 있다. 동쪽에 나가 산맥,

 주요 지리적 특색

남부 아시아

1. 남부 아시아는 다른 지역과의 경계가 명확하게 자연지리적으로 결정된다. 이 지역의 산맥, 사막, 그리고 인도양이 주된 경계이다.
2. 남부 아시아의 거대한 인구 집단은 커다란 강들, 특히 갠지스 강을 통해 수만 년 동안 생존을 이어 왔다.
3. 남부 아시아, 특히 인도 북부는 힌두교와 불교를 포함한 주요 종교 발상지이다.
4. 남부 아시아는 경계를 이루는 지형의 장애 때문에 근대 이전에 외국과의 교류는 주로 북서부의 좁은 고개(카이바르 고개)를 통해 이루어졌다.
5. 남부 아시아는 면적이 지구 육지의 3%를 조금 넘을 뿐이지만 인구는 지구 전체의 23% 가까이를 차지한다.
6. 해마다 반복되는 남부 아시아의 몬순은 수억 명의 농민들이 지속적으로 생계를 이어가고, 상업적으로 농사를 지을 수 있는 토대이다.
7. 북부 산지의 일부 변경은 인도, 파키스탄, 중국 사이에 영토 분쟁이 발생할 수 있는 위험 요인이다.

북쪽에 히말라야 산맥과 카라코람 산맥이 있다. 서쪽으로는 힌두쿠시 산맥, 그리고 이란과 접하고 있는 황무지 발루치스탄이 있다. 거주가 가능한 푸른 저지가 거대하고 눈으로 덮인 암갈색의 산맥과 얼마나 가까이 있는지 기억해야 한다.

남부 아시아의 변화무쌍한 문화는 세계에서 가장 다양하다. 험한 산맥과 사람의 접근을 허용하지 않는 사막을 뚫고 들어온 외국 문화로 인해 이 지역의 문화는 더욱 다양해졌다. 우리는 이 장에서 이렇게 영향을 미친 사례를 많이 보게 될 것이다. 그러나 남부 아시아는 또한 전체적으로 다양한 요소들을 모으는 하나의 힘을 갖고 있다. 19세기 전성기에 이 지역을 휩쓴 대영 제국이 그것이다. 20세기 중엽에 영국은 이 지역을 하나의 독립국으로 만들려고 했으나, 지역의 반대로 그 제안은 바로 무산되었다. 영국은 힌두교가 주도하는 국가를 원했지만, 이 지역의 동부와 서부에 있는 무슬림들이 이에 반대하였다. 이것은 실론이라 불렀던 남쪽 섬나라(지금은 스리랑카)뿐 아니라 북쪽 산지의 작은 왕국도 마찬가지였다. 협상과 타협을 통해 그림 8A-1에서 보듯 나라들이 나누어졌고, 국경선이 결정되었다. 그 결과 이 지역에서 가장 거인인 인도는 여섯 나라(파키스탄, 네팔, 부탄, 방글라데시, 스리랑카, 그리고 몰디브)에 둘러싸이게 되었다. 그 밖에 영토 분쟁 중인 카슈미르가 있다.

이슬람교가 파키스탄의 공식 종교(인도는 국교가 없음)이

다. 북아프리카와 서남아시아의 지역 경계를 정할 때 신앙을 지역 구분의 핵심 기준으로 삼는다. 이런 방식에 따라서 우리는 파키스탄을 서남아시아에 포함시켜야 하는 것일까? 그 답은 파키스탄의 몇몇 역사지리에서 찾을 수 있다. 하나의 기준은 민족의 연속성이다. 파키스탄 민족은 아프가니스탄이나 이란보다 인도 민족에 더 가깝다. 다른 요소는 언어. 우르두어가 파키스탄의 공식 언어이기는 하나 인도에서와 마찬가지로 영어가 공용어(링구아 프랑카)다. 물론 또 다른 요소가 있다. 파키스탄이 영국 식민지인 남부 아시아의 일부로서 진화해 왔다는 것이다. 게다가 파키스탄과 인도의 국경선을 사이로 종교가 뚜렷이 나누어지는 게 아니다. 우리가 나중에 보게 되겠지만 인구가 12억 명인 인도에는 1억 7천만 명 이상의 무슬림이 살고 있다(그 인구는 파키스탄 인구와 비슷). 파키스탄과 접하는 국경선 부근의 인도 땅에 수백만 명의 무슬림이 살고 있으며, 국경선이 정해지는 과정에서 1947년에 수많은 사람들이 목숨을 잃었다. 파키스탄과 인도는 문화 역사적으로 연결되어 있지만, 전쟁을 벌인 카슈미르에서는 목숨을 걸 만큼 위험한 관계로 만나고 있다.

파키스탄이 남부 아시아에 깊이 통합되어 있는 이유는 그림 8A-1에서 보듯이 이 지역의 지형 때문이다. 이 지역의 지형에 따른 국경선은 인더스 강 동쪽이 아니라 서쪽을 지나고 있다. 파키스탄은 오늘날 편자브가 아니라 아프가니스탄으로 통하는 관문 카이바르 고개에서 다른 지역과 지리적으로 구분된다.

남부 아시아의 자연지리

눈 덮인 산의 정상에서부터 일대 밀림까지, 그리고 건조한 사막에서부터 풍요로운 농장까지 이 지역은 수많은 생태와 환경이 실제로 끊임없이 연속되고, 그 다양성은 모자이크 같은 문화와 잘 조화된다. 광범위한 이 지역의 자연은 매력적인 과거의 지질시대를 살필 때 가장 잘 이해할 수 있다.

판들의 구조적인 만남

그림 8A-2가 보여주듯이 이 지역 북부의 매우 높은 산맥들은 근본적으로 지구의 거대한 판의 충돌에서 비롯되었다(그림 G-4). 초대륙 판게아의 분리 과정에서 오랫동안 판들의 지질학적 여행이 계속되다가 약 1,000만 년 전 인도 판이 유라시아 판과 만났다. 이 느린 동작의 아코디언 같은 충돌에

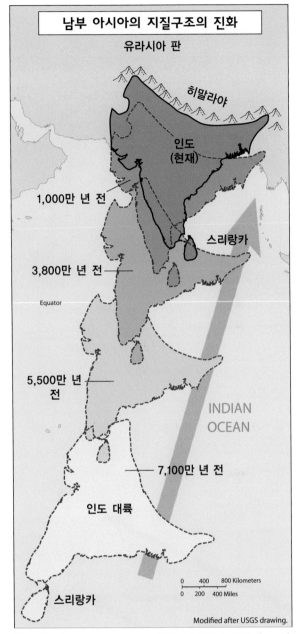

그림 8A-2

© H. J. de Blij, P. O. Muller, and
John Wiley & Sons, Inc.

따라 지각의 여러 부분이 위로 치솟아 올랐고, 히말라야 산맥이 형성되었다. 이 운동은 1년에 5밀리미터의 속도로 지금도 계속되고 있다. 그 결과 나타난 주요한 결과는 남부 아시아의 북쪽 경계 고산에 만년설과 얼음이 쌓여 북극지방처럼 보인다는 사실이다. 계절이 반복될 때마다 봄과 여름에 눈과 얼음이 녹은 물이 산지 아래의 큰 하천으로 흘러 내려간다. 그래서 농민들이 이 하천의 물을 이용하는 농경지를 통해 수억 명의 사람들이 생존을 이어간다. 갠지스 강, 인더스 강, 브

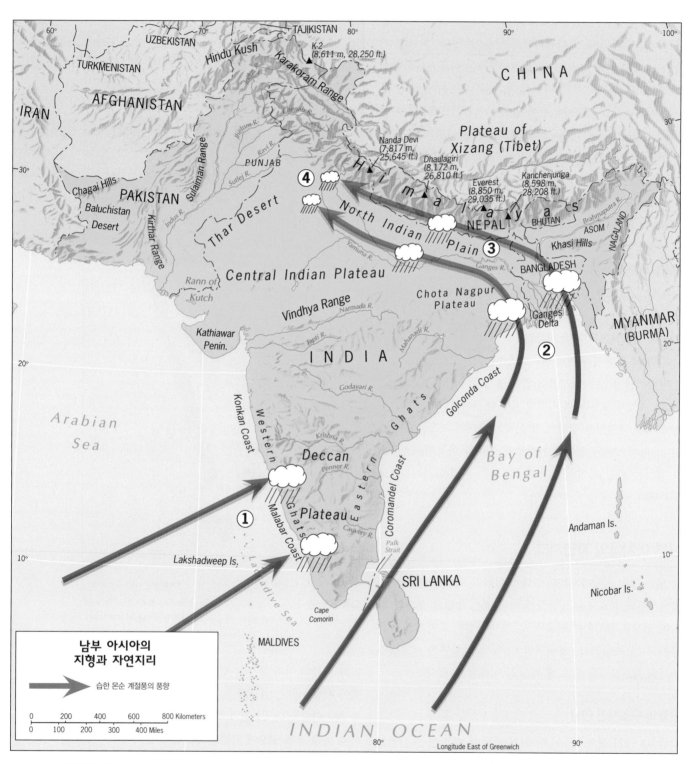

그림 8A-3

라마푸트라 강의 물은 모두 히말라야 산맥에서 시작되었다. 갠지스 강 유역의 남쪽에만 인도 판이 유라시아 판을 향해 북동쪽으로 이동해 왔음을 보여주는 지질학적으로 매우 오래되고 거대한 고원이 자리 잡고 있다.

몬순

따라서 자연지리 조건은 남부 아시아에서 매우 중요하다. 그것은 단순히 지형과 지질에만 한정되지 않는다. 대기에서 발생하는 현상도 마찬가지로 중요하다. '남부 아시아'라는 이름은 **1** 몬순(monsoon)이라는 용어와 거의 동의어로 쓰인다. 보통 6월에 시작되는 강수가 이 대륙에서 가장 주요한 나라 인도의 상업농업뿐 아니라 주민들의 생계 자체를 위해 불가피하기 때문이다.

그림 8A-3을 보면 몬순이 어떻게 작용하는지 알 수 있다. 남부 아시아의 넓은 땅이 봄철에 가열되면 거대한 저기압 시스템이 그 위에서 형성된다. 이 저기압 시스템은 대양에서 육지로 많은 공기를 끌어들인다. 습기가 많은 대양의 공기가 6월 초에 유입되면 많은 비가 쏟아지게 된다. **습윤한 몬순**이 도달한 것이다. 60일 정도 비가 내릴 수 있다. 이 지역은 푸르게 변하고, 논은 물로 가득 차며, 건계의 먼지는 물로 씻겨 사라진다. 이 지역은 다시 살아난다(위 사진 참조). 습기가 많은 공기가 서고츠 산맥을 따라 올라가면서(①), 기온이 낮아지고, 그에 따라 많은 비가 내린다. 다른 기류가 벵골만을 통해 들어와 인도 북동부와 방글라데시 상공에 갇혀 대류 현상을 일으킨다(②). 그러면 끝날 것 같지 않은 많은 비로 이제 북부의 힌두 평원 전체를 포함하여 광활한 면적이 물에 잠긴다. 히말라야 산맥의 높은 벽이 공기 흐름을 차단하여 산맥 북쪽은 더 이상 비가 내리지 않는다(③). 대신 이 기류는 서쪽으로 방향을 돌려 파키스탄으로 전진하다가 점차 건조해진다(④). 수주일간 지속되던 이 습윤한 몬순 시스템은 마침내 끝이 나고, 주기적으로 비가 조금씩 내리다가 드디어 메마른 건계가 다시 시작된다. 그러면 사람들은 내년의 몬순을 마음을 조이며 기다린다. 몬순이 없으면 인도는 대재앙에 부딪히기 때문이다. 반복적으로 계속되는 기상학적 변화는 인도의 많은 농촌에 결정적인 영향을 미친다.

자연지리 지역

그림 8A-3은 남부 아시아의 전체를 세 지역으로 나누고 있다. 북부 산지, 남부 고원, 그리고 그 사이에 있는 하천 저지

인도는 해마다 우기 몬순이 불어와 풍경을 바꿔 놓는다. 5월 말이면 논밭은 햇볕에 타서 갈색을 띠고, 대기는 먼지 때문에 숨 쉬기가 힘들며, 대지에는 아무것도 살아남기 힘들 것처럼 보인다. 이때 비가 내리기 시작하면 먼지층은 진흙으로 바뀐다. 흙 위로 싹이 나면서 건기 몬순이 끝날 때 대지는 온통 푸른빛을 띠게 된다. 왼쪽 사진은 우기가 시작되기 직전의 고아 지방 풍경이고, 오른쪽은 3개월 뒤의 같은 장소 풍경이다. © Steve McCurry/Magnum Photos, Inc.

의 거대한 초승달 지역이다.

북부 산지지역은 북서부의 힌두쿠시 산맥과 카라코람 산맥에서 시작하여 중부의 히말라야 산맥(세계에서 가장 높은 에베레스트 산은 네팔-중국 국경에 있음)을 지나 부탄 산지까지, 그리고 다시 동쪽으로는 인도의 아루나찰 프라데시 주에 이른다. 아프가니스탄과 접하고 있는 서쪽은 건조한 황무지이고, 카슈미르는 드문드문 나무가 있는 푸른 식생을 보여주며, 네팔의 저지에는 숲이 우거져 있다. 아루나찰 프라데시 주는 식생 밀도가 높아 더욱 푸르다. 빠른 융설수에 깎여 깊은 골짜기가 많은 산기슭에서 더 내려가면 하천 분지가 펼쳐진다.

하천 저지대는 파키스탄의 저지 인더스 강 유역(신드라고 알려진 지역)에서 동쪽으로 이어져 인도의 넓은 힌두스탄 평원을 지나고, 다시 갠지스 강과 브라마푸트라 강이 만든 거대한 두 삼각주를 통과한다(그림 8A-1). 동부의 자연 지역은 종종 북인도 평야라고 부른다. 서쪽에는 인더스 강의 저지가 있다. 이 강은 티베트에서 시작하여 카슈미르를 지난 다음 남쪽으로 방향을 바꾼다. 그리고 펀자브('다섯 하천의 땅')에서 흘러온 여러 지류와 합류한다.

거대한 데칸 고원이 중심을 이루는 인도 반도는 주로 고원으로 되어 있다. 데칸 고원은 인도가 판게아의 일부인 아프

리카에서 떨어져 나올 때 분출한 현무암의 탁상지이다. **데칸**('남쪽'이라는 뜻) 고원은 동쪽으로 기울어져 있어 가장 높은 지역은 서쪽에 있다. 그래서 주요 하천은 벵골만으로 흘러간다. 데칸의 북부는 2개의 다른 고원으로 되어 있다. 서쪽의 중앙 인도 고원과 동쪽의 초타 나그푸르 고원이 그것이다(그림 8A-3). 지도에서 또 동고츠 산맥과 서고츠 산맥에 주목하자. '고츠'는 계단을 뜻한다. 그것은 데칸 고원과 그 아래 좁은 해안 평야 사이의 경사가 매우 급함을 나타낸다. 서고츠 산맥 서쪽에는 바다에서 육지로 불어오는 습윤한 몬순 때문에 막대한 비가 내린다. 그 결과 이곳은 인도에서 농업 생산성이 가장 높은 지역이자, 인도 남부에서 인구가 가장 많이 집중한 장소 중의 하나가 되었다.

문명의 요람

남부 아시아는 인류의 역사지리에서 특별한 위치를 차지하고 있다. 첫째, 최근 연구에 따르면 갠지스 강 유역은 현생 인류가 아프리카에서 홍해를 거쳐 오스트레일리아까지 이동하는 중간 지점으로 매우 중요하였다. 7만 년 전 이곳 환경은 수렵 채집민들이 자리 잡았다가 다른 곳으로 옮겨 가기에 유리하였다. 그들은 인도 아대륙으로부터 계속해서 남동 아시아, 오스트레일리아로 이동하였다. 학자들은 이곳 주민들이 서쪽으로 서남아시아와 영국까지 이주했다고 결론짓는다. 갠지스 강 유역은 인류의 도가니였다. 그러나 그것은 시작에 불과했다. 뒤이어 남부 아시아의 유역 분지에서 2개의 고대 문명이 발생하였으며(그림 7A-4 참조), 현재 세계에서 인구가 두 번째로 많이 모인 지역이 되었다(그림 G-8).

인도 문명

비록 먼 과거이기는 하지만 우리는 기원전 2500년경에 인더스 강 유역에서 복합적이고 기술 수준이 높은 문명이 발생했다는 것을 알고 있다. 같은 시기에 이집트와 메소포타미아에서 청동기시대의 '도시혁명'이 나타났다. 인도 문명의 중심지는 하라파와 모헨조다로이다. 이 도시들은 각기 다른 시대의 도읍지일지도 모른다(그림 8A-4). 그 밖에 더 작은 고을이 100개 이상 있었다. 주민들은 나라 이름을 **신드**라고 불렀는데, **인더스**(강 이름)와 **인도**(뒷날의 나라 이름)라는 이름은 여기에서 비롯한다. 이 문명은 동쪽으로는 오늘날의 델리까

지 영향력을 미쳤다 할지라도 환경의 변화로 인해 오랫동안 존속하지 못했다. 그것은 아마도 정치 중심지가 남동쪽의 갠지스 강 유역으로 이동했기 때문일 것이다.

아리안족과 힌두교의 기원

기원전 1500년경에 인도는 **아리안족**(오늘날 이란에서 인도-유럽 어족의 언어를 쓰는 사람들)의 침입을 받았다. 인도에서 철기시대가 시작될 무렵, 이 문화의 영향을 받은 아리안족은 갠지스 강 유역에서 흩어져 있는 종족과 마을을 묶어 새로운 조직 체계를 만들기 시작했으며, 이로 인해 도시들이 새로 만들어졌다. 아리안족은 자신의 언어(고대 페르시아어와 관계가 있는 산스크리트어)를 가지고 왔으며, 인도 북부의 평야에 새로운 사회 질서를 마련하였다. 또한 그들의 고을에서는 새로운 종교적 신앙 체계인 **베다교**가 출현하였고, 이 종교와 지역의 믿음을 기록한 경전에서 새로운 종교인 **힌두교**가 발생하였다. 이를 통해 생활방식이 새롭게 바뀌었다.

새롭게 아리안족이 들어와 정착한 사회에서 아리안족은 자기들의 권력을 공고히 하고, 그것이 종교를 통해 정당화될 수 있는 **2 사회계층**(social stratification) 체계를 필요로 했던 것처럼 보인다. 3500년 전에 시작된 지역 통합, 마을 조직망의 통제, 수많은 소도시 국가들의 출현으로 사람들 사이에 권력에 따른 위계가 나타났다. 최상층은 승려인 브라만이었다. 계급에 기초하는 힌두교의 **카스트 제도**는 오늘날 서구에서(그리고 인도인들 사이에서도) 논쟁거리가 되고 있다. 카스트 제도가 엄격한데다가 구조적인 불평등을 정당화하기 때문이다. 과거의 신분을 그대로 이어받아야 했던 가장 낮은 카스트의 사람들은 매우 가난하였다. 그들은 생활이 향상될 수 있는 희망이 없었고, 사회적 지위가 높은 사람들에게 자신들의 삶을 맡겨야 했다.

인도 문명에서 정말로 놀라운 것은 3000년이나 지났음에도 그 문명이 오늘날에도 여전히 당시와 똑같은 신앙, 똑같은 범신론, 똑같은 카스트 제도, 똑같은 종교적 관행을 유지해 오고 있다는 사실이다. 여러분이 갠지스 강 연안의 바라나시나 다른 성지를 방문하면 3000년 이상 같은 방식으로 수행해 온 기도와 제물 모습을 볼 수 있다. 주요 문화가 이처럼 오랫동안 지속되어 온 것은 지구상 어디에서도 찾을 수 없다. 그것이 카스트 제도를 부정하는 서구인들조차 남부 아시아 지역의 강력한 정신 문화에 매력을 느끼는 이유이다.

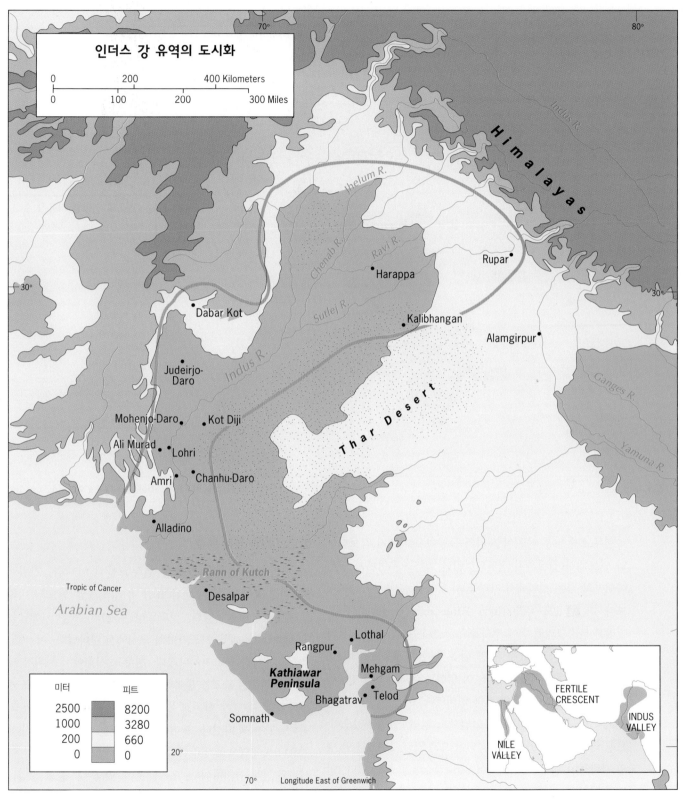

인더스 강 유역의 도시화

0   200   400 Kilometers
0   100   200   300 Miles

Himalayas

Indus R.

Jhelum R.

Chenab R.

Ravi R.

Rupar

Harappa

Sutlej R.

Dabar Kot

Kalibhangan

Alamgirpur

Indus R.

Judeirjo-Daro

Ganges R.

Mohenjo-Daro   Kot Diji

Thar Desert

Ali Murad   Lohri

Yamuna R.

Amri   Chanhu-Daro

Alladino

Rann of Kutch

Tropic of Cancer

Desalpar

Arabian Sea

Lothal

Rangpur

Mehgam

Kathiawar Peninsula

Bhagatrav   Telod

Somnath

미터		피트
2500		8200
1000		3280
200		660
0		0

20°

70°   Longitude East of Greenwich

FERTILE CRESCENT

INDUS VALLEY

NILE VALLEY

그림 8A-4

© H. J. de Blij, P. O. Muller, and John Wiley & Sons, Inc.

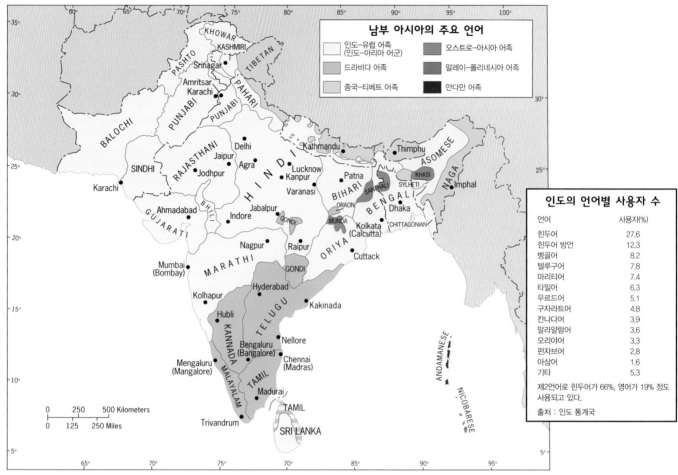

그림 8A-5

© H. J. de Blij, P. O. Muller, and John Wiley & Sons, Inc.

힌두교가 남부 아시아를 거쳐 동남아시아(특히 캄보디아와 인도네시아)에까지 전파되었지만, 인도-유럽어가 남부 아시아의 넓은 지역에서 자리 잡지 못했다. 그림 8A-5에서 보다시피 **3 인도-유럽어**(Indo-European languages, 그들 중 몇몇은 산스크리트 어에 뿌리를 두고 있음)는 인도의 서부와 북부만 지배하고 있는 반면 남부 언어는 **4 드라비다어**(Dravidian)가 차지하고 있다. 이 언어는 아리안족이 침입해 오기 전까지 인도 전체의 토착 언어였다. 이 언어들은 화석 언어가 아니다. 그것들은 오늘날에도 널리 쓰이고 있으며, 오랜 역사를 통해 글로도 지속되어 오고 있다. 2억 5천 만 명의 사람들이 텔루구어, 타밀어, 카나레스어를 쓰고 있다. 인도의 북부와 서부 변경에서는 중국-티베트어가 주로 쓰이고, 동인도, 그리고 이웃인 방글라데시 안의 군데군데 좁은 지역들에서는 말레이시아 어족의 언어가 쓰이고 있다.

불교와 다른 토착 종교

이 지역에서 발생한 종교는 힌두교만이 아니다. 기원전 500년경 **불교**가 동부 갠지스 강 유역(오늘날 인도의 비하르 주)에서 발생하였다. 싯다르타(부처)의 유명한 '깨달음(enlightenment)'은 보드가야의 도시에서 나타났다. 이 '깨달음'은 곧 사방으로 퍼져나갔다. 힌두교 사회에서 지위가 낮은 신분계층은 불교를 좋아하게 되면서 많은 수가 불교로 개종하였다. 유명한 힌두교 왕도 몇몇은 불교로 개종하였고, 신하들도 이에 따랐다. 흥미롭게도 불교는 인도 안에서 발생했으나 마지막으로 영향력이 있는 곳은 인도가 아닌 동부 아시아와 남부 아시아이다. 오늘날 인도 인구에서 불교를 믿는 사람은 1% 미만이다(힌두교 신자가 81%). 부탄의 국교는 불교이며, 스리랑카는 대부분 불교를 믿는다.

더 작은 다른 토착 종교인 **자이니교**는 고대 이후 힌두교와 함께 발달해 왔다. 자이니교는 더 순수하고, 원리주의적이고,

영적인 힌두교의 형태를 지니고 있는 종교라고 말한다. 이 종교는 비폭력과 채식주의를 고집하는 것으로 유명하다. 자이니교 신자 수는 인도 인구의 1% 미만이다. 마지막으로 토착 종교의 하나인 **시킴교**에 주목할 필요가 있다. 이 종교는 이슬람교와 힌두교가 혼합된 형태이다. 국민의 2% 정도가 믿고 있으며, 당연히 역사가 더 짧다. 이것은 이슬람교가 남부 아시아를 지배하기 시작한 지 수백 년 뒤 1500년경에 발생했다.

밖으로부터의 침입자

이슬람 세력의 진출

13세기 후반 이슬람은 거인처럼 남부 아시아로 쳐들어 갔다. 그들은 페르시아와 아프가니스탄을 지나 높은 고개를 넘어서 인더스 강 유역으로, 그리고 펀자브를 지나 갠지스 강 유역으로 들어갔다. 인더스 강 유역에서는 거의 모든 사람들을 이슬람교로 개종시켰는데, 이것은 나중에 파키스탄 이슬람 공화국 건국의 출발점이 되었다. 13세기 초 이슬람은 오랫동안 강력하게 유지된 **델리 술탄국**을 세웠다. 이 나라는 반도의 북부를 지배했다. 이슬람은 또 바닷길을 통해 갠지스-브라마푸트라 강 삼각주에 이르렀으며, 이곳 동부에서도 서부와 마찬가지로 이슬람교를 전파시켰다. 이것은 오늘날 이슬람교의 방글라데시가 들어선 기초가 되었다.

왜 수백만 명의 힌두교도가 이슬람교로 개종하였을까? 그것은 이슬람교가 포교할 때 강제성을 띤 것도 있지만 좋은 점도 있었기 때문이다. 인도 각 지방국가의 군주들은 이슬람에 대한 협력이냐, 아니면 피지배냐의 갈림길에서 하나를 선택하지 않으면 안 되었다. 권력자들은 개종하는 것이 더 낫다는 결정을 내렸다. 불교도 그렇지만 이슬람교는 하층 카스트가 환영할 만한 대안이었다. 그리하여 이슬람은 통치자와 피통치자의 신앙이 되었으며, 힌두교의 중심부에서 강력한 힘을 얻게 되었다.

이슬람은 또 다른 정복자와 마찬가지로 자신들끼리 싸움을 벌였다. 1500년대 초 겐지스 칸의 후손인 바부르는 아프가니스탄의 카불을 근거지로 한 다음 거기서부터 펀자브로 침입하고, 뒤이어 델리 술탄국에 도전하였다. 1520년대 그의 이슬람 몽골 군대는 델리 지배자를 내고 **무굴 제국**을 건설하였다.

어떻게 보아도 무굴 제국의 통치는 매우 훌륭했으며, 특히 바부르의 손자 악바르 때 더욱 그러했다. 그는 제국을 힘으로 통치했으나 인도인에 대해서는 관용의 정책을 채택했다. 악바르의 손자 샤 자한은 아그라시에 타지마할 묘라는 위대한 건축물을 창조함으로써 인도의 문화 경관에 자신의 자취를 남겼다.

그럼에도 18세기 초 무굴 제국은 쇠퇴하기 시작했다. 서부 지역의 한 힌두교 국가인 마라타는 지방 통치자들과 연맹을 맺고 이슬람 세력을 약화시키면서 반도의 남쪽지역뿐 아니라 북쪽의 델리까지 진출하였다. 여러 지역으로 분열된 인도는 여전히 다른 외국 세력에 노출되었는데, 이번에는 유럽 세력이 그 자리를 차지했다.

남부 아시아에서 이슬람 지배가 7세기 이상 지속된 것을 생각하면 전체적으로 이슬람이 그만큼 주도권을 잡지 못했다는 것이 특기할 만하다. 이슬람 신자 비율이 파키스탄은 96%가 넘고, 방글라데시는 83%가 넘는 반면, 델리 술탄국과 무굴 제국이 있었던 인도는 오늘날 15% 미만이다. 이슬람 세력이 거인처럼 뚜벅뚜벅 들어왔지만 힌두교는 그 침입을 잘 견뎌냈다. 카스트 제도는 많은 비판을 받았고, 그 비판이 이해되는 측면이 있다. 그러나 이러한 독특한 힌두교가 있어 처음에는 이슬람의 공격을, 다음에는 온 나라가 그 지배하에 들어갔던 대영 제국, 즉 유럽의 침략을 막아냈다는 사실을 부정하기 어렵다.

유럽의 침입

18세기 중엽 런던은 동남아시아 무역의 대부분을 넘겨받았다. 영국 세력은 동인도 회사를 통해 인도를 지배했다. 그것은 영국을 대표했으나 주된 목적은 경제적인 것이었다. 영국은 무굴 제국이 쇠약하고 분열된 상황을 이용해서 통상 '간접 지배'로 알려진 정책을 따랐다. 그들은 무역을 통해 이익을 뽑아낼 수 있는 동안에는 지방 통치자들을 그 자리에 그대로 놓아두었다. 동인도 회사는 향료, 면화, 비단의 유럽 무역을 통제하였을 뿐 아니라 인도와 동남아시아 사이의 오랜 무역에도 개입하였다. 이전까지 동남아시아의 무역은 인도, 아랍, 중국 상인들의 수중에 있었다. 동인도 회사의 이 시스템은 1세기 동안 영국에 유리하게 작동하였으나, 당시에 정치가 발전하면서 긴장이 고조되어 동인도 회사 대신 영국 정부의 직접 통치가 필요하게 되었다. 그리하여 '동인도'는 1857년에 대영 제국 식민지의 일부가 되었다. 식민지시대는 다음 90년간 지속되었으며, 빅토리아 여왕이 공식적으로 20년 후에 인도 식민지 여왕의 지위를 행사했다.

식민지로의 전환

남부 아시아의 영국 식민지는 유럽의 산업혁명과 궤를 같이 한다. 영국의 인도 반도에 대한 영향은 이런 맥락에서 이해해야 한다. 남부 아시아는 대부분 영국의 맨체스터, 버밍햄과 다른 산업 중심지의 공장에 필요한 원료의 공급지였다. 예를 들면 미국 남부의 면화 공급이 1860년대 남북전쟁 이후 중단되었을 때 영국은 재빨리 오늘날 서부 인도에 해당하는 지역에서 면화 생산을 독려하였다(또 강요하였다).

영국이 남부 아시아를 장악하였을 당시 이 지역은 이미 상당한 수준으로 산업이 발달하여(금속 산업과 섬유 산업이 유명) 동남아시아와 서남아시아 두 지역과의 교역이 활발하였다. 식민주의자들은 이것을 경쟁 대상으로 보고 이를 억압하였다. 인도는 머지않아 원료를 수출하고, 공업 제품을 수입하게 되었다. 말할 것도 없이 이것은 유럽과의 관계 속에서 이루어졌다. 인도의 지방 산업은 붕괴되었으며, 인도의 상인은 시장을 잃었다.

식민주의는 인도에게 좋은 점도 있었다. 인도 각 지역을 충분히 연결하지 않아 내륙과 항구만을 연결하는 시스템이라는 한계가 있었음에도 인도는 식민지시대에 가장 광범위하게 교통망, 특히 철도망을 건설하였다. 영국의 기술자들은 농사를 지을 수 있도록 수백만 헥타르의 토지에 관개시설을 설치하였다. 영국 지배 당시 건설된 해안의 마을들은 주요한 항구도시로 번창하였다. 해안의 마을 발달은 봄베이(지금의 뭄바이), 캘커타(지금의 콜카타), 마드라스(지금의 첸나이) 등이 주도하였다. 이 세 도시는 오늘날에도 여전히 인도에서 가장 큰 도시이며, 도시 경관은 식민지의 특성을 뚜렷이 지니고 있다.

영국 지배를 통해 또한 남부 아시아 사람들 사이에서 새로운 엘리트가 양성되었다. 이들은 교육 및 학교를 접할 수 있어서 영국과 인도의 전통을 결합하였고, 그들의 서구화 의식은 영국에서의 대학 교육을 통해 강화되었다. 이 엘리트들은 힌두교와 이슬람교 지역 출신이었기 때문에 이들이 자치와 독립의 요구를 고양시키는 데 주요한 역할을 담당하였다. 이 요구들은 20세기 초에 동력을 얻기 시작하여 마침내 제2차 세계대전이 끝난 1940년대에 독립이 실현되었다.

 답사 노트

© H. J. de Blij

"영국에서 독립한 뒤 반세기 이상 인도 최대 도시들의 도심은 식민주의자들이 이곳에 세운 빅토리아-고딕 양식 건축물이 계속 주도하고 있다. 이것은 과거의 유럽 양식이 도시의 풍경을 바꾸어 놓은 것으로 세계화 이전에 이루어진 증거다. 뭄바이(영국은 봄베이라고 부름) 거리를 걷다가 모퉁이를 돌면 이곳을 런던으로 착각할 수 있다. 영국 계획가의 주요 업적은 전국에 걸친 철도망 건설인데, 철도역은 도시에서 눈에 잘 띄도록 만들었다. 나는 나오로지 로드를 걸었을 때 포트 지구에서 거리의 혼잡을 피하는 법을 배웠다. 그리고 그곳에서 빅토리아 역(지금은 차트라파티 시바지 역)을 통과하는 군중을 보았다. 그 안의 시설은 매우 낡았지만, 열차는 승객이 문과 창문 밖으로 밀려나올 정도로 가득 채운 채 계속해서 달렸다."

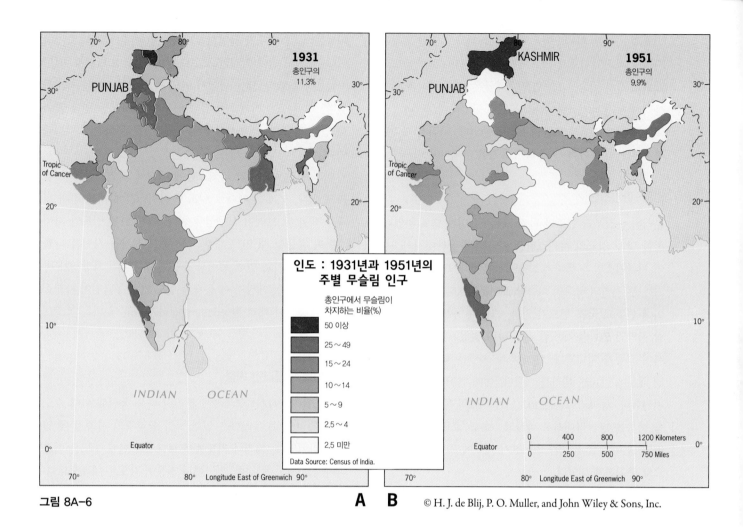

그림 8A-6   **A B**   © H. J. de Blij, P. O. Muller, and John Wiley & Sons, Inc.

현대 남부 아시아의 지정학

분리와 독립

영국이 인도의 독립에 대한 요구를 수용하기 전에도 영국령 인도 전체가 하나의 정치체로 스스로를 통치할 수 없을 것처럼 보였다. 1930년대 초에 이슬람 활동가들은 국가 분립의 이상을 확산시키고 있었다. 식민지가 독립을 향해 가고 있을 때 커다란 정치 위기가 발생하여 마침내 인도와 파키스탄이 나뉘어지게 되었다. 그러나 **5** 분리(partition)는 단순한 문제가 아니었다. 서부에는 이슬람 인구가 다수였지만 동부에는 인구가 소수인 이슬람 공동체들이 여기저기 흩어져 있었다. 게다가 힌두교와 이슬람교 공동체가 공존하는 지역 가운데로 새로운 국경이 그어져서 수백만 명이 거주지를 맞바꿔야 했다.

이러한 인구 이동이 특히 인도의 사회지리에 미친 영향은 심대하다. 그림 8A-6과 같이 1931년과 1951년 사이의 무슬림의 분포를 비교해 보면 오늘날 인도의 펀자브와 라자스탄 주에 준 영향을 알 수 있다. (카슈미르가 분리하기 전에는 셋으로 나누어져 있었으나 분리 이후에는 한 개로 바뀌었다. 그 변화는 단순히 인구수의 변화가 아니라 행정상의 변화를 뜻한다.) 지도에서 알 수 있는 것처럼 방글라데시와 접하고 있는 서벵골 주의 옆에서도 무슬림의 대탈출이 있었기 때문에 이곳에서도 이슬람의 인구 비율이 뚜렷하게 줄었다.

지구에서 수많은 **6** 난민(refugee) 이동이 있었지만 영국령 인도가 분리된 뒤(1947년 8월15일이 독립일임) 나타난 인구 이동처럼 이렇게 짧은 기간에 이렇게 많은 인구가 이동한 적은 없었다. 난민 현상을 연구하는 학자들은 '강제' 인구 이동과 '자발적' 인구 이동을 구분하지만, 이 사례에서처럼 이 둘 사이를 뚜렷이 구분할 수 없는 경우도 있다. 선택의 여지가 없다고 믿는 많은 무슬림들은 새로운 인도에서의 미래를 불안하게 여겨 대탈출의 행렬에 끼어들었다. 다른 부유한 사람들은 그대로 남아 있을 것인지 또는 떠날 것인지를 선택할 수 있는 능력이 있었지만 그들도 의심할 바 없이 위협을 느꼈다.

국경 가까운 파키스탄에서 다수를 이루고 있던 힌두교 신자들도 마찬가지로 인도로 이주하였다. 1947년 파키스탄의 힌두교 신자 비율은 16%였으나 지금은 1%에 지나지 않는다. 분리 당시 동파키스탄이라고 불렸던 방글라데시의 경우 힌두교 비율이 30%에서 오늘날 16%로 줄었다. 따라서 분리는 남부 아시아의 문화적·지정학적 풍경을 크게 바꾸어 놓았다.

인도-파키스탄

분리된 순간부터 인도와 파키스탄은 유대가 별로 없었다. 독립할 당시 지금의 파키스탄은 지금의 방글라데시와 연합하여 서파키스탄과 동파키스탄으로 불렸다. 이것이 가능한 근거는 두 지역의 국교인 이슬람교 때문이었다. 이 파키스탄 사이에 힌두교 국가 인도가 있다. 그러나 동부와 서부의 이슬람 지역의 연합을 깨뜨릴 것은 달리 없었고 이 둘은 25년 가까이 그렇게 지내왔다. 1971년 두 지역은 탈퇴와 관련한 전쟁 때문에 값비싼 대가를 치렀다. 이때 인도는 동파키스탄을 지원했다. 동파키스탄은 1971년에 '제2의 독립'을 성취한 다음 이름을 방글라데시로 바꿨고, 서파키스탄은 더 이상 '서'라는 글자를 달 필요가 없어졌기 때문에 지도에는 파키스탄으로 표기하게 되었다.

두 파키스탄 싸움에서 인도가 동파키스탄을 지원한 것은 인도와 파키스탄의 긴장이 계속되는 원인이 되었다. 이 두 나라는 이미 1965년에 전쟁을 치렀고, 나아가 1970년대에 잠무-카슈미르를 두고서도 갈등이 있었으며, 이후에도 간헐적으로 다른 사건으로 싸움을 벌여 왔다. 냉전 기간 동안 인도는 소련과 가까워진 반면 파키스탄은 미국에 다가갔다. 이것은 아프가니스탄에 인접한 전략적 위치 때문이었다. 남부 아시아 두 나라 사이의 전쟁은 지역 문제로만 보였다. 그러나 1990년대 초 두 나라가 군비전쟁의 결과 불길하게 핵으로 무장하게 되었다. 파키스탄과 인도 사이의 끊임없는 갈등이 핵전쟁의 위기로 치달을 수 있게 되자 지역의 긴장 관계는 남부 아시아에서 나아가 지구상의 관심사로 떠올랐다. 갓 독립하여 분리된 데다 환경이 열악한 처지의 파키스탄은 더 이상 살아남기에 급급한 나라가 아니었다. 격동의 전환기에 있는 이 지역은 정치지리적으로 중요한 위치를 차지하게 되었다.

인도와 파키스탄의 관계는 인도에 매우 많은 무슬림이 남아 있기 때문에 특히 더욱 민감하다. 1947년 대규모의 무슬림이 파키스탄으로 옮겨갔지만 그보다 더 많은 무슬림이 인도에 남아 있다. 분리 이전에 무슬림 인구가 3억 6,000만 명이었는데, 그 인구가 급격히 감소했지만 이후 급격히 증가하여 현재 인도 안에 거대한 소수로 남아 있다. 2011년경 그 인구는 1억 7,000만 명을 넘어서 인도 전 인구의 14%를 차지하였다. 그 인구는 파키스탄 전체 인구 1억 8,100만 명과 맞먹을 만큼 많으며, 세계에서 가장 규모가 큰 문화적 소수집단이다.

이렇게 많은 인구가 파키스탄에 대해서 '자연스럽게' 공감하고 있다. 이것은 때때로 인도가 파키스탄에 대해 적대 정책을 택할 때 브레이크 구실을 한다. 다른 한편 인도와 파키스탄이 갈등할 때 인도 내부의 두 종교 신자들 사이가 나빠질 수 있다. 이로 인해 폭력과 충돌이 초래되어 사망자가 발생하기도 했다. 게다가 이 문제는 인도 안의 무슬림이 파키스탄과 조응하여 테러 활동으로 발전하기 때문에 더욱 복잡해지고 있다.

카슈미르를 둘러싼 싸움

파키스탄이 1947년 영국에서 분리된 다음 독립했을 때 수도는 남쪽 바다로 유입하는 인더스 강 삼각주의 서쪽 끝에 있는 카라치였다. 그러나 지도에서 보다시피 현재 수도는 이슬라마바드이다. '안전한' 항구에서 전운이 감도는 내륙으로 수도를 옮긴 곳은 영토 분쟁이 있는 카슈미르 입구다. 이것은 파키스탄이 북쪽 변방이 자신의 소유임을 선언하는 것이었다. 그뿐만 아니라 수도 이름을 이슬라마바드라고 함으로써 힌두교의 면전에서 이곳이 무슬림의 근거지임을 주장하고 있는 격이다. 수도를 이와 같이 정치지리적으로 설정한 것은 자기 주장의 성격이 강하다. 이슬라마바드는 **7** 국경 부근의 전방수도(forward capital)의 대표적인 예이다.

카슈미르는 파키스탄, 인도, 중국으로 둘러싸인 고산지대이다. 그리고 그 50km 북쪽에 아프가니스탄이 있다(그림 8A-7). 단순히 카슈미르라고 알려져 있으나 실상 이 지역은 여러 정치지역으로 나누어져 있다. 그중의 하나는 '잠무-카슈미르'로 인도와 파키스탄 사이의 주요한 갈등 원인이다.

1947년에 세 나라로 분리되었을 때 당시 인도의 각 주들은 인도와 파키스탄 중 어느 나라에 속할 것인지 선택할 수 있었다. 대부분의 주들은 소속국가를 결정하였으나 카슈미르는 이와 달랐다. 당시 500만 명의 인구 중 무슬림이 3/4이었지만, 통치자인 마하라자는 힌두교도였다. 그는 파키스탄에 남는 것을 거부하는 대신 자치국가로 남으려고 했다. 이것은 파키스탄의 지원을 받는 무슬림이 소요를 일으킨 동기가 되었다. 통치자는 인도에 도움을 요청했다. 1년 이상의 전쟁과 유엔의 개입을 통해 자무와 카슈미르의 대부분이 인도로 넘어갔다(인구는 이 지역의 4/5). 이 휴전선(오늘날 통제선으로 알려져 있음)은 마침내 최후의 경계선으로 표시되기 시작하였고, 인도 정부는 이것을 인정하라고 요구하였다.

잠무-카슈미르 주에서 무슬림이 차지하는 인구 비율이 2/3인 까닭에 파키스탄은 주민투표를 통해 이 주의 소속국가를 결정하자고 계속 요구해 왔다. 그러나 인도는 이 제안을 거부하였다. 그 이유로 인도에는 무슬림이 살고 있는 장소가 있지만, 파키스탄에는 힌두교도가 살 수 있는 장소가 없다는 것을 들었다. 인도에는 테러리즘의 악령이 남아 있고, 엄청난 인종적·지역적 다양성으로 인한 위험한 선례가 있어 카슈미르 갈등은 가까운 장래에 해결될 것 같지 않다.

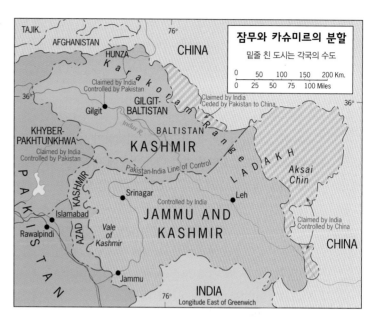

그림 8A-7 © H. J. de Blij, P. O. Muller, and John Wiley & Sons, Inc.

테러리즘의 악령

인도는 국내의 무슬림을 국민으로 통합시키는 데 비교적 성공했지만, 이슬람의 인도에 대한 폭력과 인도 사회에 대한 직접적 저항의 위기 또한 부상하고 있다. 최근 10년 동안 주요 테러 공격을 조금만 조사해 보아도 사태가 매우 심각함을 알 수 있다. 2001년에는 파키스탄에 뿌리를 둔 이슬람 테러주의자들이 뉴델리에 있는 인도 의회를 공격해서 두 나라를 전쟁 직전까지 몰고 갔다. 2003년에는 뭄바이의 몇몇 지역에서 터진 일련의 폭발 사건으로 100명 이상이 죽고 더 많은 사람이 다쳤다. 2008년에 가장 과감했던 공격으로 뭄바이에서 부자들이 이용하는 서구화된 호텔을 공격했다. 200명 가까운 사람들이 죽었고, 수백 명이 부상을 당했다. 뭄바이 남쪽에 있는 유명한 타지마할 호텔에서 소용돌이치며 올라가는 연기의 동영상이 세계적으로 생생하게 보도되었다. 마지막 테러는 2010년 초에 뭄바이에서 멀지 않은 큰 도시 푸네에서 발생했는데, 11명 이상이 희생되었다.

가장 최근의 공격에 대한 책임이 있는 단체는 정의당으로 무엇보다 카슈미르를 이슬람 국가로 끌어들이려는 의도를 가진 조직이다. 이것은 파키스탄에 기반을 두고 있다.

이것들은 인도의 심각한 문제다. 인도에 사는 대부분의 이슬람 신자들은 극단주의와 관계가 없다. 관계가 있는 무슬림은 소수이다. 이들은 파키스탄 정부 및 다른 이슬람 국가의 테러 세포 조직과 연결되어 있다. 이 테러리스트 활동 때 인도는 보통의 평화로운 인도 무슬림을 기분 나쁜 방식으로 조사하였다. 이때 과격해진 무슬림들은 이슬람 호전주의 세력

에 활동가로 들어간다. 이런 상황 전개가 다문화 민주주의로서 오랫동안 자부심을 가져온 인도에 얼마나 많은 영향을 주었는지 측정하는 것은 시기상조다. 그러나 인도의 정치, 사회, 경제지리에 대해 미친 불길한 전조는 매우 심각하다.

그러는 동안에 파키스탄의 북서쪽 변방은 탈레반이 효과적으로 관리하고 있다. 탈레반은 알카에다 테러리스트 조직에게 은신처나 훈련장을 제공한다. 아프가니스탄과 접하는 이 국경지대는 파키스탄 정부의 통제 밖에 있다. 미국은 계속해서 아프가니스탄의 탈레반에게 승리를 거두려고 하지만 국경을 넘나드는 탈레반의 능력 때문에 좌절한다. 그래서 미국은 오지 산악지대에 은신하고 있는 탈레반에 대해 적절한 조치를 취하라고 파키스탄에 압력을 더욱 가하고 있다.

그것은 미묘한 지정학적 체스 게임이다. 파키스탄은 북부의 극단주의자들을 무시한다 하더라도 이슬람 토대로서의 파키스탄을 잃고 싶지 않은 반면, 경제적으로 부강해지는 인도가 미국과 더 가까워지는 것을 두려워한다. 인도는 파키스탄이 인도 안의 테러 조직과 연계되는 것을 심각하게 염려하고 있다. 인도의 더 큰 걱정은 이슬람 원리주의자들이 파키스탄의 핵시설을 장악할 수 있는 가능성이다. 동시에 인도는 내부의 힌두교와 이슬람교의 충돌을 예방해야 한다. 인도는 또한 미국이 카슈미르 분쟁에 대한 태도를 명확히 밝히지 않는다는 것에 화가 나 있다. 미국은 대신 세계에서 가장 인구가 많은 민주주의 국가에 공감하지만 동시에 파키스탄이 세

계 반테러 캠페인에 동참하기를 바란다. 어렵게 줄타기를 하고 있는 이 세 나라 사이에 조그마한 오해가 생겨도 치명적인 결과가 초래될 수 있다.

중국의 요구

남부 아시아의 지정학적 상황을 잘 이해하기 위해서는 북동부에 이웃하고 있으면서 자기 나라 영토에 대한 권리를 주장하고 있는 중국을 고려하지 않으면 안 된다. 그림 8A-7에서 보듯이 잠무-카슈미르의 북쪽에 중국이 자기 영토라고 주장하는 땅이 있다. 이 갈등은 최근 수년간 잠잠한 상태지만 중국이나 인도는 공식적으로 이에 대해 양보하는 말을 조금도 하지 않고 있다. 또 다른 영토 문제는, 이것은 역사적으로 계속 바뀌고 있지만 인도의 북동부에 있다. 이것은 인도의 아루나찰 프라데시(여명의 산지국가) 주인데, 중국은 그 대부분이 자기 땅이라고 주장한다. 인도는 여기서 티베트와 접하고 있는데 중국이 티베트를 차지하기 오래전인 1914년에 독립국가 티베트는 이 국경을 승인했다. 티베트(현재 중국말로 시짱이라고 부름)는 이 분쟁에서 중요한 역할을 행사하고 있다. 특히 달라이라마가 1960년대 인도로 망명하여 인도를 제2의 고향이라고 부른 이후 더욱 그렇다. 1962년에 중국과 인도는 이 국경지대에서 작은 전쟁을 벌였다. 그러나 티베트 문제는 결코 사라지지 않았으며, 이 문제는 오늘날에도 계속되고 있다.

시장의 등장과 파편화된 근대화

최근 수년간 낙관적인 텔레비전 뉴스와 기사들은 남부 아시아의 역사가 새롭게 열리고 있다고 보도하고 있다. 그 내용은 세계화, 근대화, 그리고 지구촌 경제로의 편입에 따라 국가 경제가 빠르게 성장하고 있다는 것이다. 이 지역에서 가장 중요한 인도는 열광의 물결 속에서 '빛나는 인도'로 묘사되어 오고 있다. 그리고 참으로 미국의 파키스탄에 대한 반테러 캠페인 동참 요구에서부터 부동산과 주식시장의 활성화까지 경제 환경이 전체적으로 유리하게 돌아가고 있어 새로운 시대에 들어선 것으로 생각할 수 있다. 그러나 12억 명에 이르는 인도 인구의 2/3 이상이 빈곤한 시골에 살고 있고, 그들의 마을과 생활이 실제로 도시의 발전과 무관하다는 것을 생각해 보라(그리고 도시에는 수백만 명의 주민들이 세계에서 가장 가난한 슬럼에 살고 있음). 파키스탄 인구의 1/3이 절망적

인 빈곤에 처해 있고, 여성의 문자 해독률이 30% 이하이다. 방글라데시 인구의 반이, 그리고 남부 아시아 인구의 거의 반이 하루 1달러 이하로 연명하고 있다. 남부 아시아 어린이의 반이 영양실조로 저체중이며, 이들의 대부분은 소녀이다. 따라서 새로운 경제 성장의 혜택이 남부 아시아 주민들에게 폭넓게 충분히 돌아가게 할 필요가 있다.

경제의 자유화

이 지역의 대부분 국가들은 **8** 신자유주의(neoliberalism)를 향한 세계적 전환의 일부로서 1980년대 후반 이후 경제의 자유화를 추구하고 있다. 이것은 국영기업의 사유화, 관세의 인하, 정부 보조의 감축, 기업세의 삭제, 그리고 기업 활동의 촉진을 위한 전반적인 탈규제화 등을 포함한다. 그것은 시장이 대규모의 중앙정부에 의해 강하게 통제되던 과거와 다른 중요한 변화였다. 과거 독립 이후 국가는 고삐 풀린 자본주의에 반대하는 이데올로기를 갖고 있었다. 이제 이런 신자유주의 방향으로의 변화는 불가피한 것이었다. 계속되는 심각한 빈곤, IMF로부터의 지원이 필요한 재정 파탄 등을 초래하는 과거의 비효율적인 정책은 그 대가로 구조 조정을 요구받게 되었다.

이 구조 조정의 결과는 특히 인도, 파키스탄, 방글라데시에서 두드러지는데, 경제 성장률이 과거 어느 때보다 높았다(그림 8A-8). 이 성장의 대부분은 제조업, 서비스업, 금융에서 나타났으며, 인도의 경우 IT 산업이 여기에 포함된다. 경제가 더 개방화되어 외국 자본이 증가하였으며, 지난 20년 동안 새로운 (도시) 중간층이 부상하였다. 이 신중간 계급은 전체 인구의 25%에 지나지 않으나 그 인구는 충분히 3억 명에 이른다. 이들은 자동차부터 개인용 컴퓨터에 걸쳐 폭넓게 상품을 구입할 수 있는 거대한 집단이다.

그럼에도 여전히 남부 아시아의 가난한 10억 명이 중간 계급 지위에 오르지 못하고 있다. 이들에게는 아무것도 변한 것이 없고, 이들이 이른 시간 안에 정보 산업에 편입할 것 같지도 않다.

농업의 중요성

남부 아시아 전체적으로 노동력의 반 이상이 농업에 종사한다. 그 범위는 파키스탄의 40%부터 네팔의 80%까지이다. 그러나 전반적으로 생산성이 낮아 전체 경제에서 농업 생산액이 차지하는 비율은 20% 정도에 지나지 않는다. 시골의 소득

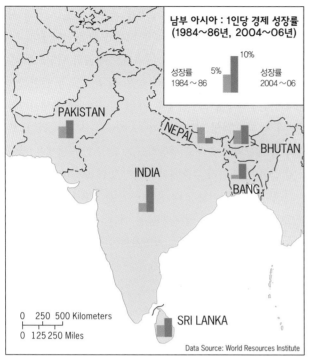

남부 아시아 : 1인당 경제 성장률
(1984~86년, 2004~06년)

성장률
1984~86   5%   10%   성장률
2004~06

Data Source: World Resources Institute

그림 8A-8

© H. J. de Blij, P. O. Muller, and
John Wiley & Sons, Inc.

농촌은 수백만 명의 사람들이 해마다 풍년에 의존한다. 그림 8A-3에서 보듯이 우기에 인도 남서부(말라바르)에 생명의 비가 내리고, 거기서 갈라져 나온 두 번째 계절풍은 뱅골 만에서 방향을 틀어 인도 북부를 지나 파키스탄으로 향한다. 그러는 도중에 몬순은 힘이 약해지고 강수량도 줄어든다. 이처럼 비가 많은 인도 남서부 해안뿐 아니라 인도 동부와 방글라데시에서는 주곡인 벼가 재배되지만, 비가 적은 인도 북서부와 파키스탄에서는 밀을 재배한다.

농민들의 부는 지리에 따라 다양하게 차이가 난다. 이것은 서고츠 산맥의 서쪽과 동쪽의 환경 차이에서 잘 드러난다. 몬순에 따라 일반적으로 산맥 서쪽과 그리고 인도 남쪽 끝에서부터 북부 마하라시트라까지는 많은 비가 내린다. 이 지역의 산지 사면은 6월에 온통 푸른빛을 띠고, 그것은 풍년이 될 것임을 시사한다. 그러나 산맥 동부(비그늘)와 데칸 고원의 내륙에서는 이야기가 다르다. 비는 자주 내리지 않으며, 오래 지속되지도 않는다. 농업은 자연의 영향을 받는 도박이며, 삶은 불안정하다. 많은 농민들은 낮은 카스트에 속해 토지가 없고, 빚이 많아 생계를 이어가는 데도 힘이 벅차다. 거의 해마다 마하라시트라의 내륙지역은 가족을 먹여 살릴 수 없는 것에 절망한 수천 명의 농민이 자살한다고 보도되고 있다.

이 지역 대부분의 농민이 농업에 의존하기 때문에 정부가

은 도시에 비해 훨씬 낮으며, 생활 수준 또한 마찬가지다. 남부 아시아 인구의 2/3 정도가 시골에 살며, 농업에 종사하지 않는 사람들도 간접적으로 농업에 의존하고 있다.

 답사 노트

© Jan Nijman

"인도 서부 마하라시 주 오지의 삶은 수 세기 동안 많이 변하지 않았다. 서고츠의 건조한 내부지역은 몬순 때의 강수량이 해마다 일정치 않다. 농업 수확량도 이와 마찬가지다. 농장은 작고, 농민은 대가족의 노동력을 이용하며, 대부분 농기계가 없다. 이 지역의 주된 농작물은 수수이다. 이곳에서 할아버지는 관개하기 위해 황소를 이용하여 우물물을 길어 올린다. 그동안에 다른 가족들은 주변의 경지에서 더 많은 일을 한다. 소가 날이면 날마다 돌고 또 돌듯이 인도의 수많은 농촌에서 삶은 세대를 이어 계속해서 똑같이 반복된다."

농업지역의 생활 수준을 올리기 위해 농업 생산성 향상을 정책 목표로 삼아야 한다. 그러나 국가들은 가야 할 길이 멀다. 정부에 대한 요구가 많다. 정부는 제조업, 금융 산업, IT 산업 등 더 시급하고 더 많은 화폐를 지원해야 할 경제 부문이 많다. 이런 종류의 산업은 오지의 시골에서 멀리 떨어져 있는 대도시에서나 가능하다.

남부 아시아의 인구지리학

남부 아시아는 막대한 인구에 비해 면적은 비교적 좁은 편이다. 그 면적은 인구가 똑같은 동부 아시아의 2/5보다 적다. 세계의 인구 대국들과 비교하면 중국 면적은 인도의 거의 3배이다. 사하라이남의 총인구는 남부 아시아의 반도 되지 않는다. 반대로 면적은 5배나 된다. '인구가 많은', '혼잡한', '꽉 들어찬' 등의 형용사는 이 지역의 주거 공간을 묘사할 때 자주 이용된다. 그것은 일리가 있다. 남부 아시아는 사람이 살지 않는 서부 사막과 북부 산지를 제외하면 문화적 모자이크로 꽉 차 있다(그림 8A-9). 사실상 인구 분포를 나타낸 점 지도에서 하천 유역 분지는 인구 밀도가 높은 것을 볼 수 있다.

그러나 이 지역의 어마한 인구와 높은 인구 밀도가 의미하는 것은 무엇인가? 그리고 남부 아시아의 인구 역동성은 발전 주제와 어떤 관계가 있는가? **9** 인구지리학(population geography)은 국가, 지역, 영역별로 토양, 기후, 토지 소유권, 사회 조건, 경제 발전, 다른 요인에 따른 인구지리학적 특성, 분포, 성장, 그리고 다른 모습이 어떻게 차이 나는지에 초점을 맞춘다. 남부 아시아 맥락에서 네 가지의 인구지리학적 차원에 집중하는 것이 유용하다. 그 네 가지는 인구 천이, 연령 분포, 경제, 그리고 출생률에 따른 성비 차이 등이다. 뒤에서 보겠지만 인구 문제는 처음에 보았을 때보다 더 복잡한 경우가 많다.

인구 밀도와 과잉 인구 문제

10 인구 밀도(population density)는 국가나 도, 즉 그림 8A-9에서처럼 (제곱킬로미터 등) 단위 면적당 인구수이다. 우리는 두 유형의 측정 방법, 즉 인구 밀도를 구분한다. **산술 밀도**는 단순하게 보통 국가별 단위 면적당 인구수를 가리키는 반면, **11** 지리적 인구 밀도(psysiologic density)는 식량 생산에 이용되는 경지 면적을 고려한다. 따라서 후자가 더 의미 있는 방법이다. 부록 B의 남부 아시아에 나타난 자료를 눈여겨보라.

그러면 파키스탄에서처럼 두 수치가 국가의 넓은 사막과 사람이 살 수 없는 산지 때문에 서로 다른 모습을 나타낸다.

최근까지 남부 아시아에서 지속되는 빈곤의 원인으로 많은 인구와 빠른 인구 증가율과 높은 인구 밀도와 관련하여 해석하였다. 이 해석은 단순히 '너무 많은 입'을 문제시하였다. 이 지역은 '**과잉 인구**이다'가 그 예이다. 모든 나라가 '부양력'이 제한되어 있다고 생각하므로 과잉 인구 개념은 많이 쓰일 만하며, 직관적 수준에서 의미가 있어 보인다.

그러나 상황은 이보다 더 복잡하다. 부록 B를 본다면 네덜란드나 일본처럼 인구 밀도가 높은 어떤 나라들은 매우 잘살고 있는데, 이것은 그들에게 **자연자원**이 풍부하기 때문이 아니다. 요점은 높은 밀도 자체가 반드시 문제의 원인은 아니라는 것이다. 어떤 점에서 인구는 인간자원으로 간주될 수 있다. 생산성이 높다면 문제가 없을 것이다. 그러나 생산성이 낮다면 많은 인구는 경제 수준을 낮추는 요인이 된다. 교육 수준이 높고, 제도가 효율적이며, 기술 수준이 높으면 자연자원을 더 효율적으로 이용할 수 있다.

그래서 많은 인구가 문맹이고, 교육 수준이 낮은 남부 아시아에서 인구는 자원이라기보다 **부담**으로 작용하는 경향이 있다. 문제는 인구가 너무 많다는 것이 아니라 너무 많은 사람이 충분히 생산적이지 않다는 데 있다. 현재 남부 아시아에서 좋은 소식은 경제 개혁을 통한 높은 경제 성장의 결과 교육에 투자할 돈이 더 많아졌다는 것이다. 그러나 그만큼 나쁜 소식은 그나마 충분하지 않은 돈이 낭비되고 있다는 사실이다.

인구 변화

인구 문제와 발전과의 관계는 인구 밀도보다 더 높은 단계의 주제이다. 인구 밀도는 실제로 주어진 어떤 한 순간의 인구 패턴일 뿐이다. 우리가 인구 변화를 경제 추세와 관련시킬 때 그것은 더 흥미 있고 더 복잡하다. 예를 들면 상당한 시간 동안 남부 아시아 인구는 경제보다 빠르게 증가했다. 더 많은 인구가 더 적은 물자에 의존해야 하므로 이것은 분명히 문제가 되었다. 오늘날 다행스럽게 상황이 바뀌었다. 대부분의 지역에서 경제는 인구 증가보다 더 빠른 속도로 성장하고 있다.

12 인구 변동(demographic transition)이라는 용어는 출생률과 사망률의 구조 변화를 준거로 한다. 먼저 인구가 급격하게 증가했다가, 뒤이어 인구 증가율이 감소하고, 마지막으

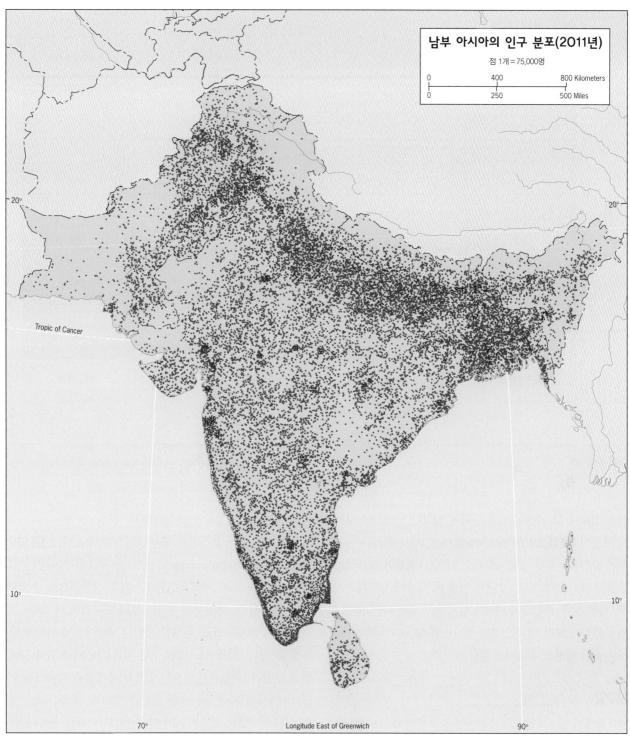

남부 아시아의 인구 분포(2011년)

점 1개 = 75,000명

| 0 | 400 | 800 Kilometers |
| 0 | 250 | 500 Miles |

Tropic of Cancer

20°

10°

70°   Longitude East of Greenwich   90°

그림 8A-9

© H. J. de Blij, P. O. Muller, and John Wiley & Sons, Inc.

로 인구가 안정되는 단계를 거친다(그림 8A-10). 미국과 다른 고도의 선진국은 이미 20세기 중반에 이 변화를 거쳤다. 남부 아시아 대부분의 국가들은 오늘날 제3단계에 있다. 제2단계와 제3단계의 일부를 보면 출생률은 높고, 사망률은 낮

기(의학의 발전 때문) 때문에 인구가 팽창한다. 남부 아시아는 1950년대에서 1970년대까지가 이 단계에 해당한다.

물론 핵심 이슈는 출생률을 낮추어 인구 증가율을 떨어뜨림으로써 인구를 안정시키는 일이다. 오늘날 이 과정을 경험

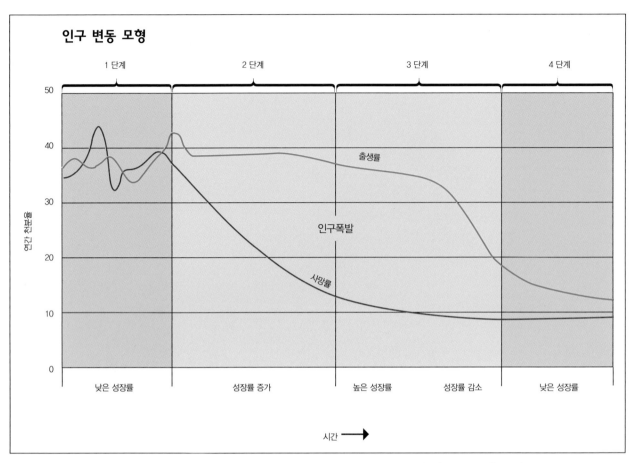

그림 8A-10

하고 있으나 그 과정이 아직 끝나지 않았다. 그림 8A-11에서 보듯이 **13** 출산율(fertility rates, 여성 1명당 출생자 수)은 지난 4반세기 동안 감소하였다. 스리랑카에서만 이 변화를 통과한 것으로 보이고, 부탄은 거의 이 단계에 도달하고 있다. 다른 곳은 출산율이 여전히 높지만(인도는 지난 10년 동안 1년에 1,500만 명의 인구가 증가), 최소한 이 지역의 나라들은 옳은 방향으로 나가고 있다.

인구압

경제학에서 인구지리학의 간접적인 중요성은 우리가 **14** 인구압(demographic burden)이라고 부르는 것에 있다. 이 용어는 생산자 연령층에 대한 노인이나 유소년층 인구 비율을 준거로 한다. 전형적으로 개발도상국에서 가장 생산성이 높은 인구는 20살에서 50살까지이다. 사망률이 낮고 출생률이 높은 나라는 비교적 유소년층 비율이 높아 인구압이 크다. 이 부담을 줄이려면 출생률을 낮춰야 한다.

그림 8A-12를 조사하고 오늘날의 인도와 중국의 **15** 인구피라미드(population pyramid, 나이-성 구조를 보여주는 그림)를 비교해 보자. 중국은 1980년 이후 성공적으로 출생률을 낮추고 있다. 그래서 현재 인도보다 인구압이 더 작다. 그러나 흥미 있게도 오늘 유리한 상황은 내일에는 불리하게 작용할 수 있다. 그림 8A-12를 보면 지금부터 25년 뒤와 같이 인구 단면이 나타난다. 인도는 앞으로 출생률을 낮추어서 인구압이 1세대 뒤에 중국보다 낮아질 것이다. 중국은 오늘날의 생산 연령층이 고령화되어 인구압으로 더해질 것이다. 이것은 인도 성장론자들이 미래를 낙관적으로 보는 또 다른 이유이다. 그러나 다른 장애가 남아 있다. 경제적으로 생산성에 저해된다고 해서 출산율을 통제하는 것은 도덕적으로 비난받을 수 있다.

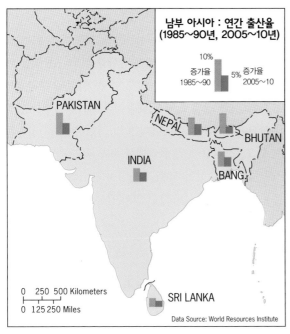

그림 8A-11

소녀들의 실종

가족 계획과 출산 통제 문제는 남부 아시아의 '단편화된 근대화'를 드러내 보인다. 우리가 앞에서 보았듯이 이 지역은 인구 변화에서 출생률이 낮아지기 시작하는 단계에 있다. 그러나 2011년 인도 인구 피라미드를 더 자세히 살펴보면 유소년층은 남성 수가 여성 수를 능가한다. 실제로 중년층 남성들의 수는 여성 수보다 많다.

전통적으로 남부 아시아는 여자아이보다 사내아이를 더 좋아한다. 남성은 더 생산적인 소득원으로 여겨지고, 땅과 재산을 상속받을 자격이 있으며, 결혼할 때 지참금을 주지 않기 때문이다. 커플이 결혼할 때, 신부는 신랑의 보호 속으로 들어간다. 그래서 신부는 신랑 집에서 일로써 보답한다. 이 때문에 신부 가족은 부모에게 막대한 비용이 들어가는 지참금을 준비해야 한다. 이러한 이유로 사내아이가 태어나면 여자아이가 태어난 것보다 더 축하할 만하다. "딸을 키우는 것은 이웃집 정원에 물주는 것과 같다."는 속담이 있다.

인구 피라미드 : 인도와 중국(2011~2036년)

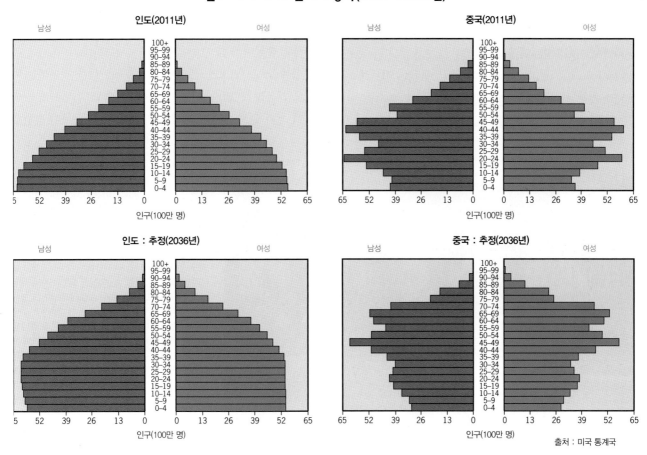

그림 8A-12

과거에 출산율이 높은 한 이유는 늙었을 때 자기들을 돌볼 수 있는 아들을 낳을 때까지 자녀를 낳았기 때문이다(여자아이는 결국 미래의 남편 부모를 모셔야 함). 가난한 부부가 딸만 계속 낳을 경우 가족들이 새로 낳은 딸을 죽이는 경우도 있다. 남부 아시아에서 성비가 왜곡되는 것은 이와 같은 **여아살해** 때문이다(이것은 중국에도 적용).

그러나 경제 사정이 좋아지고, 출생률이 낮아지며, 근대화가 시작되고 있음에도 여전히 이런 왜곡된 **16** 성비(sex ratio)를 보고 있는 이유는 무엇인가? 그 답은 아이들 수가 적어지면서 많은 가정에서 최소한 한 아들이라도 낳아야겠다는 압력을 받고 있기 때문이다. 그리고 여기에 '근대화'가 커브볼을 그리는 또 다른 이유가 있다. 즉, 새로이 획득한 초음파 기술과 소득 증가가 그것이다(예 : 초음파 사진 촬영의 가능 증가). 이를 통해 많은 가정에서는 태어나지 않은 아이의 성을 판별해서 여자아이일 경우 유산을 결정한다. 그리하여 최근에 성비가 더욱 왜곡되고 있으며, 가장 극단적인 성비의 경우 이 지역에서 가장 발전한 곳에서 나타난다. 펀자브와 하르야나 주가 그 예이다.

물론 결국에 이것은 여성 수의 감소를 초래한다. 이것은 특히 결혼 연령층에서 두드러진다. 어떤 지역에서는 총각이 신붓감을 찾기 어려운 상황이 된다. 그래서 '독신남 불안'을 초래하여 태도 변화를 보이기도 한다. 2036년 인도의 인구 피라미드를 보면 다음 25년 동안 성비는 덜 왜곡될 것으로 기대된다. 동적인 인구 구조의 다른 예이다. 아직 남부 아시아

에 더 좋은 시대가 기대되는 다른 예가 있다.

'소녀의 실종'이라는 심각한 사태에도 불구하고 이 인구 대국 지역에서 젠더 관계에 관해 일반화를 시도하는 것은 어려운 일이다. 도시와 농촌이 차이가 날 뿐 아니라 부분적으로는 종교와 지역 간의 다양성 때문이다. 많은 점에서 남성 중심적 사회이다. 특히 젊은 나이에 더 그러하다. 그러나 파키스탄, 인도, 스리랑카, 방글라데시 모두 국가에서 가장 정치적으로 강력한 수상이 모두 여성이라는 사실을 기억하는 것이 유용하다. 미국에서도 그런 일이 발생할 것이다.

미래의 전망

남부 아시아는 정치, 경제, 인구 측면에서 변화하고 있다. 이곳은 자연에 의해 분명히 국경이 나누어지지만 남서부 아시아와 연결되어 있으며, 세계와의 교류도 증가하고 있다. 이 지역은 때때로 이해하기가 어렵다. 인도-파키스탄의 긴장은 계속 불안 요소로 남아 있으며, 테러의 악령은 평화를 원하는 사람들을 괴롭히고 있다. 이것은 이 지역의 두 강대국의 정부에만 달려 있는 것이 아니다. 종교 운동(무슬림과 힌두교)과 그들이 정치에 참여하는 방식이 결정적으로 중요하고, 미국과 중국이 또한 중요한 역할을 수행한다.

경제적으로 인도가 계속 세계의 주목을 받을 것이라는 사실을 의심할 수 없다. 인도의 초국적 기업들은 지구 경제 속으로 계속 뚫고 들어가고 있으며, 소비 욕구를 가진 중간층

인도를 이끌어 가는 하이테크 산업의 중심지는 벵갈루루(전에는 방갈로르라고 했다. 최근에 땅이름이 바뀐 것 중의 하나)이다. 이곳에 자리 잡은 기업 인포시스 테크놀로지는 이 나라에서 가장 앞서가는 소프트웨어 개발 회사이다. 교외의 일렉트로닉 시티에 있는, 실리콘 밸리와 같은 이 단지는 외부에서 수주 받은 아웃소싱 부문의 핵심이다. 아웃소싱은 뱅크 오브 아메리카, 시티 은행 등 미국 고객이 많다. 반면에 일부 숙련 기술자들은 유럽, 오스트레일리아, 미국 등으로 이주하여 고국에서보다 더 많은 돈을 번다. 많은 사람들이 그곳에 정착하여 IT 기업이 주는 높은 임금을 받는다. 그래서 벵갈루루는 인도에서 가장 우수한 인재들이 몰려들며, 그들의 자녀는 도시의 우수한 학교에 다닌다. 그리고 이곳은 살기에 쾌적하다. 해발 고도가 900미터여서 여름에도 견딜 만하기 때문이다. 그러나 벵갈루루는 빠른 인구 증가로 하부 구조가 이를 따르지 못하기 때문에 교통 혼잡과 통근 시간 또한 증가하고 있다. 익숙하게 들리는가? © Deepak G. Pawar/The India Today Group/GettyImages, Inc.

의 증가로 세계 생산자들의 관심이 더욱 집중되고 있다. 영어가 이 아대륙의 공용어이고 IT가 경제를 주도한다. 이것은 이 나라를 미래로 이끌어 가는 원동력이다. 남부 아시아의 거인인 인도는 세계에서 가장 큰 민주주의 국가임을 주장할 수 있다. 이것은 이 나라의 커다란 신뢰를 부여한다.

다음 수십 년 사이에 남부 아시아는 인구 변화를 통과하여 안정 단계로 접어들 것이다. 이 지역이 평화를 유지하고, 계속해서 지구상의 IT 산업을 주도하며, 경제 성장을 통해 대중을 교육하고, 그들에게 권력을 주며, 농업 개혁을 통해 생활이 더욱 생산적이고 풍요로워질 때(이는 모두 실현 가능함)

이 인구가 많은 놀랄 만한 남부 아시아는 21세기에 세계에서 가장 큰 성공 스토리가 될 것이다.

생각거리 ❓

- 남부 아시아는 세계에서 가장 강력한 3개의 하천이 있고, 인구가 가장 많은 곳이다.
- 60년 이상이 지났지만 카슈미르 분쟁은 여전히 해결되지 않고 있다.
- 이 지역에서 성비가 가장 왜곡된 곳은 가장 번창한 지역이다.
- 이슬람교의 테러주의는 남부 아시아에서 가장 큰 유일한 위협이다.

인도에서 가장 성스러운 도시, 바라나시의 신성한 갠지스 강에서 목욕 중인 순례자들
© David Zimmerman/Masterfile

8B

남부 아시아 : 권역의 각 지역

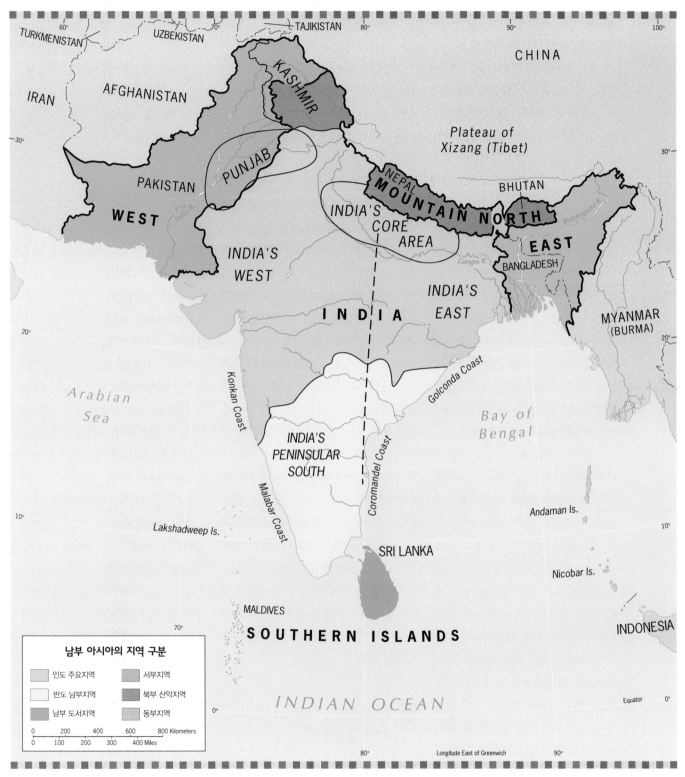

TURKMENISTAN

UZBEKISTAN

TAJIKISTAN

CHINA

IRAN

AFGHANISTAN

KASHMIR

Plateau of
Xizang (Tibet)

PAKISTAN

PUNJAB

NEPAL

BHUTAN

MOUNTAIN NORTH

WEST

INDIA'S
CORE
AREA

EAST

INDIA'S
WEST

Ganges R.

Brahmaputra R.

BANGLADESH

INDIA'S
EAST

I N D I A

MYANMAR
(BURMA)

Arabian
Sea

Konkan Coast

Golconda Coast

Bay of
Bengal

INDIA'S
PENINSULAR
SOUTH

Coromandel Coast

Andaman Is.

Malabar Coast

Lakshadweep Is.

SRI LANKA

Nicobar Is.

MALDIVES

SOUTHERN ISLANDS

INDONESIA

INDIAN OCEAN

Equator

Longitude East of Greenwich

남부 아시아의 지역 구분

인도 주요지역	서부지역
반도 남부지역	북부 산악지역
남부 도서지역	동부지역

0   200   400   600   800 Kilometers
0   100   200   300   400 Miles

그림 8B-1

© H. J. de Blij, P. O. Muller, and John Wiley & Sons, Inc.

남부 아시아 지역의 중심 인도는 드넓은 갠지스 강 유역을 핵심지역으로 역사적 권역을 형성해 왔다(그림 8B-1). 인도는 이 장의 뒷부분에서 논한 문화 및 기타 기준에 의거한 핵심적 부속지역을 포함하는 하나의 큰 지역이자 국가이다. 서쪽에는 이슬람 국가인 파키스탄이 위치해 있고, 생명의 젖줄이라 할 수 있는 인더스 강과 그 지류들이 펀자브의 핵심지역을 이루고 있다. 그러나 펀자브 지역 중 일부는 인도와 국경을 마주하고 있음을 주시해야 한다. 이 지역에서 볼 수 있는 모습은 인간이 만들어 낸 커다란 비극 중 하나로 꼽는다. 인도가 영국으로부터 독립할 때, 이슬람 지도자들은 이슬람 국가의 창설을 요구했다. 1947년에 미래에 무슬림 지역이 될 땅, 서파키스탄(현재의 파키스탄 지역)과 힌두교 우세지역인 인도 사이에 서둘러 급하게 경계가 설정되었고, 이 경계선을 기준으로 힌두교도들은 동쪽으로, 이슬람교도들은 서쪽으로 향하는 수백만의 인구 이동이 나타났다. 그 과정에서 무수한 사상자와 많은 비극이 동시에 발생했다.

과거 영국 제국주의 정부는 남부 아시아의 동부지역에서 힌두교가 우세했던 벵갈 지역과 무슬림 세력이 우세했던 서부 벵갈 지역으로 일찍이 경계선을 획정해 두었다. 그 경계선은 동파키스탄의 경계가 되었고, 동파키스탄의 정치적 연결 관계는 서파키스탄의 이슬람적 가치를 공유하고 따르는 것을 근간으로 삼았다. 하지만 1971년 동파키스탄은 스스로 파키스탄으로 이름을 개명한 서파키스탄과의 정치적 연결 관계를 청산하고 독립국가 방글라데시가 되었다.

그림 8B-1에서 3곳의 분리된 지역은 북부 산악지역의 지역적 경계를 획정해 주었다. 동쪽에서 서쪽으로 이를 살펴보면, 오늘날도 여전히 고립된 은둔의 왕국으로 남아 있는 부탄이 있고, 몰락한 왕조국가로 문제에 봉착해 있는 네팔이 있다. 하지만 네팔은 새로운 대표 정부를 구성하기 위해 고군분투하고 있는 상황이다. 그리고 서쪽 끝에는 영토 문제로 갈등을 일으키는 카슈미르 지역이 있다. 카슈미르는 영국이 경계 획정을 위해 노력했던 곳으로 인도와 파키스탄 양국의 복잡한 문화와 정치적 상황을 해결하지 못했다. 이 지역은 인도와 파키스탄 접경지역으로 지속적인 무력 충돌로 인한 갈등 상황이 현존하고 있는 곳이다.

끝으로 남부 도서지역은 양쪽이 매우 다른 국가로 지도상에 자리 잡게 되었다. 한쪽은 2009년에야 4반세기의 긴 내전을 끝낸 불교국가 스리랑카가 위치해 있고, 다른 한편에는 공식적으로 이슬람 국가인 몰디브공화국이 위치해 있다.

자연지리학적으로 인도는 주로 고원과 유역분지로 구성되어 있다. 그러나 인근의 북부지역에는 거대한 히말라야 산맥이 위치해 있고, 그 산맥의 남사면에 부탄, 네팔 같은 국가가 자리해 있다. 인도양에 의해 인도 남측의 스리랑카와 몰디브는 대륙과 분리되어 섬으로 존재해 있다. 이렇게 이곳 남부 아시아 권역은 정치적 구조를 바탕으로 권역 내의 지역을 지칭하는 정치지리학적 사례 지역으로서 좋은 예시지역으로 꼽는다.

독립할 때 대영 제국의 정치적 틀을 깨버린 문화적 역량은 남부 아시아에서 여전히 진화를 거듭하면서 그 힘을 유지하고 있다.

☰ 파키스탄 : 남부 아시아의 서부 말단지역

인더스의 선물

이집트가 나일 강의 선물이라고 회자되는 것처럼 파키스탄은 인더스 강의 선물이라 할 수 있다. 인더스 강과 수틀레지 같은 인더스 강의 주요 지류들은 이렇게 인구가 조밀한 파키스탄 핵심지역의 토대로 그들의 삶의 터전을 형성하고 있다(그림 8B-2). 영토 규모로 견주어 볼 때, 파키스탄은 다른 아시아 국가들에 비해 그리 큰 나라가 아니다. 그 영토의 규모는 미국의 텍사스 주와 루이지애나 주를 합친 정도에 불과하다. 그러나 파키스탄의 인구는 1억 8,100만 명 규모로 세계 10위 수준의 인구 대국이다. 이슬람 국가(파키스탄의 공식 국호는 파키스탄이슬람공화국) 중에서는 동남아시아에 위치한 인도네시아를 제외하고 인구가 가장 많은 나라이다.

파키스탄은 서쪽의 이란·아프가니스탄과 동쪽의 인도 사이에 커다란 쐐기 형상으로 자리 잡고 있다. 이곳 파키스탄은 아시아에서 가장 먼저 도시 문명을 싹 틔운 곳으로, 그들의 혁신적 가치는 삼각형 형태의 인도 반도를 향해 남동 방향으로 확산되었다. 또한 이곳 파키스탄은 서쪽으로는 거대한 이슬람 권역과 접촉함과 동시에 동쪽으로는 수많은 이슬람 소수자 집단 거주지역과 공간적으로 연계된 곳이다. 남부 아시아에 자리 잡은 이슬람 국가로서 이슬람 세력의 최전선에 위치하여 문화적 경계를 형성하고 있다.

파키스탄의 문화 경관은 점이지대의

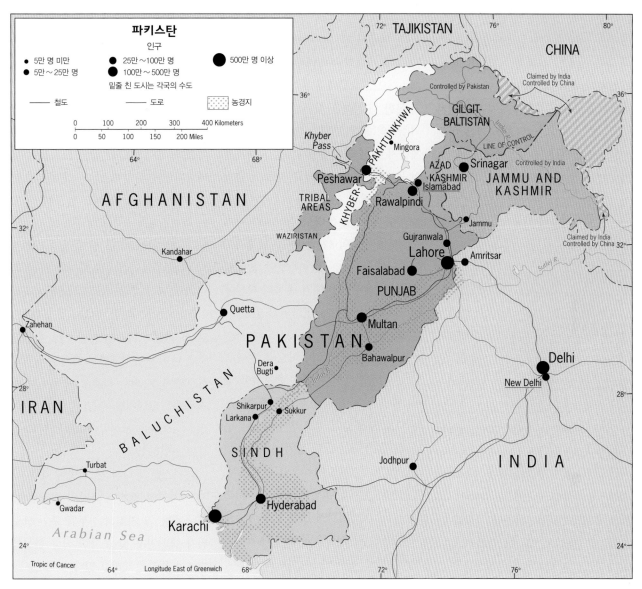

그림 8B-2

© H. J. de Blij, P. O. Muller, and John Wiley & Sons, Inc.

특징을 잘 드러내고 있다. 인도 지역의 최대 도시 중심지역이 해안을 따라 형성된 것처럼 남부 아시아 도시의 전형을 보여주는 혼잡한 도시 카라치 역시 그러하다. 역사적이며 이슬람 건축 양식으로 유명한 라호르는 서남아시아의 무슬림 교육 센터를 방불케 한다. 1947년 파키스탄의 동부지역에서는 분할 경계선이 그어지면서 공간적으로 연속적인 마을과 경작지는 정치적으로 분리되어버렸다. 파키스탄 북서지역의 상황은

아프가니스탄과 별반 다르지 않다. 이곳 북서지역은 아프가니스탄과 접하는 산악 접경지역으로 아프가니스탄 출신의 대규모 이민자 집단이 야기하는 문제가 잠재되어 있는 곳이다. 그리고 훨씬 더 북쪽에서는 파키스탄과 인도가 카슈미르 지역을 둘러싸고 첨예하게 대립하고 있다. 분단 상황이 지속되면서 파키스탄은 이 지역의 주민 거주자 다수가 이슬람을 신봉하고 있다는 이유를 근거로 이 지역의 인도 영유권에 대

한 이의를 제기했다. 반면에 인도는 카슈미르 지역에 대한 영유권을 포기하지 않았다. 왜냐하면 이를 수용할 경우 파키스탄 내부의 소수 힌두교도들의 설자리가 없어져 버리기 때문이다. 이 문제는 지난 수십 년 동안 양국 관계를 악화시킨 주요 원인이며 가까운 장래에도 해결이 쉽지 않을 것으로 전망된다.

곤란한 통치 현실

독립 당시 (서)파키스탄은 영토와 수도,

문화적 역량, 인구 등의 조건은 충족되었지만, 국가와 국민을 하나로 묶을 만한 공통 요소가 부족했다. 파키스탄은 카라치와 남부 해안지역, 발루치스탄 사막지역, 라호르 주변 도시권과 펀자브 일대, 아프가니스탄과 국경을 마주하는 철옹성 같은 북서부 산악지역, 그리고 멀리 북부 산악지역들로 파키스탄의 부분을 구성하고 있었는데, 이 개별 지역들은 이슬람의 가치를 공유하고 힌두교의 나라가 된 인도에 대한 반감을 공유하고 있을 뿐, 그들을 하나로 묶어줄 구심력이 부족했다. 우르드어는 공식어로 사용되었지만, 영어는 엘리트 계층을 중심으로 여전히 링구아 프랑카(공용어)의 지위를 인정받고 있었다. 아직 몇몇 주요 언어들은 각기 다른 지역에서 서로 다른 삶의 방편으로 사용되고 있다. 군부뿐만 아니라 파키스탄 계승 정부, 민간 세력들은 역사적·지리적으로 파키스탄의 분리독립을 부인하는 세력들에게 공통 요소를 강조하면서 결합을 유도하기 위해 이슬람 가치를 정치적으로 활용하였다. 그 결과 오늘날의 파키스탄은 세계에서 신정체제가 가장 강하게 두드러지게 나타나는 국가 중 하나로 꼽히게 되었다. 그러나 고집스러운 파키스탄 내에서 이슬람 세력은 하나의 세력으로 통합되지 못하였다. 인구의 약 77%는 수니파이며, 나머지 20% 내외는 소수 시아파로 계파적 입장 차이를 좁히지 못하고 있다. 수니파 과격분자들은 간헐적으로 시아파 신도들을 공격하였고, 이에 대한 보복이 난무하면서 파키스탄은 계속적인 복수가 되풀이되는 공간으로 변해 갔다.

이처럼 다양하고 까다로운 나라를 통치하는 것은 어떤 시스템에 도전하는 것이었다. 지금까지 파키스탄이 해왔던 노력은 실패 수준을 벗어나지 못하고 있다. 민주적 절차를 통해 선출된 정부는 군부 세력의 쿠데타를 막지 못했고, 계속적으로 그들에게 주어진 기회를 잡지 못한 채 기회를 소진하였다. 최근 파키스탄의 경제 성장은 경제적 빈곤층에게까지 확산되지 못했다. 문자 해독률이 높아지지 않았고, 의료 및 보건 환경 조건도 눈에 띄게 개선된 것은 없다. 국가 수준의 수행 능력도 미약하다(파키스탄의 인구 1억 8천만 명 중 납세자로 등록되어 있는 인구는 2백여 만 명에 불과함). 세계적인 반테러 운동의 확산에 따라 정치적 지형이 변화되고 있는 가운데, 대다수가 이슬람 비신도로 구성된 파키스탄 당원들이 이슬람 정당으로 이탈하는 정치 현상이 증가하고 있다. 한편, 수자원 공급 위기를 해결하는 데 다소 부족함이 많고 발루치스탄 주 내에서 감행되는 반란 행위는 사람들을 불안에 떨게 한다. 파키스탄 군부는 알 카에다와 탈레반의 근거지로 지목되는 라자스탄 산맥지역에 대한 통제 능력을 상실했다. 카슈미르 문제에 대해서도 파키스탄은 값비싼 대가를 지불했고, 이웃하는 인도와의 관계는 갈등 관계로 남아 있다.

파키스탄 주요지역

펀자브

파키스탄의 핵심지역은 펀자브 지역(그림 8B-2)이며, 이곳 무슬림 중심지역은 인도와 파키스탄 사이를 가로지르는 국경을 따라 중첩되어 있다(그 결과, 인도는 여전히 이 지역을 Punjab라고 부르고 있으나, 종종 Panjab라고 표기할 때도 있음). 파키스탄의 펀자브에는 파키스탄 인구의 55% 이상이 살고 있다. 인더스 강과 그 지류, 수틀레지 강이 형성한 삼각주에는 거의 1억 명에 달하는 인구가 거주하고 있다. 이 에서는 펀자브어가 통용되고 있으며, 밀재배가 주류를 이루고 있다.

이 권역 내에서 이슬람 문화의 상징이자 중심지인 라호르를 비롯하여 파이살라바드, 물탄과 같은 도시들이 이 핵심지역에 위치해 있다. 라호르는 현재 700만 명이 거주하고 있으며, 인도와 파키스탄의 국경지대 근처에 위치해 있다. 약 2,000여 년 전 형성된 라호르는 펀자브 지역이 인도와 왕래하던 주요 통로였던 무굴 제국 시대에 지리적 이점을 살려 거대한 무슬림 중심지역으로 성장했다. 1947년 분단 이후 수백만 명의 난민이 유입되면서 도시는 급격히 성장하게 되었다. 라호르는 동부의 배후지역을 잃었지만, 독립된 파키스탄의 새로운 역할을 부여받아 파키스탄의 성장을 견인하였다.

파키스탄의 다른 세 지방에 대한 펀자브 지역의 관계는 국가의 취약점 중 하나이다. 그 지역의 정부와 주민 모두 펀자브의 인구 및 군사력 집중 현상에 대하여 우려를 표하고 있다.

신드

인더스 강 하류는 신드 지역 내의 핵심적인 삶의 공간(그림 8B-2)이지만, 펀자브 지역이 인더스 강 상류에 대한 통제권을 가지고 있다. 이는 파키스탄을 분열시키는 주요한 이슈 중 하나이다.

펀자브의 중앙정부 지배 세력이 인더스 강과 주요 지류에 대한 댐 건설 계획을 제안했을 때, 신드족(국가 인구의 약 1/4을 차지하고 있음)은 중앙정부의 함축적 의미를 파악하고 보다 폭넓은 자치권을 주장했다. 민족주의자, 반 파키스탄 세력의 분노는 신드를 휩쓸었고,

2007년 선거 전에 신드 출신인 야당 후보이자 전 총리였던 베나지르 부토는 암살당하기도 하였다.

영국의 토지 정비 체제를 적용한 인더스 강 하류의 리본 형태의 지대는 비옥한 충적지로 관개 시스템 등이 잘 정비되어 있다. 덕분에 신드 주는 파키스탄의 주요 곡창지대로 밀과 쌀을 생산하고 있다. 상업적으로는 면화 산업이 발달해 있고, 파키스탄 곳곳의 섬유 공장에 그 원료를 공급하고 있다(파키스탄 수출액의 절반 이상이 면직물 공업에서 창출되고 있음).

그러나 남부 신드 지역의 주된 현실은 혼잡하고 범죄가 빈번하게 발생하는 대도시 카라치의 모습으로 대변된다. 카라치의 모습은 내리쬐는 태양 아래 대비되는 빛과 그림자 같은 그런 모습인데 복잡한 주식시장이 있는가 하면, 위험한 도로도 있고, 붐비는 해변과 가난에 찌든 빈민촌의 모습 등이 그러하다. 카라치는 인도와 파키스탄으로 분할된 1947년 이후, 하천을 따라 형성된 인도와의 새로운 국경 너머로부터 이 도시지역으로 난민 무하지르족이 유입되면서부터 폭발적으로 성장했는데, 이후 폭동이 촉발되었고, 여전히 지금도 갱들의 다툼이 잦은 곳으로 남아 있다. 효율적인 법 집행이 미비하여 오늘날 카라치는 테러리스트들의 주요 활동 무대가 되었다. 그러나 어쨌든 카라치는 여전히 파키스탄의 주요 해상무역의 핵심 거점도시로 그 기능을 다하고 있으며, 신드 주의 주정부 소재지로서의 위상을 유지하고 있다.

북서 국경지역

그림 8B-2에서 알 수 있듯이, 북서 국경 주의 영역은 부족 구역으로 알려진 곳으로 남쪽으로 길게 뻗어 있는데, 동쪽으로는 강력한 펀자브 지역을, 서쪽으로는 문제 많은 아프가니스탄을 사이에 두고 위치해 있다. 부족 구역은 영국 식민지 통치 시절부터 지금까지 어느 정도의 제한된 자치권을 보장받아 왔는데 현재의 파카스탄 정부의 지배력 또한 매우 제한적이다. 이 지역은 산악지역으로 지형적인 요인으로 인해 많은 사람들로부터 원격성과 고립화를 유지하고 있다. 이곳의 산지는 아프가니스탄과 연결되어 있다. 역사적으로 침략 루트로 잘 알려진 키버 패스는 그 대표적인 사례지역으로 유명한 곳이다 (p.366, 사진 참조). 아프가니스탄으로부터 북서 국경 주로 진입할 때, 키버 패스를 통과하면 곧장 이 주의 주도인 페샤와르에 당도할 수 있다. 페샤와르는 드넓은 충적층이 발달한 비옥한 계곡으로 밀과 옥수수 등이 곳곳에서 재배되는 곡창지대이다.

1980년대 소련의 아프가니스탄 점령 기간 및 이후 탈레반 정권이 지속되는 동안, 수백만 명의 파슈툰 난민이 키버 패스 및 다른 경로를 통해 이 지역의 난민 캠프로 건너왔다. 늦은 2001년 아프가니스탄에서 탈레반 방출에 따라 파슈툰 난민의 대부분은 고향으로 돌아왔다. 북서 국경 주로 불리는 이 지역은 이슬람 정당 및 이슬람 운동의 근거지로 아프가니스탄 내의 어떠한 지역보다도 보수적이며 종교적 열정이 깊고 호전적 상태로 남아 있는 곳으로 국가의 정책(대 테러 작업 포함)적 역량이 닿지 않는 곳이다.

파키스탄의 북서 국경지역은 이슬람 테러리즘에 대항하는 광범위한 운동이 벌어지는 곳으로 미군이 전쟁 중인 아프가니스탄만큼 중요한 곳이다. 왜냐하면 국경을 넘어 잠입하는 탈레반과 알카에다의 무장 세력들을 감시하기가 무척 어렵기 때문이다. 이 지역은 테러 활동 및 훈련 캠프의 온상이다. 미국은 항상 파키스탄 측에 이 지역의 군사적 안전을 확보할 수 있도록 요구하였지만, 파키스탄의 의지는 미온적이었고 명확하지 않았다. 이는 자신의 힘을 과시하려는 미국을 멈추게 하진 못했다. 2010년 4월의 뉴스 보도에 따르면, CIA가 조작한 드론(소형 무인 항공기)이 북부 와지리스탄(그림 8B-2)에서 수십 명의 무장 세력을 고강도 폭탄 투하를 통해 살해하였다고 한다. 어쨌거나 이러한 미국(그리고 어떤 면에서는 파키스탄도)의 불확실한 태도는 명확해졌다. 왜냐하면 이 공격이 있은 후 몇 시간 만에 탈레반은 즉각적으로 페샤와르에 있는 미국 영사관에 대한 공격을 감행하였기 때문이다. 연속적인 로켓 공격과 강력한 폭탄 공격이 잇따르면서 최소 24명 이상의 사상자가 발생하였다.

발루치스탄

그림 8B-2에서 알 수 있듯이, 발루치스탄은 파키스탄 4개의 주 가운데 가장 면적이 넓은 주로 국토의 거의 절반을 차지하고 있다(카슈미르 지역 제외). 그러나 거주 인구는 850만 명가량으로 추정되며 국가 전체 인구의 약 4%가량이 거주할 뿐이다. 이 지역의 지형적 특징은 그림 8A-1을 통해서 살펴볼 수 있다. 이 광대한 영역은 북동부지역으로 부터 약간의 습기를 건네받은 불모의 산지지역 일부를 포함한 대부분의 지역이 사막기후 지역이다. 목양은 이 지역의 주요 삶의 수단이며, 양모는 이 지역의 주요 수출 품목이다. 이 지역의 북부 가장자리는 부족 구역 및 아프가니스탄

과 접하는데, 주도인 퀘타는 이 지역에 위치해 있다. 이 지역은 종종 남서 국경 주로 불려지기도 한다.

어쨌거나 발루치스탄이 중요하지 않은 것은 아니다. 그 황량한 지표 아래에는 석탄만큼 충분히 사용할 수 있는 석유가 매장되어 있고, 이미 파키스탄에서 생산되는 천연가스의 대부분을 이곳에서 생산하고 있다. 발루치스탄의 남서 해안 쪽에 위치한 그와다르에 주요 항만시설과 에너지 수출과 관련한 터미널 건설이 진행 중이다. 이 항구는 발루치스탄의 지역 경제에 공헌할 것이며, 동아시아 시장을 겨냥한 이란과 카스피해 연안으로부터 공급되는 석유와 천연가스의 환적항으로 성장할 것이다. 중국은 파키스탄 정부 측에 이 항구 운영 및 건설을 위한 엔지니어를 파견했고 건설 자금도 지원했다.

그러나 발루치스탄 사람들은 자신들에게 직접적으로 도움이 되지 않는 이 상황에 대하여 불평한다. 이 지역 주민들의 90%에 대한 에너지 공급이 없다는 사실에 주목하면 그 이유를 쉽게 알 수 있다. 그리고 다른 끊임없는 문제들이 산적해 있다. 몇몇 지역에 지하수가 있음에도 불구하고 발루치스탄 사람 10명 중 8명은 깨끗한 물을 사용할 수 없다. 수십 년 동안 간간히 발생했던 지역 반란은 정부에 대한 불만족을 표현하는 수단이었지만, 최근 잦아진 발루치스탄자유군(Baluchistan Liberation Army, BLA)의 반란 행위는 보다 심각하고 지속적으로 반정부 활동을 자극하고 있다. 그 예로 최근 테러리스트의 공격으로 그와다르에서 3명의 중국인 엔지니어가 죽었고 수십 명의 부상자가 발생하기도 하였다.

파키스탄의 미래

파키스탄은 폭넓은 문화적 다양성이 공존하는 곳으로 현대적 경관과 중세적 경관이 곳곳에 펼쳐져 있다. 또한 어떤 지역의 주민들은 자신들을 제외한 나머지 사람들을 파키스탄 사람들이라고 부르는 모습을 볼 수 있는 곳이기도 하다. 그들의 가족, 씨족 및 마을에 대한 충성심을 가지고 있는 국민국가의 국민으로 보기에는 애매한 많은 사람들이 존재하고 있는 곳이기도 하다.

파키스탄은 어려운 여건 속에서 진보에 대한 신뢰와 실패의 수많은 순환을 경험했다. 그리고 아직 그곳에는 모든 가능성에 대한 기회가 존재하는 공간이다. 드넓은 관개농업 지역과 녹색 혁명 기술의 조합은 지난 10여 년 동안 일부의 쌀을 수출(비록 밀은 여전히 수입 중이지만)할 수 있는 여건으로 성장했으

 답사 노트

© Barbara A. Weightman

"아프가니스탄과 파키스탄을 연결하는 키버 패스를 관통하여 운전하는 것은 황홀한 경험이었다. 나는 역사의 현장에서 몇 번의 파멸이 발생했던, 메마르고 모래 먼지 날리는 아프가니스탄 쪽의 언덕에서부터 여러 군데에 있는 머리핀 모양의 곡선주로와 터널을 가로질러 파키스탄의 힌두쿠시까지 차를 몰았다. 이 길은 세계에서 가장 훌륭한 전략적 요충지에 해당하는 고갯길이다. 그러나 침입자들이 이곳을 통과하기는 쉽지 않다. 방어군은 이 위험한 계곡에 의지해 방어에 유리한 고지를 점령하고 있기 때문이다. 그러나 지금은 도로와 터널이 난민과 마약, 무기의 이동을 편리하게 해준다. 또한 국경의 양끝으로부터 출발하는 호전적인 분리주의자들도 이 도로를 사용한다. 파키스탄의 북서 국경 주와 그중에서도 페샤와르는 이러한 활동의 온상이다."

며, 국가의 제조업과 서비스업도 지속적인 성장을 보여주고 있다. 면직물뿐만 아니라 카펫, 태피스트리(색색의 실로 수놓은 벽걸이나 실내장식용 비단), 가죽제품을 수출하고 있다. 국내 제조 공급에 한하고 있기는 하지만 카라치 인근에 제철소를 건설하여 운영 중이기도 하다. 한편, 파키스탄 당국은 파키스탄의 성장하는 산업과 아편 및 대마 무역을 통제하기 위해 노력하고 있다. 이웃한 아프가니스탄은 이러한 불법적인 거래가 가장 활발한 곳으로 남아 있으며, 그 파급 효과가 지속되고 있다. 그러나 파키스탄에는 당국의 지배력이 도달하지 못하는 고수익을 기대할 수 있는 양귀비 재배지역이 곳곳에 있으며, 이미 다양한 무역 루트가 마련돼 있다. 이러한 다양한 모습을 지니고 있는 파키스탄은 모순된 상태를 노출하고 있다.

2009년 봄, 파키스탄 정부는 페샤와르 북쪽에 위치한 탈레반의 북서 국경 주 말라칸드 사단의 일부가 주둔해 있는 스와트 밸리로 알려진 곳에 대하여 대규모 군사 공격을 자행하였다. 탈레반은 파키스탄의 북부지역 경계 인근에 가상의 반란 국가를 세우고, 남진 무장 침공은 민고라의 지역 중심을 지나서까지 공격했고, 마르단(그림 8A-1 참조)의 지역 본부를 위협했다. 군사 공격은 탈레반을 돌아가게 만들었지만, 많은 시민들의 목숨을 그 비싼 대가로 지불해야만 했었다. 2009년 중반 대량 할당으로 인한 인도주의적 선택은 2백만 명에 달하는 시민을 혼란시켰는데, 그들 중 살아남은 대부분은 사와비 같은 난민 수용소(적십자의 도움에 의지하고 있는 수용소로 약 1만 8천여 명의 난민 거주)에서 살고 있다.
© Jeroen Oerlemans/Panos Pictures

남부 아시아의 서부 모퉁이에 해당하는 이 지역은 권역 내에서 가장 위기에 처해 있는 곳이다. 그 상태는 예전보다 지금이 훨씬 더 위태롭다. 세계가 테러리즘에 대항하고 있는 이 시점에서 이슬람 국가 파키스탄의 응집성과 정체성은 더욱 중대해져 그들의 정치적 지도자 및 서방 세력, 우선 순위 등을 더욱 곤란하게 만들고 있다. 파키스탄 국민 중 일부는 호전적인 이슬람 정당에 대한 투표를 통해 서방 세력 등에게 혐오를 표현하였고, 탈레반 운동의 소생에 대하여 지지를 표하는 목소리를 내며, 때로는 도망 중인 알카에다 공작원들에게 은신처를 제공해 주었다. 그들은 국제사회에서 반테러리즘 활동에 관한 파키스탄 정부의 역할을 비난하였다. 호전성과 불안정성은 더 이상 북서 국경 접경지대나 북부 말단지역에만 국한되지 않고 있다. 2010년 초반 라호르에서 발생한 두 명의 자살 폭탄 테러 사건으로 70여 명이 목숨을 잃기도 했다. 파키스탄 정부는 알카에다와 탈레반을 비난했다. 파키스탄의 미래는 이들의 균형이 어떻게 이루어지느냐에 달려 있다. 그리고 그것은 남부 아시아의 안정성을 좌우하기도 한다.

인도 : 권역의 거인

당신이 만약 지난 몇 년 동안 TV를 보거나 뉴스 매체를 접했다면, 북아메리카 지역에서뿐만 아니라 전 세계에서 인도에 대한 관심이 날로 증가하고 있음을 알 수 있을 것이다. 뉴스 보도의 예로 이른바 미국과 인도 사이의 '전략적 제휴', 미국의 공간적 분업 파트너(아웃소싱)로서의 인도, 새로운 인도 중산층 급성장, 그 존재감을 전 세계에 떨치고 있는 인도 대기업의 위기 등 다양하다. 이렇게 인도는 역동적으로 꿈틀거리고 있다. 그러나 과연 이 나라가 차세대 경제 대국이 될 수 있을까?

확실한 것은 인도는 세계의 주목을 받고 있다는 것이다. 인도는 남부 아시아 권역의 3/4을 차지할 정도로 넓은 영역을 차지하고 있고, 이미 현세기 중반에 중국을 초월하여 지구상에서 인구가 가장 많은 나라가 될 것이라 예상된다. 이미 인도는 세계 최대의 민주주의 국가로서 28개 주와 몇몇 부속 영토에 12억에 육박하는 인구가 살아가고 있다.

인도가 정치적·지리적으로 통일국가를 유지해 온 사실은 거의 기적에 가까운 결과라 할 수 있다. 인도는 다양한 종교와 언어, 그리고 다양하다 못해 대조적이기까지 한 경제 활동 등 전형적인 문화 모자이크 지역이다. 인도는 정말로 많은 국가가 연합된 연방국이라 할 수 있다. 1947년 독립을 하면서 인도

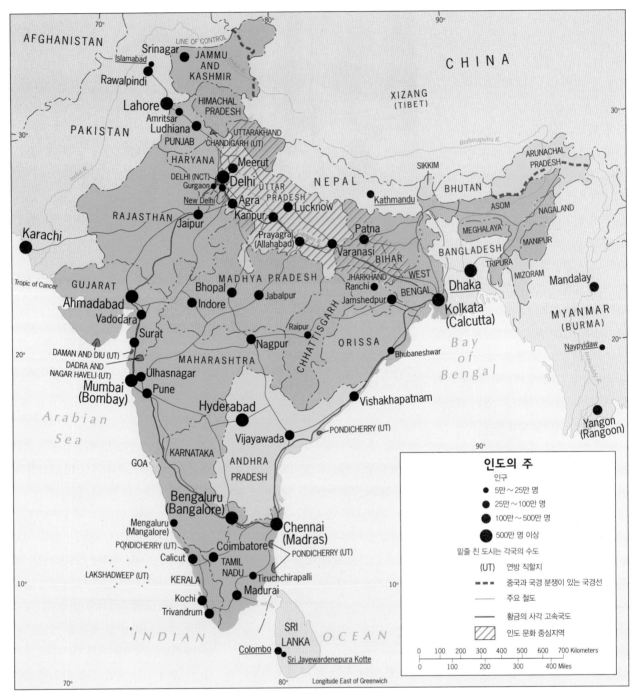

그림 8B-3

© H. J. de Blij, P. O. Muller, and John Wiley & Sons, Inc.

는 연방정부 체제를 채택했고, 지역과 주민들에게 자치권과 지역 정체성을 부여했다. 또한 더 나아가 다른 부분에 있어서도 이러한 상태를 열망할 수 있도록 했다.

인도의 다원적이고 민주적인 양상

은 영국으로부터의 독립 투쟁에 중심적인 역할을 했던 마하트마 간디를 제외하고 논한다면 충분히 이해할 수 없다. 마하트마 간디는 위대한 영적 지도자이자 정치 지도자로 현 체제의 틀을 완성하는 데 지대한 영향력을 미쳤다. 그 누

구보다도 간디는 관용, 이성, 비폭력 그리고 인내를 상징하는 인물이었고, 이러한 사상은 인도의 자유 투쟁 및 새로운 국가를 건설하는 이념 토대가 되었다. 인도의 초대 수상이었던 자와할랄 네루 역시 민주주의와 비종교적인 정부

에 대한 단호하고 굳은 신념을 통해 큰 영향을 주었다. 흥미롭게도 이러한 신념이나 원칙은 힌두 문화에 포함된다고 말할 수 있다. 결국 힌두교는 매우 개방적이고 다채로운 방법을 내재하고 있는 자기분석적인 종교이며 삶의 방식이다. 사실 하버드대학교의 노벨 경제학 수상자인 아마르티아 센(Amartya Sen)이 그의 책 *The Argumentative Indian*이 다소 정신적인 성향이 있음에도 불구하고, 그 책의 핵심 내용은 인도의 문명 자체가 민주주의를 지향하는 고유한 경향성이 있다는 것을 강조하고 있다.

정치지리

연방제와 국민

인도의 정치지리를 보여주는 지도(그림 8B-3)에서 알 수 있듯이, 인도는 28개의 주와 6개의 연방 직할지(UT)와 1개의 국가 수도 직할지(NCT)로 구성된 연방국가이다. 연방정부는 UT 및 인구가 적은 모든 지역과 주민에 대한 직접적 권한을 가지고 있다. 어찌되었든 델리와 수도 뉴델리를 포함하는 NCT는 1,700만 명 이상이 거주하고 있는 지역이다.

이와 같은 정치적 공간조직의 형성은 주로 영국으로부터의 독립에 따른 인도의 재편성에 대한 결과물이다. 주 경계는 언어, 종교, 그리고 문화적인 전통을 아우르는 국가의 문화 모자이크의 넓은 윤곽을 반영한다. 인도는 14개의 대표 언어와 많은 수의 소수 언어를 사용하고, 힌디는 공식어이지만 통용되지 못하고 있는 것이 현실이다(그림 8A-5). 독립 당시 힌디어는 가장 널리 사용되는 토착 언어였다. 그러나 이 힌디어는 인도 인구의 1/3에 해당하는 사람들에게만 모국어로서의 의미가 있을 뿐이었다. 1947년 독립 당시 수상이었던 네루

의 유명한 연설은 영어로 진행되었다. 힌디어 및 기타 언어는 분열되었고 정치적으로 이를 통합하기에는 불가능했었다. 그래서 영어는 인도에서 빠르게 공용어의 지위를 획득하게 되었다.

그림 8B-3에서 볼 수 있듯이, 면적이 가장 큰 주는 국토의 중앙, 인도 반도의 남쪽을 향해 위치해 있다. 우타르프라데시(1억 9,700만 명, 2010년 인구 추계 인구)와 비하르(9,600만 명)는 갠지스 강 유역의 대부분을 차지하고 있고, 오늘날 인도의 핵심지역을 이루고 있다. 거대한 해안도시 뭄바이(1996년 이전까지는 봄베이로 불림)가 있는 마하라슈트라(1억 1,100만 명) 역시 대부분의 나라보다 큰 인구 규모를 자랑하고 있다. 서벵골, 즉 방글라데시와 인접한 지역에 8,900만 명이 거주하고 있으며, 그 중 1,600만 명가량이 그 지역의 주요 도시인 콜카타(2000년 이전에는 캘커타로 불림)에 살고 있다.

이러한 인구를 나타내는 숫자는 경이롭다. 이 경이로운 숫자는 남부지역에 이르러서도 크게 감소하지는 않는다. 남인도는 4개의 주로 구성되어 있는데, 각 주는 이산된 역사와 명확한 드라비다어로 연결되어 있다. 안드라프라데시(8,400만 명)와 타밀나두(6,700만 명)는 벵골만에 접해 있으며, 두 지역 모두 그들의 공동 경계 근처의 해안가에 위치한 첸나이(옛 지명은 마두라스)의 배후지역에 해당된다. 카르나카타 주(약 5,900만 명)와 케랄라 주(3,400만 명)는 아라비아 해에 접해 있다.

그림 8B-3에서 알 수 있듯이 인도의 작은 주들은 주로 방글라데시 맞은편인 북동쪽과 잠무-카슈미르 쪽인 북서쪽에 위치해 있다. 밸리 북부지역에서의 지형적·문화적 경관의 변화는 갠지스

강의 저지에서 히말라야의 높은 봉우리에 이르기까지 그 변화의 폭이 넓다. 히마찰프라데시에서는 숲이 사면을 뒤덮고 있고, 기복이 심한 지형 덕분에 인간이 거주하기에 용이한 공간은 줄어든다. 그럼에도 불구하고 이렇게 비교적 고립된 공간에서도 작고 다양한 집단을 기반으로 700만 명가량이 살고 있다.

지도에서 부탄과 방글라데시 사이의 좁은 틈 너머에 있는 먼 북동부지역의 경우는 더 복잡해 보인다. 이곳을 대표할 만한 주는 아솜(아삼) 주로 3,000만 명 이상이 그들의 삶을 영위하고 있으며, 플랜테이션 차 농업으로 유명하다. 그리고 이곳에서 생산되는 석유와 가스의 규모가 인도 전체에서 40% 이상을 차지하고 있기 때문에 중요한 지역이다.

아삼 북부지역에 히말라야 산맥의 지류가 뻗어 있는 아룬나찰프라데시에는 130만 명가량이 드문드문 거주하고 있다. 동쪽으로는 미얀마(버마)로부터 인도를 구분하는 숲과 단구 형태(계단식 모양)의 지형 위에 나갈랜드 주(220만 명), 마니푸르 주(240만 명), 미조람 주(100만 명)가 위치해 있다. 이 지역의 수많은 인종 집단(나갈랜드 주만 하더라도 12개 집단 이상이 있음)이 거주하고 있으며, 델리 정부에 대한 반란이 잦은 곳이다. 남쪽으로는 메갈라야 주(260만 명), 트리푸라 주(350만 명)가 위치해 있는데, 이곳은 구릉과 삼림으로 구성되어 있으며 방글라데시의 비옥한 범람원과 국경을 마주하고 있다. 이 지역은 인도의 북동부지역으로 사람들의 기질이 반항적이며 인구가 여전히 급증하고 있는 곳이다. 인도는 이 지역의 강력한 지역적 난제에 직면해 있다.

지속적으로 변화 중인 인도의 지도

인도가 가지고 있는 엄청난 다양성과 인도 연방의 민주공화국 구조를 고려한 관점에서 보건대, 현재 인도의 지도는 끊임없는 타협의 산물이라는 사실은 그리 놀라운 것이 아니다. 1947년 다수지역의 언어를 기초로 고안된 새로운 체제는 인도의 많은 커뮤니티를 만족시키기에는 부족했다. 우선 인도에서는 공식으로 인정받은 14개 언어보다 더 많은 언어가 사용되고 있었다. 이에 근거하여 지방단위의 주를 더 추가해 달라는 요구가 곧 생겨났다. 그 결과로 1960년대 초 봄베이 주는 각각 서로 다른 언어 집단에 의하여 구자라트와 마하슈트라로 분리되었다. 그리고 1966년에는 힌두교가 우세한 하리야나는 시크교도들(그리고 펀자브어를 쓰는 사람들 포함)에게 보다 많은 자치권을 부여하기 위하여 펀자브에서 분리되었다.

위에서 언급한 바와 같이 인도 북동부의 넓은 삼림지대에는 많은 민족들이 거주하고 있다. 아삼 주를 장악해 온 나가족은 인도 독립 이후부터 반란을 일으켰는데, 오랜 전쟁은 연방군을 불러들이는 계기가 되었다. 그리고 그에 따른 정전과 지루한 협정 이후인 1961년에 그곳은 나갈랜드 주로 선포되기에 이르렀다. 나갈랜드 주의 분리 승인은 문젯거리가 산재한 인도 북동부지역에 또 다른 정치지리학적인 변화를 불러오는 계기가 되었다. 마니푸르 주에서는 분리주의자들이 30여 년 이상(이 지역을 찾는 여행자들은 거의 없으며, 뉴델리로부터 1,000마일 이상 떨어져 있음. 또한 인도에서 미얀마로 넘어가는 관문 도시이기도 함) 인도 정부의 권위에 맞서 싸우고 있다. 2009년 한 해에만 이 충돌로 인하여 400여 명 이상의 목숨이 희생되기도 하였다.

지방 분권에 대한 압력은 인도가 독립을 했던 이후 줄곧 제기되어 온 문제이다. 몇몇 상황 속에서 연방정부와 정부군은 어렵사리 반군을 진압하기도 하였고, 또 다른 몇몇 상황에서는 거꾸로 정부가 협상을 통해 더욱 양보하기도 하였다. 예를 들면 2000년에 3개의 새로운 주가 탄생하였다. 비하르 주의 매우 가난한 18개 구역을 대표하여 비하르 주 남쪽에 만들어진 '자르칸드'가 그중 하나이며, 1930년대부터 부족민이 마드야프라데시 주에서 분리를 주장한 곳이 '차티스가르'이다. 그리고 갠지스 강 유역에 자리 잡아 인도 내에서도 인구 규모가 큰 지역에 해당하는 우타르프라데시 주의 핵심지역에서 고원의 성격과 그에 따른 생활 양식에 기초하여 분리된 곳이 '우타라간드(옛 지명은 우타란찰)'이다(그림 8B-3 참조).

최근 2009년 12월 말, 인도 중앙정부는 안드라프라데시 주의 북서부지역에 새로운 테란가나 주의 신설을 협의하기 위한 위원회를 구성했다. 테란가나 주는 연안의 중심지역을 조망하는 내륙지역이다. 계획대로라면 3,100만 명의 인구가 거주하게 될 것이며, 안드라프라데시 주의 약 1/3을 차지할 것으로 보인다. 2010년까지 이 문제는 이슈로 떠올라 격렬한 논쟁을 거쳤지만 현재까지 결론을 얻지 못한 상태이다. 지난 몇 년 동안 인도 중앙정부는 또 다른 문제의 징후에 노출되었다. 바로 스스로를 마오이스트라 부르는 공산주의자들이 야기하는 문제이다. 그들은 조화(coordinated)혁명 운동으로 전환한 것처럼 보이는 반란을 꾀하는 세력들이다. 인도에서 이 운동은 **낙살라이트**(Naxalite) 운동으로 알려져 있으며, 그 명칭은 1960년대 서부 벵갈 주에 설치된 마을의 이름에서 유래했다.

낙살라이트의 주요 활동은 비하르 주, 자르칸드 주 및 안드라프라데시 주와 같이 인도에서 가장 가난하고 불만이 가득한 주에서 인도의 엘리트 및 신자유주의 경제 정책을 비난하는 가난하고 소수집단을 형성한 사람들을 대상으로 호소하고 있다. 그들은 여전히 인도의 1/3에 해당하는 600개 이상의 지구(주 아래의 행정단위)에서 활동하고 있으며, 약 90여 개의 지구에서는 폭력적인 상황을 연출하는 것을 마다하지 않고 있다. 그들은 철로를 파괴하고, 경찰서를 습격하고 마을 사람들을 위협하기도 하였다. 2010년 초 서부 벵갈 지역에서 그들은 24명의 경찰관을 사지로 몰아넣었다. 비하르 주에서는 12명의 마을 사람이 살해당하기도 하였다. 또한 차티스가르 주 동부지역에서는 매복을 통해 76명의 인도 군인의 목숨을 앗아갔다. 인도 정부는 국가 내부의 최대 보안 위협 대상 세력이 낙살라이트임을 공식적으로 천명했다. 안정성은 인도 경제 전망의 핵심적 열쇠이며 이는 낙살라이트 활동의 약화를 의미한다.

내부 대립

1 내부 대립(communal tension, 공동체 대립에 따른 폭력 사태)이라는 용어는 인도의 매우 다양한 사회계층 간에 반복되는 여러 가지 종류의 충돌 때문에 발생된다. 가장 일반적으로 이러한 충돌은 (정치적) 종교에 기반하고 있으나 이러한 충돌의 또 다른 이유 중 하나는 계급 갈등에 기반한 것이다.

시크교

시크교('시크'라는 단어의 뜻은 '신봉

자'를 의미함)는 약 500년 전에 대립하던 힌두교와 이슬람교를 하나의 신념으로 통합하기 위해 탄생된 종교이다. 시크의 종교적 교리의 핵심은 힌두교와 이슬람교의 부정적인 측면을 배제한다는 것이다. 인도의 펀자브 부근 지역에는 수백만 명의 시크교도가 거주하고 있다. 식민시기에는 많은 시크교도들이 영국 정부를 지지하였고, 그러면서 그들은 지배국인 영국 정부로부터 존경과 신뢰를 받게 되었다. 이러한 공생관계에 의해 수만 명의 시크교도들은 군인과 경찰로 고용되기도 하였다. 1947년경 펀자브에는 다수의 중산층 시크교도들이 살고 있었다. 오늘날 전체 인구의 2%도 채 되지 않는 시크교도들(약 2,300만 명)은 여전히 인도 정치에 강력한 영향력을 발휘하는 집단으로 남아 있다.

마오이스트 낙살라이트 반군은 관련성을 인정하지 않음에도 불구하고, 2010년 5월에 발생한 두 대의 열차에 대한 정교한 테러에 대한 계획과 실행에 대하여 인도 당국은 그들을 비난하였다. 그들 중 가장 철면피 같은 테러리스트는 그 테러가 있던 날조차도 활동했다. 이 드라마 같은 사진은 콜카타 서쪽에서 뭄바이로 향하는 약 150km 지점의 철로 위에서 발생했다. 폭발로 망가진 녹슨 열차의 차량은 뭉개진 채 멈췄고, 반대편에서 다가오던 파란색 열차는 이 엄청난 인명 피해를 피할 방법이 없었다. 150여 명 이상이 목숨을 잃었고, 그보다 많은 수의 부상자가 발생했다. 이 비극이 발생한 서벵갈 주는 낙살라이트 반정부 활동의 온상이었다. © AP/Wide World Photos

 답사 노트

© Jan Nijman, Photo by Zach Woodward

"우리는 금요일 정오에 뭄바이 최대 슬럼가 중 한곳의 중심을 가로지르고 있다. 면적 2km²가 채 못 되는 곳에 다라비 주택이 들어서 있는데, 자그마치 그곳의 인구는 50만 명에 육박한다. 약 20%가량은 이슬람 신도들이며, 다른 이들 중에 압도적으로 비율이 높은 집단은 달릿 계급이다. 증가하고 있는 이슬람 인구는 자신들만의 공간적으로 분리된 지역에서 긴밀한 유대를 형성하며 살고 있다. 그곳에는 몇몇 이슬람 사원이 있지만, 전체 면적에서 차지하는 비중은 낮다. 그래서 일터 근처에서 휴식을 취하고 있는 한 남자는 도로를 따라 매트를 펼쳐 놓고 기도를 준비하고 있다. 신앙이 있다는 것은 다라비의 불결하고 빈곤한 환경 속에서 살며 일하는 이슬람 소수집단에게 특별히 더 중요하다."

인도 독립 후 얼마 간의 시간이 흐른 뒤, 시크교도들은 인도에서 가장 심각한 분리주의 운동을 벌였다. 그들은 칼리스탄이라 불리는 자율적인 주를 신설해 줄 것을 요구하였다. 1966년 정부는 이 상황을 완화하려고 펀자브 주를 북서부의 시크교도 지역과 남동부의 힌두교 지역으로 나누면서 긴장을 완화하려고 노력하였다. 북서부의 시크교도의 비율이 높은 지역의 명칭은 펀자브로 그대로 유지시킨 채, 남서부의 힌두교 우세지역은 하리아나(그림 8B-3 참조)로 명명했다. 그러나 이러한 갈등은 1970년대 인도의 총리 인디라 간디가 '국가 비상사태'를 선포하며 연방 전체에 강력한 중앙 집중적 제도를 강요하면서 다시 한 번 격렬해졌다. 인도 연방군이 암리트사르에 있는 시크교도의 성지인 황금 사원에 주둔 중인 시크교도 반군을 공격하면서 긴장은 극에 달하였다. 이 공격을 계기로 1984년 총리 부인인 간디 여사가 시크교도인 자신의 경호원에게 암살당하였고, 그에 따른 시크교도들에 대한 보복적 폭력 행위가 잇따랐다. 1980년대 이후 양 진영은 쌍방에 합의점을 찾기 위해 노력하고 있다.

이슬람교

인도가 주권국가가 되고 대규모 인구이동이 국경을 가로질러 마무리되었을 때, 인도에는 3,500만 명의 소수집단에 해당하는 이슬람교 신도가 국가 전체에 널리 분포하는 상태로 남아 있게 되었다. 1991년까지 이슬람 신도는 총인구의 11.7%가량을 차지하며 9,900만 명 규모로 성장하였다. 현재 인도에서 이슬람교를 신봉하는 인구의 규모는 약 1억 7,100만 명으로 추정되며 전체 인구의 14.5%가량을 차지하고 있다고 분석

된다. 이러한 가운데 명확하게 드러나는 현상은 이슬람 신도의 인구 증가 속도가 일반적인 인도의 인구 증가 속도보다 빠르다는 것이다. 이슬람교도들은 그들의 최대 절대 인구수가 우타르프라데시, 비하르 및 마하라슈트라 주의 인구보다 많고, 잠무-카슈미르, 아삼, 서뱅갈 지역에서는 실제적으로 주요 세력이라고 이야기한다. 인도의 거대한 지리적 이점은 이슬람 소수자 집단이 지역적으로 집중되지 않았고, 위험한 분리 운동을 피하고 있다는 상황이다.

인도 사회 내에서 이슬람 세력의 사회적 입지는 인도와 파키스탄과의 관계를 떼어놓고서는 설명하기가 쉽지 않다. 파키스탄과 첨예하게 대립하는 카슈미르 문제나 최근 인도를 괴롭혔던 이슬람 세력의 테러 문제(예 : 2001년 의회 청사 및 2008년 뭄바이의 고급 호텔 테러 사건)와 무관하지 않기 때문이다. 현재, 인도는 전 세계에서 테러 행위가 가장 빈번하게 일어나고 있는 지역이라는 오명에서 벗어나지 못하고 있다. 그 결과 인도의 이슬람 신봉자와 힌두교도들의 관계는 악화되고 있다. 해외의 테러분자('파키스타니'라고 불리는)와 지역의 무슬림 요주 인물들 사이의 연계는 힌두교 세력의 태도나 전술 및 차기 회담에서 공들여 온 주제를 변화시킬 만큼 중요하다.

인도 사회로 무슬림 통합을 통합시키는 데 가장 심각한 위협으로 대두되는 현상은 상대적으로 낮은 수준의 교육 여건과 저소득 경제 현상이다. 공식적인 통계에 따르면 이슬람 인구 중 4% 미만의 인구만이 중등교육을 수료한 것으로 나타난다. 또 최근 정부의 보고서에 따르면 이슬람 인구는 인도의 가장 낮은 하층 카스트 계급만큼 가난하다

고 한다. 소수의 이슬람 지도계층만이 대학교육을 받아 성공적인 전문가로 성장하며, 지명도가 높은 정치인, 영화 배우, 스포츠 영웅 사이에서 그들의 비중이 높아지지만, 대다수의 이슬람 인구의 사회적 지위는 하층민을 벗어나지 못한 것으로 보인다.

힌두트바

힌두 과격파 혹은 힌두 원리주의는 말의 모순처럼 보일지도 모르나, 이 운동은 최근 수십 년 동안 인도를 힌두교의 원칙이 우선시되는 사회로 바꾸려는 데 앞장서 왔다. 2 힌두트바(Hindutva) 혹은 힌두니스(Hinduness)는 힌두 민족주의, 힌두교 유산 및 힌두교 애국심으로 다양하게 표현되고 있다. 이러한 힌두트바의 원리는 국내 정치에 영향을 미치는 인도 인민당(BJP)이나 마하라슈트라, 구자라트, 마드히야프라데시 같은 거대한 주의 작용하는 강력한 힘으로 정책에 대한 가이드라인을 제시하고 있다. 힌두트바 광신자들은 학교 교육 과정에 힌두 교육 과정이 반영되기를 원했고, 무슬림에서 수용할 수 없는 방식으로 가족법을 유연하게 바꾸고, 비힌두교로 개종을 금지하고, 비힌두교 인도인은 근본적으로 외부인이라고 단정하고 있다.

자연스럽게 이슬람교도뿐만 아니라 다른 소수집단들도 이를 우려하였다. 그뿐만 아니라 이는 인도의 세속주의(종교와 국가의 분리)는 민주주의의 생존과는 별개의 문제라고 생각하는 사람들에게도 영향을 주었다. 인도의 온건파 힌두교 신자 및 비힌두교 신자는 모든 인도가 직면하고 있는 것처럼 분열되는 이러한 개념에 반대하고 있다. 힌두 강경파와 이슬람교 근본주의자들이 어

떻게 서로의 의제를 구실로 삼아 충돌의 악순환을 연출할지는 쉽게 예측할 수 있다.

최근 주 선거 및 국가 선거에 있어서 BJP에 대한 지지는 감소하고 있는 것으로 보인다. 더욱 중요한 것은 온건 힌두파와 강경 힌두파 사이의 당내 투쟁에서 온건 힌두파가 더 우세해 보인다는 것이다. 전체적으로 인도의 유권자는 급진적 힌두이즘과 지속적인 강건함의 확립 및 인도 민주주의의 존속력을 수용하려는 것을 서두르지 않는다.

카스트 제도의 영속성

힌두교의 시작과 그 종교적 속성은 서구(다수의 인도 사람과 마찬가지로)에서 일반적으로 힐난의 대상이 되는 사회적 계층 체계와 결합하였다. 힌두교 교리에 따라 계급은 선조 및 가문의 혈통, 직업에 근거하여 계층이 고착화되었다. **3** 카스트 제도(caste system)는 일찍이 사제, 전사, 상인 및 농민으로 사회적 분화가 이루어진 것에 기인한다. 그리고 카스트 제도에는 인종적 기반(산스크리트어로 카스트는 바르나, 즉 색상을 의미함)도 고려되었다고 추정된다. 구체적으로 카스트 제도는 특정 직업과 관련되기 시작했고, 수 세기에 걸쳐 인도에는 수천 개의 카스트가 생성되는 동안 그 복잡성은 증가했고, 그 계급 중 일부는 수백 명에 불과하기도 하고 다른 계급은 수백만 명에 육박하기도 한다.

힌두교도들은 환생을 믿으며 사람은 전생에 자신의 행동에 따라 특정 카스트로 태어난다고 생각한다. 따라서 낮은 계급의 카스트에서 높은 계급 카스트로의 허용된 이동(심지어 접촉도)에 대해서도 정해진 카스트 숙명을 거스르

는 것은 적합하지 않다고 생각한다. 특정 카스트에 속한 사람은 할 수 있는 일이 한정적이다. 또한 특정한 옷을 입고 특정한 장소에서만 기도를 할 수 있을 뿐이다. 그들 혹은 그들의 아이들은 자신보다 높은 카스트의 사람들과 함께 먹거나 놀 수도 없으며 심지어는 같이 걷는 것조차 허락되지 않는다.

불가촉천민(untouchables)은 모든 계급 중 가장 낮은 계급으로, 엄격하게 사회 구조화된 계급 체계 중에서 가장 가엾고 핍박을 받는 계층이다. 물론, '불가촉천민'이라는 호칭은 부정적인 의미를 가지고 있어서 몇 번이나 그 용어가 대체되기도 하였다. 이러한 체제를 강하게 비판하던 마하트마 간디는 '신의 아이들'이라는 의미의 하리잔이라는 용어를 도입했다. 그러나 최근 이 용어는 생색을 부리는 의미를 가지고 있다고 평가받았고, 그들 사이에서 보다 큰 자기 의식과 정체성을 표현하고 있는 '**달릿**'(억압받는다는 뜻)이라는 용어에 그 자리를 내주었다.

촌락지역의 골짜기 깊은 곳에 고립된 마을에서, 달릿은 여전히 상위 카스트에 의해 엄격한 차별과 가혹한 처우에 고통받고 있다. 아이들은 교실 바닥에 앉아 수업을 받아야 한다(그것도 만약 그들이 학교에 다닐 수 있는 상황이라는 가정하에). 또한 달릿은 마을 우물을 오염시킨다는 이유 때문에 우물을 사용하는 것조차 용인되지 않는다. 그뿐만 아니라 길을 가다 높은 카스트의 집을 지날 때는 자신이 신고 있던 신발마저 벗어야만 한다. 그들은 태어나서 부여받은 직업(빨래, 청소 등과 같은 일들)보다 더 전문적인 다른 직업을 택할 수조차 없다.

오늘날 달릿은 전체 힌두교 인구의

약 15% 이상을 구성하고 있다고 추정되며, 가장 높은 계급인 브라만 역시 그와 비슷한 점유율을 차지하고 있다. 인구의 나머지 대부분은 이 두 카스트 사이의 넓은 범위의 카스트를 구성하고 있다. 인도 정부는 공식적으로 독립을 하면서 카스트 제도를 폐지하였지만, 이 카스트 제도를 해체하기가 어렵다는 것만을 증명하게 된 모양새이다. 많은 수의 달릿들은 다른 종교, 특히 불교로 개종하는 것을 선택하였다. 인도 불교 신자의 약 90% 이상은 달릿 출신으로 추정되는데, 종교 개종 이후에도 그 오명의 꼬리표는 지워지지 않고 계속 따라다니는 것으로 보인다.

인도 정부는 현재 **지정 카스트**(Scheduled Caste, 달릿 계급을 지칭하는 인도 정부의 공식적 명칭)에 대하여 차별철폐 조치를 담은 정교한 시스템을 도입하고 있다. 이러한 노력은 인도의 촌락지역보다는 도시지역에서 더 큰 효과가 나타나고 있다. 어쨌든 달릿은 현재 학교에서 그들의 공간을 보장받고 있으며, 주정부 및 연방정부의 직업군 속의 특정 비율을 할당받은 상태이다. 그뿐만 아니라 주 의회 및 국회에서 일정 쿼터를 배정받고 있다. 이러한 직업에 대한 인기는 매우 높다. 왜냐하면 그들은 화이트 칼라에 속하는 직업군이 되고 싶은 욕망이 있고, 또 이러한 직업들은 일반적으로 달릿 계급에서 하는 일보다 훨씬 더 많은 보수를 받기 때문이다.

인도의 수많은 소수집단 때문에 차별 철폐 계획은 시간이 지남에 따라 점점 더 복잡해졌다. 달릿을 위해 마련된 연방정부 직업의 15%에 대한 기존 할당 비율에 대해, 2010년 중앙정부는 무슬림을 위한 공공 부문 일자리 10% 및 시크교도와 같은 종교적 소수자를 위

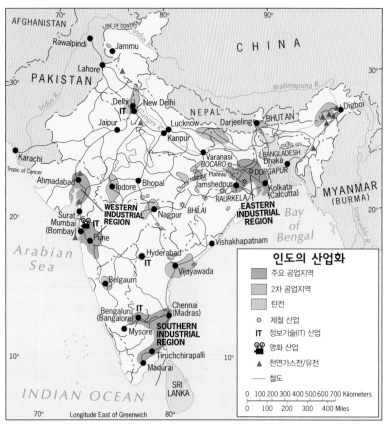

그림 8B-4

© H. J. de Blij, P. O. Muller, and John Wiley & Sons, Inc.

한 추가 5%의 쿼터를 할당할 것을 제안하였다. 국회 의석의 1/3을 여성에게 할당하는 것 등과 같은 또 다른 제안은 곧 토론 주제로 부상했다. 충분한 자격을 갖춘 무슬림 여성을 준비하지 못한 일부 무슬림 단체는 이러한 의견에 대하여 반대하였고, 그들을 위한 하위 할당 비율을 요구하였다. 세계에서 가장 크고 다양한 배경 속에서 자라난 민주주의 및 정치는 매우 복잡한 양상으로 변해 갈 수 있다.

인도의 정치적 시계추가 얼마나 흔들릴 수 있는지는 2007년 우타르프라데시 주의 지방의회 선거 사례에서 살펴볼 수 있다. 당시 우타르프라데시 주에서는 달릿당이 절대 다수의 지지를 얻었으며, '마야와티 쿠마리'라 불리는 여성

은 인도의 주요 주 중의 한곳에서 처음으로 달릿 출신의 수석 장관이 되기도 하였다. 이 소식은 전국적으로 퍼져나가는 굉장히 의미 있는 승리였고, 인도의 정치체제를 뒤흔들어 놓았다. 또한 인도에서 가장 낮은 계급의 세력 성장을 상징할 뿐만 아니라 인도 정부의 정책 변화를 상징하는 터닝포인트로서 자리매김하는 사건이 되었다. 그러나 가장 낮은 카스트에 속한 인도 사람들은 여전히 매우 제한된 기회, 광범위한 차별 및 절망적 빈곤에 직면해 있다. 전통적으로 인도에서 카스트 제도는 안정성과 연속성을 제공해 왔다. 오늘날의 인도에서 카스트 제도는 종종 고통과 타파하기 어려운 인습으로 남아 있다.

경제지리

동부와 서부

인도에서 가장 보편적이면서도 분명한 지역적 구분은 남과 북으로의 구분이다. 북쪽은 인도의 중심지이며, 남쪽은 드라비다인의 영역이라 할 수 있다. 북쪽은 공용어로 힌두어를 쓰며, 남쪽은 힌두어보다는 영어를 선호한다. 북쪽은 활기차고 성미가 급하며, 남쪽은 더 느리고 덜 부산한 것처럼 보인다.

또 다른 관점이 있는데, 아직 명확하다고 하기엔 다르지만 잠재적으로 보다 유효한 구분 기준이 있다. 그림 8B-4에서 갠지스 강 위의 러크나우로부터, 남쪽으로 타밀나두 주의 북쪽 끝 근처에 있는 첸나이까지 선을 그려보자(그림 8B-1). 이 선의 서쪽에서는 인도 경제 성장의 신호를 관찰할 수 있다. 이는 태국이나 인도네시아와 같은 태평양 연안 국가들에게 새로운 생활을 가져다주었던 그러한 종류의 생산적 활동을 의미한다. 동쪽으로 인도는 벵갈만에 마주하고 있는 저개발국가들, 즉 방글라데시나 미얀마와(버마) 더 많은 공통점을 가지고 있다. 제조업 지도를 살펴보면, 인도 산업의 핵심 역량이 캘커타 부근에 집중되어 있는 것처럼 보이지만, 1950년대에 국가 주도로 이곳에 세워진 중공업설비들은 현재 노후화되고 있고, 경쟁력을 잃고 있으며 꾸준히 쇠퇴의 길을 걷고 있다. 비하르 주는 인도 동쪽 라인의 많은 부분에 영향을 미치는 불황을 상징하고 있는 곳으로, 즉 여러 측정 자료에 의하면 비하르 주의 경제 순위는 인도의 가장 가난한 28개주 가운데 하나라는 것이다.

이를 서부 인도와 비교해 보자. 뭄바이의 내륙지역인 마하라슈트라 주는 여

러 분야에서 인도를 선도해 나가고 있으며, 뭄바이는 이 마하라슈트라를 견인하는 곳이다. 많은 중소규모의 기업들이 여기에서 생겨났으며, 제조업 제품들은 그 생산되는 종류와 범위가 우산에서부터 위성 안테나에 이르기까지, 그리고 장난감부터 직물에 이르기까지 다양하다. 페르시아만의 석유가 풍부한 경제지역이 아라비아 해에 걸쳐 있다. 서부 인도 출신의 수십만 명의 인도인들이 그곳에서 일자리를 구했으며, 그곳에서 벌어들인 돈을 펀자브부터 케랄라에 이르기까지 각 가정으로 송금하고 있다. 보다 중요한 점은 많은 사람들이 외국에서 번 돈을 본국의 서비스 산업을 육성하기 위해 이용했다는 점이다. 움츠러드는 모습처럼 보이는 동부와는 아주 대조적으로 발전해 나가는 모습으로 보이는 인도 서부는 외부 세계와의 다른 유대 관계들을 설정하기 시작했다. 위성 연결은 벵갈루루(이전의 방갈로르)의 발전 기반이 되었다. 점차 발전하고 있는 소프트웨어 생산단지의 중심지는 세계적 수준에 이르렀다. 마하라슈트라의 경제적 성공은 또한 그 북쪽 이웃 지방인 구자라트까지 퍼져나갔고, 심지어 육지로 둘러싸인 라자스탄마저도(구자라트를 넘어서서 북쪽의 그다음 주) 인도에서 하나의 표준이 된 경제 붐의 시작을 겪고 있는 중이다.

수확하는 삶

인도에서 농업은 그 어떤 다른 분야보다도 더 많은 일자리를 제공한다. 그리고 인도의 부는(그리고 불행) 농업과 긴밀하게 연관되어 있다. 전 인구의 2/3 이상이 여전히 땅 위에서(그리고 땅으로부터) 살고 있으며, 전국 60만여 마을에 퍼져 있다. 그곳에서는 전통적인 농업 방식이 지속되고 있으며 1헥타르당 생산량은 전 세계에서 가장 낮은 수준이다. 곡물 잉여물이 발생하는데도 여전히 수백만 명은 굶주림과 영양실조에 시달리고 있다. 펀자브의 밀 생산지에서처럼 비교적 산업화가 진전되지 못한 지역들은 불황의 바다에 떠 있는 섬들이다. 토지 개혁은 근본적으로 실패했다. 가장 좋은 땅의 많은 부분을 포함하는 인도 전체 경작지역의 대략 1/4이 여전히 정치적 영향력이 막강한 5% 미만의 전체 지주에 의해 소유되고 있다. 그들은 소득 재분배를 막고 있는 세력이기도 하다. 아마도 모든 시골 농가의 절반이 1헥타르 미만의 땅을 가지고 있거나, 아니면 땅을 전혀 가지고 있지 않은 것으로 추정된다. 1억 7,500만 명으로 추정되는 사람이 소작인으로 살아가며 일을 하고 있고, 그들의 운명은 항상 불확실한 상태이다.

다른 모든 곳처럼 농업은 자연지리와 기후 환경에 크게 의존적이다. 인도에서는 몬순이 절대적으로 중요하며, 몬순의 강수량과 시기는 수확에 대한 신뢰할 만한 예측의 근거로 사용된다. 그림 8B-5는 인도의 농업 지도를 나타내고 있고, 강수량 패턴을 보여주고 있다. 몬순 주기는 그림 8A-3에 나와 있다.

아라비아 해에 직면해 있는 남서부 해안 지방(서고츠 산맥의 비가 많이 오는 곳)과 몬순에 잠기는 반도의 북동쪽을 따라서 주로 벼농사 경관이 나타난다. 보다 건조한 기후가 발달한 곳에서는 밀과 다른 곡식들의 경작이 우세하다. 비록 인도가 다양한 품종의 작물들을 생산하고 있긴 하지만 그 생산량은

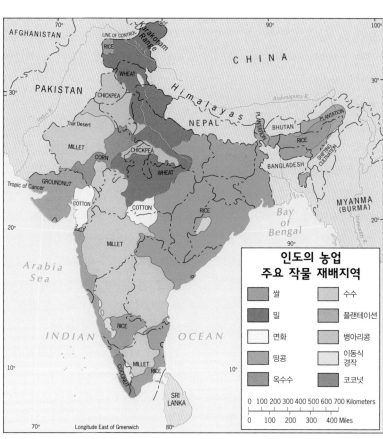

그림 8B-5　© H. J. de Blij, P. O. Muller, and John Wiley & Sons, Inc.

극도로 낮다. 이는 비효율적인 토지 소유권과 소규모 농가의 비료, 관개 장비, 기계 등에 대한 접근 부족의 결과이다.

설령 팔 것이 있다 할지라도 농산물을 시장에 가져가는 일이 수백만 명의 농부들에게는 또 다른 문젯거리이다. 2010년 자료에 의하면 인도에 있는 60만 개의 농촌 마을 절반가량은 트럭이나 자동차로 접근할 수 없었으며, 오늘날과 같은 현대적 운송 수단이 마련된 시대임에도 불구하고, 전국적으로 볼 때 가축이 끄는 수레들이 여전히 자동차 숫자보다 더 많다.

제조업과 정보기술

인도의 산업 분야는 지난 20여 년에 걸쳐서 대단히 발전했지만, 그 변화 속도는 인도의 욕구를 충족시키기에는 여전히 너무나 느리다. 해안가의 뭄바이, 콜카타, 첸나이 등이 주요 산업지대로 성장했다. 저개발국가의 초기 산업에 해당하는 직물 산업이 제조업 현장을 선도하면서 형성된 제조업 지형 지도는 (그림 8B-4) 식민지시대의 하나의 유물이라 할 수 있다. 철강, 기계류, 건축 자재와 같은 다른 산업들은 훨씬 더 성장했으며, 일부 회사들은 심지어 세계적인 주요 기업으로 성장하기도 했다. 예를 들면 타타 철강과 미탈 철강(현재는 공식적으로 아르셀로르 미탈로 불림)은, 전 세계에서 6위 안에 드는 철강 제조회사로 변모해 있다.

이러한 변화들은 1990년대 초반의 주요 정책 변화들을 통해서 가능해졌다. 인도가 40년 동안 유지해 오던 과도한 규제와 비효율성을 자유화시켰던 결과이다. 많은 다른 개발도상국들과 함께 인도는 신자유주의의 길로 접어들었다. 즉, 무역 장벽이 철폐되며 국영기업은 민영화되고 외국인 투자는 권장되었다. 비록 인도의 거대한 노동자 계급에게 미칠 그 영향이 무엇일지는 아직 명확하지 않지만, 많은 회사들이 훨씬 더 경쟁력 있게 되고 수익성이 좋아진 것은 의심의 여지가 없다. 이는 차례로 정부의 조세 수입을 증가시켰고, 정부가 다른 무엇보다도 기간 산업 프로젝트에 투자하는 것을 가능하게 해주었다. 2000년 이후로 인도 경제는 그 어느 때보다도 더 빠르게 발전했다. 이러한 발전의 많은 부분은 정보기술 분야와 관련이 있다.

벵갈루루, 하이데라바드, 뭄바이, 뉴델리 등에 모여 있는 인도의 정보기술(IT) 산업들은 국제적으로 높은 관심을 끌고 있는데, 부분적으로 그 이유 중 하나는 인도에 대한 미국 기업의 대규모 아웃소싱 일자리들 때문이다. 인포시스, 위프로, 사티앙 같은 선도적인 인도 소프트웨어 회사들은 인도의 모든 도시지역에서는 모르는 사람이 없다. 소프트웨어와 IT 서비스는 엄청난 규모로 성장하였는데, GDP의 약 8%를 차지할 뿐 아니라 상품 수출의 약 1/4을 차지할 정도이다. 그러나 이 분야의 종사자는 전체 노동시장의 2% 정도를 차지하고 있는데, 적어도 정부가 일자리를 제공한 사람들의 10배에 육박한다.

고용의 관점에서 보면, 인도가 훨씬 더 많이 필요로 하는 것은 세계시장에서 경쟁할 수 있는 물건을 판매하는 제조업, 수천만 명을 고용할 수 있는 일자리, 그리고 경제를 변화시키는 것 등이다. 분명한 것은 인도는 중국과 아주 다르다는 것이다. 두 나라가 비교적 큰 인구 규모를 자랑하고 있는 것은 비슷하지만, 중국 경제는 인도 제조업 노동자들의 12배를 고용하고 있으며, 중국에는 훨씬 더 많은 도시 중산층이 형성되어 있다. 반면에 인도는 엄청난 성장을 보여주었지만, 그 성장의 많은 부분이 IT에 한정되어 있으며, 너무나 많은 혜택이 오직 소수의 고등교육을 받은 도시 엘리트들에게만 돌아갔다.

도시화

인도는 거대한 인구가 북적이는 도시들로 유명하지만, 이 나라는 아직 도시화된 사회가 아니다. 전체 인구의 오직 28%만이 현재 도시나 타운에 살고 있다. 선진국의 평균 도시 거주 비율은 약 80%로 이와 비교된다. 그러나 서구사회에서는 촌락에서 도시로의 이주가 아주 낮은 수준에서 오랫동안 안정화된 반면에, 인도의 도시화 속도는 훨씬 더 빠르다. 수십만 명의 사람이 이미 포화된 도시로 이주하고 있으며, 해마다 약 3%가량 인도의 도시지역은 확장되고 있는데, 이는 전체적인 인구 성장보다 두 배나 빠른 속도이다. 도시들이 다른 모든 곳에서 그러하듯이, 인도 도시들은 사람들을 끌어모을 뿐만 아니라, 많은 촌락 사람들은 또한 촌락의 절박한 상황에 의해서 마을을 떠나고 있다. 촌락지역의 사람들이 뭄바이, 콜카다, 첸나이 등에 정착하게 되면서, 그들은 친척이나 친구들을 무단 거주지에 함께 살도록 도와준다. 이러한 거주지들은 종종 같은 촌락지역에서 이주해 온 새로운 사람들로 넘쳐나며 그들의 언어나 관습을 함께 가져온다. 또한 이주에 따른 스트레스를 해소해 주기도 한다.

그 결과 인도 도시들은 비틀거리는 사회적 명암을 보여주고 있다. 무단 거주지 움막들은 아무런 편의시설 없이 현대적인 고층 아파트나 콘도 옆에 다닥다닥 붙어 있다. 수십만 명의 집 없는

© Jan Nijman

"부동산업자의 도움을 받아 인도의 최대 도시인 뭄바이의 새로운 주거 개발지역 일부를 돌아보았다. 새로운 도시 중산층은 보다 넓고 좋은 집을 원한다. 그러나 도시 공간에서 활용할 수 있는 땅이 부족해 가격이 높고 도시 중심으로부터 멀리 떨어진 곳에 이러한 공간이 조성되었다. 나는 새로 공사 중인 장소로부터 도시의 북동쪽 끝부분으로 향하며 둘러보았는데, 콘도미니엄 단지는 이미 완성되어 들어서 있었다. 이 지역의 주택들은 뭄바이에서 쉽게 볼 수 있는 평균적인 주택들보다 훨씬 더 질적으로 우수했는데, 미국에서 누렸던 고급 사양들이 대부분 다 포함된 주택들이었다. 두 개의 침실이 있는 아파트는 75,000달러(미국 달러) 혹은 그보다 높은 가격에 거래되고 있었다. 이 가격은 인도의 상류층 사회 구성원들도 부담될 정도로 큰돈이며, 일반적인 도시 대중은 모을 수 없는 그런 큰돈이다. 뭄바이에 사는 2천만이 넘는 사람들의 절반가량은 표준 이하의 주택에 살고 있다. 뭄바이의 전경 속에는 수많은 슬럼과 중산층 주거 수준을 열망하고 있는 이들

을 쉽게 찾아볼 수 있다. 새로운 중산층에 진입하면, 그들은 이러한 여건에서 벗어나려고 하기 때문에, 주거 수준의 대비는 더욱 선명하게 드러나고 있다."

사람들이 거리를 배회하며, 공원이나 다리 밑, 심지어 인도 위에서 잠을 잔다. 도시의 혼잡성이 증가하면서, 사회적 스트레스는 배가 된다.

그림 8B-3은 인도 주요 도시의 중심지들의 분포를 보여준다. 델리-뉴델리를 제외하고는 대도시들은 해안가에 위치하고 있다. 즉, 콜카타는 동부를 차지하고 있으며, 뭄바이는 서부를, 그리고 첸나이는 남부를 차지하고 있다. 이들 해안가 도시들에 미친 가장 중대한 영향력은 식민지 유산이다. 그러나 도시화는 또한 내륙지역에서도 확장되고 있는데, 핵심지역에서 현저하다. 2010년에 비록 전체 인구의 30% 미만이 도시에 살고 있었지만, 인도는 백만 명이 넘는 인구를 가진 대도시 지역이 43개가 있었다. 당신이 인도의 아무 도시에나 도착을 한다면, 당신은 모든 곳에 있는 작은 가게의 숫자에 깜짝 놀랄 것이다. 즉, 모든 도로를 따라서 소규모 가게들

이 실제로 공공전물이 아닌 모든 이용 가능한 공간에 빼곡히 들어차 있다. 심지어 걸어 올라가는 위의 층들조차도 가게들, 창문이나 발코니에 매달려 있는 가게 광고 간판들로 가득 차 있다. 인도 정부의 소비자 문제 부서의 한 연구에 따르면, 인도는 전 세계에서 가장 높은 밀도의 소매 상점이 분포해 있다고 한다. 즉, 전체 1,500만 개의 상점이 들어서 있다(시장이 13배나 더 큰 미국에서조차도 상점의 수는 1백만 개를 밑도는 것과 비교해서). 농업 다음으로 인도의 일자리를 가장 많이 제공하는 분야가 바로 구멍가게이다.

이들 구멍가게들은 무슨 장사를 하는가? 대부분의 구멍가게들은 가게 문을 열어 놓아 봤자 거의 돈을 벌지 못한다. 이들 구멍가게들은 경제지리학자가 **4** 비공식 부문(informal sector)이라 부르는 일부분인데, 이 가게들은 근본적으로 등록되어 있지 않은 상태이며 임대

료나 아마 세금도 내지 않을 것이다. 가족 노동력을 이용하고 여러 세대를 통해서 후손에게 물려졌을 것이다. 그럼에도 불구하고 계속 장사를 하는데, 이러한 이유는 예전부터 이를 용인해 주던 정부 정책에 의해 인도의 경제 환경이 변화하는 데 재빠르게 적응하지 못했기 때문이다. 당신이 인도를 방문한다면 어떻게 그렇게 많은 가게들이 살아남을 수 있는지 의아해할 수도 있지만, 그 해답은 길거리의 사람들을 보면 찾을 수 있다(도로의 꽉 막힌 차량들 속으로 쏟아져 나오는 사람들). 이들 중 대부분이 부유하지는 않지만, 그들은 모두 기본 물건이 필요하며, 일부는 작은 사치품을 살 여유가 있다. 그래서 가게들은 하루 종일 바쁜 경향이 있다.

이러한 번잡한 가게들이 연출하는 장면에도 불구하고, 가장 최신의 통계를 살펴보면 변화는 이미 진행 중이며, 특히 도시에서 더욱 그러하다는 사실을

알 수 있다. 현재 약 3억 명으로 추산되는(미국의 전체 인구에 맞먹는) 인도의 중산층은 급속히 팽창하고 있으며, 아주 새로운 무엇인가가 도시지역에서 들어서기 시작했는데, 이는 쇼핑몰이다. 최근 2000년도까지만 해도 인류의 1/6 이상의 인구를 가진 이 방대한 나라에는 단 하나의 쇼핑 센터도 없었다. 그러나 2005년 무렵에 100번째 쇼핑 센터가 문을 열었으며, 2009년도 후반 무렵엔 200개 이상의 쇼핑 센터가 운영 중에 있다. 당신은 이들 쇼핑몰 사이에서 아메리칸 패스트푸드 레스토랑과 무수히 많은 외국 회사의 브랜드 네임을 보게 될 것인데, 이것은 세계화가 이미 인도의 벽을 무너뜨렸음을 증명해 보이는 것이다. 그럼에도 불구하고, 3억 명의 인도 중산층이 쇼핑몰을 방문할 여유가 있는 반면에, 7억 명 이상의 인도인은 쇼핑몰을 방문할 여유가 없다는 것이며, 그 차이는 나날이 커지고 있다. 인도의 경제 변화가 심각한 사회적 혼란 없이 이루어질 수 있을까?

기간 산업의 도전 과제

현재 21세기가 시작된 지도 몇십 년이 지났는데 인도는 전국을 잇는 4차선의 슈퍼 고속도로를 건설 중에 있다. 이 슈퍼 고속도로는 인도 도시체계를 형성하는 4개의 주요 거점(델리, 뭄바이, 첸나이, 콜카타)을 연결시키게 되며, 그 과정에서, 황금의 사각지대(Golden Quadrilateral, GQ)라 불리는 전국 도로망을 따라 15개의 다른 주요 도시를 연결하게 된다(그림 8B-3). 이 프로젝트의 영향은 다양하다. 즉, 이로 인해 내륙지역의 도시는 확장되며, 통근자들은 이를 이용하여 과거 그 어느 때보다 더 멀리까지 출퇴근을 할 수 있게 된다. 한

때 외딴 마을이었던 많은 마을이 시장과 연결되고, 이는 다시 촌락지역에서 도시지역으로의 이주를 가속화시켜서 금세기 내에 인도의 모습을 바꿔 놓는 계기가 될 것이다.

그러나 인도의 경제 발전에 대한 모든 심각한 장해물을 극복하며 인도의 기간 산업을 개선하는 것은 쉽지 않다. 그림 8B-3을 한 번 보고, GQ가 무수히 많은 각 주의 경계들을 넘나드는 것을 주목해 보자. 미국에서 우리는 각 주간 고속도로 위에 수천 대의 트럭이 속도를 늦추지 않은 채, 주 경계를 넘나드는 모습에 익숙하다. 그러나 이들 고속도로에는 트럭의 무게를 재는 검문소들이 있다. 일부 최신 고속도로에는 이를 감시할 수 있는 전자 감시 장비가 마련되어 있는데, 모든 트럭들은 그 장비가 충분히 트럭을 측정하여 기록할 수 있도록 속도를 늦추어야만 한다.

인도에서는 트럭 운전자들이 아주 다른 경험에 직면하게 된다. 짐을 실은 한 트럭이 콜카타로부터 첸나이를 경유하여 뭄바이까지 가는 데(미국의 10번 주 고속도로에서 로스앤젤레스에서 뉴올리언즈까지 가는 거리보다 더 짧은 거리) 있어서, 각 주간 경계에서의 체크포인트와 통행료 부스에서 대기하는 시간(30시간 이상)을 포함하여, 9일이나 걸릴 수가 있다. 운전자들은 어질어질한 서류 작성 뭉치들과 반복되는 뇌물 요구에 직면하게 되며, 기계적인 문제가 발생할 경우에는 트럭이 다시 도로 위를 달리게 하는 데까지 여러 날이 걸릴 수도 있다. 인도가 그토록 절대적으로 필요로 하는 교통 순환을 향상시키는 데에는 인도의 고속도로 네트워크를 확장시키는 것, 그 이상의 것이 필요하다.

에너지 문제

만약 당신이 인도 친구가 있다면, 당신은 정전에 익숙한 그 누군가를 알고 있는 것이다. 전력 수요가 일상적으로 이용 가능한 공급을 초과하며 발생되는 정전은 인도에서는 삶의 일부이며, 인도 정부는 스스로 사람들이 소비하는 실제 전기 비용을 납부할 마음이 없게 만든다. 전력망이나 발전 장비, 그리고 다른 관련된 기간 산업들이 상태가 좋지 않다. 무엇보다도 수억 명의 농촌지역 사람들이 여전히 전혀 전력 공급을 받지 못한다는 사실을 기억해야 한다.

그러나 전력은 인도의 현대화에 대한 핵심적인 열쇠이다. 이미 인도에서 사업을 하는 일부 외국 회사들은 자가 발전기를 수입해 들여오고 있으며, 다른 회사들은 공장이나 다른 시설들에 투자할 의욕을 상실하는데, 그 이유는 전력 공급이 아주 불안정하기 때문이다. 인도 전력의 대부분은 석탄, 석유, 천연가스 등을 태우는 화력 발전소에서 생산된다. 약 25%가 수력 발전이고, 약 3%가 원자력 발전이다. 문제점은 많이 있다. 즉, 인도는 엄청난 석탄 매장량을 보유하고 있지만, 철도 교통의 운송량은 이 석탄을 발전소까지 다 운반할 능력이 없다. 그래서 인도는 반드시 석탄을 수입해야 하는 형국이지만, 항만 처리용량이 부족하다. 그리고 인도는 제한된 양의 석유와 천연가스 매장량만을 보유하고 있을 뿐이다. 이것 외에도 여전히 폭발적으로 성장하고 있는 인구와 심지어 더 빨리 성장하는 전력 수요를 받쳐 줄 수 없는 불충분한 전국적인 전력 공급망 등도 문제가 있다. 이러한 상황 속에서 당신도 문제에 빠질 수밖에 없을 것이다.

물론, 핵심적인 대책은 석유 및 가

스 수입 증가에 있지만, 여기 인도에서는 지정학인 문제점이 있다. 비록 미국 정부가 핵분야에서 인도의 상황을 용인하였지만, 미국은 파키스탄을 통과하는 파이프라인을 경유해서 이란의 천연가스를 구매하려는 인도의 계획에 대하여 찬성하지 않음을 명확히 하였다. 인도의 다른 선택은 내륙 아시아에 있지만 그러한 자원의 생산지와의 거리가 더 멀고, 파이프라인 건설은 보다 외교적인 복잡성을 띠게 될 것이다. 또다시 다른 대체 방법은(유조선과 항구를 통해서 석유와 가스를 수입하는 것) 불충분한 기간산업시설 때문에 제약을 받는다. 에너지는 앞으로 당분간은 문젯거리로 남아 있을 것이다.

인도에 대한 전망

인도의 상점에 들어가 보자. 무엇이 있는가? 일부 경제지리학자들은 인도가 중국을 뛰어넘어 저개발국가에서 후기 산업사회의 정보 기반 경제로 재빨리 이동할 것이라고 주장한다. 확실히 인도는 필수적인 지적 인력 기반을 가지고 있다. 그러나 인도에 있는 수억 명의 잠재적 임금 노동자들이 일자리를 얻기 위해서는 물건을 만들어 내고(직물이 아닌 다른 물건들), 그 물건들을 국내외에서 판매하는 산업과 같은 2차 산업의 왕성한 발전을 필요로 한다. 여기 그러한 일이 가능할 수 있도록 하는 방법이 하나 있다. 즉, 중국이 지난 30여 년에 걸쳐서 했던 방식을 따라서 경제에 거품이 발생하며 성장할 때, 노동력 및 생산 비용은 상승하는 경향이 있다. 이러한 현상 속에서 제조업체들은 보다 싼 노동력이 그러한 비용을 감소시켜 줄 수 있는 장소를 찾는다. 오랜 역사를 가진 현지 제조업, 거대한 국내시장, 방대

한 노동력을 보유하고 있는 인도는 중국의 후발주자로서 세계적 관심을 끌게 될 것이다.

인도에서 항상 그렇듯이 경제적 변화에 따라 문화적 이슈들 또한 생겨난다. 2008년에, 인도 대기업 중의 하나인 타타 모터스 그룹의 한 부서가 미화 2,000달러 이하에 팔리게 될 아주 작은 자동차를(나노) 내놓았다. 국제 전문가들은 이 차량을 인도의 창의성 및 엔지니어링의 경이로움이라며 칭찬했다. 타타 모터스가 인도의 가장 가난한 한 주인 서부 벵갈에 그 자동차를 생산하기 위한 공장 건설을 제안했을 때, 타타 모터스는 일자리 시장을 늘리는 것을 계획했고, 이것은 그 지역에서 가장 필요한 것처럼 보였다. 그러나 타타의 계획 입안자들은 서부 벵갈의 농부들과 그들을 기반으로 하는 정당과의 합의에 실패했다. 첫째로, 정치 지도자들에 의해 교육받은 농부들은 자신들의 토지 매각 대금에 대한 협상을 거부했다. 다음으로 수천 개에 달하는 미래의 일자리를 타타 모터스가 취하고 싶어 했던 약 400헥타르의 땅에 대한 보상, 그 이상이 될 것이라고 현지인들을 설득했다. 하지만 타타 모터스는 현지인들의 반대 집회와 바리케이드에 직면했다. 그러자 갑자기 타타 모터스는 계획을 철회하고, 다른 주들의 제안을 고려하기 시작했다. 그러나 그 암시사항은 분명했다. 즉, 만약 인도 회사인 타타 그룹이 인도 안에서 공장을 짓지 못한다면, 값싼 노동력을 찾고 있는 외국인 투자자들이 이와 비슷한 문제의 위험성을 떠안으려 하겠는가?

언론에서 널리 쓰이는 드라마틱한 용어는 아님에도 불구하고, 인도의 전망은 밝다. 3억 명 이상의 중산층은 휴대

전화(최근에 매달 250만 명의 신규 가입자들이 가입하고 있음)로부터 오토바이(하루에 1만 대가 판매)에 이르기까지, 다양한 상품을 필요로 하고 있다. 비록 타타의 미니 자동차가 서부 벵갈 주에 설립되지는 않았지만, 첸나이 주에서는 한국과 독일의 자동차들이 조립라인에서 생산되어 인도뿐만 아니라 외국 소비자들에게까지 팔리는 등 첸나이는 이미 인도 자동차 산업 중심지로 성장하고 있다.

오늘날 인도 경제는 세계 6위 규모이며, 많은 경제학자들은 어떠한 일이 있더라도 2020년경이면 인도가 세계 3위의 경제 규모가 될 것이라고 주장하고 있다. 지난 몇 년에 걸쳐서 경제가 평균 7%씩 성장했으며(이는 중국보다는 작지만) 전 세계 대부분의 다른 지역들의 성장률을 훨씬 앞지르는 수치이다. 9A와 9B장에서 보게 되겠지만, 중국의 급격한 성장은 최고위층의 결정에서 나온 것이었으며, 세부적으로 통제된 방식으로 계획되고 시행된 변형이었다. 인도의 경제는 바닥에서부터 성장하고 있으며, 그 과정 속에서 발생하는 모든 전통적 질서에 대한 혼란은 인도를 새롭게 만들고 있다. 중국의 일부 성들에서처럼, 인도의 일부 주들은 다른 주들보다 더 발전할 것이고, 이미 믿을 수 없을 정도로 양극화된 인도의 사회경제적 명암은 증폭될 것이다. 그러나 시간이 지나면서 인도는 중국이 이루지 못한 것, 즉 합의에 의한 경제적·문화적 지리 공간을 창조할 수 있을 것이다.

방글라데시 : 신구의 도전 과제

남부 아시아 지도상에서 방글라데시는

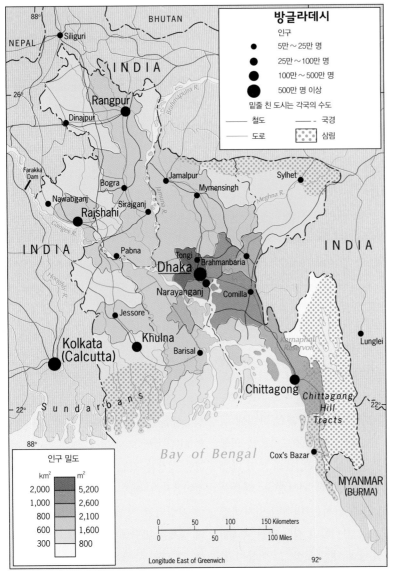

그림 8B-6

© H. J. de Blij, P. O. Muller, and John Wiley & Sons, Inc.

타했다. 1991년 발생한 사이클론[남부 아시아 지역에서 '태풍'(허리케인)을 가리키는 용어]은 15만여 명의 목숨을 앗아갔다. 보다 작은 사이클론은 거의 매년 수차례씩 곳곳에서 발생하여 반복적으로 수십에서 수천 명의 사상자를 내고 있다.

방글라데시가 재해로부터 취약한 원인은 그림 8B-6과 그림 8A-1에서 추론할 수 있다. 방글라데시 남부는 갠지스 강과 브라마푸트라 강 유역의 삼각주 지대인데, 이 삼각주 지대는 이 지역의 농업에 종사하는 사람들에게 매력적인 비옥한 충적 토양인 동시에 하천의 수위가 상승할 때 그들을 위태롭게 하는 저지대라는 사실에 주목해야 한다. 벵골만은 깔때기 모양으로 생겨서 사이클론과 폭풍우를 해안의 삼각주 지대로 끌어들인다. 방파제, 수문, 충분한 수의 높은 지대의 대피호나 하다 못해 적당한 대피 경로를 건설할 자본이 없어 수십만 명의 사람들이 끔찍한 결말과 함께 지속적인 위험에서 벗어나지 못하고 있다.

기회에 대한 제약

방글라데시는 농업 중심의 국가에 머물러 있다. 국토의 1/4 정도만이 도시화되었을 뿐이고, 많은 노동자들의 절반 이상이 농업에 종사하고 있다. 거대한 수도인 다카와 치타공, 랑푸르, 쿨나 및 라샤히 지역들만 도시지역으로 개발되어 있다. 더욱이 방글라데시는 세계적으로 **7** 인구 밀도가 높은 나라(1,679명/km²) 중 하나이다. 벼농사 중심의 작물농업과 밀의 윤작(그것도 기후가 허락하는 곳에서만)을 통해 겨우 식량 문제가 개선되었다. 그러나 기근은 전체적으로 해소되지 못한 채 불평등한 상태로 남아 있으며, 전체적으로 방글

마치 인도의 또 다른 한 주인 것처럼 보인다. 그 이유는 방글라데시는 인도의 갠지스 강과 브라마푸트라 강의 **5** 복합 삼각주 지대(double delta)를 포함하고 있는 지역에 위치하며, 인도가 거의 대부분의 내륙 부분을 감싸고 있기 때문이다(그림 8B-6). 그러나 방글라데시는 1971년 위스콘신만 한 면적의 영역을 두고 파키스탄을 상대로 독립을 위한 전쟁을 치른 후에 생겨난 독립국이다. 오늘날 방글라데시는 연간 1.7%의 비율

로 늘어나는 1억 5,300만 명가량의 인구가 살고 있는, 지구상에서 가장 가난하고 가장 개발이 덜 된 국가 중 하나로 남아 있다.

취약한 영토

방글라데시는 가난한 국가이기만 한 것이 아니라 **6** 자연재해(natural hazards)의 위험에도 취약한 국가이다. 20세기 동안 전 세계에서 발생한 치명적인 10대 자연재해 중 8개가 방글라데시를 강

라데시 사람들의 영양 상태는 만족할 만한 수준에 이르지 못했다.

방글라데시의 출산율은 최근 수십 년 동안 지속적으로 하향 추세를 유지하고 있지만 여전히 높은 편이다. 같은 기간 동안 1인당 소득은 현저하게 증가하였지만, 인도나 파키스탄보다는 여전히 낮다. 하락세의 직물 공업과 국외 거주자의 노동 수입 송금은 방글라데시의 해외 수입의 주 소득원이지만, 한때 번성했던 황마 산업은 쇠퇴를 거듭하고 있다. 국내의 천연가스자원은 국내 내수용으로 사용할 것인지, 아니면 수출하여 수입원을 확대할 것이냐를 가지고 국민들의 주요한 논쟁거리로 남아 있다.

방글라데시는 이슬람교 중심의 사회지만, 한 사람의 종교 지도자에 의한 정치가 구현되는 곳은 아니다(예 : 국회의원의 의석 수 30석은 여성에게 할당됨). 그러나 방글라데시의 정치는 혼란스럽고 막후정치의 기질이 남아 있으며 부정부패가 만연해 있는 것처럼 보인다. 국가의 존립을 위해서는 대외 원조가 필수적이며 이를 쏟아붓고 있지만, 여전히 세계 최빈국 수준에서 벗어나지 못하고 있다. 방글라데시의 생명줄인 갠지스 강에 대한 통제권을 인도가 가지고 있기 때문에 이웃하고 있는 인도와 수자원을 놓고 긴장 관계를 유지하고 있다. 또한 인도와 방글라데시 북부지역의 국경선을 넘나드는 이주자(인구의 1/6가량은 힌두교 신자임)들 때문에 인도와의 관계가 매끄럽지 못하다(그림 8B-4에서 그 이유를 알 수 있음). 방글라데시는 국민들의 삶의 질적 향상을 위한 고난 상황에 직면해 있다. 대부분의 방글라데시 사람들에게 있어서 생존 외의 다른 모든 것들은 사치일 수도 있다. 그만큼 생존의 문제가 절박하다.

북부 산악지역

그림 8B-1에서 알 수 있듯이 내륙으로 둘러싸여 선상으로 형성된 국가들의 영토는 인도의 벽이 되어 중국과 이웃하는 형태로 산간지역을 가로질러 위치하고 있다. 이러한 지역 중 하나인 카슈미르는 분쟁에 가까운 상태이며, 다른 지역인 시킴은 1975년 인도 연방으로 합병되어 연방국의 일부가 되었다. 그러나 네팔과 부탄은 그들만의 자치 독립국으로 그 자리를 지키고 있다.

네팔

인도의 힌두교 핵심지역의 북동쪽에 위치한 네팔에는 2,800만 명의 인구가 거주하고 있으며, 영토의 규모는 일리노이 주와 비슷한 크기이다. 그림 8B-7과 같이 네팔은 지리학적으로 세 가지 특징으로 구분할 수 있다. 남부지역의 아열대성 기후가 분포하고 있는 테라이(Terai)라고 불리는 비옥한 저지대지역이 그중 하나이다. 다른 하나는 거침없이 흐르는 계곡과 깊은 골짜기가 있는 히말라야 산간지역 중심지대이며, 나머지 하나는 북부의 히말라야 고산지대이다. 수도인 카트만두는 산간지대 중심의 개활된 계곡부에 위치한 도시로 네팔의 중동부지역에 위치한다.

부처의 출생지이기도 한 네팔은 물질적으로는 가난하지만 문화적 자산은 풍부하다. 네팔인들은 인도, 티베트, 그리고 아시아 내륙지역을 포함하는 다양한 출신의 사람들이 혼합되어 있는 다인종 국가이다. 약 85%가 인도 북부 힌두 사람이며, 힌두교 국가이다. 그러나 네팔의 힌두교는 좀 특이한데, 그 특징은 힌두교와 불교의 교리가 섞여 있다는 것이다. 특히 네팔의 핵심지역에 해당하는 카트만두 계곡 일대에는 수천 개의 사원과 탑이 단아하거나 혹은 화려한 모양의 형태로 존재하면서 그들의 독특한 문화 경관을 연출한다. 네팔은 비록 12개가 넘는 언어를 사용하지만 사람들의 90%가 인도의 힌두어와 비슷한 네팔어를 사용한다.

네팔은 동일 영역 내에서 GNI가 가장 낮은 수준으로 심각할 정도로 경제가 낙후된 나라이다. 권역 내에서 지난 20여 년 동안 1인당 국민소득이 지속적으로 감소한 유일한 나라이기도 하다. 또한 지방 분권화를 원하는 강력한 사회적·정치적 도전에 직면해 있다. 환경의 파괴, 과도한 숫자의 농장들과 토양 침식, 그리고 삼림 벌채 등이 국토 곳곳에 생채기를 남겼다. 세계적으로 이름난 히말라야의 설산은 관광객을 유혹하고 네팔의 관광 소비를 창출한다. 그러나 관광객들은 항상 네팔에서 비교적 조심스럽게 지내고 돌아간다. 왜냐하면 군주제의 붕괴와 반란을 꾀하는 마오이스트(공산주의자)들에 의한 혼란과 무질서가 반복되고 있기 때문이다.

네팔의 문화적·정치적 지리 상황은 오랜 기간 동안 혼돈 속에 머물러 있다. 강력한 지역주의는 국가를 남북 및 동서로 분할 상태로 내몰았다. 열대 저지대에 해당되는 남부의 테라이 지역은 내륙지역 중앙의 히말라야 산간지역과 동떨어진 세계이고, 서부지역 사람들은 동부지역 사람들과 다른 민족이며 전통 또한 다르다. 힌두교에 기반한 강력한 군주제가 반정부 시위와 그에 따른 희생자가 국왕에게 정당에 대한 해금을 요구하던 1990년도까지 이어졌었다. 그러나 혼란은 다시 곧 시작되었고, 국왕은 결국 암살당하였다. 다시 2002년 마오이스트 반군들은 국가의 절반가

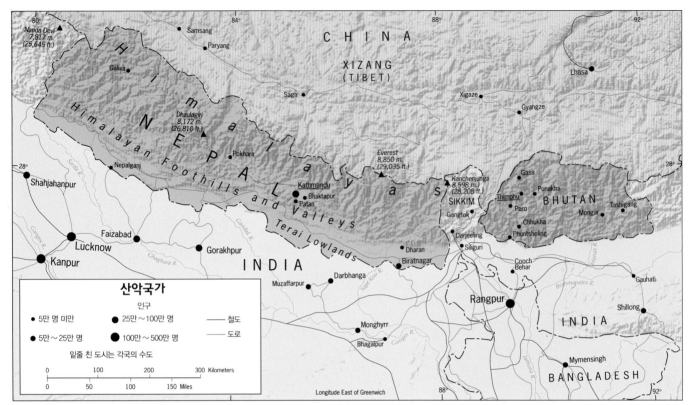

그림 8B-7

© H. J. de Blij, P. O. Muller, and John Wiley & Sons, Inc.

량에 대한 통제권을 차지하였고 네팔은 **실패국가**(failed state)로 전락했다. 새로 왕위를 이어받은 국왕(암살당한 전왕의 형제)은 2006년 집무실에서 무장 세력에 위해 강제 구금되었고, 반정부 세력은 정치체제의 변화를 가져왔다. 이듬해에 군주제 및 세속화 폐지를 통해 네팔의 개혁을 추구하는 연방공화국을 수립했다. 2008년 치러진 선거는 평화롭게 끝났다. 이 선거는 여전히 강력한 네팔의 원심력을 조정하기 위한 새로운 체제에 대한 가능성을 확인하는 계기가 되었다. 그러나 이 새로운 정부가 네팔의 매우 다양한 커뮤니티와 지지자의 요구를 실현할 수 있을지 여부는 여전히 지켜봐야 한다.*

---

* 역주 : 2015년 9월 네팔 대통령(람 바란 야다브)은 네팔 제헌의회가 통과시킨 헌법을 공포했으며, 제헌 헌법에 따라 네팔은 연방민주공화제로 7개주로 구분하고, 종교와 신념의 자유를 보장하는 '정교분리 국가'를 표방한다고 밝혔다.

부탄

인도와 중국의 티베트 사이를 갈라놓는 산간지역의 부탄은 74만 명의 인구가 거주하는 국가로 아시아의 거대국가 사이에 존재하는 유일한 완충지대이다(그림 8B-7). 산으로 둘러싸인 요새 같은 부탄은 마치 시간이 멈춰 있는 듯한 인상을 주는 나라이다. 부탄은 오랫동안 국민들의 지지를 바탕으로 하는 절대 권력을 가진 국왕의 통치가 이루어지는 군주제 국가였다. 그러나 2007년 최근 부친인 선왕을 이어 왕위에 오른 국왕은 인근의 네팔에서 일어난 군주제의 변화를 직접 눈으로 목격하고, 국민들에게 새로운 민주주의 시대를 열기 위해 정당 선거에 임할 것을 요구하

였다. 그래서 2008년 부탄은 국왕의 명령에 의거하여 절대 군주국에서 복수정당제를 근간으로 하는 민주주의 체제로 이행하였다. 그리고 수도 팀푸에는 새로운 국회가 수립되었다.

부탄의 산간지역에서는 주로 국교인 불교의 상징물들이 문화 경관을 형성하고 있다. 부탄 정부는 지역 개발 정책에 있어서 물질적 욕구의 충족과 함께 정신적 중요성의 이행을 강조하고 있다. 그러나 여전히 힌두교를 신봉하는 소수의 네팔인 집단과의 사회적 긴장 관계가 남아 있고, 부탄의 난민 일부는 네팔 동부지역의 캠프에 수용된 상태이다. 이에 더해 중국과는 국경선 문제 및 그 지역의 개발 가능성이 높은 지하자원 문제 등 미해결 사안이 산적해 있다. 그리고 새로운 민주정부가 들어선 부탄은 몇 가지 중요한 과제에 직면해 있다.

부탄은 임업, 수력 발전 및 관광 산업 모두에 대해 잠재적 가능성을 가지고 있는 나라이다. 또한 상당한 규모의 지하자원이 매장되어 있기도 하다. 하지만 부탄은 산간 **완충국가**로 고립된 지형 조건과 낮은 접근성이 단점이다. 그러나 이러한 조건들은 그들만의 문화적 방식을 보존하는 데 기여하고 있다.

남부 도서지역

그림 8B-1에서 보는 것과 같이 남부 아시아의 대륙은 몇몇 섬들의 군락과 접하고 있다. 스리랑카는 인도 남부 끝자락에서 떨어져 있다. 인도양 남서쪽으로는 몰디브 제도가 자리하고, 안다만 제도(인도에 속해 있음)는 벵골만 동쪽 끝에 위치한다.

몰디브

몰디브는 1,000여 개가 넘는 작은 섬으로 이루어져 있는데, 총면적은 300km² 정도, 해발고도는 2m를 조금 넘는다. 인구 구성은 드라비다와 스리랑카 출신이 대부분이며, 그 규모는 30만 명이 채 되지 않는다. 그들의 1/4은 말레이라는 수도 역할을 하는 섬에 집중되어 있으며 현재로서는 100% 무슬림이다. 부록 B의 표에서 볼 수 있듯이, 몰디브는 이 권역에서 1인당 GNI가 가장 높다는 것을 제외하고는 그리 주목할 만한 것이 없을 것 같다. 이 지역은 야자나무가 듬성듬성 서 있고, 해변이 펼쳐져 있는 한적한 섬에서 매년 유럽 사람들이 다수를 이루는 수만 명의 관광객을 유혹하는 관광의 메카로 바뀌었다. 몰디브의 경제는 2008년에 시작된 세계적인 경기 침체 문제를 버텨낼 수 있을지 여부이다. 왜냐하면 관광 산업이 경기 변화에

취약한 산업이기 때문이다.

해수면의 상승을 야기하는 지구온난화의 장래 영향 평가에서 거듭 몰디브의 낮은 해발 고도가 문제로 지목되고 있다. 이러한 위험은 2004년 12월 26일 갑자기 현실이 되었다. 인도네시아에서 발생한 인도양 지진 해일은 섬들을 휩쓸었고, 해안을 따라 들어선 리조트 시설을 파괴했을 뿐 아니라 100여 명 이상의 관광객의 목숨을 앗아갔다.

몰디브는 남부 아시아에서 1인당 소득이 가장 높은 나라의 지위를 유지할 것으로 전망된다. 그러나 몰디브의 낮은 지형과 지구온난화가 야기할 문제에 더 주목해야 한다. 2008년에서야 처음으로 민주적 선거를 통해 정부를 구성했지만, 그 정부가 어려운 경제 국면에서 살아남을 수 있는지의 여부는 확인되지 않은 문제이다. 2009년 몰디브의 경제는 관광객의 감소와 어획 수출량 감소에 따른 침체 국면을 맞이했다. 2010년 중반을 지나고 있는 현재 이 위기의 끝은 아직 보이지 않는다.

스리랑카 : 잃어버렸다 다시 찾은 낙원?

1948년 영국으로부터 독립한 스리랑카(1972년 이전에는 '실론'으로 불림)는 인도 반도 남쪽으로부터 35km가량 떨어져 위치한 배 모양의 아담한 섬이다(그림 8B-8). 스리랑카는 신생 독립국이 될 수 있었던 몇 가지 적절한 이유가 있었다. 일단 스리랑카는 힌두교도 이슬람교도 아닌 2,000만 명이 넘는 인구 중 70%가 불교를 믿는 불교국가이다. 더군다나 스리랑카는 인도나 파키스탄과 달리 플랜테이션을 경제 기반으로 하는 국가이며, 현재도 여전히 상업적 농업이 스리랑카 농업 경제의 주축으로

남아 있다.

스리랑카 사람들의 대부분은 약 2,500년 전부터 이주하기 시작한 북서인도 지역의 이주민의 후손으로 이루어져 있다. 그 이주자들은 그들 출신지역의 앞선 문화를 소개했다. 그들은 마을과 관개시설을 만들었고 불교를 전파했다. 오늘날 그들의 자손들은 신할라족으로 알려져 있고, 북인도의 인도-유럽어족에 속한 언어를 사용한다.

포크 해협을 가로질러 인도 반도 본토에 사는 드라비다인들은 신할라족이 이주한 한참 후에 이들보다 적은 규모로 영국 제국주의자들이 이 지역을 통치하는 기간 동안에 스리랑카로 이주하였다. 19세기 동안 영국은 그들의 차 농장에서 일할 수십만 명의 타밀 지역 사람들을 데려왔다. 그리고 곧 적은 소수가 실론 사회의 근간을 이루는 바탕이 되었다. 타밀족은 실론 섬에 그들의 드라비다어와 힌두교를 들여왔다. 독립할 당시 그들은 인구의 15%가량을 차지했었으며, 오늘날 총인구에서 그들이 점유하는 비율은 18%로 늘어났다.

실론의 독립은 식민 제국주의의 종식을 알리는 큰 희망 중 하나였다. 실론은 견고한 경제와 민주정부를 갖추고 있었으며, 열대의 아름다움은 유명세를 타기 시작하였다. 대규모 말라리아 퇴치 운동이 잇따르고, 남부 아시아 권역의 나머지 국가들의 인구가 폭발적으로 증가할 때도 가족계획 캠페인으로 인구 성장을 조절하는 등 실론은 성공한 독립국가의 발판을 마련해 갔다. 시원하게 흐르는 하천이 있고, 내륙 고지대에는 충분한 양의 쌀을 공급해 줄 수 있는 논이 있었다. 습윤한 남서지역에서 재배된 농산물을 도시민들이 구입하는 가운데, 수도 콜롬보는 낙관적 성장을 이

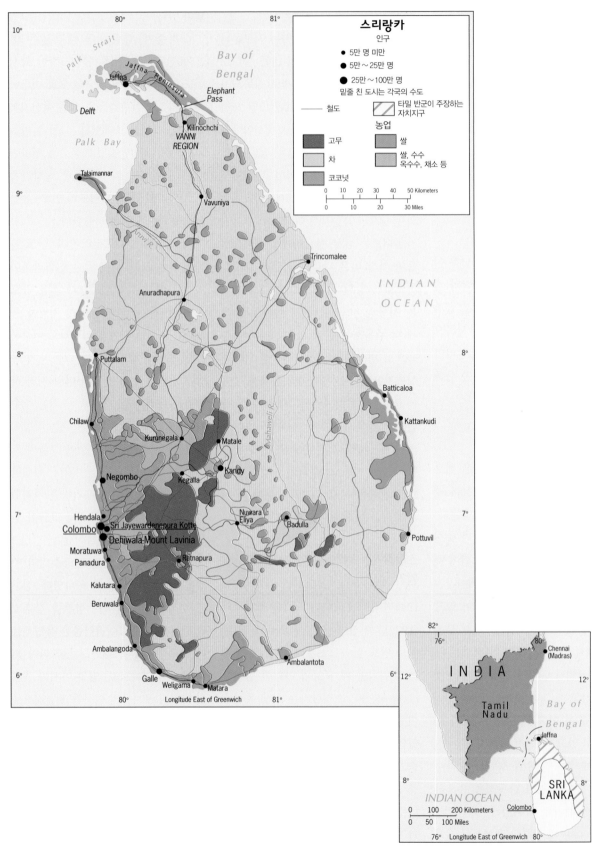

스리랑카
인구

● 5만 명 미만
● 5만~25만 명
● 25만~100만 명
밑줄 친 도시는 각국의 수도

—— 철도

☒ 타밀 반군이 주장하는 자치지구

농업

고무
차
코코넛
쌀
쌀, 수수
옥수수, 채소 등

0 10 20 30 40 50 Kilometers
0 10 20 30 Miles

Palk Strait
Bay of Bengal
Jaffna
Jaffna Peninsula
Elephant Pass
Delft
Kilinochchi
VANNI REGION
Palk Bay
Talaimannar
Aruvi R.
Vavuniya
Trincomalee
INDIAN OCEAN
Anuradhapura
Puttalam
Batticaloa
Chilaw
Kattankudi
Kurunegala
Matale
Mahaweli R.
Negombo
Kandy
Kegalla
Hendala
Nuwara Eliya
Colombo
Sri Jayewardenepura Kotte
Badulla
Dehiwala-Mount Lavinia
Moratuwa
Panadura
Ratnapura
Pottuvil
Kalutara
Beruwala
Ambalangoda
Ambalantota
Galle
Weligama
Matara
Longitude East of Greenwich

INDIA
Tamil Nadu
Chennai (Madras)
Bay of Bengal
Jaffna
SRI LANKA
INDIAN OCEAN
Colombo
0 100 200 Kilometers
0 50 100 Miles
Longitude East of Greenwich

그림 8B-8

© H. J. de Blij, P. O. Muller, and John Wiley & Sons, Inc.

어갔다.

그러나 이러한 성장 시나리오의 한 켠에서는 재앙의 싹이 자라고 있었다. 스리랑카의 타밀 소수족은 곧 신할라족 다수들로부터 더 나은 대우를 포함하는 배타적인 감정을 표출하기 시작했다. 1978년에 정부가 타밀어를 '공용어'로 인정했음에도 불구하고, 산발적인 폭력 사태가 타밀주의 운동의 한 축으로 나타나기 시작했다. 마침내 1983년에는 본격적인 내전이 발발하기에 이르렀다. 현재 타밀족 사회의 다수는 스리랑카의 북부 및 동부 일대를 둘러싸는 지역(그림 8B-8 내측 지도)을 타밀로 분리시켜 줄 것을 요구하고 있고, 반군들은 스스로를 '타밀 엘람 해방 호랑이(LTTE)'라 부르며 스리랑카군과 맞서고 있다.

'타밀 타이거'는 먼저 북부지역(그림 8B-8)의 자프나 반도를 점령한 다음 그 남쪽의 반니 지역으로 그들의 세력을 확장해 나갔다. 곧 이어서 그들의 요구 지역을 분명히 표기한 지도를 발행했다. 곧 스리랑카의 북부지역 전체와 동부의 연안을 감싸는 지역은 엘람의 분리된 주가 되었다(삽입 지도에는 가장 최근에 반환된 지역을 빗금으로 표현함). 그 뿐만 이니라 **8 반란국가**(insurgent state, 5B장에서 이 개념에 대해 논의했음)가 스리랑카의 북동부지역에 형성되었다. LTTE는 수도 콜롬보에 대한 테러와 그들 스스로의 자치정부를 세우려고 하는 지역을 중심으로 수많은 전투를 벌여가며 이러한 주장을 관철시켰다.

결국 자파나 반도의 중심에 있는 키리노크치는 반란국가의 모든 특징을 고스란히 담은 채 LTTE의 수도가 되었다. 이들 타밀 반군은 세금을 걷고, 금융 조직을 관리하고 통화를 발행했다. 경찰과 사법 제도를 조직하고 학교를 세우

이 사진은 정부군의 반격에 의해 한때 기세를 떨쳤던 반란국가의 비극적 종말을 보여준다. 이곳은 스리랑카의 북동부지역인데, 스리랑카 정부군의 반격으로 타밀 타이거가 패배 직전(2009년 5월)까지 마지막으로 저항을 했던 곳으로 이 사진은 그로부터 1년 후에 찍은 사진이다. 저항의 막바지에 이르렀을 때, 수천 명의 시민은 인간 방패로 사용되어 목숨을 잃거나 부상을 당했다. 이 전투로 인해 20여 만 명에 달하는 사람들이 거주지를 잃었다. 이 내란의 여파로 신할라를 지배하던 정부는 타밀 타이거를 재건할 방법을 찾아야만 했고, 다른 사람들은 이 지역이 맨 처음 반란 세력이 부상했던 사회적 여건으로 회귀하는 현상을 막기 위하여 반정부 운동에 휩쓸렸다.

기도 했다. 심지어는 관광객을 위한 호텔과 게스트 하우스까지 운영하였다. 2002년까지 스리랑카 정부는 휴전에 동의하였고, 적어도 LTTE 측의 입장에서는 국가의 분할로 이어질 수 있는 협상이 시작되었다.

그러나 2007년 콜롬보의 정부는 반란국가의 성공이냐 실패냐를 가늠할 수 있는 결정적인 단계에서 세 번째 반격을 가하기로 결정했다. 지난 5년 동안 간헐전인 무력 충돌과 휴전, 성과 없는 협상이 있었고, 이는 전방위적 군사 행동을 통해 이러한 난관을 종식시킬 수 있을 것이라는 결론에 이르렀다. 2009년 1월 2일 마힌다 라자파크샤 대통령은 반군의 수도 키리노크치를 다시 회복하였다고 발표하면서 스리랑카의 분단 상황은 종식되었다고 선언했다.

2009년 봄, 반격을 위한 마지막 전투에서 스리랑카 정부군은 반니 지역을 차지했다. 이 과정에서 몰락의 길을 걷고 있는 LTTE는 민간인들을 이용해 인간 방패를 삼았고, 정부군마저 그들의 탈출을 방해하며 수많은 민간인의 목숨이 희생되었다. 반군의 지도자는 살해되었고, 타밀 타이거의 반란국가는 지도상에서 사라졌다. 스리랑카군의 전술에 대하여 국제사회의 항의도 잇따랐다. 항의의 주된 내용은 그들의 군사 행동에 대한 우려의 표시였다. 여전히 대립각을 세우고 있는 이 나라의 신할라족과 타밀족 사이의 미래 관계를 불투명하게 만들었기 때문이다.

그들 사이에는 화해가 급선무였다. 심지어 수백만의 타밀 사람들은 어떠한 무장 반란 행위를 원치 않았음에도 불구하고 콜롬보의 스리랑카 정부는 화해보다는 보복에 더 초점을 맞춘 것과

같이 보였다. 30여 년도 더 전에 최초로 LTTE 반란이 일어난 곳은 정부의 불교-신할라족을 우대하는 문화 및 사회 정책에 대하여 힌두-타밀족이 대항하면서 시작되었다. 그런 이유로 변질된 남부 아시아의 성공 스토리는 비극으로 전환되었다. 그 사이 지난 수십 년 동안 이러한 반란과 보복이 난무하는 반복적인 삶의 패턴은 형성되었다. 지금 이러한 삶의 방식을 타파할 수 있는 방법은 스리랑카의 국가 정책의 흐름이 관리 중심으로 전환되는 것이다. 그러나 이와 반대로 2010년 초 재선을 통해 두 번째 임기를 맞이한 라자파크샤의 최우선 행보는 음모와 공작을 통해 그의 주요 라이벌이었던 정적들을 감옥으로 보내는 것이었다. 분열된 스리랑카는 여전히 평화적인 협력의 길로 나아가길 갈망하고 있다.

생각거리

■ 미국은 대 테러리즘에 대한 전 지구적 캠페인의 일환으로 파키스탄의 동참을 요구했다. 그러나 파키스탄 정부는 자국의 압도적인 이슬람 인구와 소원해지지 않기 위해 신중을 기할 수밖에 없다.

■ 2009년 인도 역사상 처음으로 제조업 생산 가치가 농업 생산 가치를 초과하였다.

■ 만약 인도가 국회 의석의 1/3을 여성에게 할당하는 정책을 지속한다면, 여성 대표자의 숫자는 미국 의회에 비하여 거의 두 배 정도가 많아진다.

■ 실패국가 지위에서 헤어나오려 노력 중인 네팔은 최근 몇 년간 남부 아시아에 위치해 있는 국가 중 유일하게 1인당 평균 소득이 감소한 국가이다.

베이징 천안문 광장의 자금성 © H. J. de Blij

주요 주제
지역의 복잡한 정치구조
천년을 걸친 본토와 해양의 연결
동아시아의 환상적인 물리적 무대
중국 경제 변화의 놀라운 속도
인종의 만화경 : 도전과 기회
점점 압박받는 권역의 자원 기지

개념, 사고, 용어

국가 형성	1
왕조	2
천연자원	3

9A

동아시아 : 권역의 설정

그림 9A–1

CHINA

RUSSIA

MONGOLIA

KAZAKHSTAN

KYRGYZSTAN

TAJIKISTAN

PAKISTAN

INDIA

NEPAL

BHUTAN

BANGLADESH

MYANMAR (BURMA)

LAOS

THAILAND

VIETNAM

NORTH KOREA

SOUTH KOREA

JAPAN

TAIWAN

PHILIPPINES

East Sea (Sea of Japan)

Yellow Sea

East China Sea

South China Sea

Philippine Sea

Bay of Bengal

Gulf of Tonkin

Sea of Okhotsk

TARIM BASIN

TAKLA MAKAN DESERT

GOBI DESERT

ORDOS DESERT

QINGHAI-XIZANG PLATEAU

KUNLUN MOUNTAINS

ALTUN SHAN

QILIAN SHAN

TIAN SHAN

ALTAY MOUNTAINS

SAYAN MOUNTAINS

YABLONOVYY RANGE

STANOVOY RANGE

SIKHOTE-ALIN RANGE

GREATER KHINGAN RANGE

NORTHEAST CHINA PLAIN

NORTH CHINA PLAIN

YIN SHAN

HANGAYN MTS

MONGOLIAN PLATEAU

QIN LING

DAXUE MOUNTAINS

SICHUAN BASIN (RED)

YUNNAN PLATEAU

DABIE SHAN

NAN LING

WUYI SHAN

ULIANG SHAN

TANGGULA RANGE

NYAINQENTANGLHA SHAN

HIMALAYAS

KARAKORAM RANGE

KYRGYZ RANGE

QAIDAM BASIN

JUNGGAR BASIN

Turpan Depression (–154 m, –505 ft)

Mt. Muztag Sverd (3491 m, 11,453 ft)

ARAKAN MTS

NAGA HILLS

KHASI HILLS

GANGES PLAIN

Mouths of the Ganges

BEIJING
TIANJIN
SHANGHAI
SEOUL
INCHEON
PYONGYANG
TOKYO
TAIPEI
KAOHSIUNG
SHENZHEN
XIANGGANG (HONG KONG)
GUANGZHOU
WUHAN
CHANGSHA
NANJING
HANGZHOU
NANCHANG
FUZHOU
SHANTOU
XIAMEN
CHONGQING
CHENGDU
XI'AN
LANZHOU
ZHENGZHOU
HANDAN
TAIYUAN
SHIJIAZHUANG
SHIZUISHAN
BAOTOU
DATONG
HOHHOT
SHENYANG
CHANGCHUN
HARBIN
DALIAN
QINGDAO
KUNMING
GUIYANG
NANNING
HAIKOU
ULAANBAATAR
DELHI
KOLKATA (CALCUTTA)
DHAKA
HANOI
YANGON (RANGON)
MANDALAY
LHASA
KASHGAR
URUMQI

海水면 아래

고도(m)
3000
1500
600
300
150
0
–150
–1500
–3000

도로
철도

0 km   200   400   600   800
0 miles   200   400

Albers Equal-Area Projection
Scale 1:29,410,000

동아시아는 다른 어떤 지리학적 권역보다 특이하다. 동아시아 권역의 심장부에는 세계에서 가장 인구가 많은 나라가 위치하는데, 이는 세계에서 가장 오래 지속된 문명의 산물로 볼 수 있다. 동아시아 대륙의 태평양 연안 해안가를 따라서는 세계 역사에서 유례를 찾을 수 없는 경제적 변화가 진행 중이다. 유럽에서 발발한 제2차 세계대전의 말미에 민간인을 향해 첫 번째로 핵무기가 사용된 지역인 동시에 전쟁 이후 세계에서 가장 강력한 경제권 중 하나로 발돋움한 지역이 바로 동아시아 주변 권역의 섬들이다. 두 세대를 걸쳐 동아시아에서 일어난 중대한 사건들에 의해 직접적이든 간접적이든 영향을 받지 않은 이 세계의 사람들은 거의 없다. 당신 주변을 둘러보라. 일본에서 디자인한 자동차, 중국제 가구, 한국산 오토바이, 타이완산 컴퓨터를 볼 수 있을 것이다. 장난감에서 섬유까지, 그리고 하드웨어에서 소프트웨어까지 동아시아 제품들은 거리와 가게를 넘어 가정과 호텔까지 점령하고 있다.

이 모든 것은 놀라운 속도로 진행되었다. 우리 중 일부는 일본산 플라스틱 장난감과 홍콩산 저질 섬유가 이 지역에서 기대할 수 있는 모든 것이라고 생각하던 때를 기억할지 모른다. 좋은 타자기나 고급 스웨터를 원한다면 독일이나 영국 제품을 찾던 때가 있었다. 그때 차를 샀다면 아마 미국이나 유럽에서 생산된 자동차를 샀을 것이다. 러시아에서 아무것도 살 수 없었던 것처럼 그때는 중국에서 유용한 제품이라고는 찾아볼 수 없었던 시절이 있었다.

하지만 세상이 빠르게 바뀌었다. 일본이 그 선두에 섰다. 일본은 제2차 세계대전의 패배를 전후 경제 성장으로 반전시켰다. 1970년대 초반, 일본의 경제 성장은 중국의 총체적 정체로 보이는 상황과 대조적이었다. 이러한 일본의 성장은 일본이 세계 경제의 원동력이자 세계 최고의 경제 규모를 자랑하는 미국의 강력한 경쟁자로 부상하게 하였다. 심지어 일본을 독자적인 지역으로 인식하는 것마저도 정당화하는 듯하였다. 하지만 곧 홍콩, 한국과 자치권을 가진 타이완은 동아시아의 다른 나라들이 가지고 있는 역량을 세계에 보여주었다. 1972년 동아시아 권역의 거인으로 불릴 만한 중국의 공산주의 통치자가 미국 대통령에게 문호를 열면서 세계 역사(그리고 지리)에 있어서 중요한 순간이 도래했다. 한 세기가 끝나기 전에 중국은 현대 동아시아의 핵심적인 위치를 거머쥐었다.

 주요 지리적 특색

동아시아

1. 동아시아는 눈 덮인 산, 넓은 사막, 추운 기후, 그리고 태평양으로 둘러싸인 지역이다.
2. 동아시아는 가장 오래된 문화의 발상지 중 하나이다. 중국은 문명이 가장 오래 지속된 곳 중 하나이다.
3. 동아시아는 인구가 두 번째로 많은 지리적 영역이지만 동부지역에 인구가 조밀하게 집중되어 있다.
4. 중국은 세계에서 인구가 가장 많은 국가이다. 현재 중국은 지역적 확장과 축소와 분열이 뒤섞여 연주되는 제국이다. 중국은 오랜 존속 기간 동안 여러 번의 통일을 겪었다.
5. 중국은 오늘날까지도 촌락사회가 강하게 남아 있다. 중국의 광활한 유역 분지는 여전히 고전적인 방법으로 수백만 명의 생계를 책임진다.
6. 인구 밀집도가 낮은 중국 서부지역은 중국에 있어서 전략적 요충지이나 소수민족의 압박과 이슬람권의 영향을 받는 상황이다.
7. 중국의 태평양 연안을 따라 경제 변화가 이루어지고 있다. 경제 변화는 모든 해안가 성(省)에 영향을 주고 부상하는 태평양 연안 경제지대를 만들었다.
8. 지역 격차 심화와 문화 경관의 빠른 변화로 동아시아 사회가 압박을 받고 있다.
9. 동아시아 지역의 경제적 거인 중 하나인 일본은 식민지 확장과 전쟁의 역사를 갖고 있다. 이러한 일본의 역사는 아직까지 동아시아의 국제 관계에 영향을 미친다.
10. 동아시아에서 중국이 경제, 군사적 영향력과 권력이 강해지면서 차기 세계 최강국으로 부상하게 될지도 모른다. 다만 이는 소련의 붕괴 때 일어났던 권력 이양 같은 경우를 피할 때 가능하다.
11. 정치지리학적 관점에서 볼 때 동아시아에는 분쟁이 일어날 만한 대만, 북한 및 몇몇 섬나라를 포함한 화약고 지역이 있다.

지리적 파노라마

그림 9A-1이 보여주듯, 동아시아라는 지리적 권역은 북쪽으로는 광활한 러시아 지역과 남쪽으로는 인구가 밀집한 남부 및 동남아시아 사이에 대략 삼각형 모양을 형성하며, 그 경계는 대체로 높은 산맥과 외진 사막들로 구분된다. 지도의 진한 갈색은 가장 높은 산맥과 고원을 나타내는데, 이는 히말라야 산맥 북쪽으로 넓은 원호 모양을 그리다가 동남아시아의 미얀마, 라오스, 베트남을 향해 남쪽으로 뻗어 오면서 그 모양이 휘어지며 고도가 점차 낮아진다(이와 함께 색깔도 진한 황갈색으로 변함). 티베트가 위치한 서남부에서는 산들과 고원들 모두가 영구 빙설로 뒤덮여 있고, 산세는 아코디언의 마디처럼 구겨져 있다. 수백 킬로미터를 사이에 두고 평행한 협곡을 지나는 3개의 주요 하천은 고지대에의 적응을 드러낸다. 북쪽에서는 얼마나 빨리 산들이 드넓고 평평한 사막으로 변하는지 알아두어야 한다. 제일 서쪽의 타클라마칸 사막,

중국과 몽골이 맞닿는 곳의 고비 사막, 황허 강(황하)의 거대한 곡류로 보이는 것의 품 속의 오르도스 사막이 이 부분에서 자주 등장하는 사막 이름들이다(황허 강에 대해서는 뒤에서 자세히 살펴볼 것임).

특별한 관심을 끄는 분지 하나가 서쪽의 높은 산맥과 다른 쪽의 보다 낮은 산맥 사이에 껴 있는데, 바로 쓰촨 분지이다. 지도에서는 다소 작아 보이지만, 이 지역은 1억 인구의 터전이며 이 지역이 왜 중요한지에 대한 다른 이유도 찾게 될 것이다. 산과 사막 투성이인 나라에서 정주 공간은 희박하다. 그리고 정주 공간에 대해 말한다면, 가장 낮은 기복과 (대체로) 가장 비옥한 땅이 있는 지도에서 녹색으로 표시된 지역은 이 권역 인구의 절대 다수의 터전이다. 이곳의 대하천들은 내륙 고원의 녹은 빙설에서 발원하여 수백억 년간 퇴적물을 쌓아 왔으며 인간이 식물을 기르고 작물을 재배하기 시작한 곳이기도 하다. 그 일은 수천 년, 어쩌면 1만 년 전에 시작되었고, 그 이래 이 지역은 지구상의 인류에게 가장 큰 클러스터가 되었다.

하지만 동아시아 권역은 대륙의 산들과 유역 분지에 국한된 것이 아니다. 동아시아 섬들에 어떻게 사람들이 살게 되었는지 상상해 보자. 한반도는 오늘날 일본이라고 불리는 남단의 섬들을 향한 다리 부분을 형성하였을 것이다. 그리고 그곳에서부터 초기 이주자들은 홋카이도에 도착할 때까지 계속 북쪽으로 이동한 것으로 보인다. 어쩌면 그들은 보다 따뜻한 시기에 쿠릴 열도까지 탐험했을지 모른다. 그리고 남쪽으로는 일본과 한국과의 거리보다 더 가깝게 중국에 붙어 있는 타이완이 위치한다. 반면 열대기후의 하이난 섬은 동아시아 권역의 최남단인데, 하이난 섬을 향해 뻗어 있는 작은 반도와 연결되어 있다.

총면적으로 따지자면 동아시아 권역의 대부분은 육지에 속해 있지만 섬들과 그곳에 거주하는 사람들은 이 권역의 지역지리를 구축하는 데 큰 역할을 했다. 그리고 본토와 섬 사이에 위치한 바다(타이완 해협, 남중국해, 동중국해, 황해, 대한해협 등)는 이 권역의 지리학적 역사상 중요한 역할을 수행해 왔다. 오늘날 일본과 중국은 풍부한 원유 매장량과 어족자원을 확보하기 위해 이들 해협에 있는 작은 섬들의 영유권을 두고 갈등하고 있다, 따라서 처음에 나오는 그림 9A-1에 있는 쐐기 모양의 삼각형보다 실제 지도는 복잡하다.

2010년 4월 14일 절망적인 지진이 티베트인들이 대다수인 지역, 칭하이 성 계구 진을 덮쳤다. 이 사진이 찍힌 지 일주일 뒤 중국 당국은 도움을 청하기 위해 몰려든 티베트 승려들을 문제를 일으키고 허위 정보를 유포한다는 이유로 다른 지역으로 내쫓았다. 사진에 보이는 파란 집들은 중국 당국의 구호 노력으로 세워진 것이다. © AFP/Getty Images, Inc.

정치지리

동아시아를 떠올릴 때 중국만 언급하는 경우가 많다. 그 이유는 동아시아에서 중국이 종주적인 나라이기 때문이다. 해당 권역 인구의 85%를 차지하고, 세계 무대에서는 늘 핵심적인 역할을 맡아 왔다. 그러나 동아시아의 지도에는 일본, 남한, 북한, 몽골과 타이완의 5개 '정치적 독립체'가 더 있다. 여기서는 '국가'보다는 '정치적 독립체'라는 용어를 쓰도록 한다. 이 권역에서 그 구분이 중요한 이유는 타이완은 스스로를 중화민국(ROC)이라고 부르지만 국제사회 대부분의 나라에서는 주권국가로 인정받지 못한다. 중화인민공화국(PRC) 수도인 베이징의 공산정부는 타이완을 중국의 일부이며 일시적으로 엇나간 성(省)으로 간주한다. 또한 국제사회의 많은 나라들은 북한을 **실패국가**로 본다. 북한 (공산주의) 정권은 세계에서 가장 지독한 인권 상황을 기록하였으며 UN 참여국으로서 제구실을 수행하지 못하고 있다.

하지만 전반적인 경제가 몇몇 부분에서 여전히 일본에 뒤지지만, 현재 중국은 해당 권역의 지배적인 독립체이다. 이 단원을 읽을 때 명심해야 할 것은, 오늘날 우리가 중국을 구성하는 지역으로 보는 것이 과거에는 중국이 아니었다거나, 혹은 반대로, 오늘날 중국 외부의 지역이라 하더라도 중국인들에게는 중국의 소유로 인식된다는 것을 알아야 한다(예 : 인도 아루나찰프라데시 주의 커다란 부분, 카슈미르의 일부

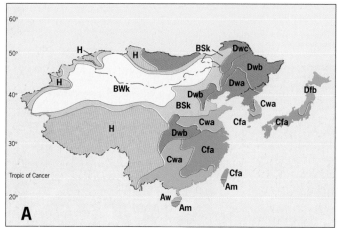
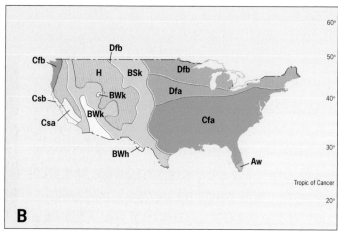

동아시아와 미국의 기후
쾨펜-가이거 기후 구분

A 적도습윤기후	B 건조기후	C 온대습윤기후	D 냉대습윤기후	H 고산기후
Am 짧은 건기	BS 반건조	Cf 건기 없음	Df 건기 없음	H 미분류 고산지대
Aw 동계 건조	BW 사막	Cw 건조한 겨울	Dw 건조한 겨울	
	h=무더움 k=추움	Cs 건조한 여름	a=무더운 여름 b=서늘한 여름 c=짧고 서늘한 여름	

그림 9A-2

© H. J. de Blij, P. O. Muller, and John Wiley & Sons, Inc.

와 러시아령 극동의 일부분), 앞으로 보겠지만 중국 제국의 과거는 팽창과 수축을 반복하였고, 땅은 물론 바다에도 끝내지 않은 일들을 남겨 놓았다. 이런 이슈에 대해서 중국의 감정은 매우 뿌리깊다.

또한 타당한 이유 때문이기도 하다. 600년 전 중국은 이미 지구상에서 가장 큰 나라였으며, 그 역사는 수천 년을 지속해 왔으며, 그들의 필적할 수 없는 함대는 남부 아시아와 동부 아프리카를 탐험했으며, 그 기술은 비교 불가능했다. 하지만 중국은 커져만 가는 유럽의 식민지 확장 야욕을 저지하지 못하고, 한때는 상상도 할 수 없었지만 서서히 영국, 프랑스, 러시아와 독일이 중국 대부분을 통제권에 넣게 되었다. 일본인들이 유럽인들을 모방하고 그들만의 식민 제국을 움켜쥐었을 때, 그 대부분은 중국의 부담이었다. 굴욕은 완성되었고 절대 잊히지 않을 것이다. 오늘날 중국의 국경이 (인도와 러시아와 국경을 포함해서) 외부인들에 의해 설정되었다는 사실은 늘 뜨거운 관심사였다.

환경과 인구

그림 9A-1에 나타난 동아시아의 복잡한 자연지리를 이해하기 위해서는 도입부의 그림 G-4와 G-5를 참조하는 것이 좋다. 동아시아 권역의 서남쪽 내부에 늘어서 있는 고도가 높고 눈으로 뒤덮인 산맥은 인도 판과 유라시아 판의 거대한 충돌로 형성된 것이다(그림 8A-2). 이 충돌은 지각을 위로 들어올려 널리 알려진 히말라야 산맥을 만들었을 뿐만 아니라, 돔 형태의 칭하이-시짱(티베트) 고원을 형성했다. 그림 G-5에서는 중국 남서부를 가로지르며 동아시아로 이어지는 불안정한 좁은 지역으로 모이는 충돌은 지진의 잦은 발생과 관련 있다는 것에 주의하자. 2008년 5월 12일 쓰촨 성을 강타해 7만 명이 넘는 목숨을 앗아간 지진은 바로 이 위험한 지역에서 발생한 것이다. 이 지진은 계속 벌어질 희생의 끝없는 시리즈 중의 하나에 불과하다(p. 389, 사진 참조). 이 사진을 볼 때, 중국보다 일본이 훨씬 더 지진과 화산이 결합되어 치명적인 환태평양 조산대의 영향권에 가깝다는 것은 명확하다. 하지만 뒤에서 언급하겠지만, 중국 동부 역시 지진 위험에서 자유롭지는 않다.

동아시아의 기후 지도를 살펴보자(그림 9A-2, 왼쪽 지도). 우리는 이 권역의 서부와 북부지방이 거대 인구 밀집 지역에는 적합하지 않은 기후대로 채워져 있다는 사실에 놀라서는 안 된다. 영구 빙설은 지도에 H(고산기후)라고 표시된 지역의 대부분을 뒤덮는다. 북쪽으로는 B 기후(건조기후, 사막과 스텝)가 널리 나타나는데, 아시아에서 해양의 영향에 (해양성 기단도) 가장 멀리 떨어진 지역이기 때문이다. 세계에서 가장 건조한 나라 중 하나인 몽골과 몹시 추운 티베트조차 사람들이 생계를 꾸려 나가는 곳은 존재한다. 하지만 지도를 보면 대다수의 동아시아인들이 지역의 동쪽에 사는지 분명해진다.

동아시아 지역의 기후와 (우리에게 익숙한) 북아메리카의 기후(그림 9A-2, 오른쪽 지도)를 비교할 때, 기온이 온화한 C 기후(온대기후)가 동아시아보다는 미국에서 넓게 분포한다는 것을 곧바로 알 수 있다. 특히 보다 온화한 기후인 Cfa 기후가 미국에서는 북위 40°를 넘어서 뉴잉글랜드 지역까지 분포하는 반면 중국에서는 버지니아 주의 위도 대에 해당하는 지역에서 더욱 한랭한 D 기후(냉대기후)가 나타난다. 따라서 수도 베이징은 따뜻하지만 긴 여름과 상당히 추운 겨울이라는 한대기후 특성을 보여준다. 그림 9A-2를 자세히 보면, 이런 C 기후에서 D 기후로 변화하는 부분에 한반도와 일본 열도가 걸쳐 있다는 것을 알 수 있다. 남한은 북한보다 확실히 온화하고 습윤하다. 일본의 가장 큰 섬도 남쪽은 온화하고 북쪽은 춥다. 놀랍지 않게 일본에서 가장 인구 밀도가 낮은 섬은 최북단의 홋카이도이며, 이 지역의 날씨는 북부 위스콘신 주와 비슷하다.

단지 미국과 중국만을 비교했을 때는, 미국에서는 C 혹은 D 기후가 절반 이상의 지역에서 나타나지만, 이 기후는 중국의 1/3도 안 되는 지역에서만 우세하다. 하지만 중국의 인구는 13억 명에 육박하지만 미국의 인구는 3억 명에 불과하다. 그래서 인구 분포도(그림 9A-3)가 중요한 것이다. 동아시아 사람의 압도적 다수는 해당 권역의 1/3에 해당하는 동쪽 끝에 거주하며, 이는 지구상에서 가장 집약적으로 분포하는 거대 인구 밀집지역을 이루고 있으며 그림 9A-1에서 초록색으로 칠해진 한정된 지역에 크게 의존한다.

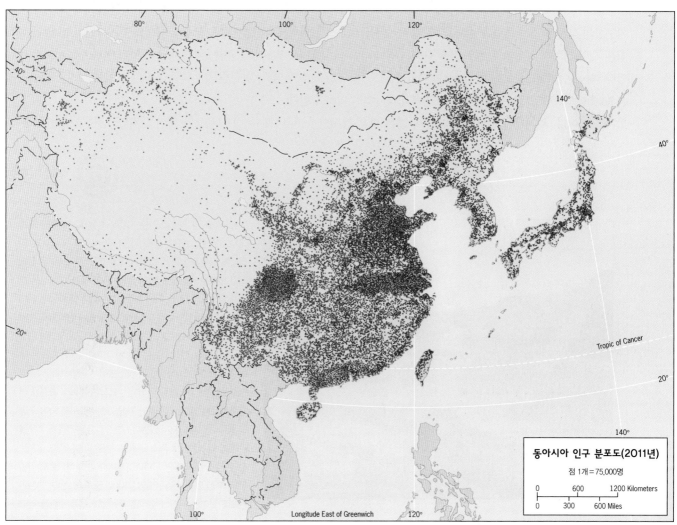

동아시아 인구 분포도(2011년)

점 1개=75,000명

0   600   1200 Kilometers
0   300   600 Miles

Tropic of Cancer

Longitude East of Greenwich

그림 9A-3

© H. J. de Blij, P. O. Muller, and John Wiley & Sons, Inc.

이 책의 앞 단원에서 우리는 거의 모든 자연 환경 속에서 살아가는 인간의 역량을 논의해 왔다. 기술적 진보는 남극, 바다 한가운데의 석유 굴착용 플랫폼, 가장 건조한 사막과 가장 높은 고원에서 1년 내내 사회를 이루어 생존하는 것을 가능하게 했다. 하지만 세계의 인구 분포 지도(그림 G-8)는 우리의 현대사회가 다름 아닌 농업과 목축업을 통해 형성되었음을 상기시킨다. 동아시아의 비옥한 하천 분지와 해안 평야는 사상 최대 규모의 농업 인구를 부양했으며, 그들의 후손들은 아직도 바로 그곳에서 삶을 이어가고 있다. 최근 진행되는 산업화와 도시화에도 중국 인구의 절반 이상은 촌락 지역에 남아 있다. 환경, 해발 고도, 기복, 수자원, 토양의 비옥도와 기후는 모두 그림 9A-3에 나타난 인구 분포의 진화를 설명하는 데 중요한 역할을 한다. 그리고 앞으로 다가올 새로운 100년 동안에도 그 영향은 계속될 것이다.

거대한 하천

지구상의 다른 지리적 권역과 비교할 때, 동아시아는 비교적 적은 수의 정치적 독립체와 매우 적은 수의 지배적인 특징이 있다. 타이완을 제외하고는 겨우 5개의 나라가 있으며 (유럽은 40개 이상) 한반도는 동아시아 국가 중에서 하나뿐인 의미 있는 국가이다. 일본은 유일한 섬나라이며, 많은 작은 섬 중에서도 실제로 중요한 것은 주요 4개 섬뿐이다. 그리고 중국의 자연지리적 다양성 때문에, 거대한 중국은 가끔 4개의 하천 체계와 분지, 삼각주, 하구의 산물이라고 불리기도 한다.

이들 강과 그 지류들은 그림 9A-1에서 보이긴 하지만 자연지리 지도(그림 9A-4)에서 볼 수 있는 것처럼 두드러지게 나타나지는 않는다. 동아시아 지역지리는 4개의 강과 그 지류에서 시작되었기에, 우리는 이러한 사실에 익숙해져야 한다. 넷 중에서 가운데에 위치한 두 강은 많은 의미에서 가장 중요하다. **황허 강**은 오르도스 사막에서 커다란 고리 모양을 그리며 발해만으로 흘러 들어간다. 그리고 아마도 중국 역사지리에서 가장 유명한 강에 해당하는 **양쯔 강**은 상류에서는 **창장 강**이라고도 불린다.

지도가 보여주듯이 황허 강과 그 지류들은 중국 역사의 역사적 중추였던 수도 베이징과 화북 평야에 필수적인 물의 공급을 담당했다. 양쯔 강은 하류 대분지의 동맥 역할을 맡고 있으며, 그 하구에는 중국 최대 도시인 상하이가 위치한다. 황허 강과 양쯔 강은 모두 칭하이-시짱 고원의 눈 덮인 산맥에서 발원한다. 이는 외진 이들 지역이 수천 킬로미터 떨어진 수억 명의 삶에 중요한 역할을 한다는 것을 다시금 떠올리게 한다.

나머지 두 강은 유로가 훨씬 짧지만, 남쪽에 있는 주장 강

 답사 노트

© H. J. de Blij

"베이징에서 시안으로 가는 기차에서, 우리는 엄청난 뢰스 대지(고원)를 보았다. 빙하 작용으로 바위가 분쇄되고, 탁월풍에 의해 이동되어, 특정 지역에 조금씩 쌓인 매우 곱게 갈린 먼지를 뢰스라 한다. 뢰스는 중국 북쪽 평야 대부분을 뒤덮었으며, 뢰스 덕에 이 지역은 매우 비옥하다. 하지만 뢰스 대지는 황하 중부 유역만큼 두껍게 퇴적되지는 않았다. 중부지역에서 뢰스는 보통 75m 정도 퇴적되어 있으며, 가장 많이 퇴적된 곳은 180m 가까이 된다. 뢰스는 매우 특이한 물리적 성질을 가지고 있어서 평범하지 않은 경관을 만든다. 퇴적으로 이어지는 복잡한 물리적 과정을 거쳐서 뢰스는 벽과 기둥같이 지상으로 바로서게 되며 구멍을 파더라도 무너지지 않는다. 강은 깊고 날카롭게 계곡을 만들고, 결과적으로 뢰스 경관은 계단식이다. 뢰스 대지는 지형학적으로 특별한 지역이며 동시에 문화적으로도 각별하다. 수십만의 사람들이 말 그대로 굴 속에 산다. 그들은 왼쪽에 보이는 사진의 수직면에 동굴과 같은 구멍을 파고 여러 방을 만들고 바깥에 나무문을 달아 집으로 삼는다."

그림 9A-4

© H. J. de Blij, P. O. Muller, and John Wiley & Sons, Inc.

은 상류에서는 시장 강이라고 불리는데, 이곳 하구는 중국과 동아시아 전체의 가장 큰 글로벌화의 중심지가 된 지역이다. 현재 진행되는 이야기는 단원 9B장에서 더 살펴보도록 한다. 이 지역에서 당신은 홍콩을 만나게 되고, 바로 그 옆에는 인류 역사상 가장 빨리 성장한 핵심도시를 만나게 된다. 마지막으로 중국의 4개 주요 하천 중 최북단에 위치한 랴오허 강은 고비 사막의 가장자리 근처에서 발원하여 둥베이 평원을 휘감으며 남쪽의 발해만으로 흘러 들어간다. 남쪽에 있는 다른 유역 분지들에 비해 이곳의 기후는 더 춥고, 평탄한 지역은 드물며, 인구도 더 적다. 농업 기회는 부족하지만 광업과 산업은 지역에 새로운 기회를 창조한다. 살펴봤듯이 강을 기반으로 한 동아시아의 클러스터들은 고유의 문제와 가능성이 혼재되어 있다.

문화 지도를 펼치며

동아시아에 정착한 인류의 역사는 수십만 년, 어쩌면 수백만 년을 거슬러 올라간다. 유라시아 대륙에 있는 많은 고고학 유적지에서 **호모 에렉투스**, 직립 보행인 증거가 출토되었다. 그중에서도 특히 유명한 북경 원인도 함께 모습을 드러냈다. 중국의 수도 베이징 근처 동굴에서 1927년에 한 고고학자는 인간의 것으로 보이는 이빨 하나를 발견했다. 이후 발굴에서 3개가 넘는 뼛조각이 발견되면서 그의 주장은 옳은 것으로 판명되었다. 이 뼛조각들은 북경 원인과 그 시대 사람들이 수십만 년 전 석기와 골각기를 만들었고, 집단 문화 생활을 했으며 불의 사용법을 알고 있었고, 고기를 구워 먹었음을 확인해 주었다.

하지만 현생 인류인 '호모 사피엔스'가 6만 년 전에서 4만 년 전에 동아시아에서 등장하자, 호모 에렉투스는 큰 뇌 용량과 잘 조직된 경쟁자들과 경쟁할 수 없었고 곧 육지에서 사라지게 되었다. 하지만 기본적으로 새로운 침입자들은 그들의 전임자와 상당히 유사했다. 그들은 사냥, 채집을 했는데, 특히 어로 활동에 매우 뛰어났다. 이러한 사실은 그들을 동아시아의 해안가와 섬으로 끌어당겼다. 호모 에렉투스 무리들은 본토에서 보이는 근처 섬들로 물을 건너면서까지 가지는 않은 듯하다. 하지만 어로 활동에 뛰어났던 호모 사피엔스는 역사적인 발걸음을 내딛었다. 증거가 아직도 모이는 중이긴 하나, 1만 4천 년 전에서 1만 3천 년 전에 다른 이주자가 알래스카를 거쳐 북아메리카로 건너간 것과 같은 시간에 현생 인류는 대한해협을 건너 일본으로 건너갔다.

언제든 간에, 여전히 확실하지는 않지만 일본으로 건너간 첫 번째 무리는 조몬인이다. 조몬인들의 지리적, 인종적 기원이 아직 확실하게 밝혀지지는 않았지만 그들은 일본 군도를 가로질러 북쪽으로 이주하였다. 이후의 침입자들은 같은 길을 따라왔고 조몬인들을 압도했다. 마지막까지 살아남은 조몬인의 자손들은 아이누족으로 현재 홋카이도 최북단에 겨우 2만 명이 생존해 있다.

따라서 수천 년 동안 계속된 일련의 사건이 시작되었다. 종족들의 확산과 혁신, 그리고 동아시아 대륙에서 한반도를 거쳐 오늘날 일본까지 흘러간 사상 등이 바로 그것이다. 처음에 새로 도착한 무리는 그들의 선구자가 그랬던 것과 같은 방식(사냥, 채집과 어로)으로 근근이 삶을 이어나갔다. 하지만 오늘날 양쯔 강 유역 분지와 둥베이 평원이라 불리는 대륙에서 일어난 중대한 발전은 새로운 농업의 시대와 공동 생활을 발생시켰다. 이러한 역사적 발전은 한국과 일본으로 퍼져나갔다. 나아가 두 지역은 동아시아 지리적 권역의 핵심지역으로 부상하였다.

동아시아로부터의 관점 : 국가와 왕조

서구 세계에 있는 우리들로서는 가축의 사육, 식물의 선별적인 재배, 가축의 몰이, 작물의 수확, 잉여 생산물의 저장과 마을에서 도시로의 성장 같은 중요한 일대 사건들이 우리가 오늘날 '중동'이라고 부르는 지역에서 모두 시작되었다고 당연히 생각한다. 하천의 주기적인 범람, 천연 관개 수로, 곡물의 계획적인 재배, 도시의 대두, 초기국가의 성립은 메소포타미아와 고대 이집트, 티그리스 유프라테스 강과 나일 강을 배경으로 한 '서양' 문명의 이야기이다. 우리가 배운 대로라면, 이러한 혁명적인 변화는 비옥한 초승달 지대로부터 유라시아의 다른 지역으로, 그리고 지구상의 나머지 지역으로 전파되었다.

중국인들은 오랫동안 다른 관점을 취해 왔다. 1949년 공산주의자들이 집권한 이후 학생들은 중국의 역사적 발전이 철저히 내재적인 것으로, 당시 지구 서쪽 끝에서 일어나고 있을지도 모르는 일에 영향을 받지 않았다는 것으로 배웠다. 하지만 1976년 마오쩌둥 주석의 통치가 끝난 뒤, 중국의 경제 개방과 평행하게 학문 부흥이 일어났다. 이를 통해 연구하고 싶은 곳 어디에서나 고고학적 연구가 가능했다. 많은 중국학자들은 이 기회를 기다려 왔다.

그 결과는 고무적이었다. 심지어 오늘날까지도 새로운 발견들이 중국과 동아시아의 초기 지역 발전에 대한 상을 바꾸고 있다. 동아시아가 수천 년 전에 이미 독립적으로 ❶ 국가 형성(state formation)이 이루어진 세계에서 몇 안 되는 지역이라는 것과 현대 중국이 고대로 그 뿌리를 찾아 나간다면 그리스 혹은 로마가 존재하기도 훨씬 이전에 그 뿌리를 찾을 수 있다는 것은 확실한 사실이다. 오랜 시간 동안 최초의 중국인 국가는 화북 평야의 황허 강 유역에서 시작된 것으로 추측되었다. 어디에서 시작되었든 모든 초기국가들은 성장하는 도시들의 권력을 잡은 작은 집단인 소수의 지식인들에 의해 통치되었다. 하지만 때로는 수 세기를 버티며 같은 부계 혈통으로 이어지는 통치자들이 등장하면서 동아시아의 정치사는 ❷ 왕조(dynasties) 중심으로 기록되었다. 그리고 실제로 존재했다고 잘 알려진 최초의 왕조는 기원전 1766년에서 기원전 1080년까지 존속한 은나라이다.

하지만 곧 고고학적 발굴 성과가 뿌리 깊은 편견을 바꾸기 시작했다. 먼저 더 오래된 왕조인 하나라의 증거들이 황허 강의 지류인 웨이허 강과 합류하는 지점에서 발견되었다. 수도에 남아 있던 유적에서 얼리터우 문화(二里頭文化)라는 이름을 땄다. 하나라는 기원전 2200년경에서 기원전 1770년경 사이에 존재했을 것이다. 그러자 중화 문명의 요람은 황허 강 유역에 있다는 커다란 관념이 깨지게 되었다. 그 관념은 황허 강에서 수백 킬로미터 떨어진 다른 지역에서 더 오래되고 더 복잡한 문화가 발전했다는 발견으로 대체되었다. 오늘날 우리는 양사오 문화(기원전 6000년경), 홍산 문화(기원전 4500년경), 그리고 양저 문화(기원전 3500년경)는 물론이고 하나라의 도시 건설자들을 훨씬 앞서는 문화들에 대해서도 알게 되었다. 그리고 중국에서는 이미 거의 1만 년 전에 수수를, 9천 년 전에는 쌀을, 약 5천 년 전에 밀을 재배하고 있었던 것으로 드러났다. 고대 중국인들은 농업, 도시화, 국가 형성에서 중동의 도움이 전혀 필요 없었던 것이다.

지리학적으로는 이런 발견에 따른 결과는 권역으로서의 동아시아가 화북 평원에서 발원한 하나의 거대한 문명권에서 시작해 밖으로 뻗어 나간 것이 아니라, 양쯔 강 유역과 그 이남을 포함한 여러 지역에서 번성한 수많은 문화들에 의해 구축된 것이라는 사실이다. 신석기에 접어들어 이들 지역 문화는 공예와 예술을 꽃피웠고 이는 그들의 영역 밖으로 확산되어 나갔다. 베이징 근처 허베이 성에서 8,000년 된 누에고치 모양의 그릇 2개가 발견된 것을 보면, 오늘날 동아시아에 중요한 몇몇 산업들이 초기 신석기의 유물이라는 사실을 알 수 있다. 중국을 방문할 경우 어쩌면 중국 학생들이 우리 같은 서양인들이 보기에는 서양에서 동양으로 전파된 것들이 어쩌면 동양에서 서양으로 퍼진 것이라고 주장하는 말을 듣더라도 놀라지 말자!

유역 분지를 넘어서

가장 강성한 왕조들이 결국에는 화북 평원에 자리를 잡았지만, 그들의 영향력은 현대 중국 영토보다 넓었다. 동아시아의 문화가 성숙하고 왕조가 수 세기를 존속하자, 그들의 강역은 확장되었고 그들의 진보는 점점 더 멀리 있는 공동체에까지 전파되었다. 최초의 왕이 왕좌에 오른 것이 4000년 이전이라는 전설이 있고, 고대사가 기원전 57년까지 거슬러 올라가는 한반도에서는 중국의 영향력의 증대를 눈치챘다. 기원후 7세기 후반 중국은 두 경쟁국가를 물리치기 위해 한반도의 한 나라와 손을 잡기도 했다. 훗날 중국은 일본 침입자들을 몰아내기 위해 한국을 돕기도 했지만, 중국의 마지막 왕조인 청나라가 중국의 지역 패권을 한국이 인정하도록 강요하면서 이는 끝났다. 하지만 그 권위 역시 영원하지 않은 것으로 드러났다. 19세기 내내 한반도는 유럽, 중국과 일본의 이익이 서로의 영향력을 높이기 위해 충돌하는 곳이었다. 이 경쟁은 1895년에 일본이 한반도에서 중국의 세력을 몰아내고 한반도를 자신의 식민지로 만들면서 끝이 났다.

일본 지역의 전설은 국가의 시작을 기원전 660년이라 한다. 지배계층은 중국의 존재에 맞서지 않고 도시 계획, 건축 양식, 법률 제도와 심지어는 서체까지 많은 부분에서 중국 문화를 차용했다. 동아시아 권역의 문화지리는 오랜 기간 동안 중국에서 빌려온 규범들에 한국적 독자성과 일본적 수정

과 적응이 이루어졌음에도 전반적으로 중국의 종파라는 공통의 토대 위에 서 있다. 불교는 중국에서 융성해 일본으로 전파되었고 유교는 한국 왕조에 영향을 미쳤다. 이 권역은 이렇듯 많은 방법으로 정의할 수 있다.

권역의 핵심과 주변의 사람들

만약 우리가 6세기 전, 명나라 시절에 동아시아 권역을 배우고 있었다면, 우리는 대륙과 주변지역을 쉽게 구별할 수 있었을 것이다. 중국이 핵심이었다. 중국인의 국가를 둘러싼 주변지역은 한국과 일본뿐만 아니라 북쪽과 북서쪽의 몽골과 타타르, 서쪽으로 카자흐, 키르기스, 타지크와 위구르, 남서쪽으로 티베트와 네팔, 다른 민족들이 있었고, 남쪽으로는 정의 내리기 힘들 정도로 많은 종족이 있는데, 미얀마, 타이, 베트남과 같은 다수집단도 있고 아직도 동남 및 남부 아시아를 구성하는 국가에서 아직도 소수로 남아 있는 종족도 있다. 모든 제국이 그렇듯이, 명나라의 황제 아래의 중국은 팽창과 수축을 반복했다. 하지만 다음이자 마지막 왕조인 청나라 시절, 앞서 언급한 나라와 종족 중 다수가 중국의 지배에 놓인다. 하지만 이것이 황제의 마지막 환호성이었다. 유럽과 일본의 제국주의자들은 청나라의 통치에 도전했으며, 국가의 핵심지역 대부분을 손에 넣었고, 대부분의 주변부에서 중국인을 축출하고, 나라를 혼돈에 빠뜨렸다. 결국에는 한 세기 전인 1911년에 5천 년간 계속되어 온 왕조 제도의 막을 내렸다.

하지만 그때쯤에 동아시아의 인종지리학은 이미 매우 복잡해진 상태였다. 한국에서 베트남까지, 몽골에서 버마(오늘날의 미얀마)까지 드넓은 지역에 대한 통제권을 잃었음에도, 20세기 중국인의 나라는 아직도 수많은 소수인종을 다스리고 있다. 따라서 오늘날의 동아시아는 그림 9A-5처럼 인종과 언어의 모자이크로 남아 있다.

우리는 그림 9A-5의 함의를 9B장에서 좀 더 자세히 다룰 것이다. 하지만 지금부터 우리는 이 지도가 중국인이 수적으로 압도하는 지역의 문화적 다양성을 강조한다는 것을 명심해야 한다. 중국이 압도한다 하더라도 다른 곳에서의 문화적 유입이 있다는 것도 자명하다.

우리는 이미 몽골인들, 무슬림 위구르인들, 불교도 티베트인들에 대해서 안다. 하지만 가장 이질적이고 다양한 소수민족은 이 권역의 동남쪽 구석에 자리 잡고 있다. 하이난 섬에서 양쯔 강의 하구까지 말이다. 예를 들면, 지도에서 초록색

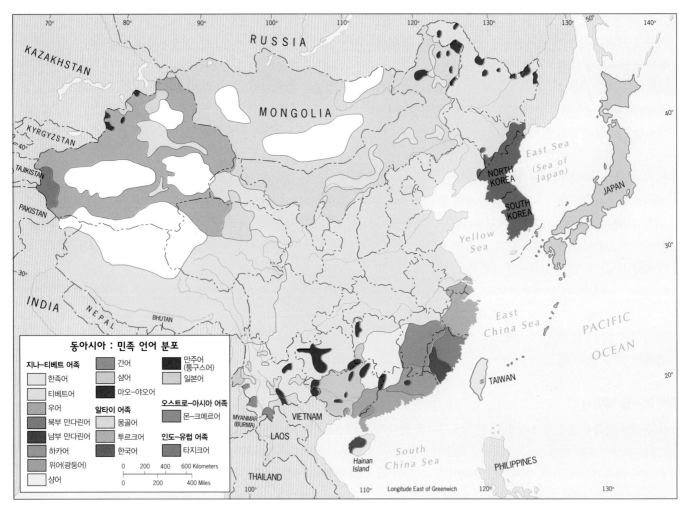

그림 9A-5

© H. J. de Blij, P. O. Muller, and John Wiley & Sons, Inc.

으로 표시된 지역의 광둥어(월어)는 중요한 주장 강 어귀에서 널리 쓰이는 언어이다. 또한 많은 소수언어가 동남아시아의 언어와 관련되어 있다.

그리고 지도가 표준 중국어(북경어)에 대해 알려주려는 것처럼 보이는 것에 오도되지 마라! 사실 엘리트와 고등교육을 받은 사람들은 표준 북경어를 구사한다. 하지만 베이징 지역 중국어와 남쪽 지방과 북쪽 지방 중국어는 미묘하게 다르다. 남부 지방 사람들보다 북부 지방 사람들이 베이징 지역 중국어에 더 가깝게 말하는 편이다. 하지만 몇 킬로미터 정도밖에 떨어지지 않은 보통 마을 사람들도 서로를 완전히 이해할 수 없을 수도 있다. 그들이 할 수 있는 것은 표준 중국어(이를 중국에서는 '부통화'라고 부름)로 쓰인 문자를 읽는 것이다. 그리고 그렇게 함으로써 당신이 중국 어디에 있든지 텔레비전에서 뉴스를 진행하는 앵커를 바라볼 때, 화면에서 말하고 있는 것이 그대로 문자로 쓰여 아래에 자막으로 표시되는

것을 볼 수 있을 것이다. 쓰촨 성의 시청자들은 베이징 진행자의 억양은 못 알아들을지 모르지만, 자막을 읽음으로써 뉴스를 이해할 수 있을 것이다.

동아시아 권역의 인종-언어적 모자이크는 9B장에서 논할 지역적으로 다양한 신앙 체계와도 연결되는 개념이다. 왜냐하면 신앙은 그 기원과 확산, 현재의 지역적 표현 모두가 이 인구가 많은 권역에서 문화지리와 정치지리가 어떻게 다양하게 상호 작용하는지 반영하기 때문이다.

동아시아의 자원

동아시아의 지리적 권역이 지구에 있는 전체 세계 인구의 거의 1/4을 포함하고 있다는 사실로 보아, 이곳의 막대한 **3** 천연자원(natural resources)에 대한 수요를 상상하는 것은 어렵지 않다. 초기 공산주의 정부하에서 중국이 정체되어 있을 때

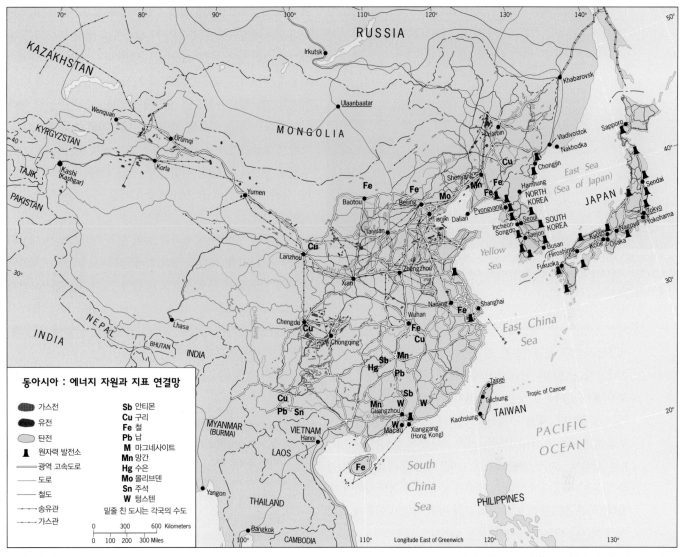

그림 9A-6

© H. J. de Blij, P. O. Muller, and John Wiley & Sons, Inc.

그리고 전후 일본이 세계 경제 권력에 저돌적으로 돌진하기 전까지만 해도 동아시아의 자원 수요는 국제적 기준에서 적당했다. 그렇지만 일본의 경제적 성공과 뒤이은 중국의 갑작스러운 시장 경제 도입은 상상할 수 없고 전무후무한 자원 수요를 탄생시켰다.

몬태나와 비슷한 크기이나 인구는 백만 명이 더 많은 일본이 앞길을 제시하였다. 대규모 제조업을 뒷받침할 자원이 적은 상황에서 일본은 기름, 천연가스 등의 원자재를 운반할 글로벌 네트워크를 구축하였다. 도시화와 산업화를 겪으면서 일본인들의 소비재에 대한 요구는 점점 더 늘어만 갔고 일본 제품은 국내뿐만 아니라 외국으로도 거침없이 팔려나갔다. 일본은 호주의 가장 큰 원자재 수입국이 되었다. 일본인

소유의 화물선 함대들은 바다를 누볐다.

1980년대 중국이 도약하자, 경제지리학자들은 지질도에 경계의 눈초리를 보냈다. 그때까지만 해도 중국의 가장 큰 자원은 강이 만든 비옥한 충적토(실트)였다. 공산주의 체제에서는 최선의 노력을 기울여 국내 수요를 충족하려 국가 산업을 계획하였으나 이는 세계화하는 일본에 비할 바가 못 되었다. 대부분의 중국인들은 농부였다. 그들에게 있어 무엇보다도 우선해야 할 일은 기근을 피하는 것이었다. 그러나 중국이 세계를 향해 문호를 개방했을 때, 산업이 증식하면서 도시도 싹을 틔웠고, 동시에 석유, 가스, 금속, 식품, 전기, 식수에 대한 수요도 가중되었다. 머지않아 중국은 일본이 차지하던 호주 최고의 고객 자리를 차지하였다. 그리고 중국의

세계 경제 패권자가 되기 위한 중국의 저돌적 돌진은 환경 문제를 언제나 뒷방 늙은이 신세로 만들었다. 위의 사진은 중국의 현실을 보여주는 쓰촨 분지의 가장 큰 도시인 충칭의 산업 생산 현장이다.

제조업자들과 공급자들은 원자재를 찾으러 인도네시아에서 이라크까지, 탄자니아에서 브라질까지 다녔다. 중국에 한 가지 이점이 있다면 그것은 잘 알려지지 않은 희토류 원소라 불리는 것들이다. 예를 들자면 레이저에 쓰이는 툴륨, 항공기 부품에 쓰이는 프라세오디뮴, 전기 자동차에 쓰이는 란탄늄, X선 장비에 쓰이는 프로메튬이 있다. 어떤 통계에서는 이러한 광물이 매장되어 있다고 알려진 곳 95%가 동아시아에 속한다. 이런 광물들은 미사일 기술과 녹색 에너지 이용에 점점 더 많이 사용되는 추세이다.

하지만 중국은 여전히 세계가 필요하다. 동아시아의 다른 자원 창고들 상태가 그리 고무적이지 않기 때문이다(그림 9A-6). 석탄 매장지는 널리 퍼져 있기에 증가하는 화력 발전소를 충당할 수 있다(수천 광부들의 목숨과 맞바꿔서). 석

유 매장지도 역시 널리 퍼져 있다. 중국 북동쪽과 극서쪽에 최대량이 매장되어 있고 여전히 해안가를 탐색 중이지만 매장지는 그리 넓지 않고 매장량은 감소하는 추세이다. 나치의 도전에 맞서기 위해 산업화할 때 사용했던 엄청난 철광석 매장지와 합금광물자원들이 중국에는 없다. 또한 중동과 아라비아 반도에 있는 석유와 천연가스 매장지도 중국에는 없다. 따라서 중국은 일본과 러시아에서 오는 에너지 파이프라인을 두고도 경쟁하고, 다른 산업 기반 천연자원을 두고도 경쟁한다. 불과 몇 년 만에 중국은 세계의 가장 큰 수입국이자 수출국이 되었다.

9B장에서 우리는 그 결과를 살펴본다. 세계화하는 세상의 핵심적인 자리를 차지할 정도로 상승한 동아시아는 지역개발의 우선 목표를 경제 성장으로 잡았다. 하지만 대기오염과 수질오염으로 대표되는 높은 환경 비용이 남아 있다. 동아시아 (지리적) 권역은 아직은 결과가 불투명한 산업적, 사회적, 경제적 혁명의 가운데 있다.

생각거리

- 인도 주변국가에서 중국인들은 항구를 짓고, 도로를 만들며, 채굴 작업을 하며 영향력을 확대하고 있다. 인도는 이와 같은 사태에 대해 우려를 표하고 있다.
- 일본의 오키나와 섬은 미국과 지역 방위 책임에 관한 논쟁이 벌어지는 무대이다. 핵심 쟁점은 기지 재배치와 도쿄에서 오키나와에 머물기를 원하는 미군 수이다.
- 제2차 세계대전 이후 일본과 구소련은 평화 조약을 체결하지 않았다. 러시아는 일본 북동쪽 군도를 계속 점유하려 한다.
- 2010년 중국은 미국이 타이완에 군용기를 파는 것을 극렬하게 반대했다. 중국 입장에서 타이완은 일시적으로 엇나간 중국이며, 언젠가 중국령에 다시 속할 지역이기 때문이다.

원저우(저장성 남부 도시)의 첨예한 도시화 접경지대 모습 : 중국은 가차 없이 개발에 박차를 가하고 있다.
© Mark Leong/Redux Pictures

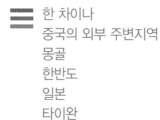

9B

동아시아 : 권역의 각 지역

≡ 한 차이나
중국의 외부 주변지역
몽골
한반도
일본
타이완

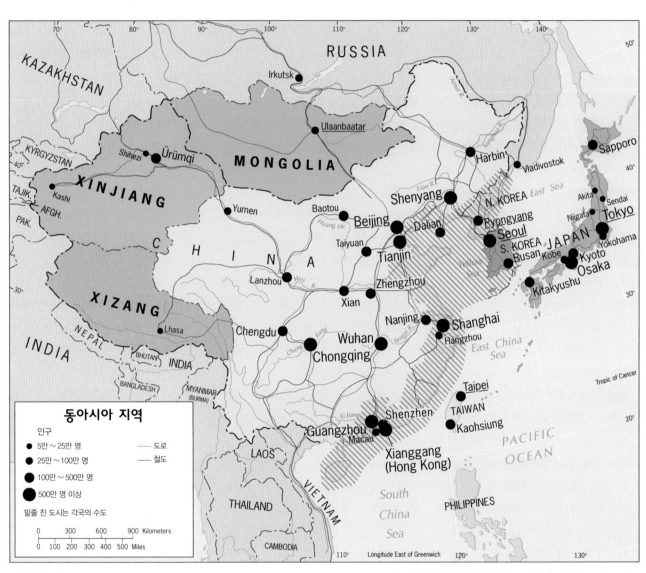

그림 9B-1   © H. J. de Blij, P. O. Muller, and John Wiley & Sons, Inc.

9 A장에서 우리는 참조틀로서 정치지리적 레이아웃을 활용하여 동아시아의 지리적 영역 경계를 정의했다. 그러나 자연적 문화적으로 다양한 영역의 지리적 지역과 접했을 때 더욱 복잡해진다. 문제는 동아시아의 변화 속도이다. 도입장에서 우리는 지역은 항상 변화에 종속되어 있음을 강조했다. 그러나 지난 반세기 동안 동아시아는 특별한 사례였다. 눈에 띄는 출발 이후 다소 주춤거리는 일본, 급격하게 성장한 중국 동부, 정체된 독재국가에서 고소득의 민주주의를 싹 틔운 한국의 변화! 이러한 것들은 변화하는 동아시아 일부만을 나타내고 있다. 그래서 2010년을 시작하면서 어떤 상황이 나타날 것인지, 심지어 우리는 동아시아의 지역지리가 어떻게 펼쳐질 것인지 상상조차 할 수 없다.

지난 반세기 동안, 일부 지리학자들은 동아시아를 '비어 있는 심장부'를 가진 영역으로 언급하였다. 이는 한때 그리고 미래의 핵심지역인 중국의 인구가 희박해졌다라는 의미가 아니라 외부 세계와 접촉이 거의 없고 주변 유라시아에 별로 영향을 주지 않는 고립된 지역임을 의미하는 것이다. 이를 상상해보라. 1950년대에 중국 공산당이 소비에트 어드바이저와 싸운 후 그들을 쫓아내고 중국 전역에는 단 수십 명의 외국인만 남아 있었다. 홍콩을 거치는 것 이외에 외부 세상과의 접촉은 거의 없었다. 중국의 도시들은 거대하지만 근대화의 징후는 거의 보이지 않았다. 오래된 식민지시대의 은행과 다른 기업 빌딩들은 CBD 내에서 여전히 가장 최신의 구조물(소비에트 시대에 도입된 회색의 개성 없는 건물들)이다. 오늘날 수십 만의 외국인이 사업하고 가르치고 연구하고 있으며 세계의 어떤 도시와 견줄 만한 스카이라인을 가진 중국 내 도시에서 오랜 기간 거주하고 있다. 그리고 중국은 왕조시대에 그랬던 것처럼 다시 동아시아의 핵심지역이다. 그러나 지금 중국은 스스로를 미래의 세계적 슈퍼파워로 단언하고 있다.

이러한 발전을 그림 9B-1에서 볼 수 있다. (빗금친 부분은) 형식적인 태평양 연안지역으로 하위 구분하였음을 주의하라. 오늘날 우리는 이를 동아시아 핵심지역의 중심이자 중국의 근대화의 초점으로 일컫는다. 그러나 우리는 이러한 성공 스토리가 서부로 확산될 것인지에 대해서는 아직 모른다. 현재 태평양 연안지역의 급격한 풍요와 여전히 농촌 기반의 빈곤한 서부 간의 대조는 중국 스스로의 중요한 문제이다. 핵심지역은 분열될 것인가? 중국은 해안과 내륙 간의 갭을 연결시킬 수 있을까? 앞의 영역에 대한 논의에서 우리는 (러시아 영역의 코카서스 북부와 남부에서 가장 전형적으로 나타나는) 내부와 외부의 주변화 현상을 보았다. 동아시아의 핵심을 형성하는 중국의 사례에서 유사한 지리가 전개된다.

식민지 권력은 중국 본토라는 이름을 **한족**이 거주하는 '실질적인' 중국을 나타내는 것으로 사용한다. 그들은 한 왕조(BC 206~ AD 220)가 중국이 실질적인 중국이 된 시대로 본다. 유교원리를 채택하고 예전에는 없었던 문화적으로 풍요로운 시대이기 때문이다. (중국의 로마였던 오늘날 시안) 도시가 싹트기 시작하였고, 군대는 원격지를 점령하고, 실크로드를 통해 유라시아 심장부를 가로질러 무역품을 로마 제국으로 운송하였고, 인구는 꾸준히 증가하였다. 이후 대부분의 중국인들은 스스로를 한 차이나(Han China)로 불렀다. 외국인의 눈에 한 차이나는 중국 본토였다.

지도에서 한 차이나는 그림 9B-1의 중국 본토로 표시된 베이지색 지대와 그림 9A-5에서 한 차이니즈로서 지도화된 거대한 민족 언어지역과 대략 일치한다. 만약 한 차이나가 핵심지역이라면 그 핵심지역의 중심은 대도시 베이징, 상하이, 홍콩, 광저우가 위치한 동부이다. 그러나 란저우를 중심으로 한 광대한 영역인 서부는 분명 또 다른 한 차이나이다. 이곳은 성장하는 동부로부터 지리적, 기능적으로 멀리 떨어진 가난한 농촌이다. 이곳이 한 차이나의 내부 주변지역이다. 그 너머에는 그림 9B-1에서 보듯이, 중국 통제하에 있는 파란색이 칠해진 티베트(중국인들은 시짱으로 부름), 신장(주황색)을 포함하는 외부 주변지역과 그 외부에 몽골(녹색)이 있다. 동쪽으로 주변지역은 매우 다르게 보인다. 이곳에는 중국이 중대한 영향을 미치고 있는 북한, 중국의 강한 무역 파트너 한국, 그리고 일본이 있다. 현재 타이완은 주변지역의 일부를 형성하고 있지만, 더욱 많은 변화가 연안지역에서 발생할 것이다.

동아시아 지역에 대한 논의를 요약하면 다음과 같다.

1. 한 차이나
태평양 연안지역 : 핵심지역의 중심
중국의 내부 주변지역

2. 중국의 외부 주변지역

시짱(티베트)
　신장
3. **몽골**
4. **한반도**
5. **일본**
6. **타이완**

한 차이나

중화인민공화국의 인민은 의심하지 않는다. 세계에서 여전히('여전히'는 인도가 근접했음을 의미하는 것임) 가장 많은 인구를 가지고 있으며, 지구상에서 가장 오랫동안 지속된 문명이 있었음을. 그러나 중국의 영역은 인구 분포와 일치하지 않는다. 13억 4천만 명의 인구를 가진 중국은 동일선상에서 비교한 미국보다 크지 않다(그림 9B-2). 중국에서 거리는 48개주와 비교할 수 있다. 베이징에서 상하이까지의 거리는 뉴욕에서 시카고까지의 거리와 같다. 지도에서 보듯이 동서 간 거리 또한 비슷하다. 위도상으로 중국이 미국과 비교해 남쪽으로나 북쪽으로나 더 확대되어 있으며, 자연 환경의 다양성을 창출하고 있다. 멀리 떨어진 북동쪽에서 중국은 냉대 시베리아와 접해 있다. 남쪽은 온난한 카리브 해와 같은(태풍, 허리케인) 기후와 접하게 된다.

중국의 확대

앞에서 언급한 중국의 고대 왕조시대는 여전히 비밀스럽게 감춰져 있다. 그러나 오랜 기간 지속된 국가의 일부 왕조 통치자들은 매우 생산적이었음을 입증하고 있다. 일부 왕조는 장기간 형성된 지리적 유산을 후세에 남기고 있으며, 다른 왕조들은 중국 민족국가를 형성하였다. 한 왕조는 오늘날 중국인을 한족

그림 9B-2

© H. J. de Blij, P. O. Muller, and John Wiley & Sons, Inc.

으로 부르게 되는 이유가 된다.

　한 이전 세기의 주 왕조에 불교가 들어왔고, 공자의 등장, 만리장성의 건축, 식사 시 젓가락 문화의 확대가 이루어졌다. 유교는 2000년 동안 정신적 지주가 되었다. 젓가락은 여전히 사용되고 있다.

　한 이후 천 년이 지난 후 러시아가 등장했다. 몽골은 지방 권력에서 시작하여 대제국을 건설하였다. 중국 지배를 통해 몽골의 제도를 각인하는 대신, 몽골은 **1** 중국화(Sinicization) 또는 **2** 한족화(Hanitication)를 경험하게 되었다. 즉, 한족의 생활 양식을 채택하게 되었다. 그러나 몽골과 중국 간의 적개심은 줄어들지 않았다. 마르코 폴로는 중국('Cathay')을 여행하고 유럽에 돌아와서 책을 내어 소개하였다.

　몽골(원 왕조)은 1368년에 통치를 끝냈고, 이후 5세기 반 동안 단 2개의 왕조, 즉 명 왕조(1368~1644)와 청 왕조(1644년부터 1911년 붕괴 시까지)가 중

국에서 지속되었다. 명 통치자는 의기양양하게 시작하였다. 한반도 북쪽, 몽골, 심지어 미얀마(버마)를 합병하였다. 그들은 거대 함대를 통해 태평양과 인도양을 거쳐 세계를 탐험하였다. 그러나 이 모든 것들은 오늘날 일컫는 기후 변화에 의해 붕괴되었다. 지난 세기 유럽에 타격을 주었던 소빙기라 불리는 환경 변화는 명을 괴롭혔다. 밀 재배지는 불모지가 되었다. 1억 명을 먹여 살려야 하는 황제들은 혁명을 걱정했다. 그들은 함대를 불태우고 거룻배를 만들고 대운하를 확대하여 장강 유역에서 쌀을 북쪽으로 운반했다. 그러나 명은 결코 회복될 수 없었다.

　1600년대 중반, 몽골-타타르계가 세운 북부의 만주는 기회를 잡고 베이징을 통치하였다. 한족은 여전히 두려움에 떨었고, 백만 명의 사람들에 대해 수억 명의 민족을 지배하기 위한 통치권을 움켜잡기 위해 관리하였다. 그러나 침입자들은 명의 행정, 교육체제 등 중

국식 생활 양식을 채택하게 되고 그들 스스로를 청으로 불러 제국을 확대하였다. 앞에서 언급했듯이 이것은 제국의 마지막 환호였다. 제국은 결코 크지는 않았지만(그림 9B-3) 또한 약하지도 않았다. 지도는 청제국의 최대 범위를 보여줄 뿐만 아니라 유럽과 러시아, 일본

의 식민지배 범위를 나타낸다. 5천 년 이상 지속된 중국에 대한 왕조 지배는 전쟁과 혁명으로 막을 내리고, 1세기 전 1911년 붕괴되었다.

혼란 속 중국

그림 9B-3은 중국 혼란의 단지 일부를

보여준다. 중국 황제들은 국가를 정복할 수 없는 것으로 간주해 왔다. 그러나 식민지 권력은 다르게 주장한다. 경제적으로 식민주의자들은 값싼 공산품을 중국으로 수입했고, 중국의 수공업 제품은 그들의 탁월한 경쟁력에 직면하여 굴복하였다. 게다가 영국 상인들은

그림 9B-3

영국령 인도에서 중국으로 아편을 수입하였고, 마약은 중국의 문화적 삶의 조직을 파괴하였다. 청 정부가 이의 유입을 막으려고 했을 때, 1차 아편전쟁(1839~1842)은 재난이 되었다. 전쟁에서 승리한 영국은 중국 통치자들로 하여금 아편 수입을 묵인토록 강제하였고 이는 중국의 주권 박탈로 이어졌다. 이후 2차 아편전쟁이 15년 동안 지속되었고, 중국은 자국 내에서 아편 양귀비 재배를 강요받았다. 중국 사회는 통제 불능의 마약 중독하에서 분열되었다.

반면, 그림 9B-3의 외연이 형성되었다. 베이징 정부는 조계지를 허가했고 외국 상인들에게 임대하였다. 중국은 영국에게 홍콩을 할양하였고, 심지어 영국 함선이 양쯔 강을 항해하게 되면서 중국 중앙부에 영향력을 확대하였다. 포르투갈은 마카오를 취하였고, 독일은 산동 반도를, 프랑스는 중국 남부 지역으로 그들의 식민지를 건설했다. 러시아는 당시까지 만주로 불리는 북동부에 진입하였다. 일본은 한국을 침략하였고 류큐섬(여전히 점유하고 있으며, 오늘날 오키나와를 포함함)을 합병하였고, 포모사(지금 타이완으로 불림)를 1895년에 식민지화했다.

중국 전체는 **3** 치외법권(extraterritoriality)에 놓이게 되었고, 영국(그리고 다른 식민지 권력들 포함)과 유럽인들(러시아, 일본도)은 **특혜**를 인정받았다. 사업과 거주를 위한 이러한 도시 내 일부 민족집단 거주지에는 중국 시민들에게는 배타적이었다. 다른 많은 건물과 공원, 게다가 편의시설에도 외국인의 허가 없이는 들어갈 수 없었다. 이는 소위 1900년 의화단 운동을 일으켰고, 폭도들은 도시와 시골을 다니면서 외국인뿐만 아니라 중국인 협력자들을 죽이거나 공격하였다. 이러한 불길한 폭동은 영국, 러시아, 프랑스, 이탈리아, 독일, 일본, 미국군으로 구성된 다국적군의 결성을 가져와 큰 타격을 입고 제압되었다.

새로운 중국을 향하여

중국의 공적 질서가 지속적으로 분열된다 할지라도 뛰어난 리더 쑨원(Sun Yat-sen)의 소위 민족주의 운동하에서 더욱 잘 조직된 혁명적 운동이 발생하였다. 중국의 고질적이고 경직된 왕조 체제를 비판하면서 1911년 이들 민족주의자들은 중국 전역에서 황제 수비대에 대한 맹렬한 공격을 가하였다. 수개월 만에 267년 된 청 왕조는 무너졌고, 수천 년 이어져 온 왕조의 지배적 지위도 붕괴되었다.

그러나 민족주의자들은 혼돈스러운 중국에 새로운 질서를 부여해야 하는 어려운 문제에 직면했다. 그들은 잘 조직된 군대조직을 통해 치외법권 조약을 폐기하는 협상을 진행하였다. 그리고 예전 체제에서 식민지적 이해관계에 직면했을 때보다 더욱 큰 정당성을 확보하였다. 그러나 민족주의 정부는 광동의 남부 도시(오늘날 광저우)에 근거지를 삼았고 일부는 옛 제국의 수도였던 베이징에 남겨두었다. 반면, 상하이에 근거한 지식인 집단은 중국 공산당을 설립하였다. 대표적인 사람은 마오쩌둥이다.

혼란한 1920년대에 민족주의자와 공산당은 처음에는 협력하여 그들의 공동 타깃으로 외국인을 삼았다. 1925년 쑨원의 죽음 이후 장제스는 민족주의자들의 리더가 되었고, 1927년 외국인들은 배와 철도를 통해 탈출하였거나 민족주의 군대에 의해 희생당하였다. 그러나 곧바로 민족주의자들은 공산주의자들을 숙청하기 시작하였고, 심지어 1928년 장제스는 민족주의 수도를 양쯔 강의 뱅크인 난징에 건설하였다. 민족주의자들은 승리자로 군림하였고 그들은 공산주의자들을 내륙 깊은 곳으로 내몰았다. 1933년 민족주의 군대는 장시성의 루이진 일대에서 공산주의 마지막 잔당을 파멸 직전으로 몰아넣었다. 이것이 중국의 역사적 사건, **대장정**이다. 마오쩌둥, 저우언라이를 포함한 10만 명의 공산주의자들(군인, 농부, 리더들)은 1934년에 루이진에서 서쪽으로 이동하였다. 민족주의 군대는 이들을 공격하였고 10만 명 중 3/4이 제거되었다. 그러나 그 과정에서 새로운 동조자들이 합세하였고, 살아남은 2만 명은 3,200km 떨어진 산시성 내륙 산간지역에 은신처를 세웠다. 이곳에서 권력을 잡기 위한 힘을 키웠다.

중국에서의 일본

비록 많은 외국인들이 1920년대와 30년대에 중국에서 달아났지만 어떤 이들은 민족주의자와 공산주의자 간의 갈등 사이에서 기회를 잡았다. 일본은 북동부를 장악하였고 민족주의자들은 이들을 제거하지 못했다. 일본은 꼭두각시 국가인 만주국을 세웠다.

피할 수 없는 중-일 간 전면전이 1937년 발생하였다(이는 공산주의자들에게 재결성의 기회를 준 계기가 됨) 그림 9B-3에서 회색 경계는 일본이 중국을 어느 정도 점령했었는지를 보여준다. 민족주의 정부는 수도를 내륙의 충칭으로 옮기고, 공산주의자들은 윈난을 중심으로 영역을 확보하였다. 중국은 3차례나 패하였다.

일본은 이 기간에 말로 할 수 없는 잔

혹한 행위를 저질렀다. 수백만의 중국인을 죽이고 태우고 익사시키고 소름끼치는 화학적·생물학적 실험을 자행하고 터무니없이 희생시켰다. 이후 1980년대와 90년대에 중국의 경제적 개혁으로 중국에서 일본의 진출이 새로 전개될 때, 중국의 여론과 리더들은 일본이 이러한 전시 횡포에 대해 인정하고 사과할 것을 요구했다. 중국인들이 바라는 사과는 이루어지지 않았다. 일부 일본 역사 교과서에는 여전히 중국에 대한 만행을 인정하지 않고 있으며, 여전히 민감한 이슈로서 국민 정서를 자극하고 있다.

공산주의 국가 중국의 성장

미국 주도의 서양 세력이 1945년 일본을 패배시킨 이후, 중국의 시민전쟁은 다시 시작되었다. 중국에 안정적이고 친화적인 정부가 자리 잡기를 바란 미국은 전쟁을 중재했지만 동시에 민족주의 정부를 합법 정부로 인정하였다. 미국은 또한 민족주의 정부에 군대를 지원함으로써 부분적으로나마 중재 기능을 상실했다. 1948년 마오쩌둥의 잘 조직된 군대는 장제스 군대를 물리쳤다. 장은 수도를 쑨원의 첫 민족주의 정부 수도였던 광저우로 복귀시키고 다시 충칭으로 옮겼다. 1949년 늦여름, 수십만의 민족주의 군대가 죽고 여러 차례 패배한 후 장제스의 일당은 중국의 유물과 고가품을 모아 타이완 섬으로 이동하였다. 여기서 중화민국을 선포하고 정부를 수립하였다. 반면, 1949년 10월 1일 마오쩌둥은 베이징 천안문 광장의 에서 중화인민공화국의 탄생을 선포하였다.

공산주의 체제하의 중국

공산주의 체제 지속 60년이 지난 오늘날 중국은 변화된 사회가 되었다. 실질적으로 1949년은 위로부터의 명령에 의해 독재체제로 움직이는 예전과 별로 다르지 않은 새로운 왕조의 시작이었다. 그러한 점에서 마오쩌둥은 왕조적 전례를 과감히 돌파했다. 가족적 계보는 폐기되었다. 지금 공산주의자는 '공산당원'으로서 서로를 번창하게 한다.

분명 공산주의 시대에도 중국의 오랜 전통의 일부는 지속되었으나, 많은 부분에서 중국 사회는 전체적으로 호의적이든 그렇지 않든 과거 중국의 왕조들은 장엄하게, 강하게, 문화적으로 풍요롭게 국가를 이끌었다. 물론 토지 없는 사람과 농노들은 종종 형언할 수 없이 비참한 생활을 했지만. 홍수와 기근과 질병은 국가로부터의 도움이 없는 대부분의 지역에서 많은 사람을 죽음으로 내몰았다. 지방 군주는 종종 벌을 받지 않고 국민들을 억압했다. 아이들을 팔고, 신부를 구매했다. 유럽의 강요는 이를 더욱 악화시켰고, 도시로 이주한 수백만의 사람들은 기아와 박탈, 슬럼으로 내몰렸다.

공산주의 체제는 비록 독재이긴 했지만 실질적으로 모든 사람들에게 체감할 수 있는 다양한 측면에서 중국의 약점을 공략하고 있었다. 부자들로부터 토지를 몰수하였고, 농촌은 집단화되었으며, 댐과 둑이 수천 명의 손에 의해 만들어졌고, 수백만의 굶주림의 위협은 감소되었으며, 건강 여건은 개선되었고 아이들 노동은 감소하였다. 그러나 중국의 공산주의 계획가들은 또한 심각한 실수를 저질렀다. 산업화와 농업 생산성 향상을 위해 농민을 공동체 집단으로 재조직하려는 **대약진 정책**은 역효과를 불러일으켰고, 이 정책이 시작된 1958년부터 정책이 폐기된 1962년까지 2~3천만 명의 사람들이 굶주림으로 죽고 농업은 붕괴되었다.

마오쩌둥은 1949년부터 1976년까지 중국을 통치하였으며, 중국 곳곳에 그를 각인시키고 떠나기에 충분한 기간이었다. 그의 또 다른 공산주의적 업적은 인구 분야이다. 소비에트와 같이(소비에트 어드바이저와 계획가 무리에 의해 영향을 받은) 마오쩌둥은 인구 정책은 중국의 인적 자원을 제약하는 자본주의의 음모라고 주장하며, 어떠한 정책도 강요하거나 심지어 추천하는 것을 거부했다. 그 결과 중국의 인구는 마오쩌둥 통치 기간 동안 폭발적으로 증가하였다.

마오쩌둥의 또 다른 에피소드는 그의 마지막 집권기(1966~1976)에 시작된 소위 **대프롤레타리아 문화 혁명**이다. 마오쩌둥식 공산주의가 소비에트의 '일탈주의(당 노선)'와 혁명가로서 그의 키에 대한 논란에 의해 오염되었다는 우려 속에서 마오쩌둥은 중국 사회의 엘리트주의 출현에 대한 속박을 풀었다(?). 그는 도시와 타운에 살고 있는 젊은이들로 조직된 홍위병을 통해 공산당 관리를 비판하는 부르주아적 요소를 공격하고 공산주의 시스템 반대자들을 색출하였다. 그는 중국의 모든 학교를 폐쇄하고, 신뢰할 만한 가치가 없는 지식인들을 박해하였으며, 홍위병을 다시 새로워진 혁명적 경험에 참여하도록 독려하였다. 결과는 재앙이었다. 홍위병은 자신들끼리 싸웠고 무정부 상태, 테러, 경제적 마비 상태에 이르렀다. 중국의 수천 명에 달하는 주도적 지식인들이 죽었고, 온건한 리더들은 제거되었으며, 교사와 중년의 시민들, 옛 혁명가들은 운동에 참여하지 않은 죄를 자인하도록 고문하였다. 경제적 고통으로 식량과 산업 생산은 감소하였다. 문화혁명이 통제 불능으로 치달을 때 폭력과 기근으로 3천만 명이 죽었다. 살아남은 사람 중 한 명은 스스로 숙청을 강행하고, 그 후 다시 복귀한 공산당 리더 덩샤오핑이다. 덩샤오핑은 경제적 변화의 포스트 마오쩌둥 시기에 중국을 이끌 운명이었다.

민족과 국가의 재조직

1949년 권력을 잡은 중국 공산당 정부의 도전을 상상해 보고, 1976년 마오쩌둥 체제의 분열 이후 오래지 않아 중국 경제가 붕괴되었을 때 발생할 수 있었던 딜레마에 대해 생각해 보자. 10억이 넘는 인구가 동부지역에 밀집해 있고, 광범위한 소수민족들의 거주지가 멀리 떨어진 주변지역에 분포하며, 인접국과 국경 분쟁이 이루어지고 있다. 일부 지역이 외국의 속국이며, 보수적 민족주의 정부가 통치하고 있는 큰 섬이 인접해 있다. 더욱이 초창기 체제에서부터 유래된 행정적 구분은 전혀 기능하지 못하고 있다.

초기 마오쩌둥의 체제와 그를 따르는 근대주의자들은 혼란스러운 중국 지도에 질서를 부여했고, 국가의 변화하는 수요를 조정하였다. 마오쩌둥 시대에 중국은 수도와 22개의 성으로 조직되었으나, 덩샤오핑 시대에는 행정적 목적을 위해 특별한 조정이 필요했다. 예를 들어, 1997년 중국은 홍콩을 영국에서 반환받았으나, 중국의 23번째 성이 될 수 없었다. 그래서 행정체계상 새로운 범주를 설정하게 되었고, 이는 포르투갈령 마카오와 미래 어느 시점의 타이완에도 고려될 수 있을 것이다. 또한 중국의 일부 도시들은(수도 베이징과는 다른) 다른 도시에 비해 더욱 중요하게 성장하였고, 이러한 도시들은 특별 자

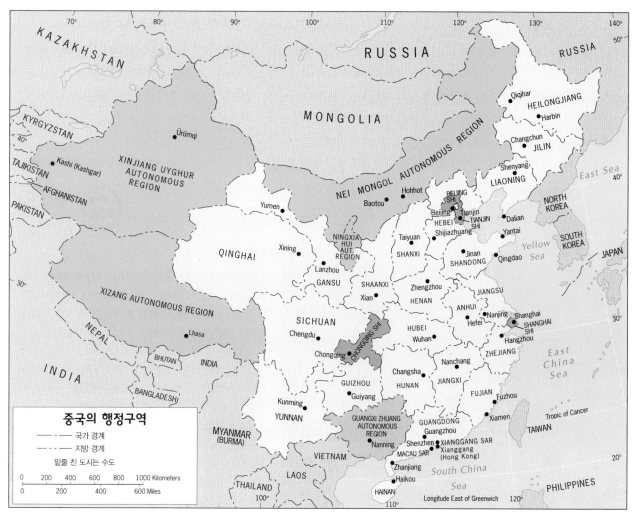

그림 9B-4

© H. J. de Blij, P. O. Muller, and John Wiley & Sons, Inc.

치시의 지위를 부여하였다.

정치적 행정적 구분

중국의 현대 인문지리 출현에 대해 살펴보기 전에 정치행정적 구분틀을 알아보자(그림 9B-4). 중국의 행정구역은 다음과 같이 구분된다.

4개의 중앙정부 통제 자치시(Shi)
22개의 성
2개의 특별행정구(SARs)
5개의 자치주(ARs)

4개의 중앙정부 **통제 자치시**(Shi)는 수도인 베이징, 인근 항구도시인 텐진, 중국의 가장 큰 대도시 상하이, 내륙에 위치한 장강의 하항 충칭이다. 이러한 시들은 중국에서 인구가 많고 중요한 하위지역으로 중국의 핵심지역을 형성하며, 수도의 중앙 행정 권력이 직접 통제한다.

중국의 행정 지도는 지속적으로 변화하고 지리학자들에게 문제의식을 부여

하고 있음을 기억하라. 충칭은 1996년에 시(Shi)가 되었고, 범위는 중심도시 지역과 동부 쓰촨성의 광대한 배후지역을 포괄한다. 그 결과 충칭의 도시 인구는 공식적으로 3천만 명이고 세계에서 가장 큰 대도시(실제 중심도시 지역은 700만에 못 미침)이다. 충칭의 인구가 공식적으로 포함되지 않았기 때문에 쓰촨의 공식적 인구는 충칭시를 제외했을 때 3천만 이하로 떨어진다.

미국의 주와 같은 중국의 22개 **성**은 동부에서는 작고 서부에서는 큰 경향이 있다. 가장 작은 영역을 가진 성은 중국 동부 해안지역의 저장성, 장수성, 푸진성이다. 가장 큰 성은 시장에 인접한 칭하이성과 중국 중서부의 쓰촨성이다.

모든 큰 국가에서처럼 일부 성은 다른 것들에 비해 더욱 중요하다. 허베이성은 베이징을 둘러싸고 있고, 국가의 핵심지역을 점유하고 있다. 산시성에는 고대도시 시안이 위치하고 있다. 남동부에서 광동성은 급격한 경제 성장을

이루고 있으며, 이곳의 핵심은 광저우이다. 다음 페이지에서 특별구 또는 다른 행정 단위를 살펴볼 때, 그림 9B-4는 유용한 위치 안내도가 될 것이다.

1997년에 영국에 종속된 홍콩(샹강)이 중국으로 반환되고 **특별행정구**(SAR)가 되었다. 1999년에 주장 강 하구의 홍콩 맞은편에 위치한 마카오가 포르투갈에서 반환되어 베이징의 행정적 통제를 받는 두 번째 SAR이 되었다.

5개의 **자치주**(ARs)는 비한족 거주지역에 설치되었다. 한족에게 적용되는 일부 법령은 일부 소수민족에게는 적용되지 않는다. 전기 소비에트 연방의 사례에서 본 것처럼, 인구학적 변화와 인구 이동은 이러한 지역에 영향을 주었고, 1940년대의 정책은 21세기에 잘 맞지 않는다. 이주 정착한 한족의 수는 자치주 내에서 소수민족 수보다 많다.

5개의 자치주는 (1) 내몽골 자치주(내몽골) (2) 닝샤후이 자치주(내몽골과 인접) (3) 신장 위구르 자치주(중국의 북서부

 답사 노트

© H. J. de Blij

"한 시간쯤 비행기를 타고 중국 북부 평원을 지나자, 외관상으로 보기에 탁자처럼 평평한 대지 위에 매우 또렷하게 구획된 마을들이 보였다. 그러한 마을 중 대부분이 공산주의자들이 중국의 사회체제를 재정비할 때 행정구역이 되었다. 길게 늘어선 건물(대체로 1950년대에 증축된)들은 하나 혹은 그 이상의 가족을 수용할 수 있도록 설계되었다. 마오쩌둥 사망 이후 집단화 작업은 중단되었고, 핵가족화 정책으로 선회하였다. 우리가 비행기에서 본 이러한 마을의 건물들은 거의 대부분 동-서 방향으로 길게 늘어서 있었는데, 이는 창문과 문을 통해 햇볕이 최대한 들어올 수 있도록 배열한 것이었다. 또한 여름철에도 남풍이 불 때에 통풍이 잘 될 수 있도록 건물들을 배열한 것이다. 멀리서 바라보면 안개가 낀 듯이 흐릿해 보이는데, 이는 봄철에 중국 북부 평원에서는 북서쪽으로부터 황사가 날아와 널리 퍼져 있기 때문이다. 그 결과 현지에서는 대체로 대기가 누런 잿빛으로 덮여 있는데, 장마전선이 지나가는 동안에 일시적으로 맑은 하늘을 보인다."

지역) (4) 광시좡 자치주(먼 남쪽, 베트남과 경계지역) (5) 시짱 자치주(티베트, 남서쪽에 위치)이다.

마오쩌둥 시대 이후의 기회 잡기

1976년, 마오쩌둥의 사망 이후 중국 지도자들 간의 정쟁은 소위 순수주의자로 불리는 사람들(마르크스 주의를 고수하는 공산당 지도부와 지식인들)과 소위 실용주의자로 불리는 사람들(정치행정적으로는 공산주의를 유지하되 경제적으로 자유시장 경제를 주장) 간의 싸움이었다. 덩샤오핑과 그의 실용주의 동맹이 우세하였고, 1979년 중국은 세계적인 영향을 미치는 역사적 변화를 시작하였다.

그 어떤 것도 작은 도전이 아니다. 중국의 거의 모든 것들은 오래되었고 비효율적이며 낙후되었다. 9A장에서 살펴본 4개의 하위지역(황허 강 유역, 양쯔/장 강 유역, 주장/서 강 유역, 랴오 강 유역)을 살펴보자. 석탄과 자원이 상대적으로 풍부한 북동부(예전의 만주)에서, 일본은 식민지배 시기 동안 주요 산업 하부구조를 건설하였다(1949년에 북동부지역은 중국 철도 총길이의 반을 차지함). 주지하듯이 기후는 농업에 적합하지 않다. 공산주의 체제는 북동부지역은 산업 재개발 우선권을 주고, 도시와 타운은 기하급수적으로 증가하였다. 그러나 북동부지역의 중국 산업 생산의 1/4 이상을 차지한다 할지라도, 국영 공장은 비효율적이었으며, 노동자들의 수입은 오랜 기간 열악했으며, 생산비용은 경쟁력이 없었다. 경제적으로 중국이 개방되는 상황에서 북동부지역에는 다른 방안이 없었다.

북중국평원(고대 왕조와 수도, 중국의 핵심지역이 위치)이 위치한 남쪽 방향에는 내재된 문제점이 있었다. 수억 명의 인구가 밀집한 이 지역 농촌은 공산주의 계획가들에 의해 토지가 몰수되어 고비용의 집단 농장화(특히 대약진정책 시기에)되어 있으나 홍수 통제, 확대된 개간, 향상된 비옥도, 편리한 농업시설 등은 갖춰져 있지 못했다. 그림 9B-4에서 허베이성, 허난성, 산동성들은 프랑스나 영국, 이탈리아보다 인구가 많다. 시기적으로 독재시대에 인구도 많고 농촌인 이 지역들이 어떻게 글로벌 경쟁 속에서 승리할 수 있었을까?

 답사 노트

© H. J. de Blij

"2009년 4월 상하이에는 불경기의 조짐은 보이지 않고, 환경적 영향의 징후들만 널려 있었다. 푸둥 지구 진마오 타워의 맨 꼭대기 층 전망 좋은 곳에서 내려다보니, 황푸 강 건너편 빌딩들이 무더운 봄날 짙은 스모그 속에 사라져 버렸는데, 현지인들이 나에게 '꽤 맑은 날'이라고 했다. 엄청난 중국의 경제성장은 중화인민공화국을 미국을 앞지르는 세계적인 대기오염 유발국가라는 오명을 씌웠다. 2020년에는 중국이 미국보다 2배 더 오염물질을 배출하게 될 것이라는 예측도 있는데, 인구수에 있어서 중국이 미국보다 4배 더 많기 때문에 미국은 1인당 배출 오염물질에 있어서 여전히 앞지른 상태이다. 이것이 미국이 중국에게 자동차, 공장, 기타 오염원들로부터 발생하는 오염을 저감하는 노력을 게을리하고 있다고 '중국의 사과'를 들먹이지 못하는 이유이다. 리성이 나에게 말하길 '멋진 동방명주를 보고 즐기세요.'라고 하였다. '저기 건설 현장이 보이는 곳에 상하이 타워가 들어서면 시야가 방해받게 될 거예요(2014년 완공되었음). 그리고 상하이 타워는 엠파이어스테이트 빌딩보다 높이가 1.5배쯤 될 거예요.' '그래 좋아요, 다만 우리는 꼭대기에서 좀 더 깨끗한 시야가 확보되길 바랄 뿐이죠.'"

심지어 문화혁명(1966~1976) 시기에 양쯔 강 저지대(양쯔 강과 그 지류에 의해 연결되고 상하이가 중심인 지역)는 역사적 정체성과 에너지가 일부 남아 있었다. 단조롭고 풍요롭고 오래된 상황 속에서도 상하이는 예술적 개성, 도전적 기업가 정신 또는 심지어 공산주의 도그마에 반대하는 사람들에 이르기까지 그 지적 활력을 완전히 잃지는 않았다. 어느 날부터 베이징의 덩샤오핑과 그의 실용주의자들은 상하이에서 그들의 세력 범위를 아직 내다보지 못하고 있음을 알았다. 상하이는 태평양 임해지역이고 중국 내 가장 큰 강의 하구이며, 많은 기회와 능력이 있는 곳이다. 그리고 이 강은 드넓은 밀재배지보다 넓은 광대한 배후지, 즉 쌀에서 차, 과일에서 향신료까지 모든 것을 재배할 수 있어 1억 명이 넘는 인구를 가진 쓰촨 분지와 연결된다.

만약 중국의 계획가들이 적극적으로 지원했다면, 그들이 해야 하는 모든 것들은 중국 동부의 남쪽지역 주장 강과 서 강 하구에서 실현되었을 것이다. 그곳에는 중국의 현재를 말해 주는 성공과 실패의 대조적인 모습의 생생함을 담고 있는 홍콩이 있다. 덩샤오핑과 그의 실용주의자들이 권력을 잡았을 때, 홍콩은 전 세계 시장으로 나가는 공산품이 쏟아지고 화물선으로 중요 원료들이 운반되는 변화한 항구도시였다. 홍콩은 영국의 식민지였지만, 경제 활동의 추진은 중국인 관리자와 중국인 노동자였다는 것은 의심의 여지가 없다. 1970년대에 홍콩을 방문했다면, 그들은 당신을 요새화된 경계 너머의 '중공'이 보이는 언덕으로 데려갔을 것이다. 그리고 오리를 키우는 연못과 논, 나무로 만든 고깃배가 있는 마을을 보았을 것이다. 당신이 본 것을 이해하기 위한 해석은 필요 없다.

태평양 연안의 새로운 경제지대

그러나 어느 누구도 무슨 일이 일어날 것이라는 것을 믿는 사람은 없었다. 급변하는 상황을 연구하는 많은 경제지리학자들과 다른 연구자들은 덩샤오핑과 그의 참모들이 시장 경제의 도입과 관련한 정치적 압력을 피하기 위해 천천히 중국의 문호를 개방할 것이라고 생각했다. 그러나 덩샤오핑은 다르게 생각했다. 새로운 경제체제의 적용은 동부 해안도시와 지역, 성에 한정함으로써 경제적 변화는 단지 중국의 태평양 연안에만 나타나고, 대부분의 나머지 지역은 비교적 별 영향을 받지 않는다. 그림 9B-5는 이를 보여준다.

정부는 소위 개방도시와 개방 해안지역으로 불리는 **4** 경제특구(SEZs) 시스템을 도입했다. 이곳은 여러 지역에서 기술과 투자를 끌어들이고 동부 중국의 경제지리를 변화시킨다. 이 경제특구에서 투자자는 많은 인센티브를 제공 받는다. 세금은 낮다. 수입과 수출 규제는 느슨하다. 토지 임대는 간소화되었다. 계약직 노동의 고용도 가능하다. 경제지대에서 만들어진 생산품은

중국의 경제지역

- 경제특구(SEZ)
- 태평양 연안의 성들
- ○ SEZ 수도
- ● 개방도시

0 100 200 300 400 500 600 Kilometers
0 100 200 300 Miles

그림 9B-5

© H. J. de Blij, P. O. Muller, and John Wiley & Sons, Inc.

약간의 규제하에 해외시장과 중국 내로 팔린다. 심지어 타이완 기업도 경영이 가능하다. 그리고 수익은 투자자 모국으로 송금이 가능하다.

덩샤오핑 정부가 중국의 경제지리의 방향 수정을 결심했을 때, 입지는 가장 중요한 고려 대상이었다. 베이징은 중국이 세계시장 경제에 참여하기를 원했고, 또한 가능하면 중국 내륙에 미치는 영향이 적어도 초기 단계에서는 거의 없기를 바랐다. 이에 대한 명답은 해안을 따라 경제특구를 두는 것이었다. 초기에 4개의 SEZ는 1980년에 설립되었고 모두 특별한 입지적 자산을 가지고 있다(그림 9B-5).

1. **선전** : 광둥성 주장 강 하구에 위치한 당시 영국령 홍콩 인접지역
2. **주하이** : 광둥성 주장 강 하구에 위치한 당시 포르투갈령 마카오 건너편
3. **산터우** : 타이완 남부의 반대편으로 역시 광둥성에 위치한다. 개항지이며, 다수의 중국인들이 타이에 거주하고 있다.
4. **샤먼** : 타이완과 마주보고 있으며, 푸젠성에 위치한다. 역시 개항지(당시 현지에서는 'Amoy'로 알려짐)이며, 다수의 중국인들이 싱가포르, 인도네시아, 말레이시아에 근거지를 두고 있다.

1988년과 1990년에 2개의 SEZ가 각각 추가 지정되었다.

5. **하이난 섬** : 섬 전체가 경제특구로 지정되었고, 동남아시아에 가깝다는 입지 특성이 잠재적인 성공 요인이다.
6. **푸동** : 중국 거대도시 상하이를 흐르는 하천 건너편으로, 거대 다국적 기업을 유지하기 위해 국가 재정 지원에 의한 대규모 프로젝트로 진행된

2009년부터 급성장한 텐진 해안의 빈하이 신구(BNA)의 골프장과 교외 마을. 이곳은 베이징 남동쪽 120km 밖에 떨어져 있다. 중국 정부가 공식적으로 천명한 바에 따르면, 빈하이 신구는 새로운 태평양 연안 국제자유무역지대가 될 것이라고 한다. 빈하이 신구는 수도 베이징에 접근성이 좋아서 홍콩 인근에 위치한 푸둥이나 선전과 경쟁할 수 있도록 설계되었다. ⓒ Lo Mak/Redlink/ⓒ Corbis

것이 다른 경제특구와 다른 점이다.

그리고 연속선상에서 2006년에 새로운 SEZ가 지정되었다.

7. **빈하이 신구** : 북부 항구도시 텐진의 해안지대로서 상당한 외국인 투자가 이루어지고 있으며, 현재 SEZ 수준으로 지위가 상승하였다. 심지어 상하이 푸둥과 선전보다 발전 가능성이 높은 것으로 전망된다.

중국의 경제 계획가의 큰 그림은 해안지역에서의 경제 성장을 자극하는 것이고, 입지에 의해 창출된 교환 가치를 자본화하는 것이다. 다시 말해 금융의 이용성, 동남아·타이완·일본 그리고 여전히 중요한 영국령 홍콩에 외국인 투자의 근접성, 저렴한 노동력의 존재, 저비용의 중국 생산품을 열망하는 세계 시장의 약속을 자본화한다는 말이다.

1970년대 홍콩에서 바라본 언덕 경관을 기억하라. 당시 선전은 거의 알려지지 않았다. 그러나 이후 10년 동안 벼

농사지대와 오리 키우는 연못은 인간의 역사상 가장 빠르게 성장한 도시가 되었다. 1970년대 2만에서 단지 30년 후에 800만으로 성장했다. 동시에 주장 강 하구 전체는 거대한 제조업단지로 급격히 발전하였다(그림 9B-6). 무엇이 이를 가능케 했을까? 중국이 선전 경제특구를 개방했을 때, 저임금과 낮은 세금, 낮은 수준의 환경 규제, 완화된 관리 감독의 요인으로 수백 개의 기업이 공장을 홍콩에서 인근 선전으로 옮겼다.(마르크스는 무덤 속에서 분명 정색했을 것이다.) 반면, 중국은 친기업적 하부구조 예컨대, 항구시설과 도로, 철도, 공항 확장, 수십 만의 노동자를 위한 아파트 등을 건설하였다. 곧바로 선전은 주하이(마카오 인근)로부터 푸둥(상하이)과 빈하이(텐진)에 이르는 다른 SEZs에 필적하는 덩샤오핑의 개방 중국 정책이 빛을 본 사례이다.

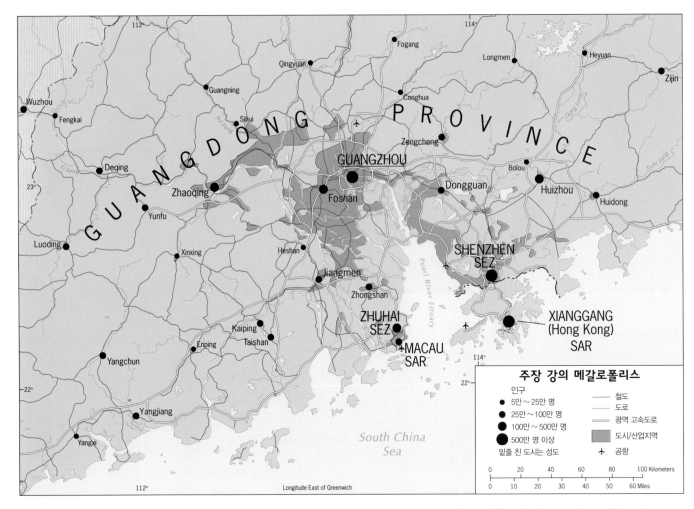

그림 9B-6

© H. J. de Blij, P. O. Muller, and John Wiley & Sons, Inc.

개발지리

이 모든 것이 홍콩 경제에 타격을 주었을까? 사실 영국의 식민지 기간에 새롭고 심지어 더욱 번영된 시대로 나아가게 되었다. 홍콩은 현재 제조업은 감소하고 금융, 은행, 재정 관리 기능으로 이행하고 있으며, 초기 경제 변화 동안 증가된 7백만 인구에게 더욱 높은 숙련을 필요로 하는 다양한 서비스 기반 기능으로 특화되고 있다. 이러한 변화는 소위 **5** 개발지리(geography of development)로 불리는 영역의 주제이며, 원료의 분포, 문화 전통, 역사적 요소(식민주의 잔재 효과와 같은), 환경적 이슈 그리고 국가와 지역의 경제 경험의 변

화에서 입지적 영향력에 대한 연구에 초점을 맞추고 있다.

실질적으로 세계화의 물결이 지구상 모든 지역의 경제 발전 과정에 영향을 주기 시작하기 전에, 경제학자들과 경제지리학자들은 일부 사회에서 전통적 생산 양식이 대량생산과 소비의 특정 경로를 따라 변화하는 요인을 규명하려고 하였다. 이러한 학자 중 한 명인 월트 로스토는 문화적 유연성에 초점을 맞춘 단계적 모델을 제시하였다. 근대화를 받아들이고 공적 지원을 하는 진보적 리더십의 존재 단계를 거쳐, 결과적으로 도약을 하고, 성숙 단계에 진입하며(생산의 특화와 해외무역으로 표현

되는) 궁극적으로 대부분의 노동자들이 서비스와 서비스 관련 산업에 종사하는 대량 소비단계로 나아간다는 것이다. 이러한 이론적 모델의 실제 사례를 홍콩에서 찾을 수 있으나 지역 내 또는 개별 국가 간에도 핵심부-주변부의 격차 발생을 설명하기에는 불충분하고, 어떤 국가는 빠르게 성장하는 반면 그렇지 못한 국가가 나타나는 등의 세계화 동인을 설명하지 못하고 있다.

중국 사례를 보자. 포스트 마오 리더십은 개혁되었다. 그러나 진보는 아니다.(중국 정부는 본질적으로 발전을 지향하는 것으로 보이지 않는다. 많은 중국인 정책가들은 "민주주의는 역동성을

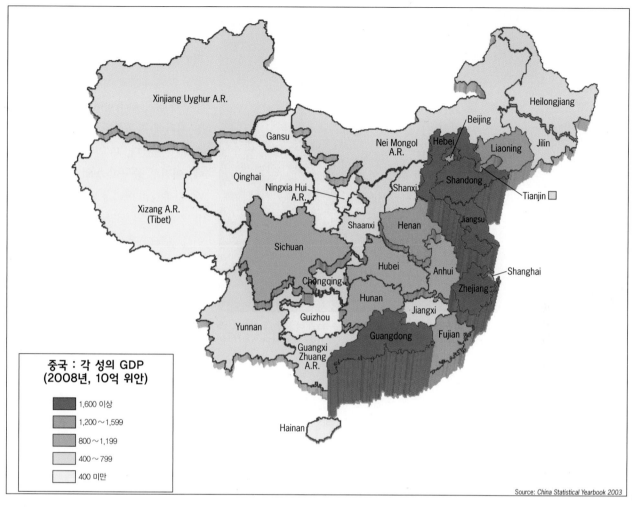

그림 9B-7

포함한다."고 말한다.) 덩샤오핑과 그의 실용주의자들은 빠른 경제 발전을 위해 "우리 자원을 우리 노력으로 어떻게 최선으로 이용할 수 있을까?"라는 질문에 답한다. 최선의 입지(즉, 해안)를 갖춘 성과 도시를 선별하고, 태평양 연안을 시장으로 개방하고, 풍부한 노동자 계급을 활용하고, 수백만의 **6** 화교(overseas chinese)들(대체로 중국 해안지역에 살다가 다른 국가로 이주한 사람들)과 연계해서 조상의 모국에 투자하도록 한다.

최근의 발전은 새로운 의미를 가지고 있다. 채택과 합의를 기반으로 한 로스토의 다단계 모델과 다르게, 발전은 세계화의 현대적 조건에 의해 형성되는데, 이는 기회주의적 승자 독식의 형태가 되어 가고 있다. 종종 아무런 제약도 없고 진보라는 이름으로 엄청난 착취를 하고 있다. 학자들은 연구에서 이러한 현상을 '새롭다'와 '아무런 제약이 없는'으로 기술되는 **'신자유주의'**라는 표현을 쓰고 있다.

중국의 내부 주변지역

중국이 세계화의 무대로 문호를 개방한 결과 해안지역의 성과 도시는 번창하였고 해안과 내륙 간의 불균형은 급격하게 나타났다. 어떠한 지도에도 그림 9B-7보다 이러한 핵심부-주변부 간의 차이를 가장 잘 나타내 주는 것은 없다. GDP의 상대적 차이를 3차원으로 나타내 주는 이 지도는 국민 소득을 각 성별로 이해할 수 있다. 높이가 높으면 소득이 많은 것이다. 태평양 연안은 더욱 느리게 성장하고 있는 북동부조차도 해안의 핵심지역과 내륙 주변지역 간에 벽이 있는 것처럼 보인다.

그림 9A-5에서 보듯이, 핵심과 내륙 주변지역은 한족이 우세한 지역이다. 비록 주변지역에 소수민족이 있다 할지라도, 서부 성에서 최대 민족은 한족이고, 수백만의 소수민족은 하루에 미화 3달러 이하의 돈으로 생활하고 있다. 중국의 태평양 연안의 변화는 SEZ로 많은

삼협댐은 중국 현대 '거대 프로젝트 시대'의 상징이다. 댐의 둑 높이는 현재 장/양쯔 강 수위로부터 180m에 달한다. 댐의 폭은 2km에 달하며, 상류로 600km까지 잠기는 세계 최대의 저수지를 이루고 있다. © Wen Zhenxiao/XinHua/XinHuaPress/© Corbis

공장뿐만 아니라 도시 및 지역 건설 수요가 유출되고 인류 역사상 가장 큰 규모의 국내 이동이 발생되었다. 그러나 남아 있는 사람들은 세계화가 가져온 기회로부터 스스로 격리되었다. 이들은 종종 지방정부와 당 간부들로부터 토지, 자산, 생산시장에서 착취당하기도 한다. 이런 일들은 국제뉴스가 되지 않지만 중국 내륙 주변지역에서는 거리와 마을에서 공개적인 저항이 자주 발생하고 있다. 이는 위험한 상황으로 중국 공산주의 체제는 소수민족에 대한 정책 완화에 대한 필요를 더욱 인지하고 있다.

이러한 불균등 발전에 대한 베이징 계획가들의 또 다른 대응은 해안지역 SEZs의 성과를 내륙도시 핵심지역으로 확대시키는 것이다. 해안지역 성의 시간당 임금 상승으로 일부 기업들은 생산시설을 주변지역으로 옮기고 있다. 이를 지원하기 위해 쿤밍(윈난성)과 난저우(깐수성)와 같은 내륙 깊숙한 지역에 현재 새로운 경제지대가 설치되었

다. 또한 내륙지역에 대규모 공공사업이 이루어졌다. 예를 들어, 양쯔/장 강은 해안과 내륙을 연결하는 개발축으로 이곳에 대규모 수력발전이 가능한 삼협댐을 건설하고, 유일한 내륙도시인 상류지역의 충칭을 시로 승격하였다. 장 강 상류의 물을 북쪽으로 가로질러 황허 강 상류로 돌려 북중국 평원으로 공급하는 것을 포함하는 다양한 대규모 프로젝트는 계획 단계에 있다. 게다가 중국은 11만 km의 4차선 고속도로 건설을 통해 해안과 내륙을 연결하고 있으며, 수백 개의 공항을 확대하거나 신설하고 있다.

이 모든 노력에도 불구하고 중국의 태평양 연안은 지속적으로 앞서가는 반면 내륙은 뒤처지고 있다. 국가정책으로 어떤 기업이 산시성에 공장을 짓기 위해 한 농부를 경작하고 있는 토지에서 쫓아냈을 때, 로스토가 지속 가능한 개발을 위해 중요하게 보았던 합의를 성취하기 위한 또 다른 변화가 중국에

게 필요하다는 것은 명백하다.

인구 문제

중국은 세계에서 여러 세기 동안 가장 인구가 많은 나라이며, 20세기 인구 팽창 시기에 지구상에서 가장 인구 성장 속도가 빨랐다. 마오쩌둥의 통치 시기에, 여전히 중국이 농업 중심사회였을 때, 가족들은 아이를 많이 낳았고, 중국은 연간 3%의 성장을 하고 있었다. 그러나 중국의 성장률이 낮아진다는 것은 미래 경제에도 중요한 영향을 미친다고 인식한 덩샤오핑과 그의 개혁가들은 정책 변화를 가져왔다. 따라서 새로운 체제는 한족에 대해 한 자녀만 낳는 엄격한 인구 통제 프로그램에 착수했다(소수민족은 제외). 때론 가혹한 수단을 통한 이러한 정책의 목표는 1980년대 중반에 중국 인구 성장률을 1.2%, 2010년까지는 전 세계 인구 성장률(1.3%)의 절반 이하에 해당하는 0.5%이다.

이러한 정책의 바람은 경제적 효과이지만, 또 다른 유익하지 못한 결과들이 나타났다. 중국은 남아를 선호하는 가부장적인 사회이다. 여자 태아의 낙태와 영아 살해, 유기 비율이 급증하였다. 중국 행정부는 정책 수정이 이루어지지 않는다면 3천만 명의 신부가 줄어들 것이라고 추정하고 있다(오늘날 성비는 123임). 이는 중국 내 및 인접국가에서 여성의 거래로 나타나고 있다. 중국인 남성들의 공공연한 분노에서 표출되는 지역에서는 때론 지방 여성들에 대한 유괴가 증가하고 있다.

한자녀정책은 또 다른 결과를 가져온다. 그중 하나는 중국 인구의 노령화이다. 즉, 청장년층의 인구 비율 감소이다. 1A장 유럽에서 논의했던 두려움이 증가하고 있다. 노령인구를 부양할 수

© Jan Nijman

"티베트는 히말라야의 높은 곳에 위치하여 하늘이 짙푸르고 공기가 건조하고 상쾌하며, 지구상에서 가장 다채로운 색깔을 지닌 영적 장소이다. 1950년 이래로 티베트는 중화인민 공화국의 지배하에 있다. 중국 군인들이 어디에나 있어서 특히 수도인 라싸에서는 강압적으로 점령되었다는 느낌을 지울 수가 없다. 2009년 말에 나는 티베트 승려들의 주된 순례 목적지인 조캄 사원 주위의 번잡한 거리를 답사하였다. 그곳에도 역시 건물의 가장 높은 곳에 위치한 감시초소에 중국 군인들이 눈에 띄었는데, 마치 평범한 티베트 사람들에게 현재의 정치적 상황을 상기시켜 주고 있는 것 같았다."

있는 충분한 청장년층 노동력이 있는가? 중국의 경우 유럽국가나 일본과 다르게 부가 성장하기 전에 노령화가 진전된다는 것이 심각하게 고려해야 될 사항이다.

2009년에, PRC에서 보기 드문 사건이 발생했다. 정치국 정책에 관한 공적 논쟁의 공식적 묵인이다. 영자 신문 차이나 데일리와 다른 매체들은 브리핑 기사에서 한자녀정책에 대한 국가적 논쟁은 '묵인'되었고, 그것도 공산당 최고 회의에서 공개적으로 이루어졌다. 중국의 한자녀정책을 포기하게 하려면, 세계는 21세기를 위한 중국 인구 계획의 개정을 요구할 것이다.

중국의 외부 주변지역

역사상 제국은 영토와 국민을 얻거나 잃으면 팽창과 수축을 해왔고, 그들의 흔적을 남겼다. 중앙아시아에서 러시아, 동아프리카에서 영국, 인도네시아에서 프랑스, 타이완에서 일본 모두 왔다 간 흔적을 언어, 종교, 하부구조, 전통 이면에 남겼다.

중국에서도 그랬다. 그림 9B-3은 청 왕조가 얼마나 광대한 제국이었는지 그리고 어떻게 그것을 잃었는지에 대해 상기시켜 준다. 그러나 그림 9B-1은 여전히 중국은 오늘날에도 제국이다. 5개 자치주 중 한족이 지배한 2개의 대규모 자치주와 나머지 3개 중 하나는 급속히 한 차이나에 통합되었고, 내륙 주변지역에 위치한 나머지 2개의 소규모 자치주는 비슷한 다른 이름으로 불린다(그림 9B-4). 중국의 소수민족 지역에서는 어떠한 '자치'도 없다. 단지 시짱의 티베트인과 신장의 위구르인들에게 물을 뿐이다.

시짱(티베트)

티베트(한족은 시짱으로 부름)는 칭하이성과 인도 북동부 일부 지역에 전파된 티베트 불교문화의 중심지이다. 티베트는 19세기 말 중국의 지배를 떨쳐버렸지만, 1950년 공산주의 체제가 베이징을 장악한 후 곧바로 붉은 군대가 시짱에 들어와 재점령하였다. 티베트 사회는 요새와 같은 불교 승려의 수도원을 둘러싸고 조직되어 있고, 승려들은 최고 지도자 달라이 라마에게 충의를 다한다.

중국인들은 이러한 봉건체제를 근대화하려고 하지만, 티베트인들은 그들의 전통을 고수하려 하고, 1959년 군대는 티베트의 봉기를 진압하였다. 달라이 라마는 현재 망명하였고, 국민들의 권력이 사라지면서 중국인들은 티베트의 문화유산을 파괴하고 종교적 보물과 예술 작품을 약탈하였다. 덩샤오핑 행정부하에서 이러한 유물의 일부는 시짱으로 반환되었으나, 베이징은 한족을 티베트로 이주시키고 칭하이-시짱 고원을 가로질러 티베트 수도 라싸에 이르는 세계에서 가장 높은 철도(2006년 개통)를 건설하였다. 달라이 라마가 세계를 떠도는 동안 티베트의 인구는 3백만에 이르렀고, 이들은 독립이 아닌 진정한 자치를 요구했으나, 한족화 정책은 계속되었고 세계의 눈이 베이징 올림픽에 집중된 2008년 또 다른 봉기가 일어났다.

신장

신장은 서쪽으로 뻗어나가는 중국 근대 제국의 거점이며, 시짱보다 더 크다. 2,200만 명의 인구 중 반은 한족으로 신장-위구르 자치주는 티베트보다 더 중요하다. 지도에서 이유를 찾아보면 이곳에서 중국은 투르케스탄과 이슬람을 접한다. 또한 중요한 에너지의 보고이다. 사막과 맑은 하늘의 원격지인 이곳에 중국은 우주센터를 건설하였다. 그리고 지도는 또 다른 것을 보여준다. 서부 거점지역과 석유와 가스가 대량 매장된 카스피 해 분지 사이에 유일한 국가 카자흐스탄이 있다(그림 9B-1). 7B장에서 언급했듯이, 파이프라인이 이미 이 지역에 있고, 추가로 지금 건설 중에 있다(그림 7B-12 참조).

그러나 신장의 자치지역에는 티베트와 비교해 어떠한 자치도 없다. 청 왕조 시기에 무슬림 사람들(위구르, 카자흐, 키르키스, 타지키스 등 기타)은 중국 통제하에 들어갔다. 그러나 베이징이 공산주의 체제로 넘어갔을 때만 해도 신장에 거주하는 한족은 20명에 못 미쳤다. 오늘날 겨우 60년 만에 거의 50%가 한족이고 신장은 2중 구조의 사회가 되었다. 근대화되고 조직화되고 도시화 모습은 새롭게 활성화되고 있는 수도 우루무치와 인근 북부 정가 분지에 위치한 모델 도시 스허쯔이다. 전통적, 종교적, 농촌적 요소는 타림 분지 남서쪽의 역사적 도시인 카쉬가르(중국 지도에서는 카쉬)에 뿌리내리고 있다(그림 9B-1 참조). 우르무치의 공장과 카쉬의 거리와 같이 지방민중 대다수를 차지하는 위구르인이 한족을 만나는 곳에서 때때로 비극이 발생하기도 한다. 2009년, 우르무치 교외 공장에서 위구르 노동자와 한족 관리인 간에 우발적 충돌이 통제 불능 상태가 되었고, 약 200명의 한족이 사망하는 살인적인 폭동으로 전개되었다. 2008년에 베이징 올림픽에 앞서 카쉬에서는 극단주의자가 경찰 순찰대에 폭탄을 투하했다. 몇 년 동안 위구르 투사들은 한족의 지배에 저항하는 폭력 시위를 간헐적으로 그리고 별 효과 없이 일으켰다.

시짱과 신장은 주변지역의 특성을 보여준다. 지방 문화와 전통적 경제는 국가적 이해관계와 세계적 시스템에 의해 제압당하고, 여기에는 중심과 주변뿐만 아니라 주변지역 자체 내의 다양한 사회집단 간 불균형의 확대가 나타난다. 중국의 사례에서 정치적 시스템이 불만의 표현과 지방의 이해관계의 재현에 대해 기회의 불균형을 초래할 때, 주변화의 징후는 뿌리를 내리게 된다.

내몽골

그림 9B-4에서 보듯이 세 번째로 큰 자치주는 내몽골이다. 원래 인접한 몽골과 같은 민족으로 중국 내 인구 비중이 높아 자치주로 설립되었다. 그림 9B-3에서처럼 몽골 역시 청 왕조제국의 일부였으나 지난 세기 제국 붕괴로 한 차이나의 혼란과 소련의 등장을 틈타 몽골의 인민공화국을 선포하였다. 그러나 중국과 몽골의 국경은 몽골민족의 영역을 반영하고 있지 않기 때문에 내몽골 자치주가 되었다.

한 차이나와 가깝고, 중국의 핵심지역과 연결성이 좋으며, 몽골 인구의 규모가 그리 많지 않고, 한족의 대규모 이주와 경제적 통합은 자치주의 정체성을 잃게 만들었다. 이러한 모든 의도와 목적 속에서 중국 본토의 일부가 되었다(경제적 지체가 있긴 하지만). 티베트와 위구르의 분리주의에 견줄 만한 사건은 발생하지 않았다. 전통적인 몽골의 생활 양식은 거의 한족화하에 묻혀 버렸다. 정착 농경과 근대화된 도시의 문화 경관은 몽골 대평원에서 여전히 남아 있는 목가적인 유목민의 생활 양식을 대체하였다.

이제 우리는 중국 국경 너머의 동아시아에 대해 살펴볼 것이다. 우리가 살펴본 것들은 중국 내륙 주변지역의 일부일 것이다. 그러나 이 영역의 육지와 섬 모두는 동아시아의 핵심이 아닌 세계의 핵심지역의 특성을 보여주고 있는 곳이다(그림 G-11 참조). 실제로 이곳은 중국을 움직이고 세계를 바꾸는 동아시아의 변화가 시작되는 곳이다.

몽골

동아시아의 변화는 아직 몽골에 이르지 않았다. 광대한 내륙의 고립된 국가는 중국과 러시아 사이에 끼어 있다. 알래스카보다 큰 이 지역의 인구는 단지 3백만 명 이하이며, 두 강대국 사이에 위치한 초원과 사막지역이다(그림 9B-1). 한때 서쪽으로 러시아에 도전하고 남쪽으로 중국을 통치한 강력한 민족이었으나, 현재는 80만 명의 목양자와 수백만 마리의 양을 울타리가 없는 광대한 고비 사막 주변에서 유목을 하는 약소국이 되었다. 시베리아 겨울의 혹한이 닥치면 인간과 가축이 심각한 타격을 받는다. 소비에트 시기에 수도 울란바토르의 입지는 중국의 침입에 대한 몽골의 안전성의 상징이 되었다. 그러나 현재 중국의 투자와 관계는 증가하고 있다. 역사적으로 내륙 아시아의 **7** 완충 국가(buffer state)이기 때문에 몽골은 선택의 여지가 없다.

≡ 한반도

우리가 철저하게 봉쇄된 중국과 북한 사이의 국경을 자유롭게 통과할 수 있다면, 중국에서 몽골에 들어갈 때처럼 세계의 핵심부로부터 주변부로 이동하는 인상을 받게 될 것이다. 이럴 때는 'Korea!'라는 '경제 성공의 신화'의 모습은 어디서도 찾아볼 수 없을 것이다. 그러나 다시 북한의 국경을 넘어 남한으로 넘어올 수만 있다면 그 의심은 말끔히 사라질 것이다. 한반도는 과거부터 지금까지 경제지리학자들이 '경제적 기적'이라고 말하는 패러다임의 대표적인 사례이다. 한때는 빈사 상태였던 경제 상황에서 경직된 독재정치를 펼쳐왔지만, 지금은 급격히 변화하는 경제 발전의 모델이 되고 있다. 학계는 이를 급격히 발전하는 **8** 경제 호랑이(economic tiger)라고 말한다.

한반도는 그리 크지 않다. 전체 영토는 아이다 호(미국 북서부의 주)와 비슷한데, 대부분의 땅(특히 북부)이 산이 많고 구릉성 지형이다. 그럼에도 불구하고, 인구는 자그마치 7,300만 명이나 된다. (아이다 호는 불과 160만 명에 지나지 않는다!) 그림 9B-8은 한반도가 동아시아에서 중국과 일본 열도를 이어 주는 다리 역할을 하고 있음을 보여준

그림 9B-8   © H. J. de Blij, P. O. Muller, and John Wiley & Sons, Inc.

다. 과거 빙하기에 해수면이 낮았을 때는, 대륙과 일본 열도가 육상으로 연결되어 있었다. 이러한 위치적인 특성으로 인해, 긴 시간 동안 한반도는 중국과 일본의 문화적 영향을 주고받아 왔다. 근대 이후에는 공산 진영과 비공산주의

의 군사적 대립의 각축장이 되기도 하였다. 지도에서 확인할 수 있듯 휴전선은 1950~1953년에 걸친 한국전쟁이 일시적으로 멈춰 있음을 암시한다. 베를린 장벽이나 소련의 철의 장막과는 달리, 한반도의 이 휴전선은 여전히 존재

그림 9B-8에서 보듯 한반도의 육지 경계를 DMZ로 형성하는 휴전선은 서쪽으로 황해까지 뻗어나가는데, 이는 백령도를 남한의 땅으로 표시한다. 해안 영역은 남북한 간에 논쟁거리로서 오랫동안 도마 위에 올랐는데, 남한의 전함이 공격 받고 두 동강이 난 뒤, 46명의 선원과 함께 가라앉은 2010년 3월에 발생한 천안함 사건으로 남북한의 긴장감이 고조되었다. 북한은 개입 여부에 대해 일체 부인했지만, 선체의 주요 두 부분을 복구하면서 전문가들은 당시 무슨 일이 있었는지를 재구성할 수 있게 되었다(동강난 선체가 드러나는 드라마 같은 장면이 연출되고 있음). 그것은 선박의 사고나 불발된 지뢰 따위의 문제가 아니라 잠수정이 고의로 발포한 어뢰에 의한 것이었다. 많은 한국인들은 이를 전쟁의 전조로 보기도 했다. 다시 한 번 이 국지 도발은 한반도가 분쟁 가능성에 항상 노출되어 있음을 상기시켰다. © AFP/Getty Images, Inc.

한다. 그래서 북한과 남한은 서로 통일을 염원하고 있다.

사실 한국은 분단과 분할, 식민지배와 영토 점령을 수차례 겪어 온 유구한 역사를 지니고 있다. 외부 세력의 개입이 없을 때에도 조상들 간의 왕권 대립이 있었다. 과거 왕정 시기에는 중국의 영향력이 강하였지만, 중국이 분열됨에 따라 일본이 한반도를 정복했고, 1910년에는 일본의 식민지가 되었다. 일본이 1945년에 제2차 세계대전에서 패배했을 때, 연합국들은 '관리'의 명분으로 한반도를 분할했다. 38도선 이북은 소련연방공화국이, 이남은 미국이 점령했다. 1950년 북한의 공산진영은 남쪽으로 침공했고, 빠른 속도로 한반도를 점령하는 듯하였으나, 다시 전세가 역전되어 오히려 38도선을 넘어 북쪽으로 진격하였다. 그러나 중공군의 개입으로 또다시 남쪽으로 밀리게 된다. 결국 1953년, 한국전쟁은 본래의 38도선 근방에 휴전선을 그으며 일단락되었다(그림 9B-8). 그 후 DMZ(비무장지대)는 철저하게 남과 북을 차단했다. 또한 북한과 남한은 따로 나뉘어 성장했으며, 여전히 분쟁이 재기될 위험에 처해 있다.

북한

지난 60년간의 공산주의적 지배는 북한(2,400만 명)을 세상에서 가장 가난하고, 굶주리며, 가장 통제된 나라로 바꾸어 놓았다. 아주 작은 위반에도 사람들을 수감시키는 강압적인 통치는 심지어 소련공화국보다 더욱 상황을 악화시켰으며, 사람들을 굶어 죽게 했고, 세계의 다른 국가들과 동떨어져 스스로를 고립시키는 반면, 이웃 국가를 이념적으로 포섭하고, 세계를 파괴시키기 위해 미사일 기술, 핵무기 등을 개발하는 데 온 역량을 쏟아부었다. 피난민과 탈북자의 빈곤과 비극 이야기가 난무하지만, 북한의 사상적 동맹인 중국은 평양 수

도부의 통치자를 압박해서 그들의 정책을 탈바꿈하도록 유도하기는커녕, '안정'이라는 모토를 내세워 긴 국경을 봉쇄해 왔다. 그러나 최근에는 남한의 소수 방문객이 북한에 있는 가족들을 만나기 위해 국경을 넘는다든지, 몇몇 관광객이 북한으로의 관광을 허가 받는다든지, 성공적이지는 않지만 몇몇 산업적 제휴를 시도했다든지, 미국의 교향악단이 수도를 방문했다든지 하는 실험적인 움직임이 일어나기도 했지만 본질적으로는 분쟁과 대립의 소지가 곳곳에 산재하고 있다.

대한민국

한반도의 상황은 지리적 맥락에서 보았을 때 특히 심각하다. 제시된 모든 지도에서 알 수 있듯이 북한과 남한은 서로를 필요로 하는 요소들이 많다. 북한은 남한이 산업을 꾸려 나가는 데 필요한 원자재를 보유하고 있고, 남한은 북한에서 필요로 하는 식량을 생산한다. 이는 흔히 **9** 지역적 상호보완성(regional complementary)이라 알려진 개념인데, 한반도의 정치적 상황은 이것이 서로의 이득을 위해 작동하는 데 걸림돌이 되고 있다.

DMZ는 궁극적으로 극단적인 경제 장벽이 되고 있다. 남한(4,900만 명)은 한국전쟁의 비극으로부터 탄생했는데, 당시에는 불안정한 독재체제였으며, 정치경제적으로 부패한 나라였고, 초기의 **10** 국가 자본주의(state capitalism)는 정치인들의 적극적 후원을 배경으로 대기업 중심으로 성장하였다. 그러나 곧 민주주의가 정착했고, 부패에 대항했으며 따라서 경제가 급성장했다. 세계와 더욱 긴밀해진 남한은 빠르게 태평양 변두리권의 경제 호랑이가 되었다. 남한

은 세계에서 가장 거대한 조선 산업 국가이며, 자동차 생산과 철강 산업(제철, 제강, 전기·화학 제품 생산)의 생산지로 급부상했다.

수도인 서울은 1,000만 명 이상의 거주자를 기반으로 도시 산업의 복합단지 중심에 놓여 있으며, 황해를 가로질러 중국과 가까이 위치해 있다. 하지만 남한에는 자본의 지역적 편재가 두드러지게 나타났다(그림 9B-8). 남동해안을 차지한 **경상도**는 일본의 본토와 가깝게 위치해 있는데, 부산이 그 중심이다. 부산은 남한 제2의 생산 복합단지이다(그 중 첫 번째는 현대 자동차가 입지한 울산). 또한 광주를 중심으로 한 남서부의 **전라도**는 전통적인 농업지대로 산업화의 과정에서 뒤처지게 되었다. 그러나 근대에는 스스로의 힘으로 발전해 나아가고 있다.

북한과 남한의 격차는 크게 벌어지고 있다. 북한과 남한을 비교한 통계 자료를 부록 B에서 보면 왜 세계화를 찬성하는 자들이 그들의 지지 증거로 한반도를 종종 인용하는지를 알 수 있다.

일본

중국이 세계의 강국으로 부상할 것으로 전망할 때는 19세기 일본에서 일어난 일들을 상기해야 한다. 1868년, 개혁 정신이 투철한 근대화의 주체 세력이 구세력으로부터 권력을 이양받았다. 또한 19세기 말 무렵에는 일본이 군사경제적으로 강국이 되었다. 도쿄 내부와 주변의 공장들과 다른 도시 산업 복합단지는 일본이 식민지 확장에 착수할 때 이용한 무기 및 장비를 대량으로 생산했다. 1930년대 중반에는 일본이 하나의

거대한 제국의 중심이 되었는데, 그 부속국가에는 한반도 전체와 '만주'라 부르는 중국 북동부 지방과 동중국해에 위치한 류큐 열도, 그리고 대만, 러시아 사할린 섬의 남반부(카라퓨토)가 있었다. 1923년, 도쿄에서 무려 143,000명의 목숨을 앗아간 일본 대지진조차도 일본의 도약을 늦추지는 못했다.

식민지 전쟁과 회복

2차 세계대전 동안 일본은 그들의 영토를 1868년 근대화의 주역들이 예상할 수 있었던 것보다 훨씬 더 많이 팽창시켰다. 1941년 12월 초에, 일본은 중국 본토의 엄청난 부분과 프랑스령 인도네시아 남부의 전부, 그리고 서부 태평양에 위치한 작은 섬들을 광범위하게 정복했다. 1941년 12월 7일에는 일본산 전투기가 전쟁 범위를 도쿄에서 하와이

 답사 노트

© H. J. de Blij

"교토는 역사적으로 일본의 두 번째 수도였다(처음은 나라였고, 지금은 도쿄). 교토는 일본의 문화, 종교, 교육 및 예술의 중요한 중심지이다. 3선 도로는 과거 수백의 불교 신전을 이끌었다. 조용한 정원은 도시의 혼잡으로부터 휴식처를 제공한다. 나는 도쿄에서 탄환 열차를 탔고 동료가 추천해 준 도보를 따라 나의 첫날을 보냈다. 사실 길의 일부분만을 가게 되었는데, 왜냐하면 아주 많은 신전과 정원에 들어가 봐야 한다는 압박을 느꼈기 때문이었다. 또한 불교 사원뿐만 아니라 신도 역시 그들의 문화적 광경을 만들었다. 나는 토리 아래를 통과했다. 토리는 보통 두 개의 통나무 기둥 위에 두 개의 수평 빔이 고정되어 있으며, 그 양쪽 끝은 곡선으로 올려져 있는 문이다. 이는 곧 속세를 떠나 신성한 성지에 들어왔음을 의미한다. 또한 이곳의 오렌지 장식과 올리브 그린색으로 윤을 낸 타일이 신도와 함께 아름다운 광경을 꾸며주고 있다."

까지 확장시켰다. 진주만 공격은 일본이 그들의 전쟁 무기에 대해 가지는 확신과 자신감을 다시금 각인시켰다. 곧 일본은 필리핀과 네덜란드 동부 인도(현재 인도네시아), 타이, 그리고 영국령 버마와 말레이 반도를 정복했고, 중국의 심장부로부터 베트남과의 경계를 통해 넓은 회랑지대(내륙국이 타국의 영토를 통해 항구에 다다르는 좁고 긴 지역)로 진출하기에 이르렀다.

몇 년 후 일본의 식민지 팽창시대는 끝났다. 일본의 군대는 사실상 소유한 모든 것을 빼앗겼고, 미국의 핵폭탄이 일본의 두 도시를 황폐화시켰던 1945년, 나라는 절망을 안게 되었다. 그러나 미국의 계몽된 전쟁 반대 단체(postwar administration)의 도움을 받아 일본은 재앙을 극복해 냈다. 이는 20세기 후반세기(1951~1999) 일본의 경제적 회복과 세계의 경제 강국의 지위까지 올라가는 성공 이야기로 설명된다. 일본은 전쟁에서 졌으며, 제국을 잃었다. 하지만 일본은 새로운 세계 정세에서 많은 경제적 성공을 이루었다. 일본은 거대 산업국가가 되었으며, 기술적 선구자로, 온전한 도시화 사회로, 정치적 영향력 등을 가진 나라가 되었다. 세계 각 지역에서는 일본산 자동차가 거리를 메운다. 세계의 관광객들은 일본산 카메라로 사진을 찍는다. 세계의 연구소는 일본의 광학장비를 이용한다. 전자레인지부터 DVD에 이르기까지, 거대한 바다 위의 배에서 작은 소형 TV에 이르기까지, 일본이 디자인한 제품이 세계시장에 넘쳐나고 있다.

일본의 짧은 식민지 모험은 환태평양 서부에서 다른 나라의 경제 성공의 밑거름을 마련하는 데 도움을 주기도 했다. 일본은 무자비하게 한국과 대만의 자연, 인적 자원을 강탈했지만, 또한 새로운 경제 기반을 마련하는 계기가 되었다. 제2차 세계대전 후 이러한 산업 기반은 경제적 변화를 유도했고 곧 대만과 남한 경쟁자들이 세계시장에 나오게 했다.

영국의 후견

1868년, **메이지 유신** 이후, 그들은 그들의 국가와 경제를 개혁하기 위해 영국식으로 방향을 택했다. 그 후의 수십 년 동안, 영국은 일본에게 도시 계획과 철도망 구축, 산업 공장의 입지, 그리고 교육의 유기적 관리를 조언해 주었다. 일본에는 지금까지도 문화 경관에서 영국이 남긴 흔적을 찾아볼 수 있다. 영국과 마찬가지로 일본에서는 운전 방향이 길의 좌측 사이드에서 이루어진다. 이것이 일본 시장을 열기 위한 미국산 자동차 회사의 노력에 어떻게 영향을 미쳤을지 생각해 볼 필요가 있다.

19세기 후반에 일본의 개혁가들은 의심할 여지 없이 영국과 일본 간에 많은 지리적 유사성이 있음을 발견했다. 그때 일본에서 문제된 것들의 대부분은 사실상의 본토인 혼슈가 거대한 섬이라는 점에 집중되어 있었다. 고대에 수도였던 교토는 내륙 깊숙이 위치해 있었고, 개혁가들은 외부로 개방된 해안의 중심지를 원했다. 따라서 그들은 에도의 도시를 선택했고, 이는 뚜렷하게 구부러진 혼슈 지방의 동부 해안에 위치한 거대한 만이었다(그림 9B-9). 그들은 그 장소를 **도쿄**(동쪽의 수도라는 의미)라 재명명했고, 한 세기 정도가 지난 후 이 도시는 세계에서 가장 큰 거대도시가 되었다. 혼슈의 해안은 아시아 대륙과도 가까운데, 이는 원자재와 식량을 일본의 생산자들이 이용할 수 있다는 의미가 된다. 이렇듯 일본 제국의 개념은 본질적으로 영국의 예를 본딴 것이라 할 수 있다.

공간적 변이

그러나 유라시아 대륙의 반대편 끝에 위치한 영국과 일본의 열도는 상당히 다른 점이 있다. 전체 면적은 일본이 영국보다 더 크다. 일본은 혼슈 이외에, 제일 북쪽의 홋카이도로부터 남쪽으로 시코쿠, 규슈라는 4개의 큰 섬으로 이루어져 있고 수많은 크고 작은 섬까지 포함된다(그림 9B-9). 이 지역 중 대부분은 산악 지형이고 가파르며, 신생대의 지층으로 지진과 화산이 빈번히 발생하는 신기조산대이다. 반면, 영국은 지형의 기복이 적고 지질학적으로 오래된 지형이며 심각한 지진의 피해가 없고 활화산도 없다. 그리고 산업을 위한 원료의 차원에서 영국은 일본보다 매장량이 더 많다. 영국은 자급하기에 충분한 철광석과 질 좋은 석탄 덕분에 한 세기를 지속한 세계의 선두(先頭)국가가 될 수 있었다.

일본의 높고 기복이 심한 지세는 항상 도전해야 할 대상이었다. 과거의 수도인 교토를 제외하고는 일본의 주요도시는 모두 해안을 따라 위치해 있고 또한 거의 대부분은 바다를 메운 간척지 위에 있다. 고베 항으로 배를 타고 들어가면 많은 물량을 적하하기 위해 설계된 자동 첨단 기차로 일본 본토까지 연결되어 있는 인공 섬을 지나게 된다. 도쿄만(灣)을 들어가게 되면 대단히 넓게 펼쳐진 매립지 위에 정유 공장이 좌우로 가득 들어서 있는 것을 보게 된다. 이 매립지는 도쿄만의 해안선을 외해 쪽으로 확장시켰다. 인구가 1억 2,800만 명이나 되는데 대부분(78%)이 도시

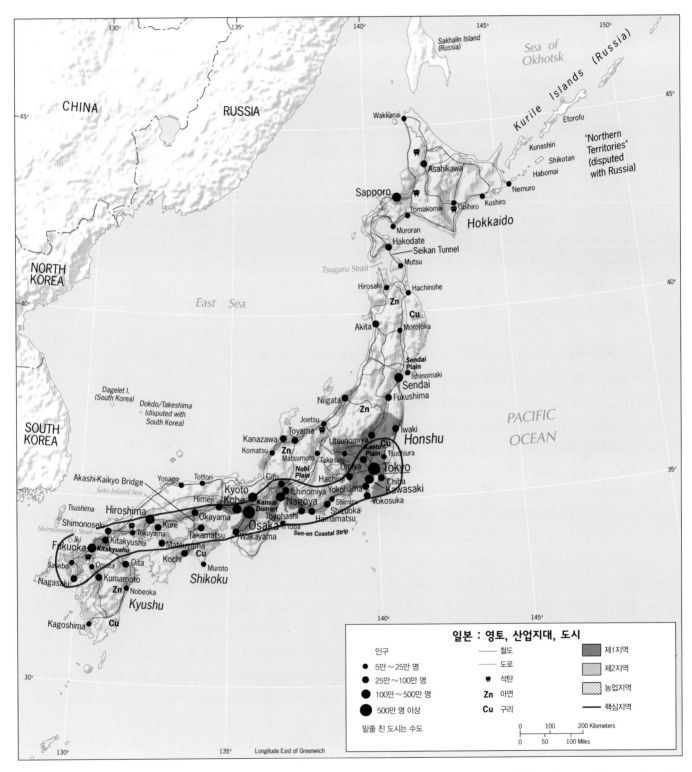

일본 : 영토, 산업지대, 도시

인구

- 5만~25만 명
- 25만~100만 명
- 100만~500만 명
- 500만 명 이상

밑줄 친 도시는 수도

--- 철도
--- 도로
⚒ 석탄
Zn 아연
Cu 구리

제1지역
제2지역
농업지역
핵심지역

0   100   200 Kilometers
0   50   100 Miles

그림 9B-9

© H. J. de Blij, P. O. Muller, and John Wiley & Sons, Inc.

에 거주하고 있다. 따라서 일본은 거주 가능한 공간을 최대한 집약적으로 사용하고 확장 가능한 지역이라면 어디든지 확장시킨다.

그림 9B-9에서 보듯이 농경지는 빈약하고 지역적으로 분산되어 있다. 도시의 불규칙한 확장은 많은 경작지를 침범했다. 도쿄의 배후지는 간토 평야 위에 있고, 나고야 주변에는 노비 평야가 있으며 오사카를 둘러싸고는 간사이 평야가 있다. 이러한 주요 농업지역은 끊임없이 도시 확장의 압박을 받고 있다. 이 세 평야는 분산되어 있지만 매우 잘 정리된 일본의 핵심지역(지도의 빨간 선으로 표시된 부분)으로 경이로운 일본의 생산단지 중심부이다.

근대화의 특성

1868년에 **11** 근대화(modernization)로의 일본을 생각했던 개혁가조차 3세대 후의 일본이 막강한 군사력으로 제국의 중심이 되리라고는 상상하지 못했을 것이다. 그들은 개혁을 진행하는 일에 착수했지만 그들이 행한 일은 일본의 전통을 다른 것으로 대체하는 것이 아니라 전통에 기초한 건설을 이루었다. 서구의 시각에서 근대화는 서구화와 동일하게 쓰이는 경향이 있다. 이때의 서구화는 도시화와 교통·통신 시설의 확장, 그리고 시장 경제의 건설, 전통적인 소규모 지역사회의 정리, 정규 학교 교육의 확산, 외국의 신기술과 제도의 수용 및 적용 등을 말한다. 비(非)서구지역에서의 근대화 과정은 다소 다르게 인식된다. 즉, 비서구권의 '근대화'는 탐욕에 지배되어, 외국인이 창출한 부를 구조적으로 축적하는 일을 확고하게 한다는 것이라 할 수 있으며, 이는 식민주의의 자연스러운 산물로 인식된다. 이런

관점에서 새로운 비독립국(식민국가)에서 식민 모국(침략국)의 엘리트들이 하는 일은 진정한 근대화를 하는 것이 아니라 단지 전통적인 사회를 파괴하는 일만을 하고 있는 것이다. 그들은 전통적인 사회가 서구화하는 과정 없이 근대화될 수 없다고 생각하기 때문이다.

이러한 맥락에서 일본의 근대화는 독특하다. 외국의 침략에 오랫동안 저항하면서 일본인들은 외국에서 트로이 목마를 수입하여 일본 사회의 변혁을 이루는 방법을 취하지 않고, 본국의 설계자들로 변혁을 이루어 낸 것이다. 일본인들은 자신들의 목적을 수행하기 위하여 이미 존재하고 있던 자국의 기반구조 위에서 변혁을 성취해 냈다. 물론 일본은 영국과 그 외 다른 나라로부터 신기술을 수입하고 새로운 제도를 수용했지만 근대적인 것과 전통적인 요소의 독특한 결합으로 건설된 일본은 기본적으로 토착적 성취라 할 수 있을 것이다.

상대적인 위치

지난 세기 동안의 일본의 변화무쌍한 운명은 상대적인 위치의 영향 때문이라고 할 수 있다. 메이지 유신이 일어났을 때, 유라시아 대륙의 반대편에 있는 영국은 세계 제국의 중심적인 위치를 차지하고 있었다. 아울러 이 시기 세계의 식민화와 서구화는 한창 진행 중이었다. 미국은 여전히 발전하는 중이었고 태평양은 유럽의 제국주의의 각축장이었다. 일본은 심지어 첫 번째 동아시아 식민지(류큐, 대만, 한국)를 정복하고 합병하는 동안에도 국제적인 변화의 흐름에서 멀리 떨어져 있었다.

그리고 일본은 제2차 세계대전에 휩쓸려 들어가게 되었고, 아시아에 있는 유럽의 식민군(軍)에 불어닥친 거센 폭

풍을 맞아야 했다. 유럽은 복구되지 않았으며, 프랑스는 인도차이나를 잃었고 네덜란드는 동인도(지금은 인도네시아인)를 포기하도록 강요받았다. 전쟁이 끝났을 때, 일본은 패하였고 황폐화되었지만 동시에 태평양 주변지역에서 유럽인들의 존재가 축소된 것은 일본에 큰 도움이 되었다. 게다가 국제적 상황이 극적으로 변하였다. 일본에서 태평양을 횡단하여 이웃한 미국이 세계에서 가장 강력하고 부유한 국가가 되었고 반면에 영국과 세계를 아우르던 제국은 점차 사라지고 있었다. 일본은 더 이상 국제 활동의 주류로부터 동떨어진 국가가 아니었다. 태평양은 세계의 가장 풍족한 시장이 되고 있었다. 일본의 상대적 위치, 즉 세계 경제와 정치적 초점에 대한 상황의 상대성이 변한 것이다. 전후 복구를 마친 후 일본이 움켜쥔 많은 기회가 그 가운데에 있었다.

일본의 공간 조직

1억 2,800만이 조금 안 되는 인구가 미국의 몬태나 주(인구 990만 명) 크기의, 그것도 대부분 산악 지형인 곳에 운집해 있다. 게다가 이곳은 잦은 지진과 화산의 영향하에 있으며 자국 내 유전도 없고 석탄도 매장량이 거의 없고 산업을 위한 원료도 거의 없으며 농업을 할 만한 땅도 적다. 만약 일본이 식량 구제와 외국의 원조를 필요로 하는 저개발 국가였다면, 과도한 인구와 비효율적인 농업, 에너지 부족을 설명하는 사례 국가가 되었을 것이다.

게다가 일본은 국토의 18%만이 거주 가능지역이므로 일본의 많은 인구는 몇 개의 큰 도시에 밀집되어 있다. 또한 일본의 농업은 특별히 효율적이지도 않다. 그러나 일본은 구조적인 효율성, 대

량생산, 품질에 대한 헌신, 공동 목표에 대한 집착 등과 같은 일본의 전통 미덕에 기대어 이러한 불리함을 극복해 냈다. 메이지 유신 전에조차도 일본은 천만가량 되는 인구를 빈틈없이 조직한 국가였다.

개혁가들이 일본을 새로운 단계로 도약시키기 위한 작업에 착수했을 때 위에 언급한 모든 것들이 얼마나 가치 있는 것인지 드러났다. 새로운 국가의 공업 성장은 이미 이루어져 있던 도시와 제조업의 발달에 기반을 두고 달성될 수 있었다. 지적한 것처럼 일본에는 천연자원의 매장량이 적어서 국내의 자원에 따른 재편성은 필요하지 않았다. 다만, 몇몇 도시는 더 좋은 곳에 위치하여 자원 부족과 원료 수급에 따른 상대적 이점을 지니고 있었다. 일본의 지역적 구조가 형태를 잡아 감에 따라 도시발전의 수직적 구조가 형성되었으며, 도쿄가 선두에서 이끌고 다른 도시들은 빠르게 공업적 중심으로 발전해 갔다.

세계에서 가장 거대한 메트로폴리스 중심에 위치한 도쿄는 계속해서 변화하고 있다. 도쿄 만에서의 간척과 교량 건설이 계속되고 있으며, 지진이 발생하기 쉬운 환경이기 때문에 비교적 저층의 건물이 위치함에도 그 사이사이에 초고층 건물이 생겨나고 있다. 또한 교통체증은 악화되고 있다. 이 도시의 상징과 같은 붉은색의 도쿄타워는 파리의 에펠탑을 모델로 하고 있다. 그러나 도쿄타워는 에펠탑보다 더욱 진보한 것이다. 그 이유는 더 가볍고 강하고, 가벼운 철재를 사용했기 때문이다. 도쿄타워에서 조망할 수 있는 도쿄만은 1923년 관동대지진 당시 역사적으로 엄청난 희생을 치러야 했던 재해가 발생했던 곳이다. 진원지로부터 발생한 거대한 쓰나미는 도쿄만을 덮쳤고, 매립지가 물로 뒤덮였으며, 건물들은 진흙 속에 파묻혔다. 사망자만 무려 14만 명이 넘는 것으로 집계되었다. 현재는 1923년보다 도쿄의 인구가 더욱 증가하였기 때문에 더 많은 인구가 관동대지진과 같은 재해가 생긴다면, 더 많은 피해가 발생할 위험에 처해 있다고 할 수 있다.
© Yann Arthus-Bertrand/Photo Researchers, Inc.

공간기능구조

이러한 과정은 **12** **공간기능구조**(areal functional organization)라고 알려진 지리학적 원리에 의한 것인데, 이것은 지역구조의 진화를 설명하는 5개의 원칙이 상호 구성된 것으로서, 일본뿐만 아니라 전 세계에서도 통용된다. 인간의 활동은 공간적 밀집이라는 특성을 보여 준다. 따라서 농장이나 공장, 혹은 상점은 특정한 지역에 집중되기 마련이다. 결국 서로 다른 기능을 갖는 산업이 한 곳에 모여 있을 수 없기 때문에 건물은 각자의 특성에 맞는 입지를 선정하는 것이다. 심지어 고층 건물에서도 층별로 입지하는 기능이 다르게 나타난다. 그러나 어떠한 인간의 행위도 다른 기능

으로부터 완전히 고립되어 형성될 수 없기 때문에 상호 연관성은 다양한 인간 활동의 입지 선정 과정에서 자연스럽게 연결된다. 이러한 상호 연관 체제는 인간의 욕구와 능력이 확장함에 따라 더욱 복잡하게 발전한다. 각각의 시스템 (가령, 시장에 생산물을 보내고 서비스 센터에서 장비를 구입하는 농부)은 한 단위의 **지역적 기능구조**를 형성하게 되는 것이다.

서론에서 우리는 공간구조 시스템의 기능지역에 대해 언급했다. 우리는 공간기능구조의 단위를 지역으로서 지도에 나타낼 수 있다. 이러한 지역은 소위 말하는 창의적 상상력에 의해 진화한다. 여기에서 말하는 창의적 상상력이

란 사람들이 그들의 생활공간을 조직하고, 재구조화하기 위해 그들의 문화적 경험과 기술적 노하우를 적용하는 것이다. 결국 우리는 공간기능구조, 장소와 지역 등급의 발전 정도를 그 유형, 범위, 그리고 교환의 집중도에 기반하여 인식할 수 있다. 이러한 단계를 실존, 변이, 교환이라고 한다.

해안의 발달

일본의 발달 정도는 일본 지도에 반영되어 있다(그림 9B-9). 이 지도를 통해 일본의 교환 경제의 특성과 일본의 대외적 지향, 외국무역에의 의존 등에 관한 많은 것을 알 수 있다. 제1지역과 제2지역 모두는 해안에 자리 잡고 있다.

이들 지역 중에서도 우위를 차지하는 지역은 **간토 평야**이다(그림 9B-9). 이곳은 일본 핵심지역의 심장부로 도쿄 도심지역에 집중되어 있고 국가 인구의 1/3이 거주하고 있다. 이 지역의 장점으로는 낮은 기복의 지형이 이례적으로 넓게 펼쳐져 있고 요코하마에 훌륭한 자연항이 있으며 상대적으로 온화하고 습윤한 기후에, 전체적으로 보아 나라의 중심에 위치해 있다는 점 등이 있다. 반면 가장 주요한 약점은 지진에 취약하다는 점이다. 간토 평야와 도쿄를 중심으로 한 거대도시(인구 2,670만 명)는 3개의 지각 판(유라시아 판, 태평양 판, 필리핀 판)이 모이는 접합부에 위치해 있다. 이로 인해 1633년 이래 오랜 세기 동안 대략 70년마다 발생하는 파괴적인 지진을 겪는 역사를 경험해 왔다(그림 G-4, G-5).

일본의 제2 순위 경제 구역은 **간사이 구역**으로 오사카-고베-교토로 이루어진 삼각 구도로 이루어져 있으며 세토 내해의 동쪽 끝에 위치해 있다. 오사카와 고베는 공업의 중심부이며 번화한 항구이다. 또한 간사이 구역은 일본의 주요 생산물인 막대한 벼를 수확해 내고 있다. 간토 평야와 간사이 구역 사이에는 **노비 평야**가 자리 잡고 있다(그림 9B-9). 이곳의 중심도시는 나고야이다. 지도에서 보듯 일본의 핵심지역은 **기타규슈**까지 연결된 메갈로폴리스(conurbation)가 서쪽까지 뻗어 있다(이 지역 중 일부는 혼슈가 아니라 규슈의 북부에 위치). 이 5개의 광역 도시권은 급속도로 성장하고 있으며 환태평양 주변국들의 경제 중심 역할을 하고 있다.

일본의 국내외 정세 변화

2010년, 기술 분석과 매체들의 기사는 국제 정세의 순간적인 변화에 촉각을 곤두세웠다. 한때 미국 뒤를 이어 대적할 만한 상대 없이 두 번째로 강력했던 일본의 국내 경제가 중국에 의해 막 추월당하는 찰나였다. 1960년대부터 1990년대 중반까지 일본의 세계적 영향력이 매우 지배적이라서 많은 지리학자들이 일본을 독보적인 지리적 왕국이라고 지정하던 시기가 있었다. 오늘날 일본은 그들의 주변국들에서조차 랭킹 1위가 아니다.

일본이 20년 동안 장기적인 경기침체를 겪은 데에는 정부의 잘못된 관리와 성장하는 경쟁 대상(남한의 자동차나 대만의 고차원 기술 품목 등)에 대한 비효율성 등 많은 요인들이 작용했다. 다른 국가들과 긴밀하게 연결된 세계 국가 일본의 지속적인 하락세가 일본의 파트너 국가들에게 동반된 영향을 미쳤다. 생애 전반에 걸친 고용과 안락한 퇴직을 보장해 주는 데 오랜 기간 익숙해진 일본의 기업과 노동자는 세계화 속 경쟁이 그러한 보상을 불가능하게 할 것임을 감지했다. 그리고 경제 붐이 일어났을 때, 일본의 부지런한 투자가들은 해외에서 뉴욕의 부동산과 빌딩, 할리우드의 영화 스튜디오, 유럽의 백화점과 하와이의 호텔에 이르기까지 모든 종류의 재산을 사들였다. 이러한 재산의 가치가 폭락하자, 경제적 피해가 발생한 것이다. 수십 년 동안 처음으로 일본은 신뢰의 위기에 봉착했고, 급기야는 20세기 말 급성장하는 일본에서 그동안 발생하지 않았던 실업률이 증가했다.

그러나 간과해야 할 것은 "일본은 여전히 크고 강한 경제를 운영하고 있는데, 다만 일본 경제의 미래가 몇 가지 요인에 의해 구름이 낀 것뿐이다."라는 것이다. 세계적 시장 경쟁과 원자재는 단지 부차적인 문제이다. 또 다른 문제는 바로 일본 사회가 급속도로 노령화되고 있다는 것이다. 일본의 인구는 오늘날 1억 2,800만 명으로부터 2050년에는 9,500만 명이 안 되게, 21세기가 끝날 즈음에는 겨우 6,500만여 명으로 줄어들 것으로 추정된다. 인종적으로 복잡하게 섞인 일본은 역사적으로 이민을 거부해 왔는데, 그래서 정부가 브라질 등 타국에 살고 있는 일본 인종을 모집해서 고향으로 돌아오게 하려 한 시도는 특별히 성공적이지 않았다. 전문 자격이 있는 노동자 기반이 가라앉으면서 이는 사회 프로그램을 전반적으로 유지할 정부의 능력을 위협하고 있다.

또 다른 문제는 일본의 국제 관계에서 찾아볼 수 있다. 일본은 소련연합과 제2차 세계대전 후 평화 조약에 단 한 번도 조인하지 않았다. 왜냐하면 러시아가 일본의 땅을 점유했었고, 현재까지도 홋카이도 북동쪽의 쿠릴 열도에 위치한 4개의 작은 섬을 반환하지 않기 때문이다(그림 9B-9). 일본인들이 이른바 '북방 영토'라 부르는 이 지역의 반환을 위한 교섭이 실패하였는데, 이는 일본이 러시아 극동의 중요한 에너지와 풍부한 광물자원을 개발해서 경제 회생을 이룩할 획기적인 기회를 놓치게 한 것이다.

게다가 일본은 한국과 북한에 유지하고 있던 관계 역시 악화되었다. 한국과는 동해상의 독도에 대한 소유권 분쟁과 일본이 제2차 세계대전 당시 저지른 잘못된 행각에 대한 기억 때문이다. 북한과는 북한 당국이 일본의 시민을 납치한 일이 화두가 되었다. 게다가 일본은 북한의 핵무기 개발에 특별히 더 큰 위협을 느끼고 있다. 아울러 일본의 식민지 전쟁 시기에 저지른 행동에 대해 중국이 끈질기게 배상을 요구하고 있다. 이와 같은 사례만 보더라도 일본이 단지 경제적 불안 외에 정치적 불안요소와 싸우고 있음은 명백하다.

1945년 제2차 세계대전이 끝난 이래로, 일본은 근본적으로 군대를 갖추지 못하게 하는 평화 헌법의 준수와 수만의 미국군이 일본 땅에 머무르는 것을 허용하는 것 등 미국과의 우호 관계를 고수해 왔다. 그러나 2009년 일본의 선거 운동은 이 문제에 대해 특이하게 강압적인 재평가를 불러왔고, 대중의 의견은 더 강한 군사 지위와 미국 군대의 방출 쪽으로 선회하게 되었다. 북한의 핵 열망을 억제하기 위한 국제사회의 시도가 실패하게 되어 결국 일본이 군사적으로 부활하는 결과를 초래했다. 또한 분쟁 잠재력이 있는 지역에 대해 안정을 유지하려는 미국의 능력이 감소하게 될 것이다.

타이완

중국에서 타이완에 대해 이야기하면, 중국인들은 눈살을 찌푸릴 것이다. 타이완은 중국인에게 있어서 외국인들이 이해하기 어려운 골칫덩어리이다. 사실 타이완의 2,300만 명 인구가 모두 중국인이다. 타이완은 왕조 때만 해도 중국의 소유였다. 타이완은 1895년, 일본의 제국주의자들에 의해 중국으로부터 빼앗기게 되었는데, 이때 타이완은 '포르모사(포르투갈 사람들이 붙인 '아름다운 성'이란 뜻)'라고 알려져 있었다. 그후 제2차 세계대전이 끝남과 동시에 중국 본토의 통제권을 두고 공산주의와 민족주의가 대립했고, 그 결과 공산주의가 승리하자 1949년을 기점으로 민족주의자들은 비행기나 배를 통해 타이완으로 달아났고, 그들은 그 지역을 점령했다. 마오쩌둥이 북경에서 중화인민공화국(PRC)을 선언했음에도, 패배자인 장제스는 타이완의 수도 타이베이에서 그의 정권을 ROC(Republic Of China)로 명명했다. 그리고 ROC가 중국의 '합법적인' 정부임을 세상에 알렸다.

물론, PRC는 이를 절대 인정하지 않았다. 하지만 타이완(ROC)은 미국을 포함한 강력한 우방들이 있었다. 장제스 정권은 중국이 포함된 국제연합에서 의석을 차지할 만큼 성장했다. 워싱턴은 타이완이 경제적으로 성장하고, 그들의 안보를 위해 국방을 튼튼히 하는 일에 적극적으로 지원했다. PRC가 공산체제하에서 빈곤해짐에 반해, 타이완은 경제적으로 성장했다. 시간이 흐르면서 대만의 정치 구조는 다소 격렬한, 기능적 민주주의로 성장했다. 장제스의 추종자들은 공개투표를 하기도 했다. 또한 타이완과 PRC가 재통합되기를 원하는 정당이 있기도 했다. 타이완 사람들이 원하는 것은 경제적 번영이었고, 그들은 성취했다. 타이완은 이제 동아시아의 또 다른 경제 호랑이가 되었다. PRC의 동·남중국 해안지대가 변모하기 전부터, 타이완은 북쪽으로 타이베이와 신추, 남쪽으로 가오슝의 해안지역에 산재한 공장들에서 생산한 컴퓨터, 통신기기, 그리고 값비싼 전자제품을 수출해 왔다(그림 9B-10).

그러나 ROC는 그들의 경제적 성장과 정치적 진보를 조화시키지 못했다. 반면 PRC는 확고했다. 타이완에서 일이 잘 풀리기는 했겠지만, 여전히 타이완은 '방향이 빗나간 확신'으로, 반드시 중국 대륙과 재통합을 해야만 한다는 것이었다. 그리고 미국의 닉슨 대통령이 세상을 바꾸기 위해 베이징을 방문한 1972년에도 타이완은 교섭을 유리하게 이끌기 위해 이용한 최후의 수단에 불과했다. 곧 ROC의 국제연합 대표부는 방출되었고, 베이징의 대표부가 이 자리를 메웠다. 세계 각지에서 타이완이 중국을 통일할 대상이라고 인식해 왔는데, 갑자기 그들의 견해가 변하게 된 것이다. 베이징의 지도자들은 ROC가 고립되도록 하려는 시도에 착수했고, 큰 범위에서는 성공했다. 덩샤오핑과 그의 실용주의자들은 중국 해변의 SEZs를 준비했고, 그들 중 몇몇은 타이완에서 건너왔다. 이것은 마치 정치적 실체와 경제적 영향력으로서의 타이완이 보인 양날의 칼날이었다.

그럼에도 불구하고 수십억 달러의 투자, 해양을 통해 동남아시아에 퍼져 있는 중국인들로의 좋은 접근성 등 지리적 이점으로 인해 타이완은 아주 강한 힘을 유지하고 있다. 베이징 정권은 타이완 회사의 SEZ 기회를 사용할 승인 허가를 거부할 여유가 없었다. 따라서 홍콩의 이른바 '뒷문' 공장을 지을 수 있었다. 타이완의 사업가들은 현재에도 중국 남동부 해안지대의 발전에 수억 달러를 들이붓고 있다. 오늘날 비록 어려운 경제 상황에서도 타이완의 1인당 소득은 미국 달러로 16,000달러를 넘어선다. 이는 중국의 3배에 달하고 유럽의 몇몇 국가보다 더 높은 수준이다. 아마도 그들의 경제적 성공이 정치적 모험에 의해 위험에 처하는 것을 보고 싶어 할 수익자는 없을 것이다.

실체와 정체성

동아시아 국가를 소개할 때 실패국가와 그렇지 않은 국가에는 정치적인 요소를 언급한다. 후자가 타이완의 '실체'다. 이런 종류의 완성되지 않은 지리

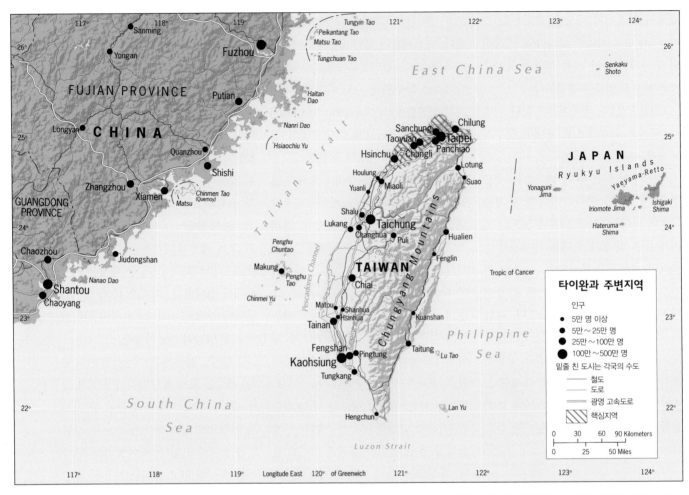

그림 9B-10

© H. J. de Blij, P. O. Muller, and John Wiley & Sons, Inc.

적 정책 사업은 위험을 수반하지만, 모든 정당이 타이완의 미해결된 지위에서 해결책을 찾고 싶어 한다. PRC가 타이완을 통일하는 상황을 가정했을 때, 타이완의 적극적 지지자인 미국이 중국의 군사적 개입을 막을 수 없다는 예측은 많은 타이완 사람들뿐만 아니라 그들의 동맹과 상대국들도 광범위한 교섭 방법을 찾고 있다. 선택 사항 중 하나는 홍콩에서 일하게 되는 것이다. 이 계획을 두고 **한 민족 두 체제**(One nation, Two systems)라 하며, 이는 많은 관측자들이 예상했던 것보다 잘 기능해 왔다. SAR(특별행정구)으로서 홍콩의 경제는 번성했고, 중앙정부 통제 자치시,

성, 자치주에서 찾아볼 수 없었던 자유가 계속해서 만연하게 되었다. 곧 대만인들은 지위로 교섭하게 될 것이고, 국내외적으로 모든 사항에 이득이 되도록 교섭을 이끌어 나갈 것이다.

요약하자면 동아시아 국가들은 기대로 가득 찼지만 위험에 직면해 있기도

하다. 중국의 힘이 성장함에 따라 일본의 상대적 쇠퇴와 미국의 역할이 변하고 있다. 따라서 동아시아는 변화에 직면해 있다. 그 변화는 새로운 세계 질서로의 방향을 실체적으로 정의해 줄 것이다. 우리는 이것을 이 책의 시작에서부터 언급해 왔다.

생각거리

- 1990년과 2010년 사이 20년 동안, 중국의 경제는 세계 10위에서 2위로 급상승했다.
- 홍콩과 마카우, 주하이를 주장 강의 상류를 가로질러 연결해 줄 중국의 가장 확장적인 인프라 부분인 29Km의 교량과 터널이 2010년에 건설되기 시작했다.
- 2009년 말에 세계에서 가장 빠른 기차 서비스가 시작되었다. 이는 베이징에서 상하이로 연결된 철도노선이다. 지금은 1,068km를 가는 데 3시간이 채 안 걸린다.
- 오늘날 일본인들은 평균적으로 60kg을 먹는데, 이는 50년 전 소비했던 양의 절반 수준이다.

불교의 영향을 받은 앙코르 와트는 이 일대에서 가장 유명한 왕국이다(캄보디아).
© Jan Nijman

10A

동남아시아 : 권역의 설정

© H. J. de Blij, P. O. Muller, and John Wiley & Sons, Inc.

동 남아시아는 북동부는 중국, 북서부는 인도에 의해 경계선이 획정되며, 반도와 많은 섬으로 구성되어 있다(그림 10A-1). 동남아시아의 서부 해안은 인도양, 동부지역은 광대한 태평양에 면하고 있다. 이 때문에 동남아시아는 지속적으로 외부 세력에 노출되어 왔다. 인도양을 건너 인도와 중국으로부터 상인이나 이주민들이 유입되었고, 아랍인들은 상거래를 했으며, 유럽인들은 제국을 건설했다. 태평양 건너의 미국 또한 이곳을 간섭했다. 동남아시아는 세계에서 몰려든 많은 경쟁자들에 의해 힘과 권력의 각축장이 되어 왔다.

한편으로 동남아시아의 지리적 특성은 동부 유럽과 닮아 있다. 이러한 특성은 세계에서 가장 큰 2개의 국가, 즉 러시아와 중국 주변부에 해당하는 작은 국가들의 모자이크로 정의할 수 있다. 동남아시아는 강력한 세력들 사이에서 **1** 완충지대 (buffer zone)이자, 안팎으로 작용한 다양한 힘과 압력들로 인해 정치지리학적으로 분열되어 온 **2** 분쟁지역(shatter belt)이다. 또한 동부 유럽과 마찬가지로 위대한 문화적 다양성을 지닌 곳이기도 하다. 무수히 많은 언어와 방언, 지구적·지역적 규모의 종교, 고소득에서부터 저소득까지 다양한 국가 경제를 포함하고 있다. 즉, 동남아시아는 수백 개의 문화와 민족성을 지니고 있는 일종의 '제국'이라 할 수 있다.

지리적 개요

그림 10A-1은 동남아시아의 위치와 범위를 나타내고 있는데, 반도에 위치한 11개 국가와 크고 작은 수천 개의 섬들은

 주요 지리적 특색

동남아시아

1. 동남아시아는 반도에서부터 다도해 연안에 이르는 범위를 아우르는 지역이다. 인도네시아의 뉴기니 통치로 인해, 동남아시아의 기능지역은 이웃한 태평양 지역까지 다다른다.
2. 동남아시아는 동부 유럽과 마찬가지로 서구 열강들의 주요 완충지대 역할을 해 왔고, 외국의 간섭에 의해 문화정치적으로 다양하게 세분화되어 왔다.
3. 동남아시아의 자연지리적 특징은 '신기조산대에 따른 지각의 불안정성으로 야기되는 화산과 지진, 열대우림기후'로 요약할 수 있다.
4. 6억 명이 넘는 동남아시아 대부분의 사람들은 세계에서 네 번째의 인구국인 인도네시아와 12번째 인구국인 필리핀에 살고 있다. 참고로 동남아시아 도서지역의 인구증가율은 반도지역을 능가한다.
5. 동남아시아의 대다수는 같은 혈통을 지니고 있지만, 자연지리적 조건의 영향으로 분열되어, 다양한 문화와 지역적 전통을 갖게 되었다.
6. 아시아인뿐만 아니라 비(非)아시아인들이 남겨 놓은 강력한 유산은 동남아시아의 문화 경관에 지속적으로 영향을 주었다.
7. 동남아시아의 정치지리는 다양한 국경선 및 국가 영토의 형성 과정으로 이어졌다.
8. 동남아시아의 다뉴브로 불리는 메콩 강은 중국에서 발원하여 다섯 국가의 경계와 권역을 가로지르며 흐른다. 수천만 명의 농부, 어부, 영세 어업자들이 메콩 강에 기대어 살고 있다.
9. 인도네시아는 인구와 영토 면에서 가장 거대하지만, 잘못된 국정 운영과 부패로 인해 동남아시아를 지배하는 국가가 되지는 못했다. 하지만 성장 잠재력은 매우 큰 나라이다.

서쪽으로 수마트라*섬, 동쪽의 뉴기니 섬, 북쪽의 루손 섬과 남쪽의 티모르 섬 사이에 위치한다. 전술한 섬들처럼 규모가 크거나 친숙하여 널리 알려져 있는 것도 있지만, 이 지역 일대를 항해한다면 매일 작은 섬들을 지나가야 할 것이다. 만약 원주민이 직면했던 환경적 도전과 그들이 발굴한 다양한 기회, 거주지의 구조와 의복 양식, 심지어 자신들의 배를 어떤 색깔로 꾸미는지를 알고 싶다면, 그들만의 독특한 문화적 자원이 살아 있는 매우 작은 섬들을 찾아야 할 것이다.

면적과 인구의 관점에서 이 일대에서 가장 거대한 곳은 거리상으로 멀리 떨어져 있는 인도네시아의 군도이며, 이 지역은 가장 큰 글자로 지도에 표기되어 있다. 인도네시아의 정부는 동남아시아의 권역을 넘어 동쪽 태평양의 권역으로까지 세력을 확장했는데, 그 이유는 원주민(그들은 동남아시아인이 아님)이 있는 뉴기니 섬의 서쪽 절반을 지배했기 때문이다. 뒤에 나올 단원에서 이와 같은 독특한 상황에 초점을 맞출 것이지만(그리고 12장에서 전반적으로 뉴기니에 대해), 이번 장에서는 동남아시아의 특징 중 하나인 분리된 섬과 이상한 국경선들에 대해 주목하고자 한다.

섬이 아닌 반도로서의 동남아시아는 북서쪽의 인도와 북동쪽의 중국에 접해 있는데, 이곳에서는 이주민들의 양식, 문화적 접목, 경제 계획, 문화적 경관에서 뚜렷한 상호 작용의 흔적들을 찾아볼 수 있다. 또한 남부지역에 거주하는 수

---

* 아프리카와 남부 아시아의 국가들은 독립과 함께 이름과 철자가 바뀌었다. 이번 장에서 우리는 식민시대를 거론할 때를 제외하고는 현재의 명칭과 용어를 사용할 것이다. 즉, 인도네시아 4개의 큰 섬은 자와, 수마트라, 카리마타(보르네오에서 인도네시아가 차지하는 영역), 그리고 술라웨시로 표기한다. 독일은 각각 그들을 자바, 수마트라, 보르네오, 그리고 셀레베스라고 불렀다.

백만 명의 사람들에게 거처를 제공해 준 하천의 발원지이기도 하다. 알다시피 동남아시아에서 가장 인구가 많은 몇몇 나라들의 핵심지역은 전술한 주요 하천 유역에 입지한다.

이번 단원을 시작하기에 앞서 우리에게 친숙한 인도네시아의 주변국에 대해 몇 가지 알아두자. 인도네시아의 북쪽에는 필리핀과 말레이시아가 있다. 필리핀은 한때 미국의 식민지였으며, 지금도 미국으로 이주하는 이주민의 다수를 차지하고 있다. 말레이시아는 긴 반도에 대부분의 핵심지역이 집중되어 있어 지도에서 찾기 쉽다. 싱가포르는 반도 끝에 놓여 있으며, 동남아시아에서 경제적으로 성공한 '세계도시'이다.

반도에 위치한 베트남은 1960년대와 1970년대 막대한 비용을 투자하면서 미국과 격렬히 싸웠기 때문에 여전히 미국인의 기억 속에 각인된 국가다. 지도에서 보듯 베트남은 중국에서 발원하여 반도를 가로지르는 거대한 메콩 강 삼각주 일대를 포함하고 있어, 마치 하나의 퍼즐 조각처럼 보인다. 서쪽으로는 라오스와 캄보디아, 타이가 이웃하고 있다. 라오스와 캄보디아는 잘 알려져 있지 않으나, 수백만의 관광객을 불러모으는 타이는 상대적으로 친숙한 편이다. 동남아시아의 서쪽 가장자리에는 인간의 잠재력과 재능, 자연 환경 등이 탁월함에도 불구하고, 군대의 충돌과 권력의 분쟁으로 인해 여전히 가난에 시달리는 비극적인 국가, 미얀마가 자리하고 있다.

동남아시아의 자연지리

동남아시아는 크게 섬과 반도로 구분할 수 있다. 인구가 밀집되어 있는 반도지역에는 험준한 산맥과 깊은 계곡이 많아, 중앙아메리카를 연상시키기도 한다. 뒤로 돌아가 그림 G-4와 G-5를 살펴보면 그 이유를 이해하는 데 도움이 될 것이다 동남아시아와 중앙아메리카는 판과 판이 충돌하여 지진과 화산분출이 잦은 불안정한 지역이라는 점, 열대성 저기압(사이클론과 허리케인)의 내습으로 인해 홍수와 산사태가 잦다는 점, 그 밖의 다른 자연적 위험 요소가 많기 때문에 지구상의 다른 어떤 곳보다도 생존의 위협에 많이 노출되어 있다는 공통점이 있다.

인문지리학의 관점에서 동남아시아는 환태평양에 위치한 하나의 지역에 불과하지만, 자연지리학의 관점에서는 다양한 위험 요소를 지닌 독특한 곳이다. 2004년에는 수마트라 섬과 소말리아의 해안을 따라 약 30만 명 이상의 생명을 앗아

자와의 북부 해안에 있는 세마랑에서부터 남부의 요그야카르타까지 여행할 때, 보로부르드를 거치는 동안 여행의 처음부터 끝까지 모든 방향에서 관찰할 수 있는 위협적인 메라피 화산과 함께하게 된다. 시골뿐만 아니라 도시에 거주하는 모든 사람들은 인도네시아가 불안정한 환태평양 조산대에 놓여 있기 때문에, 화산의 분출과 그에 따른 지진의 위험을 평생 동안 안고 살아가야 한다. © Dean Conger/ © Corbis

간 **3** 쓰나미(tsunami)가 발생했는데, 이는 인도양의 해저에서 발생한 지진 때문이었다. 발생 지점을 훨씬 초과하는 지역까지 영향을 미치는 자연재해는 동남아시아에서 끊임없이 발생하고 있으며, 2004년의 쓰나미는 최근의 사례일 뿐이다. 1883년에는 수마트라와 자와 섬 사이에 위치한 크라카타우 화산이 폭발하여 약 3만 명이 목숨을 잃었다. 1815년에는 소순다 열도로 잘 알려진 자와 섬 동부의 탐보라 화산이 분출하여, 전 세계의 하늘을 암흑으로 만들었고, 지구(이듬해는 '여름이 없는 해'로 잘 알려져 있음. 곡물 수확량이 떨어졌고, 경제는 불안정했으며, 거리상으로 먼 지역인 이집트와 뉴잉글랜드, 프랑스의 국민들은 굶주림에 시달림) 전반의 기후에 악영향을 주었다. 막대한 피해를 안겨주는 화산에 대한 연구는 수마트라 섬의 토바 화산을 통해 시작되었다. 이 화산은 약 7만 3천 년 전, 거대한 화산재와 그을음으로 하늘을 암흑으로 덮은 것은 물론, 약 20년 동안 지구 전체의 기후에 영향을 주어, 수많은 사람들의 생존을 위협했고 지금도 그 영향이 광범위하게 잔존하고 있다. 일부 과학자들은 이처럼 막대한 피해를 일으키는 화산의 분출은 인간 유전학적 다양성에 심각한 손실을 야기했다고 보고 있다.

그러므로 동남아시아를 지배하는 자연적 특징이 미얀마 남부의 아라칸 산맥에서부터 뉴기니 섬의 빙하(그렇다, 여러분이 생각하는 빙하가 맞다!)에 걸쳐 분포하는 험준한 지형 조건들이라는 점은 두말할 나위 없는 사실이다. 그림 10A-1

을 자세히 보면 많은 산들의 고도가 3천 미터에 육박하거나 넘는 것을 볼 수 있고, 상단 오른편의 고도 범례를 통해 대규모와 중규모의 산지가 많음을 알 수 있다. 장대한 산맥은 술라웨시 및 수마트라와 같은 섬뿐만 아니라 베트남의 대부분을 차지하는 말레이 반도, 타이와 미얀마 사이의 경계지역에도 형성되어 있다. 그림 G-5를 통해 지진의 진앙과 화산 기록을 정렬해 보면 화산 발생이 두드러지는 산맥의 추적도 가능하다.

예외적인 보르네오

그러나 다양한 섬 중에는 독특한 예외가 있다. 그림 10A-1에서 유독 부피가 큰 보르네오 섬은 높은 평균 고도(북부의 키나발루산은 높이가 4,101m에 이름)를 지니지만, 화산 활동과 지진이 없다. 보르네오 섬은 거대한 화산지대에 둘러싸인 '작은 대륙'으로 불렸는데, 이는 오래전에 지구조운동에 의해 평균 해수면 이상으로 솟아오른 이후 오랜 시간의 침식작용으로 오늘날의 모습을 갖춘 곳이다. 보르네오 지역의 토양은 대부분의 화산섬만큼 비옥하지 않지만, 오랜 시간 동안 인간의 생존을 위해 열대우림지역이 개간되어 왔으며, 남부 아시아의 유인원과 오랑우탄을 포함한 셀 수 없이 많은 동식물의 안식처로 이용되어 왔다. 하지만 원시의 동식물이 번성하던 시기의 열대우림은 인류가 도로와 농장을 개간하면서 삼림의 내부가 급속도로 파괴되기 시작하였다.

보르네오 섬에 남아 있는 적도의 열대림은 본래 지금보다 훨씬 넓었다. 보르네오 지역 외에 동부 수마트라 지역은 제한적이지만 소수의 오랑우탄 서식지를 포함하는 열대림을 여전히 보유하고 있다. 인구가 적고 거리가 먼 뉴기니 지역은 오랑우탄이 서식한 적이 없는 지역이다. 이 책의 서론에서 살펴보았듯 적도의 열대림은 세 지역에 남아 있다. 적도 아프리카 지역, 남아메리카의 아마존 강 유역, 그리고 바로 이곳 동남아시아 지역이다. 열대우림은 연중 고온다습한 기후 조건이 지속되어 생물종이 풍부하고 생태학적으로 지구에서 가장 다양한 식생이 분포하고 있다. 셀 수 없을 정도로 많은 수목 및 그 밖의 다양한 식물은 매우 인접하여 밀도 높게 서식하고, 좀 더 많은 공간과 햇볕을 차지하기 위해 수평 및 수직 성장을 하고 있다. 그러나 이렇듯 풍성한 성장에도 불구하고, 열대우림지역의 토양은 비옥하지 못하다. 식생이 부패하는 임상층은 영양분이 고도로 집적되어 있는 지역으로 새로운 식물이 생장하면 양분을 모두 잃게 된다. 열대우림지역에

서 오랫동안 농경, 사육, 토양을 개간하면서 생활해 온 지역민들은 농부가 곡물 수확을 위해 열대림을 제거하고 농사를 지을 경우 대부분 실패할 것이라는 것을 알고 있다. 그럼에도 불구하고 늘어나고 있는 인구압을 감당하기 위해 세계 열대림의 면적은 지속적으로 축소되고 있는 실정이다.

상대적 입지와 생물종 다양성

그림 10A-1을 보다 거시적인 시각으로 바라보자. 말레이 반도와 인접한 수마트라, 자와, 그리고 자와 섬 동부의 소순다 열도는 뉴기니를 향해 마치 돌계단을 놓은 것처럼 연속되어 있고, 지도 우측 하단의 구석을 보면 뉴기니를 향해 있는 케이프요크 반도를 볼 수 있다. 만약 해수면이 낮아져 반도와 섬들 사이의 좁은 해역의 물이 말라 버린다고 가정한다면 어떤 일이 발생할까?

전술한 현상은 동남아시아의 지질학적 역사에서 반복적으로 발생해 왔다. 오래전 오늘날 인도네시아에 남아 있는 후손인 오랑우탄은 반도에 서식하다 적도 쪽의 섬으로 이동할 수 있었는데, 이는 빙하기에 해수면이 낮아졌기 때문이다. 오늘날 바다로 분리된 섬들은 일시적으로 육지에 연결되어 있었다. 이곳에 도착한 인류의 조상도 이와 같은 자연조건의 도움을 받았다. 오스트레일리아의 애버리지니 원주민은 섬들 사이사이의 골짜기를 뗏목을 만들어 그럭저럭 옮겨 다닐 수 있었지만, 마찬가지로 그들의 장대한 여정은 해수면 하강으로 인해 육지가 연결되면서 촉진된 것이다.

동남아시아는 이주한 종들을 위한 천혜의 공간이었다. 따라서 전술한 지리적 이점이 천연의 열대 환경의 권역과 결합하고 있는 이곳이 **4** 생물종 다양성(biodiversity)으로 잘 알려진 것은 그리 놀랄 만한 일이 아니다. 과학자들은 상대적으로 면적이 작은 이곳에, 지구상에 있는 동·식물 종의 10% 정도가 서식하는 것으로 추산하고 있다. 생물지리학자들은 반도에서부터 오스트레일리아를 향한 군도를 가로지르면서, 이러한 생물종들의 진화 과정을 추적할 수 있다. 그러나 발리 섬(자와 섬 옆)과 롬복 섬(그림 10A-1) 사이의 롬복 해협에 집중하여 분포하고 있는 해구지역은 해수면이 낮아졌음에도 불구하고 여전히 물에 잠겨 있기 때문에 전술한 학문적 탐구가 불가능하다. 전술한 해구지역은 자연과학자 알프레드 러셀 월러스와 동시대의 찰스 다윈에 의해 처음으로 발견된 생물지리학적 경계에 해당하는 특징을 지닌다.

현재 동남아시아의 생물종 다양성은 역사지리학에 결정적

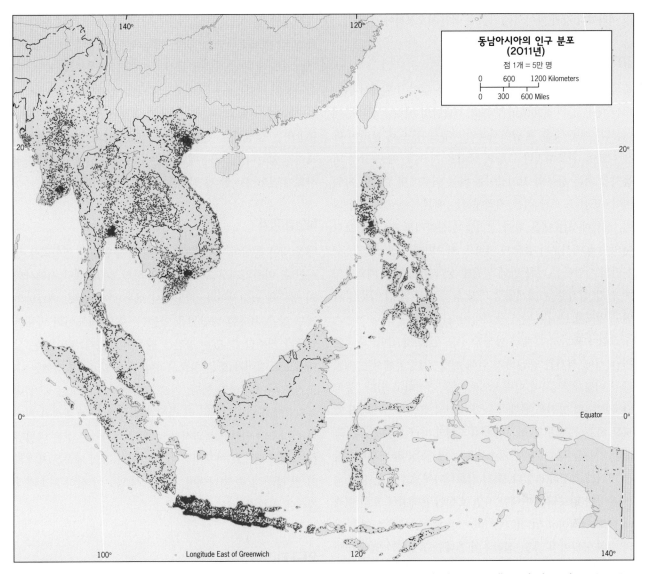

그림 10A-2

© H. J. de Blij, P. O. Muller, and John Wiley & Sons, Inc.

인 영향력을 행사하고 있다. 특히 이곳의 향신료는 인도, 중국, 유럽을 불러들였으며, 그 결과는 오늘날의 동남아시아 지도 곳곳에 잘 반영되어 있다.

4개의 주요 하천

하천은 생존에 필수적이며, 세계에서 동남아시아 일대는 습도 조건이 상대적으로 좋은 곳이다(그림 G-7). 많은 양의 강우는 곡물이 자라는 필리핀과 인도네시아의 논을 가득 채운다. 동남아시아에서 반도는 연평균 강수량이 다소 낮은 편이고, 계절에 따라 강수량의 편차가 있으며, 주요 하천과 지류들은 관개수로로 가득 채워져 비옥한 삼각주를 형성한다. 인구 분포의 지도를 보면, 사람들이 유독 해안에 집중되어 있

는 이유가 하천과 인간의 공간적 상호작용 때문이라는 점을 명확히 알 수 있다(그림 10A-2).

그림 10A-1에서 보는 바와 같이, 특정 지역에서는 생존에 필수불가결한 하천이 이웃 지역과 종종 공유되는 경우가 있는데, 이는 지역적인 갈등을 조장하여 지리적인 이슈가 되기도 한다. 상류에 있는 어떤 나라에서 댐을 건설하거나 그 밖의 다른 방법으로 이용한다고 할 때, 과연 그러한 권리가 있는 것일까? 동남아시아의 경우 주요 하천 중 2개는 중국에서 발원하지만, 다른 2개는 반도 내부에서 발원한다. 중국에서 발원한 2개의 하천 중 하나는 반도를 북에서 남으로 흐르는 **메콩 강**이고, 다른 하나는 북부 베트남에서 해안에 도달하는 레드 강이다. 내부에서 발원하는 지역 하천은 미얀마의 생명줄

인 **이라와디 강**과 타이의 수자원 동맥인 **차오프라야 강**이다.

강력한 메콩 강

중국 칭하이-시짱 자치구(티베트)의 눈 덮인 고원에서 발원하는 메콩 강은 4,200km를 흘러 최남단의 베트남 삼각주에 이른다. 메콩 강은 '동남아시아의 다뉴브 강'으로 불리며 다섯 나라를 관통하거나 그들의 국경을 지난다. 메콩 강은 벼농사를 하는 농부와 고기잡이를 하는 어부에게 중요한 자원이다. 또한 도로가 적은 지역에서는 핵심 수송로로 이용되며, 상류에서는 댐을 막아 전기를 생산하기도 한다. 캄보디아의 농부에서부터 중국의 아파트 거주민에 이르기까지, 수천만의 사람들은 메콩 강에 의지해 살아간다. 남부 베트남의 메콩 강 삼각주는 세계에서 가장 높은 수준의 쌀 생산량과 인구 밀도를 보이는 지역 중 하나이다.

그러나 조만간 문제가 발생할 수도 있을 것 같다. 중국은 윈난 성에 전기를 공급하기 위해 란창 강(중국에서는 메콩 강을 이렇게 부름)에 연속적으로 댐을 건설하고 있다. 중국 당국은 수력 발전을 위한 댐들이 하천의 흐름에 방해되지 않도록 하겠다고 한다. 하지만 하류지역의 나라들은 중국이 극심한 가뭄을 겪을 경우, 저수량을 늘려 물을 내려보내지 않을 것이라 걱정하고 있다. 특히 캄보디아에서는 메콩 강에 의해 유량이 확보되는 거대한 자연 호수인 톤레사프 호의 미래에 대해 걱정하고 있다(그림 10B-2). 베트남에서는 메콩 강의 수위가 낮아질 경우, 삼각주의 거대한 농경지가 염해의 피해를 입을까 걱정하고 있다. 그리고 미래에는 중국만 댐을 건설하려고 하지는 않을 것이다. 타이는 라오스와의 국경이 되는 메콩 강 유역에 오래전부터 댐을 건설하겠다고 공표해 왔다.

이러한 상황이라면 상류의 국가들은 하류지역의 국가들에 비해 상대적인 이득을 취하게 되며, 이는 분쟁을 유발할 소지가 많다. 때문에 1957년 발족한 메콩강위원회(MRC)를 비롯하여, 다양한 국제기구들이 메콩 강 유역의 조화로운 개발을 위해 노력했다. 기구들의 협의를 통해 중국은 상류지역에 건설한 댐에서 생산한 전기를 타이, 라오스, 마닐라에 파는 방법을 제안했고, 메콩 강 유역의 산림 황폐화를 줄이기 위한 노력은 일정 부분 효과를 보기도 했다. 호주는 MRC와의 합의 이후, 라오스와 타이를 연결하는 다리를 건설하였고, 심지어 교통이 낙후된 중국의 내륙지역을 위해 윈난 성에서 바다에 이르는 가항 운하를 건설할 계획을 세우기도 했다.

하지만 당신이 오늘날 동남아시아의 대동맥 격인 메콩 강을 따라 항해한다면, 거창한 계획에 비해 상대적으로 느린 개발 속도에 큰 충격을 받을지도 모른다. 나무로 된 보트, 초가지붕의 마을, 낡은 여객선으로 강을 건너며 살고 있는 많은 사람들 그리고 그들이 일군 농경지는 여전히 메콩 강을 대표하는 풍경이다. 현대는커녕 근대적 사회기반시설마저도 보이지 않는다. 그러나 메콩 강은 여전히 동남아시아의 지역사회에 없어서는 안 될 생명줄과 같은 존재이다.

하천과 국가

메콩 강은 동남아시아 몇몇 나라의 국민에게 큰 영향력을 행사한다. 마찬가지로 그 밖의 주요 하천 3개도 해당 지역사회의 생존에 필수적이다. 지도에서 보는 바와 같이, 베트남의 레드 강은 거대한 범람원을 만들어, 수도 하노이의 거대한 인구가 거주할 수 있는 공간을 만들어 놓았다. 타이에는 상대적으로 길이가 짧은 차오프라야 강이 있고, 이 강에는 수도 방콕이 자리하고 있다. 차오프라야 강의 하도는 국가 내륙지역에서 발원한 무수히 많은 하천들에 의해 형성된 거대한 삼각주의 일부에 불과하다. 그리고 이라와디 강은 마닐라를 북에서 남으로 가로지른다. 이라와디 강의 계곡은 세계적인 쌀 생산지 중 하나이며, 거대도시 양곤이 삼각주의 가장자리에 위치해 있다.

인구지리학

동남아시아의 인구 분포에 관한 지도를 살펴보면(그림 10A-2), 인도네시아의 경우 좁은 땅에 거대한 인구가 밀집하여 살고 있다는 사실에 크게 놀랄 것이다(이 지역은 4개의 핵심 삼각주 지역을 포함한 모든 지역 중 가장 밀집도가 높음). 인구 1억 4천만 명이 넘는 자와 섬은 지역의 수준을 넘어, 인도네시아를 제외한 다른 어떤 나라들보다도 인구가 많다. 좁은 섬 하나에 인도네시아 인구의 절반이 거주하고 있는 셈이다.

이러한 사실은 인도네시아가 아직 충분히 도시화되지 않았다는 점에서 더욱 도드라진다. 2010년의 인구통계조사를 보면, 인도네시아 전체 인구의 50% 이상이 여전히 농촌지역에 거주하고 있음을 알 수 있다. 10B장에서도 언급하겠지만, 인도네시아에서 가장 도시화되었지만 상대적으로 면적이 좁은 자와 섬에, 수천만 명의 사람들이 기대어 살고 있다. 이를 가능하게 한 것은 비옥한 화산회토와 풍부한 강우량 등 다양한 요인이 복합되어, 농부들이 1년에 단일 농경지에서 벼를 수확할 수 있는 조건을 제공했기 때문이다. 이러한 조건은 세계의 평균보다 빠른 속도로 성장하고 있는 인구를 감당할 수 있도록 해주었다. 자와 섬을 뒤덮고 있는 빨간색의 점들은, 세계와의 소통을 통해 '신경제'를 추진하고 있는 인도네시아의 핵심 성장지역을 나타내는 것이기도 하다.

인도네시아 내에 자와 섬과 그 밖의 주요 섬[수마트라, 보르네오(칼리만탄^{**}), 술라웨시, 그리고 특별히 인도네시안 뉴기니^{***}]들은 핵심부–주변부의 관계를 반영하고 있다. 명확히 정의할 수는 없지만 지도에서 보는 바와 같이, 이러한 비교는 다른 동남아시아 국가들에서도 나타나는 특징이다. 종주도시(방콕, 마닐라, 양곤, 쿠알라룸푸르)들은 확실히 해당 국가에서 지배적인 영향력을 발휘한다. 베트남은 역사적으로 북부(하노이)와 남부(호치민)를 대표하는 핵심도시를 2개나 가지고 있다. 당신은 이러한 거대도시 또는 그들의 지배력을 지도에서 쉽게 확인할 수 있다.

부록 B에 있는 표나 지도에서 확인할 수 있는 것처럼, 동남아시아의 국가들은 세계적인 기준으로 볼 때, 특별히 인구가 많은 것은 아니다. 오늘날 인도네시아는 인구수로 볼 때, 세계에서 네 번째 국가(2억 4,700만 명)지만, 다른 동남아시아 국가들은 인도네시아의 절반 정도의 인구 규모이다. 반도에 위치한 3개의 국가는 대략 5천만 명에서 1억 명 정도의 인구를 지니고 있다. 그러나 면적이 상당히 넓은 라오스(대략 영국과 면적이 비슷)의 경우, 인구는 6천만 명을 간신히 초과하는 수준이다. 독일의 절반 규모인 캄보디아도 1,500만 명 정도의 인구에 불과하다. 이처럼 섬에 비해 반도의 인구 규모가 상대적으로 평범한 것은, 화산 토양 또는 비옥한 하천 유역 분지와 같이 농사에 유리한 자연조건을 지니지 못했기 때문이다. 이러한 조건으로 지난 세기 동안, 이웃 국가들과 마찬가지로 폭발적으로 인구가 증가하지 않았다. 부록 B는 오늘날 동남아시아의 일부 국가들이 세계의 연평균 인구성장률(1.3%)보다 느린 속도로 증가하고 있음을 보여준다.

---

^{**} 역주 : 동남아시아 보르네오 섬 중에서 인도네시아 령(領)을 가리키는 현지 이름

^{***} 역주 : West Papua는 비공식적으로 인도네시아 방향을 향하는 뉴기니 섬의 절반을 통칭하는 말이다. 이 지역은 통상적으로 파푸아와 서부 파푸아, 두 지역으로 구분한다.

민족적 모자이크

동남아시아의 사람들은 유럽인들(코카서스 인종)과 같은 혈통에서 유래하지만, 지역적으로나 국지적으로 별개의 민족적 또는 문화적 집단을 형성해 왔다. 그림 10A-3을 보면, 광범위한 민족·언어학적 분포가 지역별로 일반화되어 있음을 알 수 있다. 하지만 지도가 소축척이기 때문에 많은 집단들이 모두 표현되지 않았음을 알아두자.

그림 10A-3은 대략적으로 반도에서 주요 민족집단과 현대 정치집단 사이의 공간적 일치를 보여준다. 버마 사람은 공식적으로 버마라고 불리는 국가(지금은 미얀마)를 지배하고 있다. 타이는 한때 시암(지금의 타일랜드)이라 알려진 곳에 분포한다. 크메르족은 캄보디아와 라오스 내에서 북쪽으로 확장된 권역을 구성하고 있다. 그리고 베트남인들은 남중국해를 면하고 있는 띠 모양의 긴 해안을 따라 거주하고 있다.

지역적으로 지금까지 그림 10A-3에 나타난 최대의 인구는 말레이 반도에서 수마트라 서부에서 동부의 몰루카 제도까지, 남부의 소순다 열도에서부터 북부 필리핀까지 띠처럼 연결된 섬들에 거주하는 사람들이며, 이들은 인도네시아인으로 분류된다. 지도에 나타나 있는 모든 사람들(필리핀계, 말레이계, 인도네시아계)은 인도네시아인으로 알려져 있지만, 역사나 정치적으로 분리되어 왔다. 마찬가지로 현재의 축척으로 표현이 어려운 수백만의 소수인종, 즉 자바인, 마두라인, 순다인, 발리인, 그리고 인도네시아에 살고 있는 인도네시아인에게도 주목해야 한다. 섬으로 인한 고립성과 대륙과는 차별적인 생활방식을 이루어 온 필리핀 역시, 이곳의 문화적 모자이크에 반영되어 있다. 또한 이러한 인도네시아인들의 민족–문화적 복합성은 심장부에 해당하는 말레이 반도에 거주하면서 소수집단을 형성해 온 말레이계 사람들 때문에 가능했다. 대부분의 인도네시아인처럼, 말레이계는 무슬림이고, 같은 이슬람이라고 하더라도 인도네시아 문화보다는 말레이계의 사회에서 강력한 영향력을 지닌다.

거리가 멀리 떨어져 있는 반도의 북부지역에는 버마인, 타이인, 베트남인과 같은 소수집단이 거주하고 있다. 이러한 소수집단들은 일반적으로 산지를 점유하거나, 식생 밀도가 높은 곳, 아니면 정부가 완벽히 장악하지 못한 국가의 주변지역을 중심으로 거주하는 경향이 있다. 이러한 지리적 고립성과 거리감은 분리 독립을 고취시키거나, 최소한 이곳을 완벽히 장악하려는 정부에 대한 저항의 움직임을 유도한다. 이는 종종 격렬한 민족 분쟁을 유발하기도 한다.

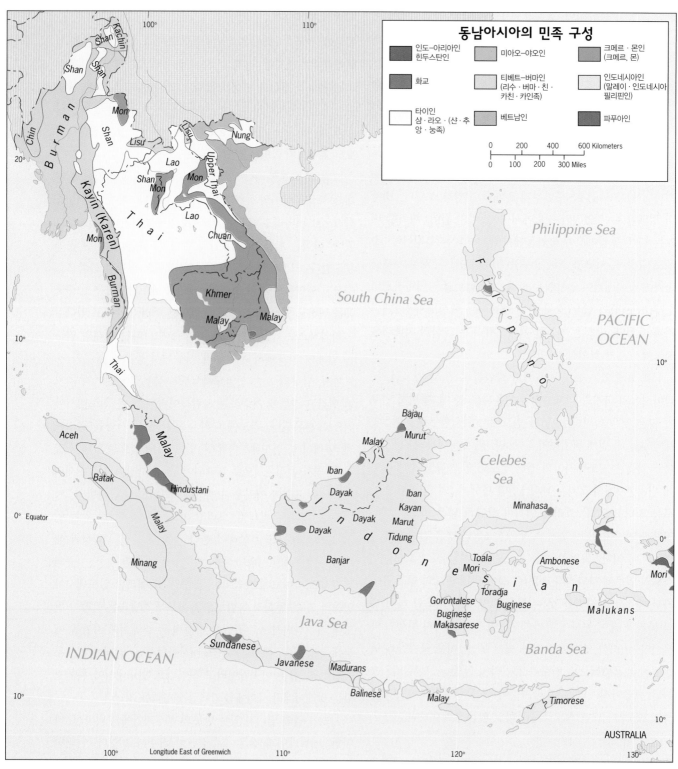

그림 10A-3

© H. J. de Blij, P. O. Muller, and John Wiley & Sons, Inc.

이주민

그림 10A-3은 동부 유럽과 마찬가지로, 동남아시아가 바깥 세계로부터 유입한 주요 민족적 소수집단의 거주지임을 상기시킨다. 말레이 반도에서 남부 아시아인(힌두스탄인)에 주목해 보자. 인도계를 포함한 힌두 단체들은 반도의 상당 부분을 차지하지만 남서부에서는 좁은 지역에 집중되어 있고, 이

답사 노트

© H. J. de Blij

"동남아시아에 있는 대부분의 핵심도시들과 마찬가지로, 방콕에도 크고 번영한 중국인 거주지역이 있다. 6,700만 명에 달하는 타이의 인구 중 자그마치 14%가 중국인을 조상으로 하고 있으며, 중국인의 거대 다수는 이 도시에 거주한다. 타이에서 이렇게 거대한 비타이인의 비율은 지역사회에 잘 통합되었고, 상호 간의 결혼은 일상이 되었다. 방콕의 '차이나타운'은 여전히 거대한 도시 내에서 독특하고 독립적인 성격을 지닌다. 차이나타운의 경계는 명확하다. 타이의 상업지역의 간판은 중국어로 바뀌었고, 상품은 판매와 변화를 위해 제공되었다(예 : 차이나타운에는 금을 판매하는 거대한 시장이 형성되어 있음). 그리고 도시의 환경은 거리의 상점에서부터 서점까지, 중국인이 지배적으로 많다. 이곳은 활기가 넘치고, 분주하며, 다문화적인 방콕의 역동적인 지역이다. 방콕은 동남아시아에서 중국인이 상업적으로 성공했다는 것을 생동감 있게 상기시키는 곳이다."

는 싱가포르에서도 마찬가지다. 남부 아시아인들은 소수지만 매우 중요한 의미를 지닌다. 이들은 대부분 유럽 식민지 시절에 탄생했지만, 수 세기 전에 이곳에 도착하여 불교를 전파시켰고, 자와나 발리처럼 멀리 떨어진 장소에도 다양한 건축·문화적 양식을 남겨 놓았기 때문이다.

중국인

그러나 현재까지의 동남아시아 이주민 중 가장 큰 집단은 단연 중국인이다. 이들은 명과 청 왕조를 거치면서 발을 들여놓았고, 식민지 시절(1870~1940) 약 2천만 명의 인구가 이주하면서 가장 활발한 인구 이동을 보였다. 처음에는 유럽 열강이 행정과 무역의 용도로 사용하기 위해 중국인의 이주를 유도하였지만, 곧 **5** 화교(overseas chinese)들은 차이나타운을 건설하고 상업의 상당 부분을 통제하기 위해 주요 핵심도시에 모였다(위 사진 참조). 유럽인들은 중국인의 이주를 줄이기 위해 노력했지만, 제2차 세계대전이 발발함과 동시에 식민지시대는 막을 내리게 되었다.

오늘날 동남아시아에는 3천만 명이 넘는 중국인이 거주하고 있고, 이는 해외로 뻗어나간 중국인의 절반 이상에 해당하는 규모이다. 그들의 삶은 자주 어려움을 겪었는데, 일본인들은 제2차 세계대전 중에 말레이 반도에 살고 있는 중국인들을 극도로 박해하기도 했다. 1960년대에는, 인도네시아

에 있는 중국인들이 공산주의에 동조했다고 고발당했고, 수천만 명이 살해되었다. 1990년대에는, 인도네시아의 군중들이 상대적으로 부유한 중국인과 그들의 재산을 수탈했다. 또한 이 시기 많은 중국인들이 식민지시대를 거치면서 기독교 신자가 되어, 이슬람 군중에 괴롭힘을 당하기도 했다. 중국에 대한 분노는 여전히 지속되고 있으며, 동남아시아의 여러 지역에서 중국에 대항하여 다양한 저항의 움직임이 간헐적으로 표출되고 있다.

그림 10A-4는 동남아시아로 이주한 중국인의 이주 방향과 이동량을 표현한 것이다. 대부분은 중국 남부의 푸젠성과 광둥성에서 비롯된 것이다. 상당수의 중국인은 30년 전에 외국인 사업을 시작하면서부터 많은 자본을 이곳에 투자하였다. 동남아시아의 화교들이 환태평양 일대의 경제적 기적을 일구는 데 중요한 역할을 할 것은 분명하다.

식민지의 유산 : 정치적 지도는 어떻게 진화할까

유럽 식민지 개척자들이 동남아시아에 도착했을 때 공국, 술탄, 그리고 그 밖의 다양한 정치적 독립체의 지도자들을 마주치게 되었다. 그들은 막강한 권력을 포섭하거나 자신들의 제국적 제도 안에 융화하려는 노력을 기울였다. 중국도 한나라 시대와 같이 토착 문화가 막강한 위력을 발휘하던 시절이

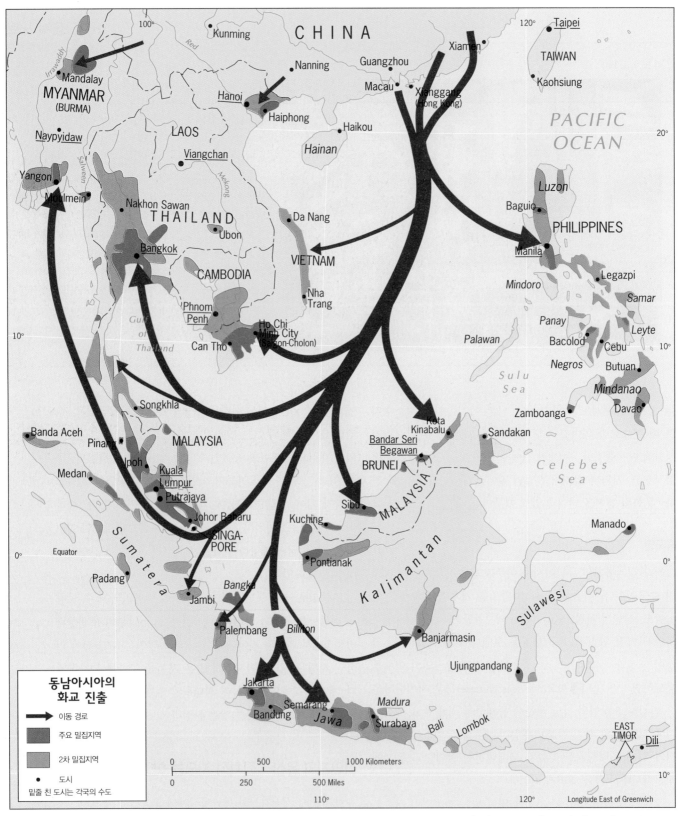

CHINA

Kunming

Nanning

Guangzhou

Xiamen

Taipei

TAIWAN

Kaohsiung

PACIFIC OCEAN

Mandalay

MYANMAR (BURMA)

Hanoi

Haiphong

Macau

Xianggang (Hong Kong)

Haikou

Naypyidaw

LAOS

Hainan

Luzon

Baguio

Yangon

Moulmein

Viangchan

Salween

Nakhon Sawan

THAILAND

Ubon

Da Nang

VIETNAM

PHILIPPINES

Manila

Legazpi

Mindoro

Samar

Bangkok

CAMBODIA

Nha Trang

Panay

Palawan

Leyte

Gulf of Thailand

Phnom Penh

Can Tho

Ho Chi Minh City (Saigon-Cholon)

Bacolod

Cebu

Negros

Butuan

Sulu Sea

Mindanao

Davao

Songkhla

Zamboanga

Celebes Sea

Banda Aceh

Pinang

MALAYSIA

Kota Kinabalu

Sandakan

Medan

Ipoh

Kuala Lumpur

Putrajaya

Bandar Seri Begawan

BRUNEI

MALAYSIA

Manado

Johor Baharu

SINGA-PORE

Kuching

Sibu

Sumatera

Padang

Bangka

Jambi

Pontianak

Kalimantan

Equator

Palembang

Billiton

Banjarmasin

Sulawesi

Jakarta

Semarang

Madura

Ujungpandang

Bandung

Jawa

Surabaya

Bali

Lombok

EAST TIMOR

Dili

동남아시아의 화교 진출

→ 이동 경로

■ 주요 밀집지역

■ 2차 밀집지역

• 도시

밑줄 친 도시는 각국의 수도

0 500 1000 Kilometers

0 250 500 Miles

110°

120°

Longitude East of Greenwich

그림 10A-4

© H. J. de Blij, P. O. Muller, and John Wiley & Sons, Inc.

아니었다. 멀리 떨어져 있는 섬뿐만 아니라 반도의 넓은 평야와 유역 분지에서는 언어, 종교, 예술, 음악, 음식, 그 밖의 다채로운 문화 모자이크를 형성할 수 있는 여러 요소들이 종합되어, 다양화된 사회가 꽃을 피우게 되었다. 그러나 이러한 문화 중에는 제국주의적 권력을 유발한 것도 있었다. 유럽 열강들은 이곳에 제국을 건설했고, 분리, 통치된 유럽인들은 종종 다른 나라들과 전쟁을 치렀다. 이러한 외국의 간섭은 식민 통치를 받지 않은 유일한 국가인 타이(전에는 시암)를 빼고는 동남아시아의 현재에 많은 영향을 주었다. 타이는 프랑스가 동부, 영국이 서부를 지배하는 동안 이들의 충돌을 억제할 수 있는 유용한 도구였다. 비록 열강들이 타이 권역의 일부를 잘라냈지만, 매우 편리한 완충지대였고, 타이 왕국은 그것을 인내했다.

기실 유럽인들은 다양한 사람들과 사회를 아우르고, 그들을 통합함으로써 상대적으로 거대한 다문화 국가를 만드는 등 지역 권력들이 할 수 없는 것을 했다. 식민지배의 간섭이 없었다면, 멀리 떨어져 있는 인도네시아의 17,000여 개의 섬이, 인구 측면에서 세계에서 네 번째로 거대한 단일국가를 형성하기는 어려웠을 것이다. 또한 남중국해를 가로 건너 있는 북부 보르네오의 사람들을 통합하기는커녕, 말레이시아에 있는 9개의 술탄 제국을 통합하기도 어려웠을 것이다. 좋든 나쁘든 식민지배는 몇몇 문화를 융합하는 데 기여했고 셀 수 없이 많은 소수국가들을 12개 이하의 국가로 단일화했다. 동남아시아에 있는 선도 식민 경쟁자들은 독일, 영국, 프랑스, 그리고 에스파냐(필리핀을 근거지로 했던, 스페인 사람들은 후에 미국인으로 대체)였다. 일본 또한 이곳을 식민지로 만들고자 했으나, 이러한 열망은 제2차 세계대전을 치르는 동안에만 잠깐 있다가 사라졌다.

그중에서도 독일은 인도네시아(전에는 네덜란드의 동인도 회사가 점령했던)로 불리는 광대한 군도를 점령함으로써, 최고의 상을 획득했다. 프랑스는 인도차이나 반도의 동부 해안을 따라 자체적으로 식민지를 조성했고, 타이의 동부와 중국의 남부 일대를 점령했다. 영국은 말레이 반도를 점령했고, 보르네오 섬의 북부지역을 통치하에 두었으며, 버마에 자치정부를 세웠다. 다른 식민 열강 또한 이곳을 점령할 발판을 마련했으나 오랜 시간 머물지 못했다. 영국의 동인도 회사가 독일을 몰아낼 때까지, 티모르(인도네시아) 섬의 절반(동부)을 획득했던 포르투갈은 예외이다.

그림 10A-5는 1898년 필리핀이 미국의 지배에 들어가기

전까지의 식민 지형도를 보여준다. 타이가 독립국으로서의 지위를 유지하는 동안, 영국은 말레이 반도와 버마, 프랑스는 캄보디아와 라오스를 잃었다는 점에 주목해 보자.

식민지의 흔적

식민 열강들은 아프리카를 비롯한 세계의 식민지에서 했던 것처럼 행정기구를 분리했다. 정치적 독립체 중 일부는 열강의 식민 통치가 끝나거나 무력으로 독립을 쟁취했을 때 정치적 독립을 이루었다(그림 10A-5).

프랑스령 인도차이나

인도차이나 반도에서 식민지배력이 강했던 선도국가 프랑스는 식민지를 다섯 권역으로 나누었다. 이 중 셋은 동부 해안을 따라 입지했다. 중국 옆 북쪽에 자리하고 있는 통킹은 레드 강의 유역 분지 중앙에 입지하고(베트남의 최남부 지방 코친차이나는 메콩 강 삼각주에 입지), 이 두 지방 사이가 안남이다. 그 밖의 2개의 권역은 타이만을 마주보고 있는 캄보디아와 육지에 둘러싸인 라오스이다. 이러한 5개의 프랑스령 독립체 중 셋은 국가로 부상하였다. 3개의 동부 해안 권역은 베트남이 되었다. 다른 두 지역인 캄보디아와 라오스는 각각의 독립을 쟁취하였다.

프랑스는 이 지역에 **인도차이나**라는 이름을 붙였다. 인도차이나의 한 부분인 인도는 남부 아시아로부터 문화적 영향을 받아 형성되었다. 힌두교가 존재했고, 스리랑카(실론 섬)를 거쳐 동남아시아로 전파되었던 불교가 유입되었으며, 바닷길을 통해 상인들이 교역을 하였다. 인도인들의 영향은 건축과 예술(특히 조각), 저작물과 문학, 그리고 사회구조와 형태에 이르기까지 광범위하게 전파되었다. 인도차이나라는 이름은 이곳에서 중국인들의 영향력이 어느 정도인지 짐작케 한다. 중국의 황제는 동남아시아 땅을 탐냈고, 그들의 영향력은 동남아시아를 깊게 파고들었다. 중국에서의 사회·정치적 격변은 유럽 열강의 형성에 기회를 제공해 주었고, 이들은 중국화된 수백만의 사람들을 남쪽으로 보냈다. 중국 상인, 순례자, 뱃사람, 어부, 그 밖의 많은 사람들은 동남부 중국에서 동남아시아의 해안을 따라 여행했고, 그곳에 정착하였다. 시간이 경과되어 정착민들은 보다 많은 중국 이민자를 수용함으로써 중국의 영향력은 증대되었다(그림 10A-4). 중국 정착민과 동남아시아의 기존 정착민들의 불편한 관계에서 폭력이 난무했다는 사실은 그리 놀랄 만한 것이 아니다.

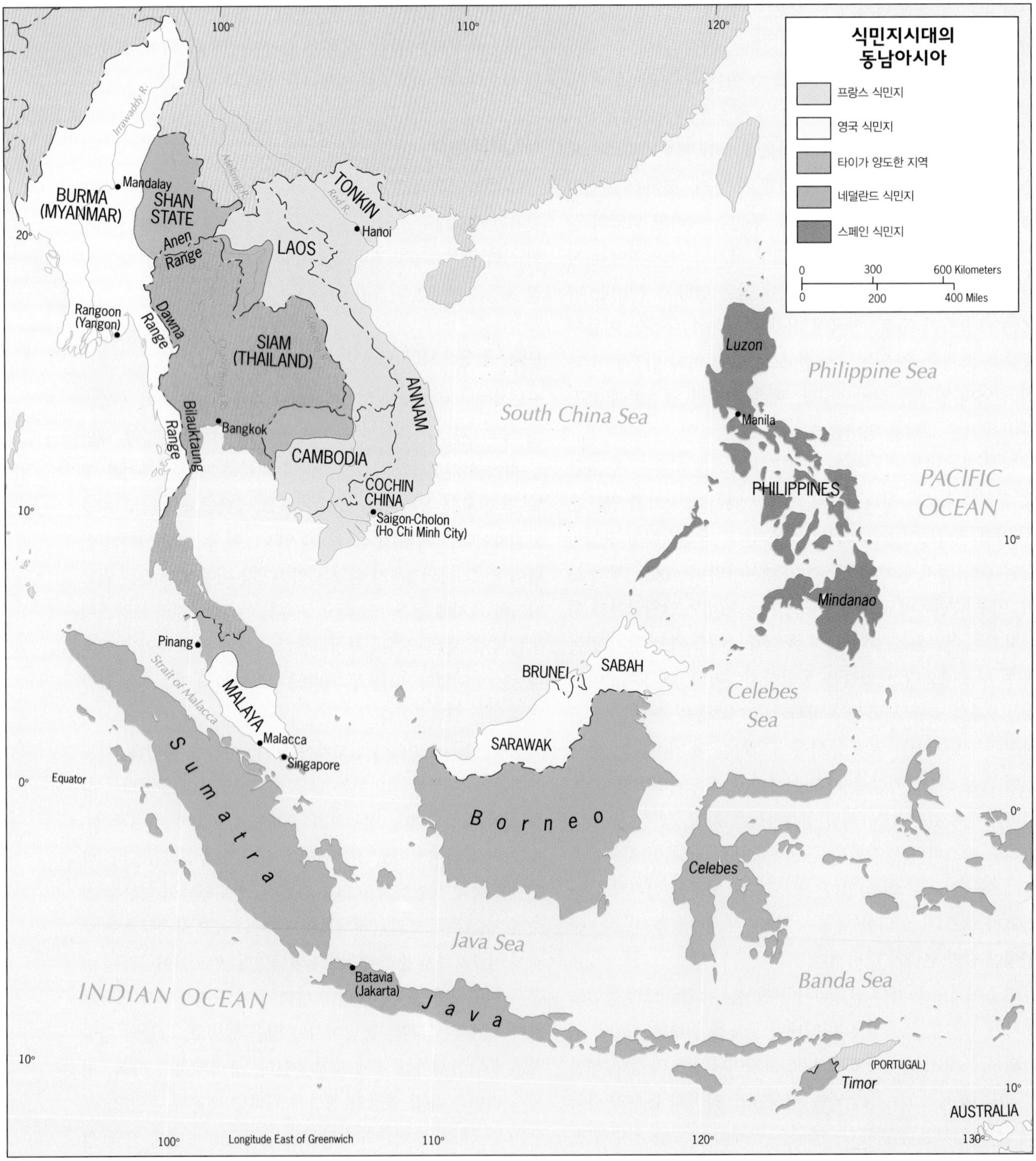

BURMA
(MYANMAR)

Mandalay

SHAN
STATE

Anen
Range

Irrawaddy R.

TONKIN

Hanoi

LAOS

Mekong R.

Red R.

Rangoon
(Yangon)

Dawna
Range

SIAM
(THAILAND)

ANNAM

South China Sea

Luzon

Philippine Sea

Bilauktaung
Range

Bangkok

Manila

CAMBODIA

COCHIN
CHINA

Saigon-Cholon
(Ho Chi Minh City)

PHILIPPINES

PACIFIC
OCEAN

Mindanao

Pinang

Strait of Malacca

MALAYA

Malacca

Singapore

BRUNEI   SABAH

SARAWAK

Celebes
Sea

**식민지시대의
동남아시아**

프랑스 식민지
영국 식민지
타이가 양도한 지역
네덜란드 식민지
스페인 식민지

0   300   600 Kilometers
0   200   400 Miles

S u m a t r a

B o r n e o

Celebes

INDIAN OCEAN

Equator

Batavia
(Jakarta)

J a v a

Java Sea

Banda Sea

(PORTUGAL)
Timor

AUSTRALIA

Longitude East of Greenwich

그림 10A-5

© H. J. de Blij, P. O. Muller, and John Wiley & Sons, Inc.

동남아시아에서 중국인의 존재감은 오랜 시간을 거쳐 형성된 것이지만, 그들의 침입은 오늘날에도 계속되고 있다.
그러나 인도차이나라는 이름은 동남아시아의 대륙만을 지

칭하는 것이지, 동남아시아 전체를 아우를 때 쓰는 용어는 아니다. 인도는 이곳을 점유하고 있는 불교의 영향에 놓인 지역을 지칭하는 말로 쓰일 수 있지만, 이슬람에 대해선 사용할 수 없다. 참고로 이슬람의 유입은 12~13세기에 걸쳐 아랍의 바다 상인에 의해 소개되면서, 이 지역의 문화지리에 큰 영향을 주었다.

대영 제국

영국은 동남아시아에서 핵심적인 두 지역(버마와 말레이 반도)과 보르네오 북부 및 남중국해의 많은 섬들을 통치했다. 버마는 1886년부터 1937년까지 대영인디언 제국(Britain's Indian Empire)에 종속되었는데, 영국은 이곳을 멀리 떨어진 뉴델리에서 통치했다. 그러나 대영인도의 식민국가들은 1947년 독립에 즈음하여, 여러 개의 국가로 분할되었다. 버마(오늘날 미얀마로 불림)는 광대한 영토를 자랑하는 동(지금의 방글라데시) · 서 파키스탄, 실론(지금의 스리랑카), 인도처럼 '위대한 설계'로 재탄생되지는 않지만, 1948년에 자주적 공화국의 위치를 부여받았다.

　말레이 반도를 지배한 영국은 말레이시아 연방과 같이 식민지와 보호국의 복잡한 체계를 발달시켰다. 여기에는 앞선 해협 식민지 즉, 말레이 반도에 있는 9개의 보호국과 말라카 해협과 남중국해에 있는 수많은 섬, 보르네오 섬에 있는 사라와크 사바와 같은 속국 등도 포함된다. 말레이 반도의 독립적인 연방국가는 말레이 반도와 싱가포르, 그리고 보르네오 섬 전반에 걸쳐 분포하는 영국의 식민국가들이 최근에 정치적으로 통합을 이룸으로써 1963년에 형성되었다. 그러나 싱가포르는 1965년에 도시국가가 되기 위해 연방국가로 남아 있었고, 잔여 국가들은 후에 말레이 반도와 보르네오, 사라와크와 사바 지역에서 재조정되었다. 즉, 말라야라는 용어는 지리적으로 싱가포르와 주변 섬들을 포함한 말레이 반도를 가리키는 것이고, '말레이시아'라는 단어는 쿠알라룸푸르를 수도로 하는 정치지리적 단위체를 지칭하는 말이다.

네덜란드, 동인도 회사

독일은 이 지역의 첫 번째 유럽 식민정복자 포르투갈에 이어 동남아시아만이 가지고 있는 특별한 것을 찾기 위해 이곳에 도착했다. 이 지역은 생물종 다양성의 측면에서 최고의 장소였다. 이곳의 식물들 중 인도네시아 섬에 거주하는 원주민에 의해 토착화된 식물은 현재 우리가 알고 있는 향신료의 대부분을 차지하고 있다. 그것은 오늘날 검은 후추, 정향, 계피, 육두구, 생강, 강황, 그 밖의 맛있는 음식을 위해 필수적으로 추가되는 조미료 등이다. 그림 10A-1의 술라웨시와 뉴기니 사이의 동부 인도네시아 지역, 말루쿠주 제도(전에는 몰루카 제도라고 부름)라 불리는 작은 섬들에서 이를 살펴볼 수 있다. 독일은 이 지역이 아랍, 인도, 중국의 상인들에 의해 장거

 답사 노트

© H. J. de Blij

"쿠알라룸푸르의 투안쿠 압둘 라만 거리를 걷다가, 주목할 만한 경관이 나타난다 싶을 때는, 초현대적인 술탄 압둘 사마드 빌딩을 막 지나쳤을 때일 것이다. 식민지의 상흔을 지니고 있을 것처럼 보이는 국가에서 신구가 조화되어 있고, 이슬람과 민주주의가 공존하고 있다. 영국은 눈에 잘 띄는 곳(지금은 시청과 대법원이 소재)에 무어리시-빅토리안 빌딩을 건설하였다. 그 건물 뒤에는 상업 은행이 집중되어 있다. 왼쪽 사진을 보면, 경제적으로 다양화된 말레이시아에서 이슬람 은행을 목도하는 것이 그리 특별한 일이 아님을 알 수 있다. 그리고 세인트 메리 대성당이 있는 곳에서 1000야드 떨어진 곳을 가로지르면, 또 하나의 은행을 볼 수 있다. 신자의 대부분은 이곳의 교회가 번성했고 불안감을 느낄 수 없다고 말한다. "이곳은 말레이시아입니다. 선생님. 우리는 무슬림, 불교 신자, 기독교 신자이고 말레이인, 중국인, 인도인입니다. 우리는 함께 살아야 합니다. 덧붙여 술탄 이즈마일 거리에 있는 하드족 카페에서 차 한잔 마시는 것 잊지 마세요." 내가 생각하기에 그곳은 다양한 경관만큼이나 뚜렷한 모순을 지니고 있다."

리로 운반되는 고수익의 향료들이 상업적으로 번성했던 곳이었기 때문에, **향료 제도(Spice Islands)**라고 불렸다. 유럽인들이 원했던 것은 이 무역을 통제하는 것이었고, 그것을 위해서라면 전쟁도 불사했다.

오늘날의 관점에서 향료 때문에 전쟁을 치른다는 것이 이상하게 보일지도 모르지만, 냉장시설이 없었던 시절의 향신료는 음식을 보존하는 수단일 뿐만 아니라, 무자극성 맛을 첨가하는 효과를 지닌 보물이었다. 향신료는 유럽 시장에서 매우 높은 가격에 거래되었다. 상업적 목적으로 세워진 독일의 동인도 회사는 향료 제도를 통제했고, 이로 인해 네덜란드로부터 막대한 수익을 얻었다. 이른바 황금의 시대로 알려진 독일의 번성은 식민 착취를 통해 가능했던 것이다.

17세기 중반에서 18세기 후반에 이르는 시기 동안, 독일은 당시 인도 아대륙을 선점하고 있던 영국과 프랑스의 아무런 도전 없이 자신들의 동인도 회사를 통한 영향력을 행사할 수 있었다.

영국과 프랑스는 경제적·정치적 영향력을 찾기 위해 서로 인도네시아의 권력자 행세를 했다. 책임 감독에 중국인을 배치하고, 중국인의 영향 아래 직접 강제 노동을 부과하는 시스템을 두었다. 이는 일대의 토지 소유 및 권력구조를 재조정함으로써 동인도회사가 인도네시아를 지배하는 데 있어서 큰 효과를 주었다.

가장 인구가 많고 생산적인 자와(자바) 섬은 독일 정부의 주요 관심지역이 되었다. 독일과 동인도 회사는 수도 바타비아(지금은 자카르타)에서부터 수마트라, 셀레바스, 보르네오, 인도 동부의 작은 섬들에 이르기까지 영향력을 확장시켜 나갔다. 이는 전쟁을 통해 네덜란드 정부로부터 행정부를 양도받은 이후부터 오랜 시간 동안 이루어 온 결과였다. 독일의 식민지 건설은 17,000여 개의 수많은 섬보다는 일대의 가장 크고 인구가 많은(오늘날 2억 5천만 명에 이르는) 지역에 집중함으로써 새로운 창조적 기반을 마련하는 방식으로 진행되었다.

에스파냐에서부터 미국까지

오랜 기간 에스파냐의 식민지배를 받아 온 필리핀은 특별한 경험을 지니고 있다. 일찍이 1571년에 인도네시아 북쪽의 많은 섬은 에스파냐의 통치에 들어갔다(필립 2세라는 에스파냐 왕의 이름을 딴 것). 에스파냐의 통치는 이슬람교가 남부 필리핀을 거쳐 북부 보르네오 지방까지 잠식해 들어간 상태에

서 시작되었다. 에스파냐 사람들은 그들의 왕성한 종교적 신념인 로마 가톨릭을 바탕으로 확산되었고, 그들 사이에서 군인과 사제는 말레이 반도에서 대다수를 차지하는 인종인 히스패닉으로 통합되었다. 1571년 에스파냐의 식민지가 된 마닐라는 중국 남부와 멕시코 서부(아카풀코는 마닐라 항구를 출발한 범선을 위한 태평양 횡단의 주된 종착지였음) 사이 항로의 중간 기착지로 낙점을 받은 곳이었다. 여기에는 많은 경제적 이득이 있었지만, 토착민들은 그것을 공유하지 못했다. 소유하고 있던 광대한 토지는 에스파냐의 충성스러운 공무원과 교회 성직자에게 돌아갔다. 심한 차별은 결국 혁명을 야기했고, 에스파냐는 1898년 에스파냐-미국의 전쟁 때 필리핀의 거대한 봉기에 직면하게 되었다.

에스파냐-미국 전쟁의 합의 후 미국은 식민지의 새로운 소유자로서 에스파냐를 대신하게 되었다. 그러나 그것은 혁명의 끝이 아니었다. 재봉기한 필리핀 국민들은 새로운 식민지배자들에게 무장으로 맞서 저항하였고, 1905년까지 수없이 많은 사람이 목숨을 잃었다. 미국의 군대는 새롭게 얻은 식민지를 진정시키는 데 많은 노력을 기울였다. 미국 정부는 에스파냐가 그랬던 것보다 더욱 진보적으로 필리핀을 통치하였다. 1934년에 의회에서 필리핀 독립법이 통과하였고, 10년 동안 그들이 자치권을 확립할 수 있도록 조치하였다. 그러나 독립이 채 이루어지기 전에, 제2차 세계대전이 발발했다. 1941년, 일본은 미국을 몰아내고 일시적으로 필리핀을 점거하였다. 하지만 미국 군대는 1944년 다시 돌아왔고, 필리핀 사람들의 전폭적인 지지를 등에 업고 1945년에 일본을 몰아냈다. 필리핀의 독립을 위한 의제는 다시 상정되었고, 1946년 필리핀공화국을 선포하였다.

오늘날 동남아시아 대부분의 국가들이 독립했으나, 수 세기에 걸친 식민 통치는 강력한 문화적 영향을 남겨 놓았다. 그들의 도시 경관, 교육 제도, 그 밖의 수많은 문화적 요소에는 과거 식민지의 유산이 고스란히 남아 있다.

국가와 경계

국가를 생명이 있는 유기체로 간주하면, 심장(수도)과 동맥(도로, 철도), 혈액순환(자동차, 기차, 비행기), 폐(공원, 산림) 등 다양한 비유가 가능하며, 같은 맥락에서 국경은 피부와 같다고 할 수 있다. 마지막 비유는 일견 억지스러운 비유처럼 보일 수 있으나 그렇지 않다. 우리가 국경을 지도에 표

© Barbara A. Weightman

"나는 그리 유쾌하지 않은 건기 동안, 위대한 메콩 강의 라오스 지역에 서 있었다. 반대편은 타이이고, 1년 중 건기에는 상대적으로 반대편으로 이동하기 쉽다. 이곳의 우기는 또 다른 이야깃거리를 제공한다. 우리가 보고 있는 곳의 기반암과 제방을 하천이 침수시켰고, 그것은 빠르게 흘러간다. 그리고 결국 강을 건널 수 없거나 생명까지 위협할 정도로 무섭게 만들었다. 카누들이 정박해 있는 곳은 물에 떠 있지만, 계절과 함께 오르내린다. 타이와 라오스의 자연정치적 국경은 우리가 보고 있는 계곡의 중심에 놓여 있다."

시된 선 정도로 인식하거나 땅에 쳐진 담장 정도로 인식하는 경향이 있으나, 법적인 정의는 그보다 훨씬 깊은 논의를 필요로 한다. 사실 국경은 보이지 않는 수직면이 땅 위에서 하늘로, 그리고 땅속의 토양과 암석(지하수)으로 확장되어 표현되는 가상의 선이다. 이 선이 관통하는 땅에 선을 긋고 그것을 지도에 표시하는 것이다.

이제 우리가 보게 될 국경은 국가의 모양과 형태를 결정할 것이다. 일부는 규모가 클 것이지만 일부는 가늘고 얇을 것이다. 대부분은 해당 지명 없이도 지도에서 한눈에 알아볼 수 있다(예 : 장화 모양의 이탈리아, 이집트와 그 경계, 프라이팬 손잡이처럼 생긴 아프가니스탄). 그리고 보다 감각적인 사람이라면 그들의 경계에 대해서도 알아챌 수 있을 것이다. 국가들은 가장 작은 땅의 경계에 대해서도 영토와 관련하여 민감하게 반응하게 마련이다.

국경을 국가들 간의 계약의 관점에서 바라보면 좀 더 이해가 쉽다. 국가 간의 계약은 사적 재산에 대한 법과 같이 조약의 형태로서 문자로 기술되어 있다. 국경에 대해 세밀하게 '정의'한다 해도, 모든 계약과 마찬가지로 가끔씩 논란의 소지가 있게 마련이고, 이는 분쟁을 유발하기도 한다. 세부적인 조약의 관점에서 놓고 보면, 국경을 정밀하게 표현해야

하는 지도제작자의 몫이다. 이들은 대축척 지도에는 지도책이나 국제재판소에서 볼 수 있는 **국경선**을 그린다. 정부가 국익을 위해 국경선에 대해 강조하기로 하면, 이들이 그려 놓은 국경선을 따라 장벽이나 울타리를 건설하거나 그 밖의 인공구조물을 설치하게 된다. 이러한 **경계**를 통해 안전을 보장(이스라엘)하고, 불법 이주를 저지(미국)하거나, 불법 이민을 막는다(1961년과 1989년 사이의 베를린 장벽).

국경 분류하기

국경은 많은 기능을 가지고 있는데, 왜 일부 국경선이 다른 지역보다 많은 분쟁을 야기하는지에 대해 알게 되면 국경을 보다 객관적인 관점에서 바라볼 수 있다. 일부 국경선은 그 지역의 자연 경관(산맥, 하천)에 따라 구분되기도 하고, **자연지리학적** 특성을 반영하기도 한다. 그 밖의 것들은 역사적 사건이나 전환을 맞아 문화적 경관을 토대로 나뉘기도 하고, 때론 **인류지리학적, 민족문화적** 경계를 반영하는 경우도 있다. 그리고 세계 정치 지도에 나타나는 것처럼 그 지역의 문화적, 자연적 경관을 반영하지 않아 단순한 직선으로 표현되는 곳도 상당수 있다. 이러한 **기하학적인** 국경선은 선 너머의 지역에서 유용한 자원이라도 발견되는 경우 또 다른 분쟁을

발생론적 국경선의 분류

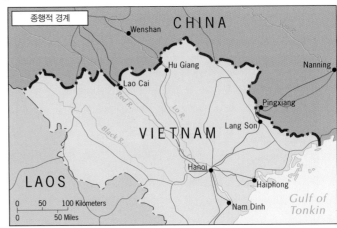

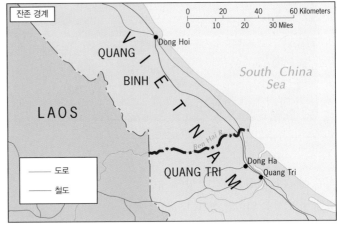

그림 10A-6

© H. J. de Blij, P. O. Muller, and John Wiley & Sons, Inc.

야기하는 원인으로 작용한다.

대체로 식민 열강 또는 그것을 계승한 정부는 동남아시아의 국경선을 아프리카, 아라비아 반도, 그리고 투르케스탄(중앙아시아의 광대한 지방)과 같은 식민지보다 신중하게 규정하였다. 최초의 조약으로 확립된 열강 세력은 거리가 먼 지역이나 보르네오 내륙처럼 사람이 드물게 거주하는 지역까지 국경을 설정하기 위해 노력했다. 그럼에도 불구하고 몇몇 국경선은 지속적인 문제를 야기해 왔는데, 인도네시아의 통치를 받는 뉴기니의 파푸아와, 섬의 동부를 점유하고 있는 파푸아 뉴기니 사이의 기하학적 국경선이 대표적인 사례이다. 이와 같은 인위적인 국경선은 인도네시아 파푸아의 분리 독립을 촉발하는 결과를 야기했다.

우리가 이번 장에서 활용하고 있는 소축척 지도를 통해, 이 일대의 국경선을 범주화할 수 있다. 그림 10A-1과 10A-3을 비교해 보자. 그림 10A-1의 카인(카렌)과 같이 길

게 늘어서 있는 선과 그림 10A-3에 나타나 있는 미얀마의 소수집단 등이 문화인류학적으로 부각되는 것을 통해, 타이와 미얀마의 국경선이 결정되었음을 짐작할 수 있다. 그리고 그림 10A-1을 보면 베트남-라오스의 자연지리적, 정치적 국경의 상당 부분이 안남 산맥(산악지대)과 일치함을 알 수 있다.

변화 시기의 국경선

세계의 몇몇 국경선은 한 세기를 넘어 여러 세기 동안 존속하는 경우도 있다. 반면 독립 후 결정된 식민지의 국경선은 상대적으로 역사가 짧다. 국경선의 기능을 다른 방식으로 해석하는 것에는 분할된 문화적 경관의 일부로서 바라보는 것과 관련이 있다. 정치지리학자들은 오랫동안 이 작업을 진행해 왔는데, 이 분야의 선구자 격인 리처드 하트숀(1899~1922)은 국경선을 네 개의 범주로 구분해야 한다고 주장했는데,

이를 **발생론적 분류**라고 한다. 공교롭게도 동남아시아에는 네 가지 국경선의 사례가 모두 공존한다.

하트숀에 의해 정의된 특정한 국경선은 오늘날 인문 경관이 형성되기 이전에 정의되었다. 그림 10A-6(지도 왼쪽 상단)에서 말레이시아와 인도네시아에서 보르네오에 걸쳐 있는 국경선은 첫 번째 국경 즉, **6 선행적 경계(antecedent boundary)** 유형 중 하나이다. 이러한 국경선의 대부분은 사람이 거주하는 열대우림지역에 산발적으로 걸쳐져 있으며, 심지어 거주가 중단된 지역은 그림 10A-2의 인구 분포도에서도 찾아볼 수 있다.

국경선의 두 번째 유형은 지역의 문화 경관으로서 발달해 왔는데, 이는 여러 지역 간의 지속적인 동화 과정을 통해 형성된 것이다. 이러한 **7 종행적 경계(subsequent boundary)**는 베트남과 중국 사이의 국경선을 상세히 보여주고 있는 그림 10A-6의 상단 오른쪽 지도에 표현되어 있다. 이와 같은 국경선은 오랫동안 조정과 수정을 통해 형성되었고 여전히 진행 중이라 할 수 있다.

세 번째 유형은 물리적인 통합이나 동일한 문화 경관을 통해 형성되었다. 식민 권력은 그림 10A-6의 왼쪽 하단 지도에서와 같이, 뉴기니 섬을 분리할 때처럼 거의 직선(플라이 강에서 굽이치는 부분만이 유일한 곡선)으로 국경선을 설정하였다. 이렇게 **8 전횡적 경계(superimposed boundary)**를 결정함으로써 뉴기니의 서쪽 절반을 네덜란드에게 넘겨주었다. 1949년 인도네시아가 독립했을 때, 독일은 민족적으로 인도네시아인에 비해 파푸아인의 비중이 높았던 뉴기니 식민지를 양보하지 않았다. 1962년 인도네시아 사람들은 무력으로 그 지역을 침공하였고, 1969년 유엔은 지배권을 인정하였다. 이는 인도네시아의 동쪽 국경을 식민지로 결정하는 전횡적 국경선을 만들었고, 환태평양에 이웃하는 동남아시아 일대로부터 인도네시아가 툭 튀어나오는 효과를 창출하였다. 지리적으로 뉴기니의 모든 지역은 환태평양의 일부로 형성된 것이다.

네 번째 유형은 **9 잔존 경계(relict boundary)**로 기능적으로는 영향력이 없지만, 국경선의 흔적(때로는 영향)이 여전히 문화 경관에 영향을 주고 있다. 그림 10A-6의 하단 오른쪽 지도에 나타나 있는 북부와 남부 베트남의 경계는 잔존 경계를 설명할 수 있는 대표적인 사례이다. 인도차이나전쟁(1964~1975) 후 획정된 국경선이 1976년 통일 이후 계속 잔존하는 경우이다.

동남아시아의 국경선은 식민지시대에 결정되어 독립 이후에도 지속적인 영향을 주었다. 이와 같은 사례로 조호르 해협이 있는 말레이 반도와 싱가포르의 주요 섬을 분리하는 자연지리적 국경선을 들 수 있다(그림 10B-6). 자연지리적-정치적 국경선은 결정적으로 싱가포르가 1965년 말레이시아로부터 분리 독립을 쟁취할 수 있었던 요인이 되었다. 만약 국경선이 없었다면 말레이시아의 분리 독립은 쉽지 않았을 것이며, 분리 독립이 느린 속도로 부각되었을 가능성이 높다. 조호르 해협은 싱가포르와 말레이시아를 나누는 국경선의 역할을 하였고, 이를 통해 육지가 아닌 바다에 자연스럽게 국경선이 설정되었다.

국가 영토의 형태

국경선은 국가의 범위를 설정하는 기능이 있으며, 각 나라가 독립적인 형태를 취할 수 있도록 결정한다. **영토의 형태(territorial morphology)**는 국가의 형성에 영향을 주었고, 심지어 국가의 생존에도 결정적인 요소로 작용해 왔다. 베트남은 영토가 길게 늘어선 기형적인 모양을 하고 있으며, 이와 같은 형태는 베트남의 존속에 큰 영향을 미쳤다. 그리고 10B장에서 우리가 주목하게 될 인도네시아는 인구가 가장 많은 자와 섬으로부터 다른 섬으로의 적극적인 '이주' 정책을 펼쳐, 섬이 많아 공간적으로 분리될 수밖에 없는 자연적 한계를 극복하고자 노력했다.

정치지리학자들은 주목할 만한 다섯 가지의 영토 형태를 정의하였다. 모두 지역지리 조사과정에서 살펴볼 수 있는 유형들이지만 잘 알려지지 않은 것들도 있다. 동남아시아에서는 위의 유형 대부분을 찾아볼 수 있는데, 10A-7은 이를 정리한 그림이다.

- **10 콤팩트 국가(compact states)**는 특별히 돌출되거나 만입부가 없이 원형과 직사각형 모양의 영토를 가지고 있는 나라를 일컫는다. 이는 최소한의 국경선으로 최대의 영토를 둘러쌀 수 있는 모양이다. 동남아시아에서는 캄보디아를 예로 들 수 있다.

- **11 길게 돌출된 국가(protruded states, 때때로 extended)**는 일반적으로 육지나 해안에 둘러싸여 있는 형태를 지닌다. 동남아시아에서는 타이와 미얀마를 예로 들 수 있다.

- **12 길게 늘어진 국가(elongated states, 또는 attenuated)**는 길이가 최소한 평균 너비의 6배가 되는 영토를 지닌다. 이

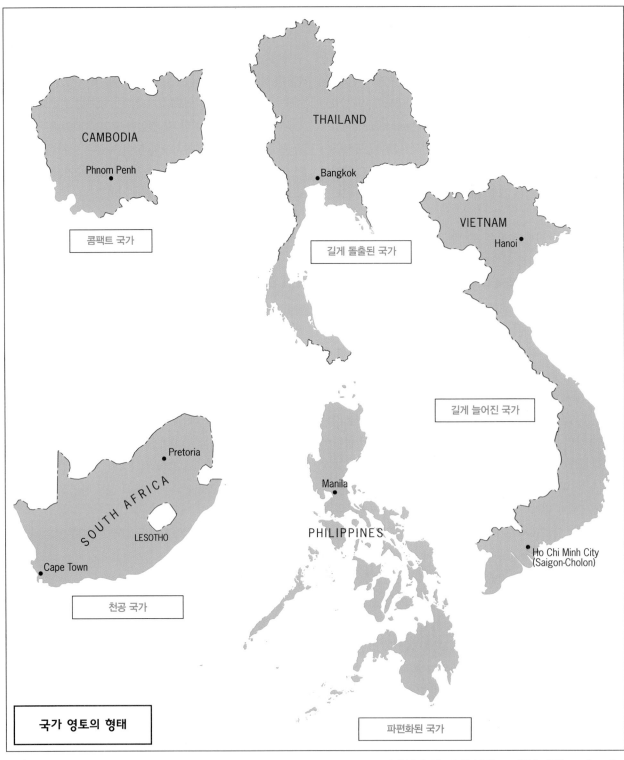

CAMBODIA
Phnom Penh

콤팩트 국가

THAILAND
Bangkok

길게 돌출된 국가

VIETNAM
Hanoi

길게 늘어진 국가

SOUTH AFRICA
Pretoria
LESOTHO
Cape Town

천공 국가

Manila
PHILIPPINES

Ho Chi Minh City
(Saigon-Cholon)

파편화된 국가

국가 영토의 형태

그림 10A-7

© H. J. de Blij, P. O. Muller, and John Wiley & Sons, Inc.

러한 국가는 환경이나 문화적인 측면에서 넓은 범위의 스펙트럼을 형성한다. 동남아시아의 예로 베트남을 들 수 있다.

- **13 파편화된 국가**(fragmented states)는 다른 나라 영토 또는 하천에 의해 2개 이상의 영토로 분할되어 있는 국가를 말한다. 반도와 반도, 반도와 섬, 섬과 섬의 형태로 구성되어 있는 경우가 많다. 동남아시아에서는 말레이시아, 인도네시아, 필리핀, 동티모르를 예로 들 수 있다.

- **14 천공 국가**(perforated states)는 자국의 영토 내에 다른 나라가 구멍처럼 들어가 있는 국가이다. 동남아시아에서는 이러한 유형의 국가가 없지만, 가장 확실한 예로 메릴랜드 면적의 레소토를 포함하고 있는 남아프리카공화국을 들 수 있다.

10B장에서는 동남아시아 국가들의 다양한 형태를 종종 참고할 것이다. 동남아시아의 국가들은 상대적으로 면적이 작고 수가 적지만, 다양한 국가의 형태를 지니고 있다. 그러나 주의할 것은 국가 영토의 형태가 그들의 생존력, 응집력, 통합, 결핍성을 결정한다기보다는 질적인 측면에 영향을 준다는 점이다. 예를 들어, 콤팩트 국가에 속하는 캄보디아의 형태가 정치적 다양성을 개선할 수는 없다. 또한 국토의 형태가 동남아시아의 정치 및 경제지리에 중요한 역할을 하고 있음을 알게 될 것이다.

생각거리

- 이슬람교, 불교, 크리스트교, 힌두교는 모두 동남아시아에서 중요한 존재이다. 이슬람 원리주의자들은 몇몇 국가에서 다른 가치관(무슬림 온건주의자들뿐만 아니라)들과 분쟁을 겪고 있다.
- 인구압과 경제 활동은 야생 동식물의 최후의 보루이자 세계에서 가장 큰 규모 중 하나인 열대우림을 파괴하고 있다.
- 동남아시아에 거주하는 중국인들은 그 수가 적지만, 국가 경제에서 상당한 영향력을 행사하고 있다.
- 반도에 인접해 있는 크고 작은 수천 개의 섬은 세계에서 가장 복잡한 해양의 형태를 연출한다.

세계 최대의 불교 유적 중 하나인 인도네시아 자와 섬에 있는 사리 탑 © H. J. de Blij

10B

동남아시아 : 권역의 각 지역

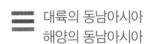 대륙의 동남아시아
해양의 동남아시아

그림 10B-1

동 남아시아의 지역지리는 식민지 시절의 권력 세력과 이에 대항하는 독립 이후의 정부 세력 간의 경쟁을 통해 이루어졌다. 외부 세력과 국지적인 세력 모두 다문화를 저해할 수 없었고 다문화를 이루는 구성원들도 문화적, 경제적으로 독립할 수 없었다. 말레이시아는 분열될 조짐이 여러 차례 보였으나 폭력 없이 잘 협상되어 싱가포르를 제외하고 연방체가 구성되었다. 이러한 현상은 인도네시아에도 확산되어 협상이나 권력 등에 의해 나라가 분리될 것으로 예상되었으나 최근 독립한 동티모르를 제외하곤 여전히 왕국을 유지하고 있다. 동남아시아의 정부들은 미얀마를 제외하곤 점차적으로 대표성을 띠어 가고 있다. 이 지역의 경제는 점차 성장하고 있고 그 결과는 통계 자료에서도 확인할 수 있다(부록 B 참조).

동남아시아 대부분의 국가는 바다를 사이에 두고 있어서 실제보다 면적이 더 큰 것처럼 보인다. 이 국가들의 본토는 섬 지역을 합친 것보다 사실 적다. 말레이 반도를 포함한 본토의 면적은 210만 km²이고, 섬 지역(태평양 지역에 속하는 인도네시아의 파푸아 지역 제외)의 면적은 대략 240만 km²이다. 동남아시아 전체 면적 중에서 육지 지역이 46%이고 섬지역이 약 54%인 셈이다. 그러나 말레이시아는 육지 성격보다 섬 성격이 강해서 균형을 맞추기 위해 동남아시아 연안 쪽에 많은 관심을 기울이고 있다.

동남아시아에는 거대국인 인도네시아와 말레이시아, 미니국인 싱가포르와 브루나이를 포함해서 11개국이 있다(그림 G-10 참조). 싱가포르는 무역업으로 부를 축적했고 브루나이는 산유국이어서 부를 축적했다. 미얀마는 여전히 가난한 상태인데, 그 국가가 가진 잠재력을 인식하지 못한 채 잘못된 행정을 계속하고 있다. 라오스와 캄보디아는 환경적으로 위치적으로 그리고 행정적인 문제들이 만연해 있다. 그러나 말레이시아는 앞서 나가고 있고, 타이는 최근 정치적인 어려움을 겪을 때까지 성장을 계속해 왔다. 보수적인 사회인 베트남도 경제 족쇄를 풀기 시작했다.

동남아시아는 우선적으로 대륙의 동남아시아와 해양의 동남아시아로 지역을 구분할 수 있다. 그림 10B-1에 나타난 바와 같이, 말레이 반도 남단의 말레이시아 영토는 해양의 동남아시아에 포함시킨다. 대륙의 동남아시아는 베트남, 캄보디아, 라오스, 타이, 미얀마의 5개국으로 구성되고, 해양의 동남아시아는 말레이시아, 싱가포르, 인도네시아, 동티모르, 브루나이, 필리핀의 6개국으로 구성된다.

- **대륙지역** : 베트남, 캄보디아, 라오스, 타이, 미얀마(버마)
- **해양지역** : 말레이시아, 싱가포르, 인도네시아, 브루나이, 필리핀, 동티모르

해양의 동쪽지역은 문화지리적 범위와 정치적 범위가 일치하지 않는다. 뉴기님 섬의 인도네시아 영토는 동남아시아 지역에 포함되는 것이 아니라 태평양 권역에 속하고 있음에 주의하여야 한다.

대륙의 동남아시아

대륙의 동남아시아에는 5개의 국가가 있다(그림 10B-1). 인도차이나 반도의 서쪽에는 미얀마가 있으며 가운데에는 타이, 그리고 동쪽에는 라오스, 베트남, 캄보디아가 있다. 대륙의 동남아시아에 지배적인 영향을 미친 종교는 불교이지만, 이 지역은 다민족 사회로서 문화적으로 매우 복잡하다. 비록 대륙의 동남아시아는 도시화율이 매우 낮지만, 몇 개의 대도시가 발달하였다. 그림 10B-1에 나타난 바와 같이, 미얀마와 베트남에는 2개의 핵심지역이 있다.

오늘날의 베트남, 캄보디아, 라오스는 과거의 프랑스령 인도차이나에서 독립한 국가이다. 미국은 인도차이나에서 전쟁을 일으켰으나 많은 희생을 치르고 1975년에 물러나고 말았다. 인도차이나 전쟁이 1964년 공식적으로 시작되기 이전에(미국은 실제적으로 이보다 일찍부터 전쟁에 개입하였는데), 어떤 학자들은 베트남에서 일어난 전쟁이 먼저 라오스와 캄보디아로 확산될 것이고 나중에는 타이, 말레이시아, 미얀마(버마)로 확산될 것이라고 경고하였다. 이러한 관점은 **1** 도미노 이론(domino theory)에 근거한 것이었다. 도미노 이론에 따르면, 어떤 한 국가에서 발생한 불안정과 갈등이 점차로 이웃 국가들로 확산됨으로써 그 지역 전체가 불안정과 갈등으로 휩싸이게 된다는 것이다.

베트남전쟁이 캄보디아와 라오스에는 영향을 미쳤지만, 다른 국가들에는 영향을 미치지 않았다. 20세기의 냉전 구도에서 만들어진 도미노 이론은 동남아시아에는 적용되지 않았고, 적어도 동남아시아에서는 잘못된 이론으로 판명되었다. 그런데 도미노 이론에서는 공산주의 혁명 요인만이 불안정한 요소

로 작용한 것은 아니다. 2003년 미국의 이라크 침공, 2008년 러시아의 그루지야 침공 등 강대국들은 약소국들의 내정에 간섭하기도 했다. 이러한 현상은 이들과 인접한 국가들에도 영향을 미쳐서 장래에 지역 갈등의 불씨가 되기도 한다. 한 국가에서 발생한 인종적-문화적 갈등은 인접국가들에게까지 퍼지기도 한다. 르완다 내전은 인접한 콩고, 부룬디, 우간다 지역으로 퍼져나갔다. 민족 갈등, 문화적 갈등, 환경적 문제, 경제적 문제 등이 도미노 효과를 일으킬 수 있다.

베트남

베트남은 여전히 전쟁의 상처를 완전히 치유하지 못하고 있다. 그러나 베트남 인구 8,350만 명 중에서 약 60%가 21세 미만이기 때문에 대다수의 베트남 사람들은 잔혹한 전쟁에 대한 기억이 없다. 오늘날 베트남 사람들은 베트남을 외부 세계에 다시 연결시키는 것과 인프라 건설을 통해 2,000km나 되는 길쭉한 국토를 통합하는 것을 당면 과제로 생각한다(그림 10B-2 참조). 그러나 최근에 경제가 급속도로 성장하고 있다. 지난 수십 년간 베트남 경제가 세계 경제에서 차지하는 위상이 높아지면서 가난을 점차 극복해 왔다. 오늘날에는 중국보다 저렴한 인건비를 내세워 세계의 공장들이 많이 건설되고 있다.

프랑스 식민지 시절의 유산

베트남에 진출한 프랑스인들은 길쭉하게 늘어선 베트남을 세 지역으로 나누어 통치하였다. 첫째는 통킹 지역인데, 이 지역은 북쪽의 하노이를 중심으로 하는 레드 강 삼각주 일대이다. 둘째는 코친차이나인데, 이 지역은 남쪽의 사이공을 중심으로 하는 메콩 강 삼각주 일대이다. 셋째는 안남 지역인데, 고대 도시 위에를 중심으로 하는 베트남 중부지역이다.

베트남인을 안남인이라고도 부른다. 베트남 사람들은 동일한 언어를 구사하지만 북부 사람들과 남부 사람들의 액센트는 많이 달라서 쉽게 구별된다. 식민지 시절 프랑스인들은 인도차이나에서 공용어(링구아 프랑카)를 사용하게 했다. 1940년 일본인들이 베트남을 침입하여 점령함으로써 프랑스인들이 물러났다. 일본인들의 점령하에서 베트남인들의 민족주의가 강력하게 일어났고, 1945년 일본 패망 이후에도 프랑스는 다시 베트남을 지배할 수 없었다. 1954년 프랑스인들은 베트남 북서부의 딘빈푸 전투에서 치명적으로 대패함으로써 베트남에서 완전히 물러났다.

북부 지방과 남부 지방

베트남은 프랑스가 완전히 철수한 다음에도 통일국가로 출발하지 못하였다. 하노이를 중심으로 하는 북쪽에는 공산주의 체제가 등장하였고, 사이공을 중심으로 하는 남쪽에는 반공산주의 체제가 등장하였다. 길쭉하게 늘어선 영토가 프랑스인들의 통치를 힘들게 만들었는데, 이제는 길쭉하게 늘어선 영토가 베트남을 남과 북으로 분열시킨 것이다. 그림 10B-2에 나타난 바와 같이, 베트남은 북쪽과 남쪽에서 그 영토의 폭이 넓고 가운데 부분에서는 폭이 좁다. 이러한 국토 모습처럼 북쪽의 월맹과 남쪽의 월남은 별개의 세계로 독립하였다. 북쪽은 하노이를 중심으로 하는 공산주의 체제가 들어섰고, 남쪽은 사이공을 중심으로 하는 반공주의 체제가 들어섰다. 미국이 사이공 체제를 10년

이상이나 지원하였음에도 불구하고, 공산주의 세력은 점점 더 커져만 갔다. 중국과 마찬가지로 오늘날 베트남은 공산주의 체제의 국가이다. 약 2백만이나 되는 베트남인들이 보트를 타고 남중국해로 탈출하였고, 그중 살아남은 사람들의 상당수는 미국에 정착하였다.

최근 북부 지방과 남부 지방의 차이는 줄어들고 있기는 하지만 여전히 지속되고 있다. 수도인 하노이는 북적거리는 사이공보다 뒤처져 있지만 오늘날 하노이의 스카이라인은 점차 현대화되고 있으며 하이퐁 항구와의 연결은 엄청나게 향상되었다. 거의 5백만 명에 달하는 주민이 거주하고 있는 하노이는 베트남 북단(통킹 평야)의 핵심지역, 즉 레드 강 유역(배후 농업지역)에 자리 잡고 있다. 농촌의 도로에서는 여전히 사람이나 가축이 수레를 끌고 있으나 점차 도로 사정이 나아지고 있다. 그러나 남부 지방은 매우 심오한 변화를 겪고 있는데, 정부의 세계 경제에 대한 개방화 정책과 더불어 천천히 경제적 성장이 이루어지고 있고 이 과정에서 점차 가난으로부터 벗어나는 사람들이 늘어나고 있다.

앞으로의 전망

공산주의 체제의 초기 10여 년 동안 민영기업은 파산하였고 농부들은 중국식 공산주의 모델에 순응하도록 강요받았으며, 그 결과 1980년대 초에는 거의 기아 상태에 직면하였다. 중국의 개방 정책과 더불어 하노이의 정치 지도자들은 제한된 범위 내에서 개방을 허용하였다. 1990년대 중반 민영기업들이 활성화되었고 농부들은 개인의 이익을 위해 농사를 지을 수 있게 되었으며, 외국인 투자도 허용되었다.

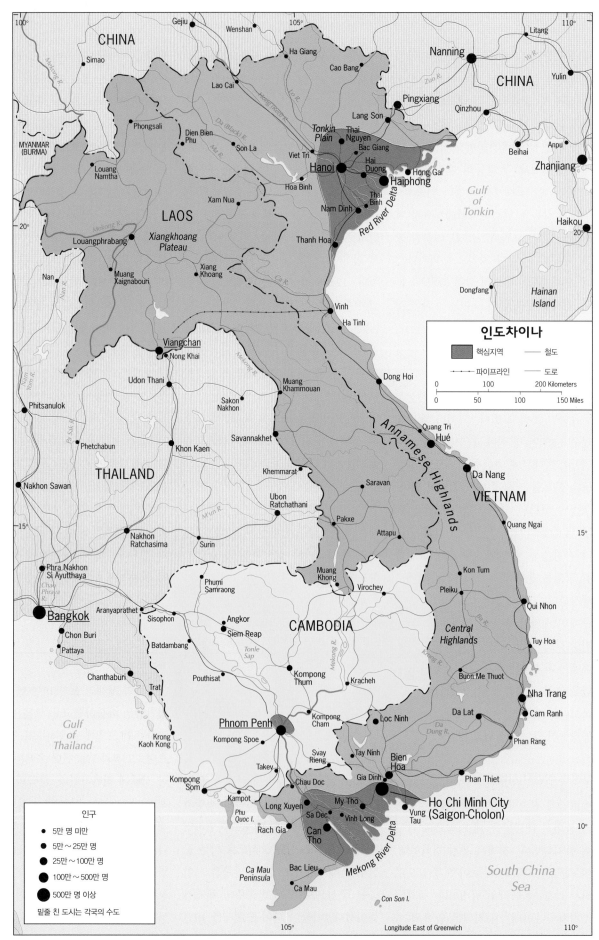

인도차이나

▨ 핵심지역	── 철도
┄┄ 파이프라인	── 도로

0 ___ 100 ___ 200 Kilometers
0 ___ 50 ___ 100 ___ 150 Miles

인구

- • 5만 명 미만
- • 5만~25만 명
- ● 25만~100만 명
- ⬤ 100만~500만 명
- ⬤ 500만 명 이상

밑줄 친 도시는 각국의 수도

© H. J. de Blij, P. O. Muller, and John Wiley & Sons, Inc.

답사 노트

© H. J. de Blij

"베트남의 주요 도시들은 근대화되면서 스카이라인이 많이 높아졌음에도 불구하고 대부분의 도시지역은 여전히 예전과 비슷하다. 주요 도로는 자전거와 오토바이 소리가 진동하고 주변 길거리는 더 조용해지거나 살기에 편해졌다. 고층 건물은 많이 없지만 인구 밀집으로 인해 많은 문제가 야기되었다. 하노이대학교의 동료 교수는 다음과 같이 말했다. '사람들이 필요로 하는 서비스를 모두 제공해 줄 정도로 경제가 빠르게 성장하고 있지는 않다.', '아직 큰 변화는 없다. 세계화의 명백한 증거는 보이지 않는다. 우리는 근본적으로 자급자족이다. 아무도 굶주리지 않으며 빈부격차가 그리 크지 않다. 우리는 어느 정도의 조절과 통제를 하고 있다. 베트남의 대부분 지역은 안정적으로 성장하고 있다.'"

지난 수년간 베트남의 주력 산업은 농업이었다. 오랫동안 쌀 수출국으로 명성을 얻었으나 2002년에 세계 최대의 커피 수출국이 되었다. 현재는 브라질에 이어 세계 2위의 커피 수출국이다. 산지지역까지 커피 재배가 확대되면서 매년 홍수가 늘어나는 등 각종 환경 문제가 발생하기도 한다.

세계 경제가 어려웠던 시기에도 베트남 경제는 빠르게 성장해 왔다. 호치민 시(1976년까지 공식 명칭은 사이공이었던)는 다시 활기를 띠었고 국가 전체 GNI의 약 25%를 차지하게 되었다. 2007년에 베트남은 WTO에 가입하였다. 여전히 하노이의 공산주의 지도자들은 중국과는 달리 계획 경제를 고수하고 있으며, 중국이 개방 정책으로 인해 겪고 있는 부의 불균등 분배 문제가 발생하는 것을 꺼리고 있다.

캄보디아

캄보디아는 고대 크메르 제국을 계승한 국가이다. 앙코르를 수도로 삼았던 크메르 제국은 앙코르 와트 등 거대하고 웅장한 석조 문화를 남겨놓았다. 오늘날 1,500만 명의 캄보디아인 중에서 90%는 크메르인이고, 나머지는 베트남인과 중국인들이 대부분이다. 캄보디아 수도 프놈펜은 메콩 강에 인접하여 위치하는데, 메콩 강은 캄보디아를 가로질러 베트남으로 흘러들어가 거대한 삼각주를 만든다(그림 10B-2).

캄보디아는 콤팩트 국가에 속하고, 문화적으로 볼 때 비교적 동질적인 국가에 속한다(그림 10A-7 참조). 그럼에도 불구하고 인도차이나 전쟁에서 마오쩌둥주의자 테러집단 크메르 루즈에 의하여 2백만 명에 달하는 캄보디아 사람들이 희생되었다. 캄보디아는 한때 식량을 자급하고 농산물을 수출하는 국가

였으나 오늘날에는 식량을 수입하는 국가로 전락하였다. 캄보디아는 정치적인 불안정과 농촌의 혼란으로 인하여 동남아시아에서 두 번째로 가난한 국가가 되었다. 인도차이나전쟁으로 입은 상처가 아직도 아물지 않고 있다.

라오스

라오스는 중국·베트남·타이·미얀마·캄보디아 5개 국가와 국경을 맞대고 있다(그림 10B-2). 서쪽 국경선의 상당한 부분이 메콩 강의 유로와 겹치고, 동쪽 국경선은 험준한 산맥을 이루면서 베트남과 접하고 있다. 라오스의 6백만 인구 중에서 라오족은 절반 이상을 차지하는데, 이들은 타이의 타이족과 매우 가까운 민족이다. 라오스에는 철도가 전혀 없고, 포장된 도로는 겨우 몇 킬로미터에 불과하며, 공업은 거의 발달하지 못하였다. 도시화율은 27%에 불과하

다. 라오스의 수도는 비앙찬(Viangchan 비엔티안)인데, 비앙찬도 메콩 강변에 위치한다. 베트남의 해안으로부터 비앙찬까지 송유관이 연결되어 있다.

　라오스는 오랫동안 아편을 생산하는 황금의 삼각지대(Golden Triangle)에 속해 있었다. 그러나 최근 국제사회(특히 미국과 유럽)의 비난으로 인해 라오스의 공산주의 정부는 아편을 주로 생산해 오던 산악 민족들을 규제하기 시작하였다. 아편 생산은 산악 민족들의 유일한 생계 수단이었기 때문에 정부는 이들을 저지대의 마을로 강제 이주시켰다. 그러나 이들은 산악지대에서는 볼 수 없었던 말라리아나 각종 질병에 시달리게 되었다. 산악 민족들의 생활을 돕기 위한 서방 세계의 원조가 계속 이어졌다. 이것은 강대국의 힘이 어떻게

변방의 조그마한 지역에까지 미치게 되는지를 잘 보여주는 사례이다.

타이

여러 측면에서 볼 때, 타이는 동남아시아에서 가장 선두에 있는 국가이다. 이웃 국가들에 비하면 타이는 태평양 연안의 경제 성장에 적극적으로 참여하고 있다. 타이의 수도 방콕(인구 7백만)은 동남아시아에서 두 번째로 큰 도시이고, 세계에서 으뜸가는 수위도시 중 하나에 속한다. 타이는 2010년 통계 당시 6,700만 명으로 조사되었으며 동남아시아에서 싱가포르와 더불어 인구증가율이 가장 낮은 국가에 속한다. 지난 몇십 년 동안 정치적 불안정성과 불확실성은 타이의 경제적 성장을 더디게 만들었다. 타이는 입헌군주국이며 선출된

국회의원이 있다. 안정된 민주주의로의 진전은 지난 역사 속에서 많은 좌절을 겪었다. 2006년에 무장 단체가 논란은 있었지만 인기가 많았던 수상을 축출하였는데, 이러한 권력 투쟁은 장기간 지속되어 관광 산업을 포함한 국가 경제에 심각한 영향을 미쳤다. 대규모 시위로 도시가 마비되었고, 공항이 폐쇄되었으며, 도로 교통이 마비되어 산업과 상업 부문이 타격을 입었다.

타이의 중심부는 약간 장방형의 모양을 하고 있고 그 중심부 중에서도 핵심 지역에 수도와 주요 생산시설이 들어서 있다. 타이의 중심부로부터 회랑지대가 좁고(폭이 최소 32km 이하), 길게(약 1,000km) 남쪽으로 말레이시아 국경지대까지 뻗어 있다(그림 10B-3). 이 회랑지대는 미얀마와 국경을 맞대고 말

2010년 봄에 발생한 타이의 정치적 위기는 사회 문제로 변했다. 반란군은 수상을 몰아냈고 정부를 불신하는 시위대가 방콕 거리를 점령했다. 이 와중에 수십 명이 사망하고 수백 명이 다쳤으며, 상당수의 건물이 무너졌고 경제는 큰 혼란에 빠졌다. 이때 군인들과 경찰들이 마치 전쟁 때와 같이 '붉은 셔츠를 입은 사람들'을 진압했다. 시위는 진압되어 갔고 반란군들은 세계에서 가장 큰 쇼핑몰 중의 하나인 센트럴 월드에 불을 질렀다. © AFP/Getty Images, Inc.

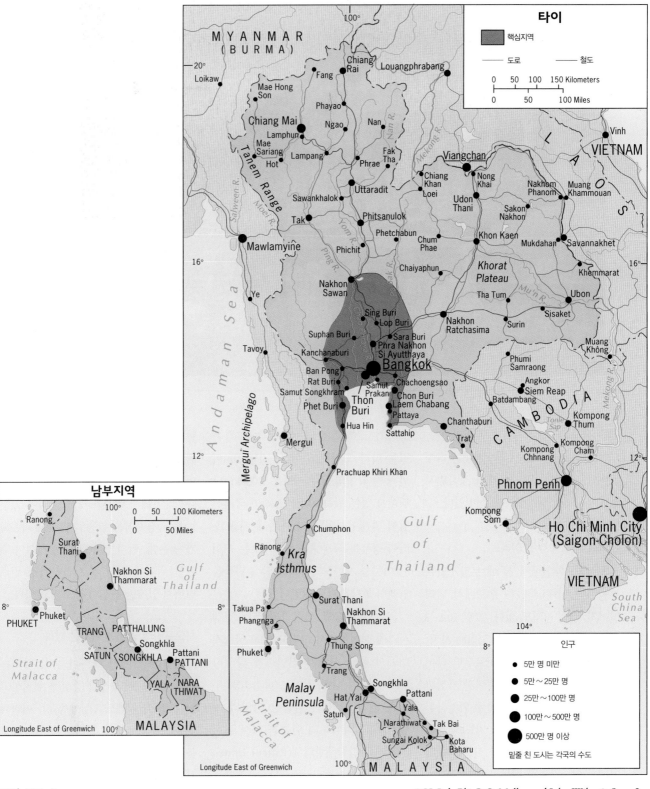

타이

핵심지역

—— 도로   —— 철도

0 50 100 150 Kilometers
0   50   100 Miles

남부지역

0 50 100 Kilometers
0   50 Miles

Longitude East of Greenwich 100°

인구

· 5만 명 미만
● 5만~25만 명
● 25만~100만 명
● 100만~500만 명
● 500만 명 이상

밑줄 친 도시는 각국의 수도

그림 10B-3

© H. J. de Blij, P. O. Muller, and John Wiley & Sons, Inc.

답사 노트

© H. J. de Blij

"2008년 4월 중순에 미얀마 양군의 도심지역을 걸어갈 때, 불과 며칠 후에 이 거리가 사이클론인 나르기스에 의해 초토화가 될 줄은 꿈에도 몰랐다. 이곳은 술래 파고다 거리이다. 도심의 랜드마크인 옥타곤 파고다의 북쪽에서 몇 블록 떨어진 곳이다. 영어로 된 간판이 많은 것은 한때 영국의 식민지였기 때문이다."

레이 반도의 크라 지협까지 내려간다. 그리고 여기서부터 이 회랑지대는 타이 만뿐만 아니라 안다 만 해와 접하면서 말레이시아 국경지대까지 뻗어 있다.

불안한 반도의 남부 지방

전체 국가 차원에서 볼 때 보잘것없는 돌출부의 남쪽 끝만큼 수도에서 멀리 떨어져 있는 지역도 없다. 그림 10A-3을 토대로 공간적 상황을 고려해 보자. 말레이 민족은 말레이시아로부터 타이 영토 안으로 약 300km 떨어진 지점까지 분포한다. 타이의 남쪽에 위치하는 5개 주(그림 10B-3 삽입 지도)에서는 주민의 85%가 이슬람교를 신봉한다(타이에서 이슬람교를 신봉하는 사람은 전체 국민의 5% 미만). 타이와 말레이시아의 국경지대에서는 사람들이 국경선을 마음대로 오가고 있다. 콜록 강을 따라 통나무배를 타고 국경선을 가로질러

오가기도 하고 삼림지대에 놓인 작은 길을 따라 오가기도 한다. 지난 100여년 동안 타이의 남부 지방은 1,000km나 떨어져 있는 방콕보다는 오히려 국경선 넘어 말레이시아와 더 가깝게 지냈고, 타이 정부는 국경선을 가로지르는 이러한 이동을 제한하거나 이슬람 주민들을 엄격히 통제하지도 않았다.

그러나 이슬람 세력과의 테러 전쟁 시기에 접어들면서 그리고 남쪽 국경지대에서 폭력 사태가 빈번하게 발생하면서 타이의 남부 지방은 국가적인 주목을 받게 되었다. 이슬람 지역의 기능적 수도 파타니의 이름을 따서 조직된 파타니연합해방단체(Pattani United Liberation Organization)는 근래에는 활동이 뜸하지만 1960년대와 1970년대에는 활발하게 활동하였다. 파타니에 있는 호텔에서, 학교에서, 교회에서, 절에서 2001년과 2002년에 연속적으로 폭

탄 테러가 일어났는데, 앞으로도 무슬림에 의한 이러한 폭력 사태가 계속 일어날지도 모른다는 공포가 만연되어 있다. 타이에서 뚜렷하게 돌출되어 있는 남쪽 국경지역은 관광업에 대한 의존도가 높은데, 안다 만 해의 관광시설이 취약한 위치에 있어 영토에서 가장 멀리 떨어져 있지만 관심이 고조되고 있다.

차오프라야 강변에 위치한 방콕

그림 10B-1에서 나타나듯이, 타이는 대륙의 동남아시아의 중심에 위치하고 있다. 타이는 레드 강, 메콩 강, 이라와디 강의 삼각주를 갖지는 못했음에도 불구하고, 중앙부의 저지대는 북부의 산지에서 흘러나오는 물과 동부의 코라트 대지에서 흘러나오는 몇 개의 하천에 의해 자주 침수된다. 이러한 하천 중의 하나가 바로 차오프라야 강이다. 이 하천은 타이 만으로부터 나콘사완까지

중요한 운송로 역할을 한다. 이 하천을 따라 쌀을 가득 실은 바지선, 페리보트, 통조림과 텅스텐(타이가 세계적인 주산지인)을 실은 화물선 등이 다닌다. 방콕은 차오프라야 강 하류의 양안을 따라 발달하였는데, 강의 양안을 따라 고층건물, 불교 사탑, 공장, 수상 가옥, 고급 호텔, 평범한 가옥들이 즐비하게 들어서 있다. 차오프라야 강의 오른쪽 제방지역에 위치한 방콕의 서부지역은 아직도 운하지구가 남아 있는데, 이곳에서는 보트가 주요 교통수단으로 이용된다. 많은 운하가 매립되어 포장도로 등으로 변했지만 방콕은 여전히 '아시아의 베니스'로 불린다. 불행히도 방콕은 대부분의 지역이 저지대여서 교통 문제가 심각하기 때문에 지하철 운행의 필요성이 매우 높게 제기되었지만 건설되지 않을 수도 있다.

미얀마

타이의 서쪽 이웃인 미얀마(아직 반체제 진영은 버마라고 부름)는 세계에서 가장 가난하고 고립되어 있는 나라 중의 하나이고 여전히 수 세기 동안 그 상태를 유지하고 있다. 세계에서 가장 부패하고 잔인한 군사 독재 정권의 지배하에 있지만 산유국으로서의 잠재성을 갖고 있어서 체제 변화를 기다리는 다국적 기업이 많이 있다. 미얀마는 타이와 말레이 반도의 좁은 지협을 공동으로 갖고 있다. 그러나 그림 10B-3을 다시 보고 그 차이점을 적어 보자.

미얀마의 문제는 식민지시대에 버마인들의 핵심부가 옮겨짐에 따라 매우 복잡해졌다. 식민지시대 이전에는 초기의 버마인들의 핵심부가 (서쪽에 멀리 떨어져 있는) 아라칸 산맥과 동쪽으로 뻗어 있는 삼각형 모양의 샨 고원 사

이의 소위 건조지대에 놓여 있었다(그림 10B-4). 그 지역의 핵심도시는 만달레이이며, 만달레이는 비버마계 사람들이 많이 사는 고지대와 인접해 있었다. 영국인들이 이라와디 강 삼각주의 남쪽으로 농경지를 개발하였고 랭군(현재의 지명은 양곤)은 그 식민지의 핵심지역으로 발전하였다. 이라와디 강은 과거의 핵심부와 현재의 핵심부를 수로를 통해 연결해 주고 있지만 버마인들의 삶의 무게 중심은 남쪽으로 이동되었다.

그림 10A-3에서 알 수 있듯이, 미얀마의 소수민족들(11개)은 그 지역의 중요한 부분을 차지하고 있다. 그림 10B-4를 자세히 보면, 7개 지역에서 매우 높은 비중을 차지하고 있는데, 버마인들이 많은 곳은(5천만 명을 넘는 인구 중 68%를 차지하는) 몇 개 지역으로 나누어져 있다. 북동쪽 그리고 저 멀리 북쪽에 살고 있는 샨족은 타이인들과 인접해 있으며 전체 인구의 약 9%, 즉 450만 명 정도 된다. 카렌족이 7% 이상(350만 명)이며, 이들은 미얀마의 돌출부의 목 부분에 살고 있으며 미얀마 연방 내에 그들만의 자치 영토를 만들 수 있기를 희망하고 있다. 몬족은 2.3%(120만 명)를 차지하고 있으며 버마인들보다 먼저 미얀마에 정착하였고 불교를 처음으로 들여왔던 민족이다. 이들은 그들이 쫓겨났던 땅에서 다시 살기를 원하고 있다. 미얀만 군사정권은 이러한 소수민족들의 요구를 일축해 왔지만 중앙집권화에 반대하는 그들의 요구는 미얀마 중앙정부를 지속적으로 괴롭히고 있다. 미얀마 중앙정부는 소수민족들을 포용하는 정책보다는 힘으로 눌러 통제하는 정책을 추구해 오고 있다. 오늘날 미얀마에서는 버마인들조차도 정치적 자유가 금지되어 있다.

2007년에 군사정권은 수도의 주요 시설을 양곤에서 300km 정도 북쪽으로 이동했으나 그 지역은 다른 지역과의 접근성이 낮고 도시적인 편의시설도 거의 없었다. 그 중심은 핀마나의 내부에 위치해 있으며 나이피두로 알려져 있다. 군사정권은 이곳으로 수도의 주요시설을 이동한 이유가 이곳이 국토의 중앙부에 위치해 있어서 중앙정부의 행정력을 높일 수 있고 외적의 침입을 효율적으로 막을 수 있기 때문이라고 밝혔다.

최근의 두 가지 사건이 미얀마를 결정적으로 뒤흔들었고 베일에 싸였던 군사정권은 무능한 행정력을 노출시켰다. 2007년에 수도승들에 의해 촉발된 시민봉기가 발생했는데, 전 세계 사람들은 가장 억압적인 나라가 마침내 개방되는 것을 보기 위해 숨을 죽이고 있었다. 그러나 그러한 일은 일어나지 않았고 군사정권은 다시 탄압을 지속했고 저항은 용인하지 않겠다고 선언했다. 그 후 2008년 봄에 강력한 열대성 사이클론이 이라와디 삼각주를 강타해서 최소한 130,000명이 사망했고 2~3백만 명의 사람들이 집을 잃었다. 군사정권은 초기에 사태의 심각성을 파악하지 못했기 때문에 초기 대응이 늦었다. 처음에는 외국의 구조대가 들어오는 것을 막았고 단지 몇 주 지나고 나서야 제한적으로 외국의 구조대와 구호품들이 보급될 수 있었다.

오늘날 미얀마는 가장 가난하고 가장 개발이 안 되어 있으며 가장 타락한 국가 중의 하나로 알려져 있다. 가난 때문이 아니라 탐욕스러운 군사 독재 정권 때문에 국제사회에서 고립되어 있으며, 이는 사람들을 억압하고 국민들의 열망을 무참히 짓밟고 있는 군사 독재

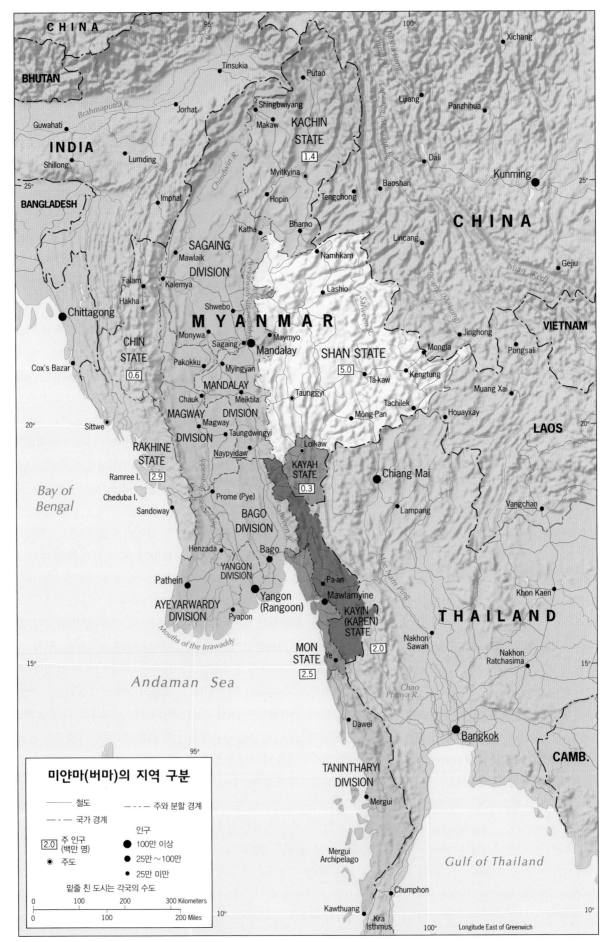

CHINA

BHUTAN

INDIA

Guwahati

Shillong

BANGLADESH

Lumding

Tinsukia

Jorhat

Brahmaputra R.

Imphal

Falam

Hakha

Kalemya

Chittagong

CHIN
STATE
0.6

Cox's Bazar

Sittwe

RAKHINE
STATE
2.9

Ramree I.

Cheduba I.

Sandoway

Pathein

AYEYARWARDY
DIVISION

Pyapon

Mouths of the Irrawaddy

Bay of
Bengal

Shwebo

SAGAING

DIVISION

Mawlaik

Monywa

Sagaing

Pakokku

MANDALAY

Chauk

MAGWAY

DIVISION

Magway

Taungdwingyi

Naypyidaw

Prome (Pye)

Henzada

BAGO
DIVISION

YANGON
DIVISION

Bago

Yangon
(Rangoon)

Putao

Shingbwiyang

Makaw

Myitkyina

Hopin

Katha

KACHIN
STATE
1.4

Bhamo

Namhkam

Lashio

MYANMAR

Mandalay

Maymyo

Myingyan

Meiktila

DIVISION

Taunggyi

Loikaw

KAYAH
STATE
0.3

SHAN STATE
5.0

Tengchong

Baoshan

Lincang

Tá-kaw

Möng-Pan

Chindwin R.

Salween R.

Salween R.

Salween R.

Xichang

Lijiang

Panzhihua

Dali

Kunming

CHINA

Gejiu

Yuan (Red)

VIETNAM

Jinghong

Mongla

Pongsali

Kengtung

Muang Xai

Houayxay

LAOS

Vangchan

Chiang Mai

Lampang

Pa-an

Mawlamyine

KAYIN
(KAREN)
STATE
2.0

MON
STATE
2.5

Ye

Tachilek

THAILAND

Khon Kaen

Nakhon
Sawan

Nakhon
Ratchasima

Mae Nam Ping

Chao
Phraya R.

Andaman Sea

Dawei

TANINTHARYI
DIVISION

Mergui

Mergui
Archipelago

Chumphon

Kawthaung

Kra
Isthmus

Bangkok

CAMB.

Gulf of Thailand

Longitude East of Greenwich

미얀마(버마)의 지역 구분

철도

주와 분할 경계

국가 경계

2.0 주 인구
(백만 명)

주도

인구

100만 이상

25만 ~ 100만

25만 미만

밑줄 친 도시는 각국의 수도

0   100   200   300 Kilometers

0   100   200 Miles

그림 10B-4

© H. J. de Blij, P. O. Muller, and John Wiley & Sons, Inc.

정권의 책임이 크다.

해양의 동남아시아

동남아시아의 남쪽과 동쪽에 위치하는 반도와 섬에는 6개국이 자리 잡고 있다(그림 10B-1참조). 해양의 동남아시아 지역만큼이나 다양한 국가로 구성되어 있는 지역은 지구상에서 찾아보기 힘들다. 과거 영국의 식민지였던 말레이시아는 말레이 반도와 보르네오 섬으로 나누어져 있다. 인도네시아는 수마트라 섬으로부터 뉴기니 섬까지 흩어져 있는 수천 개의 섬으로 구성되어 있다. 한때 미국의 식민지였던 필리핀은 인도네시아 열도의 북쪽으로 위치한다. 말레이시아·인도네시아·필리핀 삼국은 세계에서 가장 심하게 국토가 여러 곳에 분산되어 있는 국가들이다. 이 삼국은 국토가 여러 곳에 분산되어 있기 때문에 국토 분열의 위기에 직면한 경우가 많았다. 이 삼국 이외에 해양의 동남아시아에는 국토가 몹시 작은 싱가포르, 브루나이, 동티모르가 위치한다. 도시국가인 싱가포르는 말레이시아의 일부였다가 독립하였으며, 이슬람 술탄국인 브루나이는 페르시아만의 작은 국가들처럼 석유자원이 풍부하다. 동티모르는 2002년 인도네시아로부터 분리되어 독립하였다.

대륙과 해양 사이의 말레이시아

말레이시아는 국토가 2개 이상으로 나누어진 파편화된 국가 중에서 대륙-해양 유형, 즉 국토의 일부는 대륙에, 일부는 섬에 속하는 유형에 속한다. 말레이시아는 식민지시대의 유산으로 인하여 2개의 서로 다른 실체가 하나로 통합된 국가이다. 첫 번째 실체는 **서부 말**레이시아라고 부르는 말레이 반도의 남단이고, 또 다른 실체는 **동부 말레이시아**라고 부르는 보르네오 섬의 북부지역이다(그림 10B-1 참조). 1963년 말레이 반도의 말라야 연방, 그리고 보르네오 섬의 사라와크 주와 사바 주가 통합되면서 말레이시아라는 명칭을 처음으로 사용하게 되었다. 그래서 오늘날에도 말레이 반도 부분만을 가리켜 말라야라고 칭하고, 국토 전체를 가리킬 때는 말레이시아라 부른다.

민족 구성

말레이 반도의 말레이인들은 전통적으로 농경민인데, 이들은 이전의 원주민을 축출하고 말레이 반도에 정착하였다. 오늘날 말레이시아 인구 2,900만 중에서 말레이인은 50%를 차지한다. 말레이인들은 이슬람교를 신봉하고 동일한 언어를 사용하는 등 강한 문화적 동질성을 갖고 있다.

식민지시대에 많은 중국인들이 말레이 반도와 보르네오 섬의 북부에 들어와 정착하였는데, 이들은 오늘날 말레이 인구의 1/4을 차지하고 있다. 사라와크 주에서는 중국인이 최다수 민족이다. 남부 아시아 출신의 힌두교도들은 유럽인들이나 아랍인들보다 먼저 이곳에 정착하였다. 오늘날 남부 아시아인들은 말레이시아 인구의 7%를 차지하는데, 말레이 반도의 서쪽 지방에 밀집해 있다.

서부 말레이시아 : 말레이 반도

말레이시아의 13개 주 중에서 말레이 반도에 11개의 주가 위치하고, 이 말레이 반도의 11개 주에 말레이시아 인구의 80%가 살고 있다. 말레이 반도의 말레이인들이 주도하는 정부는 말레이시아의 근대화 과정에서 경제적·사회적 정책들을 엄격하게 통제하였다. 1990년대 아시아의 경제 붐이 일어날 때 말레이시아 정책 입안자들은 몇 가지 상징적인 프로그램을 추진하였다. 그것은 쿠알라룸푸르에 세계에서 가장 높은 빌딩을 세우고, 우주시대에 대비하여 거대한 공항을 건설하였으며, 푸트라자야에 첨단 행정수도를 건설하였으며, 또한 그 인근에 사이버자야(Cyberjaya)라는 멀티미디어 회랑지대(그림 10B-5)를 개발하여 말레이시아의 핵심지대를 이곳으로 유치하는 정책을 폈다.

이러한 프로그램을 주도적으로 계획한 사람은 말레이시아 행정부의 수반이자 말레이시아 제1당의 대표인 마하티르(Mahathir bin Mohamed)였다. 마하티르 박사는 말레이인들의 지지뿐만 아니라 화교집단의 지지도 받았다. 마하티르 통치에 도전하는 이슬람교 원리주의자 정당에 비교하여 볼 때, 마하티르는 화교집단이 유일하게 수용할 수 있는 대안이었다. 그러나 급속하게 진행된 근대화는 보수적인 이슬람교도들의 저항을 초래하였다. 2001년 이슬람교 원리주의자 정당은 2개의 주(주석을 생산하는 켈란탄 주와 에너지가 풍부하지만 사회적으로 빈곤한 테렝가누 주)에서 승리하였고, 이슬람교 원리주의자 주정부는 엄격한 종교적 법률을 적용하였다. 이에 말레이시아 사람들은 말레이시아에 2개의 회랑지대(서쪽의 '멀티미티어 회랑지대'와 동쪽의 '메카 회랑지대')가 있다고 여긴다(그림 10B-5). 그러나 마하티르가 2003년에 물러나고 좀 더 온건한 아브둘라 바다위(Abdullah Badawi)가 그의 후계자로 지명된 이후에는 메카 회랑지대에서 지하드를 부르짖던 이슬람교 근본주의자들

그림 10B-5 © H. J. de Blij, P. O. Muller, and John Wiley & Sons, Inc.

경제권의 부흥에 중요한 역할을 수행하였다. 말레이시아에는 숙련공이 많고 임금이 높지 않아 많은 외국 회사들이 투자하였고, 정부는 이러한 기회를 이용하여 첨단산업단지를 피낭섬에 건설하였다. 피낭 섬에는 중국인들이 말레이인들보다 두 배나 많다.

동부 말레이시아 보르네오 섬

말레이시아는 11개의 술탄국 말라야에 보르네오 섬의 사바 주와 사라와크 주가 합쳐져 탄생하였다. 사바 주와 사라와크 주는 말레이시아 국토의 60%를 차지하지만, 이 2개의 주에 살고 있는 인구는 말레이시아 인구의 20%에 불과하다. 이 2개의 주는 에너지 자원과 목재의 공급 측면에서 매우 중요하다. 또한 이 2개의 주에 살고 있는 원주민은 대략 25개 민족집단으로 구분되는데, 이들은 쿠알라룸푸르의 연방정부가 이 2개의 주를 마치 식민지와 같이 취급한다는 입장이어서 연방정부에 대해 강한 불만을 갖고 있다. 미래에는 동부 말레이시아가 지방 분권을 보다 강력하게 추진할 것으로 보인다.

브루나이

보르네오 섬의 사바 주와 사라와크 주가 만나는 지점에 브루나이가 입지한다. 페르시아만의 이슬람 술탄국과 마찬가지로 브루나이는 석유를 수출하는 이슬람 술탄국이다. 브루나이는 과거에 보르네오 섬 전체와 그 인근을 통치하던 이슬람 왕국이었는데, 영국의 식민지로 전락하였다가 1984년 독립하였다. 브루나이는 델라웨어보다 살짝 크고 인구는 약 43만 명이다. 브루나

의 열기는 점차 시들기 시작하였다.

과거 식민지 시절 영국인들은 말레이시아 반도에 고무나무 플랜테이션, 야자유 추출 산업, 광산업(주석, 보크사이트, 구리, 철) 등에 기반을 둔 경제 구조를 만들었다. 말라카 해협은 교통의 **3** 요충지(choke point)로서 수많은 물품을 실은 선박들이 오가는 세계에서 가장 분주하고 중요한 수로가 되었다. 이곳에서는 2004년 인도양에서 발생한 쓰나미(지진해일) 이후 해적 활동이 증가하였다.

싱가포르의 이탈과 민족 분규의 재발에도 불구하고, 말레이시아는 환태평양

답사 노트

© H. J. de Blij

"주롱 섬 근처의 매립지를 보면 도시지역이 얼마나 많이 확대되었는지를 알 수 있다. 어마어마한 양의 모래와 토사가 하천 주변에 쌓이고 섬과 섬이 연결되었고, 산업화와 더불어 더 많은 공간이 필요해졌다. 이러한 변화는 위락시설이 발달해 많은 관광객이 찾는 센토사 근처를 포함한 싱가포르 해안 근처를 따라 주로 나타나고 있다."

이에서 1929년에 석유가, 1965년 천연가스가 발견됨으로써 오늘날 브루나이는 동남아시아에서 싱가포르 다음으로 부유한 국가가 되었다. 브루나이 연안에서는 새로운 유전이 계속 발견될 것으로 보인다. 브루나이의 술탄은 마치 절대군주와 같이 국가를 지배한다. 수도 반다르세리베가완에 위치하는 궁궐은 세계에서 규모가 가장 큰 것으로 알려져 있고, 에너지 자원을 판매한 재원으로 얻은 상당한 부를 축적했다.

싱가포르

싱가포르는 영국의 동남아시아 식민지 중에서 가장 핵심지역이었는데, 1965년 말레이시아 연방에서 분리 독립하여 도시 국가이자 주권국가가 되었다(그림 10B-6). 싱가포르는 영토가 작고 천연자원이 부족함에도 불구하고, 좋은 입지, 풍부한 인력 자원, 안정된 정부 덕택에 환태평양권의 경제 성장국으로 발

전할 수 있었다.

싱가포르에서는 공간 부족 문제가 심각하다. 싱가포르가 홍콩보다 좋은 점은 주요 섬이 단 한 개라는 점이다. 싱가포르의 전체 면적은 겨우 619km²에 불과하지만 이미 인구가 5백만이나 되고 경제는 지속적으로 성장하고 있기 때문에 공간 부족 문제가 더욱 심각한 문제로 대두되고 있다. 싱가포르는 공간을 아껴 쓸 수 있는 첨단 산업이나 서비스 산업을 개발해야만 한다.

싱가포르의 옛 항구는 상대적으로 입지가 좋기 때문에 이미 독립하기 이전에도 입항하는 선박 수 측면에서 볼 때, 세계에서 가장 큰 항구에 속하였다. 싱가포르는 말레이 반도, 동남아시아, 일본, 환태평양의 다른 경제 성장국 사이에서 **4** 교역항(entrepôt) 역할을 수행하였다. 동남아시아에서 산출되는 원유는 일단 싱가포르에서 정제되어 다른 아시아 국가로 운반된다. 인근의 말레이 반

도와 인도네시아 수마트라 섬에서 생산되는 천연고무는 싱가포르로 모인 다음에 일본, 미국, 중국 그리고 다른 나라 등으로 운반된다. 싱카포르에서 산출되는 목재, 쌀, 향료, 식료품 등이 싱가포르에서 가공되어 다른 지역으로 수출되고, 자동차, 기계류, 장비 등이 싱가포르를 통하여 동남아시아로 수입된다.

오늘날의 싱가포르는 단순한 교역항이 아니다. 싱가포르의 지도자들은 미래를 위해 싱가포르의 경제 구조를 첨단산업화하고자 한다. 싱가포르 정부는 일상생활의 활동뿐만 아니라 경제 활동도 엄격히 통제한다. 심지어 체제 비판적인 신문이나 잡지의 출간이 금지되어 있고, 지하철에서 먹는 행위나 화장실에서 물을 내리지 않는 행위 등에 벌금을 매기기도 한다. 분리 독립 이후의 전반적인 경제 성공 덕분에 싱가포르에서는 비판 세력이 자리를 잡지는 못하였다. 1인당 GNI는 1965년부터 2003년까

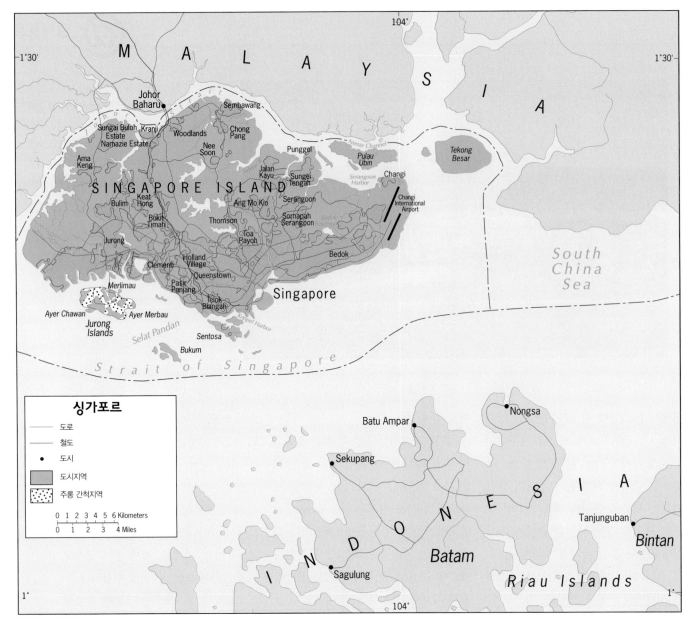

그림 10B-6

© H. J. de Blij, P. O. Muller, and John Wiley & Sons, Inc.

지 거의 15배 이상 올라 3만 달러에 달한다. 이웃한 말레이시아의 1인당 GNI는 단지 10,320달러이다. 그중에서도 특히 싱가포르는 개인 컴퓨터에 쓰이는 디스크 드라이브 생산이 세계에서 가장 많은 나라(여러 해 동안 그 지위를 유지함)였다.

싱가포르는 과거의 경제적 성과를 재현하기 위해 다각도로 노력하여 왔다. 우선 3개의 핵심 분야인 정보기술, 기계화, 생명공학의 성장을 주도하였다. 둘째, 주변국가인 말레이시아, 인도네시아와 함께 **5 성장의 삼각지대(Growth Triangle)**를 만들었다. 말레이시아와 인도네시아는 원료와 값싼 노동력을 제공하고 싱가포르는 자본과 기술을 제공한다. 셋째, 싱가포르는 홍콩이 중국으로 반환되었을 때 홍콩에 남거나 싱가포르로 기업을 이전하고자 했던 중국인들의 자본을 적극 유치하였다. 싱가포르의 인구는 77%가 중국인, 14%가 말레이인, 8%가 남아시아인이다. 정부 또한 중국계가 장악하고 있고, 이러한 중국인 세력을 유지하기 위한 정책을 펴왔다. 싱가포르의 독재와 경제적 성공의 조합은 종종 중국에서 공산주의와 시장 경제가 공존할 수 있는 것처럼 언급된다.

인도네시아

인도네시아는 세계에서 네 번째로 큰 나라이며, 세계에서 가장 거대한 **6** 열도(archipelago) 있다. 인도네시아에는 약 17,000여 개의 섬이 있으며, 2억 5천만 명의 주민이 크고 작은 섬에 흩어져 살고 있다.

그림 10B-7에서 알 수 있듯이, 인도네시아 영토는 크게 5개의 섬으로 구성되어 있는데, 이들 중 동쪽에 있는 뉴기니 섬은 섬의 서쪽 부분이 인도네시아의 영토임에도 불구하고 인도네시아 문화권에 속하지 않는다. 다른 4개의 섬은 대순다 열도로 알려져 있는데, 크기가 작지만 가장 많은 인구와 시설이 밀집해 있는 **자와 섬**, 서쪽에 위치해 있으면서 말라카 해협에서 말레이시아와 마주 보고 있는 **수마트라 섬**, 보르네오 섬에 속해 있는 **칼리만탄**, 동쪽으로 **술라웨시 섬**이 있다. 그리고 자와 섬과 소순다 열도 동쪽으로는 발리 섬과 동티모르 섬이 있다. 인도네시아에 속하는 또 다른 중요한 섬으로는 술라웨시와 뉴기니 섬 사이에 있는 말루쿠주 섬이다. 이러한 섬들 사이에는 자와 해가 있다.

주요 섬들

인도네시아는 과거 네덜란드의 식민지였는데, 당시 네덜란드인들은 식민 통치의 핵심지역으로 자와 섬을 택했고, 그 수도로 바타비아(오늘날 자카르타)를 건설했다. 오늘날 **자와 섬**은 여전히 인도네시아의 핵심지역으로 남아 있다. 약 1억 4천만 명이 살고 있는 자와 섬은 세계적으로 인구가 밀집된 지역이며(그림 G-8, 10A-2) 농업 생산력 또한 매우 높은 지역이다. 논은 비옥한 토양을 가진 화산의 사면을 따라 조성되어 있다. 인구가 매우 많고, 지각 판이 불안

정한 곳에 있기 때문에 자연재해에 취약할 수밖에 없다. 아마도 2004년에 수마트라 해안을 강타했던 지진해일(쓰나미)을 기억하는 사람들이 많을 것이다. 그러나 2년 후에 욕야카르타의 남쪽 해안도시로부터 25km 떨어진 곳에서 아주 큰 지진이 발생했다. 게다가 욕야카르타 근처에 있는 메라피 화산이 언제든지 폭발하려고 하고 있었다.

자와 섬은 인도네시아 내에서 가장 도시화된 지역이며, 전체 인구의 약 50%가 이 섬에 살고 있다. 섬의 북서쪽 해안에 위치해 있는 자카르타(인구 1,010만 명)는 베카시, 탕게랑, 보고르뿐만 아니라 자보타벡으로 알려져 있는 거대 연담도시의 심장부이다. 1990년부터 2010년 사이에 이 메갈로폴리스의 인구는 1,500만 명에서 2,800만 명으로 증가하였다. 이미 자보타벡에는 인도네시아 전체 인구의 10% 이상이 살고 있다. 저임금의 노동자들을 발판으로 수천 개의 공장이 이 지역에 세워졌으며, 이로 인해 항구는 늘 붐비고 각종 사회 기반시설은 턱없이 부족하다. 하루에 수백 척의 배가 원료를 실거나 제품을 내리기 위해 정박해 있다.

자와 섬은 인도네시아에서 항상 모든 권력이 집중된 곳이다. 문화적으로 동질적인 자와인들은 인도네시아 전체 인구의 약 45%를 차지한다. 이 섬의 중심부인 욕야카르타에는 정치적으로 중요한 술탄 통치 센터가 있다. 자와 섬은 또한 국가적 이슬람 운동을 주도하는 온건파와 급진파 모두의 주요한 기반이다.

수마트라는 인도네시아에서 가장 서쪽에 있는 섬으로 말라카 해협의 서쪽 해안을 차지하고 있다. 자와 섬보다 큰 섬임에도 불구하고 수마트라의 인구는 전체 인구의 약 1/3인 약 4,900만 명에

불과하다. 수마트라는 식민지시대에 고무와 야자유를 생산하는 플랜테이션 기지가 되었다. 이 섬의 지형은 많은 종류의 곡물을 생산하는 데 유리하며, 인접해 있는 방카 섬과 벨리퉁 섬에서는 석유와 천연가스가 생산된다. 수마트라의 남쪽에 위치한 팔렘방은 과거에 핵심도시였으나 최근에는 북쪽으로 그 중심지가 옮겨갔다. 북쪽에 사는 바타크 사람들은 식민지 시절 서구화에 잘 순응하였고, 메단을 환태평양권의 성장을 주도하는 인도네시아의 중심도시로 만들었다.

좀 더 북쪽에 위치한 아체는 20세기까지 네덜란드인들에게 저항하였으며, 인도네시아가 독립한 후에도 자치권 심지어 완전한 독립을 요구하였다. 아체 지방의 반란군들은 인도네시아 주정부군과 싸우다가 그 세력이 약화되었으며 그 와중에 수천 명의 사람이 목숨을 잃었다. 아체 지방은 2004년 12월 26일 수마트라 북쪽 해안 근처에서 발생한 쓰나미로 인해 가장 큰 피해를 입었다. 마을 전체가 휩쓸려 내려갔고 수만 명의 사람이 죽었다. 주도인 반다아체는 완전히 폐허가 되었다. 인도네시아 정부는 아체 지방에 외국인들이 들어오는 것을 오랫동안 막아왔는데, 이 해일을 계기로 국제적인 구호 활동을 허락하였으며, 반란군뿐만 아니라 인도네시아 주정부군 또한 전쟁보다는 재난 복구 활동에 힘을 합치게 되었다. 이러한 상황은 휴전과 협상을 용이하게 하여, 반란군들은 그들의 독립 요구를 철회하였으며 인도네시아 주정부군도 철수하게 되었다.

칼리만탄은 보르네오 섬에 있는 인도네시아 영토이다. 보르네오 섬은 다른 섬들과는 달리 화산 활동이 미약하

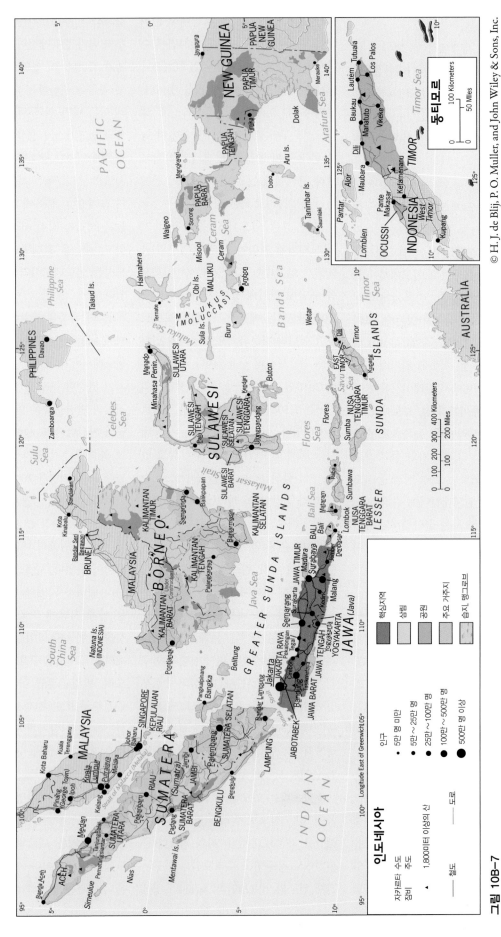

그림 10B-7

며 오랜 기간 침식을 받아 온 지질적으로 안정된 지역이다. 미국의 텍사스보다 좀 더 큰 보르네오 섬은 내부에 식생이 빽빽하게 들어차 있으며 약 35,000마리의 오랑우탄이 살고 있는 보호지역이다. 또한 최근에 벌목꾼들의 공격을 받고 있기는 하지만 여전히 코끼리와 코뿔소, 호랑이 등 야생 동물들을 많이 볼 수 있다. 이렇게 수많은 야생 동물들이 남아 있을 수 있었던 이유는 보르네오 섬의 인구가 적고(국가의 50% 이상을 차지하는 인도네시아인이 1,300만 명) 이곳의 토착민, 즉 다야크 족이 숲을 벌목하고 땅을 밀고 농장을 건설하는 인도네시아인이나 중국인들에 비해 자연환경을 덜 훼손하였기 때문이다. 그림 10B-7에서 알 수 있듯이, 칼리만탄에 있는 대부분의 마을들은 해안에 인접해 있고 내륙에 있는 경우는 드물다.

술라웨시는 지각이 불안정한 신기조산대의 일부이다. 약 800km의 미나하사 반도는 여전히 화산 활동에 의해 셀레베스 해로부터 융기하고 있다. 이러한 북쪽의 반도는 네덜란드인들이 선호하던 곳으로 마나도와 함께 앞으로 전망이 밝고 상당히 발전된 지역이다. 7개의 주요 민족이 산지 사이의 계곡과 분지지역에서 살고 있다. 자와 섬에서 이주한 사람들을 포함하여 약 1,900만 명의 주민이 특히 남쪽의 우중판당 지역에 많이 살고 있다. 벌목과 광업, 어업이 경제에 기여하고 있지만 주요 생활양식은 영세농업이다. 외곽지역에서 이슬람교도와 기독교 간에 충돌이 간헐적으로 발생하기도 한다.

파푸아는 뉴기니 섬의 서쪽 부분을 인도네시아식으로 부른 명칭이며, 이곳은 인도네시아 역사에 있어서 오랫동안 이슈화되었던 지역이다(그림 10B-7, 10A-6의 하단 왼쪽 지도 참조). 지정학적인 위치로 인해 1969년 네덜란드로부터 인도네시아로 넘겨받은 땅이다. 파푸아는 인도네시아 영토의 22%를 차지하지만 그 인구는 단지 3백만 명(인도네시아 전체 인구의 1%)밖에 안 된다. 식민지시대의 영향으로 다양한 이질적인 주민들이 거주하는데, 그들을 파푸아인이라 부르며 대부분 해안의 저지대에 거주한다. 파푸아는 인도네시아에서 있어서 경제적으로 매우 중요한데 그 이유는 세계적인 금광과 노천 구리 광산이 있기 때문이다. 그러나 파푸아인들의 정치의식이 높아지면서 수도인 자야푸라에서 독립을 요구하는 소규모 집회들이 개최되고 있다.

통일성 속의 다양성

인도네시아가 각 주들을 통합하려는 노력은 인도나 아프리카의 나이지리아에 견줄 만하다. 인도네시아에는 300개 이상의 민족과 250개 이상의 다양한 언어 그리고 지구상의 모든 종교가, 비록 이슬람교가 지배적이긴 하지만 각 지방에

 답사 노트

© H. J. de Blij

"어업에 타격을 줄 정도로 부레옥잠 등 수생식물이 급속히 늘어나서 생태계가 위협받고 있는 톤다노 호수를 보기 위해 술라웨시 북동쪽에 있는 미나하사 반도의 마나도 지역에 갔다. 가는 도중에 토모론 지역에서 도로변에 줄지어 서 있는 조립식 가옥들을 보았다. 가옥들은 대개 나무로 조립된 것들인데 이들 목재는 술라웨시 북쪽 반도의 숲에서 베어진 것들이다. 이 목재는 배로 마나도에서 일본까지 운송된다. 벌채 감독은 '목재는 도처에 있고 인건비가 저렴하며 일본이라는 큰 시장이 가까이 있어서 임업이 아주 전망이 밝다. 그러나 우리는 가옥 제조에 필요한 만큼의 목재만 판매하고 있고 대만이나 중국까지 시장을 확대하고 있지는 않다.'고 얘기했다. 보르네오 섬의 항구에는 목재가 가공된 완제품의 형태로 배에 가득 실려 있었다."

서 강력하게 영향을 미치고 있다. 또한, 많은 섬과 높은 산지들이 교통의 장해물 역할을 하여 이러한 문화적 차이를 지속시키고 있다. 인도네시아의 국가적 모토는 '비네카 퉁갈 이카(*bhinneka tuggal ika*)' 즉 통일성 속의 다양성이다.

인도네시아가 계속 추진해 왔던 것은 먼저 문화적 복잡성을 인식하는 것이었다. 수십 개의 토착 문화가 존재하는데, 특히 모든 해안지역 사회마다 그들 나름의 뿌리와 전통을 갖고 있다. 그 중에서 다수를 차지하는 것은 벼농사를 하는 인도네시아인들인데, 대부분은 자와인이고, 순다인들이 인도네시아 전체 인구의 14%, 마두라인들이 8%, 그리고 기타 소수민족이 있다. 아마도 문화적 복잡성의 가장 큰 원천은 자와 섬으로부터 티모르 섬까지 이어지는 거대한 일련의 섬들 때문일 것이다(그림 10B-7). 발리 섬에서 벼농사를 하는 사람들은 그 섬에 독특한 문화를 전수해 준 힌두이즘을 고수하고 있다. 롬복인들은 대개 이슬람교를, 몇몇 발리인들은 힌두교를 신봉하며, 숨바와 섬은 이슬람교가, 플로레스 섬은 가톨릭교가 지배적이다. 서티모르에서는 개신교를, 과거 포르투갈의 영향을 받았으며 지금은 독립한 동티모르는 가톨릭교를 신봉한다. 그럼에도 불구하고 인도네시아는 세계에서 가장 큰 이슬람 국가이다. 국민의 86%가 이슬람교를 신봉하며, 대부분의 도시에서 이슬람 사원을 상징하는 은빛 돔을 볼 수 있다. 그러나 인도네시아의 이슬람은 말레이시아만큼 국가적으로 이슈화되지는 않는다. 말레이시아에서는 일부 지역에서 종교의식을 엄격히 지키거나 소수의 급진적인 이슬람 세력이 점점 영향력을 키워 가고 있다.

그러나 이러한 상황은 인도네시아가 테러리즘으로부터 자유롭다는 의미는 아니다. 자와 섬 동쪽에 본부를 두고 있는 제마 이슬라미야(Jemaah Islamiyah, JI)라 불리는 무장 단체는 자카르타 중심부와 발리 섬의 몇몇 관광지역에서 심각한 테러를 자행해 왔다. 이러한 테러에 의해 인도네시아인들뿐만 아니라 특히 발리 섬의 휴양 관광지에 있었던 많은 호주인들이 목숨을 잃었다.

이주 정책과 외곽의 섬

앞서 언급했듯이 인도네시아의 인구는 2억 5천만 명으로, 세계에서 네 번째로 많은 인구 대국이다. 이 중에서 전체 인구의 55%가 자와 섬에 살고 있다. 약 1억 4천만 명의 인구가 미국의 루이지애나 주 크기의 섬에 몰려 살고 있는 셈이니 인구 밀도가 매우 높음을 알 수 있다. 게다가 인도네시아의 연간 인구증가율은 1.3%이다. 이러한 문제점을 해결하기 위해 인도네시아 정부는 인구가 밀집된 근처의 섬들(예 : 자와, 발리, 마두라)로부터 멀리 떨어져 있는 외곽의 섬(수마트라, 칼리만탄, 술라웨시)으로 인구를 분산시키는 **7** 이주 정책(transmigration)을 시행하였다. 20세기 들어 적어도 수십 년 동안 수백만 명의 사람들이 정부의 지원 정책에 따라 주변지역으로 이주하였다.

이주 정책은 식민지 시절 네덜란드인들이 처음 시작하였으나, 인도네시아가 독립을 쟁취했을 때 수카르노 대통령이 폐지했었다. 그 후 1974년에 수하르토 대통령이 다시 그 정책을 재개하여 그 후 25년 동안 8백만 명의 자와 섬 주민이 다른 섬들로 이주했다. 그러나 조사에 따르면 이러한 이주자들의 절반 정도는 그들의 삶의 질이 떨어졌다고 답했다. 많은 사람들이 원주민으로부터 빼앗은 땅에서 열대림을 제거하면서 농경지를 개간하여 간신히 굶주림을 면하였다. 원주민들과 이주자들 사이의 문화적 갈등과 생태적 혼란, 과도한 벌목은 인도네시아 정부가 2001년에 이 정책을 폐지하는 데 일조했다. 그러나 그로 인한 피해는 이 정책 때문에 오래 지속될 것이다.

동티모르

소순다 열도의 동쪽 대부분이 티모르이다. 과거 포르투갈의 식민지였다가 1975년에 인도네시아에 넘겨졌으며 독립 투쟁에도 불구하고 1976년 인도네시아에 합병되었다. 1999년에 동티모르 주민 80만 명이 국가 독립을 외치면서 주권국을 향하여 첫발을 내디뎠다.

공식적으로는 티모르-레스테로 알려져 있는 동티모르는 2002년에 독립국이 되었다. 그러나 그림 10B-7에서 알 수 있듯이, 그들의 주권(통치권)은 정치지리적으로 복잡하게 얽혀 있다. 동티모르의 정치적 주권은 딜리라 불리는 수도가 위치한 지역과 오쿠시(여러 지명으로 불리지만 대대로 오쿠시-암베노 또는 암베노 지역이라 지도에 표시되어 있는)라 불리는 북쪽 해안의 **월경지**에 국한된다. 이들 지역 간에는 교통로가 있음에도 불구하고 인도네시아의 간섭으로 인해 교류는 원활하지 못하다. 두 지역 간의 교류는 단지 보트 교통에 의해서만 이루어진다.

동티모르에 있어서 바다는 단순히 교통로 이상의 의미가 있다. 동티모르와 오스트레일리아 사이의 티모르 해에는 엄청난 양의 석유와 천연가스가 매장되어 있다(그림 10B-7의 삽입 지도 참조). 이 지역의 소유는 동티모르의 영해가 어떻게 설정되어 있느냐에 달려 있다. 여러 번의 협상 끝에 동티모르와 오스트레일리아는 2005년도에 협정을 체결하였다. 이 협정에서 동티모르는 앞으로 50년 동안 석유 매장지역으로부터의 수익 대부분을 가져갈 수 있게 되었으며, 여기서 얻은 재원은 동티모르가 성장되는 데 중요한 밑거름이 될 것이다.

필리핀

필리핀은 7천여 개 이상의 섬으로 이루어져 있으며, 인도네시아, 베트남, 타이완에 둘러싸여 있다. 이곳의 주민들은 약 9,400만 명이다. 필리핀의 이러한 섬들은 크게 3개 지역으로 나눌 수 있다. 첫 번째 지역은 가장 큰 섬인 북쪽의 루손 섬과 민도로 섬, 두 번째 지역은 중앙부의 비사얀 지역 그리고 세 번째 지역은 남쪽에 있는 민다나오 섬이다(그림 10B-8). 민다나오 섬의 남서쪽에는 술루 제도가 있는데, 이곳은 무슬림 폭도들에 의한 소란이 끊이지 않는 곳이다.

동남아시아의 일반적인 역사 발전 과정에서 보면 필리핀은 약간 예외적이다. 초기에는 힌두교 문화의 영향을 강하게 받았던 말레이계나 인도네시아계 주민들이 살았다. 힌두교 문화는 남부 지방에서 강한 영향을 미쳤으나 북부 지방으로 갈수록 약화되었다. 다음에는 중국인들이 많이 건너왔는데, 필리핀 북쪽의 루손 섬이 가장 큰 영향을 받았다. 이슬람의 영향은 필리핀이 인도네시아 저 멀리 북동쪽에 위치하고 있기 때문에 다소 지연되었다. 해안으로 부터 무슬림의 영향이 시작될 무렵인 16세기에 에스파냐의 침략을 받았다. 오늘날 필리핀은 세계에서 가장 큰 무슬림 국가인 인도네시아에 인접해 있지만 주민의 83%가 가톨릭교를 믿고 있고, 8%는 개신교, 단지 5%만이 이슬람교를

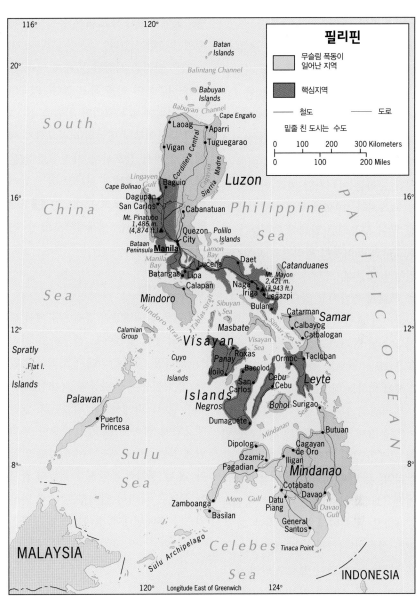

그림 10B-8

© H. J. de Blij, P. O. Muller, and John Wiley & Sons, Inc.

신봉한다.

무슬림의 반란

필리핀 열도의 남동쪽에 집중 거주하고 있는 소수의 무슬림들은 오랫동안 다수의 기독교 사회에 대해서 비난해 왔다(그림 10B-8). 지난 30년 동안 모로 국가 해방 전선(Moro National Liberation Front)과 같은 6개의 무슬림 무장 단체는 필리핀 정부와 평화 협상부터 폭력적인 폭동까지 다양한 전술을 구상하

면서 무슬림의 권익을 증진해 왔다. 밀림지역인 바실란 섬은 특히 아부 사야프라는 극렬 무장 단체가 맹위를 떨치고 있는 지역인데, 이들은 알카에다의 지원을 받고 있다. 미국 군인들이 필리핀 군대에 합류하였을 때 테러부터 전쟁까지 격렬하게 저항하였다. 무슬림의 폭동은 마닐라의 운용 예산의 불균형을 초래하기도 한다.

주민과 문화

필리핀에는 말레이인, 아랍인, 중국인, 일본인, 에스파냐인, 미국인 등 다양한 민족이 살고 있으며, 이들의 혼합으로 인해 독특한 필리피노 문화가 형성되었다. 이것은 거의 90개의 말레이 언어가 사용되는 것에서 알 수 있듯이, 어떤 통일된 문화는 아니지만 여러 면에서 매우 독특하다. 1946년 독립할 당시에 가장 많이 사용되던 말레이 언어는 타갈로그어였고 이것이 필리핀의 공식적인 언어가 되었다. 그러나 영어는 두 번째로 폭넓게 학습되고 있으며 타갈로그-잉글리시 혼합어인 타글리시어의 사용이 오늘날 증가하고 있다. 중국인의 비율은 2% 미만으로 적은 편이지만 지역 경제에 미치는 영향은 매우 크다.

필리핀의 인구는 좋은 농장들이 많이 있는 3개의 지역에 집중된다. 첫 번째 지역은 루손 섬의 남서쪽과 남부 중앙지역, 두 번째 지역은 루손 섬의 남동지역, 그리고 세 번째 지역은 루손 섬과 민다나오 섬 사이에 있는 비사얀 해 주변의 섬들이다(그림 10A-2). 루손 섬은 남지나해에 면한 메가 시티인 수도 마닐라-케손 시티가 위치한 곳이다. 마닐라-케손 시티는 인구 1,170만 명으로 필리핀 전체 인구의 1/8에 해당한다. 화산회토뿐만 아니라 충적토 그리고 열대 환경에서의 풍부한 강수량으로 인하여 필리핀은 쌀을 비롯한 많은 농산물이 생산된다. 필리핀은 2.1%의 높은 인구 증가율에도 불구하고 많은 농산물을 해외에 수출하고 있다.

최근 필리핀 사람들은 세계 여러 나라에 진출하여 일을 하고 있다. 외국의 어느 선박에서나 필리핀 선원을 볼 수 있고 두바이부터 미국의 더뷰크까지 세계 곳곳에서 간호사나 가정부로 일을 하고 있다. 해외에서 일하고 있는 필리핀인들이 필리핀으로 보내오는 8 송금액(remittances)은 세계적으로도 큰 편에 속한다.

앞으로의 전망

필리핀은 환태평양권 경제 성장에서 한 축을 담당해 왔음에도 불구하고 아시아-태평양 발전 논의에서 소외되어 왔다. 필리핀은 수출가공지구(4B장 멕시코 마킬라도라에서 언급되었던)의 연안 제조업에 참여해 왔으나 중요한 무역 연계가 만들어지지도 지속되지도 않았다. 또한 정치적 불안정과 정부의 잘못된 정책은 국가적 참여를 더디게 만들었으나 1990년대에 접어들면서 상황은 호전되었다. 일련의 좋지 않은 사건, 즉 미군 기지의 이전, 수도 근처의 화산 폭발로 인한 피해, 무슬림 무장 단체의 폭력, 남지나 해에 있는 스프래틀리 군도 근처의 분쟁 등에도 불구하고 필리핀은 지난 10년간 실질적인 경제 성장을 이룩하였다. 전기 및 섬유 공업(대부분 마닐라 내륙지역에서 행해지는) 계속 확대되고 있고 게다가 외국 자본의 투자도 이루어졌다. 그러나 필리핀 경제에서 여전히 농업은 비중이 높으며 실업률이 높고 더 나아가 토지 개혁은 우선 해결해야 할 당면 과제이다. 그리고 사회적 구조 조정(국가적 문제에 대해 상대적으로 소규모인 집단의 영향력을 줄이는)이 꼭 이루어져야 한다. 현재 필리핀은 저임금의 경제 구조이고 장기간 정치적인 안정 상태를 유지하고 있으며, 인구 성장률을 낮추는 데 성공하였다. 이것은 다음 단계로의 도약을 가져다줄 것이며 결국에는 환태평양권 성장의 중심축을 차지할 수 있게 될 것이다.

생각거리

- 타이 남부지역에서의 이슬람 세력과 불교도 간의 갈등 그리고 필리핀 남부 지방의 이슬람 세력과 기독교도 간의 마찰은 동남아시아에서 가장 큰 문제이다.
- 2010년에 말레이시아에서 발생한 이슬람 광신도들의 교회 공격은 이슬람 국가들의 종교적 균형을 위협하고 있다.
- 말레이시아 헌법에 따르면 말레이계 혈통은 이슬람교를 고수해야 한다.
- 정부와 사회적 안정 그리고 경제 성장의 조화는 인도네시아가 동남아시아의 맹주로 자리 잡게 하는 데 큰 공헌을 하고 있다.

오스트레일리아 아웃백 동단, 고속도로 표지판의 거리 단위가 수백 킬로미터이다. © Paul Dymond/Alamy

11

오스트랄 권역

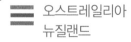 오스트레일리아
뉴질랜드

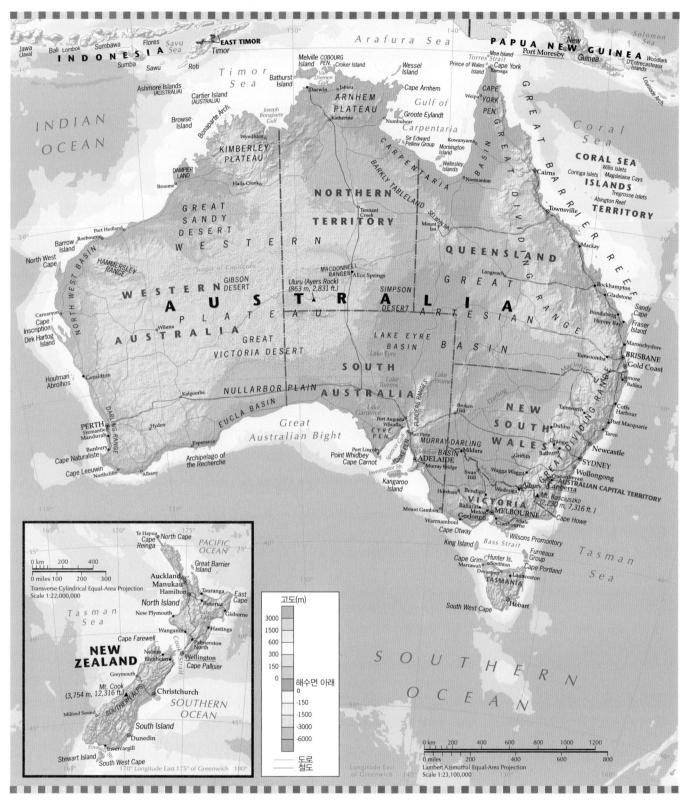

그림 11-1

오스트랄 권역은 지리적으로 독특하다(그림 11-1). 지리적 권역 중에서 오스트랄 권역은 유일하게 전적으로 남반구에 위치한다. 또한 인접 권역과 육지로 연결되지 않고 완전히 바다로 둘러싸인 유일한 권역이다. 오스트랄 권역은 인구가 세계에서 가장 적은 태평양 권역 다음이다. 당연하게도 이 권역의 명칭은 위치와 관련이 있다(**1 오스트랄**은 남쪽을 의미). 그런데 상대적으로 이 위치는 오스트랄 권역 고유의 문화유산 원천들과는 점점 멀어져 가는 반면, 환태평양 아시아의 신흥 경제 협력국들과는 점차 긴밀한 관계가 되어 가고 있다.

오스트랄 권역의 설정

두 개 국가가 오스트랄 권역을 이룬다. 그중 하나는 모든 면에서 주요 지역인 오스트레일리아이고, 다른 하나는 뉴질랜드로서 거대한 상대국인 오스트레일리아보다 다양한 지형 경관 특성을 지니고 있다(그림 11-2). 태즈먼해가 두 나라 사이에 있다. 오스트랄 권역 서쪽으로는 인도양, 동쪽으로는 태평양, 남쪽으로는 몹시 추운 남극해가 있다.

남반구의 이 권역은 교차로에 해당한다. 오스트랄 권역은 인구가 조밀한 아시아로 들어가는 입구이기 때문에, 오스트랄 권역의 영국적 유산들에 다른 많은 문화적 전통들이 묻어나고 있다. 뉴질랜드의 마오리족과 오스트레일리아의 원주민 공동체들은 그들의 전통 문화 유산에 대해 보다 많이 인정해 주고 더 많은 권한을 줄 것을 요구하고 있다. 환태평양 국가들은 오스트랄 권역에서 원자재를 대량으로 구매하고 있다. 일본과 다른 아시아 관광객들이 호텔과 리조트에 넘쳐난다. 퀸즐랜드의 열대 골드코스트는 호놀룰루의 와이키키 해변과 유사하다. 시드니와 멜버른 거리에는 두 세대 전에는 상상도 못했던 다문화적 전경이 펼쳐져 있다. 이러한 모든 변화들은 정치적 논쟁을 불러일으키고 있다. 쟁점들 중 대표적인 것으로는 이민 할당 인원 수와 원주민들의 토지소유권이 있는데, 이 때문에 사회적 단층선(오스트레일리아의 도시와 아웃백 간의 단층선, 뉴질랜드의 남섬과 북섬 간의 단층선)이 노출되기까지 하였다. 애버리지니(오스트레일리아 원주민)와 마오리족이 원래 오스트랄 권역에 살고 있었고, 그 후에 유럽인들이 오게 되었으며, 최근에는 아시아인들이 중요한 경제적·문화적 요소로 등장하게 되었다.

 주요 지리적 특색

오스트랄 권역

1. 오스트레일리아와 뉴질랜드는 영토의 범위, 상대적 위치, 그리고 주요 문화 경관을 바탕으로 하나의 지리적 권역을 이루고 있다.
2. 오스트레일리아와 뉴질랜드는 하나의 지리적 권역에 포함되어 있음에도 불구하고, 지형 경관 특성이 다르다. 오스트레일리아는 국토가 광대하고 건조하며 대륙 중앙의 내륙이 기복이 작은 편인 반면, 뉴질랜드는 산지가 많고 기후가 온화한 편이다.
3. 오스트레일리아와 뉴질랜드 두 나라 모두 대륙과 섬의 중앙지역이 핵심지역을 이루는 것이 아니라 주변지역이 발달하는 양상을 나타낸다. 즉, 주요 도시들은 대부분 해안지역에 위치하고 있다. 그 까닭은 오스트레일리아는 대륙 중앙 내륙으로 갈수록 건조하기 때문에, 뉴질랜드는 섬 중앙이 빙산을 이루는 고산지대이기 때문이다.
4. 오스트레일리아와 뉴질랜드의 인구는 주변지역에 분포할 뿐만 아니라, 도시 중심에 밀집되어 있다.
5. 오스트레일리아와 뉴질랜드의 경제지리는 축산물과 와인과 같은 특산물 수출이 두드러진다. 또한 오스트레일리아는 밀 생산이 많고, 광물자원도 다양하다.
6. 오스트레일리아와 뉴질랜드는 주요 원자재 공급국으로서 환태평양 아시아의 경제체제에 통합되고 있다.

지형과 환경

오스트레일리아와 뉴질랜드는 판구조적 위치 특성에 기인하여 지형이 대조적이다(그림 G-4 참조). 오스트레일리아는 광대하고 한 덩어리로 된 단단한 지각으로 이루어진 반면, 뉴질랜드는 여러 조각의 지각이 길게 늘어진 형태를 띤다. 오스트레일리아는 지각의 일부가 지구상에서 지질적으로 가장 오래된 암석으로 이루어져 있으며, 오스트레일리아 판의 중심에 위치한다. 뉴질랜드의 지각은 상대적으로 젊고 불안정한 상태이며, 오스트레일리아 판과 태평양 판이 만나는 수렴 경계에 위치한다. 이에 따라 오스트레일리아 대륙에서는 지진이 거의 발생하지 않으며, 화산 분출도 알려진 바 없다. 하지만 뉴질랜드에서는 지진과 화산 폭발이 잦다. 또한 이러한 대조적인 판구조적 위치는 두 지역의 지형 기복 차이에도 영향을 미친다(그림 11-1). 오스트레일리아의 가장 높은 지형 기복은 요크 반도에서 빅토리아 주 남부에 이르는 동쪽 해안을 따라 길게 뻗어 있는 그레이트 디바이딩 산맥에서 나타나며, 그레이트 디바이딩 산맥 남쪽에는 대륙과 분리되어 외좌층을 이루는 태즈매니아 섬이 있다. 고기 산지인 그레이트 디바이딩 산맥에서 가장 높은 봉우리는 코시우스코 산(2,230m)이다. 뉴질랜드의 산지는 대부분 오스트레일리아 그레이트 디바이딩 산지보다 높다. 예로써 마운트 쿡은 3,754m에 달한다.

오스트레일리아의 그레이트 디바이딩 산맥 서쪽 내륙지역은 대체로 기복이 작은 저지를 이루며, 대륙 중앙에는 맥도넬 산맥이 우뚝 솟아 고원과 평원을 이루고 있다(그림 11-1). 대찬정 분지는 다른 사막과는 달리 지하수원이 있는 중요한 자연지역이며, 그 남부지역에는 오스트레일리아 대륙에서 가장 두드러진 하계망을 이루는 머리-달링 강이 흐른다. 그림 11-3 하단부 지도에 '서부 고원과 주변부'라고 표기된 지역에는 광물자원이 풍부하다.

기후

그림 G-7에는 오스트레일리아의 기후에 있어서 위도와 격해도의 영향을 나타내고 있다. 이러한 관점에서 보면 오스트레일리아는 뉴질랜드보다 기후가 매우 다양하다. 오스트레일리아 북부는 열대우림기후가 나타나고, 남부는 지중해성 기후지역에 해당한다. 오스트레일리아 대륙 내부는 사막과 스텝 지역인데, 스텝 지역의 목초는 수천만 마리 가축의 먹이를 제공한다. 오스트레일리아의 동부지역만이 온대기후에 속하여 오스트레일리아의 경제 핵심지역을 이루고 있다. 이와는 대조적으로 뉴질랜드는 남극해와 태평양의 영향으로 대체로 온난 습윤한 편이며, 북섬은 온화하지만, 남섬은 추운 편이다.

남극해

2 남극해(Southern Ocean)에 대해서 두 번 언급하게 되었는데, 독자 여러분께서는 내셔널 지오그래픽 소사이어티나 랜드 맥널리(Rand McNally)와 같은 유명한 지도 제작자가 제작한 지도나 지구본에서 남극해(Southern Ocean)를 찾아보시기 바란다. 지도를 보면 여러분은 대서양, 태평양, 그리고 인도양이 남극 대륙의 연안에 도달한다는 사실을 확인할 수 있을 것이다. 오스트레일리아와 뉴질랜드인들은 이러한 사실을 더 잘 알고 있다. 그들은 매일 날씨를 변하게 하는 차가운 바닷물과 지속적으로 부는 바람을 겪는다.

지리학자들은 가끔은 지구본을 뒤집어 남극이 위로 가도록 해서 볼 필요가 있다. 결국 현재 사용하고 있는 방위는 상

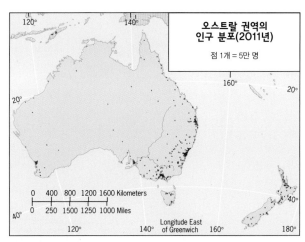

그림 11-2

© H. J. de Blij, P. O. Muller, and John Wiley & Sons, Inc.

당히 자의적인 것이다. 근대 지도 제작은 북반구에서 시작되었고, 그 결과 지도 제작자들은 그들이 사는 북반구를 위에 놓고 남반구를 아래에 놓은 것이다. 그것이 지금은 표준이 되었고, 이에 따라 우리들의 세계에 대한 인식에 왜곡이 생겼다. 남반구의 서점에 가면, 때때로 위쪽에 오스트레일리아와 아르헨티나가 있고 아래에 유럽과 캐나다를 나타내는 지도들을 볼 수 있다. 그런데 이 상황은 중요한 측면이 있다. 지구의 위아래를 뒤집어 보면, 남극대륙을 둘러싸고 있는 바다가 얼마나 광활한지를 알 수 있다. 남극해는 멀리 떨어져 있지만, 그 존재는 현실이다.

남극해의 북방한계는 어디인가? 남극해는 육지로 경계 짓지 않고, 소위 **3** 아열대 수렴대(Subtropical Convergence)라고 부르는 해상에서의 전이에 의해 경계가 지어진다. 아열대 수렴대에서 남극해의 차가운 물과 대서양, 태평양, 그리고 인도양의 따뜻한 물이 만난다. 아열대 수렴대를 보다 엄밀하게 정의하는 근거는 온도, 화학적 성질, 염도, 해양 동물상의 변화이다. 아열대 수렴대 위를 비행해 보면, 실제로 바다의 색깔이 변하는 것을 관찰할 수 있다. 남극 쪽 바다는 진회색을 띠고, 북쪽은 녹청색을 띤다.

아열대 수렴대가 계절적으로 이동한다 할지라도 그 위치가 남위 40°를 크게 벗어나지 않으며, 또한 이곳이 남극 빙산의 대략적인 북방한계이다. 이러한 방식으로 정의한다면, 남극해는 남극을 둘러싸고 시계 방향(서쪽에서 동쪽)으로 순환하는 거대한 수체이며, 우리가 이를 **4** 서풍표류(West Wind Drift)라 부르는 이유이다.

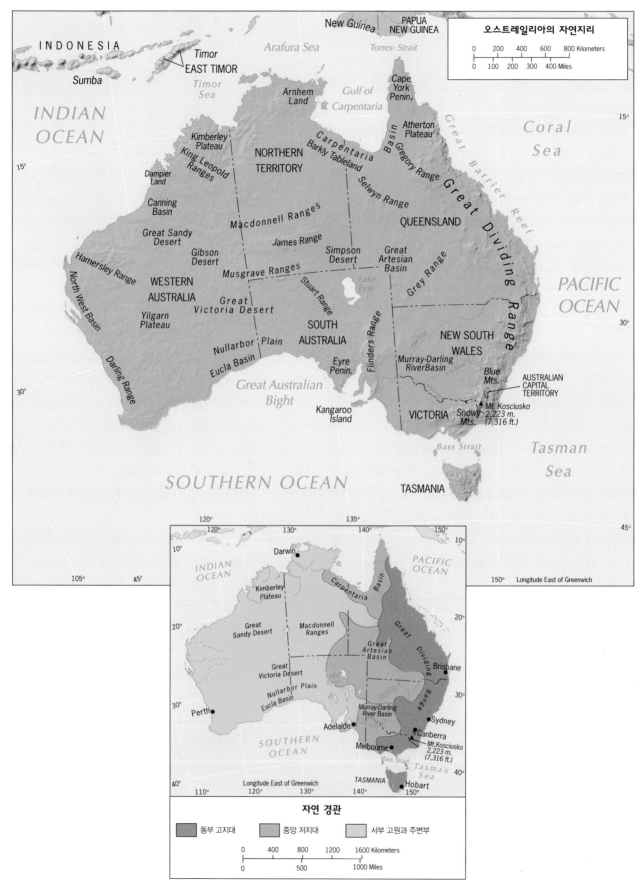

오스트레일리아의 자연지리

자연 경관

■ 동부 고지대   ■ 중앙 저지대   □ 서부 고원과 주변부

그림 11-3

생물지리

야생 생물은 오스트랄 권역을 규정짓는 뚜렷한 특징 가운데 하나이다. 오스트레일리아는 캥거루와 코알라, 왈라비(작은 캥거루 같이 생긴 동물), 웜뱃(작은 곰같이 생긴 동물로 캥거루처럼 육아낭에 새끼를 기름), 주머니쥐, 오리너구리들의 땅이다. 이러한 동물들과 수많은 유대목 동물(새끼를 배의 주머니에 넣고 키우는 동물들)은 곤드와나 대륙이 분리됨에 따라 오스트레일리아가 일찍부터 고립된 덕분에 생존할 수 있었다(그림 6A-3 참조). 보다 진화된 포유류들이 오스트레일리아에 들어와서 유대목 동물들을 대체하기 이전에, 세계의 다른 부분들에서 일어났던 것처럼, 오스트레일리아 대륙이 남극 대륙과 인도로부터 분리되었다. 이에 따라 오스트레일리아는 오늘날 세계에서 가장 거대한 유대목 동물군의 집합소가 된 것이다.

오스트레일리아의 식생 또한 독특한 특성을 지니는데, 특히 오스트랄 권역에서 자생하는 유칼립투스 나무가 수백 종에 달한다. 많은 다른 식물들도 오스트레일리아 대륙의 높은 기온과 낮은 습도에 특이하게 적응하여 오스트레일리아만의 독특한 식물상을 형성한다.

5 생물지리학(biogeography)은 공간적 관점에서 동물군과 식물군의 연구를 하는 학문 분야로서 생물학과 지리학이 결합된 것이다. 오스트레일리아는 생물지리학자들을 위한 거대한 실험실이다. 서론에서 열대 사바나, 스텝, 툰드라와 같은 세계의 기후지역은 그 지역을 특징짓는 식물의 이름을 본떠서 작명한 것임을 언급한 바 있다. 기후, 토양, 식물, 그리고 동물이 장기간 안정적인 적응 상태에 도달하면, 식생은 생태계에서 가장 눈에 띄는 요소가 된다.

생물지리학자들은 동식물 군락과 자연 환경 간의 관계뿐만 아니라 특히 식물종과 동물종의 분포에 관심을 갖는다. (식물 생태에 관한 연구를 **식물지리학**이라고 하며, 동물 생태에 관한 연구를 **동물지리학**이라고 부른다.) 생물지리학자들은 동식물의 분포를 지도화하여 설명하고자 한다. 1876년 생물지리학의 창시자 중 한 명인 알프레드 러셀 월러스는 **동물의 지리적 분포**(*The Geographical Distribution of Animal*)라는 제목의 책을 출간했다. 그는 처음으로 오스트레일리아 동물상의 지리적 경계는 어디인가에 대한 오랜 논쟁에 불씨를 지폈다. 월러스는 현장조사를 바탕으로 오스트레일리아의 동물상은 오스트레일리아뿐만 아니라 뉴기니와 북서쪽의 몇몇 섬에서도 존재함을 밝혔다. 이미 제10장에서 소개한 바와

그림 11-4

© H. J. de Blij, P. O. Muller, and John Wiley & Sons, Inc.

같이 월러스는 오스트레일리아 동물상의 경계는 보르네오와 술라웨시 사이에, 그리고 발리의 동쪽에 있다고 주장했다(그림 11-4).

6 월러스 선(Wallace's Line)은 월러스가 빠트렸던 종을 발견하거나 방문하지 못했던 섬들을 방문한 다른 연구자들에 의해 도전을 받았다. 오스트레일리아의 동물지리 권역이 인도네시아 군도 내 어디선가 끝난다는 것에는 의문이 없다. 하지만 그곳이 어디인가? 서인도네시아는 영장류뿐만 아니라 호랑이, 코뿔소, 코끼리와 같은 유대목 동물이 아닌 종들의 서식지였다. 뉴기니는 명백히 유대목 동물 권역의 일부분이다. 뉴기니 섬을 향해 죽 늘어서 있는 섬들을 징검다리 삼아 보다 진화된 포유동물들이 어느 정도 동진하였을까? 동물지리학자 막스 베버(Max Weber)는 그림 11-4에 나타난 바와 같이 뉴기니 섬에 매우 근접한 곳에 경계선을 그어 **베버 선**(Weber's Line)을 상정하는 증거를 발견하였다.

인간의 영향

동물지리학 또는 식물지리학의 연구들이 모두 이와 같이 거대한 의문들만을 다루는 것은 아니다. 대부분의 연구는 특별한 종들과 그들의 서식지와의 관계, 즉 동식물종들이 평소에 서식하여 결국 그곳의 일부가 되는 환경에 초점을 둔다. 그러한 환경은 변화하고, 그러한 변화는 생물종들에게 재앙을 초래할 수도 있다. 기후 변화는 생물종들의 번성이나 쇠퇴를 초래하기 때문에 종종 생물지리학자들의 연구 주제가 되기도 한다. 그러나 환경 변화나 인간의 간섭 어떤 것이 문제의 원인을 제공하는지는 명백하지 않다. 오스트레일리아에 약 5만 년 전에 **7** 애버리지니 인구(Aboriginal population)가 정착하

면서 생태계 붕괴가 시작된 것으로 파악되는데, 그 까닭은 그 시기에 중요한 기후 변화의 증거가 없기 때문이다. 사이언스지에 실린 기포드 밀러와 그의 동료들의 논문에 따르면, 인간이 침입함에 따라 오스트레일리아 전역에 걸쳐 그 당시의 삼림, 관목, 목초지 초목을 광범위하게 태워 버렸기 때문에 사막 관목을 확산시켰으며 오스트레일리아 대륙의 덩치 큰 포유류들이 급속하게 멸종되어 갔다. 그때 살아남은 종들은 유럽의 식민지 통치자들이 유럽산 가축을 들여오면서 두 번째 위기를 맞이한다. 이에 따라 살아남은 야생종들의 서식지가 점점 더 파괴되었다. 코알라나 웜뱃 같은 유대목 동물들이 살아남았지만, 멸종한 종의 수는 이보다 훨씬 많다.

오스트랄 권역의 각 지역

오스트레일리아는 오스트랄 권역에서 가장 중요한 구성 요소이며 중국, 캐나다, 미국, 브라질처럼 영토 규모에 있어서 대륙 규모의 국가이다. 그렇지만 앞서 언급한 거대 영토 국가들과는 다르게 오스트레일리아는 대륙 내에서 여러 개의 소지역으로 구분되지 않는다. 그 이유 중 하나는 상대적으로 자연지리 환경이 단조로운 편이며, 다른 하나는 인구가 적기 때문이다. 따라서 이 장에서는 핵심부-주변부 개념을 사용하여 오스트레일리아를 살펴보고, 뉴질랜드를 하나의 독자적인 지역으로 접근해 보고자 한다.

≡ 오스트레일리아

2001년 1월 1일, 오스트레일리아는 독립국가로서 개국 100주년을 맞았다. 새로운 세기를 맞이하여 오스트레일리아 연방은 여전히 영국의 국왕을 국가의 수장으로 인정하며, 강력한 경제와 안정된 정치구조를 가지고 있을 뿐만 아니라 대다수 국민이 높은 삶의 질을 누리고 있다. 환태평양 지역에 위치한 오스트레일리아는 미국 본토 48개 주의 9/10 정도의 면적을 지니며, 농지와 광대한 목초지, 하천, 지하수, 광물, 그리고 에너지 자원이 풍부하게 부존한다. 또한 천혜의 항구들이 있으며, 비교적 교육 수준이 높은 2,160만 명의 인구가 살고 있다. 오스트레일리아는 지구상에서 가장 운이 좋은 국가 중 하나이다.

풍요로움의 공유

그러나 모든 오스트레일리아 사람들에게 적절하게 이러한 행운이 주어지는 것은 아니며, 기념행사 기간 동안 혜택받은 몇몇 소수의 목소리만 들릴 뿐이었다. 오늘날에도 55만 명 정도의 소수에 불과한 애버리지니들은 거의 모든 면에서 불균형하게 사회적 혜택을 받지 못하고 있다. 그 결과 애버리지니들은 낮은 기대수명, 평균 이상의 실업률, 낮은 고교 졸업률, 높은 범죄율을 보이고 있다. 그러나 최근 오스트레일리아 정부는 2008년에 공식적 사과 성명과 함께 이러한 병폐들을 다루는 캠페인을 벌이기 시작했다. 회유책의 내용으로는 애버리지니들을 위한 사회적 서비스의 질을 향상시키기도 하고, 애버리지니의 토지청구 소송에 대해 우호적인 판결을 내리기도 한다. 오스트레일리아의 풍요로움은 유럽으로의 막대한 수출로 이어졌고, 그 결과로 오스트레일리아는 번성하였다. 그러나 그러한 황금기는 영원히 지속되지 못했고, 결국 세계 무역에서 오스트레일리아의 비중은 점차 하락하였다. 하지만 오스트레일리아의 국민총소득은 여전히 세계 상위 15개국 이내에 속하며, 국민 대다수는 안정된 생활을 영위하고 있다. 9B장에서 논의할 발전 지표 측면에서 보면, 일본을 제외한 모든 서태평양 연안의 경쟁국들보다 앞선다. 오스트레일리아 사람들이 20세기를 경축했듯이, 오스트레일리아 사람들은 평균적으로 타이, 말레이시아, 혹은 한국 사람들보다 훨씬 소득이 높다. 1인당 에너지 소비와 자동차 대수, 도로 길이, 건강 수준, 그리고 문맹률의 측면에서 보면 오스트레일리아는 고소득 선진국에 해당한다.

거리

오스트레일리아 사람들은 종종 거리에 관해 이야기한다. 이 나라 최고의 역사가 중 한 명인 제프리 블레이니는 어떤 외부 세계와도 멀리 떨어져 있고 내부에서도 분열될 수밖에 없는 오스트레일리아의 지리적 조건을 일컬어 '압제'라고 명명한 바 있다. 오늘날에도 오스트레일리아는 지구상의 거의 모든 곳에서 멀다. 제트기로 로스앤젤레스에서 시드니로 가려면 중간 경유 없이 14시간이나 걸리며 비용이 많이 든다. 생산품을 유럽 시장까지 선박으로 운반하는 데는 10~14일 정도 소요된다. 오스트레일리아 내에서도 대륙 규모의 영토이기 때문에 이 나라 안에서 이동하는 데 소요되는 비용은 만만찮다. 몇몇의 민간항공사가 가격 인하 전쟁을 벌이기 이전까지, 오스트레일리아 사람들은 다른 나라를 비행하는 것보다 국내를 비행하는 데 1마일당 더 많은 돈을 지불하였다.

또한 거리는 오스트레일리아 사람들로 하여금 너무도 뻔한 것으로부터 벗어날 수 있게끔 허용하는 협력자와도 같았다. 오스트레일리아는 영국에서 파생된 자식 같은 국가이며 유럽인들의 전초기지이다. 한때 이민자들이 영국 본토나 아일랜드에서 이곳에 도착했을 때, 이곳은 광범한 환경과 장엄한 경관, 그리고 거대한 열린 공간이 펼쳐지고 표면상으로 무한한 기회를 가진 땅이었다. 일본 제국이 영역을 확장하던 시기에도 오스트레일리아의 외진 곳은 곤경으로부터 벗어날 수 있었다. 이민이 이슈가 되었을 때, 편안한 고립 속의 오스트레일리아는 백호주의(백인의 이주만을 허용하는 제도)를 채택하여 1976년까지 공식적으로 이 제도를 시행하였다. 1970년대 중반 인도차이나 전쟁의 여파로 수십만 명의 베트남 난민(보트 피플)들은 누구도 오스트레일리아 땅을 밟지 못했다.

이민자

오늘날 오스트레일리아는 빠르게 변화하고 있다. 현재의 이민 정책은 이민 지망자들의 자질, 기술, 재정 상태, 나이, 그리고 영어 구사 능력 등과 같은 자격에 초점을 둔다. 기술과 관련해서는 첨단 기술 전문가와 금융 전문가, 그리고 의료인들을 특히 환영한다. 또한 진정한 망명 신청자뿐만 아니라 초기 이민자의 친척들도 이민이 쉽게 허용된다. 최근 전체 이민자 수가 매년 12만~18만 명 정도로 유지되고 있는데, 이는 오스트레일리아의 인구 성장을 유지하는 수준이다. 최근의 자료에 따르면 감소하는 오스트레일리아 인구의 자연 증가율은 0.7% 수준에 불과한 것으로 나타났다. 예로써 현재 시드니에서는 다섯 명의 주민 중 한 명은 아시아인 혈통이다. 전반적으로 보면, 2010년 오스트레일리아 인구의 1/4은 외국 태생이며, 1/4은 1세대 오스트레일리아 사람들로 구성된다.

핵심지역과 주변지역

그림 11-2에서 보는 바와 같이, 오스트레일리아는 땅덩어리가 매우 크다. 하지만 인구는 동부와 남동부의 태평양에 면하는 태즈먼 해안 핵심지역에 대부분 집중되어 있다(오스트레일리아에서는 오스트레일리아와 뉴질랜드 사이의 바다를 태즈먼 해라고 부름). 그림 11-5에서 보는 바와 같이 초승달

답사 노트

© H. J. de Blij

"앨리스 스프링스를 처음 방문했을 때 가장 생생하게 기억에 남은 것은 비행기가 공항에 접근할 때에 바짝 마른 사막 환경에서 눈에 띄는 포도밭과 포도주 양조장이었다. 나는 택시 운전사에게 그곳으로 데려다 달라고 했는데, 거기에서 경제지리학적 교훈 하나를 얻었다. 지하수를 뽑아 올려 세류관개를 통해서도 포도 재배는 가능한 것이라는 사실을. 이를 관광에 활용하면 수익이 발생할 것 같았다. 그러나 여기에서 보이는 경관들로부터 이것들을 입증할 만한 것은 아무것도 없었다. 즉, 맥도넬 산맥의 산자락은 오스트레일리아 사막의 뜨거운 태양 아래 필수불가결한 읍내를 간과하고 있다. 앨리스 스프링스가 지닌 것은 중심성인데, 그것은 오스트레일리아 사람들이 종종 '중심'이라고 일컫는 광대한 지역의 거대한 정착지이다. 노던 준주 북쪽 해안의 다윈으로부터 남쪽 바다의 애들레이드까지 거의 3,200km의 중간 지점으로부터 멀지 않은 곳의, 가운데에 있는 앨리스 스프링스는 중앙 오스트레일리아 철도선의 북쪽 종착역이었다(2003년에 북쪽의 다윈까지 철도가 연장되기 전까지는). 소와 광물 운송이 이곳의 주요 산

업이다. 여기에서 살려면 유머감각이 필요할 텐데, 여기 사람들은 유머가 풍부하다. 즉, 읍내는 강 위에 있다고 한다. 실제로 토드 강은 간헐천이기 때문에 성립되는 말이기도 하다. 매년 보트 경주대회가 여기에서 개최되는데, 물이 없는 경우에는 경주자들이 마른 강바닥을 따라 보트를 운반한다. 앨리스 스프링스 답사의 완성은 왕립 비행기 왕진 서비스 기지를 다녀와야만 가능하다. 왕립 비행기 왕진 서비스는 외딴 마을과 농가에 의료 서비스를 가는 것이다."

그림 11-5

© H. J. de Blij, P. O. Muller, and John Wiley & Sons, Inc.

모양의 오스트레일리아 심장부는 브리즈번 북부로부터 애들레이드 인근까지 펼쳐져 있으며, 그 지대에는 수도인 시드니, 캔버라, 제2의 도시인 멜버른과 같은 대도시들이 포함되어 있다. 두 번째 핵심지역은 퍼스와 그 외항인 프리맨틀을 중심으로 한 남서부의 끝에 발달하고 있다. 그 너머에는 **8** 아웃백(outback)이라 불리는 광활한 주변지역이 펼쳐진다.

이러한 공간 배열의 발달을 좀 더 잘 이해하려면, 다시 한 번 세계 기후 지도(그림 G-7)를 참조하는 것이 도움이 된다. 광대하고 건조한 대륙 내부의 오지를 비켜서 전략적으로 중요한 주변 해안지역에 도시, 소도시, 농장, 삼림으로 우거진 산지 사면이 자리 잡은 나라라고 묘사한다. 그레이트 디바이딩 산맥의 서쪽 사면에는 방대한 목초지가 형성되어 있으며,

이것은 오스트레일리아가 첫 번째 상업시대로 들어가는 계기를 마련해 주었다. 이곳은 여전히 지구상에서 가장 큰 양떼 방목지이다. 1억 6,000만 마리가 넘는 양떼는 전 세계에서 소비되는 양모의 1/5이 넘는 양을 생산한다. 또한 습윤한 북부와 동부의 대규모 목장에서는 수백만 마리의 소가 방목되고 있다. 이곳은 거의 2세기 동안 가축을 사육해 온 오스트레일리아의 변경지역이다.

애버리지니와 영국인

애버리지니(오스트레일리아 원주민)가 오스트레일리아 대륙에 도착한 것은 5만 년 전이며, 배스 해협을 건너 태즈메이니아로 들어와 자신들의 토착 문화를 발전시켰다. 그런데 아서 필립 선장이 오늘날의 시드니 항구(1788)로 항해해 들어와 근대 오스트레일리아를 수립하면서 그들의 평화는 깨졌다. 오스트레일리아의 유럽화는 대륙의 애버리지니 사회를 파멸시켰다. 첫 번째로 겪은 고초가 해안지역에 영국인들 거주지로 가는 길에 살던 사람들이었는데, 그 길에 영국인들이 유형 식민지와 자유도시를 건설했기 때문이었다. 멀리 떨어진 북부 내륙은 어떤 곳보다도 오랫동안 애버리지니 공동체를 보호해 주었다. 그러나 태즈메이니아에서는 45,000년 동안 살아온 원주민들이 단 수십 년 이내에 몰살당하였다.

7개의 식민지

결국 주요 해안 정착지들은 각각의 배후지를 가진 7개의 각기 다른 식민지의 중심이 되었다. 1861년에 이르러, 오스트레일리아는 이제는 익숙해진 형태인 직선 경계로 범위가 정해졌다(그림 11-5). 시드니는 뉴사우스웨일스 주의 중심이며, 시드니의 라이벌 도시인 멜버른은 빅토리아 주의 중심이다. 애들레이드는 사우스오스트레일리아 주의 중심지이며, 퍼스는 웨스턴오스트레일리아 주의 중심에 있다. 브리즈번은 퀸즐랜드 주의 핵이며, 호바트는 태즈메이니아 주의 중심지역이다. 애버리지니들이 가장 많이 살아남아 있는 곳은 오스트레일리아 북부 열대 해안의 식민도시인 다윈이며, 이곳은 소위 노던 준주(Northern Territory)이다. 그곳은 문화적 유산을 공유하고 있음에도 불구하고, 오스트레일리아 식민 통치자들은 런던 정부와 식민지 정책에 대해 불화를 일으키기도 했을 뿐만 아니라, 그들끼리도 경제적이거나 정치적인 쟁점으로 다투었다. 19세기 후반 오스트레일리아의 국가 건설은 더뎠고 어려운 과정을 겪었다.

연방 주

어려운 협상이 있던 이듬해인 1901년 1월 1일, 우리가 현재 알고 있는 오스트레일리아의 모습이 갖추어졌다. 오스트레일리아 연방은 6개의 주와 2개의 연방 영토로 구성되어 있다(그림 11-5). 그 2개의 연방 영토 중 하나는 대규모의 애버리지니 집단이 집중되어 있어서 이를 보호하기 위해 할당된 노던 준주며, 계속 주의 지위를 주장하고 있는 중이다. 다른 하나는 1927년 연방 수도가 된 캔버라에 공간을 제공하기 위해 뉴사우스웨일스로부터 분리된 오스트레일리아 수도특별구이다.

오스트레일리아의 6개 주에는 가장 많은 인구(700만 명)가 살고 있고 정치적으로 가장 힘 있는 뉴사우스웨일스(주도는 시드니), 주의 북쪽에 대보초 해안과 열대우림기후가 나타나는 퀸즐랜드(주도는 브리즈번), 면적은 작지만 530만 명의 비교적 많은 인구가 거주하고 있는 빅토리아(주도는 멜버른), 머리-달링 강의 하계가 바다까지 닿아 있는 사우스오스트레일리아(주도는 애들레이드), 250만 km^2 내에 겨우 200만 명의 인구가 사는 웨스턴오스트레일리아(주도는 퍼스), 그리고 오스트레일리아 대륙과 배스 해협을 사이에 두고 위치한 섬으로서 남극해 폭풍의 통로인 태즈메이니아(주도는 호바트)가 있다.

성공적인 연방국가

우리는 앞선 장들에서 고대 그리스와 로마에 뿌리를 두며, 미국인과 캐나다인, 남부 아시아인, 그리고 최근에 러시아인에게 익숙한 연방주의의 정치적 개념에 관해 언급하였다. **9** 연방국가(federation)는 *foederis*라는 라틴어에서 유래한 것으로, 공동 제휴의 개념으로서, 동맹과 공존을 내포하고 있으며, 공동 이익의 통합을 말한다. 이것은 국가는 중앙집권화되거나 또는 일원화되어야 한다는 생각과는 대조되는 것이다. 또한 이런 점에서 고대 로마인들은 통합을 의미하는 *unitas*라는 용어를 만들었다. 영국과 북아일랜드를 비롯한 대부분의 유럽국가들은 **10** 단일국가(unitary states)이다. 대다수의 오스트레일리아 사람들은 그러한 전통(왕국, 역사)을 가진 유럽에서 이주해 왔지만, 실제로 전혀 다른 관점에서 섬대륙의 가장자리를 따라 엄청난 거리가 떨어져 있음에도 불구하고 그들은 차이를 극복하고자 노력했으며, 경제와 정책 목표를 달성한 연방국가가 되었다.

도시 문화

광대하게 열린 공간과 낭만적 생각마저 들 수 있는 변경과 아웃백에도 불구하고, 오스트레일리아는 인구의 87%가 도시에 거주하는 도시국가이다. 앞서 주목했던 바와 같이 오스트레일리아의 핵심지역은 대륙의 북동부이다(그림 11-5). 오스트레일리아가 광대하고 젊은 국가임에도 불구하고, 오스트레일리아는 놀랄 만한 문화적 정체성이 발달되어 왔다. 즉, 오스트레일리아 대륙의 한쪽 끝에서 다른 쪽 끝까지 도시와 농촌 경관이 동일하다. 시드니는 종종 오스트레일리아의 뉴욕이라 불리는데, 시드니는 장관을 이루는 강어귀에 입지하여 밀도 높게 고층화된 중심업무지구에서 연락선과 수송선이 북적거리는 항구가 내려다보인다. 시드니는 인구 440만 명의 광대하고 제멋대로 뻗어나가는 대도시인데, 여러 개의 중심지가 외따로 떨어져 있기 때문에 교외지역이 널리 퍼져있다. 또한 시드니에서는 너무 야단스러우리만치 현대적인 모습과 보존되어 남은 영국식 도로가 조화를 이룬다. 멜버른은 인구가 380만 명인데, 때때로 오스트레일리아의 보스턴이라고 부른다. 멜버른은 많은 흥미로운 건축물과 세련된 거리에 대한 자부심이 대단하다. 퀸즐랜드의 주도인 브리즈번은 가까운 곳에 오스트레일리아의 골드코스트가 있고, 대보초도 인접해 있어서 오스트레일리아의 마이애미라고 일컫는

다. 그런데 마이애미와는 달리 주민들이 여름 더위를 달래는 데 있어서 해변을 찾는 것만큼이나 아주 가까이 있는 배후산지를 찾는다. 오스트레일리아의 샌디에이고라 불리는 퍼스는 세계에서 가장 고립된 도시 중 하나이다. 퍼스는 오스트레일리아 내에서도 이웃과 대륙의 2/3 이상 떨어져 있고, 동남아시아와 아프리카로부터도 바다로 수천 킬로미터 떨어져 있다.

그럼에도 불구하고 남부 오스트레일리아의 애들레이드, 태즈메이니아의 호바트, 보다 적은 노던 준주의 다윈과 같은 각각의 주도들은 질적으로 확실하게 오스트레일리아다운 특성을 나타내고 있다. 주민 생활은 질서정연하고 여유롭다. 거리는 깨끗하고, 빈민가는 거의 없으며, 낙서도 거의 볼 수 없다. 미국 기준으로, 심지어 유럽 기준으로 봐도 강력 범죄는 드물다. 대중교통, 시립학교, 의료 서비스 수준이 매우 높다. 오스트레일리아의 도시 생활은 널찍한 공원, 기분 좋은 해안가, 많은 일조량이 있어서 세계의 어떤 도시에서보다도 괜찮은 편이다. 혹자는 이러한 여유로운 생활 양식 때문에 오스트레일리아 사람들이 열심히 일할 필요성을 느끼지 못한다고 비판하기도 한다. 그러나 주요 도시의 상업 중심지에서 사나흘만 겪어 보면 오스트레일리아 사람들의 생활방식을 그렇게 단언할 수 없다. 삶의 속도가 빨라졌다. 오스트레

© H. J. de Blij

"이와 같은 경관을 보게 되면, 당신은 아마도 오스트레일리아 사람들이 자기네 나라를 '행운의 나라'라고 말하는 이유를 알게 될 것이다. 오스트레일리아 대륙의 가장자리는 특별한 해식애들로부터 사구열이 떼지어 있는 해안에 이르기까지 장관을 이루고 있다. 작은 만들과 좁은 물줄기를 따라 수백 척의 요트들이 떠다니고 있는 햇빛 찬란하고 미풍이 부는 시드니 항구에 비견할 경관은 아무것도 없다. 만약에 당신도 물 위에 떠서 요트를 즐길 수 있을 만큼 운이 좋다면, 육지로부터 툭 튀어 나온 곶(헤드랜드)을 돌아 나올 때마다 또 다른 잊지 못할 전경들이 눈앞에 펼쳐질 것이다. 세계를 나다니는 원양 여객선 선장들에게 가장 좋아하는 항구가 어디냐고 묻는다면, 대부분의 선장들은 이곳의 좁은 입구를 가진 하구와 고립된 만이 가장 멋지다고 답할 것이다."

일리아의 문화지리는 유럽의 전초기지의 문화지리로서 고립하여 번성하고 안전하게 보존되었다. 최근 오스트레일리아는 오스트랄-아시아 연합국가들 중 주요한 구성원으로서 다른 모습을 보여주고 있으며, 태평양 협력국으로서 지역 경제지리를 변화시키고 있다.

경제지리

오스트레일리아는 개발 초기에 엄청난 원료를 발굴해 내는 쾌거가 있었기 때문에, 오늘날까지도 오스트레일리아 경제는 천연자원의 수출에 의존하는 국가로 세계에 알려져 있다. 그러나 실제 오스트레일리아 경제는 원자재 수출이 아닌 서비스 산업에 압도적으로 의존하고 있다. 오스트레일리아 경제에서 관광 산업 한 부문이 차지하는 비중이 약 5%에 달한다. 이러한 수치는 광물을 수출하는 비중과 맞먹는다. 광산이 있는 아웃백에서보다 해안도시들이 더 호황이다.

그러나 오스트레일리아가 하나의 국가로서 출범하게 되자, 오스트레일리아 정부는 해외로부터 제품을 수입하게 되었고, 여기에는 수입 대상국들과 오스트레일리아 간의 지리적 거리가 멀다는 요인(tyranny of distance)이 중요하게 작용하게 되었다. 최근에는 미국으로 바뀌고 있지만 과거 영국으로부터 수입하는 물품들은 주로 운반비용 때문에 비용이 많이 들었다. 이러한 상황은 지역 기업가들이 수입하는 물품들을 보다 값싸게 생산하는 공장을 설립하는 데에 영향을 미쳤다. 경제지리학자들은 이러한 산업들을 **11** 수입 대체 산업 (import-substitution industries)이고 하며, 이를 통해 오스트레일리아 국내의 지역 산업화가 시작된 배경을 알 수 있다.

제품 운송이 더욱 효율적이 되어 운송비가 저렴해진 결과, 외국 제품들의 가격이 점차 저렴해졌을 때, 지역 산업들은 식민지 정부로부터의 보호를 요구하여 수입 제품들에 대한 관세를 높게 책정하게 되었다. 이러한 과정을 통해 지역 산업들은 시장이 보장되었기 때문에, 지역 생산 제품들은 비능률적으로 만들어지게 되었다. 만약 일본이 이렇게 할 수 없었다면, 오스트레일리아는 어떻게 할 수 있었을까? 이에 대한 답은 지도에서 찾을 수 있다(그림 11-6). 심지어는 1901년 오스트레일리아 연방이 탄생하기 전에도, 모든 식민 통치자들은 비능률적이고 경쟁력이 낮은 지역 산업들을 강화하여 얻은 이윤 덕택에 광물 수출을 계속할 수 있었다. 식민지들이 통합될 때까지는 목축업 또한 주요 수입원이었다. 이에 따라 농부와 광부들은 오스트레일리아에서 생산할 수 없는 수입

품에 대한 비용을 지불하였으며, 더욱이 도시에서도 제품들은 만들어졌다. 도시가 성장하는 데 의문을 달 사람은 없다. 왜냐하면 도시에는 안정된 제조업 일자리, 국영 서비스 산업에 종사하는 일자리, 성장하는 정부의 공무원 등 일자리가 많기 때문이다. 일찍이 우리가 오스트레일리아 사람들이 세계에서 가장 많은 1인당 국민총생산을 기록했다는 데에 주목했을 때, 초기에 이러한 성과가 달성될 수 있었던 것은 도시에서가 아니라 광산에서 이루어진 것이었다.

풍부한 농산물

오스트레일리아는 다른 태평양 연안국들은 꿈꿀 뿐인 물질적 자산을 지녔다. 농업에 있어서 목양은 가장 초창기의 상업적 모험이었는데, 냉동 기술의 발달에 따라 오스트레일리아의 고기 생산업자들은 세계시장에 진입하게 되었다. 양모, 고기, 밀은 오랫동안 오스트레일리아의 3대 수입원이었다. 그림 11-6에는 대규모 목축이 이루어지고 있는 오스트레일리아 동부, 북부, 서부의 거대한 목초지가 나타나 있다. 상업적 곡물농업지대는 뉴사우스웨일스의 남동쪽에서부터 빅토리아를 거쳐 사우스오스트레일리아에 이르는 초승달 모양의 광범위한 지역과 퍼스의 배후지를 포함한다. 여기에서 독자들께서는 지도의 축척에 유의해야 한다. 즉, 오스트레일리아는 미국의 48개 주를 합친 것보다 약간 작을 정도로 큰 영토를 가지고 있다. 오스트레일리아에서 상업적 곡물농업은 매우 큰 사업이다. 그림 G-7 기후도에서 시사하는 바와 같이, 사탕수수는 따뜻하고 습한 퀸즐랜드 해안의 좁고 긴 땅에서 자라고, 애들레이드와 퍼스의 배후지는 지중해성 농작물로서 품질 좋은 오스트레일리아산 와인의 원료인 포도의 주산지이다. 벼, 포도, 감귤류를 재배하는 혼합 원예농업은 머리강 유역 분지에서 집중적으로 행해지고 있는데, 모두 관개농업 형태로 이루어진다. 그리고 세계의 다른 지역에서와 같이 낙농업은 대도시의 주변지역에 발달한다. 오스트레일리아는 엄청나게 넓고 다양한 환경을 지니고 있기 때문에 다양한 농작물을 수확한다.

풍부한 광물자원

그림 11-6에 나타난 바와 같이, 오스트레일리아의 광물자원은 다양하다. 1851년 빅토리아와 뉴사우스웨일스에서 금이 발견되자 향후 10년간 골드러시를 이루었고, 새로운 경제 시대를 열었다. 골드러시 초기 5년간 오스트레일리아는 세

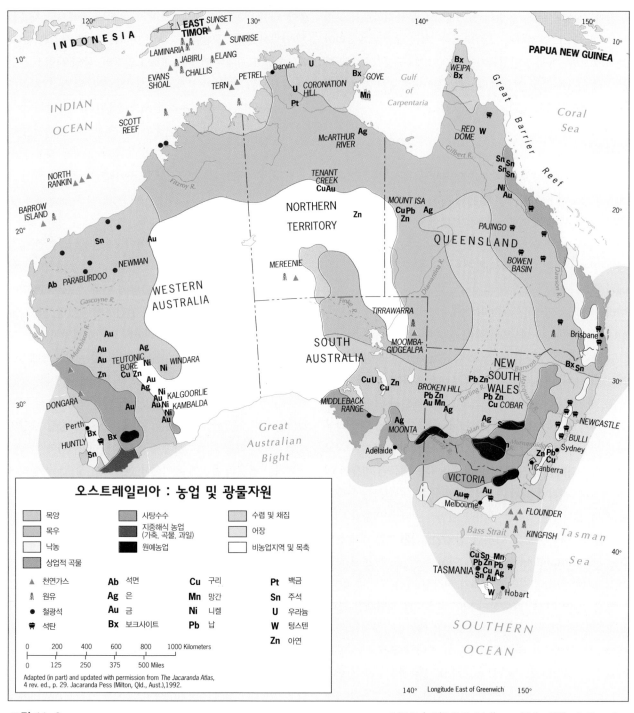

오스트레일리아 : 농업 및 광물자원

목양
목우
낙농
상업적 곡물

사탕수수
지중해식 농업 (가축, 곡물, 과일)
원예농업

수렵 및 채집
어장
비농업지역 및 목축

▲ 천연가스
⚒ 원유
● 철광석
⛏ 석탄

Ab 석면
Ag 은
Au 금
Bx 보크사이트

Cu 구리
Mn 망간
Ni 니켈
Pb 납

Pt 백금
Sn 주석
U 우라늄
W 텅스텐
Zn 아연

0   200   400   600   800   1000 Kilometers

0   125   250   375   500 Miles

Adapted (in part) and updated with permission from The Jacaranda Atlas, 4 rev. ed., p. 29. Jacaranda Pess (Milton, Qld., Aust.),1992.

그림 11-6

© H. J. de Blij, P. O. Muller, and John Wiley & Sons, Inc.

계 금 생산량의 40%를 차지했다. 그 후에도 금을 더 캐려는 노력을 기울여 새로운 금광이 발견되었다. 새로운 광산을 발견하려는 시도는 오늘날에도 진행되고 있으며, 심지어 석유와 천연가스는 내륙과 연안에서도 발견되고 있다. 이는 그림 11-6에 잘 나타나 있는데, 오스트레일리아 본토와 태즈메이니아 섬 사이의 배스 해협과 웨스턴오스트레일리아의 북

서부 연안해에 석유와 천연가스 기호로 표시되어 있다. 석탄은 여러 장소에서 채굴되고 있는데, 특히 유명한 곳은 시드니와 브리즈번의 동부인데, 웨스턴오스트레일리아, 그리고 심지어는 태즈메이니아에도 탄전이 있다. 석탄은 가격이 하락하기 전까지만 해도 값비싼 수출품이었다. 오스트레일리아에는 금속 광물과 비금속 광물의 매장량도 상당하다. 브로큰

힐의 납·아연·금·망간·은과 마운트아미자의 납·아연·구리, 캘굴리와 캄발다의 대규모 니켈, 태즈메이니아의 구리, 북부 퀸즐랜드의 텅스텐과 보크사이트, 웨스턴오스트레일리아의 석면 등이 이에 해당한다. 지도를 자세히 보면 철광석은 붉은 점으로 광범위하게 분포하며, 철광석은 여러 나라에서 수입해 갔는데, 특히 일본은 오랫동안 오스트레일리아 철광석 1위 수입국이었다. 최근에는 중국이 철광석 1위 수입국이 되었다.

제조업의 한계

앞서 언급했듯이 오스트레일리아의 제조업은 내수시장에 초점을 맞추어 왔다. 오스트레일리아산 자동차, 전자 장비 또는 카메라가 세계시장에서 자리 잡기 위해 환태평양의 경제 대국들에 도전하는 것을 기대하기는 매우 어렵다. 오스트레일리아의 제조업은 섬유, 화학약품, 종이, 많은 다른 품목들, 그리고 자국에서 생산되는 철로 만드는 기계와 장비를 만들면서 다양해졌다. 이러한 산업들은 시장이 형성되어 있는 대도시 지역의 내부와 인근지역에 집적되어 있다. 오스트레일리아의 내수시장은 크지는 않지만 상대적으로 부유하다. 이점에서 오스트레일리아 시장은 외국기업들에게 매력적이며, 그 결과 오스트레일리아의 상점들에는 일본, 대한민국, 대만, 미국, 그리고 유럽의 고가 상품이 그득하다. 실제로 오랜기간 동안 무역보호론자들의 활동에도 불구하고, 여전히 많은 상품을 오스트레일리아 자국에서 생산할 수 없다. 전반적으로 보아 오스트레일리아 경제는 완전히 선진국에 도달했다기보다는 여전히 발전되고 있는 중이라는 징후가 여러 곳에서 나타나고 있다.

오스트레일리아의 미래

오스트레일리아 연방은 변화하고 있으나, 그 이웃인 동남 및 남부 아시아는 더 빨리 변화하고 있다. 오스트레일리아는 유럽과의 동맹 결속력은 약화되고 있는 반면, 아시아와의 유대는 점차 강화되어 환태평양 국가 간에 중요한 역할을 하고 있다. 또한 오스트레일리아는 국내에서도 여러 가지 도전에 직면하고 있다. 여기에는 (1) 애버리지니의 토지소유권 소송, (2) 이민자들에 대한 우려, (3) 환경 악화, (4) 오스트레일리아의 지위와 지역적 역할을 포함하는 쟁점들이 있다.

웨스턴오스트레일리아의 필바라 지역에 있는 헤들랜드 항구 남남서쪽으로 약 320km에 있는 뉴먼 시 인근 마운트웨일백은 고품질 철광이 매장되어 있는 세계 제1의 철광산이다. 중국에서 수입하는 철광석의 양이 막대한 관계로 이곳 광산은 지구상에서 가장 거대한 '노천 광산'을 탄생시켰으며, 이는 또한 자연 경관 내에 점점 더 커져 가는 거대한 폐기물 더미를 만들고 있다. 이는 산업화 경제를 위해 오스트레일리아가 원료를 공급하는 역할을 함으로써 생기는 충격적 결과의 하나이다. © Photoshot Holdings Ltd./Alamy

애버리지니 쟁점

수십 년 동안 애버리지니 쟁점은 두 가지 문제에 집중되어 있다. 그 하나는 애버리지니 소수자 학대에 대한 정부와 다수인들의 공식적 시인 및 공식적 사과와 배상 문제이며, 다른 하나는 토지소유권에 관한 문제이다. 첫 번째 문제는 2008년에 해결되었는데, 그때 새로 당선된(현재의) 총리인 케빈 러드는 애버리지니에 대한 역사적인 학대를 공식적으로 사과했다. 두 번째 문제는 지리적인 함축들을 지니고 있다. 다른 여러 혼혈족을 포함한 애버리지니 인구 55만 명은 오스트레일리아 전체 인구의 2%에 불과하지만, 국가적인 업무에 영향력을 갖기 시작했다. 이에 따라 1980년대 애버리지니 지도자들은 그들이 지정한 조상들의 신성한 땅에 대한 탐사를 저지하는 캠페인을 벌이기 시작하였다. 유럽 식민 통치자들이 오스트레일리아에 도착했을 때, 그들은 '누구도 토지를 소유할 수 없다'는 무주지(terra nullis) 정책을 적용하여, 원주민들이 공동으로 사용하던 땅을 점유해 버렸다. 아메리카 인디언들의 토지소유권 개념과 유럽 식민 통치자들의 토지 소유 개념이 갈등을 일으켰을 때, 미국에서도 유사하게 그러한 상황이 벌어졌다. 1992년까지 오스트레일리아인들은 애버리지니가 땅에 대한 소유권과 권리가 없다는 것을 당연하게 생각했으나, 그 해 오스트레일리아 고등법원은 원주민 토지 소송인에게 유리한 판결을 처음으로 내렸다. 잇따른 법원의 결정은 광범위한 지역에서도(아마도 전체 대륙의 78%) 애버리지니가 자신들의 토지지배권을 획득할 수 있음을 시사하였다(그림 11-7). 오늘날 **12** 애버리지니의 토지소유권 쟁점(Aboriginal land issue)은 주로 아웃백과 관련되어 있는데, 이것은 오스트레일리아의 사법체계를 뒤흔들어 놓고 경제 성장을 저하시킬 가능성이 높다.

이민과 관련된 쟁점

이민과 관련된 쟁점들은 오스트레일리아 건국 이전부터 있었던 문제이다. 50년 전 오스트레일리아의 인구가 오늘날의 절반에도 미치지 못했을 때, 인구의 95%는 유럽계였으며, 그중 3/4 이상은 영국계였다. 인종 개량 이민 정책에 따라 이러한 인구 구성은 1970년대까지 계속 유지되었다. 최근에는 이 상황은 급속하게 달라졌다. 즉, 현재는 2,160만 명의 오스트레일리아 인구 중 단지 1/3만이 영국-아일랜드계이며, 매년 아시아 이민자들의 수는 유럽 이민자들뿐만 아니라 국가 인구의 자연 증가분보다 수가 많다. 1990년대 초반에는 매년 홍콩, 베트남, 중국, 필리핀, 인도, 스리랑카로부터 약 15만 명 정도가 합법적 이민 절차를 거쳐 오스트레일리아에 정착하였

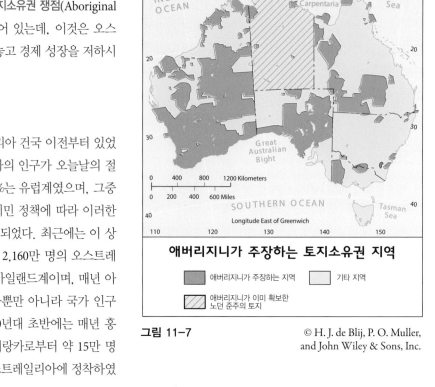

애버리지니가 주장하는 토지소유권 지역

애버리지니가 주장하는 지역 | 기타 지역
애버리지니가 이미 확보한 노던 준주의 토지

그림 11-7

© H. J. de Blij, P. O. Muller, and John Wiley & Sons, Inc.

카브라마타라는 이름은 오스트레일리아 사람들 사이에는 다양한 반응을 떠올리게 한다. 1950년대와 1960년대에는 많은 남부 유럽 이민자들이 감당할 만한 주택 가격에 이끌려 시드니 서부 교외지역에 정착하였다. 1970년대와 1980년대에는 다수의 남동부 아시아 사람들이 이곳에 정착하게 되었는데, 그 시기에 카브라마타는 조직 폭력과 마약 거래와 동의어라고 할 정도였다. 그러나 가장 최근에는 카브라마타의 종족 다양성을 고운 시선으로 보는 사람들이 많아지게 되었다. 이에 따라 카브라마타는 오스트레일리아의 다문화 수도가 되어 관광객들이 모여들게 되었고, 유럽 사람들이 없는 공간을 제공하는 오스트레일리아의 능력을 입증하는 계기가 되었다. 그러는 동안에 카브라마타는 다양한 종류의 동양적 디자인으로 꾸며지게 되었다. 베트남 사람들 공동체에 있는 '자유의 문' 옆에는 명나라 말과 자금성의 사자상 복제품이 있다. 즉, 이것들은 난민들과 이민자들에게 낡은 문을 통해 좋은 시절을 떠올리게 하려는 것이다. © Trip/Eric Smith.

다. 그 이후로는 이민 할당이 감소하여 최근에는 8만 명 정도에 달하고 있으나, 아시아계 이민자들 수는 서구로부터 오는 이민자 수보다 계속 능가하고 있다. 이러한 상황은 오랫동안 지배적이었던 영국-오스트레일리아인 사회를 언짢게 하였으며, 이에 따라 극단론자들이 '오스트레일리아의 아시아화'라고 부르는 두려움을 반영하여 오스트레일리아의 부동산에 대한 외국인 소유 제한이 등장하게 되었다. 그러나 오스트레일리아에서의 많은 아시아 이민자들의 성공은 이러한 자유롭고 열린 사회에서는 여전히 기회가 있다는 것을 뚜렷하게 보여주고 있다. 아시아인 유입의 중심지인 시드니는 부분적으로 조직 폭력과 마약 거래가 이루어지긴 했지만, 시간이 지나면서 안정화되고 번영을 이루어(왼쪽 사진 참조), 특정 민족 거주지들이 하나의 모자이크를 이루었다. 다문화주의는 여전히 21세기 오스트레일리아의 오랜 당면 과제로 남게 될 것이다.

환경과 관련된 쟁점

13 환경 악화(Environmental degradation)는 거의 오스트레일리아와 동의어로 사용되고 있다. 처음에는 원주민인 애버리

21세기 초기 10년 동안 오스트레일리아는 최악의 가뭄을 기록하는 상황이 벌어져서, 치명적인 산불로부터 바짝 말라 버린 농경지까지 치명적인 재앙이 초래되었다. 오스트레일리아에서 가장 이익을 남기는 농업 중 포도주 산업은 많은 포도주용 포도 재배 농장주가 가뭄으로 농장을 떠나야 했다. 왼쪽 사진은 멜버른 북쪽 뉴사우스웨일스 주와 빅토리아 주 경계에 머리 강을 따라 있는 야라윙가 인근의 다 자란 포도밭이 2009년 말라비틀어진 채로 있는 모습이다. 마침내 비가 오긴 왔지만 홍수가 나서 표토를 쓸어가 버리고, 전원지대를 침식해 버렸다. 오른쪽 사진은 2010년 1월에 뉴사우스웨일스의 쿠남블에서 달링 강 지류의 모습을 찍은 것이다.
© Photo by James Croucher/Newspix/Getty Images, Inc.

지니들이, 그다음에는 유럽인들과 가축들이 오스트레일리아의 자연 환경과 생태계에 극심한 피해를 주었다. 장대한 삼림을 이루던 거대한 숲이 파괴되었다. 웨스턴오스트레일리아에서는 도입된 가축을 위해 목초지를 조성한다는 명분으로 수백 년 된 고목들 둘레에 고리를 씌워 말라죽게 하였다. 그 결과 햇볕이 나뭇잎이 없는 수관을 통과하여 아래에 있는 목초를 자라게 하였다. 북아메리카의 삼나무(레드우드) 숲에 비견할 만한 가장 큰 토종 유칼립투스 나무가 있는 태즈메이니아에서는 수만 헥타르의 그 무엇으로도 대체할 수 없는 보물들이 전기톱과 펄프 공장에서 사라지고 있다. 많은 오스트레일리아 고유의 유대목 동물들이 멸종 위기에 놓여 있으며, 더욱 많은 종들이 멸종할 위기에 직면해 있다. 최근에 한 지리학자가 오스트레일리아에서 관찰한 후 "그렇게 짧은 시간에, 그렇게 적은 소수의 사람들이, 그렇게 넓은 면적의 생태계를 파괴할 수는 없지 않는가!"라고 비탄했다. 그러나 이러한 오스트레일리아에서의 환경 악화에 대한 관심은 점점 커지고 있다. 태즈메이니아에서는 그린이라는 환경주의자들이 설립한 정당이 국정 운영에 영향을 미치게 되었고, 그들의 정당 활동으로 삼림 벌채, 댐 건설, 그리고 다른 개발 계획들이 둔화되고 있다. 그러나 여전히 많은 오스트레일리아 사람들은 경제 부양이 필요할 때마다 이러한 환경 운동은 경제 성장에 장해가 된다고 두려워하고 있다. 이것 역시 미래를 위한 쟁점 중 하나이다.

지위와 역할과 관련된 쟁점

자국에서의 오스트레일리아의 지위, 이웃 국가와의 관계와 세계에서의 위상을 포함하는 여러 가지 쟁점이 국가적인 논의를 불러일으키고 있다. 끊임없이 제기되고 있는 국내 문제는 오스트레일리아가 국가 원수로서 영국의 한 군주로서 마감하고 공화국이 되어야 하는지, 아니면 영국 연방 안에서 현상유지를 하는지에 관한 것이다.

이웃 인도네시아 및 동티모르와의 관계도 복잡하게 얽혀 있다. 오스트레일리아는 오랫동안 인도네시아와 소위 특별한 관계 유지해 왔는데, 그러한 까닭은 인도네시아의 도움으로 불법 해상 이민자들을 억제해 왔기 때문이다. 또한 그러한 태도는 오스트레일리아에는 이익이 되지만 국제 여론(UN)에는 반하는 것이었다. 또한 오스트레일리아는 1976년에 포르투갈이 철수한 동티모르의 인도네시아 합병을 인정했는데, 이러한 일련의 행동에는 오스트레일리아가 인도네시아 정부와의 관계를 원만히 만듦으로써 동티모르의 해저에 매장된 석유 채굴권을 확보하기 위한 저의가 깔려 있었던 것이다(그림 10B-7 참조). 따라서 오스트레일리아는 동티모르의 독립을 위해 싸우는 저항 운동을 승인하지 않았을 뿐만 아니라 지원도 해주지 않았다. 그러나 종국에는 상황이 반전되어 놀랍게도 동티모르 문제는 해피엔딩으로 마무리되었다. 1999년 동티모르인들이 독립운동을 벌이고 인도네시아 군대가 무차별 살인과 파괴를 자행하자, 오스트레일리아는 평화 유지군을 파병함으로써 상황을 안정시키려는 UN의 노력에 선봉대 역할을 했다. 오늘날 오스트레일리아는 북쪽의 이웃들과 새로운 관계의 장을 열었다.

제12장에서 보게 되겠지만 오스트레일리아는 파푸아뉴기니(PNG)와 오랜 관계를 맺고 있다. 이러한 관계 또한 어려운 시기를 거쳤다. 최근에 파푸아뉴기니의 주민들은 민영화, 세계은행의 개입 및 세계화에 대해 강하게 저항했다. 오스트레일리아는 여러 측면에서 파푸아뉴기니를 지원했지만, 그 동기는 때로 의문스럽다. 2001년 파푸아뉴기니와 오스트레일리아의 퀸즐랜드 주 사이를 연결하는 가스관의 건설은 토지 소유권을 둘러싼 원주민들 간의 싸움을 유발했고, 이로 인해 수십 명의 사상자가 발생함에 따라, 오스트레일리아의 여론은 이 사업의 적절성에 대해 의구심을 품게 되었다.

오스트레일리아는 2003년 파푸아뉴기니의 동쪽 솔로몬 제도에서 정치적 폭동과 혼란이 일어났을 때, 군대를 개입시켰다. 그 이유는 자국 인근에 취약한 국가가 있게 되면 잠재적으로 테러리스트 활동을 위한 무대가 될 수 있다고 판단했기 때문이다.

미국의 2001년 9·11 테러 직후, 오스트레일리아의 지도자들은 미국의 반테러주의 캠페인에 강한 지지를 표현했다. 그러나 또한 그것은 테러와의 전쟁이지 이슬람교와의 전쟁이 아님을 강조하여 인도네시아 정부를 안심시켰다. 비록 오스트레일리아인의 대다수가 정부의 이러한 입장에 찬성하여 이라크 파병을 했지만, 그들의 의지는 2002년 테러리스트가 인도네시아 발리의 나이트클럽을 공격하여 88명의 휴가 중인 오스트레일리아인이 사망했을 때 심각하게 시험대에 올랐다. 그리고 오스트레일리아를 직접 공격할 준비를 하고 있던 테러리스트 조직을 체포한 직후 2005년 발리에서 테러리스트에 의한 또 다른 습격이 있었다. 2007년 선거에서 당선된 노동당 정부는 다른 성향을 나타냈는데, 특히 미국에 대한 정책이 달라서 오스트레일리아 군대를 이라크로부터 불러들였다.

영토의 크기, 상대적 위치, 그리고 풍부한 천연자원은 세계 속에서, 특히 환태평양에서 오스트레일리아의 위상을 결정하는 데 크게 기여했다. 오스트레일리아의 인구는 2020년대에도 여전히 겨우 2천만 명에 불과하여, 말레이시아 인구보다는 적고, 카리브 해의 아이티와 도미니카공화국이 있는 히스파니올라 섬의 인구보다 조금 더 많을 뿐이다. 그러나 국제사회에서 오스트레일리아는 인구수를 훨씬 넘어서는 중요성을 지닌다.

뉴질랜드

뉴질랜드는 오스트레일리아로부터 태평양의 태즈먼 해를 건너 동남동쪽으로 약 1500마일 떨어져 있다. 또한 뉴질랜드는 원주민인 마오리족 언어로 아오테아로아(Aotearoa)라고 하는데, '길고 흰 구름의 땅'이라는 뜻이다. 선사시대 이래로 뉴질랜드는 폴리네시아 혈통의 마오리족들이 주로 살았기 때문에 태평양 권역에 속했다. 그러나 뉴질랜드도 오스트레일리아처럼 유럽인의 침략을 받아 점령당하게 되었다. 오늘날 뉴질랜드의 인구는 440만 명에 달하는데, 그중 약 70%가 유럽인이다. 그에 따라 마오리족과 다양한 유럽-폴리네시아 혼혈인(태평양 제도인들을 포함)들을 포함한 인구가 660,000명 정도로 실질적 소수이다.

뉴질랜드는 2개의 커다란 산지가 많은 섬과 그 주변에 흩어져 있는 여러 개의 섬으로 이루어져 있다(그림 11-8). 2개의 큰 섬 중 남섬이 북섬보다 약간 크다. 뉴질랜드가 거대한 태평양에 위치하여 아주 조그마하게 보이지만, 실제로는 남섬과 북섬을 합친 면적이 브리튼 섬보다 크다. 오스트레일리아와는 대조적으로 뉴질랜드 2개 섬 모두 산지나 구릉으로 이루어져 있으며, 오스트레일리아 대륙의 어떤 산봉우리보다 훨씬 높은 산이 여러 개 있다. 남섬에는 남알프스라 부르는 산지에 3,300m가 넘는 고봉 설산들이 즐비하여 장관을 이룬다. 북섬은 전체적으로 저기복을 이루지만, 중앙은 고지대를 이루어 그 산록대에는 뉴질랜드 낙농업 목장들이 자리 잡고 있다. 이런 까닭에 오스트레일리아의 지형은 상대적으로 고도가 낮고 저기복을 이루는 반면, 뉴질랜드의 지형은 평균 고도가 높고 기복이 심한 편이다.

생활 공간 조직

이러한 지형적 요인의 영향으로 뉴질랜드에서 가장 유망한 주거지로는 저지대 산록부와 두 섬의 해안 저지대이다. 북섬에서 가장 큰 도시인 오클랜드는 비교적 저평한 반도부에 자리 잡고 있다. 남섬의 가장 넓은 저지대는 캔터베리 평야의 농업지대이며, 그 중심부에 크라이스트처치가 있다. 이러한 저지대는 농경지로 이용 가능할 뿐만 아니라 대규모 목장으로도 매력적이다. 이러한 저지대의 토양과 목초는 여름철과 겨울철 방목에 적합하다. 게다가 주요 농업지대인 캔터베리 평야는 다양한 채소, 곡물, 과일을 생산한다. 뉴질랜드 국토의 절반 정도가 목장이기 때문에, 농업의 많은 부분이 목축

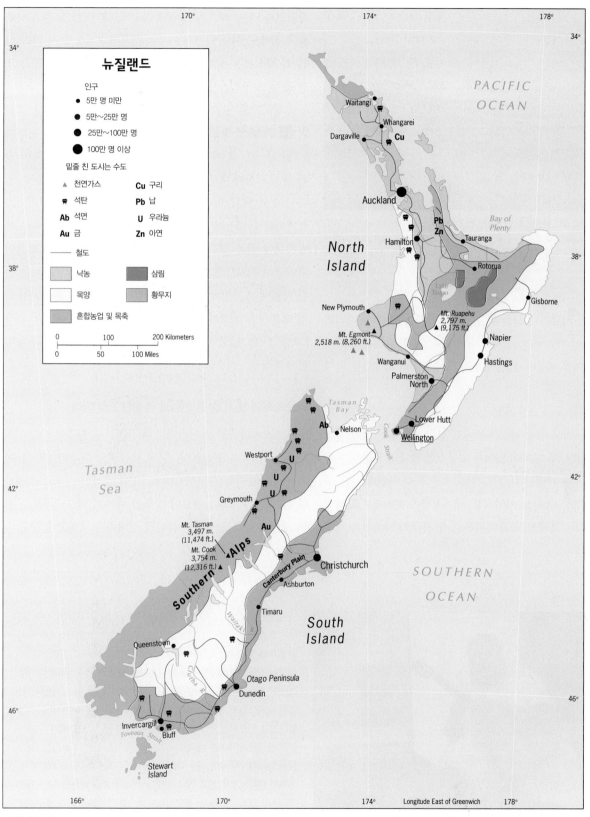

뉴질랜드

인구
- ● 5만 명 미만
- ● 5만~25만 명
- ● 25만~100만 명
- ● 100만 명 이상

밑줄 친 도시는 수도

▲ 천연가스   **Cu** 구리
♨ 석탄   **Pb** 납
Ab 석면   **U** 우라늄
Au 금   **Zn** 아연

— 철도

낙농
목양
혼합농업 및 목축
삼림
황무지

0   100   200 Kilometers
0   50   100 Miles

그림 11-8

© H. J. de Blij, P. O. Muller, and John Wiley & Sons, Inc.

뉴질랜드의 경관은 다양하고도 웅장하다. 사진은 남섬의 크라이스트처치 남쪽 뱅크스 반도에 있는 아카로아(Akaroa, 마오리어로 '긴 항구'라는 뜻) 항이다. 아카로아 항은 과거의 화산 분화구에 바닷물이 유입된 곳이다. 이 지역은 영국인들이 통치하기 이전에 프랑스 사람들이 정착하였었다.

업을 위한 사료를 생산한다. 뉴질랜드에서는 6,000만 마리의 양과 800만 마리의 소를 사육하여 양모, 고기, 유제품을 생산하는데, 이를 통한 수익은 뉴질랜드 수출액의 약 2/3를 차지한다

　뉴질랜드와 오스트레일리아, 두 나라는 국토의 규모, 형태, 지형, 역사 등이 대조적임에도 불구하고 많은 공통점을 지니고 있다. 두 나라에 있어서 공통적인 영국의 유산을 차치하고라도, 두 나라는 대규모 목축 경제, 특히 와인과 같은 상품 판매 성장, 소규모 지역시장, 세계시장과 지리적으로 멀리 떨어져 있는 문제점, 보호무역을 통해 자국의 제조업을 성장

시키고자 하는 바람 등을 공유하고 있다. 또한 높은 도시화율(뉴질랜드 전체 인구의 86% 도시지역 거주), 도시 기반 산업 위주의 고용 상태, 일반적 축산물과 농산물의 가공과 포장 공정, 공무원들도 마찬가지이다.

　공간적으로 볼 때 뉴질랜드는 오스트레일리아보다 조금 더 **14** 주변지역 발달(peripheral development) 양상을 보인다(그림 11-2). 그 까닭은 사막 때문이 아니라 높고 기복이 많은 산지 지형과 여러 조각으로 분리되어 있는 국토 때문이다. 북섬의 오클랜드와 수도인 웰링턴, 그리고 남섬의 크라이스트처치와 더니든과 같은 뉴질랜드의 주요 도시들은 주로 해안지역에 자리 잡고 있다. 이 때문에 철도와 고속도로망이 주변부에 배치되어 있는 모습이다. 더욱이 북섬과 남섬은 강한 바람에 노출되어 있는 쿡 해협을 사이에 두고 분리되어 있기 때문에 왕래하려면 페리나 항공기를 이용할 수밖에 없다(그림 11-8). 남섬에서는 남알프스 산지가 지역 간 교류에 있어서 가공할 만한 장애이다.

마오리족의 토지 청구 신청과 뉴질랜드의 미래

오스트레일리아와 마찬가지로 뉴질랜드도 원주민과의 어려운 관계가 누적되어 왔다. 현재 뉴질랜드 인구의 15%를 차지하는 마오리족들은 AD 10세기경에 정착한 것으로 추정된다. 유럽인들이 뉴질랜드에 정착할 때까지 마오리족들은 특히 그들이 주로 정착했던 북섬의 생태계에 지대한 영향을 미

© H. J. de Blij

"뉴질랜드 남섬의 크라이스트처치에서 어느 일요일 아침이었는데, 시내 중심가는 고요했다. 나는 린우드 거리를 걷고 있었는데 귀에 익숙한 음악이 들려왔다. 바흐의 무반주 바이올린 소나타 G단조였는데, 낯설었지만 당당한 기타 연주였다. 나는 소리를 따라 연주자에게 다가갔다. 연주자는 마오리 뮤지션이었는데, 매 소절, 매 행, 매 박자 뭔가 새로운 느낌이 들어 연주 솜씨와 곡 해석력이 돋보였다. 내가 유일한 청중이었다. 연주자 앞의 기타 케이스 안에 동전 서너 개가 보였다. '당신 같은 훌륭한 연주자는 해외로 나가 여러 학교를 돌면서 수천 명의 학생들 앞에서 연주해야 하는 것이 아닌가요?' 그는 아니라고 답하면서, 여기서 행복하게 잘살고 있다고 했다. 세계 최상급 재능을 지닌 거리 뮤지션이 크라이스트처치 골목길에서 바흐를 연주하면, 세계 곳곳에서 온 관광객들이 한두 푼 놓고 가는데, 그것이 이 사람의 주된 수입원이었다. 진정한 세계화가 바로 이런 것이 아닐까!"

쳐 왔었다. 1840년 마오리족과 영국인 간에 와이탕기 조약에 대한 서명이 있었는데, 조약의 주요 내용은 뉴질랜드에 대한 영국인들의 통치권 보장과 기존에 살고 있는 마오리족의 토지소유권 인정에 관한 것이었다. 비록 1862년 영국이 조약을 파기했었지만, 마오리족은 광대한 뉴질랜드 땅과 연안해가 자신들의 소유라는 사실을 믿는 이유가 있었다.

오스트레일리아와 마찬가지로 뉴질랜드에서도 1990년대의 법원 판결들은 마오리족의 입장을 지지하게 되었고, 그 결과 마오리족들의 토지 청구 신청이 많아지고 요구가 거세지게 되었다. 문화적으로도 마오리어를 뉴질랜드 공식어로 선언하고 학교에서 가르칠 수 있게 된 것은 마오리족 문화유산의 인정을 향한 진일보로 보인다. 그러나 마오리족들이 지속적으로 제기하는 불만 사항 중 하나는 현대 뉴질랜드 사회에 소수민의 통합이 매우 느리게 진행되고 있다는 것이다. 마오리족의 토지 청구 신청 대부분 남섬에 대한 것이지만, 또한 주요 도시들의 중요한 입지들이 포함되어 있다. 오늘날 마오리족의 토지 청구 신청은 뉴질랜드의 가장 중요한 국가 쟁점이다.

녹색 요인

뉴질랜드는 진보적 정책과 삶의 질이 높은 것으로 잘 알려져 있다. 뉴질랜드의 세계에서 가장 앞서가는 녹색사회로서의 지위는 녹색당의 지속적이고 적극적인 활동과 확고한 환경보전 프로그램과 더불어 우수한 환경에 대한 진보적 태도에 기여하는 여러 요인들이 있다. 비록 마오리족과 유럽의 식민 통치자들이 뉴질랜드의 경관을 훼손시켰지만, 그들의 후손들은 친환경적이고 지속 가능한 정책들을 준수해 왔다.

최근에 환경과학자들이 수질오염, 대기오염, 재생에너지, 생물종 다양성 보전과 같은 환경지표 조사보고서에서 뉴질랜드를 1위로 선정하였다(미국은 28위). 국토의 약 30%를 개

발 제한하였고, 2007년에는 뉴질랜드가 세계에서 첫 번째로 이산화탄소를 배출하지 않는 국가가 될 것이라고 선포하였다. 이미 수력과 지열과 같은 재생에너지가 전체 에너지의 70%를 차지하고 있으며, 2025년에 가서는 90%를 목표로 달성하고자 한다. 이것은 세계 어느 나라가 달성하고자 하는 목표를 훨씬 넘는 수준이다. 또한 뉴질랜드는 비핵국가로서 핵추진 해군함정이 항구에 정박하는 것을 금하고 있다. 또한 뉴질랜드는 환경관리에 관한 의사결정을 포함하는 사건들을 다루는 환경재판소를 설립하였다. 녹색 계획을 실천하고 있는 뉴질랜드는 인구가 적은 나라임에도 불구하고 국가가 적절한 정치적 의지만 가질 수 있다면 최상의 수준으로 환경을 개선할 수 있다는 사례를 보여준다.

우세한 문화유산과 널리 퍼져 있는 문화 경관은 오스트랄 권역의 경계를 결정하는 데 기초가 되는 두 가지 지표이다. 그러나 오스트레일리아와 뉴질랜드 모두 문화적 모자이크가 변화하고 있으며, 그 결과 인근 권역과의 수렴이 진행되고 있다.

생각거리

- 오스트레일리아의 인구가 급속하게 늘어나고 있는데, 그 원인은 자연증가(15만 명/연)를 넘어선 이민자(25만 명/연) 때문이다.
- 2020년경에는 오스트레일리아가 세계 제2의 액화천연가스 수출국으로 부상할 것이다.
- 오스트레일리아는 13년 동안 거의 완화되지 않는 가뭄을 겪고 있다. 이에 따라 관개수가 고갈되고, 강물이 마르고 있으며, 농경지가 황폐화되고 있다.
- 지난 10년 동안 오스트레일리아인들은 캥거루 5,000만 마리를 도살했다. 그 대부분 고기는 애완동물용 먹이로 사용되었다.

키리바시(공화국) 제도의 한 섬의 모습. 키리바시는 3개 지역(길버트 · 라인 · 피닉스 제도)으로 구성되어 있으며, 적도와 날짜 변경선이 교차하는 곳에 위치한 국가이다.   © H. J. de Blij

12

태평양 권역, 그리고 극지방의 미래

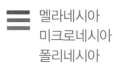
멜라네시아
미크로네시아
폴리네시아

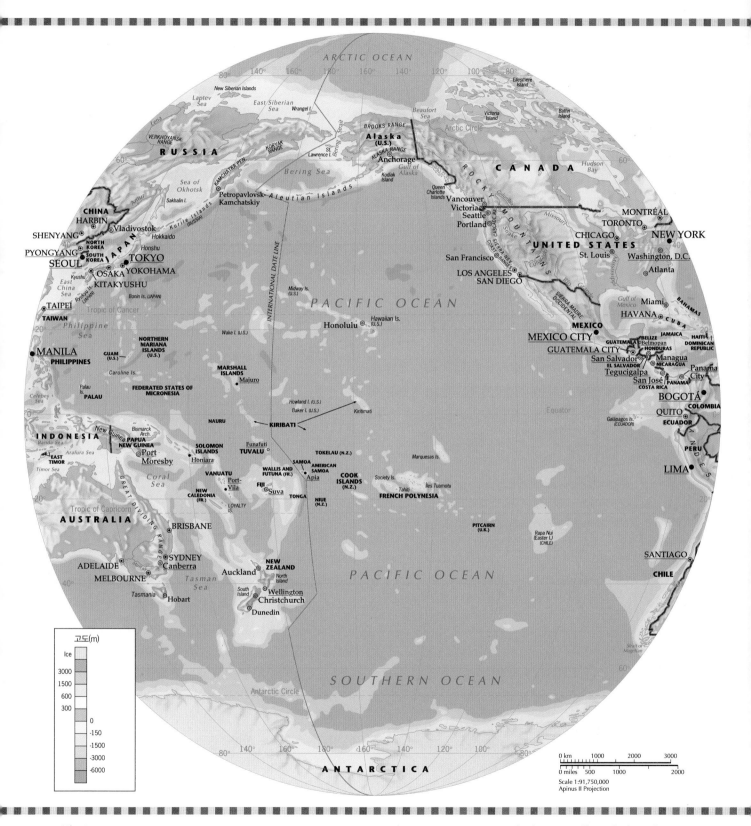

그림 12-1

© H. J. de Blij, P. O. Muller, and John Wiley & Sons, Inc.

마지막 장인 이번 장에서는 지구상에서 가장 광대한 세 지역을 다루고자 한다. 이 지역들은 앞부분에서 다루었던 지역과는 전혀 다른 시각으로 살펴보아야 한다. 이 지역의 대부분은 육지와 토양이 아닌, 물과 얼음으로 구성되어 있으며, 또한 이 지역들의 환경 변화는 지구 전체에 지대한 영향을 미치고 있다.

이들 광대한 지역 중에서도 가장 넓은 면적을 차지하고 있는 지역은 **태평양 권역**으로서 베링 해로부터 남태평양까지 그리고 에콰도르에서 인도네시아까지 지구상의 거의 절반을 차지하고 있다. 지구상의 모든 육지 면적을 합친 것보다 더 큰 태평양에는 가장 큰 섬인 뉴기니 섬을 포함하여 몇만 개의 섬이 산재해 있다. 태평양 권역과 연결된 양극 지방도 크게 다르지는 않다. **북극 지방**의 일부 지표는 얼음으로 덮여 있지만 대부분은 바다이기에 잠수함을 이용해 북극점에 도달할 수 있다. **남극 대륙**은 거대한 규모의 만년빙으로 덮여져 있다. 정확히 백 년 전에 한 탐험가가 엄청난 고난 끝에 남극점에 도달하였다.

기후 변화는 광물자원(특히 석유와 가스)의 탐사와 기술 개발의 증진이 이루어지면서, 전 세계 지리 환경을 바꾸고 있다. 해수면 상승은 사람들이 살고 있는 수천 개의 낮은 고도의 섬을 위협하고 있다. 빙하가 녹으면서 새로운 항로들이 개척되고 있다. 그러나 우리가 앞으로 살펴볼 것처럼, 외떨어진 변경에 위치한 양극 지방의 소유권을 조율하기 위한 국제적 협약은 논의가 필요하다. 육상에서의 경계가 바닷속으로 계속 연속되어 있는 경우 그 분쟁의 해결은 결국 지도 제작 당사국들의 합의를 통해 이루어진다. 우리는 지나친 경쟁이나 갈등이 야기하는 잠재력에 대해 항상 유의해야 한다.

태평양 권역의 설정

우리의 연구는 지구 표면의 거의 한 반구를 차지하고 있는 태평양의 지리적 권역으로부터 시작하게 되는데, 이 반구는 소

 주요 지리적 특색

태평양 권역

1. 태평양 권역의 전체 총면적은 모든 지리적 영역 중에서 가장 크다. 그러나 육지 면적만을 놓고 본다면 가장 작은 편이다(인구 수도 가장 적음).
2. 930만 명의 사람이 뉴기니 섬에 분포하고 있는데, 이는 태평양 지역 전체 인구의 75%가 넘는다.
3. 인접 해양지역의 경제적 자산을 포함하는 국가들의 권리에 관한 UN 해양법 규정은 광활한 바다와 수많은 섬들이 있는 태평양 지역에 큰 영향을 미치고 있다.
4. 태평양 지역은 멜라네시아(뉴기니를 포함해서), 미크로네시아, 폴리네시아로 구성되어 있다.
5. 멜라네시아 지역은 파푸아 문명과 멜라네시아 문명 사이의 연결고리 역할을 하고 있다.
6. 대체로 태평양 지역의 섬들과 문명은 화산섬 문화와 산호섬 문화로 나누어 볼 수 있다.
7. 멜라네시아 지역에서 미국의 영향력은 특히 두드러지며 지역사회에 지속적인 영향을 미치고 있다.
8. 폴리네시아 지역의 고유한 토착 문화는 이 지역이 워낙 광대한데다 넓은 범위에 분산되어 있음에도 불구하고, 거의 전 지역에 걸쳐 문화적인 조화와 동질성이 잘 보존되고 있다. 그러나 동시에 폴리네시아 지역의 토착 문화들은 어느 곳에서나 외부 영향 때문에 심각한 갈등을 겪고 있다. 뉴질랜드의 경우와 마찬가지로 하와이의 고유한 문화는 서구화로 인해 대부분 깊이 감춰져 있다.

위 수반구라 불린다(그림 12-1). 이 수반구는 멀리 북쪽으로는 러시아와 북아메리카 지역과 접하고 있으며, 남쪽으로는 남극해 지역까지 포함된다. 바다가 압도적으로 많은 부분을 차지하고 있음에도 불구하고, 잘게 나누어진 각각의 영역들은 복합 문화의 성격과 함께 나름의 지역 정체성을 지니고 있다. 여기에는 세계적으로 유명한 이름들인 하와이, 타히티, 통가, 사모아 등이 속해 있는데, 이 섬들은 서로 멀리 떨어져 있다.

근대의 문화지리 · 정치지리의 개념으로 본다면, 인도네시아와 필리핀은 태평양 권역에 속하지 않는다(비록 인도네시아의 정치적 영향이 이곳에 미치고 있지만). 오스트레일리아와 뉴질랜드 역시 마찬가지이다. 오스트레일리아의 애버리지니와 뉴질랜드의 마오리족, 두 지역 사람들의 폴리네시아 인들과의 인척 관계를 고려해 본다면, 유럽인들의 침략과 식민지화가 이루어지기 전까지 이 두 지역은 태평양 권역에 속해 있었을 것이다. 그러나 이 두 나라가 유럽화되면서 애버리지니와 뉴질랜드 마오리족은 밀려나게 되었고, 결국 오늘날 이 두 지역은 태평양 권역에 속하지 않게 되었다. 반면, 뉴기니의 경우에는 지역 원주민들이 수적으로나 문화적으로 우세한 상태를 유지하고 있다.

태평양 권역을 살펴보기 위해서는 이 지역이 세계에서 차지하는 대조적인 수치에 대해서 관심을 가져야 한다. 광대한 권역을 차지하고 있지만, 이 지역의 전체 육지 면적은 약 975,000km²에 불과하다. 이는 텍사스 주와 뉴멕시코 주를 합

한 정도의 크기이며, 이 중 뉴기니 섬*이 90% 이상을 차지하고 있다. 이 지역의 인구는 인구 분포도가 쓸모없을 정도로 너무 넓은 지역에 흩어져 있으며, 전체 인구는 겨우 1,200만 명 정도이다(중국 베이징의 인구 규모와 비슷한).

식민지화와 독립

태평양 권역의 섬들은 프랑스, 영국, 그리고 미국에 의해서 식민지화되었다. 하와이 제도의 원주민 폴리네시아 왕국은 미국에 의해서 합병되었으며, 현재 미국의 50번째 주이다. 지금까지도 태평양 권역의 지도는 독립국들과 식민지들의 결합으로 이루어져 있다(그림 12-1). 파리(프랑스)는 누벨칼레도니와 프랑스령 폴리네시아를 통치하고 있으며, 미국은 괌과 미국령 사모아, 라인 제도, 웨이크 섬, 미드웨이 제도, 그리고 몇몇 작은 섬을 다스리고 있다. 또한 미국은 명목상으로는 독립했지만 이전 보호령이었던 다른 영토들에 대해서도 특별한 관계를 유지하고 있다. 영국은 뉴질랜드를 통해, 핏케언 제도에 대한 권리를 가지고 있으며, 뉴질랜드는 쿡, 토켈라우, 니우에 제도 등을 통치하면서 원조하고 있다. 남동 태평양상의 작은 점에 해당되는 유명한 이스터 섬은 칠레의 소유이며, 인도네시아는 뉴기니 섬의 절반에 해당하는 서쪽의 파푸아를 지배하고 있다.

다른 섬들은 독립국이 되었다. 가장 큰 섬은 피지로 예전에는 영국의 식민지였다. 그리고 (역시 영국령이었던) 솔로몬 제도와 (1980년까지 영국과 프랑스의 공동 지배를 받았던) 바누아투가 있다. 그러나 현재 지도상에는 이들 외에 투발루, 키리바시, 나우루, 그리고 팔라우와 같은 아주 작은 국가들도 있다. 이 나라들 대부분의 생존에 외국의 원조는 결정적이다. 예를 들어 투발루는 총면적 25km²에 인구는 약 1만 명 정도이며, 고기잡이와 코프라 판매(기름을 만드는 데 사용되는 코코넛 과육), 그리고 약간의 관광 수입을 통해 겨우 1인당 1,500달러의 GNI를 나타내고 있다. 그러나 투발루라는 국가가 유지되는 보다 중요한 배경은 오스트레일리아, 뉴질랜드, 영국, 일본, 한국이 설립한 국제신탁기금이다. 이 기금에서 매년 나오는 원조금과 뉴질랜드 및 그 밖의 지역에서 일하는

---

* 부록 B의 통계표와 위의 수치가 일치하지 않는데, 이는 파푸아뉴기니 국가만 통계에 포함하고 있기 때문이다. 뉴기니 섬의 서쪽을 차지하고 있는 인도네시아령 파푸아 지방은 수치에서 제외한다. 그림 10B-1이 보여주는 것처럼 이 지역은 정치적인 경계와 지역의 경계가 일치하지 않는다.

투발루 노동자들이 가족에게 보내는 송금 때문에 생존해 갈 수 있는 것이다.

태평양 권역과 해양지리

일부 영토나 국가는 태평양 권역의 일부라고 보기 어렵다(앞서 인용했던 필리핀이나 뉴질랜드). 그러나 태평양 권역은 베링 해로부터 아열대 수렴대까지, 그리고 북아메리카와 남아메리카의 해안으로부터 동부 및 동남아시아의 본토까지 포함하는 광범위한 지역이다. 이것은 동해, 동중국해, 그리고 남중국해를 포함하는 몇몇 바다가 태평양 권역의 일부라는 것을 의미한다. 아래 내용에서 볼 수 있듯이, 이러한 관계는 중요한 의미를 지닌다. 태평양 연안의 국가들은 대국이든 소국이든, 본토 지역의 국가이든 섬 국가이든 자신의 국가를 둘러싸고 있는 해양의 관할권을 둘러싸고 쟁탈을 벌이고 있다.

그러므로 태평양 권역과 그에 속한 바다는 **1** 해양지리학(marine geography)의 여러 초점을 이해하는 데 적합한 사례가 되는 장소이다. 이 권역은 대양과 여러 바다에 대한 연구가 다양하게 이루어지는 곳으로, 몇몇 해양지리학자들은 산호초의 생물지리에 초점을 두고 연구하고, 다른 학자들은 해안 지형을, 또 다른 학자들은 해류의 이동에 대해서 연구한다. 해양지리학 중 특히 흥미로운 부분은 해상에서의 정치적 경계와 관련된 것으로, 이는 경계지역의 의미를 규정하고 경계를 획정하는 것이다. 이 점에서 지리학은 정치학·해양법과 만나게 된다.

해양국가

해안을 끼고 있는 국가들의 경우 지도에 표시된 경계만으로 끝나지 않는다. 이 국가들은 몇 세기에 걸쳐 해안지역의 관할권에 대해 다양한 형태(해안지역의 가까운 어장으로부터 외국 어선들을 나가라고 명령하거나 만과 강어귀로 들어오지 못하게 하는 식으로)의 주장을 펼쳐 왔다. 이로써 **2** 영해(territorial sea)에 대한 개념이 생겨났고, 이 영해에서는 연안국(해안지역 국가)들의 모든 권리들이 우월적인 위치를 차지하게 되었다. 반면 영해 바깥의 **3** 공해(high sea) 지역은 국가적인 이해의 속박으로부터 벗어난 자유롭고 개방적인 바다가 되었다.

식민지 확대와 운영의 이해관계 속에서 중상주의 국가들은 영해의 범위는 좁게 공해의 범위는 넓게 유지하고자 했는

데, 이는 자신들의 상선이 가능하면 거의 방해받지 않게 하기 위함이었다. 17세기와 18세기에 영해의 범위는 3, 4해리 또는 최대 6해리였으며, 제국주의 세력들은 자신들의 식민지에서도 똑같은 넓이의 권리를 주장했다(1해리=1.85km)[*].

20세기에 들어오면서 영해 범위에 관한 제한은 약화되었다. 무역 선단이 없는 국가들은 자신들의 영해 범위를 제한해야 할 아무런 이유가 없었다. 자신들 소유의 작은 선단으로 근해에서 전통적인 조업 활동을 하고 있는 국가들은 증가하는 외국의 트롤 선박들을 멀리 내쫓고 싶어 했다. 해안 평야의 앞쪽으로 펼쳐진 얕은 **4** 대륙붕(continental shelves)이 있는 국가들은 해상과 해저의 자원을 자신들이 통제하길 원했으며 기술의 발전으로 자원에 대한 접근이 더 용이해지게 되었다. 해상 경계의 새로운 획정에(그 범위가 어느 정도인지에 관계없이) 반대하는 국가들은 점점 그 수가 줄어들 수밖에 없었다. 1920년대에 이러한 쟁점들을 해결하기 위한 국제 연맹(UN 이전의 기구)의 초기 노력들이 진행되었지만, 경계 획정을 위한 기술적인 부분에서만 겨우 부분적인 성공을 거둘 수 있었다.

바다를 차지하기 위한 쟁탈

1945년에 미국은 '바다 쟁탈'이라고 널리 알려진 문제를 본격적으로 제기하였다. 트루먼 대통령은 미국 대륙붕의 아래쪽 100패덤(183m) 깊이 주변지역의 해상 및 해저에 있는 모든 자원의 관할권과 통제권을 주장하는 선언을 발표했다. 몇몇 지역에서 미국의 대륙붕은 300km보다 더 넓게 뻗어나가 있으며, 미국 정부는 3마일 영해 바깥에서 이루어지는 다른 국가들의 석유 탐사를 원하지 않았다.

트루먼 선언이 미국의 바다뿐만 아니라 태평양을 포함하는 전 세계의 바다 쟁탈에 미칠 영향에 대해 제대로 예상한 사람은 별로 없었다. 이 선언으로 인해 다양한 주장들이 연쇄적으로 쏟아져 나왔다. 1952년에, 대륙붕 지역이 거의 없는 몇몇 국가들을 포함하는 일련의 남아메리카의 국가들이 산티아고 선언을 발표했는데, 이는 해안에서 200해리 이내의 지역에서 자국의 배타적인 조업 권한을 주장하는 선언이었다. 한편, 소련은 냉전체제에 따른 경쟁의 일환으로 12마일

영해를 주장하는 동맹 관계를 강력하게 추진하였다.

UNCLOS의 중재

이제 UN이 중재에 나섰으며, 일련의 UNCLOS(국제연합 해양법 협약) 모임이 시작되었다. 이들 회의에서 만(灣)의 폐쇄를 포함해서 영해의 넓이와 한계를 규정하는 선언들이 발표되었다. 그리고 30년간의 협상 끝에 해양에 대한 정치적·경제적 지리학을 영원히 변화시킬 합의가 이루어졌다. 이 규정의 핵심 내용 중에는 모든 국가에게 12마일 영해를 인정하는 것과 함께 연안국가들에게 독점적인 경제 권한을 부여하는 200마일(230 법정마일/370km)의 **5** 배타적 경제수역(Exclusive Economic Zone, EEZ)의 확립이 포함되어 있다. EEZ 내 해상 및 해저의 모든 자원(물고기, 석유, 광물자원)은 연안국가에 귀속되며, 연안국가만이 적정량의 자원을 개발·임대·판매·분배할 수 있다. 이미 2A장에서 북극해의 새로운 쟁탈과 관련하여 EEZ에 대해 언급이 되었으나, 태평양 권역에서 EEZ 수역의 획정이 훨씬 중요하다는 사실을 알 수 있을 것이다.

이들 새로운 조항들은 세계의 모든 대양과 바다에 광범위한 영향을 미쳤으며(그림 12-2), 특히 태평양 권역에 미친 영향은 더욱 컸다. 대서양과 달리 태평양은 크고 작은 섬들이 산재해 있으며, 그래서 하나의 작은 섬으로 구성된 소국(小國)이 갑작스럽게 166,000평방해리에 달하는 광대한 EEZ를 소유하게 되었다. 아직 태평양 권역에서 일정하게 소유권을 가지고 있는 유럽 식민지 세력(특히 프랑스가 대표적)들은 그들의 해상 관할권이 거대하게 확대되는 것을 지켜보았다. 이제 재정이 변변찮은 작은 군도들도 그들이 소유한 EEZ 내의 조업권을 부유한 어업 선진국들과 거래할 수 있게 되었다. 그리고 EEZ 수역과 좁은 해협을 경유하는 '무해(無害) 통항권'을 위한 UNCLOS 협약의 모든 조항 때문에, 세계의 공해 지역은 명백하게 줄어들고 있다.

해상 경계

영해의 12해리 확장과 부가적인 188해리까지의 EEZ 수역 선포로 인해 **6** 해상 경계(maritime boundary)에 대한 새로운 문제점들이 제기되었다. 전 세계 많은 국가 중 24해리 폭보다 좁은 해역을 소유하고 있는 나라들은, 반대쪽 해안으로부터 등거리에 해당되는 **7** 중심선 경계(median lines)와 관련하여 그들의 영해를 확정하는 데 제한을 받게 되었다. 그리고

---

[*] 이곳과 이 장의 마지막 부분에서 해상 경계를 포함하는 모든 거리는 오직 해리만을 사용할 것이다. 해양법의 근대 역사를 통해 해리는 해상의 경계 획정에서 유일한 단위로 사용되어 왔다. 해리로 표현된 어떤 거리도 1.85의 수치를 곱하면 동등한 미터법으로 환산할 수 있다. 부록 A의 표는 이러한 수치 환산을 담고 있다.

많은 나라들(그들의 EEZ를 결정하기 위해서 보다 넓은 해상 경계의 획정을 요구했던)은 400해리를 확보하기에는 너무 가까이 붙어 있다. 북해, 카리브 해, 그리고 동해, 동중국해, 남중국해(그리고 최근 북극해) 등 여러 지역에서 해상 경계와 관련된 분규가 있었으며, 이들 중 일부는 현재도 계속 갈등이 진행되고 있다.

신생 독립국인 동티모르와 티모르 해 건너편 오스트레일리아 사이에서 벌어지고 있는 분쟁도 좋은 사례이다. 오스트레일리아는 1976년에 인도네시아의 동티모르 합병을 인정하는 대가로 티모르 해의 해상과 해저를 인도네시아와 양분하기로 했다. 그러나 2002년에 동티모르가 독립하면서 소위 티모르 해저협곡 문제가 제기되었다. 이 지역에 매장되어 있는 석유와 가스를 동티모르와 오스트레일리아가 양분하게 될 중심선은 어디인가? 오스트레일리아는 이 중심선이 동티모르 독립에 앞서 이미 인도네시아와 결정된 것이기 때문에, 대부분의 에너지 자원이 오스트레일리아에 사실상 지속적으로 주어져야 한다고 주장하고 있다. 그러나 오스트레일리아가 서명한 UNCLOS 규정에 따르면 동티모르에 더 많은 지분을 부여하는 재조정이 불가피했다. 이에 오스트레일리아는 이 규정에 제약받지 않으려고 2002년에 UNCLOS에서 탈퇴했다. 몇 번의 힘겨운 협상 끝에, 2005년 오스트레일리아는 문제가 되었던 천연가스 매장지역으로부터 나오는 에너지 수익의 절반을 동티모르에 제공했으며, 추가로 소위 공동석유개발구역(Joint Petroleum Development Area)으로 불리는 지역의 또 다른 대형 가스전으로부터 이미 거둬들인 수익도 함께 제공했다. 그 대가로 동티모르는 다음 세대가 이 문제를 해결하게끔 놔둔 채 50년 뒤로 해상 경계 문제를 연기하는 데 합의해 주었다. 향후 30년에 걸쳐 자원 매장지역의 부존량과 고갈 시기를 고려해 보면, 동티모르는 130억 달러 또는 그 이상의 수익을 거둘 수 있을 것으로 추산되고 있다. 이 돈은 신생국인 동티모르가 당면하게 될 시급한 문제들에 큰 도움이 될 것이다.

EEZ의 함의

UNCLOS 협약은 몇몇 나라들로 하여금 그들의 영향력이 미치는 범위를 확대할 수 있는 기회를 제공하였다. 광활한 영해와 EEZ의 배분과 관련하여 다양한 문제들이 야기됐다. 섬하나에 대한 권리는 이제 광대한 해양지역의 잠재적 통제를 필연적으로 수반하게 되었다. 2A장에서 북극해 일대의 빙하가 녹으면서 이 지역의 새로운 분할과 자원 쟁탈의 필요성에 대해 강조했다. 9B장과 10B장에서 동부 아시아 지역에서 분쟁이 이루어지고 있는 몇 개의 섬을 언급했는데, 현재 일본과 러시아, 일본과 한국, 일본과 중국, 중국과 베트남, 중국과 필리핀 사이에서 분쟁이 진행 중에 있다. 많은 섬들의 경우 누구의 소유인지 불확실하며, 작은 섬의 영토 문제가 바다 쟁탈 과정에서 커다란 이해관계와 관련된 갈등으로 변질되고 있다. 예를 들어 스프래틀리(난사) 군도(그림 10B-1)의 경우, 타이완과 중국을 포함하여 여섯 나라가 권리를 주장하고 있다. 남중국해에 있는 섬에 대한 중국의 소유권 주장은 섬 부근의 바다도 중국의 일부라는 중국 정부의 의도와 맞물려 있으며, 이 때문에 섬 부근에 위치한 다른 국가들의 우려를 불러일으키고 있다.

그림 12-2를 보면, EEZ 규정으로 인해 투발루, 키리바시, 피지와 같은 섬나라들이 거대한 태평양에서 그들 섬들을 둘러싸고 있는 거의 원형의 EEZ 수역을 가지고 있음을 알 수 있다. 일본, 타이완 그리고 다른 수산업 국가들은 이들 섬나라들로부터 EEZ 내의 조업권을 구매하여 왔다. 그럼에도 불구하고 EEZ의 배타적 권한에 대한 위반 행위가 일어나곤 한다. 최근 바누아투의 EEZ 수역에서 일어난 필리핀 사람들의 불법 조업으로 인해 바누아투와 필리핀은 불화를 겪었다.

해상 경계의 재(再)획정 작업은 계속되고 있다. 이 책의 이전 판(版)에는 UNCLOS의 명세서에 따라 재획정된 중심선 경계를 보여주는 동아시아와 동남아시아의 주변 해역과 남중국해의 지도가 실려 있다. 그러나 연안국가들이 양자간·다자간 협상에 들어가면서 그 지도는 바뀌었고, 주요 경계선 관련 내용과 함께 섬의 소유권에 대한 분쟁이 지속되고 있다. 실로 태평양 권역(그리고 세계 전체)의 해상 경계와 관련된 지도는 작업이 여전히 진행 중이다.

1982년에 체결된 UNCLOS 협약 76조의 내용에 대한 재검토가 이루어지면서, 1999년에 뒤늦게 이 쟁점이 다시 부각되었다. 200해리 EEZ 너머까지 대륙붕이 확장된 경우, UNCLOS 협약은 대륙지각의 자연적인 연장으로서의 확장 부분은 명백하게 연안국의 권리임을 인정하고 있다. 비록 연안국이 자신의 EEZ를 대륙붕 끝까지 확대하는 권리를 인정하는 어떤 조항도 없지만, 이 부분 역시 수정될 것이라고 예상하기는 그리 어렵지 않다. 현재 상태에서 이제 많은 국가들이 2009년 만기 이전에 '자연적인 연장'에 따른 재획정 작업을 서두르고 있다. 이 작업에는 워낙 많은 비용이 소요되기

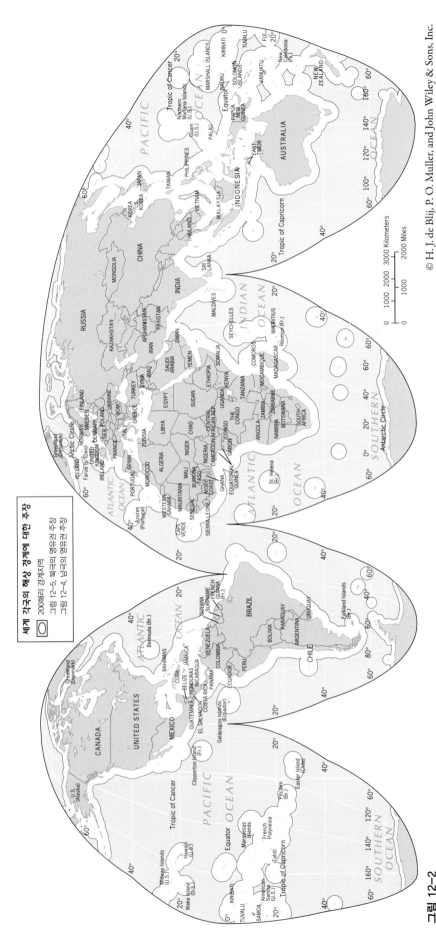

세계 각국의 해상 경계에 대한 주장

◯ 200해리 경계지역

그림 12-5, 북극의 영유권 주장
그림 12-4, 남극의 영유권 주장

© H. J. de Blij, P. O. Muller, and John Wiley & Sons, Inc.

그림 12-2

때문에 가난한 나라들은 불이익을 받을 수밖에 없다. 최근 이 문제는 집중적인 조명을 받고 있는데, 특히 북극해 일대에서 대륙지각의 자연적인 연장을 주장하는 몇몇 국가 때문이다. 사이언스지의 최근 기사는 비록 최종적으로 60개 연안국가가 그 조항으로 인해 얼마 간의 이익을 얻겠지만, 가장 커다란 수혜국들에 미국, 캐나다, 오스트레일리아, 뉴질랜드, 러시아, 그리고 인도가 포함될 것이라고 보도했다.

따라서 공해지역의 범위와 제한을 포함하여 '바다를 차지하기 위한 쟁탈'은 계속될 것이다.

태평양 권역의 각 지역

태평양을 가로질러 항해하다 보면, 거대한 장관이 연속적으로 펼쳐진다. 모래톱과 석호로 둘러싸이고 화려한 열대의 식생으로 뒤덮인, 침식으로 인해 첨탑 모양으로 조각된 현무암의 휴화산과 사화산이 푸른 바다 위로 솟아 있다. 눈처럼 하얀 백사장을 끼고 있는 환상의 산호초로 이루어진 낮은 섬들은 줄지어 선 야자수로 둘러싸인 채 마치 물에 떠 있는 것처럼 보인다. 외부 세력에 의해 전혀 영향을 받지 않은 태평양 원주민들은 부러워할 만큼의 안락한 생활을 즐기는 것처럼 보인다.

더 가까이 가서 살펴보면 이러한 태평양 권역의 동질성이 실제보다 더 명백함을 알 수 있다. 심지어 태평양 권역은 오랜 항해의 전통, 여전히 분산된 인구 분포, 그리고 역사적 이주와 함께 변함없는 지역 구조의 틀을 보여주고 있다. 그림 12-3은 태평양 권역을 구분하는 세 지역의 윤곽을 잘 보여준다.

멜라네시아 : 파푸아(인도네시아), 파푸아뉴기니, 솔로몬 제도, 바누아투, 누벨칼레도니(프랑스), 피지

미크로네시아 : 팔라우, 미크로네시아 연방, 북마리아나 제도, 마셜공화국, 나우루, 키리바시, 괌(미국)

폴리네시아 : 하와이 제도(미국), 사모아, 미국령 사모아, 투발루, 통가, 동키리바시, 쿡 제도와 다른 뉴질랜드 관할 섬, 프랑스령 폴리네시아, 이스터 섬(칠레)

태평양 권역의 이러한 지역 구분에 기본이 되는 기준들에는 인종적, 언어적, 그리고 자연지리적(지형적인) 특색이 포함되지만, 다른 차원의 시각도 놓쳐서는 안 된다. 땅의 면적

이 작을 뿐만 아니라 전 지역(인도네시아령 파푸아 지방을 포함해서)에 살고 있는 인구수도 2010년 겨우 1,200만 명 정도(인도네시아령 파푸아 지방을 제외하면 960만 명)에 불과하다는 사실이다. 이 인구는 매우 큰 대도시 하나 정도와 비슷하다. 이곳은 심지어 넓은 지역에 분산된 거주지의 또 다른 지역인 북아프리카 사하라 사막의 오아시스 지역보다도 인구가 적다.

멜라네시아

태평양 권역의 서쪽 끝에 있는 거대한 섬 뉴기니부터 동쪽 끝의 피지 섬까지가 멜라네시아 지역이며 솔로몬 제도, 바누아투, 누벨칼레도니 등이 여기에 포함된다(그림 12-3). 이 지역의 인문적 모자이크는 인종적·문화적으로 복잡하다. 뉴기니 섬(인도네시아 통치지역인 파푸아 지방과 독립국인 파푸아뉴기니 포함)에 거주하는 930만 명의 인구 대부분은 파푸아인이며, 가장 큰 소수민족으로 멜라네시아인이 있다. 이 섬에는 다른 언어를 사용하는 700개 정도의 공동체가 함께 살고 있다. 파푸아인들은 대부분 섬의 내륙과 남쪽의 밀림 고지대에 주로 거주하고 있고, 멜라네시아인들은 북쪽과 동쪽에 거주하고 있다. 전체적으로 800만 이상의 인구가 거주하는 이 지역은 태평양 권역에서 단연 인구가 가장 많은 곳이다.

현재 680만 명의 인구가 사는 **파푸아뉴기니(PNG)**는 거의 100년에 걸친 영국과 오스트레일리아의 통치에서 벗어나 1975년에 독립국이 되었다. 개발은 PNG의 해안을 따라 제한적으로 진행되고 있으며, 내륙 지방 대부분은 이웃 오스트레일리아로부터 유입된 변화에서 소외된 지역으로 남아 있다. 인구의 약 4/5는 뿌리작물을 재배하고, 야생 동물을 사냥하고, 돼지를 기르고, 그리고 삼림 부산물을 채집하는 자급자족 경제라고 칭하는 방식으로 살고 있다. 오스트레일리아에서 사라진 몇몇 오래된 전통들이 이 지역의 고립 특성과 바위투성이의 험한 지형 조건 때문에 여전히 유지되고 있다.

별로 공통점이 없는 다양한 사람들이 한 나라 안에 모여 있다 보니 어떤 과업도 제대로 시작되지 못했다. 그리고 PNG는 문화적 복합성 외에 여러 가지 장해물에 직면하게 되었다. 수백 가지 언어가 사용될 뿐만 아니라 인구의 절반 이상은 문맹이다. 공식 언어인 영어는 교육받은 소수들만 사용하고 있으며, 그나마도 해안지역과 도시를 벗어나서는 거의 사용되지 않고 있다. 수도인 포트모르즈비의 인구는 이 개발

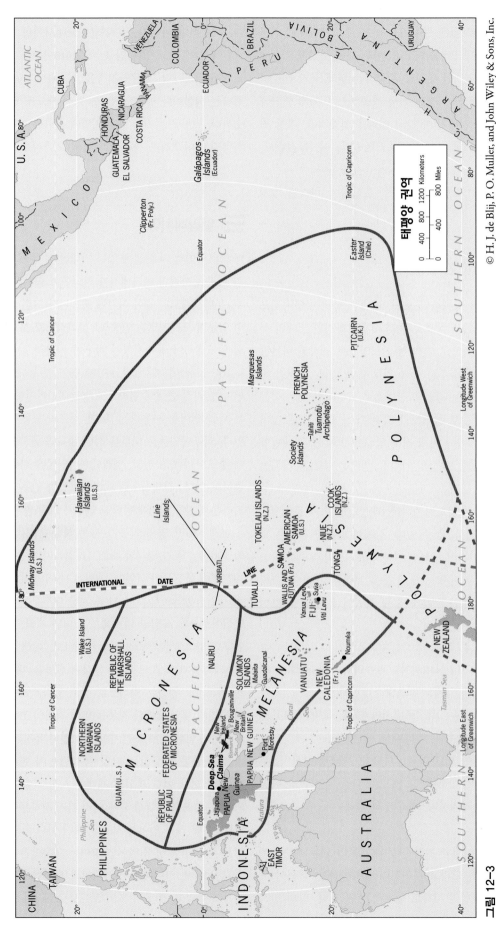

그림 12-3

답사 노트

© H. J. de Blij

"1996년 누벨칼레도니의 수도 누메아에 도착해 보니 40년 전 프랑스령 아프리카가 연상되었다. 프랑스의 삼색기는 제복을 입은 프랑스 군인들만큼이나 매우 단적인 예이다. 유럽식 프랑스어를 사용하는 주민들은 그곳에 지중해식 문화 경관을 꾸며 놓고, 야자수가 줄지어 선 해변이 내려다보이는 산 중턱의 대저택을 점유하고 있다. 그리고 누벨칼레도니는 아프리카처럼 가치 있는 광물자원의 원천이다. 이곳은 세계 최다 니켈 생산국 중 하나라서, 이 이점으로 인해 선적 준비를 완료하여 집적해 놓은 거대한 가공 공장을 볼 수 있다(왼쪽, 컨베이어 벨트 아래). 이 사진에서 볼 수 없는 것은 누벨칼레도니 남부지역이 산비탈을 죄다 파헤쳐 놓은 광산 기업으로 인해 심각하게 황폐해진 모습이다. 광산과 시설에서 근무하는 사람들은 24만 인구 중 43%를 차지하는 멜라네시아 원주민인 카나크족이다. 카나크족과 프랑스 사람 간의 격렬한 충돌은 오랫동안 통치해 온 프랑스의 통제뿐만 아니라 독립에 대한 압력을 조정하는 방식으로 누벨칼레도니의 정치적 위상을 바꾸려는 정부의 노력을 방해해 왔다."

도상국에서 낮은 도시화(13%) 단계를 반영하듯 겨우 35만 정도에 불과하다.

파푸아뉴기니에게 아직 경제적 기회가 없는 것은 아니다. 1980년대 석유가 발견되었으며, 1990년대 후반에 이르러 원유는 액수로 볼 때 PNG의 가장 큰 수출품이 되었다. 다음으로는 금, 그다음은 구리, 은, 목재, 그리고 커피와 코코아를 포함하는 몇몇 농산물순인데, 이는 이 나라의 자원과 자연환경의 다양성을 반영하는 것이다. 환태평양 권역의 발전은 심지어 PNG에도 영향을 미치고 있다. 대부분의 수출품은 가장 가까운 이웃인 오스트레일리아로 향하고 있으며, 일본이 그 뒤를 바짝 뒤쫓고 있다.

동쪽으로 가보면, **솔로몬 제도**(약 52만 5천 명 정도의 사람들이 이 중 약 80개의 섬에 대부분 거주)를 구성하는 약 1,000개의 섬에서 무려 120여 개의 언어가 사용되는 멜라네시아의 문화적 분열상이 나타난다. 섬들 상호 간에 있었던, 섬 원주민들 사이의 역사적 원한은 제2차 세계대전 때문에 더욱 나빠졌는데, 전쟁 중 수천 명의 말레이타 섬 주민들이 미군에 의해 과달카날로 강제 이주되었다. 이로써 전후 폭력의 악순환이 시작되었는데, 오스트레일리아는 2003년 이 지역에 강제로 개입해 들어왔다.

여전히 프랑스 식민지배를 받고 있는 **누벨칼레도니**는 매우 다른 상황에 놓여 있다. 약 25만 명의 인구 중 단지 43%만이 멜라네시아인이다. 37%는 프랑스 혈통인데, 이들 중 많은 사람들은 19세기에 프랑스 식민 유형지가 들어서면서 거주하게 된 사람들의 후손이다. 매장량으로 볼 때 세계 최대 광산 중의 하나인 니켈 광산이 누벨칼레도니의 수출 경제를 이끌고 있다. 이 광산 산업은 새로운 프랑스 이주민들을 끌어들였으며, 여러 사회 문제들이 야기됐다. 대부분의 프랑스계 인구는 섬의 남동쪽 끝에 위치한, 프랑스적인 문화 경관이 넘쳐흐르는 수도인 누메아 내에 그리고 주변에 거주하고 있다. 식민지 지배의 종식을 원하는 멜라네시아인들의 요구로 폭력적인 상황이 발생하고 있으며, 이 두 공동체는 아직도 타협점을 찾고 있는 중이다.

멜라네시아의 동쪽 끝에는 환태평양 권역에서 가장 흥미로운 나라 중의 하나인 **피지**가 있다. 2개의 커다란 섬과 100개가 넘는 작은 섬에 약 90만 명 정도의 피지인이 살고 있는데, 그들 중 51%는 멜라네시아인이고 44%는 영국 식민 통치 기간에 사탕수수 플랜테이션 농장의 노동력으로 인도에서 피지로 건너온 남부 아시아인들이다. 1970년 피지가 독립했을 때, 피지 원주민들은 대부분의 땅을 소유했으며 정치 권력을 잡고 있었다. 반면에 인도인들은 도시(특히 수도인 수바)에 모여 살면서 주로 상업 활동에 종사하고 있었다. 이것은 두 집단의 문제를 피해 가는 처방이었지만, 그리 오래가지 않았다. 다음 선거에서 정치적으로 매우 활동적인 인도인들은 피지인들보다 더 많은 국회의원 수를 차지하게 되었다. 결국 헌법 개정으로 피지인들로 구성된 군대가 개입하게 되었고, 이로써 피지 원주민들의 다수당 지위가 보장되었다. 그러나 얼마 지나지 않아 피지인들의 다수당은 분열하게 되었고, 연립정부는 2000년까지 정권을 유지하게 되었다. 1999년에 최초의 인도계 수상이 자리에 올랐지만, 이는 분노에 찬 일부 피지 원주민들로 하여금 또 다른 일격을 가하게 만드는 계기가 되고 말았다. 다음해 수상과 정부 각료들은 수바에

있는 국회 의사당에 인질 상태로 갇히게 되었으며, 가해자들은 이후로는 피지인만이 정권을 잡을 수 있도록 요구하였다.

이러한 혼란과 그에 대응하는 피지 정부의 무능함은 피지에 파괴적인 영향을 미쳤다. 외국 투자자들은 피지 상품의 구매를 중단했으며, 관광 산업은 심각한 타격을 입었다. 그리고 결국 쿠데타 주동자들이 내쫓기고 체포되었음에도 불구하고 그들은 원했던 피지 원주민들의 정치 권력 장악을 보장받게 되었다.

피지에는 쿠데타로 인해 암울한 그림자가 여전히 드리우고 있다. 토지 소유주인 피지인들로부터 임대를 받아 인도인

답사 노트

© H. J. de Blij

"피지의 수도인 수바의 도심에 대해 연구한 지 20년이 지나고 나서 수바로 돌아와서, 비록 1978년보다 도시가 정돈되어 보이고 번영하고 있지만 비교적 거의 변하지 않았다고 나는 메모했다. 센트럴마켓(중앙시장)에서 나는 이 지역 전통 식단에서 탄수화물 공급원인 필수식품 한 묶음의 타로토란을 가지고 주인과 흥정하는 한 피지인 여성을 지켜보았다. 나는 그녀에게 그걸 어떻게 조리할 것인지 물었다. 그녀가 말했다. '글쎄요, 이건 당신네들의 감자랑 같아요. 이걸로 죽을 쑬 수 있고, 썰어서 국에 넣거나 심지어는 이 길 끝에 있는 맥도널드가 당신에게 주는 것과 똑같이 튀겨져서 프렌치프라이처럼 보이게 만들 수도 있죠.' 이어서 나는 이 타로토란이 어디에서 오는지 주인에게 물었다. 주인이 말하길, '이 섬 어디에서나 나지요, 때때로 비가 너무 많이 오면 썩겠지만, 올해는 작황이 아주 좋군요.' 이어서 나는 북적대는 CBD의 인도인 구역으로 들어갔다. 골목길에서 나는 집적에 대한 지리학적 개념을 떠올리게 되었다. 여기는 한때 호텔로 쓰이던 식민지 시기 건물이었다가 비즈니스 센터로 바뀌었던 곳이다. 나는 구둣방에서부터 사진점까지의 범위 안에서 고무도장을 만드는 곳과 다양한 담배 상품을 파는 가게를 비롯하여 15개의 상점을 조사했다. 물론 (수바 시내의 인도인 구역에서) 다른 모든 상점보다 양장점이 압도적으로 많았다."

들이 운영하는 설탕 산업은 이렇다 할 부활에 대한 희망 없이 큰 타격을 받고 있으며, 이는 상당수의 인도인들이 농촌으로부터 이미 실업률이 높은 도시로 이동하는 결과를 또한 초래하고 있다. 피지의 미래는 여전히 그 전망이 어둡다.

태평양 권역에서 가장 인구가 많은 멜라네시아는, 여러 종류의 원심력(遠心力)에 의해 고통받고 있다. 다문화주의의 영향으로 멜라네시아의 나라들은 각기 다른 유형을 보여주고 있다. 그들은 각자 자신만의 도전에 직면해 있으며, 이러한 도전의 일부는 이웃하는(또는 멀리 떨어진 외국) 섬들에까지 그 영향이 미치고 있다.

≡ 미크로네시아

미크로네시아로 알려진 지역의 섬들은 멜라네시아의 북부와 필리핀의 동부에 걸쳐 있다(그림 12-3). 그 이름(미크로는 작음을 뜻함)에서 알 수 있듯이 섬이 매우 작다는 의미이다. 미크로네시아의 2,000개가 넘는 섬은 매우 작을 뿐 아니라(대부분의 섬은 1km²보다 크지 않음) 해발 고도도 대체로 멜라네시아보다 낮다. 일부 섬들은 **8** 고도가 높은 화산섬(high islands)이지만, 나머지 많은 섬들은 **9** 고도가 낮은 산호섬(low islands)으로서 가까스로 해수면 위로 드러나 있다. 미크로네시아에서 가장 넓은 괌은 면적이 550km²에 지나지 않으며, 미크로네시아에서 가장 높은 해발 고도는 1,000m에 불과하다.

화산섬/산호섬의 이분법은 미크로네시아뿐 아니라 태평양 권역 전체에 적용된다. 이 섬들의 자연지리와 경제 상황은 지역에 따라 크게 차이가 난다. 섬의 높은 지역은 태평양에서 많은 습기를 얻는다. 이곳은 관개에 유리하고 화산재가 많아 토양이 비옥하다. 이런 이유로 농산물이 다양하고 생활이 비교적 안정되어 있다. 사람들은 주로 해발 고도가 낮은 해안보다 이런 고원에 산다. 해안은 가뭄이 잦고, 사람들은 주로 물고기와 코코넛을 먹는다. 해안의 마을은 규모가 작고, 그 수가 계속 줄어들고 있다. 하와이에서 뉴질랜드로 이주한 사람들은 주로 고원에 살던 사람들이었다.

1980년대 중반까지 미크로네시아는 대부분 미국의 신탁통치령이었으나(제2차 세계대전 이후 UN의 신탁통치지역 중 마지막이었음) 지금은 지위가 달라졌다. 그림 12-3에서 볼 수 있듯이 오늘날 미크로네시아는 지역별로 나뉘어 독립된 국가의 이름을 지니고 있다. 미국이 핵 실험을 했던 **마셜 제도**(비키니 제도라는 이름으로 유명해진)는, 현재 미국과 '자유로운 연합' 관계에 있는 공화국이 되었으며, 미크로네시아 연방 및 팔라우(1994년 이후)와 동일한 지위를 유지하고 있다. **북마리아나 제도**는 미국과 '정치적 동맹' 관계에 있는 연방국이다. 미국은 이런 나라들이 미국의 이익에 반하는 외교 정책을 세우지 않는 조건으로 수십억 달러씩 지원하고 있다. 조건이 다른 나라도 있다. 예를 들면 **팔라우**는 독립 이후 미국이 50년간 자기 나라에 군대를 주둔시킬 수 있는 권리를 주었다.

또한 미크로네시아에는 **괌**과 유명한 **나우루공화국**이 있다. 괌은 미국이 지배하는 곳으로 독립의 전망은 보이지 않지만, 미국 군사시설과 관광객들이 막대한 수입을 올려주고 있다. 나우루는 인구가 15,000명에 면적이 20km²에 지나지 않으나 인광석을 오스트레일리아와 뉴질랜드에 팔아 부유해졌다. 1인당 소득은 12,000달러까지 올라가 나우루는 태평양에서 가장 소득이 높은 나라의 하나가 되었다. 그러나 인광석이 고갈하고 황폐해지자 경제가 위기에 처하게 되었다.

작은 섬으로 이루어진 이 지역에서 대부분의 사람들은 농업과 어업으로 생계를 이어간다. 이곳의 모든 나라들에는 생존을 위해 외국의 지원이 필요한 것이 현실이다. 고원의 농업 지역과 저지대의 어촌은 자연적으로나 경제적으로 상호 보완적이지 않다. 두 지역은 문화적으로뿐 아니라 공간적으로도 분리되어 있기 때문이다. 우연히 들른 방문객 눈에는 주민들의 삶이 게을러 보이겠지만 실제로 이들은 일상에서 힘겹게 싸우면서 살아가고 있다.

≡ 폴리네시아

미크로네시아와 멜라네시아의 동쪽에 위치한 폴리네시아(폴리는 많음을 뜻함)는 태평양의 중심으로, 하와이 제도와 칠레의 이스터 섬, 그리고 뉴질랜드로 둘러싸여 삼각형 모양을 하고 있다. 이곳(그림 12-3)은 수많은 섬으로 이루어져 있는데, 태평양의 해저에서 올라온 화산 산지(하와이의 마우나케아 산은 4,200m가 넘음)부터 산호로 이루어진 환초까지 다양하다. 태평양의 수면 위로 올라온 화산 산지는 열대우림이 무성하고 1년에 2,500mm 이상의 비가 내리지만, 낮은 산호 환초는 야자나무만 조금 자랄 뿐 가뭄이 지속적으로 문제를 일으킨다. 폴리네시아 사람들은 태평양의 다른 지역 사람보다 피부가 조금 밝은 편이고, 머리털이 물결 모양이며, 체격이 크다고 묘사되는 일이 많다. 인류학자들은 이들 폴리네시아 원주민을 폴리네시아인, 유럽인, 아시아인의 혼혈인 신하와이인과 같은 또 다른 그룹들과 구별한다. 하와이는 실제로 130개가 넘는 섬으로 구성되어 있으며, 이 지역의 폴리네시아 문화는 유럽화되고 아시아화되었다.

자연 환경이 광대하고 다양함에도 불구하고 폴리네시아는 태평양 권역에서도 그 고유성이 뚜렷한 하나의 지역을 이루고 있다. 폴리네시아 문화는 섬끼리 공간적으로 떨어져 있음에도 전 지역에서 뚜렷하게 일관성과 공통성을 유지한다. 이 일관성은 특히 어휘, 기술, 주택 그리고 예술 형식에서 두드러진다. 폴리네시아 사람들은 독특하게 바다 환경에 적응했다. 유럽의 배들이 이들이 사는 바다에 들어오기 오래전부터, 폴리네시아의 뱃사람들은 45m 길이의 2인승 카누를 타고 넓은 바다를 항해하는 법을 배워 알고 있었다. 그들은 고기가 많은 곳을 찾아 수백 킬로미터를 항해하고, 다른 섬들과 교역하였으며, 대나무 막대기와 조개껍데기로 만든 지도와 별을 이용하여 바다를 달렸다. 그러나 오늘날의 폴리네시아를 에메랄드빛 바다, 풍요로운 풍경, 여유 있는 주민들의 천국으로 묘사한다면 그것은 가혹한 실제 현실을 숨기는 것밖에 되지 않는다. 폴리네시안 사회는 폭풍우로 인해 배에 탄 사람들이 죽는 사건을 겪어야 하는 경우가 많으며, 이주 외에도 사고로 인해 가족들이 뿔뿔이 흩어지고 있다. 또 아주 작은 섬에서는 주민들이 굶주리고 있고, 마을 사람들은 자주 격렬한 갈등과 잔인한 복수 사건에 얽혀 피해를 보기도 한다.

폴리네시아의 정치지리는 복잡하다. 1959년 하와이 제도는 미국의 50번째 주가 되었다. 하와이 주의 인구는 현재 140만 명으로 80% 이상이 오아후 섬에 살고 있다. 이곳 문화의 복합성은 다이아몬드 헤드 부근의 유명한 사화산과 호놀룰루의 마천루가 마주 보고 있는 모습을 상징으로 삼고 있는 것을 통해 알 수 있다.

통가 왕국은 70년 정도 영국의 보호령으로 있다가 1970년에 독립국이 되었다. 영국이 지배했던 엘리스 제도는 투발루로 이름이 바뀌었고, 북쪽에 있는 길버트 제도(지금은 키리바시로 다시 이름 붙임)와 함께 1978년에 영국으로부터 독립하였다. 프랑스 지배하에 있던 다른 섬들(마르케사스 제도와 타히티를 포함하여)과 뉴질랜드의 통치를 받던 섬(라로통가), 그리고 영국, 미국, 칠레의 깃발 아래에 있던 여러 다른 섬들이 독립하였다.

정치지리적인 분열 과정에서 폴리네시아 문화는 심각한 타격을 받았다. 토지 개발업자, 호텔 건설업자, 관광객의 달러를 통해 타히티는 이미 하와이의 전철을 밟고 있다. 동사모아는 미국화로 인해 기존의 전통이 많이 사라졌다. 폴리네시아에는 고대 문화가 많이 남아 있지만 오늘날에는 새로운 것과 전통이 섞이고 있으며, 새로운 문화가 종종 과거의 문화를 억압하면서 전통 문화가 황폐화되는 과정에 있다.

태평양 권역의 나라들과 문화는 21세기에 경제적·정치적으로 변화하기 위해 거대한 드라마를 펼치고 있는 중이다. 이 권역의 가장자리에 있던 북쪽의 하와이와 남쪽의 뉴질랜드는 이미 외부의 개입을 받아 한때 번성했던 왕국과 문화의 자취는 별로 남아 있지 않다. 현재 태평양 세계는 과거 유럽 식민주의자들에 의해 행해진 것보다 더 많은 변화를 겪고 있다. 한때 지중해 지역과 연안에서 발생한 지중해 문명이 세계를 변화시켰던 적이 있다. 그다음 시대에는 대서양이 산업혁명의 큰 통로가 되었으며, 결국 이곳에서 운명적으로 세계대전이 발발하였다. 이제 그 역할은 태평양이 맡게 되었다. 다음 세대의 초강대국(중국)이 현재 가장 부유하고 강력한 나라(미국)와 만날 것이기 때문이다. 이 두 강대국은 서로 태평양에서 우위를 차지하기 위해 힘겨루기를 할 것이다. 앞으로 태평양 권역의 소국(小國)들의 운명은 어떻게 될 것인가?

남극 대륙의 땅 나누기

남빙양이 둘러싸고 있는 남극 대륙은 태평양의 남쪽에 있다. 이 두 지역이 포함하는 면적은 지구 전체의 40%(지구 표면의 2/5)에 이르지만, 인구는 1/1,000에 지나지 않는다.

남극 대륙은 지리적으로 의미가 있는 땅인가? 지형 측면에서 보면 그렇다. 그러나 이 책에서 우리가 적용하고 있는 기준으로 보면 그렇지 않다. 남극 대륙은 실제로 면적이 오스트레일리아의 두 배나 되지만, 약 3.2km의 두께를 지닌 중심부를 포함해서 거의 대부분 돔 모양의 빙상(氷床)으로 덮여 있다. 우리는 이 대륙을 하얀 사막이라고 불렀다. 두꺼운 얼음과 눈에도 불구하고 연평균 강수량이 150mm가 되지 않기 때문이다. 기온은 영하이고, 바람이 매우 세서 이 대륙은 또한 블리자드의 고향이라고 불린다. 방대한 지역이지만 어떤 기능지역도 존재하지 않으며, 마을도 없을뿐더러 연구소의 물자 공급선을 제외하고는 교통망도 없다. 과학 연구에 따라 조금씩 비밀이 밝혀지고 있지만 남극은 여전히 변방이다. 얼음 밑에는 70개의 호수가 있다. 그중 면적이 14,000km²인 보스토크 호가 가장 넓다. 깊은 곳은 600m에 달하는 호수의 물을 아직 아무도 직접 보지는 못했다.

모든 변방과 마찬가지로 많은 선구자와 탐험가들이 남극 대륙에 가고 싶어 했다. 고래와 바다표범 사냥꾼들이 18세기와 19세기에 걸쳐 남빙양의 많은 동물을 사냥하는 바람에 그 개체수가 크게 줄었다. 탐험가들은 남극 해안에 자기 나라의 깃발을 꽂았다. 1895년과 1914년 사이에 남극 연구는 국제적으로 관심을 끌었다. 한 세기 전인 1911년 노르웨이 사람인 아문센이 가장 먼저 남극에 도달했다. 이것을 근거로 노르웨이가 두 차례의 세계대전 사이에(1918~1939) 이 대륙의 영유권을 주장했다.

이런 영유권 주장으로 인해 남극 대륙은 파이 모양으로 나누어졌다(그림 12-4). 추위가 가장 덜한 남극 반도는 영국, 아르헨티나, 칠레, 세 나라가 영유권을 주장하고 있으며, 현재도 그 상태가 지속되고 있다. 마리버드랜드(지도에서 중간 베이지색)는 아직 어떤 나라도 영유권을 주장하지 않고 있다.

많은 국가들이 왜 이렇게 멀고 환경이 나쁜 곳까지 영유권을 주장하는 것일까? 북극과 관련된 2A장에서 이미 보았듯이 극점에 가까운 이 외딴 지역에도 주요한 자원이 있으며, 현재는 접근하기 어렵지만 미래에는 사용 가능하기 때문이다. 남극 대륙에는 육지나 바다 할 것 없이 모두 미래에 매우 중요하게 이용될 자원이 있다. 물속의 단백질 물질, 얼음 아래 있는 연료와 광물자원이 그것이다. 남극 대륙은 면적이 1,420만 km²로 오스트레일리아의 두 배이며, 남빙양은 대서양과 면적이 거의 비슷하다. 장차 개발이 실제로 어떻게 이루어지든, 각 나라는 이곳에 그들의 말뚝을 계속 두고 싶어 한다.

그러나 영토 영유권을 주장하는 나라들은 협력이 필요함을 잘 알고 있다. 1950년대 후반부, 국제지구관측년(IGY)에 영유권 주장 국가들이 함께 모여 주요 연구 프로그램을 수행했고, 남극 대륙에 영구적인 연구소를 많이 세웠다. 이런 협동 정신에 따라 1961년에 **10** 남극 조약(Antartic Treaty)을 맺을 수 있었다. 그 결과 과학 연구의 협력이 지속적으로 보장되었고, 군사 활동은 금지되었다. 그리고 환경을 보존하는 반면, 영유권 주장은 중지하기로 약속하였다. 1991년 남극 조약의 연장으로 볼 수 있는 웰링턴 협정에서 미래의 자원 개발에 대한 통제가 불충분하다는 우려가 제기되었다.

그림 12-4의 지도를 보면 각국이 영유권을 주장하는 파이 모양의 지역들이 있다. 그러나 바다 위에는 그 경계가 표시되어 있지 않다. 하지만 일부 국가들은 바다에 대해서도 영유권을 주장하고 있다. 그러나 1991년 웰링턴 협정에서 영유권 주장을 육지로 한정하고, 바다 위의 영유권을 무효화하였다. 물론 웰링턴 협정이 무너지면 이 영유권 주장이 다시 제기될 수 있다. 이전에도 종종 국가 이익으로 인해 국제 협약이 폐기되곤 했다. 그러나 남극 대륙 연안의 해상 영유권을 제한

 답사 노트

© H. J. de Blij

"남극 반도는 지질적으로 남아메리카 안데스 산맥의 연장이다. 게를라흐 해협에서 보면 산들이 남빙양의 매우 추운 바다 위로 솟아올랐음을 잘 알 수 있다. 우리는 넓고 위가 평평한 빙산들 사이를 지나왔다. 그러나 그것들은 남극 반도의 해안이 아니라 빙붕의 튀어나온 부분이나 대륙 빙하가 바다로 미끄러져 들어가는, 남극 대륙의 가장자리에서 떨어져 나왔다. 이곳 반도를 따라 서 있는 높은 산맥의 빙하는 앞의 빙하와 달리 톱니처럼 들쑥날쑥하고 불규칙하다. 남극 반도를 형성하는 산맥은 남극 대륙을 통과하는데 남극 횡단 산맥이라 부른다. 그것은 수천 미터의 얼음으로 덮여 있다. 이 두꺼운 얼음 밑에 아직도 거의 알려지지 않은 상태에서 더 발견하고 연구해야 할 화석과 광물 심지어 호수가 있는 거대한 대륙이 있음을 주목해 보자."

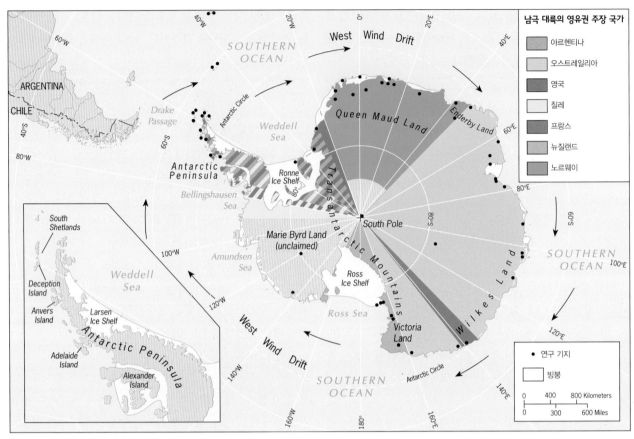

그림 12-4

© H. J. de Blij, P. O. Muller, and John Wiley & Sons, Inc.

한 것은 실제적인 이유로 어려움이 따른다. 그림 12-4에서 보듯이 여러 지역에서 남극 대륙은 **빙붕**과 영구적으로 떠 있는 얼음(뢴네 빙붕 및 로스 빙붕과 같은)으로 둘러싸여 있다. 이 빙상들은 대륙 내부에서 계속 흘러오다가 바다에서 무너지면서 거대한 빙산으로 변해 남빙양으로 흘러 들어간다. 이것들은 남극 대륙을 거대한 반지처럼 빙 둘러싸고 있다. 그렇다면 영해나 EEZ가 시작되는 기준은 어디로 정할까? 빙상의 내부 끝에서부터? 일정하지 않은 기준을 영해나 EEZ의 기준으로 삼는 것은 인정받기 어렵다. 이와 같은 상황에 맞는 어떤 UNCLOS 규정도 없으며, 또한 지도에 어떻게 표시해도 그런 주장들은 법적으로 지지받을 수 없다. 당연한 이야기지만 남극 대륙을 둘러싼 쟁탈은 절대 해서는 안 될 일이다.

국가 이익이 점차 강조되고 원자재 소비가 증가하는 시대에서, 남극 대륙과 주변의 공해(公海)는 국제적인 갈등의 무대가 될 가능성이 높다. 다른 곳으로부터 멀리 떨어져 있다는 것과 사람이 거주하기에 매우 나쁘다는 조건 때문에 지금까지 남극 대륙은 스스로의 운명을 지켜왔다. 이 때문에 전 세계는 덕을 보고 있는데, 그 까닭은 남극 대륙이 지구 환경 변화에서 중요한 역할을 하고 있다는 증거가 나타나고 있기 때문이다. 이처럼 남극 대륙에 대한 우리 태도의 변화 모습에 따라 광범위한 지역에 걸쳐 (그리고 예측할 수 없을 만큼) 엄청난 결과가 초래될 수 있다.

북극의 지정학

그림 12-5가 의미하는 바를 생각해 보면 북극에서는 정치 상황뿐 아니라 자연지리적 상황이 남극 대륙과 얼마나 다른지 관찰할 수 있다. 북극은 상대적으로 규모가 작은 바다 밑바닥에 있을 뿐 아니라 북극 전체가 여러 나라로 둘러싸여 있다. UNCLOS의 규정에 의해서 연안국들은 EEZ를 이용해 대양저[법적인 용어로 심토(subsoil)]의 많은 부분을 할당받을 수 있다. UNCLOS 규정에 따르면 각국은 200마일 이상이라도 대륙붕이 계속 연결되어 있으면 그 권리를 주장할 수 있다. 실제로는 350해리까지 가능하다.

지도에서 보듯이 시베리아 대륙붕은 다른 바다보다 북극해에서 가장 넓다. 그것은 러시아의 북부 해안에서 북극해 밑을 지나 영구적인 얼음으로 덮여 있는 북극해 중심까지 이른다. 그리고 시베리아 대륙에서 떨어진 몇 개의 제도(프란츠 요제프 제도, 노스란트, 노보시비르스크 제도)가 러시아에 속해 있어, 러시아는 실제로 시베리아 대륙붕 전체에 대해 영유권을 주장할 수 있다. 그러나 러시아는 그것으로 만족하지 않고 있다. 러시아는 북극까지 바다에 대한 영유권을 주장하고 있으며, 2007년 잠수함을 보내 거의 4,000m 깊이에 러시아 깃발을 꽂았다(오른쪽 사진 참조).

이런 주장을 뒷받침하기 위해 러시아는 수중 해저 산맥인 로모노소프 해령이 시베리아 대륙붕에서 '자연적으로 연속'되어 있다고 주장한다. 중립적인 관찰자들이 이 해령이나 몇 개의 다른 해산들이 대륙붕 지형이라는 것을 인정한다 할지라도, 그 숫자는 얼마 되지 않는다. 그러나 이것은 해상 경계에 관한 국제적인 분쟁이다. 법적인 싸움은 수십 년간 지속될 것이다.

그림 12-5를 다시 보면 북극해를 둘러싸고 여러 나라가 분포하고 있다. 북극과의 사이에 스발바르 제도(스피치베르겐 섬 포함)를 끼고 있는 노르웨이, 현재 자치 통치를 하고 있는 그린란드에 주권을 행사하는 덴마크, 대륙붕이 좁기는 하나 북극해 해안의 길이가 수만 킬로미터인 캐나다, 알래스카에 제한되어 있지만 북쪽과 서쪽에 대륙붕이 있는 미국 등이다. UNCLOS 협정에 가입해 있지 않은 미국만, 누구나 지켜야 하는 그 규정에 대해 구속을 받지 않고 있다. 어쨌든 여러분은 남극 대륙의 파이 모양 분할 방식이 여기서는 적용되지 않을 것임을 바로 알 수 있다. 그러나 영유권 주장 국가들 사이의 경쟁이 심화되고 있어 분명히 위험한 사태가 벌어질 것이다. 그리고 원유와 천연가스 매장량이 지구 전체의 25%나 될 것으로 추정되고 있어 이 위험 수준이 더 높아지고 있다. 각 나라가 가져갈 지분 계산의 여러 방식 중에서 어느 것을 택하든, 가장 많이 가져갈 나라는 러시아일 것이다. 그것은 로모노소프 해령 문제가 해결되지 않더라도 그러하다.

논쟁과 항해

북극의 해상 경계선에 대한 논쟁이 계속되는 가운데 최근 지구온난화의 지속과 관련하여 새롭게 떠오르는 문제가 있다. 남극 대륙보다 작기는 하지만 그린란드의 빙모(ice cap)가 녹고 있어 계절에 따라 팽창과 수축을 반복하는 북극해 얼음의 면적과 두께가 작아지고 있다. 그린란드 빙모 프로젝트를 수행한 학자들은 45만 년 전 간빙기에 그린란드의 남쪽지역

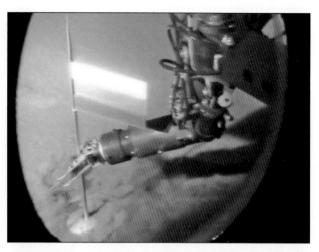

2007년 8월 3일. 수천만 명의 러시아 사람들이 텔레비전에서 이 사진의 장면을 생방송으로 지켜보았다. 러시아의 작은 잠수함에 탄 기술자가 금속으로 된 러시아 국기를 북극에 꽂았다. 북극 위는 영구히 얼음이 떠 있는 깊은 바다이다. 그림 12-5에서 보다시피 북극은 러시아 대륙붕에서 훨씬 멀리 떨어져 있다. 그러나 북극해 지역의 영유권과 관련된 미래의 국제 협상에서 러시아는 로모노소프 해령이 사실상 자기네 대륙붕에서 연속되어 있음을 주장할 것이다. 그것은 러시아가 북극까지, 그리고 그 너머까지도 국제적으로 영유권을 주장할 수 있는 자격과 관계가 있다. 다른 나라들은 이렇게까지 극적이지는 않지만 절박한 심정으로 러시아와 비슷하게 협상에서 영유권을 주장할 것이다. 이것은 북극해 지역의 지도를 바꿔 놓을 것이다. 새로운 항로와 더불어 최근 개발 중인 원유와 가스의 대규모 부존 가능성 때문에 이 지역을 둘러싼 외교는 매우 중요하면서도 또 그만큼 어려운 문제가 될 것이다. © Visarkryeziu/AP/Wide World Photos

은 냉대림으로 덮여 있었다고 사이언스 2007년 호에 발표했다. 이것은 현재의 지구온난화가 계속될 경우 북극해 얼음뿐 아니라 그린란드 빙모까지 사라질 수 있음을 시사한다.

이로 인한 생태적 파급 효과는 매우 커서 북극곰, 고래, 해마, 바다표범, 그리고 다른 종의 서식지를 위협할 것이다. 게다가 이것이 지리적으로 미치는 영향은 더 광범위할 것이다. 여름에 녹은 얼음이 겨울에 다시 얼지 않으면 막혔던 바닷길이 열리면서 접근성의 변화가 생긴다(그림 12-5의 하단 지도). 태평양과 대서양의 고위도에 있는 북서 항로는 여러 세기 동안 수많은 인명을 앗아간 희망과 절망의 물길이었다. 그러나 역사상 처음으로 2007년에는 바닷길이 얼지 않았다. 동아시아를 향하는 서유럽이나 미국 동부에서 출발한 선박이 연중 언제라도 래브라도 해(그린란드와 캐나다 사이)에서 베링 해(알래스카와 러시아 극동 사이) 사이의 물길을 통해 항해할 수 있다는 것이 어떤 의미인지 생각해 보라!

그러나 얼음이 사라진 이 물길을 누가 소유할 것인가? 캐나다는 항해를 통제하려는 권리를 갖고자 북서 항로가 자국 수로라고 주장한다. 미국은 북서 항로가 국제 항로이며, 미국과 러시아는 캐나다의 허가 없이 통행할 수 있다고 주장한

북극 지방의 영역 경쟁

- ■■■ EEZ 경계
- ━━━ 조약으로 정한 경계
- ●●●● 분쟁 중인 경계
- ☐ 대륙붕

R U S S I A

North Land
(Severnaya Zemlya)

Franz Josef
Land

Barents
Sea

FINLAND

SWEDEN

20° E

N O R W A Y

Svalbard I.
(Norway)

East Siberian
Sea

Siberian Continental Shelf

Lomonosov Ridge

Greenland
Sea

Wrangel I.

North
Pole

A R C T I C

O C E A N

Chukchi
Sea

Chukchi
Shelf

GREENLAND
(Denmark)

U.S.A.

Beaufort
Sea

Baffin
Bay

C A N A D A

북극해 지역의 빙하 범위,
(1980∼2008년)

Lomonosov
Ridge

North
Pole

ARCTIC   OCEAN

해상 항로

Lomonosov
Ridge

North
Pole

ARCTIC   OCEAN

- ☐ 1980 ∼ 2000년 평균 범위
- ☐ 2008년 범위
- ━━ 북서(캐나다) 항로
- ━━ 북부(러시아) 해상 항로

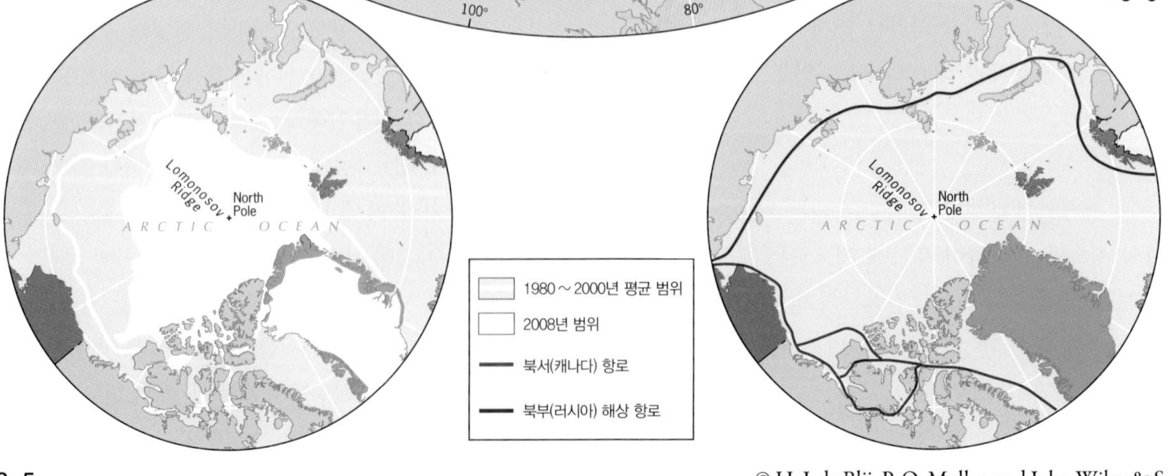

그림 12-5

다. 캐나다는 그들의 입장을 확고하게 하기 위해 북서 항로의 동쪽 입구인 누나부트 배핀 섬의 나니시빅의 깊은 바다에 부두를 만들기 시작했다. 그리고 그들은 이 항로를 순찰하는 8척의 선박을 만들 것이라고 발표했다. 그러는 동안에 미국은 좁은 베링 해를 순찰하기 위한 해안 경비대를 창설하고 있다. 비록 전쟁터의 전선은 아니지만 따뜻해진 북극해에 새로운 경계선들이 그어지고 있다.

인구의 증가, 수요의 급증, 환경 파괴와 기술 발전은 복원력이 있는 멀리 떨어진 지구의 구석구석까지 변화시키고 있다. 취약한 양극 지방의 환경을 파괴로 몰고 가는 국제 갈등을 피해야 하며, 이는 어떤 국제적 노력보다 훨씬 더 중요하다.

생각거리

- 태평양과 인도양의 해발 고도가 낮은 섬들은 해수면 상승의 위협에 직면하여 국제 원조를 요구하고 있다.
- 플라스틱 물질이 대부분인 막대한 해양 쓰레기들이 태평양의 해류를 따라 부유하고 있으며, 그 양도 지속적으로 증가하고 있다.
- 태평양의 섬나라들은 경제 선진국의 대기오염 관행에 대해 문제를 제기하고 있다. 2010년 미크로네시아는 체코 정부를 상대로 석탄 화력 발전소의 재개를 금지해 달라는 소송을 제기했다.
- 비록 남극 대륙의 영유권 분쟁은 다소 수그러들었지만, 반면 북극해 연안국들은 저마다의 해상 경계를 주장하면서 북쪽으로 멀리까지 경계선을 획정하고 있다.

부록 A : 미터법(국제 표준), 도량형 단위, 단위 변환

길이

미터법	
1 킬로미터(km)	= 1,000 미터(m)
1 미터(m)	= 100 센티미터(cm)
1 센티미터(cm)	= 10 밀리미터(mm)

비미터법	
1 마일(mi)	= 5,280 피트(ft)
	= 1,760 야드(yd)
1 야드(yd)	= 3 피트(ft)
1 피트(ft)	= 12 인치(in)
1 팬텀(fath)	= 6 피트(ft)

단위 변환	
1 킬로미터(km)	= 0.6214 마일(mi)
1 미터(m)	= 3.281 피트(ft)
	= 1.094 야드(yd)
1 센티미터(cm)	= 0.3937 인치(in)
1 밀리미터(mm)	= 0.0394 인치(in)
1 마일(mi)	= 1.609 킬로미터(km)
1 피트(ft)	= 0.3048 미터(m)
1 인치(in)	= 2.54 센티미터(cm)
	= 25.4 밀리미터(mm)

넓이

미터법	
1 제곱킬로미터(km^2)	= 1,000,000 제곱미터(m^2)
	= 100 헥타르(ha)
1 제곱미터(m^2)	= 10,000 제곱센티미터(cm)
1 헥타르(ha)	= 10,000 제곱미터(m^2)

비미터법	
1 제곱마일(mi^2)	= 640 에이커(ac)
1 에이커(ac)	= 4,840 제곱야드(yd^2)
1 제곱피트(ft^2)	= 144 제곱인치(in^2)

단위 변환	
1 제곱킬로미터(km^2)	= 0.386 제곱마일(mi^2)
1 헥타르(ha)	= 2.471 에이커(ac)
1 제곱미터(m^2)	= 10.764 제곱피트(ft^2)
	= 1.196 제곱야드(yd^2)
1 제곱센티미터(cm^2)	= 0.155 제곱인치(in^2)
1 제곱마일(mi^2)	= 2.59 제곱킬로미터(km^2)
1 에이커(ac)	= 0.4047 헥타르(ha)
1 제곱피트(ft^2)	= 0.0929 제곱미터(m^2)
1 제곱인치(in^2)	= 6.4516 제곱센티미터(cm^2)

온도

화씨온도($^\circ$F)를 섭씨온도($^\circ$C)로 변환하기

$$^\circ C = \frac{^\circ F - 32}{1.8}$$

섭씨온도($^\circ$C)를 화씨온도($^\circ$F)로 변환하기

$$^\circ F = {^\circ C} \times 1.8 + 32$$

부록 B-1 세계 각국의 국토와 인구 자료

	국토 면적 (평방마일)	인구수 2006년 (100만 명)	인구수 2025년 (100만 명)	인구 밀도 산술적	인구 밀도 지리적	출생률	사망률	자연 증가 (%)	영아 사망률 (1,000명당)	유아 사망률 (1,000명당)	기대수명 남성 (세)	기대수명 여성 (세)	도시 인구율	남성 문해율	여성 문해율	부패 지수	맥도날드 햄버거 가격 (미국 달러)	1인당 국민총소득 (미국 달러)
전 세계	**51,789,601**	**6,550.4**	**7,934.0**	**126.5**		**21**	**9**	**1.2**	**56**	**7**	**65**	**69**	**48**					**7,590**
유럽	**2,284,860**	**584.7**	**585.4**	**255.9**		**10**	**12**	**-0.2**	**7**	**8**	**70**	**78**	**73**					
알바니아	11,100	3.3	3.7	295.2	1,405.9	17	5	1.2	11	40	72	76	42	95.5	88.0	2.5		4,700
오스트리아	32,378	8.1	8.4	250.2	1,471.6	9	9	0.0	5	5	76	82	54	100.0	100.0	8.4	3.28	29,610
벨로루시	80,154	9.7	9.4	120.8	402.7	9	15	-0.6	8	27	63	75	72	99.7	99.2	3.3	1.37	6,010
벨기에	11,787	10.4	10.8	884.1	3,536.4	11	10	0.1	4	8	75	82	97	100.0	100.0	7.5	3.28	28,930
보스니아	19,741	3.9	3.9	198.3	1,983.5	10	8	0.2	9	19	71	76	43	96.5	76.6	3.1	1.85	6,200
불가리아	42,822	7.7	6.5	180.3	462.4	9	14	-0.5	12	19	69	75	70	99.1	98.0	4.1	2.42	7,610
크로아티아	21,830	4.4	4.3	200.8	836.5	9	11	-0.2	7	9	71	78	56	99.4	97.3	3.5		10,710
키프로스	3,571	0.9	1.1	254.6	2,314.2	12	7	0.5	6	9	75	80	65	98.7	95.0	5.4	2.13	19,530
체코공화국	30,448	10.2	10.1	333.7	834.1	9	11	-0.2	4	7	72	79	77	100.0	100.0	4.2		15,650
덴마크	16,637	5.4	5.4	325.2	580.8	12	11	0.1	4	6	75	79	72	100.0	100.0	9.5	4.46	33,750
에스토니아	17,413	1.3	1.2	74.2	274.9	10	13	-0.3	6	23	65	77	69	99.9	99.6	6.0	2.27	12,480
핀란드	130,560	5.2	5.3	40.0	571.3	11	9	0.2	3	4	75	82	62	100.0	100.0	9.7	3.28	27,100
프랑스	212,934	60.5	63.4	284.0	860.7	13	9	0.4	4	5	76	83	74	98.9	98.7	7.1	3.28	27,460
독일	137,830	82.4	82.0	598.1	1,759.1	9	10	-0.1	4	5	75	81	88	100.0	100.0	8.2	3.28	27,460
그리스	50,950	11.0	10.4	215.9	981.4	9	9	0.0	6	8	76	81	60	98.6	96.0	4.3	3.28	19,920
헝가리	35,919	10.0	8.9	278.9	536.4	9	13	-0.4	7	11	68	77	65	99.5	99.3	4.8	2.52	13,780
아이슬란드	39,768	0.3	0.3	7.7		14	6	0.8	2	5	79	83	94	100.0	100.0	9.5	6.01	30,810
아일랜드	27,135	4.2	4.5	153.8	769.1	16	7	0.9	5	7	75	80	60	100.0	100.0	7.5	3.28	30,450
이탈리아	116,320	57.8	57.6	496.9	1,774.7	10	10	0.0	4	6	77	83	90	98.9	98.1	4.8	3.28	26,760
라트비아	24,942	2.3	2.2	91.3	314.8	9	14	-0.5	9	22	65	77	68	99.8	99.6	4.0	2.00	10,130
리히텐슈타인	62	0.1	0.1	489.7	1,958.8	12	6	0.6	4	7	79	82	21	100.0	100.0			
리투아니아	25,174	3.4	3.5	134.3	298.3	9	12	-0.3	7	24	66	78	67	99.7	99.4	4.6	2.26	11,090
룩셈부르크	999	0.5	0.6	503.5	2,014.0	12	9	0.3	5	7	75	81	91	100.0	100.0	8.4	3.28	54,430
마케도니아	9,927	2.0	2.2	203.5	847.9	14	9	0.5	12	23	71	75	59	94.2	83.8	2.7	1.84	6,720
몰타	124	0.4	0.4	3,238.7	10,447.5	10	8	0.2	7	10	76	80	91	91.4	92.8	6.8	$1.93	17,870
몰도바	13,012	4.2	3.9	321.5	595.4	10	12	-0.2	18	35	65	72	45	99.6	98.3	2.3		1,750
네덜란드	15,768	16.4	17.4	1,040.0	3,851.7	12	9	0.3	5	6	76	81	62	100.0	99.4	8.7	3.28	28,600
노르웨이	125,050	4.6	5.1	37.0	1,233.5	12	9	0.3	3	4	77	82	78	100.0	100.0	8.9	5.18	43,350
폴란드	124,087	38.2	36.6	307.8	669.2	9	10	0.0	8	11	70	79	62	99.8	99.8	3.5		11,450
포르투갈	35,514	10.5	10.4	296.2	1,410.7	11	10	0.1	4	8	74	81	53	94.8	90.0	6.3	3.28	17,980
루마니아	92,042	21.6	18.1	234.8	572.7	10	12	-0.2	17	26	68	75	53	99.1	97.3	2.9		7,140
세르비아–몬테네그로	39,448	10.7	10.7	271.8	876.7	12	11	0.1	11	11	70	75	52	100.0	100.0	2.7	1.98	2,400
슬로바키아	18,923	5.4	5.2	285.4	951.1	10	10	0.0	8	6	70	78	56	100.0	100.0	4.0		13,420

부록 B-1 (계속)

	국토 면적 (평방마일)	인구수 2006년 (100만 명)	인구수 2025년 (100만 명)	인구 밀도		출생률	사망률	자연 증가 (%)	영아 사망률 (1,000명당)	유아 사망률 (1,000명당)	기대수명		도시 인구율	남성 문해율	여성 문해율	부패 지수	맥도날드 햄버거 가격 (미국 달러)	1인당 국민총소득 (미국 달러)
				산술적	지리적						남성 (세)	여성 (세)						
슬로베니아	7,819	2.0	2.0	255.3	2,411.2	9	10	-0.1	4	5	72	80	51	98.6	96.8	6.0	2.42	19,420
스페인	195,363	42.6	43.5	218.0	721.4	10	9	0.1	4	4	76	83	76	100.0	100.0	7.1	3.28	22,020
스웨덴	173,730	9.0	9.9	51.9	811.2	11	10	0.1	3	5	78	82	84	100.0	100.0	9.2	3.94	28,840
스위스	15,942	7.4	7.4	465.1	4,710.1	10	9	0.1	4	23	77	83	68	99.5	97.4	9.1	4.90	39,880
우크라이나	233,089	46.7	45.1	200.5	381.1	9	16	-0.7	10	7	62	74	68	100.0	100.0	2.2	1.36	5,410
영국	94,548	59.9	64.0	634.0	1,761.0	12	10	0.2	5	21	76	80	89	97.6	89.2	8.6	3.37	28,350
러시아	6,592,819	142.1	136.9	21.6	119.7	10	17	-0.7	13	22	58	72	73	99.8	99.2	2.8	1.45	8,920
아르메니아	11,506	3.2	3.0	279.2	1,469.6	10	8	0.2	36	30	70	76	64	99.4	98.1	3.1		3,770
아제르바이잔	33,436	8.4	9.7	252.2	1,117.4	14	6	0.8	13	46	69	75	51	98.9	95.9	1.9		3,380
그루지야	3,571	4.5	4.0	1,260.2	188.6	11	11	0.0	24	23	68	75	52	99.7	99.4	2.0		2,540
북아메리카	7,567,466	329.4	385.4	43.5	902.4	14	8	0.6	7	7	75	80	79					
캐나다	3,849,670	32.2	36.0	8.4	168.7	11	7	0.4	5	8	77	82	79	95.7	95.3	8.5	2.33	29,740
미국	3,717,796	297.1	349.4	79.9	447.6	14	8	0.6	7	7	75	80	79			7.5	2.90	37,610
중부 아메리카	1,047,354	184.1	234.8	175.8	976.5	26	6	2.0		21	68	73	68					
엔티가바부다	170	0.1	0.1	609.6	2,881.5	24	6	1.8	17	21	68	73	37					9,590
바하마	5,359	0.3	0.3	57.4	8,004.1	18	5	1.3	16	12	70	75	89	95.4	96.8	7.3		16,140
바베이도스	166	0.3	0.3	1,832.6	4,111.3	15	8	0.7	13	43	70	75	50	98.0	96.8			15,060
벨리즈	8,865	0.3	0.4	35.4	1,601.0	28	5	2.3	20	14	67	74	49			3.8		5,840
코스타리카	19,730	4.3	5.6	218.9	3,418.1	18	4	1.4	10	8	76	81	59	95.5	95.7	4.9	2.61	9,040
쿠바	42,803	11.4	11.8	266.1	1,201.9	11	7	0.4	7	8	74	78	75	96.5	96.4	3.7		
도미니카	290	0.1	0.1	351.8	3,501.3	17	8	1.0	16	20	71	77	71					5,090
도미니카공화국	18,815	9.1	11.1	485.7	2,201.1	25	6	1.9	31	36	67	70	64	84.0	83.7	2.9	1.32	6,210
엘살바도르	8,124	7.0	8.5	858.0	3,311.4	26	6	2.0	25	29	67	73	58	81.6	76.1	4.2		4,890
그레나다	131	0.1	0.1	781.8	7,107.2	19	7	1.2	17				39					6,710
과들루프	660	0.4	0.5	618.2	4,755.7	17	7	1.0	8	35	74	81	100					
과테말라	42,042	13.4	19.8	318.6	2,491.7	34	7	2.7	39	55	63	69	39	76.2	61.1	2.2	2.01	4,060
아이티	10,714	8.4	11.7	785.0	3,417.1	33	14	1.9	80	132	50	53	36	51.0	46.5	1.5		1,630
온두라스	43,278	7.4	10.7	170.9	1,068.3	33	5	2.8	34	45	67	74	47	72.5	72.0	2.3		2,580
자메이카	4,243	2.7	3.3	628.8	4,601.2	20	8	1.3	24	11	73	77	52	82.5	90.7	3.3	1.98	3,790
마르티니크	425	0.4	0.4	952.5	7,327.0	14	7	0.6	8		76	82	95	96.0	97.1		1.88	
멕시코	756,052	110.5	131.7	146.1	1,461.4	25	5	2.0	25		73	78	75	93.1	89.1	3.6	2.08	8,950
네덜란드령 엔틸리스	309	0.2	0.2	657.6	6,472.6	15	5	0.8	6	57	73	79	69	96.6	96.6		2.29	
니카라과	50,193	5.9	8.3	117.7	1,681.1	32	5	2.7	31	20	66	71	58	64.2	64.4	2.7	2.19	2,400
파나마	29,158	3.3	4.2	113.7	1,804.2	23	5	1.8	21	8	72	77	62	92.6	91.3	3.7		6,310
푸에르토리코	3,456	4.0	4.1	1,144.3	22,886.5	14	7	0.7	10	29	73	82	71	93.7	94.0			

부록 B-1 (계속)

	국토 면적 (평방마일)	인구수 2006년 (100만 명)	인구수 2025년 (100만 명)	인구 밀도 산술적	인구 밀도 지리적	출생률	사망률	자연 증가 (%)	영아 사망률 (1,000명당)	유아 사망률 (1,000명당)	기대수명 남성 (세)	기대수명 여성 (세)	도시 인구율	남성 문해율	여성 문해율	부패 지수	맥도날드 햄버거 가격 (미국 달러)	1인당 국민총소득 (미국 달러)
세인트루시아	239	0.2	0.2	855.3	8,553.3	17	6	1.1	14	21	70	74	30					5,220
세인트빈센트 그레나딘	151	0.1	0.1	676.9	4,512.7	18	7	1.1	19	17	71	74	44					6,590
트리니다드토바고	1,981	1.3	1.3	664.1	4,606.4	13	7	0.6	19		68	73	74	99.0	97.5	4.2		$9,450
남아메리카	6,893,881	365.0	449.6	52.9	1,050.7	21	6	1.6		24			79					
아르헨티나	1,073,514	38.7	45.9	36.1	396.1	19	8	1.1	16		71	78	89	96.9	96.9	2.5	1.48	10,920
볼리비아	424,162	9.1	12.2	21.5	1,101.4	28	9	1.9	54	44	61	64	63	92.1	79.4	2.2		2,450
브라질	3,300,154	183.8	211.2	55.7	1,856.3	20	7	1.3	33	13	67	75	81	85.5	85.4	3.9	1.70	7,480
칠레	292,135	16.4	19.5	56.1	1,216.1	17	5	1.2	8	30	73	79	87	95.9	95.5	7.4	2.18	9,810
콜롬비아	439,734	46.9	58.1	106.5	2,614.8	23	6	1.7	26	39	69	75	71	91.8	91.8	3.8	2.35	6,520
에콰도르	109,483	14.0	17.3	127.6	2,217.5	25	4	2.1	30		68	74	61	93.6	90.2	2.4		3,440
프랑스령 기아나	34,749	0.2	0.3	6.1	607.4	31	4	2.7	12	82	73	78	75	83.6	82.3			
가이아나	83,000	0.8	0.7	9.9	541.3	23	9	1.4	53	33	60	67	36	99.0	98.1	1.9		3,950
파라과이	157,046	6.3	9.2	40.1	691.1	30	5	2.5	37	56	69	73	54	94.4	92.2	3.5		4,740
페루	496,224	28.4	35.7	57.3	1,917.4	23	6	1.7	33	36	66	71	72	94.7	85.4	3.5	2.57	5,090
수리남	63,039	0.4	0.4	6.5	691.9	23	6	1.6	27	21	67	72	69	95.9	92.6	4.3		1,990
우루과이	68,498	3.4	3.8	50.3	716.1	16	9	0.7	14	25	71	79	93	97.4	98.2	6.2	1.00	7,980
베네수엘라	352,143	27.2	35.3	77.3	1,937.5	24	5	1.9	20		70	76	87	93.3	92.7	2.3	1.48	4,740
사하라 이남 아프리카	8,357,680	714.3	1,057.8	85.5	1,273.6	41	16	2.5	95	292	47	50	33					
앙골라	481,351	14.0	23.8	29.0	1,391.4	49	24	2.5	145	167	39	42	33	55.6	28.5	2.0		1,890
베냉	43,483	7.7	11.8	177.1	1,251.1	41	14	2.7	89	49	50	52	40	47.8	23.6	3.2		1,110
보츠와나	224,606	1.7	1.1	7.6	363.1	27	26	0.1	62	169	35	36	54	74.4	79.8	6.0		7,960
부르키나파소	105,792	14.3	22.5	135.3	987.2	45	19	2.6	83	176	44	46	15	31.2	13.1			1,180
부룬디	10,745	6.5	10.1	602.7	1,618.0	40	18	2.2	74	145	42	44	8	56.3	40.5			620
카메룬	183,568	16.8	22.4	91.6	3,202.4	37	15	2.2	77	73	47	49	48	81.8	69.2	2.1		1,980
카보베르데 제도	1,556	0.5	0.7	335.6	3,001.6	29	7	2.2	31	173	66	73	46	84.3	65.3			5,440
중앙아프리카공화국	240,533	3.8	4.8	15.9	531.4	37	19	1.8	96	198	41	44	39	59.6	34.5			1,080
차드	495,753	10.1	16.7	20.4	651.8	49	16	3.3	103	93	47	51	24	66.9	40.8	1.7		1,100
코모로 제도	861	0.7	1.1	870.9	3,040.1	47	12	3.5	84	108	54	59	33	63.5	49.1			1,760
콩고	132,046	4.0	6.8	30.5	2,511.6	44	15	2.9	84	207	47	50	52	87.5	74.4	2.3		710
콩고민주공화국	905,531	62.0	104.9	68.4	2,216.6	46	15	3.1	100	172	46	51	24	86.6	67.7	2.0		640
적도 기니	10,830	0.5	0.8	48.6	957.2	43	17	2.6	105	175	47	50	30	92.5	74.5			930
에리트레아	45,045	4.6	7.0	102.8	1,028.3	39	13	2.6	76	35	52	55	19	43.9	33.4	2.6		1,110
에티오피아	426,371	75.8	117.6	177.7	1,612.1	41	18	2.3	105	145	45	47	15	83.7	70.0	2.3		710
가봉	103,347	1.5	1.9	14.1	1,412.7	33	12	2.1	57	87	56	58	73	79.8	62.2	3.3		5,700

부록 B-1 (계속)

국가	국토 면적 (평방마일)	인구수 2006년 (100만 명)	인구수 2025년 (100만 명)	인구 밀도 (산술적)	인구 밀도 (지리적)	출생률	사망률	자연 증가 (%)	영아 사망률 (1,000명당)	유아 사망률 (1,000명당)	기대수명 남성 (세)	기대수명 여성 (세)	도시 인구율	남성 문해율	여성 문해율	부패 지수	맥도날드 햄버거 가격 (미국 달러)	1인당 국민총소득 (미국 달러)
감비아	4,363	1.6	2.7	363.3	2,270.8	41	13	2.8	78	107	52	56	26	43.8	29.6	2.8		1,820
가나	92,100	22.4	30.6	243.2	2,100.3	33	10	2.3	64	201	57	59	44	79.5	61.2	3.6		2,190
기니	94,927	9.7	16.2	102.2	4,701.8	43	16	2.7	98	220	48	50	33	55.1	27.0			2,100
기니비사우	13,946	1.6	2.8	114.1	1,267.9	50	20	3.0	125	150	43	47	32	53.0	21.4			660
코트디부아르	124,502	17.6	22.1	141.2	2,017.5	39	19	2.0	102	87	42	43	53	54.6	38.5	2.0		1,390
케냐	224,081	33.9	39.9	151.3	2,170.2	38	15	2.3	78	137	48	53	36	89.0	76.0	2.1		1,020
레소토	11,718	1.8	2.1	157.0	1,811.4	33	22	1.1	90	235	37	38	17	73.6	93.6			3,120
라이베리아	43,000	3.7	6.1	86.0	9,511.9	50	22	2.8	150	158	41	43	45	69.9	36.8			130
마다가스카르	226,656	18.6	33.0	82.1	1,941.5	43	12	3.1	84	215	53	58	26	87.7	72.9	3.1		800
말라위	45,745	12.6	23.8	276.0	911.3	51	21	3.0	121	239	42	45	14	74.5	46.7	2.8		600
말리	478,838	14.3	25.7	29.9	1,371.1	50	17	3.3	123	183	48	49	30	47.9	33.2	3.2		960
모리타니	395,954	3.2	5.0	8.0	701.2	42	15	2.7	102	23	53	55	40	50.6	29.5			2,010
모리셔스	788	1.2	1.4	1,550.4	3,101.1	16	7	0.9	13	209	68	75	42	87.7	81.0	4.1		11,260
모잠비크	309,494	19.9	25.4	64.2	1,691.1	40	23	1.7	127	75	38	42	29	59.9	28.4	2.8		1,070
나미비아	318,259	2.0	2.1	6.2	575.2	31	15	1.6	38	285	48	46	33	82.9	81.2	4.1		6,620
니제르	489,189	13.3	25.7	27.2	876.8	55	20	3.5	123	187	45	46	21	23.5	8.3	2.2		820
나이지리아	356,668	145.4	206.4	407.6	1,991.4	42	13	2.9	100		52	52	36	72.3	56.2	1.6		900
레위니옹	969	0.8	1.0	850.5	4,212.9	20	5	1.5	27	170	71	80	89	84.8	89.2			
르완다	10,170	8.7	11.7	857.6	2,418.6	40	21	1.9	107	78	39	41	17	73.7	60.6			1,290
상투메프린시페	371	0.2	0.3	569.7	31,202.7	34	6	2.8	34	124	66	72	38	70.2	39.1			320
세네갈	75,954	11.5	17.1	151.1	1,240.1	37	11	2.6	64	18	55	57	43	47.2	27.6	3.0		1,660
세이셸	174	0.1	0.1	586.3	28,375.2	18	8	1.0	18	316	67	76	50	82.9	85.7	4.4		15,960
시에라리온	27,699	5.4	7.6	195.7	3,112.1	50	29	2.1	180	82	34	36	37	50.7	22.6	2.3		530
소말리아	246,201	8.8	14.9	35.7	1,719.1	47	18	2.9	124	115	45	48	33	85.8	84.5			
남부 아프리카	471,444	47.9	44.6	101.7	924.4	24	13	1.1	48	94	49	57	53	68.3	46.0	4.6	1.86	10,270
스와질란드	6,703	1.2	1.1	186.3	1,515.1	36	16	2.0	78	143	45	42	25	80.9	78.7			$4,850
탄자니아	364,900	37.8	52.1	103.5	3,891.2	40	17	2.3	105	125	44	46	22	84.1	66.6	2.8		610
토고	21,927	5.9	7.6	269.4	707.4	38	11	2.7	72	137	53	56	33	72.2	42.6			1,500
우간다	93,066	27.7	47.5	297.5	1,414.6	47	17	3.0	88	202	43	46	12	77.7	57.1	2.6		1,440
잠비아	290,583	11.3	14.4	38.9	485.9	42	24	1.8	95	80	35	35	35	85.2	71.2	2.6		850
짐바브웨	105,873	13.0	12.8	122.9	1,177.9	32	20	1.2	65		43	40	32	95.5	89.9	2.3		2,180
사하라 이남 아프리카	7,468,022	572.8	760.6	76.7	997.4	27.1	8	2.0	53	257	65	68	52					
북 아프리카/서남 아시아																		
아프가니스탄	251,772	30.1	50.3	119.4	971.2	48	21	2.7	165	39	42	43	22	51.0	20.8			
알제리	919,591	33.3	40.5	36.3	1,218.4	20	4	1.6	54	22	73	74	49	75.1	51.3	2.7		5,940

부록 B-1 (계속)

국가	국토 면적 (평방마일)	인구수 2006년 (100만 명)	인구수 2025년 (100만 명)	인구 밀도 산술적	인구 밀도 지리적	출생률	사망률	자연 증가 (%)	영아 사망률 (1,000명당)	유아 사망률 (1,000명당)	기대수명 남성 (세)	기대수명 여성 (세)	도시 인구율	남성 문해율	여성 문해율	부패 지수	매도날드 햄버거 가격 (미국 달러)	1인당 국민총소득 (미국 달러)
바레인	266	0.7	1.0	2,721.8		20	3	1.7	7	156	73	75	87	91.0	82.7	5.8		16,170
지부티	8,958	0.7	1.0	81.9		41	17	2.4	106	73	45	48	82	65.0	38.4			2,200
이집트	386,660	76.4	103.2	197.5	9,811.3	26	6	2.0	38	116	66	70	43	66.6	43.7	3.2	$1.62	3,940
이란	630,575	69.0	84.7	109.5	912.2	18	6	1.2	32	122	68	70	67			2.9		7,190
이라크	169,236	27.3	41.7	161.4	949.5	36	9	2.7	102	6	58	61	68	70.7	45.0	2.1		
이스라엘	8,131	7.0	9.3	863.3	5,114.1	22	6	1.6	5	24	77	81	92	97.9	94.3	6.4		19,200
요르단	34,444	5.9	8.1	170.5	4,101.4	29	5	2.4	22	44	71	72	79	94.9	84.4	5.3	3.65	4,290
카자흐스탄	1,049,151	15.2	15.8	14.5	186.6	17	11	0.6	52	13	58	70	57	99.1	96.1	2.2		6,170
쿠웨이트	6,880	2.6	4.6	375.1		18	2	1.6	10	68	77	79	100	84.3	79.9	4.6	7.33	17,870
키르기스스탄	76,641	5.2	6.7	68.3	1,021.1	21	8	1.3	42	37	65	72	35	98.6	95.5	2.2		1,660
레바논	4,015	4.6	5.7	1,156.9	5,316.8	23	7	1.6	27	25	72	75	87	92.3	80.4	2.7	$2.84	4,840
리비아	679,359	5.9	8.3	8.6	818.4	28	4	2.4	28	72	74	78	86	90.9	67.6	2.5		
모로코	172,413	31.5	39.2	182.8	870.1	21	6	1.5	40	18	68	72	57	61.9	36.0	3.2		3,950
오만	82,031	2.8	4.0	34.4		26	4	2.2	16		68		76	80.4	61.7	6.1		13,000
팔레스타인령	2,417	4.1	7.4	1,684.2		39	4	3.5	26	20	71	74	57			2.5		
카타르	4,247	0.7	1.0	170.1	8,506.9	20	4	1.6	12	28	70	75	92	80.5	83.2	5.2	0.68	
사우디아라비아	829,996	26.6	40.1	32.0	1,601.0	32	3	2.9	25	211	71	73	86	84.1	67.2	3.4	0.64	12,850
수단	967,494	41.3	61.3	42.7	781.2	38	10	2.8	69	33	68	72	31	36.0	14.0	2.2		1,880
시리아	71,498	18.8	27.6	263.5	914.4	28	5	2.3	18	76	69	71	50	88.3	60.4	3.4		3,430
타지키스탄	55,251	6.9	8.6	124.0	1,981.2	25	6	1.9	50	33	66	71	27	99.6	98.9	2.0		1,040
튀니지	63,170	10.2	11.6	161.8	909.4	17	6	1.1	22	45	71	75	63	81.4	60.1	5.0	2.58	6,840
터키	299,158	73.3	88.9	245.1	733.1	21	7	1.4	39	78	66	71	59	93.6	76.7	3.2		6,690
투르크메니스탄	188,456	5.9	7.6	31.2	1,091.8	25	9	1.6	74	10	63	70	47	98.8	96.6	2.0		5,840
아랍에미리트연합	32,278	4.3	5.4	133.8	1,901.8	16	2	1.4	8	58	73	77	78	75.5	79.5	6.1	0.67	21,040
우즈베키스탄	172,741	27.3	36.9	157.8		24	8	1.6	62		68	73	37	98.5	96.0	2.3		1,720
서사하라	97,344	0.3	0.5	3.2		29	8	2.1	59		58							
예멘	203,849	21.3	39.6	104.7	3,630.3	43	10	3.3	75	100	61	62	26	67.4	25.0	2.4		820
남부 아시아	**1,732,734**	**1,485.5**	**1,857.9**	**857.3**	**1,905.4**	**26.6**	**8**	**1.8**	**66**	**109**	**61**	**63**	**28**					**2,672**
방글라데시	55,598	147.3	204.5	2,649.3	3,913.7	30	9	2.1	66	121	60	60	23	51.7	29.5	1.5		1,870
부탄	18,147	1.1	1.5	57.9	2,516.1	34	9	2.5	61	108	66	66	21	61.1	33.6			660
인도	1,269,340	1,123.9	1,363.0	885.4	1,707.1	25	8	1.7	64	74	61	63	28	68.6	42.1	2.8		2,880
몰디브	116	0.3	0.4	2,659.1	13,295.6	18	4	1.4	18	104	73	74	27	96.3	96.4			3,900
네팔	56,826	25.9	37.8	455.8	2,814.1	34	10	2.4	64	136	59	58	14	59.1	21.8	2.8		1,420
파키스탄	307,375	166.9	228.8	543.1	1,871.6	34	10	2.4	85	19	60	62	34	57.6	27.8	2.1	1.90	2,060

부록 B-1 (계속)

	국토 면적 (평방마일)	인구수 2006년 (100만 명)	인구수 2025년 (100만 명)	인구 밀도 산술적	인구 밀도 지리적	출생률	사망률	자연 증가 (%)	영아 사망률 (1,000명당)	유아 사망률 (1,000명당)	기대수명 남성 (세)	기대수명 여성 (세)	도시 인구율	남성 문해율	여성 문해율	부패 지수	맥도날드 햄버거 가격 (미국 달러)	1인당 국민총소득 (미국 달러)
스리랑카	25,332	20.1	21.9	794.0	5,451.6	19	6	1.3	10		70	74	30	94.5	88.9	3.5	1.41	3,730
동아시아	**4,546,050**	**1,546.3**	**1,709.1**	**340.2**	**3,811.1**	**12**	**7**	**0.5**	**30**	**47**	**70**	**75**	**46**					**4,990**
중국	3,696,521	1,323.0	1,484.9	357.9	3,612.2	12	6	0.6	32	6	70	73	41	92.3	77.4	3.4	1.26	
일본	145,869	127.9	121.1	876.5	8,104.4	9	8	0.1	3	30	78	85	78	100.0	100.0	6.9	2.33	34,510
북한	46,541	23.1	24.7	495.8	2,916.4	17	11	0.6	45	6	61	66	60	99.0	99.0			1,000
대한민국	38,324	48.7	50.6	1,270.3	6,848.3	10	5	0.5	8	5	73	80	80	99.2	96.4	4.5	2.72	17,930
몽골	604,826	2.6	3.4	4.2	401.1	18	6	1.2	30	8	63	68	57	99.2	99.3	3.0		1,800
타이완	13,969	22.8	24.4	1,630.8	6,991.7	10	6	0.4	6		73	79	78	97.6	90.2	5.6	2.24	
동남아시아	**1,735,449**	**564.3**	**697.7**	**325.1**	**2,402.2**	**22**	**7**	**1.5**	**41**	**10**	**66**	**70**	**38**					**3,690**
부루나이	2,228	0.4	0.5	186.4		22	3	1.9	7	167	74	79	74	94.7	88.2			17,900
캄보디아	69,900	13.7	19.8	195.7	1,811.8	32	10	2.2	95	60	55	59	16	79.7	53.4			2,060
동티모르	5,741	0.8	1.2	143.0		26	13	1.3	129	60	48	49	8					430
인도네시아	735,355	225.8	275.5	307.0	3,272.4	22	6	1.6	46	122	66	70	42	91.9	82.1	2.0	1.77	3,210
라오스	91,429	6.1	8.6	66.4	2,218.3	36	13	2.3	104	11	52	55	19	73.6	50.5			1,730
말레이시아	127,317	26.7	36.0	210.0	6,737.4	26	4	2.2	11	114	71	76	62	91.5	83.6	5.0	1.33	8,940
미얀마/버마	261,228	51.5	59.8	197.2	1,095.5	25	11	1.4	87	46	54	60	28	89.0	80.6	1.7		1,490
필리핀	115,830	87.1	118.4	751.8	3,943.6	26	6	2.0	29	4	67	72	48	95.5	95.2	2.6	1.23	4,640
싱가포르	239	4.3	4.8	17,784.7		10	4	0.6	2	38	77	81	100	96.4	88.5	9.3	1.92	24,180
타이	198,116	64.7	70.2	326.6	964.1	14	7	0.7	20	43	68	75	31	97.2	94.0	3.6	$1.45	7,450
베트남	128,066	83.5	102.9	651.8	4,001.4	18	6	1.2	21	6	70	73	25	95.7	91.0	2.6		2,490
오스트랄 권역	**3,093,340**	**24.5**	**28.9**	**7.9**		**13.2**	**7**	**0.6**	**5**	**7**	**77**	**83**	**89**					**27,073**
오스트레일리아	2,988,888	20.3	24.2	6.8	113.4	13	7	0.6	5	6	77	83	91	100.0	100.0	8.8	2.27	28,290
뉴질랜드	104,452	4.2	4.7	39.8	27.3	14	7	0.7	6	24	76	81	78	100.0	100.0	9.6	2.65	21,120
태평양 권역	**376,000**	**9.2**	**12.1**	**24.4**		**28.9**	**8**	**2.1**	**47**	**24**	**57**	**59**	**22**					**2,291**
미크로네시아	270	0.1	0.1	386.1	5,888.1	28	7	2.1	40		67	67	22	67.0	87.2			2,090
피지	7,054	0.8	1.0	117.8		25	6	1.9	22	92	65	69	39	95.0	90.9		2.35	5,410
폴리네시아	1,544	0.3	0.3	200.2	18,180.5	20	5	1.5	6	112	69	74	53	94.9	95.0			
괌	212	0.2	0.2	973.8	5,728.4	20	4	1.6	6	27	76	80	93	99.0	99.0			
마셜 제도	69	0.1	0.1	1,558.5		42	5	3.7	37	28	67	70	68	92.4	90.0			$2,710
뉴칼레도니아	7,174	0.2	0.3	28.8	3,108.4	22	5	1.7	5	50	70	76	71	57.4	58.3			
파푸아뉴기니	178,703	6.0	8.2	33.3		32	10	2.2	60		57	59	15	57.4				2,240
사모아	1,097	0.2	0.2	190.8		29	6	2.3	18		72	74	22	100.0	100.0			5,700
솔로몬 제도	11,158	0.5	0.7	47.3		36	9	2.7	66		61	62	16	62.4	44.9			1,630
바누아투	4,707	0.2	0.4	44.4		28	6	2.2	27		66	69	21	57.3	47.8			2,880

부록 B-2 : 세계 각국의 국토와 인구 자료

	국토 면적 km²	인구수 2010년 (100만 명)	인구수 2025년 (100만 명)	인구 밀도 산술적	인구 밀도 지리적	출생률	사망률	자연 증가 (%)	영아 사망률 (1,000명당)	유아 사망률 (1,000명당)	기대수명 남성 (세)	기대수명 여성 (세)	도시 인구율	남성 문해율	여성 문해율	부패 지수	맥도날드 햄버거 가격 (미국 달러)	1인당 국민총소득 (미국 달러)
전세계	134,134,451	6879.9	7972.3	51	443	21	8	1.3	44.9	59	67	70	50	84.0	70.8			9,600
유럽																		
권역	5,930,511	594.9	597.6	26	204	11	11	0.0	6.0	7.2	72	79	71	99.4	98.4		4.38	24,320
알바니아	28,749	3.2	3.5	113	451	13	6	0.6	8.0	9	72	79	45	95.5	88.0	3.4		6,580
오스트리아	83,859	8.4	8.8	100	556	9	9	0.0	3.7	5	77	83	67	100.0	100.0	8.1		38,090
벨로루시	207,598	9.6	9.0	46	150	11	14	-0.3	6.0	7	63	76	73	99.7	99.2	2.0		10,740
벨기에	30,528	10.7	10.8	352	1408	12	10	0.2	3.7	5	77	82	97	100.0	100.0	7.3		35,110
보스니아	51,129	3.8	3.7	74	572	9	9	0.0	8.0	9	71	77	46	96.5	76.6	3.2		7,280
불가리아	110,908	7.5	6.6	68	165	10	15	-0.5	9.2	11	69	76	71	99.1	98.0	3.6		11,180
크로아티아	56,539	4.4	4.3	77	298	9	12	-0.3	5.7	7	73	79	56	99.4	97.3	4.4		15,050
키프로스	9,249	1.1	1.1	120	751	12	7	0.5	6.0	8	75	80	62	98.7	95.0	6.4		26,370
체코공화국	78,860	10.4	10.2	132	307	11	10	0.1	3.1	4	74	80	74	100.0	100.0	5.2	3.02	21,820
덴마크	43,090	5.5	5.6	128	229	12	10	0.2	4.0	5	76	80	72	100.0	100.0	9.3	5.07	36,740
에스토니아	45,099	1.3	1.2	29	107	12	13	-0.1	4.9	6	67	78	69	99.9	99.6	6.6		19,680
핀란드	338,149	5.3	5.6	16	225	11	9	0.2	2.7	3	76	83	63	100.0	100.0	9.0		35,270
프랑스	551,497	62.6	66.1	114	324	13	8	0.5	3.6	4	78	85	77	98.9	98.7	6.9		33,470
독일	356,978	81.9	79.6	229	655	8	10	-0.2	3.9	5	77	82	89	100.0	100.0	7.9		33,820
그리스	131,960	11.2	11.3	85	283	10	9	0.1	3.7	4	77	81	60	98.6	96.0	4.7		32,520
헝가리	93,030	9.9	9.6	107	194	10	13	-0.3	5.9	7	69	77	66	99.5	99.3	5.1	2.92	17,430
아이슬란드	102,999	0.3	0.4	3	297	15	6	0.9	1.3	2	79	83	93	100.0	100.0	8.9		34,060
아일랜드	70,279	4.6	4.9	65	327	16	6	1.0	3.1	4	77	82	60	100.0	100.0	7.7		37,040
이탈리아	301,267	59.8	62.0	198	536	9	10	-0.1	4.2	5	79	84	68	98.9	98.1	4.8		29,900
코소보	10,887	2.3	2.7	208		21	7	1.4	33.0		67	71						
라트비아	64,599	2.3	2.1	35	122	10	14	-0.4	7.6	9	66	77	68	99.8	99.6	5.0		16,890
리히텐슈타인	161	0.1	0.1	874	3495	10	6	0.4	2.6	3	79	82	15	100.0	100.0			
리투아니아	65,200	3.4	3.1	52	112	10	14	-0.4	5.9	7	65	77	67	99.7	99.4	4.6		17,180
룩셈부르크	2,587	0.5	0.5	194	778	11	8	0.3	4.4	5	78	83	83	100.0	100.0	8.3		64,400
마케도니아	25,711	2.0	2.0	78	300	11	10	0.1	13.0	15	71	76	65	94.2	83.8	3.6		8,510
몰타	321	0.4	0.4	1250	3678	10	8	0.2	3.6	4	77	81	94	91.4	92.8	5.8		20,990
몰도바	33,701	4.1	3.8	121	184	11	12	-0.1	12.0	14	65	72	41	99.6	98.3	2.9		2,930
몬테네그로	13,812	0.6	0.6	44	156	12	10	0.2	11.0	13	71	75	64	100.0	100.0	3.4		10,290
네덜란드	40,839	16.5	16.9	404	1496	11	8	0.3	4.4	5	78	82	90	100.0	100.0	8.9		39,500
노르웨이	323,878	4.8	5.6	15	497	12	9	0.3	3.1	4	78	83	79	100.0	100.0	7.9	5.79	53,690
폴란드	323,249	38.1	36.7	118	251	10	10	0.0	6.0	7	71	80	61	99.4	99.8	4.6	2.01	15,590

부록 B-2 : (계속)

	국토 면적 km²	인구수 2010년 (100만 명)	인구수 2025년 (100만 명)	인구 밀도 산술적	인구 밀도 지리적	출생률	사망률	자연 증가 (%)	영아 사망률 (1,000명당)	유아 사망률 (1,000명당)	기대수명 남성 (세)	기대수명 여성 (세)	도시 인구율	남성 문해율	여성 문해율	부패 지수	맥도날드 햄버거 가격 (미국 달러)	1인당 국민총소득 (미국 달러)
포르투갈	91,981	10.6	10.5	115	397	10	10	0.0	3.5	4	75	82	55	94.8	90.0	6.1		20,640
루마니아	238,388	21.4	19.7	90	204	10	12	-0.2	12.0	14	68	75	55	99.1	97.3	3.8		10,980
세르비아	88,357	7.3	6.7	83	219	10	14	-0.4	7.4	9	71	76	56	100.0	100.0	3.4		10,220
슬로바키아	49,010	5.4	5.2	110	324	10	10	0.0	6.1	7	70	78	56	100.0	100.0	5.0		19,330
슬로베니아	20,251	2.0	2.1	99	707	10	9	0.1	3.1	4	74	81	48	98.6	96.8	6.7		26,640
스페인	505,988	46.7	46.2	92	237	11	9	0.2	3.7	4	77	83	77	100.0	100.0	6.5		30,110
스웨덴	449,959	9.2	9.9	21	293	12	10	0.2	2.5	3	79	83	84	100.0	100.0	9.3	4.58	35,840
스위스	41,290	7.6	8.1	185	1540	10	8	0.2	4.0	5	79	84	68	99.5	97.4	9.0	5.60	43,080
우크라이나	603,698	45.6	41.7	76	128	10	16	-0.6	11.0	14	62	74	68	100.0	100.0	2.5		6,810
영국	244,878	61.8	68.8	252	971	13	9	0.4	4.9	6	77	81	80	97.6	89.2	7.7	3.30	34,370
러시아																		
권역	**17,261,421**	**157.7**	**146.5**	**9**	**123**	**12**	**14**	**-0.2**	**10.0**	**11**	**61**	**73**	**71**	**99.7**	**99.1**			**13,512**
러시아	17,075,323	141.0	129.3	8	138	12	15	-0.3	9.0	10	60	73	73	99.8	99.2	2.1	1.73	14,400
아르메니아	29,800	3.1	3.3	105	526	15	9	0.6	26.0	29	68	75	64	99.4	98.1	2.9		5,900
아제르바이잔	86,599	8.9	9.7	103	468	18	6	1.2	12.0	14	70	75	52	98.9	95.9	1.9		6,370
그루지야	69,699	4.6	4.2	66	441	11	10	0.1	16.0	18	70	79	53	99.7	99.4	3.9		4,770
북아메리카																		
권역	**19,599,647**	**341.9**	**393.3**	**17**	**139**	**14**	**8**	**0.6**	**6.5**	**7.9**	**76**	**81**	**79**	**97.6**	**97.4**			**44,790**
캐나다	9,970,600	33.6	37.6	3	67	11	7	0.4	5.4	6	78	83	81	95.7	95.3	8.7	3.36	35,310
미국	9,629,047	308.2	355.7	32	160	14	8	0.6	6.6	8	75	81	79	99.0	99.0	7.3	3.54	45,850
중부 아메리카																		
권역	**2,714,579**	**196.3**	**225.6**	**72**	**447**	**21**	**6**	**1.6**	**24.0**	**28**	**71**	**76**	**69**	**90.3**	**87.1**			**9,489**
앤티가바부다	440	0.1	0.1	232	1287	17	7	1.0	20.0	23	71	75	31					12,610
바하마	13,880	0.3	0.4	22	2209	17	6	1.1	14.0	15	69	75	83	95.4	96.8	7.0		
바베이도스	430	0.3	0.3	706	1811	14	8	0.6	14.0	15	73	79	38	98.0	96.8			10,880
벨리즈	22,960	0.3	0.4	14	342	27	4	2.3	18.0	21	71	74	50			2.9		5,100
코스타리카	51,100	4.6	5.6	90	1002	16	4	1.2	9.7	11	76	81	59	95.5	95.7	5.1		8,340
쿠바	110,859	11.3	11.2	102	248	10	7	0.3	5.3	7	75	79	76	96.5	96.4	4.3		
도미니카	751	0.1	0.1	135	675	16	9	0.7	16.0	20	72	77	73			6.0		
도미니카공화국	48,731	10.3	12.1	211	679	24	6	1.8	32.0	38	69	75	67	84.0	83.7	3.0		5,650
엘살바도르	21,041	7.5	9.1	355	909	24	6	1.8	24.0	28	68	74	60	81.6	76.1	3.9		5,050
그레나다	339	0.1	0.1	302	943	19	7	1.2	17.0	21	66	69	31					4,840
과들루프	1,709	0.4	0.5	238	1585	15	7	0.8	8.0	11	75	82	100	89.7	90.5			6,010
과테말라	108,888	14.5	20.0	133	739	34	6	2.8	34.0	35	66	73	47	76.2	61.1	3.1		4,120

부록 B-2 : (계속)

	국토 면적 km²	인구수 2010년 (100만 명)	인구수 2025년 (100만 명)	인구 밀도 산술적	인구 밀도 지리적	출생률	사망률	자연 증가 (%)	영아 사망률 (1,000명당)	유아 사망률 (1,000명당)	기대수명 남성 (세)	기대수명 여성 (세)	도시 인구율	남성 문해율	여성 문해율	부패 지수	맥도날드 햄버거 가격 (미국 달러)	1인당 국민총소득 (미국 달러)
아이티	27,749	9.4	11.7	340	1030	29	11	1.8	57.0	76	56	60	43	51.0	46.5	1.4		1,050
온두라스	112,090	7.6	9.8	68	378	27	5	2.2	23.0	27	69	74	46	72.5	72.0	2.6		3,160
자메이카	10,989	2.8	3.0	251	1005	17	6	1.1	21.0	25	70	75	52	82.5	90.7	3.1		5,050
마르티니크	1,101	0.4	0.4	368	1839	13	7	0.6	6.0		76	83	98	96.0	97.1			
멕시코	1,958,192	111.0	123.8	57	405	20	5	1.5	19.0	23	73	78	76	93.1	89.1	3.6	2.30	12,580
네덜란드령 엔틸리스	800	0.2	0.2	253	2534	14	7	0.7	5.0		71	79	92	96.6	96.6			
니카라과	129,999	5.9	6.8	46	208	26	5	2.1	29.0	35	68	74	59	64.2	64.4	2.5		2,080
파나마	75,519	3.5	4.2	46	516	20	4	1.6	15.0	19	73	78	64	92.6	91.3	3.4		8,340
푸에르토리코	8,951	4.0	4.1	450	5005	12	8	0.4	9.2	15	74	82	94	93.7	94.0	5.8		
세인트루시아	619	0.2	0.2	328	1172	15	7	0.8	19.4	26	71	76	28			7.1		7,090
세인트빈센트 그레나딘	391	0.1	0.1	260	930	17	8	0.9	17.6		70	74	40			6.5		5,720
트리니다드토바고	5,131	1.3	1.4	256	1068	14	8	0.6	24.0	27	67	71	12	99.0	97.5	3.6		14,580
남아메리카																		
권역	17,867,238	397.5	460.9	22	356	20	6	1.4	23.0	25	69	76	81	90.1	89.0			9,290
아르헨티나	2,780,388	40.6	46.3	15	146	19	8	1.1	13.3	15	71	79	91	96.9	96.9	2.9	3.30	12,990
볼리비아	1,098,575	10.4	13.3	9	474	29	8	2.1	51.0	62	63	67	64	92.1	79.4	3.3		4,140
브라질	8,547,360	200.6	228.9	23	335	20	6	1.4	24.0	26	69	75	83	85.5	85.4	3.5	3.45	9,370
칠레	756,626	17.1	19.1	23	754	14	5	0.9	8.8	10	75	81	87	95.9	95.5	6.9	2.51	12,590
콜롬비아	1,138,906	45.7	53.8	40	1002	20	6	1.4	19.0	23	69	76	72	91.8	91.8	3.8		6,640
에콰도르	283,560	14.4	17.5	51	460	26	6	2.0	25.0	28	72	78	62	93.6	90.2	2.0		$7,040
프랑스령 기아나	89,999	0.2	0.3	2	235	32	4	2.8	10.4		72	79	76	83.6	82.3			
가이아나	214,969	0.8	0.8	4	191	21	9	1.2	48.0	64	63	68	28	99.0	98.1	2.6		2,600
파라과이	406,747	6.5	8.0	16	265	27	6	2.1	36.0	43	69	73	57	94.4	92.2	2.4		4,380
페루	1,285,214	28.7	34.0	22	745	21	6	1.5	24.0	28	68	73	76	94.7	85.4	3.6	2.54	7,240
수리남	163,270	0.5	0.5	3	312	17	7	1.0	16.0	17	66	73	74	95.9	92.6	3.6		6,000
우루과이	177,409	3.3	3.5	19	268	14	9	0.5	10.5	12	72	79	94	97.4	98.2	6.9		11,040
베네수엘라	912,046	29.1	34.9	32	797	25	4	2.1	16.5	19	70	76	88	93.3	92.7	1.9		11,920
사하라이남 아프리카																		
권역	21,786,509	769.5	1106.8	32	421	40	15	2.5	87.0	121	49	51	35	73.1	59.9			1,828
앙골라	1,246,693	17.7	26.2	14	473	47	21	2.6	132.0	180	41	44	57	55.6	28.5	1.9		4,400
베냉	112,620	9.9	14.5	88	548	42	12	3.0	98.0	155	54	57	41	47.8	23.6	3.1		1,310
보츠와나	581,727	1.8	2.2	3	316	24	14	1.0	44.0	54	50	49	57	74.4	79.8	5.8		12,420

부록 B-2 : (계속)

	국토 면적 km²	인구수 2010년 (100만 명)	인구수 2025년 (100만 명)	인구 밀도 산술적	인구 밀도 지리적	출생률	사망률	자연 증가 (%)	영아 사망률 (1,000명당)	유아 사망률 (1,000명당)	기대수명 남성 (세)	기대수명 여성 (세)	도시 인구율	남성 문해율	여성 문해율	부패 지수	맥도날드 햄버거 가격 (미국 달러)	1인당 국민총소득 (미국 달러)
부르키나파소	274,000	16.1	23.7	59	490	45	15	3.0	89.0	163	49	52	16	31.2	13.1	3.5		1,120
부룬디	27,829	9.4	15.0	339	789	46	16	3.0	107.0	177	47	50	10	56.3	40.5	1.9		330
카메룬	475,439	19.4	25.5	41	255	36	13	2.3	74.0	127	51	52	57	81.8	69.2	2.3		2,120
카보베르데 제도	4,030	0.5	0.7	130	1185	30	5	2.5	28.0	38	68	74	59	84.3	65.3	5.1		2,940
중앙아프리카공화국	622,978	4.6	5.5	7	244	38	19	1.9	102.0	155	43	44	38	59.6	34.5	2.0		740
차드	1,283,994	10.7	13.9	8	277	44	17	2.7	106.0	179	46	48	27	66.9	40.8	1.6		1,280
코모로 제도	2,230	0.7	1.1	332	626	36	8	2.8	69.0	92	62	66	28	63.5	49.1	2.5		1,150
콩고	341,998	4.0	5.6	12	1165	37	13	2.4	75.0	119	52	54	60	87.5	74.4	1.9		2,750
콩고민주공화국	2,344,848	70.7	109.7	30	754	44	13	3.1	92.0	138	49	55	33	86.6	67.7	1.7		290
지부티	23,201	0.8	1.1	36	3573	30	12	1.8	67.0	101	53	55	87	65.0	38.4	3.0		2,260
적도 기니	28,050	0.6	0.9	23	252	39	10	2.9	91.0	152	59	60	39	92.5	74.5	1.7		21,230
에리트레아	117,598	5.3	7.7	45	1128	40	10	3.0	59.0	91	54	59	21	43.9	33.4	2.6		400
에티오피아	1,104,296	83.1	110.5	75	684	40	15	2.5	77.0	121	48	51	16	83.7	70.0	2.6		780
가봉	267,668	1.4	1.7	5	269	27	12	1.5	58.0	88	56	58	84	79.8	62.2	3.1		13,080
감비아	11,300	1.7	2.3	149	711	38	11	2.7	93.0	124	57	59	54	43.8	29.6	1.9		1,140
가나	238,538	25.0	33.7	105	455	32	10	2.2	71.0	112	58	59	48	79.5	61.2	3.9		1,330
기니	245,860	10.9	15.7	44	738	42	14	2.8	113.0	183	52	55	30	55.1	27.0	1.6		1,120
기니비사우	36,120	1.8	2.9	50	385	50	19	3.1	117.0	196	43	47	30	53.0	21.4	1.9		470
코트디부아르	322,459	21.7	26.2	67	293	38	14	2.4	100.0	142	50	53	48	54.6	38.5	2.0		1,590
케냐	580,367	40.2	51.3	69	865	40	12	2.8	77.0	117	53	53	19	89.0	76.0	2.1		1,540
레소토	30,349	1.8	1.7	60	541	27	25	0.2	91.0	112	35	36	24	73.6	93.6	3.2		1,890
라이베리아	111,369	4.2	6.8	37	932	50	18	3.2	133.0	190	45	47	58	69.9	36.8	2.4		290
마다가스카르	587,036	20.0	28.0	34	680	38	10	2.8	75.0	120	57	60	30	87.7	72.9	3.4		920
말라위	118,479	14.5	20.4	122	582	48	16	3.2	80.0	125	45	47	17	74.5	46.7	2.8		750
말리	1,240,185	13.6	20.6	11	273	48	15	3.3	96.0	161	54	59	31	47.9	33.2	3.1		1,040
모리타니	1,025,516	3.4	4.5	3	328	35	9	2.6	77.0	121	59	62	40	50.6	29.5	2.8		2,010
모리셔스	2,041	1.3	1.4	646	1242	14	7	0.7	15.4	18	69	76	42	87.7	81.0	5.5		11,390
모잠비크	801,586	21.3	27.5	27	663	41	20	2.1	108.0	158	42	44	29	59.9	28.4	2.6		690
나미비아	824,287	2.1	2.3	3	260	25	15	1.0	47.0	67	48	47	35	82.9	81.2	4.5		5,120
나제르	1,266,994	15.6	26.3	12	308	46	15	3.1	81.0	171	58	56	17	23.5	8.3	2.8		630
나이지리아	923,766	155.6	205.4	168	495	43	18	2.5	100.0	194	46	47	47	72.3	56.2	2.7		1,770

부록 B-2 : (계속)

	국토 면적 km²	인구수 2010년 (100만 명)	인구수 2025년 (100만 명)	인구 밀도 산술적	인구 밀도 지리적	출생률	사망률	자연 증가 (%)	영아 사망률 (1,000명당)	유아 사망률 (1,000명당)	기대수명 남성 (세)	기대수명 여성 (세)	도시 인구율	남성 문해율	여성 문해율	부패 지수	맥도날드 햄버거 가격 (미국 달러)	1인당 국민총소득 (미국 달러)
레위니옹	2,510	0.8	1.0	328	2185	19	5	1.4	8.0		72	80	92	84.8	89.2			
르완다	26,340	10.1	14.6	384	915	43	16	2.7	86.0	143	47	48	18	73.7	60.6	3.0		860
상투메프린시페	961	0.2	0.2	220	511	35	8	2.7	77.0	119	63	66	58	70.2	39.1	2.7		1,630
세네갈	196,720	13.4	18.0	68	570	39	10	2.9	61.0	118	60	64	41	47.2	27.6	3.4		1,640
세이셸	451	0.1	0.1	227	1512	18	7	1.1	11.0	12	67	77	53	82.9	85.7	4.8		8,670
시에라리온	71,740	5.8	7.6	81	1007	48	23	2.5	158.0	267	48	49	37	50.7	22.6	1.9		660
소말리아	637,658	9.5	14.3	15	744	46	19	2.7	117.0	189	47	49	37	85.8	84.5	1.0		
남아프리카공화국	1,221,034	49.1	51.5	40	309	23	15	0.8	45.0	58	48	52	59	68.3	46.0	4.9	1.66	9,560
스와질란드	17,361	1.1	1.0	63	576	31	31	0.0	85.0	116	33	34	24	80.9	78.7	3.6		4,930
탄자니아	945,087	42.1	58.2	45	890	38	15	2.3	75.0	118	50	52	25	84.1	66.6	3.0		1,200
토고	56,791	7.2	9.9	127	294	38	10	2.8	91.0	140	56	60	40	72.2	42.6	2.7		800
우간다	241,040	31.1	56.4	129	379	48	16	3.2	76.0	121	47	48	13	77.7	57.1	2.6		920
잠비아	752,607	12.7	15.5	17	241	43	22	2.1	100.0	164	38	37	37	85.2	71.2	2.8		1,220
짐바브웨	390,759	13.8	16.0	35	392	31	21	1.0	60.0	92	40	40	37	95.5	89.9	1.8		
권역	**19,318,887**	**592.4**	**733.9**	**63**	**687**	**26**	**7**	**1.9**	**46.0**	**51**	**66**	**70**	**53**	**83.1**	**64.5**			**8,309**
아프가니스탄	652,086	34.4	50.3	53	440	47	21	2.6	163.0	254	43	43	20	51.0	20.8	1.5		
알제리	2,381,730	36.0	43.3	15	503	22	4	1.8	27.0	30	71	74	63	75.1	51.3	3.2		5,490
바레인	689	0.8	1.0	1201	13,345	20	3	1.7	8.0	9	73	77	100	91.0	82.7	5.4	2.34	34,310
이집트	1,001,445	78.1	95.9	78	2599	27	6	2.1	33.0	40	70	74	43	66.6	43.7	2.8		5,400
이란	1,633,182	74.4	88.0	46	414	20	5	1.5	32.0	36	69	72	67			2.3		10,800
이라크	438,319	30.9	43.3	71	543	34	10	2.4	94.0	116	56	60	67	70.7	45.0	1.3		
이스라엘	21,059	7.7	9.3	368	1751	21	5	1.6	3.5	5	79	82	92	97.9	94.3	6.0	3.69	25,930
요르단	89,210	6.1	7.7	68	1363	28	4	2.4	24.0	28	71	73	83	94.9	84.4	5.1		5,160
카자흐스탄	2,717,289	16.0	17.1	6	49	21	10	1.1	29.0	33	61	72	53	99.1	96.1	2.2		9,700
쿠웨이트	17,819	2.8	3.6	157	15,734	21	2	1.9	8.0	9	77	79	98	84.3	79.9	4.3		49,970
키르기스스탄	198,499	5.4	6.5	27	387	24	7	1.7	50.0	57	62	70	35	98.6	95.5	1.8		1,950
레바논	10,399	4.1	4.6	396	1276	19	5	1.4	19.0	22	69	74	87	92.3	80.4	3.0		10,050
리비아	1,759,532	6.6	8.1	4	373	24	4	2.0	21.0	23	71	76	77	90.9	67.6	2.6		11,500
모로코	446,548	32.1	36.6	72	327	21	6	1.5	43.0	46	68	72	56	61.9	36.0	3.5		3,990
오만	212,459	2.8	3.1	13	1325	24	3	2.1	10.0	11	73	75	71	80.4	61.7	5.5		19,740
팔레스타인영	6,260	4.5	6.2	716	35,797	37	4	3.3	25.0	29	72	73	72					
카타르	11,000	0.9	1.1	84	8429	17	2	1.5	7.0	8	74	76	100	80.5	83.2	6.5		

북아프리카/서남아시아

부록 B-2 : (계속)

	국토 면적 km²	인구수 2010년 (100만 명)	인구수 2025년 (100만 명)	인구 밀도 산술적	인구 밀도 지리적	출생률	사망률	자연 증가 (%)	영아 사망률 (1,000명당)	유아 사망률 (1,000명당)	기대수명 남성 (세)	기대수명 여성 (세)	도시 인구율	남성 문해율	여성 문해율	부패 지수	맥도날드 햄버거 가격 (미국 달러)	1인당 국민총소득 (미국 달러)
사우디아라비아	2,149,680	29.6	35.7	14	688	29	3	2.6	16.0	20	74	78	81	84.1	67.2	3.5	2.66	22,910
수단	2,505,798	41.1	54.3	16	234	33	12	2.1	81.0	127	56	59	38	36.0	14.0	1.6		1,880
시리아	185,179	20.9	26.8	113	376	28	4	2.4	19.0	22	71	75	50	88.3	60.4	2.1		4,370
타지키스탄	143,099	7.6	9.5	53	761	27	5	2.2	65.0	77	64	69	26	99.6	98.9	2.0		1,710
튀니지	163,610	10.5	12.1	64	201	17	6	1.1	19.0	22	72	76	65	81.4	60.1	4.4		7,130
터키	774,816	76.8	87.8	99	261	19	6	1.3	23.0	25	69	74	62	93.6	76.7	4.6	3.13	12,090
투르크메니스탄	488,099	5.4	6.5	11	276	24	6	1.8	74.0	82	58	67	47	98.8	96.6	1.8		6,640
아랍에미리트연합	83,600	4.6	6.2	55	5524	15	2	1.3	7.0	8	77	81	83	75.5	79.5	5.9		
우즈베키스탄	447,397	28.1	33.3	63	524	24	7	1.7	48.0	55	63	70	36	98.5	96.0	1.8		1,680
사사하라	252,120	0.5	0.8	2	5	28	8	2.0	53.0		62	66	81					
예멘	527,966	23.6	35.2	45	1493	41	9	3.2	77.0	102	60	62	30	67.4	25.0	2.3		2,200
남부 아시아																		
권역	4,487,762	1569.5	1877.7	146	291	25	8	1.7	58.0	73	64	66	28	66.1	39.9			2,576
방글라데시	143,998	152.4	180.1	1058	1679	24	7	1.7	52.0	67	62	64	24	51.7	29.5	2.1		1,340
부탄	47,001	0.7	0.9	16	520	30	7	2.3	40.0	60	66	67	31	61.1	33.6	5.2		4,980
인도	3,287,576	1186.4	1407.7	361	633	24	8	1.6	57.0	75	65	66	28	68.6	42.1	3.4		2,740
몰디브	300	0.3	0.4	1029	10,287	19	4	1.5	16.0	19	72	73	27	96.3	96.4	2.8		5,040
네팔	147,179	28.1	36.5	191	909	29	9	2.0	48.0	61	63	64	17	59.1	21.8	2.7		1,040
파키스탄	796,098	180.8	228.9	227	783	31	8	2.3	75.0	93	62	64	35	57.6	27.8	2.5		2,570
스리랑카	65,610	20.8	23.2	317	1093	19	7	1.2	15.0	19	67	75	15	94.5	88.9	3.2		4,210
동아시아																		
권역	11,774,215	1573.4	1696.6	134	1083	12	7	0.5	21.0	24	72	76	50	94.9	84.7			8,380
중국	9,572,855	1338.0	1476.0	140	998	12	7	0.5	23.0	27	71	75	45	92.3	77.4	3.6	1.83	5,370
일본	377,799	127.7	119.3	338	2600	9	9	0.0	2.8	4	79	86	79	100.0	100.0	7.3	3.23	34,600
북한	120,541	23.9	25.8	198	1240	16	7	0.9	21.0	28	68	73	60	99.0	99.0			
대한민국	99,259	49.1	49.1	495	2603	10	5	0.5	4.0	4	76	82	82	99.2	96.4	5.6	2.39	24,750
몽골	1,566,492	2.8	3.3	2	178	21	6	1.5	41.0	50	61	67	59	99.2	99.3	3.0		3,160
타이완	36,180	23.1	23.1	640	2558	9	6	0.3	4.6		75	81	78	97.6	90.2	5.7	2.32	

부록 B-2 : (계속)

	국토 면적 km²	인구수 2010년 (100만 명)	인구수 2025년 (100만 명)	인구 밀도 산술적	인구 밀도 지리적	출생률	사망률	자연 증가 (%)	영아 사망률 (1,000명당)	유아 사망률 (1,000명당)	기대수명 남성 (세)	기대수명 여성 (세)	도시 인구율	남성 문해율	여성 문해율	부패 지수	맥도날드 햄버거 가격 (미국 달러)	1인당 국민총소득 (미국 달러)
동남아시아																		
권역	**4,494,790**	**601.8**	**709.2**	**134**	**542**	**20**	**7**	**1.3**	**31.0**	**37**	**68**	**72**	**45**	**93.0**	**86.1**			**4,440**
브루나이	5,770	0.4	0.5	72	3578	19	3	1.6	7.0	8	72	77	72	94.7	88.2			49,900
캄보디아	181,040	15.2	20.6	84	382	26	8	1.8	67.0	87	59	66	15	79.7	53.4	1.8		1,690
동티모르	14,869	1.2	1.7	79	555	42	11	3.1	74.6	93	59	61	22			2.2		3,190
인도네시아	1,904,561	247.2	291.9	130	763	21	6	1.5	34.0	43	69	72	48	91.9	82.1	2.6	1.74	3,580
라오스	236,800	6.2	8.7	26	871	34	10	2.4	70.0	88	59	63	27	73.6	50.5	2.0		1,940
말레이시아	329,750	28.6	34.6	87	361	21	5	1.6	9.0	11	72	76	68	91.5	83.6	5.1	1.52	13,570
미얀마/버마	676,577	50.1	55.4	74	463	19	10	0.9	70.0	98	58	64	31	89.0	80.6	1.3		
필리핀	299,998	94.3	120.2	314	953	26	5	2.1	25.0	31	66	72	63	95.5	95.2	2.3	2.07	3,730
싱가포르	619	4.9	5.3	7,848	392,384	11	5	0.6	2.4	3	78	83	100	96.4	88.5	9.2	2.61	32,470
타이	513,118	66.8	70.2	130	325	13	8	0.5	16.0	17	68	75	36	97.2	94.0	3.5	1.77	7,880
베트남	331,689	88.3	100.1	266	1210	17	5	1.2	16.0	19	71	75	27	95.7	91.0	2.7		2,550
오스트랄 권역																		
권역	**8,012,942**	**26.0**	**29.6**	**3**	**45**	**14**	**7**	**0.7**	**4.8**	**5.1**	**79**	**84**	**87**	**100.0**	**100.0**			**32,164**
오스트레일리아	7,741,184	21.6	24.7	3	40	14	7	0.7	4.7	5	79	84	87	100.0	100.0	8.7	2.19	33,340
뉴질랜드	270,529	4.4	4.9	16	135	15	7	0.8	5.0	6	78	82	86	100.0	100.0	9.3	2.48	26,340
태평양 권역																		
권역	**975,341**	**9.6**	**11.8**	**17**	**806**	**29**	**9**	**2.0**	**50.0**	**67**	**58**	**63**	**22**	**65.9**	**52.1**			**1,526**
미크로네시아	699	0.1	0.1	149	286	26	6	2.0	40.0	49	67	67	22	67.0	87.2			3,710
피지	18,270	0.9	0.9	51	317	21	6	1.5	17.0	19	66	71	51	95.0	90.9			4,370
프랑스령폴리네시아	3,999	0.3	0.3	77	964	18	4	1.4	6.8		73	77	53	94.9	95.0			
괌	549	0.2	0.2	375	1706	19	4	1.5	10.7		75	82	93	99.0	99.0			
마셜 제도	179	0.1	0.1	596	3506	38	6	3.2	23.0	25	64	67	68	92.4	90.0			
뉴칼레도니아	18,581	0.2	0.3	11	1105	18	5	1.3	7.0		73	80	58	57.4	58.3			
파푸아뉴기니	462,839	6.8	8.6	15	1464	31	10	2.1	62.0	81	54	60	13			2.0		1,500
사모아	2,841	0.2	0.2	74	171	29	6	2.3	20.0	24	72	74	22	100.0	100.0	4.4		3,570
솔로몬 제도	28,899	0.5	0.7	18	607	34	8	2.6	48.0	63	62	63	17	62.4	44.9	2.9		1,400
바누아투	12,191	0.2	0.4	17	172	31	6	2.5	27.0	33	66	69	21	57.3	47.8	2.9		2,890

부록 B-3 : 세계 각국의 국토와 인구 자료

	국토 면적 km²	인구수 2014년 (100만 명)	인구수 2025년 (100만 명)	인구 밀도 산술적	인구 밀도 지리적	출생률	사망률	자연 증가 (%)	영아 사망률 (1,000명당)	유아 사망률 (1,000명당)	기대수명 남성 (세)	기대수명 여성 (세)	도시 인구율	남성 문해율	여성 문해율	부패 지수	1인당 국민총소득 (미국 달러, 2010년)
전세계	134,134,451	7,228	8,082	54	466	20	8	1.2	35	48	68	72	51	84.9	73.3	40	10,760
권역	5,930,511	596	610	101	791	10	10	0.0	4	5	76	82	71	99.0	98.1	61	29,116
알바니아	28,749	2.8	2.9	99	394	11	5	0.6	15	17	73	78	54	98.0	95.7	33	8,520
오스트리아	83,859	8.5	8.9	101	563	9	9	0.0	3	4	78	83	67			69	39,790
벨로루시	207,598	9.4	9.0	45	147	11	14	-0.3	4	5	65	77	76	99.8	99.5	31	13,590
벨기에	30,528	11.1	12.1	365	1,460	12	10	0.2	3	4	78	83	99			75	38,290
보스니아	51,129	3.8	3.7	74	571	8	9	-0.1	6	7	73	78	46	99.5	96.7	42	8,910
불가리아	110,908	7.1	6.7	64	157	10	15	-0.5	11	12	70	77	73	98.7	98.0	41	13,440
크로아티아	56,539	4.3	4.1	76	291	9	12	-0.2	4	5	74	80	56	99.5	98.3	46	18,680
키프로스	9,249	1.2	1.1	131	821	12	6	0.6	3	3	76	81	62	99.3	98.1	66	30,890
체코공화국	78,860	10.5	10.9	133	310	10	10	0.0	3	4	75	81	74			49	22,910
덴마크	43,090	5.6	5.8	130	233	11	9	0.1	3	4	77	82	72			90	41,100
에스토니아	45,099	1.3	1.3	29	107	11	11	0.0	3	4	71	81	69	99.8	99.8	64	19,810
핀란드	338,149	5.4	5.8	16	229	11	9	0.2	2	3	77	84	68			90	37,070
프랑스	551,497	64.1	67.4	116	332	13	9	0.4	3	4	78	85	78			71	34,750
독일	356,978	79.8	79.2	223	639	8	10	-0.2	3	4	78	83	73			79	38,100
그리스	131,960	10.8	11.1	82	273	10	10	0.1	4	5	78	82	73	98.4	96.3	36	27,630
헝가리	93,030	9.8	9.8	106	192	9	13	-0.4	5	6	71	78	69	99.2	98.9	55	19,550
아이슬란드	102,999	0.3	0.4	3	296	14	6	0.8	2	2	80	84	94			82	28,270
아일랜드	70,279	4.8	5.6	68	341	16	6	1.0	3	4	77	82	60			69	33,540
이탈리아	301,267	60.8	63.1	202	545	9	10	-0.1	3	4	79	85	68	99.2	98.7	42	31,810
코소보	10,886	2.4	2.7	216	569	15	3	1.2	6	7	67	71	—	91.2	93.5	34	—
라트비아	64,599	2.0	1.9	31	106	9	14	-0.5	8	9	69	78	68	99.8	99.8	49	16,320
리히텐슈타인	161	0.0	0.0	251	1,004	10	6	0.4			79	84	15				—
리투아니아	65,200	3.2	3.0	49	106	11	13	-0.2	4	5	68	79	67	99.7	99.7	54	17,840
룩셈부르크	2,587	0.5	0.6	195	779	11	7	0.3	2	2	78	83	83			80	61,240
마케도니아	25,711	2.1	2.1	82	315	11	9	0.2	7	7	70	74	65	98.7	96.0	43	11,070
몰타	321	0.4	0.4	1,253	3,685	10	7	0.2	6	7	79	83	100	99.5	98.5	57	24,820
몰도바	33,701	4.1	3.7	122	184	11	11	0.0	15	18	65	73	42	99.2		36	3,360
몬테네그로	13,812	0.6	0.7	44	156	12	9	0.2	6	6	72	77	64	98.5	97.6	41	12,770
네덜란드	40,839	16.8	17.4	411	1,524	11	8	0.2	3	4	79	83	66	99.4		84	41,810
노르웨이	323,878	5.0	5.9	16	519	12	8	0.4	2	3	79	84	80	96.6	96.5	85	58,570
폴란드	323,249	38.2	37.4	118	251	10	10	0.1	4	5	72	81	61	99.9	99.6	58	19,160

유럽

부록 B-3 : (계속)

	국토 면적 km²	인구수 2014년 (100만 명)	인구수 2025년 (100만 명)	인구 밀도 산술적	인구 밀도 지리적	출생률	사망률	자연 증가 (%)	영아 사망률 (1,000명당)	유아 사망률 (1,000명당)	기대수명 남성 (세)	기대수명 여성 (세)	도시 인구율	남성 문해율	여성 문해율	부패 지수	1인당 국민총소득 (미국 달러, 2010년)
포르투갈	91,981	10.6	10.7	115	397	9	10	-0.1	3	4	76	82	38	97.0	94.0	63	24,590
루마니아	238,388	21.2	20.7	89	202	9	13	-0.4	11	12	70	77	55	98.5	97.1	44	14,290
세르비아	88,357	7.0	7.0	80	209	9	14	-0.5	6	7	71	77	59	99.2	96.9	39	11,090
슬로바키아	49,010	5.4	5.6	111	325	11	9	0.2	6	8	72	79	54	99.7	99.7	46	22,980
슬로베니아	20,251	2.1	2.2	104	744	11	9	0.1	3	3	76	83	50	99.7	99.7	61	26,530
스페인	505,988	46.4	47.3	92	235	10	8	0.2	4	5	79	85	77	98.5	97.0	65	31,800
스웨덴	449,959	9.5	10.2	21	303	12	10	0.2	2	3	80	84	84			88	39,730
스위스	41,290	8.0	8.6	195	1,621	10	8	0.2	4	4	80	85	74			86	49,960
우크라이나	603,698	45.2	42.4	75	127	11	15	-0.4	9	11	65	76	69	99.8	99.7	26	6,620
영국	244,878	63.7	70.5	260	1,001	13	9	0.4	4	5	78	82	80			74	35,840
아시아																	
권역	17,261,421	160	159	9	155	13	13	0.0	10	11	64	75	72	99.7	99.6	29	17,963
러시아	17,075,323	142.9	140.8	8	139	13	14	-0.1	9	10	63	75	74	99.7	99.6	28	19,240
아르메니아	29,800	3.3	3.3	110	559	14	9	0.5	15	16	71	77	64	99.7	99.5	34	5,660
아제르바이잔	86,599	9.5	10.4	107	501	19	6	1.3	31	35	71	76	53	99.8	99.7	27	9,270
그루지야	69,699	4.5	4.1	65	432	13	11	0.2	18	20	70	79	53	99.8	99.7	52	4,990
북아메리카																	
권역	19,599,647	352	391	18	145	13	8	0.5	6	7	76	81	79			74	46,417
캐나다	9,970,600	35.2	39.9	3	71	11	7	0.4	5	5	79	83	80			84	38,370
미국	9,629,047	317.0	351.4	33	165	13	8	0.5	6	7	76	81	79			73	47,310
중부 아메리카																	
권역	2,712,660	208	230	77	474	21	6	1.5	16	21	72	77	70	90.2	87.5	35	11,314
앤티가바부다	440	0.1	0.1	197	1,285	14	5	0.8	9	10	73	77	30	98.4	99.4		20,400
바하마	13,880	0.4	0.4	26	2,934	15	6	0.9	14	17	72	77	84			71	30,620
바베이도스	430	0.3	0.3	644	1,807	13	8	0.5	17	18	72	76	45			76	—
벨리즈	22,960	0.3	0.4	14	341	25	4	2.1	16	18	74	77	44	70.3	70.3	54	6,200
코스타리카	51,100	4.6	5.1	88	1,002	16	4	1.1	9	10	77	82	62	96.0	96.5	48	11,270
쿠바	110,859	11.3	11.4	101	248	11	8	0.3	4	6	76	80	75	99.8	99.8	58	—
도미니카	751	0.1	0.1	95	672	13	8	0.5	12	13	74	78	67			32	11,940
도미니카공화국	48,731	10.4	11.6	208	692	23	6	1.6	23	27	70	76	66	90.0	90.2	38	9,030
엘살바도르	21,041	6.5	6.8	298	788	20	7	1.4	14	16	67	77	63	87.1	82.3		6,550
그레나다	339	0.1	0.1	334	945	19	6	1.3	11	14	74	77	40				9,930
과들루프	1,709	0.4	0.4	236	1,579	13	7	0.6	13	15	76	83	98				—
과테말라	108,888	15.7	19.7	138	802	29	5	2.4	27	32	67	74	50	81.2	71.1	33	4,650

부록 B-3 : (계속)

	국토 면적 km²	인구수 2014년 (100만 명)	인구수 2025년 (100만 명)	인구 밀도 산술적	인구 밀도 지리적	출생률	사망률	자연 증가 (%)	영아 사망률 (1,000명당)	유아 사망률 (1,000명당)	기대수명 남성 (세)	기대수명 여성 (세)	도시 인구율	남성 문해율	여성 문해율	부패 지수	1인당 국민총소득 (미국 달러, 2010년)
아이티	27,749	10.7	11.9	370	1,166	27	9	1.8	57	76	61	63	47	53.4	44.6	19	1,180
온두라스	112,090	8.8	10.5	75	435	27	5	2.2	19	23	71	75	50	85.3	84.9	28	3,770
자메이카	10,989	2.7	2.8	247	1,001	16	7	1.0	14	17	70	76	52	82.1	91.8	38	7,310
마르티니크	1,101	0.4	0.4	359	1,839	13	7	0.6	11	12	78	84	89				—
멕시코	1,958,192	119.6	131.0	59	436	20	5	1.5	14	16	74	79	77	94.8	92.3	34	14,400
네덜란드령 앤틸리스	800	0.2	0.2	444	2,524	14	9	0.5	8	9	72	80	—				—
니카라과	129,999	6.2	6.9	46	218	24	5	1.9	21	24	71	77	57	78.1	77.9	29	2,790
파나마	75,519	3.7	4.2	48	545	19	5	1.5	16	19	73	80	65	94.7	93.5	38	12,770
푸에르토리코	8,951	3.7	3.7	416	4,621	11	8	0.3	8	12	75	83	99	89.7	90.9	63	—
세인트루시아	619	0.2	0.2	314	1,170	13	6	0.7	15	18	71	76	28			71	10,520
세인트빈센트 그레나딘	391	0.1	0.1	278	933	19	8	1.2	21	23	70	74	40			62	10,870
트리니다드토바고	5,131	1.3	1.3	256	1,068	14	8	0.6	18	21	68	74	13	99.2	98.5	39	24,050

남아메리카

	국토 면적 km²	인구수 2014년 (100만 명)	인구수 2025년 (100만 명)	인구 밀도 산술적	인구 밀도 지리적	출생률	사망률	자연 증가 (%)	영아 사망률 (1,000명당)	유아 사망률 (1,000명당)	기대수명 남성 (세)	기대수명 여성 (세)	도시 인구율	남성 문해율	여성 문해율	부패 지수	1인당 국민총소득 (미국 달러, 2010년)
권역	17,855,070	406	441	23	364	18	6	1.2	14	16	71	77	82	92.9	92.0	40	11,367
아르헨티나	2,780,388	41.7	46.9	15	150	19	8	1.1	13	14	72	80	91	97.8	97.9	35	15,570
볼리비아	1,098,575	11.2	12.5	197	510	26	7	1.9	33	41	65	69	66	95.8	86.8	34	20,400
브라질	8,547,360	198.2	210.1	23	331	16	6	1.0	13	14	70	77	84	90.1	90.7	43	11,000
칠레	756,626	17.7	19.3	23	782	15	5	1.0	8	9	75	82	87	98.6	98.5	72	14,640
콜롬비아	1,138,906	48.6	52.4	42	1,068	19	6	1.3	15	18	70	77	76	93.5	93.7	36	9,060
에콰도르	283,560	15.4	17.2	52	493	21	5	1.6	20	23	73	79	66	93.3	90.5	32	7,880
프랑스령 기아나	89,999	0.2	0.3	3	233	26	3	2.3	14	16	76	83	81				—
가이아나	214,969	0.8	0.8	4	192	21	6	1.5	29	35	66	73	29	82.4	87.3	28	3,450
파라과이	406,747	7.0	8.2	16	285	24	5	1.9	19	22	70	74	59	94.8	92.9	25	5,080
페루	1,285,214	31.0	34.4	23	804	20	5	1.5	14	18	71	76	74	94.9	84.6	38	8,930
수리남	163,270	0.5	0.6	3	314	19	6	1.2	19	21	69	74	67	95.4	94.0	37	7,680
우루과이	177,409	3.4	3.5	19	276	14	10	0.4	6	7	73	80	94	97.6	98.5	72	13,620
베네수엘라	912,046	30.7	35.1	33	840	21	5	1.5	13	15	71	77	88	95.7	95.4	19	12,150

사하라이남 아프리카

	국토 면적 km²	인구수 2014년 (100만 명)	인구수 2025년 (100만 명)	인구 밀도 산술적	인구 밀도 지리적	출생률	사망률	자연 증가 (%)	영아 사망률 (1,000명당)	유아 사망률 (1,000명당)	기대수명 남성 (세)	기대수명 여성 (세)	도시 인구율	남성 문해율	여성 문해율	부패 지수	1인당 국민총소득 (미국 달러, 2010년)
권역	22,415,262	914	1,198	41	541	38	12	2.6	62	94	53	56	36	67.7	49.5	30	2,154
앙골라	1,246,693	22.3	32.2	17	595	44	12	3.2	100	164	53	55	59	82.9	58.6	22	5,460
베냉	112,620	9.9	13.5	83	551	40	12	2.9	59	90	54	58	44	40.6	18.4	36	1,590

부록 B-3 : (계속)

	국토 면적 km²	인구수 2014년 (100만 명)	인구수 2025년 (100만 명)	인구 밀도 산술적	인구 밀도 지리적	출생률	사망률	자연 증가 (%)	영아 사망률 (1,000명당)	유아 사망률 (1,000명당)	기대수명 남성 (세)	기대수명 여성 (세)	도시 인구율	남성 문해율	여성 문해율	부패 지수	1인당 국민총소득 (미국 달러, 2010년)
보츠와나	581,727	1.9	2.2	3	334	26	14	1.2	41	53	52	50	24	84.6	85.6	65	13,700
부르키나파소	274,000	18.6	25.5	64	566	43	12	3.1	66	102	54	56	24	36.7	21.6	38	1,250
부룬디	27,829	11.3	15.5	379	943	42	10	3.2	67	104	57	60	10	88.8	84.6	19	400
카메룬	475,439	22.0	28.0	44	290	41	14	2.7	61	95	50	52	49	78.3	64.8	26	2,270
카보베르데 제도	4,030	0.5	0.6	126	1,173	26	6	2.0	19	22	69	77	62	89.7	80.3	60	3,710
중앙아프리카공화국	622,978	4.8	5.9	7	256	35	16	1.9	91	129	46	49	38	69.6	44.2	26	790
차드	1,283,994	12.5	16.4	9	324	45	16	2.8	89	150	48	51	28	45.6	25.4	19	1,220
코모로 제도	2,230	0.8	1.0	346	715	37	9	2.9	58	78	59	62	28	80.5	70.6	28	1,090
콩고	341,998	4.4	5.9	12	1,300	40	11	2.8	62	96	56	58	63			26	3,190
콩고민주공화국	2,344,848	73.0	101.0	29	779	45	17	2.8	100	146	47	50	34	76.9	46.1	21	320
지부티	23,201	0.9	1.2	40	4,028	29	10	1.9	66	81	56	59	76			36	2,460
적도 기니	28,050	0.7	1.0	26	290	37	15	2.2	72	100	50	52	40	97.1	91.1	20	23,760
에리트레아	117,598	5.9	7.6	47	1,258	36	8	2.8	37	52	59	63	22	79.5	59.0	25	540
에티오피아	1,104,296	91.2	115.0	79	751	34	10	2.4	47	68	57	60	17	49.1	28.9	33	1,040
가봉	267,668	1.7	2.0	6	310	27	9	1.8	42	62	61	63	73	92.3	85.6	35	13,060
감비아	11,300	1.9	2.5	162	803	38	9	2.9	49	73	57	59	59	60.9	41.9	34	1,300
가나	238,538	26.7	33.4	107	487	32	8	2.4	49	72	63	65	44	78.3	65.3	45	1,620
기니	245,860	12.1	14.3	47	821	39	13	2.6	65	101	52	55	28	36.8	12.2	24	1,020
기니비사우	36,120	1.7	2.1	45	355	38	17	2.2	81	129	47	50	43	68.9	42.1	25	1,180
코트디부아르	322,459	21.6	28.1	64	291	35	12	2.3	76	108	54	56	50	65.6	47.6	29	1,810
케냐	580,367	45.4	53.2	74	977	35	8	2.7	49	73	60	63	32	78.1	66.9	27	1,640
레소토	30,349	2.3	2.5	73	675	28	16	1.2	74	100	48	47	23	65.5	85.0	45	1,970
라이베리아	111,369	4.4	6.0	38	998	40	11	2.9	56	75	55	57	47	60.8	27.0	41	340
마다가스카르	587,036	23.1	31.2	37	788	35	7	2.9	41	58	65	68	31	67.4	61.6	32	960
말라위	118,479	16.8	24.2	134	675	43	15	2.8	46	71	53	53	15	72.1	51.3	37	860
말리	1,240,185	17.0	23.7	13	343	46	15	3.2	80	128	50	52	33	43.1	24.6	34	1,030
모리타니	1,025,516	3.8	4.7	4	368	34	10	2.4	65	84	57	60	42	65.3	52.0	31	2,410
모리셔스	2,041	1.3	1.4	633	1,235	11	7	0.4	13	15	70	77	42	91.1	86.7	57	13,980
모잠비크	801,586	25.0	36.5	30	781	42	14	2.8	63	90	50	54	31	67.4	36.5	31	930
나미비아	824,287	2.5	2.9	3	302	26	8	1.8	28	39	61	62	39	74.3	78.4	48	6,420
니제르	1,266,994	17.5	25.6	13	345	46	11	3.5	63	114	56	60	20	42.9	15.1	33	720

부록 B-3 : (계속)

	국토 면적 km²	인구수 2014년 (100만 명)	인구수 2025년 (100만 명)	인구 밀도 산술적	인구 밀도 지리적	출생률	사망률	자연 증가 (%)	영아 사망률 (1,000명당)	유아 사망률 (1,000명당)	기대수명 남성 (세)	기대수명 여성 (세)	도시 인구율	남성 문해율	여성 문해율	부패 지수	1인당 국민총소득 (미국 달러, 2010년)
나이지리아	923,766	179.1	234.4	184	570	40	14	2.6	78	124	48	54	51	61.3	41.4	27	2,240
레위니옹	2,510	0.9	1.0	341	2,448	17	5	1.2	5	6	75	82	94				—
르완다	26,340	11.3	14.3	411	1,022	33	10	2.2	39	55	53	55	17	71.1	61.5	53	1,150
상투메프린시페	961	0.2	0.2	190	513	37	8	2.8	38	53	62	64	63	80.3	60.1	42	1,930
세네갈	196,720	13.9	18.6	67	588	38	9	2.9	45	60	57	59	42	61.8	38.7	36	1,910
세이셸	451	0.1	0.1	204	1,509	18	8	1.0	11	13	69	78	56	91.4	92.3	52	21,090
시에라리온	71,740	6.4	7.8	85	1,112	39	16	2.3	117	182	47	48	40	54.7	32.6	31	830
소말리아	637,658	10.7	13.3	16	837	44	16	2.8	91	147	48	52	34			8	—
남아프리카공화국	1,221,034	52.0	54.2	42	328	21	12	0.9	33	45	55	54	62	93.9	92.2	43	10,360
남수단	628,753	9.9	14.6	15	226	42	14	2.8	67	104	50	53	17			13	—
스와질란드	17,361	1.2	1.5	70	647	30	15	1.6	56	80	49	48	22	88.4	87.3	37	5,600
탄자니아	945,087	50.6	70.9	50	1,071	41	11	3.0	38	54	56	58	26	77.5	62.2	35	1,440
토고	56,791	6.3	9.4	106	260	36	8	2.8	62	96	60	65	37	74.1	48.0	30	890
우간다	241,040	38.0	52.3	148	464	45	12	3.3	45	69	53	54	15	82.6	64.6	29	1,250
잠비아	752,607	14.5	20.7	18	276	46	16	3.0	56	89	48	49	39	71.9	51.8	37	1,380
짐바브웨	390,759	13.1	17.7	32	372	34	15	1.9	56	90	48	47	29	88.9	80.1	20	—
권역	**18,690,144**	**629**	**747**	**34**	**367**	**25**	**6**	**1.9**	**23**	**29**	**68**	**72**	**59**	**85.4**	**72.9**	**32**	**9,484**
아프가니스탄	652,086	35.2	47.6	51	450	43	16	2.8	71	99	48	49	23	30.3	5.0	8	1,060
알제리	2,381,730	39.0	42.0	16	546	25	4	2.0	17	20	72	75	72	81.3	63.9	34	8,100
바레인	689	1.3	1.6	1,925	21,472	15	3	1.2	8	10	76	80	100	96.1	91.6	51	—
이집트	1,001,445	85.6	102.0	82	2,850	25	5	2.0	18	21	70	74	43	81.7	65.8	32	6,060
이란	1,633,182	81.0	90.5	48	451	19	6	1.3	15	18	68	71	69	89.3	80.7	28	11,490
이라크	438,319	35.7	48.9	77	626	35	6	2.9	28	34	66	72	67	86.0	71.2	18	$3,370
이스라엘	21,059	8.2	9.4	357	1,844	21	5	1.6	3	4	80	83	92	95.0	88.7	60	27,660
요르단	89,210	6.7	8.6	71	1,498	34	4	3.0	16	19	72	74	83	97.7	93.9	48	5,800
카자흐스탄	2,717,289	17.3	19.5	6	53	23	9	1.4	17	19	64	74	55	99.8	99.7	28	10,770
쿠웨이트	17,819	3.0	3.7	162	16,767	18	3	1.5	10	11	74	76	98	95.0	91.8	44	—
키르기스스탄	198,499	5.9	6.6	28	427	27	7	2.0	24	27	65	73	35	99.5	99.0	24	2,070
레바논	10,399	4.4	4.8	414	1,377	22	6	1.6	8	9	70	75	87	93.4	86.0	30	14,090
리비아	1,759,532	6.7	7.5	4	384	23	4	1.9	13	15	72	77	78	95.8	83.3	21	16,880
모로코	446,548	33.5	36.9	73	341	19	6	1.4	27	31	70	74	58	76.1	57.6	37	4,600
오만	212,459	3.2	4.0	10	1,521	24	3	2.0	10	12	72	76	73	90.2	81.8	47	25,190
팔레스타인령	6,260	4.6	6.0	709	36,366	33	4	2.9	19	23	71	74	83	97.9	92.6		—

북아프리카/서남아시아

부록 B-3 : (계속)

	국토 면적 km²	인구수 2014년 (100만 명)	인구수 2025년 (100만 명)	인구 밀도 산술적	인구 밀도 지리적	출생률	사망률	자연 증가 (%)	영아 사망률 (1,000명당)	유아 사망률 (1,000명당)	기대수명 남성 (세)	기대수명 여성 (세)	도시 인구율	남성 문해율	여성 문해율	부패 지수	1인당 국민총소득 (미국 달러, 2010년)
카타르	11,000	1.9	2.2	171	17,620	11	1	1.0	6	7	78	79	100	96.5	95.4	68	—
사우디아라비아	2,149,680	29.7	36.2	13	692	22	4	1.8	7	9	73	75	81	90.8	82.2	44	22,750
수단	1,877,055	35.2	46.8	18	268	34	9	2.4	49	73	58	62	41	80.7	63.2		2,030c
시리아	185,179	23.4	26.5	122	421	24	4	2.0	12	15	71	77	54	90.3	77.7	26	5,120
타지키스탄	143,099	7.4	9.6	49	742	27	4	2.3	49	58	70	75	26	99.8	99.6	22	2,140
튀니지	163,610	11.1	12.1	66	212	19	6	1.3	14	16	73	77	66	87.4	71.1	41	9,060
터키	774,816	76.7	85.4	96	261	17	5	1.2	12	14	71	76	77	97.9	90.3	49	15,530
투르크메니스탄	488,099	5.3	5.9	11	274	22	8	1.4	45	53	61	69	47	99.7	99.5	17	7,490
아랍에미리트연합	83,600	8.3	9.9	97	9,923	13	1	1.2	7	8	76	78	83	89.5	91.5	68	50,580
우즈베키스탄	447,397	30.9	35.6	67	575	23	5	1.9	34	40	65	71	51	99.6	99.2	17	3,110
서사하라	252,120	0.6	0.8	2	6	22	6	1.7	44	56	65	69	82				—
예멘	527,966	27.3	36.7	48	1,721	38	6	3.1	46	60	64	67	29	82.1	48.5	23	2,500
남부 아시아 권역	**4,487,760**	**1,698**	**1,930**	**378**	**756**	**23**	**7**	**1.6**	**49**	**60**	**65**	**67**	**30**	**73.4**	**50.3**	**34**	**3,165**
방글라데시	143,998	158.1	183.2	1,062	1,743	23	6	1.6	33	41	68	69	25	62.0	53.4	26	1,810
부탄	47,001	0.7	0.9	15	509	20	7	1.3	36	45	68	69	35	65.0	38.7	63	4,990
인도	3,287,576	1,297.8	1,458.2	383	693	22	7	1.5	44	56	64	67	31	75.2	50.8	36	3,400
몰디브	300	0.3	0.4	1,110	10,368	22	3	1.9	9	11	73	74	35	98.4	98.4		8,110
네팔	147,179	32.0	35.9	210	1,036	24	6	1.8	34	42	68	69	17	71.1	46.7	27	1,210
파키스탄	796,098	187.7	229.6	227	813	28	8	2.1	69	86	64	66	35	68.6	40.3	27	2,790
스리랑카	65,610	21.7	21.9	323	1,141	18	6	1.2	8	10	72	78	15	92.6	90.0	40	5,010
동아시아 권역	**11,773,125**	**1,592**	**1,635**	**135**	**1,096**	**12**	**7**	**0.5**	**11**	**13**	**74**	**78**	**55**	**97.5**	**92.8**	**42**	**10,544**
중국	9,572,855	1,363.9	1,410.9	141	1,018	12	7	0.5	12	14	73	77	51	97.5	92.7	39	7,640
일본	377,799	127.3	119.8	338	2,593	9	10	-0.2	2	3	80	86	86	100.0		74	34,610
북한	120,541	24.9	26.2	204	1,291	15	9	0.5	23	29	65	73	60	100.0	100.0	8	—
대한민국	99,259	49.4	50.9	491	2,619	10	5	0.4	3	4	77	84	82			56	29,110
몽골	1,566,492	3.0	3.4	2	191	23	7	1.6	23	28	64	72	63	96.8	97.9	36	3,670

부록 B-3 : (계속)

	국토 면적 km²	인구수 2014년 (100만 명)	인구수 2025년 (100만 명)	인구 밀도 산술적	인구 밀도 지리적	출생률	사망률	자연 증가 (%)	영아 사망률 (1,000명당)	유아 사망률 (1,000명당)	기대수명 남성 (세)	기대수명 여성 (세)	도시 인구율	남성 문해율	여성 문해율	부패 지수	1인당 국민총소득 (미국 달러, 2010년)
타이완	36,180	23.4	23.5	646	2,586	9	7	0.2	7	7	76	83	78			61	—
동남아시아																	
권역	4,494,792	624	696	139	665	19	6	1.3	24	29	68	74	43	94.9	90.5	32	5,132
브루나이	5,770	0.4	0.5	72	3,578	19	3	1.6	7	8	76	80	72	97.0	93.9	55	50,180
캄보디아	181,040	15.5	18.0	83	390	26	8	1.7	34	40	60	65	21	82.8	65.9	22	2,080
동티모르	14,869	1.2	1.6	76	649	34	8	2.6	48	57	61	63	30	63.6	53.0	33	3,600
인도네시아	1,904,561	247.3	273.2	127	764	19	6	1.3	26	31	70	74	43	95.6	90.1	32	4,200
라오스	236,800	6.8	7.9	28	952	28	8	2.0	54	72	64	67	27	82.5	63.2	21	2,440
말레이시아	329,750	29.9	34.8	88	378	20	5	1.5	7	9	72	77	63	95.4	90.7	49	14,220
미얀마/버마	676,577	55.8	61.7	81	516	19	8	1.1	41	52	61	67	31	95.1	90.4	15	1,950
필리핀	299,998	99.9	117.8	321	1,009	25	6	1.9	24	30	65	72	63	95.0	95.8	34	3,980
싱가포르	619	5.4	5.8	7,751	4,33,258	10	4	0.5	2	3	79	84	100	98.0	93.8	87	55,790
타이	513,118	70.6	72.9	136	344	12	7	0.5	11	13	71	77	34	95.6	91.5	37	8,190
베트남	331,689	90.8	101.6	268	1,244	17	7	1.0	18	23	70	76	31	95.4	91.4	31	3,070
오스트랄 권역																	
권역	8,011,714	28	31	3	48	14	7	0.7	4	5	80	84	83			86	35,485
오스트레일리아	7,741,184	23.1	26.2	3	43	14	7	0.7	4	5	80	84	82			85	36,910
뉴질랜드	270,529	4.5	5.1	16	137	14	7	0.7	5	6	79	83	86			90	28,100
태평양 권역																	
권역	549,046	10	12	19	870	29	9	2.0	46	61	63	67	22	67.1	61.3	25	2,706
미크로네시아	699	0.1	0.1	152	286	24	5	1.9	31	39	67	68	22				3,490
피지	18,270	0.8	0.9	46	281	21	8	1.4	19	22	67	72	51				4,510
프랑스령 폴리네시아	3,999	0.3	0.3	69	958	17	6	1.1	8	10	73	78	51				—
괌	549	0.2	0.2	291	1,702	19	5	1.4	9	10	76	82	93				—
마셜 제도	179	0.1	0.1	304	3,458	31	6	2.5	31	38	64	67	68				—
뉴칼레도니아	18,581	0.3	0.3	14	1,650	16	5	1.2	5	7	74	81	58				—
파푸아뉴기니	462,839	7.3	9.1	15	1,577	31	10	2.1	48	63	60	65	13	65.4	59.4	25	2,420
사모아	2,841	0.2	0.2	66	172	29	5	2.4	15	18	72	74	21	99.0	98.6		4,250
솔로몬 제도	28,899	0.6	0.8	19	729	32	6	2.6	26	31	66	69	20				2,220
바누아투	12,191	0.3	0.4	21	259	31	6	2.5	15	18	70	73	24	84.9	81.6		4,310

용어해설

가축화(Domestication, 작물화) 인류가 식량 생산을 조절하기 위하여 야생 동물이나 야생 식물을 육종하여 가축이나 작물로 전환시키는 과정. 농업의 발명은 인류의 발전에 있어서 필수적인 진화 과정이었다.

간빙기(Interglaciation) 플라이스토세 참조

간섭 기회(Intervening opportunity) 교역과 이주 과정에서 가까운 곳이 더 멀리 떨어진 곳보다 끌어들이는 기회가 많기 때문에 더 멀리 떨어진 곳은 그만큼 끌어들일 수 있는 기회가 줄어든다.

갈탄(Lignite) 갈색을 띠는 종류의 저품질 석탄

강제 이주(Forced migration) 이주자들이 선택의 여지가 없이 이주할 수밖에 없는 인구 이동

거대도시(Megacity) 세계의 인구가 가장 조밀한 도시들을 부르는 비공식 용어. 이 책에서는 인구 100만 이상의 메트로폴리스를 지칭한다.

거대도시(Metropolis) (중심)도시와 이를 둘러싼 교외지역으로 구성된 도시 집적. 도시지역 참조

거리 조락(Distance decay) 공간적 구조와 인간의 상호작용에 있어서 거리에 따라 다양하게 나타나는 퇴행

게토(Ghetto) 특별한 민족적 특성에 의해 구분되는 도시 내부지역. 종종 미국 중심도시 내부의 흑인 게토와 같은 도시 내부 빈민지대, 미국 중심도시들의 흑인 게토. 게토 거주자들은 본의 아니게 다른 소득 계층과 인종집단으로부터 분리되어 있다.

격리(Isolation) 지리학적으로 가로막힌 상태나 생각과 행동의 주류와 동떨어진 상태. 또

한 접근 가능성이 부분적으로 떨어지기 때문에 외부의 영향을 잘 수용하지 못하는 경향이 있다.

결절점(Node) 지역을 기능적으로 통일하고 있는 중심지. 모든 도시는 이 기능을 갖고 있으며, 도시 체계에서 도시 규모가 클수록 결절성도 커진다.

경계 지도(Delimitation) 경계설정조약에 사용된 용어를 지도에 공식적으로 표현한 것

경계 표시(Demarcation) 정치지리학 용어로서 장벽, 울타리, 벽 혹은 다른 표식으로 문화 경관에 정치적 경계를 설정하는 것

경계설정조약(Definition) 두 국가 혹은 영역 간의 경계에 대한 법적 기술(조약과 같은 문서)을 의미하는 정치지리학 용어. 경계 지도 참조

경도(Longitude, 경선) 영국의 런던 교외에 있는 그리니치 천문대를 통과하는 본초자오선($0°$)으로부터 측정된 동쪽 또는 서쪽의 각 거리($0°$부터 $180°$). 태평양의 중앙부를 가로지르는 경도 $180°$선은 국제 날짜 변경선이다.

경작지(Arable) 하나 혹은 여러 가지 농법에 의한 경작에 적합한 땅(physiologic density 참조)

경제 호랑이(Economic tiger) 환태평양 서쪽에 위치한 경제 급성장 국가. 1945년 이후 일본의 뒤를 이어 이러한 국가들은 1980년대에 괄목할 만한 현대화, 산업화, 서구적 경제 성장을 겪었다. 경제 호랑이로 급성장한 주요 국가로는 한국, 대만, 싱가포르이다. 경제 호랑이라는 용어는 점차 경제가 급성장하는 경우에 일반적으로 사용하게 되었다.

경제적 도약(Takeoff) 산업혁명이 일어났을 때와 같이 한 지역의 경제적 발전 단계를 나

타내는 경제학 개념

경제적 재조직화(Economic restructuring) 원래 경제적 재조직화란 서구의 도시지역이 제조업 중심지역으로부터 서비스업 중심지역으로 경제적 기반이 변화하는 현상을 의미한다. 여기에서는 1970년대 후반 중국이 마오쩌둥 사후에 시장주도적 경제로 전환하는 과정을 의미한다.

경제지리학(Economic geography) 다양한 인간의 생산 활동과 재화와 서비스의 공간적 분포와 조직에 관한 지리학 연구 분야

경제특구(Special Economic Zone, SEZ) 1980년대에 건설되어 해외투자와 기술교환을 끌어들이고 있는 중국 내 제조업과 수출 센터. 현재 중국 남부의 태평양 연안에 위치한 6개의 SEZ가 운영 중이다. 홍콩과 인접한 심천, 주하이, 산터우, 샤먼, 남부 끝의 하이난, 그리고 현재 건설 중인 상하이로부터 강을 가로질러 있는 푸둥

경찰국가(Police state) 정치·경제·사회·문화의 모든 면에서 국가 권력이 전제적(專制的)으로 행사되고, 국민의 자유와 권리가 법적 보장을 받지 못하는 국가. 현재의 시리아와 북한이 대표적인 사례이다.

경험적인(Empirical) 현실 세계와 관련되며, 이론적 추상 세계와 반대된다.

계단식 경작(Terracing) 산지나 구릉의 비탈진 사면에 계단식 농경지를 만들어 재배하는 농업 경관

계약 노동자(Indentured workers) 약정된 기간 동안 서비스를 제공하고 그 대가를 지불받는 계약 노동자

계층(Hierarchy) 한 국가의 도시 계층은 동

(혹은 리, hamlet), 면(village), 읍(town), 시(city), 수위도시 등으로 구성된다.

계층 확산(Hierarchical diffusion) 사고나 혁신은 대도시에서 소도시로 확산된다. 통상 혁신이 보다 넓은 범위의 지역으로 확산되어 갈 때에 도시 계층에 따라 나타나며, 이 과정에서 지리적 거리는 별로 영향을 미치지 못한다.

계통지리학(Systematic geography) 문화, 정치, 경제지리학처럼 주제 중심의 지리학

계획 경제(Command economy) 구소련이 엄격하게 통제하였던 경제 체제. 이 체제하에서는 모스크바의 중앙 기획자들이 특정 상품의 생산을 특정 장소에 할당하거나, 경제지리적 원리보다는 사회주의 이념에 따라 정책이 결정되었다.

고도 분포(altitudinal zonation) 고도가 높아짐에 따라 수직적으로 나타나는 자연지역(고도에 따라 대상 분포)으로 특히 중남미의 고산지역에서 볼 수 있음. 티에라 칼리엔테, 티에라 템플라다, 티에라 프리아, 티에라 헬라다, 티에라 네바다 참조

고립 영토(Enclave, 고립지) 어떤 국가 영역의 일부로 외국 영토에 의해 완전히 둘러싸여 있는 영토. 고립지 또는 영어로는 엔클로저(enclosure)라고도 한다. 바룰레 헤르톡(네덜란드 내의 벨기에령), 리비아(프랑스 내의 스페인령), 칸피오네 디탈리아(스위스 내의 이탈리아령) 등이 있다.

고립국(Isolated state) 튀넨의 고립국 모형 참조

공간 과정(Spatial process) 과정 참조

공간 모델(Spatial model) 모형 참조

공간 시스템(Spatial system) 기능지역의 구성요소와 상호 작용. 상호 작용의 범위로서 정의된다. 시스템 참조

공간 확산(Spatial diffusion) 전파, 확산 참조

공간의(Spatial) 지구 표면에서 공간과 관련된 것

공간적 상호 작용(Spatial interaction) 상호보완성, 간섭 기회 참조

공동시장(Common market) 자유무역지역. 이 지역에서는 동맹국 간에 관세동맹(동맹국 이외의 지역으로부터 들어오는 모든 수입품에 공통관세 부과)을 체결하여 자유롭게 자본, 노동력, 기업의 이동을 허용한다.

공해(High seas) 국가적 관할을 초월하여 육지로부터 멀리 떨어진 해역으로서 사용하려는 모든 이에게 열려 있고 자유롭다.

과두재벌(Oligarchs) 소비에트 러시아 후의 자신들을 부유하게 하기 위해 국가와의 유대를 사용한 기회주의자들

과정(Process) 공간적 패턴을 형성하는 인과력

관개(Irrigation) 농경지의 인공적인 급수

관세동맹(Customs union) 동맹국 이외의 지역으로부터 들어오는 모든 수입품에 공통관세를 부과하는 자유무역지역

교통 네트워크(Network) 활동이 발생할 수 있는 것을 통한 운송 결합과 결절의 전체 지역적인 체계

구심력(Contripetal forces) 강한 국가적 문화, 공통적 이념 목표, 공통적 신앙과 같이 국가를 하나로 통일시키고 결속시키는 힘

구역(Area, 지역) 이 용어는 지역(region)보다 한정성이 덜한 지표의 일부분을 지칭한다. 예를 들면, 도시구역(urban area)은 일반적으로 도시 발달이 이루어지고 있는 장소를 지칭하는 반면, 도시지역(urban region)은 그러한 지정의 근거에 해당하는 특정 기준이 요구된다(예 : 통근자 지구 혹은 건축물이 들어선 지구).

국가(State) 정치적으로 구성된 영역. 주권국에 의해 통치되며, 국제 공동체에서 매우 크게 인식되고 있는 부분이다. State는 영구히 거주 인구를 포함해야 하며, 경제 및 내부순환 시스템이 기능해야 한다.

국가 경계(State boundaries) 실제로 주를 둘러싼 경계를 말한다. 협정에 이해 주변 주들과 협상을 하며 얻어진 것이다. 경계설정조약, 경계 지도, 경계 참조

국가 계획(State planning) 철저히 중앙정부 중심으로 이루어지는 국가 계획으로서 공산당의 경제 체계는 물론 정치적 판단에 의해 특정 지역에 특정 생산품을 배당하는 소련의 경제 체계가 대표적이다. 하지만 경제지리적 원칙에 부합하지 않는 경우가 많아 러시아처럼 실패하는 경우가 종종 있다.

국가 자본주의(State capitalism) 정부 관리 법인이 자유시장 환경에서 경쟁하는 것

국가 형성(State formation) 수천 년 전에 형성된 전통적인 영토를 기반으로 국가가 세워진다.

국경(Frontier) 미국에서 개척지와 미개척지와의 경계선을 이르던 말. 17세기에 식민이 개시된 이래 서쪽으로 이동하기 시작하였으며 1890년 무렵에 없어졌다.

국경지대(Marchland) 여러 국가에 의해 자국의 영토로 주장되고 있는 지역이나 국경지대. 특히 여러 나라 군대, 난민, 이주민들이 넘나드는 곳을 말한다.

국내 이주(Internal migration) 국가 내에서의 이주. 예로써 미국에서 선벨트를 향하여 서쪽과 남쪽으로 인구가 이동하는 것을 들 수 있다.

국내총생산(Gross Domestic product, GDP) 한 해 국가 경제에서 국가 내에서 생산된 모든 상품과 서비스의 전체적인 가치. 외국인이든 우리나라 사람이든 국적을 불문하고 우리나라 국경 내에 이루어진 생산 활동을 모두 포함하는 개념이다.

국민(Nation) 법률적으로 국가의 모든 시민을 포함하는 용어이다. 또한 다른 언외의 의미도 있다. 현재 대부분 정의는 언어, 민족, 종교, 공유하는 문화 요소들로 단단히 결합된 사람들의 집단을 나타내는 경향이 있다. 그러한 동질성이 실제로는 매우 작은 국가들에서 우세하다.

국민국가(Nation-state) 실질적인 문화적 동질성과 단일성을 가진 국민으로 구성된 국가. 많은 국가가 동경하는 이상적인 형태로서, 특정 국민집단이 거주하는 지역과 국가의 영토가 일치하는 정치적 단위

국민총생산(Gross National Product, GNP)

한 해 국가 경제에서 국가 내에서 생산된 모든 상품과 서비스의 전체적인 가치에 외국 투자와 다른 초과 자원으로부터 발생한 모든 시민들의 소득을 더한 것. 한 나라의 국민이 생산한 것을 모두 합한 금액으로, 우리나라 국민이 외국에 진출해서 생산한 것도 GNP에 모두 포함된다. 따라서 GNP는 장소를 불문하고 우리나라 사람의 총생산을 나타내는 개념이다.

국제 이주(International migration) 국제적인 경계를 넘어가는 인구 이동

국토 형태(State territorial morphology) 국가의 영토 형태로 공간적 응집력과 정치적 생존력에 결정적 영향을 미칠 수 있다. 콤팩트 국가가 가장 이상적이며, 그 밖에 길게 돌출된 국가, 길게 늘어진 국가, 파편화된 국가, 천공 국가들이 있다.

권력이양(Devolution) 중앙정부의 비용으로 지방정부가 정치적 힘을 요구하고 획득하여 점차 자치단체로 성장하는 과정

권역(Realm) 지리적 권역 참조

규모의 경제(Economies of scale) 생산 규모의 확대에 따른 생산비 절약 또는 수익 향상의 이익. 슈퍼마켓에 이러한 원리를 적용할 수 있는데, 소매상점에서 물품을 구입하는 것보다 낮은 가격으로 슈퍼마켓에서 물품을 구입할 수 있는 까닭은 규모의 경제 원리 때문이다.

근대화(Modernization) 서구적 관점에서 본 서구화 과정으로서 도시화, 시장(금융) 경제, 유통의 개선, 정규 학교 교육, 외국 혁신의 적용, 전통사회의 붕괴가 이루어지는 과정을 포함한다. 비서구인들은 대부분 '근대화'를 식민주의의 결과물로 보고, 종종 전통사회는 서구화가 이루어지지 않아도 근대화될 수 있다고 주장한다.

근린국가(Near Abroad) 지배적인 러시아 공화국과 함께 14개의 구소련 공화국은 USSR을 구성하였다. 1991년에 소련이 붕괴되고 난 이래로, 러시아는 이러한 신생독립국가들에서 영향력의 범위를 강력히 주장해 왔다. 소련 시대 동안 상당수가 정착한 러시아인 민족 문제를 보호하기 위해 선언된 권리에 기반을

두고 있다.

기능적 특화(Functional specialization, 기능적 전문화) 특정 장소에서 특정 재화나 용역이 지배적인 생산 활동으로 자리 잡는 현상. 지역별 기능 전문화 참조

기능지역(Functional region) 동질성보다는 역동적인 내부구조가 뚜렷하게 부각되는 지역. 왜냐하면 그것은 대개 중심 결절에 초점을 두고 있기 때문이며, 결절지역 또는 초점지역이라고 부른다.

기복(Relief) 특정 지역 내의 수직적으로 가장 높은 곳과 가장 낮은 곳의 높이 차이

기술도시(Technopolis) 캘리포니아 실리콘 밸리처럼 탈산업 정보 경제시대의 생산품을 혁신, 촉진, 생산하기 위해 계획적으로 건설된 기술기반 산업 복합체

기하학적 경계(Geometric boundaries) 직선 또는 호로서 규정되고 범위를 정한(때때로 경계를 그리기도 하는) 정치적인 경계

기후(Climate) 한 지역의 적어도 30년 이상 측정치와 평균치로 요약한 장기적인 기후 상태. 기상(weather) 사건의 연속을 종합한 것으로 어떤 지역의 기후를 판단할 수 있는 근거가 된다.

기후 변동론(Climate change theory) 위트포겔의 수리(문명)이론(hydraulic civilization theory)에 대한 대안. 다른 도시국가들에 비해 고대의 비옥한 초승달 지역에서는 관개(irrigation)에 의해 독점적 통치를 이루었던 것이 아니라 기후 변화가 고대국가 성립을 가능케 했다는 주장

기후지역(Climate region) 기후 유형이 동일한 동질지역. 그림 G-7의 지도는 세계 기후 지역의 분포를 나타낸 것이다.

기후학(Climatology) 기후에 관한 지리학적 연구이다. 기후학은 기후 구분과 그 지역적 분포에 관한 분석을 바탕으로 기후 변화 및 토양, 식생, 인간과 기후 간의 상호 관련성에 관한 광범위한 환경적 관심을 구명하는 분야이다.

길게 늘어진 국가(Elongated state) 영토의 형태가 폭이 좁고 길게 늘어진 국가. 신장국 영토의 길이가 평균적인 폭보다 약 6배에 달하는 경우도 있다. 전형적인 예로써 칠레와 베트남이 있다.

길게 돌출된 국가(Protruded state) 국토가 좁고 길게 돌출된 형태의 국가. 대표적인 예로 태국이 해당된다.

칼리엔테(Caliente) 스페인어로 '뜨거운', '더운', '치열한'이라는 뜻. 열대(티에라 칼리엔테, 고도 750m 이하 해안지역), 온대(티에라 템플라다, 고도 750~1,800m), 냉대(티에라 프리아, 1,800~3,600m), 한대(티에라 엘라다, 3,600~4,500m), 설원(티에라 네바다, 4,500m 이상) 등으로 구분된다.

나라 없는 민족(Stateless nation) 물질적 공간으로서의 영토가 없는 민족으로서 영토를 가지려고 끊임없는 노력을 한다. 서남아시아의 팔레스타인과 쿠르드 족이 대표적이다.

낙엽수(Deciduous) 낙엽수는 겨울이나 건기가 시작될 때 잎이 떨어진다.

날씨(Weather) 인간의 일상 활동에 영향을 미치는 대기의 즉각적이고 단기간의 상태

남극 조약(Antarctic treaty) 남극의 영토를 사용하는 데 대한 국제적 협력 협정

남극해(Southern Ocean) 남극 대륙을 둘러싸고 있는 대양

내륙국(Landlocked) 육지로 둘러싸인 내륙국가. 이러한 국가는 해안이 없기 때문에 국제 교역 통로에의 접근, 그리고 대륙붕 소유를 위한 쟁탈과 배타적 경제 수역에 대한 통제 등과 관련하여 불리하다.

냉대(Fria) 티에라 프리아 참조

네바다(Nevada) 티에라 네바다 참조

노마디즘(Nomadism) 일정한 지역 내에서의 순환 활동. 유목민들은 대부분 목축민이다.

녹색 혁명(Green Revolution) 최근 개발도상국에서 성공한 다수확이나 조기수확이 가능한 벼나 다른 곡물의 품종 개량

논(Paddies) 벼농사를 짓는 땅

농경지(agrarian) 일반적으로 농촌 혹은 농업 사회에서의 토지 이용

농업(agriculture) 음식과 섬유를 생산하기 위해 작물과 가축을 의도적으로 기르는 것

다국적 기업(Multinationals) 국제적 기업으로서 여러 나라에서의 다국적 기업 활동은 각 나라의 경제적·정치적 문제에 많은 영향력을 미친다.

다언어 사용 사회(Multilingualism) 지역어의 모자이크로 특징지어지는 사회. 많은 사람 간에 의사소통을 방해하기 때문에 사회를 해체하는 구실을 한다. 종종 링구아 프랑카가 서부 사하라이남의 아프리카에 있는 많은 국가들에서 '공용어'로 사용된다.

다우 배(Dhows) 아라비아와 동아프리카 해안을 왕복해 다니는 삼각형의 돛을 단 나무 배

다원화 사회(Plural(istic) society) 한 국가 내에서 각기 고유한 문화를 가진 둘 이상의 인구집단으로 구성된 사회

단애(Escarpment, 단층애) 절벽 혹은 급경사 사면으로서 대체로 고원의 가장자리에 잘 나타난다.

단일정부(Unitary state) 나라의 모든 부분에 균등하게 권력을 행사하는 중앙집권적 정부를 가지는 민족국가

대기(Atmosphere) 지구를 둘러싼 기체로서 바다와 육지 위를 덮고 있으며, 토양 공극에 스며 있다. 대기는 질소(78%), 산소(21%), 그리고 기타 기체로 구성되어 있으며, 지표에서 가까울수록 밀도가 높고, 고도가 높을수록 밀도가 낮아진다.

대도시권(Metropolitan area) 도시지역 참조

대륙이동(Continental drift) 판구조 운동에 따라 대륙이 서서히 움직이는 과정

대륙도(Continentality) 대륙의 영향에 따른 대륙 내부의 기온 편차. 바다로부터 멀리 떨어진 대륙 내부에서는 여름과 겨울의 기온차가 극대화한다. 또한 대륙 내부는 습기 공급처인 해양으로부터 멀리 떨어질수록 매우 건조하다.

대륙붕(Continental shelf) 대륙 주변의 해안선으로부터 수심 200m까지는 완경사의 대륙붕을 이루고 있다. 수심 200m 미만의 대륙붕 너머에는 급경사의 대륙사면이 존재하고, 그보다 더 깊은 곳에는 대양저가 나타난다. 즉, 바다에 잠긴 대륙의 가장자리를 대륙붕이라 부르며, 이는 해안선으로부터 대륙 사면의 최상부 가장자리에 이른다.

대산맥(Cordillera) 대륙을 횡단하는 평행한 산줄기들의 집합으로 구성된 산맥으로서 특히 남아메리카 북서부의 안데스 산맥을 일컫는다

대수층(Aquifer) 지하수를 함유하고 있는 다공질 암석층

도미노 이론(Domino theory) 한 국가의 정치적 불안정이 결과적으로 이웃한 국가의 질서를 붕괴시키고, 마치 도미노와 같이 그러한 사건들이 주변국가에 연쇄적으로 차례차례 발생하게 된다는 사고

도서국가 개발경제(Small-island developing economies) 작은 영토와 인구, 섬이라는 불리한 접근성 때문에 가난한 작은 섬나라들이 직면한 경제적 불이익. 그로 인해 제한된 자원은 많은 상품과 서비스를 수입해야 하며, 국민 1인당 정부가 운용해야 하는 예산은 많고, 생산성이 소규모로 이루어져 집적 경제가 불가능하다. 소앤틸리스 제도가 대표적 사례이다.

도시국가(City-state) 배후지와 인접해 위치하여 (종종 인접한 배후지가 없는) 단일도시로 구성된 정치적 독립체. 현재 동남 아시아의 싱가포르가 대표적이며, 고대 그리스의 도시국가들이 현대적 의미로 이에 해당한다.

도시 권역(Suburban downtown) 미국에서 접근성이 높은 교외지역에서 주요 도시 활동이 이루어지는 중심지로서 소매업, 경공업은 물론 다양한 선도기업과 상업 기능이 이루어지는 곳이다. 주요 미국 중심도시들의 CBD가 이에 해당된다고 보면 된다.

도시 권역 모델(Urban realms model) 현대 미국 대도시의 공간적 일반화. 그것은 광범위하게 분산된 다핵의 도시를 말한다. 이들은 점점 각각의 교외도심지를 가지는 독립된 구역과 도시권역으로 이루어진다. 한 가지 예외는 줄어든 중심권역으로 여기에는 중심도시의 중심업무지구(CBD)가 있다(그림 3-11, 3-12 참조).

도시지역[Urban (metropolitan) area] 완전한 시가지, 비시골 지역과 그곳의 인구로, 가장 최근에 건설된 교외의 부가물까지 포함한다. 도시지역의 중심을 형성하는 제한된 시당국(중심도시)보다 도심의 범위와 인구의 더 나은 그림을 제공한다.

도시화(Urbanization) 몇 가지 의미를 가지는 단어. 도시에 살고 있는 인구의 비율이 도시화의 정도이다. 도시화의 과정은 오늘날 모든 지리적 권역에서 주요 영향력을 가지는 도시로의 인구 이동, 인구군집을 포함한다. 또 다른 종류의 도시화는 팽창하는 도시가 지방을 흡수하거나 교외지역으로 변화할 때 발생한다. 혜택 받지 못한 국가에서 도시의 경우에는 도시화가 주변에 빈민가를 발생시킨다.

독재정권(Autocratic) 한 사람이나 소규모 집단에 의해 국가를 독재적으로 지배하는 절대적인 권력을 가진 정부

드라이 운하(Dry canal) 운하의 기능을 대체하여 지협을 통과하는 육상 통로(철도/도로). 운하의 양쪽 끝에는 컨테이너 화물 운송에 적합하고 수송 수단을 달리하여 탑재와 하역을 할 수 있는 항만시설이 구비되어 있다. 수에즈 운하는 주변지역의 정치적 불안정과 대형 선박의 낮은 접근로로 인하여 그 역할이 많이 약해졌다. 이에 따라 수에즈 운하의 대체수단으로 중앙아메리카를 관통하는 드라이 운하 프로젝트가 추진되었다.

등강수량선(Isohyet) 등강수량 지점을 연결한 선

등온선(Isotherm) 동일한 온도의 지점을 연결한 선

라틴아메리카 도시 모델('Latin' American city model) 중앙아메리카와 남아메리카 권역에서 도시 내부 공간 구조에 대한 그리핀-포드 모

델, 그림 5A-7에 제시되어 있다.

러시아화(Russification) 소비에트 연방의 주요 계획으로 인구 통계적으로 재식민(再植民) 정책을 추구하는 것이다. 러시아인들(민족적으로)을 러시아로부터 USSR(구소련)의 14개의 비러시아 국가로 이주시키는 정책

뢰스(Loess, 황토) 상당한 거리에서부터 바람으로 운반되어 온 후 퇴적된 매우 미세한 실트(니토) 퇴적물. 황토는 관개를 할 수만 있다면 매우 비옥한 토양이며, 황토로 이루어진 경사가 급한 수직 벽은 무너지지 않고 유지가 가능하다.

루시타니아의(Lusitanian) 포르투갈 세력의 확대에 의해 획득한 영역으로서 브라질을 포함

링구아 프랑카(Lingua franca, 공용어) 일정한 지역에 널리 퍼져 있는 '공용어'. 비록 그들이 자기 나라에서는 다른 언어를 사용하더라도, 많은 사람들이 말할 수 있고, 이해할 수 있는 두 번째 언어. 링구아 프랑카라는 말은 십자군시대에 레반트 지방에서 사용되던 프로방스어를 중심으로 한 공용어에서 유래한다. 식민지시대 이후 세계 각지에서 많이 생겼다.

마그레브(Maghreb) 서방을 의미하는 아랍어로서 아프리카 북서부의 모로코, 알제리, 튀니지 등을 총칭하며, 광의로는 스페인과 리비아도 포함한다.

마드라사 부흥주의(Madrassa Revivalist, fundamentalist) 교과과정이 이슬람교와 법에 초점을 두고 있고, 이슬람교 경전인 꾸란(코란)에 대한 기계적 암기를 요구하는 종교적인 학교. 영국령 인도 이전에 설립되었고, 이러한 학교들은 오늘날의 파키스탄에 제일 많이 있지만, 서쪽에 있는 터키, 동쪽에 있는 인도네시아에도 퍼져 있다. 이슬람 원리주의(Islamic fundamentalism)란 이슬람교의 경전인 꾸란(코란)의 교리를 정치·사회 질서의 기본으로 삼아 이슬람교의 원래 모습으로 돌아가자는 운동을 말한다.

마킬라도라(Maquiladora) 미국과의 국경지대에 위치하는 멕시코의 현대적 공장. 멕시코의 값싼 노동력을 이용하여 조립·수출하는 멕시코의 외국계 공장. 이러한 외국계 공장들에서는 수입한 부품이나 원료를 조립한 후, 완제품을 대부분 미국으로 수출한다. 북미자유무역협정(NAFTA)에 따라 수입 관세는 면제되고, 멕시코인들에게는 일자리를 제공하며, 외국기업가들에게는 저렴한 임금을 지불하게 하는 혜택이 주어진다.

메갈로폴리스(Megalopolis) 소문자 m으로 썼을 때는, 세계의 다양한 지역에서 형성되어 있는 거대도시들의 연합체인 연담도시(conurbation)를 의미한다. 대문자로 썼을 때는, 특별히 미국의 북동부 해안선을 따라서 보스턴 북부에서부터 워싱턴 남부까지 거대(巨大)도시가 연결되어 나타나는 회랑지대를 일컫는다. 거대도시(메트로폴리스)와 구분하여 거대(巨帶)도시라고 한다.

메스티소(Mestizo) '혼합한'을 뜻하는 라틴어에서 비롯된 말. 유럽인과 아메리카 원주민과의 혼혈인을 지칭한다.

메인 스트리트(Main Street) 캐나다의 주요 연담도시를 말하며, 캐나다 인구의 약 2/3 정도가 집중되어 있다. 이 연담도시는 세인트로렌스 계곡의 중앙에 위치한 퀘벡 시에서부터 디트로이트 강에 위치한 윈저 시까지 남서부로 확장하고 있다.

메티스(Métis) 불어로 '혼혈인'을 의미한다. 특히 캐나다에서 원주민과 유럽인 사이의 혼혈인을 지칭한다.

모형(Model) 핵심적 속성을 나타내기 위한 현실의 가상적 표현. 상업적 경제의 관점에서 농업 입지 패턴을 설명하는 튀넨 모형과 같은 공간 모형은 실제 세계의 지리적 차원에 초점을 두고 있다.

몬순(Monsoon, 계절풍) 바람의 계절적 반전과 아열대와 중저위도의 특정한 지역에서 수증기 흐름을 나타낸다. 건조 계절풍(dry monsoon)은 차가운 계절 동안에 건조한 육풍이 우세할 때 발생한다. 습윤 계절풍(wet monsoon)은 더운 여름철에 발생하여, 해풍에 의해 많은 강수량을 가져온다. 육지와 바다의 기압차는 상대적으로 기압이 높은 곳에서 낮은 곳을 향하여 바람이 부는 메커니즘을 유발한다. 몬순은 남부 아시아(그림 8A-3), 동남아시아, 동아시아의 해안지역에 가장 큰 영향을 미친다.

무연탄(Anthracite coal) 매우 단단하며, 탄소 함유량이 가장 많기 때문에 가장 고품질의 석탄

문화(Culture) 사회 구성원들에 의해 공유되고 전수되어 온 지식, 사고방식, 그리고 습관적인 행동 양식의 총체적 집합. 문화에 대한 정의는 여러 가지가 존재하는데, 이것은 인류학자 Ralph Linton의 정의이다.

문화 경관(Cultural landscape) 다양한 인간 점유 활동에 의해 자연 경관 위에 자리 잡은 형태나 인공 구조물. 꾸준히 이어온 인간의 자취에 의해 자연 경관은 문화 경관으로 변형되며 자연과 인간이 조화를 이룬다.

문화 다원주의(Cultural pluralism) 다원화 사회 참조

문화 부흥(Cultural revival) 내부적인 개선과 외부적인 투입에 의해 오랫동안 감추어져 있던 문화의 부활

문화생태학(Cultural ecology) 문화와 자연 환경 간의 다양한 상호 작용과 관련

문화 이식(Transculturation) 복잡성과 기술 수준이 비슷한 두 문화가 장기간에 걸쳐 직접적인 접촉을 할 때, 한쪽 또는 양쪽 문화가 변하는 현상

문화 접변(acculturation) 서로 다른 문화를 가진 둘 이상의 집단이 지속적이고 직접적인 접촉을 함으로써 어떤 한쪽 또는 양쪽 본래의 문화 유형이 달라지는 현상. 문화지리학에서 이 용어는 기술적으로 우위에 있는 사회와의 접촉으로 원주민 문화가 변화되는 것을 지칭한다.

문화 중심지(Culture hearth) 중심지, 근원지, 혁신 중심, 주요 문화의 기원이 되는 장소

문화지리학(Cultural geography) 인류 문화의 공간적 양상에 대한 다양하고 광범위한 지리학적 연구

문화지역(Culture area) 문화지역(culture region) 참조

문화지역(Culture region) 문화적으로 뚜렷하게 구분되는 공간 단위. 특정한 문화적 규범이 퍼져 있는 지역

문화 확산(Cultural diffusion) 문화 요소가 기원지로부터 광범위한 지역으로 확산되고 받아들이는 과정

문화 환경(Cultural environment) 문화 생태학 참조

물라토(Mulatto) 아프리카인과 유럽인의 혼혈인

물순환(Hydrologic cycle) 강수, 유출, 증발 등 여러 가지 수문 과정에 의하여 지구상의 물이 대기-육지-해양-대기라는 경로를 따라 이동하는 움직임 모두를 말한다.

미국 본토의 48개주(Conterminous united states) 북미 권역의 남쪽 절반을 차지하고 있는 48개의 근접하거나 이웃하고 있는 주들. 알래스카는 서부 캐나다가 사이에 있기 때문에 이에 속하지 않으며, 하와이도 본토로부터 3,000km 떨어진 바다에 위치한다.

미국의 제조업지대(American Manufacturing Belt) 북미의 거의 직사각형 모양의 중심지역, 그 네 곳의 귀퉁이에 보스턴, 밀워키, 세인트루이스, 볼티모어가 위치한다. 이 지역은 산업화 과정에서 미국과 캐나다의 산업을 좌우하였던 곳이다. 아직도 이 지역의 경제적 잠재력은 만만찮아서 지리적 핵심 권역으로 남아 있다.

민족성(Ethnicity) 문화적 상호 작용의 결과로서 어떤 민족이 생성 발전하는 과정 중에 그 민족의 고유한 특징(전통, 관습, 언어, 종교, 종족 등의 결합)으로 나타나는 것

바람그늘(Leeward, 바람이 가려지는 쪽) 바람이 지형 장벽을 향해 불어올 때, 불어오는 방향의 반대쪽의 보호받는 쪽 또는 바람이 불어가는 쪽

바람받이 사면(Windward) 바람이 불어오는 쪽으로 향해 노출된 지형의 사면

바리오(Barrio) 스페인어로 '이웃'을 뜻한다. 통상 중남미의 도시 공동체를 지칭 한다. 또한 로스앤젤레스와 같은 미국 서부지역 도시들에서 스페인계 사람들이 도시 내부에 밀집해 있는 저소득층 거주지역을 지칭하는 용어로도 사용하고 있다.

바이오 에탄올(Ethanol) 미국의 대표적인 바이오 연료로서 옥수수액으로부터 추출한 알코올. 아이오와 주 중심의 전통적 옥수수지대에서 주로 생산되고 있다. 그러나 이러한 에너지원은 많은 위험과 문제점을 동반하고 있다.

반도(Peninsula) 육지가 바다에 길게 돌출하여 삼면이 바다로 둘러싸여 있는 부분. 한국과 미국의 플로리다 주가 그 예이다.

반정부국(Insurgent state) 성공적인 게릴라 활동의 지역적 실체. 반정부 반란자들이 완전히 장악하고 있는 지역을 기반으로 설립된 것이다. 따라서 반정부국은 국가 내부의 국가이다.

발전(Development) 국가의 경제적·사회적·제도적 성장

발전의 지리학(Geography of development) 발전의 공간적 양상과 지역적 표출에 관심을 가지는 경제지리학의 분야

발칸화(Balkanization) 한 지역을 적대적 정치적 단위의 소규모 지역으로 분할하는 것. 역사적으로 전쟁이 자주 발발했던 남동부 유럽의 발칸 반도를 본떠서 만든 용어

방언(Dialect) 주요 언어 사용에 있어서 지역적 혹은 지방적 변이. 예를 들면 미국의 남부지역 사람들의 독특한 억양과 같은 것이다.

배타적 경제수역(Exclusive Economic Zone, EEZ) 해안선으로부터 200해리(370km) 내의 수역. 이곳에서 연안국은 타국에 의한 어획 및 광물 탐사, 그리고 그 이외의 경제 활동에 대해 통제가 가능하다.

배후지역(Hinterland) '배후 촌락'으로서 중심도시로부터 상품과 서비스를 공급받는 주변 지역을 일컫는다. 중심도시는 배후지역을 위해 상품과 서비스를 생산하는 중심이며, 지배적인 도시 영향력을 지닌다. 항구도시의 경우 배후지역은 물자를 항구로 교역하는 내륙지역을 물론 포함한다.

범람원(Floodplain) 하천이 홍수 때에 주변으로 범람하여 토사를 퇴적하여 형성된 충적 평야

병치(Juxtaposition) 서로에게 아주 근접하여 있는 대비되는 장소들

보크사이트(Bauxite) 알루미늄 광석. 대체로 습윤 열대지역에 지표로부터 얕은 깊이에 매장되어 있다.

복합 문화(Mosaic culture, 모자이크 문화) 최근 나타난 미국의 문화지리학적 구조로서 전문화된 사회집단이 분열되고, 소득, 인종, 민족뿐만 아니라 나이, 직위, 라이프스타일에 의하여 특징지어지는 동질적 관심 공동체가 생겨났다. 결과는 동일하지만 분리된 타일들로 구성된 복잡한 모자이크를 닮은 더욱더 이질적인 사회공간적 복합체이다.

부가된 국경(Superimposed boundary) 이미 존재하는 경관이나 문화와 상관없이 외부의 정치적 권력에 의해 형성된 국경으로서 한국과 북한의 경계가 대표적이다.

북대서양조약기구(NATO) 구소련의 군사적 위협으로부터 전후 유럽을 방어하기 위해 미국이 이끈 초국가적 방어 조약으로서 냉전시대의 절정인 1950년에 창설되었다. NATO는 구소련 체제 이후 목표들이 달라짐에 따라 최근 전환 국면을 맞이하게 되어 가맹국을 확장하였다. 2010년 중반 현재 28개국이 가입하였는데, 가입국은 알바니아, 벨기에, 불가리아, 캐나다, 크로아티아, 체코공화국, 덴마크, 에스토니아, 프랑스, 독일, 그리스, 헝가리, 아이슬란드, 이탈리아, 라트비아, 리투아니아, 룩셈부르크, 네덜란드, 노르웨이, 폴란드, 루마니아, 슬로바키아, 슬로베니아, 스페인, 터키, 영국, 미국이다.

북미자유무역지대(NAFTA) 미국, 캐나다, 멕시코가 가입하여 1994년에 발효된 자유무역협정이 적용되는 지역

분류학(Tazonomy) 과학적 분류 체계

분리 발전(Separate development) 남아프리카 공화국의 '대대적인'(흑인에 대한) 인종차별 정책. 백인이 아닌 집단은 고국으로부터 격리되어 정착하기를 요구한다. 이 정책은 1990년대 초반에 백인소수법이 폐지되면서 사라지게 되었다.

분쟁지역(Shatter belt) 강력한 세력이 지배하고 있거나, 외부 정치문화적인 힘이 충돌하거나, 대통령의 압제, 공격적으로 경쟁하는 경쟁 세력이 서로 분열하는 지역. 동유럽과 동남아시아는 그 전형적인 예이다.

분할(Partition) 1947년 8월 15일, 식민 통치 말엽에 영국령 인도가 인도와 파키스탄으로 분할된 것. 남아시아의 거대한 힌두 국가(인도)와 이슬람 국가(동·서파키스탄) 탄생으로 인해 현재 남아시아 권역이 생성되었다. 문화의 복잡성을 고려하지 않고 수천 킬로미터에 달하는 국경선을 급하게 설정하다 보니, 자기 고향으로 돌아가려는 수많은 사람들의 이동이 일어나 엄청난 혼란을 야기하였다. 인도와 파키스탄(1971년에 서파키스탄은 현재의 파키스탄, 동파키스탄은 방글라데시로 분리 독립)은 66년 전에 일어난 이 분할의 후유증으로 인해 4번의 무장 충돌. 카시미르의 국경 분쟁 그리고 양국 모두 핵 보유라는 엄청난 갈등이 지속되고 있다.

불법 거주지(Squatter settlement) 판자촌 참조

불평등 발전(Uneven development) 경제 발전은 지리적 권역과 지역에서 핵심부. 주변부 관계의 중심부 중심으로 이루어진다는 경제 발전의 지역적 불평등 개념

브릭(BRIC) 오늘날 세계에서 떠오르고 있는 세계 4대 거대국가시장인 브라질(Brazil), 러시아(Russia), 인도(India), 중국(China)을 일컫는다.

비공식 부문(Informal sector) 실물 자본과 인적 자본 및 기술이 제약된 상황에서 그 활동에 참가하는 사람들의 고용과 소득의 창출을 주목적으로 하는 재화와 서비스의 생산 및 분배에 관여하고 있는 소규모 단위의 부문. 비공식 부문은 자본주의의 초기 형태로서, 주로 개발도상국에서 무면허 상인이 국가의 통제를 벗어나서 가내 생산품이나 서비스를 판매하여 시장을 지배한다.

비그늘 효과(Rain shadow effect) 습한 공기가 높은 산지를 넘으면서 습기의 대부분을 바람이 불어오는 쪽 사면에 비의 형태로 내리기(지형성 강우) 때문에, 정상부 너머 반대쪽의 비그늘 사면이 상대적으로 건조해지는 현상

비옥한 초승달 지대(Fertile crescent) 레바논과 시리아를 거쳐 지중해 남동부로부터 이라크의 메소포타미아 충적 저지대에 이르는 초승달 지대로서 생산성이 높은 지역이다. 이곳은 지금보다 예전에 더 생산성이 높았으며, 농업과 다른 혁신의 세계적 근원지 중 하나이다.

비지(Exclave, 飛地) 한 국가의 지배하에 속하는 영토로서 지역적으로 연속되어 있지 않고 다른 국가의 영토에 둘러싸여 존재하는 영토. 미국의 알래스카가 대표적 사례이다.

빙기(Ice age) 지구 대기의 평균 기온이 낮아진 지질학적 시기. 빙기 때에는 고위도지역의 대륙 빙상이 저위도지역으로 확대되었으며, 저위도지역의 고산지대 산악 빙하가 저지대로 성장하였다.

빙하 작용(Glaciation) 플라이스토세 참조

사막(Desert) 연중 25cm도 채 못 미치는 강수량과 극도로 희박한 식생의 광활한 건조지역. 습기가 없기 때문에 항상 극도의 더위와 추위에 노출된다.

사막화(Desertification) 인간의 간섭에 의하여 열악한 반건조 환경을 황폐화시킨 결과로 사막이 인접한 스텝 지역으로 팽창해 가는 과정

사망률(Death rate) 인구 1,000명에 대한 연간 사망자 수로 표현

사바나(Savanna) 넓게 곳곳에 나무가 존재하는 열대초원지대. 또한 열대습윤건조기후(Aw)라고 불리기도 한다.

사이짓기(Intercropping, 간작) 한 종류의 작물이 생육하고 있는 이랑 사이 또는 포기 사이에다 한정된 기간 다른 작물을 심는 것. 생육시기를 달리하는 작물을 어느 기간 같은 토지에 생육시키는 것이므로 여름 작물과 겨울 작물이 조합되는 것이 보통이며 두 작물의 수확기는 다르다. 일반적으로 이동식 농업을 영위하는 사람들에 의해 활용된다.

사헬(Sahel) 아프리카의 대부분과 사하라 사막지대의 남부 끝, 열대습윤 사바나와 남부의 열대림에 걸쳐 존재하는 반건조의 스텝 지대이다. 1970년 이래로 장기간에 걸친 가뭄과 사막화, 그리고 과목이 이 지역의 심각한 기근을 불러일으켰다.

사회계층(Social stratification) 계층 참조

사회기반시설(Infrastructure) 사회의 토대로서 도시 중심, 운송체제, 통신, 에너지 분배체제, 농장, 공장, 광산 그리고 학교, 병원, 우체국과 같은 편의시설, 그리고 경찰과 군대 등을 말한다.

(사회적) 계층화[(Stratification (social)] 사회 집단 구성원이 여러 계층으로 구분되는 현상. 산업사회에서 노동자 계층은 하위 계층을 형성하고, 자본과 생산 수단을 소유한 엘리트는 상위 계층을 형성한다. 인도의 힌두교 사회에 나타나는 카스트 제도의 경우, 불가촉천민이 최하층을 이루며 성직자 집단이 부유한 최상위층을 이룬다.

산간의(Intermontane) 산 사이를 의미한다. 이러한 위치는 자연적인 방어에 유리하며, 공동체와 지리적으로 격리된다.

산술적 인구 밀도(Arithmetic density) 분포 상태나 경작 한계를 고려하지 않은 한 국가의 단위 면적당 인구. 지리적 인구 밀도 참조

산업혁명(Industrial Revolution) 산업혁명은 18세기 후반 유럽에서 시작된 기술 혁신과 특화에 따라 농업, 상업, 특히 제조업과 도시화에 있어서 나타난 사회적·경제적 변화를 의미한다.

산호섬(Low island) 화산섬과 달리 태평양 권역의 고도가 낮은 산호섬들. 열대 바다의 대기로부터 충분한 수분을 취할 수 없어 만성적 가뭄에 시달린다. 그러므로 이곳에서는 생산

적인 농업은 불가능하고, 많지 않은 주민들은 어업이나 코코야자 나무에 의존하여 살아가고 있다.

삼각강(Estuary) 바다에 접하는 폭이 넓은 하구. 지반의 침강이나 해수면 상승에 의해 하구에 삼각주가 형성되지 못하고 삼각강을 이룬다.

삼각주(Delta) 하천 운반 물질이 바다에 이르러 퇴적되어 하구의 저지대에 형성한 충적층. 종종 삼각형 모양을 이루기 때문에 그리스 문자 △를 사용한다.

삼림 파괴(Deforestation) 개척자들의 정착지 확장과 새로운 경제적 기회를 개발하기 위해서 삼림(특히 열대우림)을 제거하거나 파괴하는 것

상대적 위치(Situation) 도시 중심지역의 외부적 속성. 다른 비국지적 장소와 관련한 상대적 위치 또는 지역적 입지와 관련되어 있다.

상업적 농업(Commercial agriculture) 이윤 창출을 위한 농업

상호보완성(Complementarity) 두 지역이 원료 또는 완제품을 교환을 통해서 서로 다른 지역의 수요를 충족시킬 때에 나타난다. 공간적 상호의존성 참조

생물다양성 보존 핵심지역(Biodiversity hotspot) 자연 식물종과 동물종이 세계적으로 집중된 지역. 이러한 지역은 대부분 열대우림 기후지역에 집중되어 있는데, 최근 벌목에 의해 황폐화되어 파국에 이르고 있다. 이 책에서는 대륙 간 생태 통로를 이루고 있는 중앙아메리카 남부지역(코스타리카-파나마)을 사례로 다루고 있는데, 이 지역은 최근 지질 시대의 생물종 진화에 있어서 생물지리학적 통로 구실을 해왔다.

생물지리학(Biogeography) 공간적 관점에서 식물상(flora)과 동물상(fauna)에 대한 연구.

생산 활동(Productive activities) 공간 경제의 주요 구성 요소. 개별 구성 요소는 1차 경제 활동, 2차 경제 활동, 3차 경제 활동, 4차 경제 활동, 5차 경제 활동 참조

생태학(Ecology) 생물 상호 간의 관계 및 생물과 환경과의 관계를 연구하는 학문. 생태계에 대한 연구는 특정한 유기체와 환경 간의 상호작용에 초점을 두고 있다. 문화생태학 참조

샤리아법(Sharia law, 이슬람법) 이슬람법의 형사법규. 신체적 처벌, 절단, 채찍질 등의 경·중 범죄에 대한 처벌 내용 등을 담고 있다. 오늘날 이슬람 사회에서 신앙부흥운동의 전파와 관련하여 발견되고 있다.

석유수출국기구(OPEC) 국제적인 석유 카르텔 또는 가격 담합 정책의 공식화와 고객에 대한 시장 선택의 제한을 통하여 그들의 공통 경제 관심사를 촉진시키기 위해 많은 생산 국가로 형성된 신디케이트(기업조합). 2012년 말 12개 회원국이 있다. 알제리, 앙골라, 에콰도르, 이란, 이라크, 쿠웨이트, 리비아, 나이지리아, 카타르, 사우디아라비아, 아랍에미리트연합국, 베네수엘라

석탄(Coal) 무연탄, 역청탄, 화석연료, 갈탄 참조

선벨트(Sunbelt) 캘리포니아에서 텍사스, 플로리다에 이르는 미국의 남쪽 주들을 일컫는 말이다. 따뜻한 기후 덕분에 고급 휴양시설과 편의시설들이 모여 있어서 1960년대 이후 사람들과 시설들이 모여들었다. 넓은 의미로서 콜로라도와 북서태평양 지역을 포함하는 미국 서부지역도 선벨트에 포함된다.

선행 경계(Antecedent boundary) 문화 경관 이전에 존재하는 정치적 경계. 문화 경관이 형성되기 이전에도 이미 사람들이 주변지역에 거주하며 정치적 경계를 넘나들었던 공간이 존재하였다.

섬나라의(Insular) 섬의 특성과 속성을 가지고 있는. 섬은 고립성을 지닌다는 점에서 유일한 것이 아니다. 사막 한가운데 있는 오아시스 또한 고립성을 지닌다.

섭입(Subduction) 판구조론에서 해양판이 대륙판 아래로 수렴되는 현상. 가벼운 대륙판은 밀도가 높은 해양판 위에 떠 있어서 해양판이 대륙판 아래로 섭입된다.

성장극(Growth pole, 성장거점) 투자 측면에서 볼 때 배후지의 지역경제 발전을 자극하게 될 특정 요소를 지닌 중심도시

성장삼각지대(Growth triangle) 아세안이 지역적으로 범위가 넓고 다양한 개발단계에 있기 때문에 장기적인 추진이 필요한 AFTA보다도 우선 실질적 의미를 갖는 역내 소지역 간 협력이 필요하다고 본 데서 출발한 아세안 역내 경제협력 개념을 의미한다. 현재 가장 활발하게 추진되고 있는 성장삼각지대는 싱가포르, 말레이시아 및 인도네시아를 연결하는 조호르-리아우 성장삼각지대로서 지난 1989년 싱가포르에 의해 처음 제안되었다. 조호르-리아우 성장삼각지대는 싱가포르의 첨단기술제조업에 필요한 자본과 기술과 이에 인근한 말레이시아(Johor State)와 인도네시아(Riau Islands)의 원료와 저렴한 노동력에 바탕을 둔 대표적 사례이다.

성지순례(Pilgrimage) 개인적으로나 단체가 종교 성지를 찾아가는 여행. 이슬람교도들이 마호메트 탄생지인 메카를 순례하는 것이 대표적인 사례

세계도시(World city) 런던, 뉴욕, 동경과 같은 세계적 도시. 금융, 최첨단기술, 통신, 공학, 그리고 관련 산업의 장기 성장과 집적이 가속화되고 있는 세계화 시대의 최상위 도시

세계의 지리적 지역(world geographic realm) 지리적 권역 참조

세계화(Globalization) 세계 전체적으로 볼 때 국제적으로 나타나는 문화적·경제적·정치적 변화 때문에 점진적으로 지역 간의 격차가 감소하는 현상

소작(Sharecropping) 대규모 토지의 소유자와 농부 간의 관계. 농부는 토지를 빌리는 임대비를 주고, 연간 수확량의 일부를 지주에게 나누어 준다.

수력사회이론(Hydraulic civilization theory) 넓은 배후지에 대한 관개를 통제할 수 있는 도시들이 다른 도시들에 대해 정치적 권력을 행사할 수 있다는 이론. 특히 아시아 문명의 근간인 양쯔 강 유역, 인더스 유역, 메소포타

미아 유역 등이 그 사례이다. 비트포겔(Karl August Wittfogel)의 저서 동양적 전제주의의 사상적 배경이 되는 이론이다.

수송 적환지(Break-of-bulk point) 한 지점에서 다른 지점으로 수송되어야 하는 제품의 수송로상 입지. 항구가 그 예인데 항구에서는 원양선이 싣고 온 화물이 하역되어 기차나 트럭에 실리거나 하천을 항해할 수 있는 배에 실리게 된다.

수입 대체 산업(Import-substitution industries) 한 나라가 기존에 외국으로부터 수입하고 있던 생산물을 국내에서 부분적 또는 전면적으로 국산화하여 자급하는 경우의 산업. 수입에 의존하던 재화나 서비스를 국내에서 생산함으로써 해외 의존도를 줄이는 것을 수입 대체라고 하며, 이런 산업을 수입 대체 산업이라고 한다. 수입 대체 정책은 1930년대 이래 라틴아메리카의 많은 나라가 채택했고, 1950년대 이래 몇몇 아시아, 아프리카 국가들도 이를 채택했다.

스텝(Steppe) 반건조기후의 초원지역으로서 짧은 풀인 프레리가 자란다. 반건조기후인 BS를 지칭하기도 한다.

식민주의(Collonialism) 종속된 다른 나라의 영토와 사람들에 대한 독립적 권력의 지배. 이러한 권력은 대체로 정치적 구조를 통해 설립되어 유지되지만, 식민주의는 불평등한 문화적·경제적 관계를 파생시키기도 한다. 왜냐하면 몇몇 국가에 대한 유럽의 식민지 통치의 위협은 매우 강경하였기 때문에 식민주의는 일반적으로 식민지 통치를 특별하게 강화한 것으로 인식되고 있다. 제국주의 참조

신석기시대(Neolithic) 선사인류 시기에서 문화 발전과 기술 발달의 최종 단계에 이르렀던 신석기시대(BC 9,500~4,500)는 많은 성과를 일구어 냈지만, 그중에서도 가장 중요한 인문지리적 특색은 다음과 같다. (1) 작물 재배와 가축의 사육화를 통한 농업의 발달, (2) 도시화의 기초를 마련한 정착 생활 시작

신세계 질서(New World Order) 이론상 더 이상 국가의 운명을 결정할 수 없는 핵무기 보유국의 균형에 있던 소련 붕괴의 결과로 나타난 국제적인 체계에 대한 기술

신식민주의(Neocolonialism) 식민지시대 전에는 없었던 국제적인 변화와 자본 흐름의 식민지 체제를 굳힌 배경인 개발도상국에서 사용되는 용어. 그것에 의하여 선진국의 거대한 경제 이점을 영속시킨다.

신앙부흥운동(Reviavalism) 신에 대한 믿음의 근원으로 돌아가는 목적을 가진 종교적 움직임. 그리고 그것이 나라의 정책에 영향을 미쳤다. 소위 종교 근본주의라고 일컬어지지만, 이는 이슬람의 경우를 말한다. 이슬람교도들은 신앙부흥운동이라는 말을 더 선호한다.

신자유주의(Neoliberalism) 국영기업의 민영화, 정부 보조금 축소, 국제무역관세와 법인세 인하 그리고 기업활동규제법안의 완화 등에 기초한 국가 및 지역 개발 전략

신행정수도(Divided capital) 정치지리적 용어로서 하나 이상의 도시에서 중심행정 기능이 수행되고 있는 나라의 분리된 수도를 일컫는다. 예로써 네델란드와 남아프리카공화국의 신행정수도가 있다.

실지회복운동(Irredentism) 타국의 영역 내에 있는 일정지역의 주민 대부분이 인종적·언어적으로 자국민과 동일할 때에 그 지역을 자국에 병합하려는 주의 및 운동

실패국가(Failed state) 정부가 통치능력을 상실하여 국가로서 일체성을 유지하기가 힘든 국가. 실패국가에서는 흔히 내전이나 학살, 심각한 기아, 질병, 대량의 난민 발생과 유출 등의 현상을 볼 수 있다. 제2차 세계대전 후에 독립한 개발도상국의 대부분이 구종주국에 의해서 편의적으로 정해진 경계선 안에 식민지 체제를 이어받았다. 이처럼 국민적 충성심이 없는 다민족사회에서 이를 통제할 만한 행정기구를 갖추지 못했던 국가들이 실패국가가 되는 경우가 많다. 서방의 정치학자들은 탈레반 정권하에서의 아프가니스탄, 소말리아, 예멘, 그루지야 등을 실패국가로 규정하고 있다.

심장부 이론(Heartland theory) 이 가실은 20세기 초반 영국의 지리학자 맥킨더(Halford Mackinder)에 의해 제안된 것으로, 유라시아의 중심(우크라이나)을 지배하는 정치적 세력이 결국 세계를 지배할 것이라는 논리이다. 더 나아가 동부 유럽이 유라시아 내부로의 접근을 지배하였기 때문에, 이곳을 지배하는 세력은 동쪽에 이르는 광대한 심장부를 지배하게 될 것이다.

쓰나미(Tsunami) 광범위한 지역에 도달하고 연안을 황폐화시킬 수 있는 (지진에 의해 발생하는) 지진파. 2004년 12월 26일, 인도양 중심에 위치한 인도네시아 수마트라 섬 부근에서 발생한 해일은 21세기의 첫 번째 거대한 자연재해를 일으켰다.

아리아인(Aryan) 산스크리트 어 *Arya*('고귀한'이라는 뜻)에 기원하며, 인도-유럽어를 사용하는 고대인을 일컫는다. 그들은 북서부 지방으로부터 북부 인도로 이주하였다.

아메리카 자유무역지대(Free Trade Area of the Americas, FTAA) 북미, 중미, 남미의 초국가적인 경제적 통합이 궁극적인 목표. 즉, 아메리카 자유무역지대는 캐나다의 북쪽 해안으로부터 칠레의 남쪽 끝 케이프 혼 사이에 있는 모든 국가를 포함하는 단일시장을 형성한다.

아시엔다(Hacienda) 글자 뜻대로 스페인어권 국가의 대규모 토지. 종종 플랜테이션과 같다고 다뤄지지만, 농업적 기업의 두 가지 유형 사이에는 중요한 차이가 있다.

아열대 수렴대(Subtropical convergence) 남북 위 40° 부근에서 형성되는 점이지대로서 차가운 고위도 물의 저위도 쪽 경계이자 대서양, 태평양, 인도양과 같은 따뜻한 물의 고위도 쪽 한계에 해당된다.

아웃백(Outback, 미개척의 오지) 광대한 호주 내륙에 산재되어 있는 정착지를 호주인들이 일컫는 말

아파르헤이트(Apartheid) 글자 그대로 분리 정책. 1994년 이전 남아프리카의 인종 차별 정책을 표현하는 아프리카인들의 용어이며, 이 체제는 매우 뚜렷한 사회지리학적 공간 분

화 패턴을 야기하였다.

알티플라노(altiplano) 특히 남미 안데스 산맥 내의 고도가 높은 곳에 발달한 고원, 분지, 혹은 골짜기

애버리지니의 토지소유권 쟁점(Aboriginal land issue) 오스트레일리아 원주민들이 오스트레일리아 곳곳에서 오래전부터 전해오는 토지에 대한 소유권을 주장하는 법정 논쟁. 법정은 이와 같은 원주민들의 주장에 대해 일부 적법 판정을 하였고, 이에 고무된 원주민 행동주의자들은 원주민의 권리에 대해 광범위하게 문제를 제기하였다.

야노스(Llanos) 콜롬비아와 베네수엘라 내륙을 거의 차지하고 있는 오리노코 강의 넓은 분지에 산재한 사바나 초지와 관목이 우거진 삼림지대

양도성(Transferability) 합리적인 가격(비용)으로 물건이 한곳에서 다른 장소로 이동하는 현상으로 쉬운 예로 상품의 이동을 들 수 있다.

양식업(Aquaculture) 하구역 혹은 인공 못에서 어류, 패류, 해조류 등을 수확하기 위해 기르는 일. 양식업은 일본에서 시작되어 현재에는 전 세계적으로 행해지고 있으며, 특히 해안선을 따라 밀도 높게 행해지고 있다.

엘니뇨 남방진동(El niño-southern oscillation, ENSO) 평상시 적도 부근 태평양지역의 바다 표면 온도는 날짜 경계선을 중심으로 하여 오른편에서 왼편으로 부는 무역풍(동풍)의 영향을 받아 서태평양 지역은 높고(연중 28℃) 동태평양이 낮은(연중 20℃) 상태를 유지하고 있다. 그러나 적도 부근의 무역풍이 약해질 경우 서태평양의 따뜻한 바닷물이 동쪽으로 이동하여 동태평양에 위치한 페루 연안의 바닷물 온도가 평상시보다 섭씨 0.5℃ 이상 올라가게 되는데 이러한 현상이 6개월 정도 지속되면 이를 엘니뇨 현상이라고 한다. 아직까지 엘니뇨 현상의 정확한 발생 원인은 알려져 있지 않다. 엘니뇨가 발생하게 되면 일반적으로 페루를 비롯하여 동태평양 연안의 적도 부근에 위치한 나라에서는 강수량이 줄어들어 가뭄 피해를 겪게 된다. 최근 인

도네시아 보르네오 섬의 산불이 오랫동안 지속되어 많은 피해를 준 것도 엘니뇨 현상에 의한 가뭄 때문이다. 엘니뇨는 스페인어로 남자아이를 의미하며 특히 이 현상이 페루 연안에서 크리스마스 무렵에 자주 나타나 '아기예수'라는 의미로도 불리며 엘니뇨와 반대되는 현상인 동태평양 바닷물의 이상저온 상태를 스페인어로 '여자아이'를 의미하는 '라니냐(La Niña)'로 부르기도 한다.

엘리트(Elite) 국가의 정치적·경제적·문화적 생활을 지배하는 권력과 특권을 지닌 사회의 일부 상류계층

역사적 관성(Historical inertia) 공업지리학 용어로서, 초기 거대자본 투자의 대부분을 차지하며 수명을 마칠 때까지 수십 년간 사용되는 공장, 기계, 중공업 장비 등의 지속적 사용의 필요를 의미한다. 이러한 장비들이 점차 쓸모가 없어져 갈지라도.

역외 금융(Offshore banking) 그들 본국에서 세금을 지불하는 것을 피하기 위해 소득을 흔히 '오프쇼어' 섬나라라고 하는 국가의 계좌로 돌리는 외국기업들과 개인들을 위한 재정상의 안식처를 나타내는 용어

역청탄(Bituminous coal) 무연탄보다 무르고 질이 떨어지지만 갈탄보다 고품질이다. 열을 가하여 코크스로 변화시켜 제철용으로 사용하기도 한다.

연담도시(Conurbation) 2개 혹은 여러 개의 주요 도시지역이 합쳐져서 형성된 메트로폴리스의 복합체. 미국 북동부 해안의 남부 메인으로부터 버지니아에 이르는 대서양 연안에 형성된 메갈로폴리스가 고전적인 사례에 해당한다.

연방(Federal state) 연방은 복수 국가가 공통의 목적을 실현하기 위해 연방결성조약 또는 연방헌법에 기초하여 설립된 조직적 권력 통일체로 연합국가라고도 한다. 연방은 연방헌법에 기초하여 설립된 중추의 연방제기관(연방의회, 연방정부, 연방최고재판소 등)이 그 지분국(연방 구성국)에 대한 것뿐만 아니라, 그 지분국 국민에 대해서도 직접적으로 연방

권한을 행사할 수 있다는 점에서 국가연합과의 본질적인 차이가 있다. 특히 대내적으로는 연방법제, 연방재정, 통일통화, 연방국적, 연방군 조직, 대외적으로는 외교, 통상, 국방 등의 중요 분야에 있어서 주도적인 연방 권한이 확립되어 있는지 어떠한지, 한편 연방에서 자유롭게 탈퇴할 수 있는지 어떠한지에 의해 각각의 연방제의 성격과 내용이 규정된다.

연방(Federation) 연방 참조

연속적 점유(Sequent occupance) 계승된 사회는 그 장소와 문화 경관에 누적적으로 문화적 흔적을 남겨 놓았다는 생각

연안지역(Littoral) 해안 혹은 연안

열대 사바나(Tropical savanna) 사바나 참조

열대 삼림 파괴(Tropical deforestation) 삼림 파괴 참조

열도(Archipelago) 촘촘하게 길게 줄서 열을 지어 있는 섬들의 집합

영구동토층(Permafrost) 냉대지역에서 지표 근처의 토양층이나 기반암의 수분이 영구히 얼어서, 매우 단단한 언 땅을 형성한다. 짧은 여름 동안 표층 일부가 녹기도 한다.

영세농(Peasant) 계급사회에서 주로 농업에 의존하여 생계를 유지하는 하층민을 의미한다. 이들은 대체로 자신의 토지를 보유하지 못하므로 소작을 하거나 일용 노동으로 생활해야만 한다.

영토성(Territoriality) 지리적인 영토에 대해 개인이나 집단이 갖는 태도나 성향으로 주로 침략에 대비한 방어 중심의 개념이 강하다.

영해(Territorial sea) 국가의 해안에 인접한 해양으로서 국가의 주권이 미치는 일정한 범위의 바다

오리엔탈(Oriental, 동양사람) 오리엔탈 단어는 *rise*를 뜻하는 라틴어에서 기원하기 때문에 해가 뜨는 것을 볼 수 있는 방향인 동쪽과 관계가 있다. 따라서 오리엔탈은 동쪽을 의미한다. *occidental*은 라틴어 *fall*을 뜻하며 서쪽에서 해가 지는 모습이다. 그러므로 *occidental*

은 서쪽을 의미한다.

오스트랄(Austral) 원래 오스트랄은 남쪽을 의미하며, 이 책에서 오스트랄 권역은 오스트레일리아와 뉴질랜드를 지칭한다.

오아시스(Oasis) 주변의 사막을 생산적인 농경지로 변모시킬 수 있는 물(대수층 또는 나일 강과 같은 큰 강으로부터)을 공급할 수 있는 땅이나 지역

오염(Pollution) 인간 활동을 통해 나온 물질들이 방출되어 물이나 공기로 흘러 들어가 화학적, 물리적, 생물학적으로 공기나 물의 상태가 달라짐. 이러한 변화는 환경에 부정적으로 영향을 미친다. 특히 인류를 포함한 생물에 악영향을 줄 수 있다.

와하비즘(Wahhabism) 1932년 사우디아라비아의 근대국가가 설립될 때, 공식적 믿음을 만든 (수니파) 무슬림 부흥운동의 특히 극단적 형태이다. 신봉자들은 그들 자신을 믿음의 엄격한 근본주의자 기질을 표명하는 '유일신교도'라고 불렀다.

완충국(Buffer state) 완충지대 참조

완충지대(Buffer zone) 이념적 혹은 정치적 적대국들로부터 분리되어 있는 국가 혹은 국가군. 남부 아시아의 아프가니스탄, 네팔 그리고 부탄은 영국과 러시아–중국 제국주의 영토들 사이의 완충지대를 이루었다. 동남아시아의 태국은 영국 식민지와 프랑스 식민지 사이의 완충국이었다.

외곽도시(Outer city) 미국 대도시의 비중심도시 지역, 더 이상 '시가지(urb)'의 '교외(sub)'가 아니며, 이 외곽도시는 19세기 후반 동안 완전히 성장한 도시로 변모하였다.

외쿠메네(Ecumene) 영속적으로 인류가 정주할 수 있는 지표상의 거주가능지역

용탈토(Leached soil) 철과 알루미늄의 산화물로 구성된 표면을 가진 메마르고 붉은빛을 띠는 열대 토양. 저위도 습윤기후 지역에서는 강수량이 많기 때문에 토양 속으로 스며든 물에 의하여 토양 속에 존재하는 영양염을 용해시켜 아래쪽으로 빠져나가게 한다.

우위(Advantage) 국가의 경제 발전 수준을 가늠할 수 있는 가장 유의미한 차이. 이를 판단하기 위해서는 지리적 위치, 천연자원, 정부, 정치적 안정성, 생산 기술 등을 고려한다.

원리주의(Fundamentalism) 신앙부흥운동 참조

원심력(Centrifugal forces) 종교, 언어, 민족 혹은 이념적 차이 때문에 국가를 분리하려는 경향을 지닌 세력들을 표현하기 위해 사용되는 용어이다.

원주민(Aboriginal population) 원주민 참조

원주민(Indigenous people) 유럽 제국주의에 의하여 정복당하거나 식민지배를 받은 지역의 거주자를 지칭하는 의미의 원주민

월러스 선(Wallace's Line) 그림 11-3에 나타나는 것과 같이, 알프레드 러셀 월러스가 제안한 것으로 오스트레일리아와 뉴기니의 유대류 포유동물군(캥거루 등)을 인도네시아의 비유대류 포유동물군과 구별하는 동물지리학 경계

위도(Latitude, 위선) 위선은 적도의 0° 선부터 극지방의 북쪽과 남쪽의 90° 선까지 지구를 동서로 가로질러 일직선으로 한 평행선이다.

위치(Location) 지구 표면에서의 위치. 절대적 위치와 상대적 위치 참조

유교(Confucianism) 공자의 저서에 근거한 윤리, 교육 그리고 공직에 대한 철학으로서 전통 중국 문화의 핵심 중의 하나이다.

유럽국가 모델(European state model) 대의정치체, 수도, 합법적 영토, 인구 등으로 구성된 국가

유럽연합(European Union, EU) 상호 간의 경제적 이익을 위해 25개 유럽국가로 구성된 초국가적 조직. 가입국은 오스트리아, 벨기에, 키프로스, 체코, 덴마크, 에스토니아, 핀란드, 프랑스, 독일, 그리스, 헝가리, 아일랜드, 이탈리아, 라트비아, 리투아니아, 룩셈부르크, 몰타, 네덜란드, 폴란드, 포르투갈, 루마니아, 슬로바키아, 슬로베니아, 스페인, 스웨덴, 영

국 등 25개국이다.

유럽의 4대 선진지역(Four Motors of Europe) 프랑스의 론알프, 독일의 바덴뷔르템베르크, 스페인의 카탈루냐, 이탈리아의 롬바르디, 각각은 유럽 내부에서뿐만 아니라 세계 무대에서도 산업적 활력과 경제적 성장으로 두각을 나타내고 있는 첨단기술 중심지역이다.

유목농업(Pastoralism) 주로 목축에 의존하는 농업의 한 유형이다.

유행병(Pandemic) 전국적 혹은 세계적으로 유행하는 병을 지칭한다.

육교(Land bridge) 비교적 규모가 큰 육지 사이의 좁은 연결 통로인 지협. 지질학적 시간의 관점에서 보면, 이곳은 해수면의 상승과 하강에 따라 바닷속에 잠기기도 하고 육지로 드러나기도 하였다.

육반구(Land Hemisphere) 지구의 반구 중에서 육지와 바다의 면적을 기준으로 나눌 때, 육지의 면적이 가장 많이 포함되는 한쪽을 말한다. 서유럽(영국 해협)을 중심으로 하고 있다. 그 반대쪽은 수반구이다(그림 1A-4). 또한 지형학에서는 세계 육지의 중심부에 놓여 있는 아프리카 대륙의 위치를 의미한다.

의료지리학(Medical geography) 지리학적 맥락이나 공간적 관점에서 본 건강과 질병에 대한 연구. 특히 의료지리학은 질병의 근원지, 확산 경로, 분포를 조사한다.

이누이트(Inuit) 북아메리카 북극지역의 원주민, 예전에는 에스키모라 불렀다.

이동식 농업(Shifting agriculture) 열대림을 태워 농작물을 수확하고, 곧 새로운 경지로 근처 임야를 또 불태워 경작한다. 화전농업이라고 알려져 있다.

이모작(Double cropping) 한 경작지에서 한 해에 두 가지 작물을 파종, 경작, 수확하는 농법

이민자(Emigrant) 국가나 지방의 바깥으로 이주하는 사람

이슬람교도 전선(Muslim Front) 이슬람 전선 참조

이슬람 전선(Islamic Front) 아프리카 점이지대의 남쪽 경계로서 이슬람교가 사하라이남 아프리카에서 남쪽으로 세력을 확장하는 데 있어서 종교적 국경을 이룬다(그림 6B-9 참조).

이주(Migration) 영구적인 거주지 이동. 더불어 자발적 이주 참조

이주민(Immigrant) 특정한 국가 또는 지역으로부터 이주해 온 사람

이주 정책(Immigration policies) 이주 규제에 대한 오스트레일리아의 정책으로서 오스트레일리아 사회를 끊임없이 혼란시키는 쟁점이 되고 있다.

이주 정책(Transmigration) 인도네시아 정부가 중심지역인 자바 섬의 인구 밀집을 줄이기 위해 거주자를 다른 섬으로 이동시킨 것

이주 활동(Migratory movement) 주기적 이동과 상대되는 말로서, 되돌아오지 않을 목적으로 출발지로부터 목적지로의 이주

이촌 향도(Rural-to-urban migration) 시골에서 도시로 향하는 지배적인 이주 흐름. 이는 세계 인구의 구조를 변형시키고 있으며, 특히 지리적 권역에서는 덜 촉진된다.

인구 감소(Population decline) 국가의 인구가 감소하는 것. 오늘날 해마다 약 50만 명의 인구가 줄어들고 있는 러시아가 전형적인 사례이다. 인구 급감 참조

인구 급감(Population implosion) 인구 폭발에 대비되는 말로, 흔히 많은 유럽국가나 러시아에서 사망률이 출생률과 이민율을 초과함으로써 발생한 인구 감소를 지칭한다.

인구 밀도(Population density) 단위 면적당 인구수. 산술적 인구 밀도와 지리적 인구 밀도 참조

인구 변천 모형(Demographic transition model) 서유럽국가들의 경험을 토대로 산업화를 경험하고 있는 국가들의 인구 성장 변화를 나타낸 다단계 모형. 높은 출산율과 사망률에 이어서 나타나는 사망률의 급격한 감소는 많은 인구 증가를 가져오고, 그다음에는 출생률과 사망률 모두 낮은 수준으로 수렴한다(그림 8A-10 참조).

인구 분포(Population distribution) 지리 공간상에 인구가 배치되어 있는 방식. 인구는 그 자체로서 문화적·경제적 환경을 갖고 있기 때문에 인문지리학의 가장 기본적인 표현 방식이다. 이 책의 모든 장에는 인구 분포도가 제시되어 있다.

인구 예측(Population projection) 특정 국가의 미래 총인구수를 인구통계학적으로 예측하는 것. 예를 들면 부록 B의 자료 표와 같은 예측들은 2025년 세계 모든 국가의 예상 인구이다.

인구 이동(Population movement) 이주, 이주 활동 참조

인구 폭발[Population expansion(explosion)] 지난 한 세기 동안 출산율의 증가로 인해 세계 인구의 급격한 증가

인구 피라미드(Population pyramid) 한 국가의 인구 분포를 연령과 성별에 따라 그림으로 도식화한 것. 새로 출생한 인구가 밑의 기초를 형성하고, 맨 정점에 가장 연령이 높은 계층이 모아지며, 피라미드 중앙의 수직선의 왼쪽은 남성, 오른쪽은 여성 인구를 나타낸다. 피라미드 면의 경사는 현재 인구에서 여성과 남성의 숫자가 나이에 따라 적어지는 비율을 나타낸다(그림 8A-12 참조).

인구제한정책(Restructive population policies) 자연적 인구 증가율을 감소시키기 위한 정부 정책. 1979년 마오쩌둥의 사망 이후 실시되었던 중국의 한자녀정책이 대표적인 예이다.

인구지리학(Population geography) 특정 장소의 인구통계적 변화의 영향과 인구통계학의 공간적 양상에 초점을 둔 지리학 분야

인구학(Demography) 특히 출생률과 사망률, 인구 성장 패턴, 수명의 연장, 이주, 그리고 관련 특성들에 대한 학제적 연구

인도-유럽 어족(Indo-European languages) 유럽 권역(그림 1A-7)에서 주로 사용되고 있는 세계적 언어군. 이 언어군은 세계에서 가장 넓게 분포하며(그림 G-9), 인류의 약 절반이 이 언어군을 사용하고 있다.

인류의 진화(Human evolution) 인간 종의 장기간에 걸친 생물학적 성숙. 지리학적으로 인류의 기원과 같이 모든 근거 중심은 동아프리카로 귀착된다. 인류의 종인 호모 사피엔스는 중심지역으로부터 이주하여 다른 거주지에 정착하였다.

인종 청소(Ethnic cleansing) 강력한 민족집단이 영토를 빼앗을 목적으로 다른 민족집단에 대한 대량학살 혹은 강제 추방 행위

입지론(Location theory) 경제 활동의 입지 패턴과 생산지들이 상호 관계를 맺고 있는 방식을 설명하기 위한 논리적인 시도. 튀넨의 모델에 기초가 되는 농업입지이론이 대표적인 예이다.

자발적 이주(Voluntary migration) 강압적인 이주가 아니라 기회를 쫓아 이동하는 인구 이동

자연 경관(Natural landscape) 지표면(산, 언덕, 평야, 초지)을 구성하고 있는 지형의 배열 그리고 그 위에 나타나는 수역, 토양, 식생으로 특징지어지는 자연적 형상. 각 지리적 권역에는 독특한 자연 경관들이 나타난다.

자연 경관(Physical landscape) 자연 경관(natural landscape) 참조

자연 재해(Natural hazard) 인간 생활과 문화 경관을 위협하는 자연 현상

자연적 인구 증가율(Rate of natural population increase) 자연 증가율 참조

자연 증가율(Natural increase rate) 1년당 출생자 수로부터 사망자 수를 뺀 나머지 수를 1,000명당 비율로 계산하여 나타내는 인구 성장. 인구의 자연 증가에는 이민자(이민 가는 사람과 이민 오는 사람)를 반영하지 않는다.

자연지리학(Physical geography) 자연 환경의 지리적 특성을 연구하는 학문. 기후학, 지형학, 생물지리학, 토양지리학, 해양지리학과 수문지리학 등의 하위 분과가 있다.

자연지리학(Physiography, 지문학) 문자 그대

로는 '경관 기술'을 의미하지만, 흔히 장소의 자연지리의 총체를 일컫는다. 지형, 기후, 토양, 식생, 수역을 포함해 지구 표면상 모든 자연적 특색을 포함한다.

자연지역(Physiographic region) 지형 기복, 기후, 식생 및 토양과 같은 특정한 자연적 동질성이 강한 지역

자오선(Meridian, 경선) 지구를 남북으로 가로질러 양극을 지나는 선으로서 위선과 직각으로 교차하여 전 지구 표면에 격자망을 이룬다. 자(子)는 북쪽, 오(午)는 남쪽을 가리키기 때문에 자오선이라고도 한다. 경선은 위선과는 달리 모양과 길이가 같고 양극에서 한 점에서 만난다.

자유무역지대(Free-trade area) 특정 국가 또는 특정 지역 내의 관세 및 비관세 장벽을 철폐하여 통일된 시장을 형성하는 경제적 통합체제. 관세동맹과 같이 지역적인 무역의 확대와 촉진을 도모하기 위한 것이지만, 가맹국 이외의 국가에 대하여 공통관세를 과하지 않는 점에 있어서 관세동맹과는 다르다. 자유무역지대는 지역 내 교역을 자유화할 경우 무역거래 및 투자가 활성화되고 국제 분업이 확대됨으로써 역내 소득이 증대될 것이라는 자유주의 경제이론에 근거를 두고 있으며 세계경제의 블록화를 촉진하는 요인이 되고 있다.

자코타 삼각지대(Jakota Triangle) 일본(Japan), 한국(Korea), 타이완(Taiwan)으로 이루어진 아시아 권역의 극동지역

잔존 경계(Relict boundary) 정치적 경계선으로서 그 기능은 중단되었지만, 문화 경관에서는 아직도 감지될 수 있는 흔적이 있다.

장소의 통일성(Unity of place) 국지적 규모에서 기후와 지질학, 생물학 그리고 인간의 문화는 복잡한 연관성이 있다고 보는 훔볼트의 사고. 이 개념으로 인해 공간적 관점을 핵심으로 하는 통합 학문으로서의 현대지리학이 태동되었다.

재벌(Chaebol) 수많은 자회사를 거느리고 정부로부터 많은 혜택과 비호를 받는 거대기업을 칭하는 용어로서 특히 한국에서 잘 나타나

는 경제지리학적 현상이다. 이를 바탕으로 경제 성장을 이룬 국가들이 경제 호랑이로 등장하게 되었지만, 최근에는 자유시장이 성장하는 데에 걸림돌이 되고 있다.

재위치 확산(Relocation diffusion) 인간 집단이 거주지를 이동할 때 자신들이 가진 문화를 새로운 거주지에 이식시키는 문화 전파 유형

전염병(Epidemic) 병독(病毒)이 전염되는 질환으로 염병(染病)이라고도 한다. 전염병은 병원균에 의하여 사람에게서 사람으로, 또는 동물에게서 사람으로 감염되며, 급속하게 또는 만성적으로 광범위하게 전파되어 고통을 당하거나 생명을 잃게 하여 사회의 큰 혼란을 일으키게 한다.

전염 확산(Contagious diffusion) 사상, 혁신 혹은 다른 소문이 사람과 사람과의 접촉을 통해서 공간적으로 확산되는 것. 전염병의 전염과 유사하다.

절대적 위치(absolute location) 어떤 지리적 현상이 나타난 지점의 지표상 위치를 위도와 경도로 표현한 것. 위도는 적도로부터 북쪽과 남쪽의 0°에서 90°까지 도·분·초 단위로 표현하며, 경도는 런던 교외에 위치한 그리니치를 지나는 본초자오선으로부터 동쪽과 서쪽의 0°에서 180°까지 도·분·초 단위로 표현한다.

절대적 위치(Site) 지역의 공간적 구성과 자연환경을 포함한 도시 중심 위치의 내부적 속성

점이지대(Transition zone) 인접한 2개의 권역 혹은 지역의 주변지역이 만나 공간적 변화가 생기는 지역. 이웃하는 하나의 개체를 또 다른 개체와 구별짓는 특징의 점차적인 이동(뚜렷한 단절이라기보다는)에 의해 나타난다.

접근 불능(Inaccessibility) 접근성 참조

접근성(accessibility) 어떤 지점에서 다른 지점까지 도달하기 용이한 정도. 비접근성(inaccessibility)은 이의 반대되는 개념이다.

정기시장(Periodic market) 정기적으로 열리는 마을시장. 주로 산업화 이전의 농촌지역에서는 생산자가 직접 발품을 팔아 상품을 시장

으로 가져갔으며, 물물교환이 주요한 교환 양식이었다.

정령 숭배 신앙(Animistic religion) 언덕, 나무, 돌, 강, 그리고 다른 자연 경관 요소와 같은 무생물적 요소들에는 영혼이 있으며, 이들이 지구상에서 인간이 행하는 노력을 돕거나 방해한다는 믿음

정주(Sedentary, 정착) 영원히 특정 지역에 소속되어 살다 그 위치에 인구가 정착된 것

정치지리학(Political geography) 정치적 현상과 과정에 대한 공간적 분석을 통해 지리적 공간과 정치적 과정의 상호 작용을 연구하는 학문

제국주의(Imperialism) 식민 제국의 형성과 팽창, 그리고 영속적 지배를 위한 국가의 충동이나 정책

젠트리피케이션(Gentrification) 통상적으로 중심도시의 도심지역에서 개인적인 재투자를 통한 낡은 거주지역의 개선. 때때로 높은 생계비를 감당할 수 없는 저소득 거주자의 이주를 포함하며, 이와 같이 이웃 사람들이 바뀜에 따라 갈등은 드물어진다.

조약항(Treaty ports, 조약에 의한 개항장) 중국 해안도시에 있는 치외법권 영토로, 무력외교에 강요된 불평등 조약 아래 유럽 식민 침략자들이 제정한 것

종교적 신앙부흥운동(Religious revivalism) 신앙부흥운동 참조

종속이론(Dependencia theory) 1960년대에 주로 남미에서 당시 구체적인 현실에 입각하여 제기되었다. 이는 경제 발전과 저발전에 대한 새로운 사고방식으로 남미국가들과 다른 경제부국 간의 불평등 관계(종속적 관계) 관점에서 남미국가들의 지속적 가난에 대하여 설명한 것이다. 이는 서유럽 사회의 발전 이론은 남미 사회를 설명하는 데에는 부적합하다는 전제 하에 출현하게 되었던 이론적 틀이다.

종주도시(Primate city) 한 국가의 가장 큰 도시, 도시계층의 최상위에 위치한 도시. 한 국

가의 문화를 가장 잘 나타내며, 항상은 아니지만 대개는 국가의 수도가 그 자리를 차지한다.

종행성 경계(Subsequent boundary) 문화적 발전이 이루어진 이후에 형성된 국경으로서 국경의 변동이 심한 유럽의 국경이 이에 해당된다.

주변부(Periphery) 핵심부-주변부 관계 참조

주변부 발전(Peripheral development) 한 국가 또는 지역의 인구가 내부보다는 외곽의 가장자리를 따라 고도로 집중되어 발전된 공간 패턴. 오스트레일리아는 인구가 주변부에 분포하는 전형적인 예이며, 근처의 뉴질랜드에서도 비슷한 양상이 나타난다.

중국 북동부 인구 밀집 지역(China proper) 중국의 거대한 인구가 대부분 밀집되어 있는 중국 동부와 북동부

중국화(Sinicization) 중국 문화의 흔적을 전달하다. 중국으로의 문화적 동화

중상주의(Mercantilism) 16세기부터 18세기에 이르는 동안 경쟁국들 간 국가의 경제적 지위 상승을 위한 유럽 국가들의 보호무역 정책. 정책의 핵심은 금과 은을 획득하고, 수입보다 수출이 많은 무역 수지를 유지하는 데에 있었다.

중심선 경계(Median-line boundary) 국제 해양 경계는 두 국가 간 바다의 너비가 400해리 이하일 때 설정한다. 왜냐하면 바다를 가운데 두고 두 국가가 모두 200해리의 배타적 경제 수역을 주장하기 때문에, 각국의 해안선으로부터 같은 거리인 중심선을 그어 타협할 필요가 있다. 지도상의 경계선은 관계되는 양쪽 국가 해안선의 형태를 반영하여 직선기선을 사용하는 경우가 대부분이다.

중심성(Centrality) 생산자와 소비자가 중심기능에 이끌려 도시 중심부로 집중하도록 하는 힘. 주변지역까지 영향을 미친다.

중심업무지구(Central Business District, CBD) 중심도시의 심장부. 땅값이 매우 비쌀 뿐만 아니라 상업과 업무의 중심이며, 고층 빌딩이 밀집해 있다.

중심지역-주변지역 구조(Mainland-Rimland framework) 근대 유럽의 침입으로 문화적 변화를 겪은 중앙아메리카 권역의 2중적 지역구조. 핵심지역은 좁고 긴 카리브 해 연안지역을 제외하고 멕시코로부터 파나마에 이르는 지역을 말한다. 이곳에는 유럽인과 아메리카 원주민들, 그리고 혼혈인인 메스티소가 주로 거주하며, 대토지(아시엔다) 소유가 지배적인 자급자족 지역이다. 반면에 주변지역은 좁고 긴 카리브 해 연안지역과 동쪽 카리브 해의 모든 섬으로 구성된다. 이곳에는 유럽인과 아프리카인, 그리고 혼혈인이 주로 거주하며, 유럽과의 교역에 대부분 의존하는 플랜테이션 지대이다(그림 4A-6 참조).

지구대(Rift valley) 두 평행 단층(지각 분열) 사이에 지각이 함몰된 긴 모양의 해구(海溝) 또는 협곡

지도학(Cartography) 정보의 편집, 설계, 디자인을 망라하여 지도 제작과 관련된 분야. 물론 지도화된 패턴의 해석과도 관련이 있다.

지리적 권역(Geographic realm) 세계지역 구조의 기본적 공간단위. 각각의 권역은 주도적인 문화, 경제, 역사, 정치 그리고 적합한 환경적 특징들이 어우러진 총체적 인문지리의 종합이라 정의할 수 있다.

지리적 변화(Geographic change) 시간 변화에 따른 공간적 패턴의 점진적 변화

지리적 인구 밀도(Physiologic density) 경지 면적당 사람 수

지세(Topography) 자연 경관이나 지형의 지표 윤곽

지역(Region) 가장 중요한 지리적 개념이자 일반 용어. 특정 기준을 갖춘 지표상의 구역

지역 간 상호보완성(Regional complementarity) 상호보완성 참조

지역 간 상호의존성(Areal interdependence) 이 용어는 기능적 특화와 관련된다. 한 지역에서 어떤 제품이나 원료를 생산하고, 다른 지역은 또 다른 종류의 원료와 제품을 생산할 때, 두 지역 간에는 상호보완의 필요성이 대

두될 것이다. 즉, 두 지역 간에 원료와 제품을 서로 교환함으로써 각 지역에서 필요로 하는 부분을 충족시킬 수 있을 것이다.

지역 개념(Regional concept) 이 글의 서론에서 논했던 지역과 지역 간 차이에 대한 지리학적 연구

지역 경계(Regional boundary) 이론상으로는 region의 주위를 둘러싼 경계선을 말한다. 그러나 명확하고 예리한 선으로는 자연에서마저 구분되지 않는다. (가령, 해안선은 조류에 의해 끊임없이 바뀐다.) 문화 경관에서 지역적 경계는 명확하지 않을 뿐만 아니라, 지리학자에 의해 지역적 경계가 확정지어졌다 하더라도, 그 경계는 대부분 불확실한 경계점이거나 전환 가능한 경계선으로 드러난다.

지역별 기능 전문화(Local functional specialization) 유럽 경제지리학의 전형적인 특징으로서 후에 세계의 많은 다른 국가에게 전파된 용어로서, 특정한 장소의 특정한 사람들이 특정한 상품과 서비스의 생산에 집중하는 것

지역의 기능적 조직(Areal functional ogranization) 지역의 조직 발달을 설명하기 위한 지리적 원리로서 유기적으로 밀접하게 연관된 다섯 가지 원리를 말하며, 이는 9B장에서 일본의 공간 발달을 설명하는 데에 적용한 개념이다.

지역적 불균형(Regional disparity) 국가 안에서 발생하는 생활 수준을 기준으로 한 공간적 불균형. 생활 수준을 총수입 통계의 '평균'으로 하면 부유한 핵심부와 가난한 주변부 양극 간에 존재하는 차이는 감춰질 수밖에 없다.

지역주의(Regionalism) 그 지역을 차지하고 있는 전체로서의 국가로부터 전혀 다르게 자신이 속한 지역을 인식하는 애국심

지역지리학(Regional geography) 'region'이라는 공간적 단위에 기초하여 지리학적으로 접근한 학문. 지역지리는 지리학의 주제 분야의 정보를 이용하고 통합하는 것이기 때문에 세계에 대한 관점을 모두 포함하고 있다. 이것은 그림 G-14에 도표로 나타나 있다.

지협(Isthmus) 비교적 규모가 큰 육지 사이의 좁은 연결 통로인 육교. 중앙아메리카는 멕시코와 남아메리카 사이의 육교이다.

지형성 강수(Orographic precipitation) 습한 공기가 산맥과 같은 지형적 장벽을 타고 넘어갈 때 내리는 강수. 산맥 반대편 사면에서는 비그늘 효과로 인해 건조해진다.

지형적 정치 경계(Physiographic political boundary) 강, 산줄기와 같은 뚜렷한 자연 경관을 따라 설정된 정치 경계

지형학(Geomorphology) 세계의 지형 경관과 이를 구성하는 지형 요소, 즉 지표면의 형상에 관한 지리학적 연구

집단화(Collectivization) 공산주의 체제하에서 국가가 주도하여 농업을 재조직하는 사업으로서 국가가 개인 소유지를 수용·통합하여 거주민들에 의해 경영하게 하는 대규모 협동 농장 체제를 말한다.

집적(Nucleation) 클러스터, 집적

집적 과정(agglomeration process) 인구나 산업 활동이 무리를 이루거나 집중하는 과정

천공 국가(Perforated state) 다른 국가의 영토를 완전히 에워싸고 있는 국가. 레소토를 완전히 에워싸고 있는 남아프리카공화국이 전형적인 사례이다.

천연자원(Natural resource) 광물, 물, 식생, 토양과 같이 사용 가치가 있는 환경 요소

초국가적(Supranational) 공동의 목적을 위해 3개국 이상이 정치, 경제, 문화적 협력을 형성하는 다국적 조직. EU가 이에 해당된다.

초국경적 연계(Cross-border linkages) 국제적 경계를 넘어서 서로 매우 가깝게 연계되어 있는 두 장소나 두 지역 간의 강한 유대 관계. 이러한 관계는 종종 오래 지속되어 초국가주의로 강화되기도 한다.(특히 서부 유럽의 EU 국가 간에 잘 일어난다.) 북미의 남서부 온타리오 주와 남동부 미시간 주 간에는 이러한 유대 관계가 구축되어 있으며, 그 결과 사람과 물자가 미국과 캐나다의 국경을 넘나들고 있다.

초원지대(Veld) 남아프리카 남부 여러 지방의 초원지대. 하이펠트 참조

최저 생활(Subsistence) 생존에 필요한 최소한의 요구치

축척(Scale, 공간의 규모) 실제 세계의 현상을 특정한 비율로 축소시키거나 일반화시켜 재현한 것. 지도학에서는 지도상에 막대그래프가 지시하는 것으로 지도상의 거리와 실제 지표상 거리의 비율을 뜻한다.

출산율(Birth rate) 인구 1,000명에 대해 연간 출생한 아이 수의 비율

충적(alluvial) 유수에 의한 진흙, 실트, 모래의 퇴적(총칭하여 충적층). 충적 평야(alluvial plains)는 대하천과 인접해 발달하며, 홍수 때 퇴적되어 형성된다. 이 퇴적물은 비옥하고 생산성이 높은 토양을 형성한다. 충적 삼각주(alluvial deltas)는 이집트의 나일 강과 방글라데시의 갠지스 강과 같은 하천의 하구에 잘 발달한다.

치외법권(Extraterritoriality, 역외성) 정치지리학적 용어로서 다른 나라의 관할 구역에 거주하는 자국민, 또는 다른 나라의 관할 구역에서 운영되고 있는 자국민의 지배를 받는 기업에 국내법을 의도적 또는 암묵적으로 적용하는 것을 말한다.

침엽수림(Coniferous forest) 가문비나무, 전나무 그리고 소나무와 같이 줄기가 곧고 가지들이 짧은 솔방울 달린 상록침엽수림. 타이가 참조

카나트(Qanat, 지하관개수로) 이란과 중국 서부의 사막지역에서 지형성 강수가 내리는 배후 산지에서 산 아래의 건조한 평원으로 지하수로를 통해 물을 공급하는 관개 시스템

카르스트 지형(Karst) 석회암의 용식에 의해 형성된 독특한 자연 경관

카리스마(Charismatic, 지도력) 지도자들이 대중을 사로잡는 개인적 능력을 뜻하며, 이를 통해 대중들의 충성뿐만 아니라 헌신까지도 이끌어 내기도 한다. 20세기 인물 중 간디, 마오쩌둥, 루즈벨트가 좋은 예이다.

카스트 제도(Caste system) 인도의 힌두교 사회에서 혈통과 직업에 바탕을 둔 엄격한 사회 계층이자 분리 정책

카토그램(Cartogram, 지도 도표) 축척이나 면적으로 표현하는 전통적인 방법과는 달리 특별하게 변형시킨 지도. 카토그램은 한 지도 지역단위의 특성에 맞춰 지역단위의 크기를 조정하되 가능한 한 그 모양과 위치는 보전하여 표현하는 기법, 즉 지역의 '면적' 대신 지역의 '특성'에 비례하게 지도를 다시 그리는 것이다.

캐나다 원주민(First nations) 캐나다 원주민으로서 이누이트와 메티스는 포함하지 않음. 이에 대해 미국 내의 원주민은 아메리카 원주민이라 부른다.

케라도(Cerrado) 브라질 중서부 내륙 지방의 비옥한 사바나 지대를 일컬음. 이곳은 세계에서 가장 유망한 목화 재배지로 각광받고 있다(그림 5A-5 참조). 이곳에서는 주로 콩을 재배하는데, 다른 곡물과 목화 재배가 점차 늘어나고 있다. 하지만 아직 외부와의 교통망이 확충되지 못한 실정이다.

케이(Cay) 대체로 산호와 모래로 이루어진 저지대의 작은 섬. kee라고 발음되며, 종종 key라고 쓰이기도 한다.

코프라(Copra) 마른 다육질의 코코넛 속으로서 코코넛 오일의 원료

콤팩트 국가(Compact state) 정치지리학 용어로서 원형, 타원형 혹은 직사각형의 영토를 가진 국가. 국토의 기하학적 중심부터 경계의 어떠한 지점에 이르는 거리의 편차가 거의 없다. 폴란드나 캄보디아가 이러한 국가 형태 유형에 속한다.

콩고(Congo) 아프리카의 두 나라가 콩고라고 하는 짧은 국명을 가지고 있다. 이 책에서는 'The Congo'는 국토의 규모가 큰 콩고민주공화국을 가리키고, 'Congo'는 국토의 규모가 작은 콩고공화국을 나타낸다.

타이가(Taiga) 러시아 북부와 캐나다 남부에 걸쳐 냉대 침엽수림이 자라는 아극지역

탈공업화 경제(Postindustrial economy) 미국과 소수의 선진국에서 최근에 출현하고 있는 경제로 지식 집약적인 제조업 및 서비스업이 전통 산업을 대체하는 경제를 지칭

템플라다(Templada) 티에라 템플라다 참조

토지 개혁(Land reform) 소유한 토지가 전혀 없는 영세농과 소작인을 위한 (종종 지주들로부터 몰수한) 농토의 배치를 통한 농업 공간의 재조직화

토지 보유(Land tenure) 사람들이 땅을 소유하고, 차지하고, 이용하는 방식

토지 양도(Land alienation) 하나의 사회집단 혹은 문화집단이 다른 집단으로부터 토지를 빼앗는 것. 예를 들면 사하라이남 아프리카에서 유럽의 식민주의자들은 아프리카 원주민으로부터 토지를 빼앗아 새로운 용도로 이용하였다.

투르케스탄(Turkestan) 북아프리카/서남아시아 권역의 가장 북동쪽 지역. 1992년 이전에 소비에트 중앙아시아로 알려진 (이슬람교가 지배적인) 구 5개의 SSR(러시아 소비에트연방사회주의공화국)은 카자흐스탄, 우즈베키스탄, 투르크메니스탄, 키르기스스탄, 타지키스탄의 독립국가가 되었다. 오늘날 투르케스탄은 6번째 나라인 아프가니스탄을 포함하여 확장되었다.

툰드라(Tundra) 러시아와 캐나다의 가장 북쪽에 있는 북극해 해안을 따라 있는 나무가 없는 대평원. 그곳의 식물은 이끼, 내한성의 풀이 있다.

튀넨의 고립국 모형(Von Thünen's Isolated State model) 상업경제에서 농업 활동의 입지를 설명. 공간 경쟁 과정은 다양한 농업 활동을 도시 중심시장을 둘러싸는 동심원으로 재배치한다. 이것은 작물이 시장으로부터 얼마나 떨어져 있어야 이윤 발생 가능성이 있는가를 결정하는 것이다. 최초의 고립국 모델은 (그림 1-5 참조) 지금 대륙적 규모에 적용된다(그림 1-6 참조).

트리플 프론티어(Triple Frontier) 남아메리카의 브라질-아르헨티나-파라과이 3국의 국경이 접하는 지역으로, 자금세탁, 밀수와 무기 밀매, 마약 운반과 같은 범죄 행위가 일상인 무법천지 지대이다. 이런 범법 행위들은 서남아시아로의 자금 송금을 하는 테러조직과 연계되어 있다.

특별행정구(Special Administrative Region, SAR) 각각 영국(1997)과 포르투갈로부터 (1999) 다시 인계받은 홍콩과 마카오의 이전 보호령에 따른 지위. 양 SAR은 50년 동안 사회경제적 시스템을 바꾸지 않고 계속 영위할 수 있도록 보증받았다.

티에라 네바다(Tierra nevada) 해발 고도 4,500m 이상의 가장 높고 추운 고도대를 일컫는 남미 안데스 산지의 고도에 따른 지역 구분 개념. 6,000m 이상의 안데스 최고봉까지 만년설이 덮여 있으며 사람이 살 수 없는 곳이다. 티에라 네바다는 '눈 덮인 땅'을 뜻한다.

티에라 엘라다(Tierra helada) 수목한계선(티에라 프리아의 상한 고도)과 설선(티에라 네바다의 하한 고도) 사이의 고도인 해발 고도 3,600~4,500m에 해당하는 고산지역을 일컫는 남미 안데스 산지의 고도에 따른 지역 구분 개념. 작물을 재배하기에는 너무 추워서 양과 고산성 가축들을 기른다. 티에라 엘라다는 '언 땅'을 뜻한다.

티에라 칼리엔테(Tierra caliente) 저지대를 일컫는 중남미 산지의 고도에 따른 지역 구분 개념. 칼리엔테는 해발 고도 750m 미만의 고온다습한 해안 평야를 뜻한다. 식생은 열대우림이며 사탕수수, 바나나 같은 작물들이 저지대에서 재배되며, 커피, 담배, 옥수수는 고지대 사면에서 재배된다. 티에라 칼리엔테는 '뜨거운 땅'을 뜻한다.

티에라 템플라다(Tierra templada) 해발 고도 750~1,800m의 고도대를 일컫는 고도에 따른 남미 안데스 산지의 지역 구분 개념. 티에라 칼리엔테에 비해 온화한 기후를 보이는 온대기후 지역으로 커피, 담배, 옥수수와 일부 밀이 재배되며, 인구밀도가 가장 높은 지역이다. 티에라 템플라다는 '온화한 땅'을 뜻한다.

티에라 프리아(Tierra fria) 해발 고도 1,800~3,600m에 해당하는 냉대기후를 보이는 고산지역을 일컫는 남미 안데스 산지의 고도에 따른 지역 구분 개념. 나무는 침엽수림이며, 고도가 높아지면서 관목과 초지가 나타난다. 목장으로 활용되며 밀이 재배되기도 한다. 티에라 프리아는 '차가운 땅'을 뜻한다.

파벨라(Favela) 브라질 도시 변두리의 판자촌이나 도시 내의 도시 빈민가

파젠다(Fazenda) 브라질의 커피 플랜테이션

파트와(Fatwa) 이슬람 공동체 내에서 어떤 사안이 이슬람법에 저촉되는지를 해석하는 권위 있는 이슬람 판결이다. 파트와의 내용은 코란과 마호메트의 가르침에 기초한 이슬람의 법률인 샤리아(Sharia)에 기초하여 결정된다. 따라서 이것은 법적인 최종 판결이 아니며 중대한 사안에 대한 종교적인 답변에 불과하다. 그러나 이슬람 세계에서 법 이상의 권위를 갖고 있는 칙령에 해당하는 것으로 이슬람교도라면 누구나 종교적 의무로 파트와를 따른다. 1989년 호메이니는 '악마의 시'를 발표한 영국의 작가 살만 루디시에 대해 파트와에 따라 사형을 구형하였다.

파편화된 국가(Fragmented state) 인접한 전체가 아니라 몇몇의 분리된 부분으로 구성된 영토를 가진 국가. 개별적인 부분들은 다른 국가들의 영토나 국제 수로에 의하여 분리되어 고립되어 있다. 예로써 미국과 인도네시아가 이에 해당한다.

판게아(Pangaea) 고생대 말부터 현재의 대륙이 뭉쳐 형성된 거대한 단일 대륙. 이 초대륙은 2억 년 전부터 분열되기 시작해 현재까지도 판의 분열이 일어나 대륙이동이 진행되고 있다(그림 6A-3 참조).

판구조(Tectonics) 판구조론 참조

판구조론(Plate tectonics) 지각판(板, plate)은 지각과 맨틀의 일부분이 분할되어 있는 것이 이어져 있는 것으로 평균 두께는 100km이다. 12개 이상의 판이 존재하고 있으며(그림 G-4 참조), 대부분 대륙판이며, 현재도 움직이고 있다. 지각판이 만나는 곳에서 하나의 지각판

이 다른 지각판의 아래로 미끄러져 들어가거나, 압력을 받아 지각판끼리 만나 습곡 작용이 일어나면, 주요 화산 활동이나 지진 활동이 발생하게 된다. 이는 주요 산맥을 형성하는 힘이기도 하다.

판자촌(Shantytown) 도시의 외곽지역에 개발 계획이 이루어지지 않은 슬럼가. 주로 저개발 국가의 도시에서 나무판자와 철판을 쌓아 만든 조잡한 거처와 은신처들이 즐비해 있다.

패권(Hegemony) 다른 국가에 의한 어느 국가(또는 어느 지역)에 대한 정치적 지배. 구소련은 전후 1945부터 1990년에 이르기까지 동유럽을 지배했던 사실이 고전적인 예이다.

팽창 확산(Expansion diffusion) 인구 이동이 없는 상태에서 기술 혁신이나 사상이 가까운 곳에서 먼 곳으로 보급되어 가는 유형의 문화 확산

편서풍 해류(West Wind Drift, 서풍 표류) 남극해 부근에서 남극을 중심으로 시계 방향으로 도는 해류

평행선(Parallel) 위도의 동서 라인. 직각 세로의 경선과 직각으로 교차되는 선

폴더(Polder) 네덜란드의 연안에서 해안선까지의 간척지

풍토병(Endemism) 특정 지역에 사는 주민들에서 지속적으로 발생하는 질병. 풍토병은 특정 지역에서 지속적으로 발생하나 그 빈도가 시간에 따라 크게 변하지는 않는다. 대개의 경우 비교적 한정된 지역에 발생하는 전염성 질환을 일컫는 경우가 많다. 이러한 풍토병이 다른 지역의 풍토병이 되려면 기후와 같은 자연 환경, 생활 양식, 질병을 옮기는 매개체(예 : 모기)의 분포 등의 장벽을 넘어야 한다. 해외의 여러 풍토병은 해당 지역에 여행을 가거나 여러 가지 이유로 해당 지역에 일시적으로 또는 장기적으로 거주하게 될 때 문제가 될 수 있다. 해외에 나갈 경우 주의해야 하는 대표적인 풍토병으로는 말라리아, 뎅기열, 황열, A형 간염, 장티푸스, 콜레라 등이 있다.

프랑스어권(Francophone) 프랑스어를 주로 사용하는 지역. 퀘벡은 캐나다의 프랑스어권 핵심을 이루고 있다.

플라이스토세(Pleistocene Epoch) 약 200만 년 전부터 만 년 전까지로 지질학적으로는 근세에 해당하며, 인류가 출현한 시기이다. 빙기(대륙 빙하의 전진)와 온난한 간빙기(대륙 빙하의 후퇴)가 반복적으로 나타난 것이 특징이다. 지난 10,000년 동안을 홀로세라고 부르지만, 플라이스토세와 같은 소빙기와 온난기가 반복되고 있어서, 현재 우리는 또 다른 플라이스토세의 간빙기에 살고 있는 것으로 추정되고 있다. 따라서 다시 빙기가 올 것으로 예상하고 있다.

플랜테이션(Plantation) 개인이나 가족 혹은 기업이 소유한 대토지에서 환금 작물을 생산하는 농업 형태. 대부분의 플랜테이션 농장은 열대 지방에 설립되었다. 최근 수십 년 동안 플랜테이션은 더 작은 토지로 분할되거나 협동조합으로 재편되었다.

피난민(Refugees) 본의 아니게 원래 자신의 정착지로부터 쫓겨난 사람들

피오르드(Fjord) 급경사 사면으로 둘러싸인 협곡으로서 그 길이가 매우 긴 편이다. 빙하가 녹은 이후 빙식곡이 침수되어 형성된 골짜기이다.

피온(Peon) 중남미에서 주로 부유한 지주의 농노로 살아가는 사람들을 일컫는다. 농지를 잃었거나 지속적인 빚에 시달리는 농민들이 대부분이다.

하이펠트(Highveld) 남아프리카공화국 트란스발 지역의 대부분을 차지하고 있는 키가 큰 초지로 덮인 고원지대. 남아프리카의 좁은 해안지역을 따라 가장 낮게 펼쳐진 초원지대를 로우벨트라고 한다. 고도가 중간인 지역의 초원지대는 미들벨트라고 한다.

한대(Helada) 티에라 엘라다 참조

해리(Nautical mile) 국제 협약에 의해서 정한 바다에서의 거리 측정 단위로서, 1해리는 6076.12피트이고, 거의 1.15법정마일과 같다(1.85km). 법정마일은 거리단위로서 1마일은 5,280피트, 1,609km이다.

해양 경계(Maritime boundary) 해양에 위치하고 있는 국제 경계. 모든 경계와 마찬가지로 해저부터 수면 위 대기권까지 연결된 수직면이다.

해양지리학(Marine geography) 해양과 바다에 관한 지리학적 연구. 해양지리학 연구자들은 해양 환경의 자연적 측면(예 : 산호초 생물지리학, 해양과 대기의 상호 작용, 해안지형학)과 인문적 측면(예 : 해양 경계 설정, 어업, 해변의 발달)을 연구한다.

해협(Choke point) 해상교통 혼잡을 유발하거나 항해 속도를 줄여야 하고, 급격하게 선회하기 어려우며, 충돌의 위험과 공격에 취약한 국제 해협. 폭이 38km 미만인 해로의 경우에는 중앙선을 설정해야 한다. 페르시아만으로 들어가는 입구의 오만과 이란 사이에 있는 호르무즈 해협과 말레이시아와 인도네시아 사이의 말래카 해협이 좋은 사례이다.

핵심부(Core) 핵심지역과 핵심부-주변부 관계 참조

핵심부-주변부 관계(Core-periphery relationships) 국가 체계나 지역 체계의 구성 요소들을 가진 곳(core)과 가지지 못한 곳(periphery) 간의 대조적인 공간적 특성들을 뜻하거나, 두 지역 간의 연계성을 의미한다.

핵심지역(Core area) 몇 가지 함의를 지닌 지리학 용어. core는 center, heart, focus를 지칭한다. 한 국가의 중심지역은 국가의 중심부, 가장 많은 인구가 밀집한 곳, 가장 생산성이 높은 지역, 그리고 가장 큰 중심성과 접근성을 가진 지역으로 대변되고 있다. 더 나아가 아마도 수도도 포함될 것이다.

허리케인 엘리(Hurricane Alley) 북부아프리카 서부 해안으로부터 중미의 동부 해안과 미국 남부의 만 연안에 이르는 지역에 걸쳐 대서양에 나타나는 온난수괴의 지역을 말한다. 이 지역으로부터 많은 허리케인이 발생한다. 과학자들은 허리케인의 발생 빈도가 높고 그 강도가 높아지는 까닭은 최근 수십 년 동안 이 지역의 수온이 점차 상승하고 있기 때문이

라고 믿고 있다. 역사적으로 허리케인의 경로를 모아 보면, 허리케인의 중심부는 주로 허리케인 엘리를 통과하였으며, 대체로 과테말라의 안티구아와 버진아일랜드, 푸에르토리코, 아이티/도미니카공화국, 자메이카, 쿠바, 플로리다 반도 남부, 멕시코 유카탄 반도, 멕시코만 사이의 소안틸레스 제도에 주로 영향을 미쳤다.

형식지역(Formal region) 하나 또는 여러 가지 현상에 공통적으로 존재하는 동질성에 따라 특징지어진 유형의 지역, 등질지역 또는 동질지역이라고도 불린다.

홀로세(Holocene, 충적세) 마지막 빙기 다음 시기인 최근의 간빙기로서 10,000년 전부터 현재에 이르는 기간을 말하며, 현세라고도 한다.

화교(Overseas Chinese) 중국 밖에서 살고 있는 중화 민족 500만 이상. 동남아시아에 절반이 살고 있고(그림 10-4 참조) 많은 이가 꽤 성공하였다. 많은 수는 중국과의 관계를 유지하고 있다. 그리고 투자자로서 SEZs의 성장을 자극하는 주요한 경제 역할을 수행하고, 중국의 태평양 영역에 있는 도시들을 개방한다.

화물 집산지(Entrepôt) 물자의 수입, 보관, 적환 등이 이루어지는 항구도시, 즉 수송적환지. 예로써 '발트 해의 싱가포르'라 부르는 덴마크의 코펜하겐이 대표적이다. 발트 해는 수심이 얕아서 대형 선박의 통행이 어렵기 때문에 발트 해의 입구에 위치한 코펜하겐은 수송적환지 구실을 하기에 유리하다.

화산섬(High island) 태평양 권역의 화산섬 중 고도가 높아서 열대 해양 기단으로부터 습기를 충분하게 포획할 수 있는 섬(지형성 강수 참조). 이 섬들에서는 물이 충분하고, 화산회토가 농업 생산을 보장하며, 이에 따라 산호섬에 비해 많은 인구를 수용할 수 있다. 대체로 산호섬에서는 이러한 장점이 하나도 없기 때문에 주로 어로나 코코넛 야자로 연명한다.

화석연료(Fossil fuels) 석탄, 천연가스, 석유와 같은 에너지 자원으로서, 작은 식물이나 동물 유기체들의 지질적인 압축과 변형에 의해 형성된 데에서 그 명칭이 유래하였다.

확산(Diffusion) 기술 혁신과 같은 문화적 요소 혹은 질병의 발생과 같은 현상의 공간적 확산 혹은 보급. 즉, 확산은 근원지로부터 다양한 경로를 통하여 외부로 전파되는 것을 말한다. 접촉 확산, 팽창 확산, 계층 확산, 재위치 확산 참조

환경 파괴(Environmental degradation) 인류가 지역의 자연 경관을 남용하고, 이에 따라 대기와 수질오염이 연루되며, 식물과 동물 생태계를 위협하며, 천연자원의 오용과 사람과 그들의 거주자 간의 균형을 깨트려 축적되는 것

환태평양(Pacific Rim) 뉴질랜드에서 칠레까지 시계 방향으로 뻗어 있는 나라들을 포함하는 광범위한 지역. 이 지역은 다음과 같은 기준을 공유하고 있다. 태평양에 면해 있고, 경제발전, 산업화, 도시화 수준이 상대적으로 높으며, 수출과 수입이 주로 태평양을 가로질러 이루어진다.

환태평양 조산대(Pacific Ring of Fire) 태평양 지각판(그림 G-5 참조)의 경계를 따라 지진과 화산 활동이 활발한 지각 불안정 지대

회랑지대(Corridor) 일반적으로 인간 활동이 직선상으로 조직되어 있는 공간적 실체로서 주요 교통로를 따라 나타나거나, 산악지대의 골짜기를 따라 나타난다. 구체적으로 말하자면 정치지리학적 용어로서 내륙국과 바다를 연결하는 육지의 통로를 의미한다.

휴대전화 혁명(Cell phone revolution) 특히 사하라이남 아프리카와 개발도상국에서 일어나는 일로서, 농부들이 휴대전화를 통해 기상과 시장 상황에 대한 정보의 중심지들과 연결함으로써, 농산물 가격을 높게 책정할 수 있게 되었다.

1인당(Per capita) Capita는 '개인'을 뜻한다. 소득이나 생산과 같은 통계 척도들은 종종 1인당으로 나누어진다.

1차 경제 활동(Primary economic activity) 광업, 수산업, 제재업 그리고 특히 농업과 같이 천연자원의 직접적 채취와 관련된 활동

2차 경제 활동(Secondary economic activity) 원자재를 공업품으로 변형하는 과정의 활동. 제조업 분야

3차 경제 활동(Tertiary economic activity) 운송, 은행, 소매업, 교육, 사무와 같은 서비스 중심의 경제 활동

4차 경제 활동(Quaternary economic activity) 정보의 수집, 처리, 조작과 연계된 활동

5차 경제 활동(Quinary economic activity) 큰 조직의 의사결정과 관련한 관리 또는 통제 활동

찾아보기

역자 소개

기근도	경상대학교 교수	윤경준	흥진고등학교
김영래	한국교원대학교	윤정현	잠일고등학교
강용진	대원여자고등학교	이순용	이화여자고등학교
고준호	용인흥천중학교	이준구	이화여자고등학교
김민수	용문고등학교	이태규	백암고등학교
김봉수	중앙고등학교	임정순	해솔중학교
김태호	숭문고등학교	조해수	전국지리교사모임 사무국장
김태환	교육부	천재호	청원고등학교
남길수	성남외국어고등학교	최명렬	서울국제고등학교
박병석	압구정고등학교	최부현	세현고등학교
서원명	정선정보공업고등학교	최재희	휘문고등학교
성지혜	원곡고등학교	황병삼	서울국제고등학교
양희경	도봉고등학교	황완길	용산고등학교

(대표역자 가나다순)